MICRORREDES ELÉCTRICAS

2.ª Edición

MICRORREDES ELÉCTRICAS

Integración de generación renovable distribuida, almacenamiento distribuido e inteligencia

2.ª Edición

Dr. Luis Hernández Callejo

Universidad de Valladolid
(Campus Universitario Duques de Soria)

Perteneciente al Grupo de Investigación Reconocido (GIR):
Análisis y diagnóstico de instalaciones y redes eléctricas (Adire)
Universidad de Valladolid

Garceta
grupo editorial

MICRORREDES ELÉCTRICAS 2.ª Edición.

Integración de generación renovable distribuida, almacenamiento distribuido e inteligencia

Luis Hernández Callejo

ISBN: 978-84-1903-450-2

IBERGARCETA PUBLICACIONES, S.L., Madrid, 2024

Edición: 2.ª

Nº de páginas: 648

Formato: 17 × 24 cm.

Materia Thema: THR. Ingeniería Eléctrica

MICRORREDES ELÉCTRICAS 2.ª Edición. Integración de generación renovable distribuida, almacenamiento distribuido e inteligencia

ISBN: **978-84-1903-450-2**

© Luis Hernández Callejo

COPYRIGHT © 2024 IBERGARCETA PUBLICACIONES, S.L.

Fotografías de cubierta (de arriba abajo): Foto 1: Vista aérea del Laboratorio Microrred (LMR), Universidad de Cuenca, Azuay (Ecuador). Foto 2: I-Share (CEIT). Foto 3: INTEC, Instituto Tecnológico de Santo Domingo (República Dominicana). Foto 4: instalaciones del Laboratorio Microrred (LMR), Universidad de Cuenca, Azuay (Ecuador). Foto 5: Turbina microhidráulica Pelton CEDER-CIEMAT.

Edición: 2ª.

Impresión: 1ª.

Depósito legal: M-13275-2024

Impresión:

OI: 0107/2026

En lo personal,
un reconocimiento especial a todas las personas
que han estado, están y estarán en mi vida... ¡gracias!

CONTENIDO

PRÓLOGO

Desde finales del siglo XIX, momento en que se materializó el manejo de la electricidad, el sistema de transporte y distribución de la energía eléctrica ha ido aumentando en tamaño y complejidad. Paradójicamente, en aquel entonces se pretendía generar electricidad porque existía una necesidad de su consumo en las proximidades a dicha generación. Posteriormente, y entendiendo el suministro eléctrico como un gran negocio, el concepto de proximidad entre demanda y generación fue relegándose a un segundo plano, eclipsado por un beneficio económico claro.

Más de un siglo después, y bajo la necesidad de conseguir un sistema más eficiente, sostenible y medioambientalmente no nocivo, surgen las Microrredes Eléctricas (ME), entendidas como una agregación de cargas y microgeneradores que operan como un sistema único y que proporcionan energía eléctrica.

En los primeros años de la década de los noventa del siglo pasado, los investigadores comenzaron a plantear las primeras microrredes eléctricas, como solución al problema del suministro eléctrico en ciertos lugares del planeta. Normalmente, estos lugares eran zonas rurales, alejados del suministro eléctrico, pero con relativa importancia para dotarlos de elementos que les permitieran disponer de energía eléctrica y térmica. Es posible afirmar, que después de más de treinta años, las microrredes eléctricas son una disciplina con peso específico, y esto es así, ya que numerosos Grados y Máster en las universidades de todo el mundo, disponen de asignaturas específicas de microrredes eléctricas, dentro de algunas de sus materias. Además, numerosos son los cursos de especialización y de postgrado que tienen como asignaturas básicas esta disciplina presentada en este libro de texto.

Por tanto, se puede afirmar que el objetivo principal de este libro es disponer de un texto básico e introductorio sobre microrredes eléctricas. El libro podrá servir como guía de referencia inicial de los conceptos más importantes sobre la asignatura citada. De igual forma que la asignatura de electromagnetismo forma parte de la materia de electricidad, la asignatura de ME formará parte de una materia de Energías Renovables y Sostenibilidad (o similar) en los actuales programas oficiales de estudios universitarios. Para conseguir el objetivo principal anteriormente comentado, el libro de texto presenta las microrredes eléctricas de una forma básica, para ir complementando sus características a medida que se presentan los diferentes capítulos.

El objetivo pedagógico del libro de texto es alcanzado presentado en cada capítulo una batería de preguntas y cuestiones de autoevaluación, para que el lector ponga a prueba los conceptos adquiridos. Este cuestionario tendrá carácter objetivo y subjetivo, donde algunas de las cuestiones y/o preguntas tendrán respuesta directa, mientras que otras tendrán respuestas subjetivas, las cuales deberán ir acompañada de una justificación por parte del lector.

El Capítulo 1 presenta y define a la microrred eléctrica, pero también la enmarca dentro de otros entornos ya consolidados, como es la *Smart Grid*. El capítulo también presenta otros escenarios con ciertos elementos en común con la microrred eléctrica, como son las plantas de energía virtual (*Virtual Power Plant*, VPP) o las comunidades energéticas.

Una vez comprendido el concepto de microrred eléctrica, el Capítulo 2 muestra la composición y la estructura de esta, ya que es fundamental disponer de un claro esquema mental de los principales componentes que la constituyen.

Quizás dos de los elementos principales de la microrred eléctrica son la generación y almacenamiento, ambos distribuidos. La generación, aunque no de forma necesaria, debería producirse aprovechando el recurso local existente en la microrred eléctrica. El almacenamiento es el elemento clave para poder conseguir el equilibrio tan deseado entre demanda y generación, además de permitir ciertos cambios de modo de funcionamiento en la microrred eléctrica. Por tanto, el Capítulo 3 se centrará en generación y almacenamiento distribuidos.

El Capítulo 4 presenta un capítulo importante y esencial, las comunicaciones, monitorización y gestión de la energía en la microrred eléctrica. Para poder gestionar precisamos monitorizar, y para esto necesitamos obligatoriamente una capa de comunicaciones. En este caso, es necesario abordar estos tres pilares (comunicaciones, monitorización y gestión de la energía) en conjunto, porque su relación e interdependencia es necesaria.

El Capítulo 5 presenta los conceptos básicos del control y la protección de la microrred eléctrica. Al igual que el capítulo anterior, existe cierta relación entre ambas disciplinas (control y protección), lo que hace que se presenten en el mismo capítulo. No obstante, es posible afirmar que también existe relación con lo presentado en el capítulo anterior.

La labor de hacer coincidir la demanda con la generación es complicada, por tanto, antiguos y nuevos modelos de previsión (*forecast*) son fundamentales en la planificación de la microrred eléctrica. En el Capítulo 6 se muestran algunas técnicas de previsión para la demanda y la generación.

El Capítulo 7 presenta una visión general de los beneficios de la microrred eléctrica, la configuración y cuantificación de estos. El capítulo estará complementado por una serie de casos de uso, para poder entender los beneficios conseguidos.

El principal objetivo del Capítulo 8 es presentar las microrredes eléctricas más significativas instaladas en el mundo. Algunas se han desplegado como consecuencia de proyectos de investigación, y otras se han erigido como verdaderos entornos de demostración a partir de la evolución natural de la red de distribución. El foco principal del capítulo estará en presentar los despliegues realizados en España y América Latina[1], aunque se presentarán otras microrredes eléctricas existentes en el resto del mundo.

Para terminar, el autor debe pedir disculpas a los lectores si este libro no ha sabido condensar todo el conocimiento que este campo de la ciencia encierra, o si el texto no ha podido citar y emplear a todos los libros, artículos científicos, etc., que tratan sobre la temática en cuestión. A lo largo del libro se ha tratado de citar a otros autores a través de multitud de referencias que se han usado para la redacción del texto final, por lo que, nuevamente, pedir disculpas si en algún momento no se ha referenciado correctamente alguna obra.

Agradecimientos

Este libro ha sido posible llevarlo adelante gracias a la colaboración de numerosas personas que han aportado sus conocimientos, experiencia y tiempo para revisarlo y hacer sugerencias que han enriquecido el resultado final, a todos ellos les agradezco su colaboración:

Dra. Ángela Paula Ferreira, Profesora adjunta del Instituto Politécnico de Bragança, Portugal.

Dr. Américo Vicente Teixeira Leite, profesor Coordinador del Instituto Politécnico de Bragança, Portugal.

Dr. Víctor Alonso Gómez, profesor contratado doctor del departamento de Física Aplicada de la Universidad de Valladolid (UVa), España. Está especializado en termodinámica de equilibrio entre fases, así como en energías renovables, principalmente en energía solar fotovoltaica.

---

[1] América Latina o Latinoamérica está formada por los países al sur de los Estados Unidos, y cuyo idioma predominante es español, portugués o francés. En su acepción más simple, tan solo incluye los países de habla española o portuguesa, incluyendo a Puerto Rico (Estado Libre Asociado de los Estados Unidos).

Dr. Ángel Luis Zorita Lamadrid, Ingeniero Técnico Industrial (especialidad en Electricidad), Ingeniero Industrial y Doctor por la Universidad de Valladolid. Profesor Titular de Universidad, GIR ADIRE-HSPDigital Research Group, Departamento de Ingeniería Eléctrica, Escuela de Ingenierías Industriales, Universidad de Valladolid, España.

Dr. Daniel Moríñigo Sotelo, profesor Contratado Doctor, GIR ADIRE-HSPDigital Research Group, Departamento de Ingeniería Eléctrica, Escuela de Ingenierías Industriales, Universidad de Valladolid, España.

D. Alberto Gregorio Redondo Plaza, Ingeniero Agroenergético y Máster en Ingeniería de la Bioenergía y Sostenibilidad Energética por la Universidad de Valladolid, España, y doctorando en la misma en el Programa de Doctorado de Ingeniería Industrial.

Dr. José Ignacio Morales Aragonés, Licenciado en Física por la Universidad Nacional de Educación a Distancia (UNED) e Ingeniero en Telecomunicaciones por la Universidad Politécnica de Madrid (UPM), España, y Doctor por la Universidad de Valladolid en el Programa de Doctorado de Ingeniería Industrial.

Dr. Daniel Heredero Peris, jefe de proyectos Mecatrónica en el Centro de Innovación Tecnológica en Convertidores Estáticos y Accionamientos de la Universitat Politècnica de Catalunya (CITCEA-UPC), profesor asociado departamento de Ingeniería Eléctrica de la Universitat Politècnica de Catalunya (UPC), España.

Dr. Roberto Villafáfila Robles, profesor agregado departamento de Ingeniería Eléctrica de la Universitat Politècnica de Catalunya (UPC), jefe del área Enertrónica y miembro del equipo directivo en el Centro de Innovación Tecnológica en Convertidores Estáticos y Accionamientos de la Universitat Politècnica de Catalunya (CITCEA-UPC), España.

El Dr. Luis Claudio García Santander, profesor Asociado Departamento Ingeniería Eléctrica, Facultad de Ingeniería, Universidad de Concepción, Concepción, Chile.

Dra. Mónica Aguado Alonso, Dra. Ingeniera Industrial, directora del Departamento de Integración en Red del Centro Nacional de Energías Renovables (CENER), España.

Dr. Miguel Euclides Aybar Mejía, profesor investigador de grupo de energías renovables del Instituto Tecnológico de Santo Domingo (INTEC). Profesor a tiempo completo de la escuela de ingeniería eléctrica del INTEC República Dominicana y profesor invitado de la Universidad Politécnica de Puerto Rico (PUPR) en el área de Energías Renovables.

D. Oscar Izquierdo Monge, responsable de la microrred eléctrica de CEDER-CIEMAT (Centro de desarrollo de energías renovables - Centro de investigaciones energéticas medioambientales y tecnológicas). Representante del CIEMAT en el grupo rector de la plataforma española de redes eléctricas (Futured). Representante de España en el comité ejecutivo de la International Smart Grids Action Network (ISGAN - Programa de colaboración tecnológica en redes inteligentes de la Agencia Internacional de la Energía). Representante de España en el comité ejecutivo de Green Powered Futured Mission- Mission Innovation 2.0.

Dr. Jesús Armando Aguilar Jiménez, académico en la Facultad de Ingeniería de la Universidad Autónoma de Baja California, México, asociado al programa de Ingeniero en Energías Renovables.

Dr. Danny Ochoa Correa, jefe del laboratorio de Micro-Red de la Facultad de Ingeniería de la Universidad de Cuenca (UCUENCA), profesor e investigador del Departamento de Ingeniería Eléctrica, Electrónica y Telecomunicaciones (DEET) de la UCUENCA, Ecuador.

Dr. Juan Leonardo Espinoza, vicerrector académico de la UCUENCA, profesor e investigador del DEET y promotor del laboratorio de Micro-Red de la Facultad de Ingeniería de la UCUENCA, Ecuador.

Dr. Luiz Carlos Pereira da Silva, Profesor Titular del Departamento de Sistemas y Energía de la Universidade Estadual de Campinas (UNICAMP), coordinador del Programa "Campus Sustentável" y del Proyecto MERGE.

Dr. José Antenor Pomilio, Profesor Titular del Departamento de Sistemas y Energía de la Universidade Estadual de Campinas (UNICAMP), vicecoordinador del Proyecto MERGE.

Ing. Rafael Bento, coordinador del Proyecto MERGE[2] junto a la Companhia Paulista de Força e Luz - CPFL Energia.

Dr. Deyslen Mariano Hernández, profesor investigador del grupo de energías renovables del Instituto Tecnológico de Santo domingo (INTEC), Republica Dominicana.

Dr. João Inácio Yutaka Ota, Dr. Rodolfo Quadros, Ing. Rafael Carneiro, coordinadores de la implementación de las microrredes del Proyecto MERGE.

Dra. Ainhoa Galarza Rodríguez, investigadora de la división de Transporte y Energía de la Asociación Centro Tecnológico Ceit (BRTA) y profesora en Tecnun (Universidad de Navarra). Representante de Ceit en el Comité Técnico de la Microrred i-Sare.

Dr. Guillermo Catuogno es profesor titular de la Universidad Nacional de San Luis e Investigador adjunto de CONICET, actualmente es director del Laboratorio de Tecnologías Apropiadas (LabTA).

---

[2] Proyecto MERGE: Este proyecto fue financiado por el Programa de Investigación y Desarrollo del Sector Eléctrico PD-00063-3058/2019 - PA3058: *"MERGE - Microgrids for Efficient, Reliable and Greener Energy"*, regulado por la Agencia Nacional de Energía Eléctrica (ANEEL), en alianza con CPFL Energia. LabREI también fue apoyado por la Fundación de Investigación del Estado de São Paulo, proceso 2016/08645-9.

Prof. Dr. Idi Amin Isaac-Millán, Ingeniero electricista, profesor e investigador senior del Grupo de Investigación en Transmisión y Distribución de Energía Eléctrica, al que pertenece desde 1999. Culminó sus estudios doctorales en el marco de un convenio de la Universidad Pontificia Bolivariana (UPB) con la Universidad de Ciencias Aplicadas de Kempten (Alemania) en el año 2011. Sus áreas de interés son las energías renovables no convencionales, ciudades inteligentes, sistemas de potencia y microrredes. Actualmente se desempeña como director del Smart Energy Center (SEC) y líder de la estrategia de energía Multicampus de la UPB, desde donde aborda la solución de problemas asociados con la transición energética y los territorios inteligentes

Prof. Dr. Gabriel Jaime López Jiménez, Ingeniero electricista, profesor e investigador senior del Grupo de Investigación en Transmisión y Distribución de Energía Eléctrica, al que pertenece desde 2001. Culminó sus estudios doctorales en el marco de un convenio de la Universidad Pontificia Bolivariana (UPB) con la Universidad de Ciencias Aplicadas de Kempten (Alemania) en el año 2013. Sus áreas de interés son las energías renovables no convencionales, ciudades inteligentes, sistemas de potencia, microrredes y PMU. Actualmente se desempeña como docente-investigador de la Universidad Pontificia Bolivariana.

El agradecimiento también se extiende a todas las instituciones que han colaborado suministrando la información de sus microrredes eléctricas que aparecen en el libro de texto, estando muchas de ellas desarrollando proyectos de investigación e innovación punteros desde hace ya muchos años.

El autor
Noviembre 2023

PRÓLOGO A LA SEGUNDA EDICIÓN

La primera edición del presente libro mostró una estructura distinta a la actual, esto ha sido fruto de un exhaustivo trabajo de recopilación e introspección crítica. Po ello, se ha considerado presentar una estructura diferente, agrupando algunos pilares de las microrredes eléctricas en un mismo capítulo, debido a que presentan ciertas relaciones que los hace, por un lado, indivisibles, pero, que, por otro lado, presenta suficiente profundidad para tratarlos de una forma individual. Como consecuencia de este cambio estructural, se ha aprovechado para realizar un cambio en el contenido, tratando de buscar una lectura mucho más orientada a los conceptos base en los que se fundamentan las microrredes eléctricas. De todo esto ha surgido un libro de texto agrupado en ocho capítulos, con suficiente contenido para que el lector pueda tener un conocimiento básico y fundamental para el entendimiento de las microrredes eléctricas. A lo largo del texto se han indicado las referencias empleadas, donde el lector podrá encontrar información mucho más detallada y de esta forma complementar, con suficiente profundidad, lo que este libro pretende reflejar.

Como ya se ha comentado, esta segunda edición presenta una serie de cambios estructurales con respecto a la primera. La estructura final de esta edición queda concretada en ocho capítulos, lo cual ha supuesto una fusión de algunos de los capítulos de la primera edición, junto con una nueva redacción del contenido, mucho más orientada al lector que busca unos conceptos básicos sobre microrredes eléctricas. La elaboración de nuevas figuras, tablas y preguntas de autoevaluación, ayudarán a comprender de una forma mucho más sencilla el contenido de cada uno de los capítulos presentados. A continuación, se expondrán los principales cambios planteados en los diferentes capítulos.

Además de los cambios generales ya comentados, en el Capítulo 1 se ha eliminado los modelos de mercado y el *status quo* de las microrredes eléctricas para presentar la hoja de ruta de estas, con una visión de largo plazo en el tiempo, desde el comienzo del despliegue de las primeras microrredes eléctricas hasta las previsiones de futuro de estas.

El Capítulo 2 presenta una gran novedad frente al presentado en la primera edición. En esta ocasión se presenta la estructura y composición de la microrred eléctrica, frente a la postura de la primera edición donde tan solo se mostraba la composición. Se aprovecha este capítulo para presentar el concepto de multimicrorredes, para de esta forma suprimir el Capítulo 8 de la primera edición, ya que se ha considerado preferible hacer un refundido con lo principal en esta segunda edición. El capítulo también incorpora las fases para el diseño de la estructura de una microrred eléctrica.

El Capítulo 3 de la segunda edición ha sido reescrito y se ha aumentado en detalle la explicación de los principales elementos de generación y almacenamiento distribuidos, y además se ha incluido los módulos híbridos, como simbiosis entre la energía solar térmica y la solar fotovoltaica.

El Capítulo 4 de esta segunda edición del libro supone un cambio sustancial con respecto a la primera edición. En esta ocasión, el capítulo integra tres pilares fundamentales de las microrredes eléctricas: los sistemas de comunicaciones, la monitorización y la gestión de la energía. Además, en este capítulo se presentan algunos casos de estudio de microrredes eléctricas existentes en la actualidad, según la visión de los tres pilares comentados. De esta forma, se reestructura y fusionan los capítulos 9 y 10 de la primera edición, obteniendo un capítulo mucho más completo y con una componente altamente pedagógica.

El Capítulo 5 de la segunda edición se centra en el control y protección de la microrred eléctrica, por lo que supone una reestructuración y reescritura de los capítulos 4, 6 y 7 de la primera edición. Con una visión mucho más pedagógica y académica, el capítulo presenta además algunos casos de estudio de microrredes eléctricas existentes en la actualidad, según su control y protección.

El Capítulo 6 de la segunda edición supone una mejora con respecto al capítulo 5 de la primera edición. En este caso se ha ampliado el capítulo con información de demanda y generación de una microrred eléctrica, a partir de curvas de carga y generación, las cuales han servido para explicar ciertos comportamientos existentes en las microrredes y que deberán tenerse en cuenta parta el pronóstico.

El Capítulo 7 de la segunda edición supone también un cambio radical con respecto al Capítulo 11 de la primera edición. En esta ocasión, el autor ha dado un visión personal y profunda sobre estos beneficios y, además, se han completado con simulaciones diferentes que le permitirán al lector comprender dichos beneficios y, porque no, sacar sus propias conclusiones e incluso hacer sus propias simulaciones.

Para finalizar, el Capítulo 8 ha sido ampliado con nuevas microrredes eléctricas, principalmente de América Latina, Australia y África, aunque se ha mantenido la información con respecto a España, Europa, Asia, Estados Unidos y otras existentes en el resto del mundo.

El autor
Mayo 2024

LISTA DE ABREVIATURAS[1]

3G: 3rd Generation Mobile System. Sistema móvil de tercera generación.

3GPP: 3rd Generation Partnership Project. Proyecto de asociación de tercera generación.

ADSL: Asymmetric Digital Subscriber Line. Línea de abonado digital asimétrica.

AFCM: Adaptive Fuzzy Combination Model. Modelo de combinación *fuzzy* adaptativo.

AI: Artificial Intelligence. Inteligencia artificial.

ANFIS: Adaptative NeuroFuzzy Inference System. Sistema de inferencia *neurofuzzy* adaptativo.

ANN: Artificial Neural Network. Red neuronal artificial.

AP: Access Point. Puntos de acceso.

ARIB: Association of Radio Industries and Businesses. Asociación de industrias y negocios de la radio.

ARIMA: Auto-Regressive Integrated Moving Average. Modelo autorregresivo integrado de medias móviles.

---

[1] Se incluyen aquí también algunos términos en inglés y su acepción en español.

ARMA: Auto-Regressive and Moving Average. Modelo autorregresivo de medias móviles.

ARP: Address Resolution Protocol. Protocolo de resolución de direcciones.

BB-PLC: Broadband PLC. PLC banda ancha.

Black Start. Comienzo en negro.

BPL: Broadband over Power Line. Banda ancha sobre líneas eléctricas.

CCHP: Cooling, Heating and Power. Refrigeración, calor y potencia combinados.

CRC: Cyclic Redundancy Check. Control de redundancia cíclica.

CSC: Current source converter. convertidor fuente de corriente.

CSMA/CD: Carrier Sense Multiple Access/Collision Detect. Acceso múltiple con escucha de portadora/detección de colisión.

CVPP: Comercial Virtual Power Plant. Planta de energía virtual comercial.

DA: Deterministic Annealing. Recocido determinista.

DAB: Digital audio broadcasting. Transmisión digital de audio.

DCAP: Data transmission switching client access protocol. Protocolo de acceso del cliente de la conmutación de la transmisión de datos.

DER: Distributed Energy Resources. Recursos energéticos distribuidos.

DERMS: Distributed Energy Resources Management System. Sistema gestor de energía.

DG: Distributed Generation. Generación distribuida.

DHCP: Dynamic Host Configuration Protocol. Protocolo de configuración dinámica de host.

DNS: Domain Name System. Sistema de nombres de dominio.

DPSK: Differential Phase Shift Keying. Modulación por desplazamiento diferencial de fase.

DR: Demand Response. Respuesta a la demanda.

DSI: Demand Side Integration. Integración de la demanda.

DSL: Digital subscriber line. Línea de abonado digital.

DSO: Distribution System Operator. Operador del sistema de distribución.

EDGE: Enhanced Data Rates for GSM Evolution. Tasas de datos mejoradas para la evolución del GSM.

EMI: Electromagnetic Interferences. Interferencias electromagnéticas.

EMS: Energy Management System. Sistema de gestión de la energía.

EPICS: Experimental Physics and Industrial Control System. Física experimental y sistemas de control industrial.

ESN: Echo State Network. Red estado del eco.

ETP: European Technology Platform. Plataforma tecnológica europea.

EV: Electric Vehicle. Vehículo eléctrico.

EVA: Etil-vinil-acetato.

FASE: Forecast-Aided State Estimator. Estimador de estado de predicciones.

FDDI: Fiber Distributed Data Interface. Interfaz de datos distribuida por fibra.

Feeders. Alimentadores.

Feedforward. Hacia adelante.

FFD: Full Function Device. Dispositivo de función completa.

FOA: Fly Optimization Algorithm. Algoritmo de optimización de la mosca.

Forecast. Pronóstico (predicción y previsión).

FTP: Foiled twisted pair. Cable de par trenzado con pantalla global.

FTP(2): File Transfer Protocol. Protocolo de transferencia de archivos.

GEI: Gases de Efecto invernadero.

GGSN: Gateway GPRS Support Node. Nodo de apoyo GPRS de la puerta de enlace.

GPRS: General Packet Radio Service. Servicio general de paquetes vía radio.

GPS: Global Position System. Sistema de posicionamiento global.

GRNN: Generalized Regression Neural Network. Red neuronal de regresión generalizada.

GRU: Gated Recurrent Units. Unidades recurrentes centradas.

GSM: Global System for Mobile Communications. Sistemas globales para comunicaciones móviles.

HDLC: High-Level Data Link Control. Control de enlace de datos de alto nivel.

HDTV: High-Definition TeleVision. Televisión de alta definición.

HAN: Home Area Network. Red de área de hogar.

HMI: Human Machine Interface. Interfaz hombre máquina.

HTTP: Hypertext Transfer Protocol. Protocolo de transferencia de hipertexto.

HTTPS: Hypertext Transfer Protocol Secure. Protocolo de transferencia de hipertexto seguro.

I&K: Information and Knowledge. Información y conocimiento.

IBSS: Infrastructure Basic Service Set. Infraestructura de conjunto de servicio básico.

ICMP: Internet Control Message Protocol. Protocolo de mensajes de control de Internet.

IoT: Internet of Things. Internet de las cosas.

IP: Internet Protocol. Protocolo de internet.

JADE: Java Agent Development framework. Marco de desarrollo de agentes java.

LAN: Local Area Network. Red de área local.

LAPD: Link Access Protocol for D-channel. Protocolo de acceso de enlace para los canales.

LF: Load Factor. Factor de carga.

Load profile. Perfil de carga.

LR: Linear Regression. Regresión lineal.

LSSVM: Least Squares Support Vector Machine. Máquina de vector de soporte de mínimos cuadrados.

LSTM: Long Short-Term Memory. Memoria a corto plazo.

LTE: Long Term Evolution.

LTLF: Long-Term Load Forecasting. Predicción de la demanda a largo plazo.

MAN: Metropolitan Area Network. Red de área metropolitana.

MAPE: Mean Absolute Percentage Error. Error absolute medio porcentual.

MAS: Multi-Agent System. Sistema multi-agente.

Master. Maestro.

MCFC: Molten Carbonate Fuel Cells. Pila de combustible de carbonato fundido.

MCOV: Modified COVariance. Covarianza modificada.

ME: Microrredes eléctricas.

MGCC: MicroGrid Center Controller. Controlador central de la microrred.

MIME: Multipurpose Internet Mail Extensions. Extensiones multipropósito de correo de internet.

ML: Minimum Load. Carga mínima.

MLP: Multi-Layer Perceptron. Perceptrón multicapa.

MPLS: Multiprotocol Label Switching. Conmutación multiprotocolo de la etiqueta.

MPPT: Maximum Power Point Tracking. Seguidor del punto de máxima potencia.

MTLF: Medium-Term Load Forecasting. Predicción de la demanda a medio plazo.

Multi-ME: Multi-microrredes eEléctricas.

NARX: Nonlinear AutoRegressive with eXogenous inputs. Autorregresivo no lineal con entradas exógenas.

NB-PLC: Narrowband PLC. PLC de banda estrecha.

NEDO: New Energy and Industrial Technology Development Organization. Organización para el desarrollo de las nuevas tecnologías de la energía y la tecnología industrial.

NFS: Network File System. Sistema de archivos de red.

NWP: Numerical Weather Prediction. Predicción climática numérica.

OFDM: Orthogonal Frequency Division Multiplexing. Multiplexación por división de frecuencia ortogonal.

Offshore: Costa afuera o fuera de tierra.

OLS: Ordinary Least Squares. Mínimos cuadrados ordinarios.

Onshore. En tierra.

OPC: OLE for Process Control. OLE para control de procesos.

OSI: Open Systems Interconnection. Modelo de interconexión de sistemas abiertos.

OSPF: Open Shortest Path First. Abrir el camino más corto primero.

Outliers. Valores atípicos.

PAFC: Phosphoric Acid Fuel Cells. Pila de combustible de ácido fosfórico.

PAN: Personal Area Network. Red de área personal.

PCA: Principal Component Analysis. Análisis de componente principal.

PCC: Point of Common Coupling. Punto de acoplamiento común.

Peer-to-Peer. Red de pares.

PG: Peak Generation. Generación pico.

PL: Peak Load. Carga pico.

PLC: Power Line Communications. Comunicaciones mediante línea de potencia.

PNN: Probabilistic Neural Network. Red neuronal probabilística.

POP3: Post Office Protocol. Protocolo de oficina de correo.

PPP: Point-to-Point Protocol. Protocolo punto a punto.

PRIME: PoweRline Intelligent Metering Evolution. Evolución de medida inteligente *powerline*.

PSO: Particle Swarm Optimization. Optimización por enjambre de partículas.

QoS: Quality of Service. Calidad de servicio.

RARP: Reverse Address Resolution Protocol. Protocolo de resolución de direcciones inversa.

RBF. Radial Basis Function. Función de base radial.

RBFN: Radial Basis Function Network. Red de funciones de base radial.

RDSI: Renewable and Distributed Systems Integration. Integración de sistemas distribuidos y renovables.

RES: Renewable Energy Sources. Fuentes de energía renovables.

RFD: Reduced Function Device. Dispositivo de función reducida.

RFID: Radio Frequency Identification. Identificación por radiofrecuencia.

RIP: Routing Information Protocol. Protocolo de Información de Encaminamiento.

SB: Smart Building. Edificio inteligente.

SC: Smart City. Ciudad inteligente.

SCADA: Supervisory Control And Data Acquisition. Supervisión, control y adquisición de datos.

SCTP: Stream Transmission Control Protocol. Protocolo de control de transmisiones de corrientes.

SD: Spectral Decomposition. Descomposición espectral.

SDH: Synchronous Digital Hierarchy. Jerarquía Digital Síncrona.

SG: Smart Grid. Red eléctrica inteligente.

SGSN: Serving GPRS Support Node. Nodo de apoyo GPRS de servicio.

SH: Smart Home. Hogar inteligente.

Slave. Esclavo.

SM: Smart Meter. Medidor inteligente.

SMB: Server Message Block. Bloque de mensajes de servidor.

Smart Environment. Entorno inteligente.

SMES: Superconducting Magnet Energy Storage. Almacenamiento de energía en superconductores magnéticos.

SMS: Smart Metering System. Sistema de medida inteligente.

SMPP: Short message peer-to-peer. Mensajes cortos punto a punto.

SMTP: Simple Mail Transfer Protocol. Protocolo de transferencia simple de correo.

SNMP: Simple Network Management Protocol. Protocolo simple de administración de red.

SOA: Service Oriented Architecture. Arquitectura orientada al servicio.

SoC: State of Charge. Estado de carga.

SOFC: Solid Oxide Fuel Cell. Pila de combustible de óxido sólido.

SOM: Self-Organizain Map. Mapa autoorganizado.

SONET: Synchronous Optical Network. Red óptica sincronizada.

SP: Smart Place. Lugar inteligente.

SPX: Sequenced Packet Exchange. Intercambio de Paquetes Secuenciados.

SSL: Secure Sockets Layer. Capa de conexión segura.

STGF: Short-Term Generation Forecasting. Predicción de la generación a corto plazo.

STLF: Short-Term Load Forecasting. Predicción de la demanda a corto plazo.

STP: Shielded twisted pair. Cable de par trenzado apantallado.

STP(2): Spanning Tree Protocol. Protocolo del árbol esparcido.

SVM: Support Vector Machine. Máquina de vector soporte.

SVR: Support Vector Regression. Regresión de vector soporte.

SW: Smart World. Mundo inteligente.

SWB: Switchboard. Cuadros de distribución.

TCP: Transmission Control Protocol. Protocolo de control de transmisión.

TLS: Transport Layer Security. Seguridad de capa de transporte.

ToU: Time of Use. Tiempo de uso.

TP: Time of the Peak. Tiempo del pico.

TSO: Transmission System Operator. Operador del sistema de transporte.

TVPP: Technical Virtual Power Plant. Planta de energía virtual técnica.

UC: Unit Commitment. Compromiso de unidad.

UDP: User Datagram Protocol. Protocolo de datagramas de usuario.

UPS: Uninterruptible Power Supply. Suministro de potencia ininterrumpido.

USB: Universal Serial Bus. Bus universal en serie.

Utility. Compañía de bienes de servicio.

UTP: Unshielded twisted pair. Cable de par trenzando no apantallado.

VAR: Vector AutoRegressive. Vector autorregresivo.

VG: Valley Generation. Generación valle.

VL: Valley Load. Carga valle.

VLAN: Virtual LAN. LAN virtual.

VPP: Virtual Power Plant. Planta de energía virtual.

VSTLF: Very Short-Term Load Forecasting. Predicción de la demanda a muy corto plazo.

WAN: Wide Area Network. Red de área amplia.

WLAN: Wireless LAN. LAN inalámbrica.

WPAN: Wireless Public Area Network. Red de área pública inalámbrica.

Capítulo 1

LAS *SMART GRIDS* Y EL CONCEPTO DE MICRORREDES ELÉCTRICAS

"En lo pequeño está lo grande. El niño contiene al hombre, el cerebro es estrecho y alberga el pensamiento, el ojo es un punto y abarca leguas"

– Alejandro Dumas

1.1. Introducción

Como bien decía Alejandro Dumas, *"en lo pequeño está lo grande"*. A partir de esta frase vamos a dar comienzo al libro de texto titulado *"Microrredes Eléctricas"* (ME). Una microrred eléctrica engloba tantos componentes y de tan variada procedencia, que hará que se convierta en un sistema complejo, pero interesante a la vez y con ciertos beneficios.

La idea de una microrred eléctrica no es nueva, ya a comienzos de la década de los noventa del siglo pasado comenzaron a aparecer, pero la irrupción de nuevas fuentes de energía (renovable o no renovable), la necesidad de sistemas de energía más eficientes, el despliegue de Tecnologías de la Información y Comunicaciones (TIC), el empleo de elementos de electrónica de potencia más cerca de los consumos finales, generadores en puntos próximos a la demanda y el despliegue de almacenamiento masivo, las sitúa en el ojo del huracán en cuanto a las tecnologías de mayor proyección.

Junto a lo anterior, se une la necesidad de tener entornos medioambientalmente no agresivos, tanto para el ser humano como para la vida en general. Tanto el siglo pasado como el actual, vienen caracterizados por una creciente necesidad de energía, la cual deberá ser respaldada por una cantidad importante de recursos energéticos. Es en este punto donde las microrredes eléctricas toman relativo protagonismo, ya que como veremos, uno de sus principales pilares es el aprovechamiento de los recursos disponibles en el emplazamiento donde se sitúan, para poder generar la energía necesaria para la microrred eléctrica.

La sociedad moderna depende de un suministro de energía fiable. La creciente preocupación por la disponibilidad de energía primaria y el envejecimiento de la infraestructura de las redes de transporte y distribución eléctrica actuales, son un reto desafiante en términos de seguridad, fiabilidad y calidad del suministro eléctrico. En este punto, las microrredes eléctricas vuelven a ser elementos clave para conseguir lo anteriormente indicado; por tanto y pese a su dificultad de coordinación e integración, se convierten en nuevas infraestructuras a implementar.

Las redes de electricidad tienen que hacer frente a los cambios tecnológicos, de los valores de la sociedad, del medio ambiente y de la economía. Por tanto, la seguridad del sistema, la seguridad en la operación, la protección del medio ambiente, la calidad de la energía, el costo de la oferta y la eficiencia energética deben ser examinados profundamente, en tanto en cuanto respondan a las necesidades cambiantes en un mercado liberalizado. Las tecnologías también deben demostrar la fiabilidad, la sostenibilidad y la rentabilidad que se les presuponen.

La red eléctrica inteligente (*Smart Grid*, SG) es la evolución de las redes eléctricas. De acuerdo con la *European Technology Platform of Smart Grids* [1], una *Smart Grid* es:

> *"una red que emplea productos y servicios innovadores junto con el control inteligente, control, comunicación y tecnologías de autosanación"*

Es necesario destacar que, dentro del sistema eléctrico, el nivel de transporte ha incorporado desde hace mucho tiempo sistemas *inteligentes* en su infraestructura [2]. El nivel de la distribución, sin embargo, comenzó a incorporar dichos sistemas posteriormente. Este esfuerzo se establece con el fin de [1]–[5]:

- Mayor acceso a la generación distribuida (*Distributed Generation*, DG) y en un alto porcentaje, basado en las fuentes de energía renovables (*Renewable Energy Sources*, RES), ya sea para autoproducción o producida por los operadores de redes de distribución locales,
- Permitir la gestión de la demanda, interactuando con los usuarios finales a través del sistema de medida inteligente (*Smart Metering System*, SMS).
- Aumentar los niveles de seguridad, calidad y fiabilidad de la energía.

En resumen, las redes de distribución están pasando de ser pasiva a activas, en el sentido de que la toma de decisiones y el control se distribuyen y los flujos de potencia son bidireccionales [6], [7]. Este tipo de red facilita la integración de la generación distribuida, las fuentes de energía renovables, la integración de la demanda (*Demand Side Integration*, DSI) y las tecnologías de almacenamiento de energía, creando nuevas oportunidades de negocio [7].

La organización y potencialidad de las microrredes eléctricas se basan en las capacidades de control sobre la operación de la red [8], [9], ofreciendo una cada vez más creciente penetración de las fuentes de generación distribuida [10], incluyendo microgeneradores, pilas de combustible y sistemas fotovoltaicos. Los elementos de generación distribuida deben unirse con los de almacenamiento eléctrico y distribuido. Tales elementos de almacenamiento pueden ser los volantes de inercia, condensadores de energía y baterías [8], [9], [11]–[14].

En general, la aplicación de control es la característica clave que distingue a las a microrredes eléctricas de las redes de distribución con solo generación distribuida y almacenamiento eléctrico distribuido [8], [9], [13], [15].

Desde la perspectiva del cliente, las microrredes eléctricas tienen grandes ventajas: aumentan la fiabilidad local, reducen las emisiones nocivas (dependerá de si las tecnologías de generación son renovables), disminución de los costos del suministro de la energía y mejoran niveles de tensión y frecuencia [8], [16].

Para el operador de la red, una microrred eléctrica puede ser considerada como una unidad controlada dentro del global del sistema de energía y que puede ser operada como una sola carga agregada o como un único generador agregado o, también como una pequeña fuente de alimentación con unos servicios auxiliares de apoyo a la red [8], [12].

Para la *utility*[1], la aplicación de microgeneradores puede reducir la demanda para las instalaciones de distribución y transporte. Claramente, la generación distribuida reduce las

---

[1] Empresa en la industria de la energía eléctrica que se dedica a la generación y distribución de electricidad para la venta de electricidad en un mercado regulado.

pérdidas, cuando se instala cerca de los puntos de consumo y en ocasiones mejora la calidad del servicio ofrecido. Lo anterior deberá estar acompañado de elementos de almacenamiento eléctrico distribuido, consiguiendo que el efecto de apoyo a la red se multiplique de forma sustancial [8], [9], [11], [12], [14], [15], [17]–[19].

En las siguientes secciones, tras explicar más en detalle el concepto de *Smart Grid*, se tratará de centrar el foco del lector en las microrredes eléctricas. Posteriormente se presentarán las diferencias y similitudes existentes entre la *Smart Grid* y una microrred eléctrica, así como las pautas para identificar una microrred. De la misma forma, se diferenciará una microrred eléctrica de una planta de potencia virtual (*Virtual Power Plant*, VPP) y una comunidad energética. A continuación, se presentarán las principales evoluciones de la microrred eléctrica, así como su mapa de ruta. Por último, se presentará un resumen del capítulo y una serie de preguntas y cuestiones de autoevaluación serán formuladas, para que el lector pueda autoevaluar su grado de afianzamiento de los conocimientos adquiridos.

1.2. *Smart Grids*

Esta sección comenzará con una introducción al sistema eléctrico, para continuar presentando la evolución del propio sistema hacia el paradigma de la *Smart Grid*, para finalmente mostrar los principales actores que forman parte de este nuevo escenario.

1.2.1. Orígenes del sistema eléctrico

El control de la electricidad debe su éxito a numerosos nombres en la historia: Benjamin Franklin (1706-1790), Alessandro Volta (1745-1827), André-Marie Ampère (1775-1836), Heinrich Lenz (1804-1865) o James Clerk Maxwell (1831-1879). Todos ellos aportaron conocimiento para poder entender y manejar la electricidad.

En 1879, Thomas Alva Edison (1847-1931) diseñó y fábrico la dinamo de corriente continua, lo que permitió posteriormente instalar en 1882 en Appleton (Estados Unidos), una central eléctrica para alimentar 250 bombillas [20]. En Europa, las primeras centrales hidroeléctricas se instalan hacia 1890 y comienza el "*boom*" del sistema eléctrico, en muchos casos a pequeña escala.

En 1888, Nikola Tesla presenta su aplicación de corriente alterna para el empleo en motores eléctricos, empleando para ellos transformadores eléctricos [21]. Este hecho puede considerarse como el primer hito de las bases del sistema de transporte y distribución eléctrico que conocemos hoy en día. En esa época, comienza la llamada "*guerra de las corrientes*" entre Tesla y Edison.

En este momento, se concibió la idea de no construir las centrales en los núcleos de consumo. Esta manera de generar energía eléctrica lejos de los puntos de consumo estaba propiciada por dos situaciones principalmente: el poco desarrollo de las protecciones eléctricas en ese momento (ocurrían accidentes en las dependencias de los consumidores asociados a la generación y distribución) y que el desarrollo de la infraestructura eléctrica se empieza a ver ésta como un próspero modelo de negocio.

A partir de esto y ya en España, se comienzan a instalar centrales hidroeléctricas y surgen las primeras empresas de suministro de energía eléctrica, principalmente para el alumbrado público. Hacia 1881 se crea la empresa Hidrocantábrico y ya en 1944 se crea Endesa como empresa pública.

Ya en la década de los 70 del siglo pasado irrumpe en el sector eléctrico la aparición de las Tecnologías de la Información y Comunicaciones, gracias al apoyo militar, bancario y por supuesto, de las compañías eléctricas.

Por lo que respecta a las energías renovables, éstas han sido siempre usadas por la humanidad. Los persas dominaban el viento, para sus barcos, pero también para sus molinos de grano de eje vertical. Posteriormente surgen los molinos hidráulicos y las máquinas eólicas evolucionan a los molinos de viento para molienda (molinos holandeses). Debido a la inestabilidad de estas tecnologías (dependencia del recurso) y a la aparición de la máquina de vapor, los ingenios renovables van siendo abandonados poco a poco. Pero hacia 1970 (en cierta medida catapultado por la "*crisis del petróleo*" de 1973) las tecnologías renovables vuelven a cobrar sentido y se posicionan como energías alternativas (de aquí su nombre inicial) a las energías tradicionales [22]. Hoy en día son conocidas como energías renovables (tecnologías renovables) y son una realidad.

Desde una perspectiva histórica, las principales fuentes de generación eran grandes plantas que proporcionaban una potencia enorme. Pese a que este modelo se mantiene en la actualidad, veremos que aparecen elementos generadores de menor potencia, que complementan a las grandes centrales y que hacen que el modelo deje de ser tan rígido y jerárquico, posibilitando nuevos paradigmas de generación y distribución.

Para poder unir estas grandes centrales de generación (incluidas las grandes centrales de generación renovable) con los consumos, es preciso gestionar las grandes infraestructuras de transporte, apareciendo la figura del operador del sistema de transporte (*Transmission System Operator*, TSO) y posteriormente el operador del sistema de distribución (*Distribution System Operator*, DSO) para distribuir la energía a los consumos finales [2].

Para concluir, sintetizaremos lo más destacado que se ha presentado. Inicialmente, la energía se transportaba y distribuida en forma de corriente continua o alterna, esto supuso en sí mismo una lucha de poder entre defensores de una forma u otra de transmisión. La aparición de la electricidad supone en sí misma una gran revolución, por lo que todo el mundo quiere disfrutar de ella, lo que obliga a disponer de grandes centrales para abastecer a los, cada vez más, consumidores de energía eléctrica. Esto propicia la aparición de grandes infraestructuras de transporte y distribución de energía eléctrica. Una consecuencia directa de la aparición de estas mastodónticas infraestructuras es que el consumo eléctrico se alejaba en distancia del punto de generación eléctrica. Finalmente, la Figura 1.1 muestra los principales hitos en la evolución del sistema eléctrico.

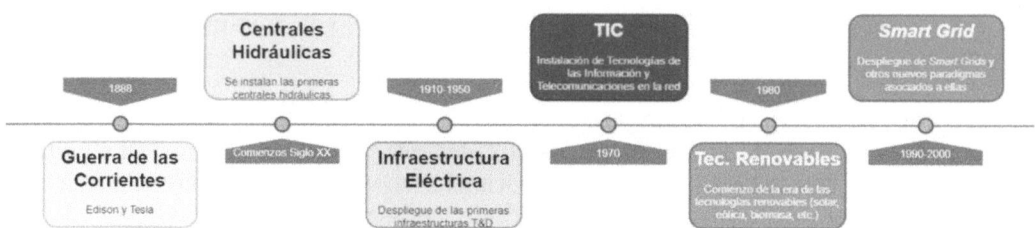

Figura 1.1. Resumen de los principales hitos del sector eléctrico. Fuente: elaboración propia.

1.2.2. Evolución del sistema eléctrico hacia la *Smart Grid*

La propia infraestructura, con su tamaño que creció de forma incontrolada, hizo del sistema eléctrico un ente complicado en cuanto a su control. Las grandes distancias para el transporte de la energía requerida por los consumidores la hicieron además muy ineficiente, ya que sus pérdidas por transporte y distribución aumentaron alarmantemente. Además, y hasta ese momento, los consumidores finales no eran tenidos en cuenta en el sistema, desde una perspectiva de la toma de decisión.

Pero el modelo comenzó a cambiar a finales del siglo pasado, integrando elementos con determinada inteligencia en ciertos tramos del sistema eléctrico. Al comienzo fue en el nivel de transporte, pero a comienzos de este siglo se empezó a dotar de inteligencia al nivel de distribución y ya de forma mucho más reciente a nivel del punto final de consumo [2], [23].

De esta manera surge la *Smart Grid*, término traducible por *"red de energía eléctrica inteligente"*, para intentar optimizar la producción y la distribución de electricidad. Posteriormente, también se aprovecha para mejorar la fiabilidad y robustez del sistema [3], [23].

Numerosas son las definiciones que aparecen sobre *Smart Grid* en tesis doctorales, libros, artículos científicos, trabajos fin de grado o máster y se anima a los lectores a que indaguen en las peculiaridades del concepto en algunas de las obras que a continuación se citan [1], [3], [5]. No obstante, como buen libro de texto sobre la temática, a continuación, se destacan las definiciones más interesantes sobre *Smart Grid*, a saber:

- Según el Electric Power Research Institute (EPRI): *"sistema eléctrico capaz de suministrar energía a millones de clientes, dotado de una infraestructura de comunicaciones inteligente que permite establecer puntualmente el flujo de información adaptable y seguro necesario para abastecer una economía digital en constante evolución"* [24].

- Según la compañía General Electric: *"es internet de la energía que distribuye información de la red eléctrica en tiempo real para potenciar elecciones energéticas más inteligentes"* [24].

- De nuevo, General Electric dice: *"red de transmisión y distribución avanzada que emplea información digital y tecnologías de control para mejorar la fiabilidad, la seguridad y la eficiencia"* [24].

- Según otros autores: *"hardware y software incorporados al sistema eléctrico para conseguir una reacción más autónoma ante eventos que puedan afectar a la red y una eficiencia operativa diaria del suministro"* aparece en [2].

Uno de los elementos base de la *Smart Grid* es el *medidor inteligente* (*Smart Meter*, SM), ya que permitirá realizar una medición a distancia y más precisa de los consumos, facilitando la facturación por franjas horarias y entregar al usuario una posibilidad de seleccionar la mejor tarifa según sus consumos. Este sistema permite conocer de manera oportuna y precisa el comportamiento de la demanda y con ello, poder adaptar la curva de generación para optimizar la operación de la red de distribución a nivel local.

Y aparece el concepto de *prosumer*, para identificar aquellos consumidores, que además de seguir consumiendo energía eléctrica, pueden producirla, fomentando el flujo de potencia bidireccional. Estos *prosumidores* surgen en gran medida por la integración de las tecnologías renovables cerca de los puntos de consumo.

Este concepto de *prosumidor* fue propuesto Alvin Toffler en 1970, dentro de su libro *"El shock del futuro"*, donde de forma básica se pronosticaban grandes transformaciones en la sociedad y en los seres humanos. Dentro de estos cambios, Toffler acuñó este término, donde el ser humano consumiría, pero produciría a la vez [25]. Este término encaja perfectamente con el concepto aplicado en el sistema eléctrico, donde gracias a ciertos cambios estructurales, de infraestructura y de paradigma, los consumidores comienzan a producir energía eléctrica en el propio lugar del consumo. Como se verá en capítulos posteriores, en los comienzos, la generación eléctrica tenía sentido cerca del propio consumo eléctrico, por lo que existía una frágil frontera entre la generación y el consumo debido a esta cercanía. Esta frontera ahora desaparece con el concepto de *prosumidor*.

Lo comentado anteriormente aporta otra pincelada de distinción para la *Smart Grid*, aparece el concepto de bidireccionalidad, ya que como se ha comentado, la infraestructura de la red eléctrica permitirá el paso de la energía en ambas direcciones

Por tanto, una *Smart Grid* integrará fuentes de generación y almacenamiento, cada vez más cercanas a los consumos, a través de la red de distribución, intercalando elementos inteligentes distribuidos en transporte, distribución y baja tensión, para tratar de obtener una mejor operación y conseguir mayor eficiencia del sistema. Tanto la generación como el almacenamiento serán igualmente distribuidos.

Algunos autores indican que para que una red eléctrica sea inteligente y, por tanto, una red de futuro deberá reunir los siguientes requerimientos [1], [3], [8]:

- Flexible en cuanto que la red deberá satisfacer las necesidades de los clientes, sin olvidar que deberá responder a los cambios tecnológicos futuros.

- Accesibilidad en cuanto que la red deberá poder ser accedida por todos los usuarios que la componen, haciendo especial énfasis en las fuentes de generación renovables, así como en la proliferación de las unidades de generación locales y de menor potencia.

- Fiabilidad con una alta calidad en el suministro.

- La *Smart Grid* deberá propiciar nuevos modelos de negocio que orbitarán sobre la infraestructura de red y los servicios aportados.

Los requerimientos mencionados posibilitarán los siguientes objetivos [1], [3]:

- Generar soluciones técnicas de bajo coste que puedan ser desplegadas de forma rápida y eficaz sobre la infraestructura de red existente y la definición de estándares técnicos y protocolos abiertos, los cuales asegurarán la implantación de las mencionadas soluciones técnicas.

- Desarrollar herramientas tecnologías de la información y Comunicaciones que posibiliten nuevos negocios y servicios que ofrezcan un valor añadido a la existente infraestructura de red. Los beneficiados de estos desarrollos serán:

  — El operador del sistema de transporte.

  — El operador del sistema de distribución.

  — Los clientes de la red.

- Unificar marcos regulatorios y comerciales de forma transnacional para afianzar los logros conseguidos.

- Aprovechar la infraestructura de la red existente, tratando de sincronizar el avance de los nuevos diseños y modelos implantados y los clásicos ya existentes.

Puede decirse que el consumidor ha sido el gran olvidado en el sistema eléctrico y, por tanto, la infraestructura de red eléctrica simplemente se ha enfocado en satisfacer las necesidades de los grandes productores de energía y de los consumidores, pero de forma independiente. Por otro lado, el paradigma de generación también está cambiando y la penetración de las tecnologías renovables es una realidad, por lo que las condiciones de la infraestructura de red deben acoger a los consumidores y de una forma distinta a como se ha venido realizando.

En este contexto, se están creando iniciativas que pretende modernizar las ya vetustas infraestructuras de red eléctrica. Es el caso de la Plataforma Tecnológica Europea (*European Technology Platform*, ETP) *Smart Grid*, que se creó en 2005 para formar una visión conjunta de las redes europeas de energía eléctrica y tratar de conseguir los objetivos del 2020, ahora ampliados con los objetivos de la estrategia de energía 2050. La plataforma incluye a representantes de la industria, operadores del sistema de transporte, operadores del sistema de distribución, gestores de redes, organismos de investigación y reguladores. Entre los objetivos marcados por Europa están [26]:

- Servir de catalizadores para el desarrollo de una nueva infraestructura de red eléctrica en Europa.

- Servir de comunicador entre la evolución del sector, las oportunidades de negocio, así como los retos potenciales derivados de la implantación de las redes de futuro.

- Definir un marco regulatorio más sostenible en Europa.

- Investigar, desarrollar y apoyar proyectos de *Smart Grid*.

En la Figura 1.2 se pueden ver las principales características de la infraestructura de red clásica (infraestructura siglo XX) frente a las novedades que aporta la nueva infraestructura de red (*Smart Grid*, siglo XXI). De la Figura 1.2, una de las características más destacada es la de *consumidores activos*, ya que va a permitir que éstos sean partícipes de la toma de decisiones en la red. Además, otra de las cualidades a destacar es la de *comunicaciones bidireccionales*, ya que la información va a fluir desde el centro de control a los consumidores y viceversa.

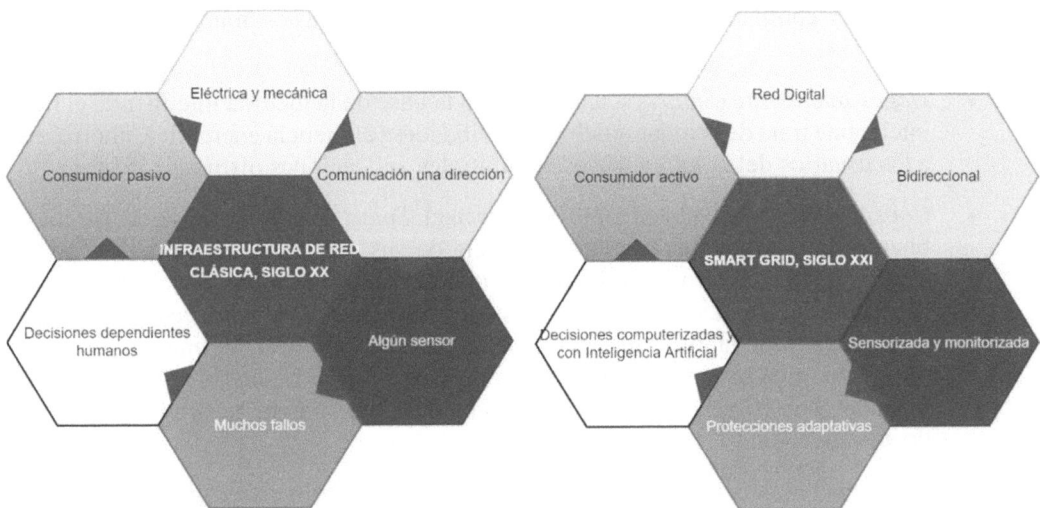

Figura 1.2. Principales características de la infraestructura de red clásica y la nueva infraestructura del futuro. Fuente [2], [27], [28], elaboración propia.

1.2.3. Nuevos actores en el horizonte de las *Smart grids*

Entre otras cosas, el nuevo paradigma de *Smart Grid* se puede asociar a una red de distribución de energía eléctrica *inteligente* y que emplea Tecnologías de la Información y Comunicaciones con el fin de optimizar la producción y la distribución de la electricidad, para poder equilibrar mejor la oferta y la demanda entre los productores y los consumidores. Por tanto, se fundamentará en la optimización de la producción y distribución y en el equilibrio de generación y demanda.

Aparece una serie de actores alrededor de la *Smart Grid*, los cuales se muestran en la Figura 1.3. De forma resumida, algunos autores destacan los siguientes nuevos conceptos y actores, a saber [2], [3]:

- *Respuesta a la demanda* (*Demand Response*, DR): pretende desplazar la demanda de manera controlada, para intentar ajustar la generación a la demanda. Este método está siendo incentivado desde hace más de una década por programas económicos [29], [30].

- *Movilidad eléctrica*: la aparición del vehículo eléctrico (*Electric Vehicle*, EV) debe tenerse en cuenta tanto por el impacto sobre la infraestructura eléctrica, como por sus nuevos modelos de negocios alrededor de los mismos y la infraestructura de red [31], [32].

- *Medidor inteligente*, dispositivo encargado de registrar la bidireccionalidad de la energía, bien en un consumo o un *prosumidor* y que permite el control digital de la producción y el consumo de la energía eléctrica [33]. De esta forma, usuarios de la energía y compañías distribuidoras y comercializadoras estarán totalmente conectados [34].

- *Hogar inteligente* (*Smart Home*, SH): con la base de la medida inteligente, el hogar inteligente trata de brindar muchas posibilidades (eficiencia energética, ahorro, etc.) a los usuarios del hogar, a través de múltiples aplicaciones distintas [35].

- *Consumidores inteligentes* (*Smart Customer*): *Smart Customer* persigue que los habitantes de los hogares tomen conciencia de sus acciones, por lo que es posible afirmar que es un término complementario al de *Smart Home* [36]. Surge el paradigma de información y conocimiento (*Information and Knowledge*, I&K) [2], donde a partir de la información recibida, los usuarios finales de energía tratarán de obtener un mayor conocimiento de sus acciones, para buscar mejoras medio ambientales y de eficiencia energética. Lo anterior ya ha sido demostrado en proyectos de investigación [37].

- De forma paralela a la *Smart Grid*, surge la ciudad inteligente (*Smart City*, SC), en donde todas las infraestructuras están monitorizadas y sensorizadas y cuyo objetivo principal (no el único) es poder mejorar la calidad de vida de los ciudadanos de la *Smart City* [38].

- *Edificio inteligente* (*Smart Building*, SB): los nuevos edificios deben integrar de forma implícita la mayoría de las necesidades de las infraestructuras: energía renovable, sensórica, control, confort, inteligencia artificial, etc. [39]; de esta forma, los usuarios podrán ser *Smart Customer*.

- *Entorno inteligente* (*Smart Environment*, SE): por medio de la inteligencia artificial, el entorno obtiene información de los sensores y necesidades de los usuarios del hábitat y toma decisiones orientadas al control y gestión del medio ambiente [40]. Basado en el internet de las cosas (*Internet of Things*, IoT) [41].

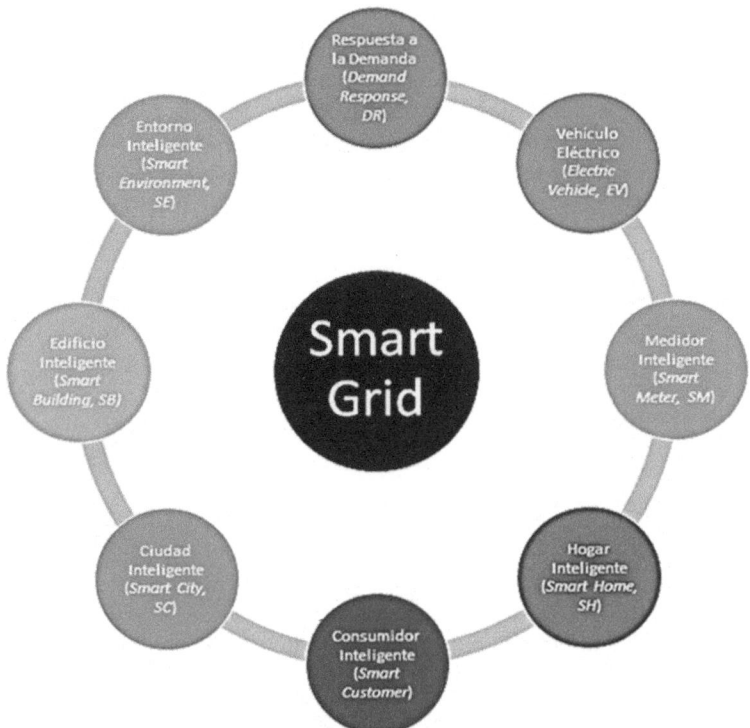

Figura 1.3. Nuevos actores alrededor de la *Smart Grid*. Fuente [2], [42], elaboración propia.

La *Smart Grid* pretende mejorar sus procesos de producción y suministro eléctricos a partir de la sensórica e inteligencia integrada en su infraestructura; adicionalmente, una *Smart City* es una ciudad, que a partir de elementos IoT e inteligencia, tratará de atender a todos los actores que la conforman, como son:

- Gobernanza y ciudadanía [43].

- Economía [43].

- Medio ambiente [44].

- Vehículo eléctrico [45].

- Infraestructuras [46], etc.

Es difícil afirmar si la *Smart Grid* integra a la *Smart City* o al revés, lo que sí parece acertado es asegurar que, en la infraestructura eléctrica inteligente, convivirán numerosas ciudades, las cuales cada día tienen una mayor capacidad de decidir a partir de la información que manejan.

Como ya veremos, una microrred eléctrica se solapa conceptualmente con una planta de energía virtual (*Virtual Power Plant*, VPP), pudiendo o no formar parte de la *Smart City* y, por tanto, de la *Smart Grid*.

Además, las diferentes infraestructuras urbanas conviven dentro de la *Smart City* y toda la información local empleada para la gestión de cada uno de aquellas, puede servir para otro tipo de decisiones en la ciudad. Sensores, inteligencia, actuadores, etc., formarán parte de una infraestructura particular, pero a la vez, servirán para otro tipo de propósito dentro de la propia ciudad, surgiendo el concepto de lugar inteligente (*Smart Place*, SP) [2], [42], [47], [48]. La Figura 1.4 trata de reflejar lo que este nuevo paradigma es para la ciudad.

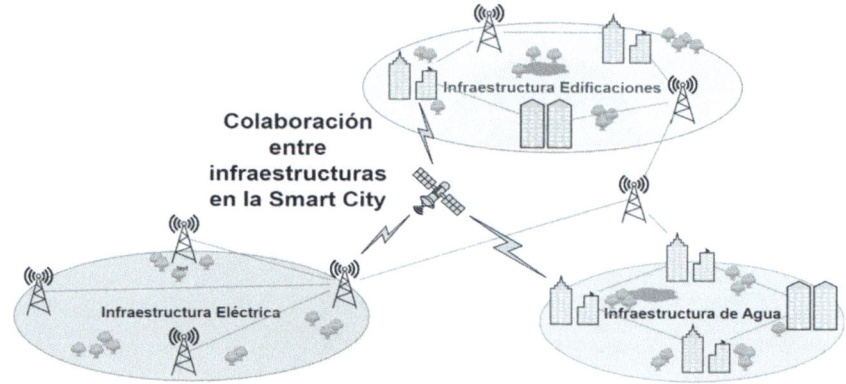

Figura 1.4. Colaboración de infraestructuras bajo el concepto futuro de *Smart Place*. Fuente [2], [42], elaboración propia.

Es evidente que surgirán nuevos paradigmas acompañados de la palabra *Smart*, por tanto, es evidente la posibilidad de agruparlos dentro de un concepto más amplio y que trate de darles a todos un sentido. El nuevo término es mundo inteligente (*Smart World,* SW), donde la procedencia de datos será muy variada y todas sus aplicaciones estarán encaminadas a la consecución de determinados objetivos, como se observa en la Figura 1.5 [2].

Figura 1.5. Representación del concepto Smart *World*. Fuente [2], [42], elaboración propia.

1.3. Microrred y microrred eléctrica

1.3.1. Definición de microrred y microrred eléctrica

En esta sección se intentará definir tanto el concepto de microrred como el de microrred eléctrica. Posteriormente y centrando el tema en la microrred eléctrica, se propondrán ciertas matizaciones a las definiciones expuestas, que permitirán posteriormente una clasificación de las microrredes eléctricas.

Al igual que con el concepto de *Smart Grid*, se anima al lector a que profundice en la gran cantidad de tesis doctorales, libros, artículos científicos, artículos de congreso, trabajos fin de grado y máster, sobre el concepto de microrred eléctrica. Las distintas definiciones, por ejemplo, aparecen en los siguientes documentos [8], [9], [11]–[15], [17], [18], [49]–[51].

Algunos autores [12], determinan el momento del comienzo del concepto de microrred con Lasseter en 2001 [52], pero esta afirmación debe ser matizada. Ya en 1997, una ponencia del NREL titulada *"Village microgrids: The Chile project"*, planteó la existencia de este concepto, donde ya el autor de la ponencia distingue entre minigrid, microgrid y combinación de ambas [53]. Es cierto que lo planteado en este proyecto en Chile tendría que ser complementado con ciertos elementos accesorios para poder llegar a lo que hoy entendemos como microrred. Continuando con lo presentado en 1997, el autor presenta unas ventajas asociadas a las microrredes eléctricas, pero también ciertas desventajas. En esta ponencia se identificaron 3 emplazamientos ideales para la instalación de estos proyectos piloto: Pauacho (Chile), isla Nauhel Huapi (Argentina) y Villa las Araucarias (Chile).

No obstante, y para comenzar esta sección, es necesario presentar la definición dada por el *Consortium for Electric Reliability Technology Solutions* (CERTS), a saber [54]:

> *"(…) una agregación de cargas y microgeneradores operando como un sistema único que provee tanto energía eléctrica como térmica (…)"*

Esta agregación, tanto de generadores como de cargas, permite aprovechar las oportunidades económicas y técnicas que aparecen en el mercado liberalizado y, además, posibilita un planteamiento de generación y consumo mucho más eficiente [11]. La microrred es capaz de sacar ventaja en los mercados micro y locales que surgen como una oportunidad de negocio, gracias a la gestión de la microgeneración [55].

Tras la anterior definición hemos podido observar que bajo el paraguas de la microrred se pretende dar solución a un problema térmico y a uno eléctrico [11]. Con independencia de que ambos sistemas puedan convivir en el mismo espacio y debido a la complejidad de ambos, se ha creído conveniente abordar tan sólo la parte eléctrica, surgiendo por tanto la microrred eléctrica.

La gestión de la microrred dependerá en cierta medida del control de los microgeneradores que la integran, por lo que será necesaria la gestión y el control de los convertidores de potencia [11]. Ya se puede observar cómo cierta clave en la microrred eléctrica consiste en el control de sus elementos, pero no sólo de generadores, habrá que controlar también el almacenamiento eléctrico y las cargas que la integran.

En la definición del CERTS sobre microrred y centrándonos en la parte eléctrica, no se especifica si ésta funciona de manera aislada de la red de distribución o conectada a la misma. Aunque también veremos que una de las funcionalidades de la microrred eléctrica es la de poder desconectar y conectar la microrred eléctrica de la red de distribución.

Tecnalia[2], por su parte, redefine la microrred eléctrica como [11]:

> "(…) *el sistema formado por fuentes de generación, equipos de almacenamiento y cargas conectadas eléctricamente, que puede funcionar tanto conectado al sistema principal como aislado del mismo en el caso de perturbaciones eléctricas, que se controla desde el operador del sistema como un sistema agregado y en el que hay que planificar y gestionar la energía generada y consumida*"

La anterior definición es muy clara y complementa a la inicialmente dada por el CERTS. Tecnalia sí aporta la funcionalidad que debe tener la microrred eléctrica para poder conectarse de la red de distribución a la que esté conectada. Este hecho es muy importante, ya que como se verá más adelante, esta función es primordial para la microrred eléctrica y hace que la distinga de otros escenarios que pueden confundirse con la misma. De forma resumida, la desconexión de la microrred eléctrica de la red de distribución puede ser debido a que aquella puede estar interesada en preservar ciertos parámetros internos de calidad en un momento determinado, o simplemente una decisión puramente económica.

Tal como vuelve a remarcar [11], en las definiciones manejadas de microrred eléctrica no se especifica si la conexión debe de ser en baja tensión o media tensión, ni fija los límites de su potencia. De una forma resumida, el nivel de tensión dependerá de la aplicación de la microrred eléctrica, del volumen de demanda que se pretenda satisfacer, así como de su ubicación física.

Lo que no está nada claro es el tamaño de la microrred eléctrica, pudiendo ocupar toda una región extensa, una ciudad, un pueblo o una sala de un edificio [2]. Con independencia de lo anterior y de manera abstracta y global, en la Figura 1.6 se muestra los principales componentes de una microrred eléctrica, los cuales se extenderán a lo largo de los siguientes capítulos. Pero es posible afirmar que los grandes bloques que conforman una microrred son: microgeneradores; almacenamiento; sistemas de comunicaciones, monitorización y gestión de la energía; y control y protección.

---

[2] Tecnalia es una Corporación Tecnológica que nació en 2001 con el principal objetivo de contribuir al desarrollo del entorno económico y social a través del uso y fomento de la Innovación Tecnológica, mediante el desarrollo y la difusión de la Investigación, en un contexto internacional.

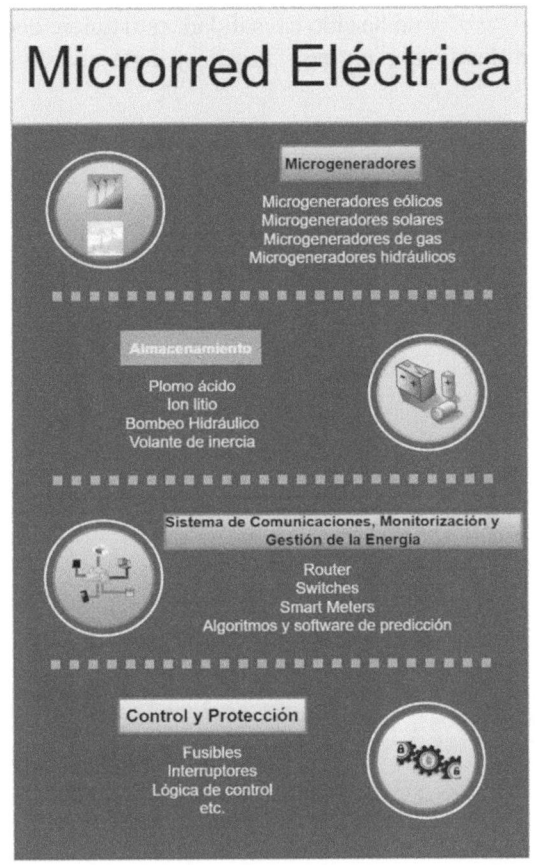

Figura 1.6. Microrred eléctrica conceptual. Fuente [2], elaboración propia. Elaboración a partir de componentes de [56]–[58].

1.3.2. Clasificación de las microrredes eléctricas

Cuando usted se plantea la compra de un vehículo, a pesar de parecer algo sencillo, se encuentra ante una situación que requiere cierto grado de decisión. Usted deberá tener claro qué tipo de vehículo quiere (automóvil o motocicleta), tipo de combustible (gasolina, diésel o eléctrico), tipo de cambio (manual o automático en el caso de los automóviles), etc.; por tanto, requiere cierto grado de información previa antes de poder decidir. Dicho esto, en el caso que nos ocupa, microrredes eléctricas, ocurre algo parecido al ejemplo sencillo de la compra del vehículo.

Aunque es complicado dar una clasificación estandarizada, ya que diferentes fuentes emplean distintas clasificaciones [8], [11], [12], [59]–[65], la Figura 1.7 indica una agrupación de las posibles clasificaciones de las microrredes eléctricas. Por tanto, las microrredes eléctricas pueden ser clasificadas según: tipo de servicio, la naturaleza de sus elementos, el emplazamiento seleccionado, el tamaño de ésta, el nivel de tensión a la que se conecta, al tipo de operación que se haga en un momento dado, a la composición de la microgeneración que la conforma, a su almacenamiento, a su potencia instalada y/o al tipo de corriente empleada. La anterior frase ha terminado con "*y/o*" y no ha sido causalidad, esto quiere decir que una microrred eléctrica concreta puede clasificarse en base a todos y cada una de las clasificaciones anteriores.

Figura 1.7. Microrred eléctrica conceptual. Fuente: elaboración propia.

Comenzamos aclarando el concepto *servicio*. En este caso, nos estamos refiriendo a su servicio o función desempeñada y en esta situación podemos encontrarnos antes una microrred eléctrica única o ante una multimicrorred [12]. Entendemos por una microrred eléctrica única como aquella que, conteniendo los elementos básicos de una microrred, no está asociada con ninguna otra, aunque sí podrá estar interconectada con la infraestructura eléctrica de distribución. En cambio, una multimicrorred estará conformada por un conjunto de microrredes eléctricas únicas, donde la gestión será individual por medio de cada una de las microrredes, pero podrá realizarse una gestión y toma de decisiones globalizada. Dentro de las multimicrorredes, aparece el concepto de *microrred eléctrica virtual*, la cual aparece en la instalación de Kyotango (Japón) que se verá en el último capítulo, o como en el proyecto OVI-RED, donde las microrredes (bajo el concepto de multimicrorred) no están físicamente unidas por una infraestructura eléctrica [66].

Continuamos explicando que queremos decir con *naturaleza de los elementos*. Una microrred eléctrica puede estar o no constituida por elementos físicos. Por tanto, la microrred eléctrica puede ser física, simulada o emulada. La física es aquella en la que todos sus elementos (microgeneradores, almacenamiento, cargas, sistema de comunicaciones, etc.) son físicos y están instalados. La simulada es aquella que es definida en algún tipo de software que permita definir la microrred eléctrica para ser simulada posteriormente. La emulada es aquella que dispone de elementos simulados pero que coexisten con elementos físicos, normalmente para tomar medidas de ellos o actuar sobre los mismos.

Con respecto al *emplazamiento* de la microrred, es posible hablar de microrredes eléctricas en entornos rurales o entorno urbanos [19], [67]. En este caso, la clasificación está asociada con el tipo de escenario donde se desarrolle la actividad de los seres humanos. Es necesario destacar que las primeras microrredes se instalaron en los entornos rurales, debido a la dificultad de acceso al suministro eléctrico y aunque las microrredes eléctricas se han acercado a las ciudades, el foco está puesto de nuevo en el mundo rural, a pesar de que en la mayoría de los casos el suministro eléctrico ya ha llegado.

Con respecto al *tamaño* de la microrred eléctrica, algunos autores hablan de *picorred*, *nanorred* y *microrred* [63]. Es cierto que esta clasificación no da mucha información y queda un poco a la interpretación del lector la asignación a los distintos niveles. Los autores de [63], asocian *picorred* con una vivienda, *nanorred* con un edificio o *Smart Building* y la microrred eléctrica con un barrio. Maticemos un poco, ¿y qué pasa si tenemos una microrred eléctrica (conceptualmente) instalada en un aula de una universidad?, pues parece lógico que según la anterior clasificación, estaría bien llamarla *picorred*; ¿y si hablamos de un campus universitario?, en este caso podría asociarse la instalación con una *nanorred*; ¿y si la microrred eléctrica es un pueblo entero o ciudad?, parece lógico que en esta ocasión estaríamos hablando de microrred eléctrica. También se ha comentado, que ya en 1997 se propuso algún proyecto de microrred rural [53] y el autor hacía una primera clasificación de estos entornos, clasificando los sistemas de energía en pueblos en función de su tamaño, apareciendo la microrred, minirred y sistemas combinados; con respecto a las microrredes, el autor establece una carga pico de 50 kW y el abastecimiento de energía es mediante fotovoltaica, eólica, baterías y otros generadores convencionales; mientras que las minirredes son aquellas que su carga pico ronda algunos MW y donde (según el autor) no se contempla el uso de fotovoltaica debido a su coste. Ante esto debemos decir que el concepto microrred se ha establecido y aquellos criterios iniciales no coinciden con los estándares actualmente manejados.

Con respecto al *nivel de tensión*, las microrredes eléctricas comprenden sistemas de distribución en baja tensión con las fuentes de energía renovables, junto con los dispositivos de almacenamiento y las cargas flexibles. Dichos sistemas pueden funcionar de una manera no autónoma, si la microrred eléctrica está interconectada a la red, o de manera autónoma (aislada), si está desconectada de la red principal [68]. Parece evidente que todos los elementos de generación, almacenamiento y cargas estarán conectados en baja tensión, pero hay que destacar, que dentro de una misma microrred eléctrica o incluso la interconexión entre varias microrredes eléctricas, pueden existir diferentes dominios de baja tensión. Se debe entender por dominio de baja tensión las diferentes redes de baja tensión separadas por redes de media tensión. Por tanto, una microrred eléctrica podrá estar constituida por una única línea de baja tensión de pocos metros, o de cientos de metros. También podrá estar compuesta por varias líneas de baja tensión de distancia distinta o similar, separadas por uno o varios transformadores eléctricos y, por tanto, con media tensión. En el caso de varios transformadores eléctricos, ambos estarán separados por una línea de media tensión. Aunque es variable, los niveles de tensión empleados en Europa para la baja tensión suelen ser de 380 V en sistemas trifásicos (entre fases y en valor eficaz) y de 220 V en sistemas monofásicos (entre fase y neutro y en valor eficaz). En cuanto a la media tensión, los valores normalizados pueden ser 10 o 15 kV, según las zonas. A partir de la explicación anterior, surge la clasificación de la microrred eléctrica, según los niveles de tensión y el elemento punto de acoplamiento común (*Point of Common Coupling*, PCC) [69], [70], punto del circuito eléctrico donde la microrred eléctrica conecta a la red principal de distribución, pudiendo ser en baja tensión o en media tensión y éste es el elemento que en definitiva indicará si la microrred eléctrica está conectada a la media tensión o a la baja tensión [12], [63]. En la Figura 1.8 se puede observar como el punto de acoplamiento común separa la microrred eléctrica de la red de distribución, siendo ésta en muchos casos de media tensión.

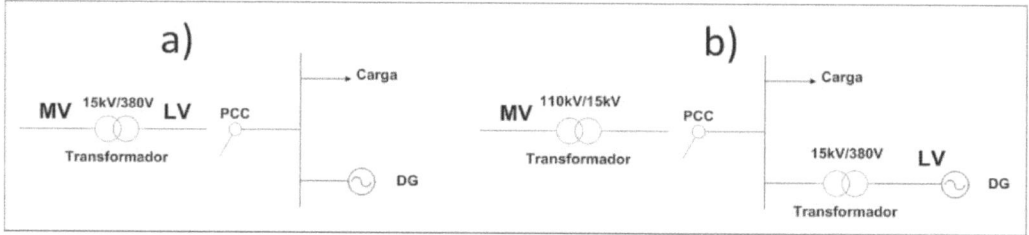

Figura 1.8. Disposición del punto de acoplamiento común en la microrred eléctrica. a) en *baja tensión*; b) en *media tensión*. Fuente: elaboración propia.

La clasificación por *operación* debe ser vista desde dos perspectivas. Por un lado, la microrred podrá estar operando conectada a la red de distribución o desconectada de la misma (modo isla) [8], [9], [11], [12], [64]. Por otro lado, es posible contemplar la operación desde el punto de vista de propiedad, por lo que microrred eléctrica puede ser operada y gestionada por los clientes de ella misma, o por una empresa externa (DSO, comercializadora, etc.) [55].

Si atendemos a los *elementos de microgeneración* que componen la microrred eléctrica, es posible hablar de microrredes con tecnologías renovables, no renovables (convencionales) o híbridas (con ambas tecnologías) [71].

De la misma forma ocurre con la clasificación atendiendo al tipo de *almacenamiento eléctrico*. La microrred puede tener o no almacenamiento eléctrico y en el caso de tenerlo, existen diferentes tecnologías para desplegar el almacenamiento dentro de la microrred eléctrica [8], [11], [12], [17], [49]. Aunque lo cierto es que, normalmente, la microrred eléctrica integra almacenamiento eléctrico, podría existir una microrred sin este tipo de componente, respetando el resto de los elementos que la definen.

Atendiendo a la *potencia instalada*, ocurre lo mismo que con anteriores clasificaciones (tamaño, por ejemplo), existe una componente alta de subjetividad. Algunos autores se aventuran a dar claros rangos de potencia, asociándolos con un tipo concreto de microrred eléctrica, los rangos de potencia indicados son [12]: <2 MW, 2-5 MW, 5-20 MW y >20 MW. No obstante, la anterior clasificación es subjetiva y quizás tenga más sentido hacer una clasificación por tamaño (físico del emplazamiento) que, en potencia instalada, debido a la dificultad de definir dichos rangos. No obstante, y como se ha comentado, la microrred eléctrica normalmente se encuentra en el nivel de baja tensión, con una capacidad de micro-generación y almacenamiento instalado por debajo del rango de algunos MW, aunque puede haber excepciones: las partes de la red de media tensión pueden pertenecer a una microrred eléctrica a efectos de interconexión.

Con respecto al *tipo corriente* se pueden distinguir [12], [63]: microrred eléctrica de corriente continua (Figura 1.9), microrred eléctrica de corriente alterna (Figura 1.10) y micro-rred eléctrica híbrida (*mix* entre corriente alterna/corriente continua, Figura 1.11).

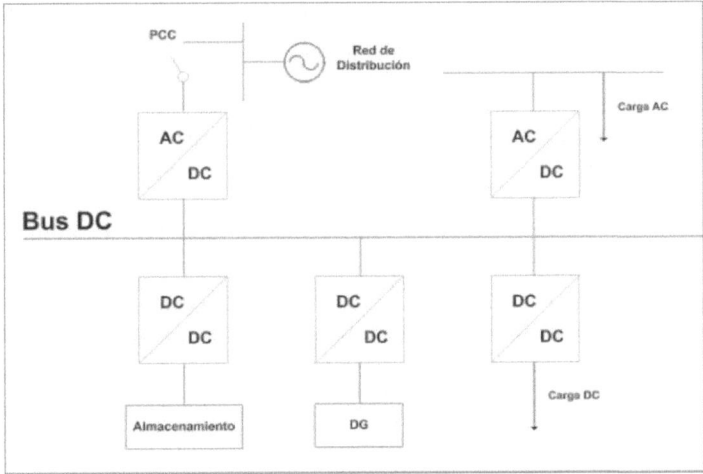

Figura 1.9. Esquema de una microrred eléctrica en corriente continua. Fuente [12], [63], elaboración propia.

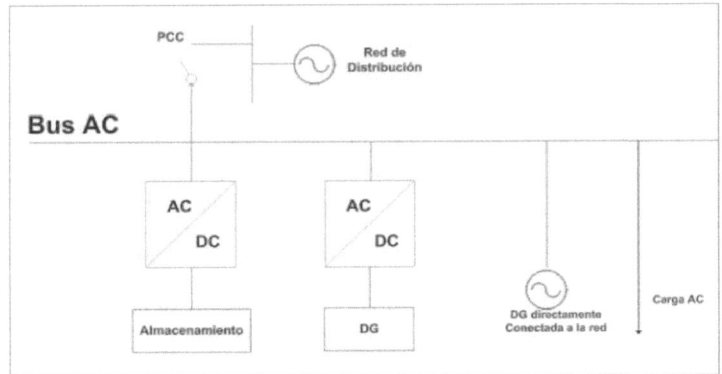

Figura 1.10. Esquema de una microrred eléctrica corriente alterna. Fuente [12], [63], elaboración propia.

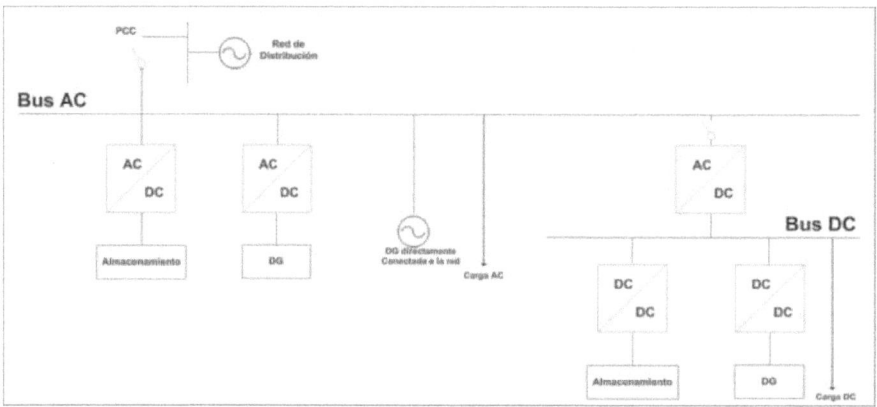

Figura 1.11. Esquema de una microrred eléctrica híbrida corriente alterna/corriente continua. Fuente [12], [63], elaboración propia.

A modo de resumen, la Tabla 1.1 muestra un resumen de las posibles clasificaciones anteriormente comentadas, teniendo presente que una microrred eléctrica pertenecerá a varios de los tipos expuestos.

Tabla 1.1. Clasificación de la microrred eléctrica. Fuente [12], elaboración propia.

Clasificación según:	Principales características
Servicio	Microrred eléctrica única. Multimicrorred.
Naturaleza de sus elementos	Física. Simulada. Emulada.
Emplazamiento	Entorno rural. Entorno urbano.
Tamaño	Según [63]: *Picorred.* *Nanorred.* *Microrred.*
Nivel de tensión	PCC conectado a media tensión. PCC conectado a baja tensión.
Operación	Según el modo de funcionamiento: Conectada a la red de distribución. Aislada de la red de distribución (modo isla). Según la propiedad [63]: Propiedad de los clientes de la microrred. DSO. Comercializadora.

Clasificación según:	Principales características
Composición de microgeneradores	Con tecnologías renovables. Sin tecnologías renovables (convencionales). Híbridas (con tecnologías renovables y convencionales).
Composición de almacenamiento	Con almacenamiento. Sin almacenamiento.
Potencia instalada	Rangos de potencia según [12]: < 2 MW. 2-5 MW. 5-20 MW. > 20 MW.
Tipo de corriente	Microrred eléctrica en corriente continua. Microrred eléctrica en corriente alterna. Microrred eléctrica híbrida corriente alterna/corriente continua.

Por último, hay que destacar que una diferencia importante entre una microrred eléctrica y una red pasiva con integración de microgeneración radica principalmente en que la primera realiza una gestión y coordinación de sus recursos disponibles, mientras que la segunda no lo hace. Un operador de una microrred eléctrica es más que un agregador de pequeños generadores, o un proveedor de servicios de red, ya que lleva a cabo todas estas funcionalidades y sirve para múltiples objetivos, desde una perspectiva económica, técnica y ambiental [8].

1.4. Diferencias y similitudes entre microrred eléctrica y *Smart Grid*

Tras las definiciones de la *Smart Grid* y de microrred eléctrica, podemos intentar obtener algunos puntos de similitud y otros de diferenciación. Salvo cuando la microrred opera de forma aislada, donde no existe red de distribución para su interconexión, en el resto de las ocasiones las microrredes eléctricas deben estar en contacto con la red de distribución, aunque como se verá en capítulos posteriores, la microrred eléctrica podrá tomar la decisión local de desconectarse de la red principal. Por tanto, podemos ver la *Smart Grid* como una gran y única red (transporte y distribución), cuyos objetivos serán satisfacer las necesidades globales de la misma y que podrá tener interconectada en sus diferentes líneas de distribución distintas microrredes eléctricas, que tendrán objetivos locales y muchas veces, independientes del global de la *Smart Grid*. Por tanto, la *Smart Grid* engloba: alta tensión, media tensión y baja tensión, mientras que una microrred eléctrica cubre (dependiendo del tipo de microrred eléctrica): media tensión y baja tensión.

En la Figura 1.8 se ha representado lo comentado anteriormente. Se pueden observar los tramos de generación, transporte y distribución, que, junto a los elementos de operación y control, así como resto de agentes que participan (como, por ejemplo, una microrred eléctrica), formarán la *Smart Grid*. En la misma figura se puede apreciar las diferentes microrredes eléctricas que se interconectan en la *Smart Grid*.

Continuando con la Figura 1.12, se aprecian microrredes eléctricas en los niveles de baja tensión (bajo los transformadores 1 y 2). Debe recordarse que la microrred eléctrica puede disponer elementos de media tensión. No obstante, para entender lo indicado en esta sección, es más que suficiente el esquema anterior. La red de baja tensión ubicada bajo el transformador 3 está formada por cargas clásicas que están integradas en la *Smart Grid*.

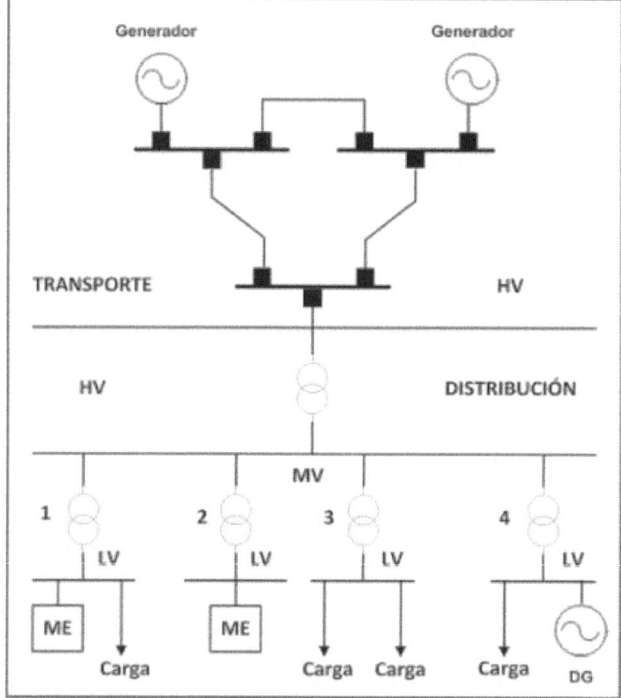

Figura 1.12. Esquema de una *Smart Grid* conteniendo una microrred eléctrica. Fuente: elaboración propia.

Por último, hay que destacar el circuito de baja tensión del transformador 4 que está compuesto por cargas y por la generación distribuida, pero al no estar gestionadas y controladas por nadie (bajo el concepto de microrred eléctrica), no se pueden considerar como una microrred eléctrica.

Tal como se ha comentado, la *Smart Grid* y la microrred eléctrica estarán formadas por elementos similares (generación distribuida, almacenamiento eléctrico distribuido, cargas, Tecnologías de la Información y Comunicaciones, etc.), pero la lógica de control de la microrred eléctrica tratará de optimizar su operación, con independencia del objetivo de la *Smart Grid*. Por tanto, a pesar de estar interconectadas en algún momento, su funcionamiento para conseguir sus objetivos no tendrá que estar sincronizado. No obstante, es posible que la *Smart Grid* envíe información a la microrred eléctrica, como, por ejemplo, ofertas de precios de energía (compra o venta) en tramos cuarto-horarios, con lo cual el objetivo de la microrred eléctrica puede verse alterado por información exterior proveniente de la *Smart Grid*.

Con respecto a la generación distribuida que conforman la *Smart Grid* y la microrred eléctrica, es evidente que la diferencia radica en su capacidad de potencia instalada. La *Smart Grid* alberga grandes plantas de producción (renovable o no renovable), cuyas potencias ascienden al rango del centenar del MW; por el contrario, la microrred eléctrica gestiona la generación distribuida que puede variar desde decenas de kilovatios hasta algunos megavatios. La misma reflexión puede hacerse con los elementos de almacenamiento eléctrico distribuido.

La propia identidad de la microrred eléctrica trata de fomentar el compromiso medio ambiental mediante un sistema sostenible. Es por esto, que los elementos de generación distribuida suelen tratar de aprovechar los recursos disponibles en la zona de influencia de la microrred eléctrica, tratando de emplear recursos de procedencia renovable. No obstante, la microrred eléctrica no siempre estará conformada por tecnologías renovables, ya que, como se acaba de mencionar, lo interesante es el aprovechamiento local del recurso.

Por cuestión de tamaño, la infraestructura de red que precisa una *Smart Grid* es infinitamente superior a la necesaria en una microrred eléctrica. Por tanto, cualquier inversión en cambio de activos, supondrá un desembolso importante en la *Smart Grid* y no tan grande en la microrred eléctrica. No obstante, si se analiza el despliegue necesario en elementos software en la *Smart Grid* frente al necesario en la microrred eléctrica bajo la perspectiva de €/kW (generados), la *Smart Grid* se verá beneficiada, ya que la producción en la *Smart Grid* es muy superior a la de la microrred eléctrica. El análisis anterior debe ser complementado con los elementos de almacenamiento distribuido [72], pero las conclusiones anteriormente extraídas no se verán alteradas.

1.5. Qué no es una microrred eléctrica. Microrred eléctrica *versus* planta de energía virtual y comunidades energéticas

1.5.1. Qué no es una microrred eléctrica

Como se ha visto hasta ahora, una microrred eléctrica debe estar compuesta fundamentalmente por cargas, almacenamiento eléctrico distribuido, microgeneradores (generación distribuida) y elementos de inteligencia que faciliten la gestión y el control. La primera conclusión que se puede extraer de lo anterior y ya destacada en las secciones anteriores, es que disponer de generadores, almacenamiento eléctrico y cargas en una red de baja tensión no implica tener una microrred eléctrica, ya que faltaría algo crítico, la inteligencia que permita la gestión y el control.

Las microrredes eléctricas tienen la capacidad de cambiar a funcionamiento en isla en situaciones de emergencia, aumentando así la fiabilidad del cliente, aunque en la mayoría de las veces operan interconectadas a la red de distribución. Los sistemas aislados se caracterizan por el control coordinado de los recursos; por tanto, dependiendo de su tamaño y el grado de penetración y control de sus fuentes de energía renovables, pueden ser confundidos con una microrred eléctrica [8]. Para este autor, un sistema aislado no debe entenderse como una microrred eléctrica, no sólo por la no existencia de red de distribución de la que desconectarse o a la que conectarse, sino porque no tiene ni el hardware ni la algoritmia para poder conectarse o desconectarse de la misma, así como para realizar otras labores propias de la microrred eléctrica. En cambio, un sistema aislado puede entenderse como una microrred eléctrica en potencia, ya que, si en algún momento llegase la red principal de distribución, habría que completarla con el hardware necesario (punto de acoplamiento común entre otros), así como la modificación en la gestión y control, ya que deberá recibir información de la red de distribución o enviarla hacia la misma.

También se ha mostrado que la microrred eléctrica es en esencia un espacio para el control y la gestión de generación distribuida, almacenamiento eléctrico distribuido y cargas, pero una microrred eléctrica es más que una red pasiva con elementos de generación. Las redes pasivas son conocidas como redes que incorporan generación bajo la máxima de "*conecta y olvida*", mientras que la microrred eléctrica necesita una supervisión, control y optimización activos. No obstante, convertir una red pasiva en una microrred eléctrica no debería suponer un desembolso económico elevado.

Los controladores de la microrred eléctrica obligarán a los consumidores a cambiar su demanda, en función de la disponibilidad de generación de energía renovable; por ejemplo, para encender la lavadora en casa sólo cuando el sol está brillando o el viento sople. Pero esta acción deberá estar sincronizada con todas las otras funcionalidades de la microrred eléctrica [8].

Disponer de elementos de generación distribuida, almacenamiento eléctrico distribuido y cargas controlables no es suficiente para tener una microrred eléctrica. Se debe recordar que una microrred eléctrica puede desconectarse de la red de distribución a la cual está conectada y para que esto se realice sin pérdida de suministro para las cargas, se precisa un almacenamiento capaz de realizar la transición de la desconexión. Por tanto y nuevamente, una red en baja tensión con generación distribuida, cargas sin almacenamiento y lógica de control, no será suficiente para ser una microrred eléctrica.

1.5.2. Microrred eléctrica *versus* planta de energía virtual

Dentro de la *Smart Grid*, surge un nuevo modelo de gestión de la producción de energía conocido como planta de energía virtual, la planta se convierte en un escenario flexible, donde no existen limitaciones espaciales ni de potencia y en donde este nuevo paradigma se transforma en una suma de pequeños elementos generadores, los cuales tratarán de cooperar [73]–[75]. Este nuevo concepto fue trabajado profundamente en el proyecto FENIX, financiado por la Unión Europea, gestionando grandes plantas renovables, pero como suma de pequeñas plantas agregadas, tanto en Reino Unido como en España [76].

Los generadores unidos se convierten en un sola unidad íntegra, física y lógica. Como se puede observar, el concepto de planta de energía virtual está asociado al concepto de generación distribuida.

Las limitaciones técnicas y económicas de una unidad de generación individual son más que evidentes, principalmente cuando se estudia en un entorno de mercado de venta de energía. Una planta de energía virtual puede ser vista como una planta de generación individual con su planificación de generación propia y sus límites de control, así como con sus costes de operación y mantenimiento y su propia demanda eléctrica asociada [77], [78].

Una planta de energía virtual es un elemento más de interacción con el operador del sistema y el propio mercado de energía eléctrico y para ello proporciona determinados servicios técnicos y comerciales. Por tanto, una planta de energía virtual se divide en dos subplantas de energía virtual [2], [77]–[80]:

1. La planta de energía virtual comercial (*Comercial Virtual Power Plant*, CVPP).

2. La planta de energía virtual técnica (*Technical Virtual Power Plant*, TVPP).

A continuación, se explicará cada uno de ellos [2], [77], [79]:

- *Planta de energía virtual comercial*: su salida representa el costo de la operación para la cartera de generación distribuida. La principal función será la labor de gestión de negociación con los mercados.

- *Planta de energía virtual técnica*: consiste en tener generación distribuida en una misma localización física. Su principal función será la de garantizar los servicios auxiliares con la red externa y gestionar la propia red interna.

En la Figura 1.13 se detalla la alimentación (entradas y salidas) de ambos subsistemas, así como la interacción entre ellos.

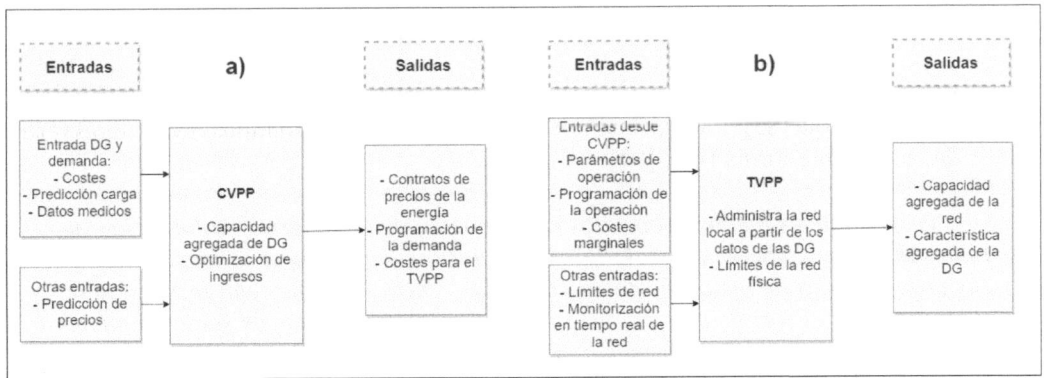

Figura 1.13. Subsistemas de una planta de energía virtual: a) CVPP; b) TVPP.
Fuente [2], [77], [79], elaboración propia.

Por tanto, una planta de energía virtual puede compararse e incluso sustituir a una planta de energía convencional y proporcionar una mayor eficiencia y flexibilidad de operación. La microrred eléctrica y la planta de energía virtual pueden parecer conceptos similares, pero existen diferencias sustanciales, como, por ejemplo [8]:

- *Localización*: en una microrred eléctrica, la generación distribuida se encuentra dentro de la misma red de distribución local, teniendo como objetivo principal satisfacer la demanda local. En una planta de energía virtual, la generación distribuida no está necesariamente situada en la misma red local, debiéndose coordinar a través de una extensa área geográfica. La producción agregada de una planta de energía virtual participa en el comercio tradicional de energía.

- *Tamaño*: la capacidad de potencia instalada en una microrred eléctrica suele ser relativamente pequeño (de unos pocos kW hasta varios MW), mientras que el rango de potencia de una planta de energía virtual puede ser mucho mayor.

- *Consumidor*: una microrred eléctrica se centra en la satisfacción del consumo local, mientras que una planta de energía virtual se ocupa de consumo solamente como un recurso, que participa en el complejo sistema de remuneración externo.

Las plantas de energía virtuales como generadores virtuales tienden a ignorar el consumo local, mientras que las microrredes eléctricas reconocen el consumo de energía local y dan a los consumidores finales la opción de comprar generación local o generación del mercado de la energía, proveniente de la red de distribución a la que esté conectada.

1.5.3. Microrred eléctrica *versus* comunidades energéticas

Las comunidades energéticas son entornos que permiten la asociación de vecinos o industrias en polígonos industriales, para poder aunar sus capacidades de instalaciones generadoras (térmicas y/o eléctricas) y obtener un beneficio [81]. El fin perseguido por las comunidades energéticas es el aumento de la eficiencia energética, promoviendo para ello la instalación de sistemas basados en tecnologías renovables, de forma principal.

Europa hace una distinción entre la comunidad ciudadana de energía [82] y comunidad de energía renovable [83]. La legislación española, define las comunidades de energía renovable de la siguiente forma [81], [84]:

"(...) entidades jurídicas basadas en la participación abierta y voluntaria, autónomas y efectivamente controladas por socios o miembros que están situados en las proximidades de los proyectos de energías renovables que sean propiedad de dichas entidades jurídicas y que éstas hayan desarrollado, cuyos socios o miembros sean personas físicas, pymes o autoridades locales, incluidos los municipios y cuya finalidad primordial sea proporcionar beneficios medioambientales, económicos o sociales a sus socios o miembros o a las zonas locales donde operan, en lugar de ganancias financieras (...)"

La anterior definición es muy clara, las instalaciones deben contemplar el uso de tecnologías renovables, de forma obligatoria. Además, las comunidades energéticas persiguen la integración del vehículo eléctrico y la distribución de almacenamiento [81].

Estas instalaciones deben integrar de forma obligatoria tecnologías renovables, pero como veremos en el próximo capítulo (y se ha visto en la clasificación en este capítulo), la microrred eléctrica no tiene que estar conformada exclusivamente por renovables. Además, aunque sí hablan de almacenamiento, en ningún caso parece que tengan en cuenta la demanda eléctrica a cargo de la comunidad, por lo que nuevamente es una diferencia clara con respecto a la microrred eléctrica, donde el control y gestión de la demanda (y por supuesto de la generación y almacenamiento) es una obligación.

1.5.4. Resumen comparativo

En los párrafos anteriores se han expuestos los argumentos para distinguir la microrred eléctrica de otros escenarios. Un espacio con generación y/o demanda no es *per se* una microrred eléctrica, faltan otros elementos adicionales.

Algunos tramos de baja tensión tienen instaladas plantas (miniplantas) renovables, como por ejemplo fotovoltaica, pero que su objetivo es claramente la producción de energía eléctrica y su venta a la red de distribución. Estos tramos aislados de generación renovable (o convencional) sin más, no suponen una microrred eléctrica. La microrred eléctrica debe gestionar sus microgeneradores, a la vez que supervisa y controla sus cargas y almacenamiento.

Las plantas de energía virtual son agregaciones de plantas de pequeña potencia para poder acometer su venta de energía en los mercados. Inicialmente se plantearon para la agregación de plantas eólicas de potencia intermedia, para conseguir potencias de generación altas. En este caso, este tipo de plantas si supervisan sus cargas, pero nuevamente su objetivo es la agregación de la generación para la venta de energía en el mercado, existen diferencias de composición y funcionalidades con las microrredes eléctricas.

Las comunidades energéticas surgen como complemento al autoconsumo y en donde las comunidades de vecinos o las industrias, se unen (con ciertos límites) para poder instalar plantas renovables en sus tejados y azoteas. Nuevamente, el concepto es muy distinto al de microrred eléctrica, donde el grado de complejidad de éstas y sus funciones superan las de las comunidades energéticas.

1.6. Evolución del concepto microrred eléctrica y hoja de ruta

La Figura 1.14 muestra la propuesta de la evolución de la microrred eléctrica. La microrred comenzó en entornos rurales, pero se ha acercado al mundo urbano, encontrando muchos escenarios donde hacer un despliegue de microrred. Una evolución de la microrred es la multimicrorred, entendida como agregación de microrredes individuales, las cuales serán ampliadas en el siguiente capítulo. Por último, algunos autores están promoviendo el concepto de *Smart Microrred*, pero sinceramente, la "*inteligencia*" es un adjetivo inherente al propio concepto de microrred, por lo que *Smart* parece un término redundante.

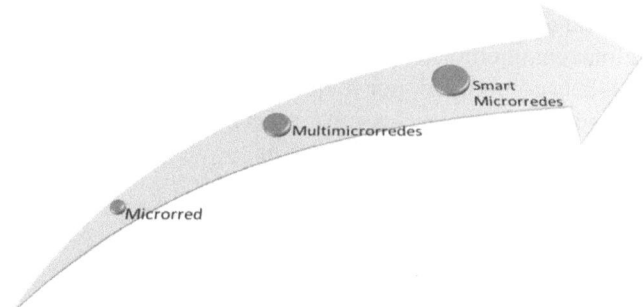

Figura 1.14. Posible evolución de la microrred. Fuente: elaboración propia.

La mejora en los dispositivos de conexión de las tecnologías renovables y almacenamiento es uno de los intereses futuros, como la interoperabilidad con la red de distribución u otras microrredes, además de la mejora del funcionamiento en isla [11].

Otro tema fundamental en la microrred eléctrica es la propiedad de los microgeneradores. Por tanto, el futuro desarrollo de nuevos modelos de mercado orientados al operador de la microrred será necesario. Consumidores finales, agregadores o incluso distribuidoras estarán interesados en estos desarrollos.

Cuestión importante es la propiedad de los microgeneradores y en este sentido, las comercializadoras, los consumidores y los propios operadores de la red de distribución tendrán interés en su gestión (Figura 1.15) [8].

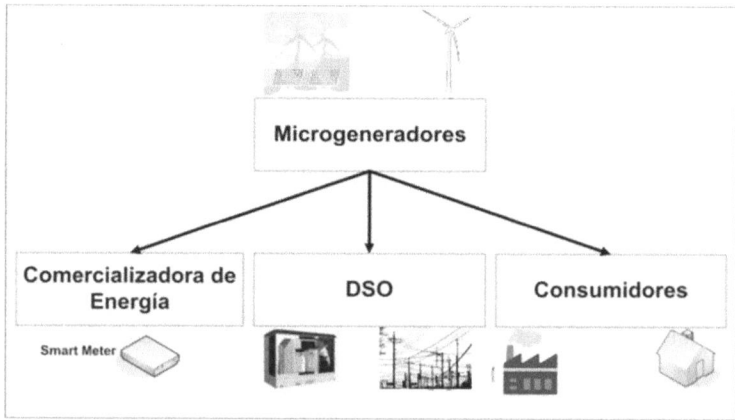

Figura 1.15. Esquema de los posibles propietarios de la microgeneración en una microrred eléctrica. Fuente [8],: elaboración propia. Elaboración a partir de componentes de [56], [85], [86].

Con respecto a la hoja de ruta de las microrredes eléctricas es siempre complicado acertar con un pronóstico. En [87], los autores destacan como esencial para el desarrollo futuro de las microrredes eléctricas los siguientes aspectos: una definición clara de un mercado para microrredes, despliegue de microrredes eléctricas en entornos rurales, la aparición de terceros en la participación de la propiedad de las microrredes eléctricas, nuevos mecanismos de financiación de los desarrollos, mejora en los controladores de las tecnologías renovables así como en los dispositivos para controlar las situaciones de emergencia en las microrredes eléctricas o una mayor implicación del usuario final y la comunidad donde se instalen.

En 2009 es presentado el documento de trabajo [88], donde la hoja de ruta de las microrredes eléctricas es mostrada hasta fechas posteriores a 2030. La hoja de ruta diferencia los avances de las microrredes eléctricas para los siguientes años en las siguientes áreas: equipamiento, mercado, infraestructura e investigación. Toda la información la presentan en base a diferentes estados: infancia, desarrollo, madurez y total integración. En este sentido, es necesario destacar lo siguiente:

- *Equipamiento*: consideran el periodo de infancia durante los años anteriores a 2010 y consideran que la limitación está en la integración de la fotovoltaica en baja tensión. De 2010 a 2015 es considerado el periodo de desarrollo y está basado en una mayor penetración de la generación distribuida (distinta a la fotovoltaica) en los niveles de baja tensión y un mayor apoyo del marco regulatorio principalmente para el sector fotovoltaico; también contemplan la integración del frío y calor en las redes de media y baja tensión. Entre 2020 y 2025 es el periodo de madurez que viene caracterizado por un despliegue masivo del vehículo eléctrico, lo que tendrá una gran repercusión en las microrredes eléctricas. A partir de 2030 es el periodo de total integración y estará caracterizado por un cambio total en la infraestructura de red eléctrica en todos los niveles y una integración de las multimicrorredes.

- *Mercado*: entre 2010 y 2020, correspondiéndose con el periodo de desarrollo y madurez, el mercado deberá interactuar con la red con generación centralizada, permitiendo la agregación de la generación distribuida. Entre 2015 y 2030, correspondiéndose con el periodo de desarrollo, madurez y total integración, es esperable la irrupción en los mercados de las plantas de energía virtual, así como las multimicrorredes.

- *Infraestructura*: entre 2010 y 2025, correspondiéndose con el periodo de desarrollo y madurez, es esperable un mayor control de la generación distribuida gracias a la medida inteligente desplegada por la infraestructura de medida avanzada, así como cambios radicales en la generación clásica con aumentos de la eficiencia principalmente. Entre 2015 y 2030, correspondiéndose con el periodo de madurez y total integración, también es esperable un papel fundamental de las microrredes eléctricas, como escenarios para integrar la generación distribuida, principalmente la procedente de tecnologías renovables.

- *Investigación*: etapa anterior a 2010, periodo de la infancia, es ocupado por los primeros estudios de viabilidad técnico-económica de las microrredes eléctricas. Entre 2010 y 2015, periodo de desarrollo, es la etapa de la evaluación del impacto de las microrredes eléctricas sobre la red eléctrica existente, así como la evaluación de los beneficios derivados del despliegue: medio ambientales, económicos y técnicos. De 2025 en adelante, periodo de total integración, es esperable un nuevo diseño de la red de transporte y distribución apoyado por los cambios propiciados por la investigación y un cambio sustancial en la generación convencional.

Es cierto que las hojas de ruta suelen ser arriesgadas en determinados casos. En lo que respecta a la anterior, aunque esta hoja de ruta está resultando bastante acertada en algunos de los puntos indicados, en otros se acumula cierto retraso y habría que ampliarla con la necesidad de establecer un marco regulatorio bien definido y a ser posible, con carácter mundial.

En la mayoría de las situaciones, cualquier desarrollo tecnológico debe ir acompañado de ciertas ayudas e incentivos a su despliegue. Las microrredes eléctricas no son menos y aunque algo tarde, algunos países han comenzado con campañas para financiar proyectos de microrredes. Concretamente, en Australia, se ha lanzado el *"Regional Australia Microgrid Pilots Program"* [89], programa financiado por el Gobierno Australiano a través de ARENA [90], con una financiación de 50 millones de dólares australianos desde 2021, para el despliegue de microrredes en territorio australiano. Otra iniciativa de programa en Australia es la *"Queensland Microgrid Pilot Fund"* [91] y con un presupuesto de 10 millones de dólares australianos pretende llevar el suministro de energía eléctrica a los habitantes de Queensland en zonas remotas, para reducir las emisiones de carbono entre otras cosas. Europa también mantiene programas abiertos, como es el caso del *"Work Program 2023-2024"* [92] del *"Horizon Europe"* [93], donde, aunque no de forma expresa, en alguna de las llamadas encajan los proyectos basados en microrredes. Numerosos son los ejemplos de financiación para el despliegue de microrredes eléctricas en todo el mundo y esta cuestión es altamente interesante para su desarrollo definitivo.

1.7. Resumen

El capítulo ha comenzado con una cita de Alejandro Dumas, donde en esencia, recogía que en lo pequeño está la grandeza. Básicamente esa es la base de las microrredes eléctricas, tratando de integrar todos los avances de la *Smart Grid*, incluyendo la mayor penetración de fuentes de energías renovables y almacenamiento, ambos de forma distribuida. Además, esta integración tratará de potenciar los recursos locales existentes, fomentando un uso sostenible y consiguiendo una mayor eficiencia en el sistema.

Durante la exposición del capítulo se ha citado a Nikola Tesla y a Thomas A. Edison, artífices de la llamada *"guerra de las corrientes"*, competencia económica y tecnológica producida en 1880, por el control del mercado de la generación y la distribución de energía eléctrica. En esta lucha, Edison apostó por la generación y distribución en corriente continua, mientras que Tesla desarrolló la corriente alterna, anticipando esta como la tecnología del futuro. Si nos retrotraemos en el tiempo y nos ubicamos en aquellos años, descubriríamos que la generación eléctrica se realizaba en los lugares donde era requerida, dicho de otra forma, la generación tenía sentido porque existía un consumo asociado.

Otra realidad de aquellos años era que el poco desarrollo de la tecnología de protecciones eléctrica hizo de la electricidad un elemento peligroso y que supuso en ciertas ocasiones más de un incidente grave. Por esto y por la visión empresarial de un negocio que cada vez requería mayores puntos de generación para abastecer a la demanda creciente, hizo que la generación se comenzara a centralizar y a la vez se alejara de los consumos. En resumen, la concepción inicial de generar allí donde era preciso el consumo de energía fue perdiendo sentido y la infraestructura de red de transporte y distribución comenzó a crecer, alejando los elementos de generación de los grandes núcleos de consumo.

Sin embargo, a finales del siglo XX irrumpe el paradigma de la microrred eléctrica, que propone volver a los orígenes, acercando la generación a los puntos de consumo. Pero esta vez, los elementos de protección han evolucionado y son fiables y seguros, además, la necesidad de aprovechar los recursos locales unido al desarrollo tecnológico de las fuentes de energía renovables hace que la generación distribuida tenga una posibilidad de futuro en las microrredes eléctricas. Las nuevas herramientas de gestión y control, heredadas de la *Smart Grid* y apoyadas en las Tecnologías de la Información y Comunicaciones, son acogidas como fundamentales en las microrredes eléctricas.

La *Smart Grid* y su evolución de futuro, permitirán la integración de muchas soluciones aplicadas a aquella en las microrredes eléctricas. La *Smart Grid* integra una gran cantidad de nuevos actores, los cuales, a pequeña escala y con otros objetivos, aparecerán replicados en las microrredes eléctricas. Visto de esta forma y aun siendo conscientes de que existen diferencias sustanciales entre la *Smart Grid* y la microrred eléctrica, podemos ver a ésta como un entorno que hereda muchos de los elementos que sustentan la *Smart Grid*.

Volviendo a los nuevos actores que conforman la *Smart Grid* y que, por tanto, podrán verse como elementos de la microrred eléctrica, hay que destacar la integración de las fuentes de energía renovables y el almacenamiento distribuido. Ambos y con una finalidad distinta que en la *Smart Grid*, conforman la base de la microrred eléctrica, ya que no se podrá garantizar una demanda interna, si no se es capaz de gestionar y controlar ambos elementos. Si bien es cierto que la generación distribuida renovable es considerada como generación no gestionable, al asociarla con el almacenamiento distribuido hace posible una gestión de las fuentes de energía renovables. Todo lo anterior es posible al disponer de elementos en base a Tecnologías de la Información y Comunicaciones y de inteligencia, los cuales también aparecen en la *Smart Grid*, aunque seguramente con unos objetivos y alcances distintos.

El concepto de microrred cubre las necesidades eléctricas y térmicas de un espacio determinado. Aunque ambas áreas son muy interesantes y con proyección de futuro, la complejidad de la parte eléctrica merece toda la atención posible.

Se han presentado los diferentes puntos de vista en que se puede clasificar una microrred eléctrica. La clasificación sugiere atender a distintos criterios y esto es importante, ya que históricamente la clasificación era muy simple y elemental. Con independencia de esto, parece evidente que no se puede confundir una microrred eléctrica con otros escenarios actuales, como por ejemplo los tramos de red de distribución con generación distribuida, sin control sobre ellos y sin gestión de cargas junto al almacenamiento.

Otra cuestión importante de la clasificación de las microrredes eléctricas tiene que ver con la realidad física de las mismas, esto es, una microrred eléctrica puede estar compuesta por elementos físicos reales, por elementos software o por elementos software y hardware que se retroalimentan de ciertos parámetros reales. Esto permitirá comparar resultados teóricos, semi teóricos y reales, relacionados con los escenarios comentados.

Se ha visto que la microrred eléctrica no se debe confundir con nuevos modelos emergentes, como es el caso de la planta de potencia virtual. Claramente existen diferencias de tamaño, localización y desde el punto de vista del consumidor. Lo mismo ocurre con las incipientes comunidades energéticas, las cuales tienen claros rasgos distintivos con la microrred eléctrica, así como con las propias plantas de energía virtual.

Pese a que como se ha dicho, no puede mezclarse el concepto de una microrred eléctrica con el de red de distribución con generación distribuida, sí que es cierto que los pasos a seguir para convertir estos últimos en una microrred eléctrica son relativamente sencillos e interesantes para operadores de la microrred eléctrica o incluso para el operador del sistema de distribución. Quizás el punto más crítico a este respecto sea la posibilidad de operar en modo isla la microrred eléctrica, ya que no está claro el marco regulatorio que lo contempla, mientras que sí es sencilla su puesta en marcha técnica.

Tras ver que las limitaciones técnicas no son hoy en día una barrera para las microrredes eléctricas, debemos recordar que la no existencia de un marco regulatorio que las ampare sí se presenta como un escollo que debe ser solucionado en los próximos años. El capítulo ha presentado una hoja de ruta de las microrredes, enunciada ya hace tiempo y que parece que no ha ido del todo desencaminada. Cualquier despliegue tecnológico debe estar acompañado con ayudas de la administración y se han identificado algunos programas internacionales que apoyan el despliegue y desarrollo de microrredes eléctricas. A pesar de que la microrred eléctrica plantea una solución real a los problemas que orbitan alrededor de uso de la energía eléctrica (empleo de fuentes de energía renovables, eficiencia energética, sostenibilidad y cuidado del medio ambiente), queda de manifiesto que es preciso continuar trabajando en apoyo a las mismas. Este apoyo debe comenzar desde las Administraciones Públicas y Gobiernos fomentando la creación de marcos regulatorios y mercados competitivos, pasando por la creación e incorporación de nuevos elementos técnicos que añadan valor a los componentes de la microrred eléctrica.

Estamos en la era de la búsqueda de la eficiencia energética y la sostenibilidad. Es evidente que una microrred eléctrica es el paraguas para englobar esos dos conceptos anteriores, a los cuales se deberían añadir los de medio ambientalmente no nocivo y socialmente creador de empleo. Resulta evidente entender que una microrred eléctrica con generación distribuida renovable fomentará el empleo del recurso local y se convertirá en un espacio sostenible. Además, el abastecimiento de energía a las cargas proveniente de lugares muy próximos permitirá disponer de una red mucho más eficiente y altamente eficaz, desde una perspectiva de energía. Un escenario aglutinador de tantos elementos heterogéneos como conforman una microrred eléctrica es evidente que será generador de empleo; además, precisará de perfiles multidisciplinares y cualificaciones técnicas muy variadas.

Para concluir y aunque parezca una vuelta al pasado, parece una paradoja que en esta era de la globalidad y del crecimiento desmedido, se vuelva a mirar al pasado para tratar de comportarnos como en los orígenes. Si el inicio de la electricidad nació con un marcado peso del sentido común y se trataba de abastecer la demanda eléctrica con generación local, para posteriormente pasar a un modelo totalmente centralizado en cuanto a generación y relativamente rígido, se vuelve la mirada al inicio, tratando de abastecer las necesidades energética con recursos locales y consiguiendo una mayor eficiencia. No obstante, esta vuelta a los orígenes va acompañada de un despliegue tecnológico enorme y que, si continúa su evolución e implantación, posicionará a las microrredes eléctricas en el lugar que les corresponde, a saber, en un futuro que ya está aquí.

1.8.   Preguntas y cuestiones de autoevaluación

1. Identifique los principales hitos históricos de la evolución del sistema eléctrico y represéntelos en forma de cronograma.

2. Identifique el año del "*boom*" de las tecnologías renovables y asócielo con cierto momento histórico mundial ocurrido.

3. A partir de las definiciones dadas de *Smart Grids*, trate de formular una nueva definición de ésta.

4. Identifique los principales integrantes de las *Smart Grids*.

5. Principales diferencias entre el sistema eléctrico clásico y la *Smart Grid*.

6. Bajo su criterio, trate de argumentar las diferencias y similitudes entre *Smart Grid* y microrred.

7. Defina microrred y microrred eléctrica.

8. Diferencias y similitudes entre la microrred y la planta de energía virtual.

9. Diferencias y similitudes entre la microrred y las comunidades energéticas.

10. Trate de hacer una búsqueda e identificación de al menos 2 proyectos piloto de microrredes eléctricas, pero del periodo 1995-1998. A partir de la búsqueda, localice todos los componentes que la forman, e identifique el lugar donde se instaló.

11. Con respecto a la microrred eléctrica y apoyándose en las definiciones encontradas en este capítulo, trate de formular una nueva definición de microrred eléctrica.

12. Identifique la primera vez que aparece el concepto de microrred.

13. A partir de la pregunta anterior, identifique los componentes de esa microrred y haga la clasificación de microrredes que plantearon los autores.

14. Realice un esquema de la posible clasificación de las microrredes eléctrica y trate de identificar algunos ejemplos para cada una de las clasificaciones señaladas.

15. Supongamos que estamos ante una microrred eléctrica con 2 plantas fotovoltaicas de

potencia total 50 kW y con 10 edificios de uso doméstico como cargas de 1,5 kW de potencia instalada cada uno. Además, la microrred eléctrica está complementada con una batería de plomo ácido de 20 kW de potencia y 2.000 Ah de capacidad. A partir de lo expuesto, identifique claramente la microrred eléctrica ante la que estamos, según la clasificación planteada.

16. Proponga e identifique una microrred eléctrica, justificando todos y cada uno de los componentes que la conforman, para posteriormente clasificarla completamente.

17. A partir del siguiente artículo científico [94], realice una tabla con las ventajas y desventajas de las microrredes eléctricas en corriente continua frente a las de corriente alterna.

18. Defina en qué consiste el concepto de *prosumer*.

19. Indique cuáles son las diferencias que existen entre una microrred eléctrica y una planta de energía virtual.

20. Indique cuáles son las diferencias que se pueden establecer entre una microrred eléctrica y las comunidades energéticas.

21. Haga una búsqueda de los principales softwares existentes para simular microrredes eléctricas.

22. Con los conocimientos adquiridos hasta el momento, realice una tabla con las principales características de la microrred eléctrica, un sistema aislado, un tramo de red en baja tensión con una planta fotovoltaica conectada, una planta virtual de energía y una comunidad energética.

23. Ponga un ejemplo de un tramo de red en baja tensión con una planta renovable, pero que no sea una microrred eléctrica, justificando este hecho.

24. Defina los conceptos *Smart World* y *Smart Place*. A partir de esta definición, trate de hacer una abstracción y tratar de ubicar las principales características de la *Smart Grid* y la microrred eléctrica en cada uno de los dos anteriores escenarios.

25. Defina qué es un *Smart Meter* y señale cuál es su aplicación en una *Smart Grid*.

26. A partir de la hoja de ruta expuesta en este capítulo, realice un esquema-dibujo donde se presente en un cronograma temporal, las diferentes áreas mostradas junto a su grado de madurez.

27. Complete el anterior esquema-dibujo indicando dentro de cada par área-grado de madurez, el avance esperado.

28. Localice en internet el programa australiano de despliegue de proyectos piloto de microrredes, e identifique los siguientes aspectos: año de comienzo y final del programa, financiación del programa, elementos instalables.

29. Además de los programas indicados en este capítulo (australiano y europeo), localice al menos dos programas internacionales en otras partes del mundo.

30. Identifique si en su país existe algún programa de incentivos para la instalación de microrredes eléctricas.

Capítulo 2

ESTRUCTURA Y COMPOSICIÓN DE LA MICRORRED ELÉCTRICA

"El buen esfuerzo de cada hombre beneficia a todos los hombres; el error o el mal de cada hombre aumenta las tribulaciones de todos los hombres. Según se mueve la parte, así se mueve el todo. Según es el progreso de la totalidad, así el progreso de la parte. Las velocidades relativas de la parte y el todo determinan si la parte se atrasa por la inercia del todo o si adelanta por el impulso de la fraternidad cósmica."

—El Libro de Urantia

2.1. Introducción

Este capítulo se ha comenzado con un fragmento de texto interesante, *"Según se mueve la parte, así se mueve el todo. Según es el progreso de la totalidad, así el progreso de la parte"*. A pesar de ser una frase vital, este párrafo bien puede emplearse para nuestras microrredes eléctricas. ´

Como se verá en este capítulo, una microrred eléctrica estará formada por diferentes elementos, los cuales, en su funcionamiento individual, cumplirán con un objetivo global de la microrred eléctrica. Por tanto, las partes en su funcionamiento completan el todo. Además, la microrred eléctrica (todo) podrá recibir órdenes externas (otras microrredes eléctricas o de la red de distribución) y a partir de éstas, los elementos (partes) actuarán en consecuencia.

Una microrred eléctrica no podrá configurarse si no está basada en una estructura bien definida. Los componentes de la microrred eléctrica deberán estar integrados en una estructura de la microrred eléctrica. Dependiendo de la complejidad de la microrred eléctrica, o de la interacción de ésta con otras microrredes eléctricas o las redes de distribución, hará que la estructura sea más sencilla o complicada.

Pero antes de continuar, es necesario explicar por qué se habla en este capítulo de estructura y composición, ya que es fundamental esta explicación cuando estamos ante un libro de texto, cuya finalidad es netamente pedagógica. Según la Real Academia Española (RAE) [95], una de las acepciones de estructura es la siguiente:

"disposición o modo de estar relacionadas las distintas partes de un conjunto"

Por otro lado, la RAE define componentes como:

"que compone o entra en la composición de un todo"

Y ahora, la pregunta ¿y por qué se definen estos dos conceptos?; pues tiene una clara intención, cuando se abordan los textos de microrredes eléctricas, en ocasiones, estos dos conceptos se consideran iguales. En este libro de texto se ha querido hacer la diferenciación entre ambos vocablos. *Estructura* hace referencia a la forma en que están relacionadas ciertas partes de un conjunto, mientras que *componente* es una parte concreta de un todo. Por tanto, en este libro es importante poder estructurar una microrred eléctrica a un nivel de abstracción superior, para luego poder concretar cada uno de los componentes de cada una de las estructuras que se han definido.

Es cierto que este planteamiento aquí presentado no tiene por qué sentar cátedra, pero como se verá en la siguiente sección, ha sido fruto de un análisis detallado a partir de ciertos textos en el pasado. El autor considera que los textos leídos, o son excesivamente simplistas o exagerados en sus planteamientos. Además, y como se ha dicho, en ocasiones se han mezclado los dos anteriores conceptos (estructura y componente) y éstos son los motivos por los que se ha pretendido hacer un abordaje particular de la cuestión. En este capítulo no se presentarán las particularidades de los distintos componentes, ya que esta labor se abordará en los siguientes capítulos.

En adelante, el capítulo queda como se explica a continuación. La primera sección se centrará en el análisis de varios textos desde una perspectiva de estructura y/o componente. Como consecuencia de este análisis, en este capítulo se hará un planteamiento de estructura que trate de argumentar las relaciones posteriores de los componentes de la microrred eléctrica. Posteriormente, los distintos componentes de cada una de las estructuras planteadas serán expuestos, al menos desde una perspectiva básica e introductoria. Al considerarse la multimicrorred como una excepcionalidad de la microrred eléctrica, algunos detalles de aquellas serán presentados, siempre desde el enfoque de la estructura y composición. Finalmente, se presentará un resumen junto a las preguntas y cuestiones de autoevaluación.

2.2. Estructura de la microrred eléctrica

Esta sección comenzará haciendo un análisis de algunos textos de referencia de los últimos años, desde la perspectiva de estructura y composición de la microrred eléctrica. El orden de presentación de forma resumida de los textos atenderá a una línea temporal que comenzará desde los documentos más antiguos a los más recientes. El lector deberá aceptar mis disculpas, por abordar sólo un número concreto de textos, ya que todos los existentes en la literatura es una labor imposible de acometer en una vida, pero sí se considera que se han empleado los de mayor relevancia para el objetivo perseguido. A partir de dicho análisis, este libro de texto presentará una estructura propia, la cual posteriormente servirá para el desarrollo de sus componentes.

Antes de comenzar, es necesario avisar al lector que en ocasiones ha sido complicado extraer de forma clara los datos aquí perseguidos, que, como ya se ha dejado claro, son los referentes a estructura y componentes. Además, y como también se ha comentado, en ocasiones esta dimensión diferente entre estructura y componente, o no es clara o no existe en la obra revisada.

En 2008 se presenta un gran libro sobre microrredes [11] y, aunque en este texto no aparece clara la delimitación entre estructura y componentes, vamos a tratar de sintetizar las aportaciones más relevantes de éste. Los autores en su Capítulo 3 presentan los componentes de la microrred y para lo cual agrupan dichos elementos en los siguientes grupos: componentes de generación, componentes de almacenamiento, componentes cargas y componentes de inteligencia y control. Es más que evidente que el objetivo es presentar los elementos de la microrred, entendiendo elemento como componente físico elemental de la misma. Ciertamente los componentes físicos son fundamentales y deben ser mostrados, ya que no debemos olvidar que la microrred es aquel entorno con microgeneración, almacenamiento, cargas, pero controlado y gestionado. Sí es interesante destacar como componente básico la inteligencia y el control, ya que en este caso estos componentes estarán formados por elementos software y hardware para conseguir los objetivos perseguidos por la microrred. Los autores completan lo anterior con su Capítulo 4, donde de forma sintética hablan de modo de funcionamiento (conectado y aislado de la red de distribución), topología de la microrred (radial y mallada) y de las formas del control de ésta (control principal físico, control principal virtual y control distribuido).

En 2009, [14] describe y explica concienzudamente los componentes en una microrred. Los autores ponen el foco de interés en los siguientes componentes básicos: generación distribuida (*Distributed Generation*, DG) tanto con elementos eléctricos como térmicos renovables, almacenamiento y cargas. Sí es cierto que los autores, desarrollan posteriormente los elementos convertidores de potencia, el gestor de la energía y protección de la microrred. En este caso no existe distinción entre estructura y composición.

En 2012, [96] presenta una sencilla estructura de la microrred eléctrica, compuesta por dos zonas. La primera es el *subsistema de energía eléctrica*, donde los autores explican la capa eléctrica, la generación distribuida, el almacenamiento y el sistema de gestión de la energía (*Energy Management System*, EMS). La segunda se centra en el *subsistema de calor y frío*. Los autores hacen un intento de estructurar la microrred eléctrica, aunque de una forma muy básica.

En 2014, [8] define el concepto de microrred, para luego decir que depende de una buena operación y control sobre los elementos de generación distribuida, almacenamiento y cargas que componen la microrred eléctrica. También se presenta el control, controladores inteligentes y su protección. Nuevamente, no hay una expresa distinción entre estructura y composición.

En 2016, [12] tras su definición de microrred como escenarios con generadores, almacenamiento y cargas, controlados de alguna forma, en el Capítulo 2, los autores sí presentan la estructura, junto a los modos de control, tensión de integración y clasificación de la microrred eléctrica. Con respecto a la estructura, los autores hablan de capa de red de distribución, capa de control centralizada y capa de control local. La primera capa coordina y gestiona la microrred desde una perspectiva de seguridad y economía. La segunda capa se encarga del pronóstico de la generación y la demanda, realiza y ejecuta planes de operación en la microrred para la generación, almacenamiento y carga y controla los niveles adecuados de frecuencia y tensión e incluso la operación en modo isla. La tercera capa se encarga de la ejecución de la generación distribuida de una forma coordinada, las cargas y descargas del almacenamiento existente y el control de las cargas de la microrred eléctrica. Posteriormente y sobre esta estructura, profundizan en todos los aspectos propuestos. En este caso sí existe una propuesta de estructura de microrred, aunque quizás muy centrada en el plano de las funcionalidades de ésta.

De nuevo en 2016, en [63] hacen una clasificación de las microrredes eléctricas, la cual ya fue mostrada en el capítulo anterior (*nanogrid* y *picogrid*). Los autores hacen un análisis de la microrred eléctrica desde una perspectiva de capas, apareciendo la capa de componentes, capa de comunicación, capa de información, capa de función y capa de negocio. Los autores desarrollan las siguientes capas: capa física, donde se incluyen todos los elementos de la microrred eléctrica (generación distribuida, cargas, almacenamiento, etc.); capa de comunicaciones, encargada de proporcionar a la capa de inteligencia los datos necesarios desde la capa física y de esta forma poder hacer las funciones propias de la microrred eléctrica; capa de inteligencia, donde se incluyen todos los procesos de control y decisión y emplea los datos de la capa física a través de la de comunicaciones; y la capa de negocios, donde los autores destacan que el papel del negocio dependerá de la visión del observador (distribuidora, comercializadora, usuario, agregador, etc.). En esta ocasión, los autores plantean un modelo de estructura basado en capas, e indican cierta relación con respecto a las funciones que desempeñan.

En 2018, [97] define la microrred eléctrica, aunque únicamente plantean un esquema de su estructura y componentes, donde de una forma muy resumida se presenta lo siguiente: infraestructura de red de distribución, punto de acoplamiento común (*Point of Common Coupling,* PCC), cargas ajustables y no ajustables, generación distribuida y almacenamiento. Posteriormente, el documento desarrolla dichos componentes, así como los controladores de potencia y las funciones principales de la microrred eléctrica. En este caso, la estructura aparece, pero de una forma muy difuminada, ya que el principal interés está en el desarrollo de los componentes propiamente dichos.

En 2019, [98] expone una estructura de la microrred eléctrica basada en seis capas, las cuales son divididas en capas externas e internas. Los autores incluyen en las capas externas a las políticas y estándares, negocios y condiciones climáticas. En las capas internas se incluye la infraestructura, las comunicaciones y la operación y control. Este trabajo está planteado a partir del trabajo anteriormente propuesto [63]. En este trabajo sí se habla expresamente de estructura en la microrred eléctrica, pero quizás se podría haber completado mostrando las relaciones entre dichas capas.

En 2020, [99] presenta componentes y estructuras, presentando los recursos y generadores, sistema de almacenamiento de energía, tipos de cargas existentes y posibles redes (continua, alterna e híbrida). En esta ocasión, al igual que en otras ocasiones ([97]), la palabra estructura aparece asociada a la de componentes, pero de igual forma que antes, es interesante su aportación, ya que vuelven a aparecer los mismos componentes que en otros trabajos.

Todavía en 2020, [50] centra su documento básicamente en hacer una clasificación, explicar los componentes de una microrred eléctrica con 100% de renovables para posteriormente plantear los modos de operación de los convertidores de la microrred eléctrica. Por tanto, en este documento el concepto de estructura pasa desapercibido, aunque sí se plantean los componentes que conforman la microrred eléctrica.

Continuando con 2020, [67] plantea el sistema de control de la microrred eléctrica, junto con las particularidades de la capa de distribución y el punto de acoplamiento común. Pero realmente lo interesante es que los autores plantean una estructura de la microrred eléctrica en tres niveles: enlace de energía, enlace de medida y enlace de control. En este caso, sí aparece un intento por estructurar la microrred eléctrica, más allá de una simple identificación y desarrollo de los componentes que la conforman.

En 2021, [9] presenta los componentes de la microrred eléctrica, centrándose en los elementos de generación distribuida, el almacenamiento y las cargas. Los autores también hacen una clasificación exhaustiva de la microrred eléctrica según: tipo, tamaño, aplicación, modo de operación y configuración (alterna, continua e híbrida). En este caso, la estructura vuelve a no estar presenta, centrándose totalmente en componentes del sistema.

También a finales de 2021, [15] presenta los modos de operación de la microrred eléctrica, así como su control. Pero lo interesante, es que los autores plantean una estructura de la microrred eléctrica, centrándose en los controladores, presentando el control local, el control centralizado y la capa de despacho y distribución. En esta ocasión sí aparece el nivel de estructura como protagonista de la microrred eléctrica.

Ya en 2022, [100] propone una arquitectura de microrred basada en cinco capas, las cuales son un reflejo de las capas de *Smart Grid* que se presenta en [101]. Estas cinco capas son: capa de componentes, capa de comunicaciones, capa de información, capa de función y capa de negocio. Posteriormente, los autores desarrollan las capas, pero esta vez la de información y función las agrupan en capa de inteligencia [100]. En esta ocasión, es posible asociar el concepto de arquitectura con el de estructura que en este capítulo se persigue.

En resumen, la mayoría de los trabajos de la literatura están centrados en los componentes de una microrred eléctrica. Pero como se ha mostrado al comienzo del capítulo, el componente es una pequeña parte del todo, pero no es capaz de dar una dimensión global de la microrred eléctrica según su estructura. Por tanto, es esencial en este libro de texto intentar plantear una estructura de la microrred eléctrica, que trate de aglutinar todas las caras que presenta ésta, como se presentará en la siguiente sección.

2.1.2. Capas de la estructura de la microrred eléctrica

En esta sección se planteará una estructura básica de una microrred eléctrica, consecuencia del análisis realizado en la anterior sección. La estructura planteada trata de aglutinar todos los elementos que deben o pueden aparecer en un entorno como el que se está tratando. Por un lado, existen elementos de microgeneración, almacenamiento, cargas, convertidores, puntos de acoplamiento común, etc., pero por otro lado existen elementos de comunicaciones, control, gestión de la energía, etc. También aparecen elementos necesarios para la monitorización y la actuación (a partir del control) y, por último, debemos tener en cuenta que deben existir ciertas capas físicas que conforman la microrred eléctrica. Con todos estos elementos, una vez "introducidos en la coctelera", la Figura 2.1 muestra las cuatro capas de abstracción que componen la estructura básica de una microrred eléctrica. Las capas se comentarán a continuación y son las siguientes: capa física, capa de elementos de energía, capa lógica de control y gestión de la energía, y capa de sensores y actuadores.

Figura 2.1. Estructura básica de una microrred eléctrica. Fuente: elaboración propia
a partir de componentes de [56], [86], [102], [103].

Antes de continuar, el lector debe entender que este planteamiento es consecuencia del
análisis aquí mostrado y, a partir del mismo, se hace una propuesta de estructura. No obstante, esta propuesta podría haber sido otra y esto no significa que deba ser mejor a la planteada por otros autores. A continuación, se comentará el objetivo y contenido de cada una
de las cuatro capas, para posteriormente en la sección 2.3 detallar cada uno de los componentes.

¿Por qué una capa física?, aunque la respuesta a esta pregunta es evidente, se responderá
a continuación. Uno de los objetivos en una microrred eléctrica es abastecer con energía
eléctrica a sus cargas, bien a partir de sus microgeneradores y almacenamiento eléctrico
distribuido o por medio de la infraestructura eléctrica de distribución, por tanto, es necesario
una infraestructura física para distribuir los flujos de energía. Por otro lado, en una microrred
eléctrica son necesarios procesos de monitorización, gestión de la energía, control, protección, etc., donde en todos ellos es preciso el flujo de información desde uno elementos a
otros, en una bidireccionalidad de la información en la mayoría de los casos, por lo que es
imprescindible que exista una infraestructura física que permita el flujo de las comunicaciones.

La capa de elementos de energía es más que evidente (según la definición de microrred
eléctrica dada en el Capítulo 1), ya que estamos ante un escenario donde coexisten microgeneradores, almacenamiento eléctrico distribuido y cargas, entre otros elementos. Por
tanto, todos estos elementos podrán estar agrupados dentro de una misma capa.

Las dos anteriores capas estarán compuestas, de forma principal, por elementos hardware
físicos, pero en la capa de lógica de control y gestión de la energía, estamos ante una capa
donde básicamente serán elementos software. Ciertamente esta capa se nutrirá de información necesaria procedente de elementos hardware, pero en esencia consistirá en procesos
software para cumplir diferentes cometidos.

Por último, en la capa de sensores y actuadores, encontraremos todos los elementos físicos destinados a la toma de datos de ciertas variables de control y a la actuación de acciones consecuencia de los resultados de determinados algoritmos de la capa anterior.

2.2.2. Relación entre capas de la estructura de la microrred eléctrica

La Figura 2.2 representa la interrelación entre las distintas capas que conforman la estructura de la microrred eléctrica. De forma resumida, es posible ver que existe una relación directa entre todas ellas, aunque ahora trataremos de detallar lo más importante de cada una de las interacciones.

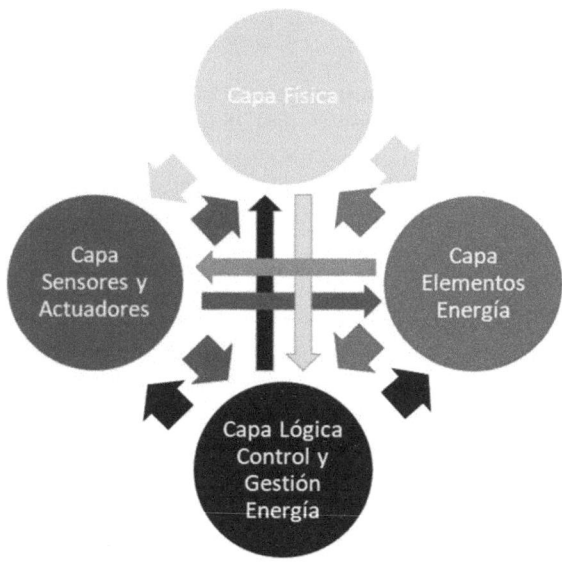

Figura 2.2. Esquema de las relaciones entre las distintas capas de la estructura de una microrred eléctrica. Fuente: elaboración propia.

Comenzaremos analizando la relación entre la capa física y la de elementos de energía. Esta relación es doble, por un lado, todos los elementos de campo que componen la capa de elementos de energía (microgeneradores, almacenamiento eléctrico, convertidores, cargas, etc.) deben tener un contacto físico con la infraestructura eléctrica (ya que deben estar conectados físicamente) y, por otro lado, la mayoría (por no decir todos) deberán estar conectados a la infraestructura física de comunicaciones, normalmente a través de algún elemento de la capa de sensores y actuadores.

La relación entre la capa física y la capa de sensores y actuadores tiene que ver con lo comentado en el párrafo anterior. Para que la capa de lógica de control y gestión de la energía disponga de datos procedente de los elementos de campo, es necesario disponer en estos elementos de sensorización que permitan monitorizar las variables de interés. Por otro lado, las decisiones tomadas por la capa de lógica de control y gestión de la energía deberán ser transmitidas a los elementos de campo por medio de los distintos actuadores desplegados en ellos. De esta forma, las capas físicas (eléctrica y comunicaciones) estarán en contacto real con los algoritmos de control y el sistema de gestión de la energía a través de los sensores y actuadores que integran la capa que lleva su nombre.

Un análisis similar puede hacerse con los componentes que forman la capa de elementos de energía y las otras dos capas: los elementos de campo están en contacto directo con la lógica de control y la gestión de la energía a través de los sensores y actuadores. Y en todos los casos, el flujo de la información y las decisiones es bidireccional, de una capa a las otras dos y viceversa.

2.3. Composición de la microrred eléctrica

En esta sección se describirán los principales componentes en una microrred eléctrica, pero serán presentados según la agrupación mostrada en la sección anterior y que se ha visto en la Figura 2.1.

2.3.1. Composición de la capa física de la microrred eléctrica

Aunque muchos de los elementos que se expondrán a continuación puede resultar triviales en cuanto a su entendimiento, este libro de texto considera que es fundamental el mostrar todos ellos. La composición básica y elemental de la capa física en una microrred eléctrica estará conformada por elementos de generación distribuida (*Distributed Generation*, DG), almacenamiento eléctrico distribuido, cargas, convertidores de potencia, elementos de la infraestructura eléctrica (transformadores, punto de acoplamiento común, etc.) y elementos de la infraestructura de comunicaciones (conmutadores, enrutadores, servidores, etc.). Estos últimos pueden quedar englobados dentro de las Tecnologías de la Información y Comunicaciones (TIC). En la Figura 2.3 se muestran las dos infraestructuras propuestas que componen la capa física, que son la infraestructura eléctrica y la infraestructura de comunicaciones.

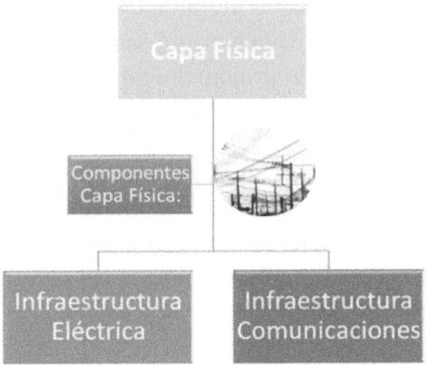

Figura 2.3. Esquema de las infraestructuras que conforman la capa física.
Fuente: elaboración propia a partir de componentes de [86].

Aunque cada microrred eléctrica dispondrá de elementos que la harán única, se puede generalizar y proponer la composición de la capa física en una microrred eléctrica que se muestra en la Figura 2.4. A continuación, algunos de los elementos de la capa eléctrica son descritos, aunque aparecerán en la siguiente capa:

1. *Generación distribuida mediante microgeneradores*: puede ser variada, intentando instalar tecnología que aproveche el recurso local disponible en el emplazamiento. Algunos ejemplos de microgeneración pueden ser la energía eólica, fotovoltaica, hidráulica, biomasa, o la combinación de frío, calor y electricidad con refrigeración, calor y potencia combinados (CCHP), entre otras.

2. *Cargas*: incluyen las cargas comunes y las cargas críticas. En una situación de insuficiencia de energía para abastecer a las cargas, las cargas críticas deberán ser atendidas, mientras que las cargas comunes pueden no ser atendidas y, por tanto, ser prescindibles y desconectadas.

3. *Almacenamiento*: como ya se adelantó en el Capítulo 1, el balance de potencia entre la demanda y la generación procedente de la generación distribuida debe ir asociado a un almacenamiento eléctrico distribuido. El almacenamiento local empleado puede ser físico, químico, electromagnético u otro. Algunas de sus aplicaciones son:

   — Servir como apoyo a los microgeneradores (generación distribuida) renovable de la microrred eléctrica.

   — Junto a los microgeneradores poder brindar servicios auxiliares a la infraestructura eléctrica de distribución.

   — Desplazamiento de los consumos de cargas a otros instantes de tiempo dentro de la operación horaria del día.

   — Recuperación de un colapso de red (*Black Start*[1]).

4. *Controlador central de la microrred* (*MicroGrid Center Controller*, MGCC): puede considerarse el corazón del sistema de control y gestión de la microrred eléctrica. Gobernará las acciones que tengan que ver con la microgeneración, el almacenamiento eléctrico distribuido, las cargas y las distintas funcionalidades de control. También actuará de puente entre la información existente (monitorización) y el gestor de la energía.

5. *Convertidor de potencia*: elemento que estará asociado a los microgeneradores y al almacenamiento eléctrico distribuido principalmente. Con independencia de sus funciones de control en la microrred eléctrica, es preciso distinguir convertidores en función de su tipo de topología, pero especialmente, atendiendo al tipo de conversión que hace de la señal eléctrica, encontrándonos convertidores de continua a continua, de continua a alterna o de alterna a continua.

6. *Punto de acoplamiento común*: elemento físico frontera entre el interior de la microrred y la infraestructura eléctricas de la distribuidora. En ocasiones, la distribuidora podría sustituirse por otra microrred, conformando ambas una multimicrorred.

---

[1] *Black Start* consiste en una secuencia de acciones de control, que se definen a través de un conjunto de reglas y condiciones que se verificarán durante la etapa de la restauración del colapso.

7. *Transformador eléctrico*: este elemento existirá en tanto en cuanto exista la necesidad de cambiar de niveles de tensión. Normalmente aparecerá cuando la microrred eléctrica está conectada a la infraestructura eléctrica de distribución, o cuando esté conectada a otra microrred (multimicrored) y la distancia entre ambas sea tan grande, que interese instalar un transformador para minimizar las pérdidas de energía por transporte y distribución. Dependerá de cada instalación, pero normalmente el transformador eléctrico estará integrado en una evolvente especial, comúnmente llamada caseta de transformación. Últimamente, con el despliegue de sensórica y medida avanzada en la baja tensión, estos elementos se conocen como nodos de transformación eléctricos.

8. *Elementos de protección*: los microgeneradores, almacenamiento eléctrico distribuido, cargas y convertidores de potencia tendrán elementos de protección eléctrica. Además, la microrred eléctrica tendrá las protecciones normales de cualquier red eléctrica, como puede ser en el propio centro de transformación. El punto de acoplamiento común es considera un elemento individual con suficiente peso en la configuración de la microrred eléctrica que tiene su especial protagonismo, no obstante, este elemento de separación entre redes bien podría considerarse como elemento de protección, en tanto en cuanto se interprete como elemento defensivo de la microrred el operar en modo isla frente a perturbaciones de la red de distribución.

9. *Cables y elementos de interconexión eléctrica*: una microrred eléctrica debe poder interconectar los elementos eléctricos que la componen, por lo que el cableado eléctrico y elementos de interconexión son fundamentales. Dependiendo el tipo de microrred eléctrica que tengamos y el nivel de tensión a la que el elemento esté conectado, es necesario emplear un tipo de cable u otro [104], [105].

En la Figura 2.4 se aprecia la línea de comunicaciones, esto hace referencia de una forma explícita a la capa de comunicaciones necesaria en la microrred eléctrica. Integrada en la capa física eléctrica estará la capa de comunicaciones y un ejemplo de ésta se puede ver en la Figura 2.5.

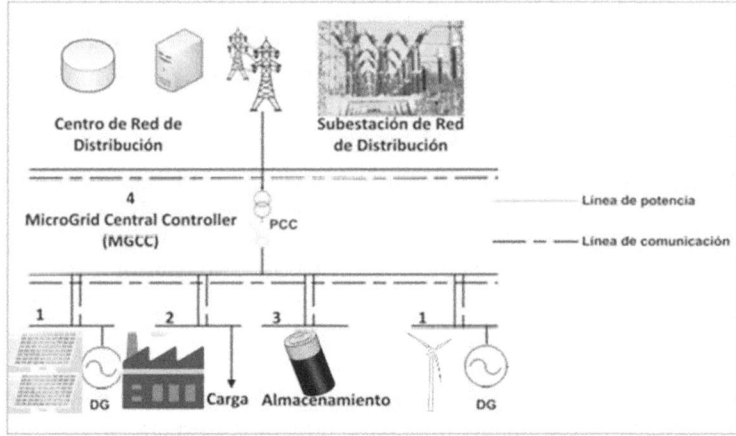

Figura 2.4. Composición de la capa física una microrred eléctrica. Fuente [8], [9], [11], [12], [14], [50], [67], [98], [106], elaboración propia. Elaboración a partir de componentes de [56], [85], [107], [108].

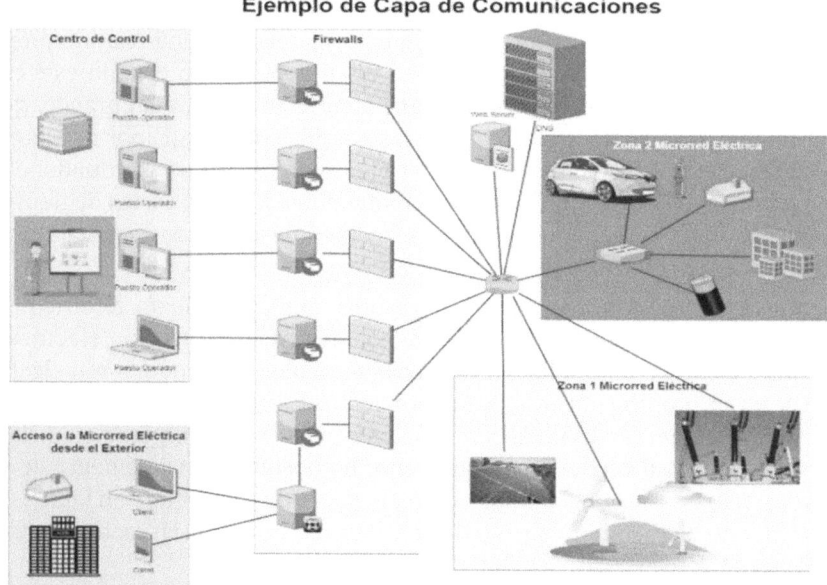

Figura 2.5. Ejemplo de la capa de comunicaciones de la capa física de una microrred eléctrica. Fuente: elaboración propia.

Aunque en otro capítulo se ampliarán los elementos del sistema de comunicaciones, en esta sección es fundamental adelantar algunos detalles para comprender el funcionamiento global de la capa física.

La capa de comunicaciones será tan sencilla o complicada como la microrred eléctrica lo requiera. De la figura anterior se pueden extraer algunos detalles atendiendo a las zonas. La Zona 1 de la microrred eléctrica representa los elementos de comunicaciones que tendrán que existir en la subestación eléctrica o centro de transformación de la microrred eléctrica y en las plantas de generación distribuida alejadas de los puntos de consumo, pero que forman parte de la misma. La Zona 2 de la microrred eléctrica representa su corazón y en ella encontramos los consumos eléctricos, el almacenamiento eléctrico distribuido y los puntos de recarga de un vehículo eléctrico, en definitiva, cualquier elemento de la microrred eléctrica susceptible de ser monitorizado y/o controlado. Toda la información recogida conectará con el centro de control de la microrred eléctrica a través del *firewall* de seguridad (si existe). En la parte de abajo a la izquierda es posible ver un acceso exterior a la microrred eléctrica desde el exterior del centro de control, como por ejemplo desde la vivienda de un operario o un hotel.

En sucesivos capítulos se detallarán los principales elementos que pueden aparecer asociados a un sistema de comunicaciones, pero podemos destacar los siguientes: *switches* (conmutadores), *rúters* (enrutadores), servidores dedicados, red de área local (*Local Area Network*, LAN), red de área amplia (*Wide Area Network*, WAN), etc.

Como se ha dicho, la complejidad de la capa de comunicaciones dependerá de la propia microrred eléctrica. El tamaño y las especificaciones de acceso a los datos y otras características afectarán a la decisión sobre la configuración y elementos de la capa de comunicaciones, como se verá en capítulos posteriores.

2.3.2. Composición de la capa de elementos de energía de la microrred eléctrica

La Figura 2.6 muestra los componentes asociados a la capa de elementos de energía. Algunos de los elementos ya han sido introducidos en la anterior capa, ya que pueden ser analizados tanto como elementos de la capa física o de ésta en las que estamos.

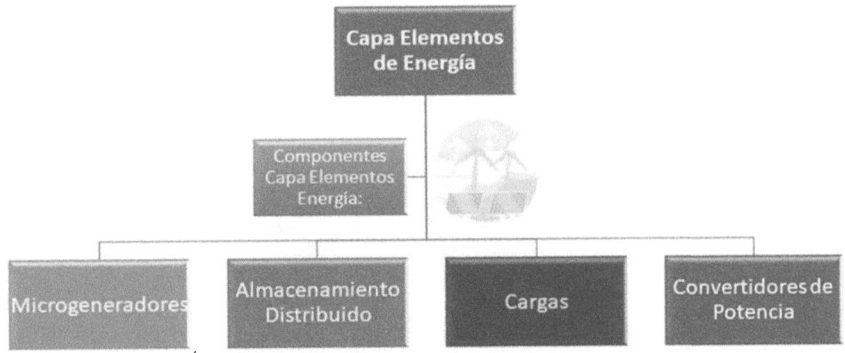

Figura 2.6. Esquema de los componentes que conforman la capa de elementos de energía. Fuente: elaboración propia a partir de componentes de [56].

Con respecto a los microgeneradores de la microrred eléctrica es preciso apuntar que éstos pueden ser muy diversos. Por un lado, la potencia vendrá marcada por las necesidades de la instalación, por lo que siempre es complicado marcar rangos de potencia instalada. Con respecto al combustible a emplear, la microrred eléctrica tratará de aprovechar el recurso existente, por lo que en algunos casos la instalación incorporará tecnologías renovables y otras veces tendrán que estar basados en combustibles fósiles. En el siguiente capítulo se hará un análisis más profundo sobre las posibles tecnologías de los microgeneradores.

La energía podemos resumirla en la *"capacidad para generar un trabajo"* y puede identificarse con las diferentes fuentes que podemos encontrar en la naturaleza [109]: carbón, petróleo, gravedad, hidráulica, biomasa, mareas, térmica, química, viento, geotermia, nuclear, etc. Con respecto a los microgeneradores de la microrred eléctrica y las fuentes anteriormente descritas, es posible afirmar que los componentes microgeneradores posibles en la microrred pueden estar basados en tecnologías renovables o en combustibles fósiles, tal como muestra la Figura 2.7. La Figura muestra algunos ejemplos de tecnologías renovables y basadas en combustibles fósiles para su aplicación en microgeneradores para microrredes eléctricas.

Figura 2.7. Algunos ejemplos de tecnologías renovables y tecnologías fósiles para microgeneradores en la microrred eléctrica. Fuente: elaboración propia.

Los microgeneradores pueden asociarse o no con el almacenamiento eléctrico distribuido, pero lo que es claro y evidente es que éste es fundamental para el buen funcionamiento de ciertas operaciones a realizar por parte de las funciones de control y gestión de la energía de la microrred eléctrica. Numerosas son las posibilidades de tecnologías de almacenamiento eléctrico y las principales serán planteadas en el siguiente capítulo.

Las cargas son fundamentales en el panorama de la microrred eléctrica, ya que no debemos olvidar que uno de los objetivos principales de ésta es el abastecimiento de energía eléctrica a su demanda existente. Cuando se habla de cargas, surge claramente la necesidad de hacer una distinción entre cargas en continua y cargas en alterna, evidentemente, aunque lo anterior es muy importante y estará condicionado con el propio diseño de la microrred eléctrica, lo que realmente también interesa de una carga es saber si es posible o no actuar sobre ella en momentos puntuales. Por tanto, una posible clasificación de las cargas puede verse en la Figura 2.8.

Con respecto al nivel de gestión nos estamos refiriendo al grado de importancia de las cargas y si sobre ellas es posible hacer algún tipo de gestión, como por ejemplo el apagado o el encendido de éstas. En este sentido, aparecen las cargas críticas (por ejemplo, un hospital) como aquellas que bajo ningún concepto puede tomarse una decisión de apagado, frente a las cargas no críticas como aquellas que sí podrán ser desconectado en ciertos momentos. Estas operaciones de apagado y encendido de cargas son fundamentales para las labores de control y gestión de la energía de una microrred eléctrica, como se verá en siguientes capítulos.

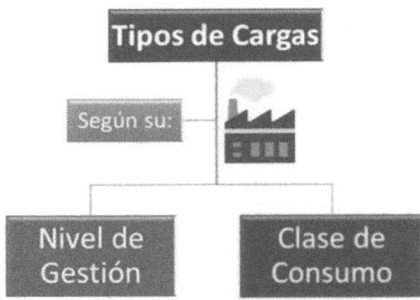

Figura 2.8. Clasificación de las cargas existentes en la microrred eléctrica. Fuente [98], elaboración propia. Elaboración a partir de componentes de [107].

Cuando hablamos de clase de consumo asociado a una carga, nos estamos refiriendo a consumos domésticos, comerciales e industriales. La demanda eléctrica es estacional y totalmente dependiente del tipo de consumo asociado a ésta y la curva de carga de cada uno de esos consumos dependerá de la tipología de la demanda [2]. De forma muy resumida, la demanda doméstica viene caracterizada por tener potencias reducidas y ser bastante caótica en cuanto a su repetibilidad a lo largo de las horas del día y suele estar asociada a consumidores de hogares. El consumo comercial suele presentar demandas mayores a la doméstica y suele estar asociado a consumidores tipo banco, restaurante, hotel, supermercados, etc., [110]. El consumo industrial, asociado a las industrias, presenta potencias pico mucho más elevadas que los anteriores tipos de consumo, pero suele presentar una característica interesante para los gestores de la energía y es que la demanda suele seguir una curva de carga muy estable a lo largo del día [111].

Con respecto a los convertidores de potencia, es posible afirmar que es un dispositivo que transforma la energía eléctrica a partir de una forma de señal en la entrada en otra diferente, pero a costa de una pérdida de potencia que viene asociada a las pérdidas del propio convertidor. En la Figura 2.9 puede verse el principio de funcionamiento de un convertidor de potencia, donde la energía de entrada estará en unas condiciones de entrada (1) y la energía de salida en condiciones distintas (2).

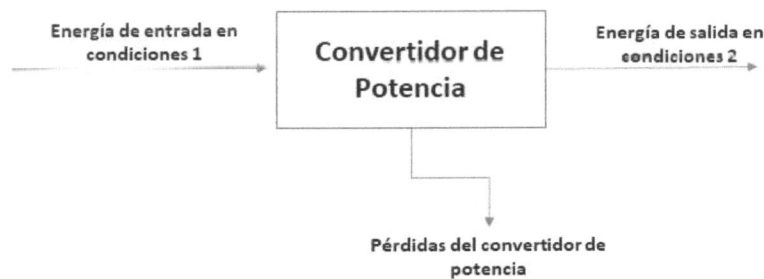

Figura 2.9. Esquema de un convertidor de potencia. Fuente [112], elaboración propia.

En función del tipo de señal que tengamos en la entrada y la salida tendremos un tipo de convertidor u otro. De manera básica, los tipos de convertidores son los que aparecen en la Figura 2.10.

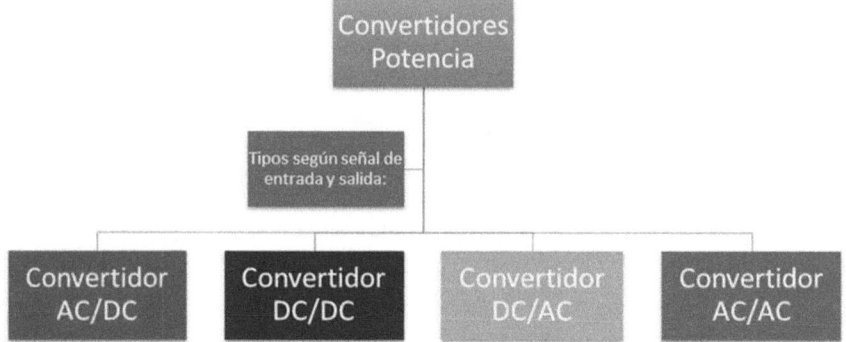

Figura 2.10. Clasificación de los convertidores de potencia. Fuente [112], elaboración propia.

Un convertidor AC/DC es aquel que convierte la energía alterna en continua y normalmente recibe el nombre de rectificador. En una microrred eléctrica, este tipo de convertidores estarán asociados con almacenamiento eléctrico electroquímico, ya que las reacciones de estos sistemas son en forma de corriente continua y para la carga y/o descarga del dispositivo se estará conectado (normalmente) a una infraestructura eléctrica alterna. Lo anterior podría no ser así si la microrred eléctrica es de continua, por lo que este tipo de convertidor no estaría asociado al sistema de almacenamiento, pero en cambio, estaría con un convertidor DC/DC, que convierte entre niveles de tensión y corriente en continua.

El convertidor DC/DC también podría aparecer en una microrred eléctrica en continua, conectado en los elementos microgeneradores que generen en continua, como por ejemplo un sistema fotovoltaico y algunos aerogeneradores eólicos que generar en continua. En este caso, es posible que el bus de continua de la microrred esté a un nivel de tensión muy distinto al establecido en el propio microgenerador y de esta forma sea preciso este tipo de dispositivos.

El convertidor DC/AC, también llamado inversor, convierte la señal de entrada continua en una señal en alterna. Este tipo de dispositivos podrían estar asociados en una microrred eléctrica con microgeneradores fotovoltaicos que son conectados a un bus de alterna de la microrred eléctrica. En el caso de los microgeneradores fotovoltaicos, estos convertidores DC/AC serán especiales, ya que necesitan disponer del seguidor del punto de máxima potencia (*Maximum Power Point Tracking*, MPPT), el cual será el encargado de localizar el punto de trabajo del dispositivo fotovoltaico capaz de entregar dicha potencia máxima [113].

Por último, el convertidor AC/AC reacondiciona la señal de entrada de alterna a alterna en la salida. Además de arrancadores suaves, este tipo de convertidor puede ser empleado en una microrred eléctrica cuando se intenta conectar de forma directa dos microrredes en alterna distintas en tensión y en lugar de un transformador, se decide instalar un convertidor debido a sus mayores capacidades de control [114].

Para finalizar con los convertidores y de una forma general, la eficiencia de un convertidor viene dada por la relación entre su energía a la salida con respecto a la de la entrada. La eficiencia viene representada en la Ecuación (2.1) y en la Ecuación (2.2) las pérdidas asociadas al convertidor electrónico.

$$\text{Eficiencia convertidor potencia } (E_{CP}) = \frac{\text{Energía Salida}(E_S)}{\text{Energía Entrada}(E_E)} \qquad (2.1)$$

$$\text{Pérdidas convertidor potencia} = E_S - E_E \qquad (2.2)$$

Una microrred eléctrica tratará de aprovechar los recursos locales para convertirlos en electricidad a través de sus microgeneradores (generación distribuida). La mayoría de las veces, estos recursos serán renovables, aunque como se ha visto en la tabla anterior (se ampliará en el siguiente capítulo), no siempre serán de este origen. En ocasiones, tal como se ha comentado, las tecnologías renovables pueden estar asociadas directamente a elementos de almacenamiento eléctrico distribuidos, presentando además unas ventajas claras para la microrred eléctrica.

2.3.3. Composición de la capa lógica de control y gestión de la energía de la microrred eléctrica

La Figura 2.11 muestra los componentes asociados a la capa de lógica de control y gestión de la energía. En este libro de texto se ha considerado oportuno agrupar los distintos componentes que afectan a esta capa en tres: control, protección y gestión de la energía. En este caso, aunque existen elementos físicos involucrados (diferenciales, relés, actuadores, inversores, convertidores, etc.), la capa hace más bien referencia a la parte computacional involucrada en la microrred eléctrica.

Figura 2.11. Esquema de los componentes que conforman la capa de la lógica de control y la gestión de la energía. Fuente: elaboración propia a partir de componentes de [103].

Se entiende por *lógica de control* el conjunto de algoritmos, operaciones y código computacional destinado a la ejecución de programas informáticos bien sea en computador, autómata programable o dispositivo con poder computacional. Por tanto y para esta clasificación, la lógica de control hará referencia a todas las acciones de la microrred que involucren acciones de actuación a partir de información recogida a través de sensores de medida. En este sentido, existen dos áreas dentro de la microrred eléctrica claramente afectadas por la lógica de control y son, el control y la protección de ésta.

La gestión de la energía requiere igualmente de ciertas decisiones a partir de lógica programada, pero en esta ocasión, es considerada con tal relevancia, que debe tratarse y estudiarse de forma separada a otros procesos más claros y que están amparados por la lógica de control.

Comencemos por el control y lo primero que debemos plantearnos es qué elementos deben ser controlados. La Figura 2.4 ha mostrado, de forma resumida, los principales elementos que pueden aparecer en la capa de infraestructura eléctrica de una microrred eléctrica. En este esquema es posible identificar distintos elementos y la totalidad de ellos llevarán involucrados procesos de control. Evidentemente, la microrred eléctrica deberá poder actuar sobre sus elementos, principalmente los microgeneradores, el almacenamiento eléctrico distribuido y sus cargas, por lo que la lógica de control estará asociada a estos elementos. Otro elemento que deberá ser controlado es el punto de acoplamiento común y aunque puede entenderse como un elemento de actuación o protección, deberá tener asociado cierta algoritmia que controle sus estados.

La Figura 2.12 muestra los distintos tipos de control que podemos encontrar en una microrred eléctrica, así como las jerarquías del nivel de control. Con respecto al tipo de control, podemos encontrarnos controles centralizados, descentralizados y distribuido [8], [15]. En un control centralizado, toda la lógica de control estará asociada a un dispositivo único. En el control descentralizado, algunas rutinas de control son decididas desde un sistema descentralizado y no es necesaria la consulta y decisión formal a través de un dispositivo centralizado y este tipo de estrategias son típicas de los sistemas multiagentes (*Multi-Agent System*, MAS) [8], [115]. En un control distribuido, los elementos de control de los dispositivos de campo son capaces de dialogar de igual a igual para la toma de decisiones, aunque muy interesante, su implementación presenta cierta complejidad [15].

Con respecto a la jerarquía del control es posible distinguir tres niveles de control [116]: el nivel de campo, donde a través de los convertidores de potencia de los microgeneradores (generación distribuida) se ajustan los valores de tensión y frecuencia, además de controlar las cargas y hacer el control de detección de paso a modo isla; el nivel de gestión, donde el controlador central de la microrred se encarga de controlar los niveles de tensión y frecuencia de toda la microrred, la sincronización entre ésta y la infraestructura eléctrica de distribución, la gestión de desconexión y reconexión de las cargas y ciertas tareas de optimización de la energía; el nivel de infraestructura de red eléctrica encargado, entre otras cosas, de gestionar los niveles entre la baja y media tensión, sincronización y gestión de diferentes controladores centrales de microrred y el diálogo con el mercado externo.

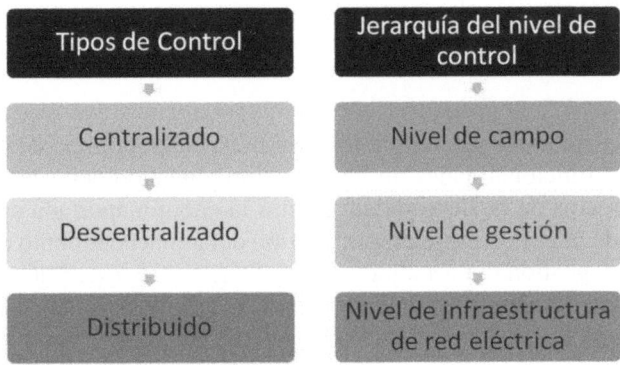

Figura 2.12. Niveles jerárquicos del control y sus tipos. Fuente [8], [15], [116], elaboración propia.

El esquema de protección es fundamental también para la microrred eléctrica y además de controlar todos los dispositivos y aparamenta eléctrica de protección, estará encargado de la lógica de control que comanda todos los elementos que la integran. Los principales problemas asociados a la protección en la microrred eléctrica son dos [116]: la bidireccionalidad de los flujos de corriente (energía), ya que afectará en cierta medida a las protecciones de los distintos componentes de la microrred eléctrica; la infraestructura cambiante, ya que la conexión y desconexión dinámica de los distintos elementos hará que las protecciones sean afectadas. Todos estos cambios deben ser tenidos en cuenta por parte de la lógica de control y las propias protecciones de los sistemas de protección a desplegar en la microrred eléctrica.

Cuando se habla del sistema de gestión de la energía siempre es difícil especificar de qué se debe encargar esta pieza tan importante en el conjunto global de la microrred eléctrica. Antes de dar algunas pinceladas y al igual que para el control y la protección de la microrred eléctrica, la gestión de la energía se basa fundamentalmente en la información recogida de campo, la cual puede estar asociada a la monitorización de la microrred eléctrica y todo este proceso de recogida no puede existir sin la capa de infraestructura de comunicaciones. Por tanto, comencemos dando una posible definición del sistema de gestión de la energía según [117]:

> *"un sistema informático que comprende una plataforma de software que proporciona servicios básicos de soporte y un conjunto de aplicaciones que brindan la funcionalidad necesaria para la operación efectiva de las instalaciones de generación y transmisión eléctrica para garantizar la seguridad adecuada del suministro de energía a un costo mínimo."*

En 2003, el CERTS presenta en [118] las principales funcionalidades que debe tener el sistema de gestión de la energía de su microrred eléctrica. En este trabajo, se hace una clara distinción de la gestión cuando ésta esté conectada a la red o esté aislada de la misma. De forma muy resumida, la principal preocupación será monitorizar y controlar los niveles de tensión y corriente y de la misma forma, el control del flujo de potencia con la red de distribución.

Según [67], el sistema de gestión de la energía en una topología de control centralizada tiene las siguientes funcionalidades: monitorización y gestión del estado de la red, gestión y pronóstico de precios de la electricidad; limitar la energía aportada por los microgeneradores; pronóstico de curva de carga diario; gestión del almacenamiento eléctrico distribuido y monitorización; y gestión del estado de carga (*State of Charge*, SoC) de las baterías. Los mismos autores cuando hablan de una gestión descentralizada plantean el uso de sistemas multiagentes.

Como se verá en posteriores capítulos, los datos servirán para la toma de decisiones instantáneas (pueden llamarse procesos *online*) o para toma de decisiones que implican procesos en diferido (pueden llamarse procesos *offline*), tal como lo muestra [12]. En [119], se muestra el rol del sistema de gestión es mostrado, destacando los siguientes bloques: análisis (emplea datos históricos y de pronóstico) para generar repostes históricos y pronósticos diferentes; *forecasting* para hacer pronósticos de curvas de carga, recursos (sol, viento, etc.) existentes en la microrred eléctrica o precios de mercado; procesos de optimización (condiciones de entrada de campo y programación de energía) para decidir flujos óptimos de energía, distintas políticas, etc.; interfaz hombre máquina (*Human Machine Interface*, HMI) con datos en tiempo real (control en tiempo real o topologías de red).

Según [9], el sistema de gestión de la energía ofrece algunas ventajas a la microrred eléctrica, a saber: monitoreo de las variables de interés; análisis del estado de la infraestructura de la microrred; ejecución de acciones de control y la toma de decisiones en situaciones cruciales. Los autores también agrupan todos los servicios del sistema de gestión de la energía en tres bloques distintos: sistema de toma de decisión, sistema de control y sistema de monitorización. Los autores plantean la monitorización como capa esencial que nutre a la de sistema de toma de decisiones, donde realmente están los servicios, para posteriormente mediante la capa de control actuar sobre los elementos de la microrred eléctrica. Siguiendo con estos autores, hay que destacar los siguientes servicios dentro del sistema de toma de decisiones: herramientas de evaluación (flujo de carga, cálculo de cortocircuito, predicción de la demanda, estimación de estado, etc.), herramientas de restauración y herramientas de optimización (despacho económico, flujo óptimo de potencia, procesos de reconfiguración, etc.).

A partir de todo lo anterior y sin ánimo de sentar cátedra al respecto, en este libro de texto se presenta en la Figura 2.13. Las tres grandes áreas, que integrarán todos los servicios del sistema de gestión de la energía son: *forecasting*, flujo de energía y servicios para infraestructura eléctrica. Como se ha dicho más arriba, todos estos servicios dependerán de datos medidos de la microrred eléctrica, por lo que serán dependientes del sistema de comunicaciones y la monitorización de la microrred eléctrica. Además, estas tres áreas planteadas tendrán relación entre sí, como por ejemplo una predicción servirá para un proceso de planificación.

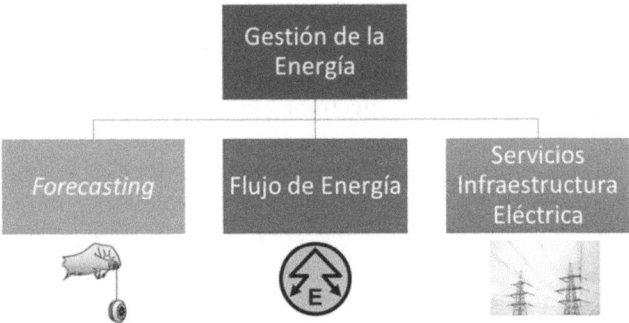

Figura 2.13. Esquema de las áreas de la capa de gestión de la energía.
Fuente: elaboración propia a partir de componentes de [86], [120], [121].

El término *forecasting* se entiende por pronóstico o predicción, la cual se tratará más adelante en un capítulo. Una microrred eléctrica necesita tener de forma anticipada una aproximación de su comportamiento futuro, tanto de su demanda como de las posibilidades de sus microgeneradores basados en tecnologías renovables y, por tanto, dependientes de la intermitencia del recurso del que dependen. La predicción de la demanda y la generación serán por tanto clave y fundamentales para las labores de planificación de la microrred eléctrica y esta predicción, como se verá, será muy diferente según los intereses que se tengan. Otro interés del pronóstico estará puesto en conocer precios del mercado, para establecer estrategias de compra y venta de energía de/hacia la infraestructura eléctrica de distribución (bidireccionalidad en los precios de compra y venta de la energía eléctrica). Todo lo anterior dependerá fundamentalmente de algoritmos avanzados que permitan realizar los distintos pronósticos en base, la mayoría de las veces, a series de datos temporales guardadas en las bases de datos de la microrred eléctrica.

Con respecto al flujo de energía, nos estamos refiriendo a cualquier proceso que involucre la gestión propia de la energía y en este sentido, debemos entender como elementos clave los siguientes: infraestructura eléctrica de distribución, microgeneradores y almacenamiento eléctrico distribuido. En este caso, los servicios prestados emplearán algoritmos que permitan calcular ciertas operaciones, para a partir de determinados ajustes programados, se tomen ciertas decisiones. Labores como la desconexión o reconexión de cargas, el encendido o regulación hasta el paro de microgeneradores, o la carga y descarga de almacenamiento, serán procesos que estarán integrados en esta área. Por supuesto, planificadores basados en medidas y pronósticos, o la gestión de la compra y venta de la energía formarán parte también de estos servicios ofrecidos. De la misma forma, el cálculo y le operación de la energía a transferir será responsabilidad de este proceso.

Con respecto a los servicios de la infraestructura eléctrica, serán todos aquellos procesos que involucren la operación y control de elementos que forman parte de ésta. Por ejemplo, existe una lógica de control destinada a decidir la desconexión del punto de acoplamiento común para que la microrred eléctrica pueda operar en modo isla. Esta decisión está relacionada con otros procesos de control que supervisen la estabilidad del sistema de la propia infraestructura eléctrica de distribución, de la misma forma pasará para la reconexión de la microrred eléctrica con distribución. Otro proceso crítico es el poder disponer de un estimador de estado para la microrred eléctrica y se define este proceso como [122]:

"una herramienta utilizada por los centros de control de energía eléctrica para una construcción, en tiempo real, del modelo eléctrico del sistema. Este modelo creado en tiempo real debe ser confiable, sobre todo en la operación de mercados de energía, donde cuestiones económicas entran en conflicto, como son los límites de operación del sistema. La importancia dada a la estimación del estado de los sistemas eléctricos ha creado la necesidad de nuevas metodologías de análisis que mejoren la confiabilidad y precisión"

2.3.4. Composición de la capa de sensores y actuadores de la microrred eléctrica

La Figura 2.14 muestra los componentes asociados a la capa de sensores y actuadores. Nuevamente, esta capa tiene especial relación con el sistema de comunicaciones, control, protecciones y la gestión de la energía. Además, y es evidente, los componentes de esta capa estarán en la capa física de infraestructura eléctrica y en la de comunicaciones.

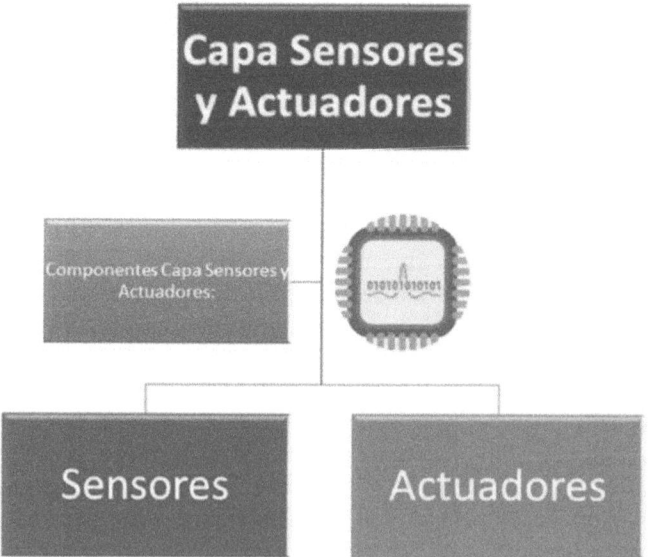

Figura 2.14. Esquema de los componentes que conforman la capa de sensores y actuadores. Fuente: elaboración propia a partir de componentes de [102].

Según la RAE, un sensor es *"un dispositivo que detecta una determinada acción externa, temperatura, presión, etc. y la transmite adecuadamente."*

Tal como se ha visto en las secciones anteriores, es necesario recopilar la información procedente de las capas físicas, para el procesamiento de esta información y la posterior toma de decisiones. La información se transmitirá a través de la infraestructura de comunicaciones para su procesamiento posterior, pero son necesarios dispositivos instalados en sitios estratégicos que capten las variables a medir. Los sensores son los encargados de realizar esta acción y deberán estar integrados en muchos de los elementos que ya se han descrito (microgeneradores, almacenamiento eléctrico distribuido, cargas, estaciones climáticas, centros de transformación, etc.). Con respecto a las variables que interesan medir existen muchas y muy distintas, a saber:

- *Variables eléctricas*: corriente eléctrica, tensión eléctrica, energía y su dirección, potencia eléctrica, desfase entre tensión y corriente, etc.
- *Variables ambientales*: velocidad del viento, dirección de viento, radiación solar global, radiación solar directa, radiación solar difusa, radiación solar albedo, temperatura, humedad relativa, etc.
- *Variables mecánicas*: revoluciones por minuto del eje, par de giro, ángulo de paso de pala, nivel del depósito de combustibles, nivel de depósito de agua, etc.

Una vez la información es monitorizada a través de los sensores desplegados en la capa de campo, las variables medidas servirán para la toma de decisiones. En ocasiones, estos datos servirán para decisiones *online* o para decisiones *offline*.

Como ya se ha dicho, con la información procesada se tomarán ciertas decisiones que deberán volver a los elementos de campo para ejecutarlas y este procedimiento se deberá llevar a cabo a través de los actuadores, que puede ser entendido por un elemento de maniobra a partir de ciertos niveles de excitación eléctrico, neumático o hidráulico principalmente.

La Figura 2.15 muestra la relación de los sensores y actuadores con la capa física y la de lógica de control y gestión de la energía. Los sensores y actuadores estarán físicamente en las capas físicas (infraestructura eléctrica e infraestructura de comunicaciones) y se servirán de éstas para enviar la información y recibirla hacia y desde la capa lógica de control y gestión de la energía.

Figura 2.15. Relación de sensores y actuadores con capa física y capa lógica de control y gestión de la energía. Fuente: elaboración propia a partir de componentes de [86], [102], [103].

2.4. Multimicrorredes

En ocasiones, es útil y práctico disponer de varias microrredes eléctricas interconectadas entre sí, desde un punto de vista físico y de gestión de la energía. Este proceso anteriormente descrito hace que surja el nuevo concepto de multimicrorredes eléctricas (multiME).

La pregunta clave es, ¿cómo surgen las multiME?, pues parece una respuesta sencilla de responder, la red de baja tensión cada vez va tomando mayor importancia en el sistema eléctrico. En ella empiezan a aparecer elementos de microgeneración (generación distribuida), acompañados de almacenamiento eléctrico distribuido. Además, lo anterior se completa con cargas, las cuales deben funcionar junto a los anteriores elementos. Con estas premisas nos encontramos con una microrred eléctrica en la red de baja tensión.

Pero la baja tensión no sólo alberga una microrred eléctrica, sino que en ella aparecen multitud de puntos que forman cada uno de ellos una microrred eléctrica. Por tanto, desde el punto de vista del operador del sistema de distribución, es importante su operación y gestión, pasando del control de una única microrred eléctrica a la operación y gestión de multiME.

Se ha querido hacer mención sobre las multiME en este capítulo, ya que se considera fundamental desde el punto de vista de estructura y composición dentro de un sistema de energía. La multiME estará compuesta por elementos de media tensión, microrred eléctrica, cargas, almacenamiento eléctrico distribuido y elementos de generación distribuida, teniendo que gestionar y controlar todos los elementos mediante un único sistema de gestión de la distribución.

Comencemos profundizando en el concepto de multiME. Para [8], este nuevo entorno puede considerarse como un escenario complejo en media tensión, donde existen elementos de microgeneración distribuidos, almacenamiento y cargas, bajo el paradigma de microrred y que se repiten, para entre todas ellas conformar la multiME , la cual debe ser coordinada y gestionada. El autor también destaca la gran dificultad de su control y gestión al aparecer numerosos elementos individuales, a pesar de estar conformando parte de microrredes concretas. [12] destaca la necesidad de protecciones especiales en entornos donde la multiME estén desplegadas, ya que la dificultad en su control y gestión va acompañada de la complejidad en el sistema asociado de protecciones.

Por otro lado, en [67] se destaca el gran protagonismo que tienen las multiME en entornos rurales. Estos entornos son para los autores como relevantes a la hora de gestionar de una forma fiable y segura los elementos distribuidos a lo largo de la baja tensión en estos entornos rurales.

Según [123], multiME es un sistema que une distintas microrredes eléctricas de una forma eficiente y según los autores, estas instalaciones están relativamente cercanas entre sí y unidas a un bus de media tensión. Los autores plantean distintas formas de interconexión de las distintas microrredes eléctricas que conforman la multiME y son las siguientes:

topología radial (Figura 2.16), topología en serie (Figura 2.17) y topología en malla (Figura 2.18). Las tres configuraciones comparten que las multiME están conectadas en media tensión. En la topología radial cada microrred eléctrica está conectada de forma aislada a la media tensión, por lo que no tiene contacto físico con la otra microrred eléctrica a través de la baja tensión. En la topología en serie las microrredes eléctricas están conectadas entre sí, a través de la media tensión y la baja tensión, pero de forma secuencia, la microrred 1 conectada con 2, pero si hubiera una 3, la microrred 2 estaría conectada a 3, pero la 1 no estaría físicamente conectada con 3 a través de la baja tensión. En la topología en malla, todas las microrredes eléctricas están conectadas con todas y a la vez, a través de la media tensión.

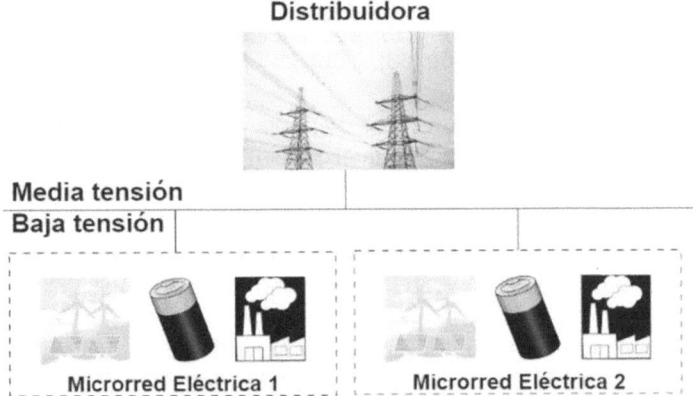

Figura 2.16. Microrredes eléctricas conectadas según topología radial conformando una multiME. Fuente [123], elaboración propia. Elaboración a partir de componentes de [56], [86], [108], [124].

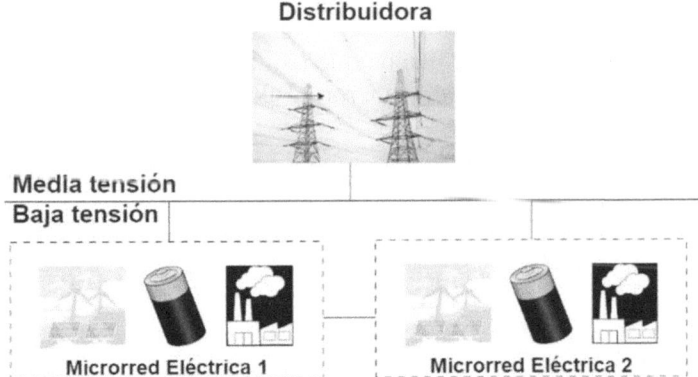

Figura 2.17. Microrredes eléctricas conectadas según topología en serie conformando una multiME. Fuente [123], elaboración propia. Elaboración a partir de componentes de [56], [86], [108], [124].

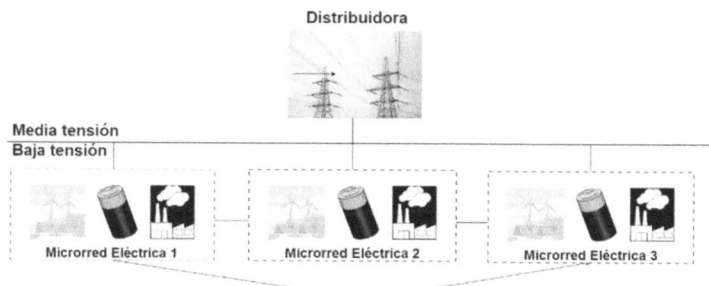

Figura 2.18. Microrredes eléctricas conectadas según topología en malla conformando una multiME. Fuente [123], elaboración propia. Elaboración a partir de componentes de [56], [86], [108], [124].

Pero centrémonos en la estructura y los componentes de la multiME. Desde un punto de vista estructural, podemos asegurar que la arquitectura de estos nuevos espacios es similar al de una microrred eléctrica y desde la perspectiva de sus componentes ocurre lo mismo. Los componentes de una multiME serán los mismos que los de la microrred eléctrica, ya que como se han visto en las figuras anteriores, al estar compuesta la multiME por microrredes, los componentes de éstas serán los que conformen aquella.

Lo que sí parece cierto, es que todo no es tan sencillo como decir que estructura y componentes son coincidentes. Como se ha visto en las anteriores figuras, la infraestructura eléctrica de la multiME estará formada por tantas como microrredes eléctricas existan y de igual forma para la infraestructura de comunicaciones. Podría incluso ocurrir que la multiME estuviera separada físicamente, bajo el concepto de multiME virtual [66], por lo que existe una mayor complicación en cuanto a monitorización, protección y gestión de la energía, ya que las infraestructuras (eléctrica y comunicaciones) estarán físicamente distantes y serán necesarios mecanismos de comunicación y supervisión distribuido, como se aprecia en la Figura 2.19. Además, lo anterior requerirá una infraestructura de comunicaciones mucho más compleja, e incluso una solución que requiera una topología de red que implique elementos que unan redes de área local (microrred eléctrica) a través de redes de área amplia.

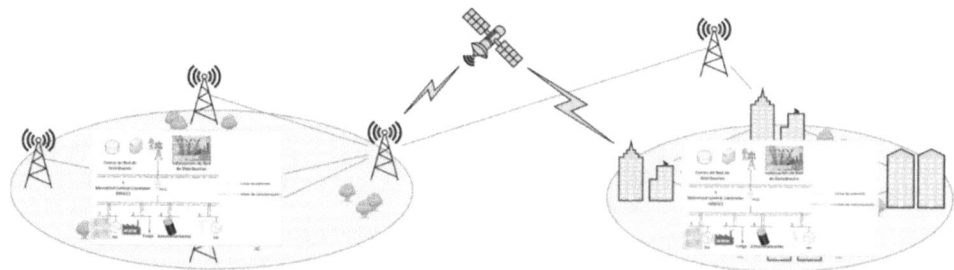

Figura 2.19. Recreación de una multiME con separación física de la infraestructura eléctrica y comunicaciones. Fuente: elaboración propia a partir de componentes de [56], [85], [107], [108].

Algo similar ocurre con el controlador central de la multiME , en esta ocasión es necesario decidir si se mantienen tantos dispositivos (controladores centrales) como microrredes eléctricas existen y con un dispositivo a un nivel superior que los coordine, o se eliminen los dispositivos individuales para mantener un único punto de control sobre todas las microrredes eléctricas. La Figura 2.20 representa una multiME formada por dos microrredes eléctricas, donde cada una de éstas tiene su propio controlador central de la microrred y ambos son supervisados por un único supervisor controlador central multiME. En el caso de que se prescinda de los dos controladores centrales de las microrredes, el supervisor único hará las funciones de éstos en cada una de las dos microrredes eléctricas. Parece que mantener los controladores centrales de la microrred eléctrica garantiza cierta redundancia en el sistema de control, ya que las funciones propias de ellos podrían ser tomadas por el supervisor en el caso de que fallara alguno de los controladores individuales. Por el contrario, este tipo de esquema complica las labores de coordinación entre todos los elementos comentados.

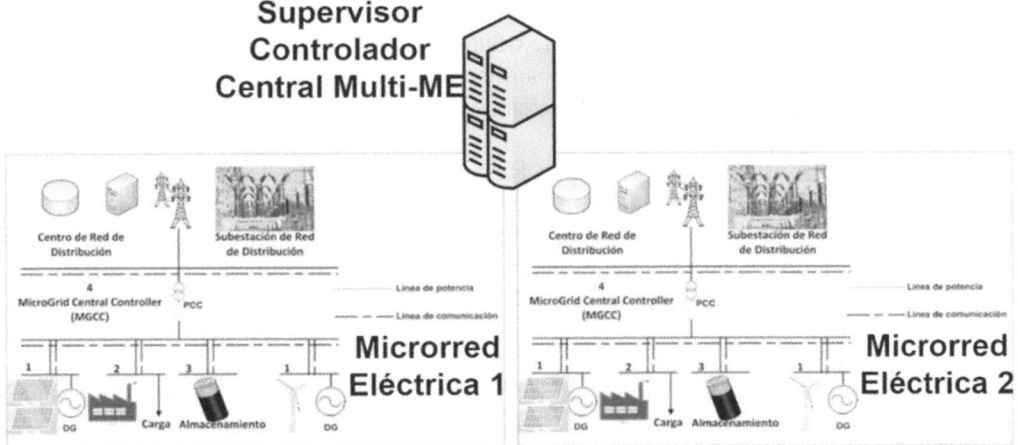

Figura 2.20. Recreación de una multiME con supervisor controlador central multiME y controladores centrales de microrred en cada una de ellas. Fuente: elaboración propia a partir de componentes de [56], [85], [107], [108].

2.5. Fases del prediseño de la estructura y componentes de una microrred eléctrica

Muchos trabajos presentan la forma de confeccionar el prediseño de una microrred eléctrica. Concretamente, [11] presenta la forma de hacer un estudio de viabilidad técnica y económica de una microrred eléctrica. Para lo cual plantean los siguientes pasos de cálculo: definición de la comunidad objetivo de estudio, se calculan los perfiles eléctricos y térmicos, se plantean ciertos escenarios de la microrred, se ajustan las consignas en las que debe operar la microrred, se hace un estudio económico de lo planteado y se dan los resultados de los generadores seleccionados.

Es cierto que hoy en día la mayoría de las aplicaciones que tengan que ver con tecnologías renovables tienen multitud de entornos de simulación para una evaluación previa. En el caso de las microrredes eléctricas ocurre igual, disponemos de entornos de simulación para disponer de una información previa muy interesante. [125] emplea el software de simulación de microrredes HOMER Pro para poder simular un entorno basado en tecnologías renovables. Los mismos autores resumen que los pasos para emplear el entorno de simulación escogido son tres: selección de los recursos del emplazamiento, definición de la carga base a abastecer e imponer ciertas restricciones al sistema. Además, los autores muestran otros entornos de simulación: SAM (*System Advisor Model*, entornos fotovoltaicos y predictor de precios de energía principalmente) [126], PVSyst (simulación de entornos fotovoltaicos) [127] o PV*SOL Premium para el análisis de sombras en sistemas [128].

La literatura recoge una multitud de trabajos de diseño de una microrred eléctrica, pero para un entorno concreto, sin tampoco definir unas reglas mínimas de prediseño como sí se dieron en [11]. Algunos trabajos de diseño de microrredes los puede encontrar el lector en los siguientes trabajos [129]-135]. Hay que destacar [136], donde los autores plantean una metodología para convertir un tramo de baja tensión, con microgeneradores y almacenamiento distribuido, en una microrred eléctrica con inteligencia asociada.

Si bien es cierto que en la mayoría de las veces la solución de la implantación de la microrred eléctrica es una tarea *ad hoc*, parece que sí es bienvenido un método que permita seguir unas indicaciones básicas para poder hacer un diseño de la microrred eléctrica. Por tanto, en este libro de texto se plantean unas fases para el prediseño de una microrred eléctrica, las cuales se muestran en la Figura 2.21.

A continuación, se describen los pasos anteriores, a saber:

- Paso 1. *Selección del emplazamiento*: no es posible plantearse el diseño o instalación de una microrred eléctrica sin tener claro donde se quiere desplegar. Por tanto, el diseñador de la microrred eléctrica debe tener claro el emplazamiento físico donde estará instalada ésta. La selección del emplazamiento debe ir acompañada de las especificaciones del tamaño de la microrred eléctrica, ya que éste condicionará el cableado estructural, tanto eléctrico como de comunicaciones. En este paso conviene tomar las coordenadas exactas del emplazamiento, ya que normalmente, deberemos presentar al entorno de simulación empleado los datos climáticos que encontremos.

- Paso 2. *Localización de recursos locales*: como se ha visto en el Capítulo 1, uno de los objetivos principales de la microrred eléctrica es el abastecimiento de la demanda existente y a ser posible tratando de aprovechar los recursos locales existentes. En este sentido, estos recursos en ocasiones estarán basados en fuentes de energía renovables y otras veces no. Por tanto, en este paso es fundamental documentarse sobre los potenciales recursos locales existentes en el emplazamiento seleccionado, tanto renovables como no renovables.

- Paso 3. *Definición de la curva de carga*: cuando te enfrentas a la definición de un entorno aislado o una microrred eléctrica es fundamental disponer de información de los consumos que deben ser alimentados. Por tanto, es necesario tener definida la curva de carga de la microrred eléctrica, para lo cual se recomienda disponer de datos de consumos, inicialmente mejor agregados, aunque podría servir tenerlos desagregados (por tipo de consumo), para posteriormente confeccionar una única curva global del sistema. Como la curva de carga es totalmente estacional [2], es conveniente estudiar la curva de carga según meses o estaciones, para tener diferentes curvas de carga a poder introducir al simulador. En el caso de no disponer de datos de consumo o ser un emplazamiento nuevo, la solución pasa por entrevistar a los usuarios finales y tratar de obtener curvas de carga manuales, seguramente sectoriales, o podemos acudir a curvas de carga existentes en NREL para diferentes tipos de consumos [137] y tratar de adaptarles a la realidad que se esté tratando.

- Paso 4. *Definición de las condiciones de contorno*: por condiciones de contorno del prediseño entendemos límites de las renovables a instalar (técnico-económicos), punto de acoplamiento común con la infraestructura eléctrica de distribución, condiciones de operación en isla, etc. De forma indirecta, en este paso se definen los componentes que integran la capa de elementos de energía.

- Paso 5. *Simulación*: el objetivo de este paso es simular varios entornos a simular según los condicionantes de los pasos anteriores. Como se verá en el Capítulo 7, donde se entregan unos casos de uso de microrredes eléctricas simuladas, se plantea el uso del simulador Homer Energy.

- Paso 6. *¿Cumple las condiciones?*: una vez obtenidos los resultados de la simulación, es necesario hacer un análisis de éstos para ver si cumplen los condicionantes impuestos en el paso 4. Si no son cumplidos, es necesario volver al paso 5, pero si se cumplen, habrá que pasar al siguiente paso.

- Paso 7. *Selección de las capas físicas*: con todos los elementos definidos en la simulación, es momento de empezar a proponer la definición de las capas físicas que integrarán la microrred eléctrica. Por un lado, la infraestructura eléctrica dependerá del tamaño físico de la microrred, así como de la potencia de los microgeneradores y el almacenamiento eléctrico resultantes del paso de la simulación. Por otro lado, es necesario plantear la infraestructura de comunicaciones necesaria y esta decisión dependerá sustancialmente del tamaño de la microrred eléctrica, así como el tipo de protocolos que empleen los elementos finales de la capa física.

- Paso 8. *Selección de la capa lógica y gestión de la energía*: una vez se ha definido la solución de la capa física y teniendo claro los elementos de energía y cargas a instalar, es posible definir la lógica de control y la gestión de la energía a desarrollar. Por un lado, para poder definir la lógica de control es necesario pensar en el sistema de control y protección que debe tener la microrred eléctrica, estando éstos dentro del "*core*" del sistema de gestión de la energía. El sistema de gestión de la energía debe definir a un nivel de abstracción lo que el sistema de control debe ejecutar, por lo que ambos deben contemplarse de forma conjunta. No obstante, el sistema de gestión de la energía debe contener otros procesos que van más allá del control clásico en una microrred eléctrica, como *forecasting* y otros procesos que involucran flujos de energía con la infraestructura eléctrica de distribución.

- Paso 9. *Selección de la capa sensores y actuadores*: para poder gestionar y controlar es preciso monitorizar los elementos susceptibles de ser operadores, por lo que la sensórica de campo a desplegar debe ser pensada a la vez que la infraestructura de comunicaciones y elementos de energía. Una vez monitorizo a través de los sensores y decido, debo controlar a partir de los actuadores, nuevamente en campo. Estos actuadores, en la mayoría de las situaciones, estarán incorporados en los propios elementos de energía desplegados.

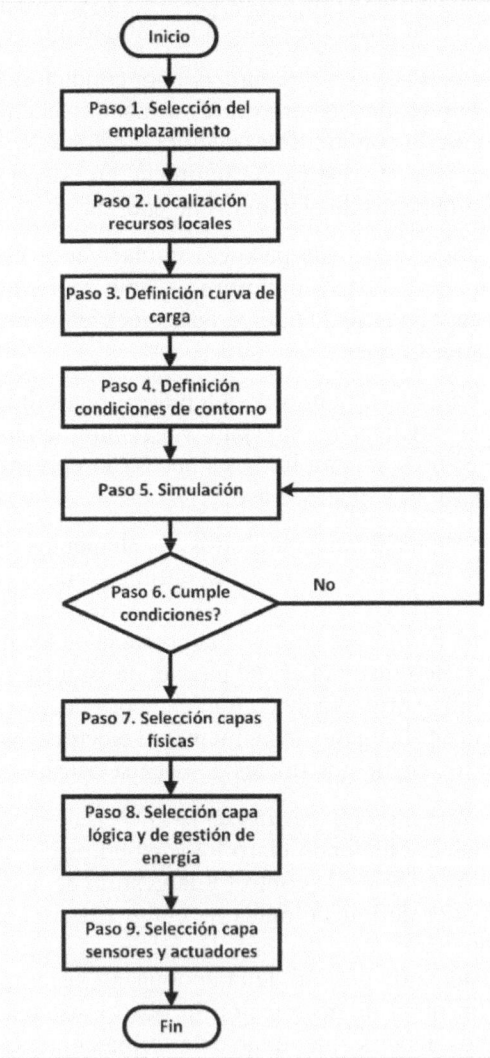

Figura 2.21. Propuesta de pasos para el prediseño de una microrred eléctrica. Fuente: elaboración propia.

La secuencia de pasos anterior sirve para un prediseño de una microrred eléctrica. No obstante, el lector podrá complementar lo anterior con las simulaciones planteadas en el Capítulo 7.

2.6. Resumen

En este capítulo se ha dado una visión global de la estructura y la composición de una microrred eléctrica. Es evidente que son necesarios elementos individuales que integren las necesidades de la microrred eléctrica, generación, almacenamiento y cargas.

Pero ya se ha visto, que no es lo mismo estructura y componentes. La estructura permite hacer una agrupación a un nivel superior, mientras que los componentes permiten definir, uno a uno, el tipo de elementos que integrarán las distintas estructuras.

En este capítulo se han definido cuatro capas distintas, las cuales conformarán la estructura de la microrred. Las capas básicas de la estructura son la capa física, la capa de elementos de energía, la capa de lógica de control y gestión de la energía y la capa de sensores y actuadores.

Como se ha visto, la capa física debe ser entendida desde dos perspectivas, es necesario interconectar todos los componentes de la microrred eléctrica, pero para generar energía eléctrica y también para generar la información necesaria para servir datos a otras capas. Por tanto, la infraestructura física albergará los componentes necesarios y en contacto con dicha capa, mientras la infraestructura de comunicaciones contendrá los componentes que sean precisos para monitorizar todos esos componentes. Un componente importante es el punto de acoplamiento común, el cual separa físicamente la microrred eléctrica de la infraestructura de distribución. Otro elemento importante de la microrred eléctrica, encargado de aglutinar la mayoría de las funcionalidades de ésta, es el controlador central de la microrred. En este elemento recae la mayor parte de la responsabilidad de la microrred eléctrica.

La capa de elementos de energía trata de aglutinar a todos los componentes que gestionan la energía de forma física. Estos elementos son de forma básica los microgeneradores, el almacenamiento eléctrico distribuido y las cargas de la microrred eléctrica. Evidentemente, estos componentes integrarán los elementos necesarios para la monitorización y el control de todos ellos, los cuales estarán interconectados en la capa física eléctrica y la capa física de comunicaciones.

La capa de lógica de control representa los algoritmos necesarios para ciertas labores de control de la microrred eléctrica. Evidentemente, esta capa está en estrecha relación con el control en una microrred eléctrica. La capa recibirá información procedente de la sensórica de campo, gracias a la función de monitorización. Lo mismo pasa con la protección, ya que formará parte de la capa de lógica de control.

Tanto control como protección forman parte de la capa de gestión de la energía. Esta capa tendrá los procesos, que a partir de datos históricos y/o datos pronosticados, sirvan para la toma de decisiones de control y protección. Pero esta capa también tendrá ciertos procesos que tengan que ver con decisiones relacionadas con la infraestructura de distribución, por lo que es una capa que gestiona procesos intra/extra microrred.

Por último, la capa de sensores y actuadores servirá para llevar a cabo la labor de monitorización y protección. Estos componentes, como ya se ha dicho, estarán integrados en las capas físicas de la microrred eléctrica.

En el capítulo se ha presentado la multiME, como aquel escenario donde varias microrredes eléctricas son gestionadas de una forma única. Esto es especialmente interesante, ya que permite poner el foco en la estructura y componentes de la multiME. La estructura de la multiME es similar al de la microrred eléctrica y los componentes de ésta serán por tanto los componentes de aquella. Sí es cierto que dependiendo de ciertas condiciones físicas de la multiME puede suponer algunos condicionantes en cuanto al conexionado físico de las distintas microrredes eléctricas que la componen. Otro aspecto importante de la multiME tiene que ver con la supervisión sobre el controlador central de las diferentes microrredes eléctricas y este detalle es crítico a la hora de implementar la multiME.

Para concluir, en este capítulo se ha planteado una serie de pasos para realizar un prediseño de una microrred eléctrica. El consejo para cualquier lector o estudiante es que práctique con simuladores de microrredes, ya que permiten de una forma sencilla poder extraer ciertas conclusiones, al menos desde la perspectiva energética, económica y medioambiental. Los pasos aquí planteados son fruto de la experiencia con microrredes eléctricas, pero el lector debe entender que este planteamiento puede ser alterado y seguramente, existan soluciones distintas, todas ellas igual de eficaces que la aquí planteada.

2.7. Preguntas y cuestiones de autoevaluación

1. Dibuje en un papel las diferentes capas que componen la microrred eléctrica.

2. A partir de la pregunta anterior, tratar de relacionar las diferentes capas, escribiendo frases que definen esas relaciones.

3. Explique cada una de las capas que conforman una microrred eléctrica.

4. Identifique tres componentes que integran la capa física eléctrica.

5. Explique cada uno de los tres componentes que ha identificado en la pregunta anterior.

6. Identifique tres componentes que integran la capa física de comunicaciones.

7. Explique cada uno de los tres componentes que ha identificado en la pregunta anterior.

8. A partir de las preguntas 4 y 6, busque si existe relación entre los componentes identificados en la capa física eléctrica con los de la capa física de comunicaciones.

9. Según la Figura 2.5, identifique los componentes que aparecen y relaciónelos con las distintas capas de la estructura en las que se integran.

10. Dentro de la capa de elementos de energía, identifique 5 componentes distintos que se agrupen dentro de los microgeneradores.

11. Explique cada uno de los tres componentes que ha identificado en la pregunta anterior.

12. Dentro de la capa de elementos de energía, identifique 5 componentes distintos que se agrupen dentro del almacenamiento eléctrico distribuido.

13. Explique cada uno de los t5res componentes que ha identificado en la pregunta anterior

14. Dentro de la capa de elementos de energía, identifique 5 componentes distintos que se agrupen dentro de cargas.

15. Explique cada uno de los tres componentes que ha identificado en la pregunta anterior.

16. Identifique y describa los distintos tipos de convertidores de potencia existentes.

17. A partir de la pregunta anterior, identifique componentes de microgeneración o almacenamiento eléctrico distribuido que emplee alguno de los convertidores de potencia identificados.

18. Un microgenerador fotovoltaico se conecta a un convertidor DC/DC para posterior conectarse a un sistema de baterías. En esta situación se sabe que el sistema fotovoltaico está produciendo 800 Wh de energía antes del convertidor y este dispositivo entrega a la batería 785 Wh. Calcular la eficiencia del convertidor.

19. Un convertidor DC/AC presenta una eficiencia de 0,95. Este dispositivo es conectado a un sistema de almacenamiento para posteriormente conectarlo a la red de distribución. Si en un momento puntual a la red se le entregan 1.530 Wh, calcular la energía que entrega el almacenamiento.

20. Un aerogenerador eólico es conectado a través de un convertidor AC/AC a la red de distribución. Si en un momento puntual, la red recibe 2.200 Wh y el aerogenerador está entregando 2235 Wh, calcular las pérdidas originadas por el convertidor (en unidades de energía) y su eficiencia asociada.

21. En una microrred eléctrica, explique dos situaciones reales donde sería conveniente prescindir de convertidor de potencia y justifique el porqué de esta decisión.

22. El control y la protección necesitan cierta información para poder ejecutar sus algoritmos basados en lógica de control. Tratar de identificar la infraestructura física que permite que fluya esa información.

23. Dibuje en un papel la gestión de la energía, protección y monitorización y escriba las relaciones existentes entre ellas. Razone la respuesta.

24. Identifique un sensor y su variable medida con algún componente de energía de los descritos.

25. Asumiendo que una microrred eléctrica dispone de dispositivos de protección, este tipo de componentes serán asociados con sensores, actuadores o ambos. Razone la respuesta.

26. Defina con sus propias palabras el concepto de multiME.

27. Trate de definir el concepto de multiME virtual.

28. En una multiME, identifique las principales capas que la conforman.

29. A partir de la definición de multiME y asumiendo compuesta por 2 microrredes eléctricas, identificar la estructura de la multiME así como sus posibles componentes.

30. A partir de los pasos propuestos para el prediseño de una microrred eléctrica, realice los 4 primeros pasos de la secuencia de prediseño y justifique sus elecciones.

Capítulo **3**

MICRORRED ELÉCTRICA. GENERACIÓN Y ALMACENAMIENTO DISTRIBUIDOS

Índice del capítulo

"Divide et Impera"

—Julio César—

3.1. Introducción

La expresión "*Divide et Impera*" (divide y vencerás) se emplea en política y en psicología. Algunos la atribuyen al mismísimo Julio César, pero con independencia de su origen, puede ser una expresión que encaje a la perfección en una microrred eléctrica. No se pretende hacer una comparación con el tipo de algoritmo que lleva el nombre de "*divide y vencerás*", sino más bien se pretende resaltar el hecho de que la resolución de problemas pequeños puede servir para la consecución de un fin global.

Como se ha visto en el Capítulo 1 y se completará en este capítulo, una microrred eléctrica trata de generar energía mediante microgeneradores, los cuales, además, intentarán aprovechar los recursos locales donde se encuentre ubicada. Por tanto, la generación local, vista como generación distribuida (*Distributed Generation*, DG), pretende dar una solución parcial y local al problema de gestionar un sistema ineficiente, tratando además de hacerlo mediante el empleo de fuentes de energía renovables. La suma de todas las potencias de los microgeneradores locales, unido al posible almacenamiento eléctrico distribuido, permite disponer de un entorno eficiente y sostenible y este entorno lo conforma la microrred eléctrica.

Los generadores de electricidad renovables (o no convencionales) empleados en el sistema eléctrico como generación distribuida o integrados en una microrred eléctrica son conocidos como tecnologías renovables y operarán gracias a recursos renovables. En el caso de las microrredes, estos generadores pueden llamarse microgeneradores, aunque el concepto micro no es vinculante, ya que en una microrred eléctrica podría existir un generador de potencia, que ya no pudiéramos añadirle el término micro, e incluso quizás tampoco el de mini. Estos elementos de generación distribuida renovable intentan potenciar el incremento de generadores basados en tecnología de generación baja en emisiones de carbono. Además, en el caso de la microrred eléctrica, estos elementos (microgeneradores) renovables, tratarán de hacer uso del recurso local disponible, que como también hemos visto en los capítulos anteriores, no siempre será de origen renovable.

La elección de los microgeneradores o de la generación distribuida en general (basados en tecnologías renovables) dependerá muchas veces de la climatología y la orografía de la región, así como de la disponibilidad de recursos existentes en el emplazamiento.

El capítulo comenzará con la presentación de los conceptos principales sobre la energía y los recursos energéticos, donde tras una introducción a la energía y recursos energéticos, la radiación solar y los procesos de transformación de la energía serán mostrados, se hará una clasificación de las fuentes de energía y para finalizar se mostrarán las tendencias de consumo a nivel mundial. También se abordará uno de los temas fundamentales en la microrred eléctrica, la generación distribuida, tras unos conceptos básicos de generación distribuida, se presentarán los principales elementos de generación distribuida que pueden encontrarse en una microrred eléctrica. La misma exposición se hará con el almacenamiento distribuido. Se finalizará el capítulo con un resumen y unas preguntas y cuestiones de autoevaluación.

3.2. Energía y recursos energéticos

En esta sección se hará un breve resumen sobre la energía, los recursos energéticos y la radiación solar, para posteriormente hacer una clasificación de las fuentes principales de energía junto a otros datos complementarios.

3.2.1. Introducción a la energía y a los recursos energéticos

Como bien se recuerda en [138], el significado de la energía va a depender del contexto donde se enmarque, ya que es una palabra con múltiples significados. No obstante, podemos centrarnos en las que aparecen en:

"La energía se entiende como la capacidad de realizar trabajo." [109], [139].

"El término 'energía' tiene diversas acepciones y definiciones, relacionadas con la idea de una capacidad para obrar, surgir, transformar o poner en movimiento." [140].

"La energía es la capacidad de los cuerpos para realizar un trabajo y producir cambios en ellos mismos o en otros cuerpos. Es decir, el concepto de energía se define como la capacidad de hacer funcionar las cosas." [141].

Todas las definiciones coinciden en el hecho de que la energía es aquella capaz de generar un trabajo. Lo que ahora parece necesario es saber quién o cómo se produce ese trabajo. Pero antes de abordar este tema, volvamos al concepto de energía. Como indica [142], el trabajo anteriormente indicado es una manifestación externa, por lo que este tipo de energía es conocida como *"energía actuante"*, frente a otra energía que tienen los cuerpos llamada *"energía interna"* o latente.

Pero energía y materia están relacionadas y aquella es consecuencia de la posición de la materia o de su movimiento y en relación con las fuerzas que actúan sobre dicha materia. Por tanto, la energía puede ser clasificada inicialmente atendiendo a este criterio, apareciendo dos tipos de energía, como se muestra en la Figura 3.1 [142].

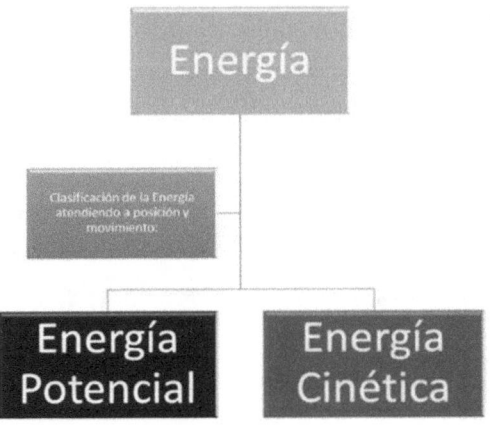

Figura 3.1. Clasificación de la energía atendiendo a su posición y movimiento. Fuente [142], elaboración propia.

Por tanto, la energía cinética está originada por el movimiento de una partícula de masa m, mientras que la energía potencial está causada por la posición de una partícula de masa m. La Ecuación (3.1) nos muestra la fórmula de la energía cinética, mientras que la Ecuación (3.2) muestra la ecuación de la energía potencial.

$$E_C = \frac{1}{2} \cdot m \cdot v^2 \tag{3.1}$$

$$E_P = m \cdot g \cdot h \tag{3.2}$$

donde E_C y E_P son la energía cinética y potencial, respectivamente, expresadas en julios (J); si el resto de las variables de las ecuaciones toman las unidades que aparecen entre paréntesis: m (kg): masa de la partícula, v (m/s): velocidad de la partícula, h (m): posición de la partícula y g (m/s^2): aceleración de la gravedad.

A partir de las dos energías anteriores, es posible enunciar el principio de la conservación de la energía, que dice [143]:

"La ley de la conservación de la energía afirma que la cantidad total de energía en cualquier sistema físico aislado (sin interacción con ningún otro sistema) permanece invariable con el tiempo, aunque dicha energía puede transformarse en otra forma de energía. En resumen, la ley de la conservación de la energía afirma que la energía no se crea ni se destruye, sólo se transforma."

Lo anterior se puede particularizar en la conservación de la energía mecánica, que básicamente dice que la energía mecánica (E_m) es la suma de la energía cinética más la energía potencial, como muestra la Ecuación (3.3).

$$E_m = E_C + E_P \tag{3.3}$$

Si consideramos dos puntos, 1 y 2, la variación de la energía mecánica entre estos dos puntos debe ser igual a 0 y esto viene indicado en la Ecuación (3.4).

$$\Delta_m = 0; \; E_{m1} = E_{m2} \tag{3.4}$$

No obstante y para ser rigurosos, la energía se manifiesta de muchas formas, tal como vemos en la Figura 3.2, donde se ven las distintas manifestaciones de la energía [138]: gravitacional, cinética, electrostática, electromagnética y nuclear.

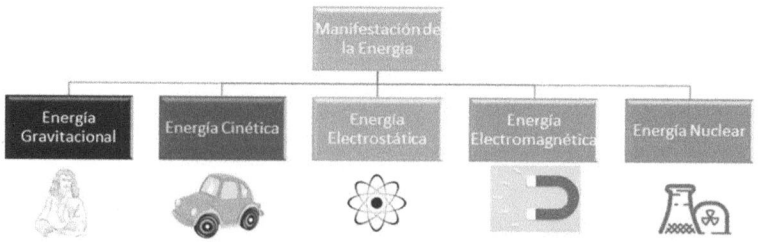

Figura 3.2. Manifestación de la energía. Fuente [138], elaboración propia a partir de componentes de [144]-[148].

Como bien recoge [142], se entiende como *fuente de energía* cualquier depósito que se tenga de ésta. Pero la energía puede transformarse, por lo que es posible clasificar las fuentes de energía atendiendo a su posible transformación, como aparece en la Figura 3.3. De forma resumida, las fuentes de energía primaria son las que no sufren transformación alguna y además se encuentran en la naturaleza. Las fuentes de energía secundaria, conocidas como *vectores energéticos*, tienen la misión de transportar o almacenar la energía, pero no se consumen de forma directa por el usuario final, como, por ejemplo, la electricidad. Las fuentes de energía final son las consumidas finalmente por los consumidores, tras procesos de transformación y transporte o almacenamiento, pudiendo destacar la energía lumínica, mecánica o térmica.

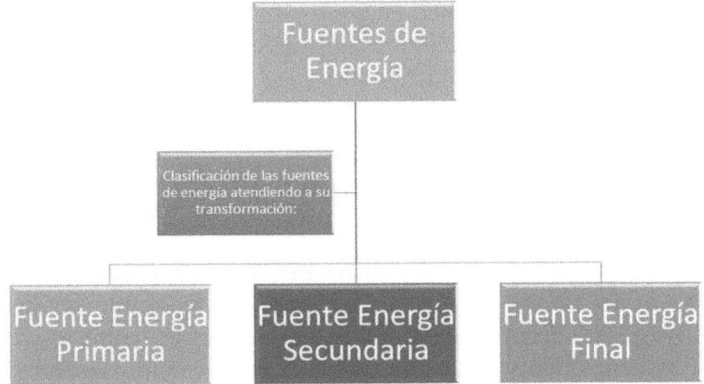

Figura 3.3. Clasificación de las fuentes de energía atendiendo a su transformación. Fuente [142]: elaboración propia.

Es posible definir recurso energético como [149]:

"Se identifica recurso energético a aquellas sustancias que se pueden utilizar como fuente de energía. Siendo ésta obtenida a través de diversos procesos. Este amplio grupo de sustancias puede ser agrupado en dos categorías generales, las cuales son: en función de su proceso de formación y de su disponibilidad energética."

Dentro de la Tierra, la fuente de energía nuclear es la más abundante seguida de la electromagnética. La nuclear está contenida en la propia materia que compone la Tierra, mientras que la electromagnética es fruto de la radiación recibida desde el Sol. Por último, la gravitacional es la de mayor presencial y es causada por la interacción gravitatoria entre el Sol, la Tierra y la Luna [138].

Siguiendo con [138], son las limitaciones tecnológicas del ser humano las que impiden que no se pueda explotar al máximo las fuentes existentes en la Tierra y descritas en el párrafo anterior. La fuente de energía más importante es la electromagnética, concretamente la energía solar (y de forma indirecta la energía eólica), después viene la energía nuclear (uranio) y luego, la energía gravitatoria provocando por ejemplo el movimiento de las aguas. A menor escala, también se dispone de la energía procedente del magma caliente en el interior de la Tierra.

La Tierra está recubierta de vegetales y las hojas que los componen captan cierta cantidad de radiación solar, que será almacenada en forma química, gracias a la fotosíntesis. Dicha energía podrá ser liberada mediante procesos de combustión [138].

Cierta materia, animal y vegetal, ha quedado enterrada durante millones de años y ha sido sometida a procesos a altas presiones, originando los combustibles fósiles, como el gas, petróleo o el carbón [138]. Si bien es cierto que por ejemplo el petróleo sólo suponía un 3% aproximadamente de la demanda energética mundial en el siglo XIX, hoy en el siglo XXI podemos decir que la economía mundial es dependiente del petróleo y que el siglo XX fue totalmente dependiente del mismo [150].

3.2.2. Radiación solar y procesos de transformación de la energía solar

Llegados a este punto, parece que es necesario detenernos en echar una mirada al Sol. Como se ha visto en la sección anterior, el Sol es el causante de numerosas acciones sobre la Tierra y que en definitiva permiten la existencia de fuentes de energía (como se verá más adelante). El Sol y la Tierra tienen una vinculación especial, ya que como sabemos, la Tierra orbita sobre aquel y girando sobre sí misma, originando las estaciones y el día y la noche.

El Sol irradia una gran cantidad de energía al espacio, pero tan sólo una pequeña cantidad de ella llega hasta la Tierra. El flujo de energía que llega a la Tierra es conocido como radiación solar y presenta unas características singulares, por un lado, es intermitente (por tanto, la tecnología basada en ella será no gestionable) y muy dispersa (baja densidad) [151]. La energía asociada a la radiación solar en su llegada a la Tierra causa los fenómenos atmosféricos en las aguas y la atmósfera terrestre [138].

Pero la radiación solar llega a la Tierra, atraviesa la atmósfera y por fin, llega a la superficie terrestre, donde se puede hacer uso de su poder energético. Al cruzar la atmósfera, la radiación solar sufre una serie de alteraciones que afectan a la cantidad de energía que contiene. Por un lado, la posición de la Tierra con respecto al Sol afecta a la cantidad de energía que se entrega en la atmósfera, pero también influirá el posicionamiento del colector destinado a recuperar esta energía. Por otro lado, los elementos presentes en la propia atmósfera harán que la cantidad de energía recibida esté alterada [151].

Pero ¿qué valor tiene la radiación solar? Para eso necesitamos definir el término constante solar y es [151] la *"energía total a todas las longitudes de onda incidente sobre una superficie normal a los rayos del Sol, a una distancia de una unidad astronómica y su valor es de 1.367 Wm^{-2}."*

Como se ha visto en la definición anterior, la unidad de la constante solar es Wm^{-2} y el valor de 1.367 Wm^{-2} viene determinado por la World Radiation Data Center [152] y 1.373 Wm^{-2} por la World Meteorological Organization [153].

Pero como se ha dicho, lo que interesa es lo que llega a la superficie terrestre y como también se ha comentado, la radicación solar al penetrar en la atmósfera terrestre sufrirá alteraciones. A los fenómenos de alteración ya comentados que tienen que ver con la posición de la Tierra con respecto al Sol, están otros fenómenos llamados climáticos y que tienen que ver con las propias nubes, vapor de agua, aerosoles, ozono y otros componentes. Estos componentes lo que provocan es una disminución de la energía por absorción, reflexión y difusión [151].

Podemos hablar de radiación global y aparece en la Ecuación (3.5), a la suma de la radiación directa, difusa y reflejada (o de albedo), donde [151]:

- R_G: radiación global, como suma de la radiación directa, difusa y reflejada.

- R_D: radiación directa y es la procedente de forma directa desde el Sol a la superficie de la Tierra.

- R_d: radiación difusa, originada por los efectos de dispersión debido a las nubes y otras partículas en la atmósfera.

- R_A: radiación reflejada o de albedo y es la procedente del reflejo de la radiación solar con el suelo.

$$R_G = R_D + R_d + R_A \tag{3.5}$$

Existen numerosas webs donde se entregan valores de las radiaciones solares anteriores en cualquier punto del planeta, e incluso a la inclinación que tendrá el captador empleado a nivel de la superficie terrestre. Sirva de ejemplo el servicio que ofrece la Unión Europea con su PVGIS [138].

Según [138], de la totalidad de la energía que llega a la Tierra, el 30% de dicha energía es reflejada de nuevo al espacio. El 50% de la energía es absorbida calentando la superficie terrestre y siendo devuelta posteriormente al espacio. El 20% de la energía restante se encarga de formar parte del ciclo hidrológico, originando vientos (una parte de la energía del viento es transferida a la superficie de las aguas formando olas) y el resto es empleada para la fotosíntesis.

3.2.3. Clasificación de las fuentes energéticas

A continuación, trataremos de hacer una sencilla clasificación de las fuentes energéticas existentes, labor que como se verá, puede tomar diferentes puntos de vista. Por ejemplo, [11] muestra una agrupación sencilla de los recursos energéticos primarios existentes y clasifica según combustibles fósiles, caracterizados por que son recursos agotables y que requieren extracción física y las energías renovables, las cuales están sustentadas en recursos inagotables y que el acceso al mismo es instantáneo, aunque presentan la característica de que no son gestionables en algunos de los casos. Este tipo de clasificación es la que más se emplea por las diversas fuentes y volvemos a encontrarla en las siguientes referencias [154]-[157].

Según [138], la clasificación de las fuentes energéticas puede hacerse según su tipología y su duración, como se muestra en la Figura 3.4. En este caso, la clasificación es nuevamente según sean renovables y no renovables, pero los autores tienen la habilidad de comenzar la clasificación con el Sol como protagonista, lo que les permite posteriormente agrupar en energía solar acumulada (fotosíntesis) y la energía solar instantánea. Externamente a la agrupación solar, aparecen las dependientes de procesos nucleares, la gravitacional y la energía dependiente del magma de la Tierra.

La relación entre la energía y la sociedad es muy alta y desde los comienzos de la existencia del ser humano. Hoy en día, debido a la contaminación atmosférica, cambio climático y necesidades energéticas mundiales con un crecimiento exponencial, el dominio de nuevas tecnologías energéticas, basadas en las fuentes energéticas comentadas anteriormente, es crítico y fundamental, a lo cual se le añade la necesidad de aumentar la eficiencia energética de los nuevos sistemas de extracción, conversión y uso de la energía [151]. Siguiendo con estos autores, indican la clara relación entre los países subdesarrollados y el uso de la energía, ligeras modificaciones en su uso tienen consecuencias directas con su bienestar social, por tanto y ya desde bastantes años, estos países están empezando a demandar un uso de la energía mayor, cuestión que se suma a los niveles de empleabilidad de la energía por los países desarrollados, lo que hace que la dependencia del desarrollo social de la humanidad con el aumento del uso de la energía sea una realidad y que cada día va en mayor aumento. Los mismos autores destacan que el uso de ciertas tecnologías basadas en concretas fuentes de energía supone (y supondrá) unas consecuencias medioambientales, las cuales cada día más afectan al bienestar de la vida del ser humano, por tanto y en aras de una mejora en la vida, la actual dependencia de ciertos combustibles con un grado de contaminación que otros, debe comenzar a ser reducido.

Pero la anterior agrupación puede complementarse. Por ejemplo, en [160], además de agrupar por renovables y no renovables como en la Figura 3.4, plantea la agrupación por el grado de intervención humano, apareciendo las primarias y secundarias, las cuales ya han salido anteriormente. En cambio, en [161], agrupa por su origen (primarias y secundarias), por su naturaleza (renovables y no renovables) y por su uso convencional (convencionales y nuevas fuentes). La Figura 3.5 muestra la clasificación de las fuentes de energía según su origen, su naturaleza y su uso comercial, tal como las agrupa [161].

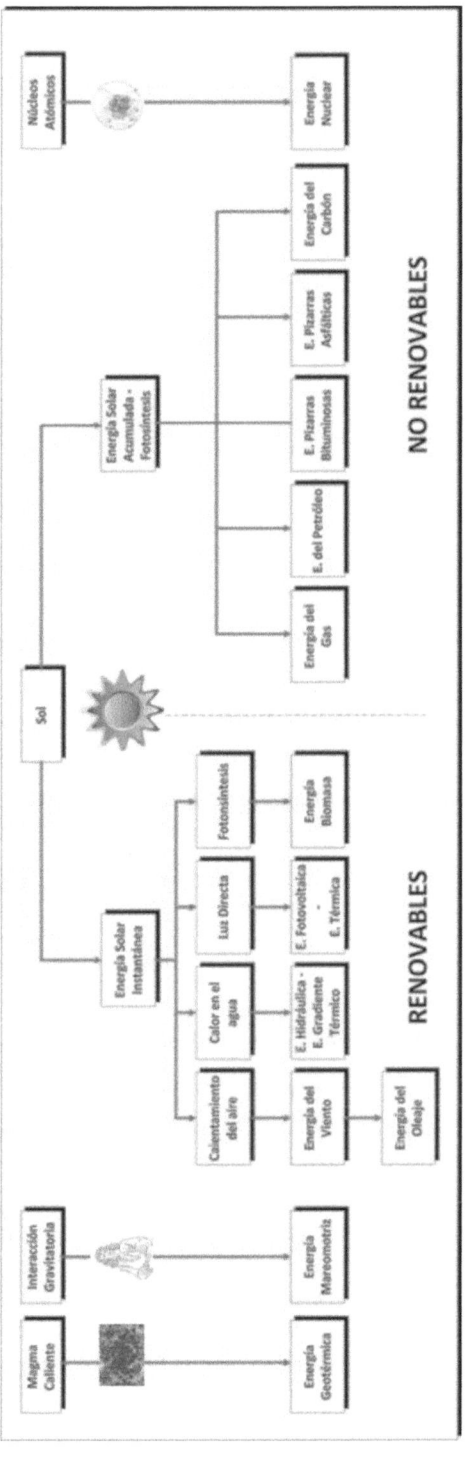

Figura 3.4. Clasificación de las fuentes de energía atendiendo a su tipología y durabilidad. Fuente: elaboración propia. Elaboración a partir de componentes de [146], [148], [158], [159].

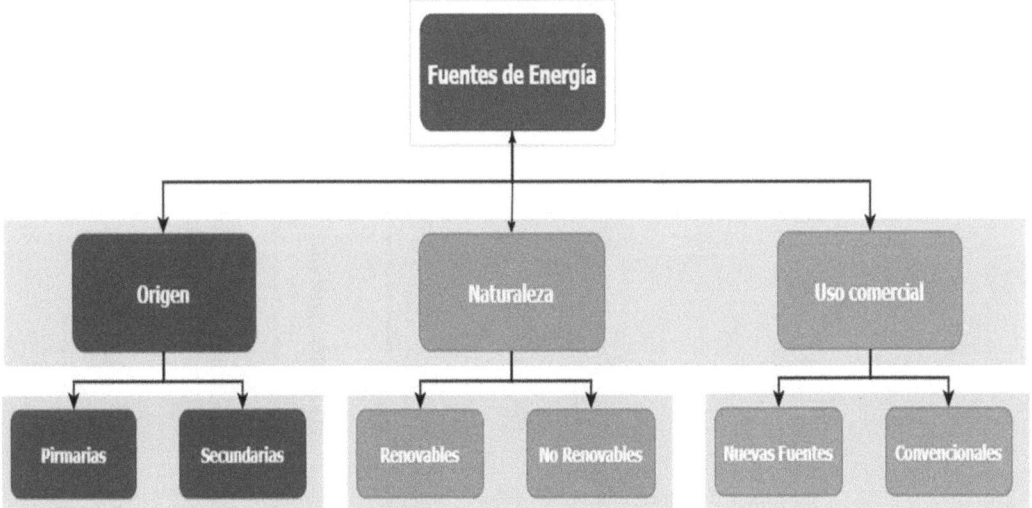

Figura 3.5. Clasificación de las fuentes de energía atendiendo a su origen, naturaleza y uso comercial. Fuente: elaboración propia.

Según [161] y complementando la Figura 3.5, dentro de cada agrupación podemos encontrar:

- *Primarias* (*según origen*): nuclear, petróleo, gas natural, carbón, productos madereros, hidráulica, solar, eólica y mareomotriz.

- *Secundarias* (*según origen*): electricidad, gas licuado, gasolinas, diésel, queroseno y lubricantes.

- *Renovables* (*según naturaleza*): solar, eólica, hidráulica, biomasa, geotermia y mareomotriz.

- *No renovables* (*según naturaleza*): nuclear, gas natural, carbón mineral y petróleo.

- *Nuevas fuentes* (*según uso comercial*): fusión nuclear, hidrógeno y mareomotriz.

- *Convencionales* (*según uso comercial*): petróleo, gas natural, carbón, biomasa, solar, eólica, hidráulica, geotérmica, nuclear y biocombustibles.

Como puede verse en las anteriores clasificaciones de las fuentes de energía, es fácil nombrar a una fuente, pero clasificarla en distintos grupos según a qué atendamos. Otra cuestión importante, según el tipo de clasificación, es posible incluir dentro del mismo grupo a las fuentes de energías renovables y las basadas en combustibles fósiles y esto es un dato que debe tenerse en cuenta, siempre es necesario precisar con exactitud de qué se está hablando.

3.2.4. Tendencias del consumo de energía en la Tierra

Tal como se recoge la literatura, se entiende por *recursos* a [138]:

> *"todas las cantidades conocidas de una fuente de energía, o incluso supuestas con un cierto grado de incertidumbre"*

Por el contrario, se entiende por *reservas* a [138]:

> *"las cantidades conocidas que pueden ser técnica y económicamente rentables (en la actualidad o en cierto plazo temporal establecido). La reserva lleva asociada que la fuente de energía esté disponible y pueda ser extraída y empleada,"*

Las *reservas comprobadas* son aquellas de las que se dispone información cierta de su existencia y volumen, mientras que las *reservas no comprobadas* son aquellas de las que se tiene información razonable, a nivel geológico y de ingeniería [138], [150].

Tal como afirman [138], son las técnicas de extracción de los recursos las que dictan cuando este pasa a ser reserva. Y el momento en que lo hace es aquel cuando técnica y económicamente, este proceso de extracción es posible realizarlo.

No se debe pasar por alto que un recurso no renovable tiene asociado un ciclo de vida, en el cual la propia explotación de esta causa la desaparición del recurso. Desde el primer momento, el índice de producción (capacidad de un yacimiento) tiende a crecer exponencialmente, para después y a medida que aumenta la dificultad para localizar el recurso y su extracción, el índice de producción reduce su crecimiento, para posteriormente comenzar a declinar de forma progresiva hasta cero [138].

Es posible hacer una estimación de la vida esperada de la energía fósil, a partir de producciones pasadas y estimaciones futuras, así como de sus reservas. Y aunque esto siempre es muy complicado de afirmar y el lector debe tener presente que esto será cambiante en cada momento histórico, en la Tabla 3.1 se presentan las principales fuentes de energía, indicando su origen, potencial energético, formas de aprovechamiento, reservas, consumo y duración prevista, según [138].

Tabla 3.1. Situación de las diferentes fuentes de energía. Fuente [138], elaboración propia.

Fuente de energía	Origen	Potencial energético	Formas de aprovechamiento	Reservas	Consumo	Duración
			Características de la fuente de energía			
Energía nuclear de fisión	Ruptura de núcleos	1 GWh/año = 30 TnU^{235}	Energía térmica (producción vapor y conversión a energía mecánica)	3734×10^3 T	622×10^6 Tep	27,8 años Reservas 80 años
Energía nuclear de fusión	Fusión de dos núcleos	1 m^3 agua = 10^{25} átomos deuterio = 8 × 10^{12} J	Energía térmica (producción vapor y conversión energía mecánica)	Ilimitadas	Inexistente	Ilimitada
Energía del carbón	Masas vegetales enterradas sometidas a presión y proceso anaerobio	Madera = 5,491 kWh/kg Turba = 5,18 kWh/kg Lignito = 7,55 kWh/kg Hulla = 8,91 kWh/kg Antracita = 9,04 kWh/kg	Energía térmica (producción vapor y conversión energía mecánica) Para fundir mineral de hierro en altos hornos y obtener productos de industria química Convertir carbón en combustibles líquidos y gaseosos	847×10^9 T	3177×10^6 Tep	147 años
Energía del petróleo	Restos animales y vegetales en fondos marinos a presión y calor	1 kg petróleo = 11 kWh	Sólidos: vaselinas, parafinas y alquitranes Líquidos: fuel, gasóleo, gasolina y queroseno Gaseoso: propano, etano, butano y metano	168×10^3 millones de Tep	4×10^9 Tep	40 años
Energía del gas natural	Asociado al petróleo	1000 m^3 GN = 900kg petróleo	Uso doméstico (calefacción y cocción) Producir vapor de agua por combustión de gas	177×10^{12} m^3	$1,2 \times 10^{12}$ m^3	60 años
Energía solar	Sol	478 kcal/m^{2}día	Energía térmica Energía fotovoltaica	1000 TWh	300 MWh Fotov.	Ilimitada
Energía eólica	Masas de aire-sol	2,8 MWh/m^{2}año para viento 8m/s	Conversión en energía mecánica (bombeo y energía eléctrica)	5000 TWh en viento (2% accesible)	60 GW	Ilimitada

Fuente de energía		Características de la fuente de energía				
	Origen	Potencial energético	Formas de aprovechamiento	Reservas	Consumo	Duración
Energía del oleaje	Acción del viento en las aguas	40-70 kW por metro de ola	Conversión en energía mecánica (bombeo y energía eléctrica)	—	—	Ilimitada
Energía hidráulica	Contenida en una masa de agua elevada	1T de agua a 10m = 278kWh	Conversión en energía mecánica (energía eléctrica)	50 000 TWh/año	650 GW	Ilimitada
Energía de la biomasa	Energía solar dentro de seres vivos	Madera = 15 GJ/T Papel = 17 GJ/T Paja = 14 GJ/T Caña azúcar = 14 GJ/T Césped = 4 GJ/T Boñigas = 16 GJ/T Residuos domésticos = 9 GJ/T Residuos comerciales = 16 GJ/T	Calor por combustión para calefacción o electricidad	$1,8 \times 10^{12}$ T	400000 MTn/año (tan sólo una pequeña fracción se emplea)	Ilimitada
Energía geotérmica	Calor en interior de la Tierra	30 TW	Calefacción y usos industriales Producir electricidad Invernaderos	30×10^{6} TW (tan solo se emplea una pequeña fracción)	10 GW	Ilimitada
Energía de las mareas	Tierra-Luna	Niveles de marea > 4 m	Conversión en energía mecánica	1000 GW	9000 MW	Ilimitada

Un detalle de interés es el mostrado en [162], donde ponen de manifiesto el impacto de la pandemia mundial COVID-19 (2020), que causó una disminución una caída de la producción de petróleo del 8%, de carbón del 7% y de gas del 3% y esto ha tenido un impacto directo en la disminución de las emisiones a la atmósfera de un 7%. No obstante, en ese mismo documento se indica que las previsiones para 2100 son que las emisiones emitidas hagan que la temperatura aumente en el plantea en 2,7 °C, según su escenario STEPS [163].

Según [164], tras una caída del 4,5% del consumo energético mundial en el año de la pandemia COVID-19, 2021 se recuperó con un aumento de este consumo alcanzando el 5%, que supone un aumento del 3% frente a la media del 2% de aumento anual que venía dándose desde 2000-2019. En ese año y por países, destaca el consumo de China, con 3652 Mtoe[1], seguida por Estados Unidos con 2123 Mtoe, India 927 Mtoe, Rusia 811 Mtoe, apareciendo en noveno lugar el primer país europeo, Alemania con 286 Mtoe. En la estadística de consumo energético anual, destaca el aumento significativo que presenta Asia de 1990-2021, frente al resto de zonas presentadas y lo mismo ocurre con África, que si bien es cierto, los consumos están muy alejados de lo que Asia representa, la tendencia en los últimos años es a consumir más. En todo ese periodo de estudio, Europa presenta una tendencia muy constante a lo largo de todos los años.

Con respecto a las emisiones de CO_2 a la atmósfera es evidente que van de la mano del consumo, por lo que se mantiene el *ranking* similar al presentado en el párrafo anterior, con China al frente con 10 398 $MtCO_2$, pero lo alarmante es un aumento de la aceleración de las emisiones, que en el periodo de 2000-2019 presentaban un incremento anual del 1,9% [164]. Hay que destacar a Australia, que mantiene unas emisiones a la baja (-3,6%) consecuencia de su política de reducción de sus plantas de generación de energía eléctrica basadas en carbón y gas y aumentando la penetración de las tecnologías renovables para la generación de energía eléctrica.

Siguiendo con [164], con respecto a la generación de energía eléctrica basada en tecnologías renovables, en 2021 es destacable que el 99% de la energía eléctrica generadas en Noruega es renovable. En 2021, el 28,1% del total de la energía eléctrica producida en el mundo es de origen renovable y la tendencia se espera que vaya en aumento.

Y en este panorama, ¿cuál es el papel de la microrred eléctrica? y para contestar a esta pregunta es preciso recordar el objetivo de ésta. La microrred eléctrica está ideada para el abastecimiento de sus cargas, a ser posible mediante recursos existentes locales. Pues bien, cada vez se está hablando de microrredes 100% renovables y aunque esto es ambicioso y complicado de conseguir, es un objetivo alcanzable en determinados emplazamientos. Por tanto, las microrredes eléctricas, si tratan de integrar tecnologías de generación que estén basadas en recursos locales y renovables, podrán contribuir de alguna forma a que la dependencia energética mundial sea un poco más amigable con el medioambiente. ¿Y cómo lograr esto?, pues nuevamente es una pregunta difícil de contestar, pero en la siguiente sección se presentará con detalle el concepto de generación distribuida, la cual permitirá integrar

---

[1] Megatoneladas equivalentes de petróleo.

tecnologías renovables y de forma cercana a los consumos. Pues bien, bajo este paradigma de la generación distribuida y a ser posible renovable, es posible disponer de microgeneradores (generación distribuida), renovable o no, en la microrred eléctrica.

3.3. Generación distribuida

¡¡¡Y la generación distribuida ha llegado!!! Bajo este nuevo paradigma de generación, surge una oportunidad para el aumento de la penetración de las tecnologías renovables en las microrredes eléctricas. Pero para entenderlo, deberemos presentar el concepto de generación distribuida y así poder entender las nuevas oportunidades que esta forma de generar energía eléctrica permite conseguir.

3.3.1. Introducción a la generación distribuida

Para [138], es complicado dar una definición exacta de generación distribuida, ya que ésta debería estar contemplada desde distintas perspectivas, como la tecnología empleada para la misma, la potencia instalada o el emplazamiento a conectar en la infraestructura eléctrica de distribución. No obstante, es posible afirmar que los autores hablan de la generación distribuida como aquella que se produce cerca del consumidor final y asociado a esta característica, plantean la opción de que los consumidores clásicos se conviertan en productores y consumidores a la vez, término que se conoce como *prosumer*.

La Agencia de Protección Ambiental de Estados Unidos [165], vuelve a acercar a la generación distribuida a los consumos y esta vez habla de un conjunto de tecnologías (centra el foco en las renovables) para la generación de electricidad y calor, las cuales pueden formar parte de consumidores domésticos, industrias o microrredes y, además, destaca el papel de la generación distribuida como garantista del suministro de energía a los usuarios finales y como reductora de las pérdidas de energía por transporte y distribución [166].

En [167], los autores apuntan algo interesante y recuerdan que el objetivo de acercar la generación a los puntos de consumo no es algo nuevo, ya que, en realidad en los inicios de la generación de energía eléctrica, los generadores estaban cerca del consumo, pero por cuestiones técnicas y económicas, la generación comenzó a alejarse del consumo. Esta misma afirmación aparece recogida en [2].

La afirmación sobre que la definición de la generación distribuida es complicada es sostenida por [168], donde además mantienen esta tesitura presentada unas cuantas matizaciones sobre la definición de determinadas instituciones mundiales, tal como se muestra en la Tabla 3.2.

En [175] comienzan a plantear la cuestión más importante para nosotros, la generación distribuida debe formar parte de la idiosincrasia de la microrred eléctrica. Este hecho es fundamental, ya que conceptualmente ésta estará compuesta de microgeneradores, los cuales pueden ser entendidos como generación distribuida cercana al consumo final.

Tabla 3.2. Matizaciones sobre la definición de la generación distribuida. Fuente [168], elaboración propia.

Referencia	Observación sobre la definición de generación distribuida
Sin definir, pero presentada en [168]	La generación distribuida no es dependiente ni de la tensión ni de la potencia instalada. La generación distribuida puede ser en base a tecnologías renovables o no. La ubicación a instalar la generación distribuida no es fundamental para distinguirla sobre la generación centralizada. La generación distribuida puede operar conectada a la infraestructura eléctrica o aislada de ella. Cuando la generación distribuida esté conectada a red dispondrá de transformadores eléctricos o convertidores de electrónica de potencia, e incluirá las protecciones correspondientes. Inicialmente la generación distribuida estará conectada a la infraestructura eléctrica de distribución, pero también lo podrá estar a transporte (por ejemplo, grandes parques eólicos *offshore*[2]). La generación distribuida presenta una serie de beneficios: amigable con el medioambiente, reducción de las pérdidas de energía por transporte y distribución, reducciones económicas por grandes inversiones en infraestructuras, incentivo de la instalación en entornos cercanos al consumo y con pequeña y mediana potencia, reducción de picos de potencia, integración de calor, instalación en zonas remotas sin acceso a la electricidad.
Distributed Power Coalition of America	Para esta institución la generación distribuida debe ser de pequeña potencia y deberá estar conectada en el lado del consumidor, con independencia del sector de consumo de éste.
CIGRE [169]	La generación distribuida es aquella no centralizada. La generación distribuida está conectara a la infraestructura eléctrica. La potencia de la generación distribuida está entre 50-100 MW.
International Energy Agency [170]	La generación distribuida debe estar conectada a la infraestructura eléctrica. La generación distribuida estará compuesta por generadores, incluyendo los mini y micro. Principalmente tienen en cuenta turbinas de gas, tecnología fotovoltaica y pilas de combustible y no así la tecnología eólica, ya que en ese año la eólica estaba considerada lo suficientemente madura para ser plantas convencionales.
US Department of Energy [171]	Pequeña generación cerca de los consumos finales. El objetivo es mejorar la calidad del suministro y abaratar el gasto económico asociado al despliegue de infraestructuras. Conseguir entornos medioambientalmente mejores.

---

[2] Parques eólicos marinos.

Referencia	Observación sobre la definición de generación distribuida
Arthur D. Little [172]	La generación distribuida es de pequeña potencia y estará conectada o no a la infraestructura eléctrica de distribución. Conectada siempre cerca de los consumidores finales. Contempla la generación de calor y la cogeneración (generación simultánea de electricidad y calor).
Ackermann, *et al*. [173]	Considera generación distribuida aquella generación conectada directamente en distribución o en consumidor final.
Directiva 96/92/EC [174]	Generación distribuida es aquella que se conecte a la infraestructura de distribución de baja tensión.
Otras fuentes aparecen en [168]	La generación distribuida estará en el rango del MW y estará compuesta por fuentes de energía renovables (*Renewable Energy Source*, RES), Austria. Cogeneración conectada a la infraestructura eléctrica de distribución, Bélgica. La generación distribuida tendrá una potencia inferior a los 10 MW y estará conectada a la infraestructura eléctrica de distribución y no estará planificada como generación centralizada, Rumania. La generación distribuida no estará operada por la *utility*, República Checa. La generación distribuida no estará operada por el transportista del país, Dinamarca. La generación distribuida tendrá una potencia inferior a los 50 MW y estará pensada para el consumo local, Estonia. La generación distribuida tendrá una potencia inferior a los 20 MW y estará conectada a la infraestructura eléctrica de distribución y no estará planificada como generación centralizada, Finlandia. La generación distribuida estará en propiedad de un tercero y estará conectado a la infraestructura eléctrica de distribución, Francia. La generación distribuida será modular y podrá estar o no conectada a la infraestructura eléctrica de distribución, Alemania. La generación distribuida estará compuesta por generadores de pequeña potencia y conectada a la infraestructura eléctrica de distribución, Grecia. La generación distribuida tendrá una potencia inferior a los 10 MW y estará conectada a la infraestructura eléctrica de distribución y principalmente compuesta por elementos renovables y destinada al calor, Hungría. La generación distribuida tendrá una potencia inferior a los 1 MW y estará pensada para el consumo local, Italia. La generación distribuida generará electricidad o calor y estará próxima al consumidor final, Polonia. La generación distribuida tendrá una potencia inferior a los 100 MW y estará conectada a la infraestructura eléctrica de distribución y no estará planificada como generación centralizada, Eslovaquia. La generación distribuida tendrá una potencia inferior a los 50 MW y estará próxima al consumo local, España. La generación distribuida será aquella no conectada a la infraestructura eléctrica de transporte, Reino Unido y Suecia. La generación distribuida estará compuesta por pequeños generadores, pero no necesariamente conectados a la infraestructura eléctrica de distribución, Irlanda.

Tras lo visto hasta el momento y tal como ha comenzado esta sección, es muy complicado dar una definición concreta acerca de la generación distribuida. No obstante, parece que existen una serie de rasgos asociados a ésta que permite delimitar unas condiciones de contorno para poder hacer una definición más exacta. Pero debemos advertir, que cualquier definición será correcta para el escenario concreto donde se esté planteando. Por tanto, la Figura 3.6 presenta los principales rasgos que deben darse sobre la generación distribuida.

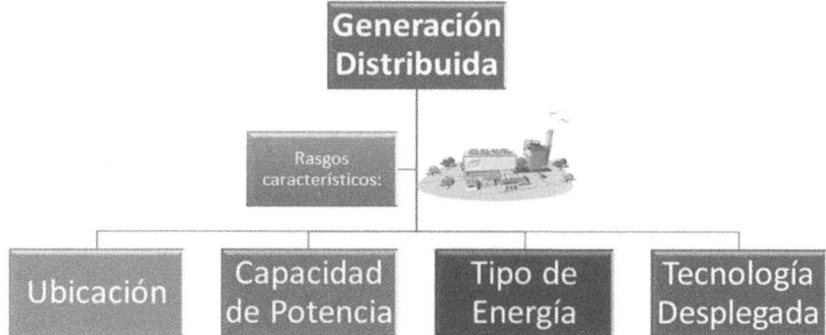

Figura 3.6. Posible agrupación de la generación distribuida atendiendo a sus rasgos más característicos. Fuente: elaboración propia a partir de componentes de [176].

Con respecto a la *ubicación*, la generación distribuida podrá estar conectada en la red de distribución, tanto en baja tensión [138] como en media tensión [2]. Sin embargo, también podría aparecer conectada en la red de transporte [177], [178], ya que podrían existir puntos con grandes exigencias de potencia demandada, siendo interesante alimentarlos con generación próxima a los mismos.

El concepto de generación distribuida puede también emplearse en entornos aislados de la red eléctrica, donde estos consumos se alimenten mediante elementos generadores asociados a dichos consumos, sin existir un apoyo de la red de distribución o transporte [179]. Además, y como se ha dicho, el concepto de generación distribuida coincide con el de microgeneración que aparece en una microrred eléctrica, por tanto, éstas pueden hacer suyas el término generación distribuida [180]. Además, y complementando lo anterior, la generación distribuida puede mejorar la eficiencia del suministro de energía eléctrica, tal como se verá en el Capítulo 7.

La generación distribuida puede estar en la baja tensión de la infraestructura de distribución o en la media tensión de esta o de la infraestructura de transporte, por tanto, es posible hablar de dos tipos de generación distribuida según su posición en el sistema eléctrico global [2]:

- *Generación distribuida clásica*: estas instalaciones instalan potencias moderadas y elevadas y son las plantas que se instalaron (y se siguen instalando) rompiendo el paradigma de generación centralizada. Este tipo de generación distribuida puede ser renovable o no renovable, pero son principalmente las basadas en tecnologías renovables las que más se han instalado, acercando poco a poco, la generación a los puntos de consumo.

- *Generación distribuida en el punto final*: con independencia de la tecnología instalada, esta generación distribuida estará compuesta de microgeneradores y se caracterizarán por estar en las proximidades del punto final de consumo.

Con respecto a la *capacidad de potencia* instalada, ya se ha visto en la tabla anterior y en el texto que la definición es muy ambigua. La potencia instalada puede variar desde el orden del kW en un microgenerador de una microrred eléctrica hasta los centenares de MW en una planta eólica de generación distribuida.

Lo que sí parece lógico es que la potencia instalada en la generación distribuida está asociada con el nivel de tensión al que se conecta. Por ejemplo, si en una microrred eléctrica se instalará una miniplanta fotovoltaica de 1 kW de potencia, parece lógico que se instale a la baja tensión a través de su correspondiente inversor fotovoltaico de conexión a red y nadie se plantearía instalarla en media tensión, ya que la potencia tan baja no justificaría la instalación de la aparamenta eléctrica necesaria. En cambio, si estamos frente a una planta eólica de 70 MW cercana a una ciudad importante, parece sensato conectarlo en media o alta tensión a la infraestructura eléctrica de distribución o transporte, nadie pensaría en conectarlo en baja tensión.

No obstante, en [181] aparecen recogidos valores de potencia y para ello los autores plantean una clasificación en cuanto a tamaño de la generación distribuida. La clasificación por tamaño y su potencia asociada se muestra a continuación: micro generación distribuida (1-5 kW), pequeña generación distribuida (5 kW a 5 MW), media generación distribuida (5-50 MW) y gran generación distribuida (50-300 MW). Valores que coinciden con otros trabajos como en [182].

De forma tangencial a la ubicación está el caso de instalación estratégica de generación distribuida para potenciar el incremento de la penetración del vehículo eléctrico. En este sentido, el inminente aumento de la compra de vehículos eléctricos a nivel mundial tendrá un efecto crítico en las necesidades adicionales de suministro de energía. Con el objetivo principal de no congestionar las líneas de transporte y distribución, se está planificando el despliegue de generación distribuida en distribución, en media y baja tensión, para poder abastecer este suministro de energía y además tratar de que sea basado en tecnologías renovables para no generar efectos nocivos sobre el medioambiente [183]-[185].

Con respecto al *tipo de energía*, tal como se ha dicho, el conceto de generación distribuida afectaría tanto a la generación de energía eléctrica como a la generación de calor. En este sentido, existe el proceso de cogeneración que puede hacer que la eficiencia del sistema aumente de forma considerable frente a la generación simplemente de electricidad o calor de forma independiente.

Con respecto a la *tecnología desplegada*, la generación distribuida puede estar basada en tecnologías renovables o no renovables. Aunque en la tabla anterior algunas de las definiciones hablaban de fuentes de energía renovables como fundamentales para la generación distribuida, no es una condición necesaria para que la instalación de generación no centralizada no se le pueda bautizar como generación distribuida. Lo que parece claro, es que el término generación distribuida da una nueva oportunidad a las tecnologías y, además, las ubica en emplazamientos no contemplados hasta el momento, concretamente en las proximidades de los puntos de consumo y en muchos casos como microgeneradores locales dentro de microrredes eléctricas [2], [186].

La generación distribuida genera ciertos beneficios y aunque los principales beneficios son del tipo económico y de operación del sistema [181], existen otros beneficios como los sociales y los medioambientales [187].

Los costes de energía pueden ser reducidos gracias al aumento de la generación distribuida y éstos podrán aumentar si la tecnología desplegada es mayoritariamente renovable. Este aumento de generación distribuida será a partir de numerosos elementos individuales en forma de microgeneradores [188].

De forma adicional, la generación distribuida puede proporcionar beneficios adicionales a la sociedad, evitando, por ejemplo, emisiones contaminantes provenientes de las grandes plantas eléctricas clásicas (centralizadas).

La generación distribuida puede ayudar a un país a incrementar la diversidad de fuentes de energía y así diversificar su matriz energética. De esta forma, si la generación distribuida es renovable, no se consumirán combustibles fósiles y se evitará la dependencia con el exterior en el caso de que no exista este recurso en dicho país.

Por último, los Gobiernos y Administraciones públicas deben ver la generación distribuida como una oportunidad de generación de empleo local, como se lleva años trabajando en Reino Unido o Alemania [187]. La red del futuro, o red eléctrica inteligente (*Smart Grid*, SG), deberá integrar las plantas centralizadas clásicas y las nuevas de generación distribuida, e indiscutiblemente la generación distribuida formará parte de las microrredes eléctricas.

3.3.2. Tecnologías para la generación distribuida

En esta sección se presentarán algunos detalles asociados a las tecnologías empleadas para la generación distribuida.

Lo primero que hay que destacar, es que cuando se habla de generación distribuida debería estar asociado el término a procesos de generación y no a los asociados con el almacenamiento. Sí parece lógico pensar en un dispositivo de almacenamiento como un posible generador, cuando éste está en proceso de descarga, pero en este libro de texto se hace una clara distinción entre generación y almacenamiento. No obstante, esta diferenciación no estaba muy clara hace algunos años y en 2004 en el siguiente documento [181], los autores incluyen dentro del término generación distribuida el almacenamiento.

Estos autores hacen una clara diferenciación dentro de la generación distribuida entre generadores tradicionales (motores de combustión) y generadores no tradicionales. Dentro de los generadores tradicionales plantean el uso de microturbinas de gas natural. Dentro de los no tradicionales, subdividen en tres categorías: dispositivos electroquímicos, dispositivos de almacenamiento y dispositivos renovables. Dentro de los electroquímicos presentan las distintas pilas de combustible, dentro de los dispositivos de almacenamiento muestran baterías y *flywheels* y dentro de los dispositivos renovables la tecnología fotovoltaica y la eólica. En la Tabla 3.3 se muestran las principales características de las tecnologías de generación distribuida presentadas por [181].

Tabla 3.3. Tecnologías para la generación distribuida y sus principales características. Fuente [181], elaboración propia. Datos publicados en 2004.

Tecnología		Principales características
Generadores tradicionales	Microturbinas	Pequeña escala, unos 0,4-1 m³ en volumen Potencia 20-500 kW Eficiencia por encima del 80% Modularmente ampliable con nuevas unidades
Generadores no tradicionales	Dispositivos electroquímicos	Eficiencia aproximada del 60%. Al no disponer de partes mecánicas, no existen ruidos asociados a ellas. Sin emisiones de CO_2.
	Dispositivos de almacenamiento	Emplean baterías de tipo profundo y son modulares y flexibles para adaptarse a la energía a entregar necesaria. *Flywheels* pueden proporcionar 700 kW en 5 segundos.
	Dispositivos renovables	Los módulos fotovoltaicos permiten un alto grado de modularidad y conseguir cualquier configuración en espacio y potencia. Existen aerogeneradores de media y pequeña potencia muy adaptables al concepto de generación distribuida.

En 2009, [188] presenta un documento en donde deja de relevancia la variabilidad en la potencia instalada cuando se habla de generación distribuida. El autor comenta que puede existir generación distribuida de 1 kW cuando se tiene una instalación fotovoltaica, hasta 1 MW en motores de combustión o 1000 MW en los parques eólicos *offshore*. Hay que destacar en este caso cómo la gran eólica marina puede ser considerada generación distribuida y es entendible en este caso en tanto en cuanto esta generación se encuentre en una posición, relativamente cercana, a lo que sería un gran punto de consumo para una generación centralizada. El autor no hace una agrupación en renovables y no renovables, pero sí presenta algunos datos en cuanto a potencia, los cuales se muestran a continuación: turbina de gas (35-400 MW), motor de combustión interna (5 kW a 10 MW), turbina de combustión (1-250 MW), microturbina (35 kW a 1 MW), pila de combustible de ácido fosfórico (200 kW a 2 MW), pila de combustible de carbonato fundido (250 kW a 2 MW), pila de combustible de intercambio protónico (1-250 kW), pila de combustible de óxido sólido (250kW a 5 MW), almacenamiento de batería (0,5-5 MW), pequeña hidráulica (1-100 MW), micro hidráulica (25 kW a 1 MW), aerogenerador eólico (200 W a 3 MW), fotovoltaica (20 W a 100 kW), solar térmica de alta concentración (10 MW), gasificación con biomasa (100 kW a 20 MW), geotérmica (5-100 MW) y oceánica (0,1-1 MW). Con independencia de los valores de potencia, interesante la mayor cantidad de tecnologías detectadas por el autor.

En 2008, [11] presentan los componentes de generación y almacenamiento asociados a la microrred eléctrica. En toda regla, como estos componentes será a escala de microminigeneración y almacenamiento, es posible integrarlos como generación distribuida. En el Capítulo 3 muestran todos los componentes y en el caso de la generación, a pesar de que no hacen agrupaciones, presentan componentes renovables y no renovables. Sí es cierto, que al comienzo de ese mismo capítulo hace la distinción entre recursos energéticos renovables y combustibles fósiles, por lo que la agrupación en la generación ya está realizada de forma previa. En la Tabla 3.4 se muestran las tecnologías para la generación distribuida y sus características.

Tabla 3.4. Tecnologías para la generación distribuida y sus principales características. Fuente [11], elaboración propia. Datos publicados en 2008.

Tecnología		Principales características
Tecnologías de generación distribuida no renovables	Motor de combustión interna (gas, diésel y gasolina)	Potencia 50 kW a 5 MW. Aplicación de cogeneración en sector residencial y servicios.
	Motor *Stirling**	Potencia 0,01-500 kW. A pesar de su antigüedad es de actual interés debido a la gran variedad de fuentes de energía que pueden emplearse para su funcionamiento.
	Turbina de vapor	Potencia 400 kW a 300 MW. Rendimiento termodinámico bajo.
	Turbina de gas	Potencia 250 kW a 50 MW. En instalaciones de pequeño tamaño se opta por la turbina de gas de ciclo simple.
	Microturbina de gas	Potencia 25-500 kW. Genera electricidad y calor mediante cogeneración, ideal para el sector servicios o el industrial.
Tecnologías de generación distribuida renovables	Turbina hidráulica	Potencia menor a 10 MW. Múltiples configuraciones posible, pero necesario el recurso hidráulico.
	Aerogenerador eólico	Potencia menor a 200 kW. La eólica de mediana y pequeña potencia permiten integrar esta tecnología dentro de la generación distribuida. Pueden asociarse a sistema de baterías.
	Fotovoltaica	Módulos fotovoltaicos por debajo de 250 W_p. Totalmente modular y adaptable a cualquier potencia requerida.
	Solar térmica	1 kW_t/m^2 concentrador baja temperatura. 0,5 kW_t/m^2 concentrador media temperatura. Baja temperatura (< 100 °C). Media temperatura (100 °C < T <300 °C). Alta temperatura (T > 300 °C).
	Pila de combustible	Bajo impacto medioambiental. Eficiencia alta y muy constante. Variedad importante de pilas de combustible.
	Energía marina	Baja temperatura (< 70 °C). Media temperatura (700 °C < T < 150 °C). Alta temperatura (T > 150 °C).

*Incluido en no renovable, pero dependerá del combustible empleado

En 2012, [138] presentan las tecnologías que pueden conformar la generación distribuida en elementos de generación y elementos de almacenamiento energético, tal como se recoge de forma resumida en la Tabla 3.5 (sólo se muestra generación). Para los autores, la generación distribuida será aquella por debajo de 10 MW de forma general y aunque divide las tecnologías de generación en renovables y no renovables, en su capítulo de generación distribuida (Capítulo 14) sólo detallan las no renovables, junto al almacenamiento energético. Evidentemente, los autores sí consideran generación distribuida a las tecnologías renovables, concretamente: eólica, fotovoltaica y térmica, minihidráulica, marina y geotermia.

Tabla 3.5. Tecnologías para la generación distribuida y sus principales características. Fuente [138], elaboración propia. Datos publicados en 2012.

Tecnología		Principales características
Tecnologías de generación distribuida no renovable	Cogeneración	Potencia inferior a 10 MW. Eficiencia global 70-85%. Con motor de gas, motor diésel, turbina de gas o turbina de vapor.
	Turbina de gas	Potencia inferior a 40 MW con eficiencia 40-60% en ciclo combinado, eficiencia 70-90% en cogeneración.
	Microturbina	Potencia inferior a 1 MW. Se puede obtener calor y electricidad mediante cogeneración.

En 2017, [189] presenta un manual sobre tecnologías a desplegar bajo el paradigma de la generación distribuida. De forma resumida, el autor hace una clasificación clásica entre tecnologías renovables y no renovables. Dentro de las renovables, el documento destaca las siguientes: fotovoltaica, eólica, biomasa, biogás, hidráulica de pequeña potencia, pilas de combustible, geotermia y oceánica. Dentro de las no renovables, el autor presenta todo lo relacionado con motores de combustión interna (gasolina y diésel) y las microturbinas de gas.

3.3.3. Valor de la generación distribuida renovable

Como ya mostraban en [190], entre los principales beneficios de las tecnologías renovables estaba el poder desplegarlos en determinados escenarios y a mediana y pequeña escala. Esto no deja de ser una propuesta de generación distribuida renovable.

Es innecesario recalcar que la energía local renovable añade un valor añadido al sistema, proporcionando un alto poder económico a los contribuyentes, a los servicios públicos y las comunidades. En este sentido, las energías renovables locales [2], [11], [138], [173], [180], [189]:

- Suponen una alternativa al sistema energético muy dependiente de los combustibles fósiles.

- Aumentan la eficiencia del sistema eléctrico, evitando el costoso e ineficaz transporte de la energía a larga distancia.

- Fortalecen la economía local, ya que son creadoras de empleo y genera beneficio la venta de la energía.

- Mejoran la seguridad energética proporcionando una red más robusta y resistente y mejora la garantía de suministro.

- Impulsan la independencia energética del país y de la zona, contribuyendo a disponer de una matriz energética más variada.

3.3.4. Generación distribuida y microrred eléctrica

A modo de resumen, la generación distribuida presenta ciertas ventajas con respecto a la generación centralizada clásica, que se pueden resumir en:

- Para zonas con frecuentes desconexiones ofrecen fiabilidad.

- Existe gran variedad de tecnologías que permiten al usuario elegir la mejor opción para un lugar determinado. Esta elección irá acorde con el recurso local disponible. Esto permite ajustarse al recurso local existente en la microrred eléctrica.

- Propician una alta calidad del suministro eléctrico.

- Reducen las pérdidas en las redes de transporte y distribución. Al estar más cerca del consumo final, el sistema gana en eficiencia.

- Bajan los costes debido a la reducción de la demanda pico en la red de distribución.

- Realizan el suministro energético en aquellos lugares donde la red convencional no es una opción. Lo anterior debe ser visto como una alternativa (a la red o como una complementariedad de ésta, depende el escenario).

- Presentan beneficios medioambientales, con reducción de emisiones debido a la generación aportada por las tecnologías de generación distribuida renovable.

- Tecnologías como la cogeneración permiten aumentar la eficiencia global de la microrred eléctrica, al generar electricidad y energía térmica de una forma combinada.

- Dependiendo el tamaño de la microrred eléctrica, siempre existirá tecnología distribuida capaz de ajustarse a la potencia requerida en aquella.

- Los generadores distribuidos pueden asociarse con el almacenamiento eléctrico distribuido y así mejorar en prestaciones la microrred eléctrica.

Por tanto, por estas ventajas y otras características, la generación distribuida se posiciona como un elemento clave a integrar en las microrredes eléctricas.

La microrred eléctrica estará compuesta de microgeneradores, por lo que éstos encajan perfectamente en el concepto de generación distribuida. Por tanto, la microrred eléctrica tiene una obligación, por definición, de incluir la generación distribuida entre sus componentes.

Por otro lado, el disponer de elementos de generación distribuida renovables o no renovables en la microrred eléctrica, es principio, es una decisión basada en el sentido común. Otra de las finalidades de la microrred eléctrica es poder aprovechar el recurso local disponible allá donde esté instalada, por tanto, si el recurso es renovable la generación distribuida que incorporará la microrred eléctrica será renovable, pero si no lo es, deberá aprovecharlo e integrarlo como generación distribuida no renovable.

La microrred eléctrica, al integrar elementos de generación distribuida renovable, contribuirá a la disminución del impacto nocivo sobre el medioambiente. Y, además, permitirá una mayor integración de las tecnologías renovables en el sistema eléctrico y al ser esta integración a potencias menores que en las grandes plantas centralizadas, el coste del despliegue será más bajo.

Por sí misma, la microrred eléctrica tiene como objetivo el cubrir la demanda con sus microgeneradores, los cuales como ya hemos visto pueden considerarse como generación distribuida y local. Este hecho, tendrá la consecuencia directa de que el sistema eléctrico mejorará desde el punto de vista de la eficiencia de éste, ya que los microgeneradores en forma de generación distribuida ayudarán a disminuir las pérdidas de energía por transporte y distribución.

3.4. Almacenamiento distribuido

En esta sección se presentarán algunos detalles sobre el almacenamiento eléctrico distribuido. La microrred eléctrica puede integrar estos elementos, los cuales servirán para complementar numerosas funcionalidades de ésta que le permitirán una operación y un servicio de mayor calidad.

3.4.1. Introducción al almacenamiento distribuido

En la sección anterior se han descrito algunas de las ventajas de la generación distribuida, tanto para su integración en las microrredes eléctricas como para su uso en general en la *Smart Grid*. En esta sección se pretende hacer una introducción a la necesidad del almacenamiento eléctrico en las redes eléctricas, pero en forma distribuida.

Dos características de la electricidad son las causantes de los principales problemas en su uso. En primer lugar, la electricidad se debe consumir al mismo tiempo en que es generada, y la cantidad de energía eléctrica generada siempre debe ser igual a la cantidad de energía eléctrica demandada en cada instante. Un desequilibrio entre la oferta y la demanda originará una inestabilidad y la pérdida de calidad (tensión y frecuencia) de la fuente generadora de energía eléctrica, incluso cuando no se presente una situación de demanda de energía eléctrica insatisfecha [2], [191].

La segunda característica, tal como ya se ha comentado en anteriores capítulos, es que los lugares donde se genera electricidad suelen estar localizados lejos de los lugares donde se consume. Generadores y consumidores están conectados a través de infraestructuras de redes eléctricas (transporte y distribución) y forman un sistema global (y único) de energía. En función de las ubicaciones y las cantidades de generación y demanda de energía, es posible que muchos flujos de energía se concentren en una línea de transporte o distribución específica y esto puede causar congestión. Dado que las líneas eléctricas siempre son necesarias, si se produce un fallo en una línea el suministro de electricidad será interrumpido [2].

Por otro lado y de forma clásica, el almacenamiento en el sector energético ha impactado debido a tres principales factores: la integración de las tecnologías renovables en el sistema eléctrico y más concretamente la generación distribuida; la necesidad imperiosa de un aumento de la eficiencia energética y poder realizar respuesta a la demanda (*Demand Responce*, DR); y la integración esperada y masiva del vehículo eléctrico (*Electric Vehicle*, EV) [191].

Por tanto, parece más que justificada la necesidad de disponer de almacenamiento eléctrico en el sistema energético. Además, ya que dicho almacenamiento estará repartido a lo largo de la infraestructura de red, se puede hablar de distribuido. Las microrredes eléctricas, al igual que el sistema energético, precisará de elementos de almacenamiento eléctrico distribuido, cuya finalidad principal será la de hacer coincidir generación y demanda, pero también podrá emplearse para maximizar el beneficio de la microrred eléctrica frente al mercado exterior, o garantizar ciertos servicios auxiliares hacia la infraestructura eléctrica de distribución a la que esté conectada.

3.4.2. La electricidad y el papel del almacenamiento eléctrico

La demanda de energía varía en cada instante de tiempo y el precio de la electricidad cambia, en consecuencia. El precio de la electricidad en los períodos de mayor demanda es más alto y en los períodos de menor demanda es más bajo. Fundamentalmente esto se debe a las diferencias en el costo de la generación en cada período [191].

Durante los períodos pico, en los que el consumo de electricidad es superior al promedio, los generadores de energía deben apoyar a las centrales eléctricas de carga básica (nucleares y térmicas clásicas) con formas de generación menos rentables, pero más flexibles, como el petróleo y el gas. Durante el período de poca actividad, cuando se consume menos electricidad se pueden detener los generadores más costosos. Con estas reglas de juego se presenta una oportunidad para que los sistemas de almacenamiento eléctrico se beneficien financieramente [191].

Cada vez existe un mayor nivel de penetración de tecnologías renovables como pueda ser la eólica y la fotovoltaica. Asociado a lo anterior, a veces, se dispone de energía sobrante libre de costos, por lo que el excedente podrá almacenarse en sistemas de almacenamiento eléctrico y así reducir los costes de generación. Para los consumidores, los sistemas de almacenamiento eléctrico pueden reducir los costos de la electricidad, ya que pueden almacenar la electricidad comprada a precios bajos y emplearla en otro momento del día, sustituyendo así la energía más cara proveniente de generadores con coste elevado [150], [186], [191].

Debido a la propia naturaleza de la electricidad, las compañías distribuidoras se ven obligadas a mantener el flujo de energía eléctrica de forma constante desde su generación hasta su consumo. De no hacer lo anterior, la calidad de la garantía de suministro puede verse comprometida y se podría originar una interrupción del servicio. Para satisfacer el consumo de energía, se deben generar cantidades continuas de electricidad y de forma continuada en el tiempo, para lo cual será imprescindible disponer de una previsión precisa de las variaciones de la demanda [150], [186], [191].

Los generadores de energía existen, además de para generar la energía que se les solicite, para realizar otras dos funciones esenciales dentro del sistema. Los generadores deberán disponer de la capacidad de generar la energía que se les solicite en un momento determinado. Además, estos generadores deberán poder regular la frecuencia del sistema en momentos concretos de inestabilidad [191].

De manera tradicional, algunas tecnologías renovables no eran capaces de mantener las dos anteriores funciones citadas, principalmente debido a la no gestionabilidad de su recurso. Se espera que los sistemas de almacenamiento eléctrico puedan compensar tales dificultades y les permitan a los generadores renovables realizar tales funciones. La generación de energía eléctrica a partir de energía hidráulica ha sido ampliamente empleada, proporcionando grandes cantidades de energía eléctrica en momentos de escasez de ésta, pero últimamente, las fuentes de generación renovable se están viendo apoyadas por almacenamiento estacionario, con altos tiempos de respuesta [191].

Tal como se ha dicho, las ubicaciones de los consumidores a menudo están lejos de las instalaciones de generación de energía y esto conduce a mayores probabilidades de una interrupción en el suministro de energía eléctrica. Los fallos de red debidos a desastres naturales o causas artificiales detienen el suministro de electricidad e influyen en áreas extensas de terreno. Los sistemas de almacenamiento eléctrico ayudarán a los usuarios cuando se produzcan fallos en las redes de suministro de electricidad, pudiendo continuar suministrando energía eléctrica a dichos consumidores [2], [186].

La congestión en las infraestructuras eléctricas es una consecuencia del problema anterior, una larga distancia entre generación y consumo asociado a las grandes cantidades de energía eléctrica a suministrar. En el proceso de equilibrio entre la oferta y la demanda puede producirse congestión. Las *utilities* tratan de predecir la congestión futura y evitar las sobrecargas, mediante el despacho de productos de los generadores o, en última instancia, mediante la construcción de nuevas infraestructuras de transporte y distribución. Los sistemas de almacenamiento eléctrico establecidos en emplazamientos apropiados, tales como subestaciones en los extremos de líneas muy cargadas, pueden mitigar la congestión, almacenando electricidad mientras las líneas de transporte y distribución mantienen suficiente capacidad y utilizando la electricidad acumulada cuando las líneas no están disponibles debido a la congestión. Este enfoque de almacenamiento distribuido ayudará a las *utilities* a posponer el despliegue de nuevas infraestructuras de la red eléctrica o adecuación de las existentes. Este apoyo del almacenamiento eléctrico distribuido es crítico y esencial en las nuevas redes eléctricas de futuro [2], [186].

De forma inevitable, el transporte y distribución de la electricidad precisa de infraestructura cableada, pero esto puede resultar un serio problema cuando se pretende llevar a zonas remotas o suficientemente aisladas. Las baterías de acumulación, u otros sistemas de almacenamiento, pueden resolver en cierta medida este problema, ya que aseguran el flujo de energía eléctrica mediante sus ciclos de descarga y carga. Una recarga de un vehículo eléctrico en una zona remota puede ser un gran reto, pero con sistemas de almacenamiento eléctrico distribuido puede no serlo tanto. Los sistemas de acumulación para el caso del vehículo eléctrico, no sólo debe contemplarse como la batería de acumulación que incorpora el vehículo, sino como un apoyo a los sistemas renovables a emplear para la recarga de la batería.

El mercado de vehículos eléctricos está emergiendo. En el futuro cercano, millones de vehículos eléctricos estarán estacionados, la mayor parte del tiempo, en las grandes ciudades. Estos nuevos vehículos tienen una enorme capacidad de almacenamiento de energía distribuida con un potencial atractivo de integración con la red eléctrica que proporciona la optimización de la utilización de activos, alisando la salida y la variabilidad de las fuentes de energía renovables, actuando como un dispositivo de respaldo de energía manejable y capaz de descargar energía a la red cuando sea necesario [186].

3.4.3. Necesidades de los sistemas de almacenamiento eléctrico

De forma histórica, el interés del almacenamiento eléctrico ha estado en los dispositivos móviles y las industrias con mayor interés han sido la aeroespacial, automoción, electrónica y defensa. No obstante, el sector eléctrico también ha venido empleando almacenamiento eléctrico en las últimas décadas y en recientemente, existen dos mercados emergentes para los sistemas de almacenamiento eléctrico distribuido como tecnología clave [150]:

- El aumento de la penetración de las tecnologías.
- El despliegue de las *Smart Grids*.

El aumento de la penetración de la generación renovable puede causar problemas en la red eléctrica. Un primer problema es que, durante la operación de la red eléctrica, la fluctuación en la producción de generación renovable hace que el control de frecuencia del sistema sea más complicado y si la desviación de frecuencia se hace demasiado grande, la operación en condiciones óptimas del sistema puede verse en serio peligro. De forma clásica, el control de frecuencia se realiza gracias a la capacidad de cambio de los generadores térmicos. Al aumentar la penetración de la generación renovable, el margen de capacidad de salida de los generadores térmicos tendrá que ser aumentado, disminuyendo aún más la eficiencia de dicha tecnología. Como norma general, las tecnologías renovables proporcionan un margen negativo de potencia (decremento de potencia), por lo que, si los sistemas de almacenamiento eléctrico distribuido pueden mitigar esta fluctuación de potencia, los márgenes de los generadores térmicos para el control de la frecuencia pueden ser reestablecidos de nuevo, pudiendo ser operados de nuevo con una eficiencia mayor [186], [191].

Un segundo problema tiene que ver con la intermitencia en la producción de energía renovable, ya que es totalmente dependiente del recurso existente (viento, sol, etc.). Una posible solución ya implementada es incrementar la cantidad de generación renovable instalada (sobrecapacidad), de forma que se garantice una potencia suficiente. Otra solución es que la planta renovable cubra una gran extensión, para así de esta forma disimular el efecto climático en el global de la producción. Teniendo en cuenta el incremento en el coste de la instalación de generación "*extrarrenovable*", así como la dificultad de realizar nuevas infraestructuras de transporte y distribución, los sistemas de almacenamiento eléctrico distribuido son una medida alternativa con un futuro prometedor [191].

Se espera que los sistemas de almacenamiento eléctrico desempeñen un papel fundamental y crítico en la *Smart Grid*. En primer lugar, los sistemas instalados en subestaciones pueden controlar el flujo de potencia y mitigar la congestión, manteniendo además la regulación de tensión en su rango apropiado. En segundo lugar, pueden apoyar la electrificación de los equipos ya existentes e integrarlos en la *Smart Grid* [2].

Una tercera aplicación esperada para los sistemas de almacenamiento eléctrico distribuido es como medio de almacenamiento de energía para hogares y edificios. Los clientes residenciales se involucrarán activamente en la modificación de sus patrones de consumo eléctrico mediante el seguimiento de su demanda en tiempo real, almacenando la electricidad de la generación local cuando no se consuma y descargándola cuando sea necesaria una generación extra para así cubrir la demanda. En estas infraestructuras también estarán integrados los vehículos eléctricos [192]-[194].

3.4.4. Tipos y roles de las tecnologías de almacenamiento eléctrico

En la mayoría de los países con sistemas de energía robustos el suministro de ésta está ya más que garantizado, no obstante, el siguiente paso es garantizar una calidad de energía alta y de forma resumida los rasgos fundamentales que caracterizan una calidad de energía con estándares alto son los siguientes [195]:

- Fallos en el sistema, como cortocircuitos, rayos, etc., pueden provocar que la tensión varíe bruscamente originando pérdidas en el suministro.

- Algunas cargas pueden provocar aumento de la amplitud de las tensiones, fenómeno conocido por "*flicker*".

- Determinados armónicos de la tensión pueden afectar de forma seria a los transformadores eléctricos y a ciertas cargas.

- Bajadas o huecos de tensión que pueden afectar de forma dramática a ciertas cargas.

- Corte de suministro, que puede ser un simple microcorte o un corte de larga duración.

La funcionalidad de cada sistema de almacenamiento limitará muchas cuestiones, como será su tecnología, su dimensión o sus requerimientos en cuanto a tiempos de respuesta. El almacenamiento eléctrico estará enfocado, principalmente, a servir de apoyo a las tecnologías renovables, obstante, existen otros servicios a aportar en otras áreas, como las que se describen a continuación [196]:

- *Operador del sistema*: abastecimiento de energía eléctrica en territorios no peninsulares, *black start* o regulación de la frecuencia del sistema.

- *Infraestructura de red eléctrica*: disminución de la congestión de los nodos de red, disminución de los costes de inversión en despliegue de redes o utilización al máximo de los recursos existentes.

- *Smart Grids y microrredes*: al aumentar la penetración de las tecnologías renovables con almacenamiento eléctrico se reduce la dependencia de los combustibles fósiles o servicios auxiliares gracias al almacenamiento eléctrico.

Los anteriores problemas pueden ser solventados en cierta medida mediante el despliegue de almacenamiento eléctrico distribuido. Algunos de esos problemas van asociados con las cargas, por lo que interesa el despliegue del almacenamiento lo más cercano a las mismas y esto encaja con el concepto de microrred eléctrica, donde microgeneradores y almacenamiento eléctrico distribuido conviven de forma conjunta con las cargas.

Nuevamente nos encontramos ante un problema de clasificación, esta vez para el almacenamiento y como ya vimos a lo largo del libro de texto, esto no es sencillo de abordar. Nosotros vamos a proponer una clasificación en base a sus posibles aplicaciones [186], en base a sus aplicaciones de potencia y energía [197] y en función de su forma de aplicación [186]. La Figura 3.7 muestra las distintas formas de clasificar el almacenamiento eléctrico.

Con respecto a su aplicación, su clasificación es intuitiva, como ya se ha dicho, los dispositivos de almacenamiento eléctrico comenzaron a emplearse para elementos portátiles, al igual que para la industria aeroespacial. Posteriormente se comenzó su aplicación en el sector transporte, así como en las redes eléctricas y las aplicaciones estacionarias, como es el caso de los sistemas aislados.

Con respecto a la aplicación de potencia y energía, los sistemas de almacenamiento de alta potencia son los destinados a garantizar el suministro de energía y la calidad de ésta y suelen estar caracterizados por una entrega de energía que dura segundos. Reduciendo la energía entregada, pero aumentando su tiempo de entrega hasta los minutos, aparecen aplicaciones como *black start* o control de potencia activa y reactiva. Si reducimos aún más su entrega de energía y aumentamos su entrega hasta las horas, estamos hablando de operaciones asociadas a las tecnologías renovables, reducir picos de demanda, operaciones en isla o de comercialización [197].

Con respecto a la forma de aplicación, encontramos las de aplicación directa e indirecta. En directa tenemos el almacenamiento magnético o eléctrico, como los supercondensadores. En indirecta, la clasificación se establece en mecánico, electroquímico y químico. Dentro de los mecánicos encontramos los sistemas de aire comprimido, *flywheels* o bombeo. Dentro de los electroquímico están toda la tipología de baterías (plomo ácido, ion litio, NaS, etc.). Dentro de los químicos están el hidrógeno y el gas sintético [186].

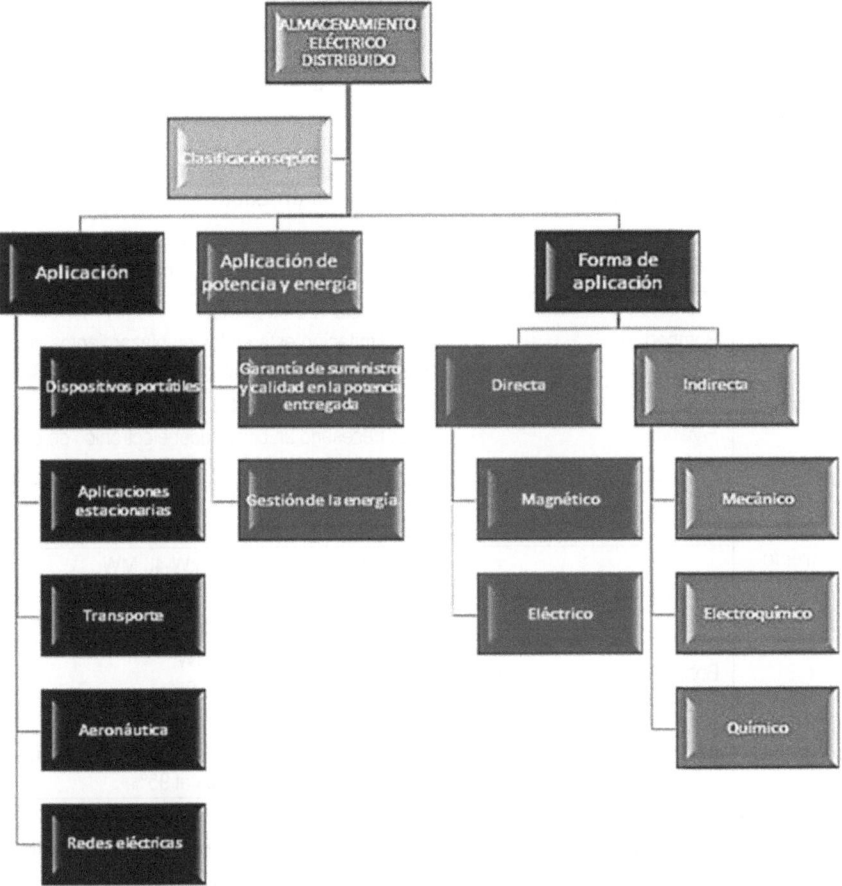

Figura 3.7. Clasificación del almacenamiento eléctrico distribuido. Fuente [186], [197], elaboración propia.

3.4.5. El almacenamiento eléctrico y la microrred eléctrica

Se ha dejado clara la importancia del papel de los sistemas de almacenamiento eléctrico distribuido en las redes de transporte y distribución. Además, se han presentado las principales aplicaciones de uso y los nuevos roles que estos sistemas de almacenamiento eléctrico están tomando dentro de la *Smart Grid*.

A una escala menor, el de la microrred eléctrica, los sistemas de almacenamiento eléctrico distribuido se presentan como claves en la gestión y el control de éstas. La posibilidad de disponer de forma distribuida elementos de almacenamiento eléctrico, hace que las microrredes eléctricas sean todavía más atractivas. Hay que pensar que para la operación en modo isla, la microrred eléctrica deberá suministrar la energía necesaria a las cargas existentes; por tanto, el disponer de almacenamiento eléctrico distribuido hará que la falta de gestión de los elementos de generación distribuida renovable no sea un problema tan importante.

Siguiendo con [11] y complementando a la generación distribuida presentada en la sección anterior, los autores destacan ciertas tecnologías de almacenamiento para su uso en microrredes. En la Tabla 3.6 se muestran las tecnologías para el almacenamiento y sus características.

Tabla 3.6. Tecnologías para el almacenamiento y sus principales características. Fuente [11], elaboración propia. Datos publicados en 2008.

Tecnología		Principales características
Tecnología de almacenamiento	Bombeo	Potencia 100-4000 MW. La limitación está en los emplazamientos, se precisa agua. Eficiencia global turbinado-bombeo 65-75%.
	Flywheels	Potencia menor de 1,6 MW. Es necesario un convertidor electrónico de potencia. Eficiencia global 85-95%.
	Aire comprimido	Potencia 50-100 MW. Eficiencia global 60-65%.
	Baterías electroquímicas	Potencia plomo ácido 1 kW-40 MW. Potencia níquel cadmio 1 kW-40 MW. Eficiencia global 60-70%.
	Bobinas superconductoras	Potencia 10 kW a 100 MW. Eficiencia cercana al 90-95%.
	Supercondensadores	Potencia 10 kW a 1 MW. Se aplican como fuentes de alimentación ininterrumpida con eficiencias cercanas al 95%.

En [138] se presentan las tecnologías que pueden conformar el almacenamiento aplicable a la microrred y se muestran de forma resumida en la Tabla 3.7.

Tabla 3.7. Tecnologías para el almacenamiento energético y sus principales características. Fuente [138], elaboración propia. Datos publicados en 2012.

Tecnología		Principales características
Almacenamiento energético	Bombeo hidráulico mecánico	Eficiencia de los sistemas de bombeo están en torno al 72-81%.
	Aire comprimido	Sistemas con cierta madurez ya en el mercado. Coste por kWh bueno pero alto coste de instalación.
	Flywheel	Sistema con cierta madurez en el mercado. Coste por kWh e instalación medio.
	Sistema de baterías	Sistema con madurez alta en baterías plomo ácido o níquel-cadmio. Sistema con madurez media en baterías de sodio azufre. Coste por kWh e instalación medio.

Tecnología		Principales características
	Almacenamiento de energía en supercondensadores magnéticos	Emplean un rectificador/inversor que representará unas pérdidas del entorno al 2-3%. Los supercondensadores son relativamente costosos. Normalmente empleado para almacenar energía destinada a breves periodos de tiempo. Sistema con madurez media. Coste por kWh medio pero bajo coste de instalación.
	Almacenamiento térmico	Diseños mediante sal fundida asociado a un sistema solar de alta concentración. Eficiencias térmicas cercanas al 99% (esperadas).
	Hidrógeno	Generado a partir de electrólisis del agua o el reformado del gas natural.

3.5. Elementos de generación distribuida en la microrred eléctrica

En esta sección se presentarán los elementos de generación distribuida más destacados y que se pueden integrar en la microrred eléctrica.

3.5.1. Introducción a las tecnologías para la generación distribuida

En las secciones anteriores se han presentados algunas de las tecnologías que forman parte de la generación distribuida, para luego destacar su papel en las microrredes eléctricas. En esta sección se van a presentar con algo más de detalle las principales tecnologías de generación distribuida que podrán aparecer en la microrred eléctrica, pero el lector debe tener presente que no se van a detallar todas y que, en un futuro, podrán aparecer otras nuevas. No obstante, el lector no debe perder de vista que el interés está en la generación local a través de microgeneradores (o plantas de mayor tamaño) para que se pongan a disposición de la lógica de control de la microrred eléctrica. Además, el interés estará en tratar de explotar los recursos locales existentes en ésta.

Como se ha comentado, se ha considerado desarrollar las tecnologías de generación distribuida a desplegar en microrredes mostradas en la Figura 3.8.

La clasificación estará basada en tecnologías que emplean algún tipo de combustibles fósiles y las que pueden emplear recursos renovables. Dentro de las tecnologías fósiles se detallarán la turbina de gas, el motor de combustión interna y la turbina de vapor. Dentro de las tecnologías renovables se detallarán la turbina eólica, la tecnología solar fotovoltaica, la tecnología solar híbrida y la turbina hidráulica. A la derecha de la figura aparecen la cogeneración y la pila de combustible y como indica en el recuadro, estas tecnologías se considerarán renovables o no atendiendo al combustible empleado, por este motivo se han clasificado aparte.

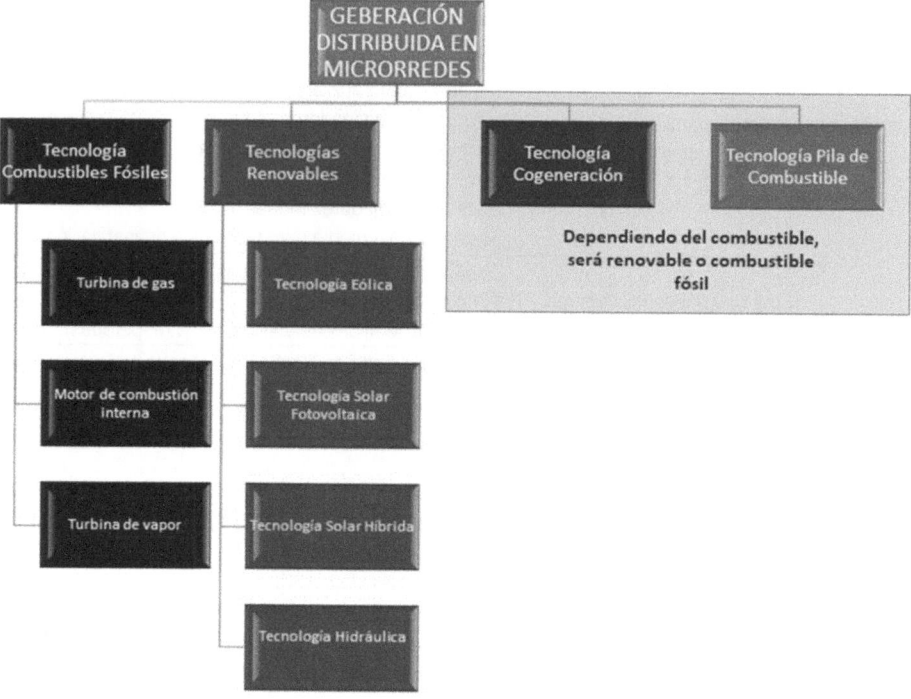

Figura 3.8. Tecnologías de generación distribuida en microrredes a desarrolla.
Fuente: elaboración propia.

3.5.2. Tecnología de cogeneración

La *cogeneración* energética es un proceso que consiste en la producción simultánea de energía eléctrica y térmica a partir de una sola fuente de combustible como el gas natural, el hidrógeno o el biogás. Algunos de los beneficios de la cogeneración son los siguientes [198]:

1. Al usar de forma eficiente el combustible en el sistema genera unos ahorros sustanciales.

2. De forma indirecta, también genera ahorros en el transporte y la distribución de la energía.

3. Con combustibles basados en recursos renovables se puede considerar una tecnología renovable, con los consiguientes beneficios medioambientales.

4. Permite disponer de una previsibilidad en el coste de la energía empleada.

5. Suministro eléctrico y térmico altamente fiable.

En comparación con la generación separada de ambos tipos de energía, la cogeneración es más eficiente y tiene muchos beneficios medioambientales. De forma aproximada, cada tonelada de combustible fósil que evitamos quemar impide que el dióxido de carbono entre en la atmósfera y reduce el problema del calentamiento global [199]. Si se genera energía eléctrica y térmica por separado su eficiencia energética es aproximadamente 33% y 50% respectivamente, mientras que la eficiencia de la cogeneración (electricidad y calor simultáneamente, ver Figura 3.9) puede estar por encima del 80% [200].

La cogeneración es una forma eficiente de producir energía eléctrica y térmica al mismo tiempo. Al utilizar una sola fuente de combustible para producir ambos tipos de energía, se reduce el costo y se mejora la eficiencia.

La Ecuación (3.6) muestra la eficiencia de la cogeneración, mientras que la Ecuación (3.7) muestra la eficiencia global de un sistema con generación de electricidad y térmica de forma separada.

$$Eficiencia\ energética_{cogenarción} = \frac{energía\ eléctrica + energía\ térmica}{energía\ combustible} \tag{3.6}$$

$$Eficiencia\ energética_{global} = \frac{energía\ eléctrica}{energía\ combustible\ planta\ eléctrica} \cdot \frac{energía\ térmica}{energía\ combustible\ caldera} \tag{3.7}$$

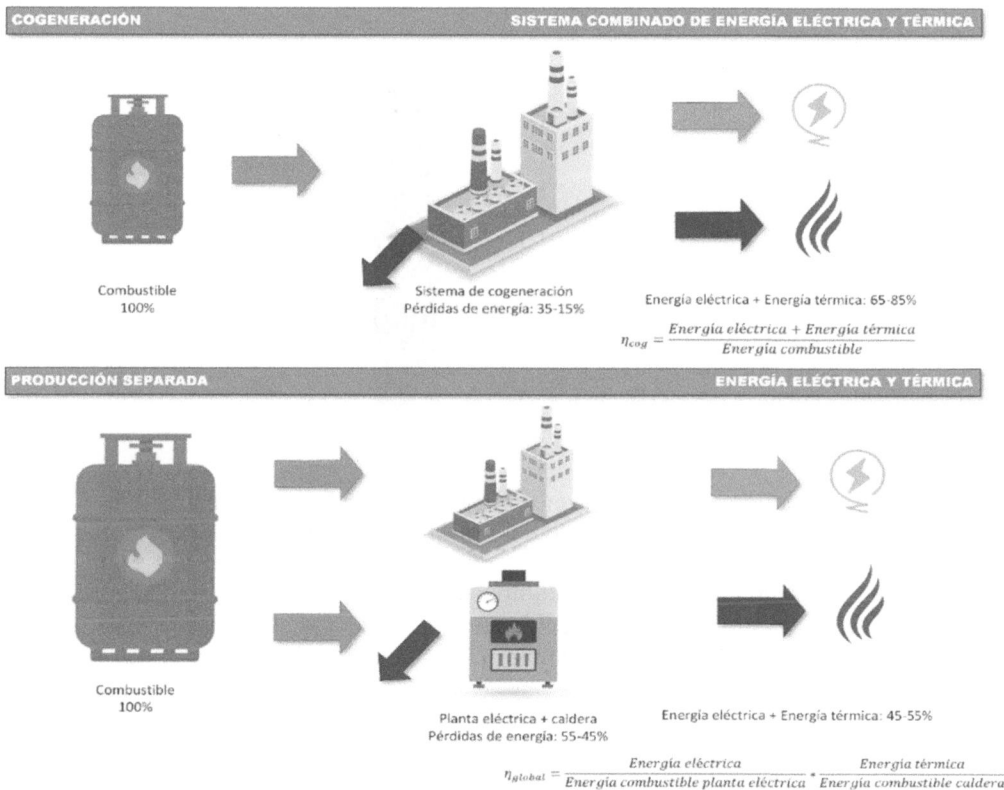

Figura 3.9. Esquema del proceso de cogeneración y la generación eléctrica y térmica por separado. Fuente: elaboración propia a partir de componentes de [201].

A pesar de que la cogeneración se centra en unidades de potencias elevadas, parece que se abre un segmento de mercado para sistemas de cogeneración de pequeña potencia, cuyo objetivo final sean las microrredes. A pesar de que de forma histórica los sectores de aplicación de la cogeneración han sido la industria química y de refino, la alimentación, los materiales de construcción y la papelera, la biomasa y los residuos, varios son sectores donde podría encajar esta tecnología. El paso lógico después de la cogeneración es la trigeneración, donde se trata de producir electricidad, calor y frío [138].

3.5.3. Tecnología de la pila de combustible

Proceso en el cual se genera agua, calor y electricidad a partir de un combustible con hidrógeno por medio de una transformación química. Su composición interna es a través de células conectadas en serie (o paralelo), para obtener una tensión de salida deseada [11], [138]. La Figura 3.10 muestra el esquema de funcionamiento de una pila de combustible tipo MCFC.

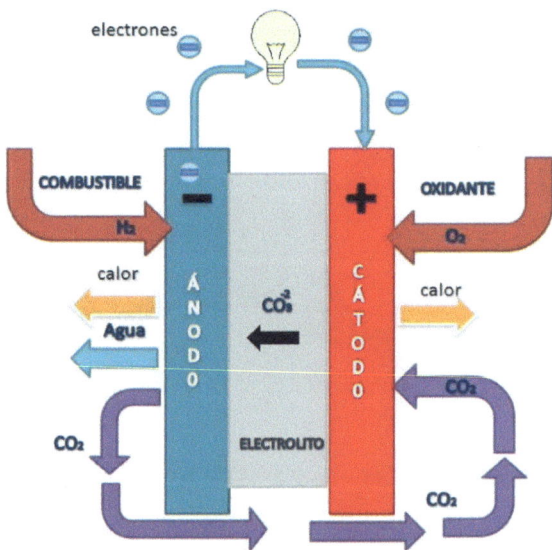

Figura 3.10. Esquema de funcionamiento de pila combustible tipo MCFC.
Fuente: elaboración propia a partir de componentes de [202].

La salida que proporciona la pila de combustible es en corriente continua, por lo que, si su aplicación va a ser generar energía eléctrica en una microrred eléctrica y en ésta las cargas son en alterna, será preciso instalar un convertidor de continua a alterna.

Es una tecnología con gran potencial de desarrollo, ya que posee un bajo impacto medioambiental, presenta una eficiencia alta y constante en un amplio rango de carga. Aunque la literatura es bastante imprecisa, las pilas de combustible se pueden clasificar según el tipo de electrolito empleado y la temperatura de trabajo, tal como y como se muestra a continuación [11]:

- *Pila de combustible de baja temperatura* (60-130 °C): alcalina (AFC) de potencias 1-250 kW, membrana polimérica (PEMFC) de potencias 1-250 kW y metanol directo (DMFC) de potencias 1-500 kW. PEMFC opera a unos 80 °C, lo que le permite unos tiempos de encendido muy bajos, tiene una respuesta muy rápida a las variaciones de demanda y su tiempo de respuesta es elevado [203].

- *Pila de combustible de media temperatura* (160-220 °C): ácido fosfórico (PAFC) de potencias 50-11000 kW. Globalmente es una pila de combustible más costosa que el resto, ya que, a igualdad de peso y volumen, entrega menos energía, presenta tiempos de respuesta mayores a la PEMFC y precisa de mantenimientos del electrolito [203].

- *Pila de combustible de alta temperatura* (600-1000 °C): carbonatos fundidos (MCFC) de potencias 100-10 000 kW y óxido sólido (SOFC) de potencias 1-10 000 kW. MCFC Emplean distintos combustibles (monóxido de carbono, propano, gas natural, etc.) y sus elevadas temperaturas hace que presente una muy alta eficiencia, pero precisa el empleo de materiales especialmente diseñados para soportar la corrosión [203]. SOFC trabaja a temperaturas cercanas a los 1000 °C y entrega unas tensiones eléctricas del orden de los 0,6 V con densidades de corrientes próximas a los 0,25 A/cm^2 [203].

3.5.4. Tecnología de la turbina de gas

Una turbina de gas es un motor térmico rotativo que posee una gran velocidad de giro, baja relación peso frente a potencia y que desarrolla trabajo al expandirse un gas (gas natural, metano, diésel, etc.) y sus componentes son [138]:

- *Compresor.*

- *Cámara de combustión.*

- *Turbina de gas.*

La Figura 3.11 muestra un esquema de las partes de una turbina de gas.

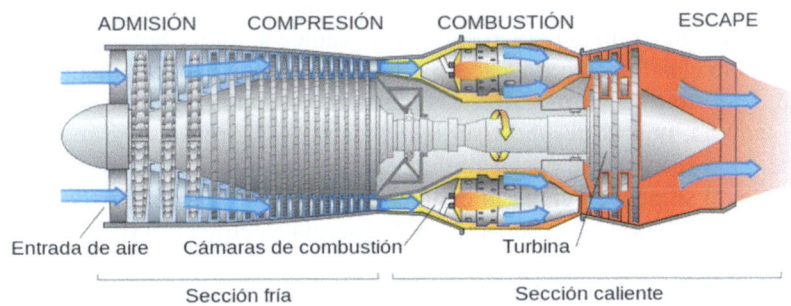

Figura 3.11. Esquema de una turbina de gas. Fuente: elaboración propia a partir de componentes de [204].

Su funcionamiento similar a una turbina de vapor, pero en lugar de impactar el vapor sobre los álabes, se emplean los gases procedentes de una combustión previa [138]. En cuanto a sus configuraciones, aparecen [138]:

- Las *turbinas de gas de ciclo simple* (producción de electricidad).

- Las *turbinas de cogeneración*.

- Las *turbinas de ciclo combinado* (turbina de gas junto a turbina de vapor).

Las turbinas de gas son muy versátiles en cuanto a su tamaño, pudiéndose encontrar de tamaños muy pequeños hasta muy grandes [138]:

- Lo normal es la configuración de ciclo simple, que presenta eficiencias alrededor del 40% para potencias inferiores a los 40 MW.

- Las de cogeneración presentan eficiencias del 70% al 90%, siendo apropiadas para demandas eléctricas superiores a los 5 MW.

- Las de ciclo combinado presentan eficiencias de entre el 40% y el 60% y potencia superior a los 5 MW.

La versatilidad en cuanto a tamaños y potencias puede hacer que sea una tecnología muy atractiva para su integración en microrredes eléctricas. No obstante, tal como se ha presentado, las potencias siguen superando el orden del MW de potencia eléctrica, por lo que deberían diseñarse sistemas con menor potencia. No obstante, se están desarrollando desde ya hace tiempo las microturbinas de gas, con potencias muy bajas, o cual las puede hacer muy atractivas para su integración en la microrred eléctrica y que además de generar electricidad, permite obtener calor para distintos usos [11].

3.5.5. Tecnología de los motores de combustión interna

Un motor de combustión interna es una máquina endotérmica y alternativa (rotativos son la máquina de vapor o de gas) de desplazamiento positivo, que es capaz de transformar la energía química de un combustible en energía mecánica a través de un eje. La Figura 3.12 muestra la posible clasificación de este tipo de motores atendiendo a distintos criterios de clasificación. En este tipo de motores, los gases procedentes del proceso de combustión empujan un émbolo, que al desplazarse dentro de un cilindro hace girar a un cigüeñal y producen energía mecánica y si posteriormente se acoplan a un generador eléctrico producir electricidad. Como se puede ver, es la evolución natural de los motores de combustión de tráfico rodado para su empleo en generación de energía eléctrica [138].

Con respecto al *encendido del combustible*, es posible hablar de motores de encendido por compresión (diésel con gasóleo o diésel) y motores de encendido eléctrico (Otto con gasolina). Con respecto al *ciclo operativo* estamos ante un motor de 2 o 4 tiempos. Respecto al *sistema de admisión*, estamos ante motores de inyección o por carburación [205].

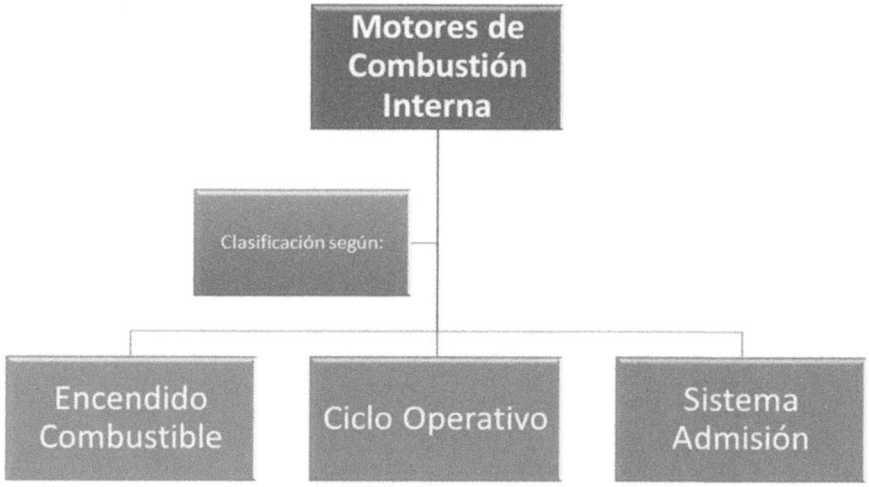

Figura 3.12. Clasificación de los motores de combustión interna atendiendo a distintos criterios. Fuente [205], elaboración propia.

Con respecto al ciclo Otto, es el modelo ideal empleado para caracterizar aquellos motores de combustión interna con encendido eléctrico (por chispa), bien sean de 2 o 4 tiempos. En un cilindro se produce una compresión de una mezcla de aire y combustible (normalmente gasolina) a través de un pistón, para una vez llegado este a su punto muerto superior y mediante una chispa proveniente de una bujía, producir una explosión y desplazar el pistón mediante un recorrido descendente hasta su punto muerto inferior.

Este ciclo, cuando se comporta idealmente, estará formado por 2 isocoras y 2 adiabáticas. En este modelo ideal, la expansión y la comprensión se producen de una forma instantánea y la mezcla no intercambia calor con el ambiente exterior, siendo los procesos adiabáticos. La explosión es a volumen constante, con el pistón en el punto muerto superior donde se anula su velocidad y, por tanto, el volumen no cambia durante la explosión, siendo el proceso isocórico.

Durante el proceso de escapa, los gases son expulsados al exterior y sustituidos por una mezcla nueva, aunque esto se modela como si fuera el mismo aire enfriado cuando el émbolo está en el punto muerto superior, por lo que nuevamente es a volumen constante, siendo el proceso isocórico [206].

En la Figura 3.13 se muestra el ciclo Otto ideal, donde podemos ver el proceso de admisión, compresión, combustión, expansión y escape, con las dos adiabáticas e isocoras anteriormente comentadas.

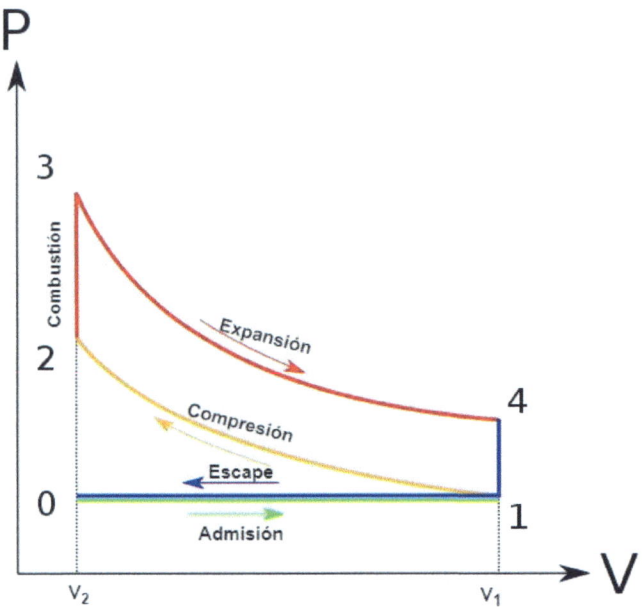

Figura 3.13. Ciclo Otto ideal. Fuente: elaboración propia a partir de componentes de [207].

El rendimiento del ciclo Otto ideal viene expresado en la Ecuación (3.8).

$$\eta = 1 - \frac{1}{r^{\gamma-1}} \tag{3.8}$$

donde:

η: rendimiento del ciclo Otto ideal.

r: relación de compresión (V_1/V_2).

$$\gamma = \frac{c_p}{c_v} = 1{,}4$$

Con respecto al ciclo diésel, es un modelo simplificado de lo que ocurre en un motor diésel, cuya principal diferencia con lo que sucede en un motor a gasolina, es que en aquel se aprovecha la propiedad del gasóleo, por lo que el aire es comprimido hasta la temperatura de ignición del gasóleo momento en el cual éste es inyectado en la cámara de combustión donde está el aire comprimido y a la temperatura de ignición, prescindiendo por tanto del encendido mediante chispa. Al comprimirse sólo aire, la relación de compresión es mayor que la que encontramos en un motor de gasolina, llegando en un diésel hasta 12-24, mientras que en un motor de gasolina sería 8. Con respecto al modelo del ciclo, la única diferencia es que la combustión se hace a presión constante en lugar de a volumen constante. En la Figura 3.14 se muestra el ciclo diésel ideal.

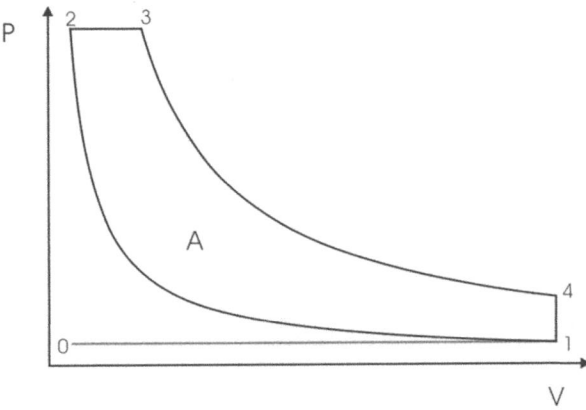

Figura 3.14. Ciclo diésel ideal. Fuente: elaboración propia a partir de componentes de [208].

El rendimiento del ciclo diésel ideal viene expresado en la Ecuación (3.8).

$$\eta = 1 - \frac{1}{r^{\gamma-1}} \cdot \frac{r_c^{\gamma} - 1}{r_c - 1} \tag{3.8}$$

donde

η: rendimiento del ciclo diésel ideal.

r: relación de compresión (V_1/V_2).

r_c: relación de combustión (V_3/V_2).

$\gamma = \dfrac{c_p}{c_v} = 1{,}4$

Este aumento de la relación de compresión en el diésel frente al Otto hace que los motores basados en aquel sean más pesados y robustos que los basados en este, ya que el aumento en la compresión hace que los materiales deban aguantar estos valores mayores de presión.

Para su integración en microrredes eléctricas, es posible emplear motores de combustión interna, bien con ciclo Otto o diésel. Este tipo de instalaciones permiten rebajar los costes energéticos, aumentando además la fiabilidad y la garantía del suministro eléctrico. De forma tradicional se han empleado en sistemas aislados, pero presentan buenas condiciones para su integración en la microrred eléctrica, tal como ya se ha dicho [11].

Evidentemente, si la microrred eléctrica integra sistemas basados en motores de combustión interna cuyo combustible sea gasolina o gasóleo, estos microgeneradores emitirán ciertos niveles de emisiones a la atmósfera que habrá que tener en cuenta en el impacto de la microrred en el medioambiente.

3.5.6. Turbina de vapor

Un ejemplo típico de la máquina térmica es la turbina de vapor, la cual puede verse en la Figura 3.15. Es una de las tecnologías más antiguas y presenta un amplio rango de potencias de trabajo con una eficiencia baja [11].

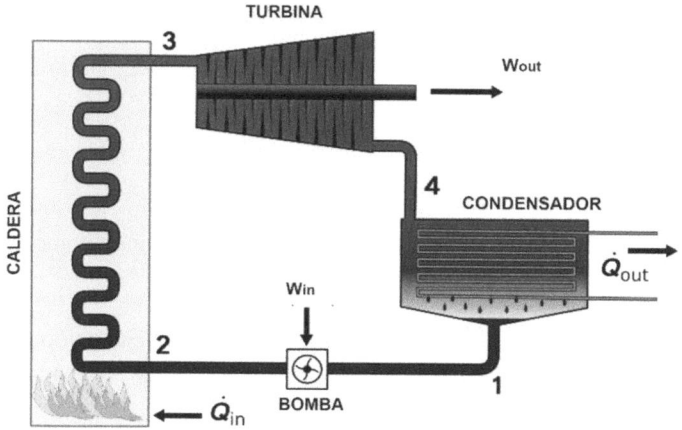

Figura 3.15. Esquema básico de una turbina de vapor. Fuente: elaboración propia a partir de componentes de [209].

Los componentes básicos de la turbina de vapor son los siguientes [206]:

- *Bomba*: encargada de circular el agua y requiere de cierto trabajo que puede ser externo o generador por el propio sistema, W_{in}.

- *Caldera*: es donde se transforma en agua en vapor a partir de cierta cantidad de calor proporcionada de forma externa, Q_{in}.

- *Turbina*: el vapor que sale de la caldera mueve una turbina a través de sus álabes como consecuencia del cambio de presión a la salida y entrada de la propia turbina. La turbina entrega un trabajo al exterior que normalmente se emplea para generar electricidad, W_{out}.

- *Condensador*: elemento que sirve para bajar las condiciones de temperatura del vapor procedente de la turbina y devolverlo a su estado líquido, para lo cual emplearemos como foco frío el ambiente y le entregaremos a este cierto calor, Q_{out}.

A partir del esquema anterior y de forma muy resumida, el rendimiento de una turbina de vapor viene dado por la Ecuación (3.9).

$$\eta = \frac{W_{out}}{Q_{in}} = \frac{Q_{in} - Q_{out}}{Q_{in}} = 1 - \frac{Q_{out}}{Q_{in}} \qquad (3.9)$$

Dentro de las turbinas de vapor están las microturbinas de vapor, donde su potencia suele ser inferior a 1 MW, por lo que son turbinas de pequeño tamaño ideales para su integración en la microrred eléctrica. Se obtiene calor y electricidad (cogeneración), con eficiencias térmicas entre el 50% y 60% y eléctricas entre el 15% y 30% [138].

Las microturbinas son un claro ejemplo de generación distribuida y el siguiente paso es su integración en microrredes, tanto para generar energía eléctrica como para generar calor. Su versatilidad constructiva hace que sea posible diseñar microturbinas de vapor para casi cualquier necesidad de microgenerador.

3.5.7. Tecnología eólica

La humanidad viene aprovechando la fuerza del viento desde tiempos inmemoriales y quizás los primeros aprovechamientos fueron para la navegación, aprovechando la fuerza del viento mediante las velas de las embarcaciones. Los primeros aprovechamientos en navegación están registrados en tiempos de los egipcios y estamos hablando de más de 5000 años a. de C.[210].

Aunque enseguida el ser humano empleó el agua para aprovechar su fuerza, ya que el viento era complicado de gestionar debido a su intermitencia, se registran ruedas de oración en el Tíbet o los primeros molinos persas hace 6000 años a. de C. También los chinos empleaban desde tiempos pretéritos dispositivos como las *panémonas*, aunque no se tiene claro el momento histórico de su uso. Todos ellos máquinas de eje vertical [210].

Ya en Europa, hacia 1430, aparecen los primeros molinos de eje horizontal en Holanda para el bombeo de agua. Estos molinos sufren ciertas mejoras constructivas, principalmente a nivel de rotor y pala y se extienden por toda Europa, para posteriormente (siglo XVIII) extenderse de forma general por la mayoría de los países del mundo [210].

A finales del siglo XIX, concretamente en 1883, Steward Perry diseña el molino multipala para bombeo de agua, básicamente una máquina sencilla cuya construcción podía hacerse en cualquier taller de madera y hierro que hubiera en cualquier localidad, por lo que este dispositivo se extendió rápidamente por todo el mundo [210].

Pero el gran desarrollo de la tecnología eólica puede datarse de forma aproximada con los grandes desarrollos en el sector eléctrico, concretamente en 1888, cuando Tesla desarrolló su motor/generador polifásico, sentando las bases para el desarrollo del sistema eléctrico como hoy lo conocemos [21], [211]. Aproximadamente en 1890, el profesor, científico e inventor Paul La Cour diseñó el primer prototipo eólico eléctrico de nuestros tiempos, una máquina a 24 m de altura de 4 palas de 25 m de diámetro de rotor para desarrollar una potencia máxima de 25 kW [210].

Es posible afirmar que con el prototipo de La Cour se lanza la carrera de la tecnología eólica moderna, ya que era una máquina de eje horizontal, pero que su aplicación era la generación de energía eléctrica. Ya se pensaba en la eólica, no sólo para generar energía mecánica para molienda o bombeo de agua, sino para poder reforzar el suministro eléctrico del incipiente despliegue de infraestructura eléctrica de transporte y distribución.

Posteriormente, en las primeras décadas del siglo XX, la tecnología eólica se ve reforzada por los avances en el sector aeronáutico, principalmente con el desarrollo de nuevos perfiles aerodinámicos de las alas de los aviones. Estos desarrollos son aplicados a la mejora de los perfiles aerodinámicos de las palas de las máquinas eólicas. Nombres como Kutta, Yukovski, Prandt o Dekker, fueron los que impulsaron en pocas décadas a la tecnología eólica hasta cotas insospechadas en el siglo anterior [210].

Uno de los grandes avances en el sector eólico fue propuesto en 1927 por Albert Betz, quien demostró que ninguna máquina eólica podía recuperar más del 60% de la energía que podía entregar el viento, concretamente el 59,26%. Ese mismo año, Dekker propuso un diseño aerodinámico en palas, lo que supuso poder pasar de una velocidad en punta de pala de 2 veces la del viento (en rotores multipala) a 4-6 veces la velocidad del viento en la punta de la pala, demostrando además que cuanto mayor fuera la velocidad permitía disponer de máquinas con menor número de palas sin pérdida de rendimiento [210], [212].

A continuación, lo que vamos a tratar de explicar es los diferentes tipos de clasificaciones que podemos tener cuando nos referimos a la tecnología eólica. La posible clasificación se muestra en la Figura 3.16, donde podemos observar cómo la eólica se puede clasificar según: orientación, eje, velocidad específica, potencia, torre, aplicación y conexión. Otros autores proponen otros esquemas de clasificación, como, por ejemplo, [213], donde coincide con algunos de los aquí propuestos, pero plantea otras clasificaciones atendiendo al anclaje de las palas en el buje de la máquina (máquinas de paso fijo y variable) y en cuanto al número de palas, en nuestro caso consideramos que pueden aparecer dentro de otro de los grupos de clasificación ya comentados.

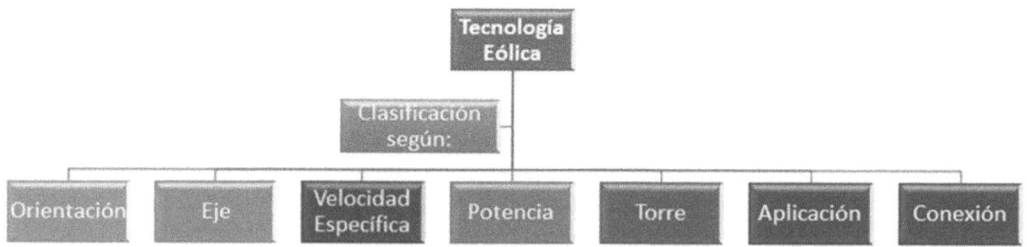

Figura 3.16. Clasificación de la tecnología eólica atendiendo a distintos criterios. Fuente: elaboración propia.

Con respecto a la *orientación* de la máquina frente al viento, nos encontramos con máquina eólicas a barlovento y a sotavento. En barlovento, la parte delantera del rotor de la máquina es lo primero que se enfrenta al viento, mientras que en sotavento es la parte posterior del rotor la que primero se enfrenta al viento. La disposición de las palas en los rotores a sotavento presenta cierta conicidad, la cual hace que la resultante del empuje del viento sobre el conjunto de la máquina oriente de forma natural el rotor de ésta, mientras que en barlovento es necesario algún tipo de orientación del rotor frente al viento. La Figura 3.17 muestra un esquema de la disposición de ambos rotores frente al viento y se aprecia en sotavento que existe una conicidad en la disposición de las palas con el eje de la máquina, la cual provoca una orientación natural del rotor frente a la resultante de las fuerzas de empuje del viento. En cambio, en el rotor a barlovento es necesario algún sistema de orientación de éste, surgiendo una pseudo clasificación atendiendo a este criterio, teniendo la orientación del rotor activa o pasiva. Una orientación activa será aquella en la que mediante algún tipo de control (eléctrico o hidráulico) el rotor y la góndola de la máquina eólica será orientada hacia el viento con la torre como punto de orientación. En cambio, para una orientación pasiva se instalarán componentes en la propia máquina (veleta o cola de aerogenerador) que harán que el rotor se oriente al incidir con la dirección del viento existente.

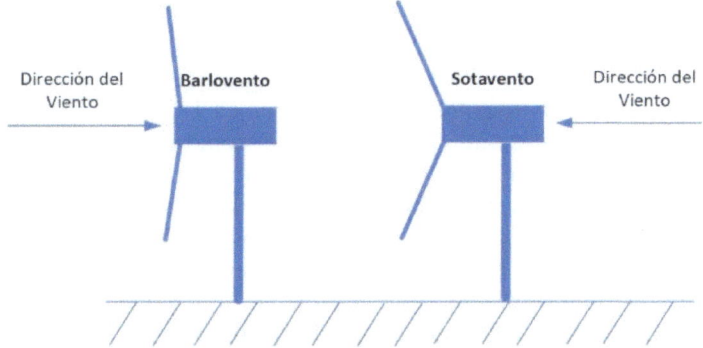

Figura 3.17. Orientación del rotor eólico frente al viento. Izquierda: rotor a barlovento; derecha: rotor a sotavento. Fuente: elaboración propia a partir de componentes de [212].

Con respecto a la disposición del *eje* de la máquina frente a la dirección del viento, nos encontramos con máquina de eje vertical y de eje horizontal.

Las máquinas de eje vertical presentan una gran ventaja frente a sus hermanas de eje horizontal y es que no precisan ningún sistema de orientación activo, ya que su propio diseño hace que se orienten de forma natural y, además, todos sus sistemas (generador eléctrico, sistema de transmisión y control) estarán en el nivel del suelo y no en altura. Los principales rotores de eje vertical son el rotor Darrieus y el rotor Savonius y se muestran en la Figura 3.18.

Georges Jean Marie Darrieus, ingeniero aeronáutico francés, quien en 1931 patentó la máquina con rotor que lleva su apellido. Esta máquina, como se aprecia en la figura, dispone dos o más palas formando una cuerda, la cual está sujeta en sus extremos y produce un movimiento circular al interactuar con el viento. Es una máquina que es comparable con las máquinas de eje horizontal en cuanto a rendimiento y velocidad en su giro. Pero esta máquina presenta algunas desventajas, su ausencia de par de arranque hace que deba ser motorizada para que comience a girar y son necesarios algunos tensores extras para conseguir una estabilidad en el conjunto de la estructura. No obstante, es una máquina relativamente empleada para su producción de energía eléctrica [212].

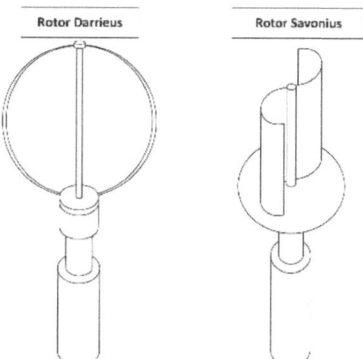

Figura 3.18. Recreación de rotor Darrieus y Savonius. Fuente: elaboración propia a partir de componentes de [214], [215].

Sigurd J. Savonius fue un inventor finlandés, quien en 1924 ideó un cilindro abierto por el que circulaba aire y que más tarde patentó en 1926 como una máquina eólica cuyo rotor lleva su apellido. Esta máquina eólica de eje vertical consiste en dos palas que son la mitad de un cilindro cortadas por su generatriz y desplazadas ligeramente y de forma lateral. Ofrece par de arranque con lo que comienza a girar a poca velocidad de viento y es de muy fácil construcción, pero en cambio, presenta un bajo rendimiento que, unido a su reducida velocidad de giro, su aplicabilidad sea prácticamente el bombeo, aunque en ocasiones se puede disponer con el objetivo de generar energía eléctrica [212].

En cambio, en las *máquinas de eje horizontal* sus palas giran de forma perpendicular a la dirección de la velocidad horizontal del viento que incide sobre la máquina. Se define la *"solidez"* (Ecuación (3.10)) como la relación entre la superficie ocupada por las palas de la máquina y la superficie barrida por el rotor de ésta y la velocidad de giro en estas máquinas sigue una relación inversa al número de palas que tiene [210], [212].

$$\sigma = \frac{A_P}{A} \tag{3.10}$$

donde

σ: coeficiente de solidez.

A_P: área ocupada por las palas en su corte con el plano perpendicular a la dirección de la velocidad de viento (m^2).

A: área barrida por el rotor en su corte con el plano perpendicular a la dirección de la velocidad de viento (m^2).

Una posible clasificación de las máquinas con eje horizontal, atendiendo a su *velocidad específica*, es en *aeroturbinas lentas* y *aeroturbinas rápidas* o rotor tipo *hélice*. La velocidad específica de una máquina viene determinada por la relación entre la velocidad en la punta de la pala y la velocidad en el viento (Ecuación (3.11)) y como veremos a continuación tiene mucha importancia con un parámetro fundamental para las aeroturbinas y es el coeficiente de potencia. Las aeroturbinas rápidas presentan velocidades específicas por encima de 6, lo que les conferirá ciertas ventajas frente a las lentas [210], [212].

$$\lambda = \frac{V_{PP}}{V_V} \qquad (3.11)$$

donde

λ: velocidad específica (adimensional).

V_{PP}: velocidad en punta de pala (m/s)

V_V: velocidad del viento incidente (m/s).

Como se ha dicho al comienzo de esta sección, las máquinas pueden diferenciarse en cuanto a su número de palas, pudiendo aparecer máquinas monopala, bipala, tripala, etc.; este factor afectará al coeficiente de solidez entre otros factores.

Estas palas deben unirse a la máquina a través de una pieza especial incluida en el rotor llamada buje, la cual tiene forma de cubo y encastra a las palas de la máquina y a la vez une con el eje de bajas revoluciones del tren de potencia de la turbina eólica. Las palas pueden tener posibilidad de rotación en esta unión con el buje y se llamarán *de paso fijo*, mientras que si es posible girar el ángulo de paso de pala se llamarán *de paso variable*. La posibilidad de variar el paso de la pala permite poder cambiar la aerodinámica que presenta la pala frente al viento y consecuentemente cambiar un parámetro que se verá a continuación como el coeficiente de potencia y de forma directa hacer control sobre la máquina [212].

Dada una máquina eólica que presenta al viento un rotor que barre un área circular de diámetro D y de una forma muy simplificada, la potencia mecánica extraída por una masa de aire sobre dicho rotor viene representada por la Ecuación (3.12) [210], [212], [213].

$$P_m = c_p \cdot \frac{1}{2} \cdot \rho \cdot V_1^3 \cdot \left(\frac{\pi D^2}{4}\right) \qquad (3.12)$$

donde

P_m: potencia mecánica extraída por la máquina a partir del viento incidente (W).

c_p: coeficiente de potencia, que indica, en tanto por uno, la potencia que se puede extraer a partir de la energía cinética del viento que recibe la máquina eólica (adimensional);

ρ: densidad del aire (kg/m^3).

D: diámetro barrido por el rotor (m).

Tal como se ha comentado, el máximo valor que puede presentar c_p es de 0,6, pero Glauert demostró que este valor límite decaía cuando la velocidad específica de la máquina eólica disminuía y esto era debido a la pérdida de aerodinámica que podía presentar el perfil de la pala [210], [212].

La Figura 3.19 (izquierda) muestra el coeficiente de potencia frente a la velocidad específica para turbinas eólicas. La figura muestra distintos rotores eólicos con sus valores máximos del coeficiente de potencia, siempre en función de la velocidad específica de la máquina. En la figura se puede apreciar el límite de Betz y como éste decae a medida que se reduce la velocidad específica, apareciendo en límite de Glauert. La Figura 3.19 (derecha) muestra la curva de potencia (potencia eléctrica *versus* velocidad de viento) de una máquina eólica, con las siguientes velocidades como puntos de referencia: velocidad de arranque (V_A), es la velocidad del viento a la que la máquina comienza a producir energía eléctrica; velocidad nominal (V_N), es la velocidad del viento a la que la máquina entrega su potencia eléctrica nominal (en este ejemplo se considera una entrega constante de la misma); y velocidad de corte (V_C) es la velocidad del viento a la cual la máquina para por motivos de seguridad.

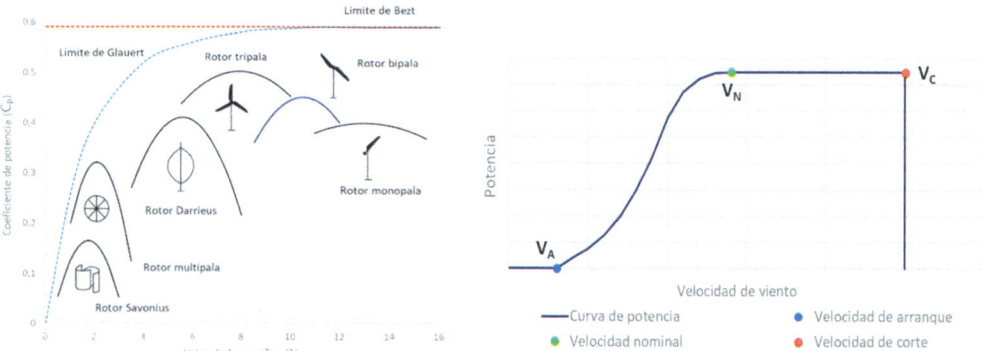

Figura 3.19. Izquierda: coeficiente de potencia frente a velocidad específica en turbinas eólicas. Derecha: curva de potencia de una máquina eólica.
Fuente: elaboración propia.

Generalizando, los componentes de una máquina eólica de eje horizontal son los siguientes [210], [212]:

- *Cimentación*: es donde se empotra la torre y es la encargada de transferir las cargas estructurales al terreno.

- *Torre*: soporta el peso de la máquina y transfiere los esfuerzos al terreno y además busca la altura necesaria para encontrar la velocidad de viento deseada.

- *Góndola*: integra el tren de potencia, generador eléctrico, transformador y elementos de electrónica de potencia, cableado y se asienta sobre la torre. Se acopla con el rotor de la máquina.

- *Rotor*: dentro de la carcasa del rotor encontramos el buje, elemento donde se acoplan las palas de la máquina (a través del buje) y del que sale el eje de giro hasta la caja multiplicadora.

- *Palas*: elementos aerodinámicos encargados de transferir la potencia del viento al eje de la máquina.

- *Elementos de sensórica y actuación*: todos los elementos destinados a la medida de variables de interés y los actuadores necesarios para actuar sobre los sistemas de control.

- *Subsistemas*: transmisión, orientación, control, eléctrico y electrónico, etc.

Con respecto a la *potencia*, podemos encontrar máquinas eólicas de pequeña potencia (inferior a 100 kW), mediana potencia (100 kW a 1000 kW) y gran potencia (superior a 1000 kW). Como se ha visto en los primeros capítulos de este libro de texto, la microrred eléctrica integra de forma natural la generación distribuida y renovable, pero, además, el concepto de microgeneración es de alto interés, aunque no sólo integrará elementos mini o micro. Por tanto, la pequeña potencia eólica tiene un encaje perfecto en la microrred eléctrica, pero ciertamente las máquinas de media y gran potencia podrían formar parte también de los elementos de generación distribuida renovable que integren la microrred eléctrica. La pequeña eólica, microgeneración, puede estar asociada a *prosumers* o almacenamiento eléctrico distribuido de baja capacidad de potencia instalada, mientras que las plantas eólicas de media o gran potencia en la microrred estarán más pesadas para microrredes de mayor tamaño donde la planta esté pensada para entregar una potencia considerable y así suministrar casi toda la potencia requerida por la propia microrred eléctrica.

Con respecto a la *torre*, como se ha dicho, este elemento sirve para soportar el peso del rotor y góndola y transmitir los esfuerzos contra el terreno a través de la cimentación existente. La torre puede estar construida en acero (tubular o celosía), hormigón e híbridas de los dos materiales anteriores. En la pequeña eólica, normalmente la torre será de acero tubular u otro material, e irá anclado al terreno mediante vientos laterales [216].

Como ya estamos viendo, una máquina eólica debe estar perfectamente orientada a la dirección del viento y esto es sencillo de entender, uno de los términos de la Ecuación (3.12) hace referencia al área barrida por el rotor, pues bien, si el rotor no está orientado, el área barrida no será máxima y perderemos potencia extraída del viento. Además, esa misma ecuación nos hace ver que la potencia aumenta con el cubo de la velocidad de viento, por tanto, es importante saber el valor de dicha velocidad. De forma muy resumida, el viento viene caracterizado por su dirección y su velocidad, la primera afectará a la orientación de la máquina eólica y la segunda al último término comentado de la Ecuación (3.12). Aunque la velocidad de viento tiene dos componentes (horizontal y vertical), en nuestro caso nos interesa la componente horizontal de esta velocidad. Esta componente horizontal de la velocidad de viento aumenta con la altura y es dependiente de un parámetro llamado rugosidad del terreno y de una forma sencilla y resumida, la componente de la velocidad horizontal en un emplazamiento y para una altura concreta, es posible estimarla a través de la Ecuación (3.13) [210], [212], [217]:

$$\frac{V}{V_0} = \left(\frac{h}{h_0}\right)^{\alpha} \tag{3.13}$$

donde

V: velocidad del viento en su componente horizontal a estimar a la altura h;

V_0: velocidad de viento en su componente horizontal empleada como referencia y medida a la altura h_0, normalmente 2 o 10 m;

α: coeficiente de rugosidad del terreno, que toma valores de 0,13 para el agua, 0,14-0,16 para hierba, 0,20 arbustos y cultivos, 0,25 bosques y 0,40 zona urbana [217].

Con respecto a su *aplicación*, las máquinas eólicas pueden emplazarse para diferentes propósitos, siendo los más destacados: molienda, bombeo de agua y generación de electricidad. En el caso de su aplicación en microrred eléctrica su interés estará puesto en la generación de energía eléctrica, por lo que el eje del rotor eólico habrá que acoplarlo a una máquina eléctrica, la cual podrá ser de continua o alterna. La mayoría de las aplicaciones eléctricas emplean máquinas de alterna y especialmente máquinas asíncronas, aunque cada vez más se están empleando máquinas síncronas. Otra de las posibles clasificaciones del generador de alterna es monofásico o trifásico y la elección de uno u otro tendrá que ver fundamentalmente por la potencia a generar.

Con respecto a su *conexión*, la máquina eólica puede formar parte de un sistema aislado de la red o conectado a la misma. En el caso de las microrredes eléctricas, al poder estar conectadas o desconectadas de la infraestructura eléctrica de distribución, puede decirse que la máquina eólica presentará la conexión que la microrred eléctrica presente en cada caso.

De forma clásica los parques eólicos se han considerado como sistemas de generación centralizados y remotos, pero también existen los sistemas de pequeña potencia, los cuales han sido empleados para sistemas aislados y en las últimas décadas para su conexión a la red eléctrica. Esta evolución de los sistemas de pequeña potencia desde los sistemas aislados a conectados a red ha propiciado la posibilidad de poder emplear la tecnología eólica como generación distribuida y su integración en la microrred eléctrica.

La tecnología eólica es totalmente dependiente del recurso, el viento y éste tiene un carácter aleatorio, por tanto, la producción de electricidad se ve muy afectada por esta aleatoriedad. Por este motivo, la tecnología eólica está enmarcada dentro de las no gestionables. Por tanto, a pesar de ser tan fiables, suelen integrarse junto a sistemas de almacenamiento eléctrico distribuido para tratar de paliar el problema de la no gestionabilidad. Pero esta posibilidad de conectarlas a almacenamiento eléctrico distribuido hace de la tecnología eólica un componente interesante para ser integrado en la microrred eléctrica. Además, esta tecnología está disponible a distintas potencias y es fácilmente adaptable al recurso eólico existente en el emplazamiento donde se ubique la microrred eléctrica, por lo que es un firme candidato para formar parte de ésta. Si es cierto, que dependiendo del rotor a instalar es más que probable que el ruido aerodinámico deba tenerse en cuenta, principalmente si la máquina eólica va a estar próxima a lugares con personas.

3.5.8. Tecnología solar fotovoltaica

El efecto *fotoeléctrico* es aquel que transforma la energía procedente del sol a través de la radiación solar en corriente eléctrica. Por tanto, es un proceso director de conversión de la energía, obteniendo corriente eléctrica en forma de corriente continua. La aplicación de este efecto es la base para los sistemas fotovoltaicos, los cuales son capaces de generar energía eléctrica continua a partir de la radiación solar recibida. El elemento básico de los sistemas fotovoltaicos es la *célula solar fotovoltaica* [138], [151].

Aunque la primera célula solar fotovoltaica fue mostrada en 1954 [151], ya en 1839 Becquerel enunció el efecto fotoeléctrico, observando que se obtenía una variación de tensión en los bornes de unos electrodos dentro de un electrolito y esta tensión producida era dependiente de la intensidad lumínica que incidía sobre ellos [151]. Es preciso decir, que el avance de Chapin de 1954 estaba apoyado sobre los estudios de Einstein de 1905 [218], que desembocaron en su premio Nobel de 1921 [138]. Desde 1954 en adelante se suceden una serie de avances en la tecnología solar fotovoltaica con distintos elementos finales a diferentes eficiencias de conversión, para que en 1958 se instalase un dispositivo solar fotovoltaico en el satélite "*Vanguard I*" [138].

De forma muy resumida, la conversión fotovoltaica puede entenderse como el proceso tal que, a partir de la incidencia de la radiación solar sobre un dispositivo solar fotovoltaico, se produce un par electrón hueco, por lo que, a partir de ese momento, si dicha célula solar fotovoltaica está bien diseñada, la creación de ese par electrón-hueco produce una diferencia de potencial en los bornes de la célula que puede aprovecharse para obtener una corriente a través de una carga externa [151].

Pero esta célula solar fotovoltaica debe estar formada por un material especial, un semiconductor, pero este semiconductor no podrá provocar la circulación de corriente eléctrica por sí mismo, ya que el par electrón-hueco se recombinará en el interior del material. En cambio, si la estructura del semiconductor forma una unión *p-n* es posible disponer de la diferencia de potencia eléctrica en bornes de la célula y extraer corriente continua a través de una carga. Esta unión *p-n* se consigue alterando ligeramente la estructura cristalina de un material, concretamente la capa *p* (llamada *aceptora*) es aquella que incorpora impurezas de forma que la estructura cristalina tiene un electrón menos, mientras que la capa *n* (llamada *donadora*) es aquella que incorpora impurezas de forma que la estructura cristalina tiene un electrón más. Se recomienda al lector acudir al capítulo 1 de la siguiente referencia bibliográfica [151].

A partir de una célula solar fotovoltaica formada por un semiconductor tipo *p-n*, si lo exponemos al sol y recibe la radiación solar correspondiente, se generará en el material los pares electrón-hueco ya mencionados y si sobre la célula colocamos los contactos selectivos precisos, es posible conseguir la circulación de corriente continua (*I*) a la carga exterior, provocando una caída de tensión (*V*). Pero el valor de la resistencia que presente la carga externa también nos condicionará sobre el valor de la corriente y la tensión obtenida, siempre dependiendo de los valores de tensión del semiconductor *p-n* (depende de la tecnología del semiconductor y su temperatura principalmente) y de la corriente máxima (dependerá de la radiación solar y su área principalmente). La Figura 3.20 muestra la curva característica de una célula solar fotovoltaica y en este caso representa una célula de silicio.

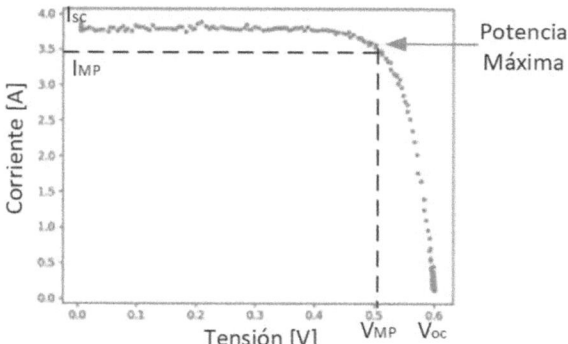

Figura 3.20. Curva *I-V* de una célula fotovoltaica de silicio. Fuente: elaboración propia.

En la anterior figura podemos ver distintos puntos especiales que definen la curva *I-V* de un dispositivo fotovoltaico. A continuación, pasaremos a describir su significado [151]:

- *Corriente de cortocircuito-I_{sc}*: procede de la nomenclatura de sus siglas en inglés, *short circuit* y representa la máxima corriente que la célula puede entregar, pero con una diferencia de potencial de 0 V; por tanto, es un punto característico de la curva *I-V* donde no se produce entrega de potencia.

- *Tensión a circuito abierto-V_{oc}*: viene de la nomenclatura de sus siglas inglés, *open circuit* y representa la máxima diferencia de potencial que la célula puede entregar, pero con una corriente de 0 A, por tanto, es un punto característico de la curva *I-V* donde no se produce entrega de potencia.

- *Tensión y corriente de máxima potencia-V_{MP}, I_{MP}*: son la tensión y la corriente que producen la máxima potencia de la célula. Es preciso decir, que esa máxima potencia es conseguida a esas condiciones particulares de la curva *I-V*, es decir, a la radiación solar y la temperatura que se ha medido. La máxima potencia vendrá dada por la Ecuación (3.14).

$$P_{MÁX} = V_{MÁX} \cdot I_{MÁX} \tag{3.14}$$

- *Fill factor (factor de forma)-FF*: es una forma de relacionar la potencia máxima con la corriente de cortocircuito y la tensión a circuito abierto (Ecuación (3.15)). El factor de forma tiene un valor máximo de 1.

$$FF = \frac{P_{MÁX}}{I_{sc} \cdot V_{oc}} = \frac{V_{MÁX} \cdot I_{MÁX}}{I_{sc} \cdot V_{oc}} \tag{3.15}$$

Se puede expresar en porcentaje la eficiencia (η) de la célula solar fotovoltaica como la relación entre la potencia máxima extraída de la misma y la potencia de la radiación incidente y viene dada por la Ecuación (3.16).

$$\eta = 100 \cdot \frac{I_{sc} \cdot V_{oc} \cdot FF}{P_{RS} \cdot A}$$ (3.16)

donde:

η: eficiencia de la célula solar fotovoltaica en porcentaje.

P_{RS}: potencia de la radiación solar por unidad de área que la célula solar fotovoltaica recibe del Sol.

A: área total de la célula solar fotovoltaica.

De forma muy resumida, la tensión de circuito abierto es muy dependiente de la temperatura existente en la célula solar fotovoltaica, a mayores temperaturas la célula presentará una reducción de su tensión a circuito abierto y un ligero aumento de la corriente de cortocircuito. Ésta depende principalmente de la radiación solar recibida y, por supuesto, del área de célula solar expuesta a dicha radiación.

Existe una ecuación que representa el comportamiento de una célula solar fotovoltaica y este comportamiento puede aproximarse al circuito eléctrico representado en la Figura 3.21, conocido como *modelo de un diodo de una célula solar fotovoltaica*. Por tanto, la ecuación característica de una célula solar fotovoltaica puede darse por la Ecuación (3.17) [151].

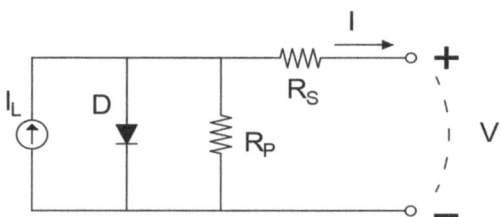

Figura 3.21. Modelo de un diodo de una célula solar fotovoltaica. Fuente: elaboración propia.

$$I = I_L - I_O(T)\left(exp\frac{eV + R_S I}{mkT} - 1\right) - \frac{V + R_S I}{R_P}$$ (3.17)

donde:

I_L: corriente inyectada por la fuente de corriente del circuito equivalente.

$I_O(T)$: corriente inversa de saturación del diodo y es muy dependiente de la temperatura.

m: factor de idealidad del diodo (valor entre 1 y 2 de forma típica).

k: constante de Boltzmann.

R_S: resistencia interna de la célula solar fotovoltaica y se debe principalmente a la maya de metalización y a la resistencia propia del semiconductor *p-n*.

R_P: resistencia en paralelo debida a las imperfecciones de la unión *p-n* y que permite la corriente de fuga al exterior del circuito.

Pero claro, una célula solar fotovoltaica individual no entrega valores de tensión y corriente apropiados para aplicaciones de interés. Supongamos una célula de silicio monocristalino, por mucha área que le quisiéramos dar, lo único que conseguiríamos es aumentar mucho su corriente eléctrica entregada, pero su diferencia de potencial en bornes de la célula seguiría siendo los 0,6 V (aproximadamente), dependiente de la tecnología fotovoltaica, en este caso silicio monocristalino. Por tanto, nuestro elemento básico (célula) no sirve para la mayoría de las aplicaciones y es necesario buscar otro dispositivo que integre un conjunto de ellas, por lo que se justifica el ensamblado de células (en serie, en paralelo o serie-paralelo) en el módulo solar fotovoltaico. Este módulo fotovoltaico estará compuesto de los siguientes elementos básicos [138], [151]:

* *Células solares fotovoltaicas*: el módulo solar fotovoltaico tendrá como elemento estrella la célula solar fotovoltaica y estarán conectadas tantas en serie, paralelo o serie-paralelo como tensión y corriente quiera que el módulo entregue. En el caso de que las células estén conectadas en serie dentro del módulo, la unión *n* de la primera célula estará conectada con la unión *p* de la segunda y así sucesivamente, de forma que el terminal negativo del módulo lo aportará la conexión de la primera célula y el negativo el terminal de la última célula conectada en serie. Si las células están conectadas en paralelo, las uniones *p* estarán todas conectadas entre sí y lo mismo sucederá con las uniones *n*.

* *Conexionado y conectores*: se dispondrán todos los conectores necesarios, así como las cintas conductoras que unirán las células. Además, se integrarán tantos diodos de *bypass* como el fabricante decida que existan, estando instalados en la caja de conexiones del módulo fotovoltaico. Estos diodos a un grupo de células dentro de un módulo solar fotovoltaico contra posibles sombreados parciales o fenómenos de células con menor eficiencia que otras, de esta forma se evitan deterioros de las células con menor eficiencia al obligarlas a trabajar como cargas a tensiones (o corrientes, depende del tipo de conexionado entre ellas) de valores negativos.

* *Cubierta frontal*: evita el contacto del granizo, lluvia, etc., con las células solares fotovoltaicas del módulo. Interesa que presente una elevada transmitancia para dejar pasar la mayor parte de la radiación solar y, además, con una baja reflectancia y resistividad térmica.

* *Cubierta posterior*: presenta baja resistencia térmica y debe ser impermeable, normalmente se emplea el Tedlar.

* *Encapsulante*: necesario para poder adherir las células solares fotovoltaicas que integran el módulo con la parte frontal y posterior de éste. El más empleado es el etilvinilacetato (EVA), ya que es impermeable al agua y presenta un alto grado de resistencia a la abrasión y a la fatiga.

- *Marco*: los anteriores elementos se integran dentro de un marco, normalmente de aluminio, para darle consistencia y manejabilidad al módulo solar fotovoltaico.

La Figura 3.22 representa un esquema general de un módulo solar fotovoltaico formado por C_s células solares fotovoltaicas en serie formando un *string* y R_p ramas en paralelo de este *string*.

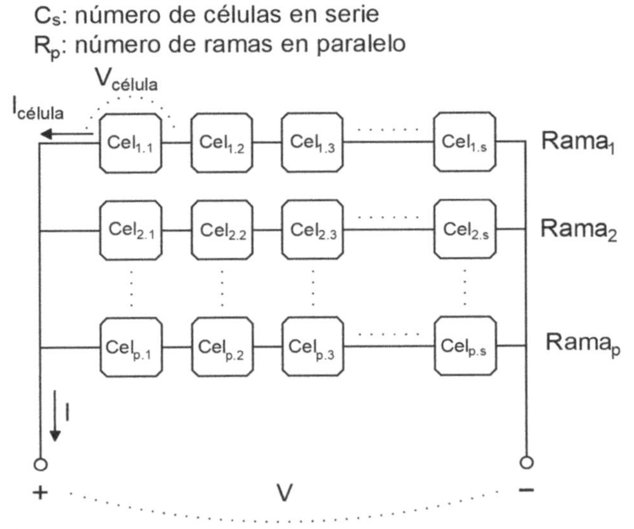

Figura 3.22. Esquema de la configuración de un módulo solar fotovoltaico, formado por C_S (células en serie) y R_p (ramas de dicha asociación en serie). Fuente [151], elaboración propia.

A parir de la Ecuación (3.17) y teniendo en cuenta que la corriente resultante de una agrupación de R_p ramas en paralelo es $I_{módulo} = I \cdot C_S$, siendo I la corriente de cada una de las células y que la tensión de una asociación de C_s células solares fotovoltaicas en serie es $V_{módulo} = V \cdot C_S$, siendo V la tensión de cada una de las células, la Ecuación (3.18) representa la curva característica de un módulo solar fotovoltaico, asumiendo que todas sus células son iguales [151].

$$I = R_p \left[I_L - I_0(T) \left(exp \frac{\dfrac{eV_{módulo}}{C_S} + \dfrac{R_S I}{R_p}}{mkT} - 1 \right) - \frac{\dfrac{V_{módulo}}{C_S} + \dfrac{R_S I}{R_p}}{R_P} \right] \tag{3.18}$$

La Figura 3.23 muestra la curva *I-V* de un módulo solar fotovoltaico, donde podemos apreciar una tensión a circuito abierto de unos 37 V, valor muy superior a los 0,6 V aproximados que veíamos en la Figura 3.20 que representaba una célula. Con respecto a la corriente de cortocircuito, con un valor ligeramente superior a 3 A, nos hace suponer que todas las células que conforman el módulo estarán conectadas en serie, aunque esta afirmación es muy arriesgada, ya que no podría ser así y este valor bajo de corriente de cortocircuito podría ser debido a que la curva *I-V* se ha tomado a valores bajos de radiación solar.

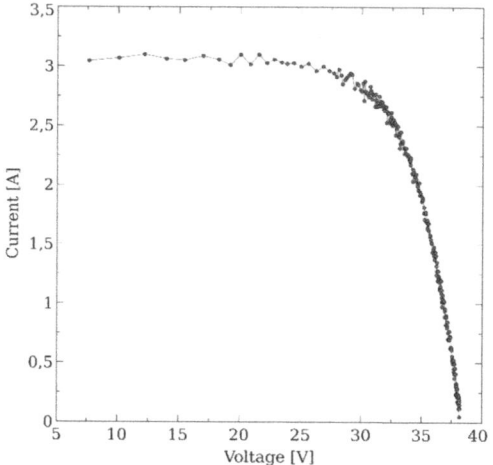

Figura 3.23. Curva *I-V* de un módulo solar fotovoltaico. Fuente: elaboración propia.

Evidentemente, ahora que nuestra unidad básica es el módulo solar fotovoltaico y que podemos encontrarlos de diferentes potencias (tensión de circuito abierto y corriente de cortocircuito), es necesario agrupar módulos (en serie, en paralelo o en serie-paralelo) para conformar la planta de la potencia pico[3] que estemos interesados. La Figura 3.24 muestra una planta solar fotovoltaica conectada a la infraestructura eléctrica de distribución.

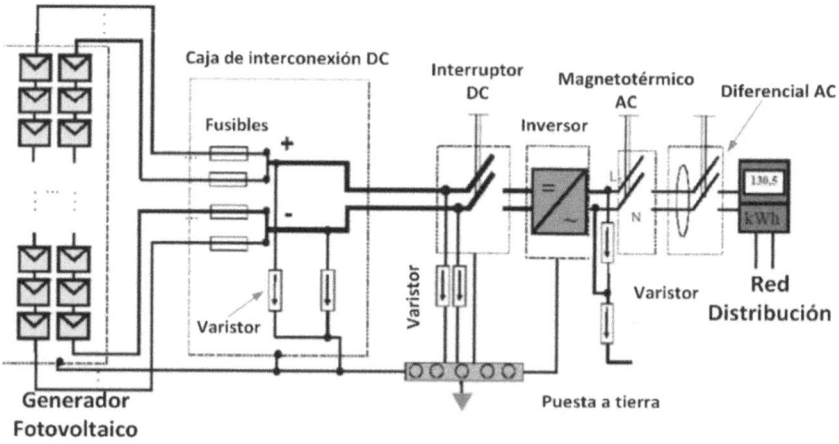

Figura 3.24. Esquema y componentes de una planta solar fotovoltaica conectada a red. Fuente: elaboración propia a partir de componentes de [219].

---

[3] Calculada a partir de la potencia máxima medida en las condiciones estándar.

En la figura anterior, una planta solar fotovoltaica conectada a la infraestructura eléctrica de distribución es posible destacar algunos elementos:

- *Generador fotovoltaico*: compuesto por todos los módulos solares fotovoltaicos, conectados en *strings* o paralelos de éstos, así como los distintos elementos de las estructuras y cableado necesario.

- *Caja de interconexión DC*: caja de maniobra y protección del lado de continua y que integra los elementos fusibles y los varistores a tierra.

- *Interruptor DC*: elemento de maniobra para aislar el generador fotovoltaico del inversor fotovoltaico de conexión a red.

- *Inversor fotovoltaico de conexión a red*: convertidor DC/AC: que además dispone del seguidor del punto de máxima potencia (*Maximum Power Point Tracking*, MPPT), destinado a buscar la máxima potencia del generador fotovoltaico.

- *Magnetotérmico y diferencial AC*: elemento de protección del lado de alterna.

- *Medidor de energía*: elemento para cuantificar la energía producida.

Si en lugar de un sistema conectado a red estuviéramos ante un sistema aislado (Figura 3.25), lo más probable es que apareciera un sistema de baterías junto a su cargador-regulador. En este caso, el cargador-regulador tendrá integrado el seguidor del punto de máxima potencia y con mucha seguridad un inversor para servir la energía a las cargas de alterna. En la figura, además de cargas en continua y alterna, tenemos un inversor para abastecer a estas últimas, debemos recordar que el generador fotovoltaico y el sistema de baterías trabajan en corriente continua, por lo que precisamos un convertidor DC/AC. En este caso, el inversor de este sistema no tendrá asociado el seguidor del punto de máxima potencia, ya que no tiene ningún sentido, esta responsabilidad (como ya se ha dicho) estará depositada en el cargador-regulador.

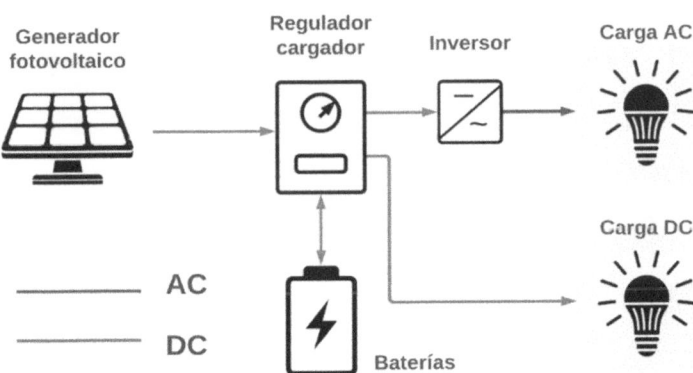

Figura 3.25. Esquema y componentes de una planta solar fotovoltaica aislada de la red. Fuente: elaboración propia.

En el caso de la microrred eléctrica, el seguidor del punto de máxima potencia es de vital importancia, ya que a través de éste es posible modificar el punto de trabajo del dispositivo fotovoltaico y alejarlo del punto de máxima potencia (reducción de ésta) o acercarnos a este punto (necesidad de aumento de potencia). Dicho de otra forma, es la manera de acceder al generador fotovoltaico y regular (en cierta medida) su producción de energía.

A continuación, vamos a presentar una posible clasificación de los sistemas fotovoltaicos, atendiendo a distintos criterios. La Figura 3.26 muestra los distintos criterios de clasificación: según célula (a su vez: materiales, estructura interna y estructura del dispositivo), aplicación, potencia de la planta y conexión.

Con respecto a la *célula*, es necesario establecer la observación de que a continuación nos centraremos en dispositivos con unión *p-n* en semiconductores, pero el efecto fotovoltaico puede producirse en otro tipo de uniones con semiconductores heterogéneas, tal como se muestra en [151].

Es posible hacer una subclasificación de la célula atendiendo al número de elementos que conforman los materiales de fabricación de ésta [151]. Nos podemos encontrar un único material (*simple*), como, por ejemplo, el silicio, aunque pueden existir otros como el selenio o el germanio. También están los *binario*", normalmente formando uniones de compuestos de los grupos III y V de la tabla periódica (Cu_2S, GaAs, CdTe, InP, etc.) y los *ternarios* ($CuInSe_2$ o AlGaAs).

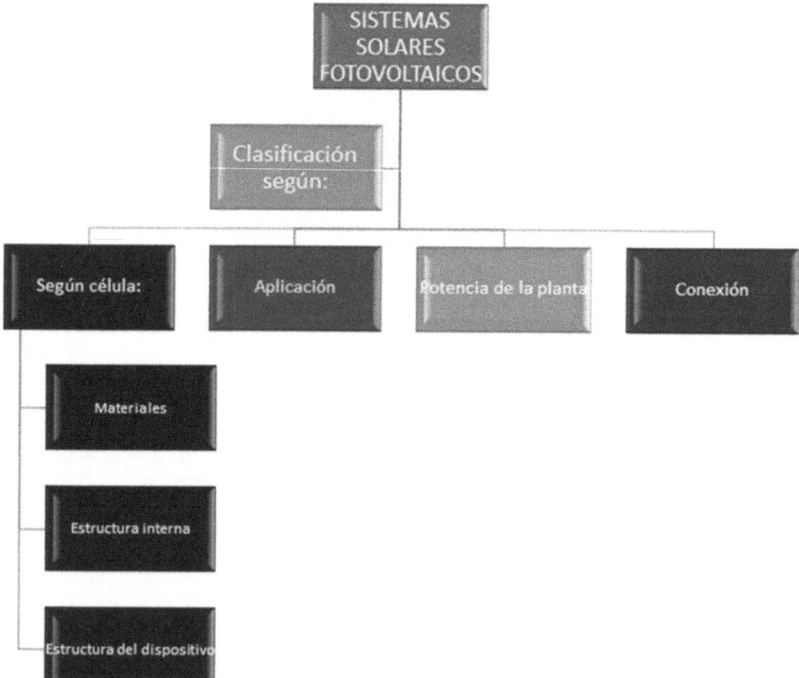

Figura 3.26. Clasificación de los sistemas solares fotovoltaicos atendiendo a distintos criterios. Fuente: elaboración propia.

Es posible hacer una subclasificación de la célula atendiendo a la estructura interna de ésta [151]. Nos encontramos con células *monocristalinas* cuya fabricación del lingote se hace con un único cristal (posteriormente se hace el dopado), siendo las típicas las de silicio, aunque existen otras células de este tipo. En las *multicristalinas*, la estructura interna está formada por una gran cantidad de granos distintos, por lo que la eficiencia de la célula disminuye si se compara con las monocristalinas.

Las *policristalinas* son similares a las anteriores, pero con un tamaño de grano muy inferior. En cuanto a los *amorfos*, en la actualidad se emplea el silicio con hidrógeno; el resultado es un dispositivo con una eficiencia menor, pero es muy interesante para integrarlos en acristalamientos, debido a que se pueden fabricar con distintas opacidades. Por último, en los *híbridos* se incorporan varios sustratos de distintas células, formando una célula en heterounión.

Es posible hacer una subclasificación de la célula atendiendo a la estructura del dispositivo [151]. Tenemos las *homouniones*, donde básicamente, la unión *p-n* es formada sobre un único material. Las *heterouniones*, donde las dos zonas de la unión son materiales distintos.

Según el *tipo de aplicación*, nos podemos encontrar células *con* o *sin concentración para aplicaciones terrestres* o *células para su integración en la edificación*, como se ha comentado más arriba [151].

Según la *potencia de la planta*, podemos encontrarnos con instalaciones del orden de los cientos de kW, en donde su aplicabilidad está en el autoconsumo o en los microgeneradores de una microrred eléctrica, frente a las instalaciones cercanas o por encima del MW, donde estaríamos ante plantas de generación clásicas y que normalmente también son asociadas a la generación distribuida. Una planta de estas últimas también puede formar parte de una microrred eléctrica y dependerá del tamaño de ésta, pero ya no se acercará al concepto de microgenerador cercana a los elementos de consumo, pudiendo convertirse éste en *prosumer*.

Con respecto al tipo de *conexión*, el sistema solar fotovoltaico puede estar conectado a la infraestructura eléctrica de distribución (a red), como se ha mostrado en la Figura 3.24, o en un sistema aislado, como se ha visto en la Figura 3.25.

La tecnología solar fotovoltaica aparece en instalaciones remotas aisladas de la red, en grandes instalaciones fotovoltaicas (plantas fotovoltaicas) y últimamente integradas en arquitectura sostenible, principalmente sustituyendo cerramientos existentes. Esta tecnología vuelve a presentar los problemas de no gestionabilidad de la energía eólica, por lo que normalmente aparece hibridada con otra/s tecnología/s y asociada a almacenamiento eléctrico. Además, vuelve a ser una tecnología interesante para la generación distribuida y en especial para su integración dentro de las microrredes eléctricas. Otro de las grandes ventajas de estos sistemas es su gran flexibilidad y modularidad en el montaje, por lo que puede configurarse un sistema fotovoltaico para casi cualquier valor de potencia requerida.

3.5.9. Tecnología solar híbrida

Esta sección está centrada en una tecnología reciente y de mucho interés, que en los últimos años está siendo desplegada en microrredes o redes de distrito de calor. La tecnología solar híbrida, de forma resumida, aglutina las bondades de la solar fotovoltaica y la solar térmica, por lo que su aplicabilidad a microrredes se antoja muy atractiva, por un lado, la generación de energía eléctrica procedente de la fotovoltaica servirá a la microrred eléctrica y la energía térmica procedente de la solar térmica abastecerá la necesidad térmica de la microrred.

Por tanto y para comenzar, presentaremos algunos detalles de la tecnología solar térmica. Aprovecha la incidencia de la radiación solar sobre una superficie captadora para transferir la energía que porta la radiación solar a un fluido en forma de calor. Esta energía en forma de calor puede ser directamente convertida en electricidad en las centrales termoeléctricas. En función de la temperatura de trabajo de la instalación (Figura 3.27), se pueden encontrar tres tipos de sistemas [138], [220]-[222]:

- De *baja temperatura*: la temperatura estará por debajo de 100 °C, empleando captadores planos o los tubos de vacío. Su aplicación principal suele ser el aprovechamiento térmico para agua caliente sanitaria.

- De *media temperatura*: la temperatura estará entre 100 °C y 300 °C, empleando espejos cilindro-parabólicos para producir vapor o calentar otro fluido y finalmente producir electricidad.

- De *alta temperatura*: la temperatura estará por encima de los 300 °C, empleando centrales de torre alimentadas por helióstatos o discos parabólicos, generando en ambos casos energía eléctrica a través de una turbina y un motor *Stirling*, respectivamente.

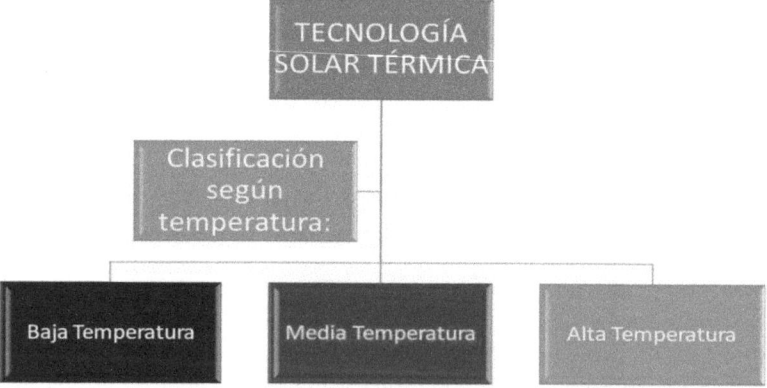

Figura 3.27. Clasificación de los sistemas solares térmicos atendiendo a distintos criterios. Fuente: elaboración propia.

Pensando en microrredes eléctricas, la tecnología solar de media y de alta temperatura podrían ser interesantes para su instalación como generadores de energía eléctrica. No obstante y tal como se deriva del concepto de microrred, el aprovechamiento térmico es interesante para ésta, por lo que las aplicaciones de solar térmica de baja temperatura son bien recibidas por la necesidad térmica de la microrred.

Como se ha visto en la sección anterior, la tecnología solar fotovoltaica convierte la energía procedente del Sol en energía eléctrica en forma de corriente continua y dependerá de la tecnología fotovoltaica empleada su eficiencia será una u otra. Concretamente, el silicio monocristalino, en la actualidad, presenta una eficiencia aproximada del 20%, por lo que realmente la pregunta a formularse es, ¿qué ocurre con el resto de la energía no aprovechada? Pues bien, como se muestra en la Figura 3.28 y de forma aproximada (irá cambiando con la evolución tecnológica, pero sirve para este análisis), del 100% de la energía recibida a través de la radiación solar, el 5% de refleja en la superficie del módulo solar fotovoltaico y el 75% son pérdidas de calor. Esto significa que, aproximadamente, un 80% de la energía procedente del Sol se pierde.

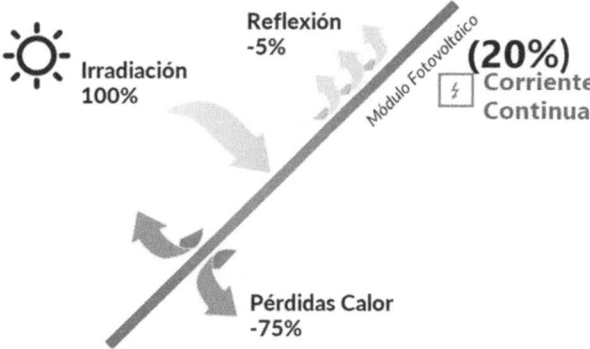

Figura 3.28. Balance energético en un módulo solar fotovoltaico. Cortesía: Abora Energy, SL.

Por tanto, el sector solar se dio cuenta de esta situación y en los módulos solares fotovoltaicos, aprovechando que son captadores solares planos, incorporaron un circuito hidráulico en la parte posterior con el objetivo de recuperar en forma de calor cierta parte de las pérdidas que hemos visto en la figura anterior. De esta forma, el 40% de la energía se recupera en forma de agua caliente (para agua caliente sanitaria o calentamiento de piscinas, etc.), el 20% para generar energía eléctrica (parte fotovoltaica) y el 5% son pérdidas en reflexión y el 35% son pérdidas de calor. De forma global, el 60% se recupera en forma de electricidad y calor, ver Figura 3.29.

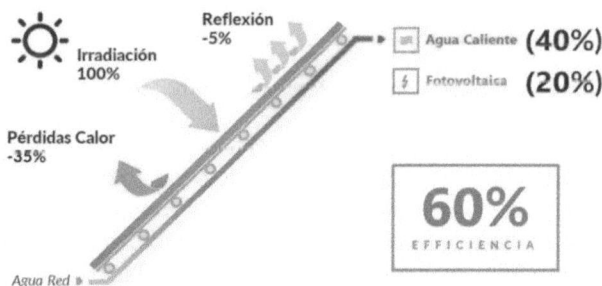

Figura 3.29. Balance energético en un módulo solar híbrido. Cortesía: Abora Energy, SL.

No obstante, las pérdidas posteriores de calor que se recuperaban teóricamente (según la figura anterior), se escapan por la parte frontal, tal como se muestra en la Figura 3.30. Esto quiere decir, que el planteamiento teórico visto en la Figura 3.3 se transforma en la realidad que acabamos de ver, por lo que sólo se recupera un 5% de calor en forma de energía térmica, que junto al 20% de la generación de energía eléctrica hace un total de eficiencia global del 25%. No obstante, ya supera el 20% inicial del planteamiento solar fotovoltaico individual, pero en este caso, parece que no compensa el coste del dispositivo híbrido para tan sólo un aumento del 5% de la eficiencia global del sistema.

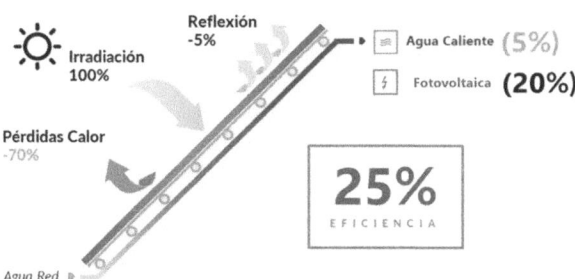

Figura 3.30. Balance energético real en un módulo solar híbrido. Cortesía: Abora Energy, SL.

Pero los fabricantes idearon otra nueva forma de reducir esas pérdidas y la solución fue incorporar un vidrio templado creando una cámara entre este elemento y la parte fotovoltaica, pudiendo estar completada con un gas especial. Según el fabricante Abora Energy, SL [223], la eficiencia global de su captador aumenta considerablemente, de la cual el 19% es la parte eléctrica y el 70% restante la parte térmica (Figura 3.31).

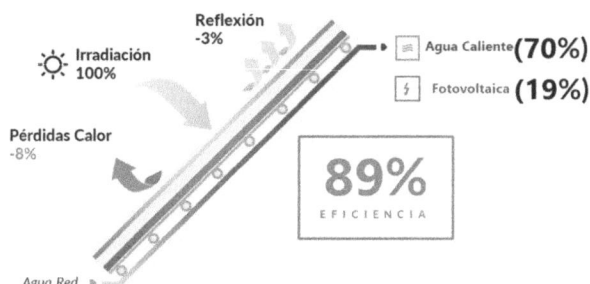

Figura 3.31. Balance energético en un módulo solar híbrido mejorado. Cortesía: Abora Energy, SL.

Por tanto, hemos visto que, a partir de un módulo solar fotovoltaico, la industria solar ha ido evolucionando sus captadores solares térmicos, incorporando las ventajas de ambas tecnologías (térmica y fotovoltaica). En la Figura 3.32 es posible ver la evolución de los distintos captadores, desde un módulo solar fotovoltaico hasta un solar híbrido de última generación. Lo que sí es cierto es que la tecnología solar híbrida debe verse, no como una unión de térmica y fotovoltaica, sino como una nueva tecnología que da lugar a un nuevo dispositivo, que, tomando las ventajas de ambas tecnologías, presentará sus propias particularidades.

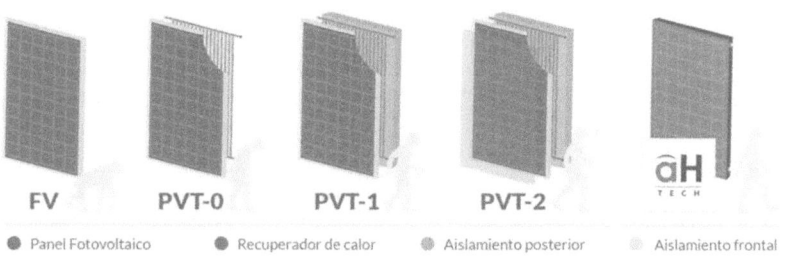

Figura 3.32. Evolución de los módulos solares híbridos. Cortesía de Abora Energy, SL.

La Figura 3.33 muestra las distintas capas que conforman un módulo solar híbrido, donde podemos encontrar: aislamiento frontal, células fotovoltaicas, recuperador de calor, aislamiento térmico posterior y carcasa posterior.

Figura 3.33. Disposición de capas de un módulo solar híbrido de última generación. Cortesía de Abora Energy, SL.

La Figura 3.34 muestra una comparativa de la eficiencia frente al cociente de la diferencia de temperatura de trabajo y ambiente con respecto a la irradiancia, entre un captador solar térmico, un módulo solar fotovoltaico y un módulo solar híbrido. La figura marca el punto de trabajo óptimo para el agua caliente sanitaria y en este punto es posible ver cómo el híbrido presenta una mayor eficiencia que el resto de los dispositivos. En cualquiera de los puntos de operación el dispositivo solar híbrido presenta una eficiencia superior al resto de los dispositivos con los que se compara.

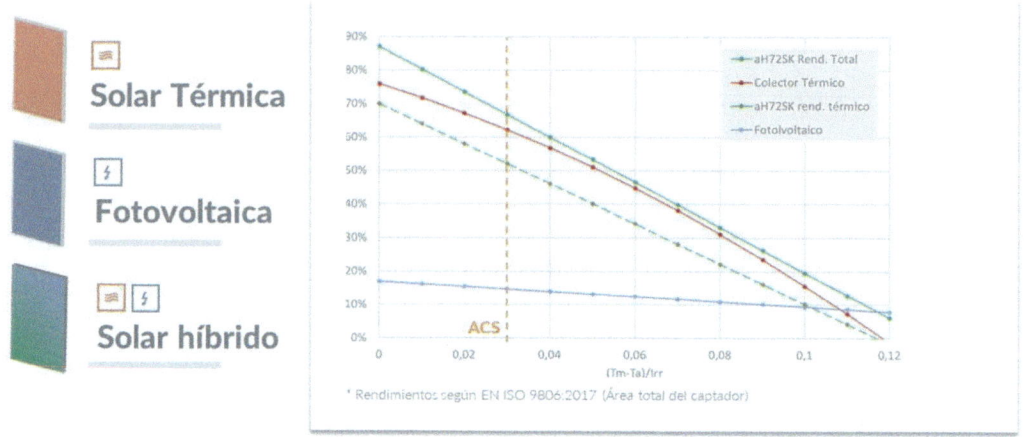

Figura 3.34. Comparativa de eficiencia de un colector de solar térmica, módulo solar fotovoltaico y módulo solar híbrido. Cortesía de Abora Energy, SL.

En esta sección el módulo solar híbrido ha sido presentado. Aunque puede verse como una evolución del módulo solar fotovoltaico con incorporaciones de solar térmica (o viceversa), este tipo de captadores deben ser considerados como elementos novedosos con sus propias particularidades y características. Además de su alta eficiencia global, un módulo solar híbrido encajará perfectamente en una microrred, ya que su obtención de energía eléctrica y térmica lo hace un componente altamente interesante para las microrredes. Generación de calor y electricidad cerca del punto de consumo es un ejemplo más de una generación distribuida local y renovable, que debe ser tenida en cuenta en la microrred, permitiendo, en este caso, que el concepto de *prosumer* afecte a la parte eléctrica, pero también a la térmica.

3.5.10. Tecnología hidráulica

Esta tecnología puede ser empleada sólo en el caso de disponer recurso hidráulico en el emplazamiento donde se instale la microrred eléctrica. En el caso de la existencia del recurso, se presenta la posibilidad de emplear la energía acumulada en el sistema hidráulico para mover una turbina hidráulica asociada a un generador eléctrico y así producir electricidad. El tamaño de estas centrales varía según su potencia, encontrándose turbinas capaces de abastecer eléctricamente a una vivienda, a pueblos o a grandes núcleos de consumo eléctrico como son grandes ciudades o regiones.

El aprovechamiento hidráulico por el ser humano es muy antiguo, por ejemplo, el uso para la molienda ha sido una máxima a lo largo de muchos siglos en la historia. En este tipo de molinos se han instalado ruedas hidráulicas horizontales (rodezno) y ruedas verticales, apareciendo los molinos hidráulicos de cubo, de balsa, de regolfo o de presa. Posteriormente se empezaron a instalar turbinas hidráulicas en estos molinos, cuya transición de su aplicación de molienda harinera a generación de energía eléctrica fue a finales del siglo XIX [224].

Las turbinas hidráulicas se remontan a 1744 en Inglaterra y 1750 en Alemania y a partir de esas fechas hasta nuestros días se han sucedido una serie de avances que han desencadenado en numerosos y distintos tipos de turbinas hidráulicas [225].

El uso del agua no se limitó a la molienda harinera, la cual había competido con los molinos de viento a partir del siglo XV [224]. Otros usos del agua fueron en las fábricas de papel, fábricas de paños, batanes, etc. [138].

De una forma muy general, es posible afirmar que una central hidroeléctrica es aquella instalación que, aprovechando la potencia procedente del agua es capaz de generar potencia mecánica para generar posteriormente potencia eléctrica. Esta potencia es extraída por una combinación entre la velocidad que lleva el agua al entrar en la turbina hidráulica y por la altura existente entre el agua embalsada y dicha turbina. A pesar de que las centrales hidroeléctricas llevan construyéndose mucho tiempo, es complicado encontrar nuevas instalaciones, ya que las centrales deben instalarse en las cuencas de los ríos, por lo que no existen muchas zonas donde instalar nuevas centrales para generar grandes potencias. No obstante, cada vez más existe el interés de instalar minihidráulica y microhidráulica, por lo que surgen nuevos emplazamientos donde instalar este tipo de centrales [138], [226].

Pero el concepto de central hidroeléctrica es muy general, por lo que es preciso matizarlo. Por tanto, es necesario disponer de una clasificación de las centrales hidroeléctricas (Figura 3.35) y esta clasificación atenderá a distintos criterios [109], [138], [226], [227]: por la forma de la instalación de la central hidroeléctrica, por el servicio que va a desempeñar, por su potencia instalada, por la altura del salto o por el tipo de turbina que dispone.

Figura 3.35. Clasificación de las centrales hidroeléctricas atendiendo a distintos criterios. Fuente [138], [226], [227], elaboración propia.

Con respecto a la *forma de instalación*, aparecen las centrales de agua fluyente donde la turbina hidráulica está inmersa en el lecho del río y, por tanto, no existe regulación del caudal (potencia), están las centrales a pie de presa donde una presa en el río origina el embalsado del agua por lo que se posibilita la regulación del caudal a entrar a la turbina hidráulica (algunos autores distinguen a pie de presa de las de embalse), están las inmersas en los canales de regantes o incluso en los sistemas de agua potable [109], [138], [227].

Con respecto el *servicio a desempeñar*, aparecen las centrales de regulación (caudal y, por tanto, potencia) y las centrales de bombeo [226].

Con respecto a la *potencia instalada* y aunque esto siempre es complicado de abordar, en el caso de España tenemos las centrales hidroeléctricas de alta potencia (mayor de 10 MW), las minicentrales hidroeléctricas (1-10 MW) y las microcentrales hidroeléctricas (menor a 1 MW).

Con respecto a la *altura del salto*, están las centrales hidroeléctricas de alta presión (alturas superiores a 200 m), media presión (alturas entre 20-200 m y baja presión (alturas por debajo de los 20 m). Además, y de una forma muy general, las de alta presión están asociadas con caudales bajos (aproximadamente 20 m³/s), las de media presión con caudales intermedios (aproximadamente hasta los 200 m³/s) y las de baja presión con caudales más elevados (aproximadamente 300 m³/s) [226].

Con respecto al *tipo de turbina*, una clasificación fundamental nos hace distinguir entre turbinas de acción y de reacción. En las turbinas de acción la transformación de la energía potencial en cinética ocurre en elementos externos al rodete, mientras que en las de reacción la transformación se hace en el rodete. La turbina de acción más importante es la turbina Pelton, aunque también tenemos la Turgo; mientras que turbinas de reacción tenemos Francis, Kaplan, hélice y Bulbo. Existe otra clasificación de la turbina hidráulica y es en función de la dirección que toma el flujo en el rodete y podemos tener las axiales, radiales y mixtas.

Para poder seleccionar la turbina hidráulica a emplear se debe disponer de los datos de caudal a turbinar y salto de la instalación. Las turbinas hidráulicas más comunes son la Pelton, la Kaplan y la Francis, aunque para microcentrales también se emplean las Turgo, las Banki y las de hélice. Por tanto, la tecnología hidráulica parece muy aconsejable para emplearse en microrredes eléctricas, ya que existe gran variedad de máquinas disponibles, de diferentes potencias y con un grado de madurez tecnológico que las hace muy atractivas. No obstante, y tal como se ha dicho, su instalación quedará supeditada a la existencia de recurso en el lugar de instalación [11].

Lo que sí es cierto, es que las turbinas hidráulicas empleadas en la actualidad presentan unos rendimientos muy altos y aunque dependerán de las condiciones de trabajo en cada momento y el tipo de turbina, es posible afirmar que es una máquina con un rendimiento elevado. Pero para evaluar la potencia a instalar en una microrred eléctrica es necesario poder disponer de alguna ecuación básica que nos permita calcularla y para poder obtener un valor de potencia es posible emplear la potencia del flujo de agua dada por la Ecuación (3.19) [226]:

$$P = \gamma \cdot Q \cdot H \tag{3.19}$$

donde

P: potencia del flujo de agua (W).

γ: densidad específica del agua (1000 kg/m³)

Q: caudal de la instalación (m³/s).

H: altura desde la turbina hasta la cota superior del embalse (m).

A partir de la Ecuación (3.19) es posible obtener la potencia eléctrica entregada por el generador eléctrico acoplado a la turbina hidráulica, con tan sólo saber los rendimientos de todos los sistemas (hidráulico, eléctrico y electrónico). Por tanto, la Ecuación (3.20) nos permite calcular la potencia eléctrica entregada por el generador eléctrico a partir de la potencia del flujo de agua.

$$P_e = P \cdot \eta_{Total}; \; \eta_{Total} = \eta_h \cdot \eta_e \cdot \eta_{elec} \tag{3.20}$$

donde

P_e: potencia eléctrica entregada por el generador eléctrico (las mismas unidades en las que esté P).

η_{Total}: rendimiento total de la instalación (hidráulico, eléctrico y electrónico).

Pero existe otra fórmula muy interesante en turbomáquinas hidráulicas que nos permite tener una idea del tipo de turbina hidráulica a instalar y es la ecuación de la *velocidad específica*, la cual se muestra en la Ecuación (3.21), dándonos un número adimensional que posteriormente nos servirá para decidir, de forma aproximada, el tipo de turbina hidráulica que nos conviene, a partir de la potencia eléctrica deseada, la altura del salto hidráulico y las revoluciones por minuto de trabajo de nuestra máquina. A partir del valor de la velocidad específica es posible escoger el tipo de turbina hidráulica que mejor encaja según rangos de velocidades específicas: Pelton (10-30), Francis (50-450), Kaplan y hélice (300-900) [226].

$$n_s = \frac{n \cdot P_e^{\frac{1}{2}}}{H^{\frac{5}{4}}} \tag{3.21}$$

donde

n: revoluciones por minuto de la máquina eléctrica.

P_e: potencia eléctrica (CV).

La tecnología hidráulica ha sido de mucho interés para la humanidad desde tiempos inmemoriales. En los últimos dos siglos (aproximadamente), la irrupción de las turbinas hidráulicas ha hecho que el rendimiento de la máquina hidráulica aumente de forma sustancial y esto unido a la invención de los generadores eléctricos, ha permitido la construcción de las centrales hidroeléctricas, cuyo fin es la generación de electricidad a partir de la energía potencial de una masa de agua. La inmensa variedad de turbinas hidráulicas existentes hace que sea posible instalar cualquier tipo de central en función de las condiciones particulares existentes de cada emplazamiento (Q y H). Por tanto, la instalación de mini/micro centrales hidráulicas en las microrredes eléctricas es posible y, además, este tipo de instalaciones cuando se dispone de recurso acumulado permite cierta gestionabilidad de la energía, lo que supone un valor añadido para la microrred eléctrica disponer de estas instalaciones. La gran dificultad radica en que es necesario disponer del recurso (agua) en el emplazamiento de la microrred eléctrica.

Existen iniciativas para evaluar el potencial mini/micro hidráulico en las redes de abastecimiento de agua de los pueblos y ciudades, como, por ejemplo, el proyecto LIFE Nexus donde se pretende hacer un inventario de potenciales lugares donde es posible emplear las bombas hidráulicas (microhidráulica de menos de 100 kW) instaladas en la red de abastecimiento de agua como turbinas hidráulicas en momentos determinados [228]. Esto permite disponer de elementos de microgeneración integrados en una infraestructura que no es en principio de la microrred eléctrica y esto nos recuerda lo presentado en el Capítulo 1 donde se ponía de manifiesto que las infraestructuras eran colaborativas y en este caso, elementos de la infraestructura de agua se pueden convertir en cargas o generadores para la microrred eléctrica.

3.6. Elementos de almacenamiento distribuido en la microrred eléctrica

En esta sección se presentarán los elementos de almacenamiento distribuido más destacados y que se pueden integrar en la microrred eléctrica.

3.6.1. Almacenamiento eléctrico

Tal como se ha explicado, cuando la demanda eléctrica no coincide con la generación existente, en cantidad o en el instante de tiempo en que se precisa, una opción para tratar de ajustar la demanda a la generación en las microrredes eléctricas es mediante los sistemas de almacenamiento eléctrico. Además, la necesidad de mayor fiabilidad en el suministro eléctrico en la microrred eléctrica y la posibilidad existente de compra de energía a precios bajos y venta de ésta a precios altos, hacen de los sistemas de almacenamiento eléctrico unos elementos muy importantes en las microrredes eléctricas [11].

Por tanto, por motivos de ajuste entre demanda y generación, o por motivos de compra y venta de energía, la integración de tecnologías de almacenamiento eléctrico está más que justificada. El empleo de estas tecnologías de almacenamiento permitirá el posponer el empleo de otras tecnologías de generación basadas en combustibles fósiles, como pueda ser un grupo diésel que esté instalado en la microrred eléctrica. Además, y desde una perspectiva de la infraestructura eléctrica de distribución, suministrar energía a las cargas de la microrred eléctrica mediante el almacenamiento, disminuirán las pérdidas por transporte y distribución de energía, por otro lado, innecesarios cuando exista el almacenamiento en la microrred eléctrica.

La Figura 3.36 muestra estos condicionantes que deben tenerse en cuenta a la hora de escoger la tecnología de almacenamiento eléctrico a instalar en una microrred eléctrica y de manera básica estos condicionantes a tener en cuenta son [11]: aplicación del sistema escogido, tiempos de respuesta del mismo (costes económicos y medioambientales) y potencia a instalar. Evidentemente, los criterios anteriores estarán interrelacionados en la mayoría de las ocasiones.

Con respecto a la *aplicación*, uno de los factores importantes para la elección es saber la aplicación de nuestro sistema eléctrico. Como muestra [186], existen distintos criterios de red que afectan de forma directa al almacenamiento eléctrico empleado y que puede hacerse extensible a una microrred eléctrica: servicios principales, servicios auxiliares, servicios de transporte y distribución y servicio de usuario. Se entiende por principales a aquellos servicios que garantizan el suministro eléctrico y que permiten el desplazamiento en el tiempo de ciertas cargas. Con respecto a los servicios auxiliares se entiende *Black Start* y regulación de tensión y frecuencia. Con respecto a transporte y distribución se entiende descongestión en las líneas y labores de apoyo a la tensión principalmente.

Con respecto al usuario se entiende garantía de suministro y su fiabilidad, respuesta a la demanda (*Demand Response*, DR) y desplazamientos temporales de carga. Tal como se ha dicho, todos los factores descritos anteriormente son de interés para la microrred eléctrica, por lo que deberán de ser tenidos en cuenta [186].

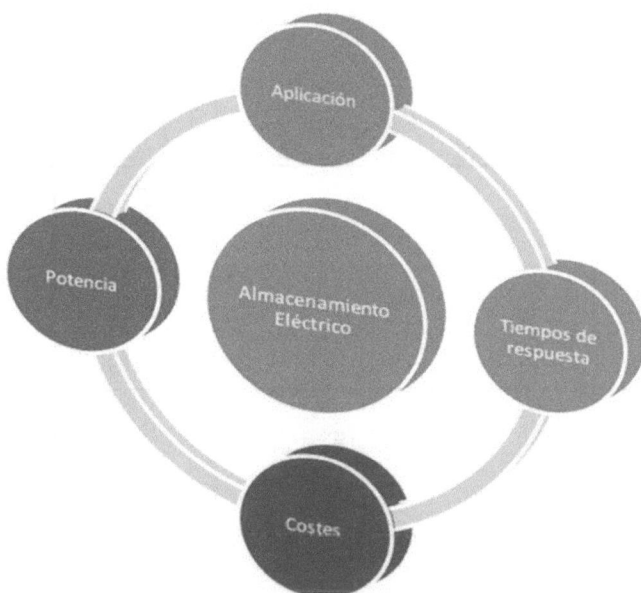

Figura 3.36. Condiciones de contorno a tener en cuenta para la elección de un sistema de almacenamiento eléctrico en una microrred eléctrica. Fuente: elaboración propia.

Con respecto a los *tiempos de respuesta*, es posible afirmar que la descarga del almacenamiento eléctrico es crítica para ciertas aplicaciones vista anteriormente. Algunas aplicaciones precisan tiempos de respuesta (entrega de energía) casi instantáneos y durante periodos muy cortos de tiempos, mientras que para otras aplicaciones los tiempos de respuesta son más largos, pero en cambio, la entrega de la energía debe prolongarse mucho en el tiempo.

Tabla 3.4. Aplicaciones y características de la tecnología de almacenamiento eléctrico. Fuente [11], [138], [186], [197], elaboración propia.

Tecnología	Potencia o potencia/peso	Capacidad de almacenamiento	Eficiencia	Tiempo de respuesta	Densidad de energía	Aplicación
Bombeo	100-4000 MW [11] Hasta 2000 MW [186]	Hasta 24 GWh [186]	65-75% [11] 72-81% [138] 87% [186] 70-85% [197]	De horas a días [11], [138] Rápida [138] 30 ms [186]	0,2-2 Wh/kg [186] 0,3 Wh/kg [197]	Turbinado/bombeo y apoyo a renovables [11], [138], [186], [197]
Flywheels	Hasta1600 kW [11] Hasta 100 kW [186] 180-1800 W/kg [197]	Hasta 1000 MWh [186]	90% [11] 93% [186]	1 ciclo [11] Muy rápida [138] 5 ms [186] Descarga 20-50% en 2 horas [197]	30-100 Wh/kg [186] 11-50 Wh/kg [197]	Apoyo a las renovables [11] Asociados a sistemas de alimentación ininterrumpidos [138] Calidad de la energía [186] Apoyo a la microrred [197]
Aire comprimido	En reserva 100-1000 MW [11] En depósito 50-100 MW [11] 100-300 MW [186]	400-7200 MWh [186]	En reserva 65% [11] En depósito 55% [138] 80% [186] Mayor del 60% [197]	Segundo-minutos [11] 3-15 minutos [186]	10-30 Wh/kg [197]	Carga en valle y descarga en punta [138], [186], [197] Apoyo a renovables [11]
Baterías	Plomo ácido y níquel cadmio 1-40 MW [11] Baterías (sin especificar) menos de 30 MW [186] Plomo ácido 180 W/kg [197] Ion litio 250-350 W/kg [197] Níquel metal hidruro 250-1000 W/kg [197]	Baterías (sin especificar) menos de 200 MWh [186]	Plomo ácido 60-85% [11] Baterías (sin especificar) 70-85% [186] Plomo ácido 50-92% [197] Ion litio 80-90% [197]	Plomo ácido menos de ¼ de ciclo [11] Baterías (sin especificar) 30 ms [186]	Baterías (sin especificar) 25-300 Wh/kg [186] Plomo ácido 30-40 Wh/kg [197] Ion litio 100-265 Wh/kg [197] Níquel metal hidruro 60-120 Wh/kg [197]	Carga en valle y descarga en punta y apoyo a renovables [11], [138], [186], [197]

Tecnología	Potencia o potencia/peso	Capacidad de almacenamiento	Eficiencia	Tiempo de respuesta	Densidad de energía	Aplicación
	Sulfuro de sodio 200 W/kg [197] Redox 80-150 W/kg [197]		Níquel metal hidruro 66% [197] Sulfuro de sodio 70% [197] Redox 80% [197]		Sulfuro de sodio 100 Wh/kg [197] Redox 40 Wh/kg [197]	
Hidrógeno	Pila de combustible hasta 250 kW [11] 18 W/kg [197]	—	34-40% [11] 30-40% y con cogeneración 80% [197]	¼ de ciclo [11]	121 Wh/kg [197]	Apoyo a renovables [11] Apoyo a la microrred [197]
Almacenamiento de energía en superconductores magnéticos (SMES)	10-100 MW [11] Hasta 200 kW [186] 1000 W/kg [197]	0,6 kWh [197]	95% [11] 97-98% [138] 95% [186] 90% [197]	¼ de ciclo [11] 5 ms [186] Por debajo de los 100 ms [197]	50 Wh/kg [186] Inferior a 1 Wh/kg [197]	Apoyo a renovables [11] Apoyo a microrred [197]
Supercondensadores	10 kW a 1 MW [11] 100 kW [186] 6000 W/kg [197]	0,3 kWh [197]	95% [11] 95% [186] 95% [197]	¼ de ciclo [11] Por debajo de 1 s [138] 5 ms [186] Autodescargas hasta 5%/día, 14%/mes [197]	50 Wh/kg [186] 3-5 Wh/kg [197]	Apoyo a renovables [11], [138] Apoyo a microrred [138], [197]

Los tiempos de respuesta cortos suelen estar destinados a garantizar ciertos procesos de servicios auxiliares, mientras que los tiempos de respuesta más largos, pero con entrega de energía prolongada suelen abordar otros procesos dentro de la gestión de la energía como la garantía del suministro de energía al usuario o el apoyo a las tecnologías renovables [11], [229].

Con respecto a los *costes*, es preciso aclarar que este factor afectará a costes económicos, pero también a los medioambientales. Los costes económicos hacen referencia a costes derivados de la instalación, operación y mantenimiento de forma principal, mientras que los medioambientales harán referencia a posibles efectos medioambientales derivados de problemas asociados a una tecnología concreta de almacenamiento [11], [138].

Por otro lado, es necesario recordar que cierto sector de la sociedad asocia ciertas tecnologías de almacenamiento eléctrico con determinado uso de los recursos existentes en el planeta, por lo que este tipo de análisis es posible tenerlo en cuenta [196].

Con respecto a la *potencia*, el dimensionado de la capacidad de la batería estará asociado a su aplicabilidad y esto a su vez tendrá una clara repercusión en la tecnología a instalar y en el coste de ésta. No será lo mismo disponer un almacenamiento basado en ion litio para respaldo de un aerogenerador de 3 kW de potencia, que un sistema de supercondensadores para apoyar desconexiones y conexiones de la microrred eléctrica.

La Tabla 3.8 muestra las principales tecnologías de almacenamiento eléctrico distribuido para su aplicación al sistema eléctrico y más concretamente en la microrred eléctrica. Las tecnologías que se muestran en la tabla serán las que se desarrollen posteriormente.

3.6.2. Tecnología de bombeo

La *tecnología de bombeo* trata de elevar agua desde un depósito inferior hasta uno superior, para almacenar energía en forma de energía potencial, con el objetivo de poder liberarla cuando interese y mover una turbina hidráulica (de acción o reacción), estando ésta unida a una máquina eléctrica giratoria (generador eléctrico), con el objetivo de generar energía en forma de electricidad [138].

Normalmente el sistema de bombeo debe ir asociado a un sistema de turbinado, por lo que obligatoriamente es necesario un par de depósitos de almacenamiento, uno en una cota superior y otro en la cota inferior.

De forma clásica un sistema de turbinado-bombeo se contemplaba para aprovechar las horas valle de la curva de carga (económicamente más baratas) para bombear agua al depósito superior, por lo que un bombeo no deja de ser una carga (demanda/consumo) del sistema. No obstante, cuando existe excedente de generación distribuida renovable es posible bombear el agua desde el depósito inferior al superior y en momentos de ausencia de producción renovable es posible soltar el agua para turbinarla en la cota inferior. Por tanto, es ideal para incorporarla en una microrred eléctrica donde exista posibilidad de instalar los depósitos de agua, o dispongamos de agua para realizar un embalse (Figura 3.37). En este escenario, el bombeo sigue siendo una demanda de la microrred eléctrica pero abastecida con excedente de renovables o, dicho de otra forma, con combustible gratuito y por tanto sin coste, o al menos un coste diferente del que tendría si se solicita energía al sistema para alimentar el motor eléctrico del grupo motobomba.

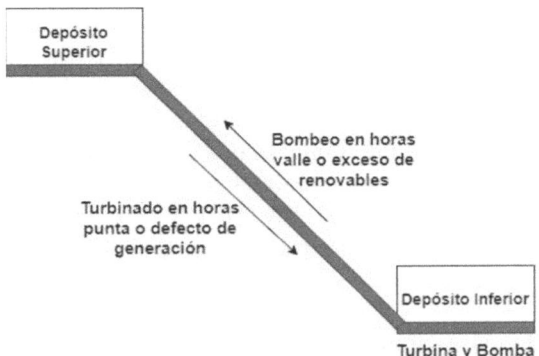

Figura 3.37. Esquema de un sistema de bombeo y turbinado hidráulico con dos depósitos. Fuente: elaboración propia.

También es posible verlo como un sistema de suavizado de la demanda. El bombeo se produce en las horas valle, donde la energía eléctrica es más económica, para posteriormente generar la energía eléctrica en las horas punta, donde el coste de la energía es mayor y al producirla sin coste asociado al combustible (por energía potencial), estaremos generando energía con un alto valor añadido [11], [138].

En la actualidad, se está integrando en muchas microrredes eléctricas, principalmente por su capacidad para rebajar la demanda de las horas punta y, en general, para poder alisar la curva de demanda de manera continuada. En una microrred eléctrica, una capacidad elevada de bombeo y turbinado en una instalación supone el poder disponer de una mini/micro central base en la microrred eléctrica, ganando ésta en flexibilidad a la hora de abastecer a la demanda o atender los excesos de la generación distribuida renovable. Además, al presentar unos tiempos de respuesta relativamente bajos es posible emplear este almacenamiento para otros tipos de servicios que requiera la microrred eléctrica.

3.6.3. Tecnología de los volantes de inercia (*flywheel*)

El principio de funcionamiento del *flywheel* es muy sencillo, una masa (volante) es acelerada por medio de un sistema motorizado, por lo que la masa girará a altas velocidades y almacenará la energía transmitida en forma de energía rotacional. Cuando el volante recibe energía aumentará su velocidad de giro y cuando se le demanda energía reducirá ésta, atendiendo al principio de conservación de la energía [230].

En la década de los setenta del siglo pasado los volantes de inercia comenzaron a aplicarse en los vehículos como sistema de respaldo. También para esa época se empezó a trabajar con nuevos materiales compuestos y para los ochenta del siglo pasado aparecieron los cojinetes magnéticos. A partir de esa combinación comienza la carrera por emplear el *flywheel* como sistema de almacenamiento de energía eléctrica y aunque inicialmente se ha empleado para apoyo a los sistemas de almacenamiento ininterrumpido, cada vez son mayores sus aplicaciones [230].

Según [230], los *flywheels* presentan una serie de características muy atractivas, las cuales les están permitiendo cada vez más rápido entrar en aplicaciones de almacenamiento de energía, a saber: presentan alta densidad de energía, su vida útil no es dependiente de la degradación del sistema (salvo rotura) como pueda ocurrir a una batería de plomo ácido, la velocidad de giro permite calcular el estado de la carga del *flywheel* por lo que es sencillo saberlo, requiere de poco mantenimiento, muy escalable y modular, tiempos de carga y descarga altamente rápidos y puede emplear para su construcción materiales amigables con el medioambiente.

Ya se ha dicho es la masa giratoria la que almacena la energía que procede de un motor/generador y esta energía se almacena en forma de energía cinética. Para evitar pérdidas es preciso reducir al máximo la fricción, por lo que se dispone el disco al vació y con cojinetes magnéticos. A través de la electrónica de potencia instalada y su control, junto con el motor/generador, se transfiere o se demanda energía a/hacia la masa del disco (Figura 3.38).

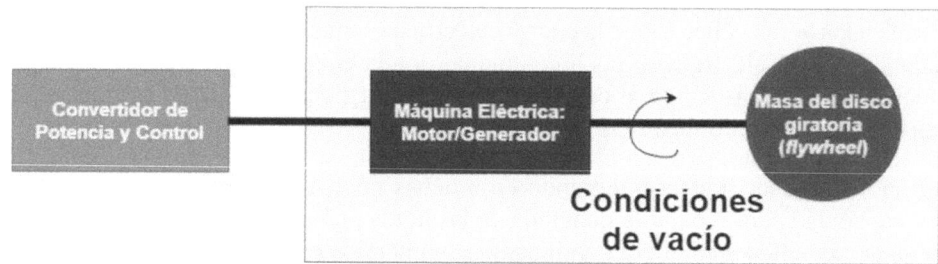

Figura 3.38. Esquema de un sistema de bombeo y turbinado hidráulico con dos depósitos. Fuente [231], elaboración propia.

Y una vez tenemos una masa girando, ¿en qué cantidad almacenamos la energía cinética?, pues muy sencillo, la respuesta viene dada por la Ecuación (3.22) [138], [230], [231].

$$E = \frac{1}{2} \cdot I \cdot \omega^2 \tag{3.22}$$

donde

E: energía almacenada en forma de energía cinética (J).

I: momento de inercia de la masa (kgm).

ω: velocidad de giro (rad/s).

A continuación, se muestran diferentes momentos de inercia para distintos elementos, los cuales podrían ser interesantes para ser la masa de nuestro *flywheel* [232]:

- Un cilindro sólido con respecto a su eje:

$$I = \frac{1}{2} \cdot m \cdot r^2$$

donde

       m: la masa del cilindro (kg).

       r: radio de éste (m).

- Un cilindro hueco con respecto a su eje:

$$I = \frac{1}{2} \cdot m \cdot (r_1^2 + r_2^2)$$

donde

       m: masa del cilindro (kg).

       r_1 y r_2: radios interior y exterior respecto a éste (m).

- Un cilindro sólido de longitud L con respecto a su eje:

$$I = \frac{1}{4} \cdot m \cdot r^2 + \frac{1}{12} \cdot m \cdot L^2$$

donde

       m: masa del cilindro (kg).

       L: longitud del cilindro (m).

       r: radio de éste (m).

Por tanto y como se aprecia en la Ecuación (3.22), la energía acumulada en la masa giratoria dependerá principalmente de su momento de inercia y del cuadrado de su velocidad de giro. A su vez, el momento de inercia dependerá de la forma del disco, por lo que, de forma muy resumida, todas éstas serán las variables que condicionarán la cantidad de energía a almacenar en el *flywheel*.

En cuanto a su velocidad de giro, según algunos autores [197], ésta puede llegar desde las 20 000 rpm hasta las 100 000 rpm, por lo que al estar al cuadrado en la ecuación de la energía almacenada, hace que a mayores velocidades la capacidad de almacenaje se dispare.

Con respecto al tipo de *flywheel* que podemos encontrar, de forma básica es posible hablar de dos dispositivos: velocidad de rotación baja y fija; velocidad de rotación variable. Los primeros suelen emplearse en los sistemas que combinan aeroturbinas eólicas con grupos diésel. Los segundos son más interesantes que los primeros, ya que son capaces de almacenar una mayor cantidad de energía [186].

Existen microrredes eléctricas que emplean volantes de inercia como elemento de almacenamiento. Su principal objetivo es el hacer una transición adecuada entre el modo de operación conectada a red y en isla, ya que el volante de inercia es capaz de entregar una energía elevada en muy poco de tiempo y así garantizar la estabilidad del sistema en la transición. No obstante, cada día aumenta la aplicabilidad de los *flywheels* y, por tanto, la integración en microrredes eléctricas aumentará cada vez más, lo mismo que sus distintas aplicaciones en éstas.

3.6.4. Tecnología de aire comprimido

En esta tecnología, el aire a alta presión es almacenado bajo tierra, bien en depósitos naturales o artificiales, durante periodos de horas valle. Posteriormente, en las horas pico, el aire almacenado es liberado expandiéndose y moviendo un turbogenerador para generar electricidad y entregarla a la infraestructura eléctrica de transporte o distribución. Sigue la misma filosofía que la tecnología de bombeo, pero en este caso el recurso es el aire en lugar del agua. También precisa de cavidades para el almacenamiento del aire comprimido, siendo éstas artificiales o naturales [11], [138], [186].

La Figura 3.39 muestra un esquema de un sistema de almacenamiento de aire comprimido. En este esquema se supone que el aire es comprimido con los aportes de los excedentes de las tecnologías renovables disponibles, para luego posteriormente, generar energía eléctrica en momentos deseados.

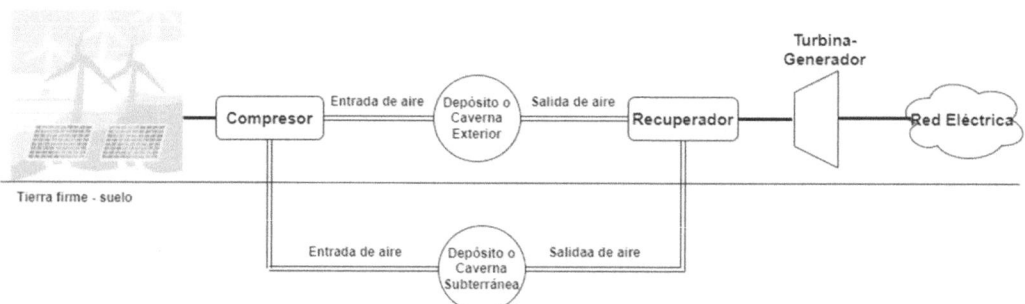

Figura 3.39. Esquema de un sistema de almacenamiento de aire comprimido. Fuente [233], elaboración propia. Elaboración a partir de componentes de [56].

El sistema se compone principalmente de [234]-[236]:

- Un compresor de aire.
- Depósitos donde comprimir el aire, natural o artificial, subterráneo o exterior, a unas presiones en torno a 4-8 MPa.
- El recuperador previo a la entrada al sistema turbina-generador.
- Cuerpo de turbinas junto al generador eléctrico.
- Equipos de control, protección y servicios auxiliares.

Cuando se comprime el aire, su temperatura aumenta. Existen distintos tipos de sistemas de almacenamiento por aire comprimido según sean los procesos que sigue el calor [233], [234]: almacenamiento adiabático, almacenamiento diabático y almacenamiento isotérmico.

La tecnología de almacenamiento mediante aire comprimido también está siendo empleada en las microrredes eléctricas. Normalmente, es una tecnología de almacenamiento que se suele hibridar con tecnologías renovables, tratando de aprovechar sus excedentes de energía para consumirlos en el proceso de compresión del aire, al igual que puede suceder con la tecnología de bombeo.

3.6.5. Tecnología de las baterías

En esta tecnología, durante el proceso de carga la energía eléctrica es almacenada, mientras que en el proceso de descarga se libera mediante reacciones electroquímicas, en las que se produce un transporte de electrones entre dos electrodos llamados ánodo y cátodo, interconectados mediante un electrolito. Las reacciones que tienen lugar son reacciones específicas de reducción y oxidación. Estas dos reacciones se conocen como reacción redox [138], [237].

En el proceso de carga, la energía es almacenada químicamente al aumentar la composición de iones cargados contenidos en el electrolito a través de reacciones redox selectivas en los electrodos, los cuales consumen o producen electrones. En el proceso de descarga, la energía es liberada mediante el transporte de iones, provocando reacciones redox que ocurren de forma inversa en los electrodos. El ánodo, que es el electrodo oxidante y el cátodo, que es el electrodo reductor, sufren intercambio de posición entre la carga y la descarga [237]. Entre el almacenamiento de baterías más común están las de plomo ácido, níquel cadmio o ion litio, entre otras [3], [11], [138], [197].

La tecnología de plomo ácido ha sido la más empleada de forma histórica, presentando algunos inconvenientes como son [11], [197]: labores de mantenimiento, limitación en los ciclos de carga y descarga (en torno a 1000), posibles contaminaciones debidas al electrolito y baja densidad de energía. Por el contrario, el coste relativamente asequible ha hecho que esta tecnología se haya empleado en grandes sistemas de almacenamiento a lo largo de la década de los 80 y 90 del siglo pasado y hayan sido la preferencia en los primeros sistemas aislados de energía, unido además a su eficiencia por encima del 75% y sus bajas tasas de autodescarga [197].

La tecnología de níquel cadmio no presenta los inconvenientes descritos anteriormente para el plomo ácido, pero tiene el gran problema del contaminante asociado con el cadmio y el coste superior al de los sistemas de plomo ácido [11]. Otras de las ventajas de esta tecnología es su mayor densidad de energía (comparada con el plomo ácido), además aumenta de forma considerable sus posibles ciclos de carga y descarga hasta cerca de los 3.500 y no es necesario tanto mantenimiento [197].

La tecnología de ion litio, aunque inicialmente era cara en estos momentos se ha reducido notablemente su coste debido a la mayor penetración del vehículo eléctrico, hecho que ha causado la mayor producción de estos dispositivos y su consiguiente reducción de los costes de fabricación. Presentan una alta densidad de energía y eficiencia [186], [197] y es posible hacer casi cualquier tipo de descarga, lo que les convierte en unos dispositivos altamente flexibles [186].

La electricidad producida por esta tecnología es en forma de corriente continua, por lo que su aprovechamiento puede ser directo en la microrred eléctrica. Ésta puede ser de corriente continua y mediante inversor en la microrred eléctrica en corriente alterna. También es posible asociar el sistema de baterías directamente con los microgeneradores que generen de esta forma, como puede ser un generador solar fotovoltaico. La Figura 3.40 muestra un esquema de un sistema de almacenamiento basado en baterías, donde podemos ver cómo es necesario un convertidor DC/AC en el caso de que la energía sea vertida a un bus de alterna, en caso contrario, no será necesario este convertidor, aunque puede que sí sea necesario un convertidor DC/DC para adecuar los distintos niveles de tensión, ya que es probable que el nivel de tensión del sistema de almacenamiento con baterías sea distinto al bus de continua de la microrred eléctrica.

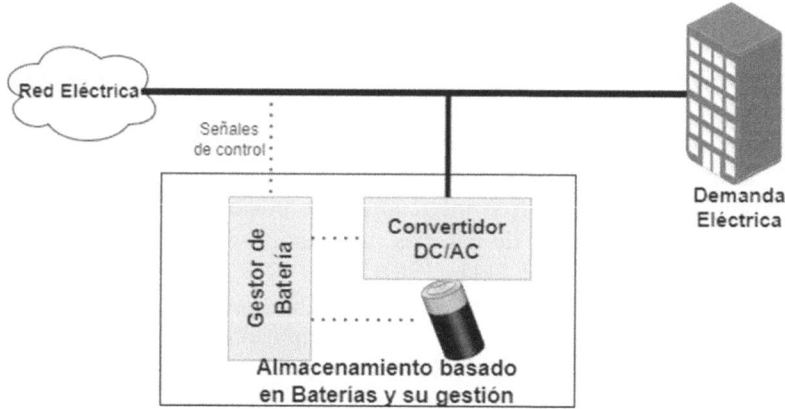

Figura 3.40. Esquema de un sistema de almacenamiento basado en baterías.
Fuente: elaboración propia a partir de componentes de [108].

Es más que evidente que la microrred eléctrica necesita de los sistemas de almacenamiento basados en baterías. Como se ha dicho, es la evolución natural desde los sistemas aislados a la microrred, por lo que lo importante es el decidir la tecnología a instalar, así como su aplicación. Este tipo de sistemas basados en baterías, con independencia de la tecnología, estarán asociados a los sistemas renovables presentes en la microrred, pero también podrán emplearse para garantizar ciertos servicios auxiliares de ésta o de la propia infraestructura eléctrica de distribución.

3.6.6. Tecnología de hidrógeno

La *tecnología de almacenamiento mediante hidrógeno* se está desarrollando desde ya hace casi una década. La energía es almacenada produciendo H_2, a partir del reformado de gas natural, o por electrólisis del agua durante las horas valle, para posteriormente liberar dicha energía en las horas punta en pilas de combustible [138]. Por tanto, la aplicación de esta tecnología en microrredes eléctricas pretende conseguir los mismos objetivos que las anteriores, desplazar cargas horarias a periodos de coste de energía más reducidos.

De forma muy simplificada, un sistema para almacenamiento de hidrógeno precisa los siguientes componentes [3], [186]:

- *Electrolizador*: a partir de electricidad, el agua es dividida en hidrógeno y oxígeno, por lo que este dispositivo es un convertidor de tipo electroquímico.

- *Tanque de almacenamiento*: el hidrógeno no puede ser almacenado a presión en tanques o dispositivos de almacenamiento móviles, además, el almacenamiento deberá ser realizado para un tiempo determinado no puede almacenarse de forma indefinida. El hidrógeno tiene peor densidad energética que los hidrocarburos, por lo que es preciso disponer de un depósito de mayor capacidad si se quiere almacenar. Aumentando la presión del confinamiento, aumentamos la densidad de energía del hidrógeno posibilitando el introducirlo en depósitos de menor volumen. Pero para dotarle de esta presión es necesario un mayor gasto energético durante la etapa de compresión. El hidrógeno puede almacenarse en estado líquido, pero esto requiere un confinamiento criogénico, necesitando más cantidad de energía y depósitos especiales.

- *Pila de combustible*: posteriormente, el hidrógeno y el oxígeno pasan a la pila de combustible produciendo de nuevo agua y liberando calor y electricidad.

La clasificación de las técnicas de almacenamiento de hidrógeno se puede hacer según dos aspectos: el uso que del hidrógeno almacenado se va a hacer y el período de tiempo de almacenamiento. En base a lo anterior, se tiene la siguiente clasificación [238]:

- Con respecto al uso: estacionarios de tamaño variable para uso industrial y energético; y móvil para transporte, distribución o como combustible de reserva para máquinas motrices.

- Con respecto al tiempo de almacenamiento: corto, medio y largo plazo. El corto plazo se plantea para el almacenamiento diario y semanal, para aplicaciones de potencia pequeña (≤ 30 kW), pudiéndose emplear baterías o hidruros metálicos. El medio plazo o estacional (de verano a invierno) es para aplicaciones de mayor potencia (≤ 300 kW) y precisa cilindros a presión que contienen hidrógeno gaseoso. El largo plazo presenta potencias elevadas (> 100 MW) y se emplea el hidrógeno líquido.

La tecnología de hidrógeno tiene una eficiencia alta, una respuesta rápida, un tiempo de descarga rápida y una vida limitada [138]. Algo de interés aparece recogido en [238], donde se afirma que la producción puede ser centralizada, distribuida y en los propios vehículos y esto es de interés ya que estos últimos formarán parte de la microrred eléctrica y la generación de hidrógeno distribuida y local dentro de la propia microrred puede ser muy atractiva para ésta, ya que por un lado se generará energía eléctrica procedente del proceso y por otro lado se podrá generar hidrógeno como combustible de los vehículos de la microrred que empleen este combustible.

3.6.7. Tecnología de almacenamiento de energía en superconductores magnéticos

La tecnología basada en el almacenamiento de energía en superconductores magnéticos (*Superconducting Magnet Energy Storage*, SMES) almacena energía electromagnética, con pérdidas mínimas, al hacer pasar corriente continua a través de bobinas superconductoras enfriadas criogénicamente. La energía puede ser devuelta de nuevo a la red eléctrica mediante una descarga de dichas bobinas [11], [138], [186], [197], [239].

Como se muestra en la Figura 3.41, en el caso de instalar este sistema de almacenamiento en una microrred eléctrica de alterna, sería necesario un convertidor AC/DC para su integración. Además y como se ha dicho, es necesario disponer del sistema de refrigeración criogénico.

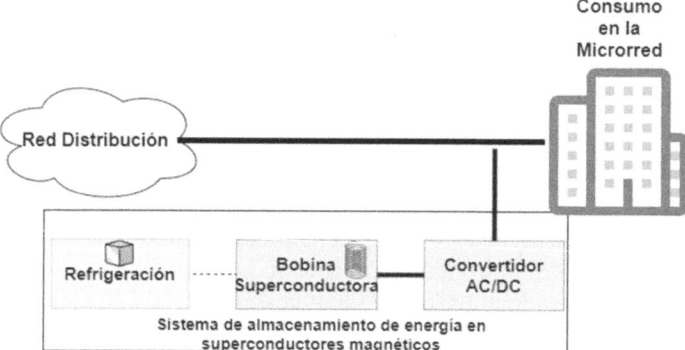

Figura 3.41. Esquema de un sistema de almacenamiento de energía basado en superconductores magnéticos. Fuente: elaboración propia a partir de componentes de [240], [241].

La Ecuación (3.23) muestra la energía acumulada (Ws) en un dispositivo como el planteado [3]:

$$E = \frac{1}{2} \cdot L \cdot I^2 \tag{3.23}$$

donde

L: inductancia de la bobina (Hr).

I: corriente que pasa a través de ella (A).

Aunque es el sistema de almacenamiento con menores pérdidas, el alto coste de los superconductores hace que su uso comercial sea muy limitado. Las altas exigencias energéticas de refrigeración y los límites de energía total capaz de almacenar el sistema hacen que los sistemas de almacenamiento de energía en superconductores magnéticos se empleen para cortos periodos de tiempo. En principio, en estado estacionario la bobina no disipa energía, por lo que es posible conservarla de forma indefinida [186].

Su aplicación en microrredes eléctricas es limitada en estos momentos, pero el departamento militar en Estados Unidos viene empleándolo desde 1996 en sistemas de apoyo a la red eléctrica, concretamente para garantizar el suministro eléctrico en ciertas interrupciones y en llenado de huecos de tensión [197]. Por tanto, es de esperar que, poco a poco, vayan integrándose de forma más regular en las microrredes, pensando por ejemplo en garantizar el suministro eléctrico, operaciones de desconexión y conexión de la microrred eléctrica de la infraestructura eléctrica de distribución o *black start*.

3.6.8. Tecnología de supercondensadores

La *tecnología de supercondensadores* se basa en el almacenamiento de energía eléctrica en forma de cargas electroestáticas confinadas en dispositivos que presentan una gran superficie entre los electrodos que presentan, estando además muy juntos. Presentan baja densidad de energía con alta densidad de potencia con lo que son extremadamente útiles para la regulación de tensión y frecuencia [11], [138], [186].

La Ecuación (3.24) muestra la energía acumulada (Ws) en un dispositivo como el planteado [3]:

$$E = \frac{1}{2} \cdot C \cdot V^2 \tag{3.24}$$

donde

V: tensión en bornes del supercondensador (V).

C: capacidad que presenta (faradios).

Los supercondensadores tienen la capacidad de ser cargados y descargados en un breve periodo de tiempo [138], por lo que los hace muy atractivos para ciertas operaciones críticas en las microrredes eléctricas, como, por ejemplo, ante interrupciones de suministro en cargas críticas y para la transición adecuada entre el modo de operación conectada a red y en isla. Además de los bajos tiempos de respuesta, es posible realizarle una gran cantidad de ciclos de carga y descarga, lo que le hace interesante con respecto a su fiabilidad.

3.7. Resumen

Los recursos energéticos son cada vez más limitados en nuestro planeta. En esta línea, los recursos renovables se presentan muy atractivos para su consumo, ya que, por un lado, crean empleo local y posibilitan el uso de los recursos locales y por otro, son medioambientalmente menos agresivos que los recursos energéticos fósiles.

El concepto de microrred eléctrica está estrechamente ligado con el uso racional de los recursos energéticos y con el empleo de los recursos locales donde la microrred eléctrica es diseñada. Por ello, tanto si el recurso es renovable como si no, parece sensato el poder generar la energía necesaria para abastecer la demanda energética que se precisa mediante los recursos energéticos locales. Además, si los recursos locales son renovables se conseguirá que la microrred eléctrica sea energéticamente no agresiva con el medio ambiente.

El concepto de generación distribuida es fundamental para el despliegue de la microrred eléctrica. Las tecnologías disponibles de generación distribuida, tanto renovables como dependientes de combustibles fósiles, deben integrarse en las microrredes eléctricas, ya que éstas precisan generación local y no dependiente de la red para cubrir su demanda existente.

La mayoría de las tecnologías aplicables a generación distribuida para su integración en la microrred eléctrica son heredadas de las ya existentes a gran escala. El concepto *escala* es fundamental, ya que la potencia instalada en generación distribuida en una microrred eléctrica es muy inferior a la potencia instalada en plantas clásicas, con independencia de su origen (renovable o no) y si es o no considerada como generación distribuida.

En una microrred eléctrica, el balance entre generación y demanda no será posible al menos que dispongamos de sistemas de almacenamiento eléctrico distribuido. Las tecnologías existentes permiten realizar una combinación muy variada de sistemas que pueden ir asociadas a elementos de generación distribuida renovable, o simplemente ser elementos cuya finalidad sea el tratar de estabilizar la microrred eléctrica en condiciones de operación en isla.

Los avances de investigación, tanto para la generación distribuida como para los sistemas de almacenamiento eléctrico distribuido, deben continuar con la mejora de eficiencia y costos de éstos. La eficiencia global de los sistemas distribuidos en general permitirá conseguir que dichos sistemas reduzcan sus costes de operación. Además, es imprescindible tratar de abaratar los costes de mantenimiento, tanto para la generación distribuida como para el almacenamiento eléctrico distribuido.

Para terminar, es preciso destacar la necesidad de estandarizar algunos conceptos relacionados con la generación distribuida y el almacenamiento eléctrico distribuido. Al igual que en el concepto de microrred eléctrica, parece necesaria la uniformidad de sus niveles de tensión y potencias a nivel mundial, lo mismo puede aplicarse a los conceptos de generación distribuida y de almacenamiento eléctrico distribuido. Por este motivo, ya no es tanto un problema de un mayor o menor abanico de tecnologías posibles y disponibles, sino más bien una cuestión de homogeneizar criterios de definición para poder convertir la solución en extrapolable entre países. La microrred eléctrica precisa de unos criterios claros de definición, que a su vez exige que sus componentes, en este caso la generación distribuida y el almacenamiento eléctrico distribuido, también queden perfectamente establecidos.

3.8. Preguntas y cuestiones de autoevaluación

1. Defina el concepto de energía.

2. Realice una clasificación de las distintas manifestaciones de la energía y explique cada una de ellas.

3. Realice una clasificación de las diferentes fuentes de energía atendiendo a su proceso de transformación y explique cada una de ellas.

4. Defina la constante solar y diga su valor de forma aproximada.

5. Con respecto a la radiación solar, escriba la ecuación que describe la radiación global y defina cada uno de los componentes que la forman.

6. Atendiendo a las fuentes de energía procedentes del Sol, explique el término de energía instantánea y acumulada.

7. Según la Tabla 3.1, identifique la fuente de energía con mayor y menor potencial energético.

8. Según la Tabla 3.1, identifique la fuente de energía con mayor y menor consumo.

9. Según la Tabla 3.1, agrupe las fuentes de energía en las que tienen una disponibilidad ilimitada de las que no.

10. Defina generación distribuida y muestre los rasgos diferenciadores entre la generación distribuida clásica de la instalada en el punto de consumo final.

11. En una microrred eléctrica se pretende instalar dos componentes generadores, uno será una planta solar fotovoltaica de 1 MW y el otro un grupo generador diésel, con capacidad para generar 1 kW de potencia eléctrica en una casa concreta. A partir de estos componentes y teniendo presente las posibles clasificaciones de la generación distribuida, realice una clasificación completa de estos componentes.

12. Enumere las ventajas que aporta la generación distribuida cuando se integra en una microrred eléctrica.

13. Realice una clasificación completa, atendiendo a distintos criterios, del almacenamiento eléctrico distribuido.

14. Asumiendo que el almacenamiento eléctrico tiene un claro papel en el sistema eléctrico, trate de particularizar la responsabilidad que éste adquiere cuando se integra en la microrred eléctrica.

15. Escriba la ecuación que permite calcular la eficiencia energética en una cogeneración y de unos valores típicos de lo que supone la misma.

16. En dos diagramas P-V, dibuje el ciclo Otto y diésel e indique todos los procesos que cada etapa realiza, para posteriormente describirlos. ¿Cuál es la principal diferencia entre los ciclos Otto y diésel?

17. En una microrred eléctrica se instalada un grupo generador basado en un motor de 4 tiempos de gasolina (ciclo Otto). Si el fabricante del motor nos garantiza que la relación de compresión es de 8, calcular el rendimiento del motor de combustión interna que tendrá la microrred eléctrica.

18. Se quiere instalar una máquina eólica tripala de eje horizontal en una microrred eléctrica. El fabricante nos da la siguiente información: la máquina comienza a generar potencia eléctrica a 2 m/s, consigue su potencia nominal de 5 kW a una velocidad de viento de 6 m/s, la cual es mantenida de forma constante hasta los 20 m/s que por motivos de seguridad la máquina se para. Asumiendo una curva de potencia ideal, representarla en un diagrama y explicarla detalladamente.

19. Para la misma máquina del enunciado 18 se sabe que a una velocidad del viento de 4 m/s se obtiene una velocidad en punta de pala de 20 m/s. En esas condiciones, calcular la velocidad específica que presenta la turbina eólica.

20. En una microrred eléctrica se instala una turbina eólica tripala de la que se sabe los siguientes datos a partir de una prueba en campo: potencia mecánica extraída del viento 1000 kW a una velocidad de viento de 15 m/s, radio de la pala 20 m. Calcular el coeficiente de potencia que la máquina ha presentado en esa prueba. Nota: tomar una densidad del aire de 1,29 kg/m^3.

21. En una microrred eléctrica se decide instalar una planta solar fotovoltaica, pero antes de hacerlo, se necesita hacer unos cálculos a partir del módulo del fabricante seleccionado. El fabricante garantiza en las condiciones estándar (temperatura de célula 25 ° y radiación solar 1000 W/m^2) los siguientes datos: tensión a circuito abierto 48,3 V, corriente de cortocircuito 11,37 A, tensión en el punto de máxima potencia 40,3 V y corriente en el punto de máxima potencia 10,68 A. Dibujar la curva característica I-V aproximada del módulo solar fotovoltaico analizado.

22. A partir de los datos del enunciado de la pregunta 21, calcular el *fill factor* que presenta el módulo solar fotovoltaico.

23. Se decide instalar una planta solar fotovoltaica en la microrred eléctrica con el módulo de 21, para obtener una potencia total de 17,2 kW. Se necesita que cada *string* planteado llegue a una tensión próxima a 800-810 V. A partir de los datos de máxima potencia, calcular el número de módulos necesarios a poner en cada *string* y el número de éstos para conseguir la potencia requerida por la planta a instalar.

24. na microrred precisa de consumos eléctricos y térmicos y el emplazamiento donde se quiere instalar presenta un recurso solar alto a lo largo de todo el año. Con el objetivo de minimizar el espacio requerido para la instalación, justifique qué tecnología sería interesante estudiar, para que minimice la necesidad de espacio y que genere energía eléctrica y térmica de forma simultánea.

25. En una microrred eléctrica cuenta con la suerte de que tiene un río fluyente que pasa por la misma. Están planteando la instalación de un sistema de turbinado hidráulico y les gustaría saber la altura a la que deberían tomar el agua de la tubería forzada que llega a la sala de turbinas, para satisfacer las siguientes necesidades: potencia del flujo de agua de 10 kW, 1 m^3/s de caudal disponible.

26. A partir de la potencia del flujo de agua de la pregunta anterior, si se sabe que el rendimiento hidráulico total (tubería y máquina hidráulica) es de 0,75, el rendimiento eléctrico y electrónico (conjunto) es de 0,85, se quiere calcular de una forma aproximada la potencia eléctrica entregada por la instalación hidráulica a la microrred eléctrica.

27. En las condiciones de 25 y 26, se pretende saber de forma aproximada el tipo de turbina hidráulica a instalar, para lo cual se decide calcular la velocidad específica en esas condiciones. ¿Qué turbina hidráulica se precisará en base a la velocidad específica calculada? Nota: 1 W son 736 CV, aproximadamente.

28. En una microrred eléctrica se está valorando el instalar un *flywheel* como almacenamiento energético. Un fabricante les dice que les instalará un sistema cuyo disco de giro tiene una forma de cilindro de 20 cm de radio y una longitud de 4 cm, el cual girará a 300 rpm. Calcular su energía acumulada en esas condiciones.

29. En una microrred eléctrica se plantea instalar una bobina superconductora como almacenamiento de energía. Si se pretende almacenar 10 000 Ws en una bobina con una inductancia de 100 Hr, ¿cuál es la corriente que se le debe hacer circular?

30. Responder la pregunta 29, pero ahora, en lugar de una bobina superconductora, se quiere valorar instalar un supercondensador. Si se pretende almacenar la misma energía, ¿cuál será el valor de la capacidad del supercondensador si se quiere emplear una tensión en sus bornes de 1000 V?

Capítulo **4**

SISTEMAS DE COMUNICACIONES, MONITORIZACIÓN Y GESTIÓN DE LA ENERGÍA EN LA MICRORRED ELÉCTRICA

"Todos tenemos la esperanza de que el mundo pueda ser un lugar mejor donde vivir y la tecnología puede colaborar para que ello suceda"

—Timothy John Berners-Lee—

"Los ojos son testigos más exactos que los oídos" —Heráclito—

4.1. Introducción

El capítulo comienza con una frase del padre de la web, donde expresa un deseo de un mundo mejor y considera que la tecnología puede contribuir a conseguirlo. La definición de tecnología deja abierta multitud de caminos para diferentes áreas, concretamente en el área de las Tecnologías de la Información y Comunicaciones (TIC), los sistemas de comunicaciones han sido y serán uno de los grandes pilares de éstas.

Posteriormente a esa frase y complementándola, el comienzo del capítulo muestra una frase de Heráclito, tratando de centrar la atención del contenido en la monitorización y la gestión. La observación, o mejor dicho la monitorización se presenta como fundamental en la microrred eléctrica. Es evidente que, si no somos capaces de ver, tampoco lo seremos para poder actuar en consecuencia, por tanto, para poder realizar gestión de la energía en una microrred eléctrica, se debe poder monitorizar lo que ocurre en la misma.

La monitorización se fundamenta en TIC por medio de la infraestructura de comunicaciones. No obstante, no toda la monitorización es similar y se pueden tener datos cuyo propósito sea la toma de decisión instantánea o pueden existir datos cuyo objetivo sea su posterior tratamiento y análisis para otra finalidad. Por tanto, se puede hablar de monitorización para procesos *online* u *offline*.

La monitorización y el sistema de gestión de la energía (*Energy Management Systems*, EMS) de una microrred eléctrica sirven para el seguimiento *online*, la monitorización exhaustiva de la generación distribuida, del almacenamiento eléctrico distribuido y de las cargas existentes en la microrred eléctrica. Tanto para la operación de la microrred eléctrica conectada a la red de distribución, como para la operación en modo isla, así como para la transición entre ambos modos, la monitorización y el sistema de gestión de la energía sirven para controlar y optimizar los elementos de generación distribuida, el almacenamiento eléctrico distribuido y las cargas. De esta forma, se asegura la operación estable y segura de la microrred eléctrica tratando de maximizar el uso de la energía en la misma.

Pero antes de hablar de sistemas de comunicaciones, monitorización y gestión de la energía, el lector debería preguntarse, ¿y por qué está agrupación en este capítulo? Pues bien, a continuación, trataremos de despejar esta duda y justificar esta decisión. La pregunta se responde teniendo presente lo que hemos visto en el Capítulo 2, debemos recordar que existe una capa física formada por la infraestructura eléctrica y la de comunicaciones y unos componentes de generación y almacenamiento eléctrico distribuidos a lo largo de la microrred, los cuales deberán ser capaces de informar al sistema de gestión de la energía y que deben ser controlados. Por tanto, parece que la infraestructura de comunicaciones es vital y que debe apoyarse en un sistema de comunicaciones, para que , de esta forma, podamos monitorizar los sucesos ocurridos a nivel de campo. Pero ¿qué es este sistema de monitorización y de quien depende? y su respuesta es muy clara, monitorización va a depender del sistema de gestión de la energía, al igual que dependerá control y protección, tal como se muestra en la Figura 4.1.

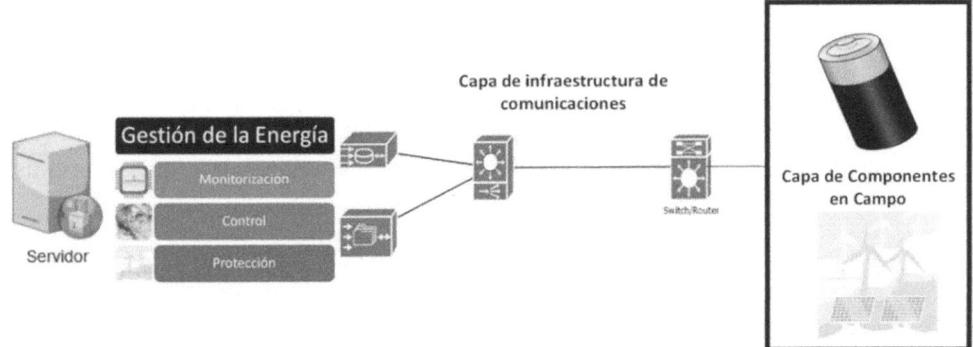

Figura 4.1. Esquema simplificado de la arquitectura del sistema de comunicaciones, monitorización y gestión de la energía de la microrred. Fuente: elaboración propia a partir de componentes de [56], [102], [103], [108].

¿Esto significa que uno de estos sistemas prevalece sobre los otros? Pues honestamente, la respuesta debería ser no, ya que unos dependen de otros. Se necesita llegar a la capa de campo para medir y actuar, para que, de esta forma, pueda monitorizar las variables interesantes a través de la infraestructura del sistema de comunicaciones. A partir de estas medidas, los distintos procesos del sistema de gestión de la energía tomarán decisiones, las cuales, en algunos casos, propiciarán decisiones que involucren cambios en los elementos de campos, por lo que, de nuevo, será necesario el sistema de comunicaciones. Sí es cierto, como se aprecia en la Figura 4.2 (que representa las relaciones entre los sistemas comentados), que en este libro se destaca el sistema de gestión de la energía sobre los demás, ya que en éste se producen los procesos desencadenantes y son el corazón de la microrred eléctrica.

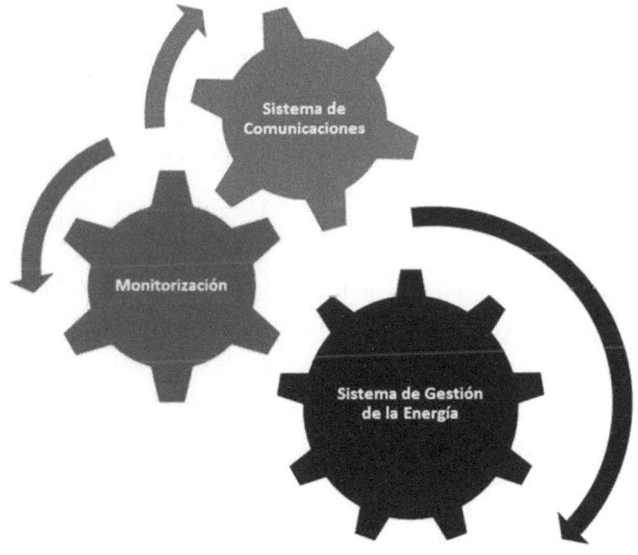

Figura 4.2. Esquema de relación entre el sistema de comunicaciones, monitorización y gestión de la energía de la microrred. Fuente: elaboración propia.

Tal como se ha comentado, la gestión de la microrred eléctrica se soporta en la información disponible a través del sistema de comunicación disponible, por tanto, la gestión de la energía está fundamentada, sí y sólo sí, existe monitorización de la información que fluya por la infraestructura de comunicaciones.Y, volviendo a la Figura 4.1, el lector podría preguntarse, ¿qué pasa con control y protección? En este libro de texto, protección y control son dependientes de los procesos internos del gestor de la energía, por lo que se ha considerado tratarlo independientemente en el siguiente capítulo.

Por tanto, en este capítulo nos centraremos en los sistemas de comunicaciones, monitorización y gestión de la energía de la microrred. Para ello y para los tres sistemas, se comenzarán explicando algunos fundamentos de éstos para posteriormente aterrizarlos en la microrred. El capítulo finaliza con tres ejemplos en la sección de caso de uso, donde se explicarán estos tres importantes sistemas en tres distintas microrredes, cada una de ellas en una ubicación distinta del planeta y con componentes tan diferentes que hace más interesante su exposición.

4.2. Sistemas de comunicaciones

En esta sección presentaremos los principios fundamentales en los que se sustentan los sistemas de comunicaciones. Para comenzar, se hará una introducción y presentación de los elementos básicos de estos sistemas. Posteriormente, se hará una clasificación en base a distintos criterios, así como ciertas características de éstos. Continuaremos mostrando las singularidades del modelo OSI y TCP/IP, para posteriormente presentar los principales estándares para las comunicaciones y los componentes básicos de un sistema de comunicaciones. Una vez entendida la forma de comunicarse, se realizará un análisis de los sistemas de comunicaciones en la microrred eléctrica.

Esta sección no pretende ser un texto de referencia en comunicaciones, puesto que ya hay textos especializados sobre el tema. Se recomienda al lector que quiera profundizar en conceptos de comunicaciones que consulte los libros que a continuación se indican [242]–[245]. No obstante, esta sección trata de ser un documento básico de consulta para que el lector no experto en comunicaciones tenga unas nociones elementales sobre el tema.

4.2.1. Introducción

Para comenzar, daremos algunas definiciones interesantes y que permitirán entender el concepto que estamos analizando. Según la RAE, entendemos por sistema:

"Conjunto de reglas o principios sobre una materia racionalmente enlazados entre sí", o

"Conjunto de cosas que relacionadas entre sí ordenadamente contribuyen a determinado objeto."

La RAE define comunicación como:

"Transmisión de señales *mediante un código común al emisor y al receptor."*
Por tanto y atendiendo a las definiciones anteriores, un sistema de comunicaciones involucrará a una serie de elementos, los cuales, conectados entre sí, perseguirán un objetivo, para lo cual se necesita el envío de unas señales previamente codificadas entre al menos dos protagonistas, el emisor y el receptor.

En el caso que nos ocupa, esas señales vendrán representadas por datos, los cuales, como veremos más adelante, representarán diferentes contenidos. No nos confundimos si decimos que estamos ante un reto de comunicación o transmisión de datos y éstos podrán representar acciones, instrucciones, consignas de control, etc. La RAE vuelve a definir la transmisión de datos como:

"Servicio de telecomunicaciones consistente en el transporte de información, distinta a la voz, entre puntos distantes y que incluye servicios de datos como X. 25, Frame Relay, ATM o IP. La transmisión puede realizarse, a su vez, sobre distintos tipos de redes, como son las líneas RDSI, los circuitos alquilados, las redes VSAT o incluso la RTB."

En la definición anterior se aclara que la transmisión de datos requiere de la comunicación entre puntos distantes y que su función principal será la transmisión de la información y, aclarando, que debe ser distinta a la voz. Esta definición habla de distintos servicios de los datos y, como veremos más adelante, esto es otra cuestión fundamental.

4.2.2. Elementos de un sistema de comunicaciones

Tenemos que interconectar dispositivos para comunicar información y una forma básica de mostrar cómo hacerlo lo vemos en la Figura 4.3. Esta figura muestra un posible esquema que representa un sistema de comunicación convencional, compuesto de los siguientes elementos: emisor, receptor, código o protocolo, canal, mensaje y ruido.

Entendemos por *emisor* al dispositivo que decide comunicarse con otro (u otros). Podemos decir que será el encargado de comenzar la comunicación y transmitir o recibir la información involucrada en este proceso.

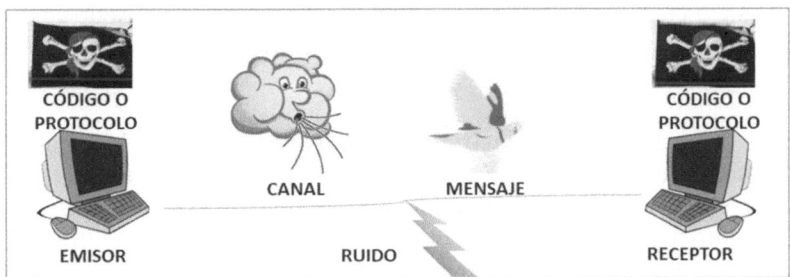

Figura 4.3. Esquema de un sistema de comunicación convencional. Fuente [245], elaboración propia a partir de componentes de [246], [247].

El *receptor* será aquel dispositivo, de la misma clase o distinta al emisor, destinado a recibir la información enviada por el emisor. Una vez establecida la comunicación, es posible que el receptor también envíe información y, por tanto, se convierta en emisor.

El *código* o *protocolo*, representado en nuestra figura por la bandera pirata, viene a representar el acuerdo establecido entre emisor y receptor para poder entender la comunicación establecida. Imaginemos que el emisor habla español y el receptor sólo habla italiano, en este caso no podrá producirse la comunicación entendible a menos que uno de ambos hable el idioma del otro y pacten hablar el que ambos conocen, o que empleen un traductor que hable ambos idiomas para usarlo como intermediario en la comunicación.

El *canal*, representado en nuestro dibujo por el viento que sopla y envía el mensaje a comunicar, es el camino que se establece y emplea para el envío del mensaje a transmitir. El canal es conocido como medio también.

El *mensaje*, representado en nuestro dibujo por la carta transportada por la paloma, es realmente la información que el emisor quiere compartir con el receptor y, como se verá más adelante, puede ser de distinta naturaleza.

El *ruido*, representado en nuestro dibujo por un relámpago, es la información no deseada que es incorporada en el mensaje a transmitir y que puede originar confusión en el receptor.

Se han presentado, de una forma muy básica, los diferentes componentes de un sistema de comunicación y que estarán presentes igualmente en una microrred eléctrica. Tanto emisor como receptor podrán ser un computador, un teléfono, una Tablet, pero también un microgenerador, un elemento de almacenamiento eléctrico distribuido o una carga. A partir de esta simplificación de un sistema de comunicaciones, pasaremos a detallar algunos rasgos fundamentales de éstos y el lector debe tener en cuenta que la unión de todos estos rasgos son los que le permitirán tener una noción básica de este sistema.

4.2.3. Clasificación y características de los sistemas de comunicaciones

Esta sección estará centrada en hacer una clasificación de los sistemas de comunicaciones, atendiendo a diversos criterios, la cual servirá para detallar las particularidades que presentan dichos sistemas.

Pero, antes de comenzar esta clasificación, volvamos de nuevo la mirada a las partes básicas del sistema de comunicaciones. Cuando tratamos de mandar un mensaje y lo que a continuación vamos a decir dependerá de la naturaliza de éste, estamos condicionados con unas características de la transmisión que definirán de forma cualitativa y cuantitativa este proceso de transmisión. Podemos decir que estos rasgos caracterizarán al sistema de comunicaciones desde una perspectiva efectiva y éstos pueden verse en la Figura 4.4.

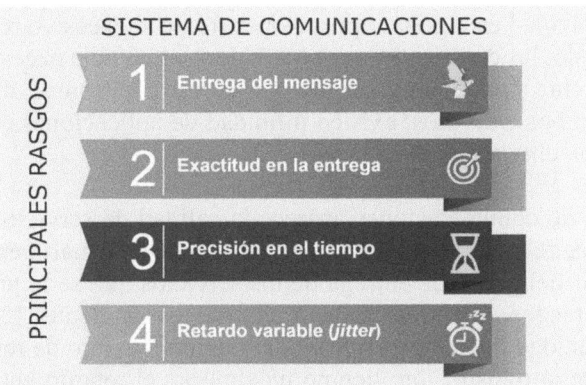

Figura 4.4. Principales rasgos que caracterizan a una comunicación. Fuente [245], elaboración propia.

El emisor tiene la responsabilidad (entre otras) de enviar el mensaje hasta el receptor, pero es preciso que éste sea el que el emisor quiere y no otro. Esta labor de asegurarse de que la entrega del mensaje sea correcta es asumida por la *entrega del mensaje*. El gestor de la energía de la microrred eléctrica debe estar seguro de que cuando precisa información de campo de la planta solar fotovoltaica 1, lo que recibe es de ella y no de otro componente de la microrred eléctrica.

Ya hemos visto que existe la posibilidad de ruido en la transmisión, lo que puede hacer que el mensaje sea alterado. Pues bien, además de una entrega correcta, el mensaje debe ser entregado de una forma *exacta*, esto es, sin alteraciones con respecto al envío del emisor. Si el sistema de gestión de la energía envía una orden de cambio de potencia de un generador eólica dispuesto en la microrred eléctrica, el dato de ajuste de la potencia activa debe ser el enviado y no ser alterado por el camino o en la recepción.

Además, el mensaje debe tener en muchas ocasiones puntualidad en el tiempo y esto será una responsabilidad de la *precisión en el tiempo*. Como veremos más adelante, existe un tipo de mensaje en el que esta cualidad de la precisión en el tiempo es fundamental, como pueda ser el transporte de datos de vídeo. Existen procesos en la microrred eléctrica que precisan de cierta necesidad de puntualidad en la entrega de la información, pensemos en el proceso de monitorización de la situación de las cargas, la información vista en el panel de monitorización debe corresponderse a lo que en ese momento (o casi ese momento) se está produciendo.

Unido a lo anterior surge la necesidad de controlar el *retardo variable* (*jitter*) en la entrega de la información. Este rasgo mide la variabilidad en el retardo de la entrega del mensaje y en determinado tipo de transmisión, esta variabilidad no debe existir, como por ejemplo en la transmisión de vídeo. Si en la microrred el operador de la microrred eléctrica puede tener una ventana de monitorización en tiempo real de un proceso en esta, el cual es controlado mediante una secuencia *online* de vídeo; una variabilidad en la entrega de la información en el receptor (ventana de monitorización del operador) puede hacer que el proceso sea ineficiente.

Existe cierta criticidad en algunas aplicaciones frente al excesivo retardo en las comunicaciones. Por ejemplo, las comunicaciones por videoconferencia necesitan que no exista un excesivo retardo, frente a por ejemplo al envío de correo electrónico, donde el retardo no es tan crítico. Entre ambos extremos, existen infinidad de aplicaciones con rangos diferentes de sensibilidad hacia el retardo [244].

En los sistemas de comunicaciones aparece la calidad de servicio (*Quality of Service*, QoS) y es una forma de medir el grado de satisfacción de un usuario en la transmisión de la información a partir del grado de entrega de los servicios que se le prestan. Si se tiene en cuenta QoS, a los rasgos anteriores deben incluirse los siguientes [243]: número de bits transmitidos en la unidad de tiempo establecida; tiempo máximo de retardo en el establecimiento del inicio de la transmisión; tiempo máximo en el retardo entre los dos extremos; máxima variación existente en el *jitter*; y el máximo tiempo en el retardo en la ida y la vuelta de la transmisión.

En la Figura 4.5 se muestra la clasificación de un sistema de comunicación atendiendo a los distintos criterios [242]-[245].

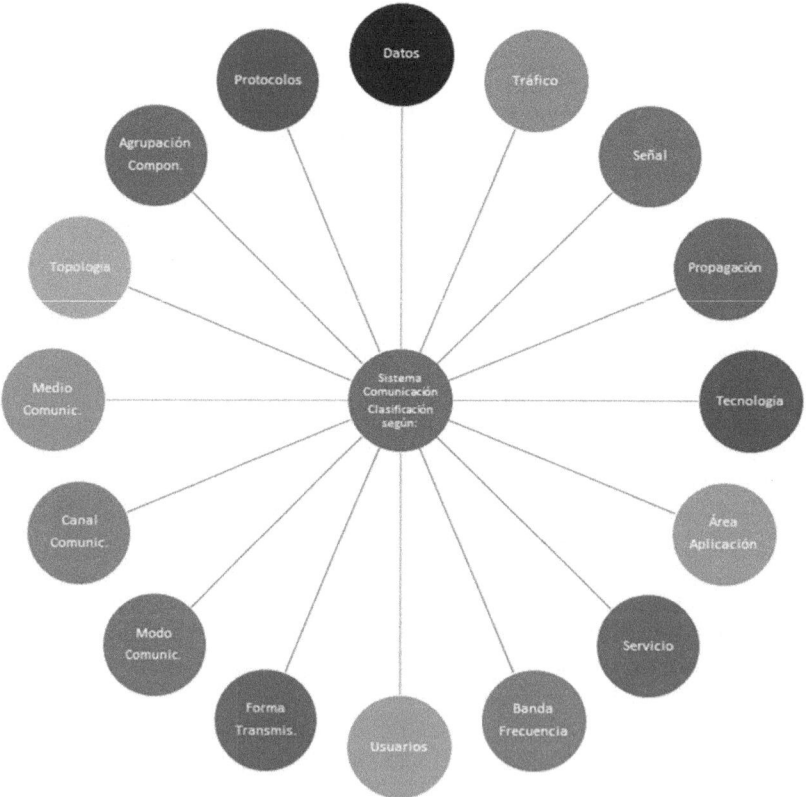

Figura 4.5. Clasificación de los sistemas de comunicaciones atendiendo a distintos criterios. Fuente: elaboración propia.

Los criterios de clasificación son: datos y sus características; tráfico y sus características; señal empleada; propagación empleada; tecnología desplegada; área de aplicación; servicio desplegado; banda de frecuencia empleada; usuarios que emplean el sistema; forma de transmitir los datos; modelo de comunicación empleado; canal de comunicación disponible; medio de comunicación empleado; topología de red desplegada; la forma de agrupar sus componentes; y por los protocolos empleados. A continuación, se darán las principales características de los sistemas de comunicaciones atendiendo a estos criterios de clasificación.

4.2.3.1. Datos desplegados

Lo primero que debemos tener presente es que la información a transmitir por nuestro sistema puede ser diferente y esto tendrá una influencia u otra en las necesidades propias del sistema de comunicaciones. El rasgo común para todos ellos es que, con independencia del tipo de dato, la información a transmitir consistirá en una secuencia de bits cuya cantidad total definirán el tamaño del mensaje a transmitir. Entre otras características, el tamaño del mensaje, clase de datos a transmitir y tipo de aplicación empleada, serán fundamentales para configurar el sistema de comunicaciones a desplegar.

Y esto que parece una labor sencilla, parece complicada cuando miramos distintos autores que hablan de los tipos distintos de datos que conforman el mensaje en la comunicación. Nosotros hemos considerado agrupar estos datos según la agrupación siguiente [243], [245]:

- Datos de tipo *texto*: como bien indica [245], la secuencia de bits que conforman el mensaje a transmitir se conoce como *patrón binario*, ya que es un conjunto de ceros y unos y dispondremos de diferentes formas de representar los símbolos que queramos transmitir y existen distintas formas de representar estos conjuntos y reciben el nombre de *código*, pudiendo tener el código *Unicode* (32 bits para representar un único carácter), *ASCII* (código de 7 bits y está basado en el alfabeto latino), entre otros. Algunos autores consideran los números como un tipo de dato como es considerado el texto, pero como acabamos de ver en el código *ASCII*, no existe diferenciación entre un carácter de texto y un número, ya que pueden ser representados con una combinación de bits determinada y única. Dicho esto y hablando de texto a transmitir, podemos encontrarnos con texto con o sin formato y el hipertexto y puede aplicarse compresión [243].

- Datos en *imágenes*: este tipo de datos también se transmite en bits y su unidad elemental es el *píxel*, que puede entenderse como una matriz de dos dimensiones y cuyo conjunto de *pixeles* conforman la imagen en cuestión. Cada *píxel* estará formado por un número determinado de bits y su cantidad dependerá de la calidad de la imagen y ésta de la aplicación para la cual se ha realizado la imagen. Para imágenes en blanco y negro, cada *píxel* puede estar formado por 8 bits, en cambio, las imágenes en color podrán estar formadas por un número diferente de bits, siendo lo habitual 8, 16, 24 o 32. Las imágenes pueden estar generadas por computador o ser imágenes digitalizadas (fotografías, documentos, etc., todos ellos digitalizados) y en la mayoría de los casos suelen ir acompañados de algún sistema de compresión [243].

- Datos de *vídeo*: normalmente, las cámaras de grabación de vídeo son dispositivos digitales, las cuales capturan de forma secuencial imágenes consecutivas y siendo cada una de estas imágenes elementales el *frame* [243]. Por tanto, una secuencia de vídeo puede verse como la exposición de imágenes de una forma continuada y con una relación clara entre unas y otras. Los datos de vídeo precisan de algún sistema de compresión en la mayoría de las situaciones.

- Datos de *audio*: la principal característica del audio es que es un fenómeno continuo y no es discreto como ocurre con la imagen, el vídeo o los datos [245]. La señal de audio es de naturaleza analógica, lo cual hace que sean precisos convertidores analógico-digitales y viceversa, para su transmisión y reproducción. Un convertidor analógico-digital es en esencia un dispositivo que muestrea la señal analógica a una frecuencia concreta, en el caso de la voz humana, el muestreo se produce a 8 kHz, lo que es lo mismo a 8 bits por cada una de las muestras efectuadas. Al igual que el vídeo, normalmente suele disponer de algún algoritmo de compresión [243].

Y ¿qué tipo de datos nos podemos encontrar en una microrred eléctrica? Pues esta respuesta es complicada de contestar, ya que en una primera instancia deberíamos contestar que todos los datos anteriormente presentados estarán en la microrred y, por tanto, el sistema de comunicaciones en mayor o menor medida deberá distribuirlo en algún momento dado. Evidentemente, el tráfico de datos de tipo texto será lo principal, ya que el flujo de información desde los elementos de campo hasta los servidores centrales que albergar el sistema de gestión de la energía existirá de forma constante y natural. No es posible la toma de decisiones sin la información de campo, por lo que la infraestructura de comunicaciones deberá transportar datos de tipo texto de forma constante. Además, las decisiones tomadas desde el sistema de gestión de la energía y que involucren actuaciones en los componentes de campo, serán enviadas en forma de texto en la mayoría de los casos, por lo que el flujo de este tipo de datos será bidireccional. A partir de la recepción de este tipo de datos por parte del sistema de gestión de la energía, éste decidirá qué hacer con éstos, ya que algunos serán para servir al sistema de monitorización en tiempo real, otros para incorporar a los distintos procesos de toma de decisión (*online* u *offline*) y en la mayoría de las ocasiones, los datos serán almacenados en base de datos. Normalmente, el tráfico tipo texto viene formando un único archivo, por lo que las distintas variables vendrán dentro de éste y esto obligará al sistema de gestión de la energía a disponer de un proceso que segmente las distintas variables, para posteriormente poderlas almacenar en base de datos.

El flujo de datos en forma imagen también puede ser necesario en la microrred eléctrica. Por ejemplo, los operadores de ésta necesitarán pantallas de monitorización (interfaces) donde se muestren diferentes esquemas o fotografías de las distintas partes de la microrred eléctrica o de determinando componente. Los operadores de la microrred suelen emplean un SCADA que les permite visualizar los datos en tiempo real sobre un esquemático (figura, unifilar, fotografía, etc.) y que así puedan posicionar las distintas variables a controlar.

Con los datos tipo vídeo ocurre lo mismo, en numerosas ocasiones, los operadores necesitan monitorizar en tiempo real algún tipo de componente de la microrred eléctrica. En esta ocasión, no estamos hablando de monitorizar sus variables, sino el propio dispositivo físico, por lo que el vídeo deberá poder supervisar el estado de alguna parte del componente, o toda la sala donde se encuentra.

La Figura 4.6 representa el flujo de los datos por su tipo, según lo indicado arriba. La figura representa el sistema de gestión de la energía de una multimicrorred eléctrica (multi-ME), por lo que éste deberá intercambiar información con los componentes de campo (en cada una de las dos microrredes eléctricas) y con los operadores del sistema y los propios elementos del sistema de gestión de la energía (servidores, clúster, base de datos, etc.). Las dobles flechas indican la bidireccionalidad del flujo, mientras que su color indica el tipo de dato en cuestión. En todos los niveles del sistema de comunicaciones existirá tráfico de datos tipo texto, mientras que imagen y vídeo estará concentrado en las proximidades del sistema de gestión de la energía, aunque como se muestra en el diagrama, en algunos elementos de campo también existirá este tipo de datos, concretamente en los elementos donde se quiera obtener este vídeo para la supervisión.

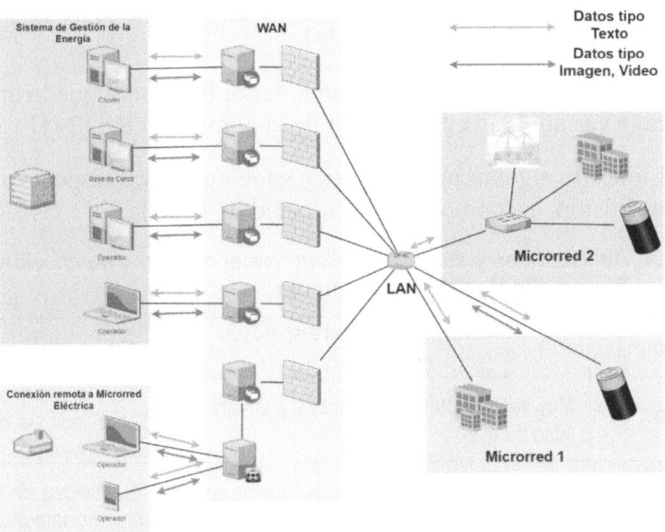

Figura 4.6. Esquema representativo del flujo de datos según su tipo en una multimicrorred eléctrica. Fuente: elaboración propia a partir de componentes de [56], [108].

En la figura anterior hemos visto escritas las palabras LAN y WAN, sistemas que serán explicados más adelante.

¿Y qué pasa con los datos de tipo audio? Es evidente que una microrred eléctrica deberá disponer de un sistema de comunicaciones destinado a la interconexión por voz con el servicio de mantenimiento, ya que la mayoría de este tipo de comunicaciones se realizarán con algún sistema que precise el tráfico de voz. No obstante, el servicio de voz puede considerarse como externo al sistema de comunicaciones propio de la microrred eléctrica, quien deberá estar centrado en el tráfico de datos destinado a la gestión y control de componentes. Hoy en día es común el empleo de sistemas de telefonía móvil para la labor del mantenimiento, por lo que no tiene sentido considerarlo como interno de la propia microrred eléctrica. Con respecto al servicio de mantenimiento de esta, en los últimos años se están empleando sistemas de comunicaciones a partir de datos para una primera comunicación con el servicio de mantenimiento de los componentes de la microrred eléctrica [248].

4.2.3.2. Tráfico generado

Algunos autores se centran en el tipo de tráfico y lo clasifican en [244]: *elástico* y *no elástico*. Esta característica de elasticidad está relacionada con la capacidad que tiene la información transmitida para estar afectada por las variaciones en los retardos existentes en la entrega.

En este sentido, el *tráfico elástic*o es aquel que puede soportar en cierta medida estas variaciones en los retardos existentes en la comunicación. Cuando nos referimos a soportar, queremos decir que las aplicaciones dependientes de la información transmitida pueden tolerar estas variaciones en el retardo. Normalmente serán aplicaciones basadas en TCP/IP, ya que permitirán cierta adaptación a las congestiones en la red y podrán resolver estas situaciones con el control de flujo de datos [244].

En cambio, el *tráfico* será *no elástico* cuando las aplicaciones que lo empleen no toleren de buena manera la variabilidad en el retardo de la comunicación [244].

La Tabla 4.1 muestra algunas aplicaciones y su relación con respecto a la sensibilidad al retardo en la transmisión, así como con la criticidad de aquella.

Tabla 4.1. Aplicaciones y su dependencia con el retardo y su criticidad de uso.
Fuente [244], elaboración propia.

Aplicación	Sensibilidad con respecto al retardo	Criticidad de la aplicación
Voz sobre IP (VoIP)	Muy sensible frente al retardo y a la variabilidad de éste.	Puede ser crítico para ciertas instituciones, aunque de forma general, no es excesivamente crítico.
Sistema de gestión y monitorización de las redes de computación	Es bastante sensible frente al retardo en la comunicación.	La criticidad de la aplicación puede ser considerada alta.
Sistemas de videoconferencia	Muy sensible frente al retardo y a la variabilidad de éste.	Muy crítico para todas las instituciones en la actualidad.
Operaciones financieras y económicas	Es bastante sensible frente al retardo en la comunicación.	Muy crítico para todas las instituciones en la actualidad.
Smart Board	Es bastante sensible frente al retardo en la comunicación.	Crítico para todas las instituciones en la actualidad.
Radioenlace	Es bastante sensible frente al retardo en la comunicación.	No es excesivamente crítico.
Web	Sensibilidad frente al retardo de la comunicación medio.	No es excesivamente crítico.
Correo electrónico	Sensibilidad frente al retardo de la comunicación bajo.	Depende la aplicación, criticidad media o alta.
Sistemas de *backups* de servidores	No es sensible a retardo.	Crítico para todas las instituciones en la actualidad.

Lo que hemos visto en esta sección es interesante y debe tenerse en cuenta en la microrred eléctrica. Los datos empleados en ésta y que deben ser transportados a través de la infraestructura de comunicaciones estarán afectados por las características mostradas en la tabla. Existen procesos asociados al sistema de gestión de la energía que precisan de información instantánea y sin retrasos, como pueda ser los requerimientos del sistema de monitorización. Otro ejemplo claro y totalmente dependiente del instante de tiempo es el proceso asociado a un sistema eficaz de protección, ya que los tiempos de respuesta serán fundamentales para una correcta actuación. En cambio, existen otros procesos, como por ejemplo el pronóstico, que principalmente necesitarán la información almacenada de forma previa en base de datos, por lo que en este caso los retrasos en los envíos de la información no serán cruciales.

Por tanto, la microrred eléctrica tendrá datos transportados tantos elásticos como no elásticos y en cualquiera de los casos, todos ellos serán importante para el uso de la aplicación correspondiente. Si bien es cierto que será mucho más crítico un dato empleado para el sistema de protección que uno no almacenado (por algún motivo) y destinado a ser empleado para un proceso de pronóstico de la demanda eléctrica.

4.2.3.3. Señal propagada

A continuación, presentaremos el tipo de datos generado, pero según la forma de la señal que lo crea. En este sentido y como se intuye al leer la sección anterior, las señales pueden ser clasificadas en *analógicas* y *digitales*, por lo que mostraremos sus detalles.

Una señal es analógica cuando el dato que representa está dentro de un intervalo continuo de valores, pudiendo ser información procedente de un audio, o en la mayoría de los casos, de sensores de campo. Mientras que una señal es digital cuando el dato que representa toma valores en un conjunto finito, como por ejemplo el 1 o el 0 [249], [250].

La Figura 4.7 muestra una señal analógica, mientras que la Figura 4.8 muestra una señal digital. En la analógica se aprecia como la amplitud de la señal varía de forma suave a lo largo del tiempo, mientras que en la digital la amplitud se mantiene constante a lo largo de un espacio de tiempo, para luego variar a otro valor distinto [250].

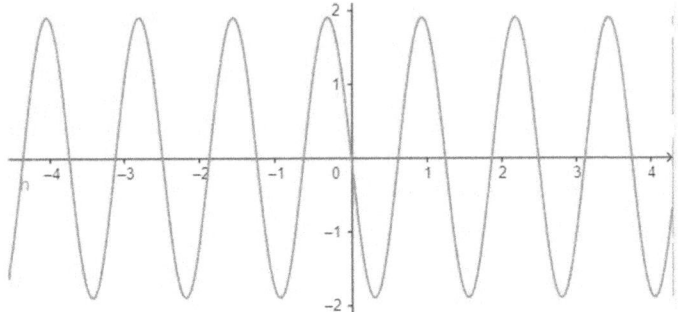

Figura 4.7. Representación de una señal analógica. Fuente: elaboración propia.

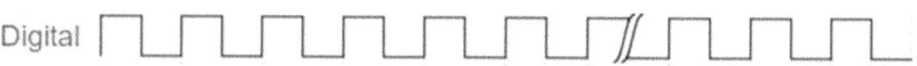

Figura 4.8. Representación de una señal digital. Fuente: elaboración propia.

En la Tabla 4.2 se muestran las principales ventajas y desventajas de las señales analógicas y digitales.

Tabla 4.2. Ventajas y desventajas de las señales analógicas y digitales. Fuente [251], elaboración propia.

Tipo de señal	Ventajas	Desventajas
Analógica	La señal analógica precisa de un procesamiento mucho más simple que la digital. Implementación sencilla y económica en dispositivos finales. La tecnología necesaria para la transmisión es simple. Relativo poco uso del ancho de banda disponible para la transmisión.	La eficacia de la transmisión dependerá de la distancia y la potencia de transmisión disponible. Susceptible a las interferencias (ruido) en emisor, medio y receptor. Difícil la recuperación de los fallos por parte del receptor. Susceptible al deterioro con las copias.
Digital	Casi toda la información es digital en la actualidad. Calidad muy alta de las imágenes a transmitir. El almacenamiento de la información digital es muy sencillo. Fácil recuperación de fallos en la transmisión en la recepción. Es posible su amplificación e incluso su reconstrucción.	El procesamiento es más complejo comparado con la señal analógica, pero cada día se consigue hacer de una forma más sencilla. Inmune al deterioro con las copias. La existencia de numerosos equipos analógicos exige la existencia de convertidores analógico-digitales para los sistemas que transmitan con señales digitales. Es preciso sincronizar emisor y receptor. Suelen requerir un mayor ancho de banda.

Pero, además, podemos encontrarnos ante señales *periódicas* y *no periódicas*. La *periódica* es aquella señala en la que existe un patrón que se repite de forma constante cada cierto periodo de tiempo (T) y este valor es conocido como *periodo*. Tanto en la Figura 4.6 como en la Figura 4.7 tenemos dos señales periódicas, la primera analógica y la segunda digital. Las señales periódicas presentar los siguientes parámetros característicos [249]:

- *Amplitud* (A): es el máximo valor que la señal obtiene a lo largo del tiempo. Normalmente se mide con respecto al punto medio entre dos picos de la señal, por lo que habrá un valor de amplitud máximo (valor hasta el pico positivo) y uno de amplitud mínima (valor hasta el pico negativo).

- *Periodo* (T): tiempo que transcurre entre dos repeticiones consecutivas de la señal, o, dicho de otra forma, la cantidad de tiempo expresado en segundos que necesita la señal para finalizar un ciclo completo.

- *Frecuencia* (*f*): es la inversa del periodo y representa la cantidad de ciclos (repeticiones) que la señal realiza en un segundo.

- *Fase*: medida de la posición relativa de una señal en un periodo. Esta medida debe darse frente a un valor de fase que se tome como origen de ésta, por lo que habrá que seleccionar como fase cero la de una señal concreta, para posteriormente poder relativizar el resto de las fases de otras señales con respecto a la primera.

- *Longitud de onda* (λ): es la distancia medida entre dos puntos iguales (con la misma fase) de dos ciclos consecutivos.

En la Ecuación (4.1) se muestran las principales relaciones de los anteriores parámetros.

$$T = \frac{1}{f}; \lambda = v \cdot T; \qquad \lambda \cdot f = v \tag{4.1}$$

donde *T* se mide en segundos (s), *f* en ciclos/s o *hercios* (Hz), λ en m y *v*, en m/s.

La señal *no periódica* no presenta las características descritas en la periódica y en la Figura 4.9 podemos ver una señal no periódica discreta, apreciando como no se reproduce la señal de una forma periódica a lo largo del tiempo y en cambio los cambios a valor 1 o 0 se producen con total aleatoriedad.

Figura 4.9. Representación de una señal digital no periódica. Fuente: elaboración propia.

La industria ha estado empleando sensores de campo que miden de forma analógica, aunque poco a poco los sensores digitales han comenzado a ganar terrero. La microrred eléctrica ha heredado lo que la industria de forma clásica ha empleado, por lo que encontraremos sensores de campo que medirán variables de forma analógica o discreta. Esto genera una necesidad de disponer de convertidores analógico-digital (o viceversa) para poder enviar los valores de las variables medidas a través de una infraestructura de comunicaciones única para la microrred. Esto quiere decir que el sistema de comunicaciones es lo suficientemente flexible para pasar el tráfico de la microrred, sea cual sea el tipo de señal que la sensórica registre, o que la implementación topológica del sistema decida emplear.

4.2.3.4. Propagación empleada

La señal para comunicar puede ser propagada de distintas maneras y en esta sección se presentarán las principales formas de hacerlo.

Los sistemas de comunicación pueden tener todos sus componentes en la superficie terrestre (incluida la atmósfera) y en este caso estaremos hablando de un sistema de comunicaciones terrestre.

Frente al anterior, un sistema de comunicaciones puede tener algunos de sus componentes (o todos) fuera de la atmósfera y estaremos hablando de un sistema de comunicaciones basado en satélite.

Tanto uno como otro y de manera clásica, se han empleado para el envío de distintas comunicaciones, como, por ejemplo: televisión, radio, internet, videoconferencia, videovigilancia, etc.

Con respecto a una microrred eléctrica, parece lógico que el sistema de comunicaciones será terrestre. Tanto en una microrred individual como en una multi-ME, todos los elementos necesarios para el proceso de comunicación estarán en la superficie terrestre, pero esto no quita para que en alguna situación (excepcional) algún sistema de gestión de la energía pueda emplear un sistema satelital. Esto último podría tener sentido en algún entorno remoto, donde la infraestructura de comunicaciones terrestre no esté tan desplegada, que requiera el uso de un satélite para el envío de la información hasta algún punto del planeta. No obstante, desde el punto de vista de la propia microrred eléctrica y con independencia de la excepción comentada, parece normal que todos los elementos que la componen estén conectados mediante dispositivos que se comunican por un sistema terrestre.

Otra excepción podría ser una microrred eléctrica instalada en un barco, donde por un lado la comunicación de la propia microrred podría considerarse terrestre (elementos instalados en el propio barco), pero por otro lado la información de interés esté siendo enviada por satélite hasta algún punto en tierra.

4.2.3.5. Tecnología empleada

Los datos pueden ser empleados es distintas tecnologías, pero es fácil agrupar éstas en las siguientes: telefonía fija y móvil y computadoras.

Inicialmente, el desarrollo de la telefonía estuvo pensada para el transporte de voz y asociado a ésta estaba la telefonía fija. Los avances tecnológicos permitieron obtener unos dispositivos que permitían el envío de voz, pero por medio de elementos móviles, apareciendo la telefonía móvil.

La irrupción de Internet posibilitó el desarrollo de nuevos servicios asociados a la tecnología móvil ya existente y de forma rápida los dispositivos móviles podían transmitir tanto voz como datos (texto, imágenes, etc.).

El tráfico de voz rápidamente se comenzó a transporta sobre protocolos distintos, como el establecido a nivel mundial y considerado estrella, el protocolo de Internet (*Internet Protocol*, IP). De esta forma, lo que inicialmente estaba concebido (voz) para ser empleado en telefonía fija, no sólo era posible emplearlo en telefonía móvil, sino que además era posible transportarlo mediante señales distintas a las que inicialmente estuvieron pensadas, por lo que el empleo de los nuevos protocolos era posible.

El desarrollo masivo de los computadores y principalmente a nivel doméstico, unido al ya comentado despliegue de internet, encontró en los computadores un gran aliado, por lo que éstos se emplearon de forma masiva para el envío de información por medio de datos.

De nuevo en la microrred eléctrica todas estas tecnologías estarán presentes. Dispositivos computacionales, o sus derivados como sensores y actuadores, estarán mezclados con tecnología móvil destinada al transporte de voz y datos. Si es cierto que la telefonía fija, para el caso de la microrred eléctrica, no parece tener una aplicabilidad clara, ya que todo será posible con telefonía móvil, computadores y sensores y actuadores desplegados en los distintos niveles de la microrred eléctrica.

4.2.3.6. Área de aplicación

El área en que se aplica el sistema de comunicaciones es también motivo de clasificación. Aunque en esta ocasión ésta puede resultar muy subjetiva, en este libro de texto se ha optado por seguir los criterios marcados en [252], apareciendo el área *militar*, de *emergencia* y el de las *empresas* y *usuarios* comunes.

El área militar tiene unas exigencias especiales, destacando unos altos estándares en el cifrado de la información a transmitir por el sistema de comunicaciones. Por tanto, la seguridad es el principal caballo de batalla. El sistema deberá transmitir voz y datos.

El área de emergencia está principalmente dedicado a los servicios de emergencia de una ciudad, región o país. En este caso, el principal interés radica en que el sistema de comunicaciones no falle y que no exista interferencias de otros usuarios, o, dicho de otra forma, dispongan de canales dedicados y exclusivos para la trasmisión de la información. Principalmente comunicarán voz, aunque podrán comunicarse datos igualmente.

Con respecto a las empresas y usuarios, el interés podría ser cambiante. Las empresas pueden necesitar servicios dedicados y enlaces de comunicación exclusivos, frente a las necesidades de los usuarios normales quienes tan solo precisan acceso directo a sus aplicaciones de interés. Voz y datos suelen ser los principales servicios demandados.

En el caso de la microrred eléctrica, ésta puede considerarse dentro del área empresarial, aunque en determinados casos, la instalación de la microrred podría estar en instalaciones militares o de servicios de emergencia, por lo que podrían existir instalaciones en cualquiera de las tres áreas. Sí es cierto que lo más común es encontrarse con microrredes eléctricas desplegadas por usuarios finales o empresas públicas o privadas.

4.2.3.7. Servicio desplegado

Complementando lo expuesto en la sección anterior, podemos encontrarnos con sistemas de comunicaciones cuyo servicio esté gestionado de forma *pública* o *privada*.

Realmente no existen distinciones entre público y privado en cuanto a esta clasificación. Pero, por un lado, es posible atender a la propiedad de la instalación, distinguiendo entre público y privado. Y, por otro lado, atender a la propiedad del servicio que gestiona la comunicación como tal, volviendo a tener público y privado.

Por tanto, cuando nos centramos en la microrred eléctrica debemos fijarnos en la propiedad de ésta por un lado (incluyendo los dispositivos del sistema de comunicaciones) y, por otro lado, el régimen (público o privado) de la empresa que da el servicio de comunicación. Lo normal es encontrarnos con una infraestructura privada y un servicio de comunicaciones privados, pero ciertamente puede aparecer cualquier tipo de combinación.

4.2.3.8. Banda de frecuencia utilizada

La radiación electromagnética es el transporte de energía por medio de la oscilación del campo eléctrico y magnético. Las ondas electromagnéticas pueden transportarse por el vacío sin atenuación y a la velocidad de la luz. No obstante y debido a la interacción con la materia, cuando las ondas electromagnéticas son transportadas por medio de un medio material tienen ciertas limitaciones y sufren atenuaciones, por lo que la elección del medio es muy importante y además limita las distintas frecuencias que pueden propagarse. Esta onda electromagnética puede ser propagada por el aire o por otro material que permita dicha propagación.

A pesar de que en la sección que habla sobre el medio se profundizará sobre éste, en esta sección se hablará de las bandas de frecuencia empleadas y para ello se deberá tener en cuenta el medio sobre el que se transmite, Ver Tabla 4.3.

Con respecto a la emisión por el aire, el espectro radioeléctrico puede ser dividido en bandas de frecuencia, para , de esta forma, poder emplear distintos usos a las necesidades de la radiocomunicación. Por tanto, entendemos una banda de frecuencia a un intervalo que contiene unas determinadas frecuencias para un uso concreto en la radiocomunicación. De esta forma, es posible organizar el uso de estas bandas para determinadas aplicaciones y así no existir solapes entre ellas, o, dicho de otra forma, tener mapeadas las frecuencias con la aplicación a realizar. Como la frecuencia en el espectro radioeléctrico está asociado con una determinada longitud de onda, es posible caracterizada la aplicación con su frecuencia de transmisión y, por tanto, con su longitud de onda correspondiente.

Si hablamos de propagación de ondas electromagnéticas a través de la fibra óptica, normalmente se emplea la longitud de onda en lugar de la frecuencia. Los investigadores acordaron 3 ventanas de transmisión donde las atenuaciones de la luz se minimizaban. Las diferentes ventanas son [254]:

- *Primera ventana*: hacia 1970 se crea la primera generación, presentando un mínimo de atenuación a la longitud de onda de 850 nm, por tanto, la banda de frecuencias está centrada en esa longitud de onda.

Tabla 4.3. Bandas de frecuencia del espectro radioeléctrico.
Fuente [253], [254], elaboración propia.

Abreviatura y nombre de la banda	Longitud de onda y frecuencia	Ejemplos
TLF-frecuencia tremendamente baja	> 10.0000 km-< 3 Hz	Sistema neuronal humano.
ELF-frecuencia extremadamente baja	1.0000-10.0000 km-3-30 Hz	Sistemas de comunicaciones en submarinos.
SLF-frecuencia superbaja	1.000-10.000 km-30-300 Hz	Sistemas de comunicaciones en submarinos.
ULF-frecuencia ultrabaja	100-1.000 km-300-3.000 Hz	Sistemas de comunicaciones en las minas a través de la propia tierra.
VLF-frecuencia muy baja	10-100 km-3-30 kHz	Análisis geofísico, reloj pulsómetro, radio ayuda.
LF-frecuencia baja	1-10 km-30-30 kHz	Sistemas de radio aficionados, AM en partes de Asia y en Europa, identificación por radiofrecuencia (*Radio Frequency Identification*, RFID).
MF-frecuencia media	100 m-1 km-300-3.000 kHz	AM para radiodifusión, sistemas de radio aficionados, alertas de aludes y otro tipo de contingencias.
HF-frecuencia alta	10 -100 m-3-30 MHz	Sistemas de radio aficionados y banda ciudadana, telefonía móvil y marina, sistemas satelitales, radiodifusión de onda corta, identificación por radiofrecuencia.
VHF-frecuencia muy alta	1 -10 m-30-300 MHz	FM, sistema de televisión, comunicación avión contra tierra y viceversa, telefonía móvil (en tierra y mar), sistemas de radioaficionados y sistema de meteorología.
UHF-frecuencia ultraalta	1 m-100 mm-300-3.000 MHz	Telefonía móvil, televisión, transmisión por microondas, redes de transmisión inalámbrica, *Bluetooth*, *ZigBee*, sistema de posicionamiento global (*Global Position System*, GPS).
SHF-frecuencia superalta	10-100 mm-3-30 GHz	Transmisión por microondas, redes de transmisión inalámbrica, televisión por satélite, comunicaciones por satélite, sistemas de radio aficionados, comunicación radar.
EHF-frecuencia extremadamente alta	1-10 mm-30-300 GHz	Sistemas de teledetección, sistemas de radioastronomía, sistemas de transmisión por microondas de alta frecuencia.
THF (THz)-frecuencia tremendamente alta	1 mm-100 µm-300-3.000 GHz	Física de la materia condensada, posiblemente un sustituto de rayos X, sistemas de teledetección submilimétrica.

- *Segunda ventana*: poco después se descubre esta ventana y presenta el mínimo de atenuación a los 1.310 nm, permitiendo llegar hasta distancias de 50 km sin el uso de repetidores intercalados en la longitud de transmisión.

- *Tercera ventana*: en 1977 se descubre esta ventana, con un mayor rango de banda que las anteriores y en todas las longitudes de onda la atenuación es muy baja, siendo el punto de menor atenuación a los 1.550 nm.

Por razones económicas y técnicas, la ventana más empleada es la segunda y la Unión Internacional de Telecomunicaciones definió una serie de bandas para ordenar esta ventana, siendo las bandas resultantes las siguientes [254], [255]:

- *Banda O* (*Original*): 237,9-220,4 THz y 1260-1360 nm.

- *Banda E* (*Extendida*): 220,4-205,3 THz y 1360-1460 nm.

- *Banda S* (*Corta*): 205,3-195,9 THz y 1460-1530 nm.

- *Banda C* (*Convencional*): 195,9-191,6THz y 1530-1565 nm.

- *Banda L* (*Larga*): 191,6-184,5 THz y 1565-1625 nm.

- *Banda U* (*ultra larga*): 184,5-179,0 THz y 1625-1675 nm.

Pero también es posible transportar la onda electromagnética a través del cable coaxial y en este caso vuelven a surgir distintas bandas de frecuencia (algunas ya vistas en la tabla de arriba) para este cometido [256]:

- *VHF*: 30-300 MHz, pero esta banda ha quedado obsoleta con la llegada de la televisión digital terrestre (TDT) para la recepción y envío de la señal de televisión analógica y digital terrestre.

- *UHF*: 470-862 MHz, para la recepción y envío de la señal de televisión analógica y digital terrestre.

- *Frecuencia intermedia* (*FI*): 88-108 MHz y es para distribuir de forma ordenada los canales de los distintos satélites.

- *FM*: 88-108 MHz, para recibir las emisoras de radio en FM.

- *Transmisión digital de audio* (*digital audio broadcasting, DAB*): 195-232 MHz y es empleada para la recepción y envío de la radio digital terrestre.

Como muestran en [257], los mismo que se han presentado las frecuencias para fibra y cable coaxial, se darán los detalles correspondientes a la transmisión a través de cable de cobre. Lo primero que debe decirse, es que, con independencia del tipo, la transmisión por cable de cobre suele hacerse sobre pares trenzados y según el número de éstos por unidad de longitud tenemos las siguientes categorías: 1, 2, 3, 4, 5, 5e, 6, 6A, 7 y 8. Cuantos más números de pares tenga un cable, mayor velocidad de transmisión tendrá, ya que le permite tener una menor tase de pérdidas. También aparecen para todas las categorías las clases A, B, C y D, que presentan los siguientes anchos de banda respectivamente: 100 kHz, 1 MHz, 20 MHz y 100 MHz. Las combinaciones de clases y categorías nos permitirán conseguir unas longitudes de transmisión u otras, como se verá más adelante.

Pero el gran avance de los sistemas de transmisión, con independencia del medio, es que es posible enviar al mismo tiempo varias bandas de las comentadas. Lo anterior es posible gracias al sistema de multiplexación y la principal consecuencia es que la capacidad de un canal aumenta de forma drástica y esto es una gran ventaja [255], [256].

La capacidad de un canal de comunicación es una medida de la cantidad de información (*bits*) que se pueden enviar en la unidad de tiempo, empleando la analogía del agua en una tubería sería el caudal de ésta. La capacidad se mide en bps (bits por segundo) o baudios y de acuerdo con Claude Shannon [258], [259], la capacidad máxima de un canal de comunicación viene dada por la Ecuación (4.2).

$$C = B \cdot log_2 \left(1 + \frac{S}{R} \right) \tag{4.2}$$

donde

C: capacidad de canal (bps).

B: ancho de banda (Hz).

S/R: relación señal-ruido (dB).

La microrred eléctrica también deberá dar una solución a lo aquí presentado. Dependerá del dispositivo a conectar, distancia, velocidad de transmisión y posibilidades de éstas y en base a todo ello, así será la decisión tomada. En una microrred eléctrica, podremos encontrar cualquier combinación posible de lo aquí presentado, aunque lo habitual siempre será transmisiones a través de medios guiados, los cuales serán presentados en detalle más adelante. No obstante, comunicaciones a través del aire también existirán y todo lo expuesto en esta sección deberá ser tenido en cuenta.

4.2.3.9. Usuarios del sistema

En este caso, nos estamos refiriendo a usuarios del sistema con respecto al tipo de conexión establecida en el sistema de comunicaciones. Pero antes de comenzar, es necesario aclarar que se entiende por *enlace* al medio físico empleado para poder transportar la información de un extremo a otro, de un usuario a otro de nuestro sistema de comunicaciones. Según la conexión establecida, los usuarios emplearán uno de los siguientes tipos de conexiones [245]: *punto a punto* o *multipunto*.

En un enlace punto a punto, los dos dispositivos que quieren comunicar son tratados por iguales y disponen de toda la capacidad del enlace para realizar su intercambio de información. En este tipo de conexiones, los usuarios del enlace suelen estar conectados a través de un cable, o pueden estarlo a través de un sistema inalámbrico. Este tipo de conexiones requieren una baja complejidad de conexión y, por tanto, no suelen ser muy costosas. Por el contrario, en estas redes es complicada su administración centralizada, no suelen ser muy seguras, tienen un rendimiento bastante reducido y suele ser complicada su escalabilidad. La Figura 4.10 muestra este tipo de conexión, pudiendo ver como los usuarios A y B interconectan de forma directa, en la parte de arriba mediante un cable físico y en la parte de abajo sin necesidad de éste.

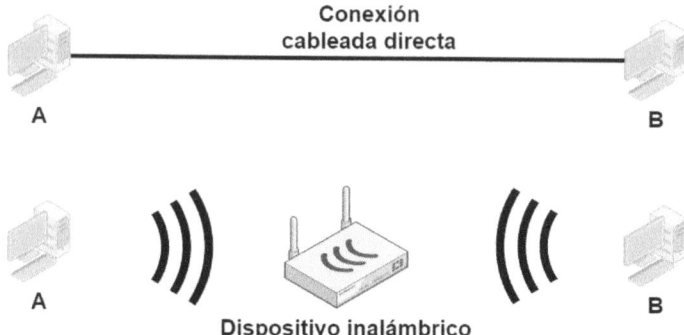

Figura 4.10. Interconexión usuario A y B mediante un enlace punto a punto, mediante cable (arriba) e inalámbrico (abajo). Fuente: elaboración propia.

En un enlace multipunto, el canal de comunicación es compartido por más de dos usuarios y tan solo existe un único camino para establecer el envío de la información. El enlace podrá ser compartido en el espacio o el tiempo. Si al menos dos usuarios pueden acceder al enlace en el mismo instante de tiempo, estaremos ante un *enlace compartido espacialmente*. Si, en cambio, los usuarios deben acceder al enlace en tiempos determinados estaremos ante un *enlace de tiempo compartido* [245].

En principio el medio físico empleado podrá ser cableado o inalámbrico. La Figura 4.11 muestra la interconexión entre usuario A-I y cable físico en un enlace multipunto.

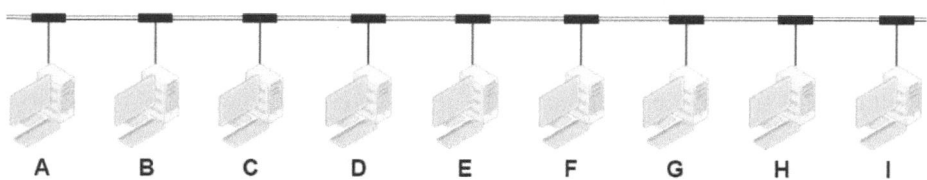

Figura 4.11. Interconexión usuario A-I mediante un enlace multipunto cableado. Fuente: elaboración propia.

Nuevamente, en una microrred eléctrica tendremos distintos tipos de enlaces, siempre según cada una de las necesidades de los componentes que la conformen. Pensemos en un inversor solar fotovoltaico que controla su seguidor del punto de máxima potencia, en este caso parece más que lógico que exista una conexión punto a punto entre ellos y en cambio, el inversor conecte con el centro de proceso de datos mediante un enlace multipunto, donde existirán otros componentes de la microrred eléctrica que quieran comunicarse con otros. Otro ejemplo sería una carga electrónica controlada mediante un computador, desde éste existirá un enlace punto a punto contra la carga y en cambio, el computador formará parte de un enlace multipunto contra otros dispositivos de su zona.

4.2.3.10. Forma de transmitir los datos

Si atendemos a la forma de transmitir los datos en un sistema de comunicaciones, podemos encontrar las siguientes formas [243]: *unicast*, *multicast* y *broadcast*.

El tráfico *unicast* es aquel que es solicitado expresamente por un usuario, por lo que se produce una única respuesta a éste y la información es enviada sólo al dispositivo que lo solicitó. Si varios usuarios precisan el mismo tipo de información, se originan tantos flujos de la misma información como solicitudes se han realizado. Pensemos en tres dispositivos que solicitan la misma información a un servidor de datos y los tres dispositivos están en la misma ubicación, el servidor deberá originar tres flujos de información idénticos, los cuales deberán progresar por todos los nodos de red hasta llegar a los tres usuarios que los han solicitado. La Figura 4.12 muestra el flujo de datos *unicast* desde un servidor hasta los usuarios A y B (Microrred 1) y a los usuarios C y D (microrred 4), donde ante la misma petición de información de todos ellos, el servidor debe generar dos flujos de datos idénticos, para que cada uno de éstos progrese de forma apropiada hasta llegar a su usuario destino. En este ejemplo se ha recreado una situación donde un servidor manda la misma información a 4 usuarios distintos, ubicados 2 en la Microrred 1 y otros 2 en la Microrred 4.

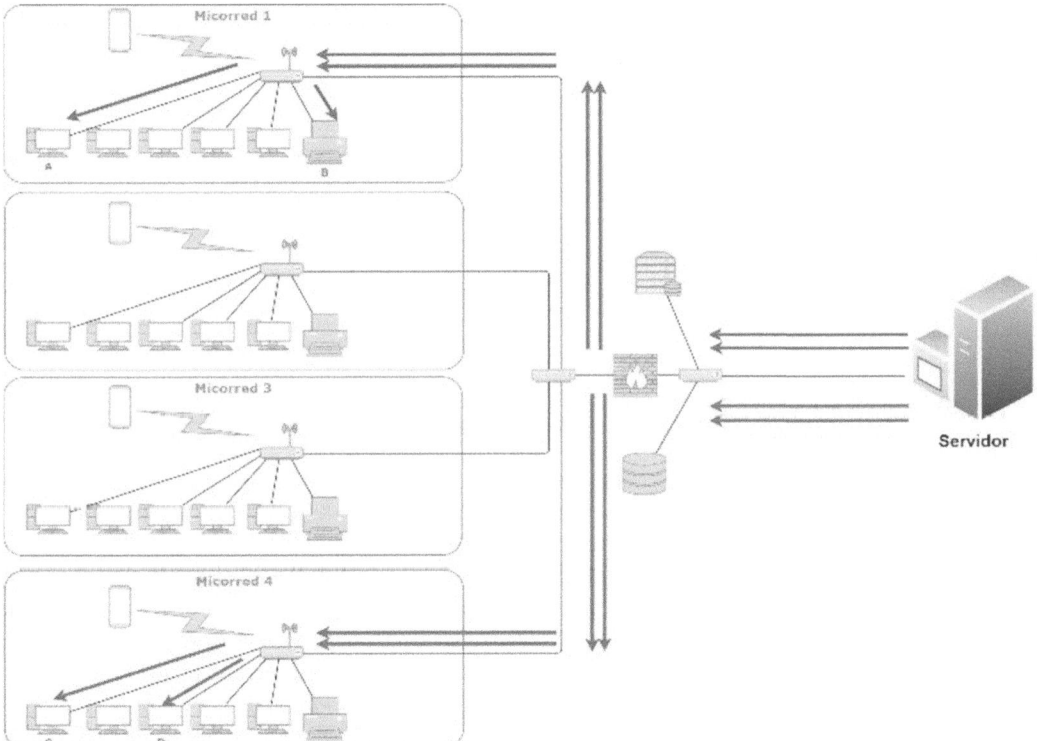

Figura 4.12. Esquema del flujo de datos *unicast*, desde un servidor hasta los usuarios A, B, C y D. Fuente: elaboración propia.

El tráfico *multicast* es aquel en el que el flujo de información es enviado a los usuarios que forman un grupo concreto. De esta forma, el origen de la información sólo envía un flujo de datos, el cual es propagado por el camino necesario para llegar a los miembros del citado grupo. La Figura 4.13 muestra un envío de tráfico *multicast* desde el servidor a los usuarios A, B, C y D, quienes pertenecen a un mismo grupo de multidifusión, generando sólo 1 tráfico desde el servidor.

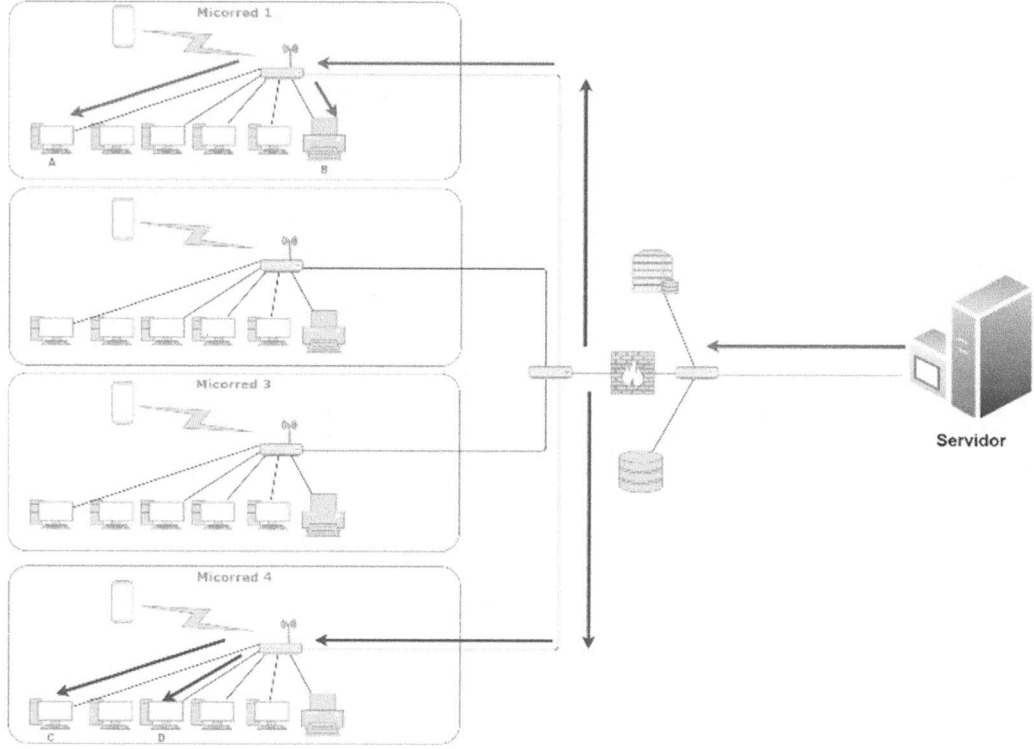

Figura 4.13. Esquema del flujo de datos *multicast*, desde un servidor hasta los usuarios A, B, C y D. Fuente: elaboración propia.

El tráfico *broadcast* es aquel donde el envío es realizado a todos los usuarios a la vez. Los *rúters* y *switches* copian y envían todo el tráfico recibido en todos sus puertos, por lo que todos los usuarios reciben este tipo de tráfico, llamado tráfico *broadcast*. En la Figura 4.14 puede verse el flujo del tráfico *broadcast* y como en esta ocasión el tráfico enviado desde el servidor llega a todos los componentes de la red, incluyendo el resto de los servidores existentes y por supuesto, todos los componentes de las microrredes, con independencia si su enlace es con conexión cableada o inalámbrica. *Broadcast* es propagado dentro de la misma red o LAN virtual (*Virtual LAN*, VLAN), por lo que es posible hacer distintos dominios de *broadcast* y así no molestar con este tipo de tráfico a dispositivos que están en otra subred.

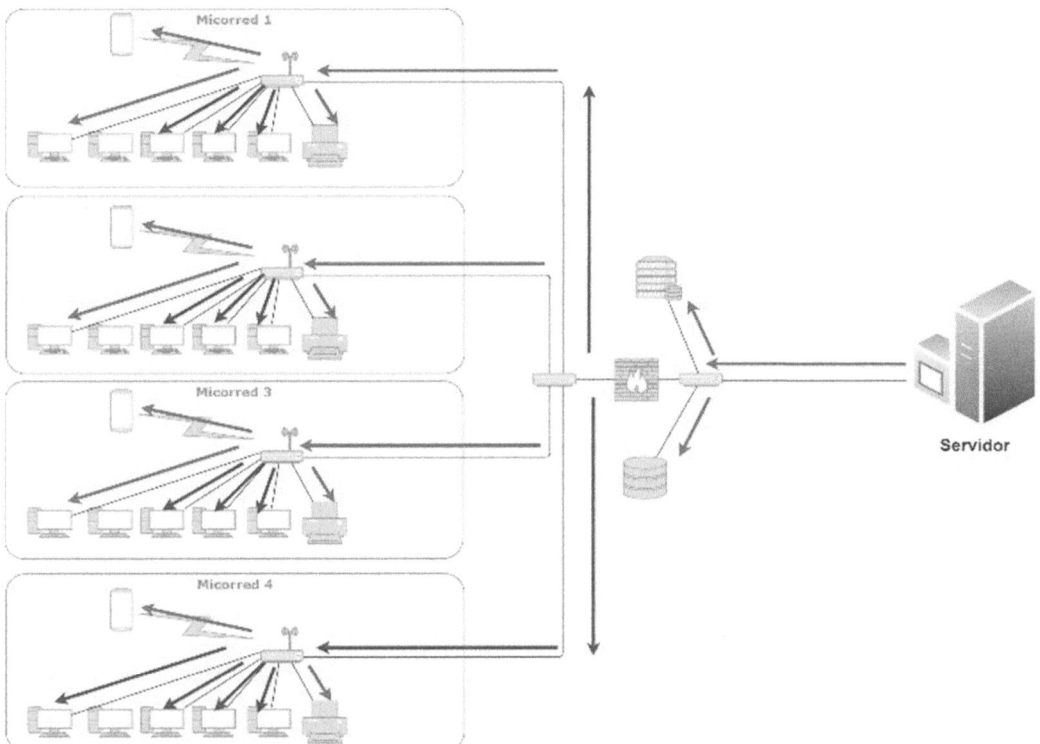

Figura 4.14. Esquema del flujo de datos *broadcast*, desde un servidor hasta todos los usuarios existentes. Fuente: elaboración propia.

A modo de resumen comparativo, la Tabla 4.4. muestra las ventajas y desventajas de cada uno de los tres tipos de tráfico presentados.

Como se ha visto, es posible atender de formar muy distintas a las peticiones de información en un sistema de comunicaciones. Estas alternativas también serán posibles en la microrred eléctrica. Pensemos en un servidor de datos que debe servir pantallas de monitorización a distintos operadores del sistema y que, además, se ubican en zonas de la microrred o incluso en zonas remotas de la misma. Parece lógico poder emplear mecanismos de tráfico como *multicast* para poder atender estos requerimientos sin malgastar recursos de red o del propio servidor.

O pensemos en un controlador local de un sistema solar fotovoltaico, que en una hora concreta todos los días envía un fichero con los datos de producción y estos datos deben ser procesados y almacenados por un servidor central, en este caso, es lógico y natural pensar en un tráfico *unicast*, ya que involucra a dos dispositivos concretos, el servidor y el controlador solar fotovoltaico.

Tabla 4.4. Ventajas y desventajas de *unicast*, *multicast* y *broadcast*.
Fuente [260], elaboración propia.

Tipo de tráfico	Ventajas	Desventajas
Unicast	La solicitud de información es atendida de forma correcta y bajo demanda. La información es tratada de forma individualizada, con la información que precisa cada petición realizada a un mismo punto de información.	Las peticiones originan mucha demanda de información (a veces la misma) a ciertos elementos, los cuales deben ser capaces de poder atenderla en tiempo y forma. Este tipo de tráfico sobrecarga en exceso las redes de comunicaciones.
Multicast	Mediante la creación de grupos *multicast* los usuarios se unen a ellos o los abandonan, con lo que los puntos de envío de información tienen menos exigencias de envío, ya que sólo deben atender una solicitud para servir a muchos usuarios a la vez. Son ideales para redes de banda ancha en internet.	No dispone de mecanismo de corrección de errores, pero podría suplirse con QoS.
Broadcast	Las redes con este tipo de tráfico reducen sus costes, su mantenimiento y emplean dispositivos muy sencillos. Los servidores y elementos que sirven información están sometidos a poca presión, ya que tan solo hacen un envío para atender a todos los usuarios de la red.	No es posible atender de forma personalizada a los usuarios. No se permite la transmisión de ninguna emisión en redes de banda ancha en internet.

Con respecto al tráfico *broadcast*, imaginemos que un diseñador del sistema de gestión de la energía de la microrred decide tener un proceso en el cual, si se produce una desconexión o conexión de la infraestructura eléctrica de distribución, todos los elementos de la microrred eléctrica deben ser avisados, pues, en este caso, el empleo de tráfico *broadcast* es la solución apropiada.

4.2.3.11. Modelo de comunicación

A continuación, vamos a complementar lo presentado en la sección anterior. Tal como se recoge en [261], existen dos modelos básicos en un sistema de comunicaciones, em modelo *fuente-destino* y el modelo *productor-consumidor*.

En el modelo fuente-destino el emisor del mensaje se comunica con el destino de forma individual, ya que, en el mensaje enviado, aparecerá tanto la dirección del emisor y el receptor. Si el emisor quiere enviar el mismo mensaje a dos usuarios distintos, deberá enviar dos mensajes (el mismo), pero cada uno con el identificador del usuario concreto. Este tipo de modelo es empleado por protocolos como *Ethernet* o *Modbus*, entre otros. Este modelo estará asociado con el tráfico *unicast*.

En el modelo productor-consumidor, el emisor envía el mensaje a todos los usuarios a la vez, pero tan solo es atendido por el que tiene identificado su nombre en la cabecera del mensaje. En este modelo no es necesario repetir el mensaje, ya que nos aseguramos de que todos reciban el mismo a la vez, por lo que se emplea menos tiempo de uso del bus de comunicaciones. Este modelo estará asociado con el tráfico *multicas* y *broadcast*.

4.2.3.12. Canal de comunicación

En este caso, cuando nos estamos refiriendo al canal de comunicación lo vamos a hacer con respecto a cómo se emplea éste para una comunicación concreta y exactamente, a cómo evoluciona la información respecto al tiempo. Vamos a tener comunicaciones *síncronas* y *asíncronas*.

La comunicación síncrona es aquella donde el intercambio de información es en tiempo real, o visto de otra forma, los datos deben fluir de una forma continua, por lo que el origen de la comunicación debe enviar la información de forma continuada en el tiempo, por lo que se habla de tiempo real [243].

Los canales síncronos pueden ser a su vez unidireccionales y bidireccionales. Los primeros podrían ser un programa de radio o televisión, mientras que los segundos pueden referirse a un chat de internet [245].

En cambio, en una comunicación asíncrona no es preciso una coincidencia temporal del flujo de información entre en emisor y el receptor. Se puede hablar en este caso de bloques de datos a transmitir, pudiendo ser creados y enviados en tiempos distintos y en principio sin atender a un orden secuencial y una vez recibidos por el receptor será reconstruido el mensaje original [243]. Al igual que el síncrono, el canal asíncrono puede ser unidireccional y bidireccional. Como ejemplo de unidireccional tenemos el tráfico Web, mientras que el bidireccional podría ser el envío de email [262].

A modo de resumen comparativo, la Tabla 4.5 muestra las ventajas y desventajas del tráfico o canal síncrono y el asíncrono.

Tabla 4.5. Ventajas y desventajas del canal síncrono y asíncrono.
Fuente [263], elaboración propia.

Tipo de canal	Ventajas	Desventajas
Síncrono	Mayor rendimiento y menores sobrecargas de red. Al ser en tiempo real, el flujo de la información es más rápido.	El proceso síncrono precisa de una mayor complejidad técnica. De forma general, estos sistemas son más costosos, ya que necesitan *software* dedicado.
Asíncrono	Es un mecanismo que no necesita sincronización por lo que destaca su simplicidad. Menor necesidad de un *hardware* y *software* especializado.	Existe un riesgo más alto de sobrecargas en el sistema de comunicaciones, al disponer de mecanismo de control de flujo. No tiene buena respuesta a la inmediatez de la información y dependerá de la congestión de la red y el tamaño de la información a transmitir.

Pero también es posible clasificar el canal de comunicación atendiendo a la dirección en que la comunicación fluye, pudiendo tener una transmisión *símplex*, *half-duplex* y *dúplex*. En una comunicación *símplex* la transmisión se hace en un único sentido, desde el emisor al receptor y ejemplos típicos de este sistema es la comunicación entre un teclado y el monitor o la emisión de radio. En una comunicación *half-duplex* la transmisión de la información puede hacerse en ambos sentidos, pero de forma alterna, pudiendo aparecer en la transmisión de radioaficionados o en las transmisiones a través de *walkie-talkie*. En cambio, en la comunicación *dúplex* la transmisión es posible realizarla en ambos sentidos y de forma simultánea, como pueda ser en una conversación telefónica. En la Figura 4.15 se muestra los esquemas de comunicaciones *símplex*, *half-duplex* y *dúplex*.

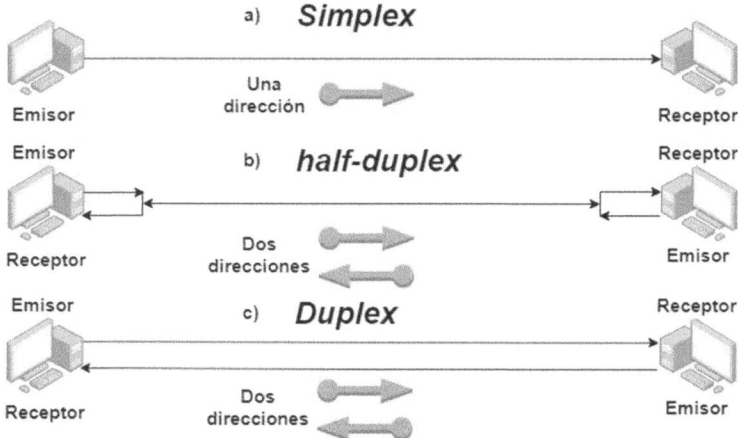

Figura 4.15. Esquema de comunicación de una transmisión según la dirección del flujo de la información. Fuente: elaboración propia.

La Tabla 4.6 muestra las ventajas y desventajas de los tres sistemas de transmisión presentados anteriormente.

En una microrred eléctrica convivirán ambos tipos de canales o tráfico aquí presentados. La mayoría de los procesos de recopilación de datos de los componentes de la microrred para almacenar en históricos, serán mediante un canal asíncrono, pero es posible que algunos procesos de monitorización dependan del tiempo real y, en este caso, el canal deberá ser síncrono. Cualquier control mediante tiempo real (vídeo) deberá ser a través de un canal síncrono igualmente.

Lo mismo ocurre con los distintos tipos de transmisión (*símplex*, *half-duplex* y *dúplex*), dependiendo el conexionado y la aplicación de la microrred eléctrica podrá tener un tipo de transmisión u otro, aunque lo normal es que sea *dúplex*, pero esto no quita que los otros dos mecanismos de transmisión no puedan estar presentes.

Tabla 4.6. Ventajas y desventajas de la transmisión *símplex*, *half-duplex* y *dúplex*. Fuente [245], [261], [264], elaboración propia.

Capa	Ventajas	Desventajas
Símplex	De los sistemas de transmisión es el más fiable y de mayor sencillez. La necesidad de un solo canal para mantener la comunicación lo hace altamente económico. El mecanismo de comunicación es simplificado al no existir la necesidad de establecer unas condiciones iniciales entre emisor y receptor, ya que el flujo de la información es en un único sentido.	La comunicación sólo es posible en una dirección, por lo que es un sistema de comunicación unidireccional. No existen mecanismos de control sobre el tráfico recibido, por lo que no es posible la corrección de los errores. Si la comunicación precisa información en ambos sentidos (bidireccional), *símplex* no es el mecanismo adecuado.
Half-duplex	La información puede fluir en ambos sentidos, por tanto, estamos ante una transmisión bidireccional. El sistema es más eficiente que el anterior, ya que disponemos de un canal de comunicación para poder enviar y recibir información sobre el mismo canal. Menos costoso que *dúplex*, ya que éste requiere dos canales de comunicación en lugar de uno precisado por *half-duplex*.	Debido a que emisor y receptor no pueden transmitir a la vez, *half-duplex* es menos fiable que *dúplex*. El canal de transmisión, o se ocupa para emitir o recibir, lo que causa un retardo en la comunicación inasumible para algunas aplicaciones. Precisa de un proceso de sincronización entre emisor y receptor.
Dúplex	La posibilidad de comunicación bidireccional lo hace ideal para ciertas aplicaciones que operan en tiempo real, como las videoconferencias o ciertas aplicaciones *online*. La bidireccionalidad, posibilidad de emitir y transmitir a la vez, lo hace altamente eficiente. Presenta altos valores de fiabilidad y precisión en la comunicación establecida.	La necesidad de dos canales de comunicación hace que sea mucho más costoso que los anteriores. Requiere bastante ancho de banda, aunque esto también dependerá de las aplicaciones.

4.2.3.13. Medio de comunicación

Como se ha visto al comienzo del capítulo el medio es la forma de comunicar a emisor y receptor y éste puede ser de distinta naturaleza. Por tanto, el medio puede ser clasificado por su naturaleza, apareciendo el medio *guiado* y el *no guiado*.

Podemos entender el medio guiado como aquel que presenta un camino físico a la unión entre emisor y receptores, esto es, un camino hecho de materia para comunicar a los dispositivos que pretenden realizar su comunicación. Por tanto, el medio no guiado será aquel que no presenta este camino físico (materia), por lo que estaríamos hablando de la transmisión de la información por el aire (espacio abierto). El medio empleado delimitará algunas características de la comunicación y en la Figura 4.16 se muestra la clasificación según el medio [245] y de cuyos componentes ya se ha hablado en secciones anteriores.

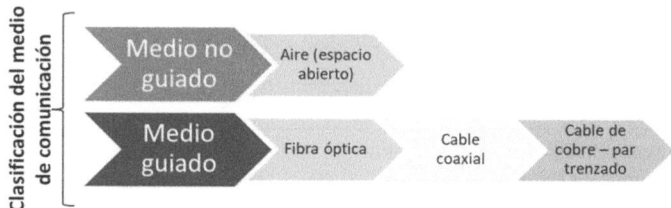

Figura 4.16. Clasificación del medio de comunicación en función del tipo de camino empleado para ésta. Fuente [245], elaboración propia.

Es importante saber escoger el tipo de medio a emplear, ya que como se muestra en [257], esta elección influirá en las características de la comunicación que se muestran en la Figura 4.17.

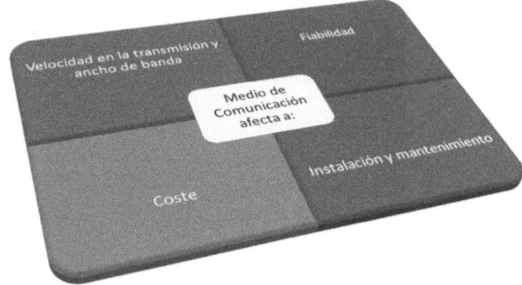

Figura 4.17. Clasificación del medio de comunicación en función del tipo de camino empleado para ésta. Fuente [257], elaboración propia.

Comencemos por el aire, por el espacio abierto, permitiéndonos hablar de sistemas de comunicaciones inalámbricos. En secciones anteriores se han presentado las bandas de frecuencia empleadas, por lo que en esta sección trataremos de complementar lo ya presentado. Pero ¿cómo podemos enviar las ondas electromagnéticas por el aire?, pues la respuesta es muy sencilla, de tres formas distintas.

La primera manera será enviando la señal dentro de la atmósfera terrestre y siguiendo la curvatura de la tierra, llamándolas en este caso propagación por la superficie u ondas terrestres superficiales, presentando la característica de que el emisor de la transmisión envía su señal en todas las direcciones posibles [245]. Si el campo eléctrico de estas ondas estuviera polarizado horizontalmente, debido a la disposición de éste con respecto a la superficie terrestre se pondría en cortocircuito con ésta y se anularía la señal, por lo que es preciso polarizar la onda de forma vertical [265]. Un ejemplo de esta transmisión entre dos puntos de la superficie terrestre se muestra en la Figura 4.18.

La segunda manera es enviar las ondas hacia la ionosfera para que cuando choquen vuelvan hacia la superficie de la tierra y al llegar a esta vuelvan a ser reflejadas de nuevo a la ionosfera y así sucesivamente hasta llegar al dispositivo receptor [245]. Estas ondas son llamadas de alta frecuencia pudiendo alcanzar casi los 13.000 km de distancia, frente a las anteriores que podían alcanzar casi los 650 km de distancia [265]. Un ejemplo de esta transmisión entre dos puntos de la superficie terrestre se muestra en la Figura 4.19.

La tercera y última forma es mediante línea directa o línea de vista, donde se transmiten ondas de muy alta frecuencia por medio de dos antes que presentan una línea directa entre ellas [245]. Este tipo de transmisión tiene una limitación y es el impuesto por el horizonte de radio, el cual es determinado por la curvatura de la tierra y la intersección de las ondas propagadas [265]. Un ejemplo de esta transmisión entre dos puntos de la superficie terrestre se muestra en la Figura 4.20.

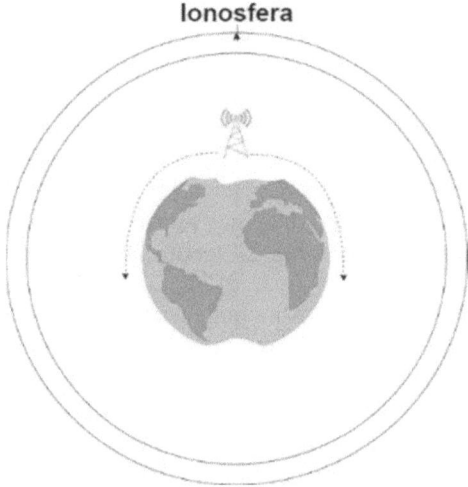

Figura 4.18. Esquema de la transmisión de ondas terrestres por medio no guiado. Fuente [245], elaboración propia a partir de componentes de [266].

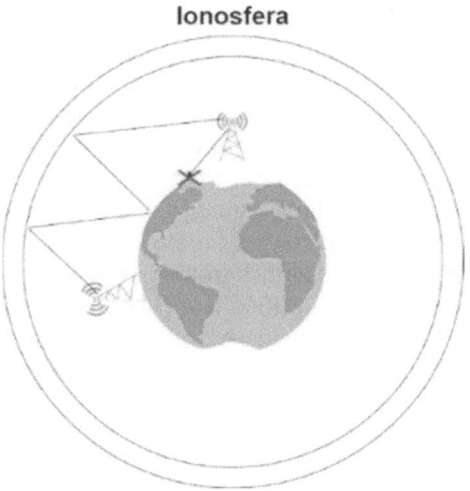

Figura 4.19. Esquema de la transmisión de ondas celestes por medio no guiado. Fuente [245], elaboración propia a partir de componentes de [266].

Ionosfera

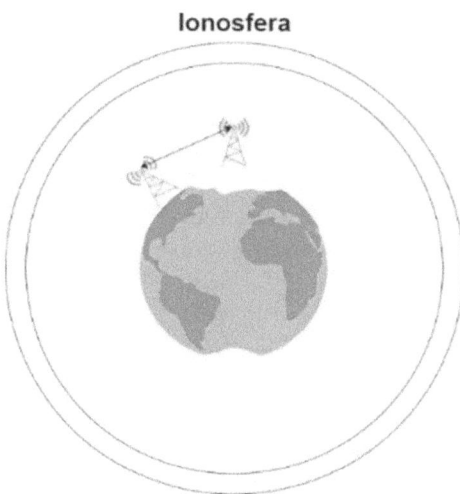

Figura 4.20. Esquema de la transmisión de ondas en línea directa por medio no guiado.
Fuente [245], elaboración propia. Elaboración a partir de componentes de [266].

A continuación, presentaremos las principales características de los medios guiados, comenzando por la fibra óptica, para continuar con el cable coaxial y terminando con el cable de cobre de par trenzado. Mientras que la fibra óptica transmite señales en forma de luz, cable coaxial y de cobre transmite señales en forma de señales eléctricas. Ésta va a ser una gran diferencia en la transmisión, ya que las señales eléctricas van a sufrir una disminución de la señal (atenuación) y de forma básica vendrá dada por la ley de Ohm.

Comenzaremos por la fibra óptica, que tal como se ha dicho va a propagar las señales aprovechando la capacidad de transmisión que ofrece la luz. Para comenzar y según los principios básicos de la óptica y asumiendo que la luz se propaga en línea recta y en todas las direcciones, cuando ésta pasa de un medio a otro, siendo éste de menor o mayor densidad, puede sufrir cambios en su dirección. Llamamos ángulo de incidencia al que forma el rayo de luz con la perpendicular al plano de separación entre ambos medios de distinta densidad. El rayo experimentará alguna de las tres situaciones que se muestran en la Figura 4.21. La figura a) muestra una situación de refracción, el rayo de luz en el medio 1 incide en la interfaz de separación de los medios con un ángulo θ_1 que es menor que el ángulo crítico, por lo que el rayo de luz pasa al otro medio con un ángulo θ_2. En b) vemos como el rayo de luz se superpone a la línea de separación de ambas fronteras y esta situación se produce cuando el ángulo de incidencia (θ_1) y el ángulo crítico coinciden. En c) vemos una reflexión interna total y se obtiene cuando el ángulo de incidencia es mayor que el ángulo crítico. Entendemos por ángulo crítico al ángulo mínimo del rayo de incidencia a partir del cual se produce una reflexión total [245], [267].

A partir de la explicación anterior y la secuencia de las figuras, es evidente entender que para realizar una comunicación a través de fibra óptica necesitamos estar en la situación de reflexión interna total, para que, de esta forma, el rayo de luz que contiene la información a transmitir vara reflejando a través de la superficie de la fibra y pueda llegar hasta el otro extremo.

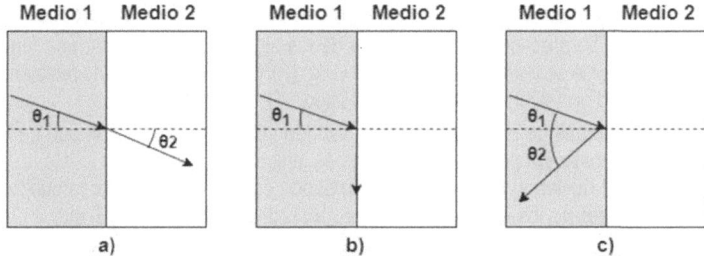

Figura 4.21. a) Rayo de luz refractado; b) Rayo de luz sobre superficie frontera de separación de medios; c) Rayo de luz en reflexión interna total.
Fuente [245], [267], elaboración propia.

Por tanto y de forma muy básica, una fibra óptica empleada para comunicaciones constará con un núcleo y un revestimiento, el núcleo será de plástico o cristal y el revestimiento será de uno de esos materiales, pero con densidad distinta, para, de esta forma, estar en la situación c) de la figura anterior y que el rayo de luz sea completamente reflejado en lugar de refractado [245]. La Tabla 4.7 muestra las principales características de la fibra óptica, teniendo en cuenta distintos criterios.

Tabla 4.7. Principales características de la fibra óptica atendiendo a distintos criterios.
Fuente [245], [268], elaboración propia.

Según:	Principales características de la fibra óptica
Propagación de la fibra óptica	Existen dos formas de propagar las señales a través de fibra óptica: multimodo y mono-modo. Multimodo: por la fibra pasan múltiples haces de luz al mismo tiempo, pero por rutas distintas a lo largo del enlace. Existen dos tipos: • Fibra multimodo de índice gradual: el núcleo presenta el mayor índice de refracción y va disminuyendo hacia el recubrimiento. Este efecto lo que consigue es que el rayo de luz no sufra reflexión interna total a medida que progresa hacia el recubrimiento, lo que origina que el rayo de luz se propague hacia la salida en forma de onda sinusoidal. Presenta diferentes velocidades de propagación en función de esta graduación, lo que permite conseguir mejores tiempos de recepción de la señal que sus compañeras (a continuación, se detallan). • Fibra multimodo de índice escalonado: la densidad del núcleo es constante a lo largo y ancho de toda la fibra y es en el cambio de densidad encontrado en el revestimiento de la fibra cuando se produce la reflexión interna total, la cual se va propagando por medio de líneas rectas que cambian de dirección al encontrar el revestimiento. Todas las luces se propagan a la misma velocidad, pero en función del ángulo de estas se produce una dispersión, llamada dispersión modal, por lo que aumenta el tiempo de recepción de la señal. Monomodo: este tipo de fibra emplea índice escalonado, pero con una fuente de luz con un rango muy reducido de ángulos de emisión. El diámetro de la fibra es menor al del multimodo y una densidad que permite tener un ángulo crítico de 90 °, lo que, unido a lo comentado anteriormente, hace que la proyección del rayo de luz sea prácticamente horizontal. Todos los rayos presentan velocidades similares lo que hace que apenas existan retrasos en la recepción de la señal.

Según:	Principales características de la fibra óptica
Composición y tamaño de la fibra óptica	La fibra óptica está compuesta de los siguientes elementos: una funda exterior normalmente de teflón o policloruro de vinilo (PVC), Kevlar para darle resistencia mecánica, plástico protector, revestimiento y núcleo.
	Además de que la fibra óptica sea identificada como monomodo o multimodo, debe ser identificada por su tamaño. Éste es indicado por la relación existente entre los diámetros del núcleo y de su cubierta, expresado en micrómetros. Por lo que normalmente encontraremos los siguientes tamaños: 50/125, 62,5/125, 100/125, etc.
Conectores empleados para la fibra óptica	El conector de una fibra óptica está formado por dos partes: el conector propiamente dicho y el tipo de pulido del material.
	El conector de la fibra le confiere propiedades mecánicas y podemos encontrar los siguientes:
	Ferrule Connector (*FC*): primer conector para fibra óptica, aunque su uso cada vez es menor. Conector redondo y roscado que permite una gran fijación, para fibra monomodo.
	Straight Tip (*ST*): muy similar al FC, pero con ajuste del BNC, para fibra monomodo.
	Lucent Connector (*LC*): presenta mayor seguridad que el SC y es un conector con ajustes similares al RJ45. Al ser más compacto permite su instalación masiva a nivel de *racks*, para fibra monomodo o multimodo.
	Suscriptor Connector (*SC*): muy instalado debido a su coste bajo. Ajustable por presión y compacto al igual que el LC, para fibra monomodo o multimodo.
	El terminal óptico tendrá un tipo de pulido u otro y encontramos los siguientes:
	Physical Contact (*PC*): casi no son ya empleados, el *ferrule* tiene un bisel y se termina en superficie plana.
	Ultra Physical Contact (UPC): hoy en día empleado principalmente para pruebas en líneas de fibra en distintos operadores. Es muy parecido al PC, pero presenta menos pérdidas, cuestión que se logra con el biselado con curva.
	Angled Physical Contact (APC): costes muy bajos y pérdidas reducidas, lo que lo convierte en el más empleado. Ferrule acabado en plano con cierta inclinación, siendo el de mayor calidad de todos.
Rendimiento y aplicaciones de la fibra óptica	Si se estudia longitud de onda frente a pérdidas, la fibra óptica muestra un comportamiento plano, esto es, es una curva elástica. Esto permite conseguir rendimientos con del orden de diez veces menos repetidores que si la instalación es con cable coaxial o par trenzado (cobre).
Ventajas de la fibra óptica	Mayor ancho de banda que con coaxial o cobre.
	Sufre mucha menos atenuación que otros cables, por lo que se pueden emitir la señal a mucha mayor distancia en igualdad de condiciones.
	Quizás lo más interesante, la fibra óptica es inmune a las interferencias electromagnéticas (*Electromagnetic Interferences*, EMI).
	No se corroe.
	Mucho menor peso.
	Más complicado el robo de la señal que por ejemplo el cobre.
Desventajas de la fibra óptica	La instalación y mantenimiento es más complicada que el cobre o el coaxial. La complicación radica en que tiene menos tiempo de uso que los anteriores.
	La bidireccionalidad se consigue con otra fibra para el sentido opuesto, la luz sólo viaja en un sentido, por lo que se precisa la segunda fibra para conseguir esta bidireccionalidad.
	Costes de materiales más altos por el momento.

Con respecto al cable coaxial, es un cable diseñado para el transporte de las señales eléctricas de altas frecuencias. De forma resumida, este cable está formado por dos concéntricos, el interior llamado núcleo y encargado de transmitir la información y el exterior llamado malla empleado para poder transportar las corrientes de retorno y como referencia a tierra. El cable es completado mediante un recubrimiento protector de plástico y un dieléctrico entre medio de los dos conductores anteriores [269].

La Tabla 4.8 muestra las principales características del cable coaxial, teniendo en cuenta distintos criterios.

El cable coaxial es un cable de cobre, pero existe otro tipo de cable de cobre muy extendido y empleado en las comunicaciones y es el cable de cobre de par trenzado. De forma muy básica, un cable de par trenzado tiene dos conductores para comunicar información, entrelazados entre sí para , de esta forma, tratar de anular las posibles interferencias electromagnéticas debidas a fuentes exteriores y los posibles fenómenos de *diafonía*, que no es otra cosa que la situación en la que la información de uno de los conductores aparece en el otro, o lo que es lo mismo, una perturbación debida a un cable con información sobre el resto. Dos hilos conductores planos y paralelos constituyen una antena, pero si se trenzan en forma helicoidal, las posibles interferencias producidas entre ellos son reducidas y, por tanto, posibilitando una mejor transmisión de la información [273].

En 1990 del siglo pasado, el cable coaxial es empezado a ser sustituido en redes de comunicaciones con la aparición de estándar IEEE 802.3i, concretamente la red 10Base-T y posteriormente la 100Base-TX (IEEE 802.3u) y el sustituto escogido es precisamente el cable de par trenzado. Este nuevo cable consiste en 8 hilos de cobre dispuestos dentro de un recubrimiento, estando trenzados 2 a 2 y siguiendo un código de colores particular: naranja, verde, blanco/verde, azul, blanco/azul, marrón y blanco/marrón [274].

Tabla 4.8. Principales características del cable coaxial atendiendo a distintos criterios. Fuente [269]-[272], elaboración propia.

Según:	Principales características del cable coaxial
Principales características	Es posible conseguir anchos de banda importantes con el cable coaxial. Rendimiento elevado. Presenta un elevado grado de inmunidad frente a las interferencias electromagnéticas exteriores. Permite el amortiguado de las señales transmitidas. Es posible recorrer grandes distancias en la transmisión. Presenta un bajo coste de instalación. Operación y mantenimiento ya controlados debido a su extenso periodo de tiempo empleado.

Según:	Principales características del cable coaxial
Tipos de cables coaxiales y sus características	Es posible hacer una primera clasificación como sigue: *Thinnet*: conocido como Ethernet fino, cable flexible de 0,25 pulgadas. Y muy empleado en redes debido a su característica de flexibilidad, lo que le permite adaptarse a cualquier espacio y superficie. *Thicknet*: conocido como *Ethernet* grueso, cable bastante rígido de unas 50 pulgadas. Fue el primer cable que se empleó en el bus *Ethernet*. Otra clasificación del tipo de coaxiales, destacando todos ellos porque presentan unas siglas iniciales comunes, RG, que hacen referencia a radiofrecuencia-gobierno y son los siguientes: *RG-6/U*: presenta una impedancia de 75 Ω, núcleo de 1 mm, dieléctrico PE y trenza doble. *RG-6/UQ*: presenta una impedancia de 75 Ω, dieléctrico PE y trenza doble. *RG-8/U*: presenta una impedancia de 50 Ω, núcleo de 2,17 mm, dieléctrico PE y trenza simple. *RG-9/U*: presenta una impedancia de 51 Ω, dieléctrico PE. *RG-11/U*: presenta una impedancia de 75 Ω, núcleo de 1,63 mm, dieléctrico PE y trenza simple. *RG-58*: presenta una impedancia de 50 Ω, núcleo de 0,9 mm, dieléctrico PE y trenza simple. *RG-59*: presenta una impedancia de 75 Ω, núcleo de 0,81 mm, dieléctrico PE y trenza simple. *RG-62U*: presenta una impedancia de 92 Ω, dieléctrico PE y trenza simple. *RG-62A*: presenta una impedancia de 93 Ω, dieléctrico ASP y trenza simple. *RG-174U*: presenta una impedancia de 50 Ω, núcleo de 0,48 mm, dieléctrico PE y trenza simple. *RG-178U*: presenta una impedancia de 50 Ω, núcleo de $7 \times 0,1$ mm, dieléctrico PTFE y trenza simple. *RG-179U*: presenta una impedancia de 50 Ω, núcleo de $7 \times 0,1$ mm, dieléctrico PTFE y trenza simple. https://es.wikipedia.org/wiki/Cable_coaxial.
Conectores	Existen los distintos conectores para cables coaxiales: *Conector Bayonet Neill-Concelman* (*BNC*): empleado normalmente para transmitir señales de radio y es considerado el conector más popular entre los cables coaxiales. Su conexión y reconexión rápida en los equipos de radiocomunicación los ha hecho muy populares. Ideal para la transmisión de bajas frecuencias. Su coste es reducido para aplicaciones que emplean una frecuencia de 1 GHz. *Conector Threaded Neill-Concelman* (*TNC*): es la adaptación del BNC a un conector con rosca. Presentan una característica que los hace ideales para aplicaciones concretas, ya que es muy resistente a las condiciones adversas presentadas en la intemperie y, además, son impermeables. Su frecuencia de trabajo ideal son los 11 GHz. *Conector F-type*: comúnmente empleado en los conectores para las televisiones, pero igualmente es empleado para cable módems y televisión por satélite. Muy barato y

Según:	Principales características del cable coaxial
	trabaja bien a la frecuencia de 1 GHz y también existe una variante que se adapta bien a las condiciones de intemperie.
	Conector UHF: empleados para los radioaficionados y una variante de este conector, en su versión mini ha sido empleada para los dispositivos celulares.
	Conector SubMiniature version A (*SMA*): emplea cables mucho más delgados y el conector es tipo mini, roscado y empleado comúnmente en microondas, dispositivos celulares y antenas de módems. Su frecuencia de trabajo llega hasta los 33 GHz, aunque lo normal es emplearlo para 18 GHz.
	Conector Quadrax Miniature version A (*QMA*): es una versión mejorada de SMA y permite conexiones y desconexiones rápidas.
	Conector *For Mobile Equipment* (*FME*): la conexión se hace a través de rosca y el conector es de tamaño pequeño.
	Conector NMO: los Motorola o *Pulse Larsen* los presentan en carcasa de antena y son principalmente para el conector macho.
Principales aplicaciones	Conexionado entre la antena y la televisión.
	Redes de televisión e internet en entornos rurales y urbanos.
	En radioaficionados y otros sistemas, interconexión entre el equipo emisor y la antena que emplea.
	Líneas para la transmisión de vídeo.
	Líneas para la transmisión de datos.
	Cables en entornos submarinos.
	Redes de telefonía en entornos rurales y urbanos.

Es posible distinguir 4 tipos de cables de par trenzado diferentes, a saber [273], [274]:

- *Cable de par trenzando no apantallado* (*Unshielded twisted pair, UTP*): tremendamente empleado principalmente en su formato categoría 5. Es económico y tiene menos grosor que su compañero el FTP, lo que le otorga mayor flexibilidad. Es cierto que es más susceptible a las interferencias electromagnéticas que sus homólogos y esto es debido principalmente a que los pares de cobre no están blindados. Su impedancia es de 100 Ω y tiene ciertas dificultades de trabajo a partir de una determinada distancia.

- *Cable de par trenzado con pantalla global* (*Foiled twisted pair, FTP*): muy empleado, pero más grueso que UTP, por lo que lo hace más caro y menos flexible, pero presenta un mejor comportamiento ante las interferencias electromagnéticas. Todos los pares trenzados están recubiertos mediante una cubierta protectora hecha de aluminio. Su impedancia es de 120 Ω y es especialmente empleado en el conexionado de dispositivos en intemperie.

- *Cable de par trenzado apantallado* (*Shielded twisted pair, STP*): cable de mayor calidad y especialmente empleado en redes 1000Base-T (*Gigabit*). La pantalla en este caso de aluminio está rodeando a cada par trenzado existente, por lo que el cable tiene 4 pantallas en el interior del recubrimiento. Su impedancia es de 150 Ω, a pesar de que es más caro que los anteriores, presenta menor susceptibilidad a las interferencias electromagnéticas y por este motivo suele ser empleado en numerosas instalaciones.

Como se acaba de ver, el cable UTP y STP son los más empleados, debiendo tener en cuenta las características de la instalación para decidir qué cable emplear. En cualquier caso, estos cables operar bien hasta los 100 m y 65 MHz. Estos cables presentan una serie de ventajas y desventajas, las cuales se mostrarán a continuación [275]:

- *Ventajas*: coste relativamente bajo, posibilidad de soluciones rápidas de sus problemas, así como su detección y los cables pueden ser reutilizados siempre y cuando las longitudes lo permitan.

- *Desventajas*: el porcentaje de errores aumenta con la velocidad, tienen ancho de banda limitado, dependiendo el tipo de cable pueden tener una baja inmunidad al ruido electromagnético y distancia limitada (aprox. 100 m).

En esta sección se ha tratado de presentar los distintos medios de comunicación empleados en los sistemas de transmisión de la información. Está claro que en una microrred eléctrica podrán convivir los distintos medios empleados, ya que su elección dependerá de ciertos criterios, como, por ejemplo: distancia a comunicar, velocidad de comunicación, etc. Lo que sí parece cierto, es que el uso del medio guiado será muy alto y dentro de éste, los cables de par de cobre y la fibra óptica serán los más empleados.

4.2.3.14. Topología de red

Según la RAE se define topología como:

> *"Rama de las matemáticas que trata especialmente de la continuidad y de otros conceptos más generales originados de ella, como las propiedades de las figuras con independencia de su tamaño o forma"*

Un sistema de comunicaciones debe permitir el paso de la información entre los dispositivos que la componen y que pueden actuar como emisores o receptores. Es posible entender la topología de comunicaciones como la forma de organizar la interconexión de estos componentes. La topología de un sistema de comunicaciones estará compuesta de dos topologías diferentes, la topología *física* y la *lógica*. Es posible afirmar que una topología física indica la forma y manera de hacer las distintas interconexiones de los cables (o inalámbrico) de los diferentes componentes del sistema de comunicación, mientras que la topología lógica hace referencia a las reglas que gobiernan a la topología física escogida [261].

La Tabla 4.9 muestra las principales características del cable coaxial, teniendo en cuenta distintos criterios.

Tabla 4.9. Principales características de las distintas topologías de un sistema de comunicaciones. Fuente [245], [261], [264], elaboración propia.

Topología	Principales características de la topología
Topología con interconexión en malla total (*full mesh*) y parcial (*partial mesh*)	La malla total es aquella en la que un dispositivo del sistema de comunicaciones está interconectado con el resto de sus homólogos a través de enlaces dedicados. En la malla parcial alguno de los dispositivos no presenta una interconexión con todos los otros elementos. La gran ventaja de estas topologías es que los dispositivos disponen de múltiples caminos para el envío de la información, tratando siempre de emplear el de menor distancia o el de mayor velocidad. La desconexión de un dispositivo no imposibilita la comunicación del resto de los componentes del sistema de comunicación. Lo anterior hace que sea una topología que presenta un coste más elevado, aumentando igualmente las labores de mantenimiento de la infraestructura. Permite disponer de un mecanismo de redundancia entre los dispositivos que conforman la infraestructura del sistema de comunicación. Es una topología considerada fiable y estable desde el punto de vista de garantía del envío y recepción de la información a transmitir.
Topología en estrella	En esta topología existe un dispositivo central, llamado *hub*, al que se conectan todos y cada uno de los dispositivos existentes mediante un enlace dedicado. Por tanto, el *hub* es el elemento central, por el que pasa la información y dispone de los mecanismos de control sobre ésta. Normalmente es empleada cuando los dispositivos se encuentra cerca del *hub*, para , de esta forma, evitar el uso de grandes cantidades de cable (cuando se emplee un medio guiado para la comunicación). La criticidad de la topología radica en el *hub*, ya que cualquier fallo en este elemento imposibilita la comunicación entre el resto de los elementos que conforman el sistema. Esta topología permite añadir o eliminar dispositivos de una forma sencilla y, lo más importante, sin la necesidad de interrumpir el flujo de información existente. Como limitación, el ancho de banda y el propio rendimiento del sistema de comunicación los impone las prestaciones del *hub*.
Topología en bus	En esta topología todos los dispositivos del sistema de comunicaciones están dispuestos en un único medio de comunicación. Esto exige la existencia de segmentos cortos de red entre cada uno de los dispositivos y el bus, además de un elemento de interconexión con éste que permite el envío y la recepción de la información. En esta topología la información que fluye por el bus es única y es escuchada por todos los dispositivos, aunque sólo uno de ellos sea el receptor. Esto exige que cada vez que un dispositivo quiera transmitir, deba escuchar si existe información en el medio y si la hay, el sistema debe implementar alguna suerte de turnos para poder ceder éste a los distintos dispositivos. Los dispositivos compiten por el acceso al medio. Suele ser una topología económica, cuando se implementa en sistemas pequeños y es posible añadir o eliminar dispositivos sin alterar el flujo de la información. El bus compartido se convierte en el elemento crítico, ya que cualquier fallo en éste supone la ruptura de cualquier posibilidad de comunicación entre los dispositivos existentes. Esta topología necesita elementos terminadores en el bus, ya que es la forma de eliminar reflexiones de ondas, lo cual afecta al rendimiento y velocidad del sistema.
Topología en árbol	Esta topología puede entenderse como una interconexión masiva de diferentes topologías en bus. Por tanto, existe un nodo central en cada uno de los segmentos de bus que permiten el envío y retransmisión de la información que procede o se envía al resto de buses.

Topología	Principales características de la topología
	Existe un eje central que es considerado el tronco del árbol, mientras que el resto de los buses serán las ramas del sistema de comunicaciones. Esta topología, al estar compuesta de múltiples buses, exige la instalación de numerosos terminadores de bus. Como gran ventaja es su escalabilidad sencilla y la sencillez de identificación de problemas y fallos, ya que cada bus puede estudiarse de forma independiente, pudiendo, de esta forma, acotar los límites del posible problema ocurrido. Un fallo en el *hub* central elimina la posibilidad de comunicación entre los diferentes buses, aunque sí es posible el funcionamiento interno en cada uno de ellos.
Topología en anillo (*Token Ring*)	Todos los elementos del sistema de comunicaciones están interconectados en serie y es como si en una topología en bus los extremos de éste estuvieran unidos entre sí. La información fluye en una dirección pasando por todos los dispositivos intermedios hasta el dispositivo final. Se han implementado topologías *Token Ring* donde existen dos anillos concéntricos, para posibilitar la comunicación en las dos direcciones. Es una topología que no precisa de un *hub* central y la responsabilidad del control de la red está distribuida entre todos los dispositivos existentes. Al igual que en la topología en bus, un fallo en el medio supone el cese del flujo de la información. Además, la adición o eliminación de dispositivos precisa la interrupción en el envío de la información. Pero, además, en este caso, un fallo en uno de los dispositivos inhabilita la comunicación del resto.

La Figura 4.22 muestra las distintas topologías que a continuación se presentan.

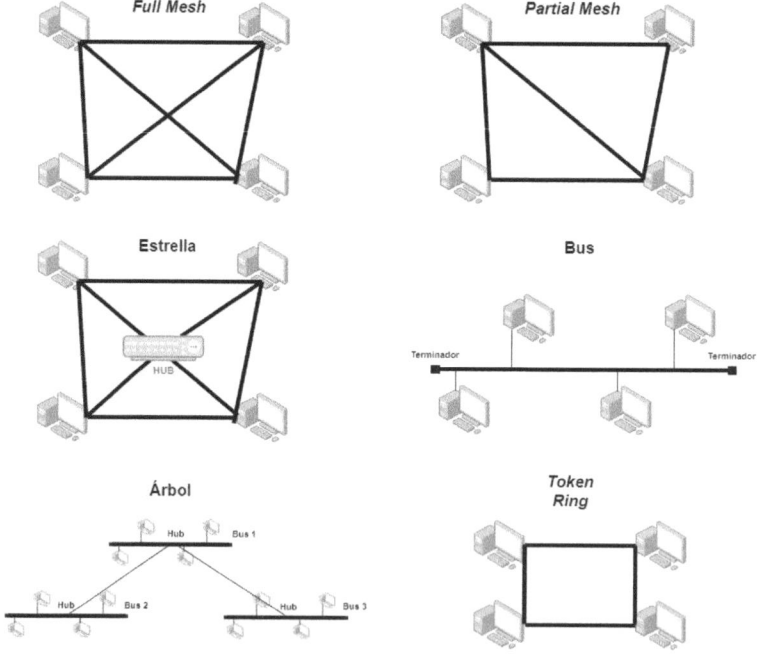

Figura 4.22. Esquemas de las distintas topologías de un sistema de comunicaciones. Fuente [245], [261], [264], elaboración propia.

Complementando a las distintas topologías presentadas, es preciso añadir la forma en que los dispositivos intercambian la información. De forma básica, la manera de intercambiar la información entre dos dispositivos es la siguiente [261]:

- *Conmutación de circuitos*: para posibilitar este tipo de conexión entre dos dispositivos, los elementos intermedios existentes conectas sus entradas y salidas para establecer un canal de comunicación entre los dos dispositivos a intercomunicar. El enlace creado puede ser real o virtual, pero, en cualquier caso, el enlace es dedicado y sólo podrá ser empleado por los dispositivos involucrados en la comunicación. Este tipo de transmisión es ideal para el envío de información de forma continua en el tiempo.

- *Conmutación de paquetes*: en este caso, el dispositivo emisor divide la información en paquetes, los cuales son enviados a través de los distintos canales que le red disponga hasta alcanzar el punto final. La información no tiene por qué fluir por el mismo camino. Este tipo de transmisión es ideal para el envío de información de forma no continua en el tiempo.

En una microrred eléctrica volvemos a tener la misma situación que en las anteriores secciones, la solución de topología a emplear dependerá del caso específico de la microrred concreta. Sí es cierto que la topología en estrella y árbol son las más empleadas en la actualidad en casi todos los sistemas de comunicaciones desplegados, pero esto no quiere decir que no pueda existir algún otro tipo de configuración. En ocasiones, los fabricantes de inversores solares fotovoltaicos emplean una topología en bus para la interconexión propietaria entre éstos, por lo que lo más lógico es que exista una mezcla de todas las topologías presentadas, apareciendo algo muy común en los sistemas de comunicaciones, la topología híbrida de comunicaciones.

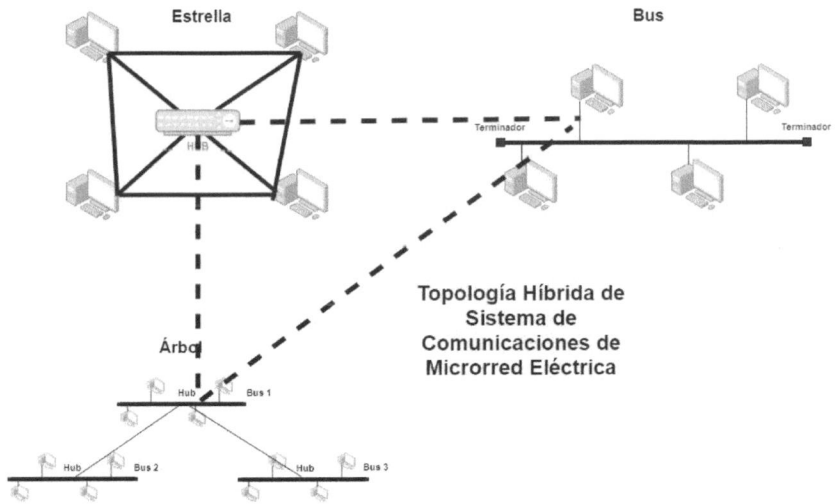

Figura 4.23. Representación esquemática de una topología híbrida en una microrred eléctrica. Fuente: elaboración propia.

La Figura 4.23 muestra un esquema típico de la topología de un sistema de comunicaciones en una microrred eléctrica. En esta representación se muestra una topología en bus, estrella y árbol y todas ellas interconectadas para mostrar la topología final de una microrred eléctrica. En el esquema aparecen representados computadores, pero el lector puede entender que pueden ser sustituidos por un componente de una microrred eléctrica (microgenerador, almacenamiento, carga, etc.).

Con respecto a la transmisión de la información, lo normal será que en la microrred eléctrica se disponga de un sistema de comunicaciones basado en la conmutación de paquetes, aunque podría existir alguna aplicación que requiera la conmutación de circuitos, como por ejemplo el envío de señales de vídeo para aplicaciones de videoconferencia o en tiempo real.

4.2.3.15. Forma de agrupar los componentes

En esta sección veremos la forma de agrupar los componentes y que a su vez tiene que ver con la cantidad de dispositivos que la componen y la disposición geográfica de éstos sobre el territorio. Atendiendo a estos criterios, los sistemas de comunicaciones pueden dividirse en los siguientes [243], [245], [276]:

- *Red de área personal* (*Personal Area Network, PAN*): se caracteriza por interconectar los dispositivos cercanos al punto de interés, normalmente mediante una interconexión inalámbrica, aunque también puede haber elementos conectados mediante un medio guiado. En la Figura 4.24, los distintos elementos son conectados mediante diferentes conexiones (cableada o inalámbrica) en una red de área personal.

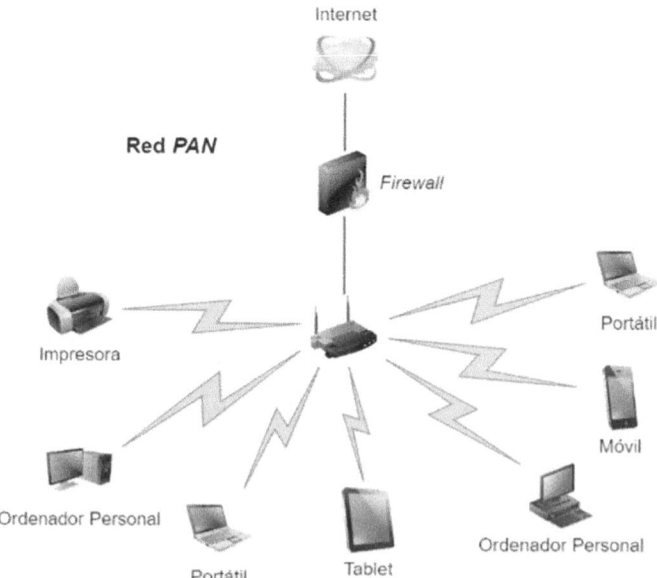

Figura 4.24. Esquema de una red de área personal. Fuente: elaboración propia.

- *Red de área local* (*Local Area Network, LAN*): en este caso, los dispositivos a interconectar están en un entorno físico más extenso que el personal. Por ejemplo, una LAN interconectaría elementos en una escuela, un barrio, un campus universitario, etc. El principal problema de LAN es que el número de dispositivos a interconectar tiene un límite, pudiéndose establecerse en torno a 5000 elementos a interconectar. La Figura 4.25 muestra varias LAN interconectadas entre ellas, en cada una de las LAN aparecen computadoras, tabletas, etc., interconectados a través de *switches* y otros elementos.

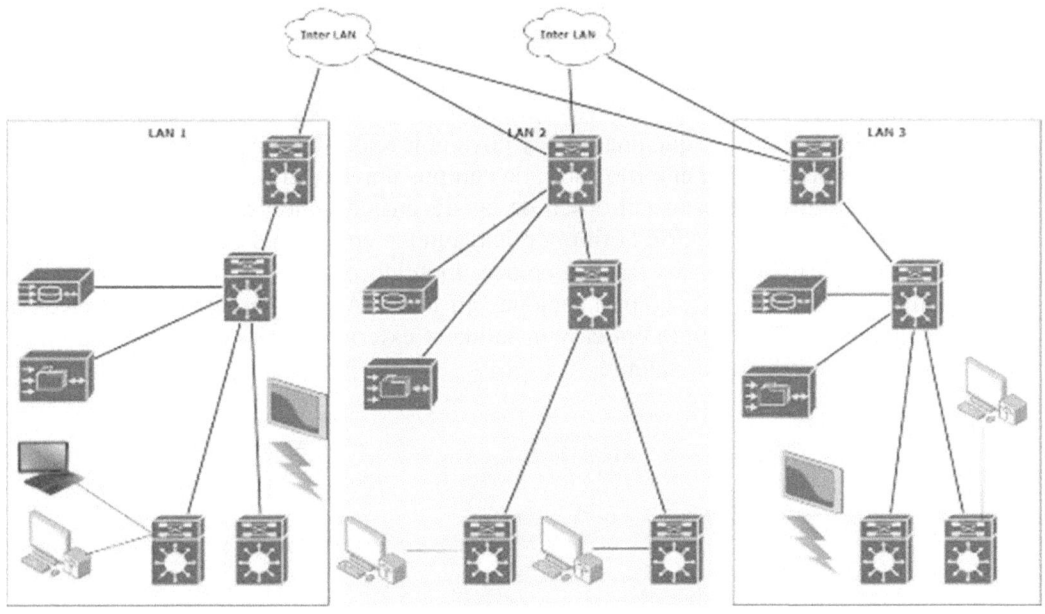

Figura 4.25. Esquema de varias redes de área local interconectadas. Fuente: elaboración propia.

- *Red de área amplia* (*Wide Area Network, WAN*): de una forma simplificada es posible definir una red de este tipo aquella red que interconecta varias redes tipo LAN, convirtiéndose en una red muy extensa y que interconecta usuarios no conocidos inicialmente. Los grandes proveedores de servicios de internet las emplean para dar servicio, principalmente a empresas, pero también a otros usuarios finales. La peculiaridad de este tipo de red es que está circunscrita en un área muy extensa geográficamente y de forma principal, emplean las grandes extensiones de comunicación a través de fibra óptica, satélites y ondas de radio. La Figura 4.26 muestra varias LAN interconectadas entre ellas, para , de esta forma, configurar una WAN, donde existirán algunas comunicaciones por radio y otras mediante fibra óptica.

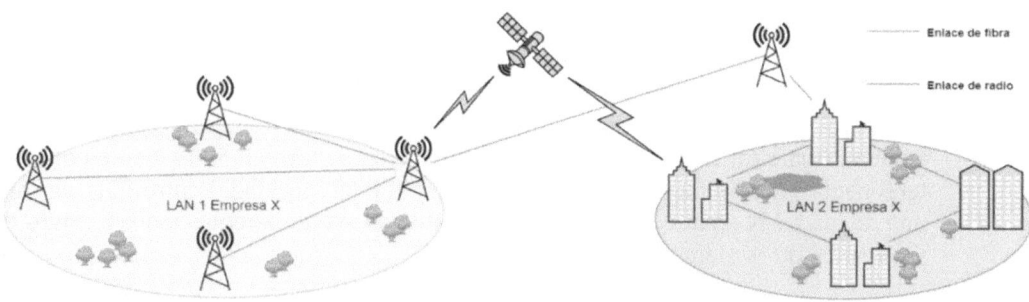

Figura 4.26. Esquema de interconexión de varias LAN para conformar una WLAN. Fuente, elaboración propia.

- *Red de área metropolitana* (*Metropolitan Area Network, MAN*): es un tipo de red con mayor extensión que una LAN y cuya ubicación física puede estar circunscrita en una ciudad, en un entorno rural, un campus universitario, etc. El rango máximo de cobertura suele estar del orden de las decenas de kilómetros y suelen emplear como medio de conexión la fibra óptica, aunque en algunos casos particulares podría emplear algún otro tipo de enlace, incluido el inalámbrico. La Figura 4.27 muestra el sistema de comunicaciones en una MAN, donde existirán enlaces de conexión mediante fibra óptica y la salida al exterior de esta mediante comunicaciones por radio o por satélite.

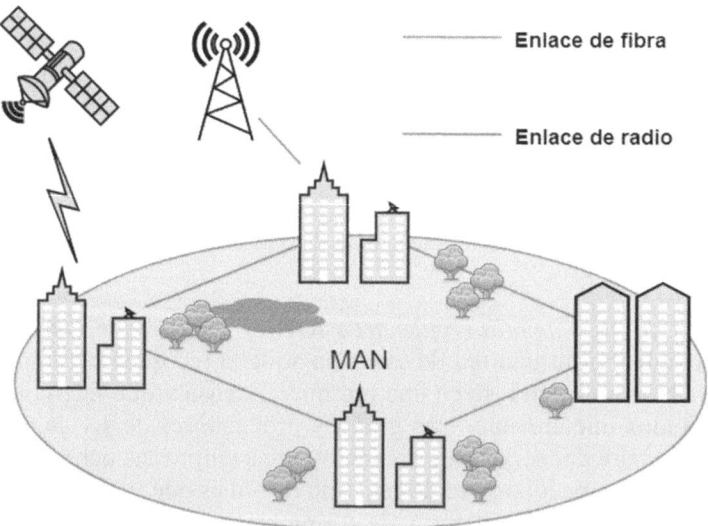

Figura 4.27. Esquema de conexionado de una MAN. Fuente: elaboración propia.

La Tabla 4.10 muestra las principales ventajas y desventajas de las redes LAN, WAN y MAN.

Tabla 4.10. Ventajas y desventajas de las redes LAN, WAN y MAN.
Fuente [245], [261], [264], elaboración propia.

Tipo de red	Ventajas	Desventajas
LAN	Los dispositivos como las impresoras, escáneres, etc., pueden compartir de una forma sencilla y eficiente sus capacidades a través de una LAN, abaratando el coste necesario para la instalación de nuevo hardware. El sistema operativo lleva incorporado la capacidad de crear una LAN y compartir recursos, por lo que nuevamente los costes de software disminuyen. Los clientes de la LAN pueden almacenar su información en recursos centralizados de servidores, por lo que las labores de *backup* se centralizan y son más eficientes y sencillas. Los dispositivos que conforman la red pueden intercambiar mensajes de una forma cómoda y sencilla. Permite una administración centralizada de los datos de los clientes, por lo que las labores de seguridad se simplifican para el administrador. Es sencillo poner toda la LAN en comunicación con internet.	Las LAN cableadas suponen un coste elevado, ya que normalmente el cableado a instalar exige una alta cuota económica inicial. El administrador de la LAN dispone de acceso total a la información de los clientes, lo que supone una clara vulnerabilidad en cuanto a seguridad de la información. Exige labores de mantenimiento constante, lo que supone disponer de usuario a tiempo completo para la gestión de la LAN.
WAN	Permite comunicación a grandes distancias, por lo que es ideal para la interconexión entre dispositivos a grandes distancias. Para una empresa es sencillo interconectar distintas sedes, cada una de las cuales podría estar en una LAN independiente.	Costes más elevados. Las labores de mantenimiento son más sofisticadas y, por tanto, más costosas. Al disponer de un rango de cobertura mayor que una LAN, los errores existentes son mayores y esto redunda en el mantenimiento más dedicado. La convivencia de distintas tecnologías hace que su mantenimiento requiere mayor especialización técnica, además de ser más complejo y costoso. La seguridad también es más difícil de gestionar.
MAN	Al estar compuestas de enlaces de fibra óptica, las comunicaciones suelen ser relativamente altas, lo cual las hace ser unas redes muy atractivas e interesantes para las empresas.	Grandes cantidades de longitud de cable para llevar a todos los puntos donde se requiere la comunicación. Exige grandes medidas de seguridad para actuar contra los ciberdelincuentes.

En esta sección se han presentado distintas redes de comunicaciones, atendiendo principalmente a la extensión de terrero a cubrir. Cada una de las soluciones presentadas puede disponer de tecnologías de comunicación física distintas, siendo la cableada la que más se repite, pero existiendo algunas redes que van a requerir comunicaciones por radio o satélite. Por tanto, aunque una microrred eléctrica encaja perfectamente con la definición de una LAN, dependiendo del tamaño de la microrred podría ser necesario de comunicar los componentes a través de redes WAN o MAN. Además, en el caso de las multimicrorredes, la distancia de separación entre microrredes obligará a emplear redes MAN, o incluso WAN si estas multimicrorredes son virtuales y su separación física obliga a emplear modelos WAN.

4.2.3.16. Protocolos de comunicación

A finales de los sesenta del siglo pasado se define por primera vez el concepto de protocolo de comunicaciones para el intercambio de información y tal como se muestra en [277], se le da el siguiente significado:

"acuerdo sobre cómo intercambiar información en un sistema distribuido"

Este acuerdo puede ser visto como el marco de las reglas que permiten a distintos dispositivos comunicarse entre sí, entendiéndose en todo momento. Lo anterior exige disponer de forma común de: sintaxis, semántica, sincronización en la comunicación existente y métodos para la detección y corrección de los errores [278].

En la recta final de la década de los sesenta del siglo pasado se produjeron grandes avances en computación, con el uso de nuevos procesadores y el comienzo de la irrupción de los computadores tal como los conocemos hoy en día. Esta evolución vino acompañada con el desarrollo de distintos protocolos de comunicaciones, los cuales establecieron las reglas de juego para una comunicación fiable, segura y eficiente [279], [280].

Los primeros desarrollos en protocolos de comunicaciones se realizaron desde 1968 hasta 1985, con algunas de las principales compañías del sector de la computación y la informática, dando como resultado los principales protocolos que han llegado hasta nuestros días: NCP, HDLC, IP, TCP, X.25, *Frame Relay*, ATM o IPv6 [280].

Con independencia del propósito del protocolo de comunicación, casi todos ellos presentan alguna de las siguientes características, que las hace comunes a todos ellos [278]:

- Identificación del medio de conexión existente en la comunicación.

- Establecimiento de la comunicación, *hanshaking*.

- Negociación de las características de la comunicación una vez establecida ésta.

- Formalismo sobre el inicio y fin de la comunicación.

- Formato de los mensajes a enviar.

- Mecanismo de detección y corrección de errores.

- Protocolo de contingencia para cuando se pierde una comunicación.

- Normas para la finalización de la conexión establecida.

- Autenticación y cifrado en la comunicación.

Es posible afirmar que un protocolo es [277]:

- Una serie de reglas pactadas de forma previa al establecimiento de la comunicación entre los dispositivos que quieren establecerla.

- El protocolo es estandarizado por medio de alguna institución que tiene esta capacidad y de esta forma, se garantiza la compatibilidad en la comunicación entre los dispositivos involucrados en ésta.

- Las reglas establecidas deben garantizar en todo instante la comunicación, no existe lugar para la especulación en diferentes momentos de la transmisión.

La clasificación de los protocolos puede diferir si atendemos a la forma de establecer la comunicación o al propio lenguaje. Con respecto a la forma de establecimiento nos encontramos con [277]:

- Protocolo maestro esclavo: establecidos en 1950 y es un escenario ideal para la comunicación entre un ordenador central y periféricos existentes. Tanto gestión de la comunicación como el envío de los datos como tal son responsabilidad del maestro, mientras que el esclavo tan sólo ejecuta las acciones encomendadas por el maestro. El maestro emplea el sondeo (*polling*) constante, para interrogar a los esclavos sobre sus necesidades o para transmitir las acciones a realizar.

- Protocolo *peer-to-peer*: protocolos más antiguos y destaca la no existencia de jerarquías en la comunicación. La dualidad maestro y esclavo (o mejor dicho servidor y cliente) es una característica que tienen todos los dispositivos que emplean este protocolo, ya que puede solicitar información o recibirla. Aunque inicialmente estaban pensados para redes modestas en cuanto a tamaño de dispositivos (por ejemplo 10), hoy en día son los que más se emplean en internet, donde el número de dispositivos en 2023 ronda ya los 5.160 [281].

Con respecto al protocolo como lenguaje, y tal como ya se ha dicho, debe cumplir con lo siguiente [277], [282]:

- Define el formato de los mensajes (sintaxis), la gramática de éstos establecida por el conjunto de reglas y el vocabulario de las palabras (semántica).

- Debe presentar las características de consistente y completo. Es consistente si no comete incorrecciones y es completo si tiene en cuenta toda la casuística posible de situaciones.

En la siguiente sección se presentarán el modelo OSI y el modelo TCP/IP. En ambos modelos, aparece una secuencia de capas, las cuales van a ser aprovechadas para asociar determinados protocolos a éstas. Cuando una serie de protocolos trabajan de forma conjunta para el buen funcionamiento de la comunicación, se dice que estamos frente a una familia de protocolos [282].

Asumiendo que el lector ya conoce las distintas capas del modelo OSI y que se explicarán en la siguiente sección, la Tabla 4.11 muestra los distintos protocolos de comunicación existentes según las capas del modelo OSI.

Tabla 4.11. Protocolos de comunicación según capas del modelo OSI.
Fuente [245], [261], [264], elaboración propia.

Capa	Protocolos de cada capa
Capa 1-nivel físico o capa física	Bus universal en serie (*Universal Serial Bus*, USB): empleado para la conexión de periféricos, este protocolo define el cable, conector, protocolo y aprovisionamiento de energía eléctrica a estos dispositivos. Ethernet: estándar para la interconexión de dispositivos en redes tipo LAN. Línea de abonado digital (*Digital Subscriber Line*, DSL): representa a una familia de tecnologías para el intercambio de datos digitales sobre pares de cobre trenzado. *Etherloop* —combinación de Ethernet y DSL—: combina voz y datos sobre líneas telefónicas estándar mediante pares de cobre trenzado, aunque también sobre fibra óptica. *Infrared*: emplea la fracción infrarroja del espectro electromagnético para la comunicación. *Frame Relay*: consiste en la transmisión de *frames* mediante conmutación de paquetes, mediante redes de circuitos virtuales. Jerarquía Digital Síncrona (*Synchronous Digital Hierarchy*, SDH): fue la gran revolución en comunicaciones ya que empleó como medio de comunicación la fibra óptica y con anchos de banda más elevados. Red óptica sincronizada (*Synchronous Optical Network*, SONET): estándar en transporte de datos sobre fibra óptica.
Capa 2-nivel de enlace o capa de enlace	Protocolo de acceso del cliente de la conmutación de la transmisión de datos (*Data transmission switching client access protocol*, DCAP). Interfaz de datos distribuida por fibra (*Fiber Distributed Data Interface*, FDDI): transmisión de datos en redes LAN y WAN mediante fibra óptica, basada en *Token Ring* y con transmisión tipo dúplex. Control de enlace de datos de alto nivel (*High-Level Data Link Control*, HDLC): es un protocolo con alta fiabilidad, ya que permite disponer de un mecanismo para la recuperación de los errores en la transmisión de paquetes. Protocolo de acceso de enlace para los canales (*Link Access Protocol for D-channel*, LAPD): emplea los canales tipo D que no se separan de los canales tipo B de usuarios y los D son empleados para la información y control. Protocolo punto a punto (*Point-to-Point Protocol*, PPP): establece dos conexiones directas entre dos nodos de la red sin dispositivos intermedios. Fast Ethernet: serie de estándares IEEE para definir las transmisiones Ethernet a 100 Mbps. Gigabit Ethernet: ampliación de Ethernet para conseguir velocidades de 1 Gbps. *Token Ring*: red desarrollada por IBM, con una topología física en anillo y con una estrategia de acceso al medio mediante turnos, a través de un testigo que va cambiando de propietario. Protocolo del árbol esparcido (*Spanning Tree Protocol*, STP): es un protocolo para salvaguardar de la existencia de bucles cerrados de enlaces en redes de comunicación. Conmutación multiprotocolo de la etiqueta (*Multiprotocol Label Switching*, MPLS): protocolo que permite enviar tráfico de distintas clases (datos y voz), gracias a la forma de etiquetar los distintos paquetes generados. *Modbus*: protocolo de comunicaciones originado en el mundo industrial para el control de periféricos por parte de los autómatas programables, pero que ha evolucionado y ha sido integrado en el mundo de la computación. Los más comúnmente empleados son *Modbus RTU* y *Modbus TCP/IP*.

Capa	Protocolos de cada capa
Capa 3-nivel de red o capa de red	Protocolo de resolución de direcciones (*Address Resolution Protocol*, ARP): protocolo que permite la resolución de direcciones MAC. Protocolo de resolución de direcciones inversa (*Reverse Address Resolution Protocol*, RARP): protocolo para resolver direcciones IP a partir de direcciones hardware de los dispositivos involucrados en la comunicación. Protocolo de frontera de entrada (*Border Gateway Protocol*, BGP): protocolo que permite el intercambio de caminos para localizar redes entre distintos sistemas de redes. Protocolo de mensajes de control de Internet (*Internet Control Message Protocol*, ICMP): protocolo para comunicar de posibles problemas existentes en internet. Protocolo de Internet versión 4 y 6 (*Internet Protocol*, IP): protocolo de comunicaciones encaminado a enviar la información a transferir entre dos dispositivos, de los cuales sabemos su dirección origen y destino. Intercambio de paquetes interred (*Internetwork Packet Exchange*, IPX): antiguo protocolo de comunicaciones que emplea datagramas. Protocolo de Información de Encaminamiento (*Routing Information Protocol*, RIP): protocolo que pueden emplear los *rúters* para aprender rutas de distintas redes existentes. Abrir el camino más corto primero (*Open Shortest Path First*, OSPF): protocolo para aprender rutas de redes, pero empleando el algoritmo Dijkstra.
Capa 4-nivel de transporte o capa de transporte	Intercambio de Paquetes Secuenciados (*Sequenced Packet Exchange*, SPX): empleado en redes Novell para el envío de información mediante el protocolo IPX. Protocolo de control de transmisiones de corrientes (*Stream Transmission Control Protocol*, SCTP): alternativa a TCP y UDP. Protocolo de control de transmisión (*Transmission Control Protocol*, TCP): protocolo orientado a la conexión y se encarga de garantizar la entrega correcta de los paquetes enviados. Protocolo de datagramas de usuario (*User Datagram Protocol*, UDP): protocolo no orientado a la conexión y no dispone de mecanismo de control sobre le entrega correcta de los paquetes enviados. Protocolo de Control de Congestión de Datagramas (*Datagram Congestion Control Protocol*, DCCP): alternativa a TCP y SCTP.
Capa 5-nivel de sesión o capa de sesión	Sistema de archivos de red (*Network File System*, NFS): protocolos que permite que dispositivos de una misma LAN compartan recursos como si fueran locales. Bloque de mensajes de servidor (*Server Message Block*, SMB): igual que NFS, pero en este caso sólo para dispositivos que emplean como sistema operativo *Microsoft*. Llamada a procedimiento remoto (*Remote Procedure Call*, RPC): protocolo que permite ejecutar programas en otra máquina de forma remota pareciendo que se están realizando de forma local. Protocolo directo de sockets (*Sockets Direct Protocol*, SDP). Mensajes cortos punto a punto (*Short message peer-to-peer*, SMPP): permite disponer de una interfaz para transmitir datos flexibles para la transferencia de mensajes cortos.
Capa 6-nivel de presentación o capa de presentación	Seguridad de capa de transporte (*Transport Layer Security*, TLS): es un protocolo criptográfico para garantizar la seguridad en las redes de comunicación. Capa de conexión segura (*Secure Sockets Layer*, SSL): protocolo que garantiza la seguridad en internet a través de un determinado cifrado de los datos transmitidos. Representación de datos externos (*eXternal Data Representation*, XDR): protocolo que permite comunicar datos entre dispositivos de distintas arquitecturas y sistemas operativos. Extensiones multipropósito de correo de internet (*Multipurpose Internet Mail Extensions*, MIME): es un protocolo que permite transportar cualquier tipo de dato (audio, vídeo, etc.) siendo transparente para el dispositivo emisor y receptor.

Capa	Protocolos de cada capa
Capa 7-nivel de aplicación o capa de aplicación	Protocolo de configuración dinámica de host (*Dynamic Host Configuration Protocol*, DHCP): protocolo que sirve para asignar de forma automática las distintas IP a los diferentes dispositivos de la red. Sistema de nombres de dominio (*Domain Name System*, DNS): protocolo que permite almacenar en un servidor el directorio de nombres y sus correspondientes IP. Protocolo de transferencia de hipertexto (*Hypertext Transfer Protocol*, HTTP): es el protocolo estrella y que se lleva usando desde 1990, para que los distintos dispositivos puedan intercambiar la información en la *World Wide Web*. Protocolo de transferencia de hipertexto seguro (*Hypertext Transfer Protocol Secure*, HTTPS): es la versión segura de HTTP. Protocolo de oficina de correo (*Post Office Protocol*, POP3): protocolo que permite el intercambio de los emails almacenados en un servidor de correo con sus clientes y viceversa. Protocolo de transferencia simple de correo (*Simple Mail Transfer Protocol*, SMTP): protocolo para el intercambio de correos electrónicos entre dispositivos. Telnet (*Teletype Network*): protocolo que nos permite manejar otra computadora de forma remota.

Con respecto a los protocolos de comunicación, la microrred eléctrica empleará los disponibles en la industria de las comunicaciones, ya que son protocolos probados y funcionales, los cuales se integran de forma correcta y sencilla en todos los dispositivos y tecnologías de comunicaciones que puedan aparecer en la microrred eléctrica. Sí es cierto que ésta dispondrá de multitud de protocolos, todos ellos funcionando de forma paralela y en ocasiones aislada, para que el funcionamiento de la microrred eléctrica sea el óptimo. Pensemos en un convertidor DC-AC de una planta solar fotovoltaica, es posible que el inversor emplea *Modbus TCP/IP* para la comunicación con los sensores del propio inversor y así hacer las medidas de las variables de interés, para luego interconectar el inversor a la red LAN por medio de Ethernet TCP/IP. La mayoría de los protocolos aquí presentados serán empleados en una microrred eléctrica ya que estarán en alguna de las capas del modelo Ethernet (variación práctica del modelo OSI) y este modelo será empleado casi al 100% en la microrred.

4.2.4. Modelos OSI y TCP/IP

El modelo *OSI* es un protocolo que se comenzó a crear en 1977 y creado formalmente en 1980. Desde 1984 es considerado un estándar y su principal objetivo es poder interconectar información entre dispositivos con procedencia muy diversa, incluso cuando emplean protocolos propietarios de fabricantes. OSI no define exactamente los protocolos a emplear, simplemente es una declaración de intenciones donde los protocolos serán implementados de forma ajena a este modelo. OSI es un modelo, es un intento teórico de organizar las comunicaciones mediante una serie de capas o niveles que definirán los protocolos a emplear, pero OSI no tiene una implementación física en el mundo real. Por tanto, es posible afirmar que OSI define una serie de reglas necesarias para establecer las comunicaciones, con independencia del dispositivo y de la situación geográfica de éste [283].

Es un modelo que está compuesto por 7 capas o niveles [283]: física, enlace de datos, red, transporte, sesión, presentación y aplicación. Como veremos, cada nivel tendrá sus funcionalidades y como se ha visto, cada nivel tendrá asociados algunos protocolos para saber actuar de forma correcta. Los dispositivos que quieren intercambiar información tienen los mismos niveles y este modelo funciona de igual a igual, el nivel de red intercomunica con su homólogo en el otro dispositivo y así sucesivamente con el resto de los niveles [284].

La información para transmitir pasa de los niveles superiores hasta los más bajos, para posteriormente transmitir por el medio de comunicación empleado y llegar al dispositivo destino. En éste, el proceso se hace a la inversa y la información fluye desde el nivel inferior al superior. En este proceso de bajar la información a través de los niveles, ésta sufre un encapsulamiento, esto es, cada nivel añade una serie de encabezamiento y colas, junto a otra información adicional y se pasa al nivel siguiente, sólo el nivel homólogo en el dispositivo receptor saber desencapsular esta información correspondiente a su nivel [284].

La Figura 4.28 muestra las distintas capas o niveles del modelo OSI, así como el proceso de encapsulado y desencapsulado que sufren los datos en su descenso y ascenso a través de las distintas capas en emisor y receptor respectivamente. La figura también muestra el proceso de igual a igual que experimentan cada uno de los niveles en emisor con respecto a sus homólogos en el receptor. Por último, en la Tabla 4.12 se muestran algunas de las principales características de cada una de las capas o niveles.

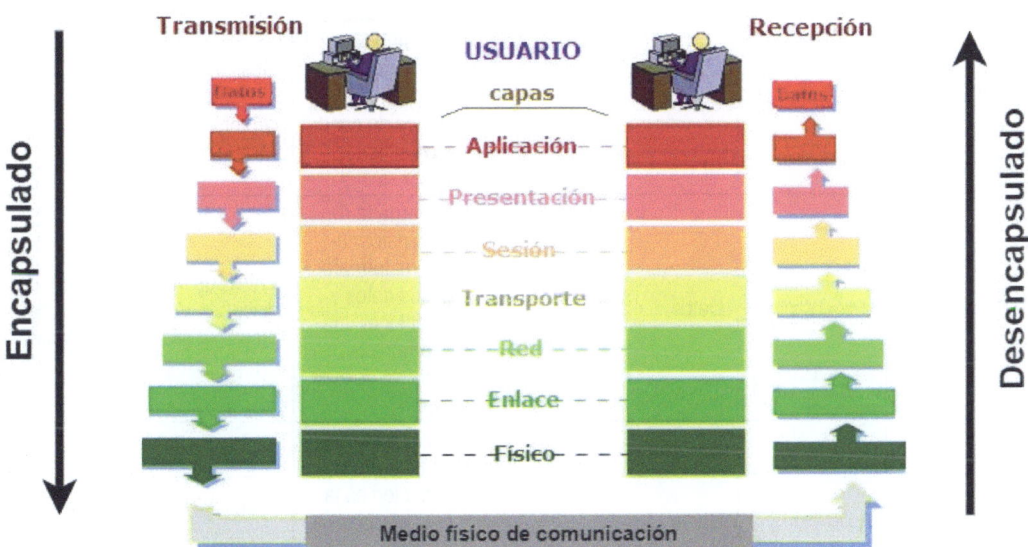

Figura 4.28. Esquema del modelo OSI. Fuente, elaboración propia a partir de componentes de [266].

Tabla 4.12. Principales características de las capas del modelo OSI.
Fuente [245], [261], [264], elaboración propia.

Número de la capa	Nombre de la capa	Descripción	Tipo de datos encapsulados	Función
Capa 1	Física	Es la encargada de definir y mantener todas las especificaciones mecánicas, eléctricas y físicas del enlace de comunicación a establecer entre emisor y receptor.	Bits	Es la encargada de transmitir los bits entre la emisión y la recepción a través del medio de comunicación establecido.
Capa 2	Enlace de datos	Es la capa encargada de hacer el direccionamiento físico y el acceso al medio.	Tramas	Una vez establecida una capa física de transmisión, la capa de enlace de datos se encarga de que la transmisión se establezca de forma fiable.
Capa 3	Red	Es la capa de hacer el direccionamiento lógico y el enrutado correspondiente de las redes.	Paquetes	Direccionamiento, control de las rutas de red y el control del tráfico establecido.
Capa 4	Transporte	Segmento	Permite hacer un control de flujo sobre el tráfico de los datos y que sea de forma fiable.	Encargado de labores como: segmentación de los datos, reconocimiento de los datos recibidos (*acknowledgement*) y la posible multiplexación.
Capa 5	Sesión	Datos	Es la encargada de establecer, administrar y terminar las sesiones de conexión establecidas.	Gestiona todas las sesiones establecidas entre emisor y receptor.
Capa 6	Presentación	Datos	Encargada de la transformación el formato de los datos y establecer una interfaz a la capa de aplicación.	Entre sus funciones están: codificación de caracteres, compresión y cifrado de los datos.
Capa 7	Aplicación	Datos	No da servicios a otras capas, más bien es la encargada de dar apoyo a las aplicaciones externas a OSI.	Aplicaciones de alto nivel.

Pero OSI es un modelo totalmente teórico y era necesario la implementación de un modelo en la realidad, para poder interconectar dispositivos de distintas arquitecturas y con diferentes sistemas operativos. Surge el modelo TCP/IP, implementado en 1970 por Vinton Cerf y Robert E. Kahn dentro de la red ARPANET[1], la cual puede ser considerada como el origen de Internet [285].

Nuevamente el modelo TCP/IP plantea una jerarquía de protocolos y funcionalidades agrupadas por capas (al igual que en el modelo OSI), las cuales pueden verse en la Figura 4.29. Estas capas son las siguientes [285]:

- Capa 1: capa de acceso al medio (*Network Access Layer*): esta capa considera su límite de operación a nivel de red y esto es así para que se pueda conectar cualquier tipo de dispositivo, con independencia de su arquitectura y sistema operativo. La capa tiene un mecanismo para traducir las direcciones de red a direcciones de capa de enlace (MAC). Algunos de sus protocolos son: Ethernet, *Token Ring*, FDDI, etc.

- Capa 2: capa de internet (*Internet Layer*): esta capa permite la interconexión entre redes distintas, gracias al direccionamiento IP. Algunos de sus protocolos son: IP, ICMP, ARP, RARP, etc.

- Capa 3: capa de transporte (*Transport Layer*): esta capa es la encargada de crear los canales para poder establecer el envío de los datos entre los distintos dispositivos. Esta capa tiene dos tipos de conexiones, la orientada a la conexión (TCP) y la no orientada a la conexión (UDP). Para poder identificar de forma inequívoca cada uno de los canales, la capa genera los puertos de red, para que de una forma numerada la capa identifique cada uno de los canales establecidos. Algunos de sus protocolos son: TCP y UDP.

- Capa 4: capa de aplicación (*Application Layer*): contiene todos los protocolos típicos de las aplicaciones que emplean los usuarios, aunque también tiene servicios básicos de enrutamiento, configuración de dispositivos y gestión de la red. Algunos de sus protocolos son: Telnet, protocolo de transferencia de archivos (*File Transfer Protocol*, FTP), NFS, etc.

La capa 1 de TCP/IP se corresponde con las capas 1 y 2 de OSI, la capa 2 de TCP/IP se corresponde con la capa 3 de OSI, la capa 3 de TCP/IP se corresponde con la capa 4 de OSI y la capa 4 de TCP/IP se corresponde con las capas 5, 6 y 7 de OSI.

En esta sección se han presentado los modelos OSI y TCP/IP. En la industria y en internet, TCP/IP es el modelo más extendido para, de esta forma, poder interconectar dispositivos de distintas naturalezas. Por tanto, en una microrred eléctrica es fácil encontrar el modelo TCP/IP para las comunicaciones de los distintos componentes que la conforman, con independencia de la naturaleza de éstos o el tipo de medio empleado para la comunicación. Por tanto y casi con total certeza, es más que probable encontrar la implementación del modelo TCP/IP en la totalidad de las microrredes eléctricas desplegadas hasta la actualidad.

---

[1] Primera red WAN desarrollada por Defense Advanced Research Projects Agency (DARPA).

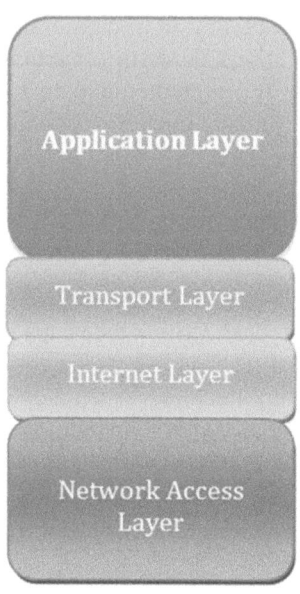

Figura 4.29. Esquema del modelo TCP/IP. Fuente: elaboración propia a partir de componentes de [266].

4.2.5. Algunos detalles sobre estándares para comunicaciones

Como ya es sabido, tanto la *Smart Grid* como la microrred eléctrica están fundamentadas en un sistema de comunicaciones. El mundo de las comunicaciones ha vivido numerosos cambios vertiginosos desde sus orígenes, por lo que, a modo de herencia, muchos de los estándares y protocolos empleados por la *Smart Grid* y la microrred eléctrica son los comúnmente usados en el ámbito de la industria de las comunicaciones. Por este motivo, esta sección se centrará en los principales estándares (cableados e inalámbricos) y tecnologías, que pueden ser empleados en la microrred eléctrica. Esta sección comenzará mostrando las series IEEE 802, para continuar con las comunicaciones móviles y se terminará con las comunicaciones mediante línea de potencia (*Power Line Communications*, PLC), altamente extendidas en los últimos tiempos.

4.2.5.1. IEEE 802

La industria de las comunicaciones ha desarrollado grandes avances desde finales de los sesenta del siglo pasado y esta evolución tecnológica ha sido aprovechada por todos los sectores industriales. No obstante, el avance tecnológico suele necesitar de estándares que describan su correcto comportamiento para el desarrollo de dispositivos que integren estos avances. La serie IEEE 802 es un proyecto creado en 1980 en paralelo al planteamiento del modelo OSI y cuyo objetivo era el desarrollo de una serie de estándares para la implementación de distintas tecnologías que permitieran la interconexión de dispositivos muy distintos, inicialmente pensado para entornos de LAN y MAN [286]. Dentro de IEEE 802 tenemos IEEE 802.3 y es posible afirmar que este conjunto de estándares fue el intento de materializar las necesidades presentadas en Ethernet [287].

Debido a que IEEE 802 presenta un conjunto de estándares empleados en las redes eléctricas y microrredes en general, es conveniente disponer de información de éstos. Por tanto, la Tabla 4.13 recoge los diferentes estándares IEEE 802 que comúnmente se emplean en los sistemas de comunicaciones, así como sus principales parámetros.

Tabla 4.13. Principales estándares bajo IEEE 802. Fuente [286]–[289], elaboración propia.

Estándar	Principales características de los estándares IEEE 802				
	Denominación	Banda de frecuencia	Ancho de banda	Tasa de bits	Rango[2]
IEEE 802.3	Ethernet	Dependerá del estándar concreto a emplear	Dependerá del estándar concreto a emplear	Ver Tabla 4.14	Ver Tabla 4.14
IEEE 804.4	*Token Bus*	Red de banda ancha que emplea cable coaxial de 75 Ω que puede emplear repetidores para alargar su longitud de transmisión, siendo su tasa de bits de 1, 5 y 10 Mbps			
IEEE 802.11a	*Wireless Lan* (wifi)	5 GHz	20 MHz	6, 9, 12, 18, 24, 36, 48, 54 Mbps	Depende del entorno de su aplicación 35-120 m
IEEE 802.11b	*Wireless Lan* (wifi)	2,4 GHz	20 MHz	1, 2, 5,5, 11 Mbps	Depende del entorno de su aplicación 38 -140 m
IEEE 802.11g	*Wireless Lan* (wifi)	2,4 GHz	20 y 40 MHz	1, 2, 6, 9, 12, 18, 24, 36, 48, 54 Mbps	Depende del entorno de su aplicación 38 -140 m
IEEE 802.11n	*Wireless Lan* (wifi)	2,4 y 5 GHz	20 y 40 MHz	Entre 6,5 y 300 Mbps	Depende del entorno de su aplicación 70 -250 m
IEEE 802.15.1	*Bluetooth*	2,4 GHz	2,4 GHz	Entre 1 y 3 Mbps	Depende de la clase 1-100 m
IEEE 802.15.4	Este estándar es el encargado de establecer la definición del nivel físico y de acceso al medio en una red de área pública sin cable	863,3 MHz 902-928 MHz 2400-2483,5 MHz	600 kHz 2000 kHz 5000 kHz	20 kbps 40 kpbs 250 kpbs	Del orden de magnitud de metros
IEEE 802.16	interoperabilidad mundial de acceso por microondas	2-66 GHz	1,25, 5, 10 y 20 MHz	75 Mbps (fijos) 15 Mbps (móvil)	Límite 50 km

---

[2] Valores aproximados.

La Tabla 4.14 completa la anterior, pero centrándose en uno de los estándares más empleados en el mundo de las comunicaciones y, por tanto, en las microrredes eléctricas, Ethernet. Si nos fijamos en el nombre de los estándares mostrados, el número que precede a la palabra "*Base*" indica la velocidad de comunicación en Mbps, mientras que lo que viene posteriormente hace referencia al tipo de cable [288].

Tabla 4.14. Estándar Ethernet y sus principales características.
Fuente [287]–[289], elaboración propia.

Nombre del estándar	Principales características		
	Medio de comunicación empleado	Velocidad de transmisión de datos	Tamaño de segmento de red máximo (m)
10Base5 10Base2 10Base–T 10Base–FP	Cable coaxial grueso Cable coaxial delgado Par trenzado sin apantallar (UTP) Par de fibra óptica multimodo 62,5/125 µm	10 Mbps	500 185 100 500
100Base–TX 100Base–FX 100Base–T4	2 pares categoría 5 UTP 2 fibras ópticas 4 pares categoría 3, 4 o 5 UTP	100 Mbps	100 100 100–5000
1000Base–LX 1000Base–SX 1000Base–T 1000Base–CX 1000Base–ZX	Fibra multimodo 50–62,5 µm Fibra multimodo 50–62,5 µm Categoría 5, 5e, 6 y 7 UTP Cable apantallado Fibra monomodo	1000 Mbps	550 550 100 25 7.0000
10GBase–S 10GBase–L 10GBase–E 10GBase–LX4	Fibra multimodo 50–62,5 µm Fibra monomodo Fibra monomodo Fibra multimodo 50–62,5 µm	1 Gbps	300 1.0000 4.0000 300

Ya que en una microrred eléctrica o una *Smart Grid* o una microrred eléctrica es común encontrar dispositivos de campo que comuniquen mediante Ethernet y con el objetivo de tener claras las funcionalidades de los dispositivos que conforman una Ethernet, la Tabla 4.15 muestra los principales equipos para la trasmisión de datos a través de dicho estándar.

Tabla 4.15. Principales dispositivos empleados en Ethernet.
Fuente [244], elaboración propia.

Dispositivo	Descripción del dispositivo
Repetidor	Dispositivo eminentemente hardware, compuesto por dos puertos, uno para la señal recibida y otro para retransmitirla mediante su amplificación. Un repetidor trabaja en la capa física del modelo ISO/OSI.
Hub (concentrador)	Dispositivo eminentemente hardware, compuesto por un repetidor multi-puerto con enlaces Ethernet. La señal recibida por un puerto es enviada hacia el resto de los puertos que conforman el dispositivo.
Bridge (puente)	Dispositivo con dos puertos y que opera en la capa de enlace. Transmite la trama entrante sólo si el canal hacia el que va dirigido está libre o si la trama es de *broadcast*. En este dispositivo, cada puerto soporta la operación *full dúplex*.
Switch (conmutador)	Dispositivo eminentemente hardware, aunque presenta funcionalidades software. Un *switch* es un *bridge* multi-puerto.
Rúter (enrutador)	Dispositivo eminentemente software sobre funcionalidades hardware. De forma resumida, es un elemento que hace de puerta de enlace entre una red de área local y una red de área amplia. Al estar soportado por una capa software, el dispositivo toma decisiones inteligentes sobre cómo encaminar el tráfico de una red a otra y opera en la capa de red del modelo ISO/OSI.
Gateway (pasarela)	Permite la traducción entre distintos protocolos de comunicaciones, por tanto, será necesario emplearlo cuando dos dispositivos que vayan a intercambiar información empleen protocolos distintos de comunicación. Es común verlos en dispositivos que hacia el interior emplean por ejemplo *Modbus RUT* y debemos conectarlo a una LAN basada en Ethernet, necesitando la *Gateway* de *Modbus* a Ethernet.

Como se ha dicho a lo largo de esta sección y también en las anteriores, la microrred eléctrica podrá integrar varios de estos estándares aquí presentados. Es común emplear tecnologías Ethernet sobre cable de fibra óptica o par trenzado de cobre, como puedan ser 1000Base-XX (cualquiera de los expuestos), pero también pueden existir componentes que comuniquen sobre medio inalámbrico, empleado por ejemplo IEEE 802.1.X (cualquiera de los estándares existentes). Esto no quita para que, una microrred eléctrica, integre cualquiera del resto de los estándares de comunicación aquí presentados. La hibridación de distintos estándares a través de diferentes tecnologías será un rasgo común en las microrredes que se instalen en el mundo y esto ha sido una máxima que se ha venido repitiendo a lo largo de los años.

Es cierto que Ethernet es el gran protagonista en el mundo de las comunicaciones desde hace mucho tiempo y en este sentido, los dispositivos Ethernet aquí mostrados formarán parte de la microrred eléctrica. *Switch*, *rúter* y *gateway* serán los equipos que comúnmente conformen una microrred eléctrica para posibilitar la comunicación a través de Ethernet.

4.2.5.1.1. Ethernet

El estándar Ethernet define los niveles físicos, así como el formato de las tramas del nivel de enlace del modelo OSI. El grupo de estándares IEEE 802.3 emplearon a Ethernet como la base de la redacción de aquellos y, en la mayoría de las ocasiones, Ethernet y IEEE 802.3 son tratados como sinónimos [290].

Como ya se ha comentado, quizás Ethernet es la tecnología más empleada dentro del estándar IEEE 802.4 y casi con total seguridad para las redes de área local cableadas. Ethernet presenta una serie de características que la hacen muy atractiva, a saber [288]:

- protocolo sencillo,

- mantenimiento mínimo,

- altamente fiable,

- muy flexible para la integración de otras tecnologías (incluso nuevas),

- fácilmente instalable y actualizable,

- escalable y

- de coste reducido.

La Figura 4.30 muestra la estructura de una trama Ethernet, donde podemos distinguir las siguientes partes [290]:

- *Preámbulo*: es un indicador para el receptor de que la trama va a comenzar y lo alerta para el comienzo de la sincronización. Ocupa 7 Bytes dentro del total de la trama.

- *Delimitador*: indica al receptor que comienza la trama como tal. Ocupa 1 Byte dentro del total de la trama.

- *MAC destino y origen*: cada parte de la trama ocupa 6 Bytes e indican las direcciones físicas MAC del destino y del emisor. La trama Ethernet muestra primero la MAC destino ya que los *Switches* son los encargados de procesar las tramas y enseguida pueden encontrar el destino de la comunicación, con tal solo buscar en la tabla de direcciones MAC.

- *802.1Q*: es una parte de la trama opción y sirve para identificar la VLAN a la que pertenece la trama. Ocupa 4 Bytes dentro del total de la trama.

- *Ethertype*: una forma de identificar el protocolo con que han sido encapsulados los datos que integran la *Payload*. Ocupa 2 Bytes dentro del total de la trama.

- *Payload*: es donde están integrados los datos a transmitir y que contiene esa trama, así como las cabeceras de los otros protocolos de las capas superiores. Ocupa 42-1500 Bytes dentro del total de la trama.

- *Control de redundancia cíclica* (*Cyclic Redundancy Check*, *CRC*): es una forma de adición de información para controlar el posible cambio en los datos enviados. Si el receptor hace el cálculo CRC y no coincide con el CRC recibido, se entiende que habrá habido un error en los datos enviados. Ocupa 4 Bytes dentro del total de la trama.

- *Gap final entre tramas*: es similar a un retorno de carro clásico, simplemente indica el final de la trama.

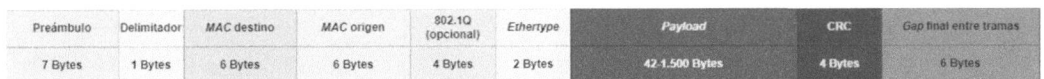

Figura 4.30. Estructura de la trama Ethernet. Fuente [290], elaboración propia.

Ethernet es un protocolo de los llamados *de medio compartido para su comunicación*, esto es, más de un dispositivo trata de usar el medio común de forma simultánea y cuando varios dispositivos tratan de enviar la información de forma simultánea sobre el bus compartido, se produce una *colisión*. Existe un protocolo que ofrece una solución al problema de las colisiones, es el llamado acceso múltiple con escucha de portadora/detección de colisión (*Carrier Sense Multiple Access/Collision Detect*, CSMA/CD) y cuando múltiples dispositivos comparten el mismo bus de comunicación y el acceso al medio es gestionado por el anterior protocolo, surge el *dominio de colisión* [288].

En determinadas ocasiones, en una LAN Ethernet es preciso enviar tramas desde un dispositivo emisor a múltiples dispositivos receptores de forma simultánea, sin que sea necesario el envío de tantas tramas idénticas como dispositivos receptores existan. Este tipo de tramas son conocidas como *broadcast*. El proceso anterior, que evita la congestión de tráfico en la red con tramas similares, se consigue mediante un direccionamiento apropiado en la capa 3 (red) del modelo ISO/OSI. El dominio en que estas tramas *broadcast* progresan se llama *dominio broadcast* [288].

Uno de los orígenes de la congestión en la red es el tráfico masivo en ésta y el principal afectado es el rendimiento de la red y, consecuentemente, el *dominio de colisión* y de *broadcast*. Por consiguiente, si se pretende conseguir un rendimiento elevado de la red, es necesario aislar este problema y es posible hacerlo creando distintos *dominios de colisión* y de *broadcast* en una misma red. La Figura 4.31 muestra una red de área local típica basada en Ethernet, en donde los *switches* limitan el *dominio de colisión* y los *rúters* limitan el *dominio broadcast*.

En el esquema planteado en la Figura 4.31, un paquete de los dispositivos de la red 1 puede colisionar con los de la red 2, pero no podrá hacerlo con uno de la red 3. Lo anterior es debido a que las redes 1 y 2 y 3 están conectadas a través de *Switches*, los cuales limitan el *dominio de colisión*, sin embargo, los mensajes de *broadcast* podrán colisionar entre todas ellas.

Cualquier dispositivo de la microrred eléctrica que precise ser gestionado desde el sistema de gestión de la energía o desde el controlador central de la microrred eléctrica, puede estar conectado a una LAN Ethernet. Dependiendo del número dispositivos a conectar, o de si se precisa separar diferentes tráficos, es posible que los elementos de la microrred eléctrica trabajen en la misma red, a través de la capa de control de acceso al medio, o estar en redes distintas, necesitando para este último caso estar etiquetados los dispositivos mediante una dirección de protocolo de internet (*internet Protocol*, IP). En este último escenario, los dispositivos de diferentes redes, con protocolo de internet asignada en redes distintas, precisarán dispositivos de capa 3 (como *rúter*) para poder comunicarse entre ellos.

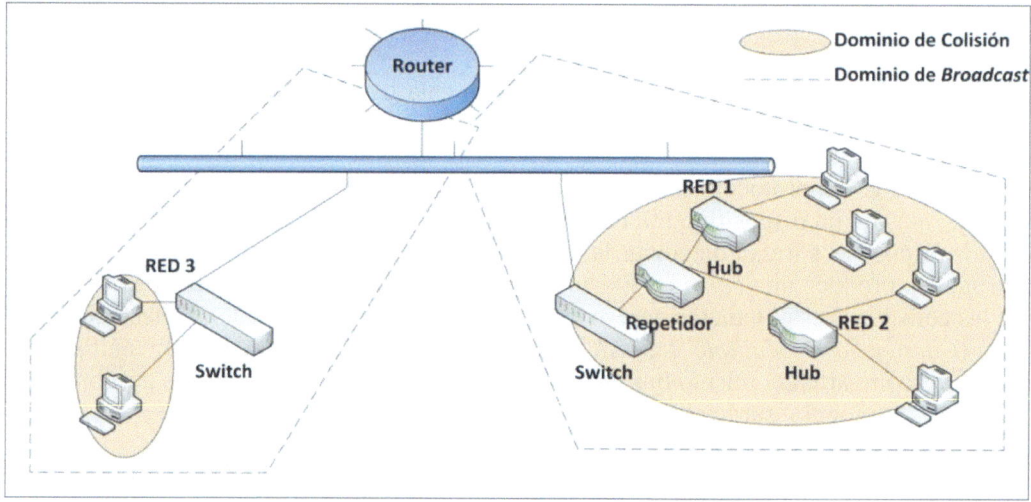

Figura 4.31. Ejemplo de una red de área local Ethernet. Fuente: elaboración propia.

Tal como se ha comentado, los dispositivos de la microrred eléctrica que trabajen en la misma red emplearán control de acceso al medio para su comunicación, no precisando a priori disponer de dirección IP. En esta situación y por extensión de la microrred eléctrica, es muy probable que los elementos de campo estén muy distanciados y necesiten disponer de una red de área local extensa, interconectada mediante numerosos *Switches*. Con independencia del tamaño y del número de *Switches*, pueden existir elementos de campo asignados a la misma red y que estén conectados en distintos *switches*. Para poder hacer esto, se hará uso de la LAN virtual (*Virtual Local Area Network*, VLAN), donde una LAN virtual sirve como método de creación de redes (lógicas y no físicas) independientes dentro de una misma red física. Varias LAN virtuales pueden coexistir en un mismo *Switch* o través de distintos *Switches* dentro de la misma LAN.

La Figura 4.32 muestra una LAN Ethernet con varias LAN virtuales que interconectan elementos entre diferentes *Switches*. Los dispositivos pertenecientes a una de las LAN virtual (A, B o C) podrán conectar con dispositivos de su misma LAN virtual, con independencia del número de saltos entre *Switches* y sin intervención de elementos de capa 3 (*rúters*). Para poder conectar con elementos de otras LAN virtuales, el dispositivo deberá emplear la dirección de su *Default Gateway*, que será una IP definida en un *rúter* y a través de éste poder encaminar el tráfico hacia la LAN virtual correspondiente.

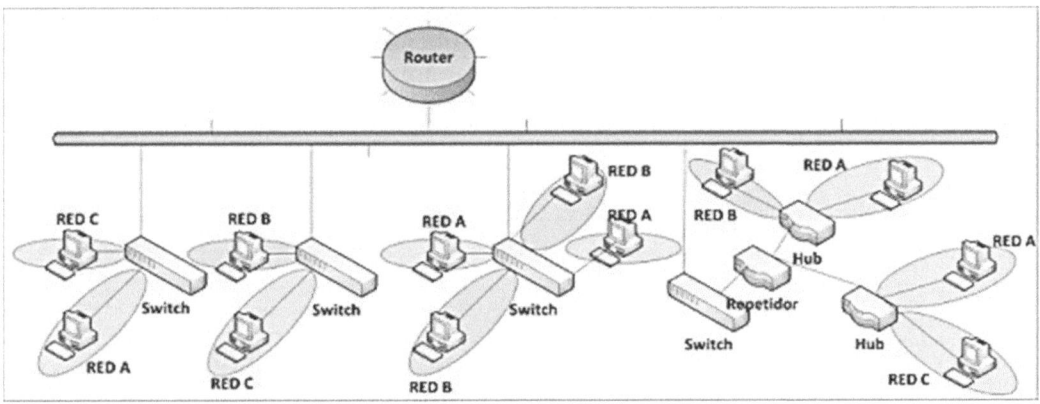

Figura 4.32. Ejemplo de una LAN Ethernet con varias LAN virtuales. Fuente: elaboración propia.

Es posible afirmar que Ethernet es el estándar por excelencia empleado en la industria de las comunicaciones. Como ya se ha dicho, la microrred eléctrica empleará elementos con tecnologías basadas en Ethernet, por lo que de forma generalizada es posible decir que LAN, MAN o WAN Ethernet estarán presentes en la microrred eléctrica. Otro aspecto importante y, que deberá tenerse en cuenta desde la fase inicial del diseño de la microrred eléctrica, es el *dominio de colisión* y *broadcast*, ya que con respecto al primero deberá tenerse claro la segmentación de la red a realizar (si es el caso) y ésta será en función del número dispositivos y funciones que desempeñen en la microrred eléctrica. *Broadcast* deberá ser tenido también en cuenta, ya que deberá controlarse este tipo de tráfico, con el fin principal de no congestionar la infraestructura de comunicaciones de la microrred eléctrica.

4.2.5.1.2. LAN inalámbrica (*Wireless Local Area Network*)

El estándar que describe la LAN inalámbrica (*Wireless Local Area Network,* WLAN) es IEEE 802.11 y, de forma básica, emplea el aire para realizar una comunicación entre dispositivos tipo *half duplex*. Este estándar presenta tres componentes distintos, a saber [288]:

- *Estación*: cualquier dispositivo capaz de comunicar por medio de LAN inalámbrica. Existen diferentes maneras de comunicar estaciones entre ellas, una forma es creando redes *ad hoc*, donde los dispositivos pueden comunicar entre ellos, creando una red mallada y una segunda forma es empleando puntos de acceso, formando una infraestructura de conjunto de servicio básico, tal como muestra la Figura 4.33.

- *Puntos de acceso* (*Access Points*, *AP*): este dispositivo permite la comunicación entre diferentes estaciones. Disponer de puntos de acceso en la red supone algunos beneficios como, por ejemplo, disponer de una infraestructura fácilmente escalable y, además, posibilita extender la red cableada en caso necesario. Los puntos de acceso hacen las veces de *buffer* en caso de congestión en la red, ya que pueden almacenar el tráfico, lo que permite ralentizar el tráfico enviado a la red y aliviando la congestión en la misma.

- *Sistema de distribución* (DS): una de sus funciones es conectar distintas estaciones por medio de sus puntos de acceso, permitiendo el paso de un punto de acceso a otro, disponiendo en ese caso de una infraestructura de conjunto de servicio básico (*Infrastructure Basic Service Set*, IBSS), ver Figura 4.33.

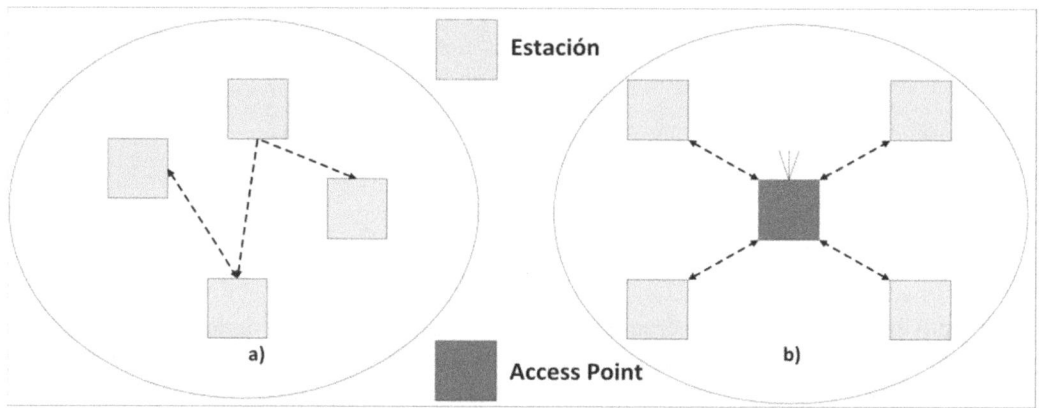

Figura 4.33. Arquitectura de una LAN inalámbrica. a) infraestructura de conjunto de servicio básico independiente; b) *Infrastructure Basic Service Set*. Fuente [288], elaboración propia.

La familia IEEE 802.11 emplea como protocolo de acceso al medio, el acceso múltiple con escucha de portadora/detección de colisión y las principales características de los distintos estándares han sido presentadas en la Tabla 4.13.

Dentro de una *Smart Grid* o una microrred eléctrica, si existe comunicación LAN inalámbrica puede darse en el primer nivel (nivel de campo), que involucra a los componentes finales, como, por ejemplo, diferentes medidores inteligentes instalados en diferentes infraestructuras existentes, o ciertos elementos de generación distribuida, almacenamiento eléctrico distribuido y cargas que dispongan de interfaces de comunicación inalámbrica.

4.2.5.1.3. Bluetooth

Estándar definido por el grupo de trabajo IEEE 802.15.1 y presenta las siguientes características, a saber [288]:

- Define la capa física y de control de acceso al medio sobre una red inalámbrica tipo PAN.

- Su funcionamiento requiere una potencia muy baja.

- Emplea transmisión de radio de distancia corta entre los dispositivos privados que se involucren en la comunicación.

- No necesita ningún tipo de infraestructura y este hecho es un rango diferenciador con respecto a una LAN inalámbrica.

- Este tipo de red define un entorno de comunicación, donde los dispositivos vinculados podrán transferir información entre ellos.

- La distancia de la comunicación dependerá del tipo de clase de los dispositivos: clase 1 hasta 100 m, clase 2 hasta 10 m y clase 3 hasta 1 m.

Es posible disponer de dos tipos de arquitecturas distintas en Bluetooth, a saber [288]:

- *Piconet*: dispone de un dispositivo que hace las funciones de maestro y hasta siete esclavos. No obstante, es posible que otros dispositivos (además de los siete esclavos) estén conectados al maestro, pero estos últimos no podrán participar en la comunicación establecida, aunque podrán promocionar del estatus de *parked* al de *slave* si alguno de los esclavos abandona la comunicación.

- *Scatternet*: es una red compuesta de varias *piconets* para , de esta forma, tener a más de siete dispositivos conectados en la red. Además de aumentar el número de dispositivos conectados a la red, es una forma sencilla de expandir la extensión de ésta. En esta red, algunos esclavos actúan de *Bridges* entre las diferentes *piconets*.

La versión clásica de Bluetooth es la 3.0+HS, para posteriormente aparecer la 4.0 y recientemente la 5.0. La Tabla 4.16 muestra una descripción básica de las tres versiones anteriormente citadas.

Tabla 4.16. Especificaciones técnicas de Bluetooth. Fuente [288], [291], elaboración propia.

Característica	Bluetooth 3.0+HS	Bluetooth 4.0	Bluetooth 5.0
Distancia de transmisión aproximada	100 m	150 m	200 m
Velocidad en aire aproximada	1 a 3 Mbps	1 Mbps	100 Mbps
Consumo aproximado	100 mW	10 mW	< 10 mW
Topología empleada	Piconet, Scatternet	Estrella, punto a punto	Estrella, punto a punto

En una *Smart Grid* o una microrred eléctrica es posible emplear Bluetooth, por ejemplo, para la comunicación centralizada de los medidores inteligentes, pero siempre teniendo en cuenta las distancias de transmisión. Además de lo anterior, es preciso contemplar la seguridad, ya que Bluetooth es un estándar bastante vulnerable a ciertos ataques, por lo que no es comúnmente empleado en una *Smart Grid* o una microrred eléctrica. No obstante, es complicado hoy en día encontrar componentes de una microrred eléctrica interconectados en una *Piconet* o *Scarternet*, ya que existen otras redes que permiten su uso, obteniendo unos mejores resultados para la comunicación, e incluso para la interoperabilidad entre los dispositivos.

4.2.5.1.4. ZigBee y 6LoWPAN

El grupo de trabajo IEEE 802.15.4 definió ZigBee y 6LoWPAN para transmisión de datos en redes inalámbricas, pero con la peculiaridad de que la transferencia de datos entre dispositivos sea baja, presentando además las siguientes particularidades, a saber [288]:

- Bajo consumo,

- Muy flexible (desde el punto de vista de red),

- Coste reducido, por lo que se emplea como red de área pública sin cable (*Wireless Public Area Network*, WPAN).

- Es una estructura jerárquica autoorganizada donde estén conectados dispositivos en movimiento, tanto portátiles como fijos.

Las arquitecturas de red ZigBee se muestran en la Figura 4.34, donde se presentan las siguientes arquitecturas [288], [292]:

- *Estrella*, donde el coordinador está situado en el centro de la estrella.

- *Mallada*, donde por lo menos uno de los nodos de la arquitectura tiene dos conexiones establecidas.

- *Árbol*, donde el coordinador está situado en la raíz de la estructura del árbol.

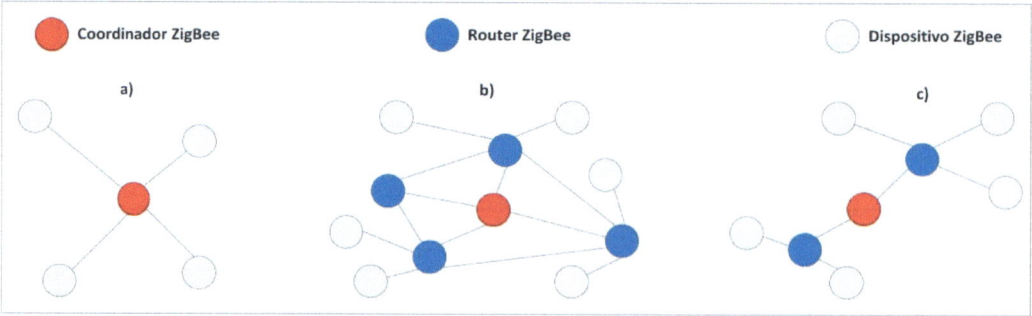

Figura 4.34. Arquitecturas de red ZigBee. Fuente [288], elaboración propia.

El coordinador normalmente es un dispositivo de función completa (*Full Function Device*, FFD), pero también podrá ser tipo *rúter* o dispositivo final. El resto de los dispositivos serán de función reducida (*Reduced Function Device*, RFD) y actuarán como dispositivos finales de la arquitectura, pudiendo actuar como sensor o como *switch* en la red [288].

Las características de 6LoWPAN son las siguientes [288], [293]:

- Baja potencia y sin cable,

- Estándar que soporta paquetes IPv6 sobre una red de área pública.

- El paquete tiene un tamaño de 1280 octetos, por tanto, para interconectar IPv6 en 6LoWPAN, es necesario emplear una capa intermedia.

A continuación, se explica el procedimiento para la comunicación entre un dispositivo de función reducida en una 6LoWPAN con otro dispositivo fuera del dominio de la primera [288]:

- Paso 1: el paquete es enviado a un dispositivo de función completa que esté en la misma red.

- Paso 2: repetir el paso anterior hasta encontrar un dispositivo de función completa que actúe como *rúter*.

- Paso 3: el paquete es enviado hasta la *Gateway* existente, para así pasarlo hasta la otra red 6LoWPAN.

- Paso 4: la *Gateway* enviará el paquete hasta el dispositivo con la etiqueta IP destino.

Tanto ZigBee como 6LoWPAN presentan algunas características que los hacen atractivos para su instalación en cualquier tipo de infraestructura de comunicaciones a partir de la tecnología correspondiente. No obstante, tecnologías basadas en estos estándares también presentarán algunas debilidades, las cuales deberán tenerse en cuenta. Por tanto, es posible encontrarlas en alguna microrred eléctrica, siempre y cuando la situación particular de ésta lo justifica. Una aplicación justificada sería el empleo de estas tecnologías asociada a la comunicación en algún tipo de medidor de energía, pero debe tenerse presente que su alcance estaría en el rango de los 30 m, por lo que alguno de los dispositivos debería actuar como repetidores, para poder salvar esta situación en el caso que la distancia entre dispositivos fuera mayor a esa distancia [288].

4.2.5.2. Comunicaciones móviles

Sistemas globales para comunicaciones móviles (*Global System for Mobile Communications, GSM*) fue ideado para la comunicación de voz, pero de forma rápida pudo comprobarse la posibilidad de, además de voz, transportar tráfico de datos. Esto permitió el desarrollo de nuevas tecnologías de comunicación móviles, a saber [288]:

- Servicio general de paquetes vía radio (*General Packet Radio Service*, GPRS): emplea la infraestructura propia de GSM pero emplea otros elementos para poder hacer *switching*, como por ejemplo el Nodo de apoyo GPRS de puerta de enlace (*Gateway*

GPRS Support Node, GGSN) y el Nodo de apoyo GPRS de servicio (*Serving GPRS Support Node*, SGSN).

- *Proyecto de asociación de tercera generación* (*3rd Generation Partnership Project, 3GPP*): en 1988 se inicia un proyecto para el desarrollo de la tecnología sistema móvil de tercera generación (*3rd Generation Mobile System*, 3G), la cual aprovecha la infraestructura y la tecnología existente en GSM y GPRS.

- *Tasas de datos mejoradas para la evolución del GSM* (*Enhanced Data Rates for GSM Evolution, EDGE*): evolución de GPRS y aunque funciona con la infraestructura de cualquier GSM, el operador necesita hacer algunas actualizaciones para que pueda funcionar.

- *Evolución a largo plazo* (*Long Term Evolution, LTE*): es posible afirmar que es un estándar para la comunicación móvil de alta velocidad, permitiendo la conexión de los dispositivos aun cuando se están desplazando a unas velocidades cercanas a los 500 km/h.

- *Sistema universal de telecomunicaciones móviles* (*Universal Mobile Telecommunications System o UMTS*): sucesora de GPRS y como consecuencia de la no posibilidad de cubrir ciertos servicios por este estándar.

Una microrred eléctrica presenta unas necesidades de comunicaciones que son superadas con creces por las tecnologías 3GPP, en base a las características anteriormente descritas. Por tanto y aunque son tecnologías para emplear para la gestión y operación de la microrred eléctrica, quizás son más propicias para su implantación en una *Smart Grid* en general. No obstante, pueden integrarse en microrredes implementadas en entornos remotos, donde los costes de desplegar tecnologías basadas en medios guiados no son rentables y, en ese caso, las comunicaciones móviles son soluciones para emplear de una forma sensata y eficiente.

4.2.5.3. Comunicaciones mediante línea de potencia (PLC)

Como se ha visto a lo largo de este capítulo, las comunicaciones pueden realizarse a través de un medio guiado o no guiado. Dentro de los guiados, una solución elegante y con todo el sentido en el sistema eléctrico consiste en transmitir la información a través de los cables eléctricos ya desplegados. En esta sección se presentarán los principales estándares que operan a través de cables eléctricos, o lo que comúnmente se conoce como comunicaciones mediante línea de potencia. Concretamente, se expondrán los conceptos sobre el estándar IEEE P1901, la evolución de medida inteligente PowerLine (*PoweRline Intelligent Metering Evolution*, PRIME) y *HomePlug*.

4.2.5.3.1. IEEE P1901

Es un estándar de alta velocidad a través del cable eléctrico y fue planteado por el grupo de trabajo que lleva su nombre en 2005 y participaron en torno a 90 instituciones. Los dispositivos capaces de emplear este estándar son conocidos como dispositivos de banda ancha sobre líneas eléctricas (*Broadband over Power Line*, BPL) y obtienen velocidades de transmisión del orden de los 500 Mbps en la capa física de comunicaciones. Dependiendo de la aplicación, es posible tener alcances desde los 100 m hasta los 1500 m, esto último pensado para el acceso a internet [288], [294].

IEEE P1901 soporta dos capas físicas, pudiendo ser empleadas ambos o sólo una y otra capa de control de acceso al medio. Emplea multiplexación por división de frecuencia ortogonal (*Orthogonal Frequency Division Multiplexing*, OFDM) como método de modulación [294].

Es cierto que este estándar está orientado a las aplicaciones en el sector eléctrico, por lo que parece atractivo su uso en *Smart Grids* como en microrredes eléctricas. No obstante, el principal objetivo de IEEE P1901 es la banda ancha sobre líneas eléctricas y en el caso de la microrred, esto no es algo crítico y fundamental, pero sí es interesante el empleo del cable eléctrico para la transmisión de datos, pero con otros objetivos como se mostrará en la siguiente sección.

4.2.5.3.2. Comunicaciones mediante línea de potencia (PRIME)

En 2007 se comenzó a trabajar sobre esta especificación para la comunicación de banda estrecha sobre el cable eléctrico, pero no fue hasta 2008 cuando aparecen los primeros resultados en forma de publicaciones al respecto [295]. En esta sección se ha escogido presentar la especificación PRIME, pero el lector debe saber que existen otras similares, como *Meters and More* [296] y G3 [297], por lo que se le anima a que profundice en ellas igualmente. Con independencia del desarrollo tecnológico, todas son interesantes, ya que su evolución ha permitido el empleo del cable eléctrico como medio de transmisión de las señales de banda estrecha y se han mostrado estudios de investigación presentando los principales resultados de todas estas especificaciones [298]–[300].

En 2009 se crea la *PoweRline Intelligent Metering Evolution Alliance* (PRIME *Alliance*), compuesta por muchos fabricantes de medidores de energía, para la realización de pruebas de interoperabilidad a través de numerosos laboratorios acreditados y validando las pruebas en campo a través de muchos proyectos de investigación [301].

En la actualidad y según PRIME *Alliance*, más de 30 asociaciones y empresas del sector eléctrico emplean esta tecnología en su equipamiento y se han instalado ya más de 20 millones de equipos en más de 15 países en todo el mundo [301].

La especificación de la PRIME *Alliance* está estructurada en las siguientes capas: física, control de acceso al medio y convergencia. Para propósitos de operación y control, existe definida una capa de gestión específica. A continuación, se mostrarán algunas de sus principales características [295]:

- *Capa física*: todos los cables eléctricos y sus conductores no son iguales, lo que hace que, para el propósito de transmitir señales de comunicación, la amplitud va a depender del tiempo mientras que la respuesta de la fase dependerá de la frecuencia. Además, la señal transmitida estará sometida a mucho ruido electromagnético, unas veces originado por motores y otras cargas, mientras que en otras ocasiones estará ocasionado por otras fuentes, por lo que podemos afirmar que el ruido dependerá de la posición del conductor. Por tanto, PRIME *Alliance* presenta una capa física basada en la multiplexación por división de frecuencia ortogonal (*Orthogonal Frequency Division Multiplexing*, OFDM) y en modulación por desplazamiento diferencial de fase (*Differential Phase Shift Keying*, DPSK) como modulación de la señal portadora. Complementando lo anterior y para aumentar la robustez, la especificación *PoweRline Intelligent Metering Evolution* v1.4 introduce codificación de repetición. Con esta última especificación, la banda de frecuencias ha pasado de 42-89 kHz y velocidades de datos de entre 5,4 kbps y 128,6 kbps, hasta 471 kHz en bandas de la Association of Radio Industries and Business (ARIB[3]), presentando una tasa de datos hasta 8 veces más alta que en CENELEC A, banda originaria.

- *Capa de control de acceso al medio*: considera dos dispositivos distintos, los nodos base para gestionar recursos y conexiones en la propia subred y los nodos de servicio que serán los que formen parte de la subred y no sean nodos base.

- *Capa de convergencia*: proporciona segmentación y reensamblado y para ello emplea dos subcapas distintas.

- *Capa de gestión*: permite la actualización del *firmware* de los equipos y permite disponer de interfaces de gestión locales y remotas.

Desde un punto de vista de topología lógica, una subred basada en esta tecnología es un árbol, con un solo nodo base como raíz y el resto de los dispositivos propuestos como nodos de servicio. Para extender el rango de subred o simplemente para tratar de solucionar problemas de cobertura, un nodo base puede cambiar el papel de un nodo de servicio, pasando éste desde su estado de terminal al estado de *switch*.

En la Figura 4.35 se muestra un ejemplo real de topología de red en PRIME *Alliance*, donde aparece un nodo base (concentrador de datos), ocho nodos de servicio, de los cuales cuatro están en estado *switch* y otros cuatro en estado terminal. Tal como se ha comentado, el papel de un nodo con estado *switch* será el de hacer de repetidor para que las señales de otros nodos de servicio lleguen al nodo base con calidad [302]. En la parte derecha de la figura se aprecia el nivel de señal de cada uno de los dispositivos, el cuál será empleado (entre otros factores) para decidir sobre la promoción de cada medidor inteligente a otro estado.

---

[3] Asociación de industrias y negocios de la radio.

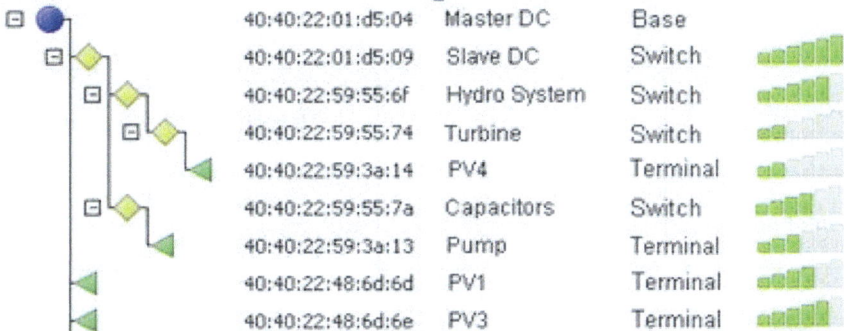

Figura 4.35. Ejemplo real de un despliegue de medidores inteligentes mediante tecnología *PLC* PRIME. Fuente [302], elaboración propia. Cortesía de CEDER-CIEMAT.

Como se ha comentado, esta especificación y otras con similar propósito, han sido empleadas en los medidores inteligentes (*Smart Meter*, SM) desplegados en la *Smart Grid*. Por tanto y con la misma finalidad, en la microrred eléctrica podrán emplearse este tipo de tecnología para poder monitorizar de alguna forma los consumos, generaciones o cargas y descargas de las baterías, todos ellos componentes de la microrred. El aprovechamiento del cable eléctrico con fines de comunicaciones de señales es interesante, pero siempre debe tenerse presente las limitaciones de velocidad y ancho de banda, por lo que todas sus aplicaciones deberán ser para banda estrecha.

4.2.5.3.3. HomePlug

HomePlug es un conjunto de especificaciones que se centra en las comunicaciones a través del cable eléctrico, pero en el entorno del hogar. Las distintas especificaciones presentan características diferentes, las cuales permiten ser empleadas en entornos muy variados, según los requerimientos de las aplicaciones, mientras que existen algunas que requieren de banda ancha (*Homeplug* tiene alguna especificación que cubre esta necesidad), las aplicaciones destinadas a la medida de energía presentan las características de tener un bajo consumo aunque bajo rendimiento, características que también son aprovechadas por los dispositivos del hogar y así poder comunicar variables medidas en ellos a través del cable eléctrico [303].

En 2000 es fundada la *HomePlug Powerline Alliance*, la cual está formada por los principales fabricantes de equipamiento de comunicaciones y de la industria de la energía eléctrica. Aunque el especial interés radicaba en la banda ancha (TV por cable, juegos, etc.), la alianza también desarrolló especificaciones para banda estrecha, como por ejemplo para la comunicación con medidores de energía y electrodomésticos del hogar [304].

La *HomePlug Powerline Alliance* define distintas especificaciones y sus principales características se muestran en la Tabla 4.17.

Tabla 4.17. Características de las especificaciones definidas por *HomePlug Powerline Alliance*. Fuente [288], [303], [304], elaboración propia.

Nombre de la especificación	Aplicación	Velocidad	Tipo de banda
HomePlug 1.0	Conexión de dispositivos del hogar	1-10 Mbps 85 Mbps en AV85	Banda ancha
HomePlug AV y AV2	Transmite televisión de alta definición (*High Definition TeleVision*, HDTV) y VoIP en el hogar	AV: 200 Mbps AV2: 6000 Mbps	Banda ancha
HomePlug C&C (*command and control*)	Especificaciones para el uso de comandos y control	-	-
HomePlug Broadband over Power Line	Solución última milla (*last mille*)	-	Banda ancha

Parece que este conjunto de estándares está orientado al entorno doméstico, principalmente a control y monitorización de electrodomésticos en el hogar, pero como se ha visto, existe también la posibilidad de banda ancha. Por tanto y aunque resulte complicado de imaginar, podrían aparecer tecnologías basadas en estos estándares en la microrred eléctrica, en alguna situación puntual donde en una zona concreta se comuniquen los datos de medidores de energía u otros tipos de dispositivos de medida, como pueda ser el de un convertidor, para luego mediante otra tecnología distinta llevar la información monitorizada y/o registrada hasta algún punto central de la microrred eléctrica.

4.2.6. Componentes básicos de un sistema de comunicaciones

Una vez se han presentado los fundamentos básicos de los sistemas de comunicaciones, en esta sección se tratará de mostrar los principales componentes que los conforman. Para ello, en la Figura 4.36 se muestra una posible agrupación de estos componentes, pudiendo ver que se agrupan en dispositivos finales y componentes de la capa de comunicaciones.

A continuación, se procederá a la descripción de cada una de las dos agrupaciones comentadas anteriormente y que se muestran en la anterior figura:

- *Dispositivos finales*: entendemos por dispositivo final aquellos elementos, que, estando involucrados en el sistema de comunicaciones, se considera un punto final del mismo. En este sentido y en el caso de una microrred eléctrica, podríamos encontrarnos los siguientes elementos: servidor de datos, base de datos, interfaz de comunicaciones de un convertidor de potencia, interfaz de comunicaciones de una carga, interfaz de comunicaciones de un regulador/cargador de un almacenamiento eléctrico, interfaz de comunicaciones de una estación climática, etc. Los elementos enumerados anteriormente tienen la peculiaridad de que pertenecen a dispositivos finales, los cuales sirven datos al sistema de comunicaciones, o los registran de alguna forma, pero, en cualquier caso, pueden considerarse origen o final de la información a comunicar.

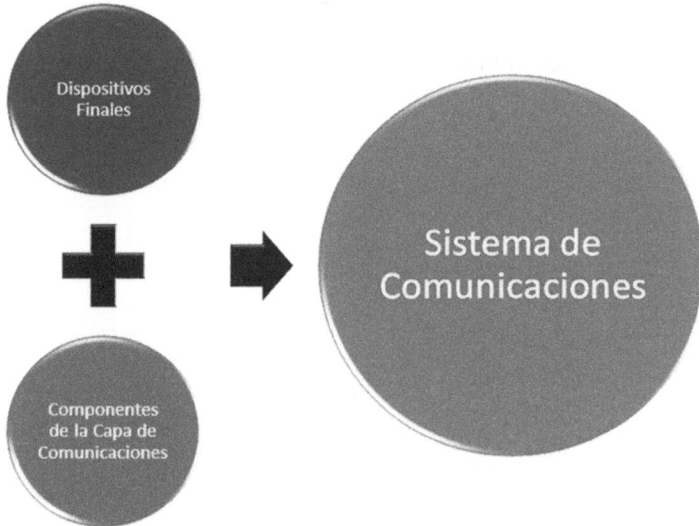

Figura 4.36. Agrupación de componentes básicos en un sistema de comunicaciones. Fuente: elaboración propia.

- *Componentes de la capa de comunicaciones*: estos componentes serán todos los dispositivos intermedios entre origen y fin de datos y que contribuyen de una forma u otra a que se establezca, se mantenga y se continúe la comunicación. En el caso de la microrred eléctrica, podríamos encontrarnos los siguientes componentes: cables, conectores, *switches*, *rúters*, *gateways*, *racks*, protocolos, etc. Todos estos componentes tienen la peculiaridad de que, no generando datos de información, si son capaces de procesarlos de alguna manera y conseguir que fluyan en el camino deseado.

Los componentes concretos de un sistema de comunicaciones, así como los del sistema de comunicaciones de la microrred eléctrica, dependerán de cada situación concreta. El lector podrá hacerse una idea global de todos los elementos que podrán aparecer en un sistema como éste y estará en condiciones de identificar todos y cada uno de los componentes que lo conformen.

4.2.7. Sistemas de comunicaciones en la microrred eléctrica

A lo largo del capítulo se han presentado las bases para la comprensión de un sistema de comunicaciones. El lector podrá entender las distintas características de los diferentes componentes que conforman un sistema de comunicaciones. Además, a lo largo de lo presentado se han destacado algunas particularidades asociadas al despliegue del sistema de comunicaciones en la microrred eléctrica. Por tanto, en esta sección nos centraremos en destacar algunos puntos clave que deben tenerse en cuenta a la hora del diseño de una arquitectura de comunicaciones para una microrred eléctrica.

La Figura 4.37 muestra las principales características que deberán tenerse en cuenta a la hora de definir un sistema de comunicaciones en una microrred eléctrica.

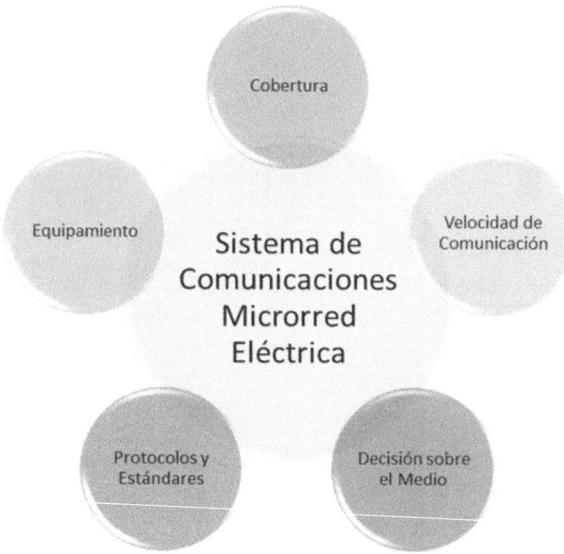

Figura 4.37. Principales características que deben tenerse en cuenta para la decisión final sobre el sistema de comunicaciones a desplegar en la microrred eléctrica. Fuente: elaboración propia.

La decisión final del sistema dependerá de la respuesta a una serie de preguntas, las cuales estarán agrupadas alrededor de los siguientes aspectos clave: cobertura, velocidad de comunicación, decisión sobre el medio, protocolos y estándares y equipamiento. A continuación, se detallarán cada uno de los anteriores aspectos a considerar.

Con respecto a la *cobertura*, en el caso de las comunicaciones la entendemos como el área geográfica en donde se quiere hacer el despliegue de un servicio. Por tanto, la cobertura estará, de cierta forma, ligada con el tamaño de la microrred eléctrica; a mayor tamaño, mayor cobertura. Una microrred eléctrica del tamaño de una sala en un laboratorio tendrá una cobertura mucho menor que una desplegada en una isla de mediano o gran tamaño.

Cuando alguien despliega una microrred eléctrica en una zona extensa, debe tenerse claro que la zona de cobertura del sistema de comunicaciones debe ser capaz de cubrir dicha zona, por lo que la elección de medio, dispositivos, protocolos, etc., deberán tener presente el tamaño de la microrred y, por tanto, el área de la cobertura que debe ser atendida.

Si hablamos de *velocidad de comunicación* en la microrred eléctrica, es posible que no podamos plantear una solución integral e igual para toda ella. Nuevamente y como se ha ido avanzando en todo el capítulo, parece que la solución podrá ser híbrida, encontrando zonas de la microrred donde las peculiaridades del sistema hagan que se precisa una velocidad, mientras que en otras las necesidades y condiciones de contorno hagan que tengamos otras distintas. La velocidad en la comunicación estará relacionada con la cobertura de la microrred eléctrica, pero también lo estará con el resto de los aspectos que se han mostrado en la figura anterior y que se irán presentando. Debemos recordar que, en un sistema de comunicaciones, el canal más lento es el que nos limita la velocidad global del sistema, por lo que nos interesa disponer de canales rápidos en toda la microrred eléctrica.

Sobre la *decisión sobre el medio* en la microrred eléctrica, es muy probable que nuevamente nos encontremos con situaciones híbridas, donde tengamos canales que progresen sobre un medio físico, mientras que otros lo hagan sobre un medio no físico (aire). Lo ideal será disponer de una red cableada, pero por razones de cobertura y extensión podría tener sentido disponer de comunicaciones inalámbricas que permitieran realizar las comunicaciones de una forma eficiente, segura y, a la vez, económica. En muchas ocasiones, por razones orográficas del terreno (zonas remotas) hace muy complicado el despliegue de medio físico, por lo que soluciones basadas en antenas direccionales es la solución escogida. También debemos recordar las multimicrorredes virtuales, donde las microrredes están dispuestas en zonas geográficas tan distantes, donde no tiene sentido hablar de conexión eléctrica entre ellas, en este caso, es más que probable que en algunos puntos del sistema de comunicaciones se emplee algún tipo de conexión a través del aire, mediante alguna tecnología satelital u otra basada en alguna tecnología inalámbrica. Dentro de las soluciones basadas en medio cableado, el despliegue de fibra óptica hoy en día es lo habitual, siempre y cuando la economía permita este tipo de despliegues. Por tanto y con respecto al medio de comunicación, lo más habitual es encontrar en una microrred eléctrica soluciones híbridas, con tecnologías basadas en medios guiados y no guiados.

Con respecto a los *protocolos y estándares*, el elemento estrella (en cuanto a protocolo) desplegado en el sector industrial y, por tanto, en una microrred eléctrica, es TCP/IP y más concretamente TCP/IP sobre Ethernet. Este protocolo opera tanto en medios guiados como no guiados y es una solución fiable hoy en día, ya que además integra gran cantidad de protocolos (en distintas capas) que permiten una operación de la red segura y fiable. No obstante, podemos encontrarnos otros protocolos distintos, destacando el uso de *Modbus*, ya que este tipo de protocolo es empleado por numerosos fabricantes de equipamiento eléctrico y electrónico y, además, es un protocolo fácilmente integrable en TCP/IP. Aunque es posible el empleo de otros protocolos en una microrred eléctrica, es posible afirmar que TCP/IP y *Modbus* son altamente empleados y que sobre Ethernet tienen un desempeño muy eficiente, lo cual los hace altamente interesantes.

Por último, es preciso tomar decisiones con respecto al *equipamiento* del sistema de comunicaciones. De forma básica, el equipamiento dependerá, en la mayoría de los casos, del resto de condicionantes ya presentados y para que sirva de ejemplo, en un modelo de sistema basado en Ethernet TCP/IP es fácil encontrar elementos como *switch* o *rúter*, ya que son elementos de capa 2 y 3 respectivamente, que van a ser necesarios. No obstante, otros elementos, como antenas unidireccionales, serán necesarios, pero dependerán nuevamente de la solución final adoptada.

Esta sección ha pretendido marcar una serie de características de la microrred eléctrica que deben ser respondidas de forma previa, para poder diseñar y definir el sistema de comunicaciones a implementar. Lo que se ha planteado demostrar es, que nuevamente, la solución a adoptar dependerá de la microrred eléctrica concreta, por lo que no hay un recetario que sirva para dar respuesta a cualquier microrred planteada. El lector debe emplear lo aquí presentado para hacer un planteamiento inicial que solucione su microrred a abordar. Todo lo anterior debe ser complementado con algo fundamental, el presupuesto con el que se cuenta, el coste del sistema de comunicaciones será una condición de partida que deba contemplarse, ya que en cierta medida marcará la decisión final tomada con respecto a su configuración.

4.3. Monitorización en la microrred eléctrica

En esta sección presentaremos los principales conceptos sobre la monitorización en la microrred eléctrica. Como ya se ha dicho al comienzo del capítulo, la monitorización, junto a el control y la protección en la microrred eléctrica, están bajo el paraguas del sistema de gestión de la energía y todos ellos son dependientes de un buen sistema de comunicación. Tras una introducción a la monitorización, los principales detalles de esta aplicados a la infraestructura eléctrica, generación, cargas y almacenamiento serán presentados.

4.3.1. Introducción

Para comenzar, veamos lo que la RAE dice sobre la acción de monitorizar:

> *"Observar mediante aparatos especiales el curso de uno o varios parámetros fisiológicos o de otra naturaleza para detectar posibles anomalías"*

Tras analizar la definición y ya aplicada a la microrred eléctrica, la acción de monitorizar va a requerir una observación de ciertos parámetros de interés, por medio de unos dispositivos especiales, para entre otras cosas, detectar fallos en el funcionamiento de la microrred. No obstante, esta definición deberá ser matizada, e incluso ampliada, por lo que a continuación deberemos profundizar más en la monitorización.

Pero antes de comenzar con estas puntualizaciones, debemos destacar que de forma clásica la monitorización suele estar integrada dentro del propio sistema de gestión de la energía. Numerosos son los autores que hacen esta integración, pero no parece justa, ya que la propia acción de monitorizar tiene su propia identidad y éste es el motivo principal por el que se ha considerado darle un trato particular en este libro de texto. Es evidente, como se ha dicho, que la monitorización depende del sistema de comunicaciones y que normalmente, la información de campo recogida por el sistema de monitorización será empleada por el sistema de gestión de la energía, pero como se ha dicho, la actividad propia de monitorizar tiene sus propias características y singularidades, que la hacen ser uno de los pilares fundamentales para la microrred eléctrica y por este hecho, debe ser considerada como un elemento fundamental de la estructura funcional de la microrred eléctrica.

Algunos autores destacan la necesidad de que el sistema de monitorización esté interconectado y coordinado con otros sistemas, como por ejemplo con el de protección y el sistema de energía [12]. Siguiendo con estos autores, presentan algunas funcionalidades claras en el sistema de monitorización, a saber:

- Monitoriza de forma *online* la adquisición de datos procedentes de los componentes de la generación distribuida, el almacenamiento eléctrico distribuido y las cargas.

- Se encarga de hacer ciertas funciones de gestión de servicios, como, por ejemplo, la predicción del flujo de potencia en líneas y de la salida de potencia de los elementos de generación distribuida.

- Se encarga del despacho de la energía.

Claramente, el primer punto descrito en el párrafo anterior sí encaja en el concepto de monitorización, por lo que claramente es una función de este sistema. Los otros dos, de forma resumida gestión de servicio y despacho de energía, serán responsabilidad del sistema de gestión de la energía y no del sistema de monitorización, aunque sí pueda intervenir en cierta forma en los procesos asociados a estas funcionalidades.

Para [12], el sistema de monitorización está distribuido de alguna forma a través de tres capas claramente diferenciadas: capa de campo o dispositivo, capa de red y capa de la estación maestra. La capa de campo será la encargada de medir las variables de interés, para posteriormente pasarlas a través de los dispositivos instalados en la capa de red (infraestructura de comunicaciones) para finalmente llegar a la zona de monitorización y, en algún caso, almacenamiento de los datos. La Figura 4.38 muestra esta propuesta de distribución de los elementos del sistema de monitorización a través de las tres zonas descritas anteriormente.

Tal como se mostrado al comienzo del capítulo, para este libro de texto los componentes del sistema de comunicaciones son propios de éste y no deben ser confundidos con elementos del sistema de monitorización. No obstante y con cierto grado de abstracción, sí puede afirmarse que, desde una perspectiva funcional, los componentes de la capa de comunicaciones que intervienen en el proceso de monitorización, en cierta medida pueden considerarse como parte de éste, pero en esta ocasión y con el objetivo de presentar todos los sistemas de la microrred eléctrica con una visión más clara, es preciso desconectar el sistema de monitorización del resto de sistemas.

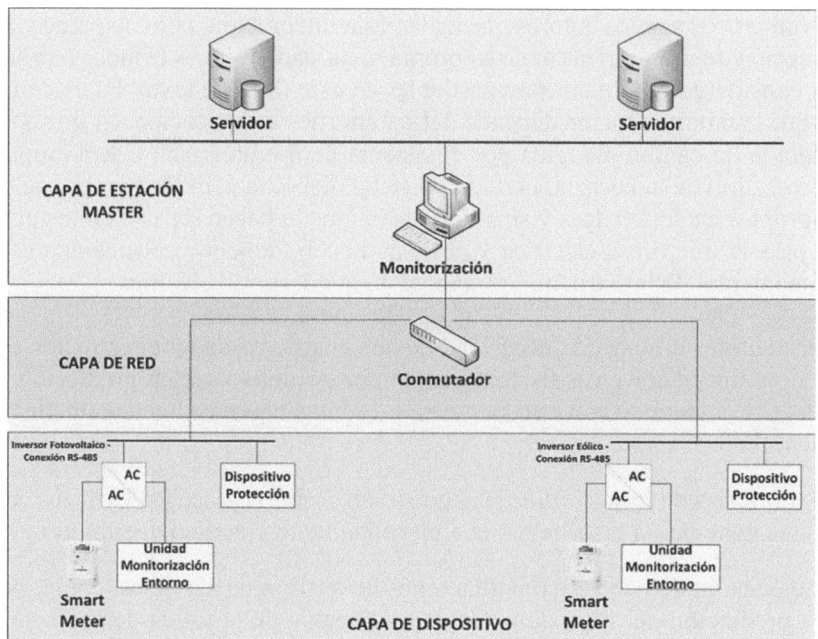

Figura 4.38. Esquema de propuesta de estructura del sistema de monitorización en una microrred eléctrica. Fuente [12], elaboración propia.

Como algunos autores muestran, el sistema de monitorización precisa de elementos que permitan la visualización de ciertas variables in en tiempo real (*online*) y este servicio cuasi instantáneo de la información dependerá también en cierta medida de la infraestructura de comunicaciones desplegada en la microrred eléctrica [305]. En este sentido, en la actualidad existe una tendencia clara a emplear sistemas de monitorización que operen bajo distintos paradigmas [305]: sistema de supervisión, control y adquisición de datos (*Supervisory Control And Data Acquisition*, SCADA), Internet de las Cosas (*Internet of Things*, IoT) [15] y computación en la nube.

Con independencia de lo que a continuación se presente, para una microrred eléctrica es interesante la georreferenciación de sus activos existentes, por lo que casi con total seguridad, el sistema de monitorización dispondrá de una pantalla de monitorización de bienvenida, donde todos los elementos activos del sistema sean mostrados, con su correcto posicionamiento en el emplazamiento que ocupa la microrred eléctrica. Normalmente y aprovechando este posicionamiento, el activo vendrá complementado con la lectura instantánea de algún valor representativo del mismo, como por ejemplo la potencia activa instantánea producida en el caso de un generador [136].

Podemos decir que observar y detectar son los principales rasgos de un sistema de monitorización en una microrred eléctrica, pero estas características deben ser matizadas y complementadas. La Figura 4.39 muestra una serie de preguntas claves para la correcta comprensión del sistema de monitorización en la microrred eléctrica.

Monitorización Microrred Eléctrica

Figura 4.39. Preguntas para responder para clarificar el concepto de monitorización en la microrred eléctrica. Fuente: elaboración propia.

¿Cómo medir?, esta primera pregunta es relativamente sencilla de contestar y ya se ha abordado a lo largo del presente libro de texto. Las medidas deben realizarse por medio de sensores, los cuales estarán desplegados, en la mayoría de las ocasiones, en la capa de campo [306]-[308]. Como se ha visto a lo largo de este capítulo, esos sensores deberán tener la capacidad de integrarse en el sistema de comunicaciones de la microrred eléctrica por medio de distintas interfaces de comunicación y con los protocolos de comunicación oportunos.

Las soluciones de cómo medir son múltiples y variadas, desde sistemas propietarios de empresas que integran el sensor junto con el protocolo de acceso a los datos de éste, a sistemas desarrollados *ad hoc*, donde todo el desarrollo es realizado con el objetivo global de poder medir, preprocesar y enviar la información desde campo hasta el lugar donde se produce en sí la tarea de monitorización. En cualquier caso, la pieza clave para este primer paso de la monitorización recae sobre el sensor de campo desplegado [306]–[309].

A continuación, vamos a tratar de responder a la segunda pregunta, *¿qué medir?* y para poder dar respuesta a esta pregunta vamos a ver lo que la literatura propone al respecto. Para comenzar, vemos la propuesta de monitorización encontrada en [306], donde el autor propone una observación de la *monitorización eléctrica* y para el autor, las variables que intervienen en la calidad de la energía son importantes, centrándose por tanto en la medida de las corrientes, las tensiones, el factor de potencia y la potencia activa y la reactiva. El sistema de medida (generadores, cargas y almacenamiento) debe estar complementado con un sistema de almacenamiento de datos, comúnmente llamado *datalogger*. Además de los componentes propios de la microrred eléctrica, el sistema de monitorización mide los parámetros descritos anteriormente, pero a nivel de bus, esto es, en la baja y media tensión, donde todos los elementos se interconectan.

Mientras que en lo presentado en el párrafo anterior el autor se centra en la monitorización de los parámetros de calidad de la energía, en el trabajo [307], los autores hablan de monitorización de:

- Parámetros eléctricos de los elementos de generación y almacenamiento.

- Curvas de carga de los consumos existentes.

- Principales variables ambientales que tienen que ver con el recurso renovable (radiación solar y velocidad de viento).

La información recopilada sirve para el proceso de monitorización como tal y también para otros procesos distintos, como disponer de simuladores para la toma de decisión para con la microrred eléctrica, que en definitiva puede entenderse como labores asociadas al sistema de gestión de la energía.

Otras variables interesantes para monitorizar y que tienen que ver con el sistema de protección de la microrred eléctrica, son las que dependan de las protecciones desplegadas en los puntos críticos del sistema, entre ellos el punto de acoplamiento común, pero también los interruptores y otros elementos de campo en los generadores, almacenamiento y cargas [305].

También suelen mostrarse otras variables que, en el sistema de monitorización de una microrred eléctrica, tienen que ver con parámetros calculados que permiten hacerse una idea de la resiliencia o cuestiones medioambientales asociadas al despliegue de la propia microrred [309].

Y, *¿qué hacer con los datos?*, pues esta pregunta es muy importante y tendrá que ver con la importancia del dato. Volvamos a recordar que el proceso de monitorización es doble, por un lado, interesa disponer de la información en tiempo real para poder monitorizar las variables de interés de la microrred eléctrica y, por otro lado, existirán otros procesos que dependan de los datos medidos en el pasado para poder realizar acciones. Una vez presentado esto, la respuesta a la pregunta es sencilla, el dato a visualizar debe progresar por la infraestructura de comunicaciones, para ser mostrado a través de las pantallas de monitorización, para a continuación y dependiendo del objetivo del dato, ser almacenado en base de datos o ser desechado. En la Figura 4.40 se muestra este proceso anteriormente descrito, los sensores de campo generan los datos a medir, según las variables de interés y estos datos fluyen a lo largo de la infraestructura de comunicaciones hasta el centro de procesamiento de datos, en este ejemplo, éste estará formado por servidores de monitorización y servidores de bases de datos. Los servidores de monitorización mostrarán en las pantallas de monitorización aquello que interese visualizar en tiempo real y los datos de interés serán almacenados en base de datos para posteriores procesos (históricos, *forecasting*, etc.), o desechados en el caso de que no sean considerado un dato de importancia relevante para el futuro. La acción de almacenar o desechar es sumamente importante, ya que la combinación de cantidad de variables a almacenar y frecuencia de éstas, supondrán un coste (económico y de espacio) para el gestor de la microrred eléctrica, ya que deberá disponer del espacio en disco o nube para almacenar la información relevante.

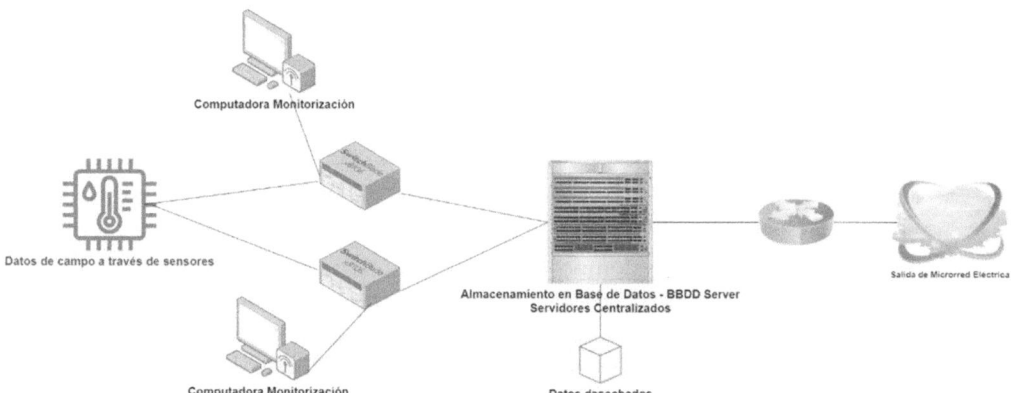

Figura 4.40. Esquema del proceso de monitorización y almacenamiento de los datos de la microrred eléctrica. Fuente: elaboración propia.

El almacenamiento de datos descrito en la figura anterior puede ser considerado almacenamiento intermedio, pero como ya se ha comentado, a lo largo de la microrred eléctrica puede aparecer un almacenamiento de datos distribuido, por medio de *dataloggers*, que también debe ser considerado y cuantificado (técnica y económicamente). Este segundo almacenamiento de datos tendrá un objetivo distinto al primero, en esta ocasión y en la mayoría de las ocasiones, este almacenamiento sirve para una acumulación de datos intermedia, para aquellas variables que no se precise su visualización en tiempo real y que, por algún motivo, el diseño de la microrred eléctrica requiera de ellos. La mayoría de los inversores solares fotovoltaicos comerciales disponen de un *datalogger* interno para almacenar las curvas de producción del generador fotovoltaico, o en algunos despliegues de medidores inteligentes en preciso la instalación de concentradores de datos en los centros de transformación, como es el caso de PLC PRIME, *meters and more* o 3G, por poner algunos ejemplos.

A continuación, abordaremos la pregunta, *¿y para qué medir?* y en esta ocasión la respuesta estará guiada con la finalidad del propio dato. En los párrafos anteriores ya se ha anticipado esta respuesta con una sucinta explicación, por lo que a continuación pasaremos a detallarla. Como se ha comentado al comienzo de esta sección, el sistema de monitorización tendrá su principal objetivo en el proceso de monitorización en tiempo real, pero en esta ocasión estamos tratando de hablar sobre la relación existente en la finalidad del dato monitorizado y su implicación en ciertos procesos, por lo que deberemos asumir que los datos monitorizados pueden tener otras funciones (como por ejemplo en procesos del sistema de gestión de la energía) más allá de la mera monitorización de la variable medida. En este sentido, el objetivo de la medición será el siguiente:

- Procesos que impliquen tiempo real (*online*): estos datos son los que sirvan para procesos que requieran acciones en tiempo real. Por ejemplo, las pantallas del centro de control de la microrred precisan visualizar las variables de la microrred en tiempo real, en ocasiones para simplemente monitorizar el estado de estas variables por parte del operador de monitorización, mientras que en otras situaciones, las variables desencadenan un proceso instantáneo y automático a partir de estos datos *online*, como por ejemplo la actuación sobre una protección (sistema de protección dentro del sistema de gestión de la energía) o la parada de un generador (sistema de control dentro del sistema de gestión de la energía). En este caso no se resuelve la duda de si el dato debe ser almacenado o eliminado una vez ha servido para su propósito (visualización), este tipo de decisión deberá ser tomada en función de los posibles usos posteriores del dato, pero en principio, el dato deberá servir al menos para un proceso en tiempo real.

- Procesos que impliquen tiempos no reales (*offline*): en este caso el dato servido no será empleado para procesos de monitorización que requieran tiempos reales, en este caso, la necesidad del dato tendrá que ver con procesos que lo empleen en instantes diferidos, por lo que casi con total seguridad, este dato deberá ser almacenado para posteriores usos. Ejemplos de procesos que requieran esta información son los procesos de *forecasting*, los cuales suelen emplear datos históricos almacenados en bases de datos, otro ejemplo sería la visualización de históricos de datos de cierta variable a monitorizar.

Y la última pregunta, *¿cada cuánto tiempo mido?*, pero primero debemos aclarar el término *granularidad*, que en informática y almacenamiento de datos tiene que ver con el nivel de especificidad con la que se detallan los datos en las tablas de una base de datos. A otro nivel de abstracción, es posible hablar de granularidad de datos cuando nos referimos al espaciado en que se toman las muestras de una variable determinada. En este caso, no será lo mismo obtener un dato cada segundo que cada hora y esta decisión dependerá del tipo de variable a medir y la aplicación de ésta.

La decisión con respecto a la cadencia de solicitud del dato de una variable tiene una alta importancia, ya que, si obtengo un dato cada 15 minutos y, posteriormente, por algún motivo me interesa saber su valor minutal, no tendrá alternativa y no podré disponer de ese valor. Por tanto, ese nivel mínimo de tiempo entre tomas de datos de una variable es crítico y deberá tenerse en cuenta de forma previa, siendo lo más interesante tomar datos con la menor frecuencia de muestre posible ya que, posteriormente, es posible obtener el dato de esa variable con otro nivel de granularidad aplicando determinadas técnicas estadísticas.

Como se ha dicho, la frecuencia de muestreo de cada variable dependerá del interés en el dato y este interés lo marcará principalmente la aplicación de la que dependa este dato. Si pretendemos mostrar la monitorización de la curva de carga de un consumo de la microrred eléctrica, sabemos que debemos dar la potencia instantánea de todas y cada una de las 24 horas del día, pero ¿esto significa que deba obtener el dato de la variable horario? La respuesta es no, ya que podemos decidir hacer registros en base de datos quince-minutales para posteriormente calcular matemáticamente el dato a mostrar. Esto nos permite ver la diferencia en dato mostrado de forma directa desde la medida, frente a un dato calculado a partir de datos con una granularidad más fina.

Por tanto y nuevamente, no existe una receta para decidir sobre la definición del sistema de monitorización a emplear en una microrred eléctrica. Lo que aquí se ha presentado son los pasos (preguntas) a seguir para poder definir una estrategia a emplear en el sistema de monitorización final y como se puede intuir, nuevamente será una solución *ad hoc*. Si el lector trata de contestar a las preguntas aquí formuladas, con las sugerencias indicadas, servirá para poder definir de forma previa el sistema de monitorización a emplear.

A continuación, los detalles aquí presentados serán ampliados con algunas puntualizaciones de los principales partes de la microrred eléctrica a monitorizar: infraestructura eléctrica, generadores, cargas y almacenamiento eléctrico.

4.3.2. Monitorización de la infraestructura eléctrica de la microrred eléctrica

Con independencia de si la microrred eléctrica es AC, DC o híbrida, ciertas variables que caracterizan la situación de la infraestructura eléctrica son de interés. La importancia de la monitorización de este tipo de variables puede ser visto desde dos perspectivas distintas:

- Ciertas variables eléctricas que afectan al comportamiento de la microrred eléctrica son interesantes desde una perspectiva de calidad de la energía [307], [310].

- En otras circunstancias, el estado eléctrico de la microrred resulta interesante desde una perspectiva de supervisión y control de ésta [311].

La monitorización contemplada desde una perspectiva de calidad de la energía es muy importante para el sistema de gestión de la energía, ya que, en base a la situación supervisada, se deberán tomar ciertas acciones correctivas que mejoren la situación presentada. Además, esta monitorización es también de interés para la infraestructura de la red de distribución, ya que podría disponer de la generación y almacenamiento de la microrred para estabilizar el sistema, o que la propia microrred decidirá el paso a modo de funcionamiento en isla, debido a las perturbaciones de la infraestructura de la red de distribución. En cualquier caso, el paso primero es monitorizar el estado de la red eléctrica, a través de ciertas variables eléctricas de la infraestructura de red de la microrred eléctrica.

Como se dijo anteriormente, la monitorización de la red de la microrred, en general, servirá en ciertos casos para tomar decisiones con respecto a los elementos de protección, pero principalmente para actuaciones de control sobre los generadores, almacenamiento y cargas.

Con respecto a los principales puntos a monitorizar podemos destacar los siguientes:

- Punto de acoplamiento común.
- Nivel de media tensión de la microrred eléctrica.
- Nivel de baja tensión de la microrred eléctrica.

Llegado a este punto debemos abrir un pequeño paréntesis y volver a hablar de las multimicrorredes. En este caso, todas las microrredes que la conforman serán motivo de monitorización individual, pero también deberá supervisarse el tramo de interconexión física existente entre ellas (si existe), aunque no podría existir en el caso de que las multimicro-rredes fueran virtuales y este tramo eléctrico físico no tuviera sentido al estar muy distantes en distancia las microrredes que conforman la multimicrorred. En cualquier caso, si el lector se enfrenta a la monitorización de una multimicrorred, esta cuestión deberá tenerse en cuenta para una correcta supervisión de los distintos tramos de capa física eléctrica existentes.

Con independencia de lo anterior, las principales variables eléctricas a monitorizar y que definen el comportamiento de la infraestructura eléctrica de la microrred son las siguientes, a saber [306]:

- Corriente eléctrica.

- Tensión eléctrica.

- Potencia activa.

- Potencia reactiva.

- Factor de potencia.

- Armónicos (tensión y corriente).

También se ha hablado sobre la granularidad de los datos monitorizados y con indepen-dencia de esto, las variables anteriores se entienden que son valores instantáneos, por lo que parece lógico que esta granularidad entendida como frecuencia de muestreo deberá ser lo más reducida posible. Esto implica sensores capaces de monitorizar los valores de estas variables en tiempos de muestreo inferiores al segundo (milisegundo), para , de esta forma, y teniendo en cuenta el posible retardo de la infraestructura de comunicaciones, mostrar en las pantallas de monitorización estos valores en tiempos cuasi instantáneos.

Una vez los datos llegan al centro de control de datos, estos valores de las variables deberán ser enviados a las distintas interfaces de monitorización que conforman las diferentes pantallas de monitorización de la infraestructura de red de la microrred. En este sentido, la solución final dependerá de cada situación y si la microrred eléctrica es pequeña, es posible que con una única pantalla podamos supervisar toda la capa física de red eléctrica, mientras que si la mi-crorred es extensa (o estamos ante una multimicrorred), sea precisas varias pantallas de moni-torización, pudiendo estar o no interrelacionadas entre ellas [306], [310], [312].

4.3.3. Monitorización de los componentes de generación de la microrred eléctrica

A continuación, mostraremos algunos detalles con respecto a la monitorización de los elemen-tos de generación en la microrred eléctrica. Lo primero a destacar es que la microrred eléctrica tendrá como generadores aquellos elementos que se hayan definido en la etapa de diseño y que finalmente se hayan instalado y esto es importante, ya que marcará las variables a moni-torizar para los elementos que componen la generación de la microrred eléctrica. En ésta, po-dremos encontrarnos gencradores basados en tecnologías renovables o no renovables y con independencia de esto, cada generador concreto tendrá unas variables de interés a monitorizar, donde en algunos casos coincidirán mientras que otros casos no lo harán. Por tanto, a continuación, trataremos de mostrar las principales variables a monitorizar para las tecnologías de generación más destacadas que podemos encontrar en una microrred eléctrica, siendo labor para el lector definir las variables a supervisar de aquellas tecnologías que no sean presentadas a continuación, pero que pudieran aparecer en una microrred eléctrica. Hay que destacar que las variables aquí mostradas hacen referencia a valores instantáneos, consideramos que los históricos que se puedan mostrar en la microrred eléctrica son responsabilidad del sistema de gestión de la energía y no tanto del sistema de monitorización.

Antes de comenzar, debemos destacar que, si una microrred eléctrica está compuesta por n instalaciones de una tecnología de generación concreta, el sistema de monitorización debería tener n pantallas de monitorización (una por sistema), pero también debería tener una pantalla que totalizara la situación instantánea de cada tecnología en cada momento.

Si nos encontramos con una tecnología solar fotovoltaica, las principales variables a monitorizar serán:

- Potencia activa lado de continua del inversor solar fotovoltaico.
- Potencia activa lado de alterna del inversor solar fotovoltaico.
- Factor de potencia.
- Energía total entregada al sistema en un periodo de tiempo (a definir por el sistema de monitorización: acumulado horario, diario, etc.).
- Valores instantáneos del inversor solar fotovoltaico: tensión de continua y alterna, corriente de continua y alterna, temperatura de trabajo, factor de potencia, alarmas de fallos de sistema; etc.
- Elementos de protección del sistema solar fotovoltaico, tanto del lado de continua como de alterna.
- Medidor del grado de ensuciamiento del sistema solar fotovoltaico.
- Radiación solar.
- Temperatura ambiente.
- Humedad relativa.

Si nos encontramos con una tecnología eólica, las principales variables a monitorizar serán:

- Potencia activa generada.
- Energía total entregada al sistema en un periodo de tiempo (a definir por el sistema de monitorización: acumulado horario, diario, etc.).
- Tensión del generador eléctrico.
- Corriente del generador eléctrico.

- Factor de potencia entregado.

- Parámetros de operación de la turbina eólica (dependerá de si la máquina lo tiene o no): velocidad de giro del eje, ángulo de paso de pala, temperatura del devanado del generador eléctrico, temperatura de la caja multiplicadora, presión de la centralita de aceite de controles de la máquina, coeficiente de potencia, etc.

- Velocidad de viento.

- Dirección de viento.

- Temperatura ambiente.

- Humedad relativa.

Si nos encontramos con una tecnología hidráulica, las principales variables a monitorizar serán:

- Potencia activa generada.

- Energía total entregada al sistema en un periodo de tiempo (a definir por el sistema de monitorización: acumulado horario, diario, etc.).

- Tensión del generador eléctrico.

- Corriente del generador eléctrico.

- Factor de potencia entregado.

- Elementos de protección.

- Parámetros de operación de la turbina hidráulica (dependerá de si la máquina lo tiene o no): velocidad de giro del eje, presión de la tubería forzada, grado de apertura de los inyectores (en el caso de una turbina Pelton), presión de la centralita de aceite de controles de la máquina; etc.

- Nivel de agua del depósito superior e inferior.

- Pluviometría.

Si nos encontramos con una tecnología de microturbina, las principales variables a monitorizar serán:

- Potencia activa generada.

- Energía total entregada al sistema en un periodo de tiempo (a definir por el sistema de monitorización: acumulado horario, diario, etc.).

- Tensión del generador eléctrico.

- Corriente del generador eléctrico.

- Factor de potencia entregado.

- Elementos de protección.

- Parámetros de operación de la microturbina (dependerá de si la máquina lo tiene o no): velocidad de giro, parámetros del compresor, presiones de la turbina, temperaturas de estado, oxígeno, etc.

- Nivel de combustible disponible.

Una vez definidas las principales variables a monitorizar en un generador, todas ellas deberán ser mostradas en la correspondiente interfaz de monitorización. Como se ha comentado, lo normal es disponer una interfaz por sistema de generación, a la que se accede desde la interfaz de bienvenida de la microrred eléctrica, la cual posiciona todos y cada uno de los elementos de la microrred, incluido el sistema de infraestructura eléctrica de la red. Lo anterior puede ser complementado con una interfaz de monitorización por tecnología de generación, agrupando algunos de los principales valores de las variables monitorizadas.

4.3.4. Monitorización de los componentes de las cargas de la microrred eléctrica

Siguiendo con las mismas generalidades que en el caso de la generación, a continuación, algunas de las principales variables a monitorizar en las cargas serán presentadas, a saber:

- Potencia activa.

- Potencia reactiva.

- Factor de potencia.

- Energía total consumida por el punto de consumo en un periodo de tiempo (a definir por el sistema de monitorización: acumulado horario, diario, etc.).

- Valores máximos y mínimos de la potencia consumida según el periodo de monitorización establecido.

- Elementos de protección.

Al igual que en generación, existirán tantas interfaces de monitorización como puntos de consumo existan y, a su vez, es posible disponer de una interfaz de monitorización de consumo global de toda la microrred. En este caso, es interesante disponer de un indicador de la potencia activa y reactiva entregada o solicitada a la infraestructura de la red de distribución, valores que serán mostrados en la interfaz de bienvenida de la microrred eléctrica.

4.3.5. Monitorización de los componentes del almacenamiento eléctrico distribuido de la microrred eléctrica

Siguiendo con las mismas generalidades que en el caso de la generación y el consumo, a continuación, algunas de las principales variables a monitorizar en el almacenamiento serán presentadas, a saber:

- Potencia de carga/descarga (lado de continua y alterna);

- Energía total cargada y descargada en el punto de almacenamiento en un periodo de tiempo a definir por el sistema de monitorización: acumulado horario, diario, etc.

- Estado de carga (State of Charge, SoS) del sistema de almacenamiento.

- Parámetros del cargador/regulador: tensión, corriente, temperatura, etc.

- Parámetros de las celdas de almacenamiento unidad: tensión, corriente, temperatura, etc.

- Tiempos de carga y descarga desde la última orden del sistema de control de la microrred eléctrica.

- Elementos de protección.

Al igual que en generación y consumo, existirán tantas interfaces de monitorización como puntos de almacenamiento existan y, a su vez, es posible disponer de una interfaz de monitorización global del almacenamiento de toda la microrred. En este caso, el convenio de carga y descarga debe coincidir con el de consumo y generación adquirido en la microrred eléctrica.

4.3.6. Otras variables para monitorizar de la microrred eléctrica

Existen otras variables de interés a monitorizar en la microrred eléctrica, las cuales suelen ser variables indirectas, calculadas a partir de las variables directas medidas a través de los sensores de campo. No obstante, son variables de interés para el sistema de monitorización y deberán ser tenidas en cuenta. Algunas de estas variables son las siguientes [309], [313]:

- Variables que caractericen el comportamiento social de la microrred eléctrica y que permitan la toma de decisión hacia donde deba ir ésta por parte de la comunidad que la gestiona.

- Indicadores de sostenibilidad ambiental: emisiones de gases de efecto invernadero producidas y ahorradas, ahorro de combustible, etc.

- La contribución energética de cada fuente de generación, del sistema de almacenamiento y de la infraestructura de red (si la hay) al consumo total.

Los indicadores de sostenibilidad pueden estar integrados en cada una de las interfaces de generación, cargas y almacenamiento, al igual que en la interfaz general de bienvenida de la microrred eléctrica. Con respecto a los indicadores sociales, éstos son más complicados de definir y, por tanto, es más difícil su decisión de dónde mostrarlos, por lo que normalmente tendrán un lugar especial y concreto donde mostrarse para que los usuarios y gestores de la microrred pueden consultarlos puntualmente.

4.4. Gestión de la energía en la microrred eléctrica

Al inicio del capítulo ha sido justificada la separación entre sistema de comunicaciones, monitorización, control, protección y gestión de la energía. Si bien es cierto, que esta separación es muy clara en el caso del sistema de comunicaciones, del cual dependen el resto de los sistemas, no es tan evidente esta separación en el resto de los sistemas. En este libro de texto, monitorización, control y protección, son considerados sistemas que están bajo el paraguas del sistema de gestión de la energía, por lo que éste es considerado como el supervisor de aquellos. No obstante y como veremos en esta sección, el sistema de gestión de la energía tiene su propia y clara idiosincrasia, la cual hace que este sistema tenga que ser considerado como pieza clave dentro de la microrred eléctrica, con independencia que los otros sistemas dependan de éste.

Para comenzar, vamos a presentar algunas características destacadas del sistema de gestión de la energía, siempre según algunos libros y publicaciones científicas existentes hasta la fecha. En la Tabla 4.18 se muestran las principales características del sistema de gestión de la energía en la microrred eléctrica, según los trabajos analizados para este libro de texto.

Tabla 4.18. Principales características del sistema de gestión de la energía en la microrred eléctrica. Fuente: elaboración propia.

Referencia	Características del sistema de gestión de la energía en la microrred eléctrica
[314]	Las principales funcionalidades del sistema de gestión de la energía en la microrred eléctricas son las siguientes: • Pronóstico de la demanda y generación eléctrica en la microrred. • Compromiso de unidad (*Unit Commitment*, UC). • Gestión de la demanda en la microrred eléctrica. • Despacho económico en la microrred eléctrica.
[315]	Los principales requerimientos funcionales del sistema de gestión de la energía en la microrred eléctrica son los siguientes: • Procesos de pronóstico de energía. • Decisiones de control con respecto al ajuste de la energía. • Análisis de datos de energía: las actividades energéticas en la microrred eléctrica dependen en cierta medida de los datos monitorizados y registrados, por lo que es necesario hacer un tratamiento de éstos mediante aplicaciones *ad hoc* según el problema a resolver. • Debe emplear Interfaces hombre máquina, pero orientados a la interacción con el cliente de la microrred eléctrica.
[316]	Para estos autores el principal objetivo del sistema de gestión de la energía en la microrred eléctrica será el maximizar los recursos existentes en la microrred, principalmente los renovables, junto con la minimización de los costes de operación, mejorando a la vez la fiabilidad y la resiliencia de la propia infraestructura eléctrica.

Referencia	Características del sistema de gestión de la energía en la microrred eléctrica
[317]	Para estos autores, el sistema de gestión de la energía de la microrred eléctrica debe tratar de hacer una programación óptima de los recursos existentes en ésta y para ellos presenta en una revisión bibliográfica los principales modelos para conseguirlo: centralizado, descentralizado y distribuido.
[67]	Para los autores, el sistema de gestión de la energía en una microrred eléctrica debe responsabilizarse de la ejecución del control de los elementos de generación distribuida para tratar de garantizar el equilibrio entre las cargas y la generación existentes en la microrred y esto debe realizarse en los 3 modos de operación de ésta: aislada de la red, conectada a la red y en transición entre los dos modos anteriores. Y para conseguir este control es necesario lo siguiente: • Pronóstico de los precios de la energía. • Pronóstico de la demanda y la generación en la microrred eléctrica. • Estado de la conexión de la red eléctrica. • Control de los generadores que conforman la microrred eléctrica. • Estado de carga de los componentes de almacenamiento.
[12]	Las principales funcionalidades del sistema de gestión de la energía en la microrred eléctricas son las siguientes: • Pronóstico de la demanda y generación eléctrica en la microrred. • Respuesta en frecuencia de los componentes de generación distribuida y las cargas en la microrred eléctrica. • Balance de la potencia en la microrred eléctrica.
[9]	Las principales funcionalidades del sistema de gestión de la energía en la microrred eléctricas son las siguientes: • Monitorización de los principales componentes en la microrred. • Análisis de las distintas condiciones de la microrred eléctrica. • Toma de decisiones críticas. • Acciones relacionadas con el control en la microrred eléctrica. Para la toma de decisiones, los autores plantean una serie de herramientas que ayuden a la mejor elección. Algunas herramientas para los procesos de **optimización** son: • Compromiso de unidad. • Despacho económico. • Flujo óptimo de potencia. • Reconfiguración de la infraestructura de la red eléctrica. • Toma de decisiones bajo situaciones de incertidumbre. Algunas herramientas para los procesos de **evaluación** son: • Herramientas modeladoras de la infraestructura de la red eléctrica. • Análisis de las condiciones de seguridad. • Estimador de estado. • Pronóstico de la demanda. • Flujo de carga. • Cálculo de situaciones de cortocircuito en la infraestructura de red eléctrica.

Como se ha visto en la tabla anterior, la mayoría de los autores integran dentro del sistema de gestión de la energía las labores de monitorización, control e incluso protección. También se desprende de este análisis que no existe un claro consenso a este respecto y éste es el motivo por el que, en este libro de texto y como ya se ha dicho, se ha considerado más prudente separar monitorización, control y protección de los procesos del sistema de gestión, aunque también se ha destacado las relaciones entre los distintos sistemas.

Aunque el control se tratará en próximos capítulos, es menester hacer una consideración al respecto. Se ha visto las distintas estrategias de control, apareciendo el control centralizado, descentralizado y distribuido. Esta clasificación está pensada atendiendo a los elementos hardware y software desplegados en la microrred eléctrica y que están orientados a dicho control. No obstante, existe una forma de clasificación complementaria, pero desde una perspectiva meramente software y aparece el modelo basado en un entorno SCADA [313], [318], [319], que se puede asociar con un modelo centralizado, frente a un modelo basado en un sistema multiagente (*Multi-Agent System*, MAS) [320]–[323], con una estrategia más cercana al modelo descentralizado.

Por tanto, en este libro de texto se ha considerado atribuir las siguientes funcionalidades al sistema de gestión de la energía en la microrred eléctrica: gestión de la energía, gestión de la infraestructura de red eléctrica, gestión de seguridad y gestión de la información y datos. La Figura 4.41 muestra esta distribución de funcionalidades del sistema de gestión de la energía, que tal como se ve, está a un nivel superior de los sistemas de monitorización, control y protección. Nos referimos con nivel superior, a que jerárquicamente, los tres sistemas citados son dependientes funcionalmente del sistema de gestión de la energía.

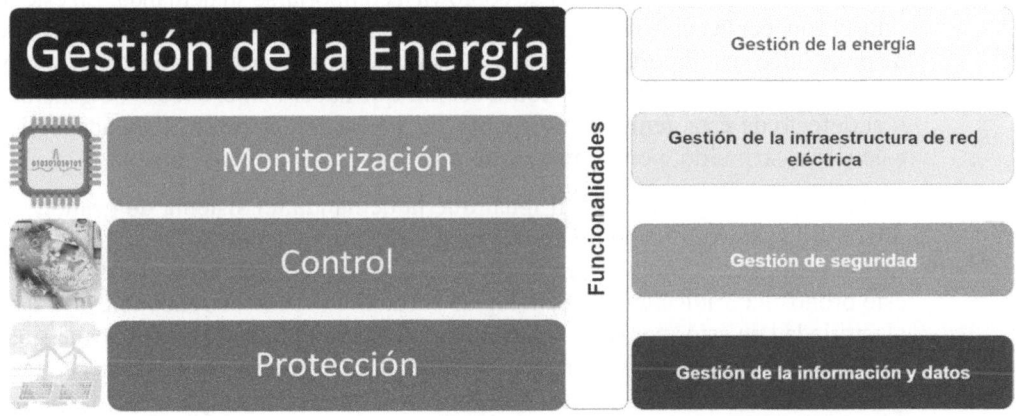

Figura 4.41. Principales funcionalidades del sistema de gestión de la energía de la microrred eléctrica. Fuente: elaboración propia a partir de componentes de [56], [102], [103].

A continuación, las funcionalidades mostradas en la figura anterior serán expuestas. Las explicaciones que se darán no prestarán atención a si dependen directamente de monitorización, control o protección, ya que como ha quedado claro, éstos dependen directamente del sistema de gestión de energía de la microrred eléctrica.

4.4.1. Sistema de gestión de la energía: gestión de la energía

Esta sección mostrará los principales procesos asociados a la funcionalidad de *gestión de la energía*, la cual, como se ha visto, forma parte del sistema de gestión de la energía. La Figura 4.42 muestra los procesos que componen esta función comentada.

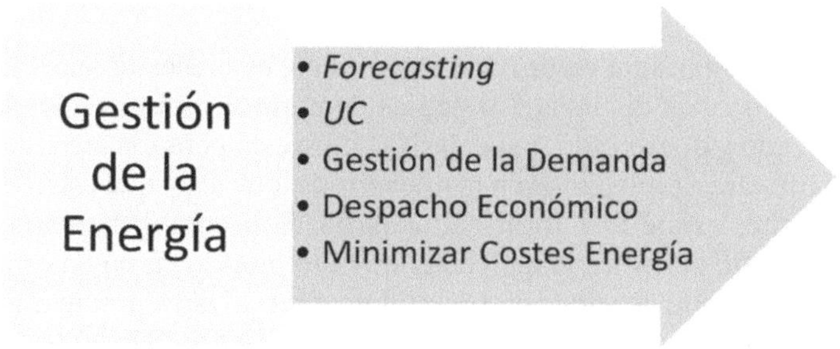

Gestión de la Energía
- *Forecasting*
- *UC*
- Gestión de la Demanda
- Despacho Económico
- Minimizar Costes Energía

Figura 4.42. Procesos asociados a la funcionalidad de gestión de la energía.
Fuente: elaboración propia.

Comencemos hablando del pronóstico (*forecasting*), el cual es un proceso crítico para el sistema de gestión de la energía en una microrred eléctrica. Pero el pronóstico tendrá distintos objetivos, en función del tipo de pronóstico que se quiera realizar. Anticipar determinadas cuestiones en la microrred eléctrica es una gran ventaja para el sistema de gestión y el interés en ella pasa por lo siguiente:

- Pronóstico de la carga (demanda): al gestor de la microrred eléctrica le interesa disponer de información anticipada de cómo va a comportarse su demanda. En este sentido, el conocer la curva de carga (u otros alcances, se verá más adelante en el capítulo de pronóstico) es importante, ya que el sistema de gestión de la microrred, a través de su proceso correspondiente, podrá decidir qué hacer con el exceso de generación o el defecto de ésta, teniendo en cuenta que podrá actuar sobre el almacenamiento eléctrico distribuido, pero también sobre los generadores y las cargas.

- Pronóstico de la generación: al igual que la demanda, el sistema de gestión de la microrred eléctrica dispondrá de un proceso de pronóstico de los sistemas de generación existentes. Como se verá en un capítulo siguiente, la principal dificultad de este pronóstico radica en las tecnologías basadas en recursos renovables, ya que la aleatoriedad de éstos hará que sea más complicado disponer de modelos que ajusten de forma correcta el pronóstico con la realidad. Los generadores basados en tecnologías más renovables es mucho más sencillo disponer de un pronóstico, con independencia del alcance de éste.

- Pronóstico de precios: debemos recordar que la microrred eléctrica debe poder interactuar con la infraestructura eléctrica de distribución y una forma de hacerlo será a través de la compra y venta de la energía. Si el sistema de gestión de la energía cuenta con algún proceso que le permita anticipar el precio de compra y venta de la energía para con distribución y teniendo en cuenta los pronósticos de carga y generación, podrá tomar una decisión que trate de maximizar el beneficio de la microrred eléctrica, siempre teniendo en cuenta que no debe desabastecer las necesidades de los consumos existentes.

Los tres procesos de pronóstico anteriormente explicados están íntimamente relacionados entre sí, tal como se muestra en la Figura 4.43. Esta figura muestra la existencia de una relación clara entre todos los procesos de pronóstico descritos anteriormente. El pronóstico debe tratarse de forma individual, pero la decisión de la microrred implica una visión global de todos ellos; para la decisión de la compra o venta de la energía debe pasar por un conocimiento de los precios de ésta, pero debe complementarse con la visión de futuro sobre la demanda y la generación. Por muy atractiva que sea la venta de la energía desde la microrred hacia distribución en las siguientes horas, si nuestra generación y almacenamiento disponible no nos permite cubrir la demanda que habrá y no disponemos de flexibilidad en la desconexión de ciertas cargas que permitan el equilibrio entre demanda y generación, no podremos realizar la venta de la energía hacia distribución. Lo mismo ocurre con la compra; si nuestros pronósticos dicen que debemos comprar energía a distribución y, en cambio, el precio va a ser muy elevado, pero no queda más remedio, ya que no disponemos de energía en el almacenamiento y no podemos desconectar cargas o aumentar producción desde los generadores, deberemos comprar la energía al precio marcado desde distribución, aunque suponga una carga económica para el sistema de gestión de la energía.

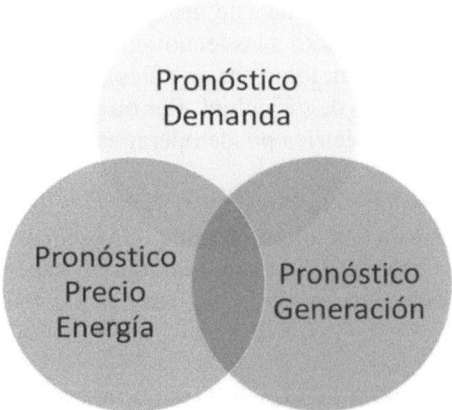

Figura 4.43. Esquema de interrelación entre los distintos procesos de pronóstico integrados en la gestión de la energía. Fuente: elaboración propia.

El *compromiso de unidad* es, de forma clásica, la solución matemática que permita conseguir minimizar los costes de combustible por el encendido apagado de ciertos generadores del sistema eléctrico para satisfacer ciertas necesidades de energía a través de unos determinados umbrales de consigna de energía [324]. Aunque este problema a resolver no es nuevo, en los últimos años se están poniendo nuevamente el foco de atención en su resolución, especialmente debido a la integración de nuevas tecnologías renovables de generación, las cuales introducen mucha incertidumbre al problema [325].

Lo anterior es puesto de manifiesto en la conclusión propuesta en [326], donde los autores plantean un modelo heurístico para dar una solución al compromiso de unidad en una microrred eléctrica, donde, además de minimizar los costes de operación de los generadores, el modelo reducir al máximo las emisiones de CO_2 asociadas con la operación de estos generadores. Para ello, emplean como elemento central y crítico del modelo un elemento de almacenamiento eléctrico, que es gestionado junto a un programa específico de la carga de los vehículos eléctricos existentes en la microrred eléctrica.

Otro detalle importante que debe tenerse en cuenta a la hora de modelar una solución de compromiso de unidad en una microrred eléctrica es que ésta podrá operar en modo isla, lo cual deberá tenerse en cuenta y añadir estas condiciones de operación, tratando además de cuantificar los costes derivados de ésta. Esta situación es tenida en cuenta en el trabajo de investigación que encontramos en [327], donde modelan distintos escenarios (en Reino Unido) para concluir que, aunque algo más costoso económicamente que los modelos de generación centralizada, las soluciones con microrredes eléctricas son atractivas.

La tendencia de los últimos años de emplear modelos de inteligencia artificial en todas las áreas también llega a nuestro problema a analizar y los autores en [328], abordar la solución del problema de compromiso de unidad en una microrred eléctrica mediante algoritmos genéticos. Los autores destacan que este problema se vuelve más complicado en una microrred, ya que la variedad en cuanto a las tecnologías renovables y almacenamiento y su variabilidad en la producción (tecnologías renovables), someten al problema del compromiso de unidad a un mayor grado de dificultad. Por otro lado, estos autores vuelven a destacar el hecho que la microrred eléctrica puede operar en modo isla y que debe ser cuantificado y tenido en cuenta.

La *gestión de la demanda* en una microrred eléctrica es un proceso altamente crítico para el sistema de gestión de la energía. Lo primero de todo es saber que significa exactamente gestión de la demanda y como vemos en [329], para el *Electric Power Research Institute* (EPRI) [330] significa:

> *"la gestión de la demanda es la planificación, implementación y monitoreo de aquellas actividades de utilidad diseñadas para influir en el uso de la electricidad por parte de los consumidores de manera que se produzcan los cambios en la forma de carga de la utilidad, es decir, el patrón de tiempo y la magnitud de una carga de la utilidad. El programa de gestión de la demanda incluye gestión de carga, electrificación, generación de consumidores y ajustes en la cuota de mercado"*

De una forma muy básica y simplificada, los programas de gestión de la demanda han sido clasificados en dos tipos [329], los programas basados en el tiempo y los basados en el incentivo. La Tabla 4.19 muestra los distintos programas de respuesta de la demanda existentes, así como sus principales características.

Tabla 4.19. Principales características de los distintos programas de la respuesta a la demanda. Fuente [329], elaboración propia.

Diferentes tipos de programa de respuesta de la demanda		Características principales del programa
Programas basados en el tiempo	Tiempo de uso (*Time of Use*, ToU)	La empresa comercializadora de la energía ofrece a sus clientes distintos precios de ésta, pero según un esquema de tiempos a lo largo del día. Normalmente, el cliente recibe ofertas de coste de la energía atractivas durante los periodos valle, mientras que recibe ofertas no tan interesantes en las horas pico.
	Precio crítico pico	Similar al anterior, pero dispone de una tasa dinámica que dependerá de factores económicos dependientes de las reservas energéticas existentes. Los clientes firman bajo contrato los días al año en el que esta tasa dinámica puede afectarles.
	Precio en tiempo real	En este programa, la comercializadora de energía actualiza de forma dinámica y constante el precio de ésta, informando de forma previa y con suficiente antelación a los clientes sobre este cambio en las tarifas.
Programas basados en el incentivo	Control directo de la carga	En este esquema, ciertas cargas de los clientes finales pueden ser desconectadas o reconectadas por parte de la empresa distribuidora de la energía. Las reglas de juego en cuanto a la conexión o desconexión están establecidas en el contrato.
	Carga reducible	En este caso, los consumidores reciben sugerencias de cambios de sus cargas por medio de incentivos económicos. Es el cliente quien actúa sobre sus cargas, aunque de forma indirecta la compañía distribuidora de energía sugiera este cambio a través de los incentivos económicos.
	Programa de respuesta de la demanda de emergencia	Puede considerarse un programa modificado del control directo de la carga, donde los clientes reciben notificaciones de reducción de cargas en determinados momentos y los clientes pueden decidir acogerse a ellos o no.
	Mercado de capacidad y oferta de la demanda	El programa de mercado de capacidad sirve para actuar sobre las cargas de los clientes, previo pacto con ellos de estos cambios. Los clientes son avisados de forma diaria y se les penaliza si no actúan según lo pactado. En el programa de oferta de la demanda, es el cliente el que oferta actuaciones sobre sus cargas, con el objetivo de recibir incentivos a cambio.

Como puede observarse en la anterior tabla, existen numerosas formas de participación en gestión de la demanda y todas las aquí presentadas podrán ser empleadas en el ámbito de la microrred eléctrica. Todo esto se pone de relieve con el artículo de revisión de respuesta de la demanda en la microrred eléctrica presentado en [100], donde queda demostrada la necesidad de aplicación de programas de respuesta de la demanda para un correcto funcionamiento de la microrred eléctrica y todo ello a través del sistema de gestión de la energía de ésta.

Por ejemplo, en [331], los autores presentan una gestión de la demanda del sistema de gestión de la energía en la microrred eléctrica, donde las cargas de los clientes son controladas a través de un termostato de control. Para este modelo de gestión, el confort del cliente es fundamental, por lo que el sistema de gestión de la energía de la microrred eléctrica deberá tenerlo en cuenta, así como las variables climáticas que afectan a dicho confort.

En [332], los autores destacan la necesidad de disponer nuevos programas de gestión de la demanda a nivel de microrred eléctrica, ya que el ajuste de demanda y generación es crítico para ésta. Por tanto, los autores plantean 5 programas distintos en una microrred eléctrica gestionable y presentan el concepto de *elasticidad del precio flexible*, el cual trata de representar el comportamiento realista de las cargas integrantes de la microrred eléctrica y, empleando para todo ello, un modelo metaheurístico que tratará de optimizar la operación de la microrred desde el lado de la demanda.

En [333], los autores plantean un modelo de respuesta de la demanda basado en algoritmos genéticos y su aplicación en la microrred eléctrica incluye otro de los elementos a integrar como *prosumer*, los vehículos eléctricos.

Con respecto al *despacho económico*, debemos entenderlo como la forma de asignar recursos de generación y de una forma óptima, para poder abastecer las necesidades de la demanda eléctrica. Este problema del despacho económico no es ajeno a la microrred eléctrica y desde hace ya mucho tiempo se está buscando soluciones óptimas a este problema. En [334], se presentan algunos trabajos sobre despacho económico en microrred eléctrica desde perspectiva de modelo centralizado y distribuido, así como otros modelos que tienen que ver con la operación segura y fiable de la microrred eléctrica.

En [335] se muestra un método de despacho económico para optimizar tanto la parte de calor como la eléctrica en una microrred. El algoritmo da una solución cada 15 minutos, con paso de tiempos de minutos y un horizonte de resolución de las 24 horas del día. El modelo tiene en cuenta el almacenamiento existente, así como el resultado de los modelos de pronóstico empleados.

También se emplean modelos de despacho económico *ad hoc* para microrredes eléctricas aisladas. En este caso, el trabajo presentado en [336] aborda este problema, encontrando un algoritmo óptimo que resuelve el problema planteado en las microrredes aisladas. Para este tipo de situaciones, los autores proponen un nuevo conjunto de variables que deberán tenerse en cuenta, para posteriormente emplear un algoritmo genético que solucione la formulación matemática planteada en el problema.

En cambio, el problema complejo de escoger las variables que formarán parte del modelo matemático es resuelto en [337], mediante un modelo de programación lineal mixta, pero se demuestra, que, al aumentar el tamaño del problema, la resolución de este problema se torna compleja, debido a la complejidad de este tipo de algoritmos.

Por último, la *minimización de los costes de energía* es un proceso que debe afrontarse y resolverse. En este caso, realmente este problema a resolver dependerá del resto de procesos comentados con anterioridad. Para poder realizar la minimización del coste de la energía, es preciso disponer de un proceso de pronóstico del precio de ésta, para que junto al despacho económico poder obtener un beneficio económico (desde el lado de la energía) para la microrred eléctrica.

4.4.2. Sistema de gestión de la energía: gestión de la infraestructura de la red eléctrica

Esta sección mostrará los principales procesos asociados a la funcionalidad de *gestión de la infraestructura de red eléctrica*, la cual, como se ha visto, forma parte del sistema de gestión de la energía. La Figura 4.44 muestra los procesos que componen esta función comentada.

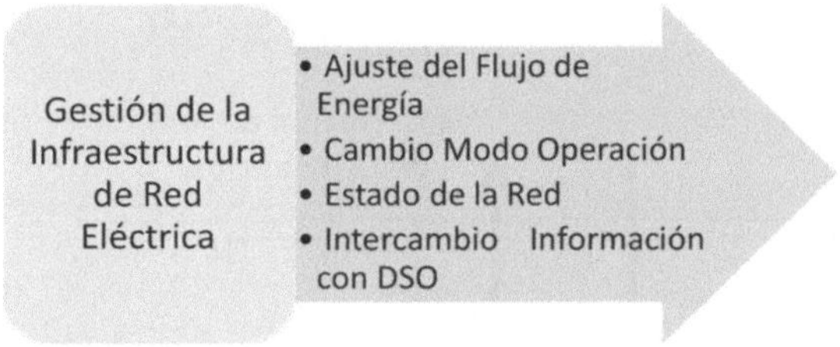

Figura 4.44. Procesos asociados a la funcionalidad de gestión de la infraestructura de la red eléctrica. Fuente: elaboración propia.

Comencemos hablando del *ajuste del flujo de energía*, este proceso será encargado de calcular la cantidad de energía a generar para cubrir la demanda de la microrred eléctrica. El término cantidad de energía a generar debe ser matizado, ya que cuando nos estamos refiriendo a esto debe tenerse en cuenta lo siguiente:

- Intercambio de energía con la infraestructura de red de distribución: para la microrred eléctrica y hablando del ajuste del flujo de energía, la infraestructura de red de distribución será como un elemento de almacenamiento eléctrico, del cual podemos solicitar la entrega de energía o a la que podemos enviar energía para almacenarla. Dicho de otra forma, con distribución es posible intercambiar energía y esto debe ser tenido en cuenta.

- Generadores: los componentes de generación, renovables o no, son fundamentales para un correcto ajuste del flujo de la energía.

- Almacenamiento eléctrico distribuido: al igual que distribución, los componentes de almacenamiento son esenciales para el ajuste de energía en la microrred eléctrica, gracias a sus potenciales cargas y descargas.

- Cargas: la posibilidad de conexión y desconexión de una carga de la microrred puede ser vista como un elemento de generación y en ese sentido, el proceso del ajuste del flujo de energía deberá tener en cuenta las cargas susceptibles de ser conectadas o desconectadas. Si conectamos una carga es como si generásemos menos energía, mientras que, si la desconectamos, es como si aumentásemos la generación de la microrred eléctrica.

La Figura 4.45 muestra la bidireccionalidad en cuanto al flujo de energía entre la microrred eléctrica y la infraestructura de red de distribución. La dirección de la flecha MGCC indica que distribución entrega energía a la microrred, mientras que la PCC muestra la dirección de la energía de la microrred a la distribuidora. En ambos casos, la energía debe de pasar por el punto de acoplamiento común (PCC), por lo que este elemento es crítico en el intercambio de la energía.

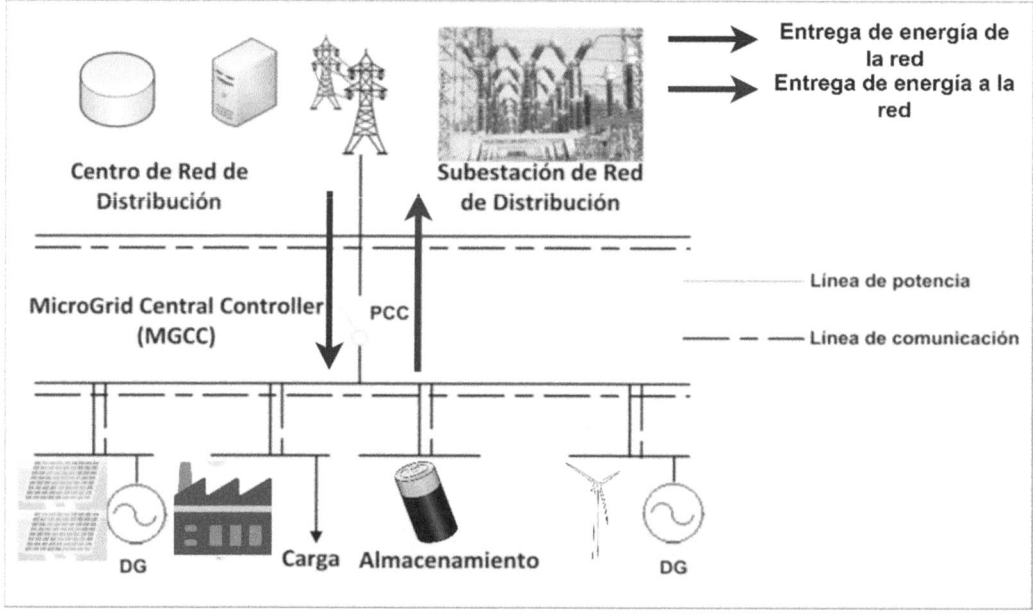

Figura 4.38. Flujo de energía de la microrred eléctrica con la infraestructura eléctrica de distribución. Fuente: elaboración propia a partir de componentes de [56], [85], [107], [108].

La Figura 4.46 muestra todos los componentes descritos y que influyen en el ajuste del flujo de la energía.

Figura 4.46. Flujo de energía de la microrred eléctrica con la infraestructura eléctrica de distribución. Fuente: elaboración propia a partir de componentes de [56], [108].

Pero el flujo de energía necesita un proceso para este control, ¿y cuál podrá ser dicho proceso?, pues bien, la respuesta es complicada de responder, ya que no existirá una única solución para esta pregunta y el proceso definitivo dependerá de los componentes que tengamos para su control. Este proceso deberá ser definido desde el comienzo del diseño del sistema de gestión de la energía y de forma general, para su definición y diseño deberá tenerse en cuenta lo siguiente:

- Es necesario conocer el número de generadores y sus tipos que conforman la microrred y quizás lo más importante, saber sobre cuáles se dispone de algún tipo de control y en qué consiste éste.

- Lo mismo sucede con las cargas, es preciso conocer el tipo de cargas que son controlables y cual será este control.

- También es crucial disponer de información sobre la carga y descarga de los componentes de almacenamiento.

- El sistema de gestión de la energía debe decidir si los costes medioambientales serán incluidos o no en los costes totales de la energía. En este caso, es necesario conocer la matriz energética de la infraestructura de red de distribución, para conocer el coste de cada una de las tecnologías que la conforman, para posteriormente, aplicarle el coste de la energía importada de la red con el porcentaje correspondiente según dicha matriz energética.

- También se debe decidir sobre los costes asociados a los componentes de generación, almacenamiento y cargas, ya que éstos serán decisivos a la hora de interrogar sobre la disponibilidad o no de energía, para poder decidir qué acciones se toman.

Por ejemplo, si para el sistema de gestión de la microrred prima el uso de los generadores de tecnologías renovables, por encima del almacenamiento o cargas, con independencia de si se tiene exceso o defecto de energía, lo primero a consultar será sobre la situación de los generadores renovables de la microrred eléctrica. Algún ejemplo sobre un posible proceso que controle este ajuste del flujo de la energía será expuesto en la sección de caso de uso.

Con respecto al *cambio del modo de operación*, debemos recordar que la microrred eléctrica puede operar de dos formas distintas, conectada a la infraestructura de red de distribución y aislada de ésta. Estas dos formas de operar desembocan en dos estados distintos, pero a su vez, originan un tercer estado y este estado no es otra cosa que la transición entre ellos cuando se produzca un cambio de uno a otro. La Figura 4.47 muestra los distintos estados comentados, así como sus transiciones, destacando los mecanismos de control que este proceso de cambio del modo de operación deberá ser capaz de implementar y gestionar. Es oportuno remarcar que este proceso deberá gestionar al punto de acoplamiento común, así como a otros componentes, como generadores, almacenamiento y cargas críticas para los cambios de estado.

El modo de operación será una decisión tomada por el sistema de gestión de la energía, no obstante, esta decisión final correrá a cargo del proceso de cambio del modo de operación, el cual dependerá a su vez de numerosas entradas de información, como el sistema de monitorización y otros procesos descritos en esta sección.

Cuando hablamos de *estado de la red*, este proceso es fácil confundirlo con las funciones del sistema de control o protección. No obstante, este proceso aquí comentado tendrá como objetivo la supervisión de la estabilidad de la infraestructura de la red en la microrred eléctrica, por tanto, estamos hablando del algoritmo de nivel superior encargado de esto, no tanto la forma de implementarlo en el control o protección correspondiente.

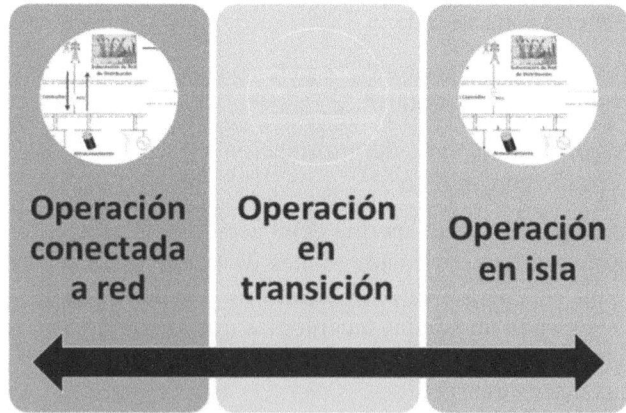

Figura 4.47. Estados de los modos de operación de la microrred eléctrica y sus transiciones. Fuente: elaboración propia.

Continuando con lo anterior, este proceso deberá ser capaz de controlar los niveles de tensión y de frecuencia de la red eléctrica de la microrred. Para ello y monitorizando ambos parámetros, deberá poder decidir si los límites son sobrepasados y actuando en consecuencia a través del control correspondiente. De forma resumida, este proceso deberá poder medir la potencia generada, consumida y el posible excedente o déficit entre ellas, para por medio del almacenamiento eléctrico distribuido y la propia infraestructura eléctrica de distribución, tratar de garantizar los niveles de tensión y frecuencia deseados.

De forma resumida, la Figura 4.48 muestra todos los componentes de la microrred eléctrica que el proceso que controla el estado de la red debe supervisar, para a partir de la decisión de cambio, ordenar mediante el sistema de control las adecuaciones de potencia activa y reactiva en los componentes de campo, para así conseguir los niveles de tensión y frecuencia deseados.

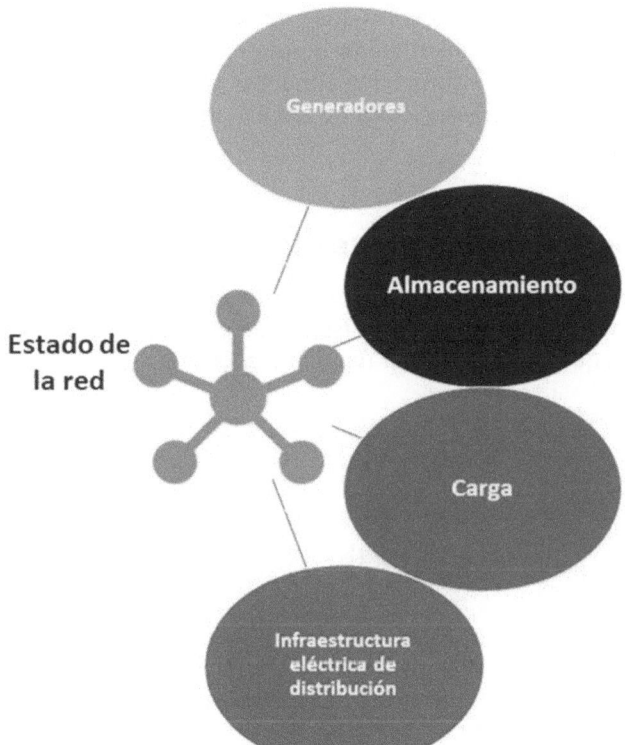

Figura 4.48. Elementos de los que depende el proceso de estado de red. Fuente: elaboración propia.

Este proceso tiene especial relación con el anteriormente comentado, el que controla los cambios de operación, ya que, si se detecta una inestabilidad en la infraestructura de la red de distribución, la microrred eléctrica puede decidir pasar a modo isla y a partir de ese momento, la estabilidad del sistema (tensión y frecuencia) debe poder ser garantizada con los componentes existentes en la microrred eléctrica.

Por último, el proceso de *intercambio de información con DSO*, hace referencia a la información crucial a intercambiar entre la microrred eléctrica y la infraestructura eléctrica de distribución y que afecta principalmente a la gestión de la capa de la red eléctrica. Este proceso podría estar dentro de la funcionalidad de la *gestión de la información y datos*, pero se ha creído conveniente que estuviera dentro de la de *gestión de infraestructura de red eléctrica*, ya que afecta de forma directa a ésta.

La información básica y que afecta de forma directa al proceso de estado de la red anteriormente explicado, es aquella que está involucrada en la estabilidad de la red, por lo que principalmente estarán los niveles de tensión y frecuencia, los cuales forman parte de los servicios auxiliares que la microrred eléctrica puede ofrecer. Tensión y frecuencia son fundamentales para garantizar los servicios auxiliares y junto a control de potencia activa y reactiva, así como elementos de almacenamiento y generadores, permitirán a la microrred eléctrica dar un servicio fiable tanto a sus usuarios como a la propia red de distribución. En este sentido, son los valores de tensión y frecuencia los que estamos hablando como críticos a la hora de intercambiar información entre distribución y microrred y esos datos estarán asociados con el proceso de intercambio de información con DSO y que estará dentro de la funcionalidad del sistema de gestión de infraestructura de red eléctrica del sistema de gestión de la energía de la microrred eléctrica.

4.4.3. Sistema de gestión de la energía: gestión de seguridad

Esta sección mostrará los principales procesos asociados a la funcionalidad de *gestión de seguridad*, la cual, como se ha visto, forma parte del sistema de gestión de la energía. La Figura 4.49 muestra los procesos que componen esta función comentada.

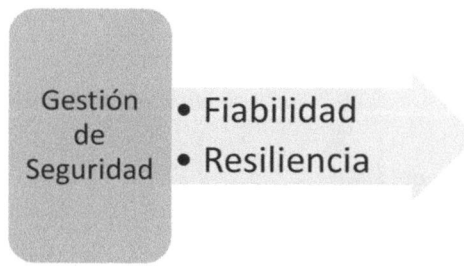

Figura 4.49. Procesos asociados a la funcionalidad de gestión de seguridad.
Fuente: elaboración propia.

Como se muestra en la anterior figura, los principales procesos asociados a la función de gestión de la seguridad del sistema de gestión de la energía son dos, la fiabilidad y la resiliencia de la microrred eléctrica.

Con respecto a la *fiabilidad*, algunos investigadores han demostrado que este aspecto debe ser tenido en cuenta desde el mismo instante de tiempo que se decide hacer el diseño de la microrred eléctrica, por lo que el diseño orientado a la fiabilidad energética en la microrred traerá mayores beneficios a ésta [338].

Este concepto de fiabilidad de suministro eléctrico es muy interesante para el sistema de gestión de la energía, pero también marcará en cierto grado los niveles de confort de los usuarios de ésta y en este sentido, algunos estudios han demostrado que el grado de fiabilidad en el suministro eléctrico dependerá de disponer de información referente a estos usuarios, apareciendo el concepto de fiabilidad en usuario [339].

De cualquier forma, este proceso deberá garantizar la fiabilidad en el suministro de energía eléctrica para la microrred. En este sentido, el proceso deberá tener acceso a la información más relevante y que pueda interferir en esta consecución de garantizar el suministro a sus usuarios finales. Al igual que otros procesos descritos anteriormente, en este caso, nuevamente la información de potencia (energía consumida o generada) de los generadores, cargas, almacenamiento y la propia red de distribución serán entradas para el proceso de fiabilidad.

Es necesario destacar que este proceso estará relacionado con otros ya descritos en esta sección. Además, el proceso no sólo deberá tener entradas de medidas directas de potencia, también tendrá otros valores calculados y que seguramente tengan que ver con costes de operación y de energía. No obstante, no debemos olvidar que el objetivo principal de la fiabilidad en la microrred es poder abastecer cuantitativa y cualitativamente de energía a sus usuarios finales (cargas), por lo que posibles variables de costes tendrán cierto peso en el proceso, pero nunca tendrán un peso determinante.

Con respecto a la *resiliencia*, debemos recordar que hace referencia principalmente a la capacidad del sistema eléctrico para recomponerse ante problemas o desastres. En este sentido, desde los comienzos del despliegue de las microrredes eléctricas, numerosos trabajos de investigación han tratado de demostrar como estas pueden ser las responsables de conseguir un sistema eléctrico mucho más resiliente, al menos a nivel macroscópico, por lo que el despliegue e instalación de microrredes ayudará a conseguir esta resiliencia en el sistema eléctrico [340].

Lo anterior es compartido por [341], pero, además, los autores presentan diferentes formas de abordar la resiliencia en la microrred eléctrica, destacando que existen dos enfoques distintos: con respecto a la formación de la microrred y con respecto a la programación de ésta. En el primer caso, los procesos orientados a garantizar la resiliencia deberán tratar de actuar de forma óptima sobre los distintos interruptores existentes en la microrred, o en último extremo tratar de decidir la posición ideal de estos interruptores para conseguir el objetivo de resiliencia planteado. En el segundo caso, los procesos se orientan a la gestión de la energía y de forma óptima, para, de esta forma, conseguir una microrred resiliente en el caso de conexiones o desconexiones de la red de distribución, manteniendo los estándares de calidad de energía altos y garantizando el suministro de energía eléctrica a las cargas.

Como es lógico, estos procesos que garantizan la resiliencia de la microrred se relacionan con otros vistos anteriormente y al igual que en el caso del proceso de fiabilidad, dependen de otros sistemas como el de monitorización y puede ser entendido como parte integral del sistema de protección. En cualquier caso, desde un nivel alto de abstracción, este proceso forma parte del sistema de gestión de la energía de la microrred y así ha quedado evidenciado al presentarlo en esta sección.

4.4.4. Sistema de gestión de la energía: gestión de la información y datos

Esta sección mostrará los principales procesos asociados a la funcionalidad de *gestión de la información y datos*, la cual, como se ha visto, forma parte del sistema de gestión de la energía. La Figura 4.50 muestra los procesos que componen esta función comentada.

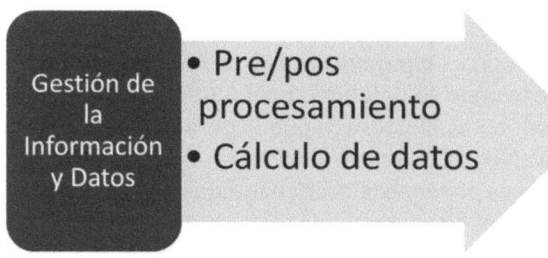

Figura 4.50. Procesos asociados a la funcionalidad de gestión de la información y datos. Fuente: elaboración propia.

Como se muestra en la figura anterior, nos encontramos ante un proceso de *pre/posprocesamiento* y esto hace referencia a que serán necesarias acciones pre/pos con los datos recibidos y que vayan a ser empleados para los distintos procesos mostrados en toda la sección. Por ejemplo, algunas de las variables medidas deberán ser acondicionadas, ya que es posible que no estén en unidades de ingeniería, por lo que habrá que tratarlas de forma previa.

Siguiendo con lo anterior, también aparece el proceso de *cálculo de datos*, el cual estará centrado en hacer los cálculos necesarios con los datos obtenidos a través de las variables (datos instantáneos o almacenados en base de datos), para posteriormente servir dichos cálculos a las interfaces de operador donde deban ser mostrados. Los principales cálculos para realizar tendrán que ver con datos energéticos a mostrar, o con datos relativos a la infraestructura de red eléctrica a supervisar. Por ejemplo, una vez las variables registradas con valores de ingeniería, será necesario hacer un tratamiento posterior, por ejemplo, pensemos en la energía generada por una planta solar fotovoltaica, la cual es registrada en valores horarios y en cambio, queremos obtener su acumulado diario, en este caso el proceso correspondiente deberá hacer el sumatorio de los datos de energía generada horaria para poder mostrar la generación diaria a través de la interfaz de usuario que corresponda.

4.5. Caso de estudio

Una vez presentados los principios de los sistemas de comunicaciones, monitorización y gestión de la energía que intervienen en una microrred eléctrica, se presentarán sus particularidades en tres de ellas. Se han seleccionado de forma que el lector pueda apreciar diferencias entre ellas en cuanto a componentes de los tres sistemas y de esta forma, poder enriquecer los conocimientos del lector. Las tres microrredes escogidas son: CEDER-CIEMAT (España), Universidad de Cuenca (Ecuador) e Instituto Tecnológico de Santo Domingo (INTEC, República Dominicana).

4.5.1. Sistemas de comunicaciones, monitorización y gestión de la energía de la microrred eléctrica de CEDER-CIEMAT

A continuación, se expondrá un caso de uso de una instalación singular y emblemática de España. Se trata de la microrred eléctrica de CEDER-CIEMAT, situada en Soria (España).

Para comenzar, el sistema de comunicaciones de la microrred eléctrica de CEDER-CIEMAT será expuestos. Este sistema es especialmente interesante, ya que la microrred eléctrica de CEDER-CIEMAT está desplegada a lo largo de 640 hectáreas, lo que supone un reto para el sistema de comunicaciones conectar con los componentes que la forman de una forma eficiente, rápida y eficaz.

Una vez la infraestructura de comunicaciones está desplegada y los elementos de campo dispuestos, es necesario poder monitorizarlos. Por tanto, posteriormente será descrito y detallado el sistema de monitorización empleado en CEDER-CIEMAT. Este sistema medirá, registrará y mostrará las principales variables de los sistemas de generación, almacenamiento eléctrico distribuido y cargas existentes en la microrred eléctrica, así como otras variables de interés.

Por último, una vez comunicada y monitorizada la microrred eléctrica, es necesario disponer de un sistema de gestión de la energía eficaz. Por tanto, el sistema empleado por CEDER-CIEMAT será expuesto con todo lujo de detalles.

4.5.1.1. Sistema de comunicaciones

Como ya se ha comentado, el gran reto del sistema de comunicaciones de CEDER-CIEMAT es poder desplegar una infraestructura de comunicaciones que permita llegar a todos los elementos que conforman la microrred eléctrica. Y esto no es trivial, todos los elementos que la conforman están totalmente distribuidos y esto no es un mero recurso literario, es una realidad, todos los elementos están integrados en sitios tan diferentes y distantes que es preciso una topología de comunicaciones *ad hoc*.

Cuando una microrred eléctrica abarca un edificio, un campus universitario o en pueblo pequeño, la infraestructura de comunicaciones no suele ser muy particular, ya que en la mayoría de los casos tendremos distancias entre enlaces de comunicaciones de decenas o algunas centenas de metros.

La Figura 4.51 muestra la topología de la infraestructura de comunicaciones de la microrred de CEDER-CIEMAT. La palabra topología hace referencia al mapa de comunicaciones físico o lógico, por tanto, esta figura muestra ambos mapas, los cuales se describirán a continuación.

Con respecto a la *capa física*, en la parte superior se aprecia la salida del centro hacia internet, a través de la Red Iris [342], desde donde los usuarios de CEDER-CIEMAT podrán acceder a internet, pero también la propia microrred eléctrica tendrá salida al exterior, en el caso de que sea necesario. Esta salida se hace a través de un *rúter*, que servirá para hacer el encaminamiento hacia/desde las distintas redes, tanto para las comunicaciones internas hacia el exterior y viceversa.

Este *rúter* estará ubicado en el Centro de Procesamiento de Datos (CPD), junto con otros de los elementos principales, los servidores dedicados de CEDER-CIEMAT. Además de infinidad de aplicaciones que los investigadores emplearán, estos servidores tendrán en un clúster un componente fundamental para la microrred eléctrica (y que se hablará más adelante), el sistema de gestión de la energía (*Energy Management System*, EMS).

Pero estos servidores deben ser capaces de llegar a la información monitorizada por los sensores de campo, por lo que es necesario comunicarlos entre sí. Evidentemente, pensar en un enlace punto a punto desde el servidor hasta la interfaz de comunicaciones que miden tensión y corriente de una planta fotovoltaica es una utopía, por tanto, es necesario plantear un despliegue físico mucho más sencillo, barato y que, además, sea eficiente.

La solución es relativamente sencilla, se disponen tantos *switches* de comunicaciones como sean necesarios. Pensemos por ejemplo una planta fotovoltaica que esté a 300 m de los servidores y que al lado de esta fotovoltaica haya un aerogenerador eólico que sea preciso monitorizar también, pues la solución óptima será instalar un switch en las cercanías de los elementos de generación y unirlo con uno de los *switches* del centro de procesamiento de datos a través de un enlace que lo permite.

Pero antes, veamos algunos detalles a destacar en la figura. Existen unos *switches* cabeceros que presentan un enlace redundado contra los dos *switches* principales instalados físicamente en el centro de procesamiento de datos, estos elementos cabecera son los siguientes (nombres de los switches): E01[4]-1, E02-1, E03-1, E07, E09-1, LECA[5]-1, BSRN[6],

---

[4] E hace referencia a "edificio".
[5] LECA hace referencia a "laboratorio de ensayos de componentes de aerogeneradores".
[6] BSRN hace referencia a "*Baseline Surface Radiation Network*".

PEPA[7] I y PEPA III. Este sistema de comunicación redundado con los *switches* centrales permite garantizar un camino alternativo para los datos y esto es posible gracias al protocolo *spanning tree*, permitiendo tener caminos físicos redundados, pero sólo un camino lógico activo, quedando el otro en bloqueo por si de forma lógica o física ocurre un problema con el enlace activo. Si el protocolo no pusiera uno de los enlaces en bloqueo, de forma muy rápida toda la red quedaría bloqueada por congestión de tráfico y esto es una situación indeseable.

A partir de los *switches* cabecera descritos en el párrafo anterior, es posible conectar con otros switches, para de esta manera llegar en varios saltos a cualquier elemento disponible en la microrred eléctrica. A continuación, se enumeran los diferentes switches que están conectados a los de cabecera ya comentados:

- E01-1: E01-2 conecta con E01-3 conecta con E01-4 conecta con CT[8]-1.

- E02-1: E04, E02.2 conecta con CT-2.

- E03-1: E03-2 (conectado a éste CT-3) conecta con E03-3 conecta con E03-4.

- E07: CT-4.

- E09-1: E09-2 conecta con E09-3.

- LECA-1: LECA-2.

- BSRN: INVER-1 conecta con INVER-2 conecta con ENERGYSIS.

- PEPA I: PEPA II-1 conecta con PEPA II-2.

- PEPA III: PEPA III-1 conecta con PEPA III-2; ALGIBE conecta con TURBINA conecta con BOMBAS.

Sin contar con los *switches* del centro de procesamiento de datos, CEDER-CIEMAT despliega otros 34 switches en su microrred eléctrica. Y alguien podría preguntar, ¿esto es mucho o poco?, pues la respuesta es muy sencilla, son los necesarios. Y esto es así por lo comentado más arriba, las distancias son relativamente grandes en algunos casos, por lo que la instalación de *switches* intermedios facilita ciertas labores, como se comentará más adelante.

Lo interesante de este despliegue y como se ve en la figura, en el peor de los casos, el sistema de gestión de la energía (servidores que lo alojan en su clúster) precisan de 6 saltos a través de los distintos *switches* y esto sucede para llegar desde el servidor hasta algún componente de la microrred que esté instalado en el *switch* CT-1. No obstante y como veremos un poco más abajo, ésta no es la peor situación si atendemos a la distancia en metros.

---

[7] PEPA hace referencia a "planta de ensayos de pequeños aerogeneradores".
[8] CT hace referencia a "centro de transformación".

En el esquema presentado se aprecia también la diferencia entre los enlaces de red establecidos entre los *switches*. En rojo, es posible ver que el medio físico empleado es fibra óptica monomodo o multimodo (depende de la situación), mientras que en morado se muestran los enlaces entre *switches* a través de par trenzado de cobre categoría 5e o 6, en breve aclararemos este hecho y su por qué.

Todos los puertos disponibles en los *switches* son FastEthernet y Gigabit, por lo que se ha optado por contarlos entre ellos y con los elementos de campo a una velocidad de 1000 Mbps, por lo que es necesario que los elementos de campo (generador, almacenamiento, carga, etc.) disponga de una interfaz de comunicaciones con una salida a esta velocidad. En cualquiera de los casos, todos los enlaces troncales (*trunk*) entre *switches* se han instalado para que sean a 1000 Mbps.

En la Figura 4.52 se muestran las distancias en metros entre los distintos componentes (*switches*) anteriormente citados. Además, en la última posición aparecen los componentes de la microrred que están en la capa física (eléctrica) de campo y algunos de los servidores descritos más arriba. Hay que destacar que en la figura aparece el tipo de medio físico empleado según un código de colores.

Es sencillo entender por qué se han empleado en la mayoría de los casos enlaces de comunicaciones de fibra. En el primer salto entre enlaces, a excepción de con el E03-1 que tan sólo tiene 10 m de distancia, con todos los demás *switches* la distancia supera con creces los 100 m que es el límite de los enlaces con cobre, por este motivo se han empleado enlaces de fibra óptica en casi todas las situaciones, salvo en algunas (como la ya comentada) y que se muestran en la figura.

Si observamos la distancia física desde el *switch* central hasta el de las bombas, vemos que se tienen 2745 m entre los *switches*, motivo más que suficiente para disponer entre medias algunos otros conmutadores.

Todos los componentes de la microrred eléctrica que aparecen en la figura están conectados físicamente con los distintos *switches* a través de pares de cobre trenzado, pero a velocidades de 1000 Mbps.

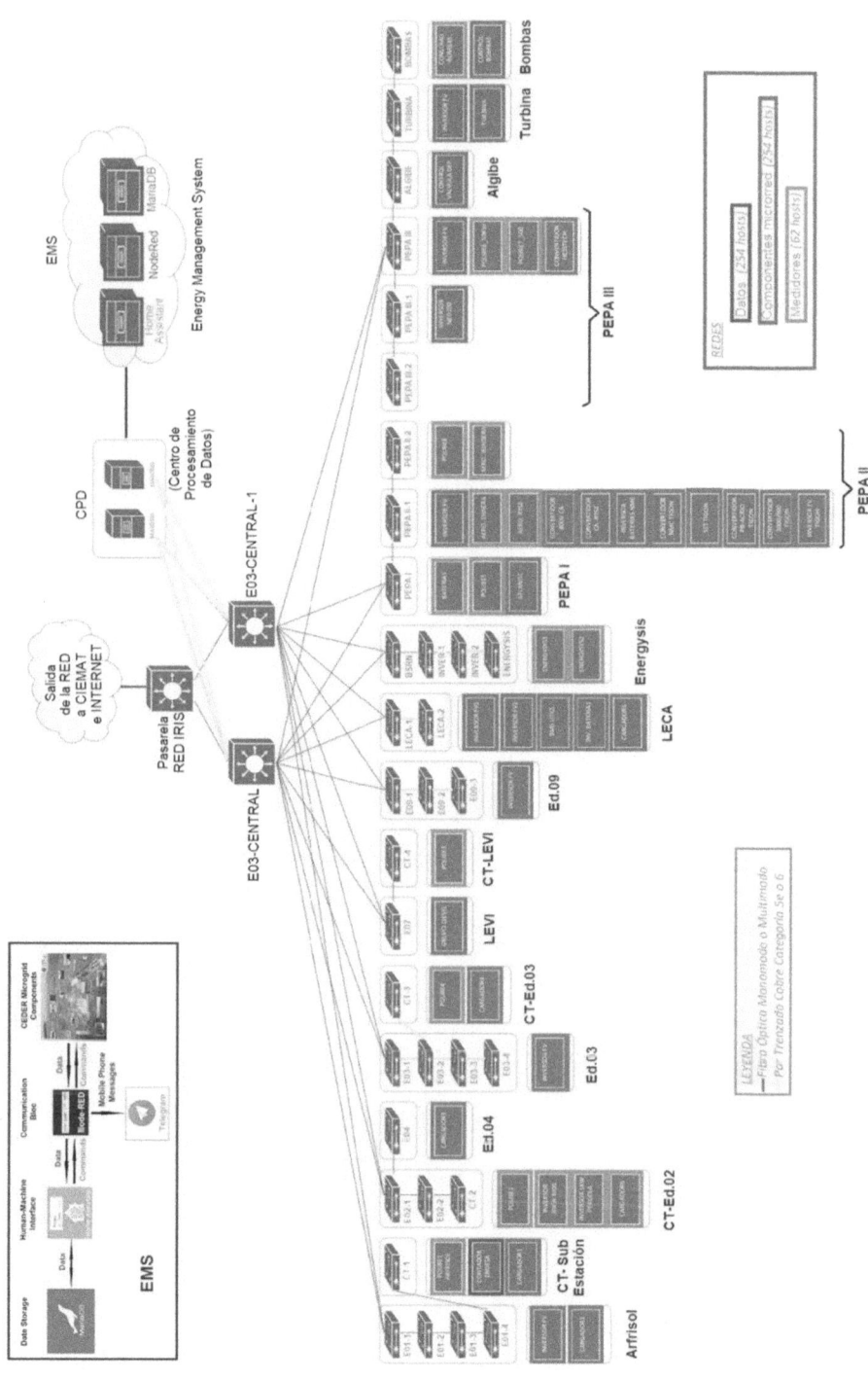

Figura 4.51. Topología de la infraestructura de comunicaciones de la microrred eléctrica de CEDER.CIEMAT. Fuente [248], elaboración propia. Cortesía de CEDER-CIEMAT.

DEVICE	DISTANCE (m)	DEVICE	DISTANCE (m)	DEVICE	DISTANCE (m)	DEVICE	DISTANCE (m)	DEVICE	DISTANCE (m)	DEVICE	DISTANCE (m)	DEVICE
Switch L3 E03-CENTRAL	560	Switch E01-1	1	Switch E01-2	1	Switch E01-3	1	Switch E01-4	160	Switch CT-1	1	Grid Analyzer PQUBE1
											5	Distribution Grid Meter
											120	EV Charger 1
							35	PV ARFRISOL Inverter				
							50	EV Charger 2				
	290	Switch E02-1	1	Switch E02-2	45	Switch CT-2	10	EV Charger 6				
							500	PV RIOS Inverter				
							9	PV E02 Inverter				
							1	Grid Analyzer PQUBE2				
			80	Switch Combustion	30	EV Charger 3						
	10	Switch E03-1	1	Switch E03-2	1	Switch E03-3	1	Switch E03-4	65	Switch CT-3	1	Grid Analyzer PQUBE4
											25	EV Charger 4
									15	PV E03 Inverter		
	240	Switch E07	20	Switch CT-4	1	Grid Analyzer PQUBE3						
			40	Generator Set PLC								
	250	Switch E09-1	90	Switch E09-2	90	Switch E09-3	5	PV E09 Inverter				
	320	Switch LECA	1	Switch LECA-2	45	PV LECA 1 Inverter						
					45	PV LECA 2 Inverter						
					35	LFP Battery BMS						
					40	LFP Battery inverter						
					6	EV Charger 5						
	210	Switch BSRN	140	Switch INVERNADERO	95	Switch Energysis	2	PV Energysis Inverter				
			35	Switch INVERNADERO2								
	1050	Switch E06 (PEPA I)	5	Lead-Acid Battery								
			6	PQUBE5								
			10	Wind Turbine Atlantic								
			420	Switch PEPA II-1	30	PV PEPA II Inverter						
					40	Wind Turbine Enneta						
					40	Wind Turbine Ryse						
					30	NMC Battery inverter						
					160	Switch PEPA II-2	5	Grid Analyzer PQUBE8				
							6	Wind Turbine Windera				
	1200	Switch PEPA III	1	PV PEPA III Inverter								
			1	Grid Analyzer PQUBE6 10								
			1	Grid Analyzer PQUBE7 500								
			150	Switch HIBRIDACION-1	12	Wind Turbine NED100						
					1	CONTROL VALVULA DEP						
			780	Switch ALGIBESUPERIOR	700	Switch TURBINE	6	PV Turbine Inverter				
							10	TURBINE PLC				
							65	Switch PUMPS	1	PUMP DEMAND		
									1	PUMP CONTROL		
	5	[illegible]										
	5	[illegible]										

DISTANCE RED COLOURED	Fiber Optic
DISTANCE GREEN COLOURED	Twisted copper pair cable

DEVICE BLUE COLOURED	Microgrid components
DEVICE BLACK COLOURED	Switch
ORANGE BLACK COLOURED	Server

Figura 4.52. Distancias físicas entre switches de la infraestructura de comunicaciones y de componentes de la microrred eléctrica de CEDER.CIEMAT. Fuente: elaboración propia. Cortesía de CEDER-CIEMAT

Con respecto a la capa lógica, como se muestra en la Figura 4.513, CEDER-CIEMAT cuenta con 3 redes de área local virtuales (*Virtual Area Network*, VLAN). Una de ellas (en la figura "Datos") es empleada para el acceso a internet y la gestión de datos y aplicaciones de los investigadores. La VLAN etiquetada como "Componentes de la Microrred" estará destinada a encaminar el tráfico de los componentes de la microrred. La VLAN "Medidores" estará formada por ciertos equipos de medida que también intervienen en el proceso de gestión de la microrred. La idea de crear VLAN es poder disponer un conjunto de máquina bajo un mismo dominio de difusión y que no existan "molestias" entre dispositivos que no deban comunicarse entre sí a priori.

La Figura 4.53 representa un esquema con esta situación, distintos dispositivos conectados a la misma LAN y en zonas distintas de la microrred, estarán conectados para compartir información. En el caso de la VLAN 1 (componentes de la microrred), podrán comunicarse con otros dispositivos de su VLAN sin necesidad de un *rúter*, por tanto, Disp. 1 de esta VLAN y ubicado en la zona 3 de la microrred eléctrica podrá comunicarse sin necesidad de encaminamiento con Disp. 2 de su misma zona, con Disp. 3 y Disp. 4 (zona 2) y Disp. 5 y Disp. 6 (zona 1). En cambio, si Disp. 1 de la VLAN Microrred quiere comunicar con Disp. 1 o Disp. 2 de VLAN Datos (Disp. 1 en zona 3 y Disp. 2 en zona 1) será necesario que los paquetes de la comunicación lleguen al *rúter*, que sabrá resolver cómo llegar a la red de la otra VLAN.

Poder disponer de distintas VLAN permite al administrador de la red tener las IP gestionadas en un mismo dominio de *broadcast*, por lo que encontrar dispositivos de la misma VLAN no precisará la disponibilidad de un *rúter*. Además, lo anterior debe ser completado con que no existirá congestión innecesaria con tráfico de dispositivos que no son de esa red.

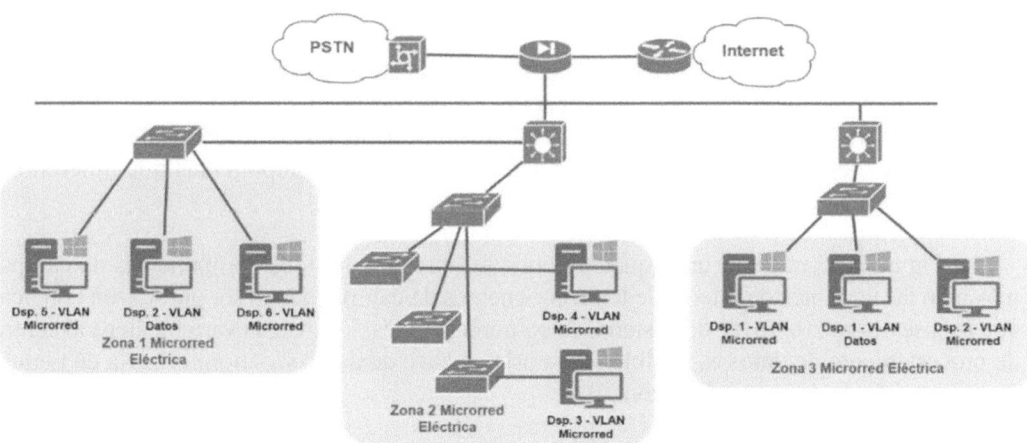

Figura 4.53. Ejemplo de interacción de dispositivos de diferentes VLAN.
Fuente: elaboración propia.

El requerimiento principal de la existencia de varias VLAN es que los enlaces entre *switches* deberán ser configurados en modo troncal, para que, de esta forma, el enlace puede etiquetar las tramas de las distintas VLAN con un valor conocido para sólo esa VLAN y evitar conflictos de gestión de tramas entre distintas VLAN.

Es necesario destacar que el 95% de los componentes a monitorizar y controlar emplean *Modbus* y tan solo un pequeño porcentaje emplea *HyperText Markup Language* (HTML). Dentro de los elementos que usan *Modbus*, un 70% emplea *Modbus TCP/IP* mientras que el 30% restante emplea *Modbus RTU*.

Por tanto y teniendo claro que toda la topología de red está soportada en el protocolo *Ethernet TCP/IP*, los componentes de la microrred eléctrica que dispongan de interfaz de comunicaciones bajo *Modbus RTU* necesitarán una *Gateway* de comunicaciones para conectar con los *switches*, tal como se muestra en la Figura 4.54.

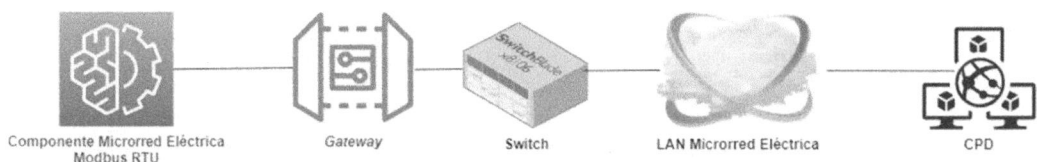

Componente Microrred Eléctrica   Gateway   Switch   LAN Microrred Eléctrica   CPD
Modbus RTU

Figura 4.54. Esquema de conexión de un componente de la microrred eléctrica *Modbus RUT* con un *switch* a través de *Gateway*. Fuente: elaboración propia.

4.5.1.2. Monitorización

Una vez desplegada la infraestructura de comunicaciones en una microrred eléctrica, es imprescindible poder monitorizar la información de las variables de interés, las cuales serán registradas a través de ciertos medidores en los componentes de la microrred eléctrica. Por tanto, para poder monitorizar es imprescindible conocer los componentes que quieren ser monitorizados y las variables de éstos a visualizar.

La Figura 4.55 muestra un esquema donde se aprecia como los componentes de campo, más bien las variables de interés de los componentes de campo, deben ser puestos en contacto con la base de datos a través del sistema de comunicaciones. Una vez la variable llega al centro de procesamiento de datos es posible registrarla en base de datos y/o monitorizarla en tiempo real en el sistema de monitorización.

Por tanto y como ya se ha comentado, las variables de campo pueden medirse para procesos *online* (monitorización y tomas de decisiones instantáneas) o para procesos *offline* (entradas para modelos de pronóstico, tendencias, etc.).

MICRORRED ELÉCTRICA

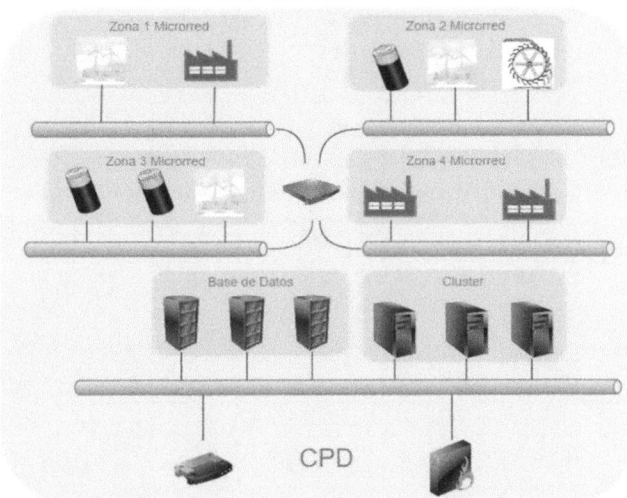

Figura 4.55. Esquema de los componentes de campo de los que extraer las variables para almacenar la información en la base de datos del centro de procesamiento de datos. Fuente: elaboración propia a partir de componentes de [56], [108], [124], [343].

A continuación, nos centraremos en presentar las principales características de la monitorización de la microrred eléctrica de CEDER-CIEMAT. Una vez las variables llegan al centro de procesamiento de datos, todas las variables de muestran en tiempo real en una ventana de supervisión programada en Node-Red [344] y posteriormente (y de forma transparente para usuario supervisor) se decide si es registrada o no en base de datos. En el caso de CEDER-CIEMAT se emplea la base de datos MariaDB [345]. Esta pantalla de bienvenida para la supervisión de la microrred eléctrica se puede apreciar en la Figura 4.56. En esta pantalla, arriba a la izquierda se muestra la generación total de la microrred en conjunto con el consumo de potencia instantáneo de toda ella y la cantidad solicitada a la infraestructura eléctrica de distribución. Después, esta pantalla muestra el detalle de la generación, almacenamiento y puntos de recarga de vehículo eléctrico, agrupado por tecnologías (fotovoltaica, eólica, diésel, batería plomo ácido, bombas hidráulicas, etc.). Además, arriba a la derecha, la pantalla muestra los consumos de potencia instantáneos de los dispositivos PQUBE, que son analizadores de red eléctrica instalados en los centros de transformación que conforman la microrred eléctrica. Como dato adicional, tanto bombas hidráulicas como baterías muestran un *flag* de encendido o parado, en el caso de la fotovoltaica aparece algún valor de radiación solar y en el caso de la eólica la velocidad del viento.

La Figura 4.57 muestra la monitorización instantánea de uno de los sistemas de baterías de CEDER-CIEMAT. Además del cuadro de mando de arriba a la derecha, esta pantalla de monitorización permite supervisar cada uno de los dos racks que conforman el sistema de baterías. Como podemos observar, además de la potencia entregada (y los ajustes de potencia a cargar o descargar), las variables de interés son las tensiones y temperaturas en cada uno de los *racks* existentes.

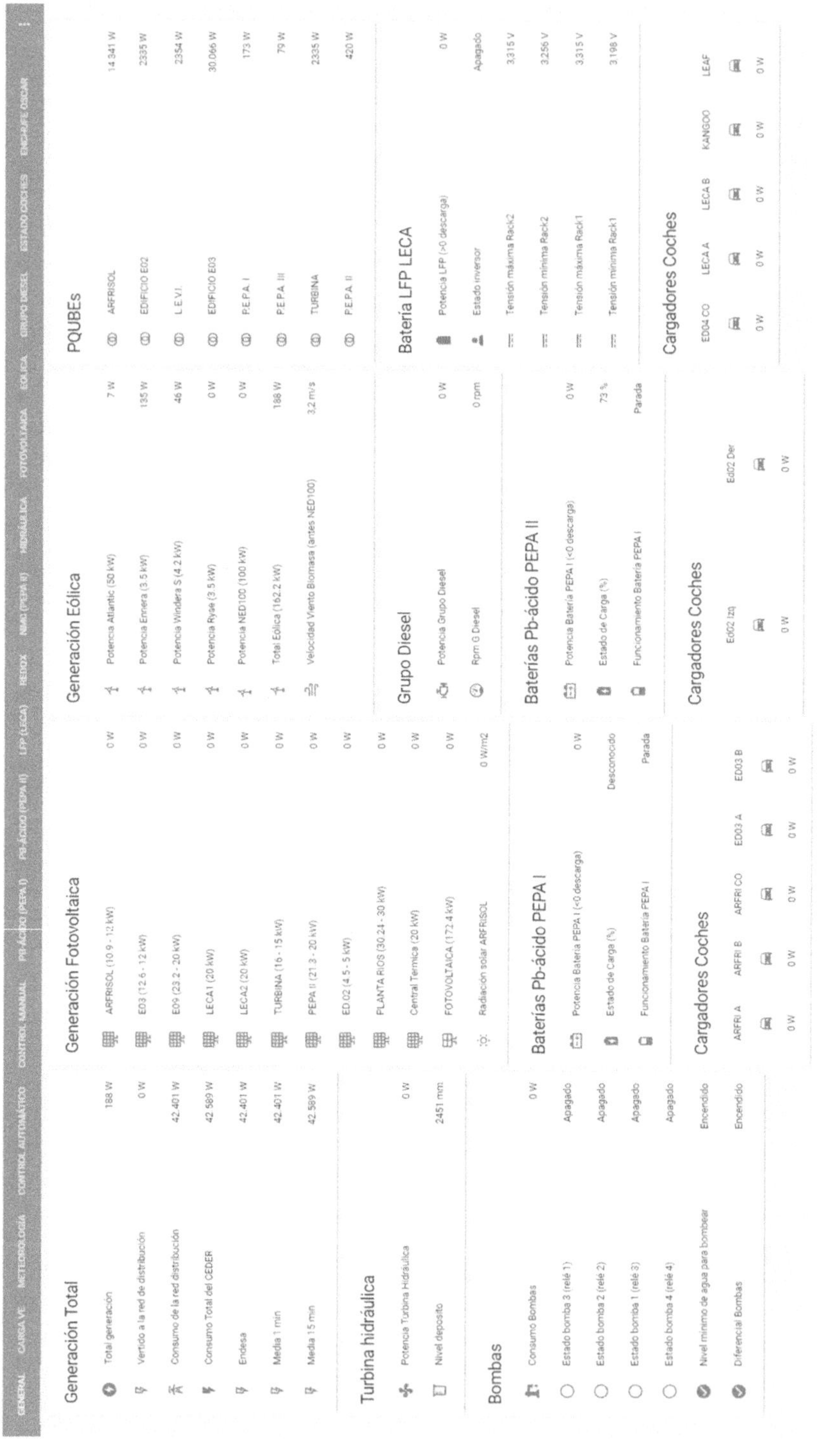

GENERAL CARGA VE METEOROLOGÍA CONTROL AUTOMÁTICO CONTROL MANUAL PB-ÁCIDO (PEPA I) PB-ÁCIDO (PEPA II) LFP (LECA) REDOX NIMG (PEPA II) HIDRÁULICA FOTOVOLTAICA EÓLICA GRUPO DIESEL ESTADO COCHES ENCHUFE OSCAR

Generación Total

Total generación	188 W
Vertido a la red de distribución	0 W
Consumo de la red distribución	42.401 W
Consumo Total del CEDER	42.589 W
Endesa	42.401 W
Media 1 min	42.401 W
Media 15 min	42.589 W

Generación Fotovoltaica

ARFRISOL (10.9 - 12 kW)	0 W
EO3 (12.6 - 12 kW)	0 W
EOV (23.2 - 20 kW)	0 W
LECA1 (20 kW)	0 W
LECA2 (20 kW)	0 W
TURBINA (15 - 15 kW)	0 W
PEPA II (21.3 - 20 kW)	0 W
EO.02 (4.5 - 5 kW)	0 W

Generación Eólica

Potencia Atlantic (30 kW)	7 W
Potencia Enneira (3.5 kW)	135 W
Potencia Windera S (4.2 kW)	46 W
Potencia Ryse (3.5 kW)	0 W
Potencia NED100 (100 kW)	0 W
Total Eólica (1&2.2 kW)	188 W
Velocidad Viento Biomasa (antes NED100)	3.2 m/s

PQUBEs

ARFRISOL	14.341 W
EDIFICIO EO2	2335 W
L.E.V.I.	2354 W
EDIFICIO EO3	30.066 W
PEPA I	173 W
PEPA III	79 W
TURBINA	2335 W
PEPA II	420 W

Turbina hidráulica

PLANTA RIOS (30/24 - 30 kW)	0 W
Central Térmica (20 kW)	0 W
FOTOVOLTAICA (172.4 kW)	0 W
Radiación solar ARFRISOL	0 W/m2
Potencia Turbina Hidráulica	0 W
Nivel depósito	2451 mm

Grupo Diesel

Potencia Grupo Diesel	0 W
Rpm G.Diesel	0 rpm

Batería LFP LECA

Potencia LFP (+0 descarga)	0 W
Estado invernor	Apagado
Tensión máxima Rack2	3.315 V
Tensión mínima Rack2	3.256 V
Tensión máxima Rack1	3.315 V
Tensión mínima Rack1	3.198 V

Bombas

Consumo Bombas	0 W
Estado bomba 3 (relé 1)	Apagado
Estado bomba 2 (relé 2)	Apagado
Estado bomba 1 (relé 3)	Apagado
Estado bomba 4 (relé 4)	Apagado
Nivel mínimo de agua para bombear	Encendido
Diferencial Bombas	Encendido

Baterías Pb-ácido PEPA I

Potencia Batería PEPA I (+0 descarga)	0 W
Estado de Carga (%)	Desconocido
Funcionamiento Batería PEPA I	Parada

Baterías Pb-ácido PEPA II

Potencia Batería PEPA I (+0 descarga)	0 W
Estado de Carga (%)	73 %
Funcionamiento Batería PEPA I	Parada

Cargadores Coches

ARFRI A	ARFRI B	ARFRI CO	EO3 A	EO3 B
0 W	0 W	0 W	0 W	0 W

Cargadores Coches

EO02 (zz)	EO02 Der
0 W	0 W

Cargadores Coches

EO04 CO	LECA A	LECA B	KANGOO	LEAF
0 W	0 W	0 W	0 W	0 W

Figura 4.56. Pantalla de bienvenida del sistema de monitorización de CEDER-CIEMAT. Cortesía de CEDER-CIEMAT.

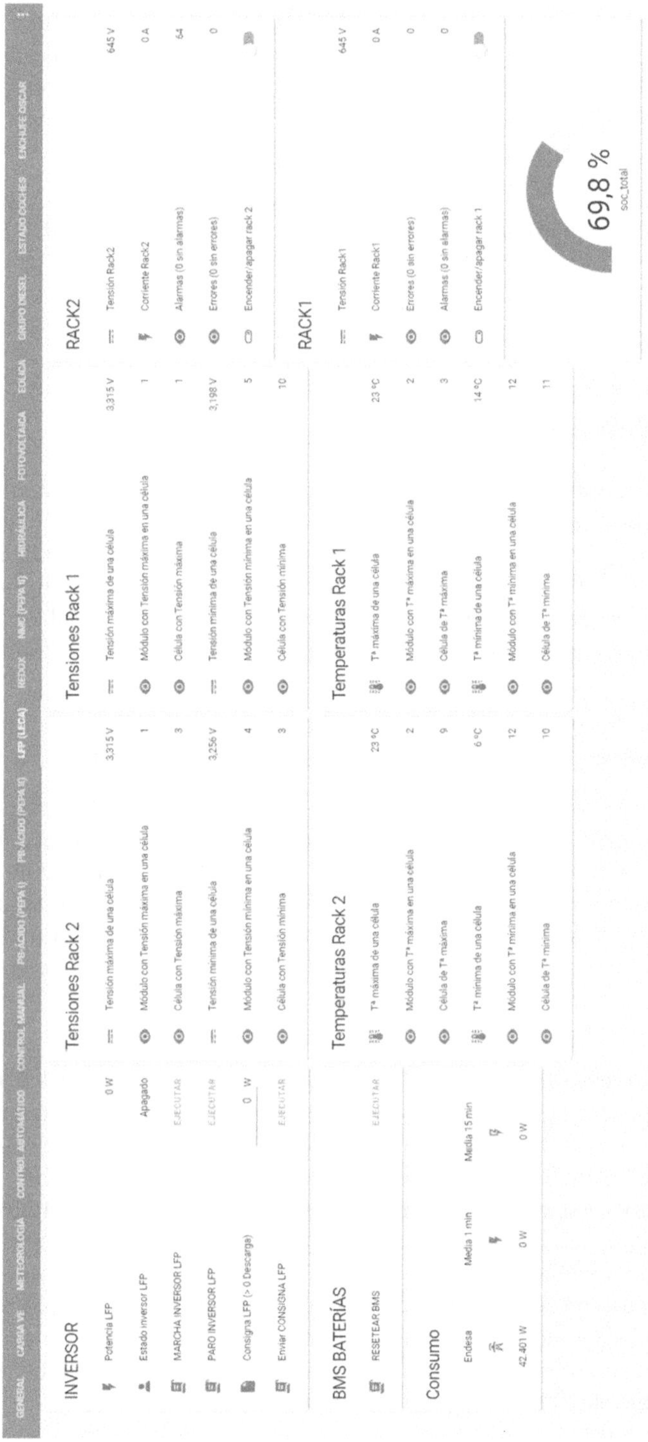

Figura 4.57. Pantalla de monitorización del sistema de gestión de uno de los sistemas de baterías de CEDER-CIEMAT. Cortesía de CEDER-CIEMAT.

Una microrred eléctrica debe ser capaz de monitorizar ciertas variables climáticas de interés. Pensando en sus microgeneradores solares y eólicos, las principales variables de interés serán la radiación solar, velocidad y dirección del viento y la temperatura ambiente, entre otras.

La Figura 4.58 muestra las principales variables climáticas monitorizadas, medidas y registradas des distintas estaciones climáticas desplegadas en CEDER-CIEMAT.

4.5.1.3. Gestión de la energía

La gestión de la energía en una microrred abarca bastantes aspectos y siempre es complicado destacar unos sobre otros. Además, cada situación es un caso particular y el gestor de la microrred deberá decidir sobre su prioridad con respecto a la misma. En el caso de CEDER-CIEMAT, la principal preocupación es minimizar la compra de energía procedente de la infraestructura eléctrica de distribución, por lo que objetivo principal de la gestión de energía será precisamente esa, tratar de no recibir energía procedente de la misma.

Dicho esto, la Figura 4.59 muestra un diagrama de flujo del proceso de control de lo anteriormente indicado y que formará parte del gestor de energía de la microrred eléctrica.

Antes de comenzar es necesario destacar que el diagrama descrito se ejecutará de manera recursiva, esto quiere decir, que el proceso al llegar al final vuelve a comenzar y, por tanto, se ejecutará nuevamente. Lo primero que hace el proceso es interrogar al medidor inteligente para ver si la energía es mayor o menor que 0. Para el gestor, un valor mayor que 0 significa que se está consumiendo energía y un valor menor que 0 significa que se estará entregando energía a la infraestructura eléctrica de distribución.

Si el medidor registra una energía mayor que 0 (la microrred eléctrica consume energía del exterior), lo primero que debe ocurrir es ver la posibilidad de aumentar la producción de los generadores renovables. Esta situación pudiera ocurrir en el caso de que, anteriormente, hubiera que haber reducido la producción fotovoltaica o eólica, o incluso parar algún generador y en este caso debemos aumentar la potencia de los generadores fotovoltaicos o eólicos para así reducir la dependencia energética desde el exterior. Evidentemente, la máxima potencia a extraer de un generador fotovoltaico o eólico dependerá de las condiciones climáticas existentes en ese momento (radiación solar y temperatura principalmente para fotovoltaica y velocidad de viento para eólica), por lo que el máximo de potencia instantánea entregada dependerá en cada momento del propio sistema fotovoltaico, ya que el inversor fotovoltaico tratará de obtener el punto de máxima potencia, si no se le exige el trabajar en un punto distinto a éste.

Figura 4.58. Pantalla de monitorización de los sistemas meteorológicos de CEDER-CIEMAT. Cortesía de CEDER-CIEMAT.

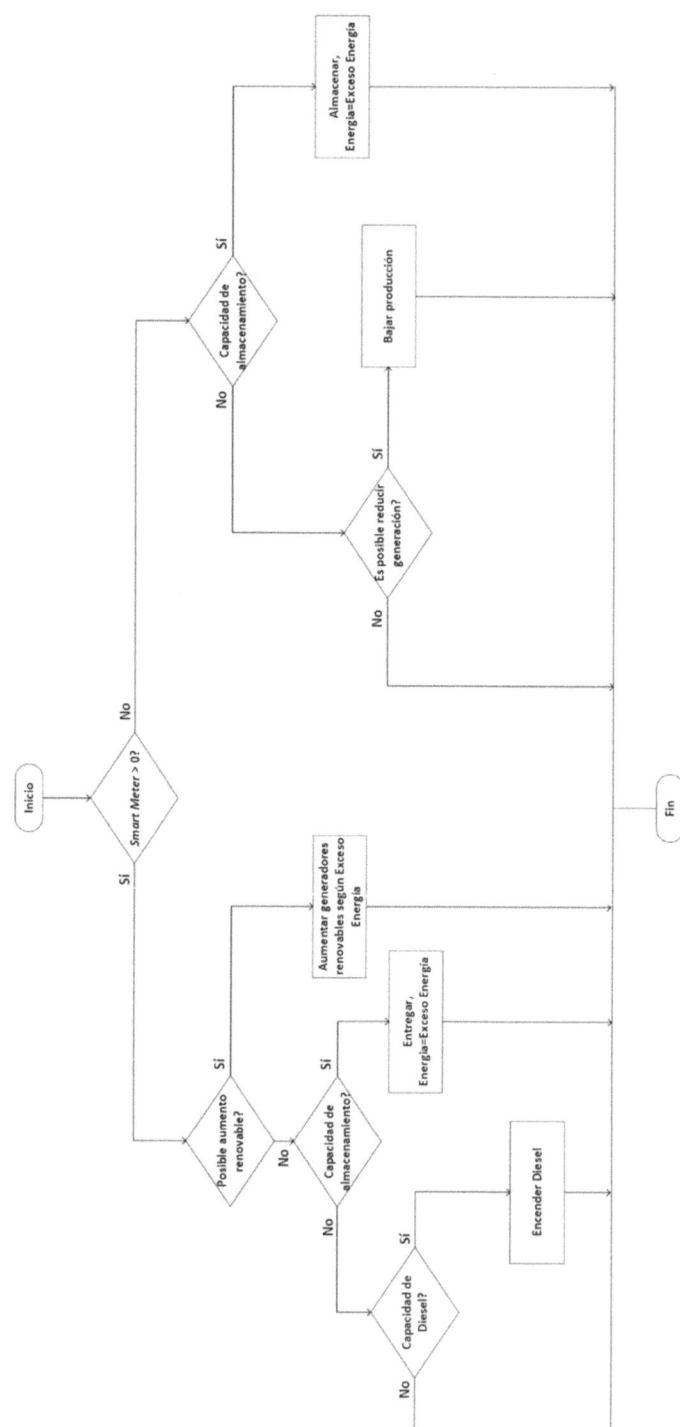

Figura 4.59. Diagrama de flujo del sistema de gestión de la energía de CEDER-CIEMAT. Cortesía de CEDER-CIEMAT.

Si la capacidad de aumento de la fotovoltaica ya no permite reducir esta dependencia de energía exterior, entonces, entrará en juego los sistemas de almacenamiento eléctrico. Sí existe capacidad en los mismos, entregarán energía hasta tratar de cumplir con el excedente existente. En cambio, si no existe capacidad de entrega en el almacenamiento, se deberá interrogar al sistema de control del grupo diésel si es capaz de suministrarla.

Si el medidor registra una energía menor que 0 (la microrred eléctrica entrega energía al exterior), lo primero que debe es preguntar a los sistemas de almacenamiento si disponen de capacidad de energía almacenada. Si tiene capacidad de almacenamiento, será prioritario cargar los sistemas de almacenamiento, para , de esta forma, reducir lo entregado al exterior y el límite de la carga estará marcado por el exceso existente. Si no existe capacidad de almacenamiento, habrá que intentar dialogar con la generación para reducirla.

Como se ha visto, el momento de excedente de energía es más que probable que se emplee el almacenamiento existente para hacer acopio de energía en determinados momentos, para poder emplear en otros donde haya defecto de ésta. Por tanto, es preciso que el gestor de la energía disponga de una estrategia para la carga del almacenamiento existente (y disponible) en esos momentos.

Existente y disponible no significan lo mismo; la microrred puede disponer de n sistemas de almacenamiento de energía, pero que ninguno esté disponible desde la perspectiva energética, bien para emplearlo como descarga o para cargarlo.

La Figura 4.60 muestra un diagrama de flujo del sistema carga de almacenamiento eléctrico del gestor de la energía de CEDER-CIEMAT. Cuando se detecta excedente de energía, el gestor puede decidir hacer carga de los sistemas de almacenamiento, como se ve en la figura, el primer sistema de almacenamiento a interrogar es el de NMC (níquel manganeso cobalto) y si con posibilidad de carga se cargará hasta su límite siempre y cuando el excedente lo permita, para posteriormente ver si todavía existe este excedente, si no hay terminamos el proceso, pero si lo hay, debemos entrar a interrogar al siguiente sistema de almacenamiento y así sucesivamente.

Para el gestor de la microrred eléctrica, las prioridades para el almacenamiento serán en función de la eficiencia del sistema y siguen este orden (según diagrama): NMC, plomo ácido (PEPA I), plomo ácido (PEPA II), LFP (litio ferrofosfato) y bombeo hidráulico. El proceso de descarga es similar, en este caso se entrará en este proceso cuando haya defecto de energía en la microrred eléctrica, tal como se muestra en la Figura 4.61.

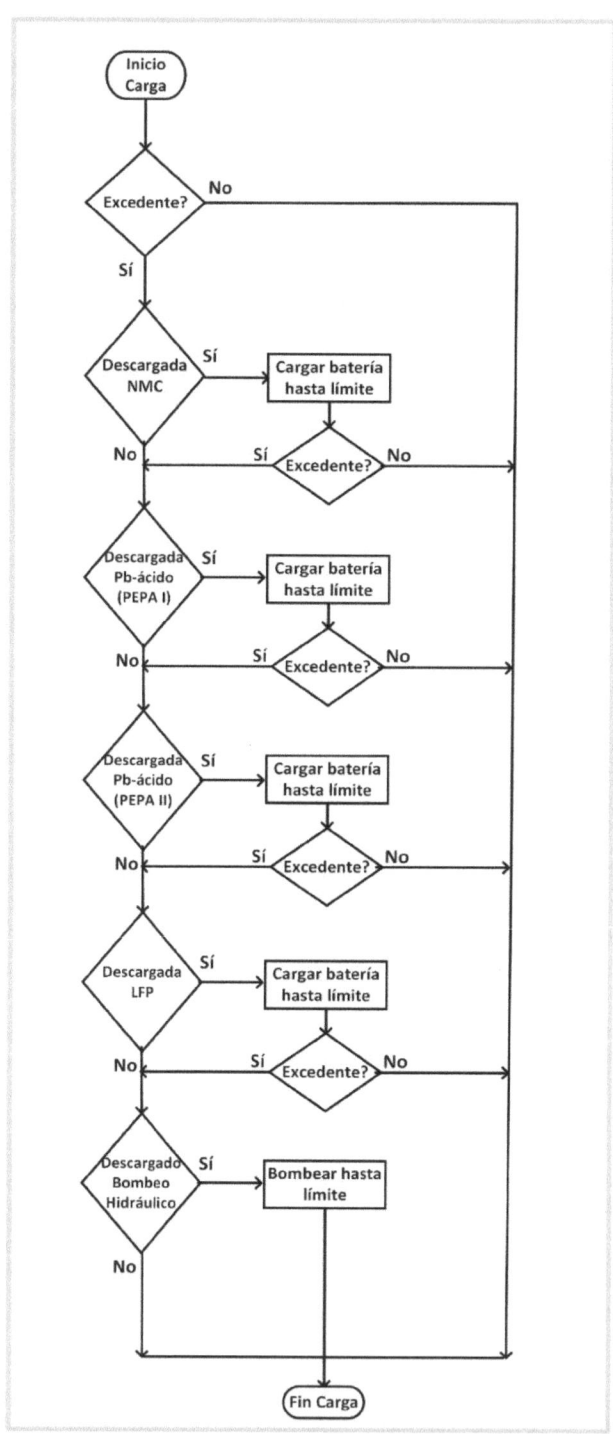

Figura 4.60.
Diagrama de flujo
del sistema carga
de almacenamiento
eléctrico del gestor
de la energía de
CEDER-CIEMAT.
Cortesía: CEDER-
CIEMAT.

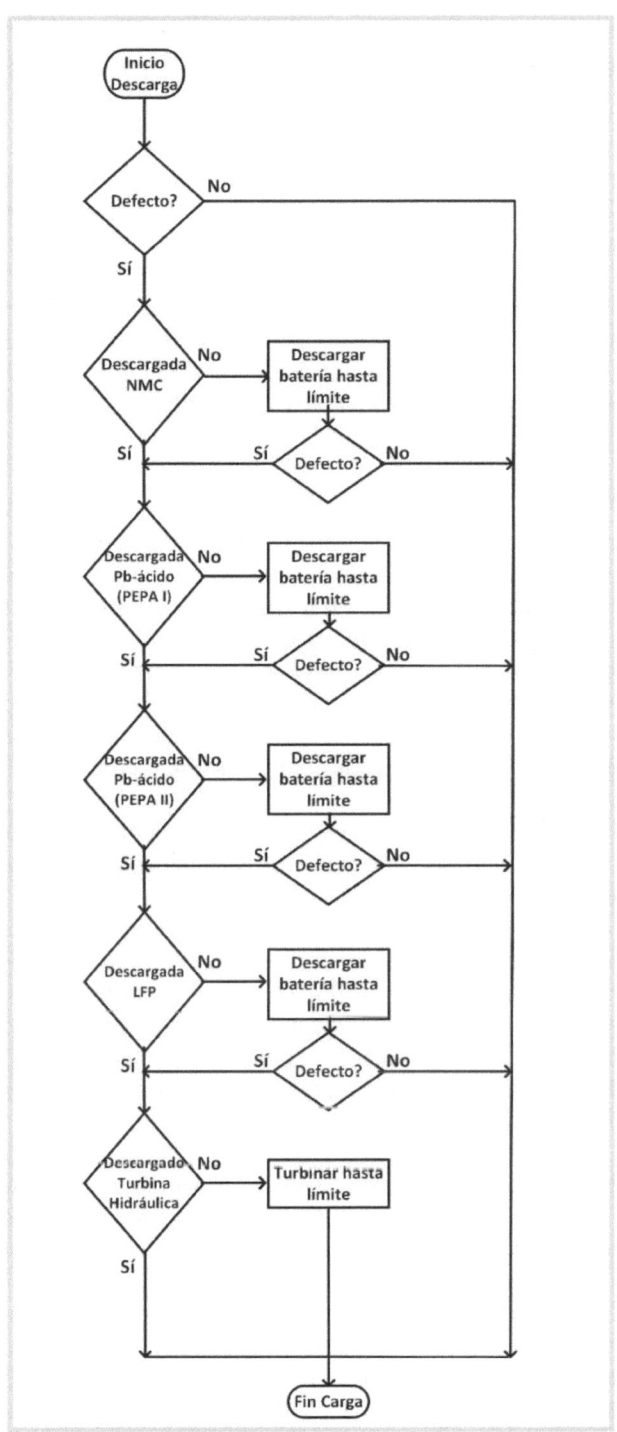

Figura 4.61.
Diagrama de flujo
del sistema de
descarga de alma-
cenamiento eléc-
trico del gestor de
la energía de
CEDER-CIEMAT.
Cortesía: CEDER-
CIEMAT.

4.5.2. Sistemas de comunicaciones, monitorización y gestión de la energía de la microrred eléctrica de la Universidad de Cuenca

Vamos a continuar con otro ejemplo de una microrred eléctrica muy interesante, en esta ocasión se presentará el sistema de comunicaciones, monitorización y gestión de la energía de la microrred eléctrica ubicada en la Universidad de Cuenca, en plenos Andes y en la ciudad ecuatoriana de Cuenca, capital de provincia del Azuay.

Esta microrred eléctrica es una instalación singular en América Latina, ya que permite al alumnado de esta universidad realizar prácticas reales sobre una gran cantidad de componentes que la forman. Además, y gracias a esta instalación, es posible la realización de proyectos de investigación en materia de energías renovables y microrredes.

4.5.2.1. Sistema de comunicaciones

La topología eléctrica del laboratorio de Micro-Red permite la interconexión de cada uno de sus equipos de generación, almacenamiento y consumo en cualquiera de las dos barras en función de las necesidades y particularidades de la investigación a realizar. El proceso de activación e interconexión de los diferentes elementos que conforma la microrred, la selección del modo de operación de los inversores, la generación de los valores de consigna de potencia activa y reactiva de la electrónica de potencia y la lectura de todas las variables generadas por los equipos se realiza desde un sistema de supervisión, control y adquisición de datos (*Supervisory Control And Data Acquisition*, SCADA) soportado por un sistema de comunicación.

La arquitectura de comunicación instalada en el laboratorio se presenta en la Figura 4.62 En este diagrama se observa que los equipos de generación y almacenamiento de energía manejan la comunicación mediante *Modbus RTU* (RS-232 o RS-485). Esto con el fin de mantener un pequeño tiempo de retraso en el envío y recepción de mensajes desde el sistema SCADA hacia cada uno de los inversores; en la práctica, se ha conseguido un tiempo de escritura y lectura en el orden de milisegundos (< 100 ms) gracias al procesamiento de tramas el cual se efectúa de acuerdo con su orden de llegada. Luego, en un orden superior, se usa un conversor a TCP/IP para asignar una dirección IP única a cada dispositivo dentro de la red. Esto permite aplicar distintos procesos de supervisión y control de acuerdo con las capacidades de lectura y escritura de cada equipo.

Con la dirección IP es posible realizar la manipulación de ciertas variables mediante un controlador, ya sea controladores lógicos programables (PLC) o controladores de automatización programables (PAC), que funciona como intermediario en la comunicación entre el sistema SCADA y un determinado equipo del laboratorio. Cada PLC puede tener a su cargo varios equipos de acuerdo su capacidad de procesamiento. Estos controladores poseen dos puertos *Ethernet* con una dirección IP cada uno: el puerto 1 (texto color azul en el diagrama) se usa para facilitar la comunicación de cada uno de los equipos con el sistema de monitoreo superior mediante protocolo *Modbus TCP/IP* y, el puerto 2 (texto color rojo en el diagrama) se la usa para labores de mantenimiento y configuración provistos por el fabricante de los equipos.

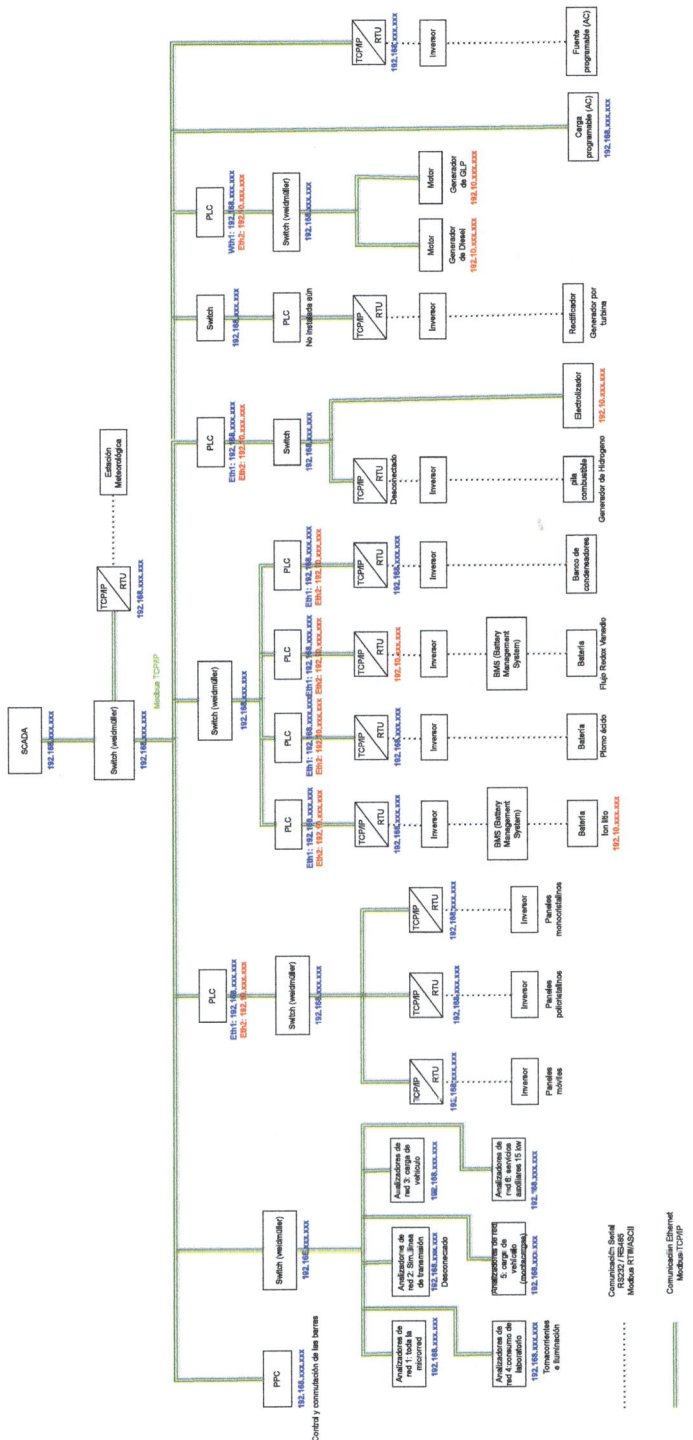

Figura 4.62. Arquitectura del sistema de comunicaciones implementado en el laboratorio de Micro-Red. Cortesía Universidad de Cuenca.

La Figura 4.63 muestra un ejemplo de un gabinete que contiene los dispositivos de comunicación de uno de los inversores asociados a un equipo de almacenamiento energético del laboratorio.

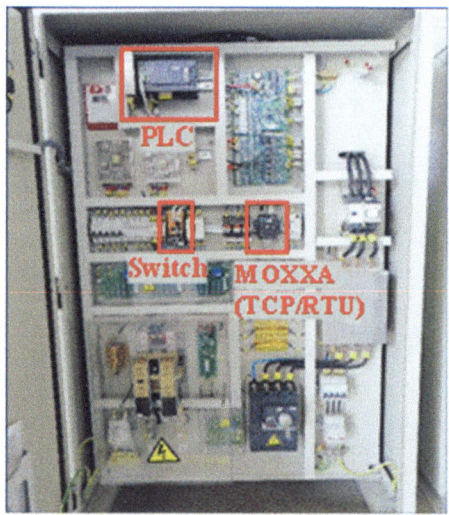

Figura 4.63. Armario que alberga los equipos de comunicación de uno de los inversores trifásicos bidireccionales del laboratorio de Micro-Red. Cortesía: Universidad de Cuenca.

Por otra parte, la toma de datos proveniente del grupo de cargas propias del laboratorio y de dispositivos adicionales como analizadores de red, estaciones de carga de vehículos eléctricos, etc., se conectan directamente al sistema SCADA a través de un *switch Ethernet*.

4.5.2.2. Monitorización

Para la monitorización, control y gestión de los distintos componentes de la microrred, se cuenta con un sistema SCADA desarrollado en LabVIEW (Figura 4.64). El sistema SCADA está instalado en servidores Lenovo X3550 M5 en un sistema operativo Microsoft Windows 7 mediante una máquina virtual.

Del mismo modo, el sistema de control se comunica con los dispositivos HMI de cada componente del laboratorio por fibra óptica en una topología de anillo. Cada HMI se encarga del control a bajo nivel y el control a alto nivel entre el sistema de control y los convertidores de potencia bajo *Modbus TCP*.

Desde el sistema SCADA es posible acceder a la configuración de cada uno de los equipos del laboratorio para especificar los valores de consigna de potencias activa y reactiva, seleccionar el modo de operación del inversor asociado y conocer el estado de sus principales variables en tiempo real.

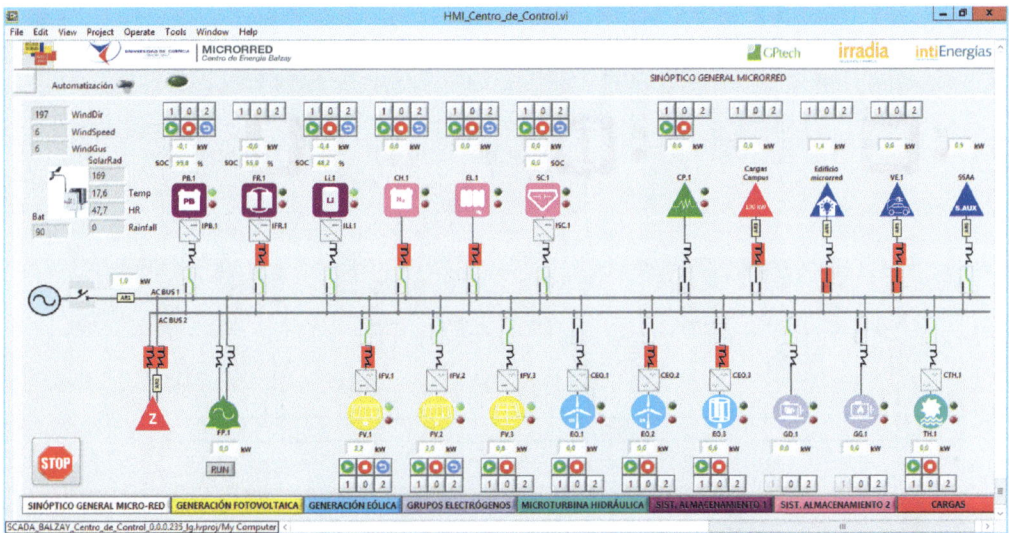

Figura 4.64. Pantalla principal del sistema SCADA del laboratorio de Micro-Red.
Cortesía: Universidad de Cuenca.

A manera de ejemplo, en las Figuras 4.65 y 4.66 se presenta una captura de pantalla de la HMI tanto del electrolizador que constituye el vector de hidrógeno del laboratorio y de una parte de los sistemas de almacenamiento disponibles, respectivamente. En estas ilustraciones se puede apreciar el estado de las variables asociadas al funcionamiento de los equipos asociados.

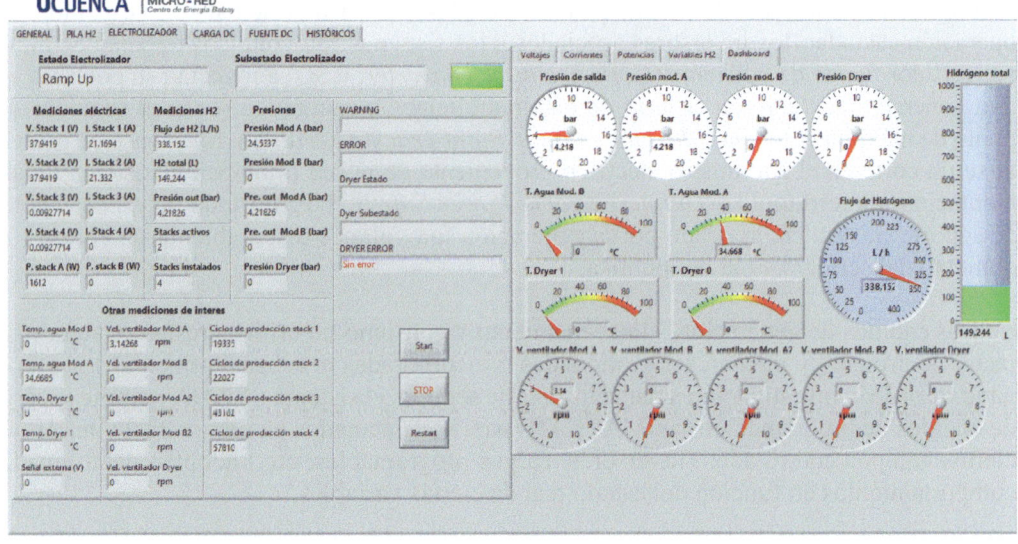

Figura 4.65. HMI que muestra el estado de las variables del electrolizador.
Cortesía: Universidad de Cuenca.

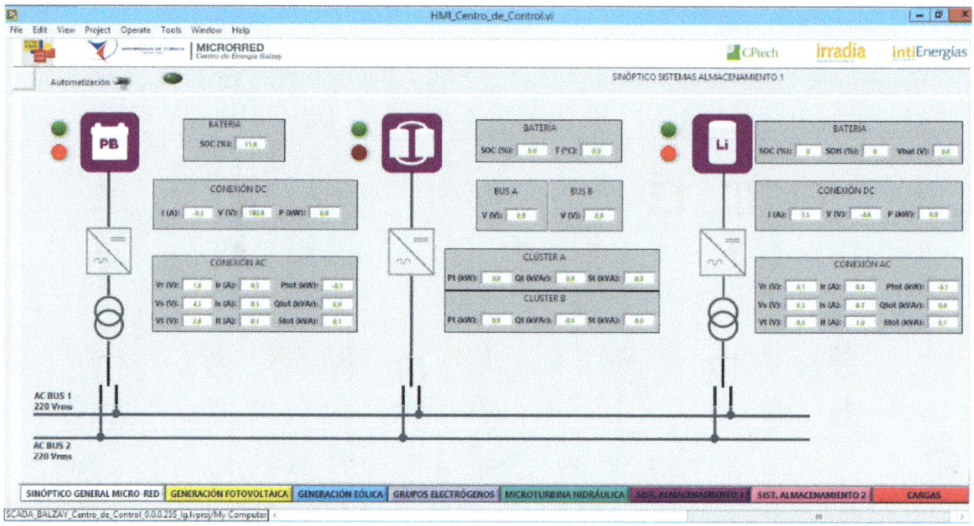

Figura 4.66. HMI de los sistemas de almacenamiento de energía del laboratorio.
Cortesía: Universidad de Cuenca.

4.5.2.3. Gestión de la energía

En condiciones normales, la microrred opera en modo *on grid* conectada a la red principal de distribución y con las unidades de generación fotovoltaica operativas. El propósito de este modo de funcionamiento es brindar condiciones seguras y confiables de suministro a las cargas básicas y críticas del laboratorio como, por ejemplo: servidores, sala de control, luminarias, ordenadores, etc.; todas estas conectadas a la barra principal 1. En este modo de operación estándar, los inversores asociados a los sistemas fotovoltaicos trabajan en modo convertidor fuente de corriente (*Current source converter*, CSC) e inyectan su potencia activa generada mediante un criterio de máxima eficiencia energética según el seguidor del punto de máxima potencia (*Maximum Power Point Tracking*, MPPT). En el caso de presentarse un corte en el suministro eléctrico proveniente de la red principal, el sistema de alimentación ininterrumpida (*Uninterruptable Power Supply*, UPS) brinda unas pocas horas de soporte energético, ayudado por la generación fotovoltaica disponible, hasta el restablecimiento del servicio en la red pública.

Los equipos de generación, almacenamiento y consumo no críticos restantes son de carácter controlable y pueden ser gestionados e incorporados a la barra principal 1 según la naturaleza de la investigación a realizar. En este sentido, el sistema SCADA permite la carga de códigos de programación (en MATLAB) para ser ejecutados en tiempo real y hacer que ciertos equipos controlados (inversores, cargas programables, etc.) adopten determinados comportamientos en función del estado real de ciertas variables.

A continuación, se presentan algunos resultados de experimentos reales conducidos en el laboratorio.

Ejemplo práctico de gestión energética 1

Alisamiento de potencia de la generación fotovoltaica conectada a la barra principal 1 (conectada a la red de distribución) mediante sistema de almacenamiento de energía basado en supercondensadores.

En este ejemplo, se considera la microrred eléctrica esquematizada en la Figura 4.67. Debido al funcionamiento *on grid* de la misma, los consumos propios del laboratorio son abastecidos por la generación solar fotovoltaica y por la red eléctrica principal. La Figura 4.68 muestra la producción solar registrada por el sistema SCADA durante el día en el que se realizaron las pruebas. En esta figura se percibe la elevada variabilidad presentada por la potencia desarrollada por el sistema solar fotovoltaico. Para aliviar estas fluctuaciones en el punto de conexión a la red, se ha diseñado un algoritmo de alisamiento de potencia para ser implementado en un sistema de almacenamiento de energía basado en supercondensadores (SAE-SC en la figura), cuyo detalle puede ser consultado en [346]. El algoritmo diseñado es cargado en el sistema SCADA para generar y transmitir las consignas de potencia activa que deberá seguir el sistema de almacenamiento de energía para cumplir su cometido.

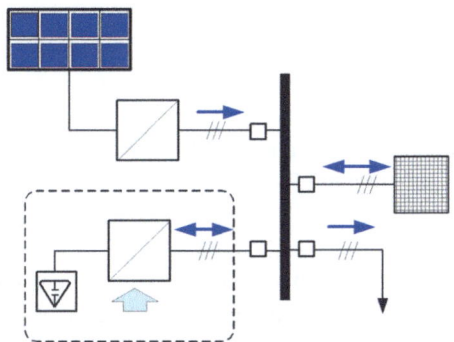

Figura 4.67. Microrred eléctrica conectada a la red principal de distribución.
Cortesía: Universidad de Cuenca.

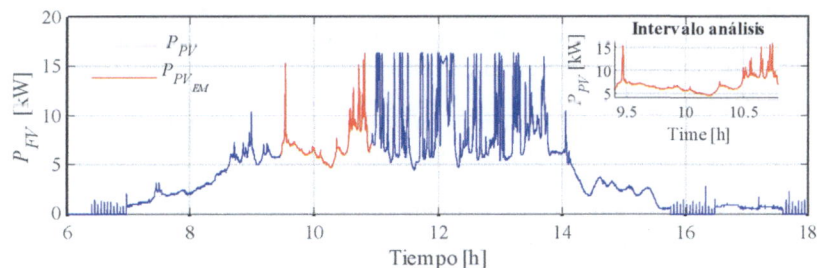

Figura 4.68. Generación solar fotovoltaica registrada en el laboratorio (en color rojo se señala el horizonte de tiempo en el cual se centra el estudio). Cortesía: Universidad de Cuenca.

La Figura 4.69 muestra los resultados de controlar al SAE-SC para conseguir un alisamiento de la potencia solar fotovoltaica desde la perspectiva de la red principal. En color azul se muestra el perfil fotovoltaico real (sin alisar), el cual se ha estimado a partir de la medición de las variables meteorológicas registradas en la azotea del edificio del laboratorio y, en color rojo, la potencia solar fotovoltaica alisada gracias a la respuesta provista por el SAE-SC. La línea en color verde muestra la sensibilidad de la potencia ofrecida por el SAE-SC ante los cambios bruscos de la potencia fotovoltaica conseguida gracias a la implementación del algoritmo de alisamiento.

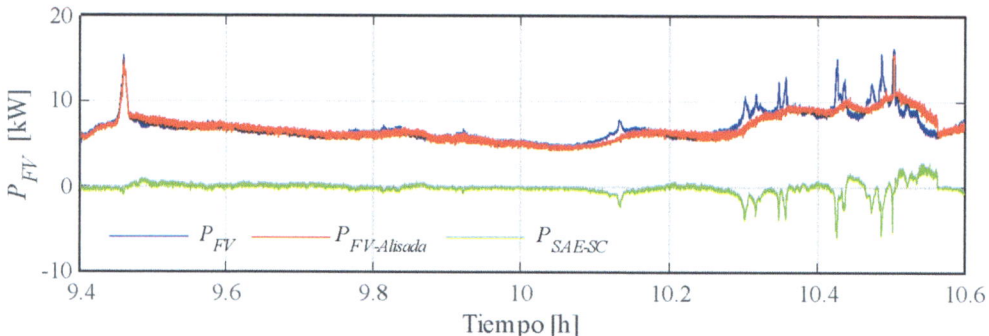

Figura 4.69. Alisamiento de potencia solar fotovoltaica mediante SAE-SC. Cortesía: Universidad de Cuenca.

Por otro lado, si el propósito de la investigación es estudiar la dinámica de sistemas aislados o microrredes eléctricas *off grid*, se pueden integrar ciertos equipos de generación, almacenamiento y carga disponibles a la barra de servicio 2. Esta segunda barra siempre va a operar en modo aislado de la red de distribución. La selección de los elementos que van a conformar la microrred aislada se realiza desde el HMI del SCADA (ver Figura 4.65) y esta barra de servicio puede operar independientemente del estado real en el que se encuentre la barra principal 1. Un aspecto importante a tener en cuenta aquí es que al menos uno de los agentes de generación o almacenamiento debe proveer la referencia de tensión y frecuencia al resto de equipos asociados a la barra 2. En el caso del laboratorio de Micro-Red, los equipos que están facultados para realizar esta labor son:

- Los generadores termoeléctricos (a diésel y a gas), gracias a sus controladores de velocidad y reguladores automáticos de tensión.

- Los sistemas de almacenamiento energético electroquímicos (baterías de ion litio, baterías de plomo-ácido y batería de flujo de vanadio), con sus inversores programados para operar en modo fuente de tensión.

A continuación, se presenta un segundo ejemplo práctico.

Ejemplo práctico de gestión energética 2

Control de frecuencia de una microrred aislada compuesta por generación térmica, generación fotovoltaica, consumos y sistemas de almacenamiento energético.

Considérese la microrred eléctrica aislada *off grid* mostrada en la Figura 4.70. Esta microrred integra, por un lado, generación térmica basada en combustibles fósiles y, por el otro, generación solar fotovoltaica para abastecer a una carga trifásica programable. A fin de conseguir un entorno controlado y seguro de experimentación, la carga programable será configurada para consumir 20 kW fijos.

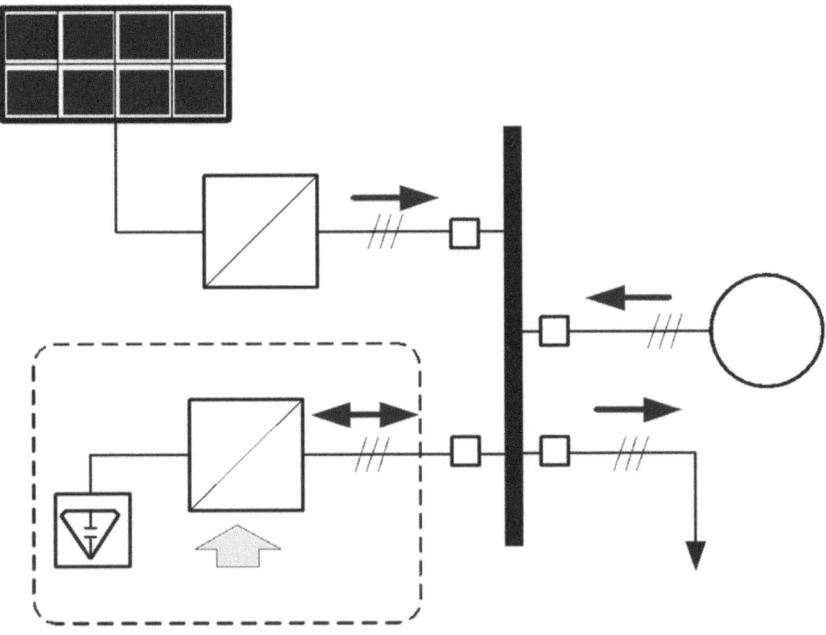

Figura 4.70. Microrred eléctrica aislada. Cortesía de la Universidad de Cuenca.

La Figura 4.71(a), muestra la inyección de potencia proveniente del sistema solar fotovoltaico para un horizonte temporal de 300 segundos y la respuesta de la generación térmica diésel. Dado que la carga alimentada es constante, la inyección de potencia fotovoltaica intermitente causará constantes desequilibrios de potencia, desde la perspectiva del generador, lo que se traducirá en una alta variabilidad de la frecuencia de la microrred aislada en condiciones normales de operación (véase Figura 4.71(b)).

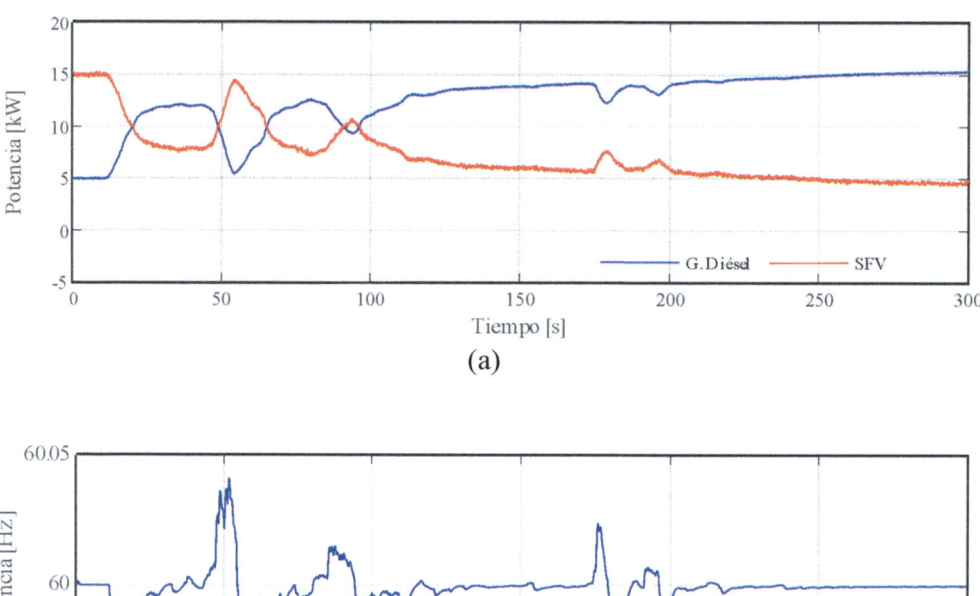

Figura 4.71. Respuesta dinámica de la potencia y la frecuencia de la microrred aislada en estudio. Cortesía: Universidad de Cuenca.

Ahora bien, con el objeto de mitigar el impacto negativo de la generación solar fotovoltaica sobre la frecuencia de la microrred aislada, se ha implementado un algoritmo de control de frecuencia en el SAE-SC similar a aquel presentado en [347], [348].

La Figura 4.72(a) muestra las bondades de habilitar la participación de este SAE en el control de frecuencia de la microrred. En la Figura 4.72(b) se observa cómo la variabilidad de la frecuencia es reducida de forma considerable gracias a la sensibilidad a la frecuencia introducida (de forma sintética) por el algoritmo que controla el nivel de potencia activa que debe suministrar (o absorber) el SAE-supercondensadores en todo momento (Figura 4.72(b)).

Es preciso indicar que, con el objeto de conseguir resultados comparables en esta segunda prueba, el perfil solar fotovoltaico se ha emulado en el laboratorio empleando un SAE basado en baterías de ion-litio en el cual se ha cargado el perfil de potencia mostrado en la Figura 4.64(a) (curva en color rojo).

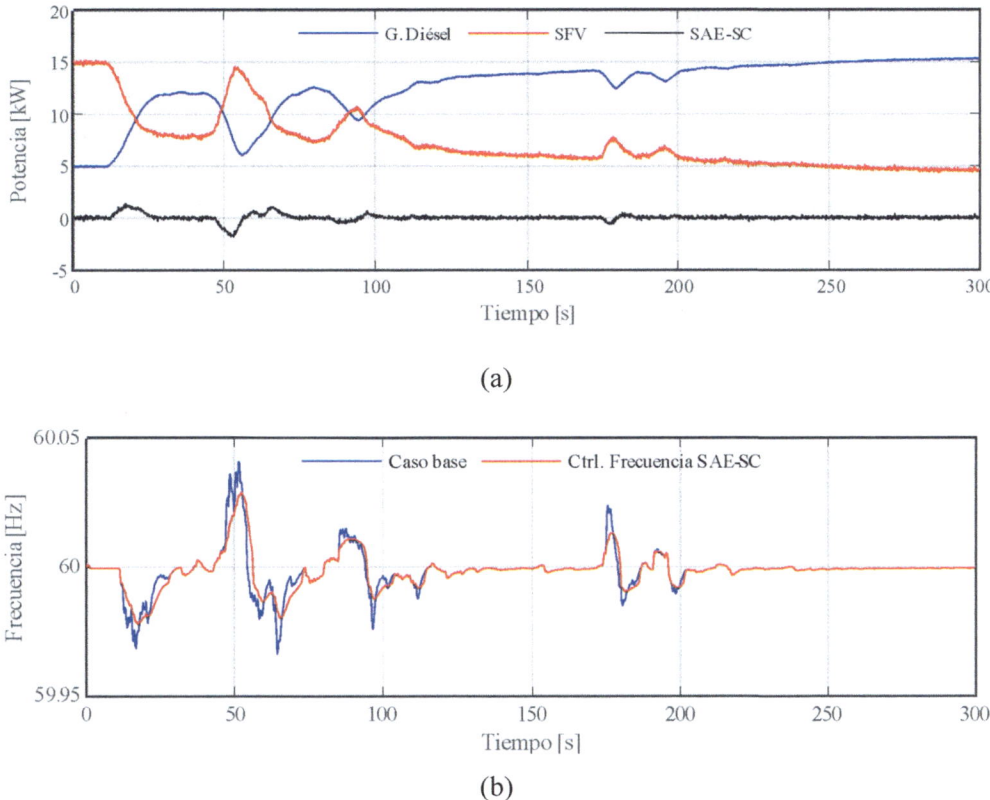

(a)

(b)

Figura 4.72. Control de frecuencia provisto por un SAE-SC. Cortesía: Universidad de Cuenca.

Los ejemplos aquí expuestos son solamente una pequeña muestra de todas las prestaciones que brinda el laboratorio de Micro-Red de la Universidad de Cuenca en materia de estudios de integración a la red de generación eléctrica mediante recursos naturales renovables, evaluación y mitigación de los impactos de esta integración, operación dinámica de microrredes débiles y aisladas, almacenamiento energético, movilidad eléctrica, gestión energética, sistemas de comunicación, procesamiento digital de señales, control automático, metrología eléctrica inteligente, entre otros.

4.5.3. Sistemas de comunicaciones, monitorización y gestión de la energía de la microrred eléctrica de INTEC

A continuación, el sistema de comunicaciones, monitorización y gestión de la energía de otra microrred eléctrica será presentado. Concretamente, detallaremos los principales componentes que conforman estos sistemas en esta microrred instalada en el INTEC, ubicado en Santo Domingo, capital de República Dominicana.

4.5.3.1. Sistema de comunicaciones

La configuración de comunicación de los elementos de la microrred de INTEC es mostrada en la Figura 4.73. El sistema de comunicaciones permite interconectar mediante *Modbus TCP-IP*, Punto de Acceso Local y Remoto cada uno de los elementos que la conforman y a su vez, con el control de la microrred, para , de esta forma, monitorizar todos los componentes de ésta.

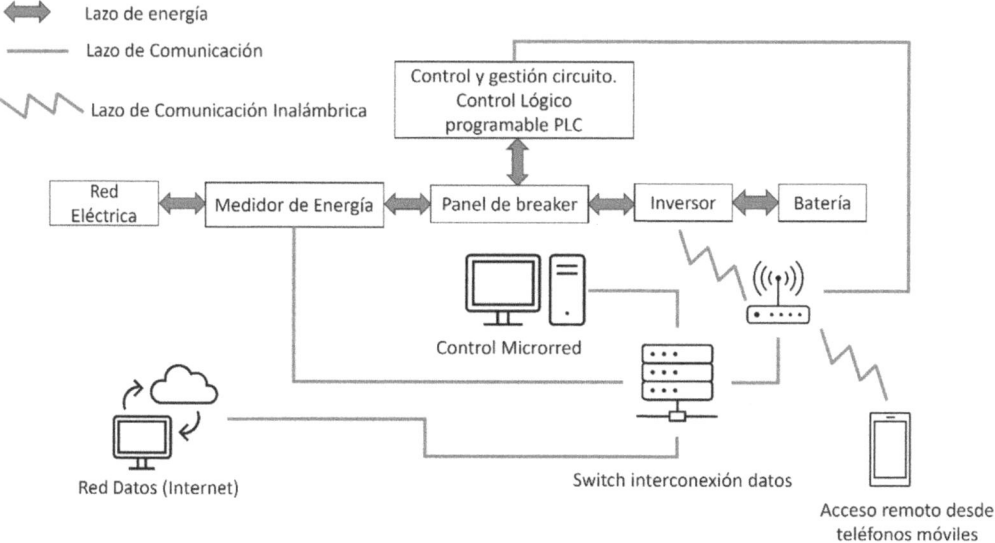

Figura 4.73. Lazo de comunicación elementos de la microrred de INTEC.
Cortesía: INTEC.

Para la comunicación de los inversores/convertidores que se usan para las tecnologías de generación renovables, éstos tienen las siguientes propiedades de comunicación: Interfaz de comunicación RS-485 (es usado para la monitorizar mediante PC el estado de los inversores), interconexión USB (reservado para algunas actualizaciones de fabricantes de algunos equipos.), interfaz de comunicación *CAN* con las baterías de litio (es usado para conectar la batería ion litio y el inversor; el puerto *CAN* tiene 8 pines).

En la Tabla 4.20 se presenta la distancia que existe desde el punto central de la microrred (controlador de la microrred) a cada uno de los elementos de comunicación que se han descrito en la Figura 4.73.

Tabla 4.20. Distancia entre los equipos de comunicaciones y control de la microrred. Cortesía de INTEC.

Equipos o elementos	Distancias (m)	Tipo de interconexión
Medidor de Energía Bidireccional	2	Cable de Cat6/wifi
Panel de control circuitos eléctricos	3	Cable de control
Inversor hibrido fotovoltaico	3	Data Cable Cat6 y Modbus
Batería de Litio	3	Modbus/CAN
Punto de acceso remoto (wifi)	4	Cable Cat6
PC y controlador	4	Cable Cat6
Switch (enrutador)	10	Cable Cat6

En la Figura 4.74. se presenta la comparativa de las capas de protocolos de comunicación aplicados en los elementos de la microrred. Tomado como referencia el modelo de interconexión de sistemas abiertos (*Open Systems Interconnection*, OSI), los otros dos protocolos empleados en la microrred son presentados, pudiendo distinguir las capas que contiene cada uno de éstos.

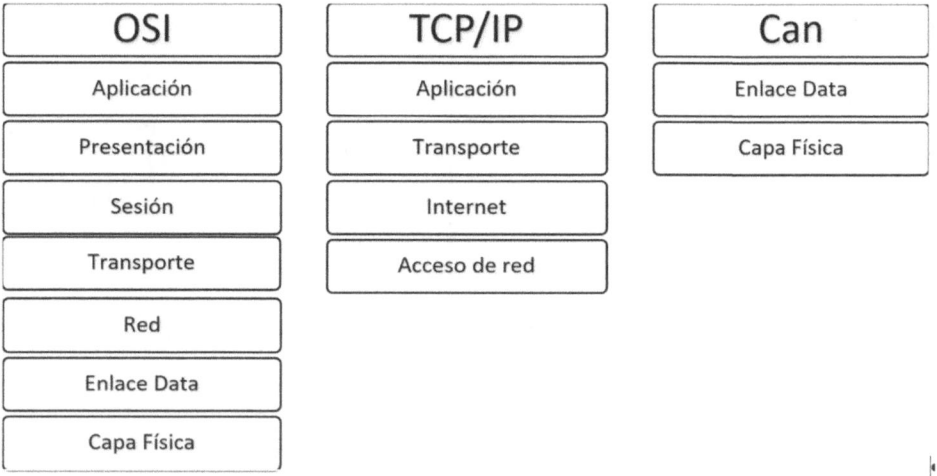

Figura 4.74. Capas de los protocolos usados en el sistema de comunicación microrred INTEC. Cortesía: INTEC.

4.5.3.2. Monitorización

En la Figura 4.75. se presenta un esquema básico de cómo se monitoriza las informaciones de los elementos que conforman la microrred. En la misma figura se presenta como los medidores de las magnitudes eléctricas para las diferentes tecnologías de generación solar, eólica y para el almacenamiento, así como las mediciones de los parámetros de la red eléctrica. En la Figura 4.76. se presenta el proceso para registrar y visualizar la base de datos de los registros de las magnitudes eléctricas de la microrred.

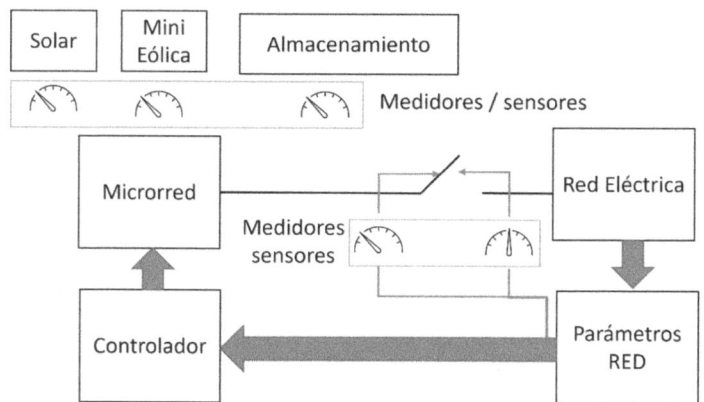

Figura 4.75. Esquema funcional de la monitorización de la microrred INTEC. Cortesía: INTEC.

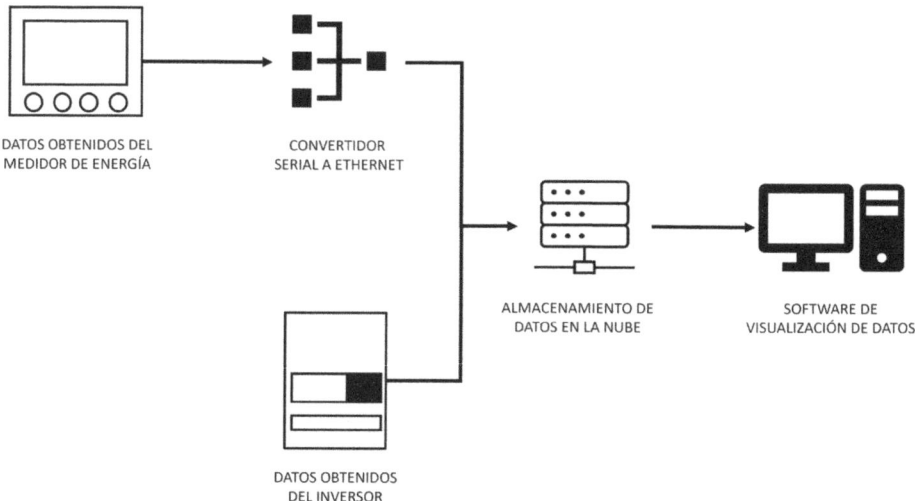

Figura 4.76. Proceso para registro y visualización datos almacenados en la microrred. Cortesía: INTEC.

4.5.3.3. Gestión de la energía

El sistema de gestión de energía se utiliza para optimizar, controlar y verificar el desempeño de la microrred y la red eléctrica del campus universitario.

Este sistema de gestión permite mediante estrategias de controla mantener energizado los elementos o unidades de consumo que están en la microrred usando los recursos energéticos que se tiene en modo interconectado o en modo isla.

Para la gestión de la microrred se cuenta con elementos de medición de magnitudes eléctrica y físicas que son indispensables para ver la relación entre generación y la demanda de la carga conectada. Carga eléctrica conectada en la microrred se clasificó como carga critica (no debe sufrir desconexión de energía ya que son elementos que siempre necesitan estar energizados (modo de isla o modo interconectado) y la carga no critica en la cual se puede ejercer sistemas de gestión de demanda para poder mantener la calidad del servicio de la microrred.

En la Figura 4.77 se presenta el flujograma del sistema de gestión de la microrred y cuales variables son utilizadas para lograr los objetivos de operación de la microrred. Estos objetivos de operación consideran las variables eléctricas que son registradas, en una fase futura también se considerara el costo de la energía, también puede afectar el sistema de gestión restricción de emisión de CO_2 y la clasificación del tipo de carga que se desee gestionar (carga crítica y no crítica).

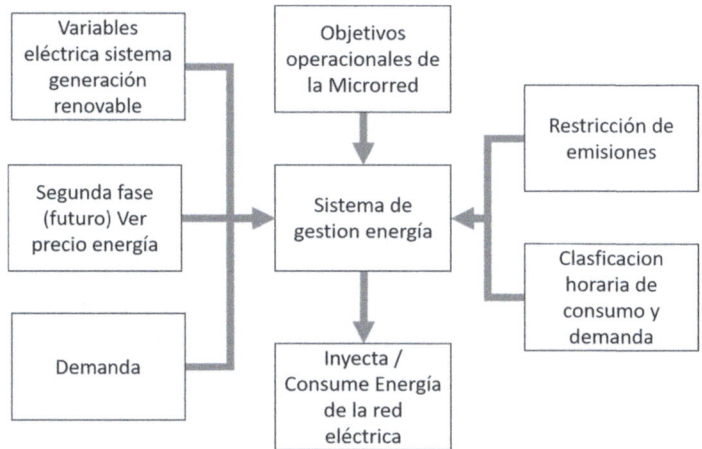

Figura 4.77. Flujo gestión energía. Cortesía de INTEC.

En la Figura 4.78 se presenta registro de las informaciones registras en la base de datos de del sistema fotovoltaico. En la misma figura se muestra la generación de voltaje y corriente de los dos *strings* de los paneles fotovoltaicos de la microrred.

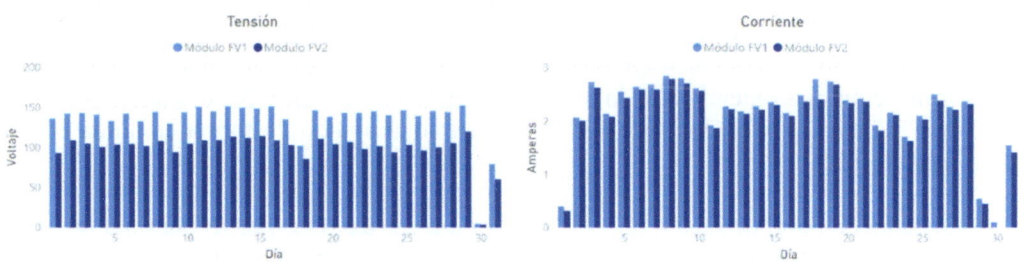

Figura 4.78. Registro Energía. Cortesía de INTEC.

Debido a que el sistema de almacenamiento se está reconfigurando para interconectar otro modelo de batería de litio (en el periodo de año 2022 al 2023), no se tiene registro de estado de carga de batería y las condiciones de ésta.

4.6. Resumen

En este capítulo se ha presentado la relación existente entre el sistema de comunicaciones, el sistema de monitorización y el sistema de gestión de la energía. Además, se ha justificado la necesidad de que estos tres grandes sistemas sean presentados de forma conjunta, aunque también se ha mostrado la relación con otros sistemas importantes y que serán mostrados en el siguiente capítulo.

Al comienzo del capítulo se ha mostrado la necesidad imperiosa del empleo de sistemas e infraestructuras de comunicación para una operación y gestión óptima de la microrred eléctrica. El libro de texto ha mostrado las principales características que un sistema de este tipo debe tener presente para su correcto diseño. El lector, con la lectura de esta sección, podrá encontrar las bases que conforman un sistema de comunicaciones, para que, a partir de éstas, pueda diseñar una solución para cubrir las necesidades de comunicaciones en la microrred eléctrica.

Para enfrentarse al diseño de la microrred eléctrica y más concretamente para la definición de su sistema de comunicaciones, será preciso decidir sobre los aspectos aquí presentados y que formarán parte de la solución final. Es necesario decidir sobre el tipo de datos que serán necesarios transportar por el sistema y unido a esto, sobre el tipo de señal que emplearán nuestros emisores y receptores. El área de aplicación sobre el que el sistema de comunicaciones es de vital importancia y tendrá cierta relación con el tamaño de la microrred eléctrica. También se debe decidir sobre la tecnología a emplear y la banda de frecuencia en la que transmitirá, poniendo especial cuidado si nuestra transmisión es inalámbrica. Una cuestión importante es decidir sobre el canal de comunicación a emplear, así como el medio de comunicación que se empleará. La topología de red y la forma de conectar los componentes también deberá definirse de forma previa.

El desarrollo avanzado de las Tecnologías de la Información y Comunicaciones ha propiciado la implantación de numerosos protocolos de comunicaciones. No obstante, y apoyándose en el modelo OSI, el modelo TCP/IP sobre Ethernet ha sido el gran triunfador. Y en el caso de la microrred eléctrica este hecho no ha pasado desapercibido y posiblemente sea la aplicación más extendida en la implantación de microrredes. No obstante, es posible encontrar numerosos protocolos de comunicación colaborando de forma conjunta en una microrred eléctrica.

El sistema de monitorización de una microrred eléctrica debe dar respuesta a una serie de preguntas, cuyas respuestas servirán para definirlo de forma completa: ¿cómo medir?, ¿qué medir?, ¿qué hacer con las medidas?, ¿para qué medir? Y ¿cada cuánto tiempo mido?

Una vez claras las anteriores respuestas, ya se puede abordar los componentes del sistema, los cuales serán agrupados por interfaces que monitoriza la infraestructura eléctrica, los componentes de generación, cargas y almacenamiento eléctrico distribuido, sin olvidar otras variables a monitorizar y que han sido presentadas en el capítulo.

Ha quedado evidenciada la necesidad de disponer de un sistema de monitorización para la microrred eléctrica. La visión local y global de los elementos que la componen permitirá su operación *online* y, además, la toma de decisiones futuras a partir de lo aprendido y para ello deberá hacer uso de los datos históricos recopilados a partir de la monitorización. El sistema de monitorización está soportado por la infraestructura de red de comunicaciones existente y si bien es cierto que no hay una solución única para el despliegue de sensores de comunicaciones, toda la microrred eléctrica deberá disponer de un sistema de comunicaciones para posibilitar, entre otras cosas, la monitorización de todos los activos que la conforman.

La monitorización, tanto de elementos de generación distribuida como de almacenamiento eléctrico distribuido y cargas, precisa unos tiempos de acceso que dependerán de la exigencia de la monitorización. Por ejemplo, procesos *online* necesitarán tiempos extremadamente rápidos, mientras que procesos que simplemente empleen datos históricos para su funcionamiento exigirán tiempos mucho menos rigurosos. El sistema de monitorización no se puede plantear de forma aislada; deberá estar integrado junto con el sistema de gestión de la energía; así como con los diferentes elementos de control local de los componentes de la microrred eléctrica.

El futuro, parece indicar, que los sistemas de monitorización deben evolucionar, como, por ejemplo y una de estas mejoras estará centrada en el aumento de los tiempos de respuesta de los sensores empleados y la posibilidad de integración total de dichos sistemas tan heterogéneos con el conjunto de la microrred eléctrica.

El órgano central del sistema de monitorización es el sistema de gestión de la energía, el cual recibe la información procedente de la monitorización (*online* o no) para poder desarrollar todas sus funcionalidades. En este capítulo se han presentado estas funcionalidades bajo una visión particularmente distinta y se ha tratado de mostrar las relaciones existentes con otros sistemas que conforman la microrred eléctrica. Estas funcionalidades son las siguientes: gestión de la energía, gestión de la infraestructura de la red eléctrica, gestión de seguridad y gestión de la información y datos.

El sistema de gestión de la energía también deberá evolucionar en cuanto a funcionalidades, integrando en las mismas nuevas técnicas de pronóstico que permitan disponer de nuevos procesos mejorados y evolucionados.

4.7. Preguntas y cuestiones de autoevaluación

1. Según se ha aprendido en este capítulo del libro de texto, el sistema de gestión de la energía está comunicado con el sistema de comunicaciones y a su vez, integre una serie de sistemas críticos de la microrred eléctrica, ¿cuáles son estos sistemas que integra?

2. Defina con sus propias palabras un sistema de comunicaciones.

3. Ayudándose de un gráfico, defina todos los elementos que intervienen en un sistema de comunicación convencional.

4. A partir de la respuesta de la pregunta anterior, plantee un ejemplo y explíquelo, de un supuesto donde ocurra una comunicación. También identifique cada elemento del sistema de comunicación con los de su ejemplo.

5. Explique con sus propias palabras los principales rasgos de un sistema de comunicación según lo que se muestra en la Figura 4.4.

6. Si nos encontramos ante una situación de envío de tráfico de vídeo para una aplicación que lo requiere online, explique cuál de los anteriores rasgos tiene mayor influencia sobre esta comunicación.

7. Según los distintos tipos de datos explicados en este capítulo, identifique al menos un posible dato por cada uno de los existentes y que se pueden dar en una microrred eléctrica.

8. Dada una microrred eléctrica, asocie posibles tipos de datos a transmitir por el sistema de comunicaciones con su posible bidireccionalidad en dicho sistema.

9. Identifique al menos 3 tipos de aplicaciones a emplear en una microrred eléctrica y asócielas con los tipos de datos presentados en el capítulo.

10. A partir de las dos siguientes imágenes de la Figura 4.79, explique cada una de las señales que las representan.

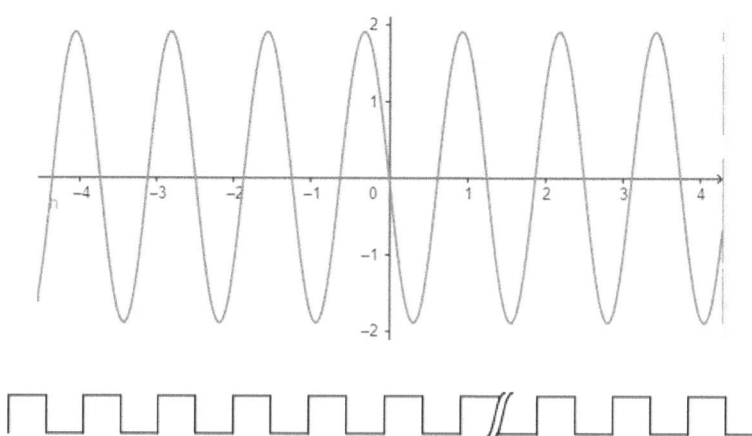

Figura 4.79. Representación de 2 tipos de señales.

11. Enumere las principales ventajas y desventajas de las señales analógicas y digitales.

12. Una señal eléctrica es transmitida por un cable a una frecuencia de 50 Hz, en esas condiciones, calcular el periodo asociado con dicha comunicación, así como la longitud de onda si se sabe que se transmite a una velocidad próxima a la de la luz (300 000 km/s).

13. Se instala una microrred eléctrica en una zona remota y un componente de ésta (un generador) está ubicado en una zona lejana con respecto al centro de control de la microrred eléctrica. Con respecto a la propagación empleada y la tecnología a emplear, proponga una solución a esta situación y explíquela con detalle.

14. Según las bandas de frecuencia mostradas en la Tabla 4.3, identifique (si existe) una aplicación en una microrred con cada una de las bandas de frecuencia presentadas.

15. En el caso hipotético de estar frente a un canal que no sufre pérdida en la comunicación, ¿cuánto será el valor de la capacidad del canal?

16. Calcular la relación S/N que debemos tener en un canal de comunicación, si nuestro ancho de banda son 100 kHz y queremos transmitir 20 kbps.

17. En una microrred eléctrica dada, identifique dos situaciones distintas donde se requiera una conexión tipo punto a punto y otra del tipo multipunto.

18. En una microrred eléctrica dada, identifique dos situaciones distintas donde se requiera una comunicación tipo *unicast* y otra del tipo *multicast*.

19. Escriba las ventajas y desventajas de las transmisiones *símplex*, *half-duplex* y *dúplex*.

20. Ante un despliegue de una microrred eléctrica, justifique cuando emplearía un medio guiado y uno no guiado para algunas comunicaciones desplegadas en ésta.

21. A partir del ángulo de incidencia de un haz de luz al encontrase con la frontera de dos medios de distinta densidad, explique cuando se produce reflexión y refracción.

22. Dibuje las distintas topologías presentadas en este capítulo y justifique su empleo en posibles instalaciones de microrredes eléctricas.

23. Ante una instalación de dos microrredes eléctricas en disposición de multimicrorred, justifique su topología y medio de comunicación a emplear, cuando las dos microrredes están ubicadas de forma muy cercana (menos de 2 kilómetros) y cuando están muy separadas (centenares de kilómetros).

24. Disponemos de generadores, almacenamiento y cargas en una microrred que ocupa una extensión aproximada de un campo de futbol. En esta situación, justifique la elección de una red LAN, WAN o MAN.

25. Decidimos emplear el protocolo TCP/IP bajo Ethernet para la interconexión de todos los componentes de una microrred eléctrica. A partir de esta situación, identifique los elementos mínimos de la infraestructura de comunicaciones que el sistema deberá tener.

26. Disponemos de varias plantas solares fotovoltaicas en nuestra microrred eléctrica y decidimos disponer de datos cada segundo. A partir de esta situación, justifique el tipo de aplicaciones que necesitarían esta granularidad en la variable.

27. Diga si pertenecen a interfaces de infraestructura eléctrica, generación, cargas, almacenamiento u otros, las siguientes variables registradas en una microrred eléctrica: velocidad de viento, estado de un interruptor, potencia generada por sistema solar fotovoltaico, potencia consumida de la infraestructura de red de distribución, estado de carga de batería de plomo ácido y potencia consumida por edificio del hospital.

28. Con respecto al sistema de gestión de la energía de la microrred eléctrica, explique sus posibles funcionalidades, así como los distintos sistemas que aparecen según la clasificación atendiendo a estas funcionalidades.

29. Trate de explicar las relaciones existentes entre el sistema de comunicaciones, el sistema de monitorización y el sistema de gestión de la energía en una microrred eléctrica.

30. De forma resumida, a partir de los tres casos de estudio presentados en este capítulo, especifique las principales características de sus sistemas de comunicaciones, monitorización y sistema de gestión de la energía.

Capítulo 5

SISTEMAS DE CONTROL Y PROTECCIÓN

Índice del capítulo

"El gran motor del cambio —la tecnología—"

—Alvin Toffler—

"Cuando juegas con la seguridad, apuestas tu vida"

—Autor desconocido—

5.1. Introducción

El capítulo comienza con una mención al concepto de tecnología, ya que es fundamental para poder disponer de control en una microrred eléctrica. Por tanto, tecnología y control son conceptos, que, en el caso de una microrred eléctrica, deben ir indiscutiblemente de la mano.

Se añade al comienzo del capítulo una segunda cita, en ella queda reflejada la importancia de la seguridad y la protección. En las microrredes eléctricas es fundamental el poder disponer de elementos de protección, los cuales deberán actuar de forma correcta para salvaguardar tanto al equipamiento existente en la microrred eléctrica como a las personas que la utilicen ante defectos de corriente y de tensión.

Como se ha visto en capítulos anteriores, tanto el sistema de control como el de protección son parte importantes del sistema de gestión de la energía de la microrred eléctrica. Ambos sistemas están apoyados, entre otros, por los datos provenientes del sistema de monitorización y de esta forma y a partir de los procesos asociados a ellos, poder controlar y proteger la microrred eléctrica.

Por tanto, la noción de control es esencial en las microrredes eléctricas, lo que distingue a una de éstas de un sistema de distribución con fuentes de energía renovables distribuidas es exactamente la capacidad de su funcionamiento y operación de forma continuada, de modo que la microrred eléctrica para la red de distribución aparece como una unidad controlada y coordinada y no simplemente como un segmento de red eléctrica que integra un sistema de generación, pero que está *"conectado y olvidado"*. La gestión eficaz de la energía dentro de una microrred eléctrica es clave para lograr beneficios en la misma y para conseguirlo se precisa optimizar la producción y la demanda de electricidad, por lo que un sistema de control eficaz, supervisado por el sistema de gestión de energía es crucial para su consecución.

Como bien se muestra en [12], una microrred eléctrica tiene unas necesidades en el sistema de protección similares a las de un sistema de distribución clásico, para de esta forma poder operar de una forma estable y, principalmente, de una forma segura.

Como muestra [8], la necesidad de disponer de esquemas novedosos de sistemas de protección en la microrred eléctrica hace de este hecho, quizás, el más importante y esperado en los últimos tiempos.

La posibilidad de la operación de la microrred eléctrica en isla o conectada a la infraestructura de red de distribución, hace que las exigencias del sistema de protección aumenten, principalmente, porque la topología física de la red eléctrica va a cambiar de una situación a otra. Además, la integración masiva de sistemas de generación cercanos a los puntos de consumo añade un grado de dificultad más, ya que, en la estructura clásica, este tipo de generadores no estaban (ni almacenamiento eléctrico distribuido), ni eran esperados. Por tanto, estos condicionantes hacen que el sistema de protección deba tener presente estas situaciones y que continúe evolucionando para una mejor protección de la microrred eléctrica.

En una situación clásica de una infraestructura de red de distribución, la energía fluye en una única dirección (unidireccional). Cuando la microrred eléctrica está en modo de operación conectada a la red de distribución, la potencia eléctrica puede fluir de manera bidireccional entre la infraestructura de red de distribución y la microrred eléctrica y viceversa. Si por cualquier circunstancia, la infraestructura de red de distribución presenta algún tipo de fallo o inestabilidad, el interés principal de la microrred eléctrica será el de operar en modo aislado de la red. En esta situación, deberá desconectarse (modo isla) de forma rápida, siendo la velocidad de aislamiento dependiente de las cargas conectadas en ese instante a la microrred eléctrica y es muy probable que se precisen de interruptores estáticos electrónicos para poder realizar dicha desconexión con celeridad.

El capítulo comenzará presentando los principales conceptos que afecta al sistema de control de la microrred eléctrica. Posteriormente, continuaremos presentando el sistema de protección de ésta, para finalmente, mostrar estos esquemas, pero aplicados a dos microrredes eléctricas actualmente instaladas.

5.2. Sistema de control

En esta sección presentaremos las principales peculiaridades del sistema de control en la microrred eléctrica. Para ello, y tras una introducción fundamental sobre el tema, se mostrará la jerarquía de niveles del sistema de control, posteriormente las singularidades de un control conectado a la red y en isla, para finalmente mostrar las estrategias de un sistema centralizado frente al descentralizado.

5.2.1. Introducción al sistema de control en la microrred eléctrica

Como ya se ha mostrado anteriormente, el sistema de control forma parte del sistema de gestión de la energía, pero por sus propias características y funcionalidades, es conveniente darle un protagonismo especial y presentarlo en un capítulo diferente al del sistema de gestión de la energía. Este control dependerá básicamente de la información monitorizada en los niveles de campo (relación con el sistema de monitorización) y para ello, precisará de una infraestructura del sistema de comunicaciones, para a partir de esto, poder ejecutar las acciones tomadas por los procesos del sistema de gestión de la energía y finalmente realizar el control sobre la microrred eléctrica.

Pero sería injusto hablar del sistema de control de la microrred eléctrica, sin tener claros algunos aspectos relacionados con éste. Por tanto y para entender la obligación de la existencia del sistema de control en la microrred eléctrica, algunas preguntas deben ser formuladas, para una vez respondidas, entender mejor el hecho de la necesidad de este sistema tan relevante en la microrred eléctrica. En la Figura 5.1 se plantean estas preguntas con respecto al sistema de control de la microrred eléctrica, para posteriormente poder responderlas una a una.

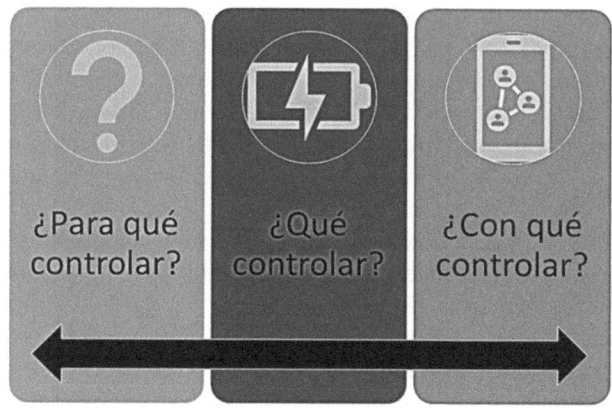

Sistema de Control de la Microrred Eléctrica

Figura 5.1. Preguntas para responder para así poder entender un sistema de control para una microrred eléctrica. Fuente: elaboración propia.

Comencemos con la primera pregunta, *¿para qué controlar?* Podemos contestar de forma rápida a esta pregunta respondiendo que el principal objetivo del sistema de control será el garantizar el suministro de energía eléctrica a los usuarios de la microrred eléctrica y para conseguirlo, será preciso disponer de mecanismos de control que lo permitan conseguir. Desde el punto de vista del usuario de la microrred eléctrica, quizás su principal interés radique en que ésta debe poder garantizarle la disponibilidad de la energía eléctrica en todo momento y para poder conseguirlo, la microrred eléctrica debe disponer de un sistema de control, que esté relacionado con los procesos encargados de este objetivo y que estén gestionados por el sistema de gestión de la energía de la microrred eléctrica.

Lo anterior está unido de la mano del siguiente interés para el sistema de control y éste será el de garantizar el intercambio de energía con la infraestructura de red de distribución. Tanto en este caso, como en el explicado en el párrafo anterior, la microrred eléctrica dependerá de un sistema de control que sea capaz de gestionar a los componentes que la forman (generadores, cargas y almacenamiento), a través de órdenes de control oportunas.

Consecuencia de todo lo anterior, pero visto desde otra perspectiva, el sistema de control debe ser capaz de buscar, o, mejor dicho, se decidir el punto de operación de los componentes de generación y almacenamiento eléctrico distribuido bajo su gestión. Una de las consecuencias de lo descrito anteriormente será la decisión sobre los niveles de potencia activa (o reactiva) a entregar por los generadores controlados, o la potencia a entregar o ser entregada por/hacia los elementos de almacenamiento eléctrico distribuido. Evidentemente, si la microrred eléctrica dispone de cargas controlables, éstas pueden ser vistas como un generador a operar y, por tanto, servirán para hacer los ajustes oportunos entre la demanda y la generación.

Otra de las grandes responsabilidades del sistema de control de la microrred eléctrica será el garantizar la estabilidad de la red eléctrica. Como consecuencia directa de este control, la microrred podrá tomar la decisión de operar conectada a la infraestructura de red de distribución o desconectada de ésta (modo isla).

Complementando lo anterior, el sistema de control deberá ser capaz de estar conectado con el proceso del sistema de gestión de la energía, responsabilizado de los servicios auxiliares. Principalmente, este proceso velará por unos correctos niveles de tensión y frecuencia, tanto para la propia microrred eléctrica como, en ocasiones, para la propia infraestructura eléctrica de distribución. En cualquiera de los casos, al igual que en la situación del párrafo anterior, el sistema de control deberá actuar sobre ciertos componentes de la microrred eléctrica.

Pasemos a la siguiente pregunta, *¿qué controlar?* Ya sabemos para qué queremos un sistema de control en una microrred eléctrica, pero ahora necesitamos saber los componentes de ésta que deben ser controlados. A continuación, estos elementos serán descritos.

Se ha visto que el sistema de control tendrá la responsabilidad de ordenar señales de control para garantizar el flujo de energía, así como garantizar el acceso a ésta por parte de los usuarios de la microrred eléctrica. Pues bien, un primer elemento fundamental para conseguir éstos serán los elementos de generación distribuida existentes en ella. En este sentido y como ya se explicó en capítulos anteriores, los componentes de generación en una microrred eléctrica podrán ser basados en tecnologías renovables o no y, además, éstos podrán ser gestionables o no. Esta característica de la gestionabilidad es altamente importante para el sistema de control, ya que a priori es cierto. Aquellos generadores que cuenten con posibles gestiones sobre su combustible serán los gestionables, por lo que generadores basados en tecnologías renovables, como pueda ser un aerogenerador eólico o una planta solar fotovoltaica, se convierten automáticamente en no gestionables, ya que su combustible (viento y radiación solar respectivamente) no son gestionables debido a su aleatoriedad.

No obstante, estos componentes de generación sí podrán ser controlados, entendiendo su control como la bajada o subida de potencia entregada desde o hasta el límite de potencia impuesto en todo momento por la máxima producción posible a partir del recurso existente en ese instante concreto. Gestionables o no gestionables, el sistema de control de la microrred eléctrica deberá disponer de un inventario claro de los generadores a los que podrá acudir para hacer los ajustes de potencia oportunos en cada caso.

Los otros componentes de la microrred eléctrica que deben ser controlados serán las cargas y el almacenamiento eléctrico distribuido. Con respecto a este último, en principio, todos los elementos de este tipo serán gestionables y, por tanto, controlables por medio del sistema de control. En cambio, las cargas, dependerá de su naturaleza y criticidad la posibilidad de ser controladas, aunque como se ha visto en capítulos anteriores, la gestión de la demanda (responsabilidad del sistema de gestión de la energía) es muy interesante para la microrred eléctrica y gracias a éste, es posible que ciertas cargas sean controlables y esta característica pueda ser aprovechada por el sistema de control de la microrred eléctrica.

Otro de los componentes fundamental a controlar por el sistema de control de la microrred eléctrica es el punto de acoplamiento común de ésta con la infraestructura eléctrica de distribución. Este elemento permite la conexión física entre la microrred y distribución y a través de su actuación física (conexión y desconexión) es posible pasar del modo de operación conectado a red del modo de operación en isla. Por tanto, este componente debe ser controlado y su acceso para su operación es fundamental para la microrred y esto será posible gracias al sistema de control de ésta.

Otro de los componentes a controlar, aunque, mejor dicho, en lugar de componente sería más apropiado hablar de sistema, son todos los elementos de protección existentes. El sistema de control debería poder enviar ordenes de control sobre las distintas protecciones existentes en la microrred eléctrica. En cualquier caso, esta funcionalidad de protección estará asociada al sistema de protección, aunque asumiendo cierta jerarquía funcional de procesos, en cierto modo el sistema de control también podrá decidir ciertas actuaciones sobre las protecciones, las cuales serán decisiones desencadenadas por medio del propio sistema de control.

Un último componente responsabilidad del sistema de control, aunque con fines puramente de gestión y disponibilidad, serán los elementos físicos que componen la infraestructura del sistema de comunicaciones. Para poder gestionar generadores, cargas, almacenamiento eléctrico distribuido, punto de acoplamiento común o protecciones, es preciso transportar las órdenes de control oportunas a los elementos de campo y esto deberá hacerse a través de los elementos del sistema de comunicaciones. Por tanto y como se ha dicho, con una visión más de gestión, es posible considerar algunas de las funcionalidades de control del sistema de comunicaciones como compartidas por el sistema de control de la microrred eléctrica.

Por último, abordemos la pregunta *¿con qué controlar?* En este caso, estamos hablando de la necesidad de elementos que procesen (en ocasiones) y que ejecuten (en todas las circunstancias), las órdenes de control generadas por el sistema de control de la microrred eléctrica. Por tanto, deben existir dispositivos físicos, cercanos (integrados en la mayoría de los casos) a los componentes de campo que deban ser controlados. De una forma muy resumida, estos elementos se pueden observar en la Figura 5.2, llamados controladores locales, los cuales, como se ha dicho, estarán asociados a los componentes a controlar. Normalmente son elementos *hardware,* pero también pueden ser complementados con parte *software*. En la figura también aparece otro elemento clave y es el controlador central de la microrred (*MicroGrid Center Controller*, MGCC), del cual se hablará más adelante. Por tanto, el sistema de control debe llegar desde el controlador central de la microrred hasta los controladores locales instalados en campo con sus órdenes de control.

Estos controladores han aparecido asociados con generadores, cargas, almacenamiento y punto de acoplamiento común, pero deben también asociarse con los elementos de protección existentes.

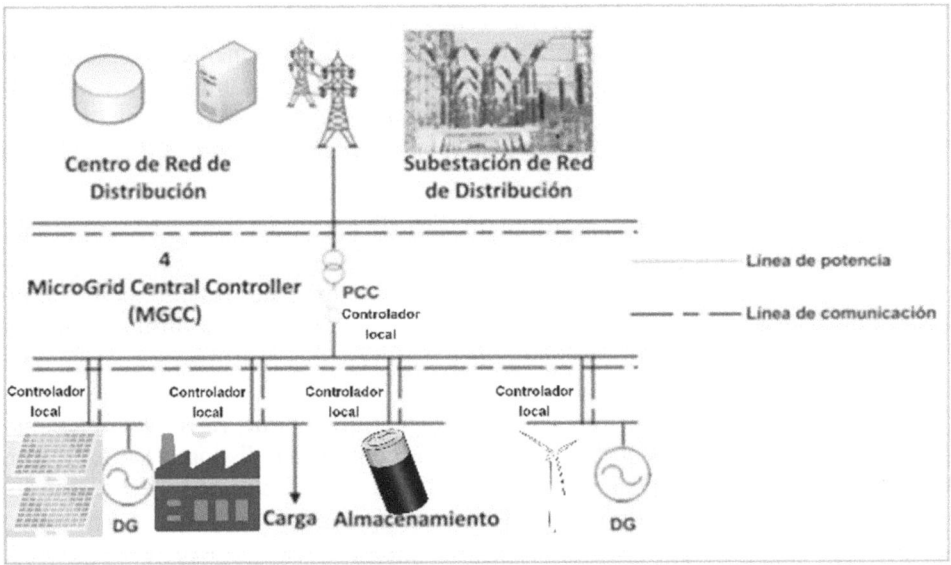

Figura 5.2. Esquema de disposición de controladores locales en una microrred eléctrica. Fuente: elaboración propia.

Es preciso puntualizar que lo anterior es aplicable a una multimicrorred. Ésta estará compuesta por *n* microrredes eléctricas, las cuales estarán supeditadas a las preguntas anteriores.

Con estas ideas básicas aquí presentadas, la sección continúa presentando la jerarquía existente en el sistema de control, posteriormente distinguir entre la operación de la microrred eléctrica conectada a la red o en modo isla, para finalmente presentar algunas singularidades del control centralizado frente a uno descentralizado.

5.2.2. Jerarquía del sistema de control en la microrred eléctrica

Antes de abordar el tema de las posibles formas de operar en una microrred eléctrica, o las diferencias entre un sistema de control centralizado o descentralizado, es necesario comprender los distintos niveles de control en la microrred eléctrica, los cuales desembocan en una jerarquía de control.

Pero incluso antes de abordar el tema de la jerarquía de control en la microrred eléctrica, es necesario presentar algo de especial interés, las funcionalidades de control. Éstas, pueden dividirse en tres grupos distintos, a saber [8]:

- *Interfaz de red ascendente*: función encargada de los procesos que tienen que ver con el intercambio de energía con el mercado. Algunas de sus importantes decisiones tendrán que ver con la conexión o desconexión de la microrred, participación en el mercado de la energía u otras decisiones que involucren a la infraestructura de red de distribución.

- *Control de la microrred eléctrica*: función relacionada con el control interno de la microrred propiamente dicho. Dentro de sus procesos principales están: pronóstico de la demanda y la generación, gestión de la demanda y cambios horarios de ciertas cargas, despacho económico, control secundario de tensión/frecuencia, control secundario de potencia activa/reactiva, monitorización de los niveles de seguridad y *Black Start*.

- *Protección y control local*: esta funcionalidad hace referencia a las responsabilidades locales de los componentes de la microrred, generador, carga o almacenamiento eléctrico distribuido. Dentro de sus procesos principales están: labores de protección de la microrred eléctrica, gestión del almacenamiento, control primario de tensión/frecuencia y control primario de potencia activa/reactiva.

Algo que se muestra en las funcionalidades anteriores y que ya se ha comentado a lo largo de este libro de texto, es que, en ocasiones, es complicado distinguir entre fronteras de sistemas. Como se ha visto, funciones propias del sistema de protección o del propio sistema de gestión de la energía son asumidas por el sistema de control. Ya ha quedado claro en este texto que la frontera de separación es complicada de establecer y para este autor, la ordenación de los distintos sistemas de la microrred eléctrica aquí mostrada es más clarificadora, pero como se ha visto, siempre será complicado decidir si un proceso corresponde a un sistema o a otro.

Lo que sí vemos es la aparición de varios conceptos clave, control primario y secundario y en esto nos vamos a centrar en esta sección. Realmente, esta jerarquía de control en la microrred eléctrica está compuesta por tres niveles diferenciados [8], [9], [11], [349], los cuales son mostrados en la Figura 5.3.

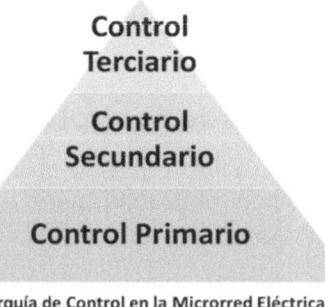

Figura 5.3. Esquema de la jerarquía de control en una microrred eléctrica.
Fuente: elaboración propia.

De una forma muy resumida, estos tres niveles de control pueden describirse de la siguiente forma [349]:

- *Control primario*: es el empleado para poder distribuir la carga a cubrir a través de los distintos convertidores que conforman la microrred eléctrica. Es posible afirmar que este control es realizado a través de los convertidores mediante un control de tensión/frecuencia, comúnmente conocido como *droop control* y este control es realizado a partir de medidas locales en el propio convertidor.

- *Control secundario*: el anterior control podría provocar cierto desequilibrio en la red, por lo que el control secundario tratará de corregir este error estacionario para equilibrar el sistema. De forma simplificada, es posible afirmar que este control será el encargado de llevar a la tensión a sus condiciones de operación tras las posibles perturbaciones como consecuencia del ajuste del control primario. Este control también tendrá la responsabilidad de realizar la labor de sincronización previa a la conexión con la infraestructura de red de distribución, cuando pasamos del modo de operación en isla a conexión de red, e igualmente en el sentido opuesto. Para conseguir que este control esté implementado es preciso emplear un sistema de comunicaciones.

- *Control terciario*: es considerado un control más global y tendrá la responsabilidad de las decisiones de compra y venta de energía para con la microrred eléctrica. Este control podrá ajustar los puntos de operación de los distintos convertidores controlables, pero con un objetivo de intercambio de energía eléctrica con el exterior de la microrred eléctrica. Ya que el control del flujo de energía se ajusta a unos intereses puramente económicos, es posible asociar el control terciario con un control técnico-económico. Su objetivo principal es el minimizar los costes de operación, incluyendo las pérdidas del sistema.

Se han mostrado los tres controles existentes en una microrred eléctrica, pero es posible asignar un cuarto nivel de control, llamado control cero [350]. Debe ser entendido como un control interno de los propios convertidores de la microrred eléctrica, empleando para ello estrategias de control instantáneas, como puedan ser la estrategia *P/Q* o el control vectorial (control de campo) [351].

La Tabla 5.1 recoge las principales características de los controles descritos anteriormente y que componen el sistema de control de la microrred eléctrica.

Tabla 5.1. Principales características de los distintos controles en la microrred eléctrica. Fuente [329], elaboración propia.

Característica/ control	Control cero	Control primario	Control secundario	Control terciario
Objetivo del control	Control interno del convertidor, mediante estrategia *P/Q* o control vectorial.	Conseguir el punto de equilibrio estable a través de los controladores locales, pudiendo emplear control proporcional o un generador síncrono virtual.	Llevar los valores de la tensión y la frecuencia a sus límites de estabilidad, tras la actuación del control primario.	Optimizar la operación en el estado estacionario.
Tiempo de actuación del control	< 5 ms	< 50 ms	< 500 ms	Estado estacionario

A continuación, mostraremos algunos principios básicos de control, los cuales podrán ser encontrados en [8]. Para comenzar, indicaremos que en los generadores síncronos de corriente alterna, el control primario es relativamente sencillo, ya que se realiza de forma automática como respuesta a la variación de la carga, lo cual actuará directamente sobre la entrega de la potencia y todo este proceso no precisará una comunicación directa entre los componentes del sistema de control. Este control básico llamado estatismo del grupo de generación (*droop of a set*) supone la variación de la tensión en bornes de la máquina y esta variación será consecuencia del cambio en la potencia demandada [352]. Este principio puede entenderse como la relación del cambio por unidad en la frecuencia (Δf)/f_n (donde f_n es la frecuencia nominal) al cambio por unidad en la potencia (ΔP)/P_n (donde P_n es la potencia activa nominal de la máquina rotativa).

Así, cuando dos generadores conectados a la misma red eléctrica están generando a frecuencias diferentes, las dos frecuencias tienden a desplazarse automáticamente hacia un valor común promedio, hasta que se alcanza el nuevo estado estacionario, variando también así la potencia entregada, de acuerdo con la característica de cada generador, tal como se puede observar en la Figura 5.4. Por tanto, esta relación entre la entrega de potencia activa y la frecuencia en los generadores síncronos tiene que ser implementada en el control de los inversores.

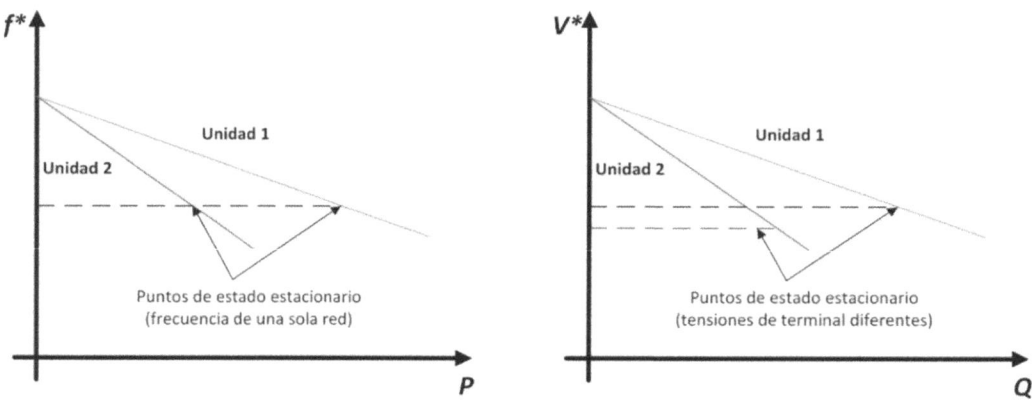

Figura 5.4. Característica estatismo (*droop of a set*) para frecuencia y tensión.
Fuente: elaboración propia.

Como bien es apuntado en [8], el control de tensión local es especialmente necesario en los sistemas eléctricos con gran cantidad de microgeneradores, como es el caso de las microrredes eléctricas, ya que, en caso contrario, estos sistemas experimentarían grandes oscilaciones en su tensión y, consecuentemente, en la potencia activa.

Tradicionalmente, el control/regulación de tensión en la red de transporte es conseguido a través de la manipulación del flujo de potencia reactiva en la red y que se obtiene en gran medida por el valor reducido de la relación R/X de las líneas de alta tensión. En base a este principio, los bancos de condensadores son los dispositivos más efectivos, prácticos y rentables para el suministro local de potencia reactiva para la carga del sistema y para el control de tensión. Para un flujo de potencia activa dado, una reducción del flujo de potencia reactiva permite una disminución de la corriente, que a su vez se traduce en la reducción de las pérdidas de potencia y de la caída de tensión. El cambiador de tomas bajo carga de los transformadores y los reguladores automáticos de tensión de las unidades generadoras permiten una regulación de tensión adicional. En comparación con el escenario anterior, en las microrredes eléctricas de media y baja tensión, la tarea del control de tensión es más compleja, debido a que las altas relaciones *R/X* hacen más difícil la manipulación del flujo de potencia reactiva [14].

Los principales parámetros que se definen en las líneas son los siguientes:

- Resistencia en serie por unidad de longitud, *R* expresada en Ω/m. El parámetro resistencia depende de la frecuencia de la red y de la resistividad del conductor. A elevadas frecuencias, la resistencia aumenta con la misma debido al efecto *skin* (pelicular) y este fenómeno es debido a que la corriente penetra sólo en las capas próximas a la superficie del conductor.

- Inductancia en serie por unidad de longitud, *L* expresada en H/m. La inductancia resulta como consecuencia directa de la circulación de la corriente eléctrica a través de los conductores y el campo magnético asociado.

- Capacidad en paralelo por unidad de longitud, *C* expresada en F/m. La capacidad aparece como consecuencia de que las líneas eléctricas se conforman de conductores con una diferencia de tensión respecto a tierra, el campo el campo eléctrico existente y la separación de los conductores.

- Conductancia en paralelo por unidad de longitud, *G* expresada en S/m. En la circulación de la electricidad a través de los conductores pueden aparecer corrientes de fuga hacia el dieléctrico alrededor de los conductores, dando lugar a la conductancia de la línea.

En esta situación y en un escenario clásico, el controlador de un convertidor deberá emplearse para controlar y mantener el sistema estable. Una línea de distribución clásica suele ser fundamentalmente inductiva y a modo de ejemplo, puede representarse según la Figura 5.5.

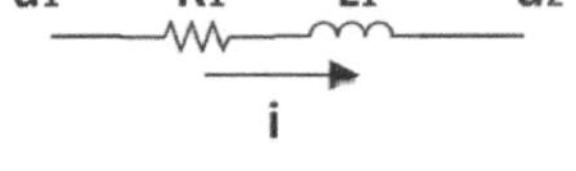

Figura 5.5. Esquema de una impedancia RL. Fuente: elaboración propia.

A partir de la Figura 5.5, es posible definir la Ecuación (5.1) de la siguiente forma:

$$\overrightarrow{U_1} - \overrightarrow{U_2} = \vec{Z}\vec{I} \tag{5.1}$$

donde $\vec{Z}$ está formada por la parte resistiva (R) y la parte inductiva (L).

Sobre esta base teórica, a continuación, se detallan las ecuaciones de control de desvío, tanto desde una perspectiva estática como dinámica.

Para un planteamiento estático, la corriente que fluye por la impedancia puede obtenerse despejando $\vec{I}$ en la Ecuación (5.1). A partir de dicha corriente, es sencillo demostrar que la potencia en el nodo 2 viene dada por la Ecuación (5.2):

$$\vec{S} = \overrightarrow{U_2}\vec{I}^* = \overrightarrow{U_2}\left(\frac{\overrightarrow{U_1} - \overrightarrow{U_2}}{\vec{Z}}\right)^* \tag{5.2}$$

Si consideramos el nodo 2 como origen de fases y consideramos la tensión en el nodo 1 con un desfase (δ), la Ecuación (5.2) puede transformarse en la Ecuación (5.3), quedando de la siguiente forma:

$$\vec{S} = \frac{(U_1 U_2 cos\delta - U_2^2 - jU_1 U_2 sen\delta)(R + j\omega L)}{R^2 + \omega^2 L^2} \tag{5.3}$$

A partir de la ecuación anterior y reordenando términos, nos permite obtener la Ecuación (5.4) y la Ecuación (5.5), que muestran los valores de la potencia activa (P) y reactiva (Q), respectivamente:

$$P = \frac{(U_1 U_2 cos\delta - U_2^2)R}{R^2 + \omega^2 L^2} + \frac{(U_1 U_2 sen\delta)\omega L}{R^2 + \omega^2 L^2} \tag{5.4}$$

$$Q = \frac{(U_1 U_2 cos\delta - U_2^2)\omega L}{R^2 + \omega^2 L^2} + \frac{(U_1 U_2 sen\delta)R}{R^2 + \omega^2 L^2} \tag{5.5}$$

Para ángulos pequeños pueden hacerse las siguientes aproximaciones, $sen\delta \approx \delta$ y $\delta \approx 1$. Por lo que las expresiones anteriores se convierten en las expresiones dadas por las Ecuaciones (5.6) y (5.7):

$$P = \frac{(U_1 U_2 - U_2^2)R}{R^2 + \omega^2 L^2} + \frac{(U_1 U_2 \delta)\omega L}{R^2 + \omega^2 L^2} \tag{5.6}$$

$$Q = \frac{(U_1 U_2 - U_2^2)\omega L}{R^2 + \omega^2 L^2} + \frac{(U_1 U_2 \delta)R}{R^2 + \omega^2 L^2} \tag{5.7}$$

Si, además, la línea es predominantemente inductiva ($\omega L \gg R \rightarrow R \approx 0$), las dos ecuaciones anteriores pueden ser simplificadas y se obtienen las Ecuaciones (5.8) y (5.9):

$$P \approx \frac{U_1 U_2}{\omega L}\varphi \tag{5.8}$$

$$Q \approx \frac{U_2}{\omega L}(U_1 - U_2) \tag{5.9}$$

Pero si la línea es predominantemente resistiva ($R \gg \omega L \rightarrow L \approx 0$), las dos ecuaciones anteriores se convierten en las Ecuaciones (5.10) y (5.11):

$$P \approx \frac{U_2}{R}(U_1 - U_2) \tag{5.10}$$

$$Q \approx \frac{U_1 U_2}{R}\delta \tag{5.11}$$

A partir de las dos variables complejas, potencia (activa y reactiva) y tensión (módulo y fase), es interesante obtener un modelo dinámico. Con este fin, es preciso emplear fasores dinámicos y obtener la Ecuación (5.12):

$$\vec{U_1} - \vec{U_2} = R\vec{I} + L\frac{d\vec{I}}{dt} \tag{5.12}$$

Un fasor puede ser representado separando su amplitud y su fase. Sin embargo, al identificar la dinámica del fasor, la fase en sí también se puede separar en una rotación constante (sin dinámica), alterada por una función que varía en el tiempo ($\delta(t)$), que simboliza la dinámica que afecta a las variaciones de rotación. De esta forma, la corriente se puede expresar mediante la Ecuación (5.13) de la siguiente forma:

$$\vec{I} = Ie^{j(\omega t + \delta(t))} = Ie^{j\omega t}e^{j\delta(t)} \tag{5.13}$$

Definiendo el fasor de corriente dinámica ($\vec{I_D} = Ie^{j\delta(t)}$) como aquel que recoge la dinámica del fasor original, la Ecuación (5.13) puede expresarse según la Ecuación (5.14):

$$\vec{I} = e^{j\omega t}\vec{I_D} \tag{5.14}$$

De esta forma es posible reescribir la Ecuación (5.12) según la siguiente Ecuación (5.15):

$$\vec{U_1} - \vec{U_2} = Re^{j\omega t}\vec{I_D} + L\frac{d[e^{j\omega t}\vec{I_D}]}{dt} \tag{5.15}$$

Por medio de las transformaciones oportunas e integrando la transformada de Laplace, podemos llegar a la Ecuación (5.16) de potencia transmitida:

$$\vec{S} = P + jQ = \vec{U_2}\left(\frac{\vec{U_1} - \vec{U_2}}{R + j\omega L + sL}\right)^* \tag{5.16}$$

Volviendo a considerar el nodo 2 como origen de fases y la tensión en el nodo 1 con un desfase (δ), la anterior ecuación podemos expresarla como indica la Ecuación (5.17):

$$\vec{S} = \frac{(U_1 U_2 cos\delta - U_2^2 - jU_1 U_2 sin\delta)(R + sL + j\omega L)}{(R + sL - j\omega L)(R + sL + j\omega L)} \tag{5.17}$$

Reordenando la parte real y la imaginaria, podemos obtener las Ecuaciones (5.18) y (5.19), las cuales representan la potencia activa y reactiva, respectivamente:

$$P = \frac{(U_1 U_2 cos\delta - U_2^2)(R + sL)}{(R + sL)^2 + (\omega L)^2} + \frac{(U_1 U_2 sen\delta)\omega L}{(R + sL)^2 + (\omega L)^2} \tag{5.18}$$

$$Q = \frac{(U_1 U_2 cos\delta - U_2^2)\omega L}{(R + sL)^2 + (\omega L)^2} + \frac{(U_1 U_2 sen\delta)(R + sL)}{(R + sL)^2 + (\omega L)^2} \tag{5.19}$$

Para ángulos pequeños pueden hacerse las siguientes aproximaciones, $sen\delta \approx \delta$ y $\delta \approx 1$. Por lo que las anteriores expresiones se convierten en las dadas por las Ecuaciones (5.20) y (5.21):

$$P = \frac{(U_1 U_2 - U_2^2)(R + sL)}{(R + sL)^2 + (\omega L)^2} + \frac{(U_1 U_2 \delta)\omega L}{(R + sL)^2 + (\omega L)^2} \tag{5.20}$$

$$Q = \frac{(U_1 U_2 - U_2^2)\omega L}{(R + sL)^2 + (\omega L)^2} + \frac{(U_1 U_2 \delta)(R + sL)}{(R + sL)^2 + (\omega L)^2} \tag{5.21}$$

Si, además, la línea es predominantemente inductiva ($\omega L \gg R \rightarrow R \approx 0$), las dos ecuaciones anteriores pueden ser simplificadas y obtenemos las Ecuaciones (5.22) y (5.23):

$$P \approx \frac{U_1 U_2 \delta \omega L}{(R + sL)^2 + (\omega L)^2} \tag{5.22}$$

$$Q = \frac{(U_1 U_2 - U_2^2)\omega L}{(R + sL)^2 + (\omega L)^2} \tag{5.23}$$

Linealizando las ecuaciones y empleando un término de Taylor de primer orden en el punto de equilibrio $P_0 = 0, Q_0 = 0, \delta_0 = 0$ y $U_1 = U_2$, es posible obtener las Ecuaciones (5.24) y (5.25):

$$\Delta P \approx \frac{dP}{dU_1}\Delta U_1 + \frac{dP}{d\delta}\Delta\delta \tag{5.24}$$

$$\Delta Q \approx \frac{dQ}{dU_1}\Delta U_1 + \frac{dQ}{d\delta}\Delta\delta \tag{5.25}$$

donde Δ representa la variación alrededor del punto de equilibrio.

Para valores pequeños de ángulo δ y tensiones similares ($U_1 \approx U_2$), las dos ecuaciones anteriores son representadas por las Ecuaciones (5.26) y (5.27):

$$\Delta P \approx \frac{U_1^2 \omega L}{(R + sL)^2 + (\omega L)^2}\Delta\delta \tag{5.26}$$

$$\Delta Q \approx \frac{U_1 \omega L}{(R + sL)^2 + (\omega L)^2}\Delta U_1 \tag{5.27}$$

Y por último, evaluando las expresiones en el punto de equilibrio y sustituyendo la diferencia entre tensiones, $U_1 - U_2$, por $\delta = \theta_{U_1} - \theta_{U_2}$, las ecuaciones anteriores son sustituidas por las Ecuaciones (5.28) y (5.29):

$$P \approx \frac{U_1^2 \omega L}{(R + sL)^2 + (\omega L)^2}\left(\theta_{U_1} - \theta_{U_2}\right) \tag{5.28}$$

$$Q \approx \frac{U_1 \omega L}{(R + sL)^2 + (\omega L)^2} U_1 - U_2 \tag{5.29}$$

Pero si la línea es predominantemente resistiva ($R \gg \omega L \rightarrow L \approx 0$), las Ecuaciones (5.20) y (5.21) se convierten en las Ecuaciones (5.30) y (5.31):

$$P = \frac{U_1 U_2 \delta \omega L}{(R + sL)^2 + (\omega L)^2} \tag{5.30}$$

$$Q = \frac{(U_1 U_2 - U_2^2)\omega L}{(R + sL)^2 + (\omega L)^2} \tag{5.31}$$

Linealizando de nuevo estas ecuaciones y empleando un término de Taylor de primer orden en el punto de equilibrio $P_0 = 0$, $Q_0 = 0$, $\delta_0 = 0$ y para valores pequeños de ángulo δ y tensiones similares ($U_1 \approx U_2$), es posible obtener las Ecuaciones (5.32) y (5.33):

$$\Delta P \approx \frac{U_1 (R + sL)}{(R + sL)^2 + (\omega L)^2}\Delta U_1 \tag{5.32}$$

$$\Delta Q \approx \frac{U_1^2 (R + sL)}{(R + sL)^2 + (\omega L)^2}\Delta\delta \tag{5.33}$$

Y, por último, evaluando las expresiones en el punto de equilibrio y sustituyendo la diferencia entre tensiones, $U_1 - U_2$, por $\delta = \theta_{U_1} - \theta_{U_2}$, las ecuaciones anteriores son sustituidas por las Ecuaciones (5.34) y (5.35):

$$\Delta P \approx \frac{U_1 (R + sL)}{(R + sL)^2 + (\omega L)^2}(U_1 - U_2) \tag{5.34}$$

$$\Delta Q \approx \frac{U_1^2 (R + sL)}{(R + sL)^2 + (\omega L)^2}\left(\theta_{U_1} - \theta_{U_2}\right) \tag{5.35}$$

Cuando la microrred eléctrica es estudiada, el nivel de tensión con mayor interés es el de la baja tensión. Como es mostrado en [8], en las redes de baja tensión existe un acoplamiento resistivo, principalmente entre los inversores de fuente de tensión, ya que estas redes están caracterizadas por presentar una elevada relación entre la resistencia y la reactancia, por lo que, en este escenario, para controlar la tensión, es posible emplear la potencia activa como mecanismo de regulación de dicha tensión.

En una red de baja tensión, la función del desvío de tensión es limitar los flujos de potencia reactiva. Para poder mantener la tensión bajo los límites de control, deben disponerse de forma adecuada las líneas de baja tensión y tener especial cuidado al aumentar la parte reactiva de las líneas con la inclusión de bobinas con reactancia elevada [8].

Numerosos libros han tratado el tema de la caracterización de los parámetros típicos de las líneas eléctricas. Como presenta [8], valores típicos de una línea (R, X) y sus corrientes nominales son:

- Alta tensión: R de 0,06 Ω/km, X de 0,191 Ω/km e I_N de 580 A.
- Media tensión: R de 0,16 Ω/km, X de 0,190 Ω/km e I_N de 396 A.
- Baja tensión: R de 0,642 Ω/km, X de 0,083 Ω/km e I_N de 142 A.

Los anteriores valores pueden variar, pero sirven como referencia para lo que se quiere presentar. Siguiendo a [8], sólo para alta tensión es posible la suposición acerca de fuentes de tensión acopladas inductivamente para representar los inversores controlados por la caída en el sistema de distribución. Las líneas de media tensión tienen parámetros con partes resistivas y reactivas muy similares, mientras que las líneas de baja tensión son incluso predominantemente resistivas, tal como se ha mostrado con los valores anteriores.

Con la base de las ecuaciones presentadas en la anterior sección, a continuación, serán definidas las ecuaciones simplificadas de las principales variables en la baja tensión (fundamentalmente en microrredes eléctricas).

Tal como se presenta en [8] y según el esquema mostrado en la Figura 5.6, La potencia activa (P_{inv}) y la potencia reactiva (Q_{inv}) de las fuentes de tensión acopladas de forma resistiva, se pueden calcular según las Ecuaciones (5.36) y (5.37).

$$Q_{inv} = \frac{U_{inv}U_{red}}{R_{Línea}}\,\text{sen}(\delta) \tag{5.36}$$

$$P_{inv} = \frac{U_{inv}^2}{R_{Línea}} - \frac{U_{inv}U_{red}}{R_{Línea}}\cos(\delta) \tag{5.37}$$

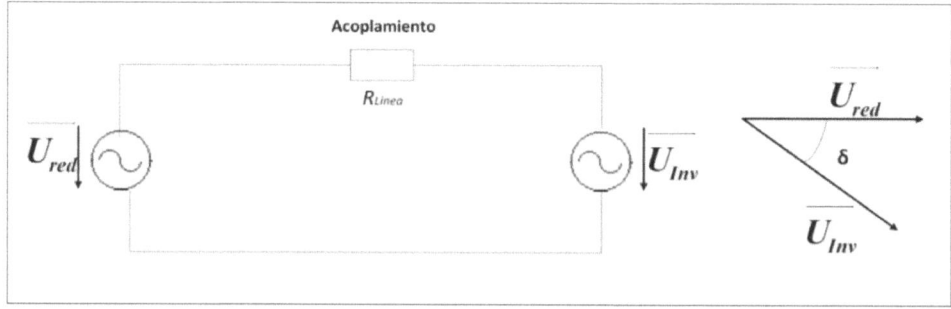

Figura 5.6. Esquema de fuentes de tensión acopladas a través de una línea resistiva. Fuente [8], elaboración propia.

Tal como se muestra en [8], [353], en la red de baja tensión, es posible emplear desvíos de potencia activa/tensión y potencia reactiva/frecuencia (llamados control de *caída opuesta*), en lugar de desvíos de potencia reactiva/tensión y potencia activa/frecuencia (llamados control de *caída convencional*, o *drop control*). Lo anterior queda patente al haberse demostrado que los flujos de potencia activa están en relación directa con la tensión (ver Ecuación (5.37)), mientras que la diferencia de fase entre las fuentes de tensión provoca los flujos de potencia reactiva (ver Ecuación (5.36)).

Si se pretende controlar la tensión mediante el control de caída opuesta no sería posible el intercambio de energía y cada una de las cargas de la microrred eléctrica debería ser alimentada por el generador más cercano. Para poder compartir energía con generadores giratorios y proporcionar un intercambio de energía preciso, se debe emplear el control de desvíos convencionales, dando como resultado una conectividad a nivel de alta tensión [8].

Pero ¿cómo funciona *drop control*?, pues a continuación pasaremos a explicarlo, ya que es comúnmente empleado en el control primario. Las Ecuaciones (5.38) y (5.39) muestran las ecuaciones que sigue el *drop control*, según el esquema representado en la Figura 5.7. Por medio de las consignas de potencia activa y reactiva es posible variar, por tanto, los valores de frecuencia y de tensión, respectivamente.

$$f = f^* - a(P - P^*) \tag{5.38}$$

$$V = V^* - b(Q - Q^*) \tag{5.39}$$

donde

f: frecuencia.

f^*: frecuencia de salida.

V: tensión.

V^*: tensión de salida.

a y b: pendientes de las rectas mostradas en la Figura 5.7.

P^* y Q^*: potencia activa y reactiva, respectivamente, según las condiciones de ajuste.

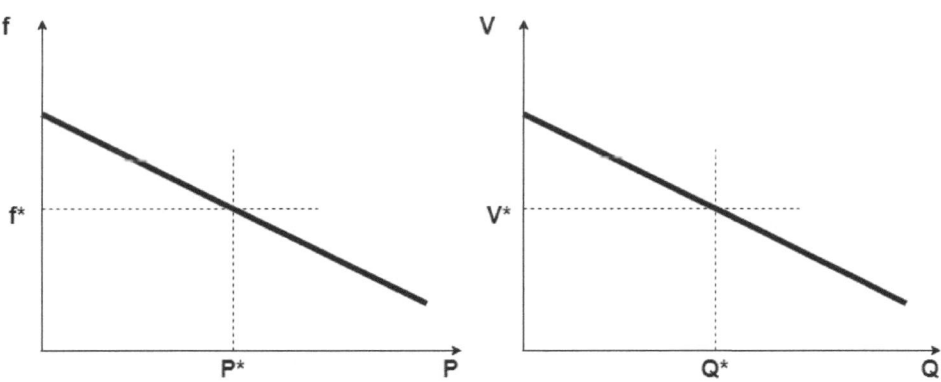

Figura 5.7. Esquema de ajuste de *drop control*. Fuente [8], elaboración propia.

Como aparece recogido en las obras [8], [14], es posible aplicar en las redes de baja tensión una aproximación del control de desvío convencional. De una forma simplificada, en este planteamiento la potencia reactiva de cada generador es ajustada para conseguir una distribución de la potencia activa deseada, gracias a la tensión que resulta del ajuste de la potencia reactiva.

De forma resumida, las posibles formas de hacer control primario cuando se emplea un inversor dependerán de la forma de conexión del propio convertidor y estas configuraciones y sus características son mostrados en la Tabla 5.2

Tabla 5.2. Principales características de los distintos inversores y su conexión del convertidor. Fuente [329], elaboración propia.

Tipo de conexión del convertidor	Principales características
Formador de red (*grid-forming*)	Configuración típica cuando la microrred cambia su operación al modo isla y se comporta como una fuente de tensión en alterna con una baja impedancia a su salida. Por medio de un regulador de voltaje es posible regular los niveles de tensión y frecuencia del inversor a valores deseados en la microrred eléctrica.
Alimentador de red (*grid-feeding*)	Cuando la microrred eléctrica opera conectada a la red, los valores de tensión y frecuencia son impuestos por la propia red y en este caso, el inversor debe conmutar a este tipo de conexión. En esta situación, el inversor se comporta como una fuente de corriente (podría ser fuente de tensión) y presentando una alta impedancia a la salida del inversor. Un controlador gestiona la potencia entregada a la red, a través de los valores de referencia de potencia activa (P^*) y reactiva (Q^*).
Soporte de red (*grid- supporting*)	Esta situación se da en los inversores de apoyo cuando la microrred eléctrica opera en modo isla, pudiendo tener configuraciones como fuente de tensión o corriente. Cuando la configuración es como fuente de corriente, las consignas de control son la frecuencia y la tensión. Mientras que, como fuente de tensión, las consignas de control son tanto la potencia activa como la reactiva.

No obstante, son numerosos los planteamientos de control aplicados a una microrred eléctrica. Por ejemplo, en [8] es presentado el método de la impedancia ficticia, dando unos resultados muy interesantes en todos los modos de operación de la microrred eléctrica (conectada a la red de distribución y en modo isla). El autor demuestra que el reparto de la potencia reactiva es mejorado sustancialmente al compensar la impedancia presentada en el acoplamiento de la línea.

Como alternativa a lo presentado y para que sirva de complemento al lector, a continuación, van a presentarse algunos resultados encontrados en el trabajo de Tesis Doctoral "*Control contributions to AC microgrid inverters*", [354]. Tal como recoge esta obra, quizás el principal desafío para las microrredes de tensión alterna es el control de magnitudes eléctricas sinusoidales. Esto es debido a que es importante controlar de forma correcta y estable no sólo la componente fundamental, sino también un extenso rango de frecuencias en relación con el control de las componentes armónicas. De esta forma se puede garantizar una óptima calidad de onda.

El trabajo de Tesis Doctoral anterior plantea un controlador novedoso basado en el cálculo fraccional aplicado a controladores resonantes. La formulación de un controlador resonante-proporcional fraccional considerando, para ello, un coeficiente de orden no entero permite la mejora del seguimiento de consignas en amplio rango de frecuencias. Además, con este controlador la excitación interarmónica asociada a formulaciones clásicas basadas en controlador resonante multiarmónico se reduce.

La obra demuestra que empleando controladores resonantes en tiempo continuo no existe limitación en las frecuencias a controlar mediante un bucle de corriente. Con una estructura de bucle doble anidada, el límite de la frecuencia máxima dependerá de las ganancias del controlador obtenidas en ambos bucles. No obstante, si la operación es en el dominio del tiempo discreto, el sistema presentará ciertas limitaciones. En este escenario, sí es posible conseguir un control de corriente de alta frecuencia, en tanto en cuanto no se consideren retardos computacionales, pero la estabilidad queda comprometida de forma importante al añadir el citado retardo. Además, al añadir el bucle de tensión, la frecuencia máxima de control es altamente dependiente de las constantes de los controladores.

El trabajo presentado puede entenderse como un estudio teórico de la estabilidad del sistema y sirve para comprender el comportamiento global de un control en cascada de tensión-corriente. El conjunto del controlador, además de sus simulaciones, ha sido implementado y validado en un entorno real, por lo que es posible concluir que su empleo en microrredes eléctricas es de gran interés.

Como recogen [352], con respecto al control secundario y como se explicará más adelante, aparecen las posibles configuraciones como control centralizado o descentralizado. En los centralizados, es posible implementarlo bajo una configuración de esquema proporcional integral, pero suelen presentar discontinuidades y saturaciones impuestas por los límites operativos de los propios convertidores. Una manera de solventar estas limitaciones es mediante un control basado en optimización, en donde las anteriores limitaciones entran en la formulación matemática del problema como restricciones para tener en cuenta. Con respecto al control distribuido, existen técnicas basadas en *consensus* y otros controles basados en la optimización distribuida.

Siguiendo con [352], pero esta vez con respecto al control terciario, sigue una estructura lógica similar al problema del flujo de carga óptimo, por lo que su modelación matemática deberá tenerlo en cuenta. En los últimos años ha tenido un avance enorme, debido a que el foco de interés científico se ha puesto en las perturbaciones sobre el sistema originados por la integración masiva de los sistemas de generación distribuidos [355]. Aun así, estos modelos tienen la dificultad de que las ecuaciones del flujo de carga presentan no linealidades, lo que hace complicada una solución exacta (convergencia del algoritmo del modelo) y la microrred eléctrica tampoco acepta ciertas aproximaciones clásicas, aunque el modelo tiene la ventaja que se pueden modelar los sistemas de almacenamiento distribuido.

5.2.3. Operación de la microrred eléctrica conectada a la red de distribución o en isla

Como se vio en el Capítulo 1, una de las características fundamentales de la microrred eléctrica y que la distingue por ejemplo de un sistema aislado, es que aquella tiene la capacidad de operar conectada a la infraestructura de red de distribución o aislada de ella. Por tanto, surgen dos modos distintos de operación, *conectada a red* o en *isla*.

Cuando una microrred eléctrica está conectada a la infraestructura de red de distribución, debe ser capaz de gestionar de forma apropiada los defectos o excesos de energía. Y lo anterior se refiere a los suyos propios o a los de la red de distribución.

De cualquier forma, el control sobre generadores, cargas y almacenamiento eléctrico distribuido debe estar puesto al servicio de la microrred eléctrica para poder solucionar las siguientes situaciones que se presenten [12]: transición de la microrred eléctrica conectada a red hasta modo isla, transición de la microrred eléctrica modo isla hasta conectada a red y transición a la desconexión total de la microrred eléctrica.

La primera transición puede deberse a múltiples situaciones, pero lo normal es que la red de distribución presente perturbaciones y que la microrred eléctrica decida desconectarse de ésta y pasar a modo isla. Una vez comprobado que se reestablece la situación de estabilidad en distribución y a voluntad de la propia microrred, ésta puede decidir volverse a reconectar y en este sentido los pasos serían los siguientes [12]: comprobación de la situación de no problema en distribución, comprobación del estado de sincronización del sistema de conexión, activación al modo de transferencia oportuno con cambios en la operación de los convertidores (si es preciso) y reconexión del punto de acoplamiento común.

La microrred eléctrica puede decidir desconectarse de la red de distribución por múltiples razones (como se ha comentado), aunque como se muestra en [12], algunas de estas razones pueden ser no intencionadas, como problemas en las líneas de distribución, perturbaciones en ella o que, simplemente, no se encuentre el sincronismo entre microrred eléctrica y distribución.

Los mismos autores distinguen entre dos formas de realizar la transición, apareciendo la transición poco uniforme y la transición suave. La primera ocurre ante un fallo intempestivo de la red y debe actuar el mecanismo antiisla, mientras que en la segunda situación se realiza una transición con alto grado de nivel de estabilidad en la propia microrred eléctrica.

Cuando una microrred eléctrica opera en modo isla, debe ser capaz de garantizar ciertos requisitos de operación para obtener la estabilidad del sistema, a saber [12]: controlar la frecuencia y la tensión en los límites requeridos; posibilidad de controlar los generadores, cargas y almacenamiento eléctrico existentes en la microrred eléctrica; y disponer de mecanismos de protección ante posibles fallos durante los transitorios existentes entre modos de operación.

Por tanto, la microrred eléctrica debe disponer de mecanismos que permitan la transición de un estado a otro de su operación, para lo cual, deberá disponer de la monitorización pertinente, tanto de forma interna, como con la red de distribución. Además, la microrred deberá poder garantizar la estabilidad de su red, tanto en una situación como en otra, por lo que el control de sus componentes será fundamental.

De manera muy simplificada, la microrred eléctrica seguirá los siguientes pasos para garantizar la estabilidad de sus parámetros de red:

- Control de los valores de tensión y frecuencia y sus umbrales.

- Control del exceso/defecto de los generadores de la microrred eléctrica.

- Control del estado de carga (*State of Charge*, SoC) de los elementos de almacenamiento eléctrico distribuido.

- Controles oportunos sobre los elementos de generación, carga y almacenamiento eléctrico distribuido.

El caso especial de la multimicrorred eléctrica debe ser contemplado de la misma forma, ya que, al estar compuesta por distintas microrredes eléctricas, todas y cada una de éstas podrán operar en los diferentes modos que se han explicado en esta sección. Podría ocurrir que una microrred eléctrica estuviera operando en modo isla, mientras que el resto lo estuvieran conectadas a la infraestructura de red de distribución, o viceversa, o en cualquier combinación posible que se nos ocurra. En este caso, el modo de operación global de la multimicrorred eléctrica vendrá definido por el modo de operación de todas sus microrredes, pudiendo estar operando (la multimicrorred eléctrica) x en modo isla e y en modo conectadas a red, por ejemplo.

5.2.4. Sistema de control centralizado y descentralizado en la microrred eléctrica

Cuando se habla de sistemas de control, es preciso destacar, que su forma de implementación estará compuesta por elementos hardware y software (o combinación de ellas) y podrá realizarse de una forma centralizada o descentralizada, tal como se muestra en [352].

Como se ha mostrado en la Figura 5.2, una microrred eléctrica puede estar controlada a través de un controlador central de la microrred y en este caso, estaremos ante un sistema de control central. Este tipo de control está caracterizado porque todos los elementos de campo están en conexión con el elemento central, tal como se muestra en la Figura 5.8. Como se muestra en [356], el controlador central es el encargado de recopilar todos los datos de los elementos de campos existentes en la microrred eléctrica, para obtener los comandos de control que serán devueltos a campo con las órdenes de control precisas. Los elementos de campo no tienen ninguna conexión entre sí, toda comunicación es hacia y desde el controlador central de la microrred.

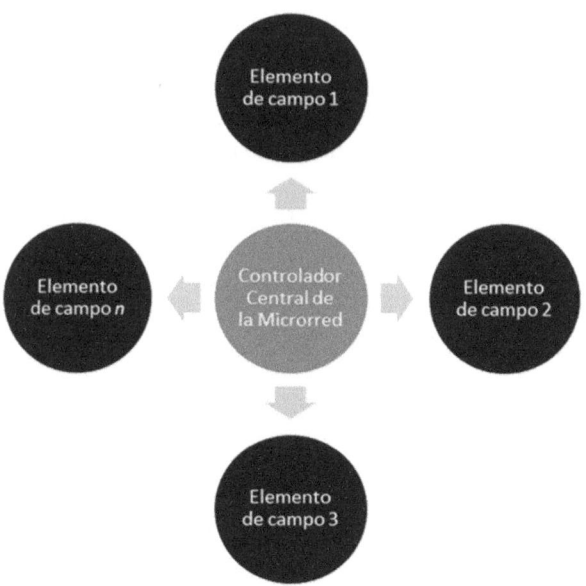

Figura 5.8. Esquema funcional de un sistema de control centralizado
de una microrred eléctrica. Fuente [8], elaboración propia.

Frente al control centralizado se presenta uno descentralizado (Figura 5.9), donde no existe un controlador central como tal y los controladores de campo tienen acceso directo al resto de controladores locales, siendo cada uno en sí mismo un controlador central en esencia y este último hecho le confiere al sistema de gran robustez, ya que no precisa un sistema de comunicación fiable, incluso, éste es prescindible en cierta medida [356].

Estrategia de control descentralizado

Figura 5.9. Esquema funcional de un sistema de control descentralizado de una microrred
eléctrica. Fuente [8]: elaboración propia a partir de componentes de [56], [108], [124].

El sistema de control descentralizado ha encontrado un gran aliado en el sistema multi-agente (*Multi-Agent System*, MAS) apareciendo gran cantidad de propuestas de solución del control a través de estos sistemas [8], [320], [321], [357].

Algunas de las características que presenta un agente son mostradas en [8], obtenidos de los principales libros de texto sobre agentes [358], [359] y cuyas características son mostradas en la Figura 5.10.

El agente tiene capacidad para interactuar con su entorno y pueden establecer comunicaciones bidireccionales con otros agentes existentes, teniendo además cierto grado de autonomía propio, cumpliendo tareas concretas con objetivos particulares, sin perder de vista el objetivo global del sistema. Todas estas características son aplicables en el entorno de una microrred eléctrica y un agente software podría representar a los distintos componentes de generación, carga o almacenamiento eléctrico distribuido.

Además, los objetivos parciales podrían ser asignados a ellos, pero siempre sin perder de vista un objetivo global de la propia microrred eléctrica. Además, los agentes presentan otras características interesantes como por ejemplo que son reactivos y esta característica va más allá de la mera inteligencia de un sistema [8].

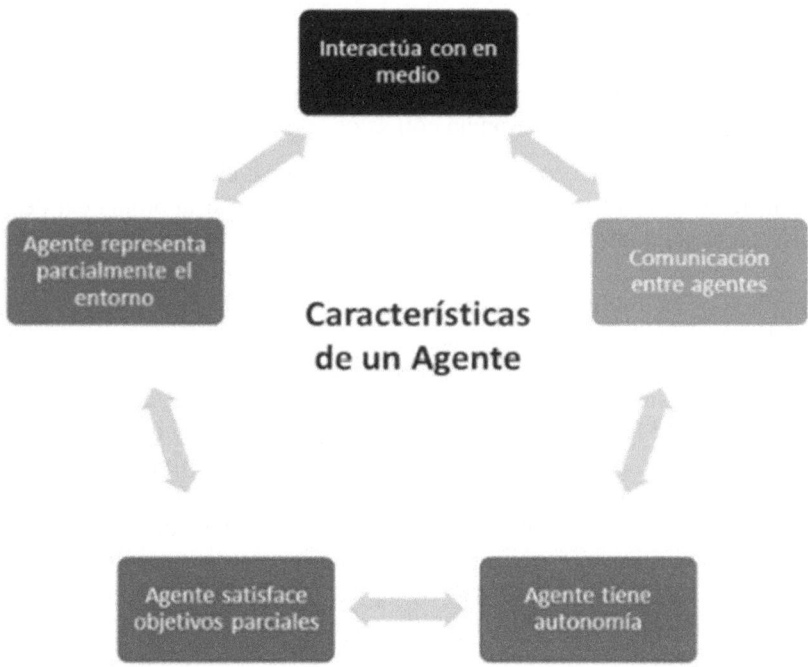

Figura 5.10. Principales características de un agente software.
Fuente [8], elaboración propia.

En el artículo presentado por [360], ambas estrategias son analizadas para el control secundario. Resumiendo, los principales resultados del análisis en el trabajo de [356] son:

- El control centralizado presenta una mejor administración de la energía mientras que el descentralizado lo catalogan como bueno.

- En el control centralizado no siempre es posible obtener los datos por parte del controlador central de la microrred eléctrica, mientras que en el control descentralizado ocurre cierta independencia ya que cada agente es capaz de interactuar con sus vecinos.

- La exigencia en cuanto al sistema de comunicaciones y su infraestructura es mayor en el control centralizado que en el descentralizado.

- El control centralizado es complejo y caro, frente a la sencillez y con un coste más aceptable en el control descentralizado.

- En el control centralizado el controlador central de la microrred eléctrica debe ser programado y esto no es necesario en el control descentralizado.

- El control centralizado está pensado para una estrategia que involucre toda la red, mientras que un control descentralizado apuesta por una estrategia más local.

- El control centralizado es más eficiente que el descentralizado.

- En el control centralizado la implementación en controladores complejos es más sencilla que en un control descentralizado.

- El control centralizado es poco tolerante a fallos, mientras que el control descentralizado presenta mayor tolerancia con éstos.

- La nueva conexión de componentes en la microrred eléctrica requiere la desconexión y ajuste del control centralizado, mientras que la filosofía propia del descentralizado permite cierta modularidad y escalabilidad sin perjuicio de la precisión del sistema.

En este caso, la multimicrorred eléctrica debe ser tratada bajo los mismos parámetros que se vieron anteriormente.

Con respecto a si su control es centralizado o descentralizado, el control de la multimicrorred eléctrica estará formado por la forma de controlar todas y cada una de las microrredes eléctricas que la conforman. Lo normal será decidir por un tipo de control, si las microrredes van a tener un controlador central de microrred (control centralizado), todas ellas tendrán uno a su cargo y en todo caso, podrá haber uno a nivel superior que será el controlador central de la multimicrorred, aunque sus funciones serán más de supervisión que de control, pudiendo tomar este último rol en alguna situación concreta. Si las microrredes eléctricas apuestan por un control distribuido, en este caso, la situación cambia, ya que lo apropiado sería pensar en un modelo de control distribuido integral, que tuviera en cuenta todas las microrredes, aunque también se podría apostar por un modelo como el presentado en el control centralizado, que cada microrred eléctrica disponga de su propio control descentralizado y un supervisor único a nivel de multimicrorred eléctrica.

5.3. Sistema de protección

En esta sección se presentarán las particularidades de los sistemas de protección. Para empezar, se hará una introducción sobre el tema, para posteriormente, continuar con algunos detalles sobre el sistema de protección en una red de distribución convencional. La sección continuará mostrando algunos detalles del sistema de protección en una microrred eléctrica, para concluir con algunos avances al respecto.

5.3.1. Introducción al sistema de protección en la microrred eléctrica

Al igual que el sistema de control, el sistema de protección tendrá su propia identidad y aunque estará estrechamente ligado con el sistema de gestión de la energía, deberá ser tomado en cuenta y analizado de forma independiente. Al igual que hicimos con el sistema de control, en esta ocasión haremos lo mismo con el sistema de protección, formularemos una serie de preguntas para ser contestadas y de esta forma clarificar la necesidad de la existencia de un sistema de control en la microrred eléctrica, con su propia idiosincrasia. La Figura 5.11 muestra las preguntas a formular sobre el sistema de control en la microrred eléctrica.

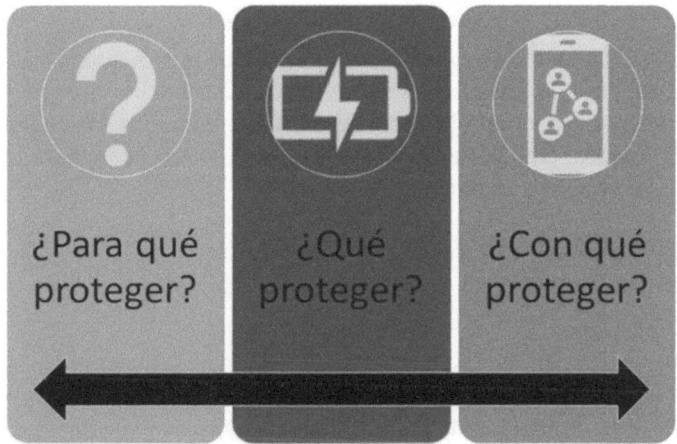

Sistema de Protección de la Microrred Eléctrica

Figura 5.11. Preguntas para responder para así poder entender un sistema de protección para una microrred eléctrica. Fuente: elaboración propia.

¿Para qué proteger?, esta pregunta tiene una respuesta que se realiza desde el sentido común, la microrred eléctrica está compuesta por componentes hardware que deben ser protegidos eléctricamente, pero, además, la microrred eléctrica es usada por los seres humanos, los cuales deberán ser igualmente protegidos. Como cualquier sistema eléctrico, la responsabilidad del sistema de protección será el de no causar daños ni a equipos ni a personas.

¿Qué proteger?, ya se ha respondido en el anterior párrafo al responder a la primera pregunta, necesitamos proteger el equipamiento de la microrred eléctrica, pero también a las personas que la emplean. Algunos ejemplos del equipamiento a proteger son: líneas de media y baja tensión, convertidores, generadores, cargas, almacenamiento eléctrico distribuido, transformadores, etc.

¿Con qué proteger?, pues es más que evidente, con los elementos clásicos de protección en un sistema eléctrico de media y baja tensión, como por ejemplo fusibles e interruptores automáticos (diferenciales o magnetotérmicos). Pero además de los elementos de campo del sistema de protección, en este caso, es necesario destacar la necesidad de disponer de un esquema de protección para las nuevas especificaciones de la microrred eléctrica, aunque más que esquema, en ocasiones con simples reajustes de los dispositivos existentes será más que suficiente, como se verá a lo largo de la sección.

Pero una microrred eléctrica presenta una característica, nuevamente, que la hace muy especial y esta característica es su *bidireccionalidad*. En esta ocasión, la bidireccionalidad es en cuanto a la energía, no en cuanto a datos, disponer de elementos de generación y almacenamiento distribuido en puntos donde antes no existían, implica un flujo de energía cambiante en cuanto a su dirección y este hecho deberá ser tenido en cuenta por el sistema de protección de la microrred eléctrica.

Complementemos lo anterior con algunos apuntes sobre protección. Tal como se muestra en [8] y generalizando, una infraestructura de red de distribución que puede incorporar una microrred eléctrica presenta unas claras zonas bien diferenciadas, las cuales son vistas como zonas de protección local con cierta responsabilidad en su zona concreta. Los elementos que tratarán de proteger son los siguientes:

- Transformador.
- Línea aérea.
- Línea subterránea.
- Bus de media o baja tensión; y
- Elementos de protección de los propios dispositivos existentes.

Un esquema sencillo se representa en la Figura 5.12, en la que se pueden observar las zonas de protección, existiendo cierta estanqueidad de protección entre los distintos tramos de la red existentes. En la parte superior de la figura se muestra un esquema típico de una microrred eléctrica, en este caso formada por cargas y elementos de generación y almacenamiento eléctrico distribuidos, junto a todos los elementos necesarios para su monitorización y control, aunque no se representen.

Como trata de representar la figura y ya se ha comentado, parece que existe cierta responsabilidad en la protección asociada con el tramo de red a proteger. En este caso, el esquema de protección propio de la microrred eléctrica está identificado en la figura con

"*D1.X*" donde la *X* representa a los diferentes elementos de protección existentes en la propia microrred eléctrica, pudiéndose asociar 3 y 4 con el elemento de generación/almacenamiento distribuido y la carga respectivamente, mientras que 1 y 2 representarían otros componentes de la microrred eléctrica a proteger. *D0*, *D1* y *D2* serán ya protecciones externas a la microrred eléctrica, correspondiéndose con protecciones del tramo de distribución, aunque bien es cierto que *D2* podría corresponderse con la protección asociada al punto de acoplamiento común de la microrred eléctrica, frontera física existente entre ésta y la infraestructura eléctrica de distribución.

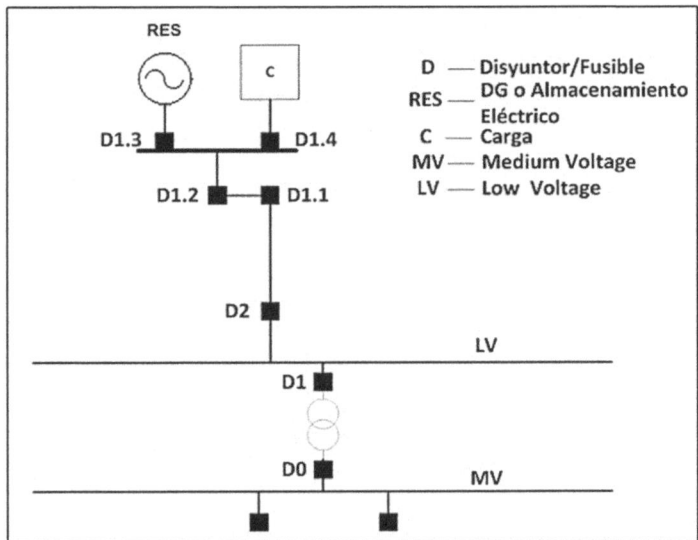

Figura 5.12. Zonas de protección. Fuente [8]: elaboración propia.

Con independencia del sistema de protección de una microrred eléctrica o de un sistema clásico de distribución, tal como recoge [8], un sistema de protección para la red de distribución está basado en el modelo conocido como de las "*3S*" y cuyas principales características aparecen reflejadas en la Figura 5.13.

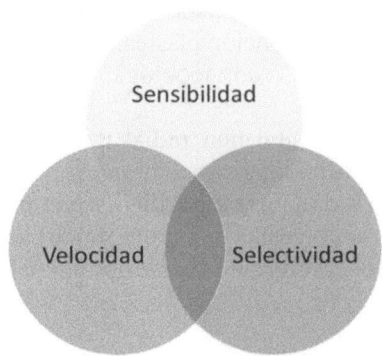

Figura 5.13. Características del modelo de protección "*3S*". Fuente [8], elaboración propia.

Con respecto a la *sensibilidad*, esta cualidad hace referencia a la identificación concreta de cierta condición de anormalidad de alguna variable de control asociada a un umbral nominal de operación y que comanda el control de un dispositivo de protección [8].

La *selectividad* siempre es una cualidad crítica en cualquier esquema de protección, e implica que la desconexión de un tramo eléctrico debe circunscribirse a la zona concreta que presenta el problema, o, dicho de otra forma, el tramo físico de red más pequeño cuya desconexión haga que el problema desaparezca [8].

Otra característica crítica y muy relacionada con la anterior, es la *velocidad*[1], que cuantifica la rapidez de un dispositivo de protección para despejar el problema en su tramo de control, para de esta forma no poner en riesgo ni a equipos ni a personas en la zona afectada [8].

Como también recoge [8], las anteriores cualidades son complementadas con las siguientes características:

- *Confiabilidad*: el sistema de protección debe funcionar correctamente en el momento que es requerido y siempre bajo las condiciones exigidas durante el diseño.

- *Seguridad*: el sistema de protección debe evitar actuaciones debidas a falsos positivos, no actuando cuando no sea necesario.

- *Redundancia*: para mejorar la fiabilidad del sistema de protección, este último debe exigir que los relés tengan función redundante.

- *Costo*: se debe conseguir un sistema de protección eficiente, con todas las características descritas anteriormente, pero con un coste mínimo.

5.3.2. Sistema de protección en una red de distribución convencional

El siguiente planteamiento puede ser ampliado en la obra [12]. Para comenzar se hará un planteamiento sobre una red de distribución clásica, por ejemplo, una red en media tensión y con topología radial unidireccional o con topología de anillo cerrado (Figura 5.14).

La Figura 5.14a muestra una situación radial donde la energía fluye en una única dirección (unidireccional), donde podemos encontrar una protección rápida de corriente, una protección rápida de corriente de tiempo específico y una protección de sobrecorriente de tiempo específico. Un esquema con estas tres protecciones se conoce como *"protección de corriente en tres estados"* y las protecciones anteriormente descritas y sus características, son mostradas en la Tabla 5.3.

---

[1] Velocidad, en inglés, *speed*, de aquí la tercera *S* de *"3S"*.

Tabla 5.3. Tipos de protecciones y sus características. Fuente [329]: elaboración propia.

Tipo de protección	Principales características
Protección rápida de corriente	Su valor es establecido en función de la corriente máxima de cortocircuito. A pesar de que no puede proteger la totalidad de la línea, esta protección sirve para detectar un posible cortocircuito trifásico en la línea.
Protección rápida de corriente de tiempo específico	Su valor es establecido en función de la corriente de operación de la protección anterior. Tiene capacidad para proteger la línea de forma íntegra y a su vez a las líneas vecinas.
Protección de sobrecorriente de tiempo específico	Su valor es establecido en función a la máxima corriente de la línea. Tiene capacidad para proteger la línea de forma íntegra y también servirá de respaldo para las líneas vecinas.

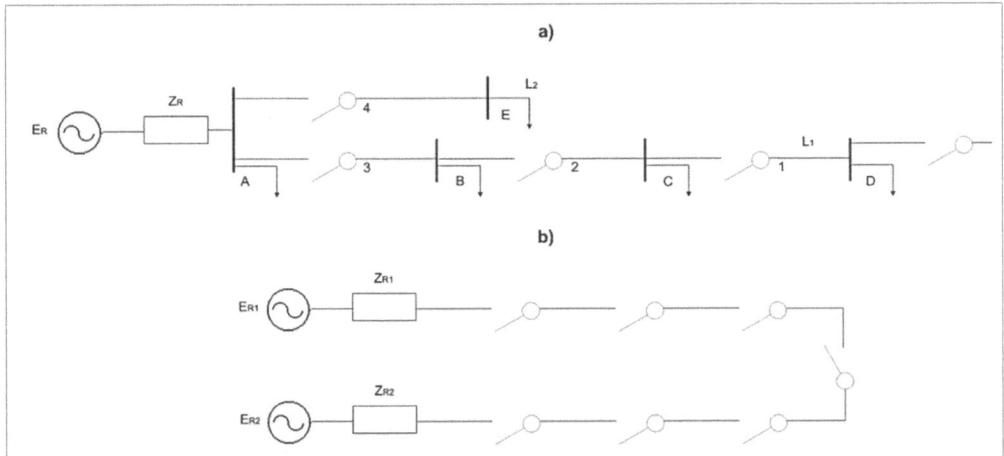

Figura 5.14. Ejemplo de red de distribución convencional: a) red de distribución radial con flujo de energía en una dirección (unidireccional); b) red de distribución en anillo cerrado. Fuente [12], elaboración propia.

Como muestran [12], en el caso de disponer de tramos de líneas que no sean terminales, es común que la protección de corriente en tres estados se emplee de forma conjunta con otras protecciones de línea. Se emplea la protección rápida de corriente y la protección de sobrecorriente de tiempo específico para líneas terminales, simplificándose drásticamente el esquema de protección. Los cables de línea experimentan defectos permanentes y no son provistos con funciones de cierre, mientras que las sobrecargas de línea son provistas con estas funciones.

Tal como se muestra en [12], la Figura 5.14b representa una red de distribución con topología en anillo cerrado, donde las funciones de cierre automático son realizadas por la red de distribución en una forma desatendida y automática. Con el objeto de aislar un defecto, las funciones anteriores, la protección de corriente en tres estados, el cierre de circuito automático y la función de seccionador, trabajan juntas. En el caso de un defecto en la red, la protección correspondiente abre y la tensión de la línea desaparece, momento en el que los seccionadores deberían abrir. Al cerrar por primera vez la protección, el resto de los dispositivos de protección automáticos van conectándose forma paulatina, en función de los retardos de tiempos establecidos en el esquema de protección, para que, una vez se llega a la sección que tiene el defecto, la protección vuelve a abrir y los interruptores a ambos lados de la sección con el defecto se desconectan automáticamente y es despejado el defecto.

En el caso de baja tensión y como norma general, la cabecera del sistema opera a 0,4 kV (400/230 V) y está protegido con un interruptor automático/disyuntor y un relé de protección, o bien, por fusibles [12].

En las instalaciones de interior y en baja tensión, para los diferentes circuitos instalados, es usual encontrar interruptores automáticos tipo magnetotérmico o diferencial, los cuales presentarán unos u otros disparos, en función del dispositivo seleccionado para ser instalado. Para ello, se distinguen tres tipos de disparos instantáneos de corriente [12]:

1. Rango de disparo tipo B: rango entre $3I_n - 5I_n$.

2. Rango de disparo tipo C: rango entre $5I_n - 10I_n$.

3. Rango de disparo tipo D: rango entre $10I_n - 20I_n$ y el tiempo de disparo debe ser menor que 0,1 segundos.

Como se ha mostrado en esta sección, todas las situaciones presentadas tienen un mismo denominador común, no disponen conectado al sistema ningún elemento de generación (ni almacenamiento). En este caso que tratamos (sistema de protecciones), la existencia de generación en puntos cercanos a los consumos serán un rasgo diferenciador con respecto a lo aquí presentado. En otras palabras, la microrred eléctrica presenta una característica importante (elementos de generación) que las distingue de otro sistema de distribución convencional y que deberá ser tenido en cuenta, ya que afectará al sistema de protección de la microrred eléctrica.

5.3.3. Sistema de protección en una microrred eléctrica

Como se recoge en [8], cuando nos enfrentamos a la protección de un sistema de distribución convencional radial, los distintos tramos de red se preservan a partir de protecciones como son los fusibles o los interruptores automáticos/disyuntores con relés de sobrecorriente, tal como indica la norma ANSI 51. En cambio, cuando estamos frente a redes en anillo convencionales o malladas, la norma ANSI 67 indica el uso de relés de sobrecorriente direccionales. La Tabla 5.4 muestra los principales nombres de las protecciones desplegadas en un sistema de distribución convencional, junto a algunas de sus características principales.

Tabla 5.4. Nombres de protecciones y sus características en sistemas de distribución convencionales. Fuente [329], elaboración propia.

Nombre de la protección	Características principales
Fusibles, interruptor automático y relé de sobrecorriente	Red de distribución radial bajo la norma ANSI 51.
Relé de sobrecorriente direccional	Red de distribución en anillo bajo la norma ANSI 67.
Relé de distancia	Red de distribución mallada, para la protección de la línea bajo la norma ANSI 21. Para el cálculo de la impedancia entre el relé y punto de fallo, este dispositivo compara la corriente de defecto con la tensión en la ubicación del relé. Como regla general, un relé de distancia tiene tres zonas de protección: La zona primera cubre entre el 80% y 85% de la línea protegida. La zona segunda cubre el 100% de la línea protegida más el 50% de la línea siguiente. La zona tercera cubre el 100% de la longitud de la línea protegida más el 100% de la segunda línea y más el 25% de la tercera línea.
Incorporación de la funcionalidad de localización de la falta	Esta funcionalidad es incorporada en los equipos de detección de paso de falta para redes radiales y malladas, bajo la norma ANSI 21FL.
Relés diferenciales de protección	Empleados para proteger transformadores eléctricos y elementos de generación distribuida bajo la norma ANSI 87. También empleados para la protección de líneas, especialmente las líneas subterráneas. Este tipo de dispositivo necesita un canal de comunicación fiable y seguro para el envío de forma instantánea de los datos del dispositivo y hacia éste. En el caso de fallo en este sistema de comunicación, normalmente se les asocia un sistema de comunicación *backup*, lo que hace que su instalación en microrredes eléctricas sea costosa y, por tanto, difícil de llevarla a la práctica.

Pero en las redes de baja tensión aparecen elementos de generación distribuida en forma de microgeneradores y elementos de almacenamiento eléctrico distribuido, como es el caso de una microrred eléctrica. Con independencia de si es o no una microrred eléctrica, tanto unos como otros no son capaces de conectarse de forma directa a la red de distribución, por lo que se precisa convertidores de electrónica de potencia, como, por ejemplo, el inversor. Los inversores integrados en la microrred eléctrica y suponen un desafío para el esquema de protección, sobre todo cuando la microrred eléctrica opere en modo isla.

Para ilustrar algunas de las situaciones de fallos en una microrred eléctrica, es preciso presentar el ejemplo mostrado en [8], donde en la Figura 5.15 se representa una configuración típica de una microrred eléctrica. Este escenario de ejemplo está compuesto por cargas, generadores y elementos de almacenamiento eléctrico distribuido. A la izquierda de la figura se aprecia un transformador que alimenta a tres cuadros de distribución (*Switchboard*, SWB) y cada uno de estos cuadros alimentan a los distintos componentes de la microrred eléctrica, tal como se muestra en la figura.

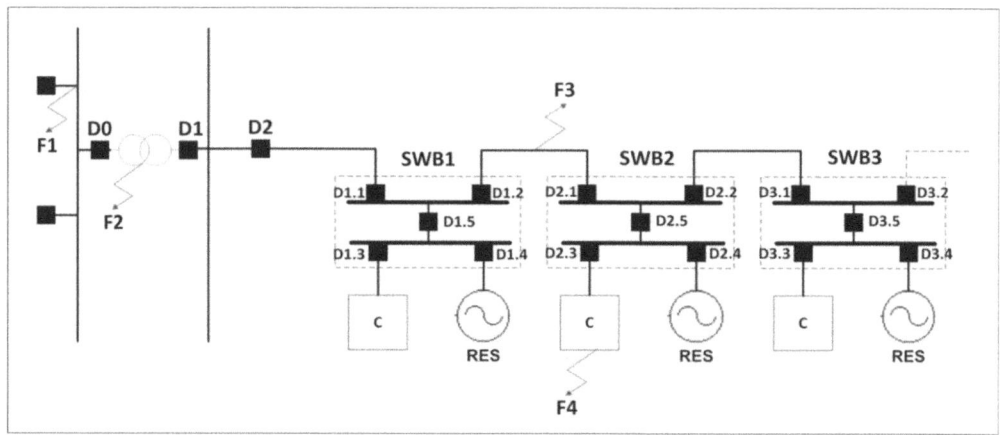

Figura 5.15. Escenarios de defectos externos e internos en una microrred eléctrica. Fuente [8], elaboración propia.

Continuando con el ejemplo presentado en [8], los autores muestran los resultados tras unas simulaciones analizando dos tipos de defectos que pueden ocurrir en la microrred eléctrica, para ello, los defectos estudiados son cuatro, dos defectos externos a la microrred eléctrica (identificados con F1 y F2) y dos internos (identificados con F3 y F4) a ésta. F1 representa un fallo en la media tensión a la que la microrred eléctrica estará conectada, F2 un fallo en el propio transformador de conexión, F3 un fallo en alguno de los cuadros de conexión de la microrred eléctrica y F4 un fallo en alguno de los componentes de la microrred eléctrica.

En el ejemplo, se interpreta que el punto de acoplamiento común se encuentra entre D1 y D2, siendo *DX* todos los disyuntores/fusibles de la instalación (D1, D2, etc.) y cuyo objetivo será actuar a través de algún relé de protección de sobrecorriente, para poder despejar un defecto y aislar momentáneamente el tramo de red afectado.

Los autores en [8] indican que el esquema de protección de una microrred eléctrica va a depender en gran manera del modo de operación de ésta. Por tanto, la Tabla 5.5. presenta las distintas posibilidades de los defectos, pero teniendo en cuenta el modo de operación de la microrred eléctrica en cada caso.

A continuación, pasaremos a explicar las anteriores situaciones, todas ellas descritas en la obra [8], al igual que la siguiente aclaración:

- En el momento que un defecto es producido a nivel F1, la responsabilidad de su despeje es para la infraestructura de red de distribución en media tensión (D0). Dependiendo del grado de criticidad de las cargas existentes, podría tomarse la decisión de desconectar la microrred y, por tanto, desconectar ésta a través de D1, situación que sucede en el caso de que la protección principal en media tensión pueda fallar.

- El valor de la corriente que aporta los generadores de la microrred eléctrica a un defecto existente es de un valor aproximado de entre 1,1-1,2 veces la corriente nominal del elemento de generación disponible y este valor, en cualquier caso, es muy inferior al valor de la corriente de cortocircuito establecido por la propia infraestructura de red principal. Para poder despejar este problema es requerido un relé de sobrecorriente direccional en la posición D1.

- Una forma de detección de desconexiones a través de D1 es mediante los valores de tensión y frecuencia del sistema. En este caso y con el objetivo de estabilizar la red, los generadores y los elementos de almacenamiento eléctrico distribuido pueden apoyar a la red mediante potencia reactiva.

- Si el defecto se produce en el transformador (F2), se despeja el problema por medio de una protección diferencial en D0, pudiendo abrirse de forma simultánea D1, gracias a la función "*follow-me*" de D0.

- Si el fallo es en F3, la microrred tratará de aislar el defecto por medio de D1.2, dejando la sección más pequeña posible sin conexión. En el caso de un fallo en la anterior protección, será responsabilidad de D1.1 el despeje del fallo. Lo anterior puede verse afectado cuando existe un generador síncrono de cierta potencia entre D1.1 y F3, teniendo que ajustar los valores de disparo de D1.1.

- Si se produce un fallo en F4, la red principal provocará una corriente de cortocircuito muy elevada, con cierta contribución de ésta debido a los elementos de generación distribuida existentes, debiendo disparar el elemento de protección D2.4. En el caso de fallo de la protección, el cuadro de distribución 2 se aísla por medio de D2.5 y se aísla el elemento generación distribuida.

- Como ya es sabido, una microrred eléctrica puede operar en modo isla de forma intencionada y desconectarse de la red de distribución. Lo anterior se consigue aislando la microrred eléctrica de la media tensión a través de D1 o por medio de cualquiera de los D en la baja tensión. En este escenario, se garantiza la ausencia de la corriente de cortocircuito elevada suministrada por la red principal de distribución. En esta situación, los relés de sobrecorriente genéricos deben ser reemplazados por relés de sobrecorriente direccionales, ya que las corrientes de defecto fluyen desde ambas direcciones hasta el punto de defecto F3.

- Si se escogen mal los tiempos de actuación para D1.2 y D2.1, pueden surgir problemas de desconexión ante fallos en F3 cuando existan elementos de generación distribuida aguas abajo. Para solucionar este problema se puede optar por una de las siguientes dos formas: i) instalando una fuente de alta corriente de cortocircuito para disparar fusibles en el modo conectado a la red; ii) empleando una protección adaptativa, la cual monitorizará el estado de la microrred eléctrica, así como el de los elementos de generación distribuida o cargas disponibles.

- Con el defecto F4, los elementos de las fuentes de energía renovable contribuyen con una corriente de cortocircuito relativamente baja y no existe contribución de la red de distribución a la corriente de defecto.

Tabla 5.5. Defectos ocurridos en la microrred eléctrica atendiendo al tipo de conexión de ésta. Fuente [8], elaboración propia.

Modo de operación de la microrred eléctrica	Localización del defecto			
	Defecto externo en la microrred eléctrica		Defecto interno en la microrred eléctrica	
	Alimentador de media tensión (F1)	Transformador (F2)	Alimentador de baja tensión (F3)	Carga componente de la microrred eléctrica (F4)
Conectada a la red de distribución con D1 cerrado	En este tipo de defecto el sistema de protección de la media tensión gestiona este modo de operación. Sólo en la situación en que el fallo no sea despejado por media tensión, la microrred eléctrica quedará aislada a través de D1. D1 puede sufrir problemas de sensibilidad, consecuencia de la contribución de corrientes de fallo por parte de los generadores de la microrred eléctrica.	En este tipo de defecto el sistema de protección de la media tensión gestiona este modo de operación, a través de D0. La función *follow-me* de D0 abre D1. Es posible que ocurran problemas de sensibilidad en D1 ocasionados por fallos en el sistema de comunicaciones.	En esta situación se desconectarán D1.2 y D2.1, lo cual supone una desconexión mínima de un tramo concreto de la microrred eléctrica. Pueden aparecer problemas de sensibilidad para D2.1. Es posible que ocurran problemas de sensibilidad en D2.1 ocasionados por fallos en el sistema de comunicaciones.	En esta situación se despejará el problema a través de un fusible o el propio D2.4, pero en el caso de no actuación, se actuará sobre la protección D2.5 y se aislará la carga (generador o almacenamiento) a través de su cuadro correspondiente. La probabilidad de que existan problemas de sensibilidad o selectividad es baja.
Modo de operación en isla con D1 abierto	–	–	En esta situación se desconectarán D1.2 y D2.1, lo cual supone una desconexión mínima de un tramo concreto de la microrred eléctrica.	En esta situación se despejará el problema a través de un fusible o el propio D2.4, pero en el caso de no actuación, se operará sobre la protección D2.5 y se aislará la carga (generador o almacenamiento) a través de su cuadro correspondiente. La probabilidad de que existan problemas de sensibilidad o selectividad es baja.

5.3.4. Avances en el sistema de protección en una microrred eléctrica

Como bien se muestra en el trabajo [361], en la actualidad existen numerosas formas de acometer un esquema de protección en una microrred eléctrica y a continuación pasaremos a dar algunos detalles. La Tabla 5.6 muestra los principales sistemas de protección y sus características, desplegados en microrredes eléctricas.

Tabla 5.6. Nombres de sistemas de protección y sus características en microrredes eléctricas. Fuente [329], elaboración propia.

Nombre del sistema de protección	Características principales
Limitador de corriente	Dispositivo colocado en las proximidades del punto de acoplamiento común, para tratar de despejar problemas de la red de distribución hacia la microrred o en el sentido inverso.
	Existen distintas formas de establecer este sistema: limitador de corriente mediante superconductor, limitador de corriente mediante de estado sólido, limitador de corriente mediante electromagnético o limitador de corriente híbrido (combinando anteriores estrategias).
Protección centralizada	En este esquema de protección es empleado un sistema central de protección para toda la microrred eléctrica, para monitorizarla de forma íntegra y para realizar el ajuste de las distintas protecciones existentes.
	Es posible emplear un relé de tensión y frecuencia asociado al punto de acoplamiento común. Un relé direccional de sobrecorriente es ubicado en el *feeder* de la microrred eléctrica (baja tensión). Relés de sobrecorriente no direccional y relés de sobrecorriente con fusibles en las cargas. Relé de frecuencia y protección de sobrecorriente con fusible en los elementos de generación distribuida y almacenamiento eléctrico distribuido.
	Dentro de este tipo de esquema de protección se encuentra la protección adaptativa, pudiendo tener las siguientes posibilidades:
	• Protección adaptativa contra sobrecorriente: la unidad central de la microrred eléctrica confecciona la tabla de estados de ésta, a partir del estado de los elementos de almacenamiento distribuido y generación existente, además de los estados de la red eléctrica y las protecciones. Además, para cada posible configuración, las corrientes de fallo vistas por cada relé son almacenadas en otra tabla llamada tabla de corrientes de fallo, para, por último, en la tabla de acciones, almacenar los ajustes de los relés para cada fallo y configuraciones anteriores. Cada cierto tiempo, la unidad central toma la mejor decisión a partir de la información almacenada.
	• Protección diferencial adaptativa: este esquema se basa en la medida diferencial de valores actuales en puntos diferentes de la línea, para comprobar si existen diferencias y a partir de este cálculo acudir a las tablas de decisión sobre la actuación de los relés.
	• Protección adaptativa basada en componentes de secuencia: es una forma de reducir los costes asociados a las comunicaciones que aparecen en las dos protecciones anteriores. Existe una jerarquía de decisión, con distintos componentes encargados de ella, así como un conjunto de relés desplegados en la microrred eléctrica.

Nombre del sistema de protección	Características principales
Protección basada en variables	Este esquema de protección se basa en la medida de corrientes y tensiones, distorsión armónica, etc. Algunos esquemas de este tipo de protección son las siguientes: • En este método se calculan las muestras espectrales en lados distintos del *feeder* a partir de la medida en esos mismos puntos. Si la muestra calculada supera cierto umbral se ordena el disparo de las protecciones. • *Wavelet packet transform*: se emplea la *wavelet* para extraer los contenidos de frecuencia a partir de señales medidas. • Tensiones de nodo: las tensiones de los nodos se emplean como variables de estado, si la diferencia entre éstas y las variables medidas es alta, entonces implica fallos en la red. • Onda viajera: se obtienen dos frentes de ondas, uno en la primera mitad de la línea y el segundo frente en la segunda mitad. El producto de ambos frentes de onda nos da la indicación de donde ocurre el defecto, si dicho producto es positivo el defecto ocurre en la primera mitad, mientras que si es negativo ocurre en la segunda mitad. • Variables locales: se miden 21 variables distintas (tasas de armónicos, tensiones, corrientes, etc.) y se envían a todos los relés de la microrred eléctrica a través de un canal de comunicaciones Ethernet, esta información viajera, junto a la local de cada uno de los relés existentes, sirve para tomar la decisión con respecto al posible defecto. • Protección de distancia: se calcula la impedancia de línea a partir de los valores medidos de tensión y corriente, siendo en condiciones normales de un valor muy alto, pero cuando ocurre un fallo, este valor será bajo, detectando, por tanto, el lugar donde el fallo ha ocurrido. • Protección multiagente: se definen distintas capas de agentes, a nivel de campo, subestación y sistema, para poder establecer un esquema de protección eficiente. En las distintas capas se definen algunos agentes específicos: agente de medición, agente protector, agente móvil y agente ejecutor. La capa de sistema se comunica con la naca a nivel de campo y pasa la información a la capa de sistema. Hay un agente encargado de recalcular los ajustes de los relés en base a los cambios en la topología de la red eléctrica.

Un ejemplo claro de protección centralizada en una microrred eléctrica es expuesto en [362], donde los autores demuestran que este tipo de esquemas de protección sol altamente efectivos para los cambios en la topología de la red, al conectar y desconectar elementos de generación distribuida y almacenamiento eléctrico distribuido. En este sistema es fundamental un buen sistema de comunicaciones, ya que la unidad central debe estar en constante comunicación con los elementos de protección de campo.

En [363], los autores destacan las diferencias existentes entre los sistemas de protección en la microrred eléctrica, pero distinguiendo entre las microrredes AC y DC. El trabajo hace una comparativa entre algunos sistemas AC y DC.

En [8] se muestra un interesante sistema de protección adaptativo en una microrred eléctrica, basado en ajustes precalculados. Además del controlador central de la microrred eléctrica, el sistema emplea un sistema de comunicaciones robusto y una serie de sistemas de conmutación dispuestos en los cuadros de conexión de la microrred eléctrica. Cada uno de los relés comunica con el controlador central de la microrred mediante un esquema maestro-esclavo, siendo el maestro el controlador y los esclavos cada uno de los relés de protección, los cuales se asocian con un dispositivo contra sobrecorriente. El controlador lee los datos del estado de la red y de los distintos relés, pudiendo ajustarlos igualmente. A pesar de la existencia del controlador central, cada relé podrá tomar una decisión local con independencia de aquel, mientras que el módulo adaptativo tendrá la responsabilidad de actualizar los distintos estados de relés y estado de la propia red. La responsabilidad fundamental del módulo de adaptación del controlador central de la microrred es la de verificar y actualizar de forma periódica los ajustes de los diferentes relés. El citado módulo consta de dos componentes principales:

1. Tras un análisis de los defectos de forma *offline*, a partir de los datos de la microrred eléctrica, se realiza un cálculo de posibilidades de ajuste.

2. Bloque operativo en línea.

Básicamente se genera una tabla llamada *tabla de eventos*. Esta tabla se obtiene a partir de un conjunto de configuraciones posibles de la microrred eléctrica, así como estados de alimentación de los elementos de generación distribuida y almacenamiento eléctrico distribuido (*on/off*) para así poder realizar el análisis de fallos *offline*.

5.4. Caso de estudio

Una vez presentados los principios de los sistemas de control y protección que intervienen en una microrred eléctrica, se presentarán sus particularidades en dos de ellas. Se han seleccionado de forma que el lector pueda apreciar diferencias entre ellas en cuanto a componentes de los tres sistemas y de esta forma poder enriquecer los conocimientos del lector. Las dos microrredes escogidas son: CEDER-CIEMAT (España) e Instituto Tecnológico de Santo Domingo (INTEC, República Dominicana).

5.4.1. Sistemas de control y protección de la microrred eléctrica de CEDER-CIEMAT

A continuación, se expondrá un caso de uso de una instalación singular y emblemática de España. Se trata de la microrred eléctrica de CEDER-CIEMAT, situada en Soria (España).

5.4.1.1. Sistema de control

Con respecto al control de una microrred eléctrica, éste puede ser visto desde distintas perspectivas, según la jerarquía de éste, pudiendo hablar de control primario, secundario y terciario. De cualquier forma, el control de una microrred eléctrica puede entenderse como un proceso dependiente de la gestión de la energía de ésta, por lo que dependerá en cierta forma de la estrategia del gestor y de sus objetivos.

En este caso, la microrred eléctrica de CEDER-CIEMAT presenta una capa de control orientada a la gestión óptima del flujo de la energía. Tal como se ha comentado en el capítulo anterior, donde se expuso el gestor de la energía, el principal objetivo de éste es minimizar el uso de energía desde el exterior, por lo que el gestor de la energía deberá ejecutar unos procesos basados en algoritmos que decidan qué hacer con sus componentes (generadores, almacenamiento y cargas). Por tanto, los detalles de control aquí mostrados estarán orientados a servir al proceso de gestión de flujo de energía a cargo del gestor de la energía de la microrred.

Por tanto, el control deberá basarse en los datos monitorizados de la capa física de campo a través de la infraestructura de comunicaciones, para que posteriormente, el proceso encargado de la gestión de flujo de energía (dentro de gestión de le energía) tome sus decisiones y a través de la capa de control ejecute las órdenes concretas.

La Figura 5.16 muestra un esquema del control de la microrred eléctrica. Este control forma parte, junto a la monitorización, del sistema de gestión de la energía. El gestor estará incorporado en los servidores del centro de procesamiento de datos y una vez activado el proceso de control correspondiente, comunicará con los elementos de campo de la microrred eléctrica a través de la infraestructura de comunicaciones desplegada.

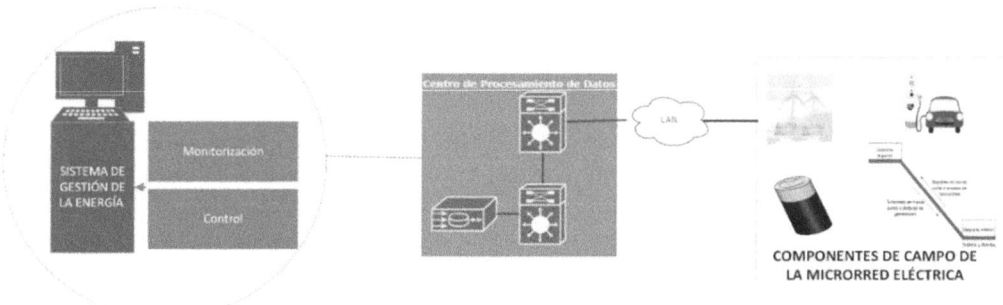

Figura 5.16. Representación esquemática del proceso de control de la microrred eléctrica. Fuente: elaboración propia a partir de componentes de [56], [108].

De forma resumida, CEDER-CIEMAT dispone de distintas posibilidades de control, según el tipo de componente existente, los cuales pueden agruparse de la siguiente forma:

- *Control sistemas fotovoltaicos*: algunos de los sistemas fotovoltaicos existentes permiten un control de potencia activa.

- *Control sistema eólico*: una de las máquinas eólicas, concretamente un aerogenerador de 100 kW, permite igualmente un control de potencia activa.

- *Sistemas de almacenamiento eléctrico*: las baterías de plomo ácido de PEPA I y PEPAII disponen de un sistema de control que permite solicitar potencia activa o reactiva, esto es una gran ventaja, ya que es posible solicitar una combinación de ambas potencias, por tanto, energía activa y reactiva. El resto de los sistemas de almacenamiento eléctrico (NMC y LFP) simplemente disponen de un control sobre la potencia activa a cargar o descargar.

- *Turbinado-bombeo hidráulico*: este sistema de puede regular en potencia, en ambas direcciones, bombeo o turbinado.

- *Cargas programables*: existe una serie de cargas programables y otras gestionables que pueden emplearse para esta gestión del flujo de energía.

Con respecto a los sistemas fotovoltaicos, el poder disponer de ciertos límites de variación de potencia a entregar es una gran ventaja. Para poder entender este proceso, debemos recordar que la curva característica de un sistema fotovoltaico es la curva *I-V*, la cual es complementada por su curva de potencia *P-V*. En la Figura 5.17 se muestra la curva *I-V* y *P-V* de un módulo fotovoltaico, en el que podemos hacerle variar su punto de trabajo. El punto de trabajo vendrá dado por la intersección de la curva *I-V* (dependerá de condiciones de radiación solar y temperatura principalmente) y la inversa de la impedancia que vea el generador solar fotovoltaico. Esta inversa no será otra cosa que la recta que pasando por el origen de la curva *I-V* tenga una pendiente de valor *I/V*, por eso ese punto lo impone la carga a la que se conecte el generador solar fotovoltaico. Destaquemos, que, con el objetivo de maximizar la producción, un inversor solar fotovoltaico (o regulador-cargador fotovoltaico en caso de un sistema aislado) dispondrá del seguidor del punto de máxima potencia (*Maximum Power Point Tracking*, MPPT).

Por tanto, ¿cómo podemos hacer que varíe su entrega de potencia activa (*P*) a un valor de radiación solar y temperatura dados?, pues de una forma sencilla, si la electrónica de potencia permite desacoplar el problema de la imposición de la impedancia por parte de la carga y el punto de trabajo a obligar a la curva *I-V*. Lo anterior es posible conseguirlo mediante una primera etapa de conversión DC-DC para posteriormente disponer de otra DC-DC o DC AC según si se conecta contra un sistema de baterías o la infraestructura eléctrica en alterna. Para nuestro propósito de variar la potencia entregada nos importa la primera etapa, ya que es la encargada de variar la tensión del generador fotovoltaico para buscar el punto que interese.

Como muestra la Figura 5.17, en la situación normal en la que el seguidor del punto de máxima potencia haga su trabajo y para las condiciones instantáneas de radiación solar y temperatura, el generador fotovoltaico entregará una potencia (teóricamente la máxima) que viene identificada por el punto 1 (sobre la curva *P-V*), el cual presentará una tensión V_{max}. Si por algún motivo quisiéramos obtener menos potencia, evidentemente más es imposible estamos en la posición de máxima potencia para esas condiciones climáticas, variando la tensión a la que está en generador fotovoltaico hasta V_2 o V_3, el dispositivo entregaría una potencia dada por el punto 2 y 3 de la gráfica *P-V* respectivamente. En cualquiera de los casos, los valores de potencia instantánea siempre cumplirán en este ejemplo analizado la Ecuación (5.40):

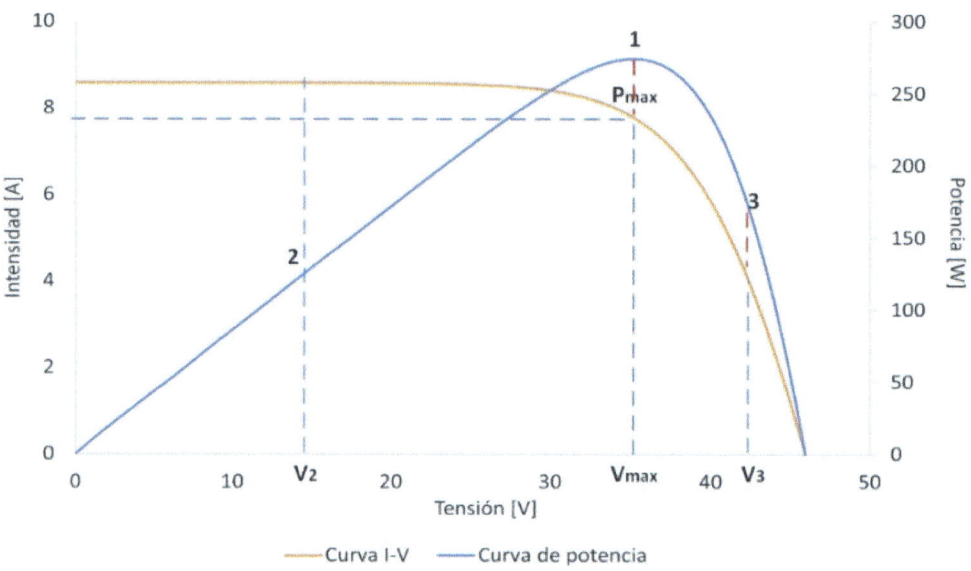

Figura 5.17. Representación del control de la potencia a entregar en un módulo fotovoltaico sobre la curva *I-V* (naranja) y P-V (azul). Fuente: elaboración propia.

$$P_{máx} > P_3 > P_2 \tag{5.40}$$

Ahora es posible entender por qué a veces se ha hablado cuando se ha presentado el sistema de gestión de la energía que de un sistema fotovoltaico se le puede solicitar una entrega mayor de potencia. Es posible que nos encontremos por algún motivo en un punto de trabajo en donde el generador fotovoltaico esté entregando menos potencia instantánea que la que puede entregar en su máxima potencia, por lo que, si se le demanda más potencia instantánea a ese sistema, será posible extraer un valor mayor.

Supongamos el caso en el que el generador fotovoltaico está en el punto 2 de la curva *P-V* anterior y el control de potencia de este sistema demanda una potencia instantánea mayor, el generador fotovoltaico podrá aumentar dicha potencia entregada hasta su máximo, con tal solo ir aumentando de forma progresiva la tensión a la que el generador fotovoltaico está conectado. En el caso de que estemos en el punto 3 y demandemos más entrega de potencia instantánea, deberemos disminuir la tensión del generador fotovoltaico hasta encontrar la potencia deseada.

CEDER-CIEMAT dispone de una turbina eólica para su control en potencia activa (*P*). Esta máquina es de 100 kW de potencia activa nominal, lo que supone un gran activo en cuanto a generación renovable. La Figura 5.18 muestra del proceso de control de esta máquina, donde se asume que en el centro de proceso de datos el sistema de gestión de la energía decide enviarle una consigna de cambio de potencia a la turbina eólica. Al igual que en el sistema fotovoltaico, el valor máximo de la potencia activa a entregar tendrá que ver con las condiciones climáticas (magnitud de la dirección del viento) y con la curva de potencia de la máquina, por tanto, el sistema de gestión de la energía debería saber el rango de potencia a variar según la velocidad del viento existente. La consigna de potencia viajará con la red de área local (*Local Area Network*, LAN) de CEDER-CIEMAT hasta llegar al control de la máquina, quien actuará para conseguir la potencia activa demandada. La máquina dispone de un control de paso de pala, con lo que el control local de la turbina eólica actuará sobre la aerodinámica de las palas para obtener un coeficiente de potencia que permita entregar la potencia requerida.

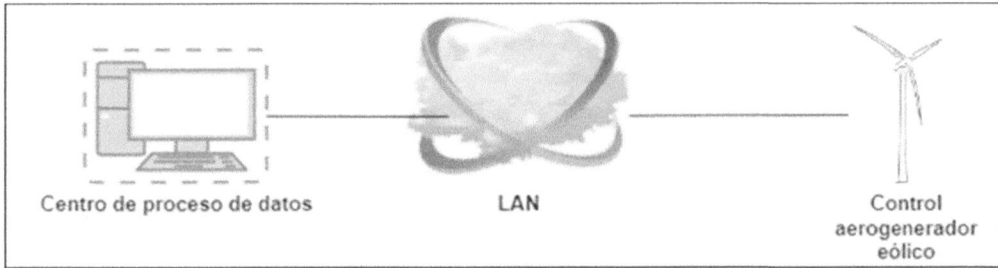

Figura 5.18. Representación del control de la potencia a entregar por la máquina eólica. Fuente: elaboración propia a partir de componentes de [85].

Con respecto a los sistemas de almacenamiento eléctrico, el sistema NMC y LFP disponen de control de potencia activa (P), mientras que los dos sistemas de plomo ácido permiten un control P/Q.

El control de potencia activa para carga o descarga sigue una filosofía similar a la comentada en el sistema eólico y fotovoltaico, pero nos centraremos en la descarga P/Q. ¿Qué implica tener la posibilidad de una entrega de potencia P o Q en estos sistemas de almacenamiento eléctrico?, pues la respuesta es muy sencilla, el sistema de gestión de energía de la microrred eléctrica, a través del sistema de control correspondiente, va a ser capaz de solicitar una entrega de potencia activa (P) o reactiva (Q) al sistema de almacenamiento eléctrico.

La Figura 5.19 muestra un periodo de carga y descarga de uno de los sistemas de baterías de plomo ácido. La orden de control de carga (Figura 5.19 a)) muestra el perfil de carga propio de un cargador de baterías y coincide en el tiempo con un momento de exceso de producción fotovoltaica, por lo que el gestor de la energía decide cargar los sistemas de baterías. La orden de descarga (Figura 5.19 b)) muestra la flexibilidad que se tiene con este tipo de dispositivos de almacenamiento, en este ejemplo se muestra una descarga de potencia activa, en dos periodos de tiempo distintos del día.

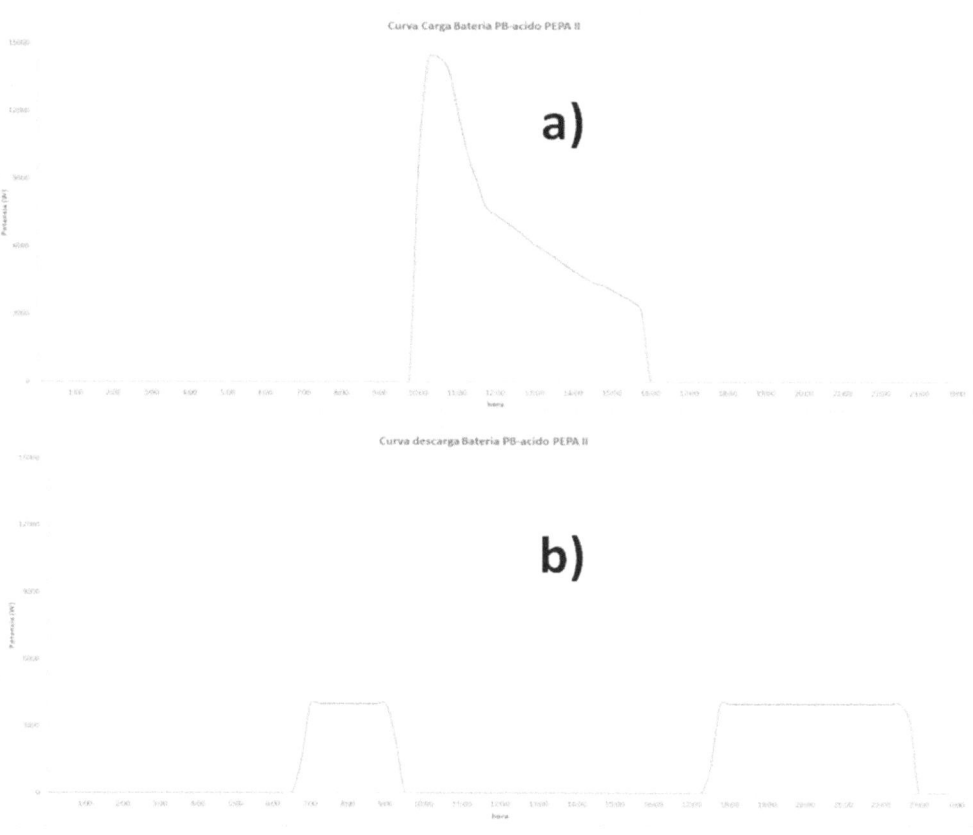

Figura 5.19. a) Carga de un sistema de almacenamiento eléctrico de plomo ácido ubicado en PEPA II. b) Descarga de un sistema de almacenamiento eléctrico de plomo ácido ubicado en PEPA II. Cortesía: CEDER-CIEMAT.

Es evidente que los beneficios asociados al disponer de un control P/Q son mayores que si tan solo podemos enviar una consigna de control de potencia activa. La Figura 5.20 muestra el triángulo de potencia de un sistema en alterna, donde vemos en la parte a) cómo se relaciona la potencia aparente (S) con la potencia activa (P) y la reactiva (Q); mientras que en la parte b) podemos ver el triángulo de corrientes, donde la componente corriente activa (I_a) se corresponde con la componente de la corriente que genera potencia activa, mientras que la componente corriente reactiva (I_r) se corresponde con la corriente que genera la potencia reactiva.

De una forma muy simplificada, el control, mediante elementos de electrónica, conseguirá más o menos componente de corriente activa o reactiva para entregar más o menos potencia activa o reactiva. El ángulo δ representa el ángulo de desfase entre P y Q o I_a y I_r.

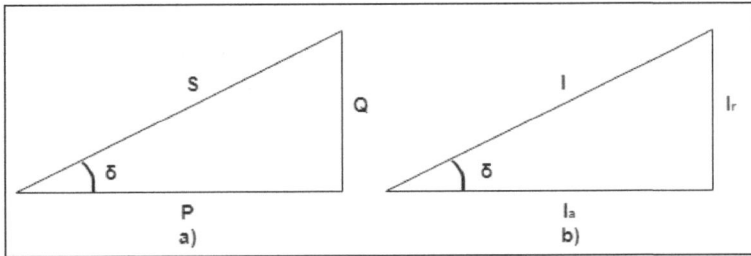

Figura 5.20. Triángulo de potencias y corrientes en un sistema de corriente alterna. Fuente: elaboración propia.

Con respecto al sistema de turbinado-bombeo hidráulico, como se ha visto en capítulos anteriores, mientras que el bombeo hidráulico debe contemplarse como un almacenamiento mecánico el turbinado hidráulico debe entenderse como un sistema de generación, cuando está acoplado a un generador eléctrico. De una forma esquemática, la Figura 5.21 muestra el sistema de control turbinado-bombeo hidráulico, donde desde el centro de proceso de datos, por medio del sistema de gestión de la energía, las consignas de potencia activa son generadas, para enviárselas al control del sistema de turbinado-bombeo hidráulico a través de la infraestructura de comunicaciones.

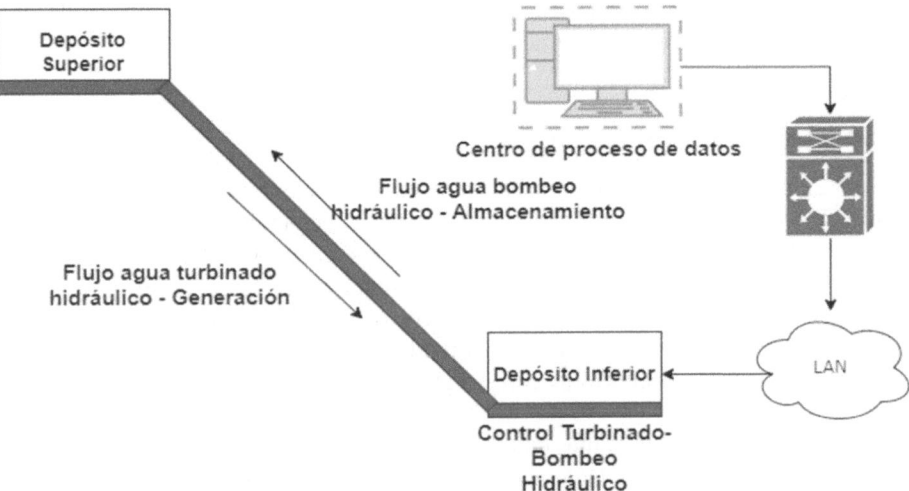

Figura 5.21. Representación del control de la potencia del sistema turbinado-bombeo hidráulico. Fuente elaboración propia.

Cuando el control del sistema turbinado-bombeo hidráulico recibe una consigna de turbinado de potencia, estará precedida por ciertas condiciones iniciales que el sistema de gestión de la energía deberá haber comprobado, como son: el depósito superior tiene capacidad de turbinado (contiene agua por encima del nivel inferior); calculará el tiempo de turbinado en base a la potencia activa a generar y el caudal de la tubería. Por tanto, el control local del sistema tan solo deberá recibir la orden de activar la turbina y a la potencia deseada. Lo mismo ocurre con el proceso de bombeo hidráulico (almacenamiento mecánico), el sistema de gestión de la energía deberá haber comprobado ciertas condiciones, como, por ejemplo: el depósito inferior tiene capacidad de bombeo (contiene agua por encima del nivel inferior); calculará el tiempo de bombeo en base al caudal a bombear por la tubería de sección determinada. El bombeo es todo o nada, aunque es posible seleccionar 1 o 2 de las bombas puestas en serie en el sistema, pero esta elección solo afectará al tiempo de bombeo.

CEDER-CIEMAT dispone de una serie de cargas, las cuales pueden agruparse en programables y gestionables. Se entiende por *programables* a aquellas a las que se les puede programar un perfil de carga de consumo, mientras que se entienden por *gestionables* aquellas a las que se puede conectar o desconectar según el sistema. Evidentemente, las cargas programables se consideran gestionables, pero ésta es la forma de distinguir entre unas y otras. Las cargas programables son $3 \times 2,9$ kW cada una y permite programar perfiles resistivos, inductivos, capacitivos o una mezcla de ellos.

Respecto a las gestionables, a potencias mayores de las programables, se dispone de 3×4 kW en cada una de cargas resistivas y los vehículos eléctricos que el CEDER-CIEMAT dispone. Con respecto a los vehículos eléctricos, existen 2 vehículos híbridos de 3,3 kW cada uno y 2 eléctricos de 6,5 kW y 7,5 kW, respectivamente. Todas estas cargas se pueden emplear a gusto del sistema de gestión de la energía y se controlan a través de una señal básica de conexión o desconexión gracias a un relé comandado desde éste.

5.4.1.2. Sistema de protección

La Figura 5.22 muestra el esquema unifilar de la infraestructura eléctrica en media y baja tensión de CEDER-CIEMAT. La compañía de distribución llega a la subestación de entrada mediante línea de 45 kV, para pasar la tensión a 15 kV, que CEDER-CIEMAT despliega formando un anillo en media tensión, lo que permite posteriormente distintas configuraciones, abriendo y cerrando interruptores-seccionadores en los centros de transformación existentes. Después de la subestación y desplegados a lo largo de la media tensión, CEDER-CIEMAT cuenta con 7 centros de transformación, todos ellos con sus protecciones en media tensión.

De los transformadores existentes en los centros de transformación. la baja tensión a 400 V se despliega en trifásica. La salida de cada transformador en baja tensión se lleva a un cuadro general de protección, donde habrá tantos fusibles (en todas las fases) como *feeders* que alimenten al transformador. Las distintas líneas de baja tensión alimentarán a distintos componentes de la microrred eléctrica, como son las cargas, generadores y almacenamiento eléctrico. Esto le permite a CEDER-CIEMAT tener *feeders* en algún transformador donde sólo haya cargas, o solamente generación o la combinación de ambas. Estas distintas configuraciones, unidas a la existencia de una media tensión tan extensa, permitirá a CEDER-CIEMAT dividir su microrred eléctrica en tantas microrredes como dominios de baja tensión tengan, pudiendo actuar CEDER-CIEMAT como una multimicrorred, la cual deberá velar por la correcta operación y gestión de todas y cada una de las microrredes existentes.

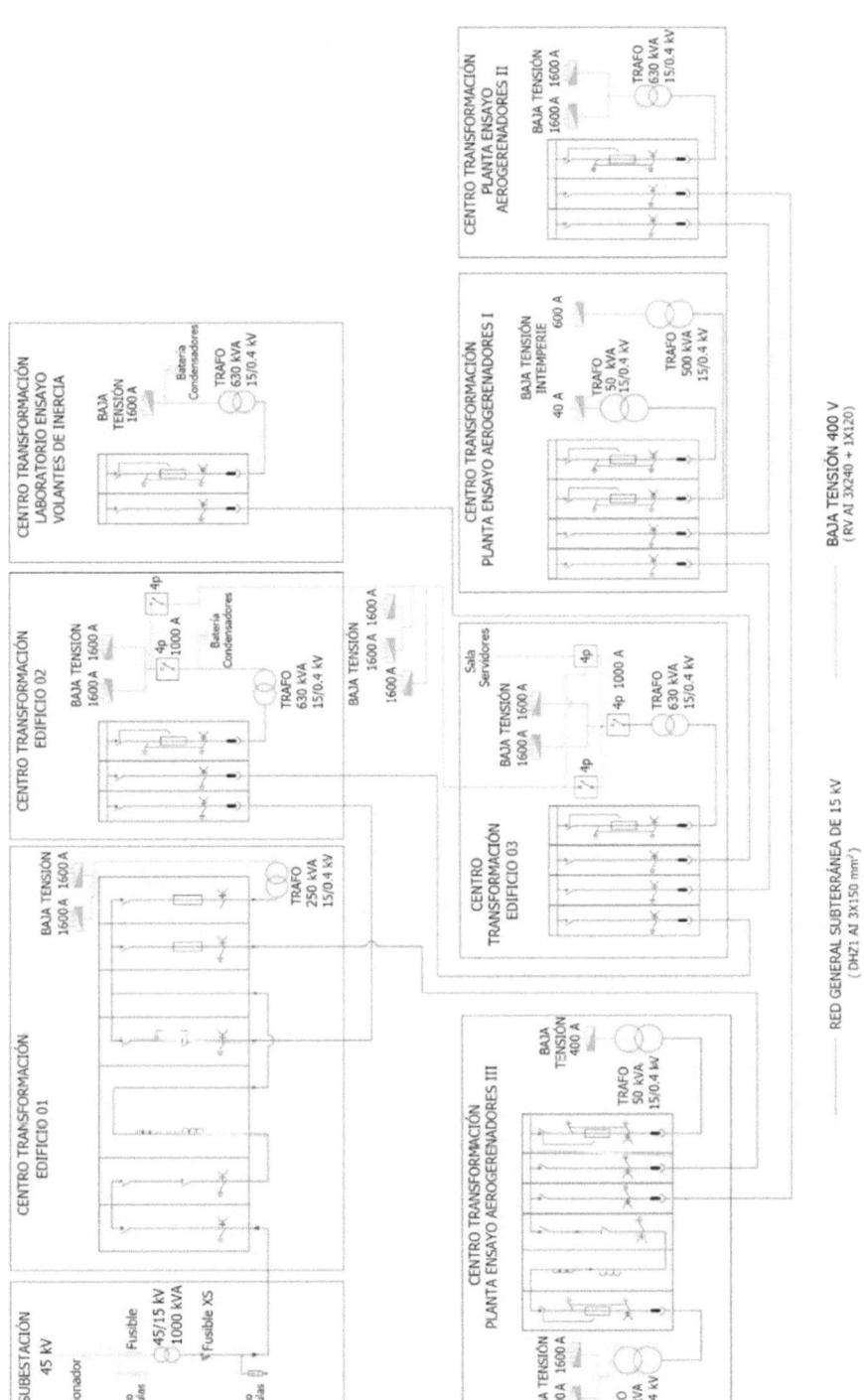

Figura 5.22. Pantalla de monitorización de los sistemas meteorológicos de CEDER-CIEMAT. Cortesía de CEDER-CIEMAT.

5.4.2. Sistemas de control y protección de la microrred eléctrica de INTEC

A continuación, se expondrá un caso de uso de una instalación singular y emblemática de República Dominicana. Se trata de la microrred eléctrica de INTEC, situada en Santo Domingo (República Dominicana).

5.4.2.1. Sistema de control

Debido a la capacidad de la microrred de INTEC, el controlador utilizado es centralizado y jerárquico. En la Figura 5.23 se presenta un flujograma del sistema de control de INTEC. En esta figura se presenta cómo está configurado el controlador centralizado de la misma para verificar las condiciones de control primario, secundario y terciario (éste no está activado en la actualidad) de la microrred teniendo prioridad maximizar el uso de los recursos renovables en la condición de modo de interconexión o isla.

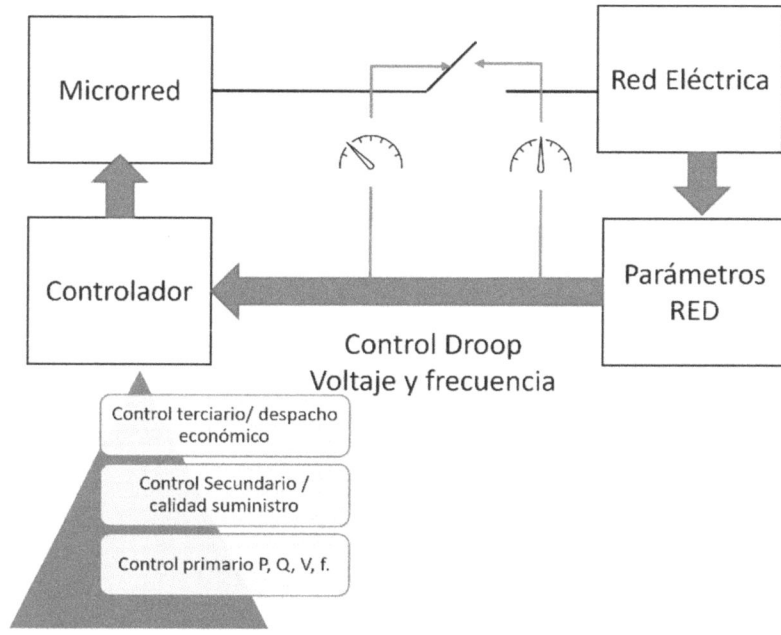

Figura 5.23. Flujograma del sistema de control de INTEC. Cortesía: INTEC.

La microrred eléctrica, para el control de los elementos que la conforman, revisa las condiciones existentes en ésta para activar los controladores de los inversores/convertidores que la integran. En la Figura 5.24 se muestra (de forma simplificada) el proceso de verificación de las condiciones y estados de los convertidores, según cada uno de los modos de operación posibles de la microrred eléctrica.

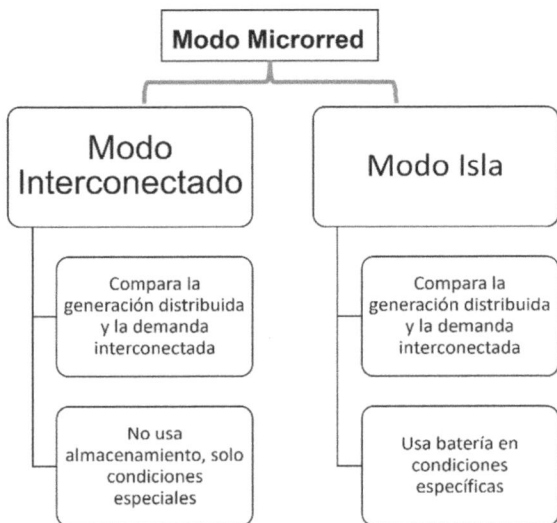

Figura 5.24. Flujograma del sistema de control de las condiciones de los convertidores según el modo de operación en la microrred eléctrica de INTEC. Cortesía: INTEC.

Cada tecnología de generación distribuida tiene un control que permite la interacción con la red eléctrica y con los elementos que conforman la microrred. En la Figura 5.25 se presenta un modelo simplificado de cómo la generación distribuida se integra a los convertidores para por un proceso de filtrado la señal y se interconecta a la red eléctrica de la universidad.

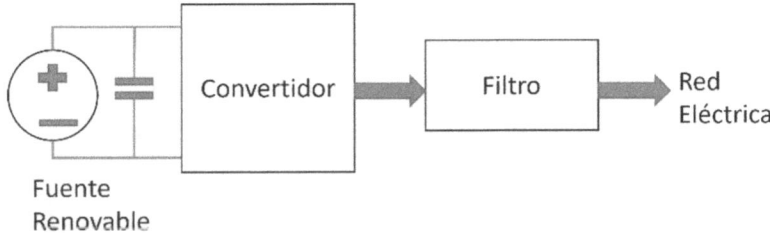

Figura 5.25. Esquema del sistema de control de la generación distribuida en la microrred eléctrica de INTEC. Cortesía:INTEC.

Para el sistema generación fotovoltaica el seguidor de punto de máxima potencia aplica el algoritmo de "*perturbación y observación*", debió a su fácil implementación y que encaja perfectamente con el tipo de proyecto que se está desarrollando en la Universidad INTEC. En este controlador se ven, como variables de entrada, el estado de la microrred, el estado de la batería, la referencia del voltaje del bus de corriente continua (DC), revisa las condiciones y compara los parámetros de referencias del sistema renovable y los puntos de máxima potencia para cada condición. En la Figura 5.26 se presenta un modelo simplificado del algoritmo aplicado.

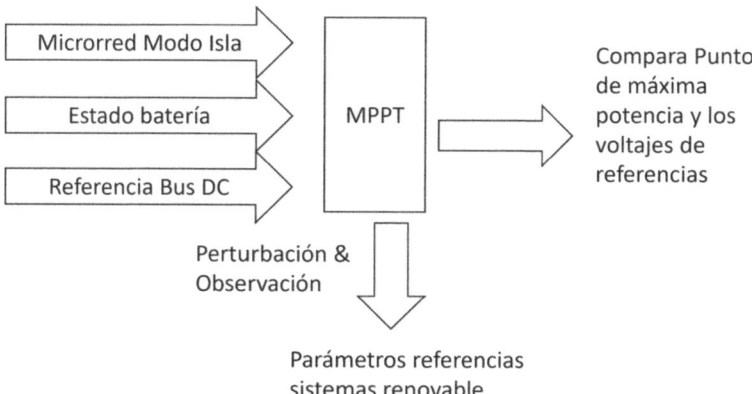

Figura 5.26. Flujograma de las variables supervisadas por el control MPPT del inversor solar fotovoltaico. Cortesía: INTEC.

En la Figura 5.27 se presenta un modelo simplificado de cómo el control de minigenerador eólico verifica las señales del aerogenerador y de la red eléctrica y cómo el modulador del sistema activa el disparo de los convertidores para aprovechar de manera eficiente la generación del sistema eólico, el uso de las transformada de Clarke y Park respectivamente para el control del campa giratorio de la máquina llevarlo sistema trifásico a componentes estacionario alfa y beta ($\alpha\beta$) y luego a sistema de referencia rotacional de eje directo y cuadratura (dq), el cual permite un mejor control de las señales.

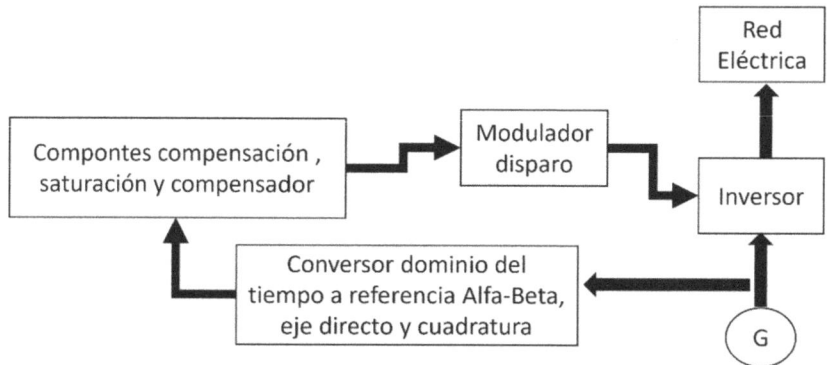

Figura 5.27. Flujograma del control del generador minieólico. Cortesía: INTEC.

Para el sistema generación mini eólica, el control aplica el algoritmo para monitorear el Lambda óptimo. Este controlador, como variables de entrada emplea el estado de la microrred, estado de la batería, referencia del voltaje del bus de corriente continua (DC), revisa las condiciones y compara los parámetros de referencias del aerogenerador y los puntos de máxima potencia para cada condición. En la Figura 5.28 se presenta un modelo simplificado del algoritmo aplicado.

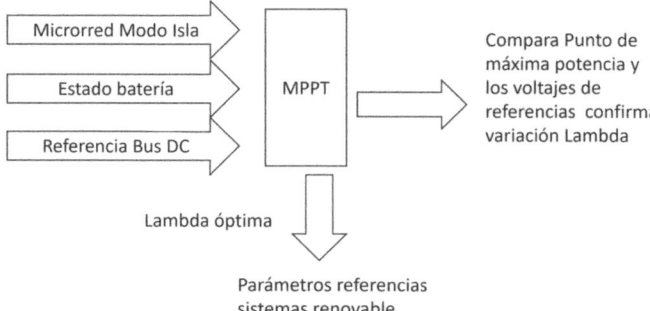

Figura 5.28. Flujograma del control de sistema mini eólico. Cortesía de INTEC.

En la Figura 5.29 se presenta un modelo simplificado del control de los convertidores de la microrred, donde la salida del sistema depende y es ajustada mediante el uso de compensadores que permiten mantener la estabilidad de éste.

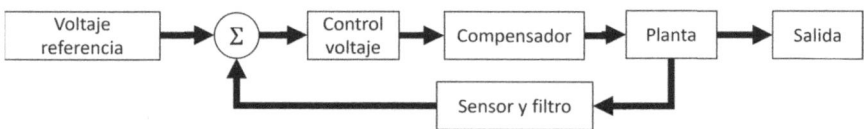

Figura 5.29. Lazo de control convertidores microrred. Cortesía de INTEC.

En la Figura 5.30 se presenta el flujograma de control general de la microrred, el cual se logra mediante los controladores mencionados anteriormente.

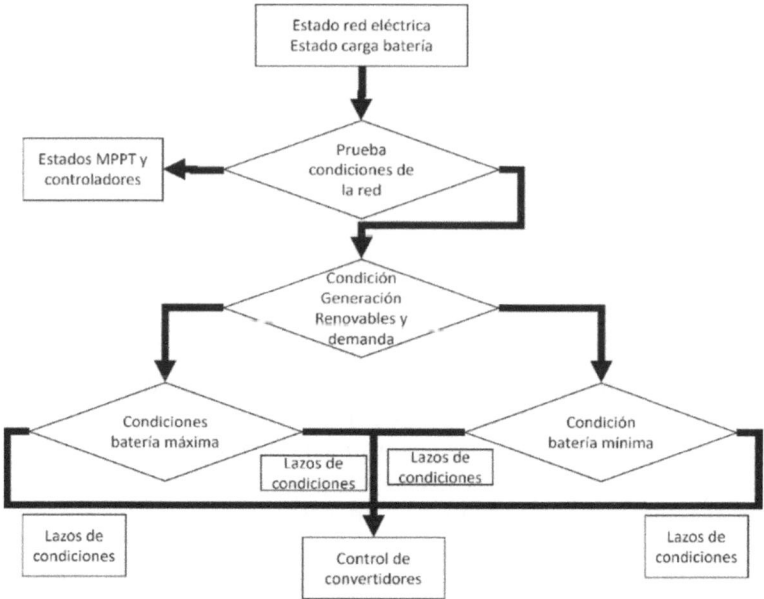

Figura 5.30. Flujo de control convertidores microrred. Cortesía de INTEC.

En esta misma figura, se presenta de manera simplificada como el control de la microrred verifica el estado de la red eléctrica, carga y estado de la batería, además de cómo dependiendo las condiciones en que se encuentre la microrred, la demanda conectada y el estado de la batería, activa las condiciones en cada uno de los controladores y convertidores que la conforman.

5.4.2.2. Sistema de protección

Las protecciones de la microrred del INTEC están asociadas, en esta primera etapa, a las protecciones básicas que los inversores de las tecnologías de generación distribuida disponen. En la Figura 5.31 se presentan los tipos de protecciones que disponen los inversores de la microrred eléctrica. Éstas cumplen con los requisitos básicos para interconectar los inversores/convertidores DC-DC-AC a la red eléctrica de la universidad, protegiendo el sistema.

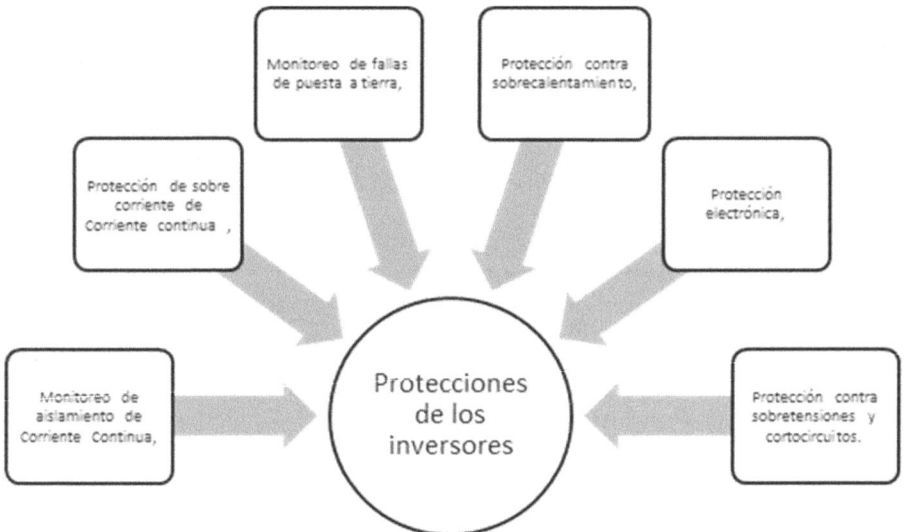

Figura 5.31. Protecciones en los inversores de la generación distribuida. Cortesía: INTEC.

En una segunda etapa del proyecto de la microrred se prevé implementar protecciones adaptativas permitiendo realizar ajustes automáticos de las protecciones para cada condición que experimente la microrred en modo isla e interconectado para lograr que la misma sea resiliente a las condiciones que se someta la misma. En la Figura 5.32 se presenta un esquema simplificado de cómo las protecciones adaptativas reconfiguran el sistema tomando en cuenta además de las protecciones que tienen los inversores de las tecnologías renovables otras variables como si está interconectada o en modo de isla la microrred, cual es la demanda del sistema, la capacidad de generación de la microrred y las restricciones operativas que se propongan en la misma, con fines de mantener la estabilidad de la microrred.

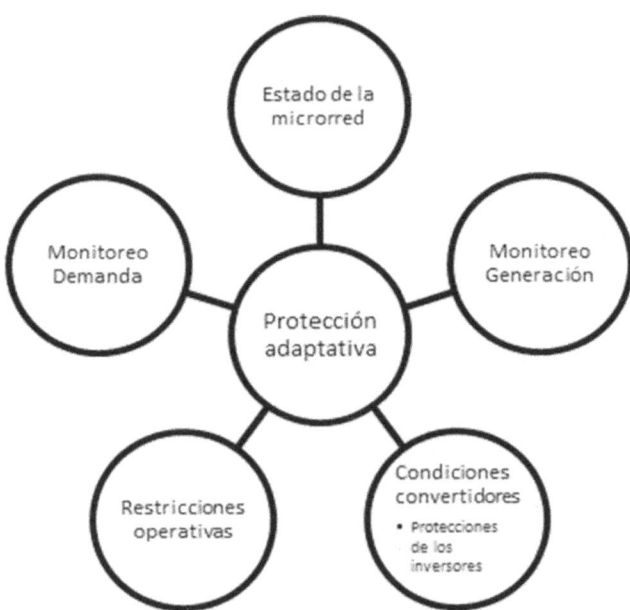

Figura 5.32. Variables que actuaran en la reconfiguración protecciones adaptativas. Cortesía: INTEC.

5.5. Resumen

En este capítulo han sido presentados dos sistemas muy importantes en la microrred eléctrica, el sistema de control y el sistema de protección. Como se ha visto, ambos relacionados principalmente con el sistema de gestión de la energía, a través del sistema de comunicaciones.

Controlar una microrred eléctrica no es sólo una necesidad, sino que es una obligación. En la propia definición y justificación de una microrred eléctrica está el poder gestionar y controlar todos sus componentes. Por tanto, el control de los componentes de, generación, carga y almacenamiento eléctrico distribuido se convierte en una prioridad para la microrred eléctrica.

La microrred eléctrica puede operar de dos formas distintas, conectada a la red de distribución o aislada de ésta. Por tanto, esto también afectará al tipo de control sobre los componentes anteriormente citados de la microrred eléctrica. Además, se han visto distintas posibilidades de control, siendo el control centralizado el que más se ha empleado de forma clásica, pero últimamente el descentralizado está siendo muy empleado.

Algo similar ocurre con el sistema de protección, es obligatorio disponer de un sistema que asegure que no existan problemas ni para los componentes ni para las personas que operan la microrred eléctrica.

En el capítulo se han presentado las diferencias entre un sistema de protección clásico de una red de distribución y las particularidades que presenta una microrred eléctrica. Además, se han mostrado los principales avances el sistema de protección que se están desplegando en ésta.

5.6. Preguntas y cuestiones de autoevaluación

1. Relacione el sistema de control en una microrred eléctrica con la necesidad de una infraestructura de comunicaciones.

2. Relacione el sistema de control en una microrred eléctrica con sistema de gestión de la energía.

3. Relacione el sistema de protección en una microrred eléctrica con la necesidad de una infraestructura de comunicaciones.

4. Relacione el sistema de protección en una microrred eléctrica con sistema de gestión de la energía.

5. Relacione el sistema de control en una microrred eléctrica con sistema de protección en ésta.

6. Con sus propias palabras, explique para qué es necesario un sistema de control en la microrred eléctrica.

7. Con sus propias palabras, explique con qué se realiza un sistema de control en la microrred eléctrica.

8. Con sus propias palabras, explique qué es necesario controlar en la microrred eléctrica.

9. Dada una microrred eléctrica como la de la Figura 5.33, donde es posible apreciar el controlador central de la microrred eléctrica, identifique la posición física de los controladores locales necesarios que deberá gestionar el sistema de control.

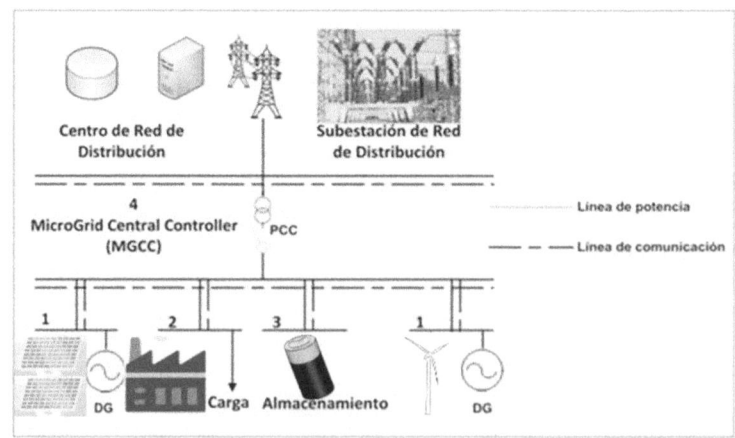

Figura 5.33. Esquema representativo de una microrred eléctrica.

10. Según la jerarquía de control en una microrred eléctrica, identifique y describa todos los niveles de control que podemos encontrarnos.

11. Explique las siguientes dos ecuaciones y relaciónelas con el sistema de control.

$$P \approx \frac{U_1(R + sL)}{(R + sL)^2 + (\omega L)^2}(U_1 - U_2)$$

$$\Delta Q \approx \frac{U_1^2(R + sL)}{(R + sL)^2 + (\omega L)^2}\left(\theta_{U_1} - \theta_{U_2}\right)$$

12. Escriba las dos fórmulas que controlan tensión y frecuencia en *droop control*.

13. Explicar las principales características de los distintos inversores y su conexión del convertidor.

14. Explique los distintos modos de operación de una microrred eléctrica.

15. Con respecto al sistema de control de una microrred eléctrica, explique las principales características de un sistema centralizado y uno descentralizado.

16. Realice un esquema aproximado que refleje la conectividad en un sistema de control centralizado y en otro descentralizado.

17. Con sus propias palabras, explique para qué es necesario un sistema de protección en la microrred eléctrica.

18. Con sus propias palabras, explique qué es necesario proteger en la microrred eléctrica.

19. Con sus propias palabras, explique con qué se protege una microrred eléctrica.

20. Según lo aprendido en el capítulo con respecto al sistema de protección, explique el siguiente esquema (figura 5.34).

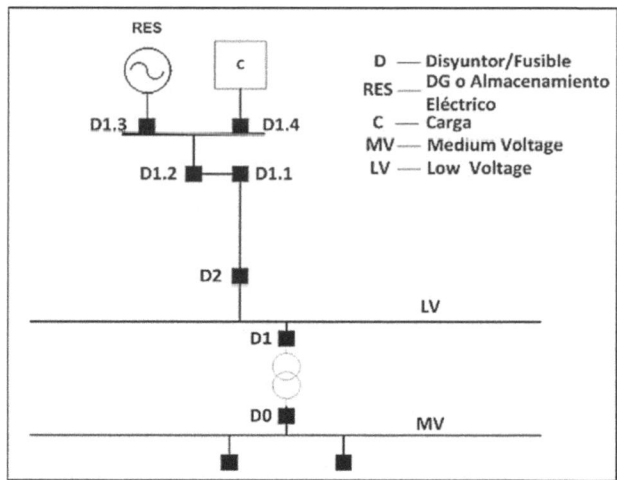

Figura 5.34. Esquema de protección de microrred eléctrica

21. Explique el modelo conocido como de las "*3S*".

22. En base a las protecciones de un sistema de distribución convencional, explique sus principales protecciones y sus características.

23. A partir del esquema de la Figura 5.35, identifique el espacio físico de la microrred eléctrica, para posteriormente identificar los fallos externos e internos a ésta, asumiendo que la "*F*" identifica un posible fallo en la red eléctrica.

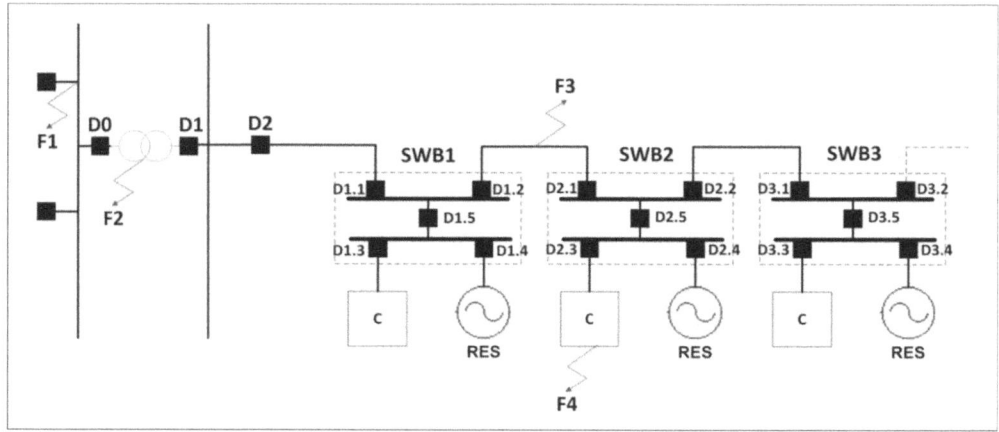

Figura 5.35. Esquema de protección de microrred eléctrica

24. Asumiendo que la Figura 5.36 identifica una microrred eléctrica, identifique y explique todos los elementos que se muestran y que tengan que ver con el sistema de protección, incluyendo los fallos que se muestran.

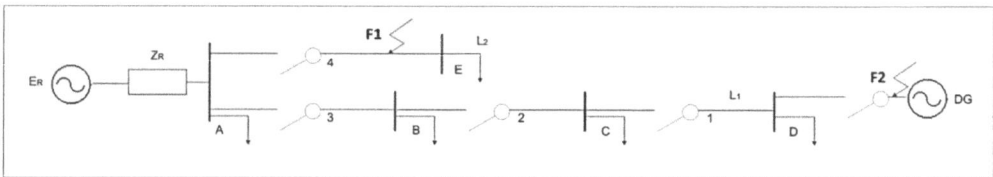

Figura 5.36. Esquema de protección. de microrred eléctrica

25. Asumiendo que la figura 5.37 identifica una microrred eléctrica, identifique y explique todos los elementos que se muestran y que tengan que ver con el sistema de protección, incluyendo los fallos que se muestran.

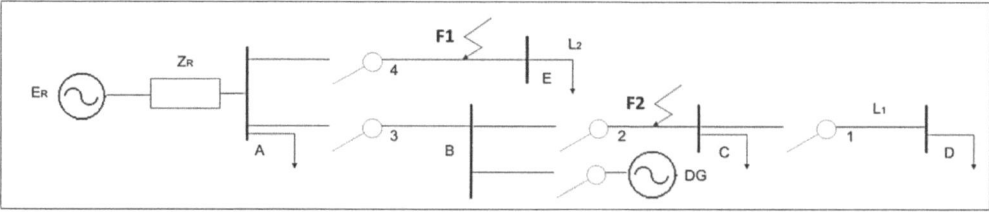

Figura 5.37. Esquema de protección. de microrred eléctrica

26. Asumiendo que la Figura 5.38 identifica una microrred eléctrica, identifique y explique todos los elementos que se muestran y que tengan que ver con el sistema de protección, incluyendo los fallos que se muestran.

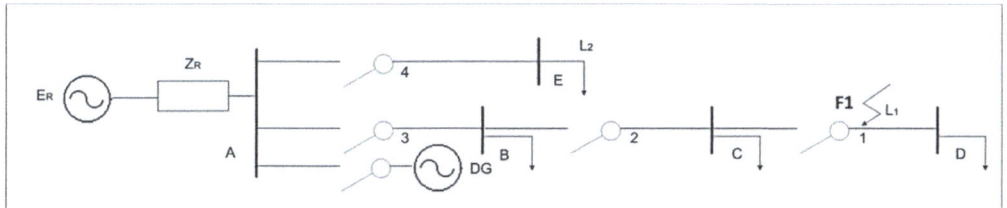

Figura 5.38. Esquema de protección. de microrred eléctrica

27. Identifica lo que representa la Figura 5.39 y explique la forma de controlar la potencia entregada por el sistema.

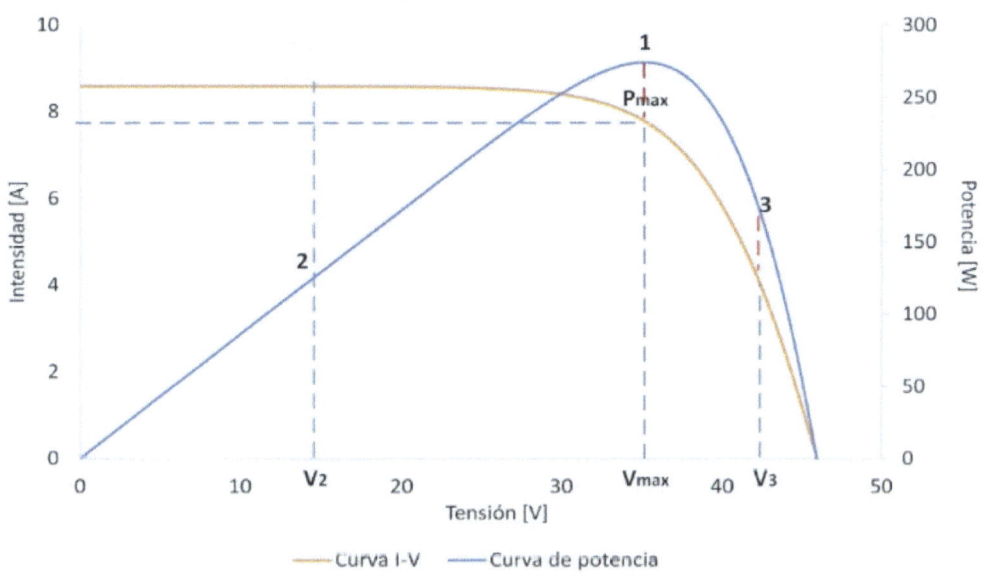

Figura 5.39. Curva I-V de un generador solar fotovoltaico

28. En un sistema eléctrico, explique la relación entre el triángulo de potencias y de corrientes.

29. En la Figura 5.40 se muestra una zona concreta del sistema eléctrico de la microrred de CEDER-CIEMAT. Identifique todos los elementos que aparecen.

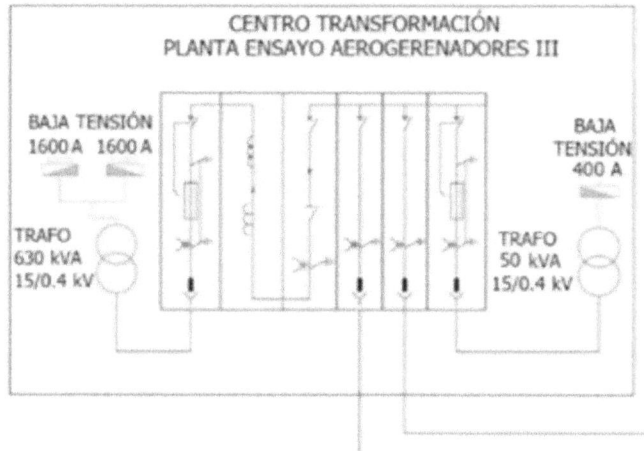

Figura 5.40. protección de zona CEDER-CIEMAT. Cortesía: CEDEER-CIEMAT

30. En base al sistema de protección mostrado en INTEC, realice un dibujo con las principales características a tener en cuenta en un sistema de protección adaptativo.

Capítulo 6

LA IMPORTANCIA DEL PRONÓSTICO DE GENERACIÓN Y DEMANDA EN LA MICRORRED ELÉCTRICA

"Eres inteligente si haces predicciones de forma correcta"

—Eduardo Punset—

6.1. Introducción

Tal como expresa la frase de comienzo del capítulo por parte de Eduardo Punset, se consigue cierto grado de inteligencia si se dispone de predicciones. Ni que decir tiene que la predicción se hace fundamental en la microrred eléctrica. El concepto de microrred eléctrica tiene incorporada, de forma implícita, la inteligencia. Por tanto, parece adecuado disponer de elementos para predecir o pronosticar (*forecast*[1]).

Antes de comenzar, queremos plantear al lector una cuestión considerada de relevancia, *¿predicción o pronóstico?*, para lo cual daremos la definición de la RAE sobre predecir y pronosticar. Con respecto a predecir, la RAE la define como [364]:

"Anunciar por revelación, conocimiento fundado, intuición o conjetura algo que ha de suceder"

y pronosticar, como [365]:

"Predecir algo futuro a partir de indicios"

Si tuviéramos que calificar a la predicción diríamos que es algo a mayor abstracción que el pronóstico, ya que éste está apoyado en indicios concretos. Esta afirmación parece que es cierta, ya que el pronóstico es considerado como una herramienta de la predicción, cuya estimación está fundamentada en entornos con incertidumbre y sus resultados están basados en datos anteriores y en procesos estadísticos [366], [367]. Por este motivo, en este libro de texto se ha creado conveniente emplear el término de pronóstico en lugar de predicción y en cualquier caso, se estará haciendo referencia al acto de anticipar ciertos sucesos basándose en datos e información contrastada y empleando para ello la ayuda de ciertas herramientas matemáticas y estadísticas.

El sistema de gestión de la energía, entre otras funcionalidades, necesitará disponer de procesos que le permitan hacer pronóstico de determinadas cuestiones de interés para la microrred eléctrica, como son la generación, la demanda y los precios de la energía. La existencia de herramientas de pronóstico de la generación y la demanda son entendibles, ya que es preciso poder anticipar el ajuste entre ellas, para en el caso de existir discrepancias, acudir a los sistemas de almacenamiento distribuido o a la infraestructura eléctrica de distribución. Con respecto a los precios, es lógico disponer de pronóstico, ya que permitirá cuantificar beneficios o ahorros cuando se decida qué hacer con la energía (excesos o defectos de ésta). En este capítulo nos centraremos en el pronóstico de la demanda y la generación y dentro de esta última, concretamente de las tecnologías renovables. Esto no quiere decir que los precios de la energía no sean importantes para la microrred eléctrica, pero lo que en este libro de texto se pretende destacar es el pronóstico de generación y demanda, ya que dependen claramente de los componentes de la microrred eléctrica, mientras que los precios podrán estar influenciados por factores externos a ésta.

---

[1] En el libro de texto utilizaremos más frecuentemente el término *pronosticar*.

Este capítulo no pretende ser una guía sobre modelos de pronóstico, pero sí tratará de demostrar la necesidad de disponer de este tipo de modelos en la microrred eléctrica. El lector que pretenda aumentar sus conocimientos de las diferentes técnicas de pronóstico podrá encontrar múltiples referencias a lo largo del capítulo para completar lo aquí presentado. No obstante, el capítulo cita gran cantidad de modelos para abordar la problemática del pronóstico. En el capítulo se plantearán las principales técnicas de pronóstico empleadas hasta la fecha, para después particularizar en detalles del pronóstico de la demanda eléctrica y la generación.

6.2. ¿Por qué disponer de herramientas de pronóstico en generación y demanda en la microrred eléctrica?

Para una microrred eléctrica el objetivo de disponer de modelos de pronóstico es muy claro, necesita de una forma anticipada conocer el comportamiento de su demanda y de sus generadores. A partir de esto, el sistema de gestión de la energía podrá tomar distintas decisiones, como por ejemplo cargas y descargas del almacenamiento eléctrico distribuido, o compra y venta de energía con la infraestructura de la red de distribución.

Como destaca [8], el pronóstico de una microrred eléctrica va a depender del modo de operación de ésta, ya que cuando la microrred eléctrica esté operando en isla, la funcionalidad del pronóstico será el de equilibrar el sistema, mientras que, si está conectada a distribución, el pronóstico tendrá un objetivo distinto cuando su foco esté puesto en el cliente o en el propio sistema de la microrred eléctrica. Dependiendo del modo de operación de la microrred eléctrica, así será de necesario la previsión. Es evidente que en la operación en modo isla, la previsión de la demanda es de primordial importancia, ya que el objetivo es lograr el equilibrio del sistema.

De cualquier forma, el pronóstico de la demanda eléctrica en una microrred es una labor relativamente compleja, ya que suele presentar una curva de carga poco determinista y con unas fluctuaciones en la potencia demandada interesantes [2], [368], [369].

Un método sencillo de pronóstico empleado cuando el horizonte de predicción (se verá más adelante) es corto y el entorno de la demanda es caótico como pueda ser el de una microrred eléctrica, es la *persistencia*, el cual de forma resumida dice que la variable pronosticada conservará el valor actual durante el siguiente periodo, tal como muestra la Ecuación (6.1) [8], [368]:

$$P_e(t + i) = P(t), \quad i = 1,2, ..., n \tag{6.1}$$

donde

P_e: potencia instantánea para estimar en el instante $t + i$.

t: instante actual.

i: salto a aplicar en el pronóstico.

La Figura 6.1 muestra un esquema del funcionamiento de un proceso de pronóstico basado en la persistencia. Para calcular $P(t)$, es necesario calcular los datos existentes en el instante inmediatamente anterior ($P(t-1)$) y así sucesivamente.

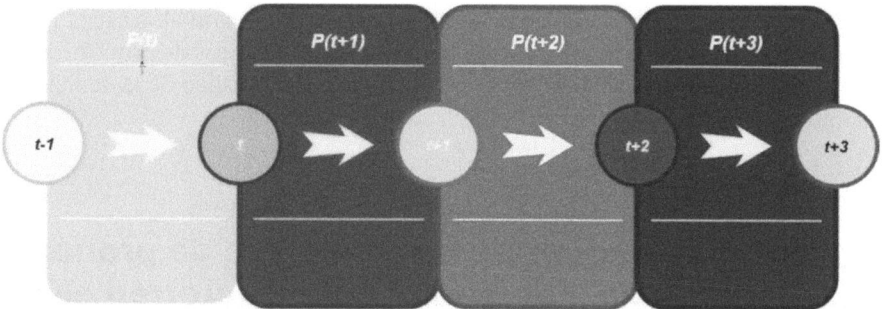

Figura 6.1. Esquema de funcionamiento de un modelo de pronóstico basado en persistencia. Fuente: elaboración propia.

Estos modelos de persistencia pueden ser empleados para pronosticar tanto la demanda eléctrica como para la generación renovable existentes en la microrred eléctrica. Es un tipo de estrategia muy empleada cuando se aborda un enfoque de pronóstico donde tan solo interese estimar un punto exacto, concretamente el instante inmediatamente siguiente. En el caso de la generación eólica, un modelo de pronóstico basado en persistencia para la estimación de la producción eléctrica del instante siguiente (sin definir instante, puede ser segundo, minuto, etc.), puede suponer un error grande, ya que rachas en el viento o cambio de velocidad podrían hacer variar de forma brusca la entrega de potencia instantánea y alejarse mucho el pronóstico de la realidad. Lo anterior puede seguir un análisis similar para una planta fotovoltaica en la microrred eléctrica, pero esta vez con las nubes que puedan ocultar el sol en un instante determinado. Con respecto a la demanda en una microrred eléctrica, el efecto de la aleatoriedad en cuanto al consumo en ésta podrá afectar igualmente a la eficacia en este tipo de modelos.

A continuación, mostraremos algunos aspectos importantes que se deben tener en cuenta. Primeramente, la demanda eléctrica estará presente desde una perspectiva histórica, posteriormente se mostrará la importancia del pronóstico de la demanda eléctrica en los nuevos escenarios de futuro, para finalizar con algunos detalles sobre la demanda y generación eléctrica en la microrred eléctrica.

6.2.1. Visión histórica de la demanda eléctrica

Tal como se ha citado en el Capítulo 1, con los avances propuestos por Tesla es posible afirmar que se establecieron las bases del actual sistema de transporte y distribución de la energía eléctrica, con lo que posteriormente, desde determinados puntos centralizados de generación, se posibilitó el llevar electricidad a puntos de consumo distantes kilométricamente. Ya desde los orígenes se intentó comprender y analizar el sistema eléctrico, sencillo en aquellos momentos, pero tan difícil de gestionar y controlar en nuestros días.

Las labores de pronóstico de la demanda eléctrica han sido un reto desde los comienzos del despliegue de los primeros sistemas eléctricos. Hamilton, en 1944, compone la curva de carga total a partir de curvas de carga parciales y considera como puntos críticos y fundamentales de demanda eléctrica los siguientes [370]:

- Carga pico (*Peak Load,* PL).

- Carga mínima (*Minimum Load,* ML).

- Factor de carga (*Load Factor,* LF).

- Tiempo del pico (*Time of the Peak,* TP).

Pronto se vio que las infraestructuras eléctricas eran críticas para el transporte y distribución de la energía eléctrica, pero estaban afectadas con las condiciones climáticas existentes. Por tanto, Forrest, en 1946, centra su estudio en este aspecto, además de proponer como reto importante el disponer de un pronóstico de la demanda eléctrica, siempre a partir de datos históricos de consumos y de estas variables climáticas anteriores [371]. Lo planteado por Forrest es muy interesante, ya que para resolver el problema del pronóstico de la demanda eléctrica emplea valores climáticos, lo cual puede ser visto como el manejo de variables *exógenas* a la cuestión del problema del pronóstico de la demanda eléctrica, entendiendo el concepto de variable exógena como aquella que, inicialmente, no parece tener relación con la cuestión de la demanda eléctrica (consumo en potencia) [2].

Siguiendo con el tema de las variables climáticas, Rowson, en 1952, realizó un trabajo exhaustivo mediante técnicas de análisis estadístico, donde se demostraba de una forma clara la relación existente entre la demanda eléctrica y su influencia con las variables climáticas existentes. El autor busca aplicaciones al respecto, principalmente de cara a los consumidores finales de la energía y una de ellas es la sustitución anticipada de ciertos activos, como son las luminarias de las calles [372].

Posteriormente, otros autores continúan aplicando los métodos estadísticos al problema de la resolución de disponer de un pronóstico acertado de la demanda eléctrica. Concretamente, Hooke y Newark, en 1955, emplean los datos existentes de días anteriores para poder dar un pronóstico de consumos en el futuro [373]. Ese mismo año, Gruetter, hace un pronóstico de consumo en una zona extensa, a partir de medias estadísticas de consumos y la particularidad radica en que los obtiene de tarjetas perforadas [374].

Matthewman y Nicholson, en 1968, ya plantean que el problema del pronóstico de la demanda eléctrica es posible abordarlo desde dos perspectivas: modelos que emplean únicamente datos históricos de consumos y los modelos que además de esos datos emplean las variables climáticas. En su trabajo presentan distintos modelos empleando ambos enfoques para poder extraer conclusiones sobre el pronóstico a corto plazo (se verá más adelante). Los autores destacan que estos pronósticos son buenos para el gestor de la energía, pero también para cuestiones de seguridad del sistema de energía [375].

Por tanto, desde el despliegue de las infraestructuras de energía eléctrica, es posible afirmar que la electricidad se convierte en un bien fundamental para el desarrollo de los distintos países. Mantener un sistema eléctrico sano y sin problemas comienza a ser el pilar fundamental de los gestores de éste, por lo que el ajuste entre demanda y generación eléctrica será fundamental desde el mismo comienzo que se despliegan las primeras redes eléctricas.

El arte del pronóstico (demanda o generación eléctrica), con un error lo más bajo posible, se convierte en labor esencial a partir de entonces. Sin embargo, el consumo de energía eléctrica depende de muchos factores, como, por ejemplo, el día de la semana, el mes del año, etc. Esto hace que el modelo de previsión sea un problema muy complejo. Además, la demanda eléctrica está claramente influenciada por factores exógenos como los económicos, temporales, climáticos y aleatorios [376].

En cuestiones de la demanda eléctrica, como ya se ha ido comentando, los avances en su estudio y comprensión han derivado en que es posible, a grandes rasgos, dar ciertas peculiaridades de ésta. Como por ejemplo sucede en el caso de España, donde en 1998, se entregó un documento de referencia en donde se marcaban las características más relevantes de la demanda eléctrica, las cuales pueden resumirse a continuación [369]:

- El almacenamiento de la energía eléctrica es una cuestión compleja, desde una perspectiva económica pero también técnica. Por tanto, la demanda eléctrica está asociada de forma inherente al consumo instantáneo en un emplazamiento concreto, o, dicho de otra forma, la potencia eléctrica generada debe ser consumida instantáneamente cuando no existen sistemas de almacenamiento.

- La garantía del suministro de energía es un valor incuestionable. Esto implica tener un sistema eléctrico muy robusto, que garantice la entrega de energía (potencia instantánea) en todo momento al consumidor final.

- La demanda eléctrica es totalmente dependiente del momento horario a lo largo del día. Esta premisa es altamente importante para el gestor del sistema eléctrico y justifica en cierta forma el disponer de pronósticos eficientes.

- La demanda eléctrica es también estacional y está muy asociada a la laboralidad del día. Por tanto, saber cómo consumimos en cada momento del año y en cada tipo de día del año será importante para el pronóstico.

- La demanda eléctrica es claramente sectorial y las curvas de carga de los distintos sectores serán muy distintas entre sí. La agregación de múltiples curvas de carga conforma la curva de carga agregada y normalmente se emplea la de una zona extensa o la de todo un país.

De forma resumida y, para terminar, desde los comienzos del despliegue de la infraestructura eléctrica de transporte y distribución, el querer saber la forma de consumir se ha convertido en una obsesión. Por razones de gestión o de seguridad, el conocimiento de la demanda eléctrica se convirtió en una de las principales razones para plantear los primeros modelos de pronóstico de la demanda eléctrica. En los comienzos, los primeros modelos fueron puramente estadísticos y ya empleaban la curva de carga (o al menos datos de consumo) como base para éstos, pero pronto se vio la necesidad de introducir otras variables exógenas al problema de la demanda, como eran las variables climáticas. Es posible decir que la demanda eléctrica es muy caprichosa y se han identificado los principales rasgos que la definen y que, por tanto, deberán ser tenidos presentes en los modelos de pronóstico.

6.2.2. La importancia del pronóstico de la demanda en los escenarios de futuro

Como se ha comentado en el Capítulo 1, el sistema eléctrico ha comenzado a cambiar en los últimos años y quizás el cambio más significativo haya sido la integración de cierta inteligencia en el nivel de transporte, de distribución y últimamente en las proximidades de los consumidores.

El despliegue de las Tecnologías de la Información y las Comunicaciones (TIC) en las redes eléctricas, junto a otros elementos de inteligencia, las transforma en la *Smart Grid*. De forma resumida, la inteligencia se empleará en numerosas aplicaciones, como por ejemplo para la gestión del flujo de energía o el pronóstico de la demanda eléctrica. El despliegue de plantas renovables, en forma de generación distribuida, hace que el pronóstico de la demanda varíe, por lo que es preciso también tener en cuenta nuevos modelos de pronóstico de las plantas renovables, o más bien, del recurso de las que dependen [2].

También se vio en el Capítulo 1, cómo todos los escenarios inteligentes tratan de integrarse dentro del concepto de mundo inteligente (*Smart World,* SW). Este nuevo paradigma posibilitará la creación de nuevas aplicaciones, herramientas y servicios para todos los escenarios que interactúan. Los objetivos del mundo inteligente serán [2], [42]: labores de operación y mantenimiento; procesos de optimización y automatización de las infraestructuras; aplicaciones de seguridad y protección; despliegue de nuevo equipamiento y aplicaciones para la mejora de la movilidad y el transporte; mejoras en el urbanismo y paisajismo; aumento del ahorro y eficiencia energéticos así como la sostenibilidad; aumento de la necesidad y visión medioambiental; y mejora de la calidad de vida de forma global.

Otros entornos que han evolucionado y tienen su propia personalidad son la ciudad inteligente (*Smart City*, SC) o el edificio inteligente (*Smart Building*, SB). En ambos casos, aplicaciones basadas en nuevos modelos de pronóstico (demanda, generación, movimiento de gente, etc.) son necesarios.

La aparición de estos nuevos entornos de futuro requerirá de inteligencia distribuida y, entre otras herramientas, nuevos modelos y aplicaciones de previsión basados en inteligencia artificial (*Artificial Intelligence*, AI), como los modelos basados en redes neuronales artificiales (*Artificial Neural Network,* ANN) [376]. Estas herramientas basadas en inteligencia artificial no serán únicamente para abordar el problema del pronóstico de la demanda y generación eléctrica, además servirán para la integración de los nuevos actores que aparecen en el sistema de energía eléctrica. Los modelos de pronóstico de la demanda estarán íntimamente relacionados con las mejoras de las estrategias de respuesta a la demanda (*Demand Response,* DR) [2], [5], [8], [376].

Las microrredes eléctricas, al igual que el resto de nuevos entornos citados anteriormente, permiten la incorporación de nuevas variables a tener en cuenta en los distintos modelos de pronóstico empleados, para demanda o para generación. En el caso de la demanda, disponer de variables exógenas como por ejemplo uso de instalaciones, precios de la energía establecidas a consumos, hábitos de los lugareños, etc., supondrá un gran avance para disponer de modelos más acertados; con respecto al pronóstico de la generación, información local del recurso será igualmente útil para estos modelos de estimación [2].

Volviendo a centrar la atención en la demanda eléctrica, la demanda eléctrica en una microrred eléctrica puede entenderse como una curva de carga muy distinta (en forma y valores de consumo) a lo que podemos encontrar en un país. A medida que una curva de carga va desagregando[2] su forma, ésta va adquiriendo formas más abruptas, lo que hará que su proceso de pronóstico se convierta en una labor algo más complicada para cualquier modelo, si se compara con curvas de carga agregadas que presentan formas de curva muy suaves y, por tanto, más sencillas de pronosticar [2]. En la Figura 6.2 se puede apreciar esta diferencia, donde se ha presentado la curva de carga para entornos diferentes, recomendando al lector que se fije en la forma de las distintas curvas y no tanto en los valores de potencia.

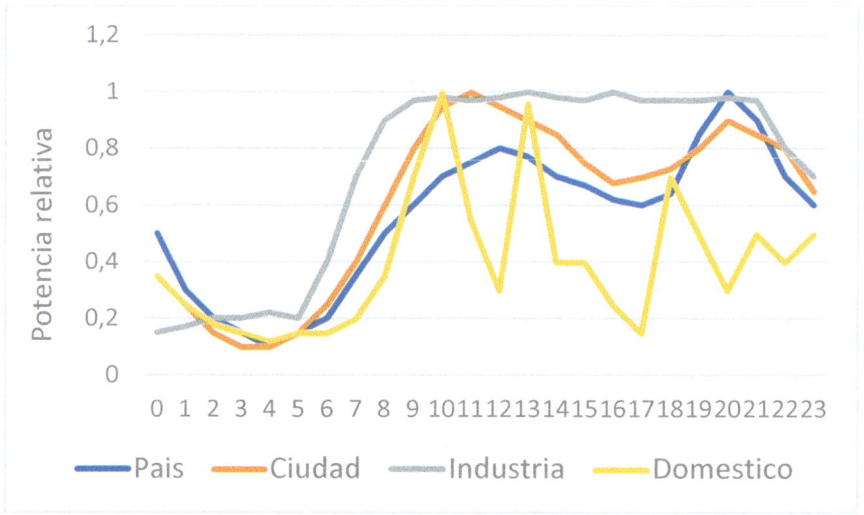

Figura 6.2. Ejemplo de curva de carga en diferentes entornos: azul: curva de carga diaria de un país; roja: curva de carga diaria de ciudad; amarilla: curva de carga diaria de un polígono industrial; morada: curva de carga diaria de un perfil doméstico. Fuente: elaboración propia.

---

[2] Entendemos *desagregar* como el proceso de separación por sectores de la curva de carga a partir de una más global.

En este ejemplo presentado, una microrred eléctrica podría presentar una curva de carga como la mostrada en el polígono industrial o el perfil doméstico. Quizás no tanto en el industrial, pero el perfil doméstico muestra numerosos picos y valles en la forma de curva, los cuales hacen que la curva de carga sea muy abrupta y, por tanto, su pronóstico sea más complicado para los modelos de pronóstico.

La demanda eléctrica está claramente sectorizada, ni la cantidad de energía requerida ni las horas en las que se requiere son las mismas en el sector industrial, comercial, doméstico, o de la Administración Pública [2]. Centrar la atención en un emplazamiento o localización, posibilitará el tener un conocimiento más completo y profundo de la demanda por sectores, lo cual servirá para emplear modelos de pronóstico más robusto y, a la postre, disponer de mayor eficacia en la estimación de la demanda eléctrica. El entendimiento del comportamiento de la demanda es crucial para poder disponer de modelos de pronóstico acertado y, por tanto, la comprensión de la demanda por sectores es crítica [376].

6.2.3. La demanda eléctrica en la microrred eléctrica

Como se ha visto anteriormente, la demanda eléctrica presenta algunas singularidades, las cuales hacen que su comportamiento sea uno u otro. Esta sección estará dedicada a ver cómo estas particularidades de la demanda eléctrica también aparecen en la microrred eléctrica, pero, es más, este tipo de entornos añadirán cierto grado de dificultad en el entendimiento de la demanda eléctrica, lo que hará que las labores de *forecast* resulten algo distintas a las de otros escenarios, como por ejemplo un país o una gran región.

Para poder hacer el siguiente análisis, se emplearán distintas gráficas de la demanda eléctrica de distintas microrredes reales, algunas de ellas estarán a nivel de edificio (*picorred*, Capítulo 1) mientras que otras serán de microrredes mucho más extensas, para que de esta forma el lector pueda tener distintas fuentes de información sobre demanda eléctrica atendiendo a distintos niveles de microrred. Por tanto, el lector deberá asociar en esta sección la palabra edificio con microrred eléctrica, ya que según la clasificación del Capítulo 1, algunos edificios con características de edificio inteligente (*Smart Building*, SB) pueden ser considerados microrredes. Concretamente, se presentarán datos de dos edificios "*Edificio Ciencias*" y "*Edificio Económicas*" de la Universidad de Valladolid (España) y de la microrred eléctrica de CEDER-CIEMAT.

Comencemos por el análisis de la demanda eléctrica sobre un horizonte temporal a largo plazo, el cual permitirá distinguir, a grandes rasgos, ciertos patrones de comportamiento en cuanto al consumo energético. En la Figura 6.3 se puede apreciar el consumo de energía eléctrica del "*Edificio Ciencias*" de la Universidad de Valladolid (España) a lo largo de los años 2016-2020. El gráfico permite ver ciertas diferencias de consumo energético a lo largo del año (se verá más adelante) y también se aprecian diferencias si se compara entre años, aunque en este gráfico es más complicado apreciarlo. Este tipo de gráficos de consumo energético sirven para hacerse una idea de la tendencia del consumo, a lo largo de un año, pero también para identificar patrones de comportamiento al poderlo comparar con años sucesivos. Es preciso destacar como a partir del punto "1" (año 2020) se produce una brusca reducción del consumo energético debido al periodo de confinamiento derivado de la pandemia de COVID-19. Como se verá más adelante, esta tendencia a la baja del consumo se alargará durante varios meses y pese a que ya no existía confinamiento, sí se alargó el periodo de clases de forma virtual, lo que de manera consecuente supuso no asistir a las distintas facultades y, por tanto, un no uso generalizado de la energía eléctrica.

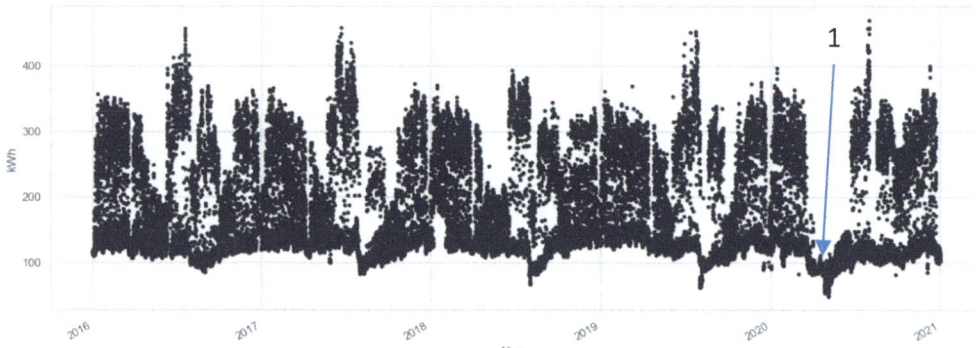

Figura 6.3. Evolución anual de la energía eléctrica consumida en el "*Edificio Ciencias*", Universidad de Valladolid. Cortesía: Universidad de Valladolid.

En la Figura 6.4 se puede apreciar el consumo de energía eléctrica del "*Edificio Económicas*" de la Universidad de Valladolid (España) a lo largo de los años 2016-2020. En este caso se aprecia que el consumo de energía va reduciéndose a través de los años, debido a la implementación de medidas de ahorro energético en esta edificación, situación que no se apreciaba en el edificio anterior donde el patrón de consumo aparecía mucho más estable a lo largo de los distintos años. En el año 2020 vuelve a apreciarse (punto "1") la disminución del consumo energético derivado del periodo de pandemia de COVID-19, por lo que a las medidas de eficiencia energética se debe sumar estas medidas de no gasto, por lo que el efecto sumatorio es más drástico que en el caso anterior.

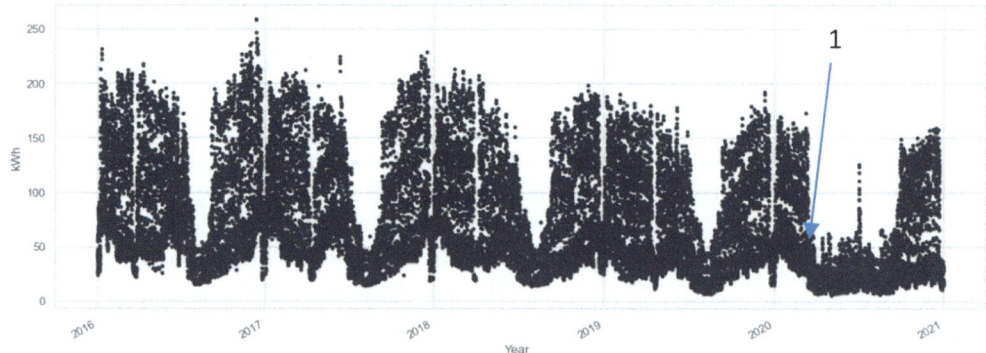

Figura 6.4. Evolución anual de la energía eléctrica consumida en el "*Edificio Económicas*". Cortesía: Universidad de Valladolid.

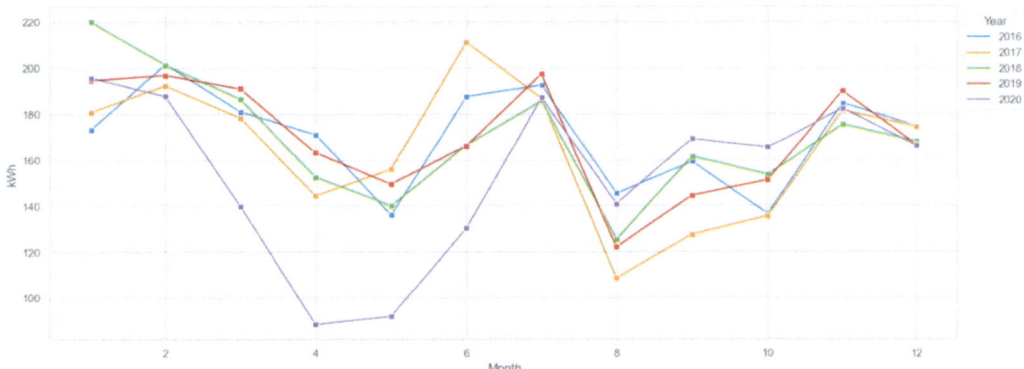

Figura 6.5. Evolución mensual de la energía eléctrica consumida en el "*Edificio Ciencias*", Universidad de Valladolid. Cortesía: Universidad de Valladolid.

Pero la demanda eléctrica también es estacional y esto se va a reflejar en cierta medida en el consumo de electricidad por meses en la microrred eléctrica. En la Figura 6.5 se presenta el consumo de energía eléctrica promedio mensual del "*Edificio Ciencias*" de la Universidad de Valladolid (España) a lo largo de los años 2016-2020.

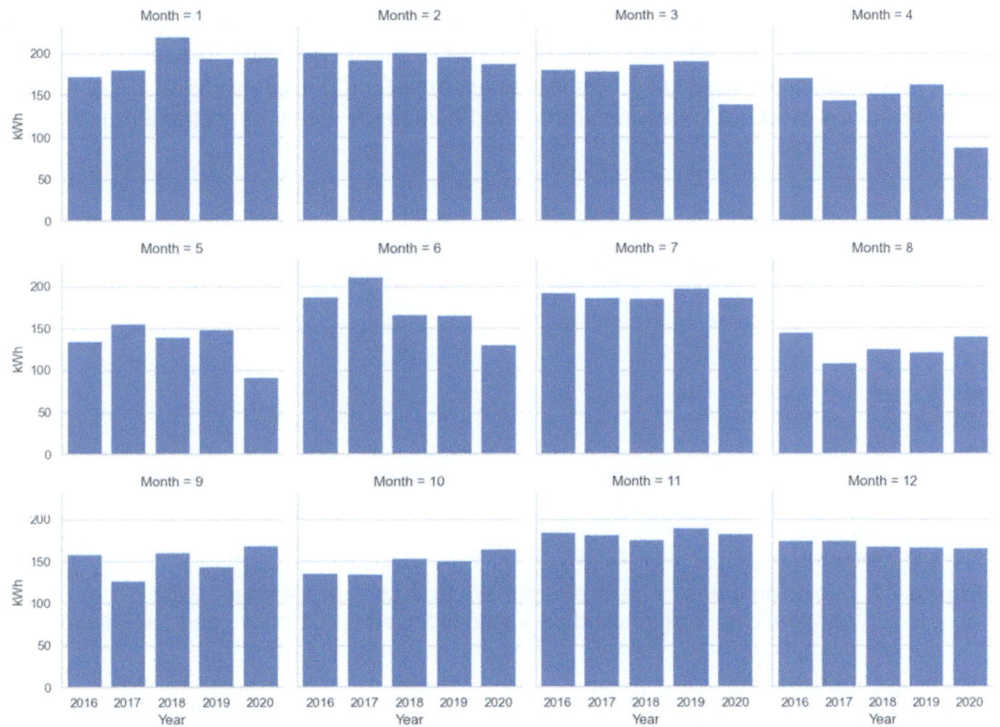

Figura 6.6. Gráfico de barras de la evolución mensual de la energía eléctrica consumida en el "*Edificio Ciencias*", Universidad de Valladolid. Cortesía: Universidad de Valladolid.

Nuevamente se aprecia en determinados meses los efectos de la pandemia de COVID-19, con la reducción sistemática del consumo de energía eléctrica. Sin embargo, se destaca una reducción en los meses donde menos actividad docente hay dentro de la universidad, comenzando en el mes de julio para encontrarse en el mes de agosto el menor consumo de energía eléctrica y posteriormente comenzar a aumentar en septiembre para ir aumentando éste a lo largo de los meses de otoño, volviendo a reducirse (no tanto como agosto) en diciembre, donde aparece cierto periodo vacacional. En la Figura 6.6 se muestra la misma información, pero mediante un gráfico de barras, por lo que alguno de los detalles comentados en este párrafo se entiende de una mejor forma.

En la Figura 6.7 se presenta el consumo de energía eléctrica promedio mensual del *"Edificio Económicas"* de la Universidad de Valladolid (España) a lo largo de los años 2016-2020. En esta grafica se puede aprecia que, dependiendo el año, se presenta eventos que hacen que no se mantenga un comportamiento similar en los primeros meses del año. Sin embargo, a partir del mes de agosto a diciembre, el consumo presenta un comportamiento similar. Vuelve a apreciarse la bajada drástica derivada de la pandemia de COVID-19, aunque quizás, en este caso, le haya costado más a la demanda recuperarse si nos comparamos con el anterior edificio. Como ya se ha dicho, en este edificio se han ido introduciendo elementos que mejoran su eficiencia energética y esto se ve claramente reflejado en la tendencia a la reducción del consumo energético a medida que pasan los años. Realmente esto entra en contradicción con el comportamiento natural de la demanda eléctrica y los hábitos de consumo del ser humano, los cuales dicen que cada año que pasa el consumo va en aumento, pero bien, en este caso (edificación, microrredes, etc.) las mejoras en eficiencia energética (térmica y eléctrica) pueden cambiar la dinámica de este comportamiento.

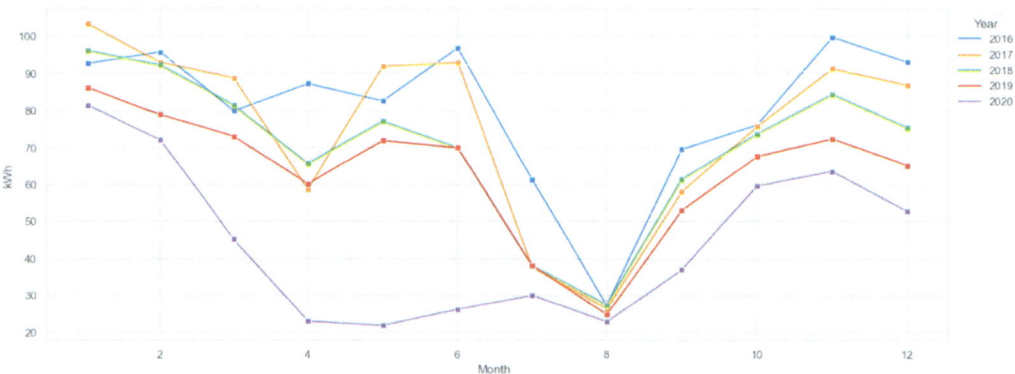

Figura 6.7. Evolución mensual de la energía eléctrica consumida en el *"Edificio Económicas"*, Universidad de Valladolid. Cortesía: Universidad de Valladolid.

En la Figura 6.8 se muestra la misma información, pero mediante un gráfico de barras, por lo que alguno de los detalles comentados en este párrafo se aprecia de mejor manera. Si hacemos una comparativa entre los edificios, en este gráfico se aprecia de una forma muy clara esa reducción del consumo de energía eléctrica en muchos de los meses debido a la incorporación de elementos de mejora de eficiencia energética. Si el lector presta atención a los meses 2, 11 o 12, podrá apreciar en nuestro segundo edificio esa reducción con el paso de los años, frente a cierta estabilidad en el primero de los edificios.

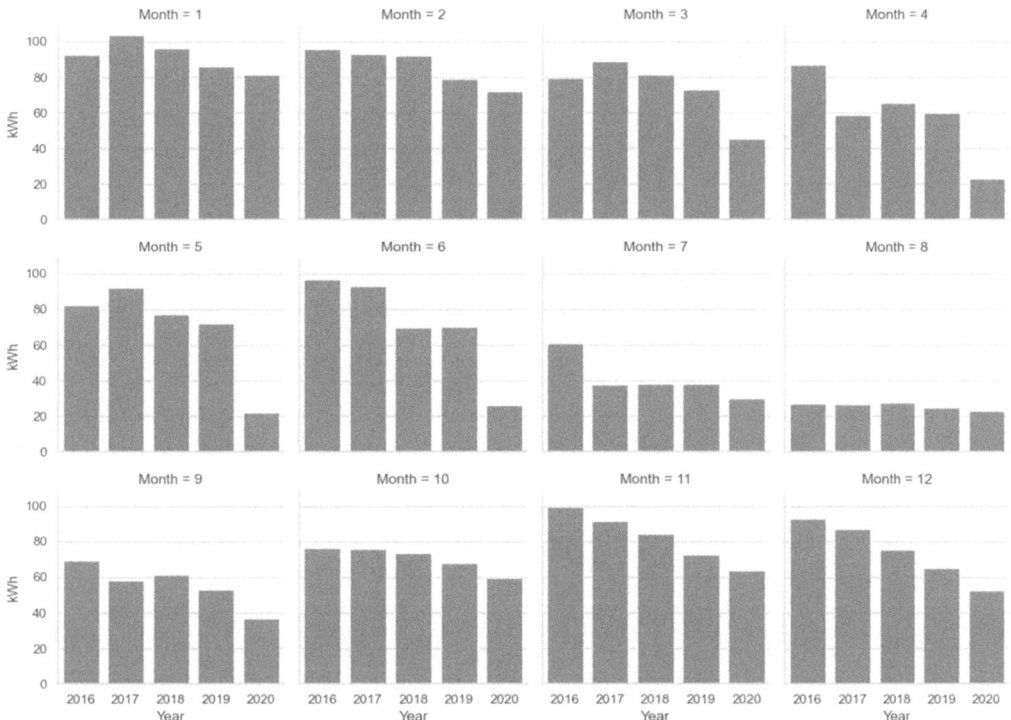

Figura 6.8. Gráfico de barras de la evolución mensual de la energía eléctrica consumida en el "*Edificio Económicas*", Universidad de Valladolid. Cortesía: Universidad de Valladolid.

Y la demanda eléctrica también depende del día de la semana y de su laboralidad. En la Figura 6.9 se presenta el consumo eléctrico promedio diario del "*Edificio Ciencias*" de la Universidad de Valladolid (España) a lo largo de los años 2016-2020. A primera vista y con independencia del año, es fácil apreciar la bajada sustancial en el consumo de energía eléctrica de los días de la semana correspondientes al fin de semana (sábado y domingo), ya que normalmente en la universidad no hay actividad académica. Evidentemente, si existen días festivos a lo largo del año entre los días de lunes a viernes, esto apenas tiene repercusión en la media mostrada, pero sí debe destacarse que ese día festivo (por ejemplo, un miércoles), sí tendría un comportamiento similar (demanda eléctrica) a los que se han mostrado del fin de semana. En este ejemplo, vuelve a verse el efecto de la pandemia y debe destacarse como existe una gran similitud en el comportamiento de la demanda eléctrica entre los lunes, martes, miércoles y jueves, en cambio, los viernes presentan una demanda eléctrica inferior a los otros días, posiblemente por existir un menor uso de las aulas y laboratorios en ese día de la semana.

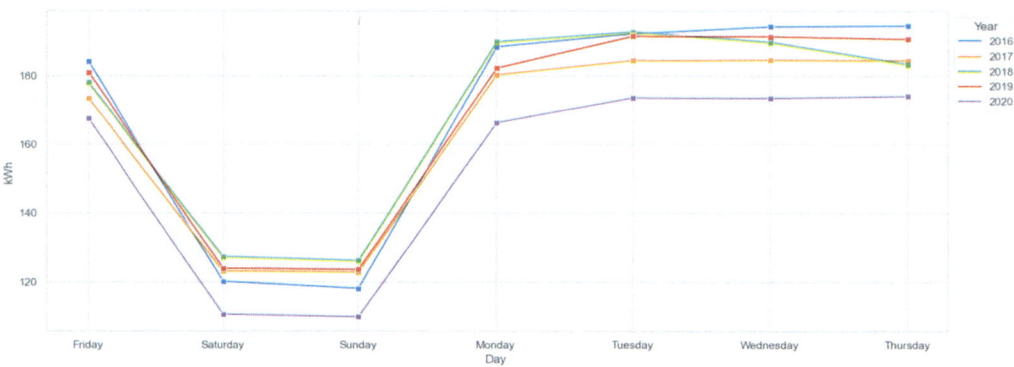

Figura 6.9. Consumo promedio diario de la energía eléctrica en el "*Edificio Ciencias*", Universidad de Valladolid. Cortesía: Universidad de Valladolid.

En la Figura 6.10 se presenta el consumo eléctrico promedio diario del "*Edificio Económicas*" de la Universidad de Valladolid (España) a lo largo de los años 2016-2020. Vuelven a presentarse todos los condicionantes que han llevado al análisis del edificio anterior, pero volver a remarcar el hecho del descenso de consumo de la energía progresiva con el paso de los años por las mejoras en eficiencia energética realizadas a lo largo del paso de los años.

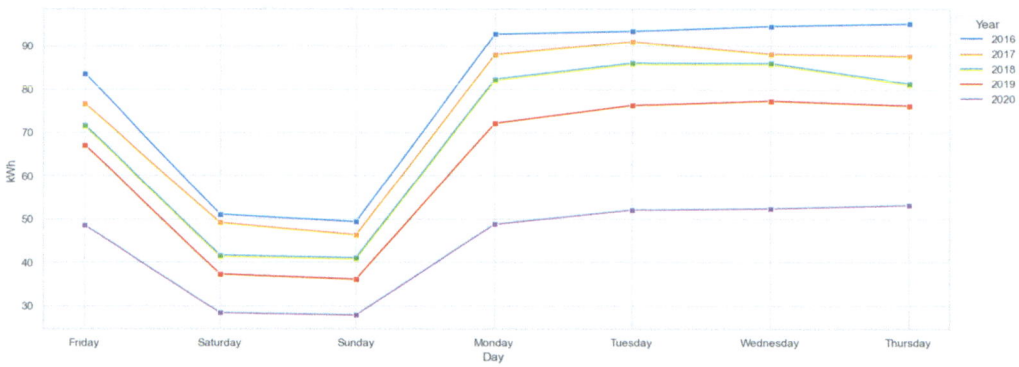

Figura 6.10. Consumo promedio diario de la energía eléctrica en el "*Edificio Económicas*", Universidad de Valladolid. Cortesía: Universidad de Valladolid.

A continuación, cambiaremos de escenario y emplearemos información proporcionada por la microrred eléctrica de CEDER-CIEMAT (España). Esta microrred es radicalmente distinta a lo presentado anteriormente, ya que CEDER-CIEMAT presenta una configuración típica de microrred con microgeneradores y minigeneradores, almacenamiento eléctrico distribuido y cargas muy cambiantes en cuanto a su comportamiento y necesidades. Esto hará que su demanda eléctrica sea muy cambiante, aunque como veremos a continuación, también presenta ciertos patrones de comportamiento muy identificables con los patrones lógicos de cualquier demanda eléctrica.

La Figura 6.11 muestra la energía eléctrica consumida a lo largo del mes de julio de 2022, mientras que en la Figura 6.12 se muestra el mes de enero de 2023. En ambas gráficas se pueden identificar los distintos días del mes (eje de la x) y la potencia eléctrica consumida (eje de la y). Haciendo una comparativa rápida entre ambos meses, vemos como el mes de enero tiene un consumo pico superior al de julio, llegando en el mes de invierno a unos 150 kW de pico de potencia eléctrica consumida, frente a unos 90 kW del mes de verano. Esta tendencia en el pico de potencia se muestra igualmente en el resto del consumo y está alineado con la realidad de la demanda eléctrica que habla de consumos mayores en los meses de invierno, al menos en los entornos donde la demanda eléctrica tiene un marcado carácter estacional.

Figura 6.11. Consumo diario de la energía eléctrica del mes de julio de 2022 de microrred eléctrica CEDER-CIEMAT. Cortesía: CEDER-CIEMAT.

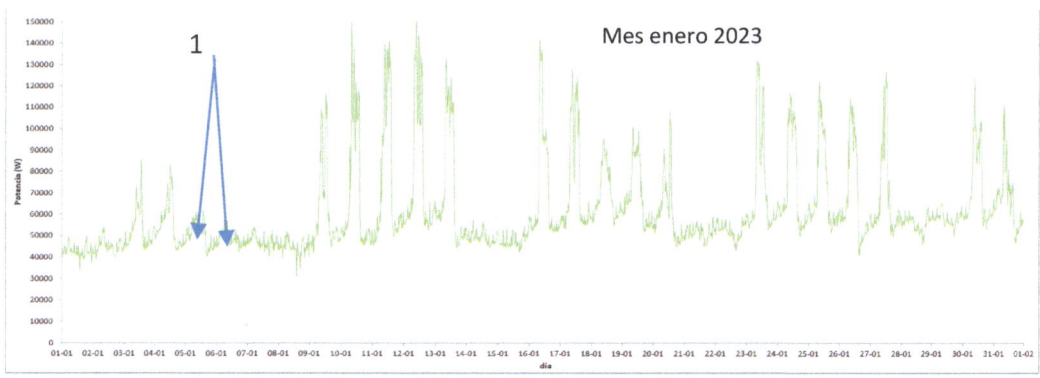

Figura 6.12. Consumo diario de la energía eléctrica del mes de enero de 2023 de microrred eléctrica CEDER-CIEMAT. Cortesía: CEDER-CIEMAT.

Como también se ha identificado en el análisis de la demanda eléctrica de los edificios, en estas gráficas se muestran la relación del consumo de energía eléctrica con el tipo de día de la semana. La microrred eléctrica presenta un consumo muy inferior en los fines de semana y los festivos frente a los días entre semana que son laborales (con independencia del mes). En las gráficas se marcan con "1" los días festivos en el mes, los cuales presentan un comportamiento idéntico a los días del fin de semana.

En el caso del 01/07/2022 se corresponde con una festividad local llamada "*viernes de toros*" y en el caso de los días 05/01/2023 y 06/01/2023 se corresponden con festividades correspondientes al "*día de Reyes*" (06/01/2023) y un ajuste del calendario laboral como festivo el siguiente día. En todas las situaciones, este hecho provoca la aparición de un fin de semana largo (01/07/2022-03/07/2022 y 05/01/2023-08/01/2023) lo que provocará una anomalía en el patrón de consumo de energía eléctrica en las series temporales. Esto es importante, ya que los modelos de *forecast* deberán ser capaces de tener estas situaciones en cuenta.

Centrándonos de nuevo en estos días festivos (fin de semana o no) y teniendo en cuenta que estamos ante una microrred eléctrica atípica en cuanto a su uso, ya que es un centro de investigación y, por tanto, el consumo eléctrico estará asociado a la presencia de los investigadores, con excepción de ciertos ensayos programados en días festivos o fines de semana, la información mostrada por los días marcados en "1" y los fines de semana, indican de forma aproximada la base de consumo eléctrico de la microrred eléctrica. Esta base de consumo estará asociada a las pérdidas de los transformadores eléctricos existentes y ciertas cargas imprescindibles y que estarán conectadas todo el tiempo.

Como se aprecia en las gráficas y de forma aproximada, esos días presentan un consumo prácticamente similar con independencia del mes en el que estemos. Nuevamente este fenómeno es muy interesante en microrredes eléctricas parecidas a ésta, ya que los modelos de *forecasting* podrán tener en cuenta este consumo eléctrico base, para que, junto a información de uso de las instalaciones, poder tener predicciones mucho más acertadas.

Para tener un detalle más claro del tipo de consumo según día de la semana y su laboralidad, la Figura 6.13 muestra la potencia eléctrica consumida a lo largo de una semana completa de 2023. Los días de lunes a viernes vienen abarcados por la línea roja (todos son laborales), mientras que los días del fin de semana vienen abarcados por la línea negra (sábado no laboral y domingo festivo). En este caso, el sábado no laboral presenta un comportamiento idéntico al de un día festivo como el domingo. Vemos la clara diferencia en el pico de la línea roja cercano a los 175 kW frente a los 55 kW de la negra.

Otro detalle interesante, es que el lunes presenta un comportamiento de consumo de energía eléctrica algo inferior al del resto de días y esto está alineado con lo que muestran algunos autores sobre la deriva del fin de semana en ciertos sectores, que se ve reflejado en el consumo ([2], [369]).

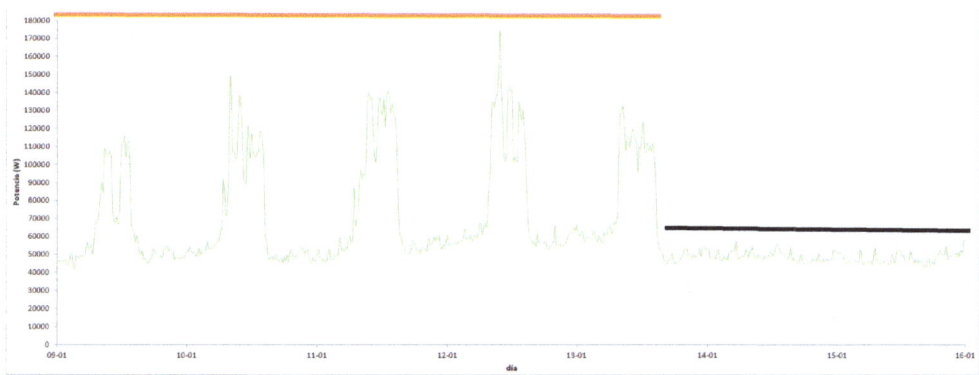

Figura 6.13. Consumo diario de la energía eléctrica de una semana de 2023 de la microrred eléctrica CEDER-CIEMAT. Cortesía: CEDER-CIEMAT.

Para finalizar, la Figura 6.14 muestra la curva de carga (curva de demanda eléctrica) de un día de 2023 de esta microrred eléctrica. Hay que destacar un mayor consumo en las horas diurnas frente a las nocturnas y las de la tarde. No obstante, esta gráfica camufla los efectos de carga y descarga del almacenamiento eléctrico distribuido y también el aporte de todos los generadores desplegados en la microrred eléctrica. Lo anterior, unido a la aleatoriedad en cuanto al consumo asociado a este tipo de microrredes, hace que la curva de carga presente una forma como la mostrada, alejándose de la forma de curva típica que podríamos encontrar en un país, donde aparecen 2 picos y 2 valles muy evidentes.

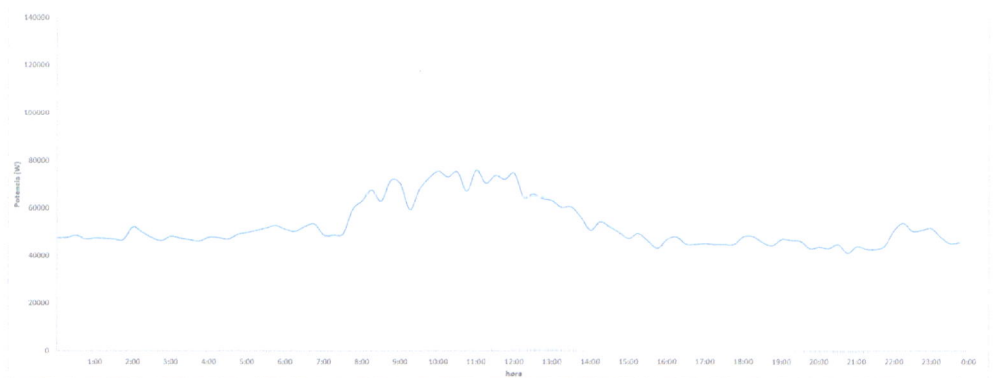

Figura 6.14. Consumo diario de la energía eléctrica de un día de 2023 de la microrred eléctrica CEDER-CIEMAT. Cortesía: CEDER-CIEMAT.

Como se ha mencionado antes, en una microrred eléctrica debe distinguirse entre la demanda total y la demanda solicitada de la red. Esto puede parecer una contradicción, pero no, aplicando el sentido común se entiende de forma clara. La microrred eléctrica estará compuesta por microgeneradores y cargas y estas últimas deberán ser abastecidas eléctricamente a través de aquellos y en caso de que no se pueda, se emplearán los sistemas de almacenamiento eléctrico distribuido y posteriormente la infraestructura eléctrica de distribución.

La Figura 6.15 muestra el consumo de potencia instantánea (kW eje de las *y*) a lo largo de las horas de un domingo (eje de las *x*) y en la figura se muestra la generación existente (fotovoltaica y eólica), lo demandado de la red y el consumo total. La potencia instantánea de la red será la medida por la compañía comercializadora a la entrada de la microrred eléctrica, la generada será la registrada instantáneamente por todos los generadores existentes y, por tanto, la potencia consumida total será la diferencia entre ambas. Al ser la curva de carga de un domingo, el consumo total (línea azul) muestra un patrón muy constante a lo largo del día. El consumo de la red, en momentos nocturnos y en el anochecer, es notorio, ya que la eólica no es capaz de abastecer de forma constante las cargas, pero en los momentos centrales del día este consumo desaparece, gracias a la aparición de la fotovoltaica, que junto a la eólica hacen que la generación sea muy superior al consumo. Pero ¿qué ocurre con los excedentes de generación que no son consumidos por las cargas?, si nos fijamos por ejemplo en la hora 14:00, la generación es muy superior al consumo total, por lo que el sistema de gestión de la energía debe tomar una decisión sobre el excedente y las alternativas serán tres, almacenar en los sistemas de almacenamiento, entregar energía a distribución o para generadores o cargas. En este caso que se ha mostrado, la gran cantidad de sistemas de almacenamiento desplegados permiten aprovechar todos los excedentes procedentes de las tecnologías renovables de la microrred eléctrica.

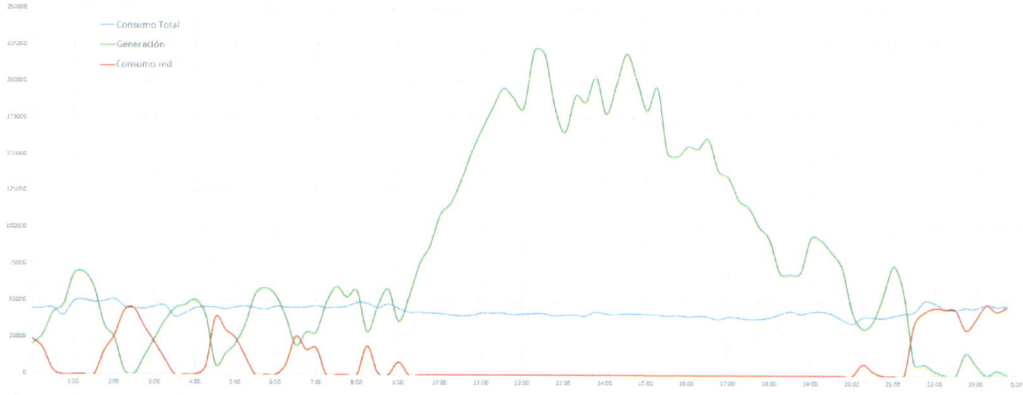

Figura 6.15. Gráficas de consumo total, generación y consumo un domingo de la microrred eléctrica CEDER-CIEMAT. Cortesía: CEDER-CIEMAT.

En esta sección han sido expuestas algunas particularidades de la demanda eléctrica aplicada a microrredes, que, aunque no dejan de ser similares a las de la demanda de por ejemplo un país, son importantes destacarlas para tenerlas presentes para el *forecasting*. De forma resumida, destacamos algunos puntos relevantes que deberán tenerse presente para los modelos de *forecasting* en una microrred eléctrica:

- La demanda eléctrica en una microrred tiene dependencia con la estacionalidad existente en la zona. Por tanto, es conveniente distinguir entre la demanda en unos meses y otros, ya que la demanda eléctrica tendrá ligeras variaciones con respecto a otras curvas de carga de otros meses correspondientes a otras estaciones del año. Es cierto que últimamente la climatología es muy cambiante y podemos encontrar meses invernales con temperaturas más elevadas que lo normal y viceversa con los meses veraniegos, por tanto, los modelos de *forecasting* deberán tener esto en cuenta y quizás, emplear modelos multietapa con una agrupación previa de las curvas de carga en base a la similitud de la curva de carga, como se verá más adelante.

- La laboralidad es determinante en la demanda eléctrica, ya que como se ha visto aquí, los días festivos o con una asignación de día no laborable presentan curvas de carga muy diferentes a los días festivos. Los modelos de *forecasting* deberán disponer de esta información para tratar de mejorar su pronóstico. En este sentido, a veces, la tendencia de muchos días seguidos no laborales y festivos pueden hacer que los días anteriores o posteriores a estos días alteren su forma de la curva de carga, pero esto es una opinión muy subjetiva, que en ocasiones sucede y otras no, pero sí será preciso tenerlo presente, ya que algunos modelos podrán emplear series temporales de datos con valores de potencia consumida en los últimos *n* días y este patrón podría repetirse y los modelos deberán tenerlo presente.

- La pandemia de COVID-19 ha demostrado que puede hacer que se altere sustancialmente la demanda eléctrica en determinados sectores. La microrred eléctrica no está exenta de este problema como se ha visto en esta sección y estas anomalías deberán contemplarse, quizás no tanto en el modelo de *forecasting,* pero sí en determinados ajustes posteriores que sean necesarios hacer sobre el pronóstico realizado.

- El tipo de microrred eléctrica desplegada es importante, ya que no será lo mismo un escenario de consumos donde todo sean hogares, que un entorno donde la principal fuente de consumos sean instalaciones del sector servicios o industrial. Por tanto, el perfil de consumo es importante y determinante para conformar la curva de carga de la microrred eléctrica y en el caso de consumos industriales, debido a que presentan unos niveles de consumo muy superiores que por ejemplo un consumo doméstico, sería muy interesante poder anticipar el uso de estas instalaciones para que los modelos de pronóstico lo tengan presente y mejoren su eficacia de predicción [368].

- Otro factor fundamental y que los modelos de pronóstico deben tener presente, es el consumo real de la microrred eléctrica, entendiendo consumo real como aquel que tiene en cuenta el consumo procedente de los medidores de la compañía distribuidora y el de los generadores de la microrred eléctrica.

6.2.4. La generación eléctrica renovable en la microrred eléctrica

En esta sección nos centraremos en algunos detalles de la generación en la microrred eléctrica. Además, este análisis estará orientado a tener algunas orientaciones de hacia dónde deben mirar los modelos de *forecasting*. Por tanto, parece lógico y normal entender que los microgeneradores, minigeneradores o generadores que conforman la microrred eléctrica que dependan de combustibles gestionables no serán motivo del análisis. Y lo anterior es evidente, si la microrred eléctrica dispone de un generador diésel acoplado a un generador eléctrico para la generación de energía eléctrica a petición del gestor de la energía, con tan solo saber el nivel de combustible disponible serviría para anticipar el tiempo de generación a cierta potencia requerida. Por tanto, el análisis aquí mostrado se centrará en la generación basada en tecnologías renovables, concretamente en la solar fotovoltaica y la eólica, puesto que son las dos tecnologías más implantadas en el panorama mundial de las renovables y concretamente en las microrredes eléctricas. ¿Y por qué estas tecnologías renovables?, además de lo anteriormente comentado, el recurso solar (radiación solar) y eólico (viento) son muy complementarios, la mayoría de los emplazamientos o tiene ambos con cierto grado de nivel, o uno de los dos [377].

Con respecto a la tecnología eólica a instalar es necesario destacar que el recurso del que depende es el viento y concretamente, de su dirección y su velocidad. En este tema la dirección no será motivo de nuestro análisis, pero eso no quiere decir que no sea importante, ya que como se vio en el Capítulo 3, una buena extracción de la potencia mecánica de la turbina eólica a partir de la potencia mecánica que lleva el viento dependía en cierta medida del área barrida por el rotor de la máquina, por lo que la orientación de ésta es crítica y fundamental. Por tanto, ahora nos centraremos en la velocidad de viento y su relación con la potencia eléctrica extraída por la turbina eólica.

Lo primero que debemos asumir de la velocidad del viento, es que ésta es muy caprichosa y con una fuerte dependencia de las condiciones particulares del emplazamiento donde se mida. Como también se vio en el Capítulo 3, la velocidad de viento varía de forma considerable con la altura, por lo que a mayor altura mayor velocidad de viento, pero, además, su dirección del viento también se ve alterada con la variación de la altura, según se demuestra con la "*espiral de Ekman*" [378].

Otro factor importante es la granularidad del tiempo empleado para el registro de la velocidad de viento, no será lo mismo una medida de velocidad de viento horaria que cada segundo. En este sentido y si se quiere dar la potencia instantánea de una turbina eólica, los efectos instantáneos de la velocidad del viento pueden tener un efecto de cambio de potencia en la turbina eólica y esto es complicado de medir. Para entender lo anterior, la Figura 6.16 muestra la evolución de la velocidad del viento en CEDER-CIEMAT a lo largo de un día concreto, frente a la potencia instantánea entregada por una turbina eólica dicho día. Como el registro que muestra la gráfica es horario, da la sensación de que la entrega de potencia instantánea de la turbina eólica pudiera estar por encima del valor de velocidad de viento en determinados instantes (punto "1"). Ciertamente lo anterior pudiera ser por un tema meramente gráfico, o porque la inercia de la turbina eólica haya entregado ese nivel de potencia instantánea (constante frente al instante anterior) en ese momento de perdida de velocidad de viento debida a una racha momentánea. Por otra parte, en los puntos marcados con "2" podemos ver un efecto, donde aparentemente la fluctuación rápida en la velocidad del viento hace que la turbina eólica pierda su óptima orientación y, en consecuencia, la potencia instantánea se vea reducida.

Figura 6.16. Gráficas de la velocidad de viento y potencia instantánea entregada por turbina eólica en día con cierta estabilidad en el viento de microrred eléctrica CEDER-CIEMAT. Cortesía: CEDER-CIEMAT.

Por otro lado, y continuando con la gráfica anterior, nos encontramos ante un día donde la velocidad de viento presenta cierta estabilidad y se traduce en que ese día la turbina entrega una potencia más o menos estable. Se ha empleado el término "*más o menos estable*" porque realmente es así, como se aprecia, a esta escala de tiempos es muy complicado encontrar una línea horizontal en la entrega de potencia instantánea de la turbina eólica. Si hablamos en término de potencia eléctrica, durante ese día la máquina entrega una potencia en un rango aproximado de 65-100 kW y teniendo presente que la máquina tiene una potencia nominal de 100 kW, es posible afirmar que su potencia entregada ha sido muy alta a lo largo de todo el día, no habiendo ni un instante de tiempo en donde la turbina eólica no haya entregado potencia eléctrica.

Si la anterior figura mostraba la producción eléctrica de una turbina eólica en un día con relativa estabilidad en la velocidad del viento, la Figura 6.17 muestra la entrega de potencia instantánea de la misma máquina, pero en un día donde la velocidad de viento presenta grandes variaciones. La consecuencia de dichas variaciones son las fluctuaciones en cuanto a la potencia instantánea entregada a lo largo de todo el día, con variaciones de ésta entre 0-100 kW, pudiendo ver como la mayoría de la potencia instantánea entregada se centra en el rango de 0-40 kW. Los días con tanta variabilidad en la velocidad del viento suelen estar acompañados de cambios en la dirección de éste, por lo que la turbina eólica tiene la complicación de la orientación a la dirección del viento a mayores del ajuste de su entrega de potencia eléctrica en base a su curva de potencia.

Con respecto a la tecnología solar fotovoltaica, el disponer de un emplazamiento con un recurso solar alto es fundamental para la decisión de la instalación de microgeneradores solares fotovoltaicos en la microrred eléctrica. No obstante, la radiación solar debe ser matizada para poder entender la entrega de potencia instantánea de los sistemas solares fotovoltaicos existentes.

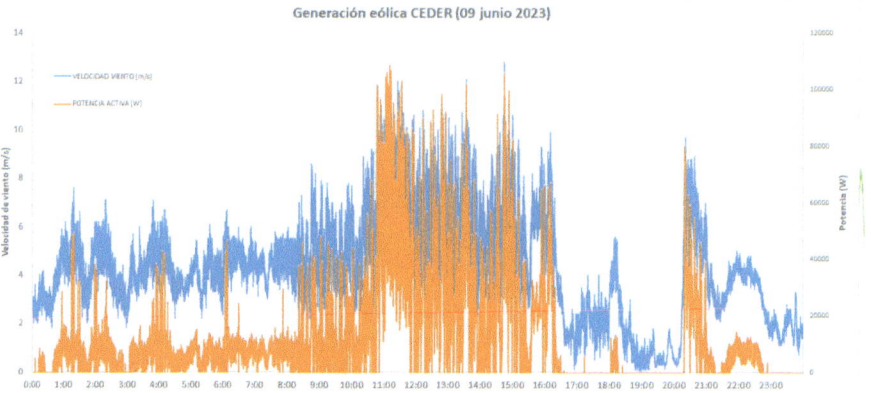

Figura 6.17. Gráficas de la velocidad de viento y potencia instantánea entregada por una turbina eólica en un día con inestabilidad en el viento de una microrred eléctrica CEDER-CIEMAT. Cortesía: CEDER-CIEMAT.

Pero antes de fijarnos en detalles del recurso solar y su repercusión en la producción eléctrica, hagamos una pequeña pausa y hablemos de la importancia de la inclinación. La Figura 6.18 muestra la radiación solar existente en un día frente a las diferentes producciones eléctricas instantáneas de distintos microgeneradores solares fotovoltaicos de CEDER-CIEMAT.

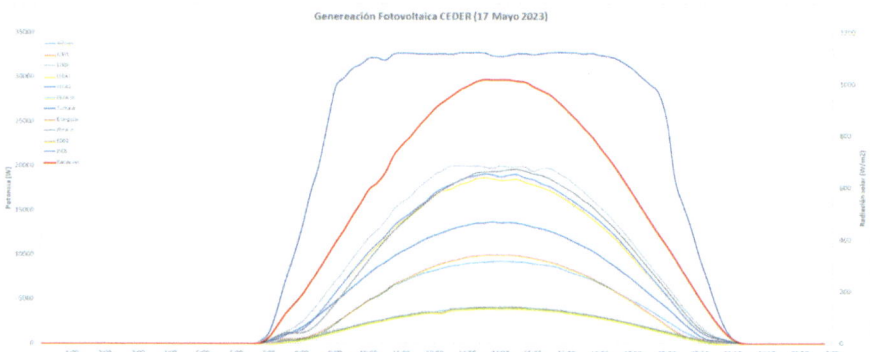

Figura 6.18. Gráficas de la radiación solar (día bueno de radiación solar) y potencia instantánea entregada por distintos microgeneradores solares fotovoltaicos de una microrred eléctrica CEDER-CIEMAT. Cortesía: CEDER-CIEMAT.

La instalación llamada "*Arfrisol*" presenta una forma de curva muy distinta a la del resto de sistemas, e incluso es distinta a la de la radiación solar. Este hecho se explica de forma sencilla, ya que esta instalación está orientada al sur, pero dispone de un seguidor en un eje que le permite variar su inclinación, para así hacer un seguimiento del Sol a lo largo de las distintas horas del día. En la entrega de potencia instantánea se traduce en una subida rápida de ésta en las horas tempranas, ya que los módulos solares fotovoltaicos estarán perfectamente enfrentados al Sol desde los primeros instantes del día, para mantener una entrega de potencia instantánea constante a lo largo del mismo, para finalmente caer de manera brusca. Debemos decir, que esta figura está graficada para un día con una radiación solar sin apenas nubes, correspondiente a un día de mayo.Siguiendo con esta figura, el resto de las curvas de producción distintas al del sistema de "*Arfrisol*", muestran unas curvas de producción muy semejantes en cuanto a su forma y que siguen claramente la radiación solar que ha tenido el día. En todos los casos, incluyendo el sistema de "*Arfrisol*", la potencia eléctrica instantáneas monitorizada estará también limitada por la potencia pico del generador fotovoltaico instalado y la potencia nominal del inversor solar fotovoltaico conectado.

La Figura 6.19 muestra la misma información para un día de junio, pero esta vez con un día que presenta mucha nubosidad, hecho que se ve claramente reflejado en la forma de la curva de la radiación solar y de manera directa en la entrega de potencia instantánea de todos los sistemas solares fotovoltaicos de la microrred eléctrica. Además, en este caso no se aprecia la ventaja de tener un sistema con seguidor en un eje, tal como muestra la gráfica de "*Arfrisol*".

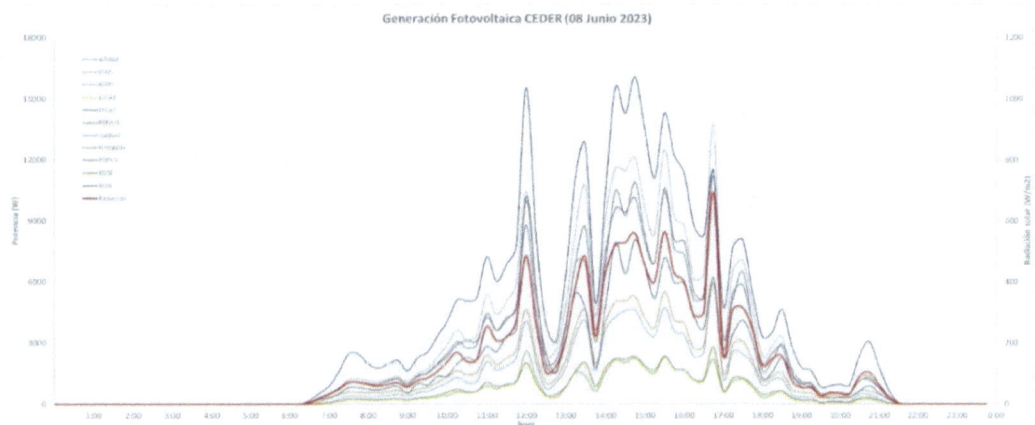

Figura 6.19. Gráficas de la radiación solar (día muy nuboso) y potencia instantánea entregada por distintos microgeneradores solares fotovoltaicos de una microrred eléctrica CEDER-CIEMAT. Cortesia: CEDER-CIEMAT.

Para terminar esta sección, haremos algunas reflexiones con respecto al *forecasting* de las tecnologías de generación en una microrred eléctrica. Como se ha comentado al comienzo, los generadores de la microrred basados en combustibles gestionables no serán un problema del pronóstico, ya que en este caso será necesario disponer del tipo de combustible necesario para poder garantizar la producción eléctrica necesaria para la instalación correspondiente.

En el caso de las tecnologías renovables, esto cambia radicalmente, ya que en el caso de la tecnología solar fotovoltaica y la eólica, son dos tecnologías de las consideradas no gestionables y esto es debido a que no podemos garantizar su producción ya que el recurso no es gestionado (controlado) por el gestor de la microrred eléctrica, no se puede "*comprar*" 1 kW de combustible solar, se debe aprovechar la radiación solar o la velocidad de viento existentes en cada instante de tiempo. Por tanto, los modelos de pronóstico centrados en este tipo de tecnologías renovables deberán ser capaces de tener cierto grado de exactitud para anticipar los valores de radiación solar o velocidad de viento, ya que en base a éstos y junto con otros datos técnicos, la producción eléctrica instantánea será pronosticada.

La dificultad del pronóstico de los microgeneradores basados en tecnologías renovables radica en disponer, con cierto grado de exactitud, de una buena predicción de los recursos renovables de los que dependa dicha tecnología y esto no es una labor sencilla, ya que la aleatoriedad de la que dependen estos recursos (radiación solar y velocidad de viento) es alta.

6.3. Técnicas de pronóstico

En esta sección presentaremos algunas generalidades y particularidades que afectan al pronóstico y que podrán ser de aplicación tanto a la demanda eléctrica como a la generación. Para comenzar, los indicadores típicos de la cuantificación de los errores en el pronóstico serán presentado. Posteriormente, la clasificación del pronóstico será mostrado, atendiendo a distintos criterios. Después, se detallarán los modelos lineales y los no lineales que se emplean para el pronóstico, para posteriormente hacer una comparativa entre ellos. Finalmente, el pronóstico en los nuevos entornos de futuro será presentado, completando lo mencionado en secciones anteriores.

Pero antes de continuar, nos gustaría plantear la secuencia de pasos necesarios para poder plantear un modelo de pronóstico, bien para la generación o la demanda en una microrred eléctrica. En la Figura 6.20 se muestran estos pasos, que posteriormente serán comentados.

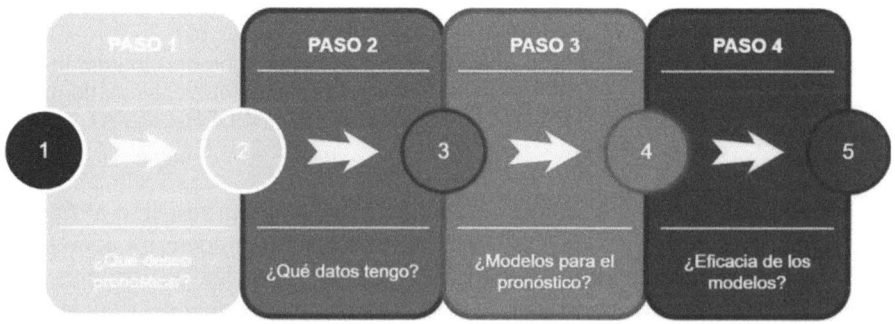

Figura 6.20. Secuencia de pasos para la definición de un modelo de pronóstico.
Fuente: elaboración propia.

A continuación, se describen los pasos sugeridos:

- *Paso 1. ¿Qué deseo pronosticar?*: esta pregunta es importante responderla y tenerla clara desde el comienzo. En nuestro caso, la respuesta es sencilla: o demanda o generación. Aunque como veremos en las siguientes secciones, algunas particularidades del pronóstico sirven para demanda o generación, otros detalles serán exclusivos de lo que hayamos escogido. Además, dentro de esta pregunta debemos tener presente el tipo de pronóstico a realizar y nos estamos refiriendo con tipo, al límite de nuestro pronóstico, pues como se verá, no es lo mismo unos segundos que unos años.

- *Paso 2. ¿Qué datos tengo?*: una vez respondida a las dudas surgidas en el paso 1 y muy dependiente de las respuestas escogidas, debemos centrarnos en valorar los datos que tenemos. Con respecto a éstos, lo primero que debemos tener presente es que existen distintos tipos de datos y no será lo mismo una granularidad en ellos u otra, como que tampoco será lo mismo el rasgo característico que presenta. Para un pronóstico de demanda eléctrica parece apropiado un dato de consumo eléctrico y no tanto el resultado de la quiniela ganadora, pero dentro de los datos de consumo eléctrico si estoy realizando pronóstico de las próximas 24 horas, será conveniente disponer de los datos de consumo eléctrico de los días anteriores y quizás no sea tan importante tener el dato del consumo eléctrico agregado del año anterior.

  Cuando se habla de datos y pronóstico surge el término "*dato exógeno*" y es aquel que en principio no forma parte de forma directa con el trabajo en cuestión [2], [379]–[381]. Imaginemos un gestor de una microrred eléctrica interesado en disponer de una herramienta para hacer pronóstico de su demanda eléctrica a largo plazo, donde pueda observar el crecimiento de ésta anualmente, en este caso, situaciones como las vividas en el pasado como la de la pandemia de COVID-19 pueden hacer que el pronóstico falle estrepitosamente, por lo que disponer de ciertas variables que anticipen o indiquen este tipo de posibilidades de ocurrencia serán determinantes. Pensemos ahora en una microrred eléctrica que necesita disponer de un pronóstico a corto plazo (día siguiente) de la producción fotovoltaica y eólica, si el modelo dispone de información sobre paradas técnicas de sus plantas renovables por labores de mantenimiento, podrá entregar un ajuste de pronóstico más fiable, que si no dispone de esa información y las paradas hacen que el pronóstico quede desajustado. Éstos son algunos ejemplos de variables exógenas al problema del pronóstico de la demanda y generación eléctrica.

- *Paso 3. ¿Modelos para el pronóstico?*: una vez sabemos qué pronostica y los datos disponibles, todavía nos queda lo más complicado, acertar con el modelo a emplear. Hemos puesto acertar con toda intención, ya que en la actualidad hay tantísimos modelos destinados a pronóstico, que anticipar un resultado de un modelo frente a otro supone una labor de adivino. Lo cierto es que la tendencia actual es emplear algunos de ellos sobre un mismo conjunto de datos y problema para así decidir posteriormente con cual modelo me quedo en base a su eficacia [110], [382]. En este capítulo se presentarán algunos de los modelos empleados de forma clásica en la literatura, ya que pretender mostrar todos ellos es tarea imposible. Se recomienda al lector interesado en el pronóstico de la demanda y generación que investigue en la literatura aquí presentada y, por encima de eso, que se anime a probar diferentes modelos para buscar la mejor solución al problema que quiere afrontar.

- *Paso 4. ¿Eficacia de los modelos?*: una vez he obtenido pronósticos en base a distintos modelos probados, debo ser capaz de decidir cuál es el que más me conviene. En este caso, existen números indicadores estadísticos para verificar la eficacia del modelo empleado. En este capítulo se presentarán los más relevantes y de empleo en el pronóstico de la demanda y generación eléctrica.

Un inciso antes de terminar y que tiene que ver con los datos, muchos de los modelos de pronóstico que se emplean (y algunos se presentarán aquí), tienen una etapa que se conoce como fase o etapa de entrenamiento. En esta etapa, al modelo se le pasan patrones de datos conocidos para obtener el pronóstico que nosotros perseguimos. Esta etapa se hace con datos conocidos, pero normalmente, un porcentaje de esos datos conocidos se extraen del conjunto de datos para el entrenamiento, para que una vez finalizado éste, esos datos extraídos puedan servir de control de la eficacia del modelo, empleando sobre ellos los indicadores que se presentarán una vez el modelo de pronóstico muestra su resultado.

6.3.1. Indicadores típicos para la cuantificación del error en el pronóstico

El lector ya sabe que un pronóstico es un anticipo de una variable, normalmente a partir de valores anteriores de ésta, junto con otras variables de interés. Pues bien, pero una vez disponemos del pronóstico, nos gustaría saber por cuánto hemos fallado al hacer éste y para ello, es necesario disponer del valor real de la variable pronosticada. Por tanto y entendiendo que el pronóstico se produce antes de saber el valor de la variable a estimar, una vez llegado al instante de tiempo en el que la variable estimada es ya una realidad y, por tanto, la hemos medido y sabemos su valor exacto, estamos en condiciones de saber la eficacia de nuestro modelo de pronóstico, con tan solo saber cuánto nos hemos desviado de su estimación.

En esta sección enunciaremos algunos de los principales indicadores estadísticos empleados para disponer de información sobre la eficacia de nuestro modelo de pronóstico. Estos indicadores son de amplia utilización en la estadística y, concretamente, para el pronóstico, por lo que podrán ser empleados tanto para medir la eficacia del pronóstico de la demanda eléctrica o de la generación en la microrred eléctrica.

La nomenclatura empleada será la siguiente: para el valor real (medido) de la variable empleada en un instante (i) emplearemos V_i; para el valor pronosticado en un instante (i) emplearemos $\hat{V}_i$.

En el caso del pronóstico, es necesario distinguir entre errores instantáneos o errores que tienen en cuenta un grupo de datos, en cuyo caso es necesario controlar la desviación existente en las estimaciones de los datos [2]. Como norma general, para controlar la eficacia del pronóstico son empleados los siguientes indicadores típicos: error absolute medio porcentual (*Mean Absolute Percentage Error*, MAPE); error cuadrático medio (*Mean Squared Error*, MSE); error máximo (*Maximun Error*, ME[3]). El lector debe entender que los indicadores aquí mostrados son sólo algunos de los posibles, pero como son los habitualmente empleados se ha considerado destacarlos.

MAPE es una medida de error relativa y viene dada por la Ecuación (6.2). Emplea el valor absoluto para evitar que los errores positivos y negativos se cancelen entre sí en una serie.

$$MAPE = \frac{100}{n} \cdot \sum_{i=1}^{n} \left| \frac{\left| V_i - \widehat{V_i} \right|}{V_i} \right| \tag{6.2}$$

donde n representa el número de puntos que se han pronosticado.

MSE, Ecuación (6.3), es un indicador que cuantifica los errores cometidos al cuadrado. Como muestran algunos autores, MAPE es poco sensible a cuando existen grandes diferencias entre datos; en cambio, MSE sí que es capaz de detectar esta singularidad [2], [381].

$$MSE = \frac{1}{n} \cdot \sum_{i=1}^{n} \left(V_i - \widehat{V_i} \right)^2 \tag{6.3}$$

ME, Ecuación (6.4), es muy interesante para pronóstico ya que puede ser visto como un complemento de MSE y MAPE, para identificar la máxima diferencia existente entre estimación y realidad. En demanda eléctrica, valores muy altos de ésta pueden ser interesantes de tener detectados para empresas del sector eléctrico (lo mismo para una microrred eléctrica), por lo que este indicador ha sido empleado en el pasado para este fin [2], [383].

$$ME = \left| V_i - \widehat{V_i} \right| \tag{6.4}$$

Pero como veremos en la siguiente sección, el propósito del pronóstico puede ser muy variado, al igual que el tipo de estimación que se haga. Por ejemplo, una microrred eléctrica puede estar interesada en pronosticar toda la curva de carga del día siguiente y tener cada uno de los consumos de potencia estimados en cada una de las 24 horas que conforman el día. En este caso y si por ejemplo hablamos del MAPE, podemos calcular este indicador para todas y cada uno de los pronósticos de los 24 valores horarios de consumo, pero también se podía disponer del MAPE para toda la curva de carga, esto es, saber el error absoluto medio porcentual del pronóstico del día entero a partir de los pronósticos individuales de cada una de las horas. Para entender esto, veamos un ejemplo, la Tabla 6.1 muestra el pronóstico de la demanda eléctrica en una microrred y se muestra el pronóstico y el valor real de cada uno de los consumos en cada una de las 24 horas del día.

---

[3] No confundir esta abreviatura con la empleada en otros capítulos y que hace referencia a microrred eléctrica.

Tabla 6.1. Ejemplo de pronóstico de curva de carga. Fuente: elaboración propia.

Demanda eléctrica	Hora del día – Indica en instante de tiempo sobre la curva de carga																							
	0	1	2	3	4	5	6	7	8	9	10	11	12	13	14	15	16	17	18	19	20	21	22	23
Valor real (kW)	1	2	1	2	3	2	4	5	8	9	11	12	13	14	13	13	12	11	7	6	4	2	3	2
Valor pronosticado (kW)	0,99	1,98	1,03	1,85	3	2,2	4	4,5	7,95	9	10,35	11,98	13	13,75	13	13	12	11	7,1	6,2	4,08	2,1	3	1,98

Lo primero que se va a calcular es el MAPE de cada uno de los pronósticos hora a hora, para lo cual se empleará la Ecuación (6.2), pero teniendo en cuanta que la n es 1 y se hará con el valor real y pronosticado columna a columna, esto es, para cada una de las horas de la tabla. De esta forma, los MAPE horarios obtenidos de nuestro ejemplo de pronóstico serán los siguientes (en porcentaje, %):

hora 0	1%
hora 1	1%
hora 2	3%
hora 3	7,5%
hora 4	0%
hora 5	10%
hora 6	0%
hora 7	10%
hora 8	0,62%
hora 9	0%
hora 10	5,91%
hora 11	0,17%
hora 12	0%
hora 13	1,79%
hora 14	0%
hora 15	0%
hora 16	0%
hora 17	0%
hora 18	1,43%
hora 19	3,33%
hora 20	2%
hora 21	5%
hora 22	0%
hora 23	1%

De los resultados anteriores podemos sacar algunas conclusiones del pronóstico horario. A partir del MAPE horario, nuestro modelo de pronóstico de la demanda acierta totalmente (MAPE 0%) en numerosos puntos, destacando algunas horas centrales de la curva de carga (hora 14:00 a la 17.00), en las que la demanda parece que se ha estabilizado. A partir de este MAPE horario es posible obtener el MAPE diario, teniendo en cuenta los valores anteriormente calculados y sabiendo que n es 24 y volviendo a aplicar la Ecuación (6.2) obtenemos un MAPE diario de 2,24%.

Con MSE es posible hacer el mismo análisis, pero en esta ocasión daremos directamente el diario, cuyo valor es de 0,037, calculado a partir de la Ecuación (6.3). Este valor nos da una indicación de que nuestros pronósticos están más o menos centrados con respecto a la medida real, cuestión que podíamos intuir a partir de los MAPE horario, los cuales no salían muy dispares, a excepción de un par de puntos pronosticados cuyo MAPE era del 10%.

Por último, daremos el ME a partir de la Ecuación (6.4). El valor que arroja ME de nuestra serie de datos es de 0,65 y se corresponde con la máxima distancia entre pronóstico y valor real. Este momento se produce en la hora 10, donde además presenta un MAPE de 5,91%, lejos del MAPE máximo de otras horas que presentaban el 10% de MAPE. Por tanto, ME es un indicador muy importante, ya que nos indica la máxima diferencia existente del pronóstico con respecto al valor real y el momento en el que se produce.

Para terminar, volver a recordar a los lectores que los indicadores mostrados son sólo algunos, pero que se han considerado los más representativos para las labores de pronóstico y más concretamente los que aparecen en la literatura de pronóstico de demanda y generación.

6.3.2. Clasificación del pronóstico

Volvemos a plantear un problema de clasificar un tema y en el caso del pronóstico vuelve a suceder algo parecido, el pronóstico puede ser agrupado según distintos criterios. En este caso, hemos querido ser muy conservadores y hacer una clasificación muy básica y elemental, ya que el tema del pronóstico permite hacer múltiples clasificaciones.

Por tanto, en esta sección se presentarán algunas posibles clasificaciones que afectan a los modelos de pronóstico. Debido a que en las siguientes secciones se abordarán los modelos basados en técnicas lineales y no lineales respectivamente (se puede considerar una clasificación propiamente dicha), la presente clasificación se ha planteado desde dos diferentes perspectivas, en concreto, se clasificará en cuanto al horizonte del pronóstico y el objetivo de éste.

6.3.2.1. Clasificación con respecto al horizonte del pronóstico

El horizonte debe entenderse como el límite temporal para el pronóstico a realizar. Este horizonte será muy distinto para unas aplicaciones u otras, por lo que la decisión de éste estará relacionada con la aplicabilidad del modelo a desarrollar. El horizonte escogido también tendrá una clara influencia sobre el tipo de datos que empleará el modelo, refiriéndonos a la granularidad de éstos, pero también a su procedencia.

Desde el comienzo de la gestión del sistema eléctrico se ha puesto el foco de interés en disponer de pronósticos, primeramente, de la demanda y de forma posterior para la generación. De una forma muy temprana se acuñó un término de mucho interés en el pronóstico de la demanda y es el *corto plazo* [375]. Para el tema que nos ocupa del pronóstico en generación y la demanda, aparecerá el concepto de pronóstico a corta plazo de la demanda eléctrica o la generación.

No obstante, la previsión (demanda y generación eléctrica) puede clasificarse bajo criterios diferentes. Según el intervalo a predecir, lo que normalmente se conoce como *horizonte de predicción*, se distinguen para la demanda (similar para la generación, sustituyendo *Load* por *Generation*) los siguientes tipos [2], [384], [385]:

- *Pronóstico de la demanda a muy corto plazo* (*Very Short-Term Load Forecasting,* VSTLF): normalmente empleado para la gestión del flujo de energía y sus tiempos están del orden de los segundos a como mucho los minutos (alguna hora).

- *Pronóstico de la demanda a corto plazo* (*Short-Term Load Forecasting,* STLF): la aplicación suele estar para los ajustes entre la generación y la demanda existente en la microrred eléctrica o en un sistema eléctrico en general. Dentro de esta agrupación, el rango de horas del pronóstico puede variar desde algunas pocas horas hasta varias semanas, siendo la estrella el pronóstico de 24 horas, que en el caso de la demanda se conoce como curva de carga.

- *Pronóstico de la demanda a medio/largo plazo* (*Medium/Long-Term Load Forecasting,* MTLF/LTLF): en este caso agrupamos medio y largo plazo en el mismo grupo, pero el lector debe tener presente que son dos tipos de pronóstico diferentes. desde meses a años. Una clara aplicación de estos pronósticos suele ser para una planificación del despliegue de los activos de una compañía eléctrica, aunque también podrían emplearse para anticipar beneficios económicos con la compra y venta de la energía. Para el caso de la microrred eléctrica el análisis es parecido, el pronosticar a medio o largo plazo la demanda o la generación servirá para tomas de decisiones de nuevas inversiones en infraestructuras o para tener cierto grado de conocimiento de los beneficios del gestor de la microrred eléctrica. En cuanto a la franja temporal del pronóstico, estaríamos hablando desde meses a años, no quedando muy clara la frontera entre el medio y largo plazo. Según nuestro criterio, unos cuantos meses sería el medio plazo y cuando llegamos al umbral de un año estaríamos hablando de largo plazo.

Decir que pronóstico interesa según su horizonte es complicado, ya que esta decisión dependerá de la aplicación concreta del gestor. No obstante, es posible afirmar que los horizontes de pronóstico más importantes, atendiendo a la cantidad de veces que se han empleado, son [2]: semanal, diario y horario.

Una compañía eléctrica o el gestor de una microrred eléctrica estará muy interesado por disponer de pronósticos con un horizonte de predicción de 24 horas, llamada curva de carga para el caso de la demanda eléctrica (*load profile*) [2], [386].

Evidentemente la principal diferencia en estos modelos radica en la cantidad de segundos, minutos, horas, semanas, meses o años a pronosticar. No obstante, es interesante fijarse en el alcance de las variables a emplear en los distintos modelos según su horizonte de pronóstico. En los modelos a muy corto plazo se emplean entradas al modelo con datos recientes (por ejemplo, minutos u horas), en los modelos a corto plazo se emplean entradas al modelo con datos de días y para los modelos a medio y largo plazo se emplean entradas al modelo con datos de semanas o incluso meses.

En la Figura 6.21 se muestra un resumen de la clasificación del pronóstico en cuanto a su horizonte. El lector puede aplicar lo mostrado tanto a la demanda como a la generación. La figura muestra la granularidad de los datos a emplear.

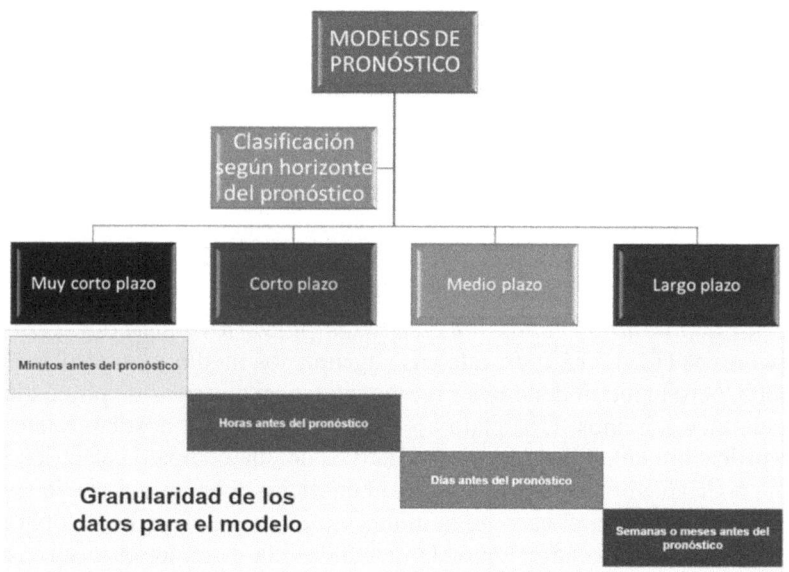

Figura 6.21. Clasificación de los modelos pronóstico en cuanto a su horizonte de pronóstico. Fuente [2], [385], elaboración propia.

Tal como se muestra en la figura anterior, el pronóstico a muy corto plazo dependerá de datos de entrada de instantes de tiempo anterior, por ejemplo, pensemos en un modelo que pretenda pronosticar la entrega de potencia de una turbina eólica en los próximos segundos (muy corto plazo), en ese caso el modelo habrá recibido datos de los segundos o minutos anteriores. En cambio, un modelo de pronóstico de la demanda a corto plazo empleará datos de consumos de las horas anteriores. Un pronóstico de demanda a medio plazo empleará datos de entrada de días o semanas. Finalmente, un pronóstico de largo plazo de la generación fotovoltaica empleará datos de los meses anteriores. Por tanto, el horizonte de pronóstico marca en cierta medida la granularidad del dato a emplear en el modelo.

Ahora nos centraremos en el pronóstico de la demanda eléctrica. Si mantenemos el foco de atención en el horizonte del pronóstico, el modelo también estará condicionado con el tipo de parámetro que empleará, además de la granularidad en el dato ya comentada. La Figura 6.22 muestra la clasificación del pronóstico de la demanda eléctrica según el horizonte, pero completada esta vez con el tipo de parámetros que los modelos esperarán.

Como muestra la figura, para el caso del pronóstico de la demanda eléctrica la decisión de un horizonte u otro implicará cierta influencia con el tipo de datos a emplear. Con independencia del horizonte del pronóstico parece más que lógico que cualquier modelo que quiera anticipar la demanda deberá emplear de forma obligatoria datos de consumo eléctrico; estos datos dependerán de la granularidad de éstos, pero también podrán emplearse puntos singulares como por ejemplo [2], [111], [385], [387]–[389]: pico de la demanda (valor y hora en la que se produce), estimación de la demanda agregada según el horizonte de pronóstico planteado, curva de carga, etc.

Los datos climáticos parece que afectarán principalmente a los modelos de pronóstico que estén centrados en el medio y largo plazo. No obstante y como se ha mostrado en la figura, existe bastante dependencia también con el corto plazo y, en menor medida, con el muy corto plazo. El pronóstico de la demanda ha estado desde los comienzos muy relacionado con la información climática y ésta es fundamental para un modelo con una mayor eficiencia de pronóstico [42], [369].

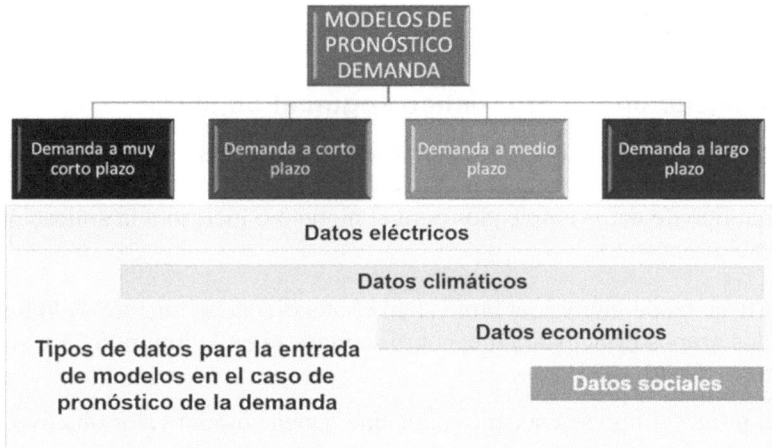

Figura 6.22. Tipos de datos según horizonte de pronóstico para el caso de la demanda eléctrica. Fuente [2], [385], elaboración propia.

Los datos económicos serán importantes para los pronósticos de la demanda, pero principalmente en el medio y largo plazo. No obstante, y hablando de demanda, este tipo de parámetros tendrán un efecto más claro cuando el pronóstico esté destinado a un país entero o una gran región [390].

Los datos sociales son importantes para el pronóstico de la demanda en el medio, pero principalmente para el largo plazo. No obstante, la importancia de los datos sociales y su influencia en el pronóstico es bien sabida desde ya hace mucho tiempo [391]. Sin embargo, algunos autores emplean datos sociales para pronosticar la demanda en el corto plazo, aunque para ellos el corto plazo es un mes, lo que para otros sería ya medio plazo [392]; con independencia de lo anterior, los autores destacan como variables sociales las siguientes: producto interior bruto (podría ser visto como variable económica), población, precios de electricidad (podría ser visto como variable económica), producción industrial, etc. Otros autores también consideran importante la variable de la población, vista para ellos como la expansión de la ciudad [393]. Como vemos, en ocasiones tampoco parece claro el límite entre variables económicas y sociales.

En esta sección se ha presentado la clasificación del pronóstico atendiendo al horizonte de éste. Surge el pronóstico a muy corto plazo, corto plazo, medio plazo y largo plazo. Todos y cada uno de ellos, tendrán ciertas particularidades que lo definan y los modelos planteados para tal fin estarán justificados con su propósito de aplicación. Además, la información empleada para el modelo de pronóstico tendrá una clara vinculación con el horizonte escogido y esto afectará tanto a la granularidad del dato a emplear como su tipo (eléctrica, climática, económica, social, etc.). Todo lo anterior es de aplicación general para cualquier entorno del que pretendamos hacer un pronóstico de demanda o generación, por lo que es posible aplicarlo de forma directa a la microrred eléctrica. Es cierto que en esta existirán ciertas variables que tomen más interés que otras, tal como se ha venido mostrando a lo largo del capítulo, por lo que el modelo de pronóstico (generación o demanda) deberá tenerlas presentes.

6.3.2.2. Clasificación del pronóstico según el objetivo

En la sección anterior hemos visto que el pronóstico puede ser distinto con respecto a su horizonte de pronóstico. Y será distinto no sólo por el límite de la propia estimación, sino que afectará al tipo de datos empleados para el modelo e incluso a la aplicación final de la herramienta del pronóstico.

Otra clasificación de interés del pronóstico es atendiendo al número de valores objetivo, destacando dos grupos principalmente, como se muestra en la Figura 6.23 y se describen a continuación [2], [376], [385]:

1. En el primer grupo se encuentran los que tienen sólo un valor objetivo, destacando como objetivos del pronóstico:
   - La carga/generación de la próxima hora [110].
   - La carga/generación pico (*Peak Load* o *Peak Generation,* PL o PG) del día siguiente [387]-[389], [394].
   - La carga/generación valle (*Valley Load* o *Valley Generation*, VL o VG) [395], [396].
   - La carga total [42].
   - La generación total del día siguiente [397], etc.

2. Con respecto al segundo grupo estarían las predicciones con más de un valor, como, por ejemplo:
   - El *load profile*[4] (predicción de la demanda a corto plazo del día siguiente) [110], [111].
   - El perfil de generación, *generation profile* [397].
   - La predicción de la generación a corto plazo (*Short-Term Generation Forecasting*, STGF) varias horas siguientes [398]-[400].
   - La carga pico junto a otro parámetro; por ejemplo, la carga agregada del día siguiente) [401].
   - La previsión de cada una de las horas del día siguiente en paralelo para la obtención de predicción de la demanda a corto plazo del día siguiente, que, aunque

---

[4] Perfil de carga o curva de carga.

podrían considerarse como del primer grupo, se muestran en el segundo debido a que la predicción de la demanda a corto plazo del día siguiente se obtendrá por el pronóstico de los consumos de cada hora, por tanto, formando los 24 valores de consumo en un día [110], [402]-[404].

Figura 6.23. Clasificación de los modelos de pronóstico en cuanto a su objetivo. Se muestra la aplicación del pronóstico. Fuente [2], [385], elaboración propia.

La figura ha mostrado también potenciales aplicaciones del pronóstico a partir del objetivo de éste. Cuando el pronóstico está centrado en estimar un único punto, la aplicación del modelo de pronóstico estará enfocada a operaciones en tiempo real, como por ejemplo el control de carga o descarga del almacenamiento eléctrico distribuido a partir de las estimaciones de demanda o generación en la microrred eléctrica. Las aplicaciones destinadas a la optimización de flujo de energía pueden estar sustentadas en los modelos de pronóstico de un único punto o en los de múltiples puntos, dependiendo de la situación. En cambio, las labores de planificación de carga o de despacho económico estarán asociadas principalmente con los modelos de pronóstico basados en múltiples puntos.

Como se ha visto en esta sección, además del horizonte del pronóstico es importante tener claro qué se quiere pronosticar exactamente. Los modelos emplearán un tipo de datos u otros y tendrán una aplicación concreta, atendiendo al objetivo que queramos estimar. El objetivo debe ser entendido como el punto o puntos de los cuales queramos hacer este pronóstico. Cuando hablamos de puntos concretos, tanto demanda como generación en una microrred eléctrica tendrán puntos singulares en sus respectivas curvas. Algunos de estos puntos han sido descritos y las estrategias de los modelos de pronóstico serán distintas cuando abordamos el problema de su estimación para un punto u otro. El enfoque de múltiples puntos también ha sido comentado y en este caso aparecen como elementos destacables la curva de carga y la curva de generación. El gestor de la microrred eléctrica deberá tener claro las aplicaciones que desea disponer y en las cuales el pronóstico es la base y según estas herramientas necesarias deberá emplearse una estrategia u otra, que, junto al horizonte del pronóstico anteriormente descrito, servirán para la toma de decisión sobre qué modelo interesa, las variables a emplear y la cantidad de puntos que conformarán el resultado del pronóstico.

6.3.3. Modelos de pronóstico lineales y no lineales

Como se ha dicho al comienzo de la sección de la clasificación del pronóstico, la presente sección en sí misma es susceptible de considerarse una clasificación. No obstante y con el objetivo de presentar la información con mayor claridad, se ha considerado no incorporarla en aquella sección al tener mucha información y poder causar confusión. Dicho esto, en esta sección se hablará de otra posible clasificación del pronóstico, distinguiendo entre modelos de pronóstico lineales y no lineales.

El problema del pronóstico no es tan sencillo en muchas ocasiones. Existen disciplinas donde determinadas variables a pronosticar presentan ciertas singularidades que hacen muy complicado su pronóstico. Estas variables, muestran un comportamiento no lineal en determinadas circunstancias, por lo que el abordaje del pronóstico debe realizarse de una forma especial. Como se muestra en [405], algunas variables ambientales presentan este tema de la no linealidad, por lo que es necesario un abordaje mediante inteligencia artificial, para que, de esta forma, estas dependencias complejas sean tenidas en cuenta. Con el tema de la demanda eléctrica ocurre algo similar, ésta es dependiente de muchos factores que hace que su comportamiento sea no lineal [2], aunque esto no implica que el abordaje del pronóstico no se pueda hacer con modelos lineales [406].

Los microgeneradores renovables de la microrred eléctrica son dependientes del recurso renovable correspondiente (radiación solar y velocidad de viento para fotovoltaica y eólica), por lo que aparecerán estas no linealidades como se acaba de ver. Por otro lado, la demanda de la microrred eléctrica, caprichosa en cuanto a su comportamiento (más en una microrred), también presentará estas no linealidades.

Con las premisas citadas anteriormente, a continuación, se presentarán dos vertientes principales para los modelos de pronóstico [2], [385]:

1. Técnicas lineales.

2. Técnicas no lineales.

3. Combinaciones de las anteriores. Con ellas surgen los modelos híbridos, los cuales también se van a mostrados.

Desde finales del siglo pasado (siglo XX), los modelos basados en técnicas no lineales han comenzado a superar (en cuanto a su empleo) a los de técnicas lineales. Este hecho ha sido principalmente por el gran avance de los métodos basados en inteligencia artificial, concretamente por los modelos basados en redes neuronales artificiales. Este progreso ha sido posible gracias a que determinados investigadores hicieron grandes avances en el ámbito de la aplicación de estas técnicas, tal es el caso de James Anderson, cuyo modelo muestra el potencial que tienen las neuronas al activarse y estar interconectadas entre sí, llamando al modelo *Brain-State-in-a-Box* [407].

En un corto periodo de tiempo ese modelo fue evolucionando, principalmente con los aportes de Teuvu Kohonen en la Universidad de Helsinki (Finlandia), presentando su autoorganizado (*Self-Organizain Map*, SOM) [408]. Posteriormente, el mismo investigador evolucionó su propuesta, dándole una mayor robustez y eficacia al modelo presentado [409]-[412].

En 1982, J. J. Hopfield describe matemáticamente una red neuronal artificial asociativa, así como su funcionamiento [413]. Entre 1980-1988 Kunihiko Fakushima, desde Japón, presentó un modelo basado en inteligencia artificial para el reconocimiento visual de patrones, conocido como *Neocognitron* [414], [415].

De manera evidente, lo anteriormente comentado es tan solo una parte de la apasionante historia sobre la inteligencia artificial y concretamente sobre las redes neuronales artificiales. Se invita a los lectores a profundizar en este tema en las siguientes referencias, las cuales les servirán para aumentar sus conocimientos en esta área tan apasionante y de rabiosa actualidad [416]-[420].

Por tanto, a continuación, se expondrán los principales modelos de pronóstico agrupados dentro de nuestro interés, modelos lineales y no lineales. El lector debe tener presente que *"no están todos los que son, pero sí son todos los que están"*, por lo que vaya por delante una disculpa si echa en falta algún modelo concreto. Por ejemplo, dentro de los no lineales, no se van a presentar los modelos de aprendizaje profundo (*Deep Learning*, por sus siglas en inglés) que de tanto uso son en la actualidad para pronóstico de la demanda y la generación eléctrica [110], [421]-[425] y, por tanto, debe de pasar cierto tiempo para que constituyan en sí mismos una realidad sin fisuras.

6.3.3.1. Pronóstico basado en modelos lineales

Podemos entender un modelo lineal como aquel que necesita la definición matemática completa del problema a resolver. Como ya se ha visto, el problema de pronóstico de la demanda o generación eléctrica, independientemente del horizonte de previsión o su objetivo, se convierte en un dilema no trivial de resolver. Por ejemplo y como ya se ha dicho, la demanda y generación eléctricas en una microrred presenta no linealidades y éstas son consecuencias de su dependencia con gran cantidad de variables (endógenas y exógenas), las cuales deberán ser reconocidas, para posteriormente ser trasladadas a las ecuaciones correspondientes en los modelos lineales empleados. Este hecho, aunque parezca no complicado, se convierte en el gran reto a solventar por los ingenieros que pretenda abordar el desafío del pronóstico con modelos basados en técnicas lineales.

Por tanto, el planteamiento matemático del problema del pronóstico (demanda y generación) debe ser definido de forma clara. Pero como hemos visto, estas no linealidades de demanda y generación se tornan en una labor difícil de acometer por el experto. En esta sección no nos enfrentaremos en definirlas, en cambio, sí nos centraremos en mostrar algunos de los modelos existentes, así como sus principales fundamentos matemáticos.

Como se ha visto en la clasificación de horizonte y objetivo, los modelos ya se clasificaban en los que pronosticaban un punto (como la carga pico) y modelos centrados en pronosticar la forma de la curva (*Generation/Load shape model*). Nuestro interés estará centrado en estos últimos.

Los modelos de forma de carga o generación son los modelos que en un periodo de tiempo concreto analizan series temporales de datos, pudiendo estar los que pronostican un perfil de carga/generación y, por tanto, los pronósticos a corto plazo. Diversos autores han realizado trabajos combinando modelos de forma de carga y generación pico. Los modelos de forma de carga pueden dar origen a dos variantes [2], [385]:

- los llamados *modelos hora del día* (*time-of-day*) y

- los *modelos dinámicos* (*dynamic models*).

Para el caso de la demanda y generación eléctrica, los modelos hora del día definen la carga o generación D/G en cada tiempo discreto t del periodo de pronóstico, de duración T, mediante una serie de tiempo dada la Ecuación (6.5) [2], [385]:

$$\{D/G(t), t = 1, 2, \ldots, T - 1, T\} \tag{6.5}$$

El modelo almacena T valores de la variable de interés (demanda o generación), los cuales están basados en observaciones anteriores al instante del valor que se quiere pronosticar. Dependiendo del modelo, este almacén T contendrá varias curvas de carga/generación de semanas previas, mientras que otros, tan solo la semana anterior. Posteriormente y a juicio del operador, consiste en hacer el pronóstico por medio de fórmulas, por tanto, la función del operador y la aplicación de reglas son emulados por sistemas expertos. Los sistemas expertos son una rama de la inteligencia artificial, por lo que se aproximarían a las redes neuronales artificiales, pero ya que precisan de mucha intervención humana para la definición de las reglas, se ha considerado comentarlos en la sección de modelos lineales.

Es posible representar un valor (demanda o generación) de una hora a partir de una serie de funciones dependientes del tiempo y teniendo en cuenta el error del modelo planteado. Esto supone una alternativa al planteamiento dado con la Ecuación (6.5) y vendría dada por la Ecuación (6.6) [2], [385]:

$$D/G(t) = \sum_{i=1}^{n} \alpha_i \, f_i(t) + error(t) \qquad (6.6)$$

donde

$D/G(t)$: demanda/generación en el tiempo t, que es la suma de las funciones $f_i(t)$, con n el número de horas consideradas;

$error(t)$: error del modelo;

α_i: estimados a través de regresión lineal simple (*Linear Regression*, LR) o técnicas similares.

Dentro de los modelos hora del día, aparecen [2], [385]:

- Los basados en descomposición espectral (*Spectral Decomposition*, SD), que teniendo la forma de (6.3) y se han empleado históricamente para el pronóstico de una hora principalmente para la demanda eléctrica [426].

- Los modelos basados en mínimos cuadrados ordinarios (*Ordinary Least Squares*, OLS) para hacer previsión anual de la demanda de un país y destacando la necesidad para este modelo de disponer de 5 años de datos históricos [427].

Una forma de poder introducir de forma matemática las no linealidades de un problema, es empleando los modelos dinámicos. En este tipo de enfoque, se reconoce que la demanda o generación no sólo dependerá de datos de consumo o del recurso y será posible introducir otras variables al problema como puedan ser los acontecimientos climáticos, variables aleatorias, etc. Los modelos dinámicos son de dos tipos [2], [385]:

- Modelo autorregresivo de medias móviles (*Auto-Regressive and Moving Average*, ARMA).

- Modelos de espacio de estados (*state-space models*).

Los modelos autorregresivos de medias móviles pueden formularse a partir de una función dependiente del instante de tiempo ($f_{nl}(t)$), la cual podría representar en cierta forma las anomalías (no linealidades) de las variables climáticas deseadas, las cuales deberán obtenerse de alguna forma a través de un análisis de correlación (*correlación(t)*). Para nuestro caso de demanda y generación eléctrica en una microrred, estos modelos pueden generalizarse a partir de la Ecuación (6.7) [2], [385]:

$$D/G(t) = f_{nl}(t) + correlación(t) \qquad (6.7)$$

Aparecen en la literatura variaciones a partir de la Ecuación (6.7) por medio de nombres distintos y presentando ligeras diferencias entre ellos. Es posible englobar todos dentro del modelo autorregresivo de medias móviles y, en concreto, dentro de un modelo dinámico [2],

[385]. El lector podrá encontrar su información base en cualquier libro de consulta sobre la materia. No obstante, numerosos trabajos de pronóstico de demanda y generación eléctrica han sido desarrollados con ARMA, [428]-[432]. La Figura 6.24 muestra distintos modelos basados en ARIMA.

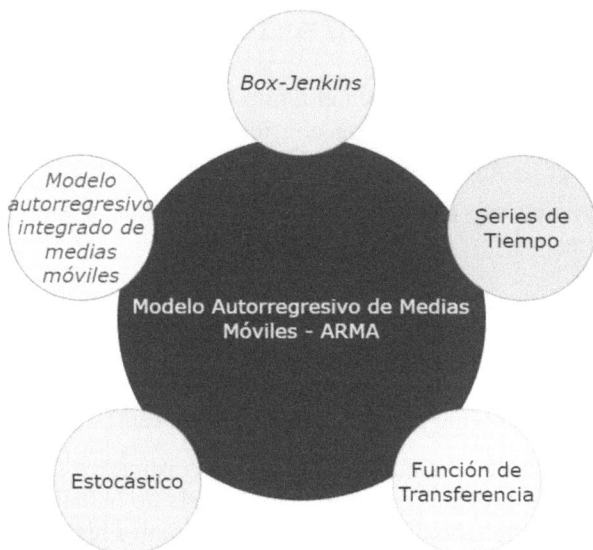

Figura 6.24. Distintos modelos encontrados en la literatura y basados en ARMA.
Fuente [2], [385], elaboración propia.

Los modelos *Box-Jenkins* presentan ciertas limitaciones y este hecho fue confirmado por numerosos autores, siendo la principal la propia linealidad y, por tanto, no siendo la mejor elección para el problema del pronóstico [433]. Esto es debido a que, por ejemplo, en el caso de la demanda eléctrica, parece estar demostrada la existencia de no linealidades entre la demanda y ciertas variables; por tanto, o estas no linealidades se introducen matemáticamente en la ecuación o no se podrá disponer de una previsión acertada. Lo anterior es posible hacerlo extensible a la generación, por lo que el pronóstico (demanda y generación) en microrredes eléctricas deberá tener presente este hecho. Otros trabajos posteriores emplearon este modelo de forma positiva, [434].

Algunos autores han sido capaces de introducir en modelos tipo ARMA los efectos de las variables climáticas. Concretamente, este hecho ha sucedido de forma singular en el pasado para el pronóstico de la demanda eléctrica [434]-[436].

Los modelos de espacio de estado son fácilmente convertibles en modelos autorregresivos de medias móviles y viceversa, sin embargo, se presentan numerosos trabajos de modelos de espacio de estados, ya que añaden un grado de estructura que no aparece en los modelos autorregresivos de medias móviles [437] y siguen la forma de la Ecuación (6.8) [385]:

$$\{D/G(t) = \vec{c}^T \overrightarrow{estado}(t) \quad \overrightarrow{estado}(t+1) = MA\vec{x}(t) + MB\overrightarrow{cl}(t) + \overrightarrow{ruido}(t) \quad (6.8)$$

donde

$\overrightarrow{estado}(t)$: vector de estado en el instante.

$\overrightarrow{cl}(t)$:vector de variables climáticas de entrada.

$\overrightarrow{ruido}(t)$:vector de entrada de ruido blanco.

Matrices MA y MB y el vector $\vec{c}^T$: constantes.

No obstante, los modelos de espacio de estado han sido ampliamente empleados, tanto para el pronóstico de la demanda como para la generación renovable, [438]-[442].

En los primeros años del siglo XXI se continúan empleando modelos autorregresivos de medias móviles para previsión, pero en menor proporción que, por ejemplo, los modelos basados en redes neuronales artificiales. Sin embargo, se debe indicar que hoy en día, numerosos operadores del sistema de transporte y del sistema de distribución operan con dichos modelos. A partir del año 2000 se siguen encontrando modelos autorregresivos de medias móviles, normalmente combinados con las redes neuronales artificiales, o centrados en la propuesta del manejo de nuevos parámetros para aumentar su eficacia.

Se han desarrollado modelos autorregresivos de medias móviles junto con procesos no Gaussianos, e incluso el método de la covarianza modificada (*Modified COVariance,* MCOV), el cual es aplicado al pronóstico de la demanda a corto plazo [443].

Y aunque todavía no se han explicado las bases de los modelos basados en redes neuronales artificiales, algunos autores combinan la potencialidad del modelo ARMA con un modelo neuronal entrenado con retropropagación (*backpropagation*), mostrando mejoras con respecto al modelo autorregresivo de medias móviles de una sola etapa [444]. Estas combinaciones son muy interesantes, ya que parece que las bondades de un modelo se apoyan en las del otro y el resultado es una combinación que origina una sinergia altamente eficaz.

Otros trabajos basados en estos modelos son [385]:

- Modelo de inferencia *neurofuzzy* adaptativo (*Adaptative NeuroFuzzy Inference System*, ANFIS), aplicado a la detección de picos de demanda alterados por los comportamientos erráticos de los fines de semana, así como los días festivos [445].
- La literatura científica presenta un trabajo comparativo entre el modelo de media móvil (*Moving Average Model,* MAM), regresión lineal y la red neuronal artificial, destacando la desventaja del modelo de red neuronal artificial al no disponer del conocimiento interno del modelo [446].

En la Figura 6.25 se resumen los modelos lineales presentados. Pensando en el pronóstico de la demanda y generación en la microrred eléctrica es posible afirmar que los modelos lineales han sido y pueden ser usados para este fin. No obstante, debe tenerse presente que el empleo de este tipo de modelos exige un conocimiento profundo del problema a resolver y a partir del mismo, dicho conocimiento debe ser trasladado al modelo en forma de ecuaciones matemáticas. Además, en el caso de la demanda y la generación, sus peculiaridades harán que las no linealidades que presentan deban ser materializadas en forma de ecuaciones y esto es una labor complicada.

Figura 6.25. Resumen de los modelos lineales presentados en esta sección. Fuente [2], [385]:elaboración propia.

6.3.3.2. Pronóstico basado en modelos no lineales

En 1985, los primeros trabajos de pronóstico de la demanda eléctrica demostraron como las técnicas no lineales obtenían resultados prometedores en cuanto a su eficacia. Este hecho es un gran avance, ya que demanda y generación renovable tienen unas singularidades que hace que su pronóstico acertado no sea sencillo de obtener. En esa época, tal como se ha comentado en la sección anterior, algunos autores ya habían comenzado a comparar los resultados en el pronóstico al aplicar técnicas lineales frente a las no lineales y cada vez más, los resultados favorables se decantaban por las técnicas no lineales. Quizás y como también se ha comentado, el principal problema de los modelos basados en técnicas lineales radica en concretar en el modelo matemático esas singularidades de la demanda o la generación renovables.

Entonces surge la inteligencia artificial y dentro de ella numerosos modelos basados en redes neuronales artificiales, las cuales presentan una serie de características (Figura 6.26) que las van a hacer muy interesantes para numerosas aplicaciones desde entonces hasta nuestros días [416]–[419].

Este tipo de sistemas permite realizar un aprendizaje automático, donde el modelo aprenderá a partir de los datos presentados de forma automática durante su fase de entrenamiento. Además, esto le confiere la posibilidad de autoorganizarse y todo ello, sin la necesidad de la intervención humana en dicha fase.

Simulando el proceso de reconstrucción biológico del sistema neuronal humano, estos sistemas artificiales son capaces de reconstruirse a partir de ciertos fallos que ocurran y que causen problemas en la red conformada.

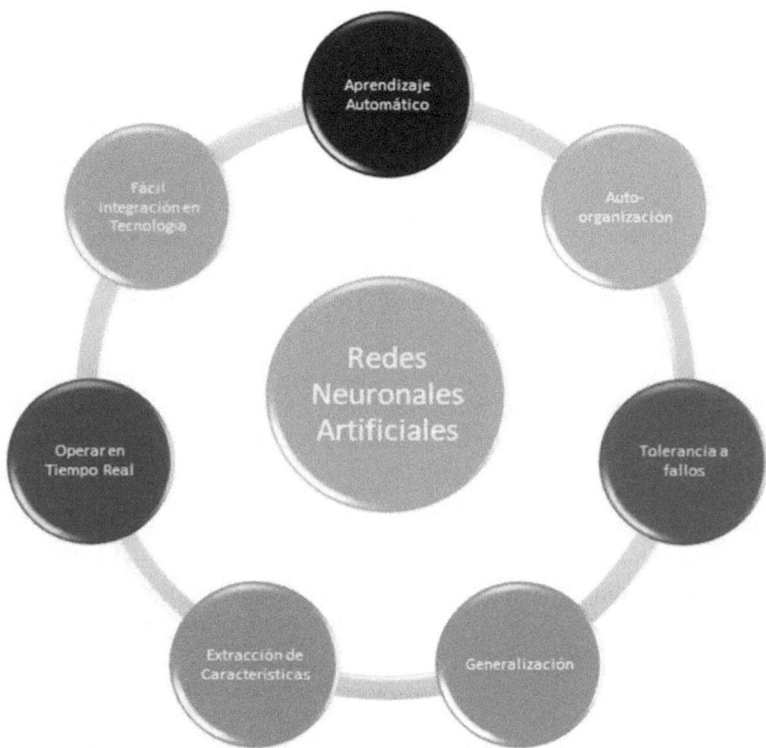

Figura 6.26. Principales características de las redes neuronales artificiales.
Fuente: elaboración propia.

Una de las características de estos sistemas y que los hace muy atractivos, es la capacidad de extraer características a partir de los datos de partida. Esta situación es ideal para los modelos de pronóstico de demanda y generación renovable en las microrredes eléctricas. Como ya se ha visto, demanda y generación renovable presentan ciertas singularidades que las hace muy complicadas de pronosticar, por lo que, si un sistema es capaz de inferir ciertas relaciones complicadas de ver a partir de los datos, se convierte en un gran candidato para ser empleado en el pronóstico.

Este tipo de sistemas pueden procesarse en tiempo real y con altos niveles de eficacia y rendimiento. El procesamiento en paralelo es posible, lo que les confiere unas altas capacidades resolutivas de cualquier problema, con independencia del grado de complejidad de éste. Además, su integración en hardware es muy sencilla y existen desarrollos en multitud de entornos de programación, lo que los hace altamente interesantes y utilizables en numerosas áreas de conocimiento.

Tal como se recoge en [2], algunas de las definiciones de redes neuronales artificiales son las siguientes:

Según [416]:

"Una nueva forma de computación inspirada en modelos biológicos"

o

"Un modelo matemático compuesto por un gran número de elementos procesales organizados en niveles"

Según [447]:

"(…) un sistema de computación hecho por un gran número de elementos simples, elementos de proceso muy interconectados, los cuales procesan información por medio de su estado dinámico como respuesta a entradas externas"

y según [409]:

"Redes neuronales artificiales son redes interconectadas masivamente en paralelo de elementos simples (usualmente adaptativos) y con organización jerárquica, las cuales intentan interactuar con los objetos del mundo real del mismo modo que lo hace el sistema nervioso biológico"

Por tanto, estos sistemas tratan de emular el comportamiento de los sistemas biológicos a partir de modelos matemáticos, gracias a un sistema jerárquico de procesamiento de la información formado por unidades básicas de procesamiento y que responde a estímulos externos y a datos.

Pero ¿cuáles son esas unidades básicas de procesamiento de las que hemos hablado? Lo primero debemos entender la composición de una neurona bilógica, la cual es mostrada en la Figura 6.27 y sus partes más importantes son: núcleo, cuerpo celular, axón, dendritas y sinapsis.

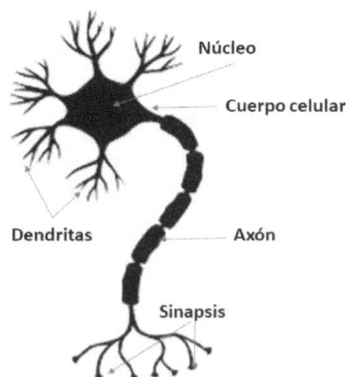

Figura 6.27. Recreación de una neurona biológica y sus partes. Fuente [449]: elaboración propia a partir de componentes de [448].

El principio de funcionamiento resumido de esta neurona es el siguiente. Las neuronas son un tipo determinado de célula. En el cuerpo neuronal se procesan las moléculas para que la neurona pueda sobrevivir. En el núcleo se controlan todos los procesos de la neurona. El axón es el encargado de transmitir los impulsos generados a otras neuronas (cuando el cuerpo se ha activado eléctricamente) a través de la sinapsis y las dendritas son las encargadas de recibir las señales químicas externas [448].Por tanto y simulando el comportamiento de la neurona biológica, se crean las neuronas artificiales que serán las unidades básicas de las redes neuronales artificiales y se dispondrán en diferentes capas, destacando la de entrada, la/s oculta/s y la de salida. La neurona artificial llamada *estándar* (Figura 6.28), a partir de la neurona artificial presentada por McClelland y Rumelhart, dispone de una regla matemática llamada *backpropagación*, la cual tiene en cuenta el valor de los pesos sinápticos junto a los valores de la entrada [450].

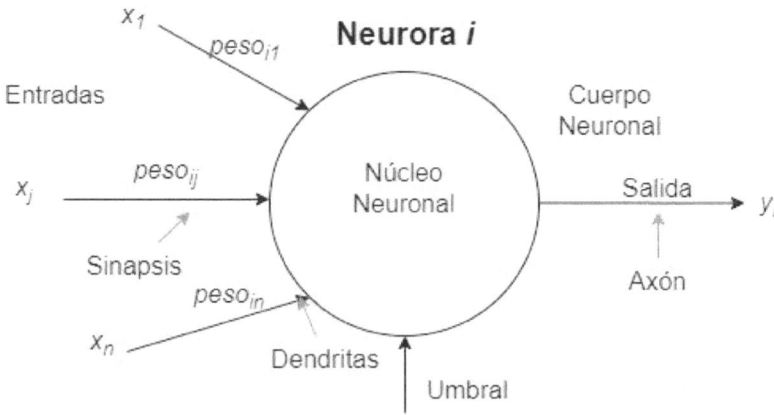

Figura 6.28. Esquema de modelo de neurona artificial estándar.
Fuente [2], [416], [451], elaboración propia.

Estas unidades mínimas estarán conectadas entre sí. Las que estén al mismo nivel, conformarán la misma capa, mientras que las que estén en distintas capas conectarán con las de la siguiente, por medio de su salida, el axón (salida), con la de la entrada de la siguiente capa, la dendrita (entrada) (Figura 6.29). Siguiendo con la figura anterior, las dendritas representan las entradas a la neurona artificial y éstas pueden provenir del exterior o de otras neuronas. Las entradas estarán afectadas por los pesos sinápticos ($peso_{ij}$), donde la i hace referencia a la neurona donde estamos y la j a la neurona con la que se comunica o el propio exterior si es la capa de entrada, por tanto, nos indica en cierta medida el grado de relación (fuerza) entre neuronas o con el exterior. En el núcleo de la neurona se produce el cálculo de la función matemática definida, a partir de los datos recibidos en ésta y aplicando la regla *backpropagation* (representada por el umbral). La función y_i representa la función de salida de la neurona, la cual podrá ir hasta otra neurona o al exterior en el caso de que estemos en la capa de salida de la red neuronal artificial.

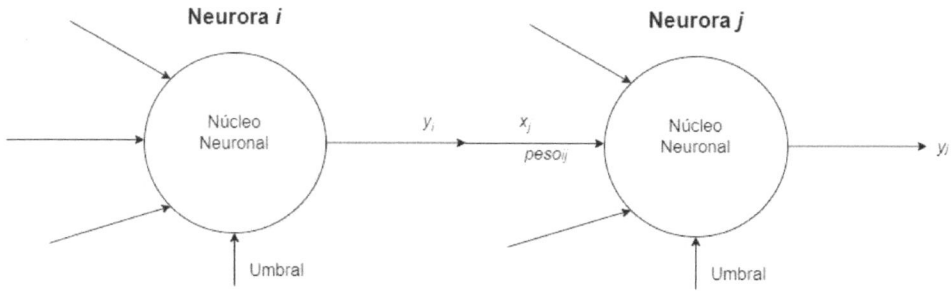

Figura 6.29. Esquema de interconexión de dos neuronas artificiales estándares.
Fuente [2] [416], [451], elaboración propia.

A continuación, se explicará cómo se modifican los pesos de cada una de las entradas a la neurona artificial. Para ello, consideremos $peso_{ij}(t)$ como el peso que unen las neuronas i y j en el instante de iteración t, gracias al algoritmo de entrenamiento se entrega el cálculo $\Delta peso_{ij}(t)$, que representa la actualización a incorporar al peso al que haga referencia, quedando actualizado dicho peso según la Ecuación (6.9) [2], [416], [451]:

$$\Delta peso_{ij}(t+1) = peso_{ij}(t) + \Delta peso_{ij}(t) \tag{6.9}$$

A partir de los valores de la entrada y tras aplicar la regla de *backpropagación*, se obtendrá un resultado a la salida de la neurona. Las entradas de la neurona estarán afectadas por unos pesos, que quedarán definidos después de su fase de aprendizaje.

La Figura 6.30 muestra una estructura típica de una red neuronal artificial. Podemos distinguir la capa de entrada, la capa oculta y la capa de salida. En este ejemplo, la capa de entrada está formada por 4 neuronas artificiales, las cuales recibirán la información del exterior en forma de datos. La capa oculta está formada por 2 neuronas artificiales, las cuales están totalmente conectadas con las de la capa de entrada y la de salida. Por último, la capa de salida está formada por 1 neurona artificial, destinada a entregar la información de la red neuronal artificial. En la parte inferior de la figura puede observarse que se ha indicado la dirección del flujo de la información. A continuación, se comentará esto.

Si nos centramos en la anterior figura, podemos clasificar las redes neuronales artificiales según el número de capas que la conforman, teniendo sistemas monocapa o multicapa. En los monocapa, no existe capa oculta y la capa de entrada y salida coincide, mientras que en las multicapas se distinguen claramente las capas mostradas en la figura y podrá haber tantas capas ocultas como el sistema requiera.

El flujo de información es importante, por ejemplo, si una neurona recibe información de sí misma estaremos ante un sistema retroalimentado, frente a un sistema como el mostrado en la figura donde la información de una capa es enviada a la siguiente, pero no retorna, estando ante un sistema unidireccional.

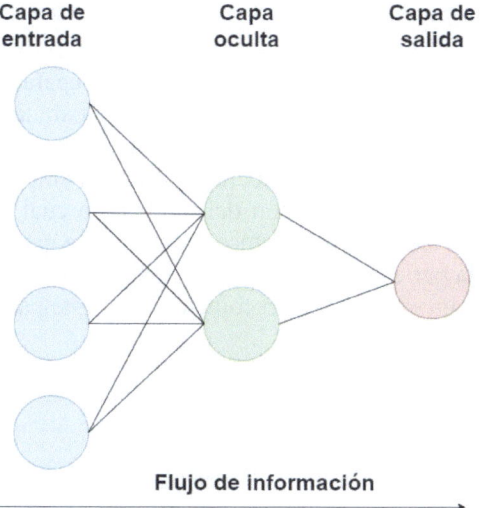

Figura 6.30. Esquema de una estructura típica de una red neuronal artificial. Fuente [2], [416], [451], elaboración propia.

Las redes neuronales artificiales pueden presentar dos formas de operación [2]:

1. Modo de aprendizaje o entrenamiento: es el momento donde se produce el ajuste de todos los parámetros que conforman la red. A partir de los datos disponibles, el modelo ajustará entre otras cosas los pesos sinápticos de forma automática.

2. Modo de ejecución o recuerdo: una vez finalizado el modo de entrenamiento, la estructura de la red neuronal artificial tendrá los pesos sinápticos ajustados y a partir de ese instante, el sistema entregará una respuesta (salida) ante una entrada exterior. Este modo también es conocido como validación con datos no proporcionados en el aprendizaje o entrenamiento.

El entrenamiento o aprendizaje es muy interesante, ya que permitirá al sistema aprender de forma automática a partir de datos procedentes del exterior y sin intervención humana. Los datos en forma de patrón de entrenamiento serán la base del problema a solucionar y serán escogidos cuidadosamente en función del pronóstico que se desee obtener. De forma muy simplificada, durante la fase de entrenamiento, el modelo aprende y se demuestra con el ajuste de los pesos sinápticos del propio modelo, empleando alguna regla de aprendizaje, la cual intentará minimizar el error cometido durante cada una de las iteraciones del proceso.

Como bien muestra [416], el entrenamiento debe evitar un mal no deseado, la "*memorización*" y ante este problema existe la "*generalización*". Este último concepto lo que debe velar es que el modelo aprenda de los patrones presentados durante la fase de aprendizaje, pero que no los memorice, para que su respuesta ante datos no conocidos sea lo más satisfactoria posible.

A partir de los dos modos de operación de la red neuronal artificial, es necesario hacer una reflexión para con los datos. Nuestro objetivo será disponer de un modelo de pronóstico basado en una red neuronal artificial, por tanto, es necesario separar en dos partes bien diferenciadas los datos existentes. Un porcentaje serán empleados para la fase de entrenamiento, una vez el modelo se haya ajustado (decidir el modelo, número de capas, neuronas que las conforman, etc.), mientras que el otro porcentaje de datos (no son empleados en el entrenamiento), serán reservados para la fase de validación del modelo, la cual nos servirá para estimar la eficacia de éste a través de los indicadores mostrados en este capítulo. Esta decisión del porcentaje a emplear en cada parte debe ser tomada por la persona que desarrolle el modelo. En la Figura 6.31 se muestra un esquema de lo comentado en este párrafo.

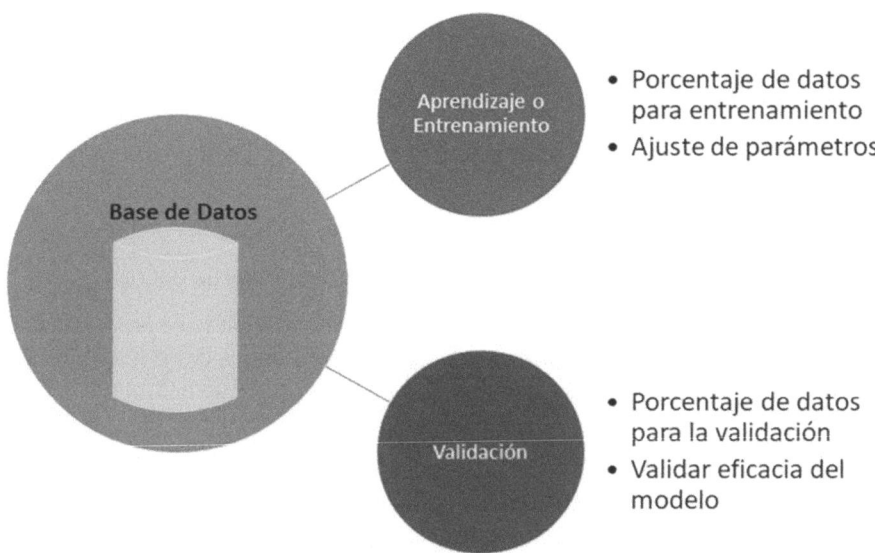

Figura 6.31. Esquema de datos para la red neuronal artificial. Fuente: elaboración propia.

A continuación, complementaremos lo anteriormente presentado y que tiene que ver con los datos empleados para la fase de entrenamiento.

Como se ha explicado un poco más arriba, el modelo debe garantizar la generalización frente a la memorización, pero ¿cómo hacer esto? Pues bien, una vez destinado un porcentaje de los datos para la fase de entrenamiento, una pequeña parte de éstos serán apartados, de forma que a medida que el modelo se vaya entrenando, podamos testear su resultado de eficacia con datos no conocidos durante el entrenamiento. Esta técnica conocida como validación cruzada (*cross validation*) garantizará la generalización del modelo. Para ser más exactos con los datos y tal como recoge [416], el conjunto de datos debe dividirse en tres grupos:

- De entrenamiento propiamente dicho: serán los datos que entreguen al modelo.

- De validación durante la fase de entrenamiento: será ese pequeño porcentaje de datos que se extraiga de los datos destinados al entrenamiento que garanticen la generalización y no la memorización del modelo.

- Test final o validación en la fase de operación: serán los datos que apartemos del conjunto inicial, para que una vez el modelo esté entrenado (con los datos de entrenamiento más los de validación dentro del entrenamiento), se empleen para probar la eficacia final del modelo.

Con respecto al aprendizaje o entrenamiento, podemos hablar de dos tipos distintos [2]: el supervisado y el no supervisado.

En un entrenamiento supervisado, el sistema debe recibir patrones de entrada a la vez que se presentan los patrones de salida, esto es, se le indica al sistema que si se produce tal evento en la entrada originará tal evento en la salida en el mundo real. En cierta forma, es una forma de *etiquetar* los sucesos del mundo real. Supongamos un modelo de pronóstico de la demanda eléctrica, en un entrenamiento se podrían dar los patrones de entrada de la curva de carga de un día y emplear como salida a cada patrón la curva de carga del día siguiente, por lo que la filosofía del sistema sería pronosticar la curva de carga del día siguiente a partir de los datos del día anterior.

En cambio, en un entrenamiento no supervisado no se entrega ninguna información al sistema, debe ser este el que obtenga ciertas conclusiones con tan solo ver los datos disponibles. Pensemos en una microrred eléctrica con generadores fotovoltaicos, se podrían emplear las curvas de producción para que un modelo no supervisado nos agrupara las producciones en función del tipo de día que observe, por lo que tan solo habría que proporcionar las curvas de producción y el sistema debería agrupar en base a la forma de éstas.

Existen diferentes modelos de redes neuronales artificiales, los cuales dependen del modelo de neurona, la arquitectura o topología de interconexión de las neuronas y del algoritmo de aprendizaje empleado. Por tanto, las distintas configuraciones con arquitectura escogida y la naturaleza del aprendizaje nos dará la solución para nuestro modelo planteado.

Con tanto avance en estos modelos basados en redes neuronales artificiales, pronto surge la necesidad de compararlos con los existentes hasta ese momento. En 1990-1991, algunos trabajos demuestran como el modelo perceptrón multicapa (*Multi-Layer Perceptron*, MLP) iguala a modelos *Box-Jenkins* [452], [453]. También demuestran para aquel entonces, que, para series cortas de datos, los modelos basados en redes neuronales obtienen mejores resultados que con *Box-Jenkins*, por lo que se vislumbra la posibilidad de emplearlos frente a los modelos ARMA, cuando no exista gran volumen de datos para abordar el problema del pronóstico [454].

Debemos destacar que el perceptrón multicapa fue una mejora de la propuesta en 1958 por parte del Rosenblatt del llamado perceptrón [455].

Esta evolución rápida hacia el empleo de modelos basados en redes neuronales artificiales permite destacar algunas conclusiones [2]:

- Desde finales del siglo pasado los autores descubren el potencial de los modelos basados en redes neuronales artificiales y comienzan a emplearlos en todas las disciplinas y el pronóstico de la demanda y la generación no es una excepción.

- El empleo de series cortas de datos no es un problema para los modelos basados en redes neuronales artificiales, los cuales obtienen unos resultados comparables o superiores a los modelos clásicos lineales. Esto está asociado con la habilidad de estos modelos en descubrir las linealidades en los datos presentados. Parece por tanto que estas técnicas son más atractivas para entornos donde la demanda o generación son muy cambiantes en el tiempo, como es el caso de las microrredes eléctricas.

  Entornos cambiantes como las *Smart Grids* o las microrredes eléctricas harán que los perfiles de demanda o generación renovable sean muy fluctuantes, por lo que parece ser que nutrir a estos modelos con datos nuevos será la clave, por encima de disponer de grandes cantidades de éstos. Este cambio de patrones, en el caso de la demanda, estará reforzado por los cambios económicos, sociales o de otros factores (por ejemplo, pandemias), que harán más atractivos estos modelos no tan dependientes de grandes volúmenes de datos históricos.

La revisión de los principales trabajos de modelos de pronóstico de demanda eléctrica o generación renovable basados en redes neuronales artificiales de finales del siglo XX, apuntan como clave los siguientes temas [2]:

- Preprocesamiento de datos.

- Diseño de la red neuronal artificial.

- Implementación de la red neuronal artificial.

- Validación de la red neuronal artificial, aunque no se tiene aún claro como lo está el sobreajuste (*overfitting*).

- La sobreparametrización (*overparameterization*), que afecta al proceso de la fase de entrenamiento.

Todos estos trabajos de revisión del estado del arte posicionan a los modelos basados en redes neuronales artificiales como los modelos a emplear en un futuro. Limitaciones como el efecto de la sobreparametrización son mejorados rápidamente como con la propuesta del algoritmo autorregresivo no lineal con entradas exógenas (*Nonlinear AutoRegressive with eXogenous inputs,* NARX) [456].

Con todo lo anterior, trataremos de mostrar los principales modelos a emplear basándonos en la clasificación mostrada en la Figura 6.32. Dentro de los modelos híbridos, entendemos aquellos que empleen distintos modelos, como por ejemplo varios modelos basados en redes neuronales artificiales, o con modelos lineales o incluso modelos como lógica difusa (*fuzzy*).

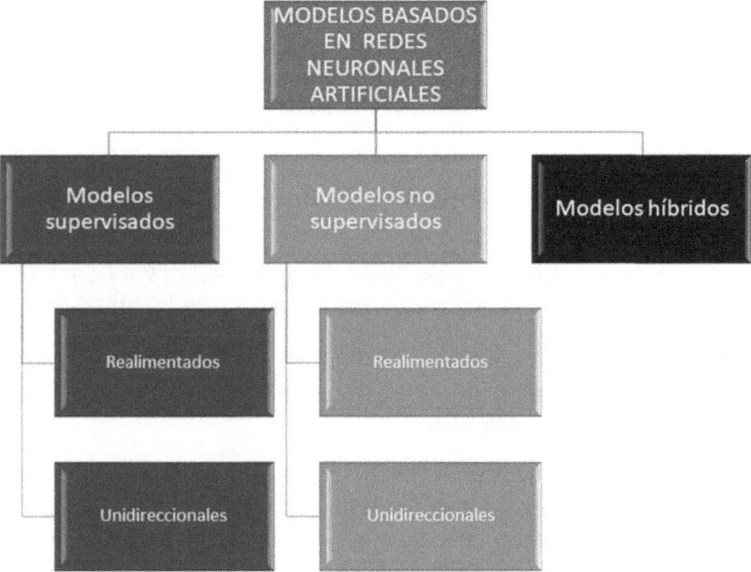

Figura 6.32. Clasificación de los distintos modelos basados en redes neuronales artificiales en función de su aprendizaje y su arquitectura. Fuente [2], [385]: elaboración propia.

6.3.3.2.1. Modelos basados en redes neuronales artificiales supervisados unidireccionales

Antes de comenzar, recordaremos qué modelos supervisados serán aquellos que durante la fase de entrenamiento deberemos guiarlos constantemente, pero este guiado consistirá únicamente en presentar por cada patrón de datos un objetivo para el aprendizaje, por ejemplo, si al modelo se le muestra una imagen de un coche, se deberá darle una etiqueta que lo identifique. Este proceso de supervisión requiere que la persona que lo plantee disponga los datos de forma correcta, ya que esta fase es un proceso totalmente automatizado y el porcentaje de los datos empleados en este modelo deberá llevar esa carencia indicada, dato y su etiqueta o *target*. La unidireccionalidad comentada hace referencia a que el flujo de los datos es hacia adelante, no vuelve la información una vez progresa hacia la salida del modelo.

Este tipo de enfoque ha sido ampliamente empleado para el pronóstico en la literatura pasada. Normalmente, emplea como algoritmo de aprendizaje el ya comentado *backpropagation*, dando unos resultados más que satisfactorios en su desempeño. Este algoritmo, además, garantiza la generalización de una forma satisfactoria.

Con independencia del horizonte y objetivo del pronóstico de la demanda eléctrica, los modelos (después del modelo se muestran algunos trabajos que lo emplean) más utilizados según esta clasificación son los siguientes [385]:

- Perceptrón multicapa (*Multi-Layer Perceptron*) [111], [399], [401], [425], [457]-[464].

- Modelo vector autorregresivo (*Vector autoregressive*, VAR) [465]-[475].

- Red neuronal probabilística (*Probabilistic Neural Network,* PNN) [476]-[482].

- Funciones de base radial (*Radial Basis Function Network,* RBFN) [483]-[490].

- Máquina de vector soporte (*Support Vector Machine,* SVM) y su variante máquina de vector soporte de mínimos cuadrados (*Least Squares Support Vector Machine,* LSSVM) [491]-[499].

- Basadas en la anterior la regresión de vector soporte (*Support Vector Regression,* SVR) [500]-[506].

6.3.3.2.2. Modelos basados en redes neuronales artificiales supervisados realimentados/recurrentes

Los modelos basados en redes neuronales artificiales realimentadas o recurrentes son similares a los anteriores, pero presentan una gran diferencia, mientras que en los unidireccionales una neurona está conectada con el resto, pero no consigo misma, en las realimentadas o recurrentes sí está conectada a ella misma. Existen numerosos modelos de este tipo y destacan las diseñadas en los inicios de este tipo de estructuras: en 1982 la red recurrente *Hopfield* [413], en 1990 la red recurrente *Elman* [507], en 1997 la red recurrente *Jordan* [508], etc.

No obstante, posteriormente se han desarrollado muchos otros modelos recurrentes, como la red recurrente planteada en 1997 llamada memoria a corto plazo (*Long Short-Term Memory*, LSTM) [509], o la propuesta en 2014 y llamada unidades recurrentes centradas (*Gated Recurrent Units*, GRU) [510], es una modificación de la anterior, pero con menos parámetros y una entrada que actúa de reinicio de la memoria.

El gran potencial de los modelos recurrentes radica en que pueden actuar como un banco temporal de memoria, por lo que su aplicación en pronósticos a muy corto plazo suele tener resultados positivos. Aplicaciones como por ejemplo cálculo de un parámetro químico de un depósito en base a las medidas de instantes pasados de otros componentes, suelen emplear modelos basados en redes neuronales artificiales recurrentes.

Su aplicación en el pronóstico de la demanda y generación renovable no se hizo esperar. La mayoría de los modelos anteriormente comentados tienen aplicaciones en ese campo. A continuación, se darán algunos trabajos que son representativos de estos modelos y con la aplicación que aquí interesa:

- Modelo *Hopfield* [511], [512].

- Modelo *Elman* [513]-[515].

- Modelos LSTM y GRU [516]-[527].

Es necesario destacar el hecho de que este tipo de modelos necesitan mucho tiempo de cómputo en la fase de entrenamiento, comparado con modelos no recurrentes y a igualdad de datos.

6.3.3.2.3. Modelos basados en redes neuronales artificiales no supervisadas

Tal como muestra [416] y como ya se ha comentado, son aquellas arquitecturas de red neuronal artificial que no precisan de ninguna información adicional (*target*) para el ajuste de sus pesos sinápticos durante la fase de entrenamiento. Por este motivo, a este tipo de modelos se les asocia la característica de poder *autoorganizarse*. Son modelos que sirven para poder detectar ciertas características singulares que comparten el conjunto de patrones empleados en la fase de entrenamiento, por lo que podrían emplearse para labores de reconocimiento de patrones o incluso clusterizado (agrupamiento) [2], [416].

Numerosos son los artículos y trabajos realizados para pronóstico de la demanda y generación eléctrica, pero dentro de este tipo de modelos el más empleado es sin lugar a duda el mapa autoorganizado de Kohonen. Normalmente son empleados como una etapa previa a una labor de pronóstico, como el caso de pronóstico de la demanda a corto plazo de una zona extensa en España, donde los autores emplean este tipo de mapa para hacer un agrupamiento previo de curvas de carga similares, para posteriormente emplear tantos modelos *Elman* como grupos se han conformado [528]. El único inconveniente del anterior trabajo es que los autores realizan el agrupamiento manualmente y no de forma automatizada.

Otros trabajos emplean estos mapas autoorganizados para poder hacer un reconocimiento de patrones de curvas de carga, para que, en un proceso automatizado, sea el propio modelo el que agrupe dichas curvas en grupos tras pasar un algoritmo *k-means*. Este clusterizado de las curvas de carga son empleados para hacer el posterior pronóstico a corto plazo mediante perceptrones multicapa. Otro hecho destacado de este trabajo es el empleo de un análisis de componente principal (*Principal Component Analysis,* PCA) para detectar patrones anómalos, como la falta de datos en alguna de las horas de ciertas curvas de carga. El trabajo se centra en datos de una microrred eléctrica (polígono industrial) y obtiene unas estimaciones con errores de pronóstico muy bajo [111].

El anterior ejemplo debería haberse mostrado dentro del agrupamiento de modelos híbridos, ya que los sistemas de pronóstico que disponen de varias etapas suelen estar formados por distintos modelos. En el anterior ejemplo tenemos: mapa autoorganizado de Kohonen, algoritmo *k-means*, análisis de componente principal y perceptrón multicapa. No obstante, se ha creído conveniente destacarlo en esta parte de la sección ya que el principal protagonista es el mapa autoorganizado de Kohonen, pudiendo destacar algunas cuestiones interesantes:

- Este tipo de mapas son idóneos para el reconocimiento de patrones de curvas de carga, o incluso curvas de producción, para posteriormente hacer grupos.
- Una vez agrupado, la idea de emplear un modelo de pronóstico por grupo se fundamenta en que las curvas de cada grupo son mucho más parecidas entre sí, por lo que

el modelo centrará sus esfuerzos en hacer ajustes (etapa de entrenamiento) sobre curvas mucho más parecidas.

- Alguien podría pensar que, al agrupar, el número de curvas por grupo es menor que en el caso en el que sólo tengamos un grupo y, que, por tanto, el modelo de pronóstico tendrá una eficacia inferior en el primer caso que en el segundo. Pues bien, el pronóstico de la curva de carga (o producción) es un problema de ajustes, por lo que, a priori, menos patrones con formas de curvas muy parecidas deberían tener un resultado de pronóstico incluso superior a un mayor número de patrones con forma de curva muy dispares.

Otros trabajos incluso plantean dos modelos de mapa autoorganizado en cascada, siendo la salida del primero la entrada del segundo, como es el caso de la propuesta de pronóstico en Brasil, donde hacen pronóstico de la demanda a corto plazo tras hacer esta secuencia en cascada [529].

6.3.3.2.4. Modelos híbridos

A lo largo de esta sección ya se han comentado algunos casos de modelos híbridos para el pronóstico de la demanda eléctrica. Como ya se ha dicho, se entiende por híbrido cualquier combinación que precise varios modelos distintos, como pueda ser dos modelos basados en redes neuronales artificiales, red neuronal artificial y *fuzzy logic*, o cualquier combinación parecida a las planteadas. Todas presentan un rasgo identificativo común, para poder hacer pronóstico es necesario hacer varias etapas y normalmente cada etapa estará ocupada por un modelo distinto. Lo anterior supone una complejidad en el propio pronóstico, lo cual desencadenará en mayor tiempo de cómputo y mayores tiempos para la fase de entrenamiento y operación del modelo resultante.

A continuación, se describirán algunos modelos híbridos empleados en la literatura [2], [385]:

- Mapa autoorganizado y *fuzzy-rough* para el pronóstico de la demanda eléctrica a corto plazo de China, combinando las bondades de los modelos no supervisados de las redes neuronales artificiales y el método *fuzzy* para manejar en cierta manera situaciones de incertidumbre (aunque requiere de mucho tiempo) [530].

- Agrupamiento con *fuzzy c-means*, optimización de enjambre de partículas (*particle swarm optimization*, PSO) y técnicas de regresión de vector soporte para pronóstico de la demanda a corto plazo, empleando PSO para optimizar los parámetros del modelo y el modelo de regresión de vector soporte para el pronóstico como tal tras el agrupamiento [531].

- En una forma análoga a la anterior, unos autores presentan un agrupamiento con mapa autoorganizado y técnicas de regresión de vector soporte, para definir un sistema híbrido llamado modelo de combinación *fuzzy* adaptativo (*Adaptive Fuzzy Combination Model,* AFCM), para hacer pronóstico de la demanda a corto plazo en Nueva Gales del Sur (Australia) [532].

- Otros autores hacen pronóstico de la temperatura para luego hacer pronóstico de la demanda a corto plazo, para lo cual hacen un agrupamiento mediante el algoritmo recocido determinista (*Deterministic Annealing,* DA) y posteriormente, para cada grupo, emplean un modelo de función de base radial (*Radial Basis Function*, RBF). Esta función obtiene de esta forma obteniendo una alta eficacia de pronóstico comparada con otros modelos probados como el perceptrón multicapa [533].

- Método híbrido formado por un predictor lineal, llamado estimador de estado de predicciones (*Forecast-Aided State Estimator,* FASE) y posteriormente un perceptrón multicapa, y los resultados son mejores que si se hiciera pronóstico de la demanda de los modelos aislados [534].

- La hibridación también es realizada con algoritmos genéticos y caóticos, como por ejemplo una red recurrente como la red estado del eco (*Echo State Network*, ESN) para hacer pronóstico de la demanda a corto plazo, las variables del modelo son seleccionadas a partir de un algoritmo genético dedicado a ello. Los resultados obtenidos del pronóstico son muy buenos, pero el coste computacional es muy elevado, ya que la parte de algoritmos genéticos precisan mucho tiempo de cómputo [535].

- Una variante de la red de funciones de base radial es la llamada red neuronal de regresión generalizada (*Generalized Regression Neural Network*, GRNN) y es empleada para hacer pronóstico de la demanda eléctrica anual. Nuevamente se emplea un algoritmo de optimización de la mosca (*Fly Optimization Algorithm,* FOA) para la selección óptima de los parámetros de la red empleada para el pronóstico [536].

Como ya se ha comentado en secciones anteriores, los modelos lineales precisan de un tiempo humano para definir matemáticamente el problema e introducirlo en el modelo. En cambio, cuando nos enfrentamos a modelos basados en redes neuronales artificiales este tiempo se reduce drásticamente. No obstante, el lector no debe equivocarse, lo anterior no implica que el desarrollador del modelo no deba conocer en profundidad el problema, lo que se está tratando de decir es que las complicadas fórmulas matemáticas que deben representar las no linealidades de demanda o generación renovables no serán necesarias.

Los modelos de pronóstico basados en redes neuronales artificiales necesitan tiempo y conocimiento, para la elección de las variables de entrada al modelo, decidir sobre cuál será el modelo mejor para cada pronóstico y lo más importante, la elección de la arquitectura del modelo óptimo. Con esto último nos estamos refiriendo a número de capas, neuronas de éstas, etc., pero esta labor puede reducirse realizando un *script* informático que recorra todo el espacio de posibilidades para quedarse con el que más interesa [385].

Otra cuestión importante y que tiene que ver con los modelos híbridos y que estará relacionado con el párrafo anterior, es que cuantas más etapas tenga nuestro modelo híbrido de pronóstico, el coste computacional aumentará y este hecho debe ser tenido en cuenta igualmente [2].

El coste computacional es un detalle que debe tenerse en cuenta. Un pronóstico basado en un único modelo tendrá un coste computacional razonablemente menor que uno que disponga de varias etapas, estando presente en cada una de ellas un modelo diferente. Los costes aumentarán cuando los algoritmos genéticos son empleados, o algún tipo de modelo basado en redes neuronales artificiales, como son todos los recurrentes, que, debido a su particularidad de la retroalimentación entre las neuronas propias, requiere mayor coste en cómputo.

En la Figura 6.33 se muestran los trabajos presentados en esta sección, bajo la clasificación mostrada en la Figura 6.32. Podemos concluir diciendo que los modelos supervisados y no supervisados, normalmente tendrán un coste computacional bajo. Los modelos retroalimentados tendrán un coste computacional medio. Los modelos híbridos tendrán un coste computacional medio y normalmente alto o muy alto cuando empleen algoritmos genéticos o caóticos, o incluso cuando involucren en sus etapas redes neuronales artificiales que precisen costes elevados.

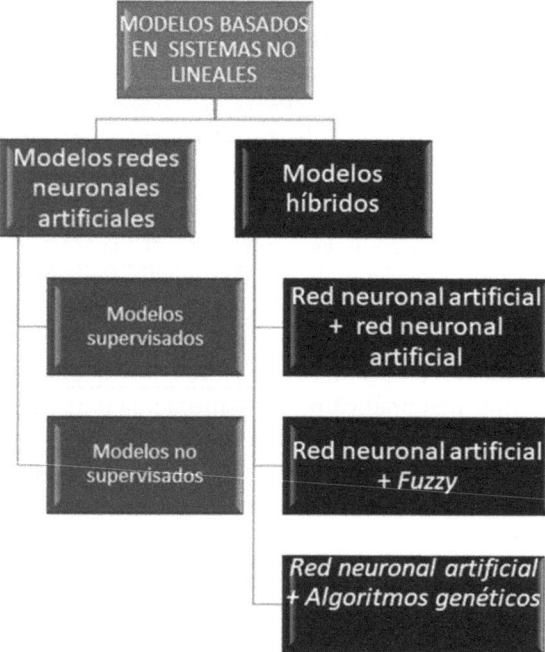

Figura 6.33. Sistemas no lineales. Fuente [2], [385], elaboración propia.

6.3.4. Comparativa entre modelos lineales y no lineales

Como se ha visto, el pronóstico de la demanda y generación eléctrica puede ser abordado de formas muy distintas. Además del horizonte y objetivo del pronóstico, como se ha comentado, la decisión de la elección del modelo es un paso crítico. A grandes rasgos, los modelos pueden agruparse dentro del grupo de los lineales y los no lineales. Pues bien, en esta sección se hará una comparativa entre ambos comportamientos, de forma, que el lector pueda hacerse una idea de las ventajas e inconvenientes de los modelos que componen ambos grupos.

A modo de reflexión, los modelos de pronóstico basados en redes neuronales artificiales facilitan la labor del experto, ya que no requieren gran cantidad de tiempo para la formulación matemática del problema, pues la compleja labor de detección de las no linealidades entre las diferentes variables y el núcleo fundamental del pronóstico es delegada al propio modelo de red neuronal artificial. De esta forma, la complejidad del problema se asume por la propia arquitectura del modelo. Esto no quiere decir que el experto no deba conocer el tema, es más, esto es fundamental con independencia de la elección del modelo. Si el experto se decanta por redes neuronales artificiales, además de la decisión final sobre el modelo concreto a emplear, debe hacerse un trabajo exhaustivo y pormenorizado del problema a resolver (pronóstico de la demanda o generación eléctrica) para poder decidir de forma acertada las variables a emplear, así el tipo de datos que mejor le conviene al modelo, según el horizonte y objetivo de pronóstico escogido.

En la actualidad, se dispone de computadores con un alto poder de cómputo y algoritmos mejorados, por lo que los modelos basados en redes neuronales artificiales tienen una mejor aceptación, además que están integrados en la mayoría de los programas de desarrollo que se emplean.

Adicionalmente, los modelos basados en redes neuronales artificiales están mejorando cualitativa y cuantitativamente sus funciones de entrenamiento, por lo que les permitirá conseguir mejores resultados. Por tanto, el problema de la resolución del pronóstico de la demanda y generación eléctrica puede ser solventado mediante este tipo de modelos, pero esto no quiere decir que en la actualidad ya no se empleen modelos lineales, numerosos trabajos y grupos de investigación continúan empleando modelos ARMA para esta labor.

En la primera década del presente siglo, los investigadores se decantan por los modelos de previsión basados en redes neuronales artificiales, presentándose muchos más trabajos que los basados en modelos lineales. En los últimos tiempos, los trabajos de investigación están empleando para la resolución del pronóstico de la demanda y generación eléctrica, técnicas basadas en aprendizaje profundo (*Deep Learning*), como paso siguiente al empleo de los modelos basados en redes neuronales artificiales.

Al igual que hemos visto anteriormente, estos modelos de aprendizaje profundo podrán emplearse de forma combinada con cualquiera de los aquí presentados para disponer de un modelo híbrido de alta eficacia. ¿Esto significa que no se emplearán redes neuronales artificiales?, pues claro que no, se seguirán empleando, al igual que modelos lineales, pero es probable que poco a poco todos éstos sean relegados a un segundo plano en comparación con el aprendizaje profundo, pero esta afirmación es jugar a ser adivino y, por tanto, no lo podemos asegurar.

A continuación, pasaremos a hacer esa comparativa entre los modelos lineales y no lineales aplicados al pronóstico de la demanda y generación eléctrica (Tabla 6.2). La tabla trata de resumir los rasgos característicos y detectados a lo largo de este capítulo, el lector deberá perdonarnos si considera que debería haber algún otro parámetro a analizar.

Tabla 6.2. Principales rasgos de los modelos comparados.
Fuente [2], [385], elaboración propia.

	Modelos lineales	Modelos no lineales
Horizonte del pronóstico	Pronóstico a muy corto/a corto/a medio/a largo plazo.	Pronóstico a muy corto/a corto/a medio/a largo plazo.
Objetivo del pronóstico	Un único valor/varios valores.	Un único valor/varios valores.
Reducción del conocimiento sobre el problema	No: el hecho de que el experto debe modelar matemáticamente el problema del pronóstico hace que se adquiera un conocimiento avanzado sobre el tema.	En cierta medida, es posible: estos modelos facilitan el trabajo al experto, no obstante, es necesario identificar variables necesarias, tipos de datos, etc., lo que contribuirá, en gran medida, a conocer igualmente el problema a resolver.
Grado de detección automática de las no linealidades asociadas a los datos y el problema del pronóstico	Muy bajo: las no linealidades intrínsecas a los datos y el problema deben ser modeladas matemáticamente e introducidas al modelo.	Muy alto: con los datos y variables bien seleccionados, el modelo debería reconocer las no linealidades durante la fase de entrenamiento e integrarlas en la caja negra que supone el red modelada y entrenada.
Grado de facilidad para la parametrización	Muy bajo: el experto debe ser capaz de modelar matemáticamente el problema del pronóstico, así como las no linealidades existentes.	Bajo: aunque en estos modelos es más sencilla la parametrización que en los modelos lineales, requiere un proceso de decisión que implica una alta experiencia por parte del experto. Además de saber escoger variables y tipos de datos, es necesario definir la arquitectura del modelo (número de capas, neuronas de cada capa, función de aprendizaje, entre otros).
El modelo ¿precisa de un ajuste inicial?	Sí	Sí
¿Cuál es el coste computacional asociado al modelo?	Modelos lineales: medio/alto. Modelos híbridos con modelos lineales: alto.	Modelos no supervisados: bajo/medio. Modelos no supervisados: bajo/medio/alto. Modelos recurrentes: medio/alto. Modelos híbridos con modelos no lineales: alto.
¿Es posible su combinación (hibridación) con otros modelos (lineales, no lineales, otros)?	Sí	Sí
Eficacia del modelo en operación ante una gran cantidad de patrones históricos	Alta: necesitan una gran cantidad de datos históricos.	Alta: los modelos estabilizan su error de entrenamiento a partir de un número de patrones presentados, por lo que a partir de cierto valor de patrones (combinado con la arquitectura del modelo y número de entradas) el modelo no mejorará su eficacia.
Eficacia del modelo en operación ante una poca cantidad de patrones históricos	Media: necesitan una gran cantidad de datos históricos.	Alta: buena respuesta ante pocos patrones en la fase de entrenamiento.

Con lo presentado hasta aquí, el lector puede hacerse una idea clara de lo que suponen unos modelos de un grupo u otro, por lo que a partir de lo expuesto en la Tabla 6.2, las principales características para la elección del modelo se resumen en lo siguiente [2], [385]:

- Al escoger un modelo del grupo de las técnicas lineales se exigirá un conocimiento absoluto del problema, ya que será necesaria la modelación matemática del problema, incluidas las singularidades presentadas y llamadas no linealidades de los datos (en nuestro caso demanda y generación eléctrica). Al escoger modelos dentro del grupo de las técnicas no lineales, en cierta forma estamos asumiendo que el modelo en sí mismo hará ciertas labores de identificación de estas singularidades, pero esto no exime al experto de conocer el problema del pronóstico.

- Los modelos basados en técnicas no lineales pueden presentar costes computacionales muy altos y esto dependerá en cierta medida del grado de complejidad de la arquitectura del modelo, por lo que esta fase será crucial durante el diseño de ésta. Cuando se decide emplear modelos híbridos con varias etapas, el coste computacional aumentará sustancialmente y dependerá en cierta medida de la combinación de los costes de los modelos individuales empleados.

- La aparición de elementos de medida inteligente en la *Smart Grid* o en la microrred eléctrica hace que sea posible disponer de datos de consumos o generaciones más actualizados. En el caso de la demanda, que puede ser muy cambiante debido a las variaciones en los comportamientos de los usuarios, esta actualización de la información por medio de los patrones de consumo puede hacer que los modelos de pronóstico sean reentrenados con mayor frecuencia. Entrenamientos nuevos permitirá al modelo de pronóstico conocer la realidad del comportamiento de los usuarios y de esta forma no fallar ante situaciones no conocidas (por ejemplo, pandemias). Por tanto, y como se ha visto, los modelos basados en redes neuronales artificiales responden mejor que los basados en técnicas no lineales ante pocos patrones en la fase de entrenamiento. Esta tendencia está siendo planteada en los últimos años y con resultados interesantes [537].

6.3.5. Nuevos entornos de futuro y sus retos para el pronóstico

En esta sección hablaremos de los entornos de futuro y su relación con el pronóstico. Como ya se ha explicado en el Capítulo 1, numerosos son los nuevos entornos que aparecen en el panorama del sistema eléctrico y que, de una forma u otra, deben ser integrados en este. Algunos de estos nuevos entornos son: las microrredes eléctricas, los edificios inteligentes (*Smart Buildings,* SB), la ciudad inteligente (*Smart City*, SC), etc.; además, la aparición y despliegue de la generación distribuida en forma de tecnologías renovables es un hecho real que debe tenerse en cuenta. La generación distribuida renovable y local, además estará presente en el despliegue de las microrredes eléctricas. Otro actor fundamental es la medida inteligente, la cual aparecerá en todos los niveles del sistema eléctrico y, por supuesto, también en la microrred eléctrica.

En 1987 ya se hablaba del hogar inteligente, pensado en el futuro (2010) [538]. De forma muy sencilla, en aquella época se vislumbraban los avances tecnológicos de la electrónica, los cuales deberían formar parte de los hogares y edificios. Los autores destacan fundamentalmente dos avances, la informática y la ergonomía. Podemos decir, que los autores centran toda la responsabilidad de los avances tecnológicos en el control de los dispositivos del hogar, los cuales permitirán una vida más cómoda a los usuarios.

Pero ¿en qué forma afecta todo esto al pronóstico de la demanda y la generación? Desde la perspectiva de la demanda, los anteriores entornos presentarán una característica común y es que sus curvas de carga presentarán unas formas desagregadas en comparación a una curva de carga de un país o una zona extensa. Esta desagregación que afectará principalmente a la forma de la curva deberá ser tenida en cuenta por los modelos de pronóstico. Y esto nos lleva a la reflexión de que los modelos deberán integrar nuevas variables que tengan esto presente y, por tanto, el análisis del diseño previo del abordaje del pronóstico de la demanda eléctrica en estos entornos debe añadir otros componentes, más allá del mero hecho de la decisión de si decido por este horizonte u objetivo del pronóstico [2].

En el caso concreto de la microrred eléctrica, es preciso disponer de información clara para la mejora de sus modelos de pronóstico de la demanda eléctrica, ya que, en determinadas franjas horarias, el consumo aparece con una fuerte componente aleatoria, por lo que el modelo planteado debería disponer de cierta información relevante que le permita hacer un mejor ajuste del pronóstico.

Con la aparición de los edificios inteligentes, ciudades inteligentes, microrredes, etc., los modelos de pronóstico de la demanda están centrando cada vez más su atención a estos espacios [537], [539]-[543]. En las últimas décadas, multitud son los trabajos de investigación centrados en estas áreas y, como ya se ha dicho, se distinguen claramente de un entorno agregado (por ejemplo, país) donde la curva de carga presenta unas formas muy suaves y, en principio, más sencillas de pronosticar [2].

El sistema de gestión de la microrred eléctrica precisa de herramientas de pronóstico tanto de la demanda como de la generación. Los componentes de generación de la microrred eléctrica podrán estar basados en recursos renovables y es en este caso, cuando el pronóstico adquiere mayor interés. Además, estos componentes de generación distribuida renovable integrados en la microrred eléctrica, en la mayoría de los casos serán microgeneradores y esta situación hará que los modelos de pronóstico deban tener presente este hecho. Pongamos un ejemplo, una gran planta de producción fotovoltaica de por ejemplo 100 MW ocupa una extensa zona frente a una planta de 1 kW; el efecto de una nube pasajera tendrá consecuencias drásticas de bajada de producción en esta última, mientras que la bajada de producción no será tan importante en la primera. Nuevos avances en propuestas de modelos de pronóstico sobre los microgeneradores eólicos y solares fotovoltaicos han sido planteados en los últimos años y con independencia de su complejidad y de la técnica empleada, en todos los casos subyace la necesidad de disponer de este tipo de herramientas para el mejor funcionamiento de la microrred eléctrica [544]-[546].

De una forma muy resumida es posible afirmar que gracias a la aparición de estos nuevos entornos de futuro (edificios inteligentes, ciudades inteligentes, microrredes eléctricas), unido a la integración de tecnología renovable en forma de generación distribuida, es preciso el desarrollo de nuevos modelos de pronóstico, tanto para la generación como para la demanda. En las últimas décadas se están desarrollando muchos trabajos de investigación sobre estos temas, la tendencia parece afirmar que cada día serán más.

6.4. Pronóstico de la demanda en la microrred eléctrica

En este capítulo ya hemos presentado algunas particularidades de la demanda eléctrica y se han expuesto los principales modelos para el pronóstico según técnicas lineales y no lineales. Por tanto, en esta sección podemos particularizar el pronóstico sobre la demanda de la microrred eléctrica y, para esto, comenzaremos destacando los principales rasgos a analizar cuando hablamos de pronóstico de la demanda eléctrica en una microrred (Figura 6.34). Los rasgos comentados estarán agrupados de la siguiente forma:

- Sé analizará la dependencia clásica de la demanda eléctrica;

- Se comentarán las particularidades de las aplicaciones del pronóstico de la demanda y que son requeridas en la microrred eléctrica;

- Se profundizará en ciertas particularidades del pronóstico de la demanda eléctrica en la microrred que tienen que ver con el tamaño de ésta.

- Se analizará la influencia del tipo de microrred que tengamos con su pronóstico de la demanda eléctrica.

Comenzaremos recordando las *dependencias* propias de la demanda eléctrica y, que, por tanto, serán heredadas por la microrred eléctrica. A riesgo de parecer redundante, creemos conveniente volver a detallar algunos detalles que afectan a la demanda eléctrica:

- *Estacionalidad*: como ya se ha comentado, la demanda eléctrica ha tenido una clara dependencia del momento del año en el que estemos. De forma tradicional y principalmente debido a las calefacciones eléctricas, los meses de invierno presentaban una componente alta de consumo, la cual se veía ampliada por el aumento del consumo eléctrico destinado a la iluminación. Pero en los lugares del planeta con altas temperaturas ocurría lo contrario, durante los meses de verano el consumo eléctrico se disparaba debido a las altas exigencias de los aparatos de climatización. Estas tendencias se repetirán en la microrred eléctrica, pero debe apuntarse, que el emplazamiento de ésta determinará en cierta medida lo que acabamos de comentar. La ubicación de la microrred, junto a las condiciones climáticas existentes, marcarán de forma clara el perfil de consumo eléctrico existente. Por tanto, los modelos de pronóstico de la demanda en la microrred deberán tener presente todos estos condicionantes, por lo que el experto deberá estudiar de forma profunda la relación de la demanda con la estacionalidad del lugar exacto donde se instala la microrred eléctrica.

- *Laboralidad*: este aspecto también se ha tratado en el capítulo, la demanda eléctrica está claramente afectada por este factor y de forma tradicional los días festivos presentan unos patrones de consumo eléctrico inferiores a los días laborales. No debe confundirse laboral con festivo, por ejemplo, un sábado en España puede que no se trabaje, pero no es festivo y en cambio el patrón de consumo que genere es similar al de un día festivo (por ejemplo, domingo), por tanto, los modelos de pronóstico deberán disponer de la información oportuna para poder tener presente este hecho. Existen numerosos dispositivos de consumo eléctrico que consumen energía eléctrica con independencia de la laboralidad humana, esto es, el dispositivo consumirá electricidad trabajemos o no, por tanto, la caracterización detallada de los posibles consumos de carga desagregados es crítico en la microrred eléctrica. Entender las curvas de carga de forma desagregada permitirá disponer de una información más clara de la agregación de éstas y estas situaciones deben estar controladas por los modelos destinados a pronosticar la demanda en la microrred eléctrica.

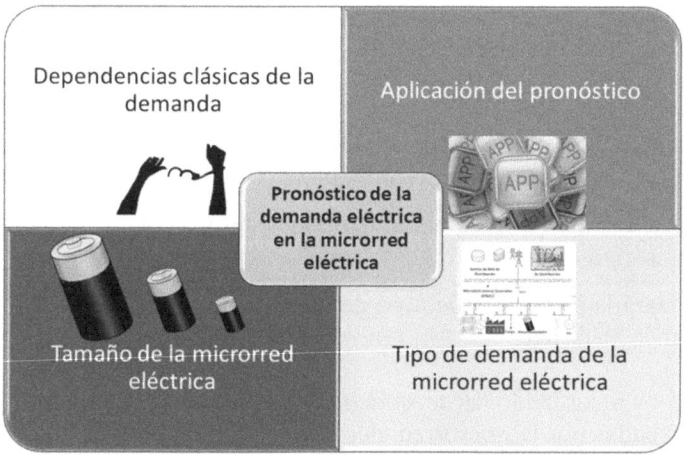

Figura 6.34. Principales rasgos para analizar en el pronóstico de la demanda eléctrica en una microrred. Elaboración a partir de componentes de [108], [547], [548].

- *Variables endógenas y exógenas*: esta cuestión es siempre delicada de abordar, ya que inicialmente, la demanda eléctrica está claramente relacionada con la propia demanda (endógena), pero a su vez y como se ha dicho en la estacionalidad, será muy dependiente de otras variables externas al consumo (exógenas), como puedan ser las variables climáticas [371], [401]. Pero no todas las dependencias son con las variables climáticas, también se ha visto como existe una clara influencia con variables económicas y sociales, así como con situación inesperadas como un posible confinamiento debido a una pandemia. Por tanto, el modelo de pronóstico deberá tener presente todas aquellas variables que sirvan para poder hacer un ajuste más acertado.

Continuemos con el *tipo de aplicación* del pronóstico en la microrred eléctrica. Al igual que en un sistema eléctrico, la microrred necesita del pronóstico de la demanda eléctrica para distintos procesos y dependiendo del tipo de aplicación que tengamos, así serán las particularidades que deberá contemplar el modelo de pronóstico. Algunas de las aplicaciones en la microrred eléctrica que requerirán de un modelo de pronóstico de la demanda son las siguientes:

- *Compra y venta de energía*: la microrred eléctrica realizará procesos de compra y venta de energía con la infraestructura eléctrica de distribución. El objetivo será claro, tratar de maximizar los beneficios obtenidos con esta interacción. Para poder anticipar estos beneficios, la microrred eléctrica deberá anticipar su demanda y junto con su pronóstico de generación, poder decidir el escenario más interesante para ésta. Pero en este caso estamos ante un escenario de mucha incertidumbre, ya que los precios de la energía normalmente estarán marcados de forma externa, por lo que es muy posible que la microrred necesite también de un pronóstico de éstos [8]. Volviendo a la compra y venta de energía del/hacia el exterior, el modelo de pronóstico de la demanda en este caso deberá decidir qué horizonte de pronóstico debe manejar y siendo lo más habitual el corto plazo (24 horas del día siguiente), aunque en numerosas ocasiones disponer de una herramienta que pronostique toda la semana (en forma de 24 horas cada día) puede ser muy provechoso. Horizontes de pronóstico superiores, del orden de los meses, también serán necesarios, e implicarán modelos con diferentes estrategias y variables de entrada.

- *Balance de energía y garantía de suministro*: poder hacer coincidir la demanda y la generación es una labor que requiere de forma necesaria del almacenamiento eléctrico distribuido. Disponer de un pronóstico a muy corto o a corto plazo (minutos u horas) será muy interesante para la microrred eléctrica. Unido con esto surge la necesidad de garantizar el suministro para los usuarios de la microrred, por lo que el pronóstico en este sentido deberá tener horizontes de pronóstico de muy diferentes valores (minutos, horas, días) y en todos ellos los modelos empleados deberán ajustar sus parámetros y variables empleadas a cada una de las realidades.

- *Servicios auxiliares*: en este sentido, garantizar niveles de tensión y frecuencia en la propia microrred eléctrica o con el exterior (distribución) son procesos fundamentales y críticos para ésta. Por un lado, este proceso está claramente programado, pero por otro se convierte en una situación no controlada, por lo que la existencia de modelos de pronóstico de estas situaciones es atractiva. Y en este sentido, la demanda juega un papel importante, ya que a través de ella y la generación es posible garantizar los niveles anteriormente citados.

Nuevamente la aplicación del pronóstico es importante a la hora de escoger ciertos condicionantes del modelo. Quizás, lo más decisivo sea el acertar en las variables empleadas para el modelo del pronóstico de la demanda, ya que, en cualquiera de los casos, casi todos los modelos tendrán una respuesta eficaz, siempre y cuando hayamos sabido definir bien sus condiciones de contorno (variables de entrada, datos, etc.).

El *tamaño* de la microrred eléctrica también condicionará el pronóstico de la demanda eléctrica. Como hemos visto a lo largo del libro de texto, una microrred eléctrica puede ser tan pequeña o grande como se requiera. En este sentido, este factor afectará de una forma clara a la demanda eléctrica existente, más concretamente a su curva de carga. Ya se ha comentado el problema de agregar o desagregar curvas de carga y como algunos autores afirman que las curvas de carga de entornos reducidos (microrred, edificio inteligente, etc.) complica las labores de pronóstico de la demanda eléctrica [2], [385]. Este hecho se incrementa al existir *prosumers*, lo que complica en exceso la eficacia de los modelos de pronóstico de la demanda [549]. Por tanto, la definición del tamaño de la microrred eléctrica lleva implícito, en cierta forma, las condiciones de los modelos de pronóstico de la demanda eléctrica que deba disponer. Como ya se ha dicho, cuanta más información disponga el modelo, mejor será su pronóstico, por lo que el diseño de las variables a emplear en este, así como la elección de su granularidad, serán las premisas que garanticen el éxito (o no tanto) del pronóstico de la demanda eléctrica en la microrred.

Unido a lo anterior está el *tipo de demanda* que presenta la microrred eléctrica. Esta tipología en la demanda afectará claramente a la forma de la curva de carga y no será lo mismo una microrred eléctrica cuyo perfil de carga sea la de un entorno industrial (constante y suave durante todo el día) que un perfil doméstico (mucha variabilidad en el consumo y las horas en las que se produce). Por tanto, nuevamente el conocer en profundidad el tipo de demanda que conforma la microrred es fundamental a la hora de decidir sobre el modelo de pronóstico de la demanda y las variables que lo conforman.

Para finalizar, es posible afirmar que la microrred eléctrica se beneficiará de todos los avances realizados en pronóstico de la demanda a lo largo de los años y que afectan al sistema eléctrico en global. No obstante, las peculiaridades de la demanda en la microrred eléctrica hacen que estos modelos deban tener presente ciertas condiciones de contorno que afectarán al modelo planteado para hacer el pronóstico. Dependencia de la demanda con otras variables, tipo de aplicación a dar al pronóstico, tamaño de la microrred y tipo de demanda de ésta, son los principales condicionantes que el modelo de pronóstico de la demanda deberá tener en cuenta.

6.5. Pronóstico de la generación en la microrred eléctrica

Al igual que el sistema de gestión de la energía debe disponer de herramientas que pronostiquen la demanda eléctrica y los precios de la energía, deberá disponer de un proceso que pronostique la generación eléctrica existente en la microrred. Pero dentro del pronóstico de la generación es necesario distinguir entre los generadores existentes gestionables y no gestionables. Como ya se ha dicho, se entiende por generador gestionable aquel que es posible regular su entrega de potencia a través del control del combustible. En este sentido, la generación distribuida renovable que componga la microrred no entrará dentro de esta clasificación, por lo que habrá que añadirle el apelativo de "*no gestionable*". Por tanto, la no gestionabilidad hará referencia al hecho de no existir un control sobre el combustible del generador y es cierto, en una planta basada en tecnología eólica o solar fotovoltaica, el gestor de la microrred eléctrica no tendrá ningún poder de control sobre el combustible de aquellas, dicho de otro modo, no podrá controlar ni viento ni radiación solar.

Por tanto, el principal problema del pronóstico de la generación en la microrred eléctrica estará enfocado al pronóstico del recurso renovable que esté asociado con la instalación de generación distribuida que disponga la microrred. Como se ha visto en anteriores capítulos, la microrred eléctrica podrá disponer de generadores distribuidos renovables o no renovables y dentro de los primeros lo más abundante serán los solares fotovoltaicos y los eólicos. La tecnología solar fotovoltaica está siendo en los últimos años la más prolífera en cuanto a su instalación y por motivos de coste principalmente, por lo que es ésta la tecnología con mayor penetración en la microrred eléctrica. Lo anterior no implica que no se estén instalando otro tipo de tecnologías renovables, principalmente la eólica y en casos donde sea posible la hidráulica o la basada en biomasa, aunque esta última podría considerarse dentro de las gestionables, al poder hacer acopio del combustible de forma previa.

Las plantas solares fotovoltaicas instaladas en la microrred eléctrica podrán presentar distintas configuraciones en cuanto a su tamaño. Podemos encontrarnos con plantas de mediana o gran potencia, conectadas en puntos alejados de los consumos, o plantas de pequeña potencia asociadas a puntos de consumo o incluso a algún elemento de almacenamiento eléctrico distribuido. Como se ha mostrado en la sección anterior, el efecto de las nubes aisladas en una gran planta solar fotovoltaica no tendré el mismo efecto que en una planta de pequeña potencia y este hecho deberá ser tenido en cuenta y estar modelado en el pronóstico.

Con respecto a la tecnología eólica, aunque para las microrredes eléctricas implantadas en entornos urbanos la energía eólica puede no ser la tecnología más aconsejada, las turbinas eólicas de pequeña potencia pueden proporcionar una opción viable de instalación. No obstante, en microrredes eléctricas instaladas en entornos rurales, la posibilidad de instalar generadores eólicos es alta y dependerá de la existencia o no del recurso eólico asociado al emplazamiento. El pronóstico a corto plazo es de importancia primordial para la integración de la energía eólica, especialmente en sistemas de energía de gran potencia y existen numerosos trabajos realizados sobre dicho tema. La investigación en pronóstico de la energía eólica es un campo multidisciplinar, ya que combina áreas como la meteorología, la estadística, el modelado físico, o la inteligencia computacional (destacando la inteligencia artificial).

Todo lo que se ha presentado sobre el pronóstico en este capítulo es aplicable al pronóstico de la producción renovable. Por tanto, horizonte y objetivo del pronóstico es fundamental, así como la elección del modelo con el que sea desarrollado. Al igual que la demanda, el conocer otros temas importantes del pronóstico será crítico, como aplicación del pronóstico, tamaño y tipo de microrred, etc. Si bien es cierto el recurso a pronosticar (velocidad de viento y radiación solar, principalmente) dependerán de datos globales de éste, en el caso de la eólica deben cuidarse ciertas cuestiones en la instalación de las máquinas y que podrían afectar a la velocidad y dirección del viento, como puedan ser los obstáculos. La misma reflexión con la solar fotovoltaica, pero en este caso las sombras de los obstáculos de alrededor.

En lo que se refiere a los métodos de pronóstico, algunos autores hablan de métodos cuantitativos y cualitativos [550], [551]. Los primeros hacen referencia a aquellos métodos que llevan detrás una carga matemática y, una vez definida, se procesan de forma automática. En cambio, los segundos son aquellos métodos donde no se da mucha información sobre el modelo, por lo que pueden catalogarse como métodos subjetivos.

Otros autores presentan otra forma de clasificarlos y hablan de métodos físicos, estadísticos y de aprendizaje automático [552]. Básicamente, los primeros son aquellos basados en la predicción climática numérica (Numerical Weather Prediction, NWP) y están basados completamente en observaciones realizadas. Los segundos son aquellos que relacionan datos de producción pasados con la realidad actual del recurso medido y básicamente son los ya conocidos: ARMA, Box-Jenkins, ARIMA, etc. En cuanto al tercer grupo, también aparecen nuestras conocidas redes neuronales artificiales, con su gran abanico de posibles modelos.

Lo anterior es completado por otros autores diciendo que la clave del futuro del pronóstico de los recursos renovables pasa por disponer de herramientas que les permita la toma de decisiones, e incorporar para ello tecnología blockchain, permitiendo disponer de datos más cualitativos, mejorando de esta forma los pronósticos alrededor de las renovables [553].

La clasificación en métodos físicos, estadísticos y de aprendizaje automático, la complementa [554] con aprendizaje automático y modelos basados en aprendizaje profundo. Destaca como los autores separan de forma clara las redes neuronales artificiales del aprendizaje automático y profundo. No obstante, concluyen diciendo que los modelos basados en redes neuronales artificiales, en aprendizaje automático y en aprendizaje profundo, obtienen una eficacia más que notable, pese a la dificultad del entendimiento de la realidad atmosférica.

De cualquiera de las formas, en este caso del pronóstico de las tecnologías existentes en la microrred eléctrica, como se ha visto, es una cuestión de pronóstico del recurso renovable pertinente y no es posible introducir otros elementos de debate como en el caso del pronóstico de la demanda en la microrred eléctrica, con la salvedad del ejemplo presentado del efecto de la nubosidad parcial en una planta de gran potencia frente a otra de pequeña potencia.

6.6. Resumen

La necesidad de comprender la demanda y la generación dentro del sistema eléctrico ha sido una constante en el tiempo desde sus orígenes. El entender los hábitos de los consumidores de energía eléctrica ha sido prioritario para las compañías de suministro de la energía eléctrica.

La demanda eléctrica tiene unas características peculiares, la cual marca la tendencia en su comportamiento, y deberán ser tenidas en cuenta a la hora de plantearse cualquier modelo de pronóstico. En el caso de la microrred eléctrica, estas peculiaridades deberán ser matizadas e incluso extendidas y tener en cuenta ciertos detalles que complementan a la demanda eléctrica.

Desde los orígenes, la necesidad de conocer la demanda ha sido una realidad y se comenzó haciendo estudios manuales con tarjetas perforadas de consumos eléctricos, con el objetivo de conocer más en detalle el hábito eléctrico de los consumidores. De forma muy rápida y gracias a los avances en la estadística, este conocimiento de la demanda eléctrica empezó a incorporar modelos lineales, los cuales permitieron los primeros modelos de pronóstico de la demanda eléctrica. Estos modelos presentan un pequeño inconveniente, es preciso cuantificar matemáticamente las particularidades de la demanda eléctrica, la cual presenta unos efectos no lineales y dependiente de multitud de factores, que hacen que esta labor de plasmar su comportamiento en fórmulas matemáticas sea altamente complicada. Esta misma reflexión puede hacerse con la generación, aunque en este sentido el problema no radica tanto en las peculiaridades de la generación, sino más bien en la aleatoriedad del recurso renovable, dificultando en gran medida su pronóstico.

Con respecto al interés del pronóstico de la demanda y generación eléctrica, se han presentado desde los comienzos, diferentes horizontes de previsión, siendo el de mayor interés para las empresas de energía la previsión de las 24 horas del día siguiente, ya que su aplicación podría servir para hacer un balance de energía en el sistema, o para prever beneficios en el mercado de la energía.

Hacia 1943 McCulloch y Pitts presentaron la opción de aplicar el comportamiento de las neuronas de nuestro cerebro al entorno computacional, aunque no es hasta finales de los ochenta del siglo pasado cuando comienzan a implementarse los primeros modelos de previsión basados en redes neuronales artificiales. Estos modelos se comenzarán a aplicar en mayor medida que los modelos autorregresivos de medias móviles y similares, debido principalmente a la mejora en la operación de la fase de aprendizaje y, sobre todo, gracias a su alta capacidad de generalización y su especial habilidad para la detección de las no linealidades a partir de los patrones mostrados. A fecha de hoy, los modelos basados en redes neuronales artificiales son empleados en mayor medida que los pertenecientes a técnicas lineales por la comunidad científica y la industria, debido a su extremada eficacia y facilidad del despliegue del modelo. No obstante, técnicas basadas en aprendizaje automático y profundo se están empleando, por lo que permitirá la mejora futura de los modelos de pronóstico de demanda y generación eléctrica. Todo lo aquí mostrado es de implantación en las microrredes eléctricas, con algún detalle distinto como pueda ser en el caso de la demanda eléctrica.

La aparición de nuevos entornos, como la *Smart Grid*, edificio inteligente, ciudad inteligente o la propia microrred eléctrica, ha hecho que los patrones de consumo cambien, por lo que los modelos de pronóstico de la demanda deben actualizarse para seguir de una forma más fiel la realidad que tratan de mostrar. Además, estos entornos permiten la instalación de generación distribuida y local y renovable, por lo que disponer de modelos de pronóstico de esta generación es fundamental para su gestión.

La inteligencia llevará consigo el despliegue de medida, que, por tanto, posibilitará el disponer de datos más recientes, creando históricos de consumo y generación más actualizados, posibilitando que los modelos puedan ser ajustados de manera más periódica y, de esta manera, identificar de forma temprana posibles cambios en los hábitos de los usuarios, los cuales se verán reflejados en la demanda. Por tanto, información de patrones de demanda o generación más recientes irán de la mano de modelos entrenados con más frecuencia y, por consiguiente, mayores eficiencias en el pronóstico.

Al hilo de lo anterior, en las últimas décadas se está viendo cómo el cambio climático está afectando a los modelos de previsión del clima, tanto a gran escala como a pequeña escala. Por tanto, vuelve a ser imprescindible diseñar modelos de previsión con las variables más relevantes que afectan al recurso y será preciso emplear datos actuales para las etapas de aprendizaje.

Para finalizar, se debe recordar la importancia vital que para una microrred eléctrica es disponer de herramientas de pronóstico tanto de demanda como generación eléctrica. No obstante, la dificultad añadida que supone el hacer pronóstico en entornos de microrred eléctrica hace necesario continuar trabajando en nuevos modelos, tanto para la demanda eléctrica como para la generación distribuida renovable.

6.7. Preguntas y cuestiones de autoevaluación

1. En base al documento INDEL ATLAS, identifique y describa las principales características de la demanda eléctrica.

2. Imaginemos que nuestra microrred eléctrica dispone de unos consumos eléctricos con unos claros perfiles del tipo: doméstico e industrial. Sin importarle la escala, dibuje de forma aproximada cuales serían sus formas de curva y describa las principales diferencias que presentan ambos perfiles de curva de carga.

3. A partir de la Figura 6.35:

    a) Haga una comparativa entre las dos curvas de carga que aparecen en ésta.

    b) Con respecto a la Figura 6.35, identifique todos los puntos característicos de la curva de carga que considere oportuno.

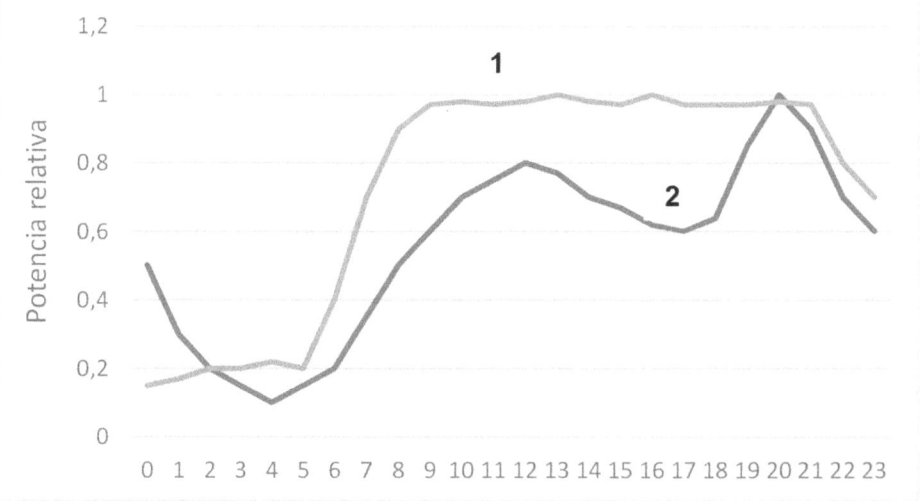

Figura 6.35. Curvas de carga de dos sectores distintos. Fuente: elaboración propia.

4. La generación eólica y la solar fotovoltaica son complementarias. ¿A qué cree usted que se debe este término? Ponga un ejemplo gráfico donde se muestre esta complementariedad.

5. De forma aproximada, dibuje la potencia entregada por una planta solar fotovoltaica en un día con una radiación solar sin nubes y en otra gráfica otro día que represente un día con nubes y claros intermitentes.

6. Las dos siguientes gráficas (Figuras 6.36 y 6.37) muestran la tensión y su corriente de las dos plantas fotovoltaicas (FV1 y FV2) ubicadas en INTEC (República Dominicana). Los datos que se muestran son los promedios de tensión y corriente por día, a lo largo de un año. A partir de estas figuras y en una gráfica, obtenga de forma aproximada las formas de las dos curvas que representen la potencia entregada por cada una de las dos plantas solares fotovoltaicas.

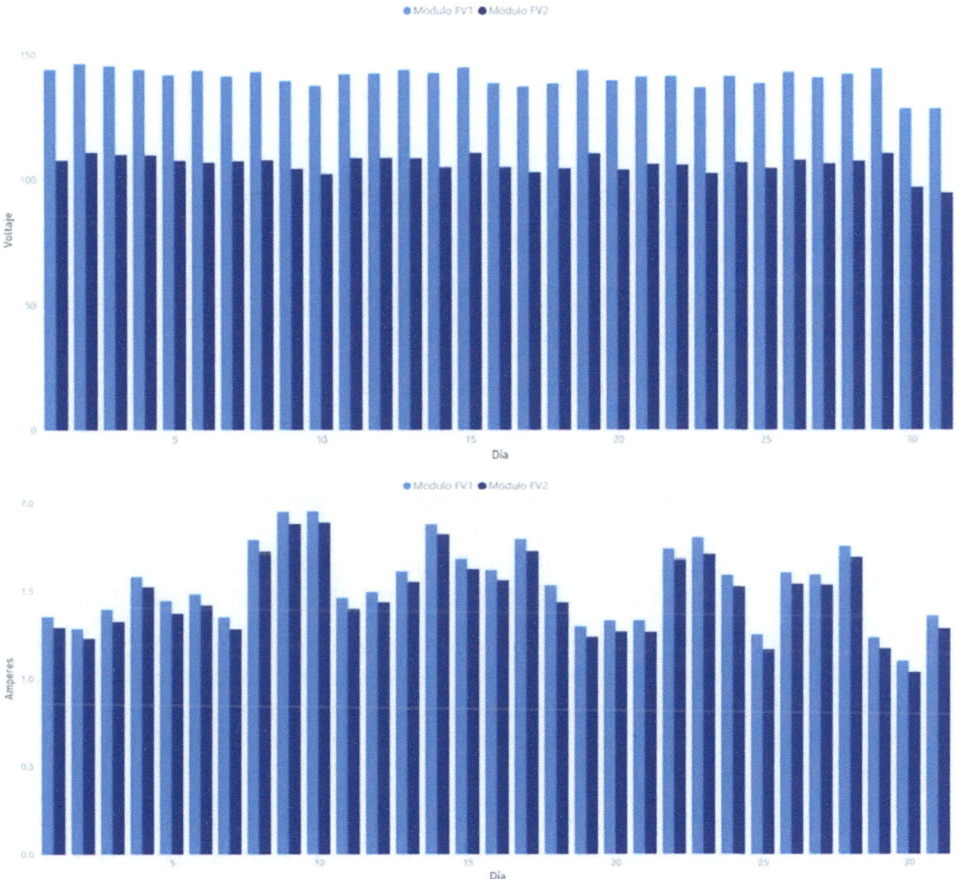

Figura 6.36. Gráficas de tensión y corriente de las plantas fotovoltaicas de INTEC, República Dominicana. Cortesía: INTEC.

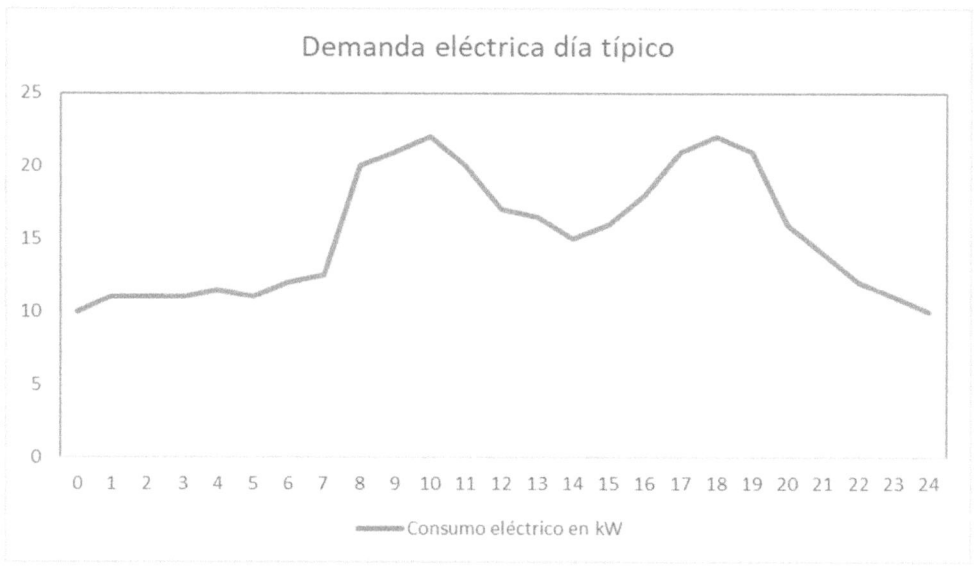

Figura 6.37. Representación de la demanda eléctrica de consumo de un día típico. Fuente: elaboración propia.

7. A partir de la Figura 6.37, responda a las siguientes cuestiones:

a) Identificar la curva que representa.

b) Indicar a qué tipo de consumo se puede asemejar.

c) Identificar los puntos característicos mostrados en la curva.

d) En el caso de que fuera una microrred eléctrica, ¿qué tipo de elemento de generación renovable podría instalarse para reducir el primer pico de la curva representada?

8. Un microgenerador solar fotovoltaico de una microrred eléctrica presenta la siguiente entrega de potencia instantánea en medidas minutales: $Pt_1' = 22$ kW, $Pt_2' = 21$ kW, $Pt_3' = 20,6$ kW, $Pt_4' = 20,4$ kW. En base a esas medidas realizadas, pronosticar el valor en el instante t_5 si se emplea el método de la persistencia y dar su fórmula general.

9. La Figura 6.38 muestra la demanda media mensual en INTEC. La curva de carga etiquetada como "*Potencia Consumida*" identifica el consumo en potencia de la microrred, mientras que "*Potencia Red*" representa la potencia inyectada a la red de distribución. A partir de las curvas, explique las situaciones donde "*Potencia Red*" toma valores negativos.

La siguiente tabla muestra la potencia real (fila primera) y pronosticada (fila segunda) en una microrred eléctrica. Los datos están en kW. A partir de ella, responda a las 4 preguntas siguientes. Cada columna representa la demanda de cada una de las horas del día, comenzando por la hora 0 y acabando por la 23, para conformar las 24 horas del día que forman la curva de carga.

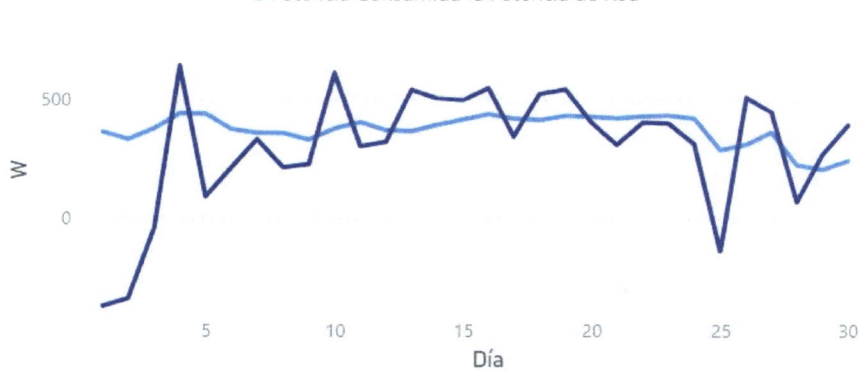

● Potencia Consumida ● Potencia de Red

Figura 6.38. Representación de la demanda media mensual en INTEC. La potencia consumida hace referencia a la consumida por la microrred eléctrica y la potencia red, a la inyectada a ésta. Cortesía: INTEC.

3,00	2,87	2,50	2,52	2,60	2,75	3,15	5,22	5,87	6,22	6,33	5,92
3,02	2,90	2,51	2,52	2,63	2,77	3,12	5,12	5,75	6,20	6,33	5,91

5,35	4,98	4,35	4,01	3,85	4,43	4,79	5,02	4,00	3,35	3,09	3,01
5,45	5,01	4,38	3,97	3,86	4,39	4,80	5,17	3,98	3,38	3,12	3,05

10. Calcular el MAPE (y grafíquelo) de todas y cada una de las horas de la curva de carga y representar este valor (en porcentaje) a lo largo del día (MAPE del pronóstico de cada una de las horas del día).

11. A partir de la gráfica de MAPE horario obtenido, extraiga las principales conclusiones sobre la tendencia del error con respecto a las horas del día.

12. Calcule el MAPE y MSE pero del día completo.

13. Calcule el ME y obtenga sus conclusiones sobre el mismo.

14. En una microrred eléctrica aparecen los términos consumo total, consumo de la red y generación de la microrred eléctrica. Explique los 3 términos anteriores y posteriormente represéntelos en una misma gráfica para completar su explicación.

15. La siguiente Figura 6.39 muestra la curva de carga (línea identificada como real) de una microrred y su pronóstico (línea identificada como pronóstico). A partir de estas curvas, analice los resultados del pronóstico realizado.

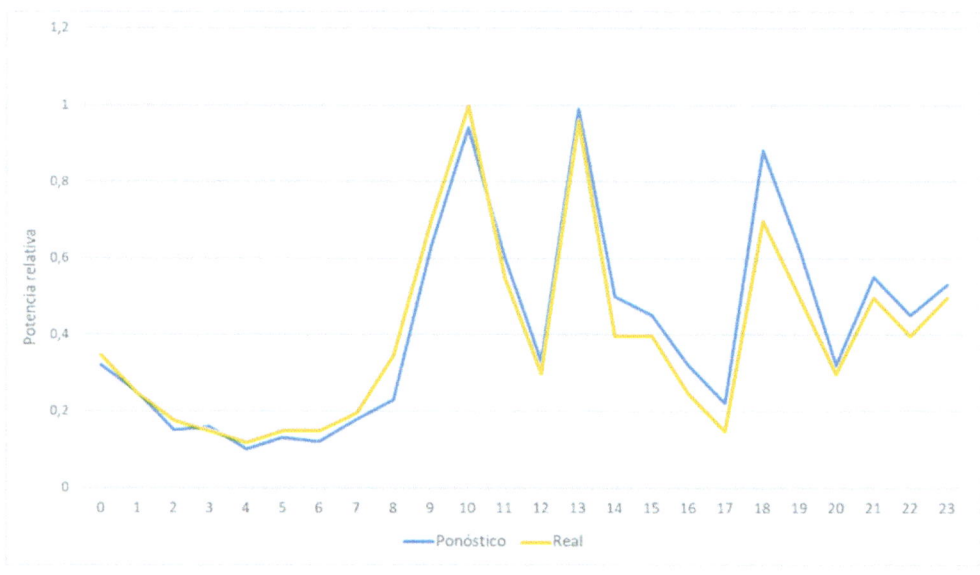

Figura 6.39. Representación de la demanda eléctrica y su pronóstico en una microrred. Fuente: elaboración propia.

16. La Figura 6.40 representa la producción de una planta solar fotovoltaica (línea identificada como real) y de su pronóstico (línea identificada como pronóstico) de un día en una microrred eléctrica. A partir de los valores indicados, calcular el MAPE horario, MAPE medio del día, MSE medio del día y ME.

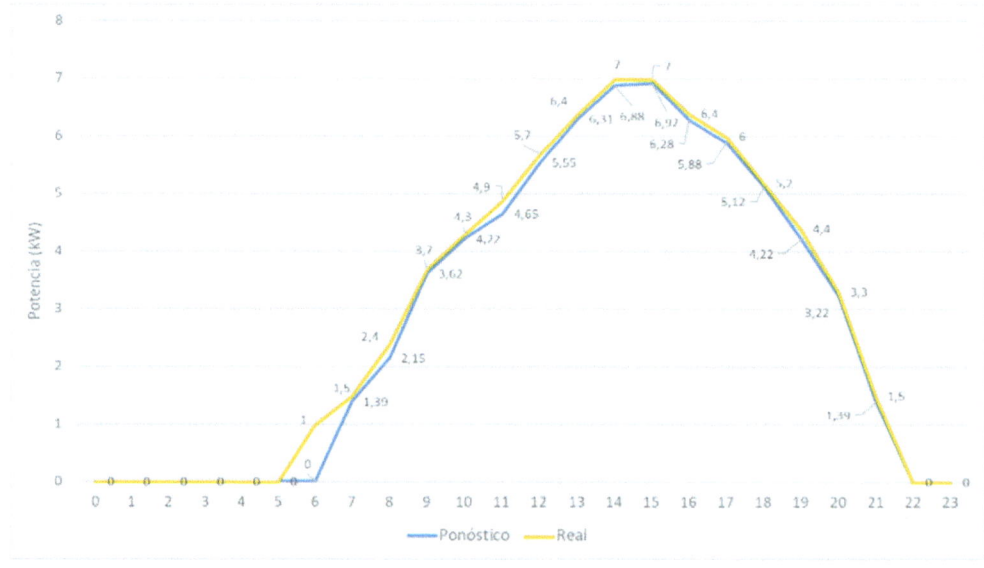

Figura 6.40. Representación de producción solar fotovoltaica y su pronóstico en una microrred eléctrica. Fuente: elaboración propia.

17. Continuando con la pregunta 15 y en base al MAPE medio diario obtenido, evalúe si el resultado de este es alto o no. En caso de ser alto, justifique este resultado e identifique el punto o puntos que lo hacen elevado.

18. El gestor de la energía de la microrred dispone de una herramienta de pronóstico de la demanda y la generación renovable cuyos resultados muestran los valores de potencia cada 5 segundos. Además, la herramienta muestra los siguientes 4 valores a partir del instante en el que se encuentra. A partir de lo anterior, clasificar exactamente el tipo de pronóstico ante el que nos encontramos.

19. Asumiendo que existen variables endógenas y exógenas cuando hablamos de un pronóstico, diga en qué grupo se encontrarán las siguientes variables que un modelo de pronóstico de la demanda emplea: curva de carga del día anterior, carga pico y su hora del mes anterior, temperatura media del día anterior, IPC medio de los últimos 3 meses, pronóstico de la demanda agregada del día siguiente, laboralidad del día anterior, nivel de uso de la instalación.

20. Usted se plantea el realizar una herramienta de pronóstico a corto plazo (24 horas del día siguiente) de la demanda eléctrica de la microrred eléctrica a su cargo. Si tan solo tiene histórico de datos de demanda eléctrica horaria y ciertas variables climáticas (temperatura, radiación solar y humedad relativa), defina las variables que a priori emplearía en su modelo de pronóstico, así como la granularidad de éstas.

21. Explique las principales diferencias existentes entre las técnicas no lineales y las lineales cuando se emplean para el pronóstico de la demanda o la generación eléctrica.

22. Cuando hablamos de redes neuronales artificiales asumimos que existe una unidad básica de éstas. Explique cuál es esta unidad y haga un dibujo de ésta, definiendo sus partes principales.

23. Haga una clasificación completa de las redes neuronales artificiales atendiendo a distintos criterios y explique los distintos modelos resultantes.

24. Cuando hablamos de redes neuronales artificiales existe una fase llamada *de entrenamiento* o *aprendizaje*. Explique en qué consiste dicha fase. Usted decide hacer una herramienta de pronóstico del generador fotovoltaico de su microrred eléctrica a partir de los datos de radiación existente en su histórico de datos. Decide emplear una red neuronal artificial supervisada y para ello decide emplear 10 000 patrones de los datos comentados anteriormente. Teniendo en cuenta que es necesario destinar datos para la fase de entrenamiento, decida qué porcentaje de datos irán para cada fase y por qué ha decidido estos porcentajes.

25. Explique y justifique el algoritmo de validación cruzada en los modelos basados en redes neuronales artificiales.

26. Usted necesita realizar una herramienta de pronóstico de la demanda eléctrica para su microrred eléctrica. Antes de decidir sobre el modelo a emplear, necesita conocer exactamente las peculiaridades de la demanda eléctrica, por tanto, explique con detalle dichas peculiaridades.

27. Con el objetivo de hacer un estudio comparado, realice un cuadro resumen con los principales rasgos que definen los modelos basados en técnicas lineales y no lineales.

28. Explique por qué los modelos de pronóstico de la generación renovable son tan complicados.

29. Con respecto al pronóstico de demanda y generación, ¿cuál es la tendencia en cuanto a modelos en las últimas décadas?, ¿cuáles son los modelos esperados en los próximos años?

30. El pronóstico de la demanda y generación en una microrred eléctrica puede emplearse para distintos fines, explique cuáles son los diferentes intereses del sistema de gestión de la energía para con estos modelos de pronóstico.

Capítulo **7**

BENEFICIOS DE LAS MICRORREDES ELÉCTRICAS

"Las ganancias mal logradas reportan pérdidas"

—Eurípides de Salamina—

7.1. Introducción

El capítulo comienza con una frase de Eurípides de Salamina, donde se hace evidente la necesidad de obtener unas ganancias, pero no bajo cualquier circunstancia. Las microrredes eléctricas, tal como se ha visto anteriormente, precisan de una operación y gestión óptima y como consecuencia de dichas acciones, proporcionarán beneficios variados. Es evidente que una buena operación repercutirá en unos beneficios, los cuales se citarán a continuación. No obstante, ya *per se*, estas infraestructuras tendrán asociados ciertos beneficios de forma inherente.

En capítulos anteriores han sido definidos los conceptos de generación distribuida y almacenamiento eléctrico distribuido, que van a poder estar dentro de una microrred eléctrica. Con una adecuada planificación y operación de los elementos de generación distribuida, almacenamiento eléctrico distribuido y las cargas, se puede incrementar el rendimiento global de la microrred eléctrica y de una forma económicamente rentable para ella. Por tanto, se puede operar con una eficiencia energética mayor y, como se verá en este capítulo, tendrá efecto sobre los beneficios asociados a la microrred eléctrica.

La microrred eléctrica pretende hacer un uso racional de los recursos disponibles y como consecuencia, de manera colateral, reducir la emisión de gases de efecto invernadero (GEI). Se puede decir entonces que la racionalidad en el uso de los recursos inherentes a la microrred eléctrica propiciará una reducción en el impacto medioambiental sobre la atmósfera, mitigando la emisión de gases nocivos a la misma.

Una gestión óptima de los elementos de generación distribuida, almacenamiento eléctrico distribuido y cargas no puede garantizar la reducción de gases de efecto invernadero. Para poder obtener esta reducción tan deseada, es necesario hacer un buen diseño de las tecnologías de generación y almacenamiento que componen la microrred eléctrica, así como una operación priorizada por los criterios de sostenibilidad. Por ejemplo, la elección de elementos de generación distribuida basados en fuentes de energía renovables (tecnología renovable) tales como la fotovoltaica, eólica, biomasa, etc., permite tener una microrred eléctrica que, inicialmente, reduce la emisión de gases perjudiciales.

Como viene diciéndose en este libro de texto, las microrredes eléctricas fomentan la penetración de fuentes de generación renovable. Bien sea de forma agregada o aislada, normalmente los elementos de generación distribuida renovables son fundamentales para el funcionamiento de la microrred eléctrica. No obstante, y para tratar de hacer frente a la intermitencia asociada a estas fuentes, los elementos de generación distribuida renovables integrados en la microrred eléctrica deberán estar asociados a almacenamiento eléctrico distribuido. Esta combinación de elementos le permitirá a la infraestructura eléctrica de distribución tener ciertos niveles de relajación y, por tanto, verlo como un beneficio consecuencia de la existencia de la microrred eléctrica.

Una microrred eléctrica va a poder participar en el mercado eléctrico y, de esta forma, gestionar su propio beneficio económico, comprando o vendiendo energía a la red de distribución, cuando los precios sean favorables para su operación bajo una perspectiva económica. Además, la agregación de recursos distribuidos permite a la microrred eléctrica participar en la provisión de servicios auxiliares, convirtiendo a la microrred eléctrica en un aliado de la infraestructura eléctrica de transporte y distribución.

Además de la participación en la provisión de servicios auxiliares, la microrred eléctrica puede servir para garantizar una mejora en el suministro. En la actualidad, las redes cuentan con altos niveles de calidad energética para todos los usuarios y para los que quieren un nivel de calidad mayor, se les puede ofrecer soluciones a medida. Sin embargo, en caso de perturbaciones en la red de distribución, la microrred eléctrica puede desconectarse de la misma, operando en modo isla hasta que la red de distribución recupere sus estándares de calidad. Esta funcionalidad de la microrred debe ser vista como una ventaja para sus clientes, pero también un desahogo para la distribución.

Como buen libro de texto, en este capítulo se presentará la visión general de los beneficios de la microrred eléctrica, para posteriormente tratar de agruparlos según un criterio particular en base a lo presentado hasta la actualidad. Además, se realizará un caso de estudio empleando el software de simulación HOMER Energy [555], donde varias microrredes eléctricas serán simuladas en distintas condiciones, para poder destacar los beneficios asociados a las mismas. Se anima a los lectores a replicar lo aquí presentado, o incluso realizar nuevos escenarios simulados que ayude a tomar las propias decisiones en cuanto a los beneficios de las microrredes eléctricas.

7.2. Visión general de los beneficios de las microrredes eléctricas

Como se dijo en el Capítulo 1, en 1997 se presentó el concepto de *microrred eléctrica* [53] y ya en este congreso se ponía de relevancia las ventajas y desventajas de estos prometedores escenarios. Algunas de las ventajas destacadas eran: entrega de la potencia a las cargas en forma de corriente alterna; sistema de control sencillo y que facilita la operación y mantenimiento; la gestión financiera dirigida por la propia comunidad; mayor fiabilidad en el sistema; sistema modular y flexible; y no dependiente de una única fuente de energía. Con respecto a las desventajas, el autor destacaba: precisa de medición; costos elevados; y sistemas energéticos necesarios.

Como también se comentó en el Capítulo 1, la anterior definición de microrred eléctrica estaba algo alejada de la que oficialmente conocemos hoy, la cual es mucho más completa. No obstante, el párrafo anterior marca algo muy interesante, ya en 1997 este nuevo concepto (en aquellos tiempos) de microrred eléctrica, llevaba asociado una serie de beneficios (también desventajas) y esto encaja perfectamente con lo planteado hoy en día. A pesar de que actualmente la microrred eléctrica es una realidad y sus instalaciones están en todo el mundo (se verán algunos ejemplos en el siguiente capítulo), es necesario poner de manifiesto, de una forma clara, sus ventajas.

Si el lector consulta artículos científicos, tesis doctorales, libros, trabajos fin de máster o grado, podrá encontrar cierta información, a veces disgregada en el texto, de los posibles beneficios de las microrredes eléctricas. Al igual que en 1997, esta tarea siempre es delicada y comprometedora, pues lo que hoy parece un potencial beneficio, mañana puede no serlo y viceversa. No obstante, en este libro de texto es conveniente tratar este tema y presentar los beneficios de la microrred eléctrica. Lo que se hará es lo siguiente, se comenzará presentando los beneficios identificados por algunos autores en el pasado y en orden cronológico, para posteriormente hacer una identificación y agrupación de éstos y así poder plantear una propuesta propia de clasificación de estos beneficios en la microrred eléctrica.

Para comenzar, y como se ha dicho, la Tabla 7.1 muestra los posibles beneficios de la microrred eléctrica. Las primeras dos columnas hacen referencia al documento y el año donde se han extraído los datos y se ha querido presentar esta información desde la fecha más antigua hasta la actualidad. Posteriormente, aparece la agrupación que hace el autor del tipo de beneficio, para finalmente encontrar la explicación de éste.

Tabla 7.1. Análisis de los diferentes tipos de beneficios y sus detalles en la microrred eléctrica. Fuente: elaboración propia, a partir de la fuente indicada en *Referencia*.

Referencia	Año	Tipo de beneficio	Detalle del beneficio
[11]	2008	Objetivos*	1. Aumento del rendimiento energético, al integrar la parte térmica y eléctrica juntas. 2. Reducción de gases efecto invernadero. 3. Aumento de la penetración de las tecnologías renovables. 4. Reducción de los costes energéticos al participar en el mercado energético. 5. Aumento de los servicios auxiliares a la infraestructura de red de distribución: regulación primaria, secundaria y terciaria; control de la tensión de red; y reducción de las pérdidas eléctricas.
[14]	2009	Medioambientales	6. Los gases de efecto invernadero y las partículas emitidas se reducen. 7. Los microgeneradores basados en tecnologías renovables podrían aumentar la conciencia energética.
		Operación e inversión	8. Las cargas y los generadores próximos permiten un mejor control de los niveles de tensión mediante control de reactiva. 9. Los *feeders* reducen sus niveles de congestión. 10. Las pérdidas asociadas al transporte y distribución de la energía se reducen (en un 3%, según los autores). 11. La reducción de los costes de ampliación de infraestructura de transporte y distribución.
		Calidad y fiabilidad de suministro	12. Ajuste entre oferta y demanda debido a la descentralización del suministro. 13. Menores *blackouts* eléctricos. 14. Reducción en los tiempos de inactividad del sistema.

Referencia	Año	Tipo de beneficio	Detalle del beneficio
			15. Aumento en la mejora en el proceso de *black start* a través de los microgeneradores.
		Ahorro de costes	16. Aprovechamiento del calor sobrante de la cogeneración sin necesidad de infraestructuras adicionales. 17. Electricidad y calor hacen que la eficiencia conjunta aumente al 80% (según los autores). 18. Microgeneradores renovables en la microrred eléctrica supone un ahorro en el despliegue de plantas renovables en la infraestructura de transporte y distribución. 19. Ahorros de energía con respecto a la infraestructura de transporte y distribución.
		Mercado	20. La implementación de microrredes eléctricas disminuye en poder de las grandes empresas de generación. 21. La posibilidad de mejora a través de servicios auxiliares da una oportunidad de negocio. 22. El aumento de los microgeneradores plug and play asociados a la microrred eléctrica hace que el precio de la energía eléctrica baje. 23. El equilibrio entre inversión en infraestructura y la generación distribuida posibilita la reducción del precio de la electricidad a largo plazo (10% según los autores).
[556]	2012	Económicos	24. Regulación de los precios de la energía. 25. Flexibilidad en la venta y compra de la energía.
		Fiabilidad	26. Permite reducir las interrupciones del suministro.
		Medioambientales	27. Reducción de las emisiones de gases de efecto invernadero.
		Técnicos	28. Servicios auxiliares: apoyo a la potencia activa o frecuencia; apoyo a la potencia reactiva o tensión.
[8]	2014	Medioambientales	29. Giro de la producción hacia el uso de tecnologías de generación bajas en emisiones. 30. Empleo de combustibles más eficientes. 31. Aplicación de la cogeneración y calefacción/refrigeración.
		Sociales	32. Mayor sensibilización de la opinión pública. 33. Aumento del ahorro energético y la reducción de la emisión de gases de efecto invernadero. 34. Electrificación de entornos remotos.
		Técnicas	35. Movimiento del pico de carga a momentos de mayor interés. 36. Regulación de tensión. 37. Reducción de las pérdidas energéticas. 38. Mejora de la fiabilidad.
[557]	2019	Técnico-económicas	39. Existencia de generación distribuida en la microrred a través de la infraestructura de distribución. 40. Reducción de los costes asociados al despliegue de la infraestructura de transporte y distribución. 41. Disposición de una infraestructura flexible y modular en la microrred eléctrica. 42. Aumento de la penetración de las tecnologías renovables.

Referencia	Año	Tipo de beneficio	Detalle del beneficio
			43. Aumento de la flexibilidad de la demanda de la microrred eléctrica al disponer de mayor capacidad de ajustes.
		Medioambientales	44. Reducción de emisiones en los microgeneradores renovables, que se puede asociar con el almacenamiento. 45. Aumento de la penetración de las tecnologías renovables a pequeña escala.
		Económicas	46. Mejora de la economía local afectada por la microrred eléctrica. 47. Crecimiento en los niveles de educación primaria y secundaria, que se convierte en aumento de la empleabilidad. 48. Aumento de la eficiencia energética.
		Sociales	49. Aumento de la posibilidad del acceso a la energía. 50. Creación de escuelas con energía eléctrica en ciertos lugares y, por tanto, crecimiento en la educación.
		Resiliencia**	51. Mayor capacidad de resiliencia. 52. Operación en isla.
[558]	2019	Técnicos	53. Evita las instalaciones de nuevas centrales con generación centralizada, nuevo despliegue de líneas y centros de transformación. 54. Permite disminuir la necesidad de combustibles fósiles gracias a la integración en las microrredes eléctricas de tecnologías renovables. 55. Permite disminuir las pérdidas por transporte y distribución de energía. 56. Permite disminuir las variaciones de la tensión de red.
		Ambientales	57. Reducción de las emisiones de gases de efecto invernadero.
		Sociales	58. Aumento de la posibilidad de la investigación. 59. Aumento del trabajo directo e indirecto. 60. Electrificación de zonas remotas. 61. Incentivos para el ahorro energético y la reducción de las emisiones de gases de efecto invernadero.
		Fiabilidad	62. Funcionamiento en isla para el abastecimiento de la demanda. 63. Aparición del costo por racionamiento de la energía.
		Resiliencia	64. La microrred eléctrica puede suplir la demanda de forma segura a través de los microgeneradores y almacenamiento en situaciones extremas.
[50]	2020	Suministro fiable y resiliente	65. Suministro de energía segura a los clientes de la microrred eléctrica, aunque la infraestructura eléctrica de distribución falle. 66. Capacidad para restablecer el servicio de una forma más rápida en caso de *blackout*.
		Pérdidas transmisión	67. Los microgeneradores de la microrred eléctrica permiten reducir los picos de potencia de la infraestructura eléctrica de distribución (ahorro de entre 6-10%, según los autores).

Referencia	Año	Tipo de beneficio	Detalle del beneficio
			68. La microrred eléctrica puede compensar a la infraestructura eléctrica de distribución con potencia reactiva. 69. Las pérdidas no técnicas (robos) se reducen.
		Reducción de la capacidad del sistema	70. Regula el aumento en infraestructura de red de transporte y distribución y de centros de transformación. 71. Reduce la demanda máxima de la infraestructura eléctrica de distribución (similar a 56).
		Integración de las tecnologías renovables	72. Reduce las perturbaciones producidas en la propia red en transporte y distribución debidas a las tecnologías renovables, gracias a la existencia de la microrred eléctrica. 73. Aumento del porcentaje de penetración de las tecnologías renovables a pequeña escala debidas a la microrred eléctrica. 74. Posibilidad conseguir microrredes eléctricas con un 100% de tecnologías renovables.
		Costos de fiabilidad	75. Garantizar la fiabilidad de suministro en la infraestructura de distribución supone un coste muy elevado en comparación con conseguirlo en la microrred eléctrica. 76. Disponer de planificadores de energía menos costosos que los de la infraestructura eléctrica de distribución.
[559]	2021	Sostenibles	77. Aumento de la sostenibilidad gracias a la penetración de las tecnologías renovables junto al almacenamiento.
		Económicos	78. Empleo de energía más barata gracias a los elementos de predicción de demanda y microgeneración. 79. Gestión más activa y sencilla de los elementos de microgeneración que en una infraestructura eléctrica de distribución.
		Resiliencia	80. La microrred eléctrica es más segura ante blackouts y permite restablecimientos (*black starts*) más rápidos.
[560]	2023	Autonomía energética	81. Generación de su propia energía. 82. No depende de la infraestructura eléctrica de distribución.
		Mayor eficiencia energética	83. Generación de energía local. 84. Reducción de las pérdidas por distribución de la energía.
		Resiliencia	85. Mayor resistencia a fallos e interrupciones.
		Desarrollo sostenible	86. Reducción de las emisiones de gases de efecto invernadero. 87. Mejora de la calidad del aire, en la microrred eléctrica con tecnologías renovables.

* Los autores hablan de consecución de siguientes objetivos, no tanto beneficios. Es cierto que en el Capítulo 2 hablan de: reducción de gases efecto invernadero; gestión y optimización económica de la microrred; balance entre generación y carga; y reducción de pérdidas eléctricas en transporte y distribución.

**Resiliencia eléctrica según *"National Infrastructure Advisory Council"* [557], [561]: *"(…) capacidad de reducir las magnitudes y/o dirección de los eventos disruptivos. La efectividad de una infraestructura resiliente depende de su capacidad para anticipar, absorber, adaptarse y/o recuperarse de un evento (…)."*

Respecto a la tabla anterior, lo primero destacable es la variedad de tipologías de beneficios que los textos presentan. Esto es un indicativo de la dificultad en cuanto a su clasificación, y porque no, la falta de consenso que existe al respecto. Este rasgo de la casuística distinta es independiente del año en que se propone y parece ser más bien una propuesta intuitiva y de sentido común de los distintos autores. El detalle del beneficio aparece desde el 1) al 87), pero no significa que los 87 detalles sean distintos; si el lector se ha fijado (y seguro que sí), la mayoría se repite, aunque aparezca con algún matiz diferente en el texto.

Por tanto, comencemos identificando los detalles de beneficio similares, partiendo de la información mostrada en nuestra tabla de referencia anterior. Podemos identificar diferentes grupos (con independencia de la tipología asignada) con detalles de beneficios similares, a saber:

- Grupo 1 (ahorro energético): 1), 10), 16), 17), 30), 31), 37), 39), 48), 55), 67), 71), 81), 82), 83), 84).

- Grupo 2 (gases efecto invernadero y clima): 2), 6), 27), 33), 44), 57), 86), 87).

- Grupo 3 (renovables): 3), 29), 42), 45), 54), 73), 74), 77).

- Grupo 4 (infraestructura y servicios auxiliares): 5), 8), 9), 13), 14), 15), 19), 26), 28), 34), 36), 51), 52), 53), 56), 62), 65), 66), 68), 69), 70), 72), 75), 80), 85).

- Grupo 5 (social y empleo): 7), 32), 47), 49), 50), 58), 59), 60).

- Grupo 6 (costes, mercado y negocio): 4), 11), 12), 18), 20), 21), 22), 23), 24), 25), 35), 40), 41), 43), 46), 61), 63), 64), 76), 78), 79).

Como ya se ha dicho, muchos de los anteriores detalles de beneficio son similares a otros, pero se han querido mantener todos, ya que provienen con su descripción distinta de diferentes textos. Si el lector se fija, incluso dentro de la agrupación anterior aparecen ciertas dudas. Algunos detalles de beneficio asignados a un grupo podrían estar en otro, o incluso estar en dos distintos. Esto pone en evidencia la complicación que supone la agrupación de estos beneficios y como ya se ha dicho, la falta de consenso existente.

Sin desmerecer las clasificaciones realizadas hasta la fecha y, concretamente, las mostradas en la tabla anterior, es posible definir una clasificación propia de los beneficios de la microrred eléctrica. En la Figura 7.1 se presenta esta clasificación, en función del análisis realizado hasta este momento. El lector podrá comprender que esta agrupación es fruto de la reflexión personal y que no pretende ser un dogma de fe y se anima a los lectores (o futuros autores), que sobre lo planteado sean capaces de formular otras propuestas. La figura, además, pone de relevancia lo sugerido algunos párrafos arriba, algunos beneficios pueden ser agrupados en distintos grupos, de aquí que los círculos de la figura presenten cierto solapamiento entre ellos. Dicho esto y sin más preámbulos, la clasificación propuesta estará formada por los siguientes grandes grupos: energía y tecnologías renovables; infraestructura y servicios de red; mercado y costes; y emisiones y clima.

Otro detalle interesante sacado del análisis realizado es que algunos autores tratan de relacionar los beneficios de la microrred eléctrica con determinados actores implicados en la misma y esta cuestión es realmente interesante. En el texto [8], los actores implicados con los beneficios de la microrred eléctrica son los propios consumidores de ésta, los microgeneradores y el operador del sistema de distribución. De una forma más modesta, en [562] el autor comenta que el ahorro de energía externa a la microrred eléctrica supone un claro beneficio económico para los usuarios de ésta. También de una forma sutil, en [563] la autora reconoce que el despliegue de protecciones adaptativas en una microrred eléctrica genera beneficios económicos al gestor de ésta, ya que se produce un ahorro en despliegue de infraestructura de monitorización y otros elementos no necesarios.

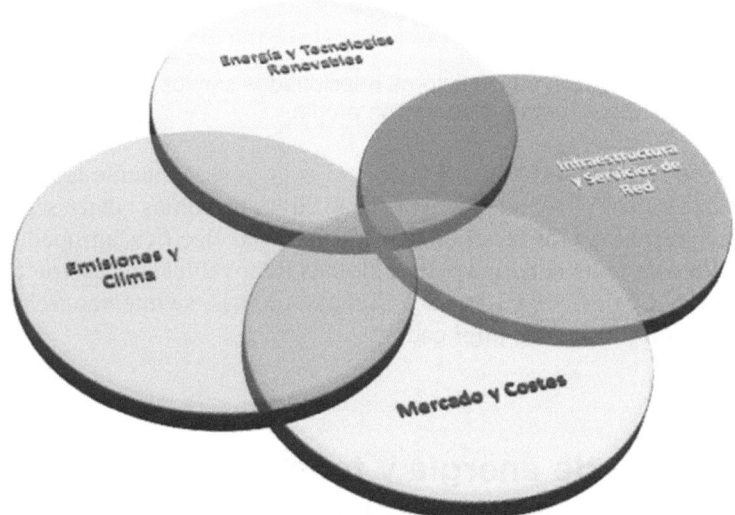

Figura 7.1. Clasificación de los beneficios existentes en una microrred eléctrica.
Fuente: elaboración propia.

Si bien es cierto que es más que probable que en otros textos se ponga este hecho de relevancia, lo anteriormente expuesto sirve de excusa para poder complementar los beneficios generados por la microrred, como veremos a continuación.

Es necesario establecer una nueva dimensión que relacione el actor de la microrred con el beneficio generado en la misma. En este sentido, en este libro de texto se consideran que los potenciales actores son los siguientes: usuarios de la microrred; gestor de la microrred; medioambiente y clima; e infraestructura eléctrica de distribución. Identificados los actores citados, la Figura 7.2 los muestra como beneficiarios de los distintos frutos creados por la microrred eléctrica.

Con respecto a los usuarios de la microrred eléctrica es evidente identificar a las personas que interactúan en ella, bien sea como consumidores, productores o ambos roles (*prosumers*). El papel de gestor de la microrred puede ser muy distinto, desde los propios usuarios de ésta, hasta una comercializadora externa, un agregador o la propia distribuidora. Medioambiente y clima, a pesar de ser algo intangible y etéreo, también se verán influenciados por ciertos beneficios derivados de la existencia de la microrred eléctrica. Por último, aunque no menos importante, la infraestructura eléctrica de distribución tendrá relación directa con algunos de los beneficios de la microrred eléctrica.

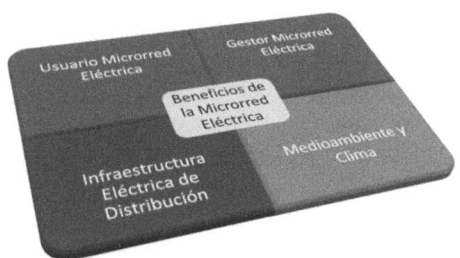

Figura 7.2. Identificación de los actores relacionados con los beneficios de la microrred eléctrica. Fuente: elaboración propia.

Sin desmerecer las aportaciones en otros textos (y concretamente los aquí analizados), para terminar esta sección, hay que comentar que en las próximas cuatro secciones se harán aportaciones con respecto a los beneficios de la microrred eléctrica, agrupados según la propuesta en este libro de texto (Energía y Tecnologías Renovables; Infraestructura y Servicios de Red; Mercado y Costes; y Emisiones y Clima). Además, se intentará relacionar algunos de los beneficios con sus actores implicados.

7.3. Beneficios de energía y tecnologías renovables de las microrredes eléctricas

En esta sección se van a presentar los beneficios asociados a la clasificación de la energía y las tecnologías renovables. El lector no debe olvidar, como se ha dicho en la sección anterior, que algunos de los tipos detalles del beneficio mostrado en la Tabla 7.1 pueden estar en varias de las clasificaciones propuestas y siempre según la perspectiva de este libro de texto. No obstante, se ha optado por la clasificación y agrupación mostrada en la sección anterior.

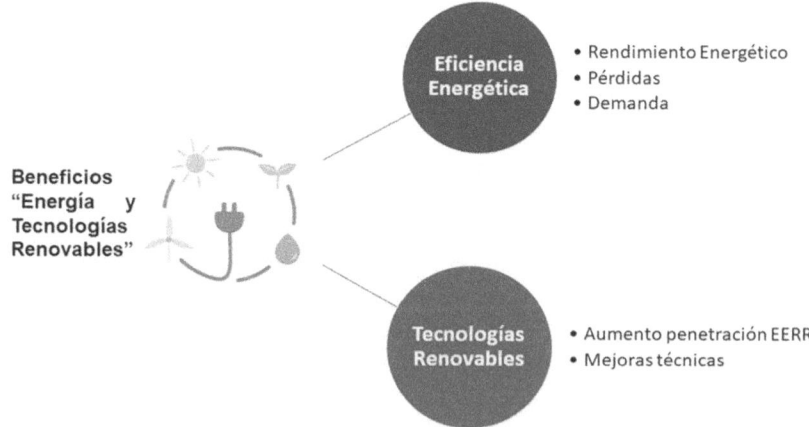

Figura 7.3. Beneficios de energía y tecnologías renovables": Eficiencia energética y tecnologías renovables. Fuente: elaboración propia a partir de componentes de [564].

Tras el análisis realizado en la sección anterior y con la clasificación planteada aquí, es posible agrupar los beneficios asociados a *energía y tecnologías renovables* en dos grupos: eficiencia energética y tecnologías renovables. Esta clasificación se muestra en la Figura 7.3.

Comencemos con la *eficiencia energética*. El principal beneficio que es posible asociar a este tipo es precisamente el hecho de disponer elementos microgeneradores que son capaces de abastecer la demanda, e incluso suministrar energía de forma puntual a la infraestructura eléctrica de distribución, permite reducir las pérdidas asociadas al transporte y distribución de energía hasta la microrred. Siempre es complicado asociar un porcentaje a dichas pérdidas, algunos autores marcan valores para estas pérdidas del 17% para el transporte, pero del 50% para distribución [565], mientras que otros presentan valores mucho más conservadores, como el 6-10% [50], el 3% [14], o 3-5% para transporte y 8-20% distribución [11]. En cualquiera de los casos, es posible apreciar que se trata de un porcentaje de energía nada despreciable y que es necesario tenerlo presente. De una forma muy simplificada, las pérdidas técnicas (asociadas al flujo de energía) pueden calcularse a través de la Ecuación (7.1), dada por las pérdidas por efecto Joule[1]:

$$P_J = R \cdot I^2 \tag{7.1}$$

donde
R: resistencia del conductor.

I: corriente que circula por el conductor.

El valor de la resistencia viene dado por la Ecuación (7.2):

$$R = \rho \cdot \frac{l}{A} \tag{7.2}$$

donde
ρ: resistividad del material ($\Omega \times mm^2/m$),

l: longitud del conductor (m).

A: sección del conductor (mm^2).

De la Ecuación (7.1) podemos afirmar que cuanta más corriente eléctrica circule por el conductor, mayor serán sus pérdidas asociadas por el efecto Joule. No obstante, esta situación adversa se suele minimizar en transporte y distribución a través de transformadores elevadores, los cuales, al elevar mucho la tensión, disminuyen en la misma relación la corriente. Por otro lado y continuando con la ecuación, las pérdidas estarán también asociadas a la resistencia del conductor y como se ha visto en la Ecuación (7.2), ésta dependerá de la longitud del cable, por tanto, el transporte y distribución de 1 kWh de energía desde 300 km, llevará asociado unas pérdidas mucho mayores que si este transporte y distribución se hace desde 20 m.

---

[1] En este capítulo se asume de forma aproximada que todas las pérdidas por transporte y distribución son debidas a las pérdidas por efecto Joule y esto se mantendrá a lo largo de todo el capítulo del libro de texto.

La microrred eléctrica dispondrá de microgeneradores y almacenamiento eléctrico distribuido, por tanto, esta combinación le permitirá en numerosas ocasiones abastecer a sus cargas (demanda) con energía eléctrica local y, por tanto, prescindiendo de abastecerse externamente a través de la infraestructura eléctrica de distribución. Esto supone una gran ventaja, ya que evitará un sobre exceso de producción de energía, asociado a la penalización por transporte y distribución de la energía.

Otro factor interesante asociado a la eficiencia energética tiene que ver con el propio concepto de *microrred*. En el Capítulo 1 veíamos que la microrred estaba compuesta por elementos asociados a la generación de energía eléctrica, pero también a la energía térmica. Pues bien, esta situación, teniendo en cuenta ambas energías (eléctrica y térmica), convierte a la microrred en un entorno altamente eficiente, ya que el conjunto de energías hace que la eficiencia global aumente significativamente con respecto a una de ellas de forma aislada. Algunos autores afirman que la eficiencia conjunta asciende al 80%, mientras que, por ejemplo, sólo la eficiencia eléctrica supondría un porcentaje del 40% [14].

Recientemente, además, esta combinación de recurso eléctrico y térmico se pone de relevancia en los módulos híbridos (explicado en el Capítulo 3), donde un dispositivo único conjuga las bondades de la solar fotovoltaica y la solar térmica, aumentando de forma considerable el rendimiento global del dispositivo; estos elementos se están combinando de forma natural en las infraestructuras de redes de calor urbana (*district heating*), donde ahora, el calor es suplementado con la generación de energía eléctrica a través de la parte fotovoltaica del módulo híbrido.

Estas mejoras en cuanto a eficiencia energética permiten tener una respuesta de la demanda (*Demand Response*, DR) avanzada en la propia microrred eléctrica. La variabilidad de componentes existentes en una microrred eléctrica, junto a sus elementos de control y operación, hacen que sea un emplazamiento donde es factible realizar labores orientadas a la satisfacción de la demanda existente.

Para finalizar las aportaciones de la eficiencia energética y unirla con la siguiente, es necesario destacar que el panorama mundial está en la búsqueda e implementación de tecnologías de generación eléctrica basadas en bajas emisiones y que presenten alto grado de eficiencia. En este sentido, la integración de estas tecnologías en las microrredes eléctricas debería ser sencilla, ya que está en el ADN de la microrred el aprovechamiento local de los recursos, mediante la integración de tecnologías eficientes por medio de los microgeneradores.

Comencemos a plantear los beneficios asociados a las *tecnologías renovables*. De forma inherente al concepto de microrred eléctrica, es necesario disponer de microgeneradores, los cuales intentarán abastecer la energía eléctrica demandada por las cargas de la microrred. En este sentido, es lógico pensar que las tecnologías renovables tienen una oportunidad para su integración, lo que convierte a la microrred eléctrica es un entorno que permitirá el aumento del grado de penetración de las tecnologías renovables.

Las tecnologías renovables a nivel de microgeneración encajan perfectamente con su asociación con el almacenamiento eléctrico distribuido. De esta forma, la estabilidad del sistema de la microrred eléctrica puede garantizarse.

Además, y siguiendo con el aumento de la integración de los microgeneradores renovables en la microrred eléctrica, este hecho permitirá a los responsables de la infraestructura eléctrica en transporte y distribución, aligerar sus exigencias de aumento de la instalación de plantas renovables. Esto es posible gracias a que las microrredes eléctricas podrán aumentar considerablemente la instalación de microgeneradores renovables y de esta forma, quitar de esta responsabilidad a transporte y distribución. Es cierto y evidente, que parece poco probable que con los microgeneradores renovables en las microrredes eléctricas se abastezca a toda la demanda del mundo, pero sí es cierto que en cierta manera desahoga a transporte y distribución.

Unido a lo anterior, uno de los inconvenientes clásicos puestos al aumento de la integración de grandes plantas renovables a nivel de transporte y distribución, es que la intermitencia (no gestionabilidad) de las tecnologías renovables desestabilizan el sistema eléctrico. De esta forma, al estar integradas en la microrred eléctrica y teniendo en cuenta que una de las funciones principales de ésta será garantizar la estabilidad en ella, evitará tanto desequilibrio a nivel macro del sistema eléctrico.

A continuación, la Tabla 7.2 muestra la relación positiva existente entre los actores implicados en la microrred eléctrica (usuario microrred eléctrica, gestor de la microrred eléctrica, medioambiente y clima, infraestructura eléctrica de distribución) y los beneficios de energía y tecnologías renovables (eficiencia energética, tecnologías renovables). El código de colores de las caras significa: verde (alta relación), amarilla (media relación), naranja (baja relación), roja (ninguna relación). Por supuesto, tanto este criterio como el seguido en las siguientes secciones es totalmente subjetivo, pero creemos que es acertado.

Tabla 7.2. Relación positiva entre los actores implicados en la microrred eléctrica y los beneficios de energía y tecnologías renovables. Fuente: elaboración propia.

Beneficio de energía y tecnologías renovables	Actor beneficiado de la microrred eléctrica			
	Usuario de la microrred eléctrica	Gestor de la microrred eléctrica	Medioambiente y clima	Infraestructura eléctrica de distribución
Eficiencia energética	🙂 (amarilla)	🙂 (verde)	🙂 (amarilla)	🙂 (verde)
Tecnologías renovables	🙂 (amarilla)	🙂 (amarilla)	🙂 (verde)	🙂 (amarilla)

7.4. Beneficios de infraestructura y servicios de red de las microrredes eléctricas

En esta sección se van a presentar los beneficios asociados a la clasificación de *infraestructura y servicios de red*. Tras el análisis realizado en la Sección 7.1 y con la clasificación planteada aquí, es posible agrupar los beneficios asociados a infraestructura y servicios de red en tres grupos: servicios auxiliares, control y operación del sistema, fiabilidad y resiliencia. Esta clasificación se muestra en la Figura 7.4.

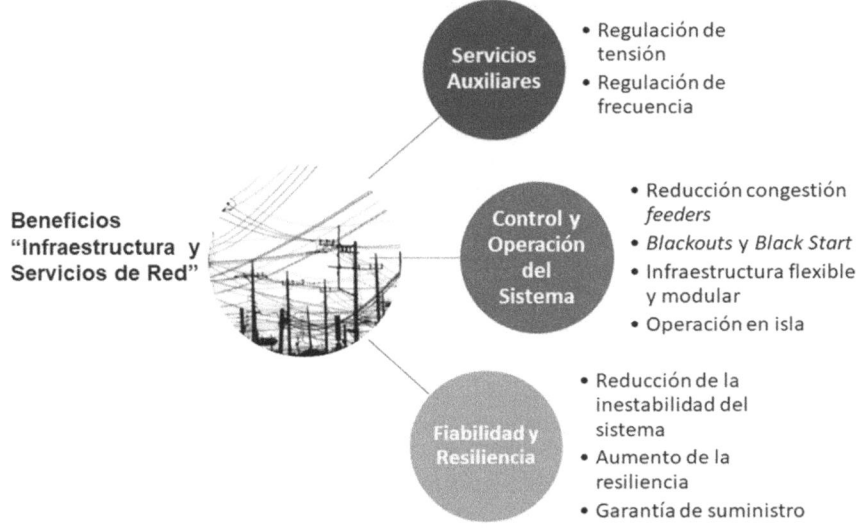

Figura 7.4. Beneficios de infraestructura y servicios de red: servicios auxiliares, control y operación del sistema, fiabilidad y resiliencia.
Fuente: elaboración propia a partir de componentes de [86].

Comencemos con los *servicios auxiliares* que la microrred eléctrica puede proporcionar. Podemos entender los servicios auxiliares como aquellos que deben proporcionarse para garantizar el suministro eléctrico desde los generadores hasta los consumos finales. En la microrred eléctrica dispondremos de microgeneradores (tecnologías renovables y no renovables) junto a almacenamiento eléctrico distribuido, mediante los cuales tratará de suministrar la energía demandada por las cargas. En un momento dado, el control de la microrred puede gestionar estos recursos con el fin de garantizar ciertos niveles de tensión y frecuencia, lo que convierta a las microrredes en elementos de control clave para la red de distribución, ya que son capaces de suministrar potencia activa y reactiva para el control de la frecuencia y tensión de la red respectivamente. Lo anteriormente descrito es una gran ventaja para distribución, ya que dispondrá en zonas concretas (donde estén las microrredes eléctricas) mecanismos que le permitan ajustar niveles de tensión y frecuencia, tan solo dialogando con ellas. Por tanto, la microrred se convierte en un elemento inteligente que puede brindar este servicio hacia la infraestructura eléctrica de distribución.

Continuemos con *control y operación del sistema*. Debemos recordar que es posible que la microrred eléctrica esté conectada a la infraestructura eléctrica de distribución, por lo que, si no disponemos de microgeneradores y almacenamiento eléctrico distribuido de forma cercana, la energía eléctrica demandada por las cargas deberá ser suplida por distribución. En el momento que la microrred eléctrica incorpora el suministro de energía eléctrica a sus propias cargas, la infraestructura eléctrica de distribución se ve liberada de la necesidad del suministro de energía hacia las cargas, por lo que se produce una descongestión de los *feeders* de distribución.

Otro aspecto importante derivado del disponer de un sistema de control, junto a microgeneradores y almacenamiento eléctrico distribuido, es que se minimiza la posibilidad de *blackouts* y, además, mejorar el proceso de *black starts* debido a la existencia de estos microgeneradores apoyados por el almacenamiento eléctrico distribuido. Consecuencia de esto y como ya se ha visto en capítulos anteriores, la microrred eléctrica puede operar en modo isla, desconectándose de la infraestructura eléctrica de distribución, para brindar un servicio de calidad a sus usuarios, o incluso por petición expresa de la propia distribuidora.

Una cosa que, si es cierta, es que en sí misma, la microrred eléctrica es un espacio modular y flexible. Pero estos dos términos (modular y flexible) deben puntualizarse. Estas características deben verse desde una visión estática y dinámica. Estática ya que la microrred eléctrica puede ser planificada y ampliada a futuro, e instalar nuevos componentes que la complementen (o eliminar). Dinámica ya que la propia conexión y desconexión de equipamiento en su control y operación, la convierte en un entorno modular y flexible.

Y con respecto a *fiabilidad y resiliencia*, una microrred eléctrica está pensada para abastecer a sus cargas mediante sus elementos (microgeneradores y almacenamiento eléctrico distribuido) o la infraestructura eléctrica de distribución, por lo que es entendible cuando se afirma que se convierte en un entorno donde la garantía de suministro para con sus clientes es algo primordial. Pero, dicha funcionalidad que garantiza el suministro, también se ve ampliada hacia la red de distribución, ya que, en un momento dado, podría negociar el envío de energía con ella y seguir manteniendo este papel de responsable de la fiabilidad del suministro eléctrico.

Como ya se ha dicho, la variedad de componentes existentes y su posibilidad de control, permiten a la microrred eléctrica convertirse en una red que velará por mantener el servicio de una forma estable, para con sus clientes finales, pero también para su distribuidora.

Por último, la palabra de moda, resiliencia. La propia configuración inicial de la microrred eléctrica, desde el diseño, está planteada para poder recomponerse a situaciones complejas y diversas. Por tanto, una microrred eléctrica cumple con la definición de entorno resiliente y la complejidad de su control, operación y gestión de la energía, la convierte en un emplazamiento resiliente, fiable, además de versátil, modular y flexible.

A continuación, la Tabla 7.3 muestra la relación positiva existente entre los actores implicados en la microrred eléctrica (usuario microrred eléctrica, gestor de la microrred eléctrica, medioambiente y clima, infraestructura eléctrica de distribución) y los beneficios de

"Infraestructura y Servicios de Red" (servicios auxiliares, control y operación del sistema y fiabilidad y resiliencia). El código de colores de las caras significa: verde (alta relación), amarilla (media relación), naranja (baja relación), roja (ninguna relación). Por supuesto, tanto este criterio como el seguido en las siguientes secciones es totalmente subjetivo, pero creemos que es acertado.

Tabla 7.3. Relación positiva entre los actores implicados en la microrred eléctrica y los beneficios de infraestructura y servicios de red. Fuente: elaboración propia.

Beneficio de infraestructura y servicios de red	Actor beneficiado de la microrred eléctrica			
	Usuario de la microrred eléctrica	Gestor de la microrred eléctrica	Medioambiente y clima	Infraestructura eléctrica de distribución
Servicios auxiliares	🙂	🙂	🙁	🙂
Control y operación del sistema	🙂	🙂	🙁	🙂
Fiabilidad y resiliencia	🙂	🙂	🙁	🙂

7.5. Beneficios de mercado y costes de las microrredes eléctricas

En esta sección se van a presentar los beneficios asociados a la clasificación de *mercado y costes*. Tras el análisis realizado en la Sección 7.1 y con la clasificación planteada aquí, es posible agrupar los beneficios asociados al mercado y los costes en dos grupos: mercado energético y modelos de negocio. Esta clasificación se muestra en la Figura 7.5.

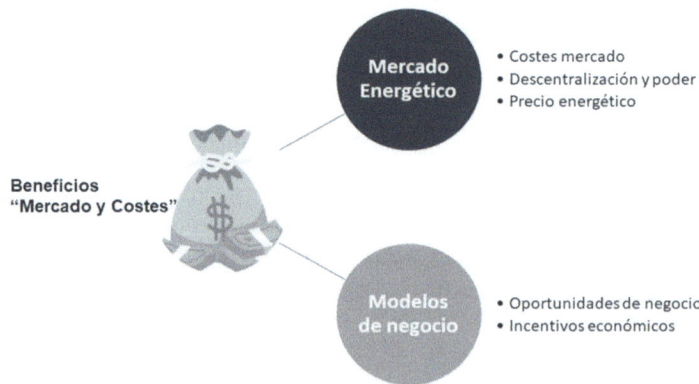

Figura 7.5. Beneficios de mercado y los costes: mercado energético, modelos de negocio. Fuente: elaboración propia a partir de componentes de [566].

Procedamos con *mercado energético*. El despliegue de una microrred eléctrica, junto a su inteligencia, control, microgeneradores, almacenamiento eléctrico distribuido y cargas, permite al gestor de ésta (sea quien sea), participar de una forma u otra en el mercado energético existente. Esta posibilidad es muy ventajosa para el gestor de la microrred eléctrica, ya que le permite acceder a unos beneficios (en este caso económicos y estratégicos) que de otra manera no hubiera sido posible alcanzarlos.

Gracias a la descentralización de los elementos de generación a través del despliegue de microgeneradores en la microrred eléctrica. Su gestor puede acceder a un negocio hasta el momento no permitido, y, por otro lado, en cierta manera, se produce una disminución en el poder energético centralizado de ciertas empresas. La última parte de la frase puede sonar peligrosa, pero, todo lo contrario, es la oportunidad de entrar en los mercados a las microrredes eléctricas. En cierta forma es análogo a lo que pretenden las plantas de energía virtual, pero normalmente, éstas tienen un tamaño (en potencia) exageradamente superior al de una microrred eléctrica.

La aparición de la microrred eléctrica en el mercado energético hace posible que ésta pueda influir en el precio de la energía, aunque sea de una forma modesta. Este logro debe asociarse a la instalación de la microgeneración en unión con el almacenamiento eléctrico distribuido. Pero esto no podría llevarse a cabo sin el control y la gestión de la energía realizada dentro de la propia microrred eléctrica y la posibilidad de diálogo con la distribuidora o comercializadora a la que esté conectada. Algunos autores ven este fenómeno como una posibilidad de regular los precios y, en definitiva, disponer de un sistema de compra y venta de energía más flexible si cabe [14].

Ya se ha dicho anteriormente, pero encaja perfectamente en esta clasificación, que las microrredes eléctricas desplegadas de forma masiva permitirán un ahorro de costes en la planificación de las infraestructuras eléctricas de transporte y distribución. Este es un hecho importante y que los transportistas y distribuidores tienen muy en cuenta.

Otro beneficio asociado al anterior es que las microrredes eléctricas permiten tener herramientas de planificación de generación y demanda más económicos y sencillos de gestionar que transporte y distribución. Y en este sentido, esto afectará directamente al precio de la energía, ya que permitirá a la microrred eléctrica llegar a precios de energía en momentos interesantes para minimizar el coste económico de compra y/o venta de ésta.

Con respecto a los *modelos de negocio*, como se ha visto en la sección anterior, la microrred eléctrica puede ofertar servicios auxiliares a distribución, por lo que este hecho en sí se convierte en una oportunidad de negocio muy interesante y no sólo para la propia microrred, sino también para el transportista o la distribuidora.

Cuando la microrred eléctrica es desplegada en entornos donde el propietario son los propios usuarios de ésta, los ahorros propiciados por una buena gestión de la energía o por la inclusión en el mercado energético, permite a estos usuarios disponer de un dinero (ahorrado o generado) para invertirlo en la propia microrred eléctrica, o destinarlo a otros menesteres distintos a la misma. En consecuencia, estas infraestructuras bien gestionadas y operadas pueden generar otras oportunidades de negocio en la propia microrred eléctrica o en otras áreas.

El gestor de la microrred eléctrica con el objetivo de una buena operación de los microgeneradores y almacenamiento eléctrico distribuido puede generar un sistema de incentivos en sus usuarios para beneficiarse y crear un beneficio entre ellos. Normalmente, este tipo de incentivos suele estar asociado a la no emisión de gases de efecto invernadero, pero también podría estar asociado con la gestión de la demanda, como, por ejemplo, el deslastrado de cargas o el desplazamiento de éstas a otras franjas horarias. En este sentido, algunos autores hablan de costes derivados del racionamiento de la energía, que podría ser interesante en determinadas microrredes eléctricas [14].

A continuación, la Tabla 7.4 muestra la relación positiva existente entre los actores implicados en la microrred eléctrica (usuario microrred eléctrica, gestor de la microrred eléctrica, medioambiente y clima, infraestructura eléctrica de distribución) y los beneficios de mercado y costes (mercado energético y modelos de negocio). El código de colores de las caras significa: verde (alta relación), amarilla (media relación), naranja (baja relación), roja (ninguna relación). Por supuesto, tanto este criterio como el seguido en las siguientes secciones es totalmente subjetivo, pero creemos que es acertado.

Tabla 7.4. Relación positiva entre los actores implicados en la microrred eléctrica y los beneficios de mercado y costes. Fuente: elaboración propia.

Beneficio de mercado y costes	Actor beneficiado de la microrred eléctrica			
	Usuario de la microrred eléctrica	Gestor de la microrred eléctrica	Medioambiente y clima	Infraestructura eléctrica de distribución
Mercado energético	🙂(amarilla)	🙂(verde)	☹(naranja)	🙂(amarilla)
Modelos de negocio	🙂(amarilla)	🙂(verde)	☹(naranja)	🙂(amarilla)

7.6. Beneficios de emisiones y clima de las microrredes eléctricas

En esta sección se van a presentar los beneficios asociados a la clasificación de emisiones y clima. Tras el análisis realizado en la sección 7.1 y con la clasificación planteada aquí, es posible agrupar los beneficios asociados a *mercado* y *clima* en dos grupos:

- gases efecto invernadero, y
- mejora social.

Esta clasificación se muestra en la Figura 7.6.

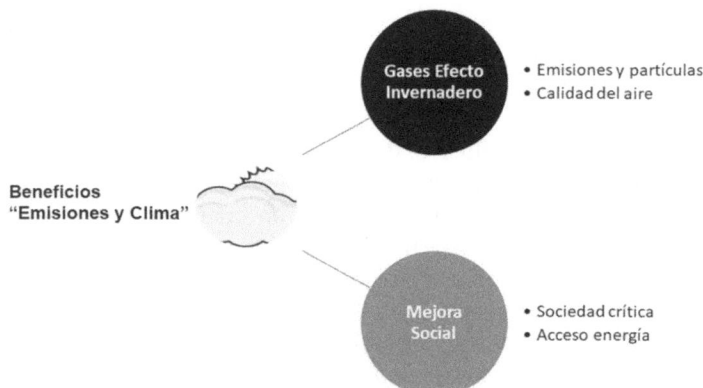

Figura 7.6. Beneficios de emisiones y clima: gases de efecto invernadero y mejora social. Fuente: elaboración propia a partir de componentes de [567].

Comencemos con *gases de efecto invernadero*. Normalmente, los estudiantes de ingeniería asocian el despliegue de microrredes eléctricas con las reducciones de gases de efecto invernadero, pero esto es preciso matizarlo. Como se ha explicado en este libro de texto, la microrred eléctrica, en esencia, dispondrá de elementos de microgeneración, pero, además, estos generadores tratarán de aprovechar el recurso local existente en cada emplazamiento. Es complicado que 2 microrredes eléctricas sean totalmente idénticas en 2 emplazamientos bien distintos.

Esto es sencillo de entender, en un lugar donde tengamos exceso de sol y viento, es sensato plantear el diseño de una microrred eléctrica basada en tecnología solar y eólica, pero en un emplazamiento donde dispongan de producción de gas, es evidente que deberán integrarse motores-generadores basados en gas. Por tanto, el tema de las emisiones de gases de efecto invernadero asociado a las microrredes eléctricas es relativo y hay que tratarlo con mucho cuidado. Lo que sí es cierto y evidente es que, cada vez más, las microrredes eléctricas buscan la sostenibilidad energética total y esto pasa por disponer de microrredes eléctricas 100% basadas en tecnologías renovables [50], pero aún en este caso existirán emisiones asociadas a las mismas, como trataremos de mostrar a continuación.

La opinión pública en general considera que las tecnologías renovables no tienen asociada ninguna emisión de gases de efecto invernadero, pero esto debe ser debatido. Pensemos en la tecnología solar fotovoltaica, sí es cierto que una vez el dispositivo solar fotovoltaico es instalado no emite gases nocivos a la atmósfera, pero debemos pensar en otras cuestiones adicionales, por ejemplo, el dispositivo es probable que se haya fabricado en otro país con una matriz energética concreta, lo que supone que el proceso de fabricación del dispositivo llevará asociado cierto nivel de emisiones. Además, el elemento fotovoltaico habrá tenido que ser transportado hasta el lugar de instalación, generando también ciertas emisiones. Lo anterior debe ser complementado junto con el efecto sobre las emisiones del desmantelado de las plantas instaladas una vez ha terminado su ciclo de operación. En resumidas cuentas, para contabilizar las emisiones de gases de efecto invernadero asociadas a las tecnologías renovables es preciso tener en cuenta todo el ciclo de vida de éstas, el cual incorpora de forma resumida: fabricación, transporte, montaje, operación y desmantelamiento.

Una forma directa, pero complicada, de medir las emisiones de gases de efecto invernadero de cualquier tecnología (incluidas las renovables) es a través de los gCO_2eq/kWh. Esta medida permite cuantificar cualquier tecnología, en cuanto a sus emisiones de gases de efecto invernadero. Existen numerosos trabajos al respecto, los cuales suelen tener en cuenta todo el ciclo de vida de la tecnología analizada y suelen emplear numerosas fuentes de datos de estudio a lo largo de muchos años. Esta labor de cuantificar las emisiones en gCO_2eq/kWh, además de complicada es susceptible de muchos cambios y en este libro de texto se considera obligatorio el presentar algunos valores, para lo cual la Tabla 7.5 presenta las emisiones de las principales tecnologías destinadas a la generación de energía eléctrica según [568], donde podemos encontrar tecnologías comerciales y sus emisiones en gCO_2eq/kWh, teniendo en cuenta todo el ciclo de vida de la tecnología analizada y categorizada en emisiones mínimas, medias y máximas, para, de esta forma, tener un rango de emisiones en lugar de una cifra concreta.

Tabla 7.5. Relación de tecnologías para generación de energía eléctrica y sus diferentes emisiones de gases de efecto invernadero, cuantificadas en gCO_2eq/kWh. Fuente [568]: elaboración propia.

Tecnología	Emisiones ciclo de vida completo (gCO_2eq/kWh)		
	Mínimas	**Medias**	**Máximas**
Eólica tierra (en mar)	7 (8)	11 (12)	56 (35)
Solar fotovoltaica en planta (tejado)	18 (26)	48 (41)	180 (60)
Biomasa*	130	230	420
Hidroeléctrica	1	24	2.200
Geotérmica	6	38	79
Nuclear	3,7	12	110
Gas (ciclo combinado)	410	490	650
Carbón	740	820	910

(*) Para cultivos energéticos dedicados.

Y para que sirva de comparativa en cuanto a la dificultad del cálculo de emisiones, a continuación, en la Tabla 7.6 las emisiones son mostradas, pero incorporando algunas emisiones asociadas al almacenamiento, según [569].

Si nos fijamos en las anteriores tablas, existe cierta armonía de datos entre las tecnologías de generación, cuando nos fijamos en las emisiones medias de la Tabla 7.5 y las comparamos con las de la Tabla 7.6, excepto en la biomasa donde existen grandes discrepancias. Otra cuestión que es necesaria poner de relevancia es la importancia de las emisiones asociadas al almacenamiento y algunos datos se reflejan en la Tabla 7.6.

Tabla 7.6. Relación de tecnologías para generación y almacenamiento de energía eléctrica y sus diferentes emisiones de gases de efecto invernadero cuantificadas en gCO_2eq/kWh. Fuente [569]: elaboración propia.

Tecnología	Emisiones ciclo de vida completo (gCO_2eq/kWh)
Fotovoltaica*	43
Eólica	13
Marina	8
Geotérmica	37
Hidroeléctrica	21
Biomasa	52
Nuclear	13
Gas natural	486
Petróleo	840
Carbón	1.001
Almacenamiento por bombeo hidráulico	7,4
Batería de ion litio	33
Pila de combustible de hidrógeno	38

*Según los autores, calculado para tecnología de silicio cristalino y *Thin film*

Por tanto y cuando estemos ante una microrred eléctrica, para estimar las emisiones de gases de efecto invernadero, según los gCO_2eq/kWh, una vez escogida alguna de las fuentes existentes en la literatura, podemos aplicar la Ecuación (7.3):

$$Emisiones\ GEI_T\ =\ \sum_1^n Emisiones\ GEI_G + \sum_1^n Emisiones\ GEI_A \qquad (7.3)$$

donde

$Emisiones\ GEI_T$: emisiones por gases de efecto invernadero totales de la microrred eléctrica medidas en gCO_2eq/kWh;

$\sum_1^n Emisiones\ GEI_G$: emisiones por gases de efecto invernadero de los generadores de la microrred eléctrica medidas en gCO_2eq/kWh,

n: última tecnología de generación existente;

$\sum_1^n Emisiones\ GEI_A$: emisiones por gases de efecto invernadero del almacenamiento de la microrred eléctrica medidas en gCO_2eq/kWh,

Evidentemente, si la microrred eléctrica es abastecida únicamente por los microgeneradores y almacenamiento distribuido propio, todas las emisiones serán consecuencia de sus elementos. Pero si una parte de la energía suministrada proviene de la infraestructura eléctrica de distribución, mediante la misma Ecuación (7.3), habrá que cuantificar las emisiones asociadas a la energía suministrada por la red de distribución, para posteriormente sumarlas a las emitidas por la microrred eléctrica. Normalmente, en el caso de tener que cuantificar las emisiones procedentes de la energía aportada por distribución, es necesario emplear la matriz energética del país o la zona donde se esté haciendo el análisis, además de los factores de emisión de cada una de las tecnologías que componen la matriz. La Figura 7.7 muestra este efecto aditivo de las emisiones, para calcular las emisiones totales de la microrred eléctrica.

El hecho de poder cuantificar las emisiones de gases de efecto invernadero en una microrred eléctrica, permite crear una conciencia social crítica entre los usuarios de ésta. El entendimiento de la energía y su influencia en el clima y la salud es una cuestión de relevancia y una sociedad informada y consciente puede exigir cada vez más una calidad de vida mayor y la elección de la energía a emplear puede contribuir a esta mejora de vida.

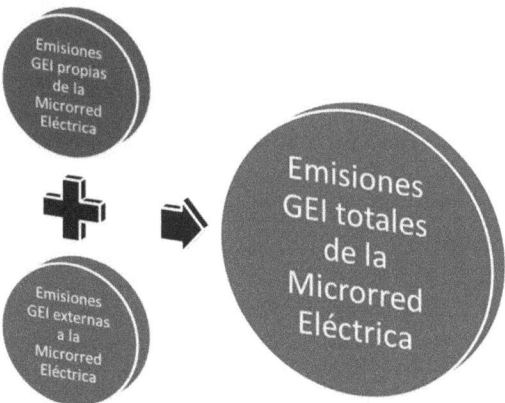

Figura 7.7. Emisiones GEI totales de la microrred eléctrica. Fuente: elaboración propia.

El empleo de tecnologías renovables en la microrred eléctrica tiene un efecto concreto en las emisiones de gases de efecto invernadero, como acabamos de ver. Una consecuencia directa es una mejora local de la calidad del aire para los habitantes y usuarios de la microrred eléctrica.

Con respecto a la *mejora social*, tal como se verá en el último capítulo, las microrredes eléctricas se están instalando en entornos muy distintos. Recordamos de nuevo que las primeras microrredes fueron desplegadas en entornos rurales donde no llegaba el suministro eléctrico, para luego extenderse su uso a todo tipo de lugares (entornos urbanos, por ejemplo). No obstante, es en los entornos rurales y con difícil acceso de la energía eléctrica donde existe una recompensa social mayor, como, por ejemplo, en aquellos emplazamientos donde gracias a la microrred eléctrica, se dispone de escuelas para que los niños puedan formarse. Por tanto, microrred eléctrica y educación pueden verse como aliados firmes en estos escenarios, o, dicho de otra forma, el acceso al suministro eléctrico genera crecimiento y riqueza social y la microrred eléctrica puede ser la catapulta para conseguirlo.

Esta electrificación de lugares remotos a través de microrredes eléctricas, en ocasiones, también permite la generación de empleo directo e indirecto. Pero no sólo en los entornos más desfavorecidos, el desarrollo de microrredes permitirá a los sectores tecnológicos implicados avanzar en investigación y desarrollo y generar empleo de calidad. Además, la tecnificación del empleo para satisfacer las necesidades de operación y mantenimiento también tendrá un efecto local sobre el terreno.

A continuación, la Tabla 7.7 muestra la relación positiva existente entre los actores implicados en la microrred eléctrica (usuario microrred eléctrica, gestor de la microrred eléctrica, medioambiente y clima, infraestructura eléctrica de distribución) y los beneficios de emisiones y clima (mercado energético y modelos de negocio). El código de colores de las caras significa: verde (alta relación), amarilla (media relación), naranja (baja relación), roja (ninguna relación). Por supuesto, tanto este criterio como el seguido en las siguientes secciones es totalmente subjetivo, pero creemos que es acertado.

Tabla 7.7. Relación positiva entre los actores implicados en la microrred eléctrica y los beneficios de emisiones y clima. Fuente: elaboración propia.

Beneficio de emisiones y clima	Actor beneficiado de la microrred eléctrica			
	Usuario de la microrred eléctrica	Gestor de la microrred eléctrica	Medioambiente y clima	Infraestructura eléctrica de distribución
Gases de efecto invernadero	🙂 (verde)	🙁 (amarilla)	🙂 (verde)	😐 (amarilla)
Mejora social	🙂 (verde)	🙁 (amarilla)	🙂 (verde)	🙁 (roja)

7.7. Caso de estudio de los beneficios de las microrredes eléctricas

¡¡Y para muestra un botón!! Se ha considerado hacer una sección donde se incluyan una serie de simulaciones realizadas con HOMER Energy, las cuales permitirán hacer una serie de análisis con respecto al despliegue de microrredes eléctricas. Se anima al lector a realizar estas simulaciones, u otras para tomarle el pulso a las microrredes eléctricas

Si bien es cierto que las simulaciones deben tener definido el emplazamiento donde realizarla, en esta sección se ha planteado una metodología que sirva para poder replicar por parte del lector estas simulaciones u otras a su gusto. Antes de comenzar a explicar los pasos seguidos, debe indicarse que se han seleccionado zonas correspondientes a climas muy distintos, de forma que el lector pueda identificar los emplazamientos aquí presentados con otros lugares del planeta con climatología muy similar.

La Figura 7.8 muestra la propuesta metodológica para abordar este caso de estudio de simulaciones a realizar con HOMER Energy.

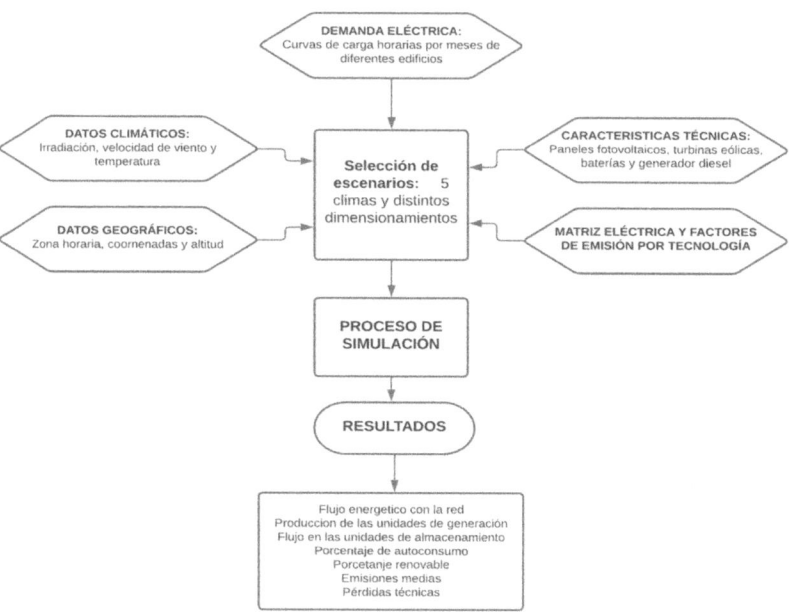

Figura 7.8. Esquema de la metodología propuesta para la realización de las simulaciones. Fuente: elaboración propia.

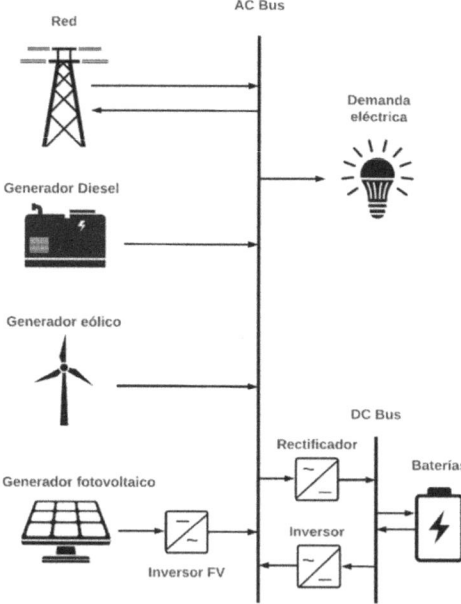

Figura 7.9. Esquema general de la microrred eléctrica a simular. Cada escenario para simular dispondrá únicamente de los componentes necesarios para la misma. Fuente: elaboración propia.

A continuación, se describen los pasos de forma básica:

- *Demanda eléctrica*: lo primero es disponer de curvas de demanda/carga (horarias) y por meses del emplazamiento deseado. Se recomienda al lector que obtenga curvas de demanda reales del emplazamiento a simular, o que acuda a alguna base de datos donde dispongan de este tipo de curvas de forma pública (como en este caso y se verá más adelante). Es recomendable disponer de datos horarios, pero de todos los meses del año, ya que la demanda eléctrica es estacional y depende del clima donde se esté, esta estacionalidad puede tener un impacto mayor sobre la demanda.

- *Selección escenarios*: en nuestro caso, se han seleccionado 5 emplazamientos distintos de Estados Unidos. Estos lugares se corresponden con 5 climas distintos de este país, para tratar de tener una amplia casuística de resultados. Pero el escenario no sólo implica el emplazamiento, ya que se deben buscar datos climáticos y geográficos, características técnicas de los componentes que conformarán la microrred eléctrica y la matriz energética y factores de emisión que caracterizarán el emplazamiento. Por escenario también se entiende la configuración de la microrred eléctrica a simular, en nuestro caso, la Figura 7.9 muestra todos los componentes posibles que podrá tener la simulación, pero debemos tener en cuenta que la simulación tendrá exclusivamente los elementos que interesen (más adelante se explicarán los 10 escenarios escogidos para los 5 emplazamientos seleccionados). Todo ello es imprescindible para la simulación.

- *Proceso de simulación*: a partir de todos los datos recopilados en los anteriores pasos y tras configurar el entorno de simulación, se ejecutarán tantas simulaciones como emplazamientos y escenarios se hayan decidido realizar.

- *Resultados*: el simulador arrojará una serie de resultados que permitirán un posterior análisis. Los resultados más relevantes y de interés son: flujo energético con la infraestructura de red de distribución, producción de los componentes de generación, flujo de energía del almacenamiento eléctrico distribuido, porcentaje de autoconsumo, porcentaje de generación renovable, emisiones medias y pérdidas técnicas.

7.7.1. Datos de partida

En esta sección se detallarán los datos empleados en las simulaciones: características de los componentes de la microrred eléctrica, emplazamientos y escenarios seleccionados, matriz energética y factores de emisión del emplazamiento para los distintos escenarios.

7.7.1.1. Características de los componentes

Para la correcta simulación de una microrred resulta fundamental definir las características técnicas de las diferentes unidades de generación y almacenamiento eléctrico, ya que las mismas condicionaran los distintos flujos de potencia en la instalación. A continuación, se definen las características técnicas del generador eólico y fotovoltaico empleado, así como de las baterías y convertidor utilizado. Además, la Tabla 7.8 muestra los distintos dimensionamientos que dan a lugar a las 10 combinaciones posibles que se simularán.

Tabla 7.8. Escenarios empleados en el proceso de simulación. Fuente: elaboración propia.

N.º escenario	Red eléctrica	Generador diésel	Campo fotovoltaico	Campo eólico	Baterías
1	Conectado	No	No	No	No
2	Conectado	No	1.000 kW	No	No
3	Conectado	No	No	1.000 kW	No
4	Conectado	No	500 kW	500 kW	No
5	Conectado	No	500 kW	500 kW	1.000 kWh
6	Conectado	No	1.500 kW	1.500 kW	No
7	Conectado	No	1.500 kW	1.500 kW	6.000 kWh
8	Aislado	Si	No	No	No
9	Aislado	Si	500 kW	500 kW	1.000 kWh
10	Aislado	Si	1.500 kW	1.500 kW	6.000 kWh

El escenario 1 se corresponde con el escenario base en el que la instalación se encuentra conectada a la infraestructura de la red de distribución y no existe ningún tipo de unidad de generación distribuida ni almacenamiento eléctrico distribuido. Los escenarios 2 a 7 son escenarios donde la instalación permanece conectada a la infraestructura de la red de distribución y se instalan distintos componentes de generación distribuida y renovable, así como de almacenamiento eléctrico distribuido. El escenario 8 se corresponde con el caso donde la instalación se encuentra aislada de la infraestructura de la red de distribución y la generación eléctrica se consigue íntegramente mediante un generador diésel. Finalmente, los escenarios 9 y 10 integran generación distribuida renovable y almacenamiento eléctrico distribuido sobre el escenario aislado de la infraestructura de la red de distribución con generador diésel.

7.7.1.1.1. Turbinas eólicas

Para la simulación de la generación eólica se ha modelado un aerogenerador eólico, que alcanza los 10 kW de potencia nominal, siendo, por tanto, un microgenerador renovable de pequeña potencia. La altura del rotor se ha establecido en los 24 m y la curva de potencia que modela el comportamiento eléctrico de la maquina frente al viento queda representada en la Figura 7.10.

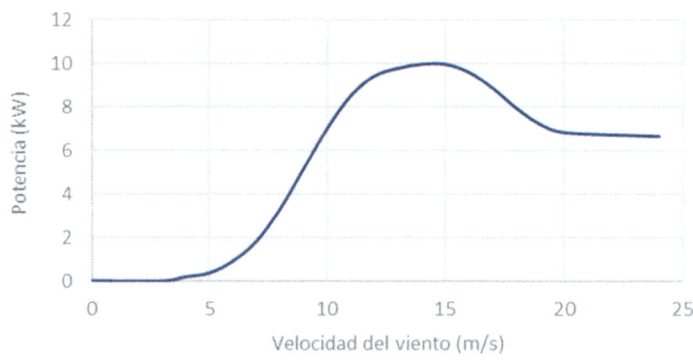

Figura 7.10. Curva de potencia de la turbina eólica empleada en las simulaciones. Fuente: elaboración propia.

7.7.1.1.2. Módulos fotovoltaicos

El generador fotovoltaico de la instalación está constituido por módulos fotovoltaicos fijos de tecnología de silicio cristalino. Estos módulos se encuentran con una orientación e inclinación que maximiza la producción a lo largo del año para cada uno de los emplazamientos seleccionados. Las principales características de los módulos fotovoltaicos quedan recogidas a continuación:

- Eficiencia STC: 18%.
- Efecto de la temperatura en la potencia: –0,5%/°C.
- Temperatura nominal de funcionamiento: 47 °C.

7.7.1.1.3. Baterías

El elemento de almacenamiento eléctrico distribuido seleccionado son baterías de ion de litio, la tecnología más representativa y usada en lo que se refiere a almacenamiento eléctrico. Se modela así una batería con las siguientes características:

- Capacidad nominal: 100 kWh/167 Ah.
- Eficiencia de ida y vuelta: 90%.
- Corriente máxima de carga: 167 A.
- Corriente máxima de descarga: 500 A.
- Estado mínimo de carga permitido: 15%.

7.7.1.1.4. Convertidores

Los convertidores son elementos necesarios que permiten la transformación de corriente alterna en continua y viceversa. Esto permite el flujo de potencia entre las baterías y módulos fotovoltaicos, los cuales trabajan en corriente continua y el resto de los generadores, cargas e infraestructura de red de distribución, los cuales trabajan en corriente alterna. Las principales características de estos componentes son las siguientes:

- Se supone una eficiencia de rectificación del 95%.
- Se supone una eficiencia inversora del 95%.

7.7.1.2. Emplazamiento

Con el fin de mostrar una perspectiva y análisis general de las microrredes, las simulaciones se han realizado en distintos emplazamientos, los cuales respondes a diferentes climas y demandas energéticas. De este modo, se han seleccionado 5 ciudades de Estados Unidos con el fin de representar 5 tipos de climas: clima fío, clima mediterráneo, clima oceánico, clima seco y clima tropical. La selección de ciudades de Estados Unidos se debe a la fácil disponibilidad datos de demanda eléctrica de calidad de diferentes tipologías de edificios en distintas ciudades. Las ciudades seleccionadas, sus respectivos climas asignados y principales datos quedan recogidos en la Tabla 7.9.

Tabla 7.9. Ciudades simuladas y sus respectivos climas. Fuente: elaboración propia.

Clima	Frio	Mediterráneo	Oceánico	Seco	Tropical
Ciudad	Bismarck	Jacksonville	Sacramento	Albuquerque	Honolulu
Estado	Dakota del N.	Florida	California	Nuevo México	Hawái
Latitud	46° 48,9' N	30° 18,5' N	38° 31,9' N	35° 7,6' N	21° 18,6' N
Longitud	100° 46,1' W	81° 30,4' W	121° 16,2' W	106° 32,2' W	157° 51,5' W
Altitud	514 m.s.n.m.	5 m.s.n.m.	8 m.s.n.m.	1619 m.s.n.m.	5 m.s.n.m.
Zona horaria	UTC-06:00	UTC-05:00	UTC-08:00	UTC-07:00	UTC-10:00

7.7.1.2.1. Datos climáticos

Los datos climáticos utilizados para las simulaciones son la temperatura, la irradiación y velocidad de viento. Todos ellos han sido obtenidos de la base de datos que proporciona la Administración Nacional de Aeronáutica y el Espacio (NASA) [570].

Temperatura

La temperatura tiene una incidencia directa en la producción del generador fotovoltaico, ya que una reducción de ésta supone un aumento en la eficiencia de los dispositivos fotovoltaicos. La temperatura media mensual de las diferentes ciudades queda recogida en la Tabla 7.10 y en la Figura 7.11.

Tabla 7.10. Temperatura media mensual por clima/ciudades. Fuente [570], elaboración propia.

Temperatura media mensual [°C]					
Clima	Frio	Mediterráneo	Oceánico	Seco	Tropical
Ciudad	Bismarck	Jacksonville	Sacramento	Albuquerque	Honolulu
Enero	-9,76	12,47	8,25	0,19	23,20
Febrero	-6,79	13,93	9,19	2,52	22,93
Marzo	-0,59	16,70	11,15	6,66	23,13
Abril	6,39	20,11	13,65	11,23	23,52
Mayo	13,57	24,38	17,88	17,04	24,29
Junio	19,19	26,81	22,30	22,74	25,16
Julio	22,80	27,44	25,71	24,43	25,61
Agosto	21,58	27,22	25,16	23,05	26,06
Sep.	15,25	25,67	22,86	18,76	26,21
Oct.	6,88	21,65	17,86	11,85	25,94
Nov.	-1,58	17,32	11,94	4,72	25,02
Dic.	-8,01	13,72	8,15	0,08	23,98

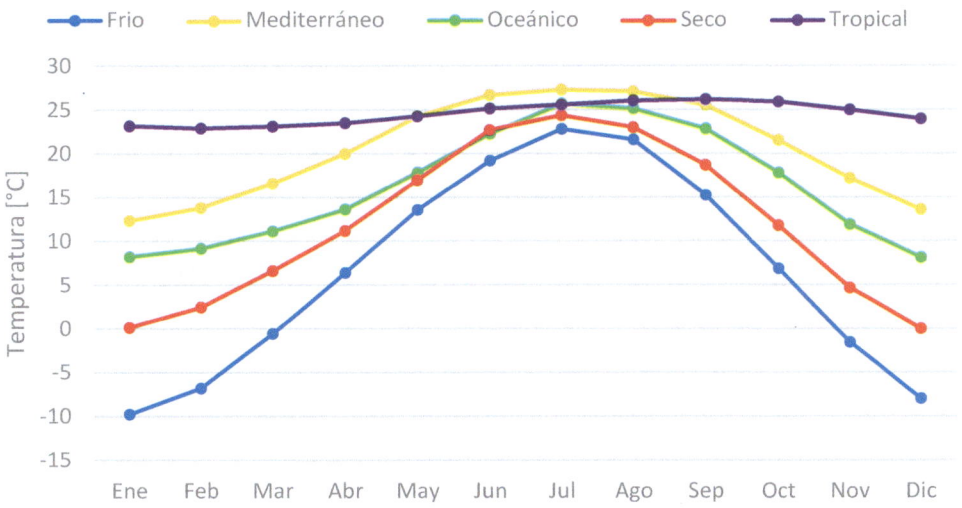

Figura 7.11. Temperatura media mensual por clima/ciudades. Fuente [570], elaboración propia.

Irradiación

La irradiación tiene una incidencia directa en la producción del generador fotovoltaico, ya que es el principal parámetro que condiciona la generación de un módulo fotovoltaico. La irradiación media diaria por meses de las diferentes ciudades queda recogida en la Tabla 7.10 y Figura 7.12.

Tabla 7.11. Irradiación media diaria mensual por clima/ciudades. Fuente [570], elaboración propia.

Irradiación horizontal media diaria por meses [kWh/m²·día]				
Clima	**Frio**	**Mediterráneo**	**Oceánico**	**Seco**	**Tropical**
Ciudad	**Bismarck**	**Jacksonville**	**Sacramento**	**Albuquerque**	**Honolulu**
Enero	1,52	2,96	2,20	3,09	4,24
Febrero	2,39	3,64	3,18	3,96	5,10
Marzo	3,51	4,69	4,70	5,25	5,92
Abril	4,79	5,87	6,11	6,47	6,70
Mayo	5,71	6,19	7,25	7,16	7,01
Junio	6,23	5,61	8,00	7,23	7,38
Julio	6,47	5,73	7,85	6,45	7,24
Agosto	5,51	5,22	7,05	5,77	7,03
Sep.	4,13	4,45	5,73	5,31	6,45
Oct.	2,81	3,95	4,15	4,38	5,46
Nov.	1,72	3,27	2,66	3,35	4,37
Dic.	1,31	2,77	2,00	2,82	4,02

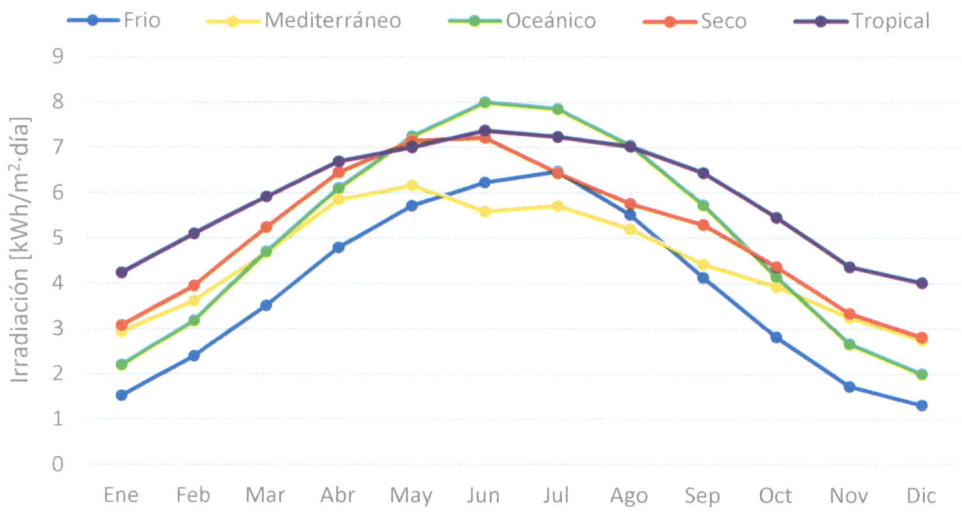

Figura 7.12. Irradiación media diaria mensual por clima/ciudades.
Fuente [570], elaboración propia.

Velocidad del viento

La velocidad del viento tiene una incidencia directa en la producción de los aerogeneradores eólicos. La velocidad media mensual de las diferentes ciudades queda recogida en la Tabla 7.12 y Figura 7.13.

Tabla 7.12. Velocidad de viento media mensual a 50 m de altura por clima/ciudades.
Fuente [570]: elaboración propia.

Velocidad de viento media mensual a 50 m de altura [m/s]				
Clima	**Frio**	**Mediterráneo**	**Oceánico**	**Seco**	**Tropical**
Ciudad	**Bismarck**	**Jacksonville**	**Sacramento**	**Albuquerque**	**Honolulu**
Enero	7,38	4,97	4,57	5,25	6,48
Febrero	7,12	5,02	4,70	5,65	6,71
Marzo	7,33	5,16	4,33	5,98	7,31
Abril	7,42	4,86	4,04	6,58	7,57
Mayo	7,36	4,46	3,94	6,00	6,95
Junio	6,78	3,98	3,93	5,29	8,04
Julio	6,20	3,71	3,93	4,10	8,18
Agosto	6,46	3,78	3,89	3,80	7,82
Sep.	7,00	4,45	3,64	4,53	6,92
Oct.	7,49	4,73	3,75	4,98	6,67
Nov.	7,31	4,84	4,19	5,12	7,23
Dic.	7,29	4,70	4,79	4,98	6,99

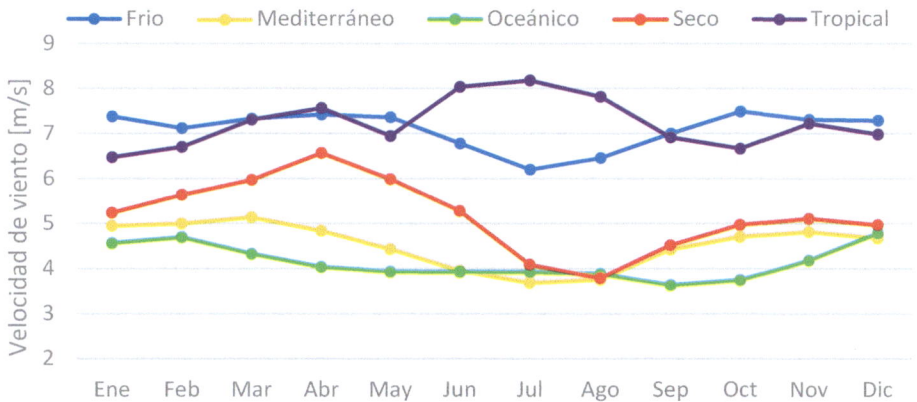

Figura 7.13. Velocidad de viento media mensual a 50 m de altura por clima/ciudades. Fuente [570]: elaboración propia.

7.7.1.2.2. Demanda eléctrica

La demanda eléctrica (curva de carga) utilizada en el proceso de simulación se ha construido de la siguiente forma. Los datos han sido obtenidos de la siguiente base de datos [571], [572]. Esta base de datos ofrece curvas de carga horarias para distintas tipologías de edificios en las principales ciudades de Estados Unidos.

Para construir la demanda eléctrica se han seleccionados varias tipologías de edificios con el fin de simular el comportamiento de un pequeño barrio o pueblo. Las curvas de carga de cada uno de los edificios se han sumado con el fin de obtener la curva de demanda agregada, la cual es requerida como entrada en el proceso de simulación. A continuación, se presentan la Tabla 7.13 y la Figura 7.14, que resumen la tipología de edifico seleccionado, la cantidad de edificios simulados, el consumo medio y la potencia pico de cada uno de ellos en los diferentes climas analizados.

Tabla 7.13. Caracterización general de la demanda eléctrica de los edificios a simular. Fuente: elaboración propia.

Edificio	Clima	Consumo medio [kWh/día]	Potencia pico [kW]	Superficie construida [m²]	Cantidad
Vivienda unifamiliar	Frío	25,4	2,33	120	50
	Mediterráneo	38,7	3,30		
	Oceánico	23,9	2,56		
	Seco	24,7	2,58		
	Tropical	39,7	3,02		
Bloque de apartamentos	Frío	626,3	54,40	3135	10
	Mediterráneo	763,1	64,46		
	Oceánico	654,3	57,42		
	Seco	652,9	55,23		
	Tropical	875,9	59,99		

Edificio	Clima	Consumo medio [kWh/día]	Potencia pico [kW]	Superficie construida [m²]	Cantidad
Colegio de educación primaria	Frío	2297,6	195,95	6872	1
	Mediterráneo	2844,4	271,68		
	Oceánico	2406,4	213,57		
	Seco	2405,3	221,92		
	Tropical	3159,4	251,72		
Restaurante de comida rápida	Frío	518,0	32,38	232	1
	Mediterráneo	570,9	38,86		
	Oceánico	527,7	35,02		
	Seco	530,5	33,17		
	Tropical	597,7	36,57		
Hotel pequeño	Frío	1620,2	114,87	4013	1
	Mediterráneo	1620,2	114,87		
	Oceánico	1595,1	116,87		
	Seco	1606,1	119,80		
	Tropical	1979,7	126,74		
Oficina pequeña	Frío	178,2	13,11	511	2
	Mediterráneo	204,1	15,89		
	Oceánico	176,1	14,27		
	Seco	179,3	13,70		
	Tropical	226,3	15,99		
Calle de comercios	Frío	779,3	70,78	2090	1
	Mediterráneo	933,8	92,14		
	Oceánico	808,3	80,91		
	Seco	802,6	74,10		
	Tropical	1023,7	84,99		

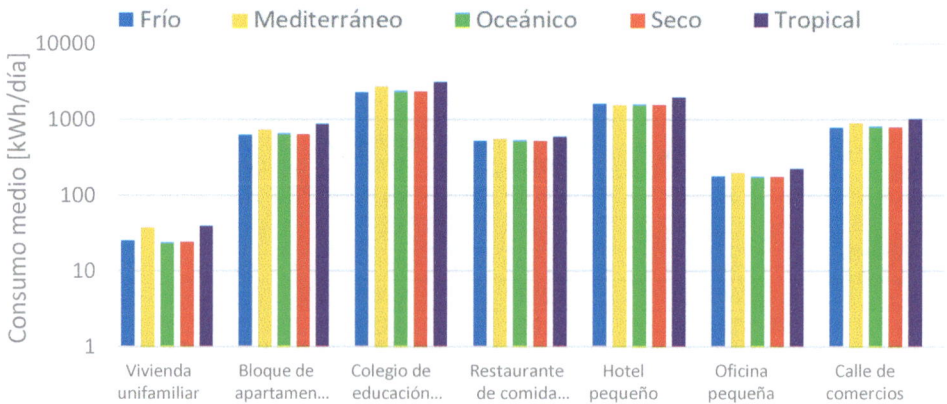

Figura 7.14. Demanda eléctrica media diaria por tipología de edificio y clima. Fuente: elaboración propia.

Tras la agregación de las curvas de manda se construye la demanda eléctrica global. Por otro lado, las Figuras 7.15-19 mostradas a continuación, presentan la demanda mínima, media y máxima, así como el consumo medio diario en los diferentes meses del año para cada uno de los climas seleccionados.

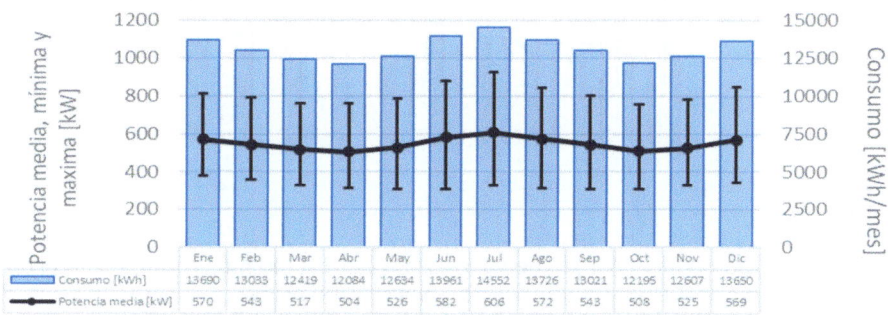

Figura 7.15. Demanda mínima, media, máxima y consumo medio diario para el clima frio (Bismarck). Fuente: elaboración propia.

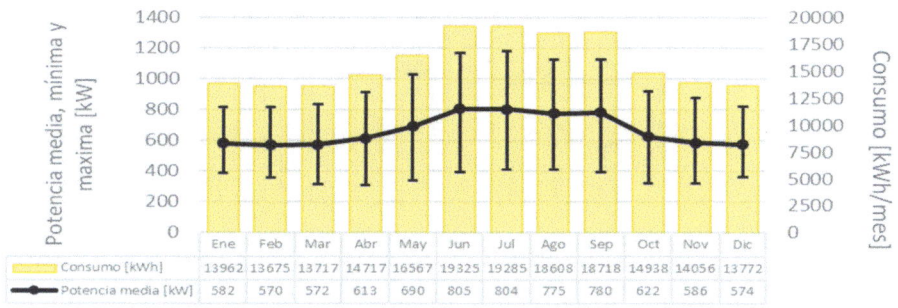

Figura 7.16. Demanda mínima, media, máxima y consumo medio diario para el clima mediterráneo (Jacksonville). Fuente: elaboración propia.

Figura 7.17. Demanda mínima, media, máxima y consumo medio diario para el clima oceánico (Sacramento). Fuente: elaboración propia.

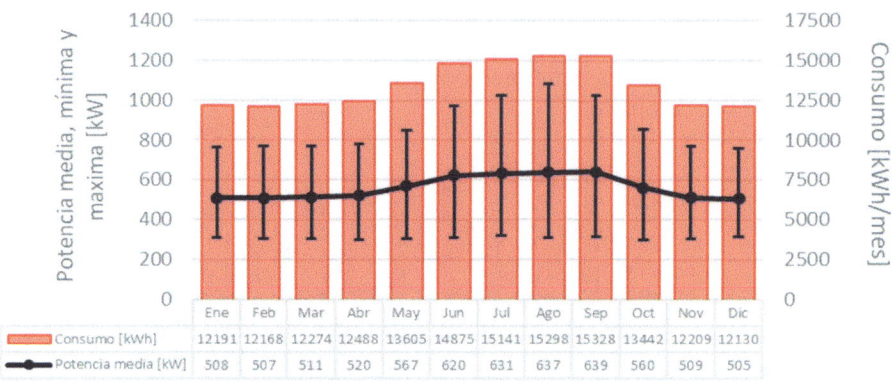

Figura 7.18. Demanda mínima, media, máxima y consumo medio diario para el clima seco (Albuquerque). Fuente: elaboración propia.

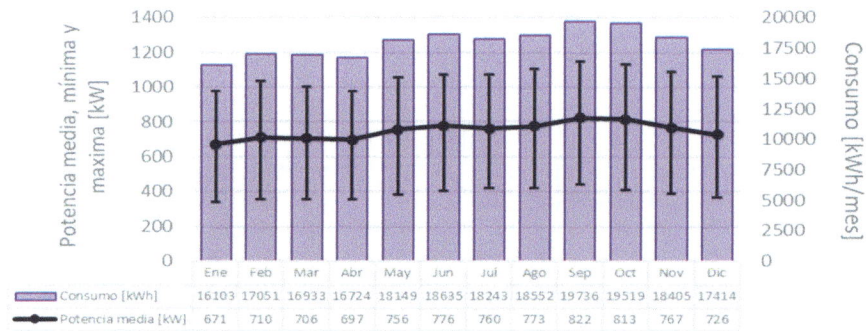

Figura 7.19. Demanda mínima, media, máxima y consumo medio diario para el clima tropical (Honolulu). Fuente: elaboración propia.

La Tabla 7.14 presentada a continuación recoge las principales características de la demanda agregada en cada uno de los climas seleccionados. Posteriormente, la Figura 7.20 muestra las curvas de demanda medias horarias para cada una de las demandas agregadas.

Tabla 7.14. Datos generales sobre la demanda eléctrica agregada en los diferentes climas. Fuente: elaboración propia.

Clima	Frio	Mediterráneo	Oceánico	Seco	Tropical
Consumo medio [kWh/día]	13 105	15 954	13 435	13 475	17 958
Potencia media [kW]	546	665	560	561	748
Potencia pico [kW]	923	1182	1082	1020	1146
Factor de carga	0,59	0,56	0,52	0,55	0,65

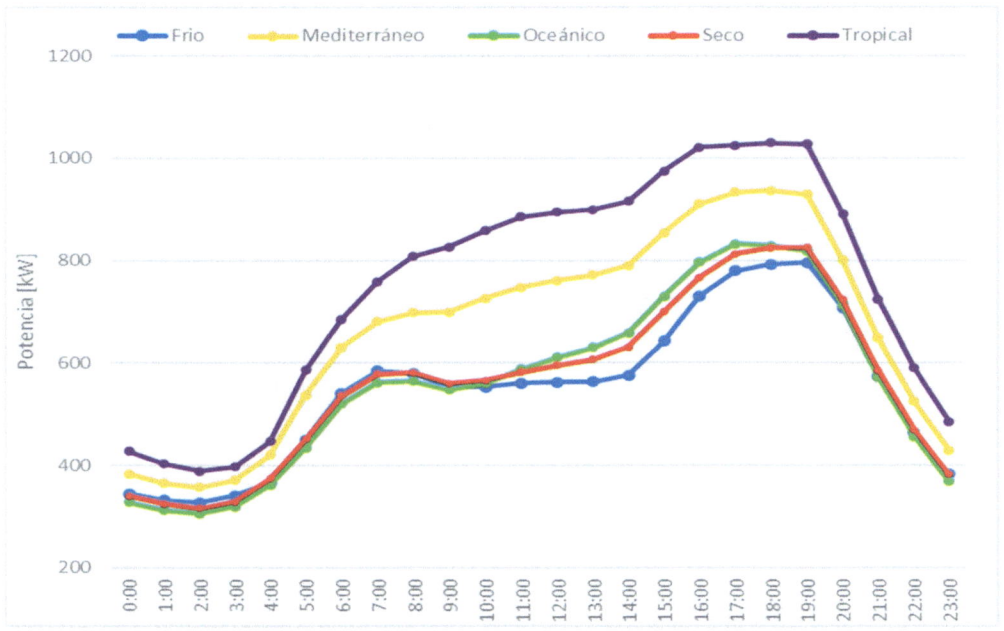

Figura 7.20. Curvas de demanda horaria media para los diferentes climas.
Fuente: elaboración propia.

7.7.1.3. Matriz energética y factores de emisiones

Con el fin de realizar un análisis medioambiental de los escenarios simulados resulta funda-mental definir la matriz energética que compone la red eléctrica [573], además de los facto-res de emisiones de dióxido de carbono para cada una de las tecnologías que conforman el *mix* energético o se usan en la microrred [569]. Los factores de emisiones utilizados corres-ponden con un estudio que analiza las emisiones de ciclo de vida para diferentes tecnologías de generación y almacenamiento. Todo ello permite calcular el porcentaje renovable de la red y las emisiones medias por unidad de energía consumida de ésta.

La Tabla 7.15 y la Figura 7.21 muestran la aportación de las distintas tecnologías que configuran el *mix* energético y las emisiones de ciclo de vida para cada una de dichas tec-nologías.

Hay que destacar que la red está constituida por un 20,1% de aportación renovable y cuenta con unas emisiones de 417 gCO$_2$e/kWh. Además, se supone que la red eléctrica tiene unas pérdidas de transporte y distribución del 5% [573].

Tabla 7.15. Composición de la matriz eléctrica de Estados Unidos y emisiones medias por tecnología. Fuente [569], [573], elaboración propia.

Tecnología	Aportación	Emisiones [gCO₂e/kWh]
Gas natural	38,4%	486
Carbón	21,9%	1.001
Nuclear	18,9%	13
Eólica	9,2%	13
Hidroeléctrica	6,1%	21
Solar	2,8%	43
Biomasa	1,3%	52
Petróleo	0,5%	840
Geotérmica	0,4%	37
Otras	0,3%	–
Baterías (Litio)	–	3
TOTAL	**100%**	**417**

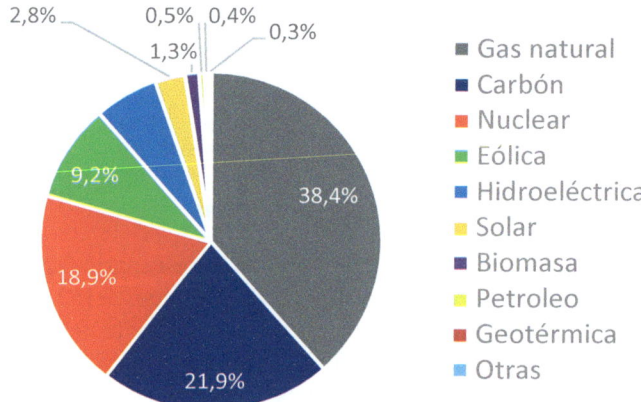

Figura 7.21. Matriz eléctrica de Estados Unidos (2022). Fuente [573], elaboración propia.

7.7.2. Resultados

A continuación, se explica el significado y algunas consideraciones de los resultados obtenidos:

- *Demanda*: se trata de la cantidad de MWh necesarios para satisfacer la totalidad de la demanda eléctrica anual de la microrred.

- *Compra a red*: se trata de la cantidad de MWh anuales que han sido comprados a la red eléctrica en aquellos escenarios en los que la microrred está conectada a red. La compra a red eléctrica es necesaria en aquellos momentos que la producción renovable y los sistemas de almacenamiento no pueden abastecer la demanda instantánea.

- *Venta a red*: se trata de la cantidad de MWh anuales que han sido inyectados a la red eléctrica en aquellos escenarios en los que la microrred está conectada a red. La venta a red se da lugar en aquellos momentos donde la producción renovable supera a la demanda instantánea y no existen elementos de almacenamiento o bien éstos se encuentran al máximo de su capacidad.

- *Generador diésel*: se trata de la cantidad de energía en MWh anuales que son producidos por el generador diésel en aquellos escenarios donde la microrred se encuentra aislada de la red. Cuando la generación renovable y sistemas de almacenamiento no son capaces de cubrir la demanda instantánea es necesario el uso de dicho generador como último recurso.

- *Producción eólica y producción fotovoltaica*: se trata de la cantidad de MWh anuales producidos por cada una de las tecnologías de generación renovable. Estos recursos se consumirán de manera prioritaria (antes que utilizar el almacenamiento, generador o red) pero en caso de que la producción renovable supere a la demanda, la energía será almacenada o inyectada a red en el caso de que no se cuente con dispositivos de almacenamiento o los mismos se encuentren a su máxima capacidad.

- *Salida de las baterías*: se trata del total de MWh anuales que proporcionan las baterías para cubrir la demanda solicitada. La descarga de las baterías sólo se realizará cuando la generación renovable sea insuficiente para cubrir la demanda instantánea.

- *Porcentaje de autoconsumo*: se trata del porcentaje de la demanda que ha sido cubierto mediante los recursos propios de la microrred: generación renovable y sistemas de almacenamiento. En los escenarios que emulan microrredes aisladas no tiene sentido la cuantificación de dicho parámetro.

- *Porcentaje renovable*: se trata del porcentaje de energía renovable consumida, teniendo en cuenta que la red eléctrica ya cuenta con un porcentaje renovable medio del 20,1% (ver apartado anterior).

- *Emisiones*: se trata de las emisiones equivalentes de CO_2 producidas por cada unidad de energía demandada. Para su cálculo se tienen en cuenta la matriz energética propuesta y los factores de emisión de ciclo de vida de dichas tecnologías. Además, las emisiones producidas por los elementos de la propia microrred también se contabilizan.

- *Pérdidas técnicas*: debido a la red de trasporte y distribución de la energía se producen una serie de pérdidas técnicas asociadas a la eficiencia de transformadores y caídas de tensión en líneas y cables. Para las simulaciones se supone que por cada kWh proveniente de la red se le asocia una pérdida de energía de 0,05 kWh, es decir, el 5%. Al reducir el consumo de red estamos reduciendo dichas pérdidas, ya que el resto de la energía demanda proviene de los elementos de la propia microrred, donde las pérdidas técnicas se han considerado nulas.

7.7.2.1. Clima frío: Bismarck (Dakota del Norte)

Para este emplazamiento, la Tabla 7.16 muestra los resultados de los 10 escenarios simulados y se indican las configuraciones de los elementos de generación y almacenamiento existentes en cada uno de ellos. La Figura 7.22 muestra los resultados energéticos para los 10 escenarios. La Figura 7.23 muestra los flujos de potencia medios horarios para un escenario representativo, concretamente el 7.

Tabla 7.16. Resultados para los escenarios de simulación en el clima frío (Bismarck). Fuente: elaboración propia.

N.º escenario	1	2	3	4	5	6	7	8	9	10
Red	Sí	Sí	Sí	Sí	Sí	Sí	Sí	No	No	No
G. diésel	No	No	No	No	No	No	No	Sí	Sí	Sí
Eólica (kW)	0	0	1000	500	500	1500	1500	0	500	1500
Solar FV (kW)	0	1.000	0	500	500	1.500	1.500	0	500	1.500
Baterías (kWh)	0	0	0	0	1.000	0	6.000	0	1.000	6.000
Demanda [MWh/año]	4.783	4.783	4.783	4.783	4.783	4.783	4.783	4.783	4.783	4.783
Compra a red [MWh/año]	4.783	3.537	2.996	3.050	2.996	1.678	755	0	0	0
Venta a red [MWh/año]	0	118	460	73	7	2.313	1.181	0	0	0
Generador diésel [MWh/año]	0	0	0	0	0	0	0	4.783	2.996	755
Producción fotovoltaica [MWh/año]	0	1.364	0	682	682	2.047	2.047	0	682	2.047
Producción eólica [MWh/año]	0	0	2.247	1.124	1.124	3.371	3.371	0	1.124	3.371
Salida de las baterías [MWh/año]	0	0	0	0	61	0	1.024	0	61	1.024
Porcentaje autoconsumo	0%	26,1%	37,4%	36,2%	37,4%	64,9%	84,2%	–	–	–
Porcentaje renovable	20,1%	40,9%	50,0%	49,0%	50,0%	72,0%	87,4%	0,0%	37,4%	84,2%
Emisiones [kg CO_2 e/MWh]	417	321	267	275	270	174	94	840	535	161
Pérdidas técnicas	5,0%	3,7%	3,1%	3,2%	3,1%	1,8%	0,8%	–	–	–

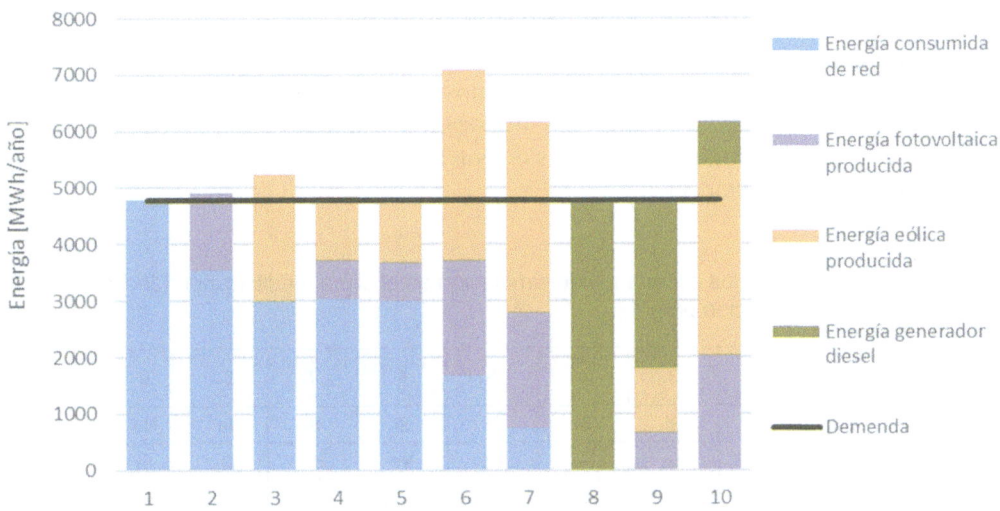

Figura 7.22. Resultados energéticos para los escenarios de simulación en el clima frío (Bismarck). Fuente: elaboración propia.

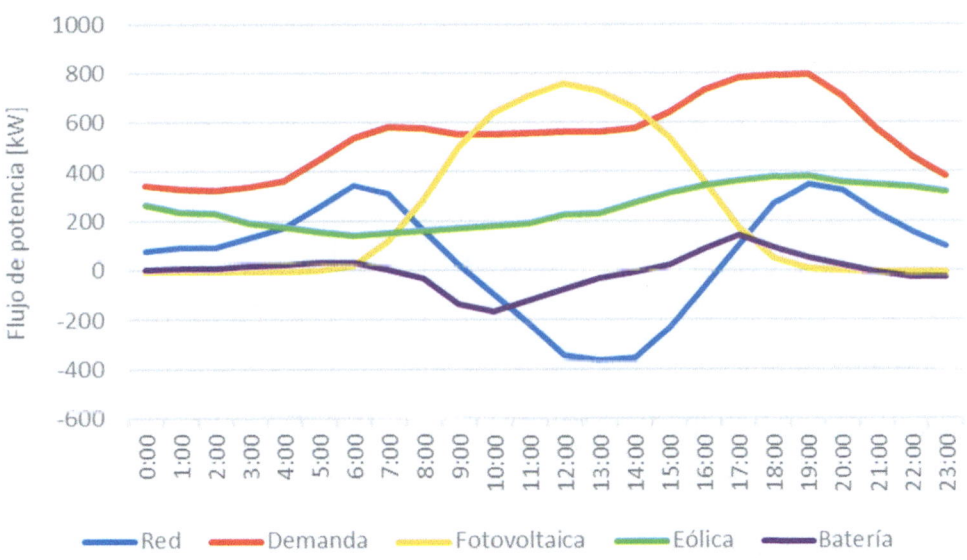

Figura 7.23. Flujos de potencia medios horarios en el escenario 7 para el clima frío (Bismarck). Fuente: elaboración propia.

7.7.2.2. Clima mediterráneo: Jacksonville (Florida)

Para este emplazamiento, la Tabla 7.17 muestra los resultados de los 10 escenarios simulados y se indican las configuraciones de los elementos de generación y almacenamiento existentes en cada uno de ellos. La Figura 7.24 muestra los resultados energéticos para los 10 escenarios. La Figura 7.25 muestra los flujos de potencia medios horarios para un escenario representativo, concretamente, el 7.

Tabla 7.17. Resultados para los escenarios de simulación en el clima mediterráneo (Jacksonville). Fuente: elaboración propia.

N.º escenario	1	2	3	4	5	6	7	8	9	10
Red	Sí	Sí	Sí	Sí	Sí	Sí	Sí	No	No	No
G. diésel	No	No	No	No	No	No	No	Sí	Sí	Sí
Eólica (kW)	0	0	1000	500	500	1500	1500	0	500	1500
Solar FV (kW)	0	1000	0	500	500	1500	1500	0	500	1500
baterías (kWh)	0	0	0	0	1000	0	6000	0	1000	6000
Demanda [MWh/año]	5.823	5.823	5.823	5.823	5.823	5.823	5.823	5.823	5.823	5.823
Compra a red [MWh/año]	5.823	4.516	5.265	4.846	4.841	3.401	3.000	0	0	0
Venta a red [MWh/año]	0	33	66	5	0	524	36	0	0	0
Generador diésel [MWh/año]	0	0	0	0	0	0	0	5.823	4.841	3.000
Producción fotovoltaica [MWh/año]	0	1.340	0	670	670	2.010	2.010	0	670	2.010
Producción eólica [MWh/año]	0	0	624	312	312	935	935	0	312	935
Salida de las baterías [MWh/año]	0	0	0	0	5	0	445	0	5	445
Porcentaje autoconsumo	0%	22,4%	9,6%	16,8%	16,9%	41,6%	48,5%	–	–	–
Porcentaje renovable	20,1%	38,0%	27,8%	33,5%	33,6%	53,3%	58,8%	0,0%	16,9%	48,5%
Emisiones [kg CO_2 e/MWh]	417	333	378	353	352	261	232	840	704	450
Pérdidas técnicas	5,0%	3,9%	4,5%	4,2%	4,2%	2,9%	2,6%	–	–	–

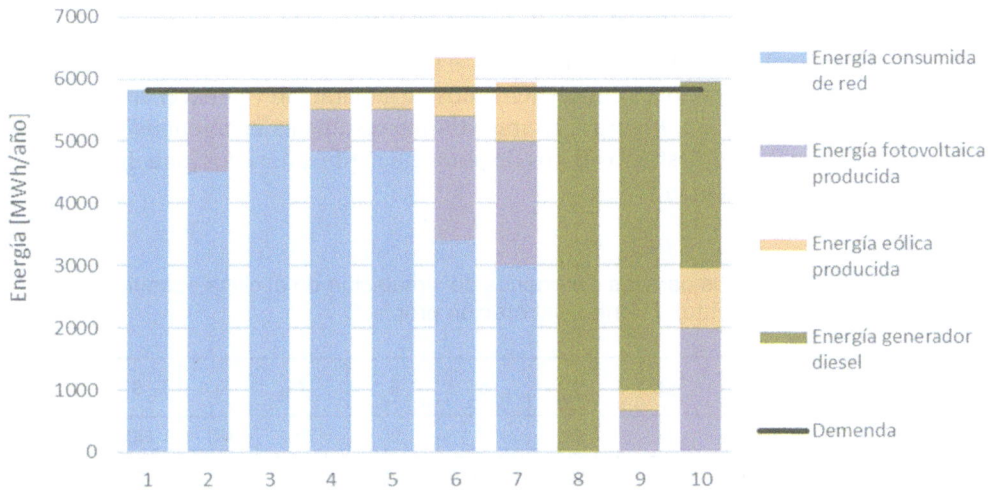

Figura 7.24. Resultados energéticos para los escenarios de simulación en el clima mediterráneo (Jacksonville). Fuente: elaboración propia.

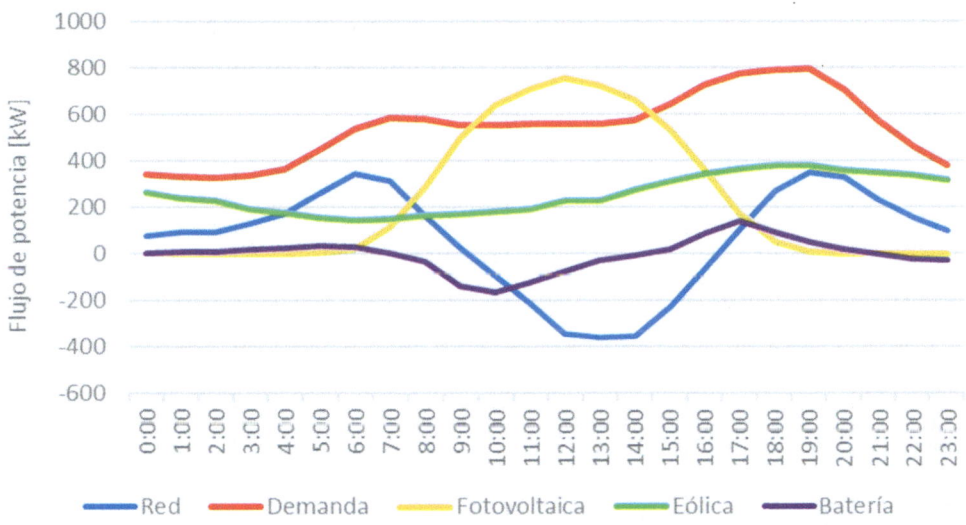

Figura 7.25. Flujos de potencia medios horarios en el escenario 7 para el clima mediterráneo (Jacksonville). Fuente: elaboración propia.

7.7.2.3. Clima oceánico: Sacramento (California)

Para este emplazamiento, la Tabla 7.18 muestra los resultados de los 10 escenarios simulados y se indican las configuraciones de los elementos de generación y almacenamiento existentes en cada uno de ellos. La Figura 7.26 muestra los resultados energéticos para los 10 escenarios. La Figura 7.27 muestra los flujos de potencia medios horarios para un escenario representativo, concretamente el 7.

Tabla 7.18. Resultados para los escenarios de simulación en el clima oceánico (Sacramento). Fuente: elaboración propia.

N.º escenario		1	2	3	4	5	6	7	8	9	10
ELEMENTOS	Red	SÍ	SÍ	SÍ	SÍ	SÍ	SÍ	SÍ	NO	NO	NO
	G. diésel	NO	NO	NO	NO	NO	NO	NO	SÍ	SÍ	SÍ
	Eólica (kW)	-	-	1.000	500	500	1.500	1.500	-	500	1.500
	Solar FV (kW)	-	1.000	-	500	500	1.500	1.500	-	500	1.500
	Baterías (kWh)	-	-	-	-	1.000	-	6.000	-	1.000	6.000
Demanda [MWh/año]		4.904	4.904	4.904	4.904	4.904	4.904	4.904	4.904	4.904	4.904
Compra a red [MWh/año]		4.904	3.428	4.509	3.898	3.893	2.636	2.035	-	-	-
Venta a red [MWh/año]		-	108	41	4	-	764	29	-	-	-
Generador diésel [MWh/año]		-	-	-	-	-	-	-	4.904	3.893	2.035
Producción fotovoltaica [MWh/año]		-	1.585	-	792	792	2.377	2.377	-	792	2.377
Producción eólica [MWh/año]		0	0	436	218	218	654	654	0	218	654
Salida de las baterías [MWh/año]		0	0	0	0	5	0	667	0	5	667
Porcentaje autoconsumo		0%	30,1%	8,1%	20,5%	20,6%	46,2%	58,5%	–	–	–
Porcentaje renovable		20,1%	44,2%	26,5%	36,5%	36,6%	57,0%	66,8%	0,0%	20,6%	58,5%
Emisiones [kg CO_2 e/MWh]		417	305	385	339	339	247	196	840	674	372
Pérdidas técnicas		5,0%	3,5%	4,6%	4,0%	4,0%	2,7%	2,1%	–	–	–

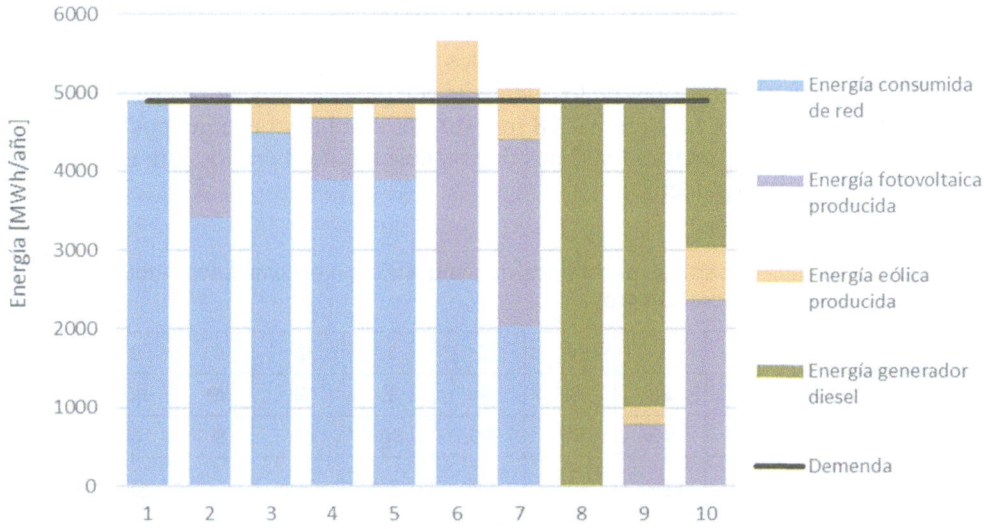

Figura 7.26. Resultados energéticos para los escenarios de simulación en el clima oceánico (Sacramento). Fuente: elaboración propia.

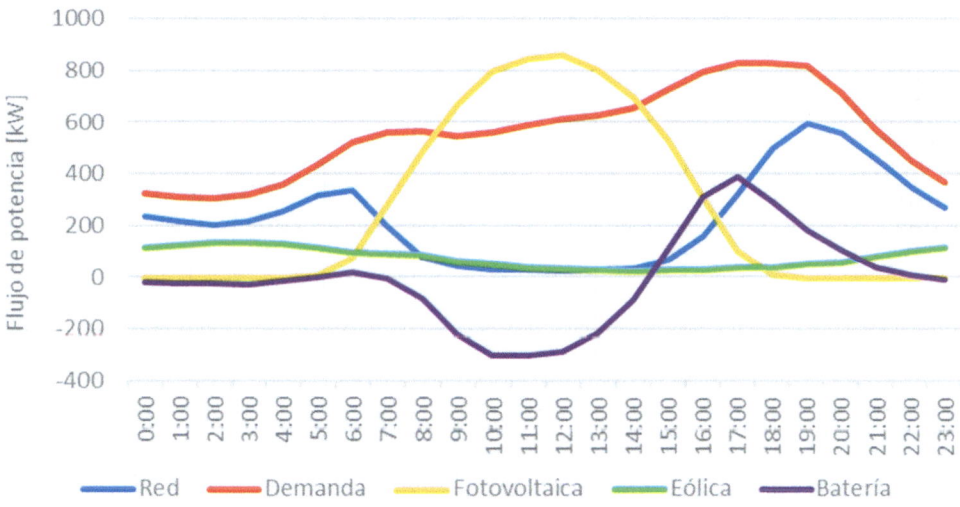

Figura 7.27. Flujos de potencia medios horarios en el escenario 7 para el clima oceánico (Sacramento). Fuente: elaboración propia.

7.7.2.4. Clima seco: Albuquerque (Nuevo México)

Para este emplazamiento, la Tabla 7.19 muestra los resultados de los 10 escenarios simulados y se indican las configuraciones de los elementos de generación y almacenamiento existentes en cada uno de ellos. La Figura 7.28 muestra los resultados energéticos para los 10 escenarios. La Figura 7.29 muestra los flujos de potencia medios horarios para un escenario representativo, concretamente el 7.

Tabla 7.19. Resultados para los escenarios de simulación en el clima seco (Albuquerque). Fuente: elaboración propia.

N.º escenario		1	2	3	4	5	6	7	8	9	10
ELEMENTOS	Red	SÍ	SÍ	SÍ	SÍ	SÍ	SÍ	SÍ	NO	NO	NO
	G. diésel	NO	NO	NO	NO	NO	NO	NO	SÍ	SÍ	SÍ
	Eólica (kW)	-	-	1.000	500	500	1.500	1.500	-	500	1.500
	Solar FV (kW)	-	1.000	-	500	500	1.500	1.500	-	500	1.500
	Baterías (kWh)	-	-	-	-	1.000	-	6.000	-	1.000	6.000
Demanda [MWh/año]		4918	4.918	4.918	4.918	4.918	4.918	4.918	4.918	4.918	4.918
Compra a red [MWh/año]		4918	4.918	3.526	4.212	3.696	3.685	2.404	1.590	-	-
Venta a red [MWh/año]		0	-	167	104	13	-	1.191	195	-	-
Generador diésel [MWh/año]		0	-	-	-	-	-	-	-	4.918	3.685
Producción fotovoltaica [MWh/año]		0	-	1.660	-	830	830	2.490	2.490	-	830
Producción eólica [MWh/año]		0	-	-	811	405	405	1.216	1.216	-	405
Salida de las baterías [MWh/año]		0	0	0	0	12	0	903	0	12	903
Porcentaje autoconsumo		0%	28,3%	14,4%	24,9%	25,1%	51,1%	67,7%	–	–	–
Porcentaje renovable		20,1%	42,7%	31,6%	40,0%	40,1%	61,0%	74,2%	0,0%	25,1%	67,7%
Emisiones [kg CO_2 e/MWh]		417	313	359	322	321	229	160	840	638	297
Pérdidas técnicas		5,0%	3,6%	4,3%	3,8%	3,7%	2,4%	1,6%	–	–	–

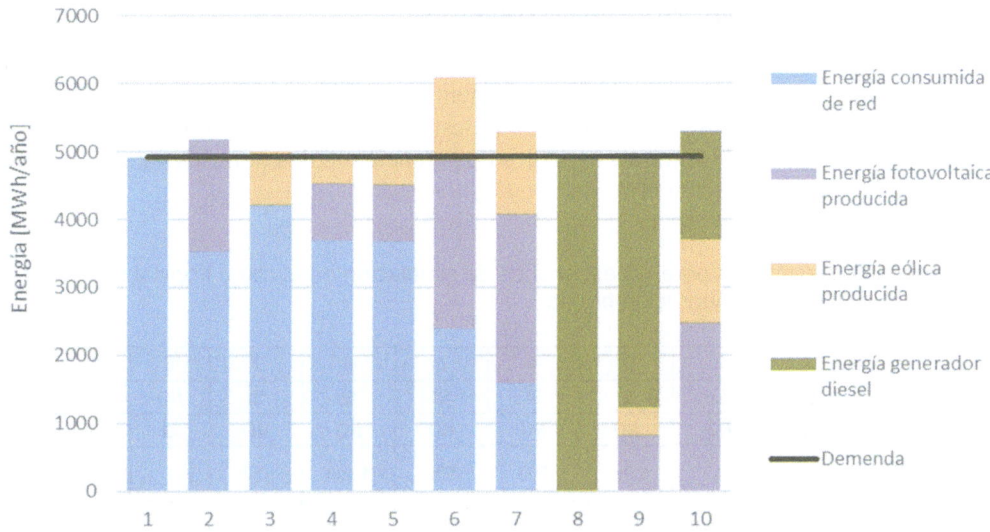

Figura 7.28. Resultados energéticos para los escenarios de simulación en el clima seco (Albuquerque). Fuente: elaboración propia.

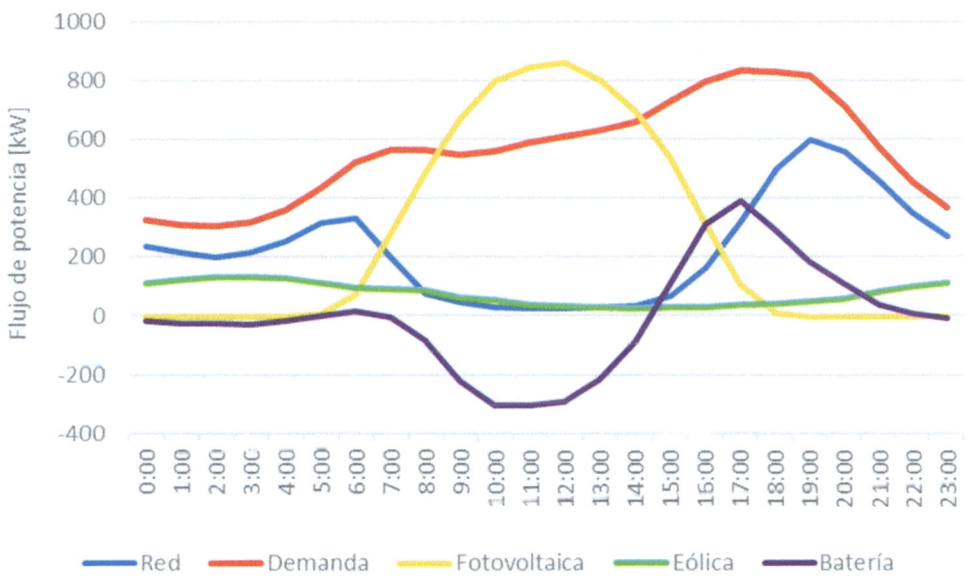

Figura 7.29. Flujos de potencia medios horarios en el escenario 7 para el clima seco (Albuquerque). Fuente: elaboración propia.

7.7.2.5. Clima tropical: Honolulu (Hawái)

Para este emplazamiento, la Tabla 7.20 muestra los resultados de los 10 escenarios simulados y se indican las configuraciones de los elementos de generación y almacenamiento existentes en cada uno de ellos. La Figura 7.30 muestra los resultados energéticos para los 10 escenarios. La Figura 7.31 muestra los flujos de potencia medios horarios para un escenario representativo, concretamente el 7.

Tabla 7.20. Resultados para los escenarios de simulación en el clima tropical (Honolulu). Fuente: elaboración propia.

N.º escenario		1	2	3	4	5	6	7	8	9	10
ELEMENTOS	Red	SÍ	SÍ	SÍ	SÍ	SÍ	SÍ	SÍ	NO	NO	NO
	G. diésel	NO	NO	NO	NO	NO	NO	NO	SÍ	SÍ	SÍ
	Eólica (kW)	-	-	1.000	500	500	1.500	1.500	-	500	1.500
	Solar FV (kW)	-	1.000	-	500	500	1.500	1.500	-	500	1.500
	Baterías (kWh)	-	-	-	-	1.000	-	6.000	-	1.000	6.000
Demanda [MWh/año]		6.555	6.555	6.555	6.555	6.555	6.555	6.555	6.555	6.555	6.555
Compra a red [MWh/año]		6.555	4.933	4.554	4.594	4.582	2.544	1.571	-	-	-
Venta a red [MWh/año]		-	32	328	14	-	1.914	722	-	-	-
Generador diésel [MWh/año]		-	-	-	-	-	-	-	6.555	4.582	1.571
Producción fotovoltaica [MWh/año]		-	1.621	-	811	811	2.432	2.432	-	811	2.432
Producción eólica [MWh/año]		-	-	2.329	1.164	1.164	3.493	3.493	-	1.164	3.493
Salida de las baterías [MWh/año]		-	-	-	-	14	-	1.079	-	14	1.079
Porcentaje autoconsumo		0%	24,7%	30,5%	29,9%	30,1%	61,2%	76,0%	-	-	-
Porcentaje renovable		20,1%	39,9%	44,5%	44,0%	44,2%	69,0%	80,8%	0%	30%	76%
Emisiones [kg CO_2 e/MWh]		417	324	294	300	299	185	123	840	595	225
Pérdidas técnicas		5,0%	3,8%	3,5%	3,5%	3,5%	1,9%	1,2%	-	-	-

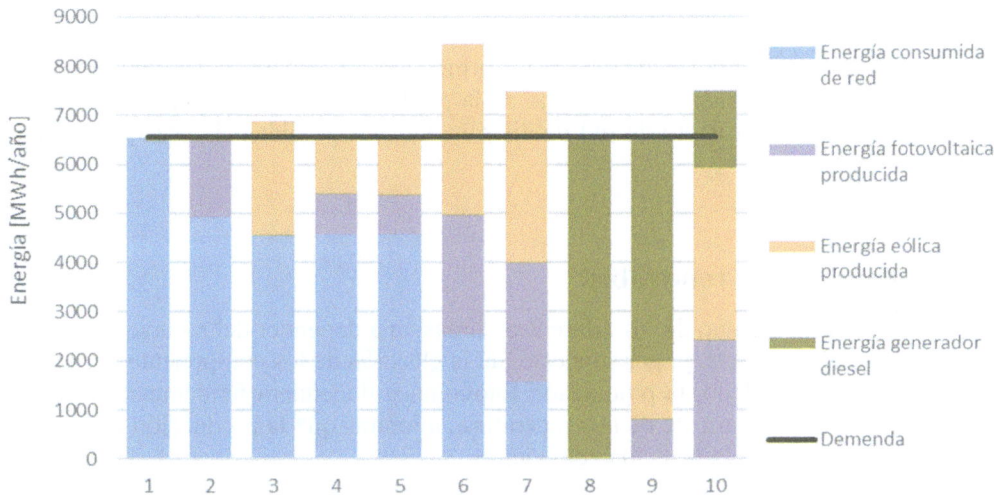

Figura 7.30. Resultados energéticos para los escenarios de simulación en el clima tropical (Honolulu). Fuente: elaboración propia.

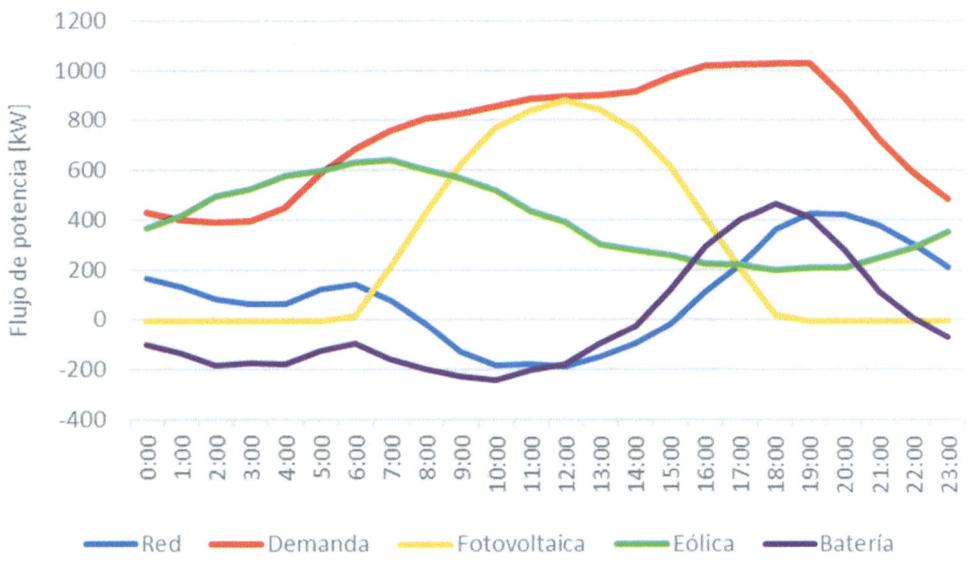

Figura 7.31. Flujos de potencia medios horarios en el escenario 7 para el clima tropical (Honolulu). Fuente: elaboración propia.

7.7.3. Análisis de resultados

En esta sección se muestran el análisis de los principales resultados mostrados en la sección anterior. El foco del análisis estará puesto en la producción renovable, en la reducción del consumo de la infraestructura de red de distribución, las pérdidas técnicas y los aspectos medioambientales.

7.7.3.1. Producción renovable

La producción en cada uno de los diferentes climas va a depender del recurso renovable en cada uno de dichos lugares y, por supuesto, de la elección de los componentes de la micro-rred eléctrica. Por un lado, la producción fotovoltaica dependerá fundamentalmente de la irradiación y secundariamente de la temperatura, mientras que la producción eólica dependerá exclusivamente de la velocidad del viento.

La Figura 7.32 muestra la producción especifica de ambas tecnologías en los diferentes climas. Esta producción especifica hace referencia a la cantidad de energía producida por unidad de potencia pico instalada.

Como se puede observar, el clima frio y tropical muestran unas producciones eólicas altas en comparación con el resto de los escenarios. Por otro lado, la producción solar foto-voltaica presenta menos variaciones entre los diferentes escenarios simulados. Esto se debe a que el recurso solar es mucho más homogéneo que el recurso eólico (viento), el cual varia ampliamente en función de las características locales del emplazamiento.

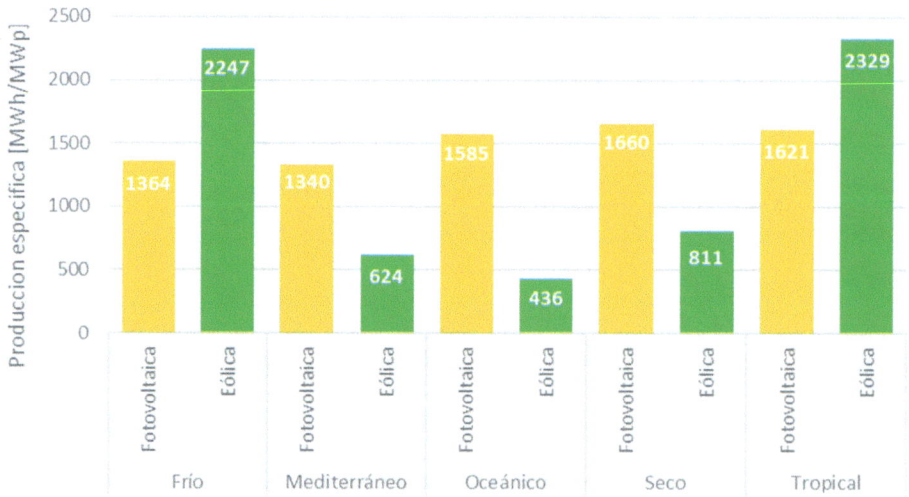

Figura 7.32. Producción especifica renovable (fotovoltaica y eólica) por climas.
Fuente: elaboración propia.

7.7.3.2. Reducción del consumo de la infraestructura de la red de distribución y pérdidas técnicas

La integración de microrredes eléctricas con elementos de generación renovable y almacenamiento eléctrico distribuido da lugar a un mayor grado de independencia de la infraestructura de red de distribución o del generador diésel en los escenarios aislados. Los resultados muestran que conforme se aumenta la potencia instalada de los componentes de generación renovable, se reduce consecuentemente la demanda de la infraestructura de red de distribución y aumenta la fracción de energía que proviene de recursos propios de la microrred eléctrica. La adición de baterías como componente de la microrred eléctrica, permite almacenar los excedentes de generación renovable para utilizar dicha energía en aquellos momentos de alta demanda, contribuyendo así al aumento de la fracción autoconsumida.

En aquellos escenarios con menor potencia instalada renovable (escenario 4 y 5) no se aprecia una diferencia significativa cuando se incorporan las baterías, presentando porcentajes de autoconsumo muy similares. Esto se debe a que la potencia instalada es relativamente baja en comparación con la demanda eléctrica y, por tanto, la potencia renovable tendera a ser menor que la potencia demanda. Todo ello da lugar a unos excesos de energía relativamente bajos, haciendo que la batería se encuentre en niveles bajos de carga la mayoría del tiempo.

Cuando se aumenta la potencia instalada y la capacidad de almacenamiento (escenarios 6 y 7), se puede observar una diferencia significativa en los escenarios, tal como muestra la Figura 7.33. Esto se debe a que la potencia instalada triplica aproximadamente a la potencia pico demandada, lo que produce numerosos momentos de sobreproducción donde las baterías son cargadas.

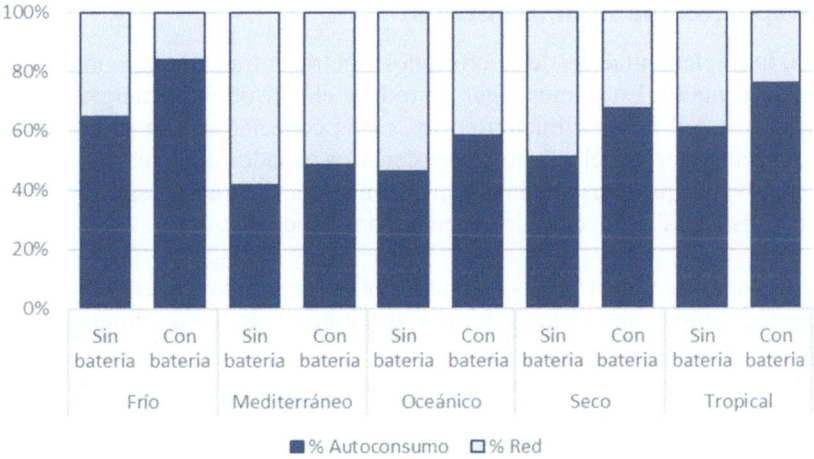

Figura 7.33. Porcentaje de autoconsumo para el escenario 6 (alta potencia renovable sin baterías) y 7 (alta potencia renovable con baterías). Fuente: elaboración propia.

Las gráficas que representan los flujos de potencia medios horarios muestran claramente el comportamiento descrito. En aquellos momentos donde la generación renovable supera la demanda, las baterías son cargadas (flujo negativo) para posteriormente ser descargadas (flujo positivo) en aquellos momentos de alta demanda y menor producción renovable. Por otro lado, en algunos climas (frío, mediterráneo y tropical), se produce una inyección de corriente en la infraestructura de red de distribución (flujo negativo) en las horas centrales del día, debido a la alta producción renovable y a que los sistemas de almacenamiento eléctrico distribuido se encuentran a su máxima capacidad.

Para el clima frio, los porcentajes de autoconsumo son altos debido a la alta producción eólica y a la menor demanda en comparación con el resto de los escenarios. El clima tropical también presenta altos porcentajes de autoconsumo a pesar de su alta demanda, debido fundamentalmente a la alta producción fotovoltaica y eólica. El clima mediterráneo muestra los resultados más bajos debido a su alta demanda, baja producción eólica y moderada generación solar fotovoltaica. El clima seco y oceánico presentan resultados intermedios.

Esta reducción del consumo de la infraestructura de red de distribución trae consigo una reducción de las pérdidas técnicas, ya que el autoconsumo no implica un transporte y distribución de la electricidad al que se le asocian una serie de pérdidas (despreciable frente a aquel). Todos los escenarios base (escenario 1), donde el sistema se encuentra conectado a red sin elementos de generación renovable ni almacenamiento eléctrico distribuido, tienen unas pérdidas del 5%. Según se aumenta la potencia renovable instalada y la capacidad de los elementos de almacenamiento eléctrico distribuido, se disminuyen las pérdidas técnicas. En el caso de mayor potencia renovable y capacidad de almacenamiento instaladas, las pérdidas pueden reducirse desde el 0,8% al 2,6%, dependiendo del clima en el que nos encontremos.

7.7.3.3. Aspectos medioambientales

Finalmente, la implementación de microrredes eléctricas trae consigo una serie de beneficios medioambientales. En primer lugar, se reduce el consumo de energía procedente de la infraestructura de red de distribución en los casos conectados a la misma o se reduce el consumo del generador diésel en aquellos escenarios aislados de la red, ya que el porcentaje de energía renovable que consume la instalación aumenta de manera significativa. Todo esto conlleva una sustancial reducción de las emisiones generadas.

En primer lugar, se muestran los resultados obtenidos en los escenarios 6 y 7, los cuales representan escenarios conectados a la infraestructura de red de distribución y cuentan con una alta potencia renovable instalada. Como se puede observar (Figura 7.34), se consigue una reducción de emisiones en comparación con el escenario base con conexión a la infraestructura de red de distribución y sin elementos de generación renovable o almacenamiento eléctrico distribuido. Dicha reducción de emisión es más acusada en los escenarios en los que se integran baterías. Por otro lado, el porcentaje de energía renovable consumida asciende desde el 20,1% (escenario base) hasta valores entre el rango del 53-72% sin la integración de baterías y 59-87% cuando sí se integran.

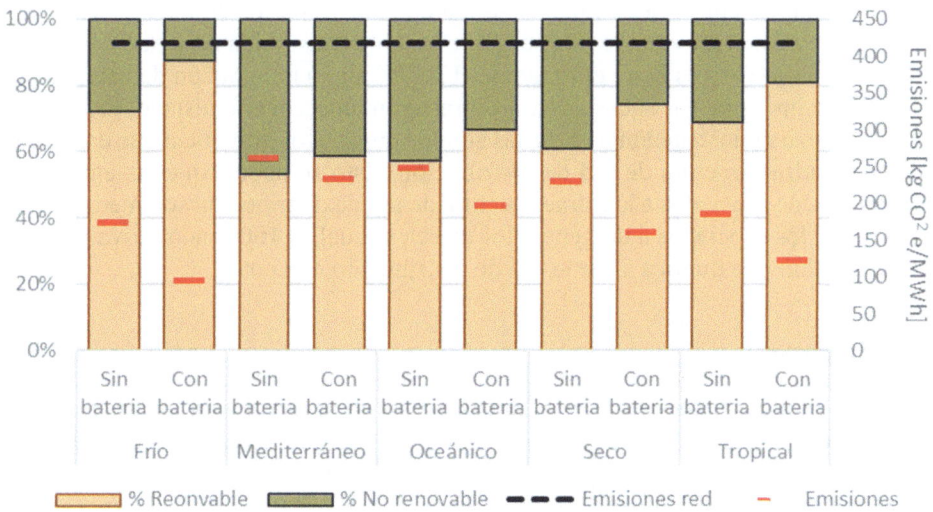

Figura 7.34. Porcentaje renovable y emisiones en microrredes conectadas a red (escenario 6 y 7) para los diferentes climas. Fuente: elaboración propia.

Por otro lado, se muestran los resultados obtenidos en los escenarios 8 y 9, los cuales representan escenarios aislados de la infraestructura de red de distribución y con una alta potencia renovable instalada. Como se puede observar (Figura 7.35), se consigue una reducción de emisiones en comparación con el escenario base (generador diésel sin elementos de generación renovable o almacenamiento eléctrico distribuido).

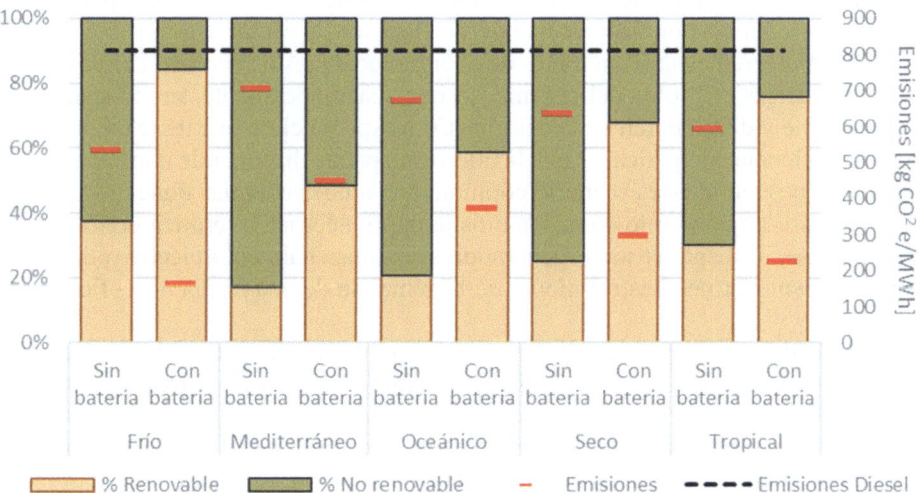

Figura 7.35. Porcentaje renovable y emisiones en microrredes aisladas de la red (escenario 9 y 10) para los diferentes climas. Fuente: elaboración propia.

Dicha reducción de emisiones es más acusada en los escenarios en los que se integran baterías. Por otro lado, el porcentaje de energía renovable consumida asciende desde el 0% (escenario base) hasta valores entre el rango del 17-37% sin la integración de baterías y 49-84% cuando sí se integran. En el caso de encontrarse en un escenario aislado, la diferencia entre la instalación o no instalación de baterías supone una mayor diferencia que en los casos conectados a la infraestructura de red de distribución. Esto se debe a que las emisiones y porcentaje renovable asociados a la infraestructura de red de distribución son medioambientales mejores que los asociados a un generador diésel, el cual es 100% no renovable y tiene un factor de emisión que duplica al de la red de distribución de apoyo.

7.8. Resumen

Tal como se ha expuesto en este capítulo, la operación de la red bajo el paradigma de microrred eléctrica proporciona nuevas posibilidades para superar ciertos conflictos que existen entre las diferentes partes que la componen y permite lograr ciertos beneficios que afectan a diferentes actores implicados en ésta.

Siempre es complicado hacer una clasificación de los beneficios derivados del diseño, instalación y operación y mantenimiento de la microrred eléctrica. Tras evaluar diferentes perspectivas de agrupación de los beneficios encontrados en la literatura específica, este libro de texto ha mostrado una clasificación de los beneficios, la cual puede ser considerada lógica y de sentido común. Se han planteado los siguientes cuatro grupos donde agrupar los diferentes beneficios asociados a la microrred eléctrica: Energía y Tecnologías Renovables; Infraestructura y Servicios de Red; Mercado y Costes; y Emisiones y Clima.

Con respecto a la agrupación de "Energía y Tecnologías Renovables", lo primero que nos encontramos es con un aumento considerable en la eficiencia energética, por ejemplo, al disponer de microgeneración y almacenamiento eléctrico distribuido, es posible abastecer las cargas de la microrred eléctrica a través de energía local y esto supone un claro aumento de la eficiencia energética global del sistema, ya que sistemáticamente, se reducen las pérdidas por transporte y distribución de la energía. Otro aspecto claro que tiene que ver con el aumento de la eficiencia energética, es que la microrred puede disponer de una capa eléctrica y otra térmica, y, por tanto, este escenario conjunto con ambas energías tiene una eficiencia global muy superior a que si sólo consideramos la parte eléctrica o térmica de forma independiente. Además, al disponer microgeneradores y almacenamiento eléctrico distribuido es más sencillo mantener un abastecimiento de la demanda de una forma más eficiente.

El otro gran beneficio dentro de esta agrupación es que la microrred eléctrica permite el aumento de la penetración de las tecnologías renovables. Esto puede entenderse desde dos perspectivas, por un lado, la microrred eléctrica tratará de ser lo más sostenible y eficiente posible mediante los recursos locales disponibles y la mejor manera de conseguirlo y si el emplazamiento lo permite, es empleando tecnologías renovables que aprovechen el recurso renovable disponible en la zona. Por otro lado, el transportista y la distribuidora se verán altamente beneficiados de esta integración en la microrred eléctrica, ya que, de esta forma, no tendrá que preocuparse en exceso de integrarlas en los niveles de transporte y distribución, ya que los costes asociados a estas instalaciones son mucho más elevados que los asociados a los microgeneradores de la microrred eléctrica.

Con respecto a la agrupación de "Infraestructura y Servicios de Red", el principal beneficio asociado a la operación y control de la microrred eléctrica es el poder disponer de unos servicios auxiliares para la infraestructura eléctrica de distribución. La existencia de microgeneradores y almacenamiento eléctrico distribuido permite el control de tensión y frecuencia, a través de potencia reactiva y activa desde la microrred eléctrica hacia distribución.

Otro gran beneficio asociado a esta agrupación tiene que ver con el propio control y operación de la microrred eléctrica, que permite evitar ciertas congestiones en determinados *feeders* de la distribuidora y conseguir ciertos ahorros económicos asociados al despliegue de infraestructura física. Además, este escenario permite disponer de procedimientos que aceleren el *Black Start* y evite los *blackouts* de cara a los usuarios finales del sistema. De la misma forma, el concepto de microrred eléctrica permite, gracias a sus recursos disponibles, el operar el modo isla, por lo que los usuarios finales de la energía se verán recompensados sin falta de suministro eléctrico.

Con respecto a la agrupación de "Mercado y Costes", se han presentado los beneficios asociados a la microrred eléctrica que afectan al mercado energético, destacando los costes del mercado de la energía, al influir las tecnologías renovables existentes en la microrred eléctrica en combinación con el almacenamiento eléctrico distribuido. Además, y unido a lo anterior, esto permite reducir ciertos poderes existentes en los mercados de la energía con la aparición de la venta de ésta a través de microgeneradores procedentes de las microrredes eléctricas. Por último y como consecuencia de todo lo anterior, los precios energéticos serán alterados y cambiantes.

Otros beneficios de interés son los nuevos modelos de negocio asociados al despliegue de la microrred eléctrica. Lo anterior se reduce a nuevas oportunidades de negocio e incentivos económicos hacia los usuarios de la instalación.

Con respecto a la agrupación de "Emisiones y Clima", una primera agrupación de beneficios tiene que ver con los gases de efecto invernadero. Siempre que la microrred eléctrica emplee como microgeneradores, aquellos fundamentados en tecnologías renovables, se reducirá de una forma local las emisiones de gases de efecto invernadero. En este capítulo se han presentado algunas referencias a textos donde se cuantifican estas emisiones en valores con unidades de gCO_2eq/kWh. Un emplazamiento más limpio de emisiones de gases de efecto invernadero puede llevar asociado una disminución de partículas nocivas en la atmósfera local y, en definitiva, una mejora en la calidad del aire, repercutiendo en la salud de los usuarios de la microrred eléctrica.

Otros beneficios asociados a la anterior agrupación es un aumento de la mejora social. La integración de generadores, con independencia de si son o no renovables, trae consigo un entendimiento y aceptación del uso racional de la energía, así como la posibilidad de formar una sociedad crítica y permitir un uso eficiente, racional y sostenible de la microrred.

Además, el despliegue de las microrredes eléctricas permite disponer de acceso a la electricidad en entornos remotos, donde el suministro eléctrico, o no existe o es dependiente de generadores diésel. El acceso a la energía eléctrica permite tener una sociedad con más oportunidades y concretamente, el poder velar por una educación para los niños y las niñas que integran la microrred eléctrica.

En este capítulo se han identificado los beneficios de una microrred eléctrica y se han presentado una serie de escenarios representativos para distintos emplazamientos seleccionados a partir de unas simulaciones realizadas mediante HOMER Energy. Los resultados demuestran que el despliegue de microrredes eléctricas lleva intrínseco unos beneficios, los cuales son más que claros desde una visión energética y medioambiental.

7.9. Preguntas y cuestiones de autoevaluación

Supongamos una microrred eléctrica que abastece a una población rural de 500 habitantes y el suministro eléctrico es a partir de: 100 kW de potencia pico fotovoltaica, 250 kW de potencia eólica, 250 kVA en generador diésel y un sistema de baterías de ion litio de 500 kWh. A partir de este planteamiento, conteste a las 4 próximas preguntas.

1. Identifique los beneficios de "Energía y Tecnologías Renovables" que pueda detectar y justifíquelos.

2. Identifique los beneficios de "Infraestructura y Servicios de Red" que pueda detectar y justifíquelos.

3. Identifique los beneficios de "Mercado y Costes" que pueda detectar y justifíquelos.

4. Identifique los beneficios de "Emisiones y Clima" que pueda detectar y justifíquelos.

5. A partir de la siguiente frase *"la microrred eléctrica abastece una zona rural, donde se suministra energía eléctrica mediante tecnologías renovables a un hospital y un colegio"*, identifique y explique los distintos beneficios que encuentra y categoricemos según las agrupaciones planteadas en este capítulo.

Imagine que se hace un suministro de energía mediante un modelo basado en generación centralizada a unas cargas en una zona alejada. Tal como se aprecia en la Figura 7.36, el consumo se encuentra de forma aproximada a 30 km de distancia del generador (G), que representa una planta de generación centralizada. A partir de esto, conteste a las 2 próximas preguntas.

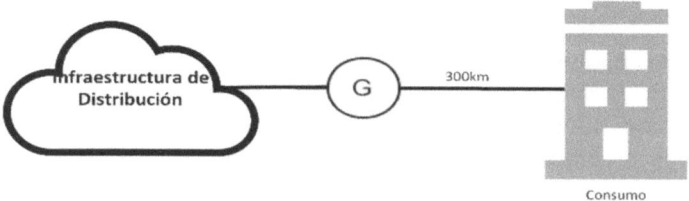

Figura 7.36. Distribución, generación y demanda

6. Identifique y escriba la fórmula de las pérdidas por efecto Joule asociadas al transporte y distribución de energía.

7. Si en la situación anterior y ateniéndose a la simplificación de cálculo de pérdidas de 6, calcular las pérdidas en esa situación si por el conductor que une consumo y generación circulan 800 A. Además, se sabe que la sección del conductor son 200 mm^2 y la resistividad del material del conductor son 0,03 $\Omega \times$ mm^2/m.

8. Repita la pregunta 7 para el mismo conductor, pero esta vez la corriente eléctrica que circula son 1.500 A.

9. Exponga una situación en donde la situación de la generación haga que las pérdidas calculadas anteriormente se vean reducidas sustancialmente.

10. Supongamos ahora que la misma carga se encuentra dentro de una microrred eléctrica con su propio suministro de energía, tal como se ve en la Figura 7.37. Si el aporte de microgeneradores y almacenamiento eléctrico distribuido es tal que se reducen las pérdidas en un 90% y la distancia entre microrred eléctrica y planta de generación es la misma, calcular la corriente que circulará por el mismo conductor en las mismas condiciones de material y sección.

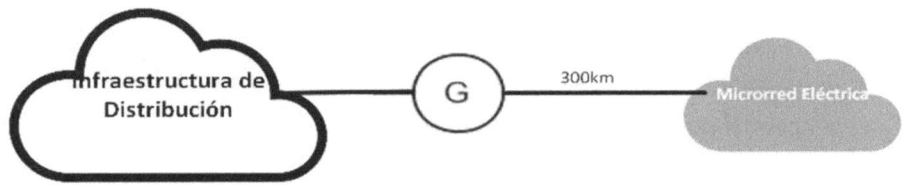

Figura 7.37. Distribución entre generación y microrred eléctrica

11. La Figura 7.38 representa una microrred eléctrica que tiene la posibilidad de estar conectada a dos plantas generadores centralizadas mediante 2 caminos distintos y sólo por uno de ellos. La distancia con G$_1$ son 1000 km, mientras que la distancia con G$_2$ es de 800 km. Decidir qué camino interesa conectar y priorizar, asumiendo que interesa minimizar las pérdidas por transporte y distribución. El camino hasta G$_1$ es un material con resistividad de 0,015 $\Omega \times$ mm^2/m, mientras que hasta G$_2$ es un material con resistividad de 0,035 $\Omega \times$ mm^2/m. La sección del conductor hasta G$_1$ es de 350 mm^2, mientras que la de G$_2$ es de 200 mm^2.

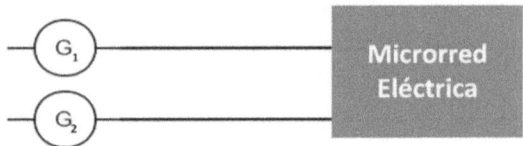

Figura 7.38. Distribución entre generación y microrred eléctrica

12. Una microrred eléctrica alimenta a su consumo mediante energía procedente de uno de sus microgeneradores. Se sabe que la entrega de energía supone unas pérdidas por efecto Joule en potencia desde el microgenerador de 450 W. Si el conductor presenta una resistencia de 5 Ω, calcular la corriente eléctrica en amperios que son suministrados a la carga a través del conductor.

13. En una microrred eléctrica de corriente continua se alimenta una carga de 10.000 W mediante un bus de 1.000 V. Calcular las pérdidas por efecto Joule en potencia y en el conductor, si se sabe que el conductor tiene las siguientes características: longitud, 450 m, resistividad, 0,035 $\Omega \times mm^2/m$ y sección, 25 mm^2.

    La matriz energética de un país está compuesta por las siguientes tecnologías: 40% energía nuclear, 15% combustión de carbón, 15% gas, 15% eólica en tierra, 10% solar fotovoltaica y 5% hidráulica. A partir de esta matriz energética, calcule las siguientes 3 preguntas.

14. A partir de los datos de la Tabla 7.6 y sabiendo que un polígono industrial de este país consume al año de 876 MWh, realizar una tabla de las emisiones de gases efecto invernadero cuantificadas en gCO_2eq/kWh, según las emisiones mínimas, medidas y máximas de dicha tabla.

15. Repetir la pregunta anterior, pero en esta situación. La matriz energética de un país está compuesta por las siguientes tecnologías: 45% energía nuclear, 25% combustión de carbón, 5% gas, 15% eólica en tierra, 5% solar fotovoltaica y 5% hidráulica.

16. Si el polígono industrial se convierte en una microrred eléctrica y el 50% de la energía es aportada mediante sus microgeneradores, volver a calcular la misma tabla que en 13, pero sabiendo que los elementos que componen la microrred eléctrica son: 50% eólica, 25% solar fotovoltaica y 25% hidroeléctrica. Se entiende que el 50% restante lo sigue suministrando la matriz energética del país.

17. Repetir la Pregunta que 16, pero esta vez, en lugar del 50%, los microgeneradores de la microrred eléctrica aportan el 80%.

18. Según la Tabla 7.5, sabemos que una microrred eléctrica consumo una cantidad de energía anual de 1.000 kWh. Si sabemos que el 50% de la energía es proporcionada por sus microgeneradores eólicos, el 30% mediante sus plantas fotovoltaicas y el resto mediante baterías de ion litio, calcular las emisiones de gases efecto invernadero cuantificadas en gCO2eq/kWh.

19. Si para la misma microrred eléctrica de 18, se desea bajar las emisiones de gases de efecto invernadero a la mitad, para el mismo consumo de energía anual, pero prescindiendo de las baterías de ion litio, ¿Qué porcentaje de tecnología eólica y fotovoltaica serán necesarios?

20. Y si se pretende bajar las emisiones de gases de efecto invernadero a un tercio, ¿qué porcentajes serían los necesarios?

21. Una microrred eléctrica consumo una cantidad de energía anual de 3 MWh. Sabiendo que los elementos que la componen y su aportación en porcentaje de energía son los siguiente: 10% eólica, 15% solar fotovoltaica, 15% geotérmica, 30% gas y 30% petróleo. Calcular las emisiones de gases efecto invernadero cuantificadas en gCO_2eq/kWh.

22. Si en la situación de 21, se elimina el suministro de las tecnologías no renovables y se cambia por batería de ion litio y de pila de combustible de hidrógeno a igualdad de porcentaje, volver a calcular las emisiones de gases efecto invernadero cuantificadas en gCO_2eq/kWh.

23. A partir de las simulaciones mostradas, trate de justificar cuál debe ser el porcentaje de tecnología renovable a instalar frente al porcentaje de almacenamiento eléctrico distribuido, para tratar de maximizar la carga de ésta.

24. A partir de las simulaciones mostradas, ¿cuál cree que es la tecnología renovable más sencilla de utilizar y cuál es su beneficio directo sobre la microrred eléctrica?

25. En base a los resultados de las simulaciones realizadas en este capítulo, ¿cuáles son los beneficios de emplear almacenamiento eléctrico en la microrred eléctrica?

26. A partir de su emplazamiento en el mundo, trate de localizar la matriz energética de su país y las emisiones asociadas a la misma según [569].

27. A partir de la pregunta anterior y sabiendo que una hipotética microrred eléctrica tiene una necesidad de energía eléctrica de 3.547 GWh y sabiendo que el 40% de esta energía es cubierta por igual por tecnología eólica y solar fotovoltaica (el resto proviene de distribución), calcular las emisiones de gases efecto invernadero cuantificadas en gCO_2eq/kWh.

28. Calcular lo mismo para la misma cantidad de energía al año, pero esta vez con el 80% de la energía proveniente de tecnología eólica y solar fotovoltaica (mismo porcentaje cada una) y el resto de la red de distribución.

29. A partir de los siguientes países: España, Colombia, Brasil, Portugal, Ecuador, Alemania, Australia, Estados Unidos, Francia, Japón, China, Finlandia, Chile, Canadá y Sudáfrica, establecer una tabla comparativa con sus matrices energéticas.

30. A partir de la tabla anterior y suponiendo un consumo de energía eléctrica de 2.000.000 GWh al año, calcular las emisiones de gases de efecto invernadero de todos y cada uno de los países que aparecen en la pregunta anterior.

Capítulo 8

EXPERIENCIAS PILOTO DE MICRORREDES ELÉCTRICAS

"Una experiencia nunca es un fracaso, pues siempre viene a demostrar algo"

—Thomas Alva Edison—

8.1. Introducción

Tal como dijo Edison, la experiencia es un paso importante para la demostración de las cosas. Partiendo de esta premisa, las microrredes eléctricas precisan por tanto escenarios donde se demuestre su viabilidad técnica y económica. Además, deben poder integrase en las redes de distribución existentes, ya que como no se debe olvidar, una microrred eléctrica no es una red pasiva en la que existen elementos de generación.

El desarrollo de proyectos de investigación e innovación en escenarios reales alrededor de las microrredes eléctricas permitirá descubrir errores en el diseño, la implementación y la operación de éstas. La tasa de penetración de los elementos de generación distribuida, almacenamiento eléctrico distribuido, cargas y su respuesta a la demanda, son algunos de los temas de interés para las microrredes eléctricas, los cuales deben ser resueltos en entornos reales. Los resultados empíricos servirán para apoyar los existentes y que provienen de las simulaciones. Es cierto, que para el despliegue de microrredes eléctricas ha sido necesario el planteamiento de programas regionales o estatales, que incentiven la instalación de este tipo de instalaciones.

Como ya se sabe, la capa de comunicaciones es crucial en la microrred eléctrica, ya que la monitorización, el control y la gestión se basan en dicha capa. Por tanto, el desarrollo de nuevos avances en Tecnologías de la Información y Comunicaciones (TIC), protocolos de comunicaciones, aplicaciones y sensórica, deberán ser probados y validados en entornos reales, o en entornos entre la realidad y el laboratorio. No obstante, la mayoría de las microrredes desplegadas son soluciones finales que son maduras, por lo que su funcionamiento está más que garantizado en el tiempo.

Por todo lo anterior, es fundamental la existencia de demostradores de microrredes eléctricas, los cuales integrarán todos los elementos anteriormente citados (generación distribuida, almacenamiento eléctrico distribuido, cargas, comunicaciones, gestión, protección, etc.), ya sean con equipos emuladores o reales, convirtiéndose en escenarios idílicos para la validación de nuevos prototipos a integrar en la microrred eléctrica.

El principal objetivo de este capítulo es proporcionar una visión general de las microrredes eléctricas más significativas desplegadas en el mundo. A pesar de no ser las únicas, sí son algunas iniciativas con gran repercusión a nivel mundial, por lo que por este motivo han sido seleccionadas para ser mostradas. Algunas se han desplegado como consecuencia de proyectos de investigación y otras se han erigido como verdaderos entornos de demostración a partir de la evolución natural de la red de distribución. Con independencia de su origen, las microrredes eléctricas actuales servirán como base para las futuras, las cuales deberán comenzar a desplegarse como mejora de las actuales.

Al ser un libro de texto en español, el capítulo comenzará presentando algunas de las principales microrredes eléctricas en España, para posteriormente exponer las más relevantes en América Latina. A continuación, algunas de Europa, Estados Unidos, Asia, Australia y África. Posteriormente se dará un listado de muchas otras microrredes eléctricas que han sido desplegadas en numerosos países de todo el mundo. El capítulo finalizará con un resumen de éste y una serie de preguntas y cuestiones de autoevaluación.

"Ni son todas las que están, ni están todas las que son"; por tanto, la disculpa hacia el lector por si no aparece alguna microrred eléctrica de su interés. Además, se ha comprobado que fuentes distintas, en ocasiones, aportan información diferente de una misma microrred eléctrica. Por tanto y vaya por delante, disculpas a los lectores si en este libro de texto aparece algún dato distinto a la realidad, pero lo importante es poder tener claro el global de las distintas microrredes y si el dato de potencia es aproximado, debe entenderse y ser más que suficiente.

8.2. Proyectos de microrredes eléctricas en España

En esta sección se van a presentar algunas de las microrredes eléctricas existentes en España. La decisión de presentar las que a continuación se muestran y no otros, ha sido por la participación de las microrredes eléctricas en numerosos proyectos de I+D+i.

8.2.1. CEDER-CIEMAT

El Centro de Desarrollo de Energías Renovables (CEDER) en Lubia [574], ubicado cerca de Soria capital, se creó en 1987 con el propósito de investigar, desarrollar y promover las energías renovables. Depende del Centro de Investigaciones Energéticas, Medioambientales y Tecnológicas (CIEMAT) [575], Organismo Público de Investigación, actualmente adscrito al Ministerio de Ciencia e Innovación del gobierno de España.

CEDER es un centro de referencia en Europa en el campo de las redes inteligentes por sus instalaciones, medios humanos y materiales. Una de las ventajas que presenta CEDER es que las instalaciones y equipos son de su propiedad, incluidas las líneas de distribución, lo que facilita la realización de cualquier tipo de maniobra o ensayo, pudiendo ser un perfecto demostrador de integración de tecnologías renovables y almacenamiento y microrredes eléctricas.

La microrred eléctrica del CEDER presenta los siguientes elementos de generación distribuida:

- *Sistema eólico*: CEDER cuenta con 5 aerogeneradores de eje horizontal y conectados a la red eléctrica, todos a barlovento menos uno a sotavento: 100 kW; 50 kW (sotavento); 3,5 kW; 3,5 kW; y 4,2 kW.

- *Sistema fotovoltaico*: CEDER cuenta con 11 sistemas fotovoltaicos con diferentes tecnologías de células (monocristalinas, policristalinas, lamina delgada y bifaciales) para un total de algo más de 160 kW. Hay 6 sistemas sobre cubierta con orientación fija, 1 sobre el terreno sin orientación, tres sobre el terreno con posibilidad de orientación estacional y otro con un seguidor en un eje (diario).

- *Microcentral hidráulica con turbina Pelton* (Figura 8.1) de 40 kW de potencia regulable y de conexión a red.

Figura 8.1. Turbina microhidráulica Pelton de la microrred eléctrica del CEDER-CIEMAT. Cortesía: CEDER-CIEMAT.

La microrred eléctrica del CEDER presenta los siguientes elementos de almacenamiento eléctrico distribuido:

- *Almacenamiento mecánico*: bombeo hidráulico por medio de cuatro bombas centrífugas de 7,5 kW de potencia cada una. Asociado al bombeo y la turbina hay tres depósitos de agua con un desnivel de algo más de 70 metros en total y capacidades de 2.000 m³, 1.500 m³ y 500 m³, respectivamente.

- *Almacenamiento Pb-ácido*: cuenta con dos bancadas de baterías de Pb-ácido, de 120 vasos de 2 V cada uno y con capacidades de 1.080 y 765 Ah, respectivamente. Las dos primeras se controlan mediante software *ad-hoc* y la tercera es un sistema aislado.

- *Almacenamiento de ion-litio* (Figura 8.2):

  — Baterías de litio-ferrofosfato (LFP): formada por dos *racks* de 14 módulos y 196 células cada uno de 3,2 V y una capacidad de 50 Ah. El sistema está conectado a la red mediante un inversor de 30 kW.

  — Baterías de níquel-manganeso-cobalto: formada por un *rack* con tres módulos y 240 células de 3,9 V y una capacidad de 50 Ah. El sistema está conectado a la red mediante un inversor de 50 kW.

Figura 8.2. Izquierda batería LFP; derecha batería de níquel-manganeso-cobalto. Cortesía: CEDER-CIEMAT.

Para la monitorización de la microrred (Figura 8.3), CEDER dispone de una red telemática basada en Ethernet y de fibra óptica y ha desarrollado un sistema de control propio para la microrred, formado por tres bloques:

- *Bloque de comunicaciones.* Está basado en dos softwares libres de código abierto: NodeRED y Telegram.

  — *NodeRed*: integra diferentes protocolos de comunicación (Modbus, MQTT, HTTP, etc.) que permite la conexión del sistema de gestión con los diferentes sistemas de generación, almacenamiento y consumo que forman la microrred de CEDER. Así se puede recoger la información que se desee de cada uno de ellos y de mandarle las consignas de funcionamiento que se establezcan.

— *Telegram***:** permite la comunicación del sistema de gestión con los operadores de la microrred mediante su teléfono móvil, para el envío de alarmas y de avisos relativos al funcionamiento de la microrred.

— *Bloque de gestión (Energy Management System).* Está basado en un software libre de código abierto que funciona como un interfaz de usuario (HMI): HomeAssistant.

• *Bloque de almacenamiento de datos (base de datos).* Está basado en un software libre de código abierto: Maria DB. Se trata de una base de datos relacional que permite coleccionar la información de todos los elementos de generación, almacenamiento y consumo de la microrred para su análisis y tratamiento.

Figura 8.3. Pantalla de monitorización de la microrred eléctrica CEDER-CIEMAT. Cortesía: CEDER-CIEMAT.

Se consiguen valores instantáneos, es decir, datos por segundo en tiempo real gracias a eventos programados o variables calculadas (por ejemplo, medias minuto o medias 15-minutos, como los que utiliza la empresa distribuidora de energía que suministra a CEDER), todo esto mediante programas en SQL.

El CEDER tiene una potencia contratada de 135 kW, a través de un transformador de 45/15 kV y 1.000 kVA, para pasar a una red eléctrica interna de 15/0,380 kV (Figura 8.4).

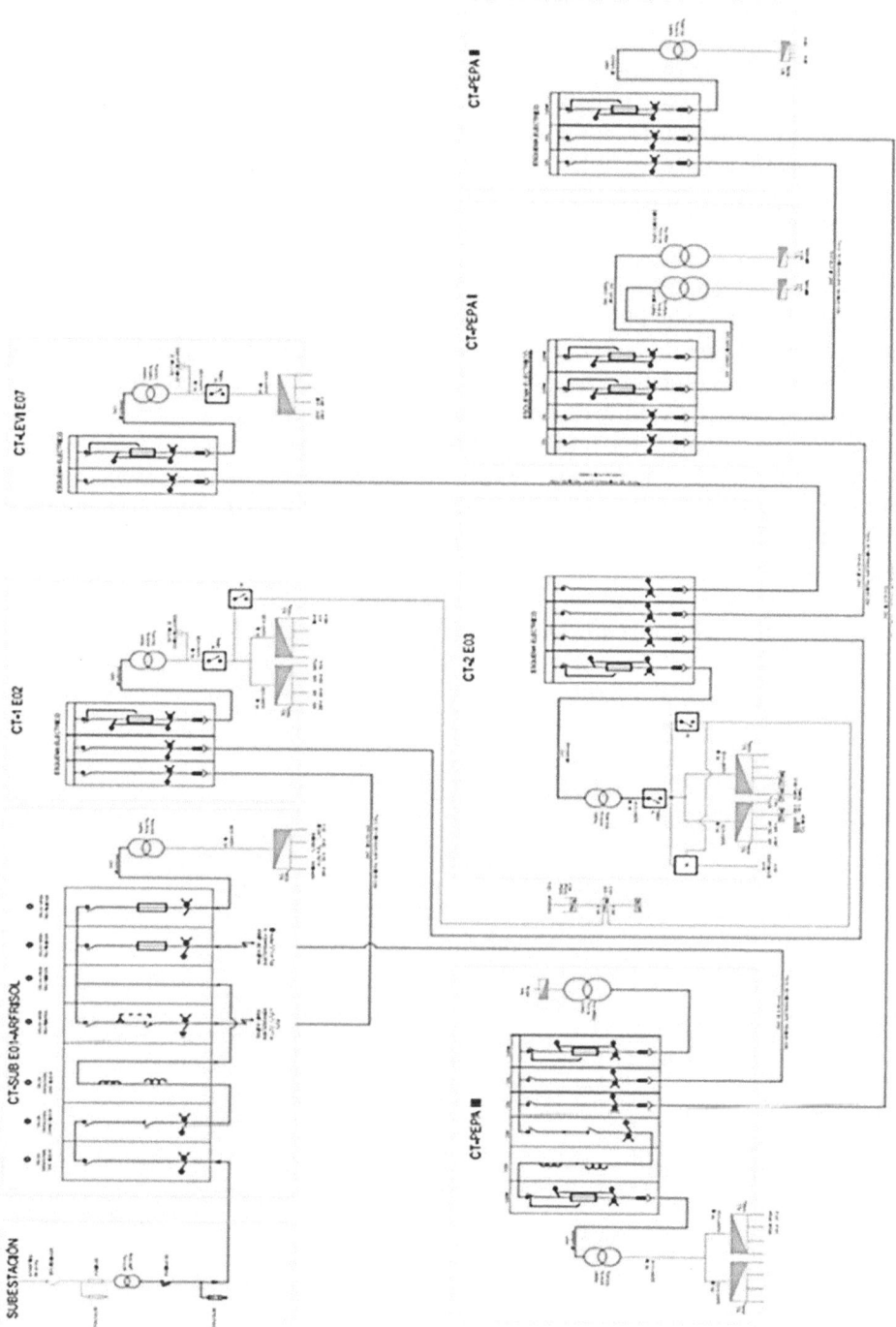

Figura 8.4. Diagrama Unifilar de la microrred eléctrica CEDER-CIEMAT. Cortesía: CEDER-CIEMAT.

8.2.2. *i-Sare*

La *i-Sare Smart Microgrid* es una iniciativa promovida por el Gobierno de Guipúzcoa, el Ministerio de Ciencia e Innovación y FEDER, en colaboración con Gaia, IK4 y Fomento de Donostia-San Sebastián, para estudiar tecnologías avanzadas de generación, almacenamiento y gestión de energía eléctrica. Actualmente, los socios de la microrred son Gaia, Jema Energy, Cegasa y Ceit —BRTA—. La Figura 8.5 muestra el diagrama unifilar de la microrred eléctrica, localizada en el edificio Enertic (Figura 8.6), Donostia - San Sebastián (Gipuzkoa, España).

El objetivo del consorcio es impulsar la innovación para la integración de las fuentes de energía renovable y los vehículos eléctricos en la red de distribución de una manera eficiente, sostenible y competitiva. Para ello, los miembros del consorcio implementaron una microrred eléctrica experimental como laboratorio, que puede operar como laboratorio o banco de pruebas para el desarrollo de nuevos productos o procedimientos relacionados con la generación, almacenamiento y transporte de la electricidad, con la carga de vehículos eléctricos, así como sistemas de medida, de comunicación y de control y gestión de este tipo de microrred eléctrica. i-Sare es parte del inventario de laboratorios de Smart Grids del Joint Research Centre (JRC) de la Comisión Europea y está disponible para empresas, entidades de innovación y universidades.

Con respecto a los elementos que la componen, se pueden citar los siguientes:

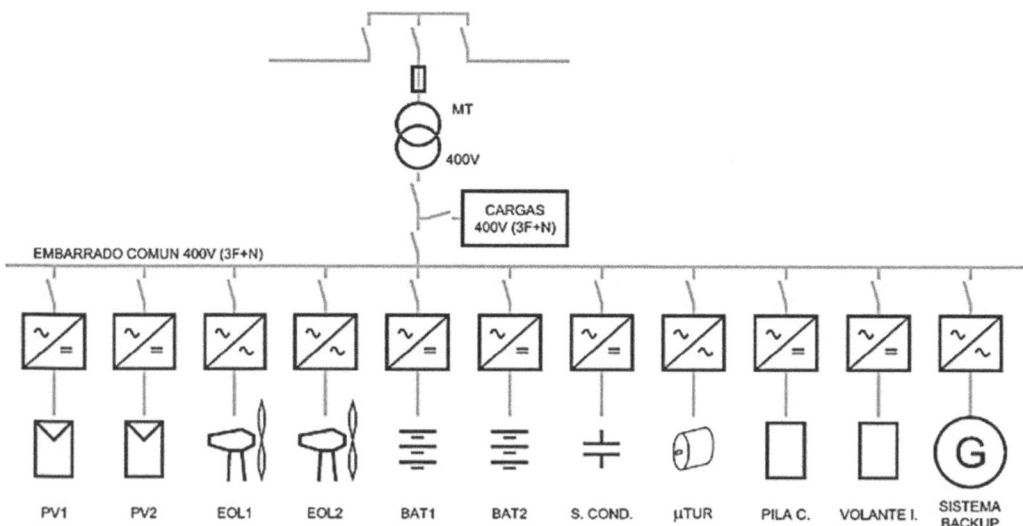

Figura 8.5. Diagrama unifilar de la microrred eléctrica i-Sare. Cortesía: i-Sare.

Figura 8.6. Edificio Enertic. Cortesía: i-Sare.

Generación

i-Sare dispone de un sistema bidireccional de generación de potencia de 237,3 kW de potencia nominal y potencia de pico de cerca de 350 kW. El sistema utiliza la tecnología digital y facilita la integración de las fuentes de energía renovables. Este sistema puede operar en isla o conectado a la red de distribución.

Las fuentes de energía renovables implementadas en la microrred eléctrica de i-Sare son: paneles fotovoltaicos orgánicos, paneles fotovoltaicos convencionales y aerogeneradores de minieólica con eje horizontal de tres palas. Los generadores convencionales son: microturbina de gas y grupo diésel.

El sistema fotovoltaico de la Figura 8.7 tiene las siguientes características:

- Paneles solares para un total de 40 kW, en dos *strings*, de 20 kW cada uno.
- Sensor de irradiancia y temperatura.
- Control de temperatura y gestión térmica.
- Selección automática de red.
- Bajo consumo.

Las características de los inversores fotovoltaicos empleados son:

- Topología multinivel.
- Eficiencia máxima 98%.
- Dos seguidores del punto de máxima potencia (*Maximum Power Point Tracking*, MPPT).

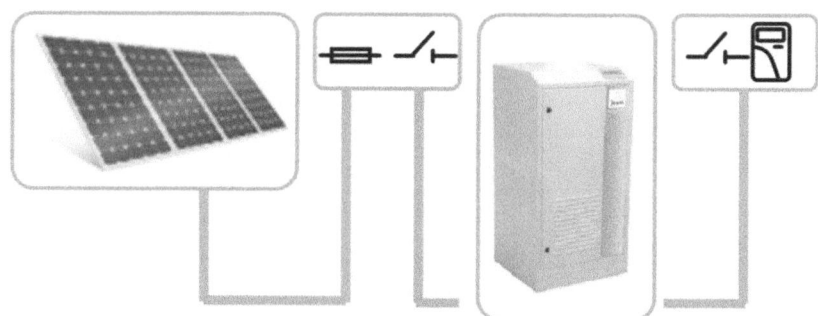

Figura 8.7. Esquema del sistema fotovoltaico de la microrred eléctrica i-Sare.
Cortesía: i-Sare.

- Generación de potencia reactiva.
- *Data-logger* integrado y comunicaciones RS-485, ethernet y USB.
- Capacidad para operar en modo seguidor (*grid-following*) o formador de red (*grid-forming*).

Dispone de un generador eólico horizontal de 2,4 kW situado en la azotea del edificio y un generador eólico horizontal de 5 kW situado junto a los paneles fotovoltaicos (Figura 8.8). Además, tiene un convertidor eólico para funcionar conectado a la red o de forma aislada. El convertidor incluye una estación meteorológica y una interfaz de monitorización web.

Figura 8.8. Paneles solares y generador eólico horizontal de 5 kW. Cortesía: i-Sare.

En la Figura 8.9 se muestra un grupo diésel con generador y convertidor de 120 kW. El generador se controla a través del convertidor de potencia y puede trabajar de forma aislada. El grupo incluye sistemas de monitorización y protección.

La Figura 8.10 muestra una turbina de gas para la cogeneración. Sus características son:

- La potencia de la turbina de gas y el convertidor es de 70 kW.
- La turbina de gas puede trabajar de forma aislada.
- La turbina de gas se controla a través de un convertidor de potencia.
- Incluye sistemas de monitorización y protección.
- Existe la posibilidad de cogeneración térmica.

Figura 8.9. Grupo diésel. Cortesía: i-Sare.

Figura 8.10. Grupo Gas. Cortesía: i-Sare.

Sistemas de almacenamiento

i-Sare dispone de un sistema de almacenamiento híbrido de baterías con supercondensadores y volante de inercia.

Las características del sistema de almacenamiento de ion-litio son (Figura 8.11):

- Plataforma de almacenamiento de energía de 150 kWh.
- Celdas de litio de 280 Ah y descarga de potencia recomendada de 0,5 C (140 A).
- Almacenamiento escalable.

Las aplicaciones de este almacenamiento son:

- Ahorro de carga.
- Regulación de potencia-frecuencia.
- Regulación de voltaje.
- Modo isla.
- Ahorro de pico.

Figura 8.11. Baterías de ion-litio. Cortesía: i-Sare.

Las características del sistema de almacenamiento de Pb-ácido son (Figura 8.12):

- Plataforma de almacenamiento de energía de 22 kWh.
- Celdas de tecnología *dryfit* (electrólito fijado en forma de gel) reguladas por una válvula (VRLA).
- Capacidad de 180 Ah y descarga de potencia recomendada de 0,6 C (108 A).
- Muy baja formación de gases debido a la recombinación interna de gas.
- A prueba de descarga profunda.
- Libre de mantenimiento durante toda la vida útil.

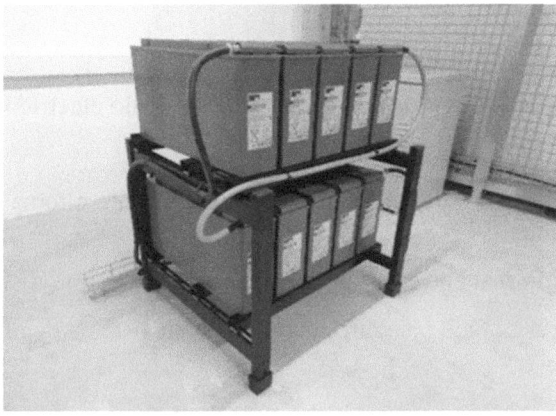

Figura 8.12. Baterías de plomo. Cortesía: i-Sare.

Las características de los supercondensadores son (Figura 8.13, izquierda):

- Supercondensadores y convertidor de 100 kW/7 s.

- Los supercondensadores, de forma adicional a las baterías, tienen capacidad de almacenamiento y también proporcionan energía de forma instantánea. Para ello, se conectan a la microrred eléctrica a través de un convertidor reversible corriente continua/corriente continua y corriente continua/corriente alterna.

Las características del *sistema Flywheel* son: (Figura 8.13, derecha)

- *Flywheel* de 100 kW/20 s.

- Almacenamiento de energía para tiempos cortos y potencia elevada.

- No sufre degradación con las operaciones y tiene respuesta rápida.

- Máxima velocidad de rotación de 15.000 rpm.

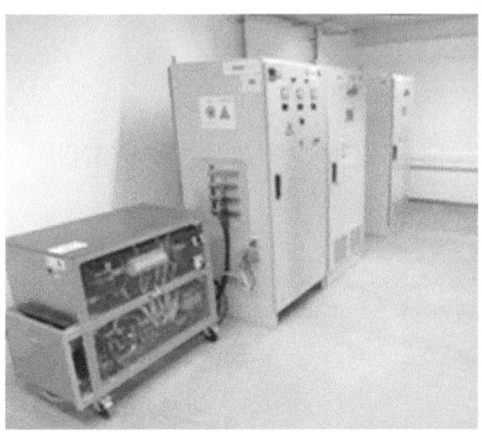

Figura 8.13. Supercondensadores y *flywheel*. Cortesía: i-Sare.

Cargas

i-Sare dispone de un emulador de cargas resistivas e inductivas de 100 kW y 100 kVAr, respectivamente, al que se unen dos cargadores de vehículo eléctrico (Figura 8.14).

- Cargadores de 22 kW y 50 kW.

- Dos tipos de cargas de baterías: carga de corriente alterna y carga rápida de corriente continua.

- Comunicación real entre el vehículo eléctrico y el punto de recarga.

- Punto de recarga fácil y seguro, incluyendo un sistema de protección.

Figura 8.14. Cargador de vehículo eléctrico y emulador de cargas. Cortesía: i-Sare.

Sistema de monitorización y control

Arquitectura de control abierto para la transferencia de datos y control en tiempo real capaz de gestionar la energía de la microrred eléctrica. Consiste en una infraestructura de comunicaciones interoperable entre el centro de control, los medidores inteligentes y los convertidores. Esta arquitectura tiene cuatro niveles de decisión orientados a generar las referencias de potencia teniendo en cuenta el *compromiso de la unidad* y el *despacho económico*: para lo cual se emplean:

- Técnicas de gestión de carga.

- Monitorización de sistemas.

- Control de flujo de energía.

Los cuatro niveles de la arquitectura de control son los siguientes (Figura 8.15):

1. *Control primario*: es el responsable del control de desvío que se utiliza en este nivel para emular comportamientos físicos. El objetivo es mantener el sistema estable y más amortiguado. Puede incluir un bucle de control de impedancia virtual para emular la impedancia física de salida.

2. *Control secundario*: este control es capaz de modificar las desviaciones de frecuencia y amplitud originadas en la microrred eléctrica de i-Sare para mantenerlas estables y poder hacer frente a la demanda. Además, puede incluir un bucle de control de sincronización para conectar o desconectar la microrred eléctrica del sistema de distribución y el bucle de control de compensación de desequilibrio o un bucle de control de supresión de armónicos para mejorar la calidad de energía, que se utiliza tanto en el modo de operación en isla como en el modo conectado a red.

3. *Control terciario*: este nivel establece las referencias de frecuencia y amplitud para cada nodo de la microrred eléctrica con el fin de satisfacer con los requisitos de potencia activa (P) y reactiva (Q) impuestos por el control cuaternario.

4. *Control cuaternario*: este nivel es responsable de la gestión óptima de los recursos energéticos disponibles en la microrred eléctrica. Con el fin de obtener un uso eficiente de las fuentes de energía renovables y sistemas de almacenamiento disponibles, a partir de la P y la Q demandada por la microrred eléctrica, este control genera referencias P y Q a requerir a cada nodo del sistema. Se han definido distintas estrategias de gestión, en función de que se priorice, por ejemplo, la generación renovable, el coste de la energía o la reducción de emisiones.

Las comunicaciones en la red se basan en una herramienta de código abierto orientada directamente al desarrollo de sistemas de control distribuido en tiempo real mediante el protocolo Ethernet de Física experimental y sistemas de control industrial basados en control distribuido (*Experimental Physics and Industrial Control System*, EPICS).

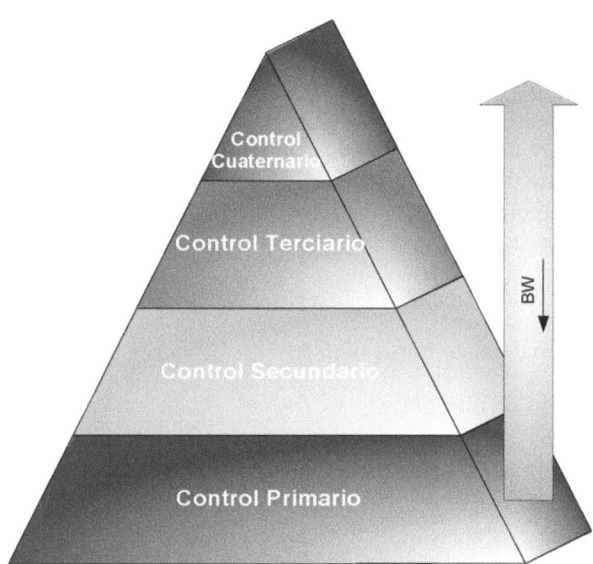

Figura 8.15. Esquema de Control de la microrred eléctrica i-Sare. Cortesía: i-Sare.

8.2.3. Tecnalia

Tecnalia Corporación Tecnológica es una alianza estratégica nacida en 2001 [576]. Actualmente está integrada por AZTI-Tecnalia, NEIKER-Tecnalia y Tecnalia Research & Innovation. AZTI-Tecnalia es un centro tecnológico experto en investigación marina y alimentaria, comprometido con el desarrollo social y económico del sector pesquero y alimentario, así como con el estudio del medio ambiente marino y los recursos naturales en el contexto del desarrollo sostenible. NEIKER es un instituto público de investigación y desarrollo tecnológico que busca generar conocimiento y servicio que aporte valor al sector agroalimentario y al medio ambiente, contribuyendo activamente al despliegue de los objetivos del Gobierno Vasco y al desarrollo económico y social del entorno.

El mayor valor de Tecnalia Research & Innovation reside en un equipo de cerca de 1.500 expertos orientados a transformar el conocimiento en Producto Interior Bruto (PIB) para mejorar la vida de las personas, creando oportunidades de negocio en las Empresas. Tecnalia, en el Parque Tecnológico de Bizkaia (Derio, España), dispone de una instalación para la demostración y desarrollo de tecnologías de generación distribuida. Esta instalación puede ser considerada una microrred eléctrica.

El objetivo de la ME de Tecnalia es servir como plataforma flexible para el desarrollo y pruebas de tecnologías relacionadas con sistemas de generación distribuida, almacenamiento eléctrico distribuido y control y gestión de la microrred eléctrica. La microrred eléctrica permite tanto el funcionamiento de ésta en modo conectado a la red principal de distribución como su funcionamiento en modo aislado. Además, también admite transiciones entre ambos modos (del modo conectado al aislado y viceversa).

La microrred eléctrica de Tecnalia presenta los siguientes elementos de generación distribuida:

- *Instalaciones fotovoltaicas*:

    — Instalación de 0,6 kW monofásica compuesta por 13 módulos UF42 (estructura amorfa) y conectada mediante un inversor SunnyBoy 700.

    — Instalación de 1,6 kW monofásica compuesta por 16 módulos Isofoton I-106CR (estructura monocristalina) y conectada mediante un inversor Xantrex SW 3024.

    — Instalación trifásica de 3,6 kW basada en 24 módulos BP SX 150 S (estructura multicristalina) y conectada mediante tres inversores SunnyBoy 1100.

- *Generadores diésel*: dos generadores diésel de 55 kW cada uno. Las unidades diésel están formadas por un motor diésel (John Deere, 55 kW) y un generador asíncrono trifásico (400 V, 50 Hz, 63 kVA). Ambos están conectados mediante dos convertidores corriente alterna/corriente alterna (400 V, 45 kVA) ofreciendo controlabilidad total sobre la potencia activa y reactiva entregada.

- *Generadores eólicos*: turbina eólica INCLIN NEO 6000 de 6 kW con un rotor de 4 m. El rotor dispone de tres palas, un sistema automático de frenado y un alternador de imanes de neodimio.

La microrred eléctrica de Tecnalia presenta los siguientes elementos de almacenamiento eléctrico distribuido:

- Sistemas de baterías:

    — Banco de baterías de 48 V y 1.925 Ah.

    — Banco de baterías de 24 V y 1.120 Ah.

- Volante de inercia Caterpillar de 250 kVA: sistema de suministro ininterrumpible de energía. Alcanza la carga máxima a 7700 rpm, con una duración de carga inferior a 150 s. El sistema es capaz de regular la tensión de salda suministrando la potencia reactiva y los armónicos de corriente requeridos por la carga. Incorpora también protección frente a interrupciones de potencia y disminuciones de tensión durante 15 s a una potencia máxima de 150 kVA.

Además de los sistemas de generación y almacenamiento mencionados, la microrred eléctrica dispone de los siguientes equipos adicionales.

- Simulador de red: equipo basado en electrónica de potencia que permite simular alteraciones en la red incluyendo armónicos, transitorios en tensión, frecuencia y forma de onda. El sistema está compuesto por dos fuentes de potencia Pacific 3060-MS. Cada una de ellas es una fuente de corriente alterna de estado sólido de 62,5 kVA/50 kW que suministra una tensión trifásica 228/132 V en corriente alterna de hasta 500 Hz, un autotransformador con salida de 456/264 V en corriente alterna y un controlador programable (UPC32).

- Bancos de cargas:
  - Banco resistivo AVTRON K595 con niveles de carga regulable y potencia máxima de 33,75 kW.
  - Banco resistivo AVTRON Millenium con niveles de carga regulable y potencia máxima de 150 kW.
  - Dos bancos inductivos AVTRON K596 con niveles de carga regulable y potencia máxima de 2×36 kVA.
  - Dos bancos capacitivos con carga regulable y una potencia máxima de 2×157 kVA.
  - Carga en corriente continua programable de 1,5 kW y tres modos de funcionamiento (resistencia constante, corriente y potencia constantes).
- Armario de conexiones: sistema para la configuración de la conectividad de los elementos de generación distribuida, almacenamiento y carga en la microrred eléctrica. El sistema está compuesto por los siguientes elementos:
  - Tres buses trifásicos con neutro y conectividad entre ellos.
  - Cualquiera de los sistemas de generación distribuida, almacenamiento o carga se puede conectar a cualquiera de los buses (matriz de contactores 3×20).
  - Interconexión a la red de distribución de media tensión 30 kV a través del centro de transformación de Tecnalia.

El sistema de gestión de la microrred eléctrica presenta dos niveles de control independientes:

1. Control local para regulación primaria de frecuencia y tensión: los dos convertidores de corriente alterna/corriente alterna conectados a los generadores diésel disponen de un control de emulación de inercia y control de tensión. Este control se implementa en base a rampas/desvíos de frecuencia *vs* potencia activa y tensión *vs* potencia reactiva. La potencia activa entregada por el generador depende de la frecuencia del sistema y de forma similar, la potencia reactiva entregada por el generador depende de la tensión en la microrred eléctrica. Este control permite mantener estable la microrred eléctrica ante cambios repentinos en la carga o en la generación especialmente cuando la microrred eléctrica funciona en modo aislado o durante las transiciones entre modo conectado a isla y viceversa. Este nivel de control no requiere comunicaciones puesto que cada controlador es autónomo.

2. Control centralizado de la microrred eléctrica (regulación secundaria): permite coordinar los diferentes elementos de la microrred en función a criterios económicos (costes de generación, precio de la electricidad proveniente de la red principal, estrategias de respuesta a la demanda, etc.). En el modo conectado a red, permite controlar el intercambio de potencia entre la red de distribución y la microrred eléctrica, en base a perfiles de potencia predefinidos. En el modo de operación en isla permite controlar la frecuencia de la microrred eléctrica llevándola a sus valores nominales. Además, facilita el paso desde el modo isla al conectado ajustando la frecuencia de la microrred para acelerar la sincronización entre las dos redes.

Los elementos de la microrred eléctrica implementan un rango diverso de protocolos de comunicaciones (Modbus TCP, Modbus RTU, protocolos propietarios, etc.). Para facilitar la gestión e integración de éstos con el sistema de monitorización y control, se ha desarrollado una serie de pasarelas de comunicaciones que convierten dichos protocolos específicos a un protocolo de comunicaciones común que utiliza el modelo de información del IEC 61850 parte 7-420 sobre XML-RPC. El sistema de control está complementado con un sistema de supervisión, control y adquisición de datos que permite monitorizar en tiempo real los diferentes sistemas de la microrred eléctrica, visualizar históricos, etc.

La microrred eléctrica está conectada a la red de distribución principal a través del centro de transformación que proporciona el suministro eléctrico a las oficinas de Tecnalia en su sede de Derio (Vizcaya). Esta conexión es una conexión trifásica a 380 V en el armario de conexiones que permite configurar la conectividad de los diferentes elementos de la microrred eléctrica.

La conexión se realiza mediante un relé estático junto con un sistema de sincronización que permiten la desconexión manual de la microrred eléctrica y su posterior conexión manual o automática. El punto de conexión permite inyectar toda la potencia instalada de generación, así como absorber toda la potencia instalada en carga (± 150-200 kW).

En la Figura 8.16 se muestra un ejemplo de una prueba realizada en el modo de operación conectado a red con dos generadores diésel y un banco de cargas.

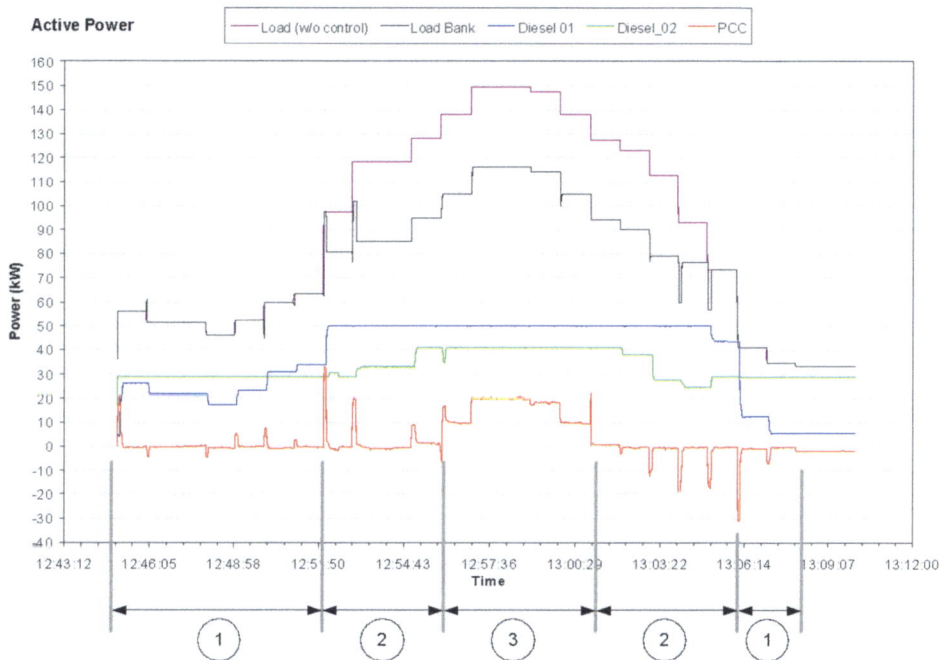

Figura 8.16. Prueba en modo de operación conectado a red de la microrred eléctrica Tecnalia. Cortesía: Tecnalia.

La línea roja representa el intercambio con la red, para este caso de prueba, el sistema de control se ha configurado de forma que el intercambio con la red sea cero. Como se puede observar el sistema de control es capaz de controlar el intercambio y solventar los desequilibrios entre generación y demanda (picos en la potencia exportada/importada) en apenas unos segundos.

También se pueden observar tres fases diferentes:

- en la fase 1 los recursos de generación en la microrred eléctrica son suficientes para suministrar toda la demanda,

- en la fase 2 la carga aumenta y el sistema de control opta por desconectar cargas no prioritarias (línea negra) y

- en la fase 3 el sistema de control decide que merece la pena importar energía de la red asumiendo una posible penalización por desvíos respecto al perfil predefinido (perfil cero de intercambio).

El ejemplo demuestra el control de los diferentes elementos que forman parte de la microrred eléctrica en base a criterios económicos y técnicos.

En la Figura 8.17 se muestra un ejemplo de una prueba realizada en el modo de operación en isla.

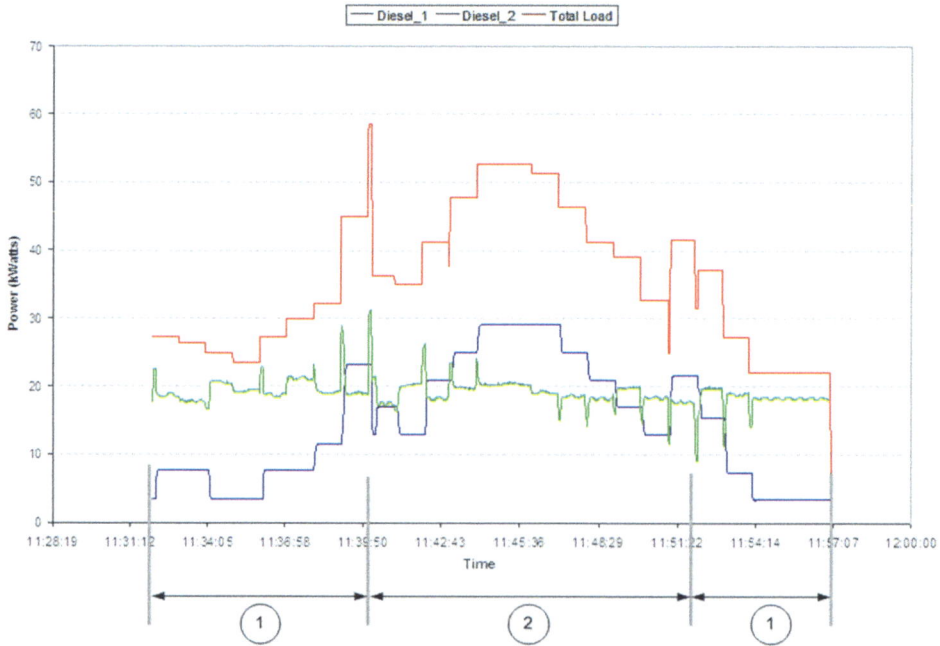

Figura 8.17. Prueba en modo de operación Isla de la microrred eléctrica Tecnalia. Cortesía: Tecnalia.

En este caso, uno de los equipos diésel actúa como *máster* de red fijando la frecuencia y absorbiendo los cambios en la demanda (línea verde). El sistema de control es capaz de controlar tanto la generación (línea azul) del segundo equipo diésel como la carga (línea roja) con el objeto de mantener la frecuencia a 50 Hz y el margen necesario de generación para asegurar el suministro. Se pueden observar dos situaciones:

- En la fase 1, la generación es capaz de soportar toda la demanda de la microrred eléctrica,

- En la fase 2, la demanda es superior y el sistema de control decide desconectar parte de la carga no prioritaria para mantener los niveles de seguridad adecuados en el suministro.

Como complemento al caso de funcionamiento en isla, la Figura 8.18 muestra el comportamiento de la frecuencia.

Como se puede observar, el control primario de frecuencia en los equipos de generación garantiza la estabilidad de la microrred eléctrica a costa de permitir ciertos desvíos en la frecuencia de ésta. El sistema de control secundario es capaz de devolver la frecuencia a su valor nominal despachando los recursos de generación y demanda de forma óptima bajo criterios de operación técnicos y económicos.

Figura 8.18. Prueba en modo de operación isla de la microrred eléctrica Tecnalia. Comportamiento de la frecuencia. Cortesía: Tecnalia.

Los equipos de generación y consumo están representados en la Figura 8.19 mediante líneas azules y los sistemas de control mediante líneas verdes, mientras que las líneas rojas representan las comunicaciones de nivel físico entre los equipos y los sistemas de control.

El sistema de gestión de energía está compuesto por las pasarelas de comunicaciones (CSDER 61850 Gateway) y la lógica de control implementada mediante un sistema de agentes (plataforma de agentes *Java Agent DEvelopment framework*). El sistema de control dispone también de una base de datos (MySQL) para almacenar históricos de medidas, acciones de control etc. y un sistema de supervisión, control y adquisición de datos (Mango) que permite la visualización en tiempo real de datos históricos de los parámetros de la microrred eléctrica.

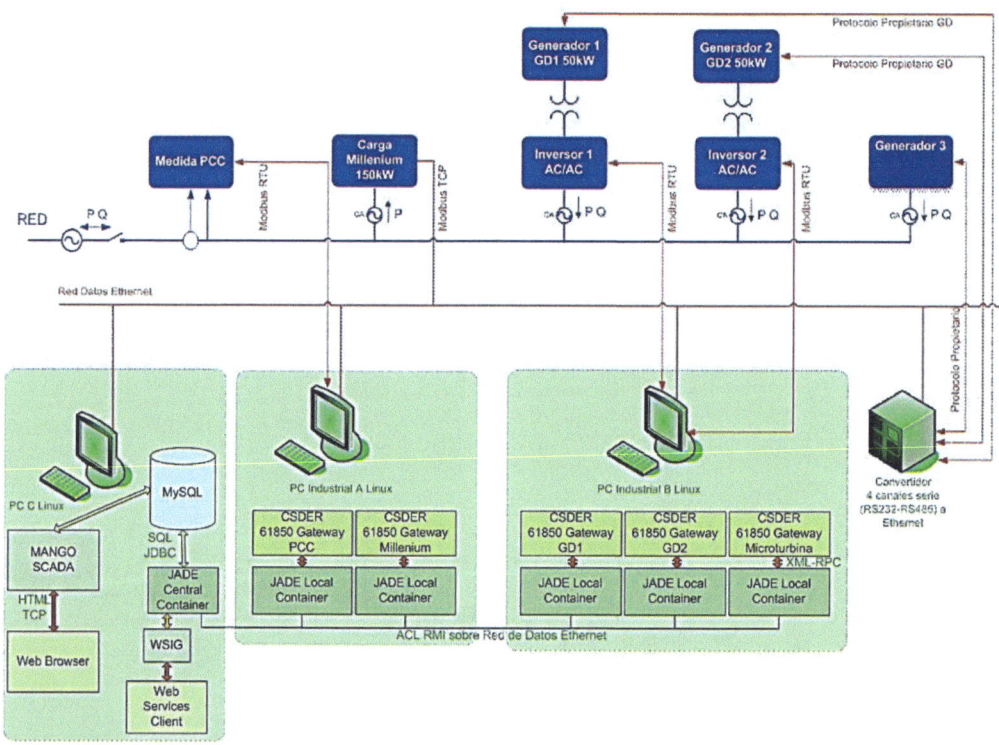

Figura 8.19. Conexión eléctrica, comunicaciones y arquitectura de control de la microrred eléctrica Tecnalia. Cortesía: Tecnalia.

A continuación, en la Figura 8.20 se muestra una fotografía de las instalaciones interiores del laboratorio de Tecnalia, donde se aloja la microrred eléctrica.

Figura 8.20. Fotografía de las instalaciones interiores de Tecnalia. Cortesía: Tecnalia.

8.2.4. ATENEA

La microrred eléctrica ATENEA está ubicada en Sangüesa (Navarra, España). La instalación está ubicada en el recinto del Laboratorio de Ensayos de Aerogeneradores (LEA) de CENER[1], en el polígono industrial Rocaforte y ha sido desarrollada por el Departamento de Integración en Red de Energías Renovables financiada a través de Fondos Feder y el Gobierno de Navarra. Se trata de una microrred eléctrica orientada a la aplicación industrial concebida en principio para dar servicio a parte de las cargas eléctricas de las propias instalaciones del LEA, así como a parte del alumbrado público del polígono industrial [577].

Su arquitectura es tipo corriente alterna; los elementos se conectan a un mismo bus de corriente alterna para llevar a cabo el intercambio de energía entre ellos. Este bus de corriente alterna se conecta en un único punto con la red eléctrica, lo que permite la interacción con la misma. Dentro de la microrred eléctrica se realiza una distribución de energía eléctrica en corriente alterna.

Los principales objetivos son:

*   Gestionar la potencia generada en cada momento de manera que el suministro de energía a las cargas asignadas esté asegurado en todo momento.

*   Hacer que la potencia consumida por las cargas sea en todo lo posible proveniente de fuentes de energía renovables, fomentando, de este modo, la independencia energética del LEA.

*   Proteger las instalaciones existentes de faltas provenientes, tanto de la red de distribución como de la microrred eléctrica.

---

[1] Centro Nacional de Energías Renovables de España.

- Ser capaz de enviar los excedentes energéticos producidos a la red de distribución, de forma que la microrred eléctrica no funcione como un ente aislado de la red de distribución, sino como parte activa de la misma. Además, la microrred eléctrica tiene como objetivo principal servir como banco de ensayos para nuevos equipos, sistemas de generación, almacenamiento y estrategias de control y protección.

La microrred eléctrica ATENEA presenta los siguientes elementos de generación distribuida en la microrred eléctrica:

- Un sistema fotovoltaico de 25 kW. El sistema fotovoltaico está constituido por 90 módulos de 275 W instalados sobre el tejado del edificio. Los módulos se distribuyen en 6 *strings* en paralelo de 15 módulos en serie cada uno. La instalación consta también de un inversor trifásico de 25 kW. Este sistema se comporta siempre como fuente de corriente. Emplea un control de seguidor del punto de máxima potencia para el elevador que controla el punto de operación de los paneles. Para el inversor de salida se emplea un control *P/Q* mediante consignas de potencia. De este modo se logra un control total de la instalación fotovoltaica.

- Un aerogenerador bipala de 25 kW de potencia nominal, 11,7 m de diámetro de rotor situado a una altura de 30 m. Se trata de un generador síncrono de imanes permanentes con tecnología *full-converter*. Este sistema se comporta siempre como fuente de corriente. Emplea un control de seguidor del punto de máxima potencia para controlar el punto de operación del aerogenerador en función de las condiciones de viento disponibles. Para el convertidor de salida se utiliza un control *P/Q* mediante seguimiento de consignas.

- Un grupo electrógeno de 55 kVA que emplea como combustible diésel. Este sistema puede comportarse como fuente de corriente o como fuente de tensión, según se desee. En modo conectado a la red de distribución, emplea un control *P/Q*, donde el equipo es capaz de seguir las consignas de potencia activa y reactiva mediante un cuadro de sincronismo específico. Este sistema tiene la capacidad de ser el maestro de la instalación, generando la red de referencia para el resto de los equipos. En este modo de operación, en modo aislado emplea un control *V/f* con consigna de tensión y frecuencia de referencia.

- Una microturbina de gas de 30 kW. Al igual que ocurre con el grupo electrógeno, este sistema puede comportarse como fuente de corriente o como fuente de tensión. En modo conectado emplea un control mediante el seguimiento de consignas de potencia activa y reactiva. Este sistema tiene la capacidad de ser el maestro de la instalación. Operando el equipo de este modo emplea un control *V/f* al trabajar en modo aislado, con consignas de tensión y frecuencia. Se trata de un sistema de trigeneración, donde es posible realizar una recuperación térmica de 60 kW de los gases de salida, con posibilidad de aporte de calor o frío, mediante una máquina de absorción.

La microrred eléctrica ATENEA presenta los siguientes elementos de almacenamiento eléctrico distribuido:

- Un banco de baterías de Pb-ácido de gel, capaces de suministrar 50 kW durante 1 h. El banco está compuesto por 180 módulos de 2 V cada uno. El convertidor asociado al banco permite la operación como fuente de corriente y como fuente de tensión. En modo conectado actúa mediante un control *P/Q*. Emplea como referencias consignas de potencia activa y reactiva, pero tiene la capacidad de limitar el lado de la corriente continua (tensión y corriente), de modo que pueda realizarse una operación segura del banco. Este sistema tiene la capacidad de ser el maestro de la instalación. Operando así el equipo, en modo aislado emplea un control *V/f* con consignas de tensión y frecuencia.

- Una batería de flujo de vanadio capaz de suministrar 50 kW durante 4 h. La batería está compuesta por un módulo de *stacks* donde se produce la reacción química, dos tanques para el almacenamiento del electrólito en una disolución de ácido sulfúrico con vanadio en distintos estados de oxidación y las bombas encargadas de llevar el electrólito hasta los *stacks*. El sistema de la batería lleva incorporado un controlador encargado de la operación exclusiva de la batería. El convertidor asociado a la batería de flujo permite la operación como fuente de corriente y como fuente de tensión. En modo conectado actúa mediante un control *P/Q*. Emplea como referencias consignas de potencia activa y reactiva, pero tiene la capacidad de limitar el lado de la corriente continua (tensión y corriente), de modo que pueda realizarse una operación segura. Este sistema tiene la capacidad de ser el máster de la instalación. Operando así el equipo, en modo aislado emplea un control *V/f*, con consignas de tensión y frecuencia.

- Un módulo de baterías de ion-litio con capacidad de 25 kWh, capaces de operar en régimen nominal con una potencia de carga y descarga de 54 y 80 kW, respectivamente.

- Dos módulos de supercondensadores capaces de suministrar 30 kW durante 45 segundos uno y 10 kW durante 7 segundos el otro.

- Tanto el módulo de baterías de ion-litio como los supercondensadores comparten convertidor, de modo que es el usuario, mediante selectores, el encargado de elegir qué equipo se conecta al convertidor. Este permite la operación como fuente de corriente y como fuente de tensión. Únicamente se permite operar como fuente de tensión en el caso de estar conectado el módulo de baterías de ion-litio. En modo conectado actúa mediante un control *P/Q*. Tiene la capacidad de ser el maestro de la instalación y funcionar con un control *V/f* en el caso de funcionar en modo aislado, pero únicamente si el módulo de baterías de ion-litio está asociado al convertidor.

La microrred eléctrica ATENEA presenta las siguientes cargas en la microrred eléctrica:

- Un banco de cargas trifásico con una potencia aparente total 120 kVA dividido a su vez en 87,63 kW y 87,63 kVAr. Los valores de potencia se dividen de manera equilibrada para cada una de las tres fases. El objetivo de este equipo es poder simular cualquier perfil de demanda.

- Un vehículo eléctrico con cargador trifásico embarcado con *pack* de baterías de Li-FePO de 100 Ah y 24 kWh.

Las líneas de consumos que se alimentan desde la microrred eléctrica son tres:

- Los consumos del edificio, con un máximo de 15 kW.

- Los consumos de parte de la iluminación del LEA, con un máximo de 15 kW.

- Los consumos de parte del alumbrado del polígono en el que se sitúa la microrred eléctrica, con un máximo de 15 kW.

El controlador central de la microrred se encarga del control supervisor de la instalación. Esto comprende varias funciones. Por un lado, realiza de forma continua la monitorización de las variables eléctricas de la red general, registrando y monitorizando tensiones, corrientes, frecuencia, potencia activa y reactiva, distorsión armónica, etc. Asimismo, monitoriza cada línea de la microrred eléctrica, registrando los mismos parámetros que en el caso de la red y monitoriza los estados de carga de todos los sistemas de almacenamiento presentes en la instalación.

Por otro lado, es el encargado de realizar la lógica de contactores de cada línea de la instalación permitiendo la conexión y desconexión eléctrica de los equipos. También realizaría la gestión del control del contactor de cabecera, dándole el control al equipo que actuará de maestro exclusivamente. Mediante este control se logra operar la microrred eléctrica en el modo deseado, ya sea conectada a la red tanto aislada de la misma. Es posible operar la instalación de dos modos distintos:

- *Modo manual*, donde es el usuario el que toma las decisiones de modo de operación, conexión y desconexión de los equipos, envío de consignas a los equipos, etc.

- *Modo automático*, donde es el gestor implementado en el controlador central de la microrred el que toma las decisiones en función de las estrategias de gestión desarrolladas por CENER. Se emplea la microrred eléctrica como un banco de ensayos de diferentes estrategias de gestión, validándolas antes de ser aplicadas en otras instalaciones.

Para la monitorización se emplea un sistema de supervisión, control y adquisición de datos (*Supervisory Control And Data Acquisition*, SCADA) de desarrollo propio en el que es posible visualizar los datos de todas las líneas de la instalación, así como de seleccionar el modo de funcionamiento y operación de los distintos equipos y de la instalación en general. Es posible seleccionar el equipo maestro que actuará de generación de red en el caso de falta en la red general o de deseo de pasar a modo aislado.

Las líneas de comunicación implementadas en el controlador central de la microrred tienen la función de permitir la recopilación de los datos de cada equipo, así como el envío de consignas y modos de funcionamiento. Con esto se permite controlar la generación de las fuentes de energía renovables y la carga y descarga de los sistemas de almacenamiento eléctrico distribuido. Para ello se emplean distintos protocolos de comunicación según permita el equipo:

- Protocolo Modbus RTU sobre RS-485.

- Protocolo Modbus TCP sobre ethernet; protocolo TCP/IP.

- Protocolo Profibus.

- Protocolo OLE para control de procesos (*OLE for Process Control*, OPC).

Para la monitorización de las líneas de carga se emplean comunicaciones con los dispositivos de control, que disponen de esta funcionalidad, mediante el protocolo Modbus RTU sobre RS-485.

La microrred eléctrica se conecta a la red de distribución a través de un transformador de distribución de 160 kVA. Éste conecta la red de distribución de 20 kV y la microrred eléctrica que funciona a 400 V entre fases, 50 Hz. Esta instalación también dispone de un emulador de red en el lado de baja tensión que permite generar diferentes tipos de perturbaciones de tensión y corriente de manera independiente por cada fase.

La Figura 8.21 muestra la entrada a ATENEA y la Figura 8.22 presenta un esquema unifilar de la microrred eléctrica ATENEA.

Figura 8.21. Vista de las instalaciones de la Microrred ATENEA. Cortesía: CENER.

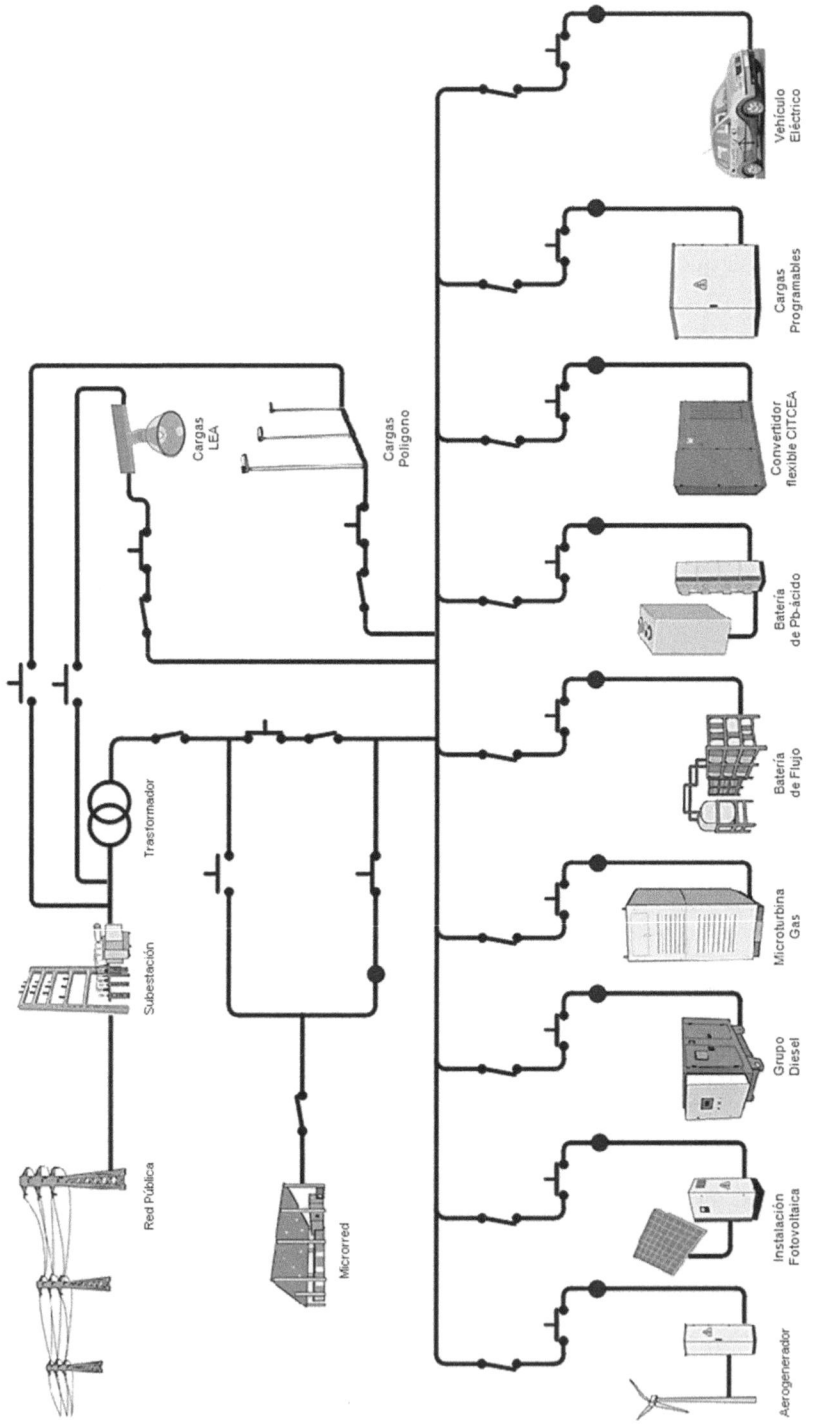

Figura 8.22. Esquema unifilar de la microrred eléctrica ATENEA. Cortesía: CENER

8.2.5. ZIGOR

La empresa ZIGOR Corporación, SA nace del proyecto de un selecto grupo de profesionales, con una amplia experiencia en el sector de la electrónica de potencia. Cuenta con el respaldo de uno de los principales grupos industriales del país. ZIGOR se constituye ante todo como una realidad empresarial, con una visión de negocio comprometida con el desarrollo tecnológico y la satisfacción de sus clientes [578].

A través de su presencia industrial nacional, pone a disposición de sus clientes la más integral oferta de colaboración y participación, desde las etapas de concepción del producto y personalización, hasta el propio servicio de campo. En un sector donde los esquemas tradicionales se quedan atrás, esta empresa impone un nuevo estilo: creatividad e innovación, mediante el uso de las más avanzadas tecnologías, para dar respuesta a las necesidades y objetivos de nuestros clientes.

A continuación, se presentará la microrred eléctrica que estuvo operativa hasta no hace mucho tiempo, pero consideramos que, debido a la relevancia de esta, está justificado el continuar manteniéndola en el libro de texto.

En las instalaciones de ZIGOR en Vitoria (Álava, España), se dispuso de una configuración de la microrred eléctrica cuyo diagrama unifilar se muestra en la Figura 8.23. La microrred eléctrica estuvo compuesta por sistemas de generación distribuida, almacenamiento eléctrico distribuido y consumo, además del correspondiente sistema avanzado de monitorización y control.

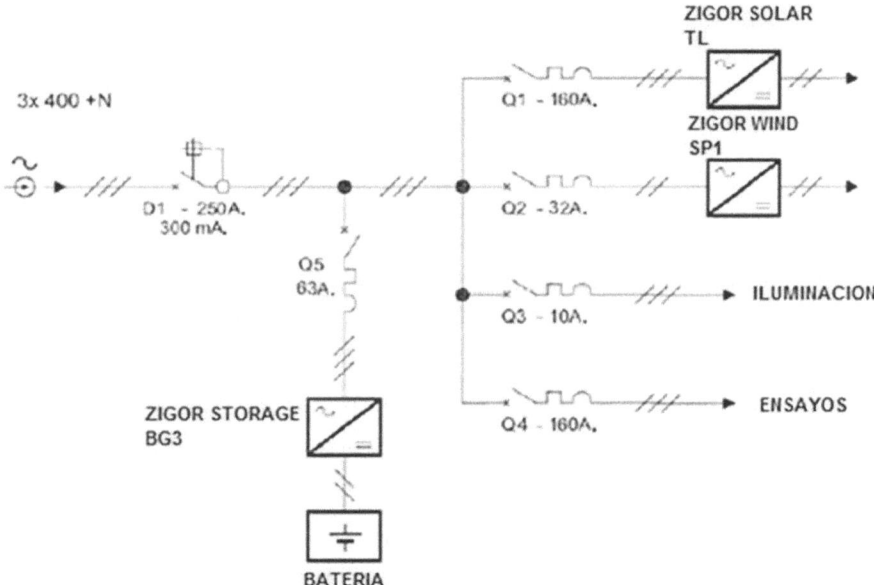

Figura 8.23. Esquema unifilar de la microrred eléctrica de ZIGOR. Cortesía: ZIGOR.

La microrred eléctrica de ZIGOR presentó los siguientes elementos de generación distribuida:

- Instalaciones fotovoltaicas: planta solar fotovoltaica en cubierta de 100 kW de potencia en tecnología de silicio monocristalino, dividida en dos *strings* de distinta orientación conectados a dos inversores solares trifásicos ZIGOR SOLAR TL, de 50 kW cada uno.

- Instalaciones eólicas: miniaerogenerador de 6 kW de potencia con un generador de imanes permanentes conectado a un convertidor monofásico corriente alterna/ corriente alterna de inyección a red y un inversor eólico asociado ZIGOR WIND SP1, de 6 kW.

A la microrred eléctrica de ZIGOR se conectaron dos tipos de cargas no gestionables trifásicas y asociadas al edificio donde se encontraba físicamente el sistema. La microrred eléctrica de ZIGOR presentó las siguientes cargas:

- Iluminación.

- Ensayos.

La microrred eléctrica de ZIGOR también presentó sistemas de almacenamiento. Las baterías más utilizadas en sistemas de almacenamiento de energía de fuentes de energía renovables (como la energía solar o eólica), son las baterías estacionarias. Normalmente se trata de baterías de plomo que se caracterizan por proporcionar unos 2.000 ciclos de vida cuando la profundidad de descarga es de un 20% (es decir, la batería estará con un 80% de su carga) y unos 1.200 ciclos cuando la profundidad de descarga es del 50%. Estas baterías tienen una autodescarga menor del 3% y una eficiencia del 75%. Pueden soportar descargas del 80% y tener una vida de unos 15 años y pueden emplearse en instalaciones de grandes potencias. ZIGOR tiene una dilatada experiencia en integración de baterías de plomo para muy diversas aplicaciones y los procesos de carga/descarga y de mantenimiento son sobradamente conocidos para garantizar la durabilidad de la batería.

Para el diseño del sistema de almacenamiento se determinó primero el modo de funcionamiento de la microrred eléctrica, que estaba planteado de modo conexión a red, soportado a partir de la generación renovable con apoyo del sistema de almacenamiento.

Los convertidores ZIGOR SOLAR y ZIGOR WIND del esquema mostrado en la Figura 8.23 se encargaban del aprovechamiento de la potencia entregada desde los elementos de generación distribuida renovables (solar y minieólica respectivamente). El convertidor ZIGOR STORAGE BG3 en el esquema gestionaba el almacenamiento de energía del conjunto de baterías gestionando los flujos de energía.

A través del ZIGOR STORAGE BG3 se podían identificar los posibles flujos de la energía entre la red y la batería. Además, presentaba algunas otras funcionalidades:

- Gestión de la carga/descarga de la batería.

- Respuesta a las consignas de P y Q del sistema, para mejorar la calidad de la red.
- Interfaz de comunicación hacia exterior que:
  — Publicaba una página web como interfaz de usuario.
  — Comunicaba las averías y fallos vía correo electrónico.
  — Gestionaba la información generando bases de datos del estado de la batería y la energía cargada y descargada.

Un sistema de almacenamiento de 50 kVA de potencia nominal capaz de almacenar energía para trabajar entre 1 y 3 horas en condiciones de generación nula energía de las fuentes renovables. Se trataba de una batería de tensión nominal 326 V de corriente continua.

El sistema debía tener un tiempo de actuación suficientemente rápido para garantizar la calidad de energía que la microrred eléctrica proporciona a las cargas en cada momento. La conexión del sistema de almacenamiento era directamente al convertidor ZIGOR STORAGE BG3. El procesador de señal digital (*Digital Signal Processor*, DSP) del ZIGOR STORAGE BG3 llevaba implementado el proceso de gestión de carga y descarga de la batería. A través del procesador de señal digital se realizaba el control dinámico de los flujos de energía.

El procesador de señal digital del ZIGOR STORAGE BG3 se comunicaba a través de un protocolo propietario con una segunda capa de control formada por una pasarela de comunicaciones que permitía la monitorización de las variables del proceso de carga y descarga de la batería y que se comunicaba hacia el exterior mediante protocolos estándar tipo Modbus RTU o SNMP[2] y con monitorización remota a través de un web server.

8.2.6. Tecnalia-*Smart Grids* communications

Además de la microrred eléctrica presentada más arriba, TECNALIA cuenta con una microrred aislada de menor tamaño, diseñada para las comunicaciones en el ámbito de las Smart Grids, aunque también se puede emplear para proyectos asociados con el sector puramente eléctrico y electrónico.

Se trata de una microrred pensada especialmente para las comunicaciones por el cable eléctrico, también conocidas como PLC (*Power Line Communications*). El uso de esta tecnología, tanto en su versión de banda estrecha, NB-PLC (*Narrowband PLC*) como en banda ancha BB-PLC (*Broadband PLC*), es bien conocido y ampliamente utilizado por empresas de distribución eléctrica en muchos países europeos y asiáticos para la gestión remota de contadores inteligentes o *smart meters*, entre otros servicios. De hecho, su extensión para otros servicios, tales como servicios en *smart cities* (gestión remota de luminarias, sensórica, postes de recarga, etc.) y en la industria (sistemas de televigilancia y control), es un ámbito de creciente interés en la actualidad [579].

---

[2] SNMP: *Simple Network Management Protocol* (protocolo simple de administración de red).

Para analizar la viabilidad de estos servicios y de otros nuevos que surgirán, resulta crucial disponer de entornos controlados en los que testear las comunicaciones, además de la capacidad de la evaluación de los diferentes parámetros técnicos de las redes eléctricas. El hecho de utilizar un medio de transmisión que no se ideó para las comunicaciones, como es el cable eléctrico, hace más complicada aún esta evaluación, por lo que disponer de una infraestructura específica para tal fin resulta crucial. Solamente desde el punto de vista eléctrico se pueden identificar los siguientes elementos de afección sobre las comunicaciones PLC [579], [580]:

- Cables: depende tanto de los tipos de cable como de longitudes utilizadas;
- Conectores: existen diferentes tipos y además una mala fijación puede influir en las comunicaciones;
- Barras eléctricas: afectan tanto los tipos de barra como su conexión a tierra;
- Enchufes eléctricos: afectan tanto los tipos de enchufe como su conexión a tierra;
- Topología de bajo nivel: detalle de cables instalados en paralelo o no; y
- Topología de alto nivel: particularidades como la distribución en árbol, el consumo por líneas principales, la distribución de elementos PLC por línea y la distribución de elementos PLC por fase influyen en las comunicaciones.

Sumado a lo anterior, elementos añadidos que afectan a las comunicaciones PLC son la presencia de ruidos y sus diferentes características (amplitud, propagación, etc.), las impedancias, las propias cargas conectadas a la red (incluyendo también sus impedancias y las perturbaciones que puedan inyectar) así como la atenuación existente entre los equipos de comunicaciones, entre otros.

Por ello, en TECNALIA se ha diseñado una microrred de comunicaciones para *Smart Grids* de forma aislada, es decir, con una alimentación específica desde el Centro de Transformación, de forma que se garantice que otras perturbaciones que puedan estar presentes en la red eléctrica no penetren en el escenario de pruebas. El escenario incorpora además 8 armarios de contadores eléctricos similares a los que se pueden encontrar en los despliegues reales. Estos armarios permiten la instalación de nueve contadores eléctricos monofásicos y uno trifásico. Una visión general de la microrred puede verse en la Figura 8.24.

Figura 8.24. Vista general de la microrred de comunicaciones. Cortesía: TECNALIA.

Para aumentar la flexibilidad de la red, se ha diseñado un armario específico con 16 conmutadores, que permite conectar y desconectar los armarios de contadores de forma telecomandada, así como crear diferentes configuraciones de red (denotados como "4.1-x" y "4.2-x" en la Figura 8.25). Además, el armario contempla dos puntos de alimentación diferentes ("barras 1" y "barras 2", respectivamente).

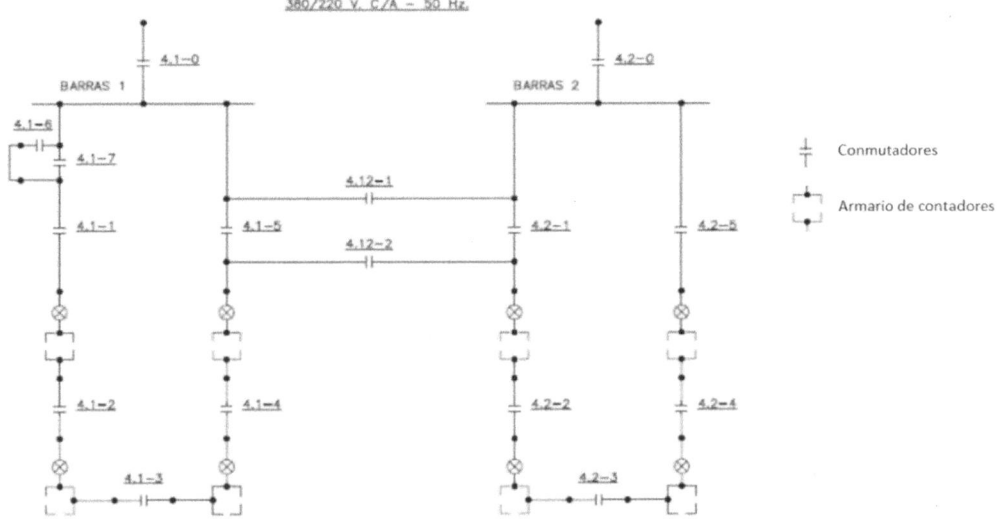

Figura 8.25. Esquema de la microrred de comunicaciones y detalle de ubicación de conmutadores y armarios [579], [580]. Cortesía: TECNALIA.

Como característica diferenciadora, se han incorporado además 3 cocas de cable de real RZ 0,6/1 kV de diferente tipo, dispuestas de forma longitudinal en bandejas a lo largo del techo de la microrred (ver Figura 8.26), de forma que los cables no pasan dos veces por el mismo punto. De esta manera, se evitan señales inducidas no deseadas y que no ocurrirían en campo. Las cocas[3] se pueden incluir en diferentes puntos de la microrred de comunicaciones, sencillamente cambiando las conexiones de entrada y salida de cada coca en los espacios habilitados para ello en el armario de comunicaciones. La combinación de las cocas da como resultado las configuraciones que siguen, lo cual permite incrementar la flexibilidad de la microrred y asemejarse mucho más a escenarios reales [579], [580]:

- 1500 m de cable de tipo aéreo.

- 1000 m de cable de tipo aéreo.

- 500 m de cable de tipo aéreo.

- 500 m de cable de tipo subterráneo.

---

[3] Coca es la deformación que se produce en un cable eléctrico debido a su torsión.

Figura 8.26. Detalle de despliegue de las cocas de cable por el techo [579], [580]. Cortesía: TECNALIA.

8.3. Proyectos de microrredes eléctricas en América Latina

En esta sección se van a presentar algunas de las microrredes eléctricas existentes en América Latina. La decisión de presentar las que a continuación se muestran y no otras, ha sido por la participación de las microrredes eléctricas en numerosos proyectos de I+D+i.

8.3.1. Universidad de Cuenca (Ecuador)

El laboratorio de Micro-Red eléctrica de la Universidad de Cuenca está ubicado en la ciudad de Cuenca, Ecuador. Se encuentra adscrito a la Facultad de Ingeniería y forma parte el Centro Científico Tecnológico y de Investigación Balzay (CCTI-B) (Figura 8.27).

La microrred eléctrica es en sí misma un laboratorio donde se pueden realizar labores de I+D+i (Investigación, Desarrollo e innovación), además de emplearla para labores docentes y pedagógicas en la Universidad y formación continua. Las aplicaciones pueden servir para las áreas industrial, productiva, ingeniería y comunicaciones y sistemas, destacando, por encima de todo, el despliegue de las tecnologías renovables, así como para el control, operación y la gestión en microrredes eléctricas.

Figura 8.27. Vista de las instalaciones del laboratorio de Micro-Red de la Universidad de Cuenca y de sus principales componentes. Cortesía: Universidad de Cuenca.

El equipamiento del que dispone el laboratorio se puede clasificar en cuatro grupos:

G1. Agentes de generación eléctrica,

G2. Equipos para almacenamiento energético,

G3. Agentes de consumo eléctrico (cargas) y

G4. Equipos de instrumentación.

A continuación, se ofrece una descripción técnica de los distintos agentes de generación, almacenamiento y consumo energético:

G1. Grupos de generación (Figura 8.28).

35 kWp de generación solar fotovoltaica en cubierta mediante paneles monocristalinos y policristalinos con y sin seguimiento solar.

Generación eólica mediante dos aerogeneradores de eje horizontal y uno de eje vertical que suman una potencia instalada de 15 kW.

Dos unidades de generación termoeléctrica basada en motores de combustión interna (grupos electrógenos): grupo diésel de 40 kVA y grupo gas natural de 44 kVA.

Una microturbina hidrocinética de 5 kW sumergible, una pila de combustible basada en hidrógeno (3 kW) y una fuente programable en corriente alterna de 12 kVA.

Figura 8.28. Equipos de generación eléctrica del laboratorio: a) miniturbina hidrocinética.
b) Fuente programable CA. c) Aerogeneradores. d) Generación solar fotovoltaica.
e) Generadores termoeléctricos. Cortesía: Universidad de Cuenca.

G2. Almacenamiento (Figura 8.29): sistema de almacenamiento energético (SAE) basado
en batería de flujo de vanadio REDOX (20 kW-100 kWh), SAE basado en batería de ion-
litio (80 kW-44 kWh), SAE basado en batería de plomo-acido (50 kW-190 kWh), SAE basado en supercondensadores (15 kW–30 kWh), almacenamiento energético en hidrógeno
mediante electrólisis (3 kW).

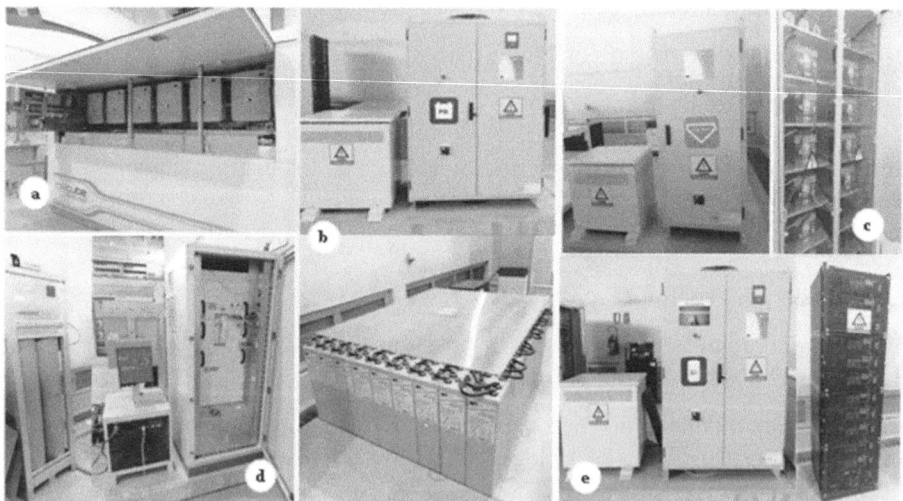

Figura 8.29. Sistemas de almacenamiento energético del laboratorio: a) Batería de flujo
de vanadio REDOX. b) Baterías de plomo ácido. c) Banco de supercondensadores. d) Electrolizador y depósito de hidrógeno. e) Baterías de ion-litio.
Cortesía: Universidad de Cuenca.

G3. Cargas (uso de la energía, Figura 8.30): carga trifásica programable de 150 kW, estaciones de carga de vehículos eléctricos (dos de carga rápida y once de carga lenta), flota de vehículos eléctricos: dos vehículos utilitarios (furgonetas), un automóvil, un montacargas eléctrico, ocho medios de micro movilidad eléctrica (bicicletas, *scooters*, etc.).

Consumo propio del laboratorio: alimentación de la sala de control del laboratorio, ordenadores, luminarias y servicios auxiliares (5 kW).

Figura 8.30. Agentes de consumo del laboratorio: a) sala de control. b) carga trifásica programable. c) estaciones de carga de vehículos eléctricos. d) flota de vehículos eléctricos. Cortesía: Universidad de Cuenca.

G4. Instrumentación: analizadores de calidad de la energía, multímetros digitales, cámara termográfica, osciloscopios digitales, Detector InGaAs Raptor Photonics.

La topología de la microrred instalada en el laboratorio es de tipo doble embarrado en corriente alterna y permite conectar cada uno de los elementos a una barra u otra según las características y las necesidades de la investigación que se desee realizar.

Todas las acciones de conexión y desconexión de los distintos agentes de generación, almacenamiento y consumo energético a cualesquiera de los dos embarrados se realizan a través de un sistema de control supervisor y adquisición de datos (SCADA) implementado en un servidor físico situado en la sala de control del laboratorio.

La Figura 8.31 muestra el diagrama unifilar de la microrred.

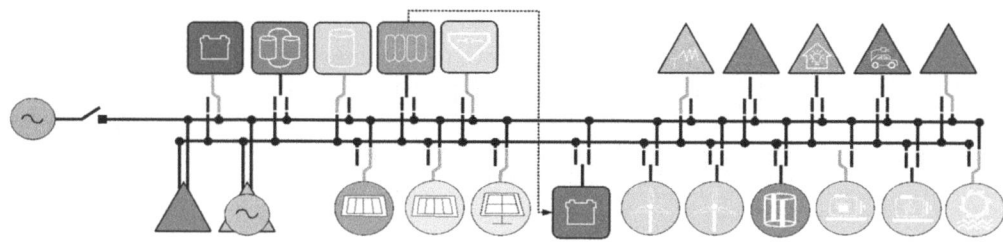

Figura 8.31. Diagrama esquemático de la microrred del laboratorio.
Cortesía: Universidad de Cuenca.

La barra 1 es una barra trifásica de 220 V y 60 Hz la cual está conectada a la red pública de distribución eléctrica de 22 kV a través de un transformador de 150 kVA. Por defecto, tanto los consumos propios del laboratorio como la generación fotovoltaica conectan a esta primera barra con el objeto de garantizar la continuidad y confiabilidad del suministro eléctrico a las cargas que deben ser alimentadas de forma permanente. En la cabecera de esta barra se encuentra instalado un contador de energía inteligente desde el cual se hace un registro de la energía consumida y generada por el laboratorio.

Esta información es de utilidad para las investigaciones realizadas en el laboratorio; por tanto, es almacenada por el sistema SCADA y además es entregada a la empresa distribuidora de electricidad con fines de facturación.

Ahora bien, si el interés de una determinada investigación es el estudio de microrredes conectadas a la red pública de distribución (*on grid*), se pueden ir integrando a esta primera barra los demás elementos de generación, almacenamiento y consumo disponibles en el laboratorio. En este caso, todos los inversores asociados a los agentes de generación y almacenamiento que se conecten a esta barra actuarán en modo fuente de corriente y obedecerán a las consignas de potencia activa y reactiva indicadas por el usuario a través del sistema SCADA.

La barra 2 es, en cambio, una barra de servicio diseñada para la implementación de microrredes aisladas "*off grid*". En esta segunda situación, es preciso de uno de los grupos electrógenos (diésel o gas natural) o uno los inversores asociados a los sistemas de almacenamiento provean la referencia de tensión (220 V) y de frecuencia (60 Hz) en la red aislada resultante para garantizar la operación correcta de todos los elementos integrados. Aquellos agentes que empleen interfaces de conexión a la red basada en inversores deberán conectarse al segundo embarrado operando en modo fuente de corriente.

La decisión de qué agentes operarán en modo fuente de corriente o fuente de tensión la debe tomar el usuario a través del sistema SCADA.

8.3.2. Instituto Tecnológico de Santo Domingo (República Dominicana)

La microrred del Instituto Tecnológico de Santo Domingo (INTEC) [581], es un proyecto de investigación desarrollado con fondos nacionales (FONDOCYT, No. 2018-2019-3C1-160/(055-2019 INTEC)) promovido por Ministerio de Educación Superior, Ciencia y Tecnología MESCyT de la Republica Dominicana [582], en coloración con el INTEC, para desarrollar controladores de supervisión para sistema de gestión de energía de microrredes.

La Figura 8.32 presenta una visión general de la microrred eléctrica que está localizada en el campus de la universidad (Santo Domingo, República Dominicana), en la Figura 8.33 la estación de control y monitoreo de la microrred y en la Figura 8.34 la instalación solar fotovoltaica y estación meteorológica.

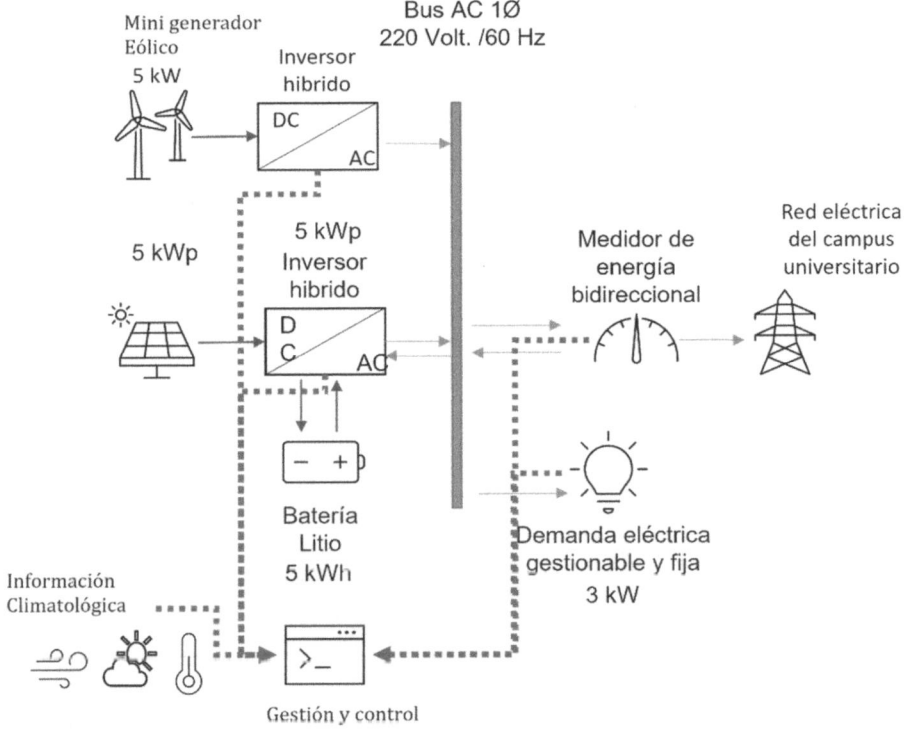

Figura 8.32. Visión general de la microrred eléctrica INTEC. Cortesía: INTEC.

El objetivo del proyecto que se está desarrollando es instalar un laboratorio que permita desarrollar controladores de gestión de microrredes eléctrica a partir de la integración de medición inteligentes, uso de electrónica de potencia, algoritmos de predicción y gestión de la demanda y recursos, logrando integrar las microrredes en las redes eléctricas de distribución de la República Dominicana.

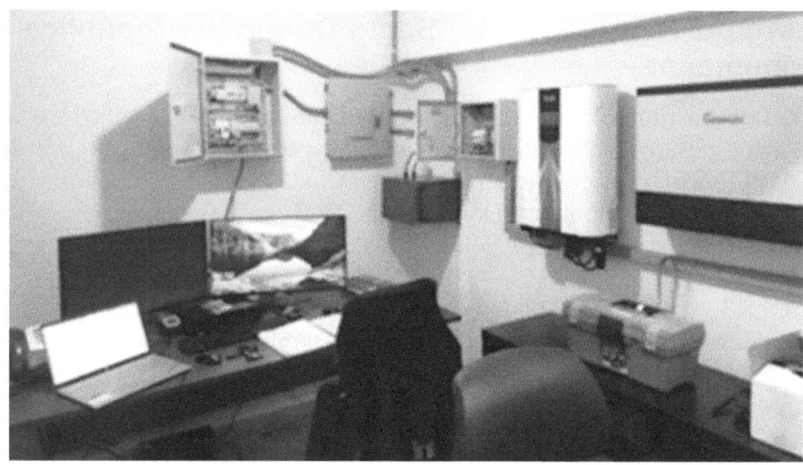

Figura 8.33. Microrred: estación de control. Cortesía: INTEC.

Figura 8.34. Instalación solar fotovoltaica y estación meteorológica. Cortesía: INTEC.

Esta microrred de prueba permitirá realizar pruebas de los elementos que se integran en unas microrredes, partiendo de la premisa que las redes de baja tensión en República Dominicana existen potencial para generación distribuida de pequeña potentica que permitiría ser más resilientes el sector de consumo de energía de baja tensión del país.

Esta microrred está compuesta:

- Potencia de generación eólica 5 kW:

  — Generador eje horizontal (2 kW) (segunda fase proyecto).

  — Generador eje vertical (3 kW) (segunda fase proyecto).

- Potencia generación solar fotovoltaica de 5 kW:

  — Paneles monocristalinos, una instalación solar fotovoltaica de 7 kWp compuesta por paneles SG370M (370 W).

  — Inversor monofásico de 120/240 V, modelo iMars BD5KTL, *power factor* −0,95 ∼ +0,95, corriente máxima continua, 26 A, frecuencia, 60 Hz.

- Sistema de almacenamiento:

  — Batería de litio de 5 kWh, con batería de ion litio de 5 kWh, modelo GBLI5010.

- Control de carga:

  — Instalación de un sistema de gestión y deslastre de carga mediante un PLC Modelo C2-01CPU:

    o Puerto de comunicación y tipo(s) de conexión.

    o (1) Ethernet 10/100Base-T (RJ45).

    o (1) RS-232 (RJ12).

    o (1) microB-USB.

    o Protocolo(s) de puerto(s).

    o MQTT Client.

    o Modbus TCP *Client/Server*.

    o Modbus RTU *Master/Slave*.

    o ASCII In/out.

    o EtherNet/IP explicit messaging adapter.

    o EtherNet/IP implicit messaging adapter.

    o *Programming and monitoring*.

- SCADA Microrred:

  — En la Figura 8.35 se presenta el esquema del sistema de adquisición de datos. La microrred cuenta con una interfaz hombre maquina (HMI) la cual fue desarrollada con la ayuda de Visual Studio y la herramienta open source AdvancedHMI. Los medidores de energía que se encuentra en la microrred se conectan a través del protocolo Modbus RTU a un convertidor de Modbus RTU a Modbus TCP, el cual a su vez se comunica con el PLC de manera que éste pueda recibir la información de los medidores de energía. De igual forma el PLC está conectado a través del protocolo Modbus TCP al HMI donde es controlada y monitorizada diferentes variables de la microrred.

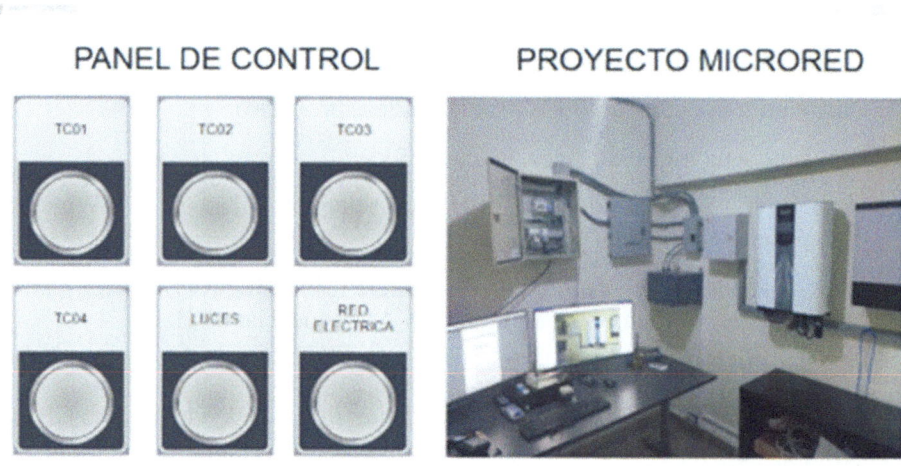

Figura 8.35. Sistema de SCADA y control. Cortesía: INTEC.

- Medición de energía:

  — Medidor bidireccional marca Veris E50, opción para medir sistemas monofásicos, conexión directa a 220 V y con transformadores de corrientes de 100:5.

  — En la Figura 8.36 se presenta registro de las informaciones registras en la base de datos de energía.

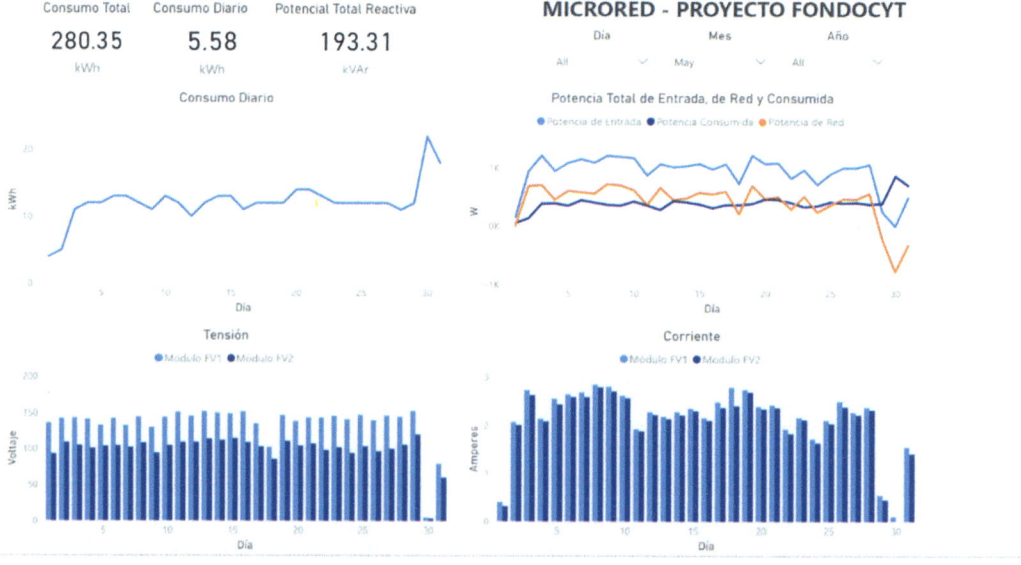

Figura 8.36. Registro de energía. Cortesía: INTEC.

- Red de interconexión 120/240 V monofásicos en la red del campus universitario.

- Comunicaciones (físicas Modbus, ethernet, RS-485, Wifi, IoT):

  — Stride Modbus Gateway, modelo SGW-MB1511-T:

  o Puerto de comunicación y tipo(s) de conexión.

  o (1) Port D-sub-9-pin male port.

  o Interface Mode, RS-232, RS-485 and RS-422.

- Carga eléctrica conectada:

  — En Tabla 8.1 se presenta la característica de la carga conectada.

Tabla 8.1. Carga conectada al sistema. Cortesía: INTEC

Clasificación de la carga	Descripción	Potencia (W)
Crítica	Acceso	150
Crítica	Servidor microrred	150
Crítica	Sensores y hardware	300
No crítica	*Laptops*	150
No crítica	Monitores *display* 54 pulgadas LED	100
No crítica	Aire acondicionado	1400
No crítica	Carga gestionable	1200

La microrred eléctrica tiene una interconexión directa con la red de baja tensión del INTEC 120/240 V. Esta conexión está hecha por los relees estático que tienen los inversores el cual permite realizar la sincronización y lograr que esta pueda trabajar en modo de isla o interconectado según se desee.

La microrred de INETC, en su primera fase estará como laboratorio para desarrollo de competencias en temas de control de microrredes y en una segunda fase mediante expansión del sistema puede ser banco de pruebas, que permitirá probar, desarrollar sistemas, modelos, procedimientos para las empresas que deseen implementar microrredes en redes eléctricas de baja tensión.

8.3.3. Universidad de Antioquia (Colombia)

A continuación, se describe el estado actual de desarrollo y despliegue de la microrred de la Universidad de Antioquia, ubicada en Medellín (Colombia).

La arquitectura de la microrred de la Universidad de Antioquia puede verse en la Figura 8.37. Está compuesta por una infraestructura de generación mediante módulos solares fotovoltaicos dispuestos en la terraza del módulo 2 bloque 3 del seccional oriente (ítem 1 de la figura), con una capacidad fotovoltaica instalada de 20 kW pico. La energía generada por los paneles es en forma de corriente continua y éstos se conectan a través de dos sistemas de conversión de energía a la red de alterna:

1. Mediante el inversor Fronius de 10 kW (ítem 4 de la figura) cuyo propósito es la inyección de energía proveniente de 39 módulos solares fotovoltaicos a la red eléctrica para autoconsumo o venta de excedentes;

2. Mediante 27 microinversores IQ7 (ítem 2 de la figura) que se conectan a los terminales de salida del inversor Quattro trifásico (ítem 7 de la figura). Se conectan 9 microinversores por cada fase.

El propósito del inversor Quattro es gestionar la energía proveniente de los microinversores IQ7 y de las baterías Pylontech de 140 kWh (ítem 9 de la figura) para alimentar las cargas. Las cargas que el inversor Quattro respalda son:

1.   Carga electrónica programable trifásica de 5 kW (ítem 15 de la figura), que permite emular perfiles de carga para pruebas de laboratorio;

2.   Iluminación del módulo 2 bloque 3, que permite la realización de pruebas de la microrred con cargas reales. Esto se ilustra en el ítem 16 de la figura.

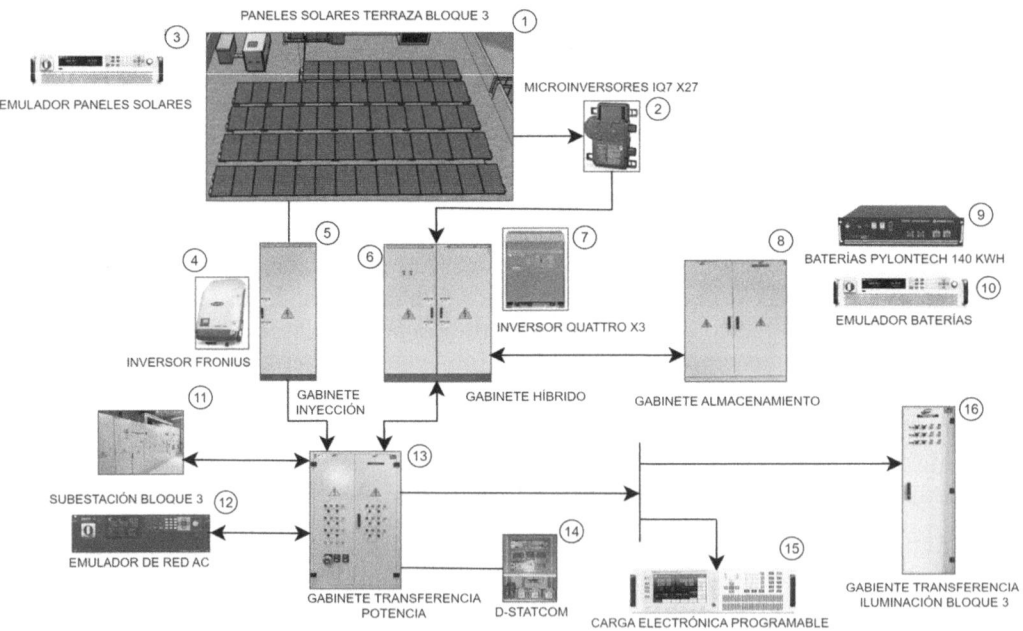

Figura 8.37. Arquitectura de la microrred actualmente implementada en la Universidad de Antioquia. Cortesía: Universidad de Antioquia.

El armario de transferencia de potencia (ítem 13 de la figura) permite reconfigurar la microrred de forma que:

1. La microrred pueda trabajar conectada o desconectada de la red eléctrica (ítem 11 de la figura).

2. La microrred pueda operar con un generador de respaldo. Para este último caso, se utiliza un emulador de red (ítem 12 de la figura) que permite emular diferentes fuentes de generación alterna.

3. La microrred pueda funcionar usando compensadores de potencia del tipo *d-statcom* (ítem 14 de la figura) para mejorar el desempeño dinámico del sistema.

4. La microrred tenga la capacidad de gestionar las cargas del sistema.

El gabinete de transferencia de iluminación (ítem 16 de la Figura) permite la transferencia de la carga que esta representa, ya sea a la red eléctrica o a la microrred. En la configuración actual, es posible transferir la iluminación de los tres niveles del módulo 2 del Bloque 3 del campus, por separado. Actualmente, la microrred cuenta con los emuladores descritos en la figura, los cuales permiten emular perfiles de generación de paneles solares (ítem 3 de la Figura) y de baterías (ítem 10 de la Figura) en caso de que esto se requiera.

La gestión de la energía la realiza la bancada trifásica de inversores Quattro dispuestos en el armario híbrido (ítem 6 de la figura) mediante configuración predeterminada por el usuario y dependiendo de la configuración seleccionada para la operación. El inversor tiene como finalidad respaldar la carga con altos estándares de calidad de la energía y confiabilidad.

8.3.4. Universidad Pontificia Bolivariana (Colombia)

En la Universidad Pontificia Bolivariana (UPB) se aborda la transición energética global con rigor investigador y técnico, pero también con la responsabilidad social que viene implícita en su compromiso por la formación humanista.

Por lo anterior, hace tres años, la UPB se convirtió en la primera universidad de Latinoamérica con certificación de carbono neutral y basura cero, en gran parte por el respaldo de una buena gestión energética. Esta gestión ha sido liderada desde el *Smart Energy Center* (SEC)[4,] a través de uno de sus proyectos estratégicos, denominado Ecocampus Inteligente UPB ubicado en la sede central de la universidad en la ciudad de Medellín, Colombia, ver Figura 8.38.

---

[4] Para obtener más información relacionada con el UPB *Smart Energy Center* (SEC), por favor remítase a: https://www.upb.edu.co/es/centro-energia-inteligente-y-sostenible-sec/.

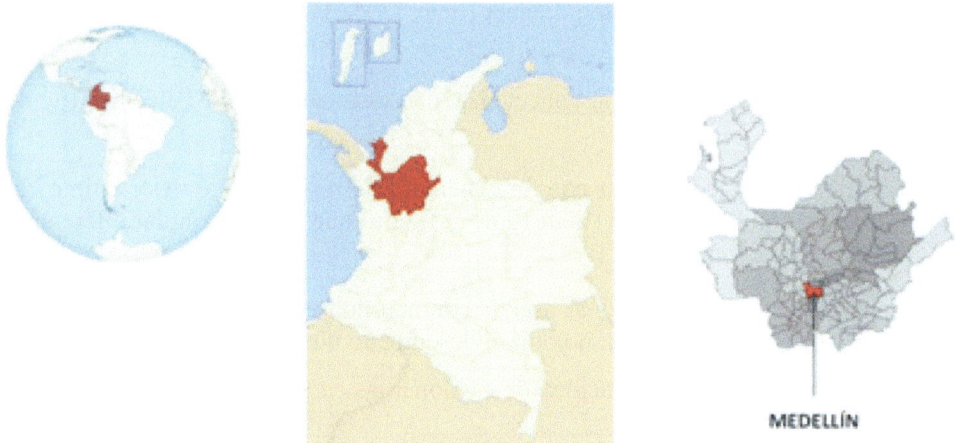

MEDELLÍN

Figura 8.38. Localización del proyecto *Ecocampus Inteligente* UPB. Cortesía: UPB.

El proyecto *Ecocampus Inteligente UPB* se remonta al año 2012. En sus inicios se cono-ció como *microrred inteligente UPB* y desde entonces ha apostado por la implementación, supervisión y control de sistemas de generación de energía renovable, medición inteligente, sensórica distribuida, infraestructura de carga de vehículos eléctricos, un *ecohome* con ca-racterísticas de nanorred, el monitoreo de un distrito de frío y el aprovechamiento de resi-duos a través de biodigestión; todo lo anterior con el propósito de garantizar la gestión efi-ciente de la energía y otros recursos, en la sede central de la universidad. La distribución de los subsistemas instalados se ilustra en la Figura 8.39.

AMI & Sensórica
20 Medidores inteligentes y 17 sensores

Bioenergía
2 Prototipos de biodigestión

Centro de control & supervisión
Algoritmos propios control y pronóstico

Estaciones meteorológicas
Meteorología & calidad de aire

Ecohome - Vivienda eficiente
construcción sostenible y domótica

Sistemas de almacenamiento
Baterías controlables (51kWh) + Hidrógeno

Generadores fotovoltaicos
140kWp (hoy) incrementará a 440kWp

Distrito de frío

Movilidad eléctrica
Puntos de carga automóviles + ebikes

Figura 8.39. *Ecocampus Inteligente* UPB. Distribución de subsistemas instalados. Cortesía: UPB.

El sistema del *Ecocampus Inteligente* UPB constituye una red de distribución activa, planificada como potencialmente separable en áreas operativas (áreas 1-2-3), ver Figura 8.40. El campus se encuentra conectado al operador de la red de distribución local a través de un único punto (nodo 1, punto de acoplamiento común), posee una capacidad instalada cercana a los 4.5 MW, una carga pico del orden de 1,5 MWp y un consumo energético mensual cercano a los 440 MWh, que, para el contexto colombiano, equivalen a aproximadamente 2.200 viviendas.

Actualmente se cuenta con cinco sistemas solares fotovoltaicos que suman 140 kWp (nodos 10-11-18) y se espera triplicar esta capacidad en 2024, para así viabilizar pruebas que permitan una eventual separación eléctrica de las áreas 1 y 2.

Se cuenta también con un distrito de frío (Figura 8.41a)), que funciona con energía eléctrica y aporta agua helada para la climatización del *Ecocampus*; un moderno centro de monitoreo y control (Figura 8.41b)), un biodigestor anaerobio con desarrollos patentados (Figura 8.41c)) y un sistema controlable de almacenamiento con baterías, con capacidad de 55 kWh Figura 8.41d)).

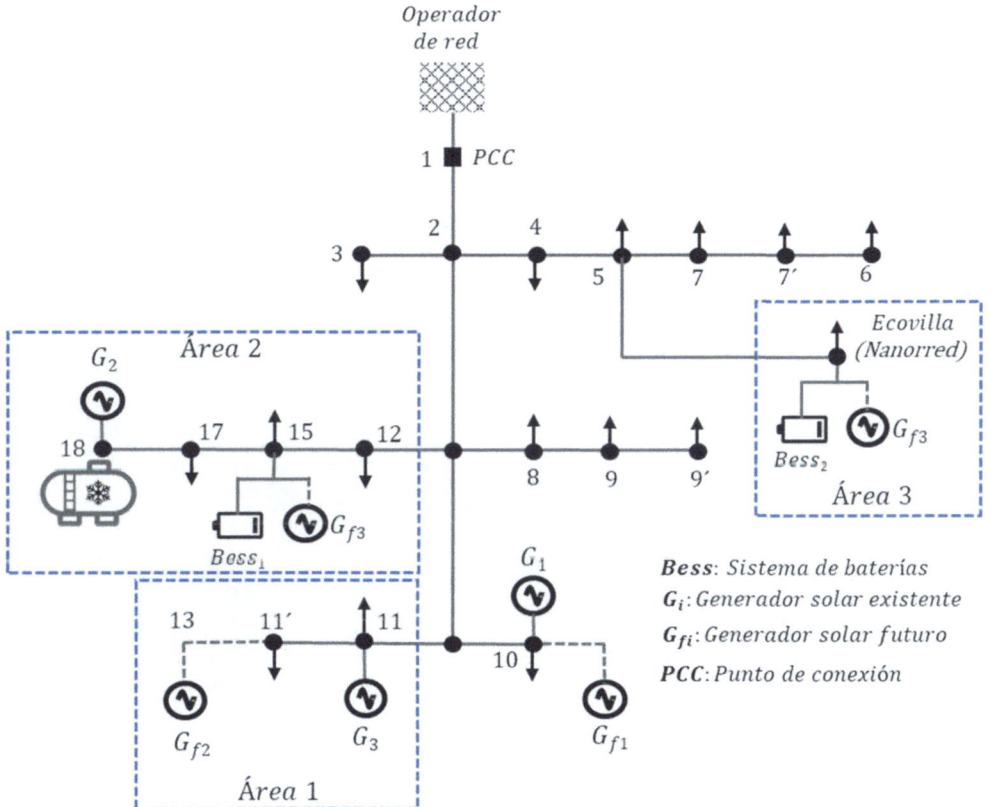

Figura 8.40. *Ecocampus Inteligente* UPB. Esquemático. Cortesía: UPB.

Figura 8.41. Detalle de algunos subsistemas del *Ecocampus Inteligente* UPB. Cortesía: UPB.

A lo largo de sus once años de historia, el proyecto ha contado con tres prototipos de *smart home*, todos ellos ubicados en el área 3 (ver Figura 8.42). Se espera a finales de 2023, contar con la *Ecovilla iLab*, para continuar las pruebas de funcionamiento en isla y de eficiencia constructiva, energética y ambiental iniciadas con los prototipos previos.

La *Ecovilla* funcionará como una nanorred híbrida (combinará corriente alterna y directa), se acoplará a una estación de carga de vehículos eléctricos y permitirá evaluar el desempeño de estrategias de respuesta de la demanda. Todos los indicadores serán monitoreados desde el centro de control del SEC.

Figura 8.42. *Ecovilla iLab*. Concepto y estado actual. Cortesía: UPB.

Transición del Ecocampus Inteligente a los Ecosistemas Energéticos Escalables (E3) Programa Energética 2030: Proyecto 8-Pruebas de concepto de microrredes en Colombia

Entre 2018 y 2023 se llevó a cabo un ambicioso programa denominado *Energética 2030*. Se trató de una alianza de ocho (8) universidades, empresas del sector eléctrico y varios centros de investigación internacionales, con el propósito de anticipar soluciones a las problemáticas asociadas con los escenarios y tecnologías que tendrían lugar en Colombia en el horizonte 2030.

El programa agrupó 11 proyectos asociados con un amplio abanico de sectores de la energía; fue financiado con recursos del Banco Mundial y el Ministerio de Ciencia, Tecnología e Innovación de Colombia y a través de él se llevó a cabo el *Proyecto 8: pruebas de concepto de microrredes* (ver Figura 8.43), escalando la experiencia del *Smart Energy Center* (SEC) y convirtiéndolo en un centro agregador de recursos distribuidos (*Distributed Energy Resources*, DER) ubicados en otras instituciones. En esencia, se adquirió valiosa experiencia como laboratorio de planta de energía virtual (*Virtual Power Plant*, VPP), o como se denominó: *Ecosistema Energético Escalable* (E3).

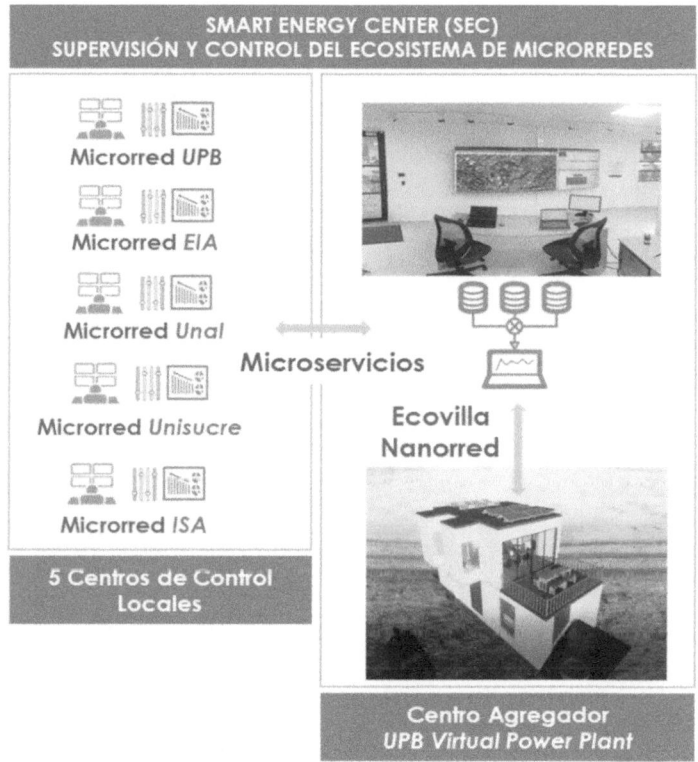

Figura 8.43. Ecosistema energético escalable. Centro agregador de DER. Cortesía: UPB.

Proyecto 8. Pruebas de concepto de microrredes en Colombia. Cortesía: UPB

A través del Proyecto 8 se buscaron objetivos y ambientes de prueba diferentes, propendiendo por abordar especificidades del mundo de las microrredes en cada emplazamiento. Se implementaron cinco sistemas: un sistema de baja escala, completamente aislable y con alta participación de la bioenergía (microrred Universidad Nacional); otro de ellos pensado en mejorar la confiabilidad (microrred Universidad de sucre); una microrred ciber física basada en cosimulación (microrred empresarial del grupo ISA); un sistema híbrido para probar la transición energética (microrred universidad EIA) y un centro agregador (microrred UPB), con la capacidad de ofrecer microservicios a los demás subsistemas y fungir también como planta de energía virtual o *Energy Hub*.

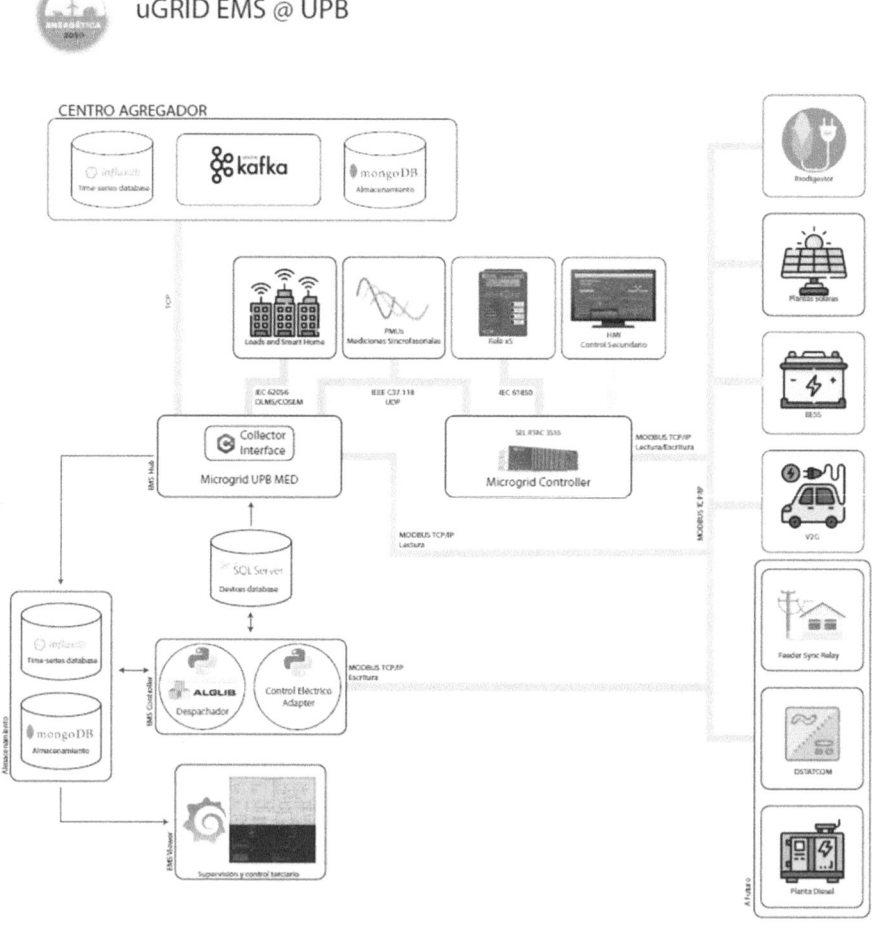

Figura 8.44. Arquitectura general del centro agregador de DER (SEC-UPB). Cortesía: UPB.

Otros aspectos que confirieron flexibilidad y universalidad a los laboratorios implementados son:

- La arquitectura de captura, almacenamiento, procesamiento y visualización de los datos ha demostrado su escalabilidad y adaptabilidad a nuevos componentes.

- El sistema gestor de energía (*Distributed Energy Resources Management System*, DERMS) fue desarrollado *in house*, lo que permite acceso total a datos y algoritmos, para facilitar su continuo monitoreo y mejora.

- La microgeneración instalada tiene diferentes capacidades, lo que permite evaluar diversos porcentajes de penetración de renovables en las redes.

- Se procuró la instalación de diferentes equipos y diversos fabricantes, situación que permitió evaluar la interoperabilidad.

El sistema DERMS desarrollado se estructuró con 4 módulos: supervisión (administración y visualización de datos), control de voltaje, despacho y pronóstico. Como se aprecia en la Figura 8.44, se emplearon aplicaciones libres como Grafana™ y Kafka™, bases de datos abiertas como mongo DB e Influx y programación en lenguajes de amplio despliegue como Phyton y C#.

Los resultados generales del proyecto se compartirán a través de un libro titulado "Microrredes y transición energética: Hacia los ecosistemas energéticos escalables", que iniciará su distribución de manera gratuita para la comunidad científica y los pares en octubre de 2023.

8.3.5. LabTA Model (Argentina)

El Laboratorio de Tecnologías Apropiadas (LabTA) de la Universidad Nacional de San Luis (UNSL) [583] trabaja en la búsqueda de nuevas alternativas tecnológicas que resuelvan problemas reales de nuestras comunidades en el territorio, en este sentido estamos convencidos que la comunidad universitaria debe cumplir un rol más que importante a través de políticas de responsabilidad social asumiendo un liderazgo comprometido, plasmándolo en acciones educativas, de investigación, extensión y transferencia, por medio de la formación de personas que actúan como agentes multiplicadores y el desarrollo de tecnologías apropiadas que se puedan transferir a las comunidades y sus territorios.

Esta visión es plasmada en las diferentes líneas de investigación que son llevadas adelante por todos los integrantes, el tópico central de trabajo, investigación y transferencia del LabTA son las microrredes eléctricas aisladas basadas en energías renovables, desde su dimensionamiento hasta si implementación optimizando la gestión de energía, maximizando potencia y aplicando tolerancia a fallas. Estas microrredes al ser aisladas pueden tener diferentes aplicaciones como un paraje rural, un avión-dron, vehículo eléctrico o un sistema ininterrumpido para pacientes electrodependientes.

La línea de electrificación rural ha llevado adelante alrededor de 15 proyectos de electrificación rural en los últimos 5 años, el primero de ellos en 2018 fue la escuela rural "*Maestra Florentina Carreño*" que se encuentra en el departamento Gral. San Martin, en uno de los puntos de mayor altura de la Provincia de San Luis, Argentina.

Para llegar a la escuela, se debe transitar por la ruta provincial RP-2 hasta Paraje Santa Bárbara, luego continuar 20 km hasta el Paraje Puerta del Sol (Figura 8.45) por un camino de ripio de difícil acceso y el cruce a través de arroyos que según la época del año hacen imposible la circulación de vehículos urbanos.

Figura 8.45. Parte del equipo del LabTA en el paraje Puerta del Sol en 2018. Cortesía: LabTA Model.

Las principales características de la escuela se presentan en la Tabla 8.2.

Tabla 8.2. Características de la escuela rural. Cortesía: LabTA Model.

Escuela	Maestra Florentina Carreño
Coordenadas	32°21'11.81"S; 65°47'25.45"O
Paraje	Puertas del Sol
Departamento	Gral. San Martín
Alumnos promedio	7-9
Días de clase	Lunes a viernes
Horarios	10 a 15 h.
Sup. cubierta	64 m²
Acceso	Con 4 × 4 por caminos rurales
Docentes	3

El proyecto se implementó durante el año 2018, donde se implementó una metodología propuesta en [584], basada en la recopilación de datos de recursos renovables y perfiles de consumo, selección de componentes y simulación mediante software dedicado. Una vez seleccionado el sistema se procedió a su instalación y posterior supervisión. En la Figura 8.46 se presenta la metodología empleada.

El sistema seleccionado consistió en un sistema hibrido eólico-solar, con almacenamiento de energía en un banco de baterías y la posibilidad de en caso de falla o escases de recursos renovables, puedan retornar a su antiguo sistema con grupo electrógeno mediante una llave selectora. Además, se realizó un sistema de adquisición y supervisión de variables con software libre y un autómata (PLC) comercial [585], que permite monitorizar las variables de la microrred a la distancia para sacar conclusiones sobre su dimensionamiento y posibles eventos de fallas. En la Figura 8.47 se observa una imagen aérea de la escuela con el aerogenerador y los paneles fotovoltaicos instalados y también el tablero construido por los estudiantes del LabTA.

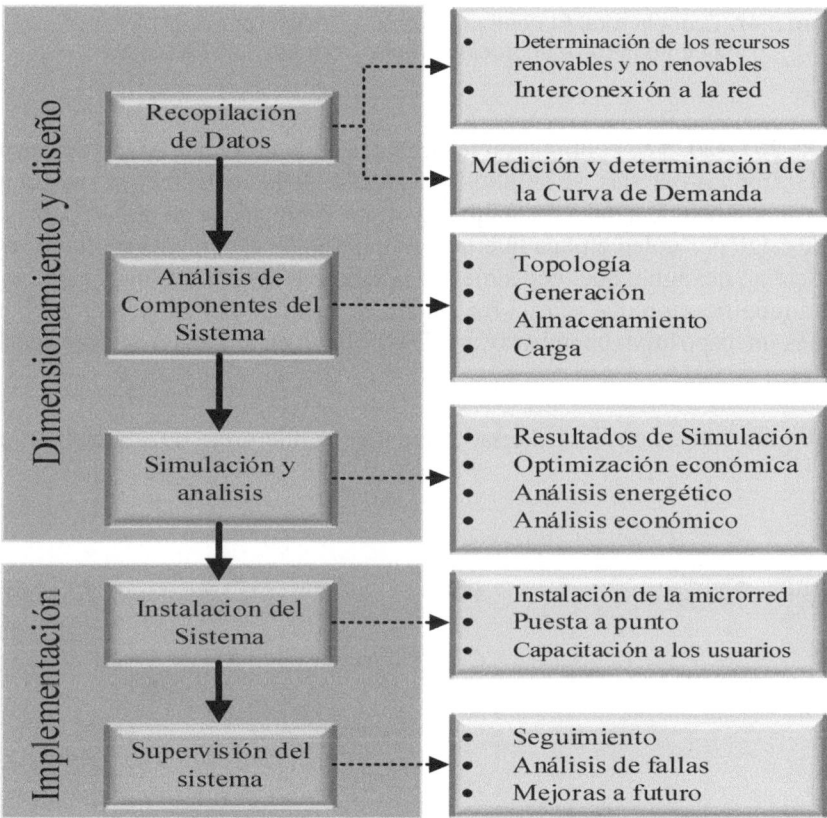

Figura 8.46. Diagrama de la metodología para la implementación.
Fuente [584], elaboración propia. Cortesía: LabTA Model.

Figura 8.47. Escuela rural Florentina Carreño y Tablero principal.
Fuente [585], elaboración propia. Cortesía: LabTA Model.

Durante 2022-2023 se continuaron los trabajos en la escuela Florentina Carreño, donde se reemplazaron las baterías, se amplió la capacidad de los paneles y se instaló una bomba solar para el bombeo de agua a un tanque en altura. Este tanque se utilizó para construir un sistema de riego por goteo en una huerta comunitaria, de esta manera difundir esta técnica de uso eficiente del agua, que, dependiendo la estación del año, es un recurso escaso en la zona. Otra modificación que se está realizando es sustituir el PLC comercial por el Open-Wee, que es un dispositivo open hardware desarrollado en el LabTA multipropósito de bajo costo [585].

En la Figura 8.48 se observa el estado actual de la microrred de la escuela rural.

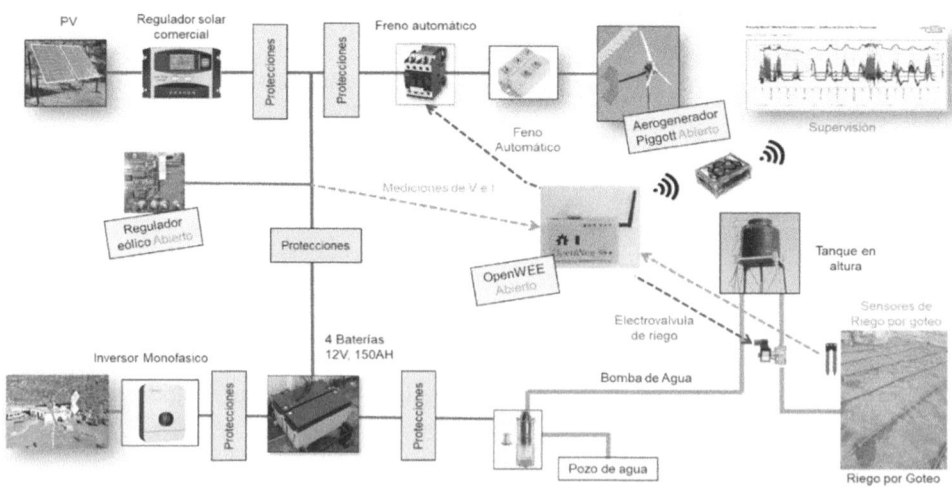

Figura 8.48. Estructura de la microrred. Cortesía: LabTA Model.

La huerta demostrativa se convirtió en un espacio para que los estudiantes de la escuela Florentina Carreño, junto con los pobladores del paraje la trabajen y de esta manera apropien esta tecnología para replicar en sus hogares, en esta temática se trabajó con el asesoramiento del departamento de agronomía de nuestra universidad (Figura 8.49).

Figura 8.49. Huerta comunitaria demostrativa. Cortesía: LabTA Model.

En este proyecto participaron alumnos de ingeniería electrónica y mecatrónica desarrollando varios de los componentes de la microrred que sin de tecnología abierta [586], [587], como también estudiantes de escuelas técnicas que ayudaron en la instalación y son con los que años tras año realizamos las tareas de mantenimiento del aerogenerador y sistema eléctrico (Figura 8.50).

Figura 8.50. Microrred instalada. Cortesía: LabTA Model.

La microrred eléctrica ha funcionado de manera continua durante los últimos 5 años, sin necesidad de utilizar el grupo electrógeno, salvo días especiales como actos donde se conectan parlantes de gran potencia o cuando se utiliza la soldadora eléctrica. En la Figura 8.51 se muestra el desempeño de 10 días donde en rojo es posible ver el voltaje de las baterías, en verde la corriente generada por los paneles, en rosa la corriente del aerogenerador y en azul el flujo de corrientes desde/hacia la batería.

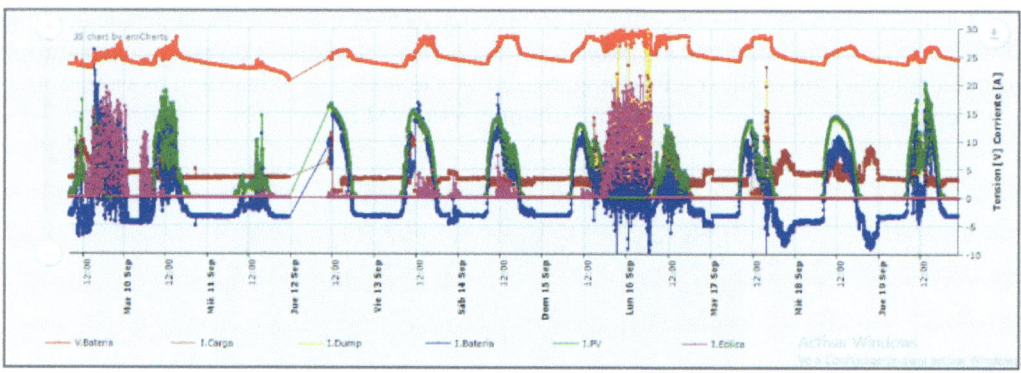

Figura 8.51. Sistema de monitoreo y supervisión. Cortesía: LabTA Model.

8.3.6. El proyecto MERGE y sus microrredes (Brasil)

El proyecto "*Microrredes Eficientes, Confiáveis e Sustentáveis*" - MERGE (*Microgrids for Efficient, Reliable and Greener Energy*) fue concebido para desarrollar el conocimiento científico y tecnológico a través del estudio, implantación y operación de microrredes. Éste es uno de los proyectos del programa "*Campus Sustentable*" [588] de la Universidade Estadual de Campinas (UNICAMP) [589]. El "*Campus Sustentable*" tiene como objetivo definir modelos de gestión y eficiencia energética que puedan ser utilizados en otras instituciones de educación superior de Brasil y América Latina.

Las redes eléctricas en Brasil tienen varias particularidades que las distinguen de las existentes en regiones con desarrollo más homogéneo. Además de una matriz eléctrica con aproximadamente un 85% de generación renovable, existe un único gran sistema interconectado que cubre casi todo el país. En este sistema coexisten redes eléctricas urbanas densas, sistemas rurales remotos y redes de transmisión muy largas. Aun así, aún existen lugares sin conexión al sistema interconectado o incluso sin disponibilidad de energía eléctrica. Existe una gran diversidad de niveles de tensión de distribución (127/220 V, 120/240 V, 220/380 V), así como topologías de red de baja tensión (trifásica, bifásica, monofásica con retorno a tierra, etc.).

Estos escenarios particulares muestran que es difícil encontrar soluciones ya establecidas que satisfagan las especificidades locales. Así, para diseñar y operar microrredes en Brasil, es necesario desarrollar conocimientos y herramientas específicas. Es necesario actualizar las regulaciones y estándares del sector eléctrico para preparar y capacitar profesionales para escalar y operar microrredes.

La investigación, el desarrollo y la instalación de las microrredes fueron realizadas por investigadores y profesionales de la Universidad Estatal de Campinas, la Universidad Federal de Maranhão (UFMA) y el Instituto Avanzado de Tecnología e Innovación (IATI), contando también con el apoyo de la distribuidora CPFL Energía, que financió el proyecto.

El proyecto MERGE tiene como objetivo implementar tres microrredes. Como se describirá, cada uno presenta características y desafíos específicos y difiere en cuanto al tipo de demanda a satisfacer y las fuentes a integrar. Además, se implementó un laboratorio de investigación para estudiar y modelar microrredes de baja tensión, con una capacidad de hasta 100 kVA. Todas las microrredes están estructuradas para servir como demostradores de tecnologías y soluciones para profesionales del sector eléctrico, estudiantes y sociedad, en general.

El Proyecto MERGE es parte del contexto más amplio del Programa de Campus Sostenible, que se guía por los objetivos globales de desarrollo sostenible, según lo definido por la ONU, con un enfoque en temas de energía limpia y accesible.

Se estudiaron e implementaron: una microrred AC institucional, con interconexiones de potencia de media tensión y MW; una microrred AC residencial, operando en baja tensión, con potencia en el rango de los 100 kW; y una microrred DC, en el rango de los 100 kW, con integración directa de generación fotovoltaica y baterías, apuntando también a aplicaciones de corriente continua. Además de lo anterior, una estructura de laboratorio permite, en un ambiente controlado, el estudio de redes de baja tensión con características compatibles con microrredes residenciales o comerciales hasta 100 kVA.

Las especificidades de cada una de las microrredes llevaron al desarrollo de diferentes estrategias de dimensionamiento de los sistemas de generación distribuida y almacenamiento de energía. También se encontraron soluciones específicas para la gestión energética de cada microrred y para cómo actúan las microrredes ante eventos de suministro de energía.

Dada la complejidad del tema y la novedad de las soluciones, el carácter interdisciplinario del equipo, que incluye investigadores de las áreas de sistemas de potencia, estabilidad y control, electrónica de potencia, gestión de software, redes de comunicación y seguridad cibernética, legislación y estándares, ha demostrado ser fundamental para el éxito del Proyecto. A continuación, las tres microrredes citadas serán mostradas con mayor lujo de detalle.

CAMPUSGRID: microrred del campus universitario UNICAMP

Campinas es la tercera ciudad más grande del estado de São Paulo, Brasil, con más de 1.200.000 habitantes, ubicada a unos 100 km de la capital del estado. Es un importante centro industrial y hogar de varias instituciones y empresas enfocadas en la tecnología. La Universidad Estadual de Campinas tiene alrededor de 1.800 profesores y 40.000 estudiantes, de los cuales 18.000 son estudiantes de posgrado. El campus tiene una superficie de 3,5 km^2.

La microrred CAMPUSGRID atiende parte del campus de la UNICAMP. La Figura 8.52 muestra el área de cobertura de CAMPUSGRID, que incluye el Gimnasio Multidisciplinario (GMU), el Centro de Convenciones, la Biblioteca Central "*César Lattes*" (BCCL), la Biblioteca de Obras Raras (BORA) y la Facultad de Educación Física (FEF), totalizando aproximadamente 140 000 m^2.

Figura 8.52. CAMPUSGRID - Área microrred UNICAMP, Antoninho Perri, Antonio Scarpinetti, 2018, Banco de imagen institucional Unicamp, [590].

La demanda energética se produce a lo largo del día, con la ocupación más intensa del campus universitario. Esto sucede coincidiendo con la disponibilidad de generación fotovoltaica. Esta característica diferencia a CAMPUSGRID de otros escenarios de microrredes más habituales, en los que el dispositivo de almacenamiento opera para absorber el exceso de generación fotovoltaica. Era necesario desarrollar metodologías innovadoras para el dimensionamiento de fuentes y almacenamiento y para la gestión del sistema.

La generación fotovoltaica total es de 566 kWp, distribuida en diferentes edificios. El sistema de almacenamiento, con baterías de litio LFP, totaliza 1.000 kW/1.290 kWh. La microrred también comprende un generador de gas de 150 kW y una estación de carga de autobuses eléctricos.

El hecho de que las distintas cargas y fuentes estén interconectadas a través de la red de media tensión, en la que hay 12 transformadores, plantea un desafío especial en la situación de *Black Start* debido a la necesidad de controlar la energización de los transformadores, maniobrar las cargas y limitar la corriente de salida.

CAMPUSGRID dispone de un sistema de comunicaciones dedicado a través de una red de fibra óptica en anillo. El acceso a la información y datos de la microrred se realiza a través de un *Firewall* que realiza control de acceso, así como niveles de accesibilidad con doble factor de autenticación.

El sistema de monitoreo y control de recursos y cargas de energía distribuida utiliza una arquitectura de control jerárquica, cuyos controladores y sistemas de monitoreo se encuentran en el nivel primario (control de potencia, tensión y frecuencia) y el sistema de gestión en el nivel secundario. Su función es procesar datos para realizar balances de potencia, compensación de voltaje y frecuencia, operaciones de transición entre modos conectado e isla, *Black Start*, etc. La Figura 8.53 muestra la topología de CAMPUSGRID y sus equipamientos.

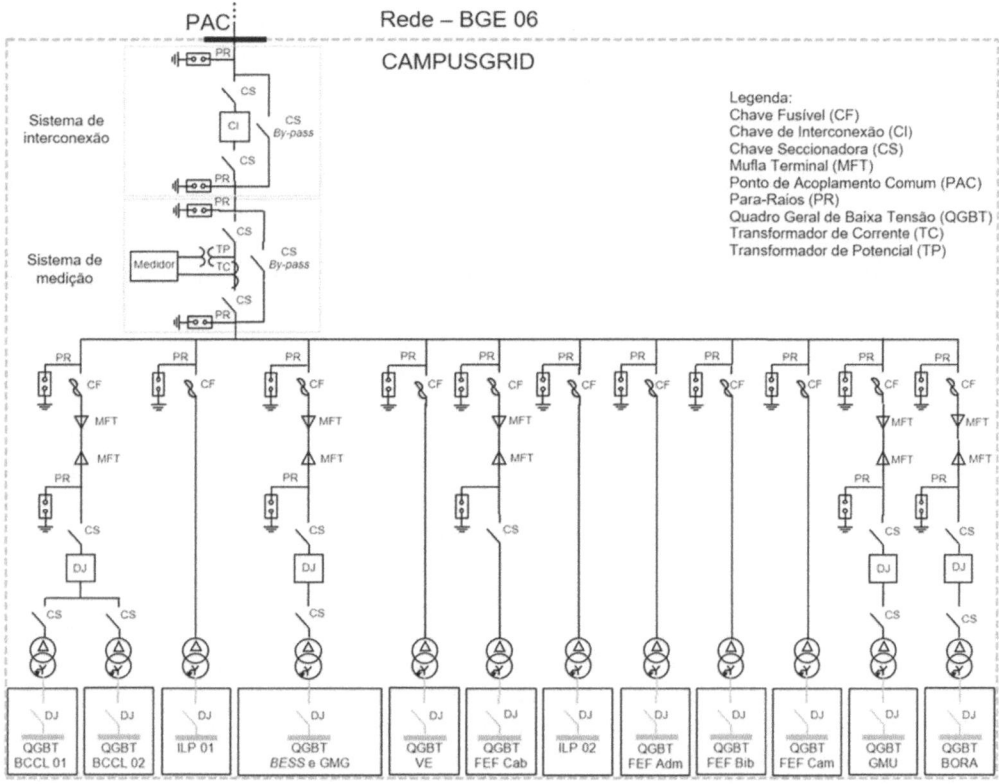

Figura 8.53. Topología CAMPUSGRID y equipamiento microrred.
Cortesía: Proyecto MERGE.

NANOGRID: NANOGRID de corriente continua (DC)

NANOGRID es una microrred de corriente continua, cuyas principales cargas son los sistemas de carga de la flota de vehículos eléctricos en la sede de la Companhia Paulista de Força e Luz —CPFL— en Campinas, Brasil. Debido a sus dimensiones físicas, se designó como una *nanorred*. Como es habitual, se sumará la generación fotovoltaica y el almacenamiento de energía de las baterías, así como la gestión de cargas y la conexión a la red alterna externa.

En el sector eléctrico brasileño no hubo experimentos en la implementación de microrredes de corriente continua de baja tensión. Muchos de los temas de investigación para las microrredes de alterna también se aplican a los sistemas de continua: dimensionamiento de la fuente, gestión de la carga, medidas y calidad de la energía, problemas de estabilidad del convertidor, etc. Por otro lado, son diferentes los materiales y métodos de las instalaciones eléctricas empleados, los dispositivos y procedimientos de protección, las normas técnicas muchas veces inexistentes, etc.

La Figura 8.54 presenta una vista conceptual de la NANOGRID, la cual se conecta a la red eléctrica de alterna de baja tensión (220/380 V) a través de un convertidor AC/DC bidireccional de 30 kVA. El bus principal de continua debe operar en el rango de 350 a 800 V. Los elementos conectados a este bus constituyen cargas y recursos energéticos distribuidos de mayor potencia. Los recursos energéticos distribuidos de NANOGRID son un sistema de generación fotovoltaica (20 kW) y un sistema de almacenamiento en baterías (100 kW). La carga principal es una estación de carga rápida tipo continua, con una potencia de 100 kW. Otras cargas de continua de menor potencia (< 10 kW) se alimentan de un bus de continua secundario de bajo voltaje (24 a 48 V). Tales cargas se refieren a posibles dispositivos para uso doméstico o comercial, como iluminación LED, aire acondicionado, tomas USB, etc.

El convertidor AC/DC realiza el balance de potencia en modo conectado (*on-grid*), asegurando el estado de carga de las baterías y dando flujo a la potencia producida por el sistema fotovoltaico. En modo isla (aislado de la red), el sistema de almacenamiento de baterías es responsable de formar el enlace de continua y del balance de energía. Todo el sistema está monitorizado, controlado y gestionado por un sistema de gestión de la energía con red de datos y comunicación, accesible local y remotamente.

Durante el proceso de carga de las baterías del vehículo eléctrico, la energía proviene predominantemente de las baterías estacionarias, las cuales están dimensionadas para tal fin. El dimensionamiento de la generación fotovoltaica se realiza para permitir un funcionamiento del tipo "*balance neto cero*", sin demandar potencia de la red de alterna. La Figura 8.55 muestra una recreación de la vista arquitectónica del entorno de NANOGRID, concretamente la recarga del vehículo eléctrico.

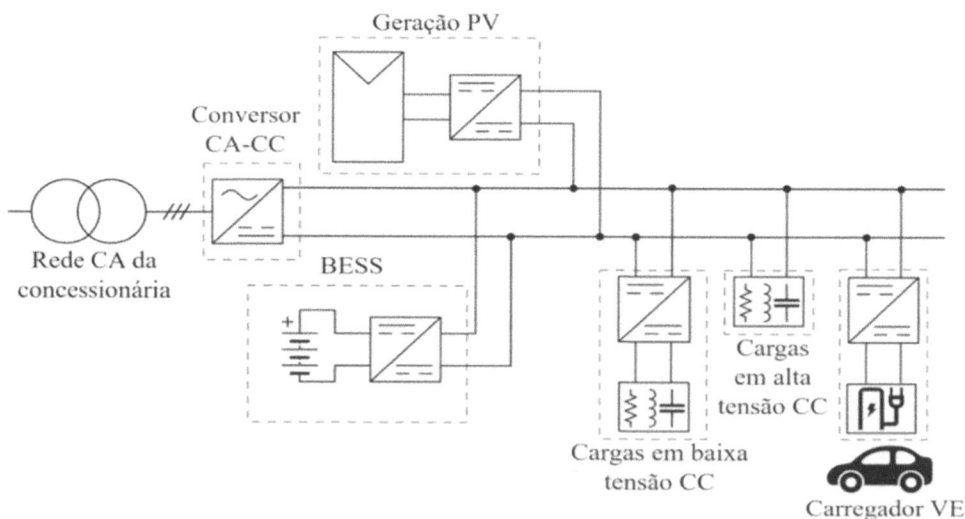

Figura 8.54. Estructura conceptual de NANOGRID CC. Cortesía: Proyecto MERGE.

Figura 8.55. Vista arquitectónica de los entornos de uso de NANOGRID.
Cortesía: Proyecto MERGE.

CONGRID: red en condominio residencial

Esta instalación, fuera del campus universitario, extiende el concepto de microrredes a consumidores residenciales, en un condominio en las cercanías de la UNICAMP. CONGRID integra la generación fotovoltaica que se distribuye en varias residencias en el condominio, con sistema de almacenamiento y gestión, que pueden operar en modo conectado a la red de distribución o en isla.

Para la transformación del sistema existente (generación fotovoltaica distribuida y sistema de baterías) en una microrred, fue necesario adaptar los sistemas antiguos, con la modernización de las mediciones y la implementación de una red de comunicación y control trabajando en conjunto con las cargas y las fuentes. Como el perfil de demanda de CONGRID es muy diferente al de CAMPUSGRID, hubo que revisar y adaptar el dimensionamiento y la gestión de la microrred.

Hay 27 instalaciones fotovoltaicas que suman 64 kWp y un sistema de almacenamiento con baterías de litio LFP de 100 kW/255 kWh. Al estar ubicados en unidades residenciales, el número de sistemas fotovoltaicos puede variar, según los usuarios se incorporen o abandonen la generación distribuida. Inicialmente, este condominio no estaba configurado como una microrred, ya que no existía una gestión centralizada de los recursos energéticos. El proyecto MERGE trabajó en la creación de la estructura de comunicación y control a través de un gestor de la energía, así como en la modernización del sistema de baterías para permitir el funcionamiento en isla de la instalación y la clave de transferencia de conexión con la red eléctrica local.

Las funcionalidades del gestor de la energía son: monitoreo y control centralizado del sistema de gestión de la energía de las baterías y de los dispositivos administrados de las distintas unidades residenciales; gestión automática de conexión/desconexión con la red principal (programada e imprevista); *Black Start*; maximización del uso de recursos renovables en la microrred; regulación de frecuencia y tensión *off grid* (obligatorio) y *on grid* (opcional); gestión y seguimiento de protecciones en el punto de acoplamiento común y el sistema de gestión de la energía de las baterías; monitoreo y control remoto seguro de la microrred del Centro de Operaciones —CPFL—; sincronización de medidas y dispositivos inteligentes que componen la microrred. La Figura 8.56 muestra un esquema y fotografía real de la microrred CONGRID, mientras que la Figura 8.57 muestra la topología del sistema de gestión de la energía.

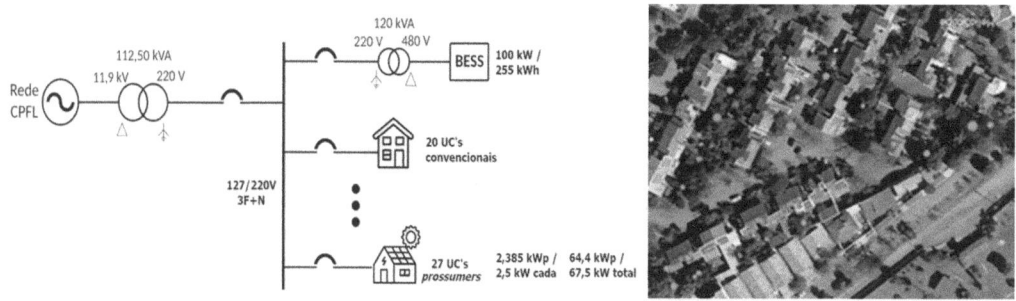

Figura 8.56. Instalaciones CONGRID. Cortesía: Proyecto MERGE.

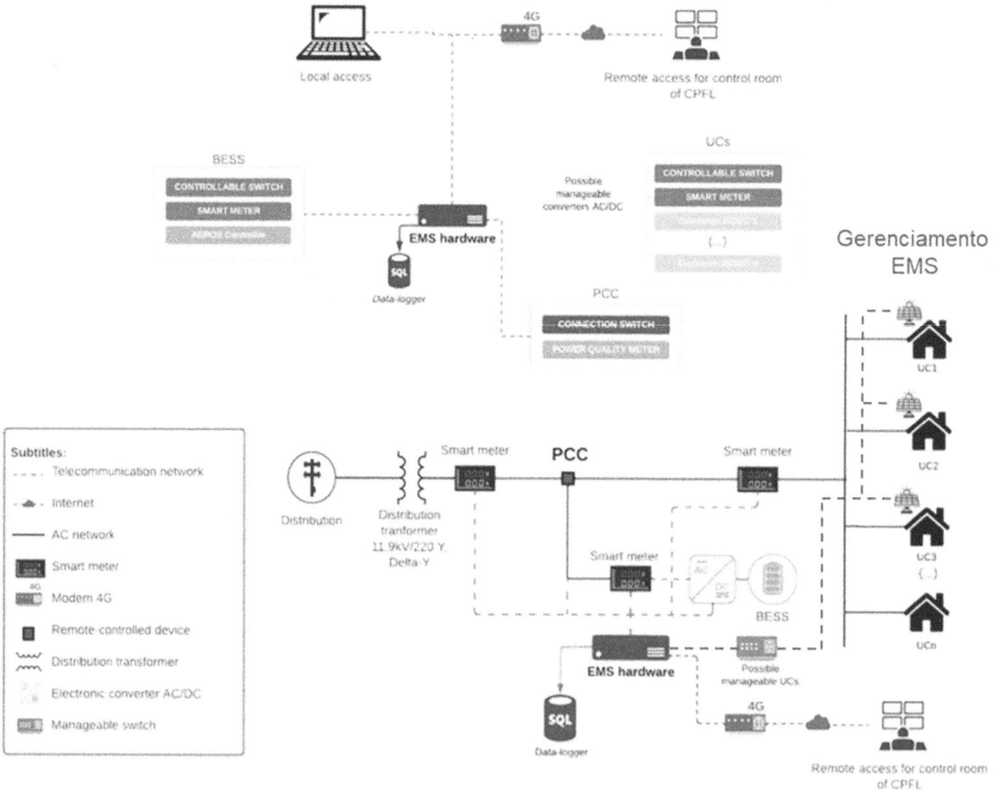

Figura 8.57. Estructura del sistema de gestión de la energía de CONGRID.
Cortesía: Proyecto MERGE.

LabREI: Laboratorio de Redes Eléctricas Inteligentes

Se instala la microrred de laboratorio LabREI en la Facultad de Ingeniería Eléctrica e Informática de la UNICAMP, donde se ofrece un entorno controlado para probar y estudiar redes eléctricas inteligentes (*Smart Grids*) y microrredes.

La Figura 8.58 presenta un esquema de la microrred LabREI, que sigue el estándar local de distribución de baja tensión, una red trifásica de cuatro hilos con 13 barras a la que, conceptualmente, se pueden conectar las unidades consumidoras. La longitud total de la red es de 300 m, realizada con conductores de cobre de 35 mm². Es posible realizar cambios en la configuración de la red y la ubicación de las cargas y las fuentes. El concepto LabREI incluye fuentes programables de alterna y continua (simuladores de baterías y paneles fotovoltaicos), así como sistemas reales de generación y almacenamiento fotovoltaicos.

Una fuente trifásica de cuatro hilos con una potencia de 100 kVA opera como generador de red. Es una fuente bidireccional programable que permite programar eventos de calidad eléctrica. En aplicaciones que analizan la red local, el sistema opera a 127/220 V, a 60 Hz. Un conjunto de cargas programables, pasivas y activas, así como cargas reales, permiten configurar una amplia variedad de situaciones de generación y demanda. En este entorno también se prueban convertidores electrónicos de potencia desarrollados localmente, sirviendo para probar topologías, estrategias de control y sistemas de gestión y protección. Todos los equipos cuentan con facilidades de comunicación, posibilitando su programación y operación a través de una interfaz especialmente desarrollada, la cual puede ser utilizada local o remotamente.

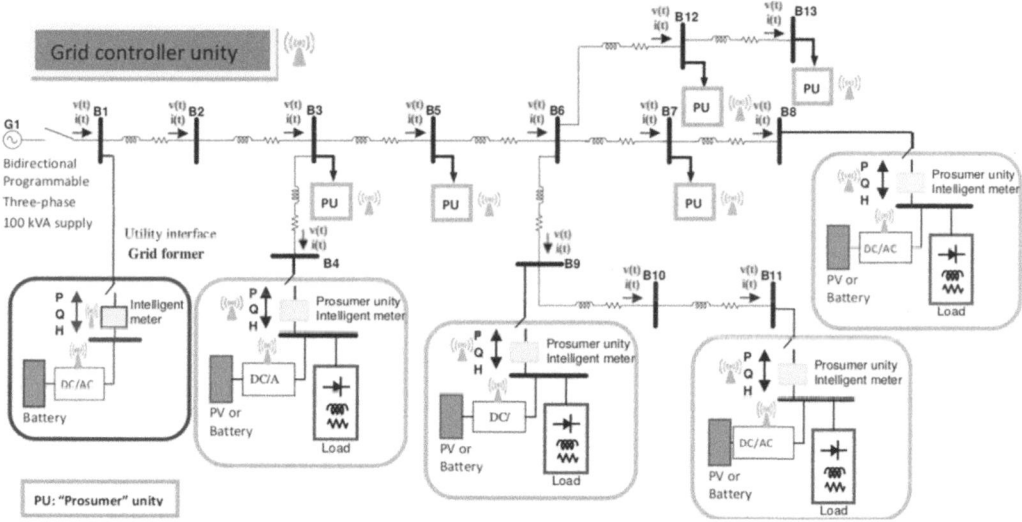

Figura 8.58. Esquema conceptual de la microrred LabREI. Cortesía: Proyecto MERGE.

Cada ramal del *feeder* cuenta con un conjunto trifásico de sensores de tensión y corriente, cuyos valores medidos son procesados en un sistema NIcRio, muestreando a 100 kHz, capaz de identificar eventos de calidad de energía y diagnosticar el funcionamiento de la microrred. Los datos recogidos en el sistema son enviados a un conjunto de servidores computacionales para su registro y tratamientos analíticos.

Por las características de las conexiones entre los buses, las cargas y las fuentes programables, este entorno posibilita escenarios muy cercanos a los que se encuentran en CONGRID, incluyendo unidades residenciales que se caracterizan como *prosumers*, es decir, productores y consumidores de energía.

Con estos recursos, es posible desarrollar sistemas de supervisión y gestión, a nivel primario (en convertidores desarrollados localmente), secundario y terciario. LabREI presenta simulación computacional, simulaciones de nivel experimental, así como una combinación de ambas a través de simulación en tiempo real *"de hardware en el ciclo"*. Para estudios de redes DC, se conectan protecciones adicionales específicas al circuito. La Figura 8.59 muestra la estructura de la microrred LabREI.

1. Cableado entre barras prosumer
2. Panel de control y maniobra
3. Panel de acceso a autobuses y metros
4. cargas pasivas
5. Simulador de red bidireccional, programable
6. Fuentes y cargas programables

Figura 8.59. Estructura de LabREI. Cortesía: Proyecto MERGE.

8.4. Proyectos de microrredes eléctricas en Europa y Estados Unidos

En esta sección se van a presentar algunas de las microrredes eléctricas existentes en Europa y Estados Unidos. La decisión de escoger las que a continuación aparecen es por la relevancia de estas instalaciones, las cuales han participado en numerosos proyectos de I+D+i y en algún momento han sido referente en el campo que estamos estudiando.

8.4.1. Microrredes eléctricas en Europa

Con respecto a las microrredes en Europa, a continuación, se van a presentar los principales detalles de las siguientes instalaciones: Bronsbergen (Holanda), Mannheim (Alemania), Kythnos (Grecia), AplGrids (Austria, Francia, Alemania, Italia y Eslovenia) y Kassel (Alemania).

8.4.1.1. Bronsbergen (Holanda)

Esta microrred eléctrica es la primera instalada en Holanda (2008, [106]), en una zona residencial de Bronsbergen, a unos 100 km de la capital holandesa [591]. Según la fuente anterior, esta zona residencial tiene edificadas 208 casas unifamiliares, destinadas a estancias vacacionales y de las cuales 108 de las edificaciones tienen instalada fotovoltaica en sus tejados, para obtener una potencia pico de 315 kW, potencia más que suficiente para cubrir la demanda máxima existente, la cual es de 150 kW.

Según [8], [591], el generador fotovoltaico producía problemas en la red de baja tensión, concretamente con armónicos 11° y 13° y para su solución, se instaló una bancada de baterías que, además, les permitía trabajar en isla.

Todas las edificaciones están distribuidas en 4 *feeders* desde el centro de transformación, al que se le acopla en paralelo el conjunto de baterías inteligentes. Cada *feeder* está protegido por un fusible de 200 A y la salida del transformador está protegida por un fusible de 630 A. El transformador es de 400 kVA y la baja tensión (400 V) está conectada a media tensión de 10 kV [591], [592].

El conjunto de baterías está conformado por 360 celdas en serie, con valores de 2 V y 500 Ah cada una, por lo que la tensión nominal del sistema de baterías era de 720 V [8].

8.4.1.2. Mannheim-Wallstadt (Alemania)

Proyecto de investigación y demostración realizado en 2006 en el distrito residencial de Wallstadt de Mannheim, Alemania [106]. El entorno disponía de 580 viviendas, formado por consumidores y productores (*prosumers*) con gran aceptación de las energías renovables y predisposición a la innovación. El escenario de prueba contaba con varios sistemas fotovoltaicos de pequeña potencia y de propiedad privada y una unidad privada de cogeneración

Whispergen. Como detalle de la aceptación del proyecto por parte de la ciudadanía fue la instalación de la pantalla *VisiKid* a la entrada de la Kinderhaus en Mannheim. La *VisiKid* mostraba en tiempo real el nivel de potencia demandada por el emplazamiento, así como la cantidad de energía producida por los sistemas fotovoltaicos. Esta monitorización y mostrado de la información evidenciaba el interés del proyecto tanto para adultos como para niños [8], [593], [594].

El objetivo principal del proyecto es abastecer de energía a los 1.200 habitantes del barrio, para lo cual, sobre su red de baja tensión alimentada por tres transformadores eléctricos, dispone de un sistema de baterías de 105 Ah a 21 A, dos unidades de cogeneración de 5,5 y 9 kW respectivamente y una instalación fotovoltaica de 23,5 kW pico en la zona [11], [594], [595].

Hay que destacar que, para la solución de ciertos problemas, la microrred eléctrica emplea un sistema basado en sistemas multiagentes. El sistema permite la interacción entre los elementos físicos desplegados en la microrred y los elementos software representados por los agentes desarrollados [594].

Además, en la actualidad, las instalaciones de la microrred eléctrica en Mannheim son empleadas con fines educativos y de demostración. La energía renovable y su empleo son ahora parte de la rutina diaria y el currículo anual para los niños de la guardería. Otras escuelas de Mannheim quieren seguir la visualización y los experimentos realizados en este Kinderhaus piloto [8]. Lo anterior estaría integrado en el concepto de información y conocimiento (*Information and Knowledge*, I&K) [2], presentado en el Capítulo 1.

8.4.1.3. Kythnos (Grecia)

Es justo decir que la microrred eléctrica desplegada en Kythnos es la niña bonita de la Unión Europea. La isla albergó algunas fuentes de generación renovable desde 1982, pero en 2005 se instaló la microrred eléctrica como tal [71], [596]. Pero a partir de ese momento, la microrred eléctrica ha sufrido modificaciones, con nuevas instalaciones, lo que evidencia que este tipo de entornos permiten la escalabilidad de los distintos sistemas.

Kythnos es una isla en el mar Egeo (Grecia) y la microrred consistió (inicialmente) en el abastecimiento de alrededor de 12 viviendas. La instalación consiste en sistemas fotovoltaicos distribuidos por la isla para conseguir una potencia pico instalada de 11 kW, complementada por dos bancadas de baterías de plomo ácido, una de 1.000 Ah a 48 V y la otra de 480 Ah a 60 V. El sistema emplea un respaldo de energía a través de un generador diésel de 9 kVA. El sistema es gobernado por inversores para formar un sistema trifásico, el cual abastece a todas las cargas de la isla [8], [595]-[597].

Quiero destacar que el sistema de control es descentralizado y nuevamente se basa en sistemas multiagentes desplegados en cada uno de los controladores locales existentes. El controlador central de la microrred se encuentra en una de las casas y los agentes (controladores) se comunican con éste a través de LAN y wifi.

8.4.1.4. AplGrids (Austria-Francia-Alemania-Italia-Eslovenia)

La Unión Europea detectó que numerosas regiones alpinas no estaban conectadas a la red de distribución eléctrica. Gracias al programa *"Interreg"* de la Unión Europea, se aprobó el proyecto ALPGRIDS, el cual promovía la producción de energía renovable en zonas alpinas, pero a través de microrredes eléctricas. El despliegue de microrredes eléctricas se hizo entre 2019 y 2022 y se instalaron despliegues en Austria, Alemania, Francia, Italia y Eslovenia [598].

Se han desarrollado 8 pilotos [598]:

- St. Julien and Val de Quint (Francia): red de media tensión a 2 kV que une 5 circuitos de baja tensión, a través de transformadores trifásicos de 100 kVA a 400 V. Además de los consumos, la microrred eléctrica tiene instalaciones eólicas, fotovoltaicas, almacenamiento, pilas de combustible, microhidráulica y caldera de pellets.

- Drôme (Francia): esquema de autoconsumo colectivo.

- University Campus Savona (Italia): red de media tensión que alimenta en baja tensión a los consumos, mediante tecnología solar fotovoltaica, solar térmica y almacenamiento eléctrico.

- Thannhausen (Austria): transformador de 10 kV a 400 V en trifásica para acoger a los consumos y una instalación fotovoltaica de 56 kW pico.

- W.E.I.Z. Campus (Austria): transformador de 10 kV a 400 V en trifásica para acoger a los consumos y una instalación fotovoltaica de 26 kW pico junto a 15 kWh de almacenamiento eléctrico.

- Selnica (Eslovenia): sin información.

- Grafing (Alemania): abastecimiento de energía renovable a 43 unidades de residentes con un consumo aproximado de 2.000 kWh cada uno, a través de 50 kW pico de fotovoltaica, e integrando en los bajos de las viviendas cargadores para vehículos eléctricos.

- Udine (Italia): abastecimiento de electricidad y gas. La parte eléctrica abastecida mediante fotovoltaica.

8.4.1.5. Kassel (Alemania)

Microrred diseñada y desplegada por el Institute of Solar Energy Technology (ISET) en la ciudad de Kassel, Alemania. Instalación compuesta por un generador diésel de 20 kW, 5 kW de fotovoltaica y 15 kW de batería [71].

La instalación anterior estaría en una línea de baja tensión alimentada por un transformador de 10 kVA. Pero esta línea se complementa con otras dos líneas de baja tensión, alimentadas por otros dos transformadores idénticos al primero. Una de las líneas es para la conexión con la distribuidora y la otra dispone de cargas y baterías para poder hacer diversos ensayos [599].

8.4.2. Microrredes eléctricas en Estados Unidos

Con respecto a las microrredes en Estados Unidos, a continuación, se van a presentar los principales detalles de las siguientes instalaciones: Santa Rita Jail, Universidad de California, Borrego Springs e Illinois.

8.4.2.1. Santa Rita Jail

Santa Rita Jail es una de las mayores cárceles en Estados Unidos (California). La cárcel se inauguró en 1989, albergando a cerca de 4.000 reclusos. Posteriormente, el condado de Alamada instaló tecnologías renovables en el intento de reducir su consumo eléctrico, ya que tenía una demanda máxima de 3 MW [600].

En 2002 se propone la instalación de una microrred eléctrica y a iniciativa y controlada por el CERTS [54], se instaló [8], [71], [600]: 1,5 MW de potencia pica fotovoltaica, 1 MW de potencia en una pila de combustible de carbonato fundido, tres generadores diésel de 1,25, 1 y 900 kW de potencia para mantener el nivel de suministro eléctrico, una batería de litio-ferrofosfato de 2 MW y un cargador de vehículos eléctricos de 60 kW.

8.4.2.2. Universidad de California (San Diego)

Éste es un caso de un proyecto dentro de un campus universitario, concretamente en la Universidad de California San Diego. La instalación abastece al campus de electricidad, calor y refrigeración, a un alumnado aproximado de 45.000 estudiantes [601].

La instalación consiste en los siguientes elementos [8], [601]: 13,5 MW en turbinas de gas, 1,2 MW de potencia pico fotovoltaica instalada en los tejados de los edificios. Según la anterior fuente, el conjunto supone un suministro de electricidad, térmica y refrigeración del 85%, 95% y 95%, respectivamente.

8.4.2.3. Borrego Springs

Microrred instalada en San Diego para abastecer a una comunidad residencial de aproximadamente 2800 clientes [8]. Esta microrred puede operar en isla o conectada a la red. La microrred es alimentada por una línea de media tensión de 69 kV, de los que salen tres circuitos independientes de 12 kV cada uno [602].

Los elementos instalados en la microrred eléctrica son los siguientes [71]: 700 kW de potencia pico fotovoltaica, una bancada de baterías de aproximadamente 2.000 kWh y dos grupos diésel de 1,8 MW cada uno.

8.4.2.4. Illinois

Microrred eléctrica instalada en Illinois Institute of Technology, aunque inicialmente planificada en 2006, fue en 2008 cuando fue instalada finalmente por el Departamento de Energía de los Estados Unidos. La decisión de la instalación de una microrred eléctrica estuvo propiciada por varios cortes de suministro eléctrico sufridos en el campus, con pérdidas sustanciosas de dinero, pero, además, las autoridades se plantearon la reducción del 20% del consumo de energía y de emisiones de gases de efecto invernadero [603].

Según [604], la demanda máxima del campus universitario es 10 MW y los elementos que dispone son los siguientes: aerogenerador eólico de 8 kW, fotovoltaica en un tejado de 200 kW pico instalados, batería con capacidad de 500 kWh y dos unidades de ciclo combinado de 4 MW.

8.5. Proyectos de microrredes eléctricas en Asia

En esta sección se van a presentar algunas de las microrredes eléctricas existentes en Japón, China, Corea del Sur e India. La decisión de escoger las que a continuación aparecen es por la relevancia de estas instalaciones, las cuales han participado en numerosos proyectos de I+D+i y en algún momento han sido referente en el campo que estamos estudiando.

8.5.1. Microrredes eléctricas en Japón

Lo que sí parece claro, es que, en el caso de Japón, uno de los factores más relevantes para el despliegue de grandes plantas renovables (eólicas y fotovoltaicas), así como la instalación de microrredes eléctricas ha sido el desastre nuclear de Fukushima en 2011 [71]. No obstante, con respecto a las microrredes en Japón, se van a presentar los principales detalles de unas microrredes eléctricas anteriores a dicho desastre, pero debido a su especial relevancia como microrredes eléctricas de referencia se han escogido éstas: Aichi, Kyotango, Hachinohe y Sendai.

8.5.1.1. Aichi

La NEDO[5] (New Energy and Industrial Technology Development Organization) es la organización pública de gestión de I+D más grande de Japón. Pretende promover el desarrollo

---

[5] Organización para el Desarrollo de las Nuevas Tecnologías de la Energía y la Tecnología Industrial.

de tecnologías industriales y medioambientales, con nuevas fuentes de energía y con tecnologías de conservación de éstas [605].

La microrred de Aichi fue instalada por NEDO y se construyó de 2003 a 2007 y fue consecuencia de un demostrador para la Aichi Expo 2005. Se puede afirmar que el objetivo de la instalación fue el minimizar el efecto de la variabilidad de las tecnologías renovables e integrar el uso del gas, lo cual se complementó con el poder emplear la microrred eléctrica en modo isla [71].

La instalación disponía de los siguientes elementos [8], [71], [606]: 4 unidades de 200 kW de pilas de combustible de ácido fosfórico, 2 unidades de pilas de combustible de carbonato fundido (270 kW y 300 kW respectivamente), 1 celda de combustible de óxido sólido de 25 kW, 1 batería de NaS de 500 kW y una planta fotovoltaica de 330 kW.

8.5.1.2. Kyotango

Nuevo proyecto de NEDO, durante 2003 y 2008 [605], aunque algunos autores no la consideran una microrred al uso, ya que ciertas demandas y generaciones estaban separadas de otras y simplemente estaban gestionadas mediante un sistema de control único, por lo que es posible considerarla como una *microrred eléctrica virtual* [8]. La instalación estaba compuesta por 2 líneas eléctricas, conectadas a dos subestaciones distintas [11].

La microrred estaba suministrada por una planta de biogás formada por 5 motores de gas para una capacidad total de 400 kW (80 kW cada uno). Lo anterior estaba apoyado por unas pilas de combustible de carbonato fundido (250 kW) y una batería de plomo ácido (100 kW). Cerca de la demanda, dos plantas fotovoltaicas de 30 kW y 20 kW respectivamente, las cuales estaban complementadas por un aerogenerador eólico de 50 kW [8], [71], [606].

Todo el sistema estaba gestionado y controlado a través de conexiones estándar ADSL[6], únicas opciones de conexión disponibles, al ser una zona rural de Japón. Por tanto, nuevamente este proyecto evidenció la posibilidad de integrar una microrred eléctrica en una infraestructura de comunicación existente [8], [606].

8.5.1.3. Hachinohe

El primer proyecto de microrredes eléctricas de NEDO junto al de Aichi y operó desde 2005 hasta 2008. Además de NEDO, los socios del proyecto fueron la propia ciudad de Hachinohe, Mitsubishi Electric y un instituto de investigación de la propia empresa [607]. La microrred fue diseñada para abastecer a la ciudad, tanto de energía eléctrica como calor y en el caso de la energía eléctrica se empleó una línea privada de 5,4 km a 16 kV [8], [71], [607].

Con respecto a los elementos instalados debemos destacar [8], [11], [71], [608]: 3 generadores de gas con potencia total de 510 kW, 4 plantas fotovoltaicas con una potencia pico instalada de 80 kW (3 de 10 kW y 1 de 50 kW), 3 aerogeneradores eólicos con una potencia

---

[6] ADSL: *Asymmetric Digital Subscriber Line* (línea de abonado digital asimétrica).

total instalada de 20 kW y un sistema de batería de plomo ácido de 100 kW de potencia instalada. La microrred puede operar tanto conectada a la red como aislada de la misma.

8.5.1.4. Sendai

Puede considerarse el último de los proyectos de NEDO sobre microrredes eléctricas dentro del grupo inicial de sus cuatro microrredes desplegadas y operó desde 2005 hasta 2008. Debe destacarse su labor ejemplar durante el tsunami de 2011, ya que sus generadores de gas entraron en funcionamiento y lograron abastecer un hospital cercano [609].

Con respecto a los elementos instalados debemos destacar [11], [71], [610]: 2 generadores de gas de 350 kW de potencia cada uno, 1 pila de combustible de ácido fosfórico de una potencia de 200 kW y una planta fotovoltaica en tejado de 50 kW de potencia pico instalada. La línea de media tensión es de 6 kV y las cargas son alimentadas bajo un esquema trifásico. Toda la microrred eléctrica fue diseñada bajo el paradigma de *multi-power quality*, donde distintas cargas serán servidas en función de su prioridad asignada [610].

8.5.2. Microrredes eléctricas en China

Con respecto a las microrredes en China, a continuación, se van a presentar los principales detalles de las siguientes instalaciones: Isla de Dong'ao, Isla de Nanji, Isla de Dongfushan y Nanjing.

8.5.2.1. Isla de Dong'ao

La microrred eléctrica en la isla de Dong'ao pretendió dar una solución al eterno problema de dar suministro eléctrico a una isla y de una manera eficiente y sostenible. La microrred eléctrica abastece el suministro eléctrico a 200 familias que viven en la isla y lo hace en un 80%, aproximadamente con recursos renovables, por medio de energía solar fotovoltaica y eólica y con apoyo de un grupo diésel [611].

La microrred eléctrica está compuesta de los siguientes elementos [612]: 6 × 1.000 kW generadores diésel, 4 × 750 kW aerogeneradores eólicos, 650 kW potencia pico en planta fotovoltaica y 500 kW × 6h de baterías plomo ácido. Todos los elementos están conectados a la red mediante un transformador de 10 kV/0,4 kV y a su vez, este transformador está conectado a la red de la distribuidora mediante 2 transformadores de 35 kV/10 kV.

Además, el control es realizado mediante un inversor bidireccional y la monitorización para gestionar la operación de la microrred eléctrica con dispositivos de comunicación inalámbrica (GPRS[7]) y podría ser ampliado mediante otras tecnologías renovables, como las que aprovechan las mareas y las olas [8].

---

[7] GPRS: *General Packet Radio Service* (servicio general de paquetes vía radio).

8.5.2.2. Isla de Nanji

La isla de Nanji es conocida por ser un reclamo turístico y durante muchos años estuvo siendo suministrada su energía eléctrica mediante generadores basados en combustibles fósiles. En la actualidad, aproximadamente con una población de 2.304 habitantes, 1.113 ha de superficie terrestre y 18.993 ha de superficie marina [613].

La microrred eléctrica puede ser entendida como 2 microrredes interconectadas mediante una línea de media tensión de 10 kV [614]. En conjunto, la microrred eléctrica está compuesta de los siguientes elementos [8], [614]: 1700 kW de potencia instalada en generadores diésel (4×300 kW y 1×500 kW), 10×100 kW aerogeneradores eólicos, 660 kW de potencia pico fotovoltaica instalados en varias plantas, 4×250 kW $\times 2$ h en baterías, 2×250 kW $\times 15$ s en supercondensadores y un sistema de generación marina de 30 kW de potencia.

8.5.2.3. Isla de Dongfushan

Primera microrred eléctrica en isla en China y fue puesta en servicio en 2010 [615]. Es una microrred eléctrica híbrida (continua y alterna) y dispone de los siguientes elementos [8], [615]: generador diésel de 200 kW de potencia, 100 kW de potencia pico en fotovoltaica instalada, 7 aerogeneradores eólicos para una potencia total instalada de 210 kW (30 kW cada uno) y un sistema de baterías plomo ácido de 960 kWh. Uno de los objetivos de la microrred eléctrica era el abastecer a la desalinizadora instalada, con una capacidad de 50 t/día [616].

8.5.2.4. Nanjing

Uno de los primeros proyectos de microrred eléctrica implementados en China fue el sistema híbrido eólico-fotovoltaico y desplegado en Nanjing. El objetivo principal del proyecto era estudiar la coordinación óptima cuando varias fuentes de energía renovable (fotovoltaica y eólica), junto a un sistema de baterías, están conectadas a la red local. La microrred eléctrica consistía en un sistema aislado con un generador fotovoltaico de 50 kW, un generador eólico de 15 kW y un banco de baterías de 300 Ah de capacidad [8].

En la actualidad la instalación ha sido ampliada, concretamente se complementó con un sistema de tratamiento de basuras en 2014, que es capaz de procesar 2000 toneladas métricas, con 3 hornos de parrillas de 750 toneladas métricas por día y 2 aerogeneradores eólicos de 25 MW de potencia instalada [617].

8.5.3. Microrredes eléctricas en Corea del Sur

Con respecto a las microrredes en Corea del Sur, a continuación, se van a presentar los principales detalles de las siguientes instalaciones: Isla Gapa, Isla Gasa, Isla Deokjeok e Isla Ulleung.

8.5.3.1. Isla Gapa

La isla Gapa o Gapado tiene una anchura aproximada de 1,3 km y 90 ha de superficie, pertenece a la provincia de Jeju-do (isla al sur de Corea del Sur) y está ubicada al sur de esta, con una población aproximada de 300 habitantes [618]. Los principales consumos de la isla son las necesidades de los hogares, una desalinizadora y algunos comercios, por lo que en 1992 se instalaron 3 generadores diésel de una potencia de 150 kW, para llevar el suministro eléctrico mediante dos líneas de distribución [619].

La microrred eléctrica fue diseñada en 2011 e instalada en 2012 y sus componentes son los siguientes [619]: 2 × 250 kW aerogeneradores eólicos, 174 kW de potencia pico fotovoltaica, 3,85 MWh mediante baterías de ion litio y plomo ácido, 3 × 150 kW en generadores diésel, 2 convertidores de potencia de 500 kVA, 1 convertidor de potencia de 250 kVA y el sistema de gestión de la energía correspondiente. En 2018, la microrred eléctrica obtuvo el récord de operación durante 7 días consecutivos empleando tan solo los sistemas eólicos, fotovoltaicos y baterías y se considera que, si se duplicara la capacidad del sistema de baterías instalado, este récord podría ascender hasta 25 días ininterrumpidos (en promedio al mes) [619].

8.5.3.2. Isla Gasa

La isla Gasa está ubicada junto a la península de Corea, en su parte sur y pertenece a la provincia de Jindo-Gun; esta pequeña isla tiene aproximadamente 300 habitantes distribuidos en 6 km^2 y en 1992 se les instaló tres generadores diésel de 100 kW, a través de una línea de distribución de unos 8 km de longitud [619].

La microrred eléctrica fue instalada en 2012 y sus componentes son los siguientes [619]: 3×1.000 kVA en generadores diésel, batería de ion litio de 3 MWh, 5 plantas fotovoltaicas (17 kW, 48 kW, 68 kW, 70 kW y 102 kW), 4 × 100 kW en aerogeneradores eólicos, convertidores de potencia, sistema de control y 2 transformadores de 650 kVA de 7 kV/0,4 kV.

8.5.3.3. Isla Deokjeok

La isla de Deokjeok está situada en el mar al oeste de Seúl y con 36 km^2 es la isla más grande del condado de Ongjin. De forma aproximada, la isla tiene 2.000 habitantes distribuidos en 21 km^2 [620].

La microrred eléctrica tiene los siguientes componentes [620]: 2.900 kW de potencia instalada en generadores diésel (3 × 300 kW y 4 × 500 kW), 169 kW pico de potencia fotovoltaica instalada (26 kW, 46 kW, 47 kW y 50 kW), 63 kW en aerogeneradores eólicos (11 × 3 kW y 3 × 10 kW), la línea de distribución eléctrica es de 6,9 kV y dispone de 3 transformadores eléctricos (11.000 kVA y 2 × 1.250 kVA) todos trifásicos y de 6,6 kV/6,9 kV para la conexión de 2 de los generadores diésel.

8.5.3.4. Isla Ulleung

Situada en el mar del Japón, la isla de Deokjeok está a 120 km al este de la península de Corea, tiene una longitud aproximada de 11,3 km y una superficie de 73 km^2 [621].

La microrred eléctrica presenta un modelo heredado de la microrred de la isla de Gapa y tiene los siguientes componentes [622]: 1.000 kW de potencia fotovoltaica pico, 700 kW en hidroeléctrica, 8.000 kW en aerogeneradores eólicos, 18500 kW en generador diésel, 23.500 kW en pila de combustible y 36500 MWh en almacenamiento.

8.5.4. Microrredes eléctricas en India

Con respecto a las microrredes en la India, a continuación, se van a presentar los principales detalles de las siguientes instalaciones: Shakti, Rampura, Baikampady Mangalore y Mendare Village Karnataka. Estas microrredes eléctricas en la India se caracterizan por ser más modestas en potencia, en comparación con las presentadas hasta el momento.

8.5.4.1. Shakti

Microrred eléctrica lanzada en 2019 e instalada en 2022, gestionada por IElectrix en Nueva Delhi a través de fondos de la Unión Europea (*"EU's Horizon 2020 research & innovation programme"*), integra solar fotovoltaica junto a almacenamiento eléctrico y un centro de transformación inteligente [623].

8.5.4.2. Rampura

Microrred eléctrica desplegada en el pueblo de Rampura en 2009, con una potencia total de 8,2 kW sobre una red de casi 1 km de longitud, instala 60 módulos solares fotovoltaicos de 145 W de potencia cada uno (8.200 W), junto a un banco de baterías de 24 celdas a 12 V, para garantizar una autonomía de funcionamiento de 3 días. La instalación está completada con inversores de continua a alterna de distintas potencias [624], [625].

8.5.4.3. Baikampady Mangalore Microrred

Microrred eléctrica gestionada por la Fundación SELCO [626] en Karnataka, la cual proporciona energía eléctrica a 75 hogares, por medio de 1,2 kW de potencia pico fotovoltaica junto a un sistema de baterías de 8×200 Ah, pudiendo disponer de ella en los hogares de los usuarios [627], [628].

8.5.4.4. Mendare Village Karnataka Microrred

También instalada por SELCO en 2015, esta modesta microrred eléctrica abastece de energía eléctrica a 22 hogares, a través de 600 W de potencia pico fotovoltaica y un sistema de baterías de 4×200 Ah. El promotor afirma que cada uno de los hogares podrá disponer de 2 luces y cargador para móvil [629].

8.6. Proyectos de microrredes eléctricas en Australia y África

En esta sección se van a presentar algunas de las microrredes eléctricas existentes en Australia y África.

En el caso australiano, numerosos son los programas que incentivan el despliegue de microrredes eléctricas en todo el país, por lo que en los últimos años se están instalando numerosas instalaciones.

En el caso del continente africano, el despliegue de las microrredes eléctricas es casi una necesidad, ya que existen muchas zonas donde el despliegue de la infraestructura eléctrica de distribución no llega y tampoco se la espera [630], [631]. No obstante, tanto el interior de África como sus costas marítimas son atractivos para la instalación de plantas basadas en tecnologías renovables y microrredes eléctricas [632].

8.6.1. Microrredes eléctricas en Australia

Con respecto a las microrredes en Australia, a continuación, se van a presentar los principales detalles de las siguientes instalaciones: Kalbarri y Agnew Hybrid Renewable Microgrid.

8.6.1.1. Kalbarri

Kalbarri es una ciudad en la costa oeste de Australia y con algo más de 13.000 habitantes. Se puede considerar una microrred eléctrica a pequeña escala, que, junto a la red de distribución existente, pretende abastecer de energía eléctrica a los habitantes de la ciudad y con cierto grado de energía procedente de tecnologías renovables [633].

Los componentes de la microrred eléctrica son [634]: la microrred eléctrica presume de no disponer de respaldo a través de combustibles fósiles, 1,6 MW a través de aerogeneradores eólicos, 1 MW de potencia pico fotovoltaica en tejados de la ciudad y 2 MWh en almacenamiento eléctrico.

8.6.1.2. Agnew Hybrid Renewable Microgrid

Agnew es una ciudad en el centro-oeste de Australia próxima a Leinster. La microrred eléctrica es operada por EDL, empezó su instalación y operación en 2019 y se terminó en 2023, con una capacidad de potencia total de 56 MW [634]. Es una microrred eléctrica aislada e híbrida [635].

Los componentes de la microrred eléctrica son [634]: 21 MW de potencia a través de un generador diésel, un sistema de baterías de 13 MW entregando 14 MWh, 14 MW de potencia fotovoltaica pico en una planta solar fotovoltaica de gran tamaño y 18 MW en 5 aerogeneradores eólicos.

8.6.2. Microrredes eléctricas en África

Con respecto a las microrredes en África, a continuación, se van a presentar los principales detalles de las siguientes instalaciones: Malachite Mews y Wadeville.

8.6.2.1. Malachite Mews

Malachite Mews es una urbanización ubicada en el suburbio de Boksburg, Johannesburgo (Sudáfrica). La microrred eléctrica se puso en servicio en 2020 y ha servido de modelo para otras 14 nuevas microrredes instaladas por Cenfura [636] en Sudáfrica [637].

Los principales componentes de la microrred eléctrica son [637]: 500 kW de potencia pico fotovoltaica sobre los tejados de las 216 casas construidas en el barrio, una batería de 672 kWh para abastecer una producción de energía anual de unos 873 MWh.

8.6.2.2. Wadeville

Microrred eléctrica desplegada desde 2019 por EATON [638] en Wadeville, Sudáfrica. Lo más representativo de esta microrred eléctrica es que emplea como batería, las de los vehículos eléctricos retiradas, buscando una segunda vida útil a las mismas y su integración en la microrred y las acopla a módulos fotovoltaicos instalados [639].

8.7. Otros pilotos y demostradores en el mundo

La Tabla 8.3 muestra algunas otras microrredes eléctricas desplegadas por el mundo. Se ha considerado mostrar, tanto grandes proyectos del orden de MW, como pequeñas instalaciones del orden de kW, tanto unos como otros serán de especial interés para los lectores, ya que el interés de ellos será muy distinto.

Tabla 8.3. Ejemplos de microrredes eléctricas y características. Fuente indicada en la columna *info*; elaboración propia.

País	Localización	Nombre o entidad	Consumos	Generación*	Almacenamiento*	Info**
Alemania	Stutensee	Am Steinweg	Cargas 118 kW en 101apartamentos	Cogeneración (28 kW) Fotovoltaica (35 kW)	Ion litio (1.000 kW)	[640]
	Belecke	Warstein-Belecke	Cargas y vehículo eléctrico	Cogeneración Fotovoltaica (330 kW)	Ion litio (2,5 kAh)	[595]
	Feldheim	Feldheim	Pueblo con consumos doméstico y empresas rurales	Cogeneración biogás (400 kW) Fotovoltaica (300 kW) Eólica (74 MW)	Ion litio (10 MW)	[641], [642]
Argentina	Armstrong	Armstrong	Cargas por 8 MW potencia pico, con 12 000 habitantes.	Hidráulica (320 kW) Fotovoltaica (200 kW)	—	[643]
	Rosario	REILAC - Universidad Nacional de Rosario	Laboratorio automatizado	Fotovoltaica (1 kW) Eólica (2 DC × 2 kW y 1 AC × 20 kVA)	Sistema baterías (300 V × 7 Ah) *Flywheel* (2 Wh)	[644]
Bolivia	Cobija	Plan Nacional	Demanda de 8 MW	Grupo diésel (16 MW) Fotovoltaica (5 MW)	Baterías (sin especificar)	[71], [645]
	El Espino	Plan Nacional	Campesinos rurales	Fotovoltaica (60 kW) Grupo diésel (58 kW)	Almacenamiento (464 kWh)	[644]
Brasil	Juiz de Fora	Escuela de Ingeniería de la Universidad Federal de Juiz de Fora	Cargador de corriente continua Punto recarga vehículo eléctrico	Eólico (2 kW) Fotovoltaica (15 kW)	Pila de combustible	[644], [646]
	Ilha Grande Brazil-Humberto de Campos	CEMAR e Instituto de Energía Eléctrica	Habitantes zona	Grupo diésel (81 kVA) Fotovoltaico (50 kW)	60 baterías (125 Ah cada una)	[644]
	Isla de Lencóis	Isla de Lencóis	Abastecer la demanda residencial	Fotovoltaica (21 kW) Eólica (3 × 7,5 kW) Generador diésel (53 kVA)	Pb-ácido (150 Ah)	[644], [647]
	Ríos Grande del Norte	Universidad Federal de Río Grande del Norte	—	Fotovoltaica (8 kW) eólica (1,6 kW emulado con generador) Hidroeléctrica (5 kVA emulador con generador)	Sistema de baterías (12 V x 220 Ah)	[644]
	Xique-Xique	Proyecto de microrred de Remanso-Neoenergía	Abastecer la demanda de los 400 habitantes, consumo medio mensual 80 kWh	Fotovoltaica (243 kW)	Sistema de baterías (928 kWh)	[648]
Canadá	British Columbia	Hartley Bay	Demanda máxima (61,3 kW)	Generador diésel (2 × 420 kW)	—	[649]

País	Localización	Nombre o entidad	Consumos	Generación*	Almacenamiento*	Info**
				Hidroeléctrico (0,9 MW)		
Chile	Huacondo	Centro de Energía de la Universidad de Chile	Habitantes del pueblo de Huacondo	Fotovoltaica (22,68 kW) Grupo diésel (120 kVA)	Batería plomo ácido de 96 de 30 kVA	[644], [650]
	Ollagüe	ENEL	—	Fotovoltaica (125 kW)	Almacenamiento H$_2$ (450 kWh) Almacenamiento de litio (132 kWh)	[71], [645]
China	Yudaokou	Yudaokou	110 kW para abastecer de energía eléctrica a los agricultores	Eólica (50 kW) Fotovoltaica (80 kW)	Almacenamiento eléctrico (128 kWh)	[8]
	Sino-Singapore Tianjin Eco-City *Smart Grid*	Tianjin	La microrred abastece en un 25% el total de la demanda eléctrica, que asciende a 412 MW Recarga de vehículo eléctrico	Unir 6 subestaciones eléctricas, 4 de las cuales trabajaban a 110 kV y las otras 2 a 220 kV. Alimentan a las microrredes eléctricas en media y baja tensión, a 10-35 kV y 220/380 V respectivamente Eólica (6 kW) Fotovoltaica (30 kW)	Bancos de baterías de 15 kW	[651]
Colombia	Cali	Nanogrid Univalle– Universidad del Valle	—	Fotovoltaica (12 x 140 W policristalinos y 4 x 85 W monocristalinos)	4 baterías 12 V x 200 Ah	[644], [652]
	Guajira	Guajira	Abastecimiento a comunidades indígenas por una potencia de 4,5 kW	Fotovoltaica (5,76 kW) Eólico (1 kW)	Sistema de baterías (20,4 kW)	[644], [653]
	Santa Cruz del Islote	Santa Cruz del Islote	—	Generador diésel (116 kW) Fotovoltaica (68 kW)	Sí (baterías), no encontrada información	[71], [652]
	Santander	Laboratorio de Integración Energética (LIE) de la Universidad Industrial de Santander	Fuente programable AC 12 kVA Fuente bidireccional DC 12 kVA Cargas eléctricas varias	Fotovoltaica (3 kW) Generador gasolina (1,6 kW) Eólica (emulado con motor-generador 2 HP)	—	[644]
Escocia	Isla de Eigg	Isla de Eigg	Abastecimiento a 90 residentes	1 instalación hidroeléctrica (100 kW)	—	[71], [654]

País	Localización	Nombre o entidad	Consumos	Generación*	Almacenamiento*	Info**
España				2 mini instalaciones hidroeléctricas (10 kW) Eólica (4 x 6 kW) Fotovoltaica (32 kW)		
	Isla de Muck	Isla de Muck	Abastecimiento a 38 habitantes	2 generadores diésel (40 kW y 25 kW) Eólica (6 x5 kW) Fotovoltaica (33 kW)	3 bancos de baterías (cada uno 24 baterías de ciclo profundo a 48 V y 2242 Ah) o un total para el conjunto del 150 kWh	[71], [655]
	Barcelona	CITCEA-UPC	Cargas trifásicas electrónicas totalmente controlables Vehículos eléctricos emulados	Emuladores programables de: Fotovoltaica (hasta 20 kVA) Eólica (hasta 20 kVA) Grupo electrógeno (hasta 20 kVA) V2G (hasta 20 kVA)	Pb-ácido Ion litio Supercondensadores Emulación de baterías de cualquier tecnología con 20 kVA de potencia y capacidad modificable	[656]
	Ciudad Real	CNH2	Electrolizador Carga programable Cargas domésticas Punto de recarga del vehículo eléctrico	Fotovoltaica (3240 W) Eólica (800 W)	Alm. H_2 Baterías gel (960 Ah) Pila combustible (1200 W)	[657]
	El Hierro	El Hierro	Demanda 10 890 habitantes	Hidroeólica (11,5 MW eólicos + 11,3 MW hidroeléctricos) 500 m^2 colectores solares térmicos, Fotovoltaica (50 kW) Biomasa	Bombeo 6 MW	[658]
	Barcelona	ENDESA	Clientes (domésticos 11 000, sector servicios 900 e industriales 300)	Cogeneración gas natural (10 MW) 9 instalaciones fotovoltaicas (295 kW) 2 × eólica (10 kW)	Li-fosfato-Fe (106 kWh) Li-fosfato-Fe (24 kWh)	[659]
	Zaragoza	GISEP	Motor + variador + freno	Fotovoltaica (5 kW)	Batería + inversor	[660]
	Barcelona	IREC	Cargas resistivas	3 × eólica (5 kVA) Eólica (30 kVA)	Flywheel (30 kJ) Ion-litio (1,9 kWh) Ultracondensadores (44 Wh)	[659]
	Valencia	ITE	Cargas trifásicas Carga fluctuante Resistencias Electrolizador Aparatos domésticos	Fotovoltaica (7 kW) Eólica (7 kW)	Hidrógeno en botellas (52 kWh) Supercondensadores (190 Wh) Litio polímero (6,29 kWh) Electrolizador Pila combustible (5,7 kW)	[659]

País	Localización	Nombre o entidad	Consumos	Generación*	Almacenamiento*	Info**
	Zaragoza	LIER	Punto de recarga del vehículo eléctrico 2 vehículos eléctricos Resistencias Generador huecos tensión 3 motores asíncronos 2 motores de corriente continua	Eólica (4.000 W) Fotovoltaica (10 kW)	Ion litio (32,2 kWh) Supercondensadores (22 kW)	[660]
	Madrid	LINTER	Bombas de calor (10 kW) Alumbrado (5 kW) Cocinas eléctricas (15 kW) Lavavajillas (5 kW) Punto de recarga del vehículo eléctrico	Fotovoltaica (56 kW) Eólica (3,5 kW) Motor gas natural (5,5 kW)	—	[659]
Estados Unidos	Albuquerque	Albuquerque–NEDO (Japón)	Abastecimiento al pueblo	Sistema de cogeneración de motores de gas Fotovoltaica (500 MW)	Pila de combustible, un sistema de almacenamiento de baterías y almacenamiento térmico	[8], [661]
	Fort Colins	Fort Collins Zero Energy District	Abastecimiento a ciudadanos e industrias de la ciudad	Generación distribuida (5 MW) Fotovoltaica (345 kW) Calor y electricidad combinados (700 kW) Microturbinas de gas (60 kW)	Pila de combustible (5 kW)	[662]
	Kodiak Island Microgrid	Alaska	Abastecimiento a la población de 15 000 habitantes	Eólica (9 MW) 3 turbinas hidroeléctricas (30 MW)	2 sistemas de baterías (1,5 MW)	[662]
	Santa Bárbara	Direct Relief Microgrid	Cargas del centro de logística médico	Generador diésel (600 kW) Fotovoltaica (320 kW)	Sistema de baterías (676 kWh)	[662]
	Los Alamos	Los Alamos–NEDO (Japón)	Sistema residencial de 20000 habitantes	Fotovoltaica (2 MW)	NaS y plomo-ácido de más de 1 MW	[8], [663]
Francia	Carros	Nice Grid	Cargas gestionables (2 MW)	Fotovoltaica (2,5 MW)	Ion–litio (2 MW)	[664]
	Provence-Alpes-Côte d'Azur	Réflexe	Demanda comercial e industrial	Fotovoltaica Turbina gas Motor biogás	Almacenamiento térmico Baterías	[665]
Italia	Milán	CESI	Carga inductiva controlable (100 kW) Carga capacitiva (150 kVA)	6 fotovoltaica (24 kW) Grupo diésel (7 kVA) Motor Stirling (10 kW)	Pb-ácido Batería redox vanadio (42 kW) Pb-ácido (100 kW) 2 × zebra (64 kW)	[666]

País	Localización	Nombre o entidad	Consumos	Generación*	Almacenamiento*	Info**
					Flywheel (100 kW)	
Jamaica	Kingston	University of West Indies	Edificios campus universitario	Fotovoltaica (3S0 kW)	Sistema de baterías de *backup*	[667]
Japón	Miyagi	Higashi-Matsushina	4 hospitales, fábricas, edificios públicos y 85 hogares	Generador Bio-diésel (500 kW) Fotovoltaica (470 kW)	NaS (500 kWh)	[71], [668]
	Kashiwa City	Kashiwa-no-ha	Dos barrios residenciales	Cogeneración (350 kW) Generador biogás (200 kW) Generador Gas (2 MW) Fotovoltaica (700 kW) Eólica (3 kW)	Na-S (1,8 MW) Ion-litio (100 kW)	[71], [669]
	Kitakyushu City	Kitakyushu	Población en 225 casas residenciales	Cogeneración (33 MW) Fotovoltaica (5 MW) Eólica (30 kW) Geotérmica (400 kW)	Pila combustible (300 W)	[71], [670]
	Tokio	Shimizu	Varios (doméstico, hoteles, campus, etc.)	Turbina gas (27 kW) Generador diésel (22 kW) Fotovoltaica (10 kW)	Pb-ácido (20 kWh) Supercondensadores (10 kW × 4 s) Batería NiMH (200 kW x 2 h)	[671]
México	La Paz, Baja California Sur	SYSYSAN Solar Desalination Microgrid	—	Fotovoltaica (100 kW)	—	[71]
	Michoacán	Facultad de Ingeniería Eléctrica de la Universidad Michoacana de San Nicolás de Hidalgo	—	Fotovoltaica (9 kW) Eólica (3x5 kW)	—	[644]
	Puertecitos, Baja California	Instituto de Ingeniería de la Universidad Autónoma de Baja California	Población de Puertecitos	Fotovoltaica (55,2 kW) Eólica (5 kW) Grupo Diésel (75 kVA)	Sistema de baterías de 522 kWh	[229], [644]
	Puebla	Universidad Popular Autónoma del Estado de Puebla	—	Fotovoltaica (174,1 kW)	—	[71], [672]
	Xcalak, Quintana Roo	—	—	Fotovoltaica (11,2 kW) Eólica (60 kW		[673]
	Isla Santa Margarita, Baja California Sur	—	—	Fotovoltaica (2,3 kW) Eólica (15 kW) Grupo Diésel (60 kVA)	—	[673]
	San Juanico, Baja California Sur	APS/CFE	Población de San Juanico	Fotovoltaica (17 kW) Eólica (70 kW) Grupo Diésel (80 kVA)	—	[673]
	Pachuca, Hidalgo	—	—	Fotovoltaica (2,7 kW) Eólica (2,5 kW)	1500 Ah	[673]

País	Localización	Nombre o entidad	Consumos	Generación*	Almacenamiento*	Info**
				Grupo Gasolina (6,4 kVA)		
Perú	Alto Perú	Programa PAER	20 hogares 1 centro de salud 2 restaurantes	Fotovoltaica (4,7 kW) Microhidráulica (2 kW) Eólica (2,4 kW, 2x1,2 kW)	–	[644]
	Tambopata – Madre de Dios	SINANPE	Albergues turísticos	Fotovoltaica (8,1 kW) Grupo diésel (10 kVA)	Sistema de baterías (825 Ah)	[644]
Puerto Rico	Castañer	Puerto Rico Small Business Administration, Cooperativa Hidroeléctrica de la Montaña y Universidad de Puerto Rico Mayagüez	Abastece a los habitantes y a 5 empresas locales	Fotovoltaica (225 kW)	Sistema de baterías (500 kWh)	[662]
	Maricao	Puerto Rican Solar Business Accelerator	Abastecer a 5000 habitantes	Fotovoltaica (140 kW)	Sistema de baterías (169 kWh)	[662]
Tanzania	Arusha	Microrred simulada	Simulación para abastecer de energía a población rural con 1.000 kWh/day	Fotovoltaica (30 kW) Eólica (4 × 4 kW) Biogás (40 kW)	Sistema de baterías (5 × 5 kW)	[674]
	Rafiki microrred	Ololosokwan	Abastecer a los habitantes de la zona	Fotovoltaica (6 kW)	Sistema de baterías a 24 V (375 baterías × 750 Ah)	[675]
Venezuela	Jacque–Estado de Falcón	Programa "Sembrando Luz"	Formado por 4 microrredes eléctricas, de 10, 20, 30 y 40 usuarios cada una	Grupo diésel (sin especificar) Fotovoltaica (sin especificar) Eólica (sin especificar)	Baterías (sin especificar)	[644], [676]

* Información procedente de las fuentes

** Fuentes donde ampliar información

– Información no encontrada

8.8. Resumen

En este capítulo ha quedado evidenciada la necesidad de experimentación real en el ámbito de las microrredes eléctricas. Una vez realizadas pruebas de simulación/emulación, se considera esencial la validación en entornos reales. De tales experiencias se pueden conseguir resultados satisfactorios para la mejora de las microrredes eléctricas. No obstante, numerosas microrredes eléctricas ya han sido desplegadas por todo el mundo en los últimos 30 años, lo cual demuestra que son una realidad y, además, necesarias en muchas zonas del planeta.

Se han presentado los principales proyectos demostradores de microrredes eléctricas en España, América Latina, Europa, Estados Unidos, Asia, Australia y África. Todos los proyectos presentan diferentes tecnologías de generación distribuida y almacenamiento eléctrico, lo que ha permitido que el concepto de microrred eléctrica sea conocido globalmente y en la mayoría de los casos, en zonas remotas (islas, zonas rurales, etc.).

El capítulo finaliza mostrando algunos otros emplazamientos a nivel mundial con microrredes eléctricas, los cuales han servido para la realización de proyectos y al igual que los demostradores de España presentados, podrán servir para la validación de tecnologías de futuro en nuevos proyectos.

Lo que parece evidente es que disponer de demostradores con diferentes tecnologías de generación distribuida y almacenamiento eléctrico permitirá validar diferentes entornos de microrredes eléctricas. La casuística tanto de generación distribuida como de almacenamiento eléctrico es enorme, ya que se debe recordar que la microrred eléctrica dispondrá de elementos en base a los diferentes recursos disponibles (hablando de generación). No obstante y para la demostración de que los sistemas de generación híbridos son complementarios, microrredes eléctricas con tecnologías de generación heterogéneas posibilitará el aumento del atractivo hacia las microrredes eléctricas.

Nuevos avances en tecnologías de la información y comunicaciones, algoritmos de gestión y decisión, sistema de gestión de la distribución, previsión, etc., deberán ser probados y validados en entornos reales. Por tanto, disponer de una gran base de datos de demostradores potenciales de microrredes eléctricas facilitará la búsqueda del entorno más adecuado para la experiencia requerida.

8.9. Preguntas y cuestiones de autoevaluación

1. Una vez leído este capítulo, haga una reflexión sobre la tipología de microrredes eléctricas presentadas (recuerde que son una pequeñísima parte). Haga una introspección sobre tamaño de la microrred eléctrica, componentes, etc.

2. De las microrredes presentadas, identifique 5 microrredes eléctricas instaladas en el entorno rural y otras 5 en entorno urbano.

3. A partir de las siguientes microrredes eléctricas: CEDER-CIEMAT (España), Universidad de Cuenca (Ecuador), Kythos (Grecia) y Aichi (Japón), localice en internet los sistemas de monitorización y comunicaciones que emplean.

4. Supongamos una microrred eléctrica con los siguientes elementos de generación: grupo diésel, fotovoltaica y eólica; además, dispone de un sistema de baterías. A partir de los anteriores componentes localice, al menos, 1 microrred eléctrica de las presentadas, que se ajuste a dichos componentes.

5. A partir de la pregunta 4, plantee 2 microrredes eléctricas totalmente distintas. Manteniendo los elementos de la pregunta 4, defina rangos de potencia a cada una de las 2 microrredes distintas, que hagan que sean totalmente distintas.

6. A partir de su elección en la pregunta 5, defina totalmente cada una de las microrredes eléctricas, en cuanto a su tamaño físico, entorno donde encajaría (rural o urbano) y otros detalles que pueda proponer.

7. En base a lo presentado en el capítulo, marque una clara diferencia entre las microrredes eléctricas instaladas en Europa, Japón, China y Estados Unidos, frente a las instaladas en África y la mayoría de los emplazamientos de América Latina.

8. En el Capítulo 1 se identificaron algunos programas que han ayudado al despliegue de microrredes eléctricas en el pasado. Indudablemente este tipo de programas continúan, al igual que otros programas que apoyan la penetración de las tecnologías renovables o el vehículo eléctrico. En este sentido, encuentre en internet al menos un programa de los siguientes países: Estados Unidos, Alemania, Sudáfrica, Australia y Corea del Sur.

9. A partir de lo encontrado en la pregunta 8, realice una tabla comparativa donde recoja la siguiente información de cada uno de los programas: duración, cuantía total, beneficiarios, elementos que subvenciona, condiciones de la convocatoria (subvención, préstamo, etc.).

10. Empleando Google Scholar, localice las 2 primeras microrredes eléctricas desplegadas en la historia.

11. Según su búsqueda, identifique de ambas microrredes eléctricas: año de instalación, elementos instalados, potencia total (incluyendo elementos de generación y almacenamiento).

12. En el momento de la lectura, haga una búsqueda en internet de despliegue de microrredes en la actualidad. Localice una microrred extensa con una potencia de generación del orden de MW y localice igualmente una microrred eléctrica de extensión reducida y con una potencia de generación del orden de kW.

13. A partir de la pregunta 12, establezca una comparación componente a componente y en función de tamaño y potencia de las instalaciones, con las microrredes encontradas en la pregunta 10.

14. Localice en internet una microrred eléctrica del continente africano que esté activa en la actualidad, pero que obligatoriamente disponga de generador diésel en su configuración de componentes de generación.

15. A partir de la pregunta 14, calcule el porcentaje que representa el generador diésel con respecto al total de la generación que dispone la microrred eléctrica.

16. Localice en internet una microrred que disponga de *flywheel* como elemento a integrar.

17. En base a la información mostrada en este capítulo e indagaciones que pueda hacer a través de internet, elabore una tabla con tecnologías de almacenamiento instaladas en microrredes eléctricas.

18. En el capítulo se ha presentado una *"microrred de energía virtual"*. Investigue en internet si existen otras microrredes desplegadas bajo esta denominación.

19. Con independencia de lo encontrado en la pregunta 18, localice en internet al menos 2 proyectos de multimicrorredes desplegados en el mundo.

20. A partir de 19, realice una comparativa entre una microrred eléctrica clásica y una multimicrorred y destaque las peculiaridades de cada una de ellas.

21. Una vez expuesta la microrred eléctrica de CEDER-CIEMAT, realice un esquema con los principales componentes que la conforman.

22. Con respecto a la microrred eléctrica de *i-share*, identifique todos los componentes de generación disponibles.

23. Con respecto a la microrred eléctrica de Tecnalia, identifique todos los componentes de almacenamiento eléctrico disponibles.

24. Con respecto a la microrred eléctrica de ATENEA, identifique todas las cargas eléctricas disponibles,

25. ¿Cuál es el objetivo principal de la microrred eléctrica de Tecnalia-*Smart Grids communications*?

26. Si se compara la microrred eléctrica de la Universidad de Cuenca (Ecuador) con la mayoría de las microrredes presentadas en España, ¿qué rasgo es el diferenciador de la microrred eléctrica ecuatoriana?

27. En la microrred eléctrica de INTEC (República Dominicana), ¿cómo se hace el control de la carga?

28. Con respecto a la microrred eléctrica de la Universidad de Antioquia (Colombia), identifique todos los componentes que la conforman.

29. Identifique todos los componentes de la microrred de la escuela rural "*Maestra Florentina Carreño*" (Argentina).

30. Identifique todos los componentes del proyecto MERGE (Brasil).

REFERENCIAS BIBLIOGRÁFICAS

[1]   European Union, «European SmartGrids Technology Platform». Accedido: 12 de mayo de 2023. [En línea]. Disponible en: https://op.europa.eu/en/publication-detail/-/publication/a2ea8d86-7216-444d-8ef5-2d789fa890fc/language-en.

[2]   L. Hernández Callejo, «Aplicación de técnicas no lineales y otros paradigmas en smart grid/microgrid/virtual power plant», Universidad de Valladolid, Valladolid, 2014. Accedido: 12 de mayo de 2023. [En línea]. Disponible en: https://dial-net.unirioja.es/servlet/tesis?codigo=294648&info=resumen&idioma=SPA.

[3]   J. Ekanayake, N. Jenkins, y A. Yokoyama, *Smart Grid Technology and Applications*. Wiley, 2012. Accedido: 12 de mayo de 2023. [En línea]. Disponible en: https://www.wiley.com/en-us/Smart+Grid%3A+Technology+and+Applications-p-9780470974094.

[4]   F. Guo, C. Wen, y Y.-D. Song, *Distributed control and optimization technologies in smart grid systems*. Routledge Taylor & Francis Group. Accedido: 12 de mayo de 2023. [En línea]. Disponible en: https://www.routledge.com/Distributed-Control-and-Optimization-Technologies-in-Smart-Grid-Systems/Guo-Wen-Song/p/book/9781032339337.

[5]   J. Momoh, *Smart Grid Fundamentals of Design and Analysis*. Wiley, 2012. Accedido: 12 de mayo de 2023. [En línea]. Disponible en: https://www.wiley.com/en-ie/Smart+Grid%3A+Fundamentals+of+Design+and+Analysis-p-9781118156100.

[6]   L. G. González, «Control coordinado de tensión en redes de distribución activas», Universidad Carlos III de Madrid, Madrid, 2015. Accedido: 12 de mayo de 2023. [En línea]. Disponible en: https://e-archivo.uc3m.es/handle/10016/22504.

[7]   A. G. Anastasiadis *et al.*, «Economic benefits from the coordinated control of Distributed Energy Resources and different Charging Technologies of Electric Vehicles in a Smart Microgrid», *Energy Procedia*, vol. 119, pp. 417-425, jul. 2017, doi: 10.1016/J.EGYPRO.2017.07.125.

[8]   N. Hatziargyriou, *Microgrids: Architectures and Control*. Wiley-IEEE Press , 2014. Accedido: 12 de mayo de 2023. [En línea]. Disponible en: https://ieeexplore.ieee.org/book/6685216.

[9]   A. Anvari-Moghaddam, H. Abdi, B. Mohammadi-Ivatloo, y N. Hatziargyriou, *Microgrids: Advances in Operation, Control, and Protection*. en Power Systems. Cham: Springer International Publishing, 2021. doi: 10.1007/978-3-030-59750-4.

[10]   S. Marzal Romeu, «Concepción e integración de arquitecturas y protocolos de comunicación dentro de sistemas de supervisión y control de microrredes inteligentes», Universitat Politècnica de València, Valencia (Spain), 2019. doi: 10.4995/THESIS/10251/124345.

[11]   E. Perea Olabarria, *La Microrred, Una Alternativa De Futuro Para Un Suministro Energético Integral*. Tecnalia Corporación Tecnológica, 2008. Accedido: 12 de mayo de 2023. [En línea]. Disponible en: https://www.todostuslibros.com/libros/la-microrred-una-alternativa-de-futuro-para-un-suministro-energetico-integral_978-84-612-7972-2

[12]   L. Fusheng, L. Ruisheng, y Z. Fengquan, *Microgrid technology and engineering application*. Elsevier Inc., 2016. doi: 10.1016/c2013-0-18521-2.

[13]   M. S. Mahmoud, *Microgrids: Advanced Control Methods and Renewable Energy System Integration*. Elsevier, 2017. Accedido: 12 de mayo de 2023. [En línea]. Disponible en: http://www.sciencedirect.com:5070/book/9780081017531/microgrid

[14]   S. P. Chowdhury y P. Crossley, *Microgrids and active distribution networks*. IET - The Institution of Engineering and Technology, 2009.

[15]   J. M. Guerrero y R. Kandari, *Microgrids: modeling, control and applications*. Elsevier, 2021. doi: 10.1016/B978-0-323-85463-4.00001-0.

[16]   R. D. Medina, «Microrredes basadas en Electrónica de Potencia: Características, Operación y Estabilidad», *Ingenius*, n.º 2, pp. 15-23, dic. 2008, doi: 10.17163/INGS.N12.2014.02.

[17]   R. Allen y E. Jacobs, *Microgrids: design, applications and control*. Nova Science Pub Inc, 2018.

[18]   D. Zheng, W. Zhang, S. N. Alemu, P. Wang, y G. T. Bitew, *Microgrid Protection and Control*. Elsevier, 2021. doi: 10.1016/B978-0-12-821189-2.00015-2.

[19]   F. Delfino, R. Procopio, M. Rossi, M. Brignone, M. Robba, y S. Bracco, *Microgrid design and operation: toward smart energy in cities*. Artech House Publishers, 2018.

[20]   J. Morán, *Thomas Edison: el sueño americano*. Susaeta, 2013. Accedido: 13 de mayo de 2023. [En línea]. Disponible en: https://www.casadellibro.com/libro-thomas-edison/9788467722260/2204579

[21]   N. Tesla, «A new system of alternate current motors and transformers», *Proceedings of the IEEE*, vol. 72, n.º 2, pp. 165-173, 1984, doi: 10.1109/PROC.1984.12838.

[22]   «Wikichicos/Energías renovables/Introducción», Wikilibros. Accedido: 13 de mayo de 2023. [En línea]. Disponible en: https://es.wikibooks.org/wiki/Wikichicos/Energ%C3%ADas_renovables/Introducci%C3%B3n.

[23]   Y. Kabalci, «A survey on smart metering and smart grid communication», *Renewable and Sustainable Energy Reviews*, vol. 57, pp. 302-318, may 2016, doi: 10.1016/J.RSER.2015.12.114.

[24]   General Electric, «Defining the Smart Grid», 2011.

[25]   A. Toffler, *El Shock del futuro*. Plaza & Jones, 1982.

[26]   «NetworldEurope ETP – European Technology Platform», NetworldEurope ETP. Accedido: 13 de mayo de 2023. [En línea]. Disponible en: https://www.networldeurope.eu/.

[27]   «Diferencias entre Smart Grids y Redes Eléctricas Convencionales», Global Electricity. Accedido: 13 de mayo de 2023. [En línea]. Disponible en: https://globalelectricity.wordpress.com/2013/12/19/diferencias-entre-smart-grids-y-redes-electricas-convencionales/.

[28]   S. Blanco, «Las redes eléctricas inteligentes: El aporte de las TIC», 2010.

[29]   J. S. Vardakas, N. Zorba, y C. V. Verikoukis, «A Survey on Demand Response Programs in Smart Grids: Pricing Methods and Optimization Algorithms», *IEEE Communications Surveys and Tutorials*, vol. 17, n.º 1, pp. 152-178, ene. 2015, doi: 10.1109/COMST.2014.2341586.

[30]   M. H. Albadi y E. F. El-Saadany, «Demand response in electricity markets: An overview», *2007 IEEE Power Engineering Society General Meeting, PES*, jun. 2007, doi: 10.1109/PES.2007.385728.

[31]   S. Pal y R. Kumar, «Electric Vehicle Scheduling Strategy in Residential Demand Response Programs with Neighbor Connection», *IEEE Trans Industr Inform*, vol. 14, n.º 3, pp. 980-988, mar. 2018, doi: 10.1109/TII.2017.2787121.

[32]   I. B. Weinstock, «Recent advances in the US Department of Energy's energy storage technology research and development programs for hybrid electric and electric vehicles», *J Power Sources*, vol. 110, n.º 2, pp. 471-474, ago. 2002, doi: 10.1016/S0378-7753(02)00211-2.

[33]   A. Arif, M. Al-Hussain, N. Al-Mutairi, E. Al-Ammar, Y. Khan, y N. Malik, «Experimental study and design of smart energy meter for the smart grid», *Proceedings of 2013 International Renewable and Sustainable Energy Conference, IRSEC 2013*, pp. 515-520, 2013, doi: 10.1109/IRSEC.2013.6529714.

[34]   A. Cooper, «Electric Company Smart Meter Deployments: Foundation for A Smart Grid», 2016.

[35]   R. Lutolf, «Smart Home concept and the integration of energy meters into a home based system», en *Seventh International Conference on Metering Apparatus and Tariffs for Electricity Supply, 17-19 November 1992*, Institution of Electrical Engineers, 1992, p. 308.

[36]   N. IqtiyaniIlham, M. Hasanuzzaman, y M. Hosenuzzaman, «European smart grid prospects, policies, and challenges», *Renewable and Sustainable Energy Reviews*, vol. 67, pp. 776-790, ene. 2017, doi: 10.1016/J.RSER.2016.09.014.

[37]   «The Kukui Cup Project », Kukuicup. Accedido: 14 de mayo de 2023. [En línea]. Disponible en: https://kukuicup.org/.

[38]   D. V. Gibson, G. Kozmetsky, y R. W. Smilor, *The Technopolis phenomenon: smart cities, fast systems, global networks*. Rowman & Littlefield Publishers, 1992. Accedido: 14 de mayo de 2023. [En línea]. Disponible en: https://www.worldcat.org/es/title/technopolis-phenomenon-smart-cities-fast-systems-global-networks/oclc/25676154.

[39]   A. H. Buckman, M. Mayfield, y S. B. M. Beck, «What is a smart building?», *Smart and Sustainable Built Environment*, vol. 3, n.º 2, pp. 92-109, sep. 2014, doi: 10.1108/SASBE-01-2014-0003/FULL/XML.

[40] G. Fortino, A. Guerrieri, W. Russo, y C. Savaglio, «Middlewares for smart objects and smart environments: Overview and comparison», en *Internet of Things*, vol. 0, n.º 9783319004907, Springer International Publishing, 2014, pp. 1-27. doi: 10.1007/978-3-319-00491-4_1/TABLES/4.

[41] S. Li, L. Da Xu, y S. Zhao, «The internet of things: a survey», *Information Systems Frontiers*, vol. 17, n.º 2, pp. 243-259, abr. 2015, doi: 10.1007/S10796-014-9492-7/FIGURES/7.

[42] L. Hernández *et al.*, «A Study of the Relationship between Weather Variables and Electric Power Demand inside a Smart Grid/Smart World Framework», *Sensors*, vol. 12, n.º 9, pp. 11571-11591, ago. 2012, doi: 10.3390/S120911571.

[43] C. F. Capra, «The Smart City and its Citizens: Governance and Citizen Participation in Amsterdam Smart City», *International Journal of E-Planning Research (IJEPR)*, vol. 5, n.º 1, p. 19, 2016, doi: 10.4018/IJEPR.2016010102.

[44] A. Shamsuzzoha, J. Niemi, S. Piya, y K. Rutledge, «Smart city for sustainable environment: A comparison of participatory strategies from Helsinki, Singapore and London», *Cities*, vol. 114, p. 103194, jul. 2021, doi: 10.1016/J.CITIES.2021.103194.

[45] V. Potdar, S. Batool, y A. Krishna, «Risks and Challenges of Adopting Electric Vehicles in Smart Cities», en *Smart Cities*, Springer, Cham, 2018, pp. 207-240. doi: 10.1007/978-3-319-76669-0_9.

[46] E. Z. Berglund, J. G. Monroe, I. Ahmed, y M. Noghabaei, «Smart Infrastructure: A Vision for the Role of the Civil Engineering Profession in Smart Cities», *Journal of Infrastructure Systems*, vol. 26, n.º 2, abr. 2020, doi: 10.1061/(ASCE)IS.1943-555X.0000549.

[47] E. L. Glaeser y C. R. Berry, «Why Are Smart Places Getting Smarter?», *Policy Briefs*, vol. 84, n.º 3, 2005, Accedido: 14 de mayo de 2023. [En línea]. Disponible en: http://www.ksg.harvard.edu/rappaportwww.ksg.harvard.edu/taubmancenter.

[48] D. Walters, «Smart cities, smart places, smart democracy: Form-based codes, electronic governance and the role of place in making smart cities», *https://doi.org/10.1080/17508975.2011.586670*, vol. 3, n.º 3, pp. 198-218, 2011, doi: 10.1080/17508975.2011.586670.

[49] G. B. Narejo, B. Acharya, R. S. Sarban Singh, y F. Newagy, *Microgrids: design, challenges, and prospects*. CRC Press, 2021.

[50] S. K. Kottayil, *Smart microgrids*. CRC Press, 2020.

[51] S. A. Roosa, *Fundamentals of Microgrids Development and Implementation*. CRC Press 2021, 2021.

[52] B. Lasseter, «Microgrids [distributed power generation]», *2001 IEEE Power Engineering Society Winter Meeting, PES 2001 - Conference Proceedings*, vol. 1, pp. 146-149, 2001, doi: 10.1109/PESW.2001.917020.

[53] E. I. Baring-Gould, «Village microgrids: The Chile project», en *Village power `97*, Arlington (US), dic. 1997.

[54] «CERTS - Consortium For Electric Reliability Technology Solutions», CERTS . Accedido: 14 de mayo de 2023. [En línea]. Disponible en: https://certs.lbl.gov/

[55] A. Sumper, *Micro and local power markets*. Wiley, 2019.

[56] Vectores de dominio público, «Planta solar», Vectores de dominio público. Accedido: 2 de julio de 2023. [En línea]. Disponible en: https://publicdomainvectors.org/es/vectoriales-gratuitas/Planta-solar/83768.html.

[57] Pixabay, «Seguridad Control Acceso», Pixabay. Accedido: 2 de julio de 2023. [En línea]. Disponible en: https://pixabay.com/es/illustrations/seguridad-control-acceso-proteccion-4497950/.

[58] Vectores de dominio público, «Ilustración de pilas y acumuladores», Vectores de dominio público. Accedido: 2 de julio de 2023. [En línea]. Disponible en: https://publicdomainvectors.org/es/vectoriales-gratuitas/Ilustraci%C3%B3n-de-pilas-y-acumuladores/31153.html.

[59] R. Thorpe, J. Gold, y J. Lawler, «Locating Distributed Leadership», *International Journal of Management Reviews*, vol. 13, n.º 3, pp. 239-250, sep. 2011, doi: 10.1111/J.1468-2370.2011.00303.X.

[60] J. L. López-Prado, J. I. Vélez, y G. A. Garcia-Llinás, «Reliability Evaluation in Distribution Networks with Microgrids: Review and Classification of the Literature», *Energies (Basel)*, vol. 13, n.º 23, p. 6189, nov. 2020, doi: 10.3390/EN13236189.

[61] A. Ghafouri, J. Milimonfared, y G. B. Gharehpetian, «Classification of Microgrids for Effective Contribution to Primary Frequency Control of Power System», *IEEE Syst J*, vol. 11, n.º 3, pp. 1897-1906, sep. 2017, doi: 10.1109/JSYST.2015.2492949.

[62] E. Unamuno y J. A. Barrena, «Hybrid ac/dc microgrids—Part I: Review and classification of topologies», *Renewable and Sustainable Energy Reviews*, vol. 52, pp. 1251-1259, dic. 2015, doi: 10.1016/J.RSER.2015.07.194.

[63] F. Martin-Martínez, A. Sánchez-Miralles, y M. Rivier, «A literature review of Microgrids: A functional layer-based classification», *Renewable and Sustainable Energy Reviews*, vol. 62, pp. 1133-1153, sep. 2016, doi: 10.1016/J.RSER.2016.05.025.

[64] Z. Shuai *et al.*, «Microgrid stability: Classification and a review», *Renewable and Sustainable Energy Reviews*, vol. 58, pp. 167-179, may 2016, doi: 10.1016/J.RSER.2015.12.201.

[65] L. A. Paredes, B. R. Serrano, y M. G. Molina, «Microrredes - una revisión metodológica en el contexto actual de los sistemas eléctricos», *Eléctrica*, vol. 49, 2019, Accedido: 14 de mayo de 2023. [En línea]. Disponible en: https://ri.conicet.gov.ar/bitstream/handle/11336/125005/CONICET_Digital_Nro.226ffd5a-9bca-4858-a78f-3267ed249fdc_A.pdf?sequence=2&isAllowed=y.

[66] I. Delgado Espinós, «Proyecto OVI-RED: Operador Virtual de Microrredes. Ignacio Delgado Espinós Instituto Tecnológico de la Energía», en *I Congreso Iberoamericano sobre Microrredes con Generación Distribuida de Renovables*, Soria (España), sep. 2013. Accedido: 23 de mayo de 2023. [En línea]. Disponible en: https://docplayer.es/54668403-Proyecto-ovi-red-operador-virtual-de-microrredes-ignacio-delgado-espinos-instituto-tecnologico-de-la-energia.html.

[67] R. K. Chauhan, K. Chauhan, y S. N. Singh, *Microgrids for rural areas: research and case studies*. IET - The Institution of Engineering and Technology, 2020.

[68] C. Crasta, S. Mishra, H. Agabus, I. Palu, y F. Wen, «Numerical demonstration of a transactive energy trading model for microgrids», *IET Renewable Power Generation*, vol. 16, n.º 4, pp. 792-806, mar. 2022, doi: 10.1049/RPG2.12431.

[69] R. H. Lasseter y P. Paigi, «Microgrid: A conceptual solution», *PESC Record - IEEE Annual Power Electronics Specialists Conference*, vol. 6, pp. 4285-4290, 2004, doi: 10.1109/PESC.2004.1354758.

[70] F. Khavari, A. Badri, y A. Zangeneh, «Energy management in multi-microgrids considering point of common coupling constraint», *International Journal of Electrical Power & Energy Systems*, vol. 115, p. 105465, feb. 2020, doi: 10.1016/J.IJEPES.2019.105465.

[71] S. ya Obara y J. Morel, *Clean Energy Microgrids*. IET - The Institution of Engineering and Technology, 2016. Accedido: 12 de mayo de 2023. [En línea]. Disponible en: https://blackwells.co.uk/bookshop/product/Clean-Energy-Microgrids-by-Shinya-Obara-editor-Jorge-Morel-editor/9781785610974.

[72] G. Gajardo, A. Hansen, D. Riquelme, P. E. Melin, y J. I. Guzman, «A technical study toward the implementation of an experimental microgrid in Universidad del Bío-Bío», en *2021 IEEE International Conference on Automation/24th Congress of the Chilean Association of Automatic Control, ICA-ACCA 2021*, Institute of Electrical and Electronics Engineers Inc., mar. 2021. doi: 10.1109/ICAACCA51523.2021.9465262.

[73] H. Saboori, M. Mohammadi, y R. Taghe, «Virtual power plant (VPP), definition, concept, components and types», *Asia-Pacific Power and Energy Engineering Conference, APPEEC*, 2011, doi: 10.1109/APPEEC.2011.5749026.

[74] J. F. Venegas-Zarama, J. I. Munoz-Hernandez, L. Baringo, P. Diaz-Cachinero, y I. De Domingo-Mondejar, «A Review of the Evolution and Main Roles of Virtual Power Plants as Key Stakeholders in Power Systems», *IEEE Access*, vol. 10, pp. 47937-47964, 2022, doi: 10.1109/ACCESS.2022.3171823.

[75] L. F. M. van Summeren, A. J. Wieczorek, G. J. T. Bombaerts, y G. P. J. Verbong, «Community energy meets smart grids: Reviewing goals, structure, and roles in Virtual Power Plants in Ireland, Belgium and the Netherlands», *Energy Res Soc Sci*, vol. 63, p. 101415, may 2020, doi: 10.1016/J.ERSS.2019.101415.

[76] CORDIS, «FENIX Project», Comisión Europea. Accedido: 15 de mayo de 2023. [En línea]. Disponible en: https://cordis.europa.eu/article/id/88207-enhancing-global-contribution-of-electricity-networks/es.

[77] J. Corera, «Virtual Power Plant Concept in Electrical Networks», en *2nd International Conference on Integration of Renewable and Distributed Energy Resources*, Napa (US): IRED, dic. 2006.

[78] I. Bel, A. Valenti, J. M. Corera, P. Lang, y J. Maire, «Innovative operation with aggregated distributed generation», en *19th International Conference on Electricity Distribution*, Vienna (Austria): CIRED, may 2007, pp. 21-24.

[79] M. Braun, «Virtual Power Plants in Real Applications - Pilot Demonstrations in Spain and England as part of the European project FENIX», en *Internationaler ETG-Kongress 2009*, Düsseldorf (Germany), oct. 2009. Accedido: 15 de mayo de 2023. [En línea]. Disponible en: https://www.vde-verlag.de/proceedings-en/453194005.html.

[80] D. W. Su, J. N. Pang, y H. Jiang, «Review on Functions and Control Technologies of Virtual Power Plant», *Applied Mechanics and Materials*, vol. 644-650, pp. 3767-3772, 2014, doi: 10.4028/WWW.SCIENTIFIC.NET/AMM.644-650.3767.

[81] Idae, «Comunidades Energéticas», Idae. Accedido: 16 de mayo de 2023. [En línea]. Disponible en: https://www.idae.es/ayudas-y-financiacion/comunidades-energeticas.

[82] EUR-Lex, «Directiva (UE) 2019/944 del Parlamento Europeo y del Consejo, de 5 de junio de 2019», EUR-Lex. Accedido: 16 de mayo de 2023. [En línea]. Disponible en: https://eur-lex.europa.eu/legal-content/ES/TXT/?uri=CELEX%3A32019L0944.

[83] EUR-Lex, «Directiva (UE) 2018/2001 del Parlamento Europeo y del Consejo, de 11 de diciembre de 2018», EUR-Lex. Accedido: 16 de mayo de 2023. [En línea]. Disponible en: https://eur-lex.europa.eu/legal-content/ES/ALL/?uri=CELEX:32018L2001.

[84] Jefatura del Estado, «Real Decreto-ley 23/2020, de 23 de junio», BOE num. 175. Accedido: 16 de mayo de 2023. [En línea]. Disponible en: https://www.boe.es/buscar/act.php?id=BOE-A-2020-6621.

[85] Vector Premium, «Planta eólica. ilustración de vector dibujado a mano. bosquejo del vector del generador de viento», Vector Premium. Accedido: 2 de septiembre de 2023. [En línea]. Disponible en: https://www.freepik.es/vector-premium/planta-eolica-ilustracion-vector-dibujado-mano-bosquejo-vector-generador-viento_20483593.htm.

[86] Pixabay, «Líneas De Energía Postes», Pixabay. Accedido: 3 de julio de 2023. [En línea]. Disponible en: https://pixabay.com/es/vectors/l%C3%ADneas-de-energ%C3%ADa-postes-de-tel%C3%A9fono-4758957/.

[87] D. A. Perez-Delamora, J. E. Quiroz-Ibarra, G. Fernandez-Anaya, y E. G. Hernandez-Martinez, «Roadmap on community-based microgrids deployment: An extensive review», Energy Reports, vol. 7, pp. 2883-2898, 2021, doi: 10.1016/j.egyr.2021.05.013.

[88] G. Strbac *et al.*, «MORE MICROGRIDS-WPH, Deliverable DH1 Document Information Deliverable: DH1. Microgrid evolution roadmap in EU Task Title: TH1. Modelling of microgrid evolution and replacement profiles of EU network infrastructure», abr. 2009.

[89] ARENA, «Annuanl Report 2021-2022», 2021.

[90] ARENA, «Australian Renewable Energy Agency (ARENA)», Australian Government. Accedido: 17 de mayo de 2023. [En línea]. Disponible en: https://arena.gov.au/

[91] «Queensland Microgrid Pilot Fund », Department of Energy and Public Works. Accedido: 18 de mayo de 2023. [En línea]. Disponible en: https://www.epw.qld.gov.au/about/initiatives/queensland-microgrid-pilot-fund.

[92] «Horizon Europe-Work Programme 2023-2024 Climate, Energy and Mobility», 2023.

[93] «Horizon Europe Structure 2021- 2027», Horizon Europe. Accedido: 17 de mayo de 2023. [En línea]. Disponible en: https://www.catalyze-group.com/horizon-europe-2023/?utm_campaign=Horizon%20Europe&utm_term=Horizon%20Europe%20funding&gclid=EAIaIQobChMI1fCd-cr8_gIVCoGDBx03OAmKEAAYA-SAAEgLA1fD_BwE.

[94] V. F. Pires, A. Pires, y A. Cordeiro, «DC Microgrids: Benefits, Architectures, Perspectives and Challenges», *Energies (Basel)*, vol. 16, n.º 3, p. 1217, ene. 2023, doi: 10.3390/EN16031217.

[95] «Real Academia Española», Real Academia Española. Accedido: 29 de mayo de 2023. [En línea]. Disponible en: https://www.rae.es/.

[96] J. Wasilewski, M. Parol, T. Wojtowicz, y Z. Nahorski, «A microgrid structure supplying a research and education centre - Polish case», en *IEEE PES Innovative Smart Grid Technologies Conference Europe*, Berlín (Germany): IEEE Xplore, oct. 2012. doi: 10.1109/ISGTEUROPE.2012.6465801.

[97]   IEEE Power and Energy Society, «IEEE Standard for the Specification of Microgrid Controllers», IEEE Standards Association, pp. 1-74, 2018, Accedido: 29 de mayo de 2023. [En línea]. Disponible en: https://ieeexplore.ieee.org/servlet/opac?punumber=8340142

[98]   M. Carpintero-Rentería, D. Santos-Martín, y J. M. Guerrero, «Microgrids Literature Review through a Layers Structure», *Energies (Basel)*, vol. 12, n.º 22, p. 4381, nov. 2019, doi: 10.3390/EN12224381.

[99]   M. A. Jirdehi, V. S. Tabar, S. Ghassemzadeh, y S. Tohidi, «Different aspects of microgrid management: A comprehensive review», *J Energy Storage*, vol. 30, p. 101457, ago. 2020, doi: 10.1016/J.EST.2020.101457.

[100] D. Kanakadhurga y N. Prabaharan, «Demand side management in microgrid: A critical review of key issues and recent trends», *Renewable and Sustainable Energy Reviews*, vol. 156, p. 111915, mar. 2022, doi: 10.1016/J.RSER.2021.111915.

[101] M. Gottschalk, M. Uslar, y C. Delfs, «The Smart Grid Architecture Model – SGAM», en *The Use Case and Smart Grid Architecture Model Approach,* Springer, Cham, 2017, pp. 41-61. doi: 10.1007/978-3-319-49229-2_3.

[102] Vectores de dominio público, «Vector de la imagen digital procesador analógico», Vectores de dominio público. Accedido: 3 de julio de 2023. [En línea]. Disponible en: https://publicdomainvectors.org/es/vectoriales-gratuitas/Vector-de-la-imagen-digital-procesador-anal%C3%B3gico/10798.html.

[103] Pxfuel, «Humano», Pxfuel. Accedido: 3 de julio de 2023. [En línea]. Disponible en: https://www.pxfuel.com/es/free-photo-oosho.

[104] V. Blanca Giménez, N. Castilla Cabanes, G. Gurrea, A. Martínez, y C. Tormo, «Designación de los cables eléctricos en baja tensión Apellidos, nombre», Valencia. Accedido: 30 de mayo de 2023. [En línea]. Disponible en: https://riunet.upv.es/bitstream/handle/10251/122315/Blanca%3BCastilla%3BGurrea%20-%20Designaci%C3%B3n%20de%20los%20cables%20el%C3%A9ctricos%20en%20baja%20tensi%C3%B3n.pdf?sequence=1&isAllowed=y.

[105] J. García Trasancos, *Instalaciones eléctricas en media y baja tensión*, 7.ª ed. Paraninfo, 2020. Accedido: 30 de mayo de 2023. [En línea]. Disponible en: https://books.google.es/books?hl=es&lr=&id=tWMPDQAAQBAJ&oi=fnd&pg=PA1&dq=cables+el%C3%A9ctricos+media+tension&ots=DwZOic6VTt&sig=h_XjwbXkupe9fE-qraKt3KaEdPJY#v=onepage&q=cables%20el%C3%A9ctricos%20media%20tension&f=false.

[106] M. Soshinskaya, W. Graus, J. M. Guerrero, y J. C. Vasquez, «Microgrids: experiences, barriers and success factors», *Renewable & Sustainable Energy Reviews*, vol. 40, pp. 659-672, 2014, doi: 10.1016/j.rser.2014.07.198.

[107] Creazilla, «Fábrica clipart», Creazilla. Accedido: 2 de septiembre de 2023. [En línea]. Disponible en: https://creazilla.com/es/nodes/52948-fabrica-clipart.

[108] Pixabay, «Batería Alcalino Duracell», Pixabay. Accedido: 2 de julio de 2023. [En línea]. Disponible en: https://pixabay.com/es/vectors/bater%C3%ADa-alcalino-duracell-303889/.

[109] J. M. Cenzano, I. C. Castillo, y A. Madrid, *Manual técnico de la energía: con diagramas de flujo, tablas, casos prácticos resueltos y otras ilustraciones (Tomo I y II)*. AMV Ediciones, 2020. Accedido: 12 de mayo de 2023. [En línea]. Disponible en: http://www.marcialpons.es/libros/manual-tecnico-de-la-energia/9788412095494/.

[110] D. Mariano-Hernández, L. Hernández-Callejo, A. Zorita-Lamadrid, O. Duque-Pérez, y F. Santos García, «A review of strategies for building energy management system: Model predictive control, demand side management, optimization, and fault detect & diagnosis», *Journal of Building Engineering*, vol. 33, p. 101692, ene. 2021, doi: 10.1016/J.JOBE.2020.101692.

[111] L. Hernández, C. Baladrón, J. M. Aguiar, B. Carro, y A. Sánchez-Esguevillas, «Classification and Clustering of Electricity Demand Patterns in Industrial Parks», *Energies (Basel)*, vol. 5, n.º 12, pp. 5215-5228, dic. 2012, doi: 10.3390/EN5125215.

[112] A. Arroyo Gutiérrez, M. Mañana Canteli, R. Martínez Torre, J. Mirapeix Serrano, y C. Capellán Villacián, «Tema 5.1. Conver.dores electrónicos de potencia Energía y Telecomunicaciones», 2022.

[113] F. J. Maseda, «Tema 1: teoría de convertidores electrónicos de potencia DC-AC», 2023. Accedido: 31 de mayo de 2023. [En línea]. Disponible en: www.powersimtech.com.

[114] H. Gao, B. Wu, y D. Xu, «Nine-switch ac/ac current source converter for microgrid application with model predictive control», *IET Power Electronics*, vol. 10, n.º 13, pp. 1759-1766, oct. 2017, doi: 10.1049/IET-PEL.2017.0028.

[115] M. Wooldridge, *An Introduction to MultiAgent Systems [Paperback]*. Wiley, 2009. Accedido: 1 de junio de 2023. [En línea]. Disponible en: https://www.google.com/books?hl=hr&lr=&id=X3ZQ7yeDn2IC&oi=fnd&pg=PR13&dq=Wooldridge,+M.,+An+introduction+to+multiagent+systems.+2009:+John+Wiley+%26+Sons&ots=WFoevw8u54&sig=pW_SoLDnMqc6fkrAnJzFJIv8phI.

[116] E. Planas, A. Gil-De-Muro, J. Andreu, I. Kortabarria, y I. Martínez De Alegría, «General aspects, hierarchical controls and droop methods in microgrids: A review», *Renewable and Sustainable Energy Reviews*, vol. 17, pp. 147-159, ene. 2013, doi: 10.1016/J.RSER.2012.09.032.

[117] IEC, «IEC 61970:2023 SER», IEC. Accedido: 1 de junio de 2023. [En línea]. Disponible en: https://webstore.iec.ch/publication/61167.

[118] G. Davis, «Microgrid Energy Management System », Berkeley (US), 2003.

[119] W. Su y J. Wang, «Energy Management Systems in Microgrid Operations», *The Electricity Journal*, vol. 25, n.º 8, pp. 45-60, oct. 2012, doi: 10.1016/J.TEJ.2012.09.010.

[120] Vectores de dominio público, «Energía eléctrica emblema vector de la imagen», Vectores de dominio público. Accedido: 3 de julio de 2023. [En línea]. Disponible en: https://publicdomainvectors.org/es/vectoriales-gratuitas/Energ%C3%ADa-el%C3%A9ctrica-emblema-vector-de-la-imagen/14087.html.

[121] Public Domain Pictures, «Péndulo», Public Domain Pictures. Accedido: 3 de julio de 2023. [En línea]. Disponible en: https://www.publicdomainpictures.net/es/view-image.php?image=279349&picture=pendulo.

[122] M. Granada, «Estimación de estado en sistemas eléctricos de potencia: Parte I detección de errores grandes», *Scientia et Technica*, vol. 2, n.º 22, oct. 2003, doi: 10.22517/23447214.7409.

[123] H. Zou, S. Mao, Y. Wang, F. Zhang, X. Chen, y L. Cheng, «A survey of energy management in interconnected multi-microgrids», *IEEE Access*, 2019, Accedido: 31 de mayo de 2023. [En línea]. Disponible en: https://ieeexplore.ieee.org/stamp/stamp.jsp?tp=&arnumber=8726309.

[124] Vectores de dominio público, «Clipart vectorial de nave industrial», Vectores de dominio público. Accedido: 3 de julio de 2023. [En línea]. Disponible en: https://publicdomainvectors.org/es/vectoriales-gratuitas/Clipart-vectorial-de-nave-industrial/28106.html.

[125] E. González, D. Gualotuña, y J. F. Q. Flores, «Diseño de una Micro-Red óptima mediante el uso del recurso solar fotovoltaico en la Universidad Politécnica Salesiana – Campus Sur, utilizando el software HOMER PRO», *Revista de I+D Tecnológico*, vol. 18, n.º 2, pp. 109-123, nov. 2022, doi: 10.33412/IDT.V18.2.3647.

[126] NREL, «System Advisor Model - SAM.», NREL. Accedido: 2 de junio de 2023. [En línea]. Disponible en: https://sam.nrel.gov/.

[127] PVsyst, «PVsyst», PVsyst. Accedido: 2 de junio de 2023. [En línea]. Disponible en: https://www.pvsyst.com/.

[128] Photovoltaik-Planung und -Simulation, «PV*SOL premium», Photovoltaik-Planung und -Simulation. Accedido: 2 de junio de 2023. [En línea]. Disponible en: https://valentin-software.com/produkte/pvsol-premium/.

[129] D. Reich y G. Oriti, «Rightsizing the Design of a Hybrid Microgrid», *Energies 2021, Vol. 14, Page 4273*, vol. 14, n.º 14, p. 4273, jul. 2021, doi: 10.3390/EN14144273.

[130] G. J. Kish y P. W. Lehn, «Microgrid design considerations for next generation grid codes», *IEEE Power and Energy Society General Meeting*, 2012, doi: 10.1109/PESGM.2012.6343938.

[131] G. Zhang, W. Wang, y L. Mao, «An Overview of Microgrid Planning and Design Method», *Proceedings of 2018 IEEE 3rd Advanced Information Technology, Electronic and Automation Control Conference, IAEAC 2018*, pp. 326-329, dic. 2018, doi: 10.1109/IAEAC.2018.8577763.

[132] S. M. Bhagavathy y G. Pillai, «PV Microgrid Design for Rural Electrification», *Designs (Basel)*, vol. 2, n.º 3, p. 33, sep. 2018, doi: 10.3390/DESIGNS2030033.

[133] A. Q. Santos, Z. Ma, C. G. Olsen, y B. N. Jørgensen, «Framework for Microgrid Design Using Social, Economic, and Technical Analysis», *Energies (Basel)*, vol. 11, n.º 10, p. 2832, oct. 2018, doi: 10.3390/EN11102832.

[134] O. M. Longe, K. Ouahada, H. C. Ferreira, y S. Chinnappen, «Renewable Energy Sources microgrid design for rural area in South Africa», *2014 IEEE PES Innovative Smart Grid Technologies Conference, ISGT 2014*, 2014, doi: 10.1109/ISGT.2014.6816378.

[135] S. A. Arefifar, Y. A. R. I. Mohamed, y T. H. M. El-Fouly, «Optimum microgrid design for enhancing reliability and supply-security», *IEEE Trans Smart Grid*, vol. 4, n.º 3, pp. 1567-1575, 2013, doi: 10.1109/TSG.2013.2259854.

[136] O. Izquierdo-Monge, P. Peña-Carro, R. Villafafila-Robles, O. Duque-Perez, A. Zorita-Lamadrid, y L. Hernandez-Callejo, «Conversion of a Network Section with Loads, Storage Systems and Renewable Generation Sources into a Smart Microgrid», *Applied Sciences 2021, Vol. 11, Page 5012*, vol. 11, n.º 11, p. 5012, may 2021, doi: 10.3390/APP11115012.

[137] NREL, «End-Use Load Profiles for the U.S. Building Stock», NREL. Accedido: 2 de junio de 2023. [En línea]. Disponible en: https://www.nrel.gov/buildings/end-use-load-profiles.html.

[138] J. A. Carta González, R. Calero Pérez, A. Colmenar Santos, M.-A. Castro Gil, y E. Collado Fernández, *Centrales de energías renovables: generación eléctrica con energías renovables*, 2ª. 2013. Accedido: 12 de mayo de 2023. [En línea]. Disponible en: https://www.casadellibro.com/libro-centrales-de-energias-renovables-2-ed/9788483229972/2247798.

[139] E. DE Recorrido La Energía, «La energía», *Comunidad de Madrid*, 2002.

[140] Wikipedia, «Energía», Wikipedia.

[141] ENDESA Fundación, «¿Qué es la energía? Concepto de energía y sus tipos», ENDESA Fundación. Accedido: 3 de junio de 2023. [En línea]. Disponible en: https://www.fundacionendesa.org/es/educacion/endesa-educa/recursos/que-es-la-energia.

[142] C. Ferreras Fernández, *Recursos energéticos energías utilizables*. Murcia (España): Comunidad Autónoma de la Región de Murcia, 2009.

[143] Wikipedia, «Conservación de la Energía», Wikipedia. Accedido: 3 de junio de 2023. [En línea]. Disponible en: https://www.sns.ias.edu/ckfinder/userfiles/files/%5B32%5DCMP_80_1981.pdf.

[144] Vectores de dominio público, «Planta de energía nuclear», Vectores de dominio público. Accedido: 3 de julio de 2023. [En línea]. Disponible en: https://publicdomain-vectors.org/es/vectoriales-gratuitas/Planta-de-energ%C3%ADa-nuclear-con-gr%C3%A1ficos-del-vector-silueta-hierba/22477.html.

[145] Pixabay, «Imán Atraer Magnético», Pixabay. Accedido: 3 de julio de 2023. [En línea]. Disponible en: https://pixabay.com/es/vectors/im%C3%A1n-atraer-magn%C3%A9tico-herradura-6183087/.

[146] Pixabay, «Núcleo Física Átomo», Pixabay. Accedido: 3 de julio de 2023. [En línea]. Disponible en: https://pixabay.com/es/vectors/n%C3%BAcleo-f%C3%ADsica-%C3%A1tomo-protones-35000/.

[147] Pixabay, «Coche De Dibujos Animados», Pixabay. Accedido: 3 de julio de 2023. [En línea]. Disponible en: https://pixabay.com/es/vectors/coche-coche-de-dibujos-animados-7238650/.

[148] Pixabay, «Newton Isaac», Pixabay. Accedido: 3 de julio de 2023. [En línea]. Disponible en: https://pixabay.com/es/illustrations/newton-isaac-newton-dibujo-gravedad-5221551/.

[149] Wikipedia, «Recurso energético», Wikipedia. Accedido: 3 de junio de 2023. [En línea]. Disponible en: https://es.wikipedia.org/wiki/Recurso_energ%C3%A9tico

[150] J. A. Rubio, J. A. Pina, y J. Á. Azuara, *Energía: Las tecnologías del futuro*. Club Español de la Energía, 2008.

[151] V.V.AA., *Fundamentos, dimensionado y aplicaciones de la energía solar fotovoltaica (volumen I y II)*. CIEMAT, 2006.

[152] «World Radiation Data Center», http://wrdc.mgo.rssi.ru/.

[153] «World Meteorological Organization», World Meteorological Organization. Accedido: 3 de junio de 2023. [En línea]. Disponible en: https://public.wmo.int/en.

[154] Telefónica, «Qué es la energía y cuántos tipos hay», Telefónica. Accedido: 4 de junio de 2023. [En línea]. Disponible en: https://www.telefonica.com/es/sala-comunicacion/blog/que-es-la-energia-y-cuantos-tipos-hay/.

[155] Repsol, «Energía primaria: ¿qué es y cuáles son las principales fuentes? », Repsol. Accedido: 4 de junio de 2023. [En línea]. Disponible en: https://www.repsol.com/es/energia-futuro/transicion-energetica/energia-primaria/index.cshtml.

[156] Junta de Andalucia, «Las energías renovables: características y tipos», Junta de Andalucia. Accedido: 4 de junio de 2023. [En línea]. Disponible en: https://www.consumoresponde.es/art%C3%ADculos/las_energias_renovables_caracteristicas_y_tipos.

[157] Junta de Castilla y León, «Tipos de energía Energía y Minería», Junta de Castilla y León. Accedido: 4 de junio de 2023. [En línea]. Disponible en: https://energia.jcyl.es/web/es/biblioteca/tipos-energia.html.

[158] Pixabay, «Fuego Lava Ascuas», Pixabay. Accedido: 3 de julio de 2023. [En línea]. Disponible en: https://pixabay.com/es/photos/fuego-lava-ascuas-caliente-4529924/

[159] Vectores de dominio público, «Rojo, naranja y amarillo el sol», Vectores de dominio público. Accedido: 3 de julio de 2023. [En línea]. Disponible en: https://publicdomainvectors.org/es/vectoriales-gratuitas/Rojo-naranja-y-amarillo-el-sol-vector-dibujo/10669.html.

[160] Escholarium, «1.1. Materias primas y fuentes de energía», Escholarium. Accedido: 3 de junio de 2023. [En línea]. Disponible en: https://escholarium.educarex.es/useruploads/r/c/50209/scorm_imported/93328839899242493412/11_materias_primas_y_fuentes_de_energa.html.

[161] IES La Alborá, «Fuentes de energía Materias primas y fuentes de energía», IES La Alborá. Accedido: 3 de junio de 2023. [En línea]. Disponible en: http://www.geohistoarteducativa.net/archivos/secundarioweb/sectorsecundario/fuentes_de_energa.html.

[162] MINCOTUR, «Panorama energético mundial 2020», Madrid (España), 2022.

[163] Global Energy and Climate Model, «Stated Policies Scenario (STEPS) », IEA. Accedido: 4 de junio de 2023. [En línea]. Disponible en: https://www.iea.org/reports/global-energy-and-climate-model/stated-policies-scenario-steps.

[164] Enerdata, «Estadísticas de consumo energético mundial», Enerdata. Accedido: 4 de junio de 2023. [En línea]. Disponible en: https://datos.enerdata.net/energia-total/datos-consumo-internacional.html.

[165] US EPA, «U.S. Environmental Protection Agency», US EPA. Accedido: 4 de junio de 2023. [En línea]. Disponible en: https://www.epa.gov/.

[166] US EPA, «Distributed Generation of Electricity and its Environmental Impacts», US EPA. Accedido: 4 de junio de 2023. [En línea]. Disponible en: https://www.epa.gov/energy/distributed-generation-electricity-and-its-environmental-impacts.

[167] G. Pepermans, J. Driesen, D. Haeseldonckx, R. Belmans, y W. D'haeseleer, «Distributed generation: definition, benefits and issues», *Energy Policy*, vol. 33, n.º 6, pp. 787-798, abr. 2005, doi: 10.1016/J.ENPOL.2003.10.004.

[168] A. Bayod Rújula, J. Mur Amada, J. Bernal-Agustín, J. Yusta Loyo, y J. Domínguez, «Definitions for Distributed Generation: a revision», *RE&PQJ*, vol. 1, n.º 3, 2005, doi: 10.24084/repqj03.295.

[169] CIGRE, «CIGRE - Comite Nacional de España.», CIGRE. Accedido: 4 de junio de 2023. [En línea]. Disponible en: https://cigre.es/.

[170] INTERNATIONAL ENERGY AGENCY, «Distributed Generation in Liberalised Electricity Markets», 2002.

[171] ENERGY.GOV, «Department of Energy», ENERGY.GOV. Accedido: 4 de junio de 2023. [En línea]. Disponible en: https://www.energy.gov/.

[172] Arthur D. Little, «Linking people, technology and strategy», Arthur D. Little. Accedido: 4 de junio de 2023. [En línea]. Disponible en: https://www.adlittle.com/en.

[173] T. Ackermann, G. Andersson, y L. Söder, «Distributed generation: a definition», *Electric Power Systems Research*, vol. 57, n.º 3, pp. 195-204, abr. 2001, doi: 10.1016/S0378-7796(01)00101-8.

[174] EUR-Lex, «Directive 96/92/EC of the European Parliament and of the Council of 19 December 1996 concerning common rules for the internal market in electricity», EUR-Lex. Accedido: 4 de junio de 2023. [En línea]. Disponible en: https://eur-lex.europa.eu/legal-content/EN/TXT/?uri=CELEX%3A31996L0092.

[175] T. E. Hoff, H. J. Wenger, C. Herig, y R. Shaw, «Pacific Energy Group Distributed Generation and Micro-Grids», en *18th Annual USAEE/IAEE Conference*, San Francisco (US), sep. 1997.

[176] Pixabay, «Fábrica De Electricidad», Pixabay. Accedido: 3 de julio de 2023. [En línea]. Disponible en: https://pixabay.com/es/illustrations/f%C3%A1brica-f%C3%A1brica-de-electricidad-3323978/.

[177] M. Reza, J. G. Slootweg, P. H. Schavemaker, W. L. Kling, y L. van Der Sluis, «Investigating impacts of distributed generation on transmission system stability», en *2003 IEEE Bologna PowerTech - Conference Proceedings*, Bolonia (Italia): IEEE Computer Society, jun. 2003, pp. 7-13. doi: 10.1109/PTC.2003.1304341.

[178] M. H. J. Bollen y F. Hassan, *Integration of Distributed Generation in the Power System*. Wiley, 2011. Accedido: 4 de junio de 2023. [En línea]. Disponible en: https://books.google.es/books?hl=es&lr=&id=1KKN82OUXMYC&oi=fnd&pg=PA1&dq=distributed+generation+in+transport+&ots=kjhGZo1ltc&sig=1nBEN42o0waFUc3AFJSyNzog-Xo#v=onepage&q=distributed%20generation%20in%20transport&f=false.

[179] W. Clark y W. Isherwood, «Distributed generation: remote power systems with advanced storage technologies», *Energy Policy*, vol. 32, n.º 14, pp. 1573-1589, sep. 2004, doi: 10.1016/S0301-4215(03)00017-X.

[180] G. Liu, T. Jiang, T. B. Ollis, X. Li, F. Li, y K. Tomsovic, «Resilient distribution system leveraging distributed generation and microgrids: a review», *IET Energy Systems Integration*, vol. 2, n.º 4, pp. 289-304, dic. 2020, doi: 10.1049/IET-ESI.2019.0134.

[181] W. El-Khattam y M. M. A. Salama, «Distributed generation technologies, definitions and benefits», *Electric Power Systems Research*, vol. 71, pp. 119-128, 2004, doi: 10.1016/j.epsr.2004.01.006.

[182] B. Patnaik, D. Sattianadan, M. Sudhakaran, y S. S. Dash, «Optimal placement and sizing of solar and wind based dgs in distribution systems for power loss minimization and economic operation», *Lecture Notes in Electrical Engineering*, vol. 326, pp. 351-360, 2015, doi: 10.1007/978-81-322-2119-7_36/TABLES/3.

[183] S. F. Abdelsamad, W. G. Morsi, y T. S. Sidhu, «Impact of wind-based distributed generation on electric energy in distribution systems embedded with electric vehicles», *IEEE Trans Sustain Energy*, vol. 6, n.º 1, pp. 79-87, ene. 2015, doi: 10.1109/TSTE.2014.2356551.

[184] L. Luo, W. Gu, Z. Wu, y S. Zhou, «Joint planning of distributed generation and electric vehicle charging stations considering real-time charging navigation», *Appl Energy*, vol. 242, pp. 1274-1284, may 2019, doi: 10.1016/J.APENERGY.2019.03.162.

[185] R. A. Vicini y O. M. Micheloud, *Smart grid : fundamentos, tecnologías y aplicaciones*. Cengage, 2012. Accedido: 4 de junio de 2023. [En línea]. Disponible en: https://discovery.upc.edu/iii/encore/record/C__Rb1438690__Ssmart%20grid__Ff:facetmediatype:a:a:Llibre::__Orightresult__U__X7;jsessionid=0762E1931D4A88058498055CEB891A5E?lang=cat.

[186] C. Aranzadi y C. López, *Tecnología, economía, y regulación en el sector energético*. Academia Europea de Ciencias y Artes, 2014.

[187] M. Alonso, H. Amarís, B. Rojas, y L. Hernández Callejo, «Gestión óptima de la generación distribuida en Smart Grids», en *III Congreso Smart Grids*, SMARTGRIDSINFO, Ed., Madrid (España): Grupo Tecmared, 2016. Accedido: 4 de junio de 2023. [En línea]. Disponible en: https://www.smartgridsinfo.es/comunicaciones/comunicacion-gestion-optima-generacion-distribuida-smart-grids.

[188] S. N. Singh, «Distributed Generation in Power Systems: An Overview and Key Issues», en *24rth Indian Engineering Congress*, Kerala (India): Proceedings of IEC, dic. 2009.

[189] R. Bansal, *Handbook of Distributed Generation*. Springer, 2017. doi: 10.1007/978-3-319-51343-0.

[190] U. Domínguez Garrido *et al.*, *Energías renovables y medio ambiente*. Universidad de Valladolid, 1994. Accedido: 12 de mayo de 2023. [En línea]. Disponible en: https://www.casadellibro.com/libro-energias-renovables-y-medio-ambiente/9788477624387/558688.

[191] J. Fabra Utray, *¿Liberalización o regulación?: un mercado para la electricidad*. Marcial Pons, 2004. Accedido: 6 de junio de 2023. [En línea]. Disponible en: https://www.casadellibro.com/libro-liberalizacion-o-regulacion-un-mercado-para-la-electricidad/9788497680820/941983.

[192] Y. Wang, X. Lin, M. Pedram, S. Park, y N. Chang, «Optimal control of a grid-connected hybrid electrical energy storage system for homes», en *Proceedings -Design, Automation and Test in Europe, DATE*, Grenoble (Francia): Institute of Electrical and Electronics Engineers Inc., mar. 2013, pp. 881-886. doi: 10.7873/DATE.2013.186.

[193] X. Hou, J. Wang, T. Huang, T. Wang, y P. Wang, «Smart Home Energy Management Optimization Method Considering Energy Storage and Electric Vehicle», *IEEE Access*, vol. 7, pp. 144010-144020, 2019, doi: 10.1109/ACCESS.2019.2944878.

[194] U. ur Rehman, K. Yaqoob, y M. Adil Khan, «Optimal power management framework for smart homes using electric vehicles and energy storage», *International Journal of Electrical Power & Energy Systems*, vol. 134, 2022, Accedido: 6 de junio de 2023. [En línea]. Disponible en: https://www.sciencedirect.com/science/article/pii/S0142061521005974.

[195] A. Gómez Expósito, *Análisis y operación de sistemas de energía eléctrica*. MCGRAW-HILL, 2002. Accedido: 6 de junio de 2023. [En línea]. Disponible en: https://www.casadellibro.com/libro-ibd-analisis-y-operacion-de-sistemas-de-energia-electrica/9788448135928/833935.

[196] Secretaría de Estado de Energía, *Estrategia de almacenamiento energético. Marco estratégico de energía y clima*. Madrid (España): Ministerio para la Transición Ecológica y el Reto Demográfico (MITERD), 2021.

[197] J. A. Guacaneme, D. Velasco, y C. L. Trujillo, «Revisión de las características de sistemas de almacenamiento de energía para aplicaciones en micro redes», *Información tecnológica*, vol. 25, n.º 2, pp. 175-188, 2014, doi: 10.4067/S0718-07642014000200020.

[198] J. Guerra, «Beneficios de la cogeneración», Seisa Energía. Accedido: 7 de junio de 2023. [En línea]. Disponible en: https://seisaenergia.com/beneficios-de-la-cogeneracion/.

[199] Energiotech, «Cogeneración: Qué es y cómo funciona. Ventajas y desventajas», Energiotech. Accedido: 7 de junio de 2023. [En línea]. Disponible en: https://energiotech.com/cogeneracion-que-es-y-como-funciona/.

[200] I. de J. Soní Castro, A. B. López Oyama, y E. Rodríguez González, «La termoelectricidad: convirtiendo el calor en electricidad», *Revista Digital Universitaria*, vol. 22, n.º 4, jul. 2021, doi: 10.22201/CUAIEED.16076079E.2021.22.4.9.

[201] Department of Energy, «Combined Heat and Power Basics», Department of Energy. Accedido: 7 de junio de 2023. [En línea]. Disponible en: https://www.energy.gov/eere/iedo/combined-heat-and-power-basics.

[202] Wikimedia Commons, «File:MCFC.atc.jpg», Wikimedia Commons. Accedido: 10 de junio de 2023. [En línea]. Disponible en: https://commons.wikimedia.org/wiki/File:MCFC.atc.jpg.

[203] «Aplicaciones estacionarias de las pilas de combustible». Accedido: 10 de junio de 2023. [En línea]. Disponible en: http://www.sc.ehu.es/sbweb/energias-renovables/temas/pilas_2/pilas_2.html.

[204] Wikimedia Commons, «File:Jet engine spanish.svg», Wikimedia Commons. Accedido: 10 de junio de 2023. [En línea]. Disponible en: https://commons.wikimedia.org/wiki/File:Jet_engine_spanish.svg.

[205] Estudias o Navegas, «Clasificación de motores de combustión interna. Terminología», Estudias o Navegas. Accedido: 10 de junio de 2023. [En línea]. Disponible en: https://www.estudiasonavegas.com/116-acad-tropico-capricornio/361-clasificacion-de-motores-de-combustion-interna-terminologia.

[206] Departamento de Física Aplicada III, «Máquinas térmicas (GIE)», Sevilla (España), 2023.

[207] Wikimedia Commons, «File:P-V Otto cycle.svg», Wikimedia Commons. Accedido: 10 de junio dc 2023. [En línea]. Disponible en: https://commons.wikimedia.org/wiki/File:P-V_Otto_cycle.svg.

[208] Wikimedia Commons, «File:Ciclo Diesel.svg», Wikimedia Commons. Accedido: 10 de junio de 2023. [En línea]. Disponible en: https://commons.wikimedia.org/wiki/File:Ciclo_Diesel.svg.

[209] Wikimedia Commons, «File:Rankine cycle layout.png», Wikimedia Commons. Accedido: 10 de junio de 2023. [En línea]. Disponible en: https://commons.wikimedia.org/wiki/File:Rankine_cycle_layout.png.

[210] VV.AA., *Principios de conversión de la energía eólica*, 5ª. Madrid (España): CIEMAT, 2004.

[211] N. Tesla y J. Peradejordi, *Mis inventos*. Obelisco, 2022. Accedido: 13 de mayo de 2023. [En línea]. Disponible en: https://www.casadellibro.com/libro-mis-inventos/9788491119128/13184520.

[212] J. L. Rodríguez Amenedo, S. Arnalte Gómez, y J. C. Burgos Díaz, *Sistemas eólicos de producción de energía eléctrica*. Rueda, 2003. Accedido: 11 de junio de 2023. [En línea]. Disponible en: https://www.casadellibro.com/libro-sistemas-eolicos-de-produccion-de-energia-electrica/9788472071391/910256.

[213] J. M. Escudero López, *Manual de energía eólica*, 2ª edición. Mundi-orensa libros, 2008. Accedido: 16 de junio de 2023. [En línea]. Disponible en: https://www.casadellibro.com/libro-manual-de-energia-eolica-2-ed/9788484763635/1204340.

[214] Wikimedia Commons, «File:Darrieus Rotor.svg», Wikimedia Commons. Accedido: 11 de junio de 2023. [En línea]. Disponible en: https://commons.wikimedia.org/wiki/File:Darrieus_Rotor.svg.

[215] Wikimedia Commons, «File:Savonius Rotor.png», Wikimedia Commons. Accedido: 11 de junio de 2023. [En línea]. Disponible en: https://commons.wikimedia.org/wiki/File:Savonius_Rotor.png.

[216] Windpower, «Torres de aerogeneradores», Windpower. Accedido: 12 de junio de 2023. [En línea]. Disponible en: http://xn--drmstrre-64ad.dk/wp-content/wind/miller/windpower%20web/es/tour/wtrb/tower.htm.

[217] J. M. Guevara Díaz, «Quantification of the Profile Wind up 100m from Surface and its Incidence in Air Climatology», *Terra*, vol. 29, n.º 46, pp. 81-101, jun. 2013, doi: 10.1016/j.enpol.2008.02.021.

[218] A. Einstein, «Über einen die Erzeugung und Verwandlung des Lichtes betreffenden heuristischen Gesichtspunkt», *Ann Phys*, vol. 322, n.º 6, pp. 132-148, 1905, doi: 10.1002/ANDP.19053220607.

[219] Wikimedia Commons, «File:Esquemaunif.png», Wikimedia Commons. Accedido: 13 de junio de 2023. [En línea]. Disponible en: https://commons.wikimedia.org/wiki/File:Esquemaunif.png.

[220] J. M. Fernández Salgado, *Guía completa de la energía solar térmica y termoeléctrica*, 4ª edición. Madrid (España): A. Madrid Vicente, 2010. Accedido: 14 de junio de 2023. [En línea]. Disponible en: https://www.casadellibro.com/libro-guia-completa-de-la-energia-solar-termica-y-termoelectrica-4-ed-/9788496709577/1805630.

[221] I. C. Castillo, J. M. Cenzano, E. Esteire, y A. Madrid, *Energía solar fotovoltaica y térmica: manual técnico*. AMV Ediciones, 2019. Accedido: 14 de junio de 2023. [En línea]. Disponible en: https://www.casadellibro.com/libro-energia-solar-fotovoltaica-y-termica-manual-tecnico/9788412095487/11222124.

[222] J. M. Méndez Muñíz, *Energía solar térmica*, 3ª edición. Madrid (España): Fund. Confemetal, 2011. Accedido: 14 de junio de 2023. [En línea]. Disponible en: https://www.casadellibro.com/libro-energia-solar-termica-incluye-cd-r-3-ed/9788492735464/1775654.

[223] Abora Solar Pub, «Abora Solar», Abora Solar Pub. Accedido: 14 de junio de 2023. [En línea]. Disponible en: https://pub.abora-solar.com/?utm_source=google&utm_medium=busqueda&utm_campaign=MAYO23&gad=1&gclid=CjwKCAjwyqWkBhBMEiwAp2yUFqvmlS4idHnzSWTn5SZ_7Vt1h7sHYQMQEO6kHRvdRAoBB_u5CLArPxoCBiUQAvD_BwE.

[224] N. García Tapia, *Molinos tradicionales*. Valladolid (España): Castilla Ediciones, 1997. Accedido: 15 de junio de 2023. [En línea]. Disponible en: https://www.casade-llibro.com/libro-molinos-tradicionales/9788486097592/807761.

[225] P. L. Viollet, «From the water wheel to turbines and hydroelectricity. Technological evolution and revolutions», *Comptes Rendus Mécanique*, vol. 345, n.º 8, pp. 570-580, ago. 2017, doi: 10.1016/J.CRME.2017.05.016.

[226] J. Agüera Soriano, *Mecánica de fluidos incomprensibles y turbomáquinas hidráuli-cas*, 5ª edición. Madrid (España): Ciencia 3, 2003. Accedido: 15 de junio de 2023. [En línea]. Disponible en: https://www.casadellibro.com/libro-mecanica-de-fluidos-incompresibles-y-turbomaquinas-hidraulicas-t-eoria-5-ed/9788495391018/913249.

[227] Renovables Verdes, «Tipos de centrales hidroeléctricas: características y ventajas», Renovables Verdes. Accedido: 15 de junio de 2023. [En línea]. Disponible en: https://www.renovablesverdes.com/tipos-de-centrales-hidroelectricas/.

[228] European LIFE Project, «LIFE NEXUS», European LIFE Project. Accedido: 16 de junio de 2023. [En línea]. Disponible en: https://www.lifenexus.eu/.

[229] J. A. Aguilar-Jiménez *et al.*, «Techno-economic analysis of a hybrid PV-CSP system with thermal energy storage applied to isolated microgrids», *Solar Energy*, vol. 174, pp. 55-65, nov. 2018, doi: 10.1016/j.solener.2018.08.078.

[230] B. Bolund, H. Bernhoff, y M. Leijon, «Flywheel energy and power storage systems», *Renewable and Sustainable Energy Reviews*, vol. 11, n.º 2, pp. 235-258, feb. 2007, doi: 10.1016/J.RSER.2005.01.004.

[231] J. Villegas Nuñez, «Sistemas de almacenamiento cinéticos de energía», en *Diseño de un sistema de control predictivo para el accionamiento de la máquina de reluctancia conmutada de un sistema de almacenamiento cinético para la mejora de la eficiencia en la edificación*, Sevilla (España): Universidad de Sevilla, 2023.

[232] J. Frax, «Momentos de inercia», Frax Design. Accedido: 17 de junio de 2023. [En línea]. Disponible en: http://joelfrax.com/otros/momentos%20inercia.html.

[233] X. Zhuang, R. Huang, C. Liang, y T. Rabczuk, «A coupled thermo-hydro-mechanical model of jointed hard rock for compressed air energy storage», *Math Probl Eng*, vol. 2014, 2014, doi: 10.1155/2014/179169.

[234] S. Rebolledo, «Sistemas de almacenamiento de energía mediante aire comprimido dentro de formaciones geológicas en Chile», Santiago de Chile (Chile), 2016.

[235] Merlinux DIG, «Ejemplos de la tecnología por aire comprimido como sistemas de almacenamiento energético (CAES)», Merlinux DIG.

[236] Wikipedia, «Almacenamiento de energía de aire comprimido», Wikipedia.

[237] L. D. Baos y M. V. Guzmán, «Modelo de gestión de energía eléctrica para microrre-des residenciales en el marco de las smart grids en Colombia», Universidad del Cauca, Popayán (Colombia), 2016.

[238] ZECSA, *Informe de Mercado «Hidrógeno»*. Las Palmas de Gran Canaria (España): ZONA EÓLICA CANARIA S.A, 2014.

[239] S. Nagaya *et al.*, «The state of the art of the development of SMES for bridging in-stantaneous voltage dips in Japan», *Cryogenics (Guildf)*, vol. 52, n.º 12, pp. 708-712, dic. 2012, doi: 10.1016/J.CRYOGENICS.2012.04.014.

[240] Vectores de dominio público, «Dibujo vectorial de resorte de metal», Vectores de dominio público. Accedido: 3 de julio de 2023. [En línea]. Disponible en: https://publicdomain-vectors.org/es/vectoriales-gratuitas/Dibujo-vectorial-de-resorte-de-metal/26682.html

[241] Creazilla, «Cubito de hielo», Creazilla. Accedido: 3 de julio de 2023. [En línea]. Disponible en: https://creazilla.com/es/nodes/43110-cubito-de-hielo-clipart.

[242] J. F. Kurose y K. W. Ross, *Redes de computadoras. Un enfoque descendente*, 7ª edición. Pearson, 2017.

[243] F. Halsall, *Redes de computadores e Internet*. Pearson Educación, 2006. Accedido: 5 de julio de 2023. [En línea]. Disponible en: https://www.casadellibro.com/libro-redes-de-computadores-e-internet-5-ed/9788478290833/1092024.

[244] W. Stallings, *Redes e internet de alta velocidad: Rendimiento y calidad de servicio*. Pearson Educación, S.A., 2002. Accedido: 5 de julio de 2023. [En línea]. Disponible en: https://www.amazon.es/Redes-internet-alta-velocidad-Rendimiento/dp/842053921X.

[245] B. A. Forouzan, *Transmisión de datos y redes de comunicaciones*. McGraw-Hill, 2011.

[246] Pixabay, «Aire Imagenes», Pixabay. Accedido: 6 de julio de 2023. [En línea]. Disponible en: https://pixabay.com/es/vectors/aire-imagenes-del-alfabeto-viento-1295106/

[247] PxHere, «Fotos gratis», PxHere. Accedido: 6 de julio de 2023. [En línea]. Disponible en: https://pxhere.com/es/photo/452546.

[248] O. Izquierdo-Monge, A. Redondo-Plaza, P. Peña-Carro, Á. Zorita-Lamadrid, V. Alonso-Gómez, y L. Hernández-Callejo, «Open Source Monitoring and Alarm System for Smart Microgrids Operation and Maintenance Management», *Electronics (Basel)*, vol. 12, n.º 11, p. 2471, may 2023, doi: 10.3390/ELECTRONICS12112471.

[249] M. Fernández Barcell, «Tema IV: Conceptos sobre señales», Cádiz (España), 2023. Accedido: 9 de julio de 2023. [En línea]. Disponible en: https://rodin.uca.es/bitstream/handle/10498/16834/tema04_senales.pdf?sequence=1&isAllowed=y.

[250] Departamento de Arquitectura de Computadores, «TEMA 2. Comunicaciones de datos», Málaga (España), 2023. Accedido: 9 de julio de 2023. [En línea]. Disponible en: https://www.ac.uma.es/~nico/docencia/ar/tema2.PDF.

[251] A. S. Sedra y K. C. Smith, *Circuitos Microelectrónicos*, 5ª edición. McGraw-Hill Interamericana de España S.L., 2006.

[252] Muy Tecnológicos, «Sistema de comunicación», Muy Tecnológicos. Accedido: 12 de julio de 2023. [En línea]. Disponible en: https://muytecnologicos.com/diccionario-tecnologico/sistema-de-comunicacion.

[253] Wikipedia, «Bandas de frecuencia», Wikipedia. Accedido: 12 de julio de 2023. [En línea]. Disponible en: https://es.wikipedia.org/wiki/Bandas_de_frecuencia.

[254] J. L. Martínez, «Ventanas de transmisión en Fibra Óptica», PRORED. Accedido: 13 de julio de 2023. [En línea]. Disponible en: https://www.prored.es/ventanas-de-transmision/.

[255] Moris, «El ancho de banda y las ventanas del cable de fibra óptica», Comunidad FS. Accedido: 13 de julio de 2023. [En línea]. Disponible en: https://community.fs.com/es/blog/the-bandwidth-and-window-of-fiber-optic-cable.html.

[256] SIMON, «Conceptos básicos relacionados con el cable coaxial», SIMON. Accedido: 14 de julio de 2023. [En línea]. Disponible en: https://bricoladores.simonelectric.com/bid/379686/conceptos-b-sicos-relacionados-con-el-cable-coaxial.

[257] A. Quesada López, «Tipos de cableado», Universidad de Málaga. Accedido: 14 de julio de 2023. [En línea]. Disponible en: http://dis.um.es/~lopezquesada/documentos/IES_1213/LMSGI/curso/xhtml/xhtml6/tipos%20de%20cableado.html.

[258] C. E. Shannon, «Channels with Side Information at the Transmitter», *IBM J Res Dev*, vol. 2, n.º 4, pp. 289-293, abr. 2010, doi: 10.1147/RD.24.0289.

[259] C. E. Shannon, «The zero error capacity of a noisy channel», *IRE Transactions on Information Theory*, vol. 2, n.º 3, pp. 8-19, 1956, doi: 10.1109/TIT.1956.1056798.

[260] Anónimo, «Diferencias entre unicast, multicast y broadcast», Huawei. Accedido: 15 de julio de 2023. [En línea]. Disponible en: https://forum.huawei.com/enterprise/es/diferencias-entre-unicast-multicast-y-broadcast/thread/667223642087505920-667212882523336704.

[261] Sistemas distribuidos, «Tema 2. Redes de comunicación: topología y enlaces», Valencia (España), 2023. Accedido: 15 de julio de 2023. [En línea]. Disponible en: https://www.uv.es/rosado/courses/sid/Capitulo2_rev0.pdf.

[262] Anónimo, «Canales síncronos y asíncronos», Prezi. Accedido: 15 de julio de 2023. [En línea]. Disponible en: https://prezi.com/ol5hykv4ue0h/canales-sincronos-y-asincronos/.

[263] R. Zaragoza Pérez, «Comunicación síncrona y asíncrona», Mediaciones. Revista académica de comunicación del CCH. Accedido: 15 de julio de 2023. [En línea]. Disponible en: https://mediacionescch.com/2022/04/comunicacion-medios-diversidad/#:~:text=La%20comunicaci%C3%B3n%20s%C3%ADncrona%20se%20define,se%20responde%20en%20diferentes%20momentos.

[264] Anónimo, «Topología de Red: conozca los principales tipos», Internationalli. Accedido: 21 de julio de 2023. [En línea]. Disponible en: https://www.internationalit.com/post/topologia-de-red-conozca-los-principales-tipos?lang=es.

[265] Wikipedia, «Propagación de ondas de radio», jul. 2023. Accedido: 16 de julio de 2023. [En línea]. Disponible en: https://es.wikipedia.org/wiki/Propagaci%C3%B3n_de_ondas_de_radio.

[266] Vectores de dominio público, «Planeta tierra», Vectores de dominio público. Accedido: 16 de julio de 2023. [En línea]. Disponible en: https://publicdomainvectors.org/es/vectoriales-gratuitas/Planeta-tierra/39650.html.

[267] Wikipedia, «Reflexión interna total», Wikipedia. Accedido: 16 de julio de 2023. [En línea]. Disponible en: https://es.wikipedia.org/wiki/Reflexi%C3%B3n_interna_total

[268] PROMAX, «Tipos de conectores de fibra óptica: Guía sencilla», PROMAX. Accedido: 16 de julio de 2023. [En línea]. Disponible en: https://www.promax.es/esp/noticias/578/tipos-de-conectores-de-fibra-optica-guia-sencilla/.

[269] Wikipedia, «Cable coaxial», Wikipedia. Accedido: 19 de julio de 2023. [En línea]. Disponible en: https://es.wikipedia.org/wiki/Cable_coaxial.

[270] ALFAR, «Características del cable coaxial y variantes del dieléctrico», ALFAR Connectors. Accedido: 19 de julio de 2023. [En línea]. Disponible en: https://alfarsl.es/caracteristicas-cable-coaxial-dielectrico/.

[271] Redes de Computadoras, «Cable coaxial», La Coruña (España), jul. 2023. Accedido: 19 de julio de 2023. [En línea]. Disponible en: file:///C:/Users/usuario/Downloads/docsity-apuntes-sobre-el-cable-coaxial.pdf.

[272] First Source Wireless, «Qué saber sobre cables y conectores coaxiales», First Source Wireless. Accedido: 19 de julio de 2023. [En línea]. Disponible en: https://firstsourcewireless.com/es/blogs/blog/how-to-identify-the-right-coax-cables-connectors.

[273] Wikipedia, «Cable de par trenzado», Wikipedia. Accedido: 20 de julio de 2023. [En línea]. Disponible en: https://es.wikipedia.org/wiki/Cable_de_par_trenzado.

[274] apuntesjulio, «Tipos de cable de red y categorías», apuntesjulio. Accedido: 20 de julio de 2023. [En línea]. Disponible en: https://apuntesjulio.com/tipos-de-cable-de-red-y-categorias/.

[275] Silex Fiber, «Comparativa UTP STP COAXIAL Y FIBRA OPTICA», Silex Fiber. Accedido: 20 de julio de 2023. [En línea]. Disponible en: https://silexfiber.com/comparativa-utp-stp-coaxial-y-fibra-optica/.

[276] Anónimo, «¿Qué son las redes LAN, WAN y MAN?», AXESS Networks. Accedido: 21 de julio de 2023. [En línea]. Disponible en: https://axessnet.com/que-son-las-redes-lan-wan-y-man/.

[277] I.T.T. esp. Telemática, «Capítulo 1: Evolución de los Protocolos Ingeniería de Protocolos y Servicios», Cartagena (España), jul. 2023.

[278] Wikipedia, «Protocolo de comunicaciones», Wikipedia. Accedido: 26 de julio de 2023. [En línea]. Disponible en: https://es.wikipedia.org/wiki/Protocolo_de_comunicaciones.

[279] M. Ford, H. Kim Lew, S. Spanier, y T. Stevenson, *Tecnologías de interconectividad de redes*. Madrid (España): Prentice Hall, 1998.

[280] L. R. Vega-González, J. Avilés-Zúñiga, y M. Montalvo-Taboada, «Evolución y evaluación tecnológica de los protocolos de comunicaciones», *Ingeniería Investigación y Tecnología*, vol. 4, n.º 2, pp. 71-81, abr. 2003, doi: 10.22201/fi.25940732e.2003.04n2.005.

[281] Marketing 4 Ecommerce, «El número de usuarios de internet en el mundo crece un 1,9% y alcanza los 5.160 millones (2023)», Marketing 4 Ecommerce. Accedido: 26 de julio de 2023. [En línea]. Disponible en: https://marketing4ecommerce.net/usuarios-de-internet-mundo/.

[282] Agendapro, «Tipos de protocolos de comunicación, qué son y para qué sirven», Agendapro. Accedido: 26 de julio de 2023. [En línea]. Disponible en: https://blog.agendapro.com/centros-de-salud/tipos-de-protocolos-de-comunicacion.

[283] Wikipedia, «Modelo OSI», Wikipedia. Accedido: 28 de julio de 2023. [En línea]. Disponible en: https://es.wikipedia.org/wiki/Modelo_OSI.

[284] UNICEN, «El modelo OSI», Buenos Aires (Argentina), jul. 2023.

[285] Wikipedia, «Modelo TCP/IP», Wikipedia. Accedido: 30 de julio de 2023. [En línea]. Disponible en: https://es.wikipedia.org/wiki/Modelo_TCP/IP.

[286] Wikipedia, «IEEE 802», Wikipedia. Accedido: 30 de julio de 2023. [En línea]. Disponible en: https://es.wikipedia.org/wiki/IEEE_802.

[287] Wikipedia, «IEEE 802.3», Wikipedia. Accedido: 30 de julio de 2023. [En línea]. Disponible en: https://es.wikipedia.org/wiki/IEEE_802.3.

[288] H. C. Ferreira, L. Lampe, J. Newbury, y T. G. Swart, *Power Line Communications: Theory and Applications for Narrowband and Broadband Communications over Power Lines*. wiley, 2010. doi: 10.1002/9780470661291.

[289] Shenzhen Optico Communication Co. Ltd, «Ethernet», Shenzhen Optico Communication Co. Ltd. Accedido: 30 de julio de 2023. [En línea]. Disponible en: http://www.opticomfiber.com/info/ethernet-32063615.html.

[290] Wikipedia, «Ethernet», Wikipedia. Accedido: 30 de julio de 2023. [En línea]. Disponible en: https://es.wikipedia.org/wiki/Ethernet.

[291] Wikipedia, «Bluetooth», Wikipedia. Accedido: 31 de julio de 2023. [En línea]. Disponible en: https://es.wikipedia.org/wiki/Bluetooth_(especificaci%C3%B3n).

[292] Wikipedia, «Zigbee», Wikipedia. Accedido: 31 de julio de 2023. [En línea]. Disponible en: https://es.wikipedia.org/wiki/Zigbee.

[293] Aprendiendo Arduino, «6LoWPAN», Aprendiendo Arduino. Accedido: 31 de julio de 2023. [En línea]. Disponible en: https://aprendiendoarduino.wordpress.com/tag/6lowpan/.

[294] J.-P. Faure, «The IEEE P1901 project: broadband over power lines», en *2006 Digest of Technical Papers International Conference on Consumer Electronics*, IEEE, 2006, pp. 159-160. doi: 10.1109/ICCE.2006.1598359.

[295] Wikipedia, «PRIME», Wikipedia. Accedido: 1 de agosto de 2023. [En línea]. Disponible en: https://en.wikipedia.org/wiki/PRIME_(power-line_communication).

[296] Meters and More Open Technologies, «Metersandmore», Meters and More Open Technologies. Accedido: 1 de agosto de 2023. [En línea]. Disponible en: https://www.metersandmore.com/.

[297] G3-PLC Alliance, «Smart metering G3», G3-PLC Alliance. Accedido: 1 de agosto de 2023. [En línea]. Disponible en: https://g3-plc.com/smart-metering-2/.

[298] S. Galli y T. Lys, «Next generation Narrowband (under 500 kHz) Power Line Communications (PLC) standards», *China Communications*, vol. 12, n.º 3, pp. 1-8, mar. 2015, doi: 10.1109/CC.2015.7084358.

[299] M. Hoch, «Comparison of PLC G3 and PRIME», en *2011 IEEE International Symposium on Power Line Communications and Its Applications*, IEEE, abr. 2011, pp. 165-169. doi: 10.1109/ISPLC.2011.5764384.

[300] L. T. Berger, A. Schwager, y J. J. Escudero-Garzás, «Power line communications for smart grid applications», *Journal of Electrical and Computer Engineering*, vol. 2013, p. 16, ene. 2013, doi: 10.1155/2013/712376.

[301] PRIME Alliance, «PRIME Alliance», PRIME Alliance. Accedido: 1 de agosto de 2023. [En línea]. Disponible en: https://www.prime-alliance.org/.

[302] N. Uribe-Pérez, I. Angulo, L. Hernández-Callejo, T. Arzuaga, D. de la Vega, y A. Arrinda, «Study of Unwanted Emissions in the CENELEC-A Band Generated by Distributed Energy Resources and Their Influence over Narrow Band Power Line Communications», *Energies (Basel)*, vol. 9, n.º 12, p. 1007, nov. 2016, doi: 10.3390/en9121007.

[303] Wikipedia, «HomePlug», Wikipedia. Accedido: 1 de agosto de 2023. [En línea]. Disponible en: https://es.wikipedia.org/wiki/HomePlug.

[304] Wikipedia, «HomePlug Powerline Alliance», Wikipedia. Accedido: 1 de agosto de 2023. [En línea]. Disponible en: https://en.wikipedia.org/wiki/HomePlug_Powerline_Alliance.

[305] A. J. Albarakati *et al.*, «Microgrid energy management and monitoring systems: A comprehensive review», *Front Energy Res*, vol. 10, dic. 2022, doi: 10.3389/fenrg.2022.1097858.

[306] M. Á. Covarrubias Hernández, «Diseño de un Sistema de Monitoreo Aplicable a Microrredes», Universidad Nacional Autónoma de México, Ciudad de México (México), 2018.

[307] S. Casado Casado, M. Santamaría Rubio, y M. Aguado Alonso, «Monitorización de microrredes cEMos», en *II Congreso Smart Grids*, SmartgridsInfo, Ed., Madrid (España): Grupo TecmaREd, 2014.

[308] NI, «Control and Monitor Microgrids at the Edge», NI. Accedido: 2 de agosto de 2023. [En línea]. Disponible en: https://www.ni.com/en/solutions/energy/smart-grid/control-and-monitor-microgrids-at-the-edge.html.

[309] O. F. Núñez Mata, «Metodología para el monitoreo de microrredes por medio de indicadores de resiliencia», Universidad de Chile, Santiago de Chile (Chile), 2014. Accedido: 3 de agosto de 2023. [En línea]. Disponible en: https://repositorio.uchile.cl/bitstream/handle/2250/115966/cf-nunez_om.pdf?sequence=1&isAllowed=y.

[310] M. Khoa Ngo, V. Dai Le, D. Tung Doan, y A. Toan Nguyen, «An advanced IoT system for monitoring and analysing chosen power quality parameters in micro-grid solution», *Archives of Electrical Engineering*, jul. 2023, doi: 10.24425/aee.2021.136060.

[311] A. F. Arciniegas M., D. E. Imbajoa R., y J. Revelo F., «Diseño e implementación de un Sistema de Medición Inteligente para AMI de la microrred de la Universidad de Nariño», *Enfoque UTE*, vol. 8, n.º 1, pp. 300-314, feb. 2017, doi: 10.29019/enfoqueute.v8n1.136.

[312] N. Hosseinzadeh, A. Al Maashri, N. Tarhuni, A. Elhaffar, y A. Al-Hinai, «A Real-Time Monitoring Platform for Distributed Energy Resources in a Microgrid—Pilot Study in Oman», *Electronics (Basel)*, vol. 10, n.º 15, p. 1803, jul. 2021, doi: 10.3390/electronics10151803.

[313] R. Palma-Behnke, D. Ortiz, L. Reyes, G. Jimenez-Estevez, y N. Garrido, «A social SCADA approach for a renewable based microgrid — The Huatacondo project», en *2011 IEEE Power and Energy Society General Meeting*, IEEE, jul. 2011, pp. 1-7. doi: 10.1109/PES.2011.6039749.

[314] G. S. Thirunavukkarasu, M. Seyedmahmoudian, E. Jamei, B. Horan, S. Mekhilef, y A. Stojcevski, «Role of optimization techniques in microgrid energy management systems—A review», *Energy Strategy Reviews*, vol. 43, p. 100899, sep. 2022, doi: 10.1016/j.esr.2022.100899.

[315] E. K. Lee, W. Shi, R. Gadh, y W. Kim, «Design and Implementation of a Microgrid Energy Management System», *Sustainability*, vol. 8, n.º 11, p. 1143, nov. 2016, doi: 10.3390/SU8111143.

[316] F. Yang, X. Feng, y Z. Li, «Advanced Microgrid Energy Management System for Future Sustainable and Resilient Power Grid», *IEEE Trans Ind Appl*, vol. 55, n.º 6, pp. 7251-7260, nov. 2019, doi: 10.1109/TIA.2019.2912133.

[317] A. R. Battula, S. Vuddanti, y S. R. Salkuti, «Review of Energy Management System Approaches in Microgrids», *Energies (Basel)*, vol. 14, n.º 17, p. 5459, sep. 2021, doi: 10.3390/en14175459.

[318] S. Li, B. Jiang, X. Wang, y L. Dong, «Research and Application of a SCADA System for a Microgrid», *Technologies (Basel)*, vol. 5, n.º 2, p. 12, mar. 2017, doi: 10.3390/technologies5020012.

[319] M. Kermani, B. Adelmanesh, E. Shirdare, C. A. Sima, D. L. Carnì, y L. Martirano, «Intelligent energy management based on SCADA system in a real Microgrid for smart building applications», *Renew Energy*, vol. 171, pp. 1115-1127, jun. 2021, doi: 10.1016/j.renene.2021.03.008.

[320] A. Sánchez Silvera, J. G. Guarnizo-Marín, E. F. Forero-García, y D. Montenegro-Martínez, «Sistema de gestión de energía descentralizado basado en multiagentes para operación de múltiples microrredes», *TecnoLógicas*, vol. 24, n.º 51, p. e1880, jun. 2021, doi: 10.22430/22565337.1880.

[321] M. Mao, P. Jin, N. D. Hatziargyriou, y L. Chang, «Multiagent-Based Hybrid Energy Management System for Microgrids», *IEEE Trans Sustain Energy*, pp. 1-1, 2014, doi: 10.1109/TSTE.2014.2313882.

[322] B. Zhou *et al.*, «Multi-microgrid Energy Management Systems: Architecture, Communication, and Scheduling Strategies», *Journal of Modern Power Systems and Clean Energy*, vol. 9, n.º 3, pp. 463-476, may 2021, doi: 10.35833/MPCE.2019.000237.

[323] Y. Li y F. Nejabatkhan, «Overview of control, integration and energy management of microgrids», *Journal of Modern Power Systems and Clean Energy*, vol. 2, n.º 3, pp. 212-222, sep. 2014, doi: 10.1007/s40565-014-0063-1.

[324] R. Kerr, J. Scheidt, A. Fontanna, y J. Wiley, «Unit Commitment», *IEEE Transactions on Power Apparatus and Systems*, vol. PAS-85, n.º 5, pp. 417-421, may 1966, doi: 10.1109/TPAS.1966.291678.

[325] B. Saravanan, S. Das, S. Sikri, y D. P. Kothari, «A solution to the unit commitment problem—a review», *Frontiers in Energy*, vol. 7, n.º 2, pp. 223-236, jun. 2013, doi: 10.1007/s11708-013-0240-3.

[326] C. Deckmyn, J. Van de Vyver, T. L. Vandoorn, B. Meersman, J. Desmet, y L. Vandevelde, «Day-ahead unit commitment model for microgrids», *IET Generation, Transmission & Distribution*, vol. 11, n.º 1, pp. 1-9, ene. 2017, doi: 10.1049/iet-gtd.2016.0222.

[327] A. D. Hawkes y M. A. Leach, «Modelling high level system design and unit commitment for a microgrid», *Appl Energy*, vol. 86, n.º 7-8, pp. 1253-1265, jul. 2009, doi: 10.1016/j.apenergy.2008.09.006.

[328] H. Z. Liang y H. B. Gooi, «Unit commitment in microgrids by improved genetic algorithm», en *2010 Conference Proceedings IPEC*, IEEE, oct. 2010, pp. 842-847. doi: 10.1109/IPECON.2010.5697083.

[329] A. Nawaz, M. Zhou, J. Wu, y C. Long, «A comprehensive review on energy management, demand response, and coordination schemes utilization in multi-microgrids network», *Appl Energy*, vol. 323, p. 119596, oct. 2022, doi: 10.1016/j.apenergy.2022.119596.

[330] EPRI, «EPRI Home», EPRI. Accedido: 8 de agosto de 2023. [En línea]. Disponible en: https://www.epri.com/.

[331] C. D. Korkas, S. Baldi, y E. B. Kosmatopoulos, «Grid-Connected Microgrids: Demand Management via Distributed Control and Human-in-the-Loop Optimization», en *Advances in Renewable Energies and Power Technologies*, Elsevier, 2018, pp. 315-344. doi: 10.1016/B978-0-12-813185-5.00025-5.

[332] R. S. Kumar, L. P. Raghav, D. K. Raju, y A. R. Singh, «Customer-oriented energy demand management of grid connected microgrids», *Int J Energy Res*, vol. 45, n.º 13, pp. 18695-18712, oct. 2021, doi: 10.1002/er.6984.

[333] A. M. Jasim, B. H. Jasim, B.-C. Neagu, y S. Attila, «Electric Vehicle Battery-Connected Parallel Distribution Generators for Intelligent Demand Management in Smart Microgrids», *Energies (Basel)*, vol. 16, n.o 6, p. 2570, mar. 2023, doi: 10.3390/en16062570.

[334] W. Lin, Q. Wang, J. Long, Z. Lian, H. Liang, y Z. Liang, «A Review on Control and Economic Dispatch Methods for Microgrids», en *2023 6th International Conference on Energy, Electrical and Power Engineering (CEEPE)*, IEEE, may 2023, pp. 469-479. doi: 10.1109/CEEPE58418.2023.10167388.

[335] D. Romero-Quete y J. R. Garcia, «An affine arithmetic-model predictive control approach for optimal economic dispatch of combined heat and power microgrids», *Appl Energy*, vol. 242, pp. 1436-1447, may 2019, doi: 10.1016/J.APENERGY.2019.03.159.

[336] W. C. Yeh *et al.*, «New genetic algorithm for economic dispatch of stand-alone three-modular microgrid in DongAo Island», *Appl Energy*, vol. 263, p. 114508, abr. 2020, doi: 10.1016/J.APENERGY.2020.114508.

[337] S. Meena, H. Tu, H. Yu, y S. Lukic, «Economic Dispatch in Microgrids using Relaxed Mixed Integer Linear Programming», *2022 IEEE Energy Conversion Congress and Exposition, ECCE 2022*, 2022, doi: 10.1109/ECCE50734.2022.9947665.

[338] M. Sandelic, S. Peyghami, A. Sangwongwanich, y F. Blaabjerg, «Reliability aspects in microgrid design and planning: Status and power electronics-induced challenges», *Renewable and Sustainable Energy Reviews*, vol. 159, p. 112127, may 2022, doi: 10.1016/J.RSER.2022.112127.

[339] I. S. Bae y J. O. Kim, «Reliability evaluation of customers in a microgrid», *IEEE Transactions on Power Systems*, vol. 23, n.º 3, pp. 1416-1422, 2008, doi: 10.1109/TPWRS.2008.926710.

[340] A. Hussain, V. H. Bui, y H. M. Kim, «Microgrids as a resilience resource and strategies used by microgrids for enhancing resilience», *Appl Energy*, vol. 240, pp. 56-72, abr. 2019, doi: 10.1016/J.APENERGY.2019.02.055.

[341] M. Hamidieh y M. Ghassemi, «Microgrids and Resilience: A Review», *IEEE Access*, vol. 10, pp. 106059-106080, 2022, doi: 10.1109/ACCESS.2022.3211511.

[342] RedIris, «RedIRIS», RedIris.

[343] Vectores de dominio público, «Rueda de agua», Vectores de dominio público. Accedido: 4 de julio de 2023. [En línea]. Disponible en: https://publicdomainvectors.org/es/vectoriales-gratuitas/Rueda-de-agua/64621.html.

[344] Node-RED, «Node-RED», Node-RED. Accedido: 4 de julio de 2023. [En línea]. Disponible en: https://nodered.org/.

[345] MariaDB.org, «MariaDB Foundation», MariaDB.org. Accedido: 4 de julio de 2023. [En línea]. Disponible en: https://mariadb.org/

[346] E. Villa-Ávila *et al.*, «Enhancing Energy Power Quality in Low-Voltage Networks Integrating Renewable Energy Generation: A Case Study in a Microgrid Laboratory», *Energies (Basel)*, vol. 16, n.º 14, p. 5386, jul. 2023, doi: 10.3390/EN16145386.

[347] D. Ochoa, E. Villa, V. Iñiguez, C. Larco, y R. Sempértegui, «Uso de supercondensadores para brindar soporte de frecuencia en una microrred aislada», *Revista Tecnológica - ESPOL*, vol. 34, n.º 4, pp. 174-185, dic. 2022, doi: 10.37815/RTE.V34N4.961.

[348] I. Pazmiño, D. Ochoa, E. P. Minaya, y H. P. Mera, «Use of Battery Energy Storage Systems to Enhance the Frequency Stability of an Islanded Microgrid Based on Hybrid Photovoltaic-Diesel Generation», 2022, pp. 48-58. doi: 10.1007/978-3-030-94262-5_5.

[349] J. Vasquez, J. Guerrero, J. Miret, M. Castilla, y L. Garcia de Vicuna, «Hierarchical Control of Intelligent Microgrids», *IEEE Industrial Electronics Magazine*, vol. 4, n.º 4, pp. 23-29, dic. 2010, doi: 10.1109/MIE.2010.938720.

[350] L. Castro Blanco *et al.*, *Control jerárquico en micro-redes AC*. Universidad Tecnológica de Pereira, 2021. doi: 10.22517/9789587225532.

[351] H. Akagi, E. H. Watanabe, y M. Aredes, *Instantaneous Power Theory and Applications to Power Conditioning*. Wiley-IEEE Press, 2007.

[352] J. M. Ramírez Scarpetta y E. Gómez Luna, «Control en Microrredes de A.C: Control Jerárquico, Tecnologías y Normativa», 2020.

[353] A. Engler, «Applicability of droops in low voltage grids», DER JOURNAL, vol. 1, 2005.

[354] D. Heredero Peris, «Control contributions to AC microgrid inverters», Universitat Politècnica de Catalunya, Barcelona (España), 2017.

[355] D. K. Molzahn y I. A. Hiskens, «A Survey of Relaxations and Approximations of the Power Flow Equations», *Foundations and Trends® in Electric Energy Systems*, vol. 4, n.º 1-2, pp. 1-221, 2019, doi: 10.1561/3100000012.

[356] N. Altin y S. E. Eyimaya, «A Review of Microgrid Control Strategies», en *2021 10th International Conference on Renewable Energy Research and Application (ICRERA)*, IEEE, sep. 2021, pp. 412-417. doi: 10.1109/ICRERA52334.2021.9598699.

[357] A. Mohammed, S. S. Refaat, S. Bayhan, y H. Abu-Rub, «AC Microgrid Control and Management Strategies: Evaluation and Review», *IEEE Power Electronics Magazine*, vol. 6, n.º 2, pp. 18-31, jun. 2019, doi: 10.1109/MPEL.2019.2910292.

[358] J. Ferber, *Multi-Agent Systems: An Introduction to Distributed Artificial Intelligence*. Addison-Wesley, 1999.

[359] J. M. Bradshaw, *Software Agents*. AAAI Press, 1997.

[360] G. Chicco y P. Mancarella, «Distributed multi-generation: A comprehensive view», *Renewable and Sustainable Energy Reviews*, vol. 13, n.º 3, pp. 535-551, abr. 2009, doi: 10.1016/j.rser.2007.11.014.

[361] B. J. Brearley y R. R. Prabu, «A review on issues and approaches for microgrid protection», *Renewable and Sustainable Energy Reviews*, vol. 67, pp. 988-997, ene. 2017, doi: 10.1016/j.rser.2016.09.047.

[362] T. S. Ustun, C. Ozansoy, y A. Zayegh, «A microgrid protection system with central protection unit and extensive communication», en *2011 10th International Conference on Environment and Electrical Engineering*, IEEE, may 2011, pp. 1-4. doi: 10.1109/EEEIC.2011.5874777.

[363] S. Beheshtaein, R. Cuzner, M. Savaghebi, y J. M. Guerrero, «Review on microgrids protection», *IET Generation, Transmission & Distribution*, vol. 13, n.º 6, pp. 743-759, mar. 2019, doi: 10.1049/iet-gtd.2018.5212.

[364] RAE, «Predecir», RAE. Accedido: 27 de junio de 2023. [En línea]. Disponible en: https://dle.rae.es/predecir?m=form.

[365] RAE, «Pronosticar», RAE. Accedido: 27 de junio de 2023. [En línea]. Disponible en: https://dle.rae.es/pronosticar?m=form.

[366] ¿Cuál es la diferencia entre?, «Predicción vs Pronóstico: Comparación de Conceptos y Diferencias Clave», ¿Cuál es la diferencia entre? Accedido: 27 de junio de 2023. [En línea]. Disponible en: https://cualesladiferencia.com/diferencia-entre-prediccion-y-pronostico/.

[367] Diferencias, «Diferencia entre Predicción y Pronóstico», Diferencias. Accedido: 27 de junio de 2023. [En línea]. Disponible en: https://www.diferencias.cc/prediccion-pronostico/.

[368] J. M. Pascual Miqueleiz, «Estrategias avanzadas de gestión energética basadas en predicción para microrredes electrotérmicas», Universidad Pública de Navarra, Pamplona (España), 2016. Accedido: 24 de junio de 2023. [En línea]. Disponible en: https://academica-e.unavarra.es/xmlui/handle/2454/20010.

[369] VV.AA., *Proyecto INDEL ATLAS de la demanda eléctrica española*. Madrid (España): Red Eléctrica de España, S.A, 1998.

[370] R. F. Hamilton, «The Summation of Load Curves», *Transactions of the American Institute of Electrical Engineers*, vol. 63, n.º 10, pp. 729-735, 1944, doi: 10.1109/T-AIEE.1944.5058782.

[371] J. S. Forrest, «The effects of weather on power–system operation. The effects of weather on power–system operation», *Journal of the Institution of Electrical Engineers – Part I: General*, vol. 93, n.º 64, pp. 161-163, 1946.

[372] R. B. Rowson, «Electricity supply—a statistical approach to some particular problems», *Proceedings of the IEE - Part II: Power Engineering*, vol. 99, n.º 68, pp. 151-167, abr. 1952, doi: 10.1049/PI-2.1952.0044.

[373] R. G. Hooke y N. J. Newark, «Forecasting the Demand for Electricity», *Transactions of the American Institute of Electrical Engineers, Power Apparatus and Systems, Part III*, vol. 74, n.º 3, 1955.

[374] J. G. Gruetter, «The Application of Business Machines to Electrical Utility Load Forecasting», *Transactions of the American Institute of Electrical Engineers, Power Apparatus and Systems, Part III*, vol. 74, n.º 3, pp. 854-858, 1955.

[375] P. D. Matthewman y H. Nicholson, «Techniques for load prediction in the electricity-supply industry», *Proceedings of the Institution of Electrical Engineers*, vol. 115, n.º 10, p. 1451, 1968, doi: 10.1049/PIEE.1968.0258.

[376] A. Quintana, L. Hernández Callejo, y C. Quintana, «Predicción de la demanda eléctrica: antecedentes, actualidad y tendencias de futuro», en II Congreso Iberoamericano de Microrredes con Generación Distribuida de Renovables, Soria (España): CYTED, oct. 2014.

[377] A. K. Gerlach, D. Stetter, J. Schmid, y Ch. Breyer, «PV and wind power - complementary technologies», en *26th European Photovoltaic Solar Energy Conference*, Hamburgo (Alemania), sep. 2009.

[378] J. A. López, «Aspectos de la dinámica de la espiral de Ekman», *Tiempo y Clima*, vol. 67, 2020.

[379] K. G. Olivares, C. Challu, G. Marcjasz, R. Weron, y A. Dubrawski, «Neural basis expansion analysis with exogenous variables: Forecasting electricity prices with NBEATSx», *Int J Forecast*, vol. 39, n.º 2, pp. 884-900, abr. 2023, doi: 10.1016/J.IJFORECAST.2022.03.001.

[380] A. Gianfreda y L. Grossi, «Forecasting Italian electricity zonal prices with exogenous variables», *Energy Econ*, vol. 34, n.º 6, pp. 2228-2239, nov. 2012, doi: 10.1016/J.ENECO.2012.06.024.

[381] M. M. Merino Acera, *Tecnicas neuronales y estadisticas para la prediccion de demanda electrica*. Amaru Ediciones, 2013.

[382] A. Agüera-Pérez, J. C. Palomares-Salas, J. J. González de la Rosa, y O. Florencias-Oliveros, «Weather forecasts for microgrid energy management: Review, discussion and recommendations», *Appl Energy*, vol. 228, pp. 265-278, oct. 2018, doi: 10.1016/J.APENERGY.2018.06.087.

[383] I. Rojas y H. Pomares, «Soft-computing techniques for time series forecasting», en *ESANN'2004 proceedings - European Symposium on Artificial Neural Networks*, Bruges (Bélgica), abr. 2004.

[384] H. S. Hippert, C. E. Pedreira, y R. C. Souza, «Neural networks for short-term load forecasting: A review and evaluation», *IEEE Transactions on Power Systems*, vol. 16, n.º 1, pp. 44-55, feb. 2001, doi: 10.1109/59.910780.

[385] L. Hernandez *et al.*, «A survey on electric power demand forecasting: Future trends in smart grids, microgrids and smart buildings», *IEEE Communications Surveys and Tutorials*, vol. 16, n.º 3, pp. 1460-1495, 2014, doi: 10.1109/SURV.2014.032014.00094.

[386] J. Toyoda, M. S. Chen, y Y. Inoue, «An Application of State Estimation to Short-Term Load Forecasting, Part I: Forecasting Modeling», IEEE Transactions on Power Apparatus and Systems, vol. PAS-89, n.o 7, pp. 1678-1682, 1970, doi: 10.1109/TPAS.1970.292823.

[387] M. A. Rahman, B. R. Sarker, y L. A. Escobar, «Peak demand forecasting for a seasonal product using Bayesian approach», *Journal of the Operational Research Society*, vol. 62, n.º 6, pp. 1019-1028, 2017, doi: 10.1057/JORS.2010.58.

[388] R. F. Engle, C. Mustafa, y J. Rice, «Modelling peak electricity demand», *J Forecast*, vol. 11, n.º 3, pp. 241-251, abr. 1992, doi: 10.1002/FOR.3980110306.

[389] R. J. Hyndman y S. Fan, «Density forecasting for long-term peak electricity demand», *IEEE Transactions on Power Systems*, vol. 25, n.º 2, pp. 1142-1153, may 2010, doi: 10.1109/TPWRS.2009.2036017.

[390] M. E. Günay, «Forecasting annual gross electricity demand by artificial neural networks using predicted values of socio-economic indicators and climatic conditions: Case of Turkey», *Energy Policy*, vol. 90, pp. 92-101, mar. 2016, doi: 10.1016/J.ENPOL.2015.12.019.

[391] S. M. Al-Alawi y S. M. Islam, «Principles of electricity demand forecasting. Part 1: Methodologies», *Power Engineering Journal*, vol. 10, n.º 3, pp. 139-143, 1996, doi: 10.1049/PE:19960306.

[392] H. Son y C. Kim, «Short-term forecasting of electricity demand for the residential sector using weather and social variables», *Resour Conserv Recycl*, vol. 123, pp. 200-207, ago. 2017, doi: 10.1016/J.RESCONREC.2016.01.016.

[393] K. Wangpattarapong, S. Maneewan, N. Ketjoy, y W. Rakwichian, «The impacts of climatic and economic factors on residential electricity consumption of Bangkok Metropolis», *Energy Build*, vol. 40, n.º 8, pp. 1419-1425, ene. 2008, doi: 10.1016/J.ENBUILD.2008.01.006.

[394] M. A. Alduailij, I. Petri, O. Rana, M. A. Alduailij, y A. S. Aldawood, «Forecasting peak energy demand for smart buildings», *Journal of Supercomputing*, vol. 77, n.º 6, pp. 6356-6380, jun. 2021, doi: 10.1007/S11227-020-03540-3/FIGURES/15.

[395] Y. Y. Hsu y C. C. Yang, «Design of artificial neural networks for short-term load forecasting. Part I. Self-organising feature maps for day type identification», *IEE Proceedings C: Generation Transmission and Distribution*, vol. 138, n.º 5, pp. 407-413, 1991, doi: 10.1049/IP-C.1991.0051/CITE/REFWORKS.

[396] Y.-Y. Hsu y C.-C. Yang, «Design of artificial neural networks for short-term load forecasting. Part 2: Multilayer feedforward networks for peak load and valley load forecasting», *IEE Proceedings C Generation, Transmission and Distribution*, vol. 138, n.º 5, p. 414, 1991, doi: 10.1049/ip-c.1991.0052.

[397] R. Haiges, Y. D. Wang, A. Ghoshray, y A. P. Roskilly, «Forecasting Electricity Generation Capacity in Malaysia: An Auto Regressive Integrated Moving Average Approach», *Energy Procedia*, vol. 105, pp. 3471-3478, may 2017, doi: 10.1016/j.egypro.2017.03.795.

[398] L. Hernandez *et al.*, «A multi-agent system architecture for smart grid management and forecasting of energy demand in virtual power plants», *IEEE Communications Magazine*, vol. 51, n.º 1, pp. 106-113, 2013, doi: 10.1109/MCOM.2013.6400446.

[399] L. Hernández, C. Baladrón, J. M. Aguiar, B. Carro, A. Sánchez-Esguevillas, y J. Lloret, «Artificial neural networks for short-term load forecasting in microgrids environment», Energy, vol. 75, pp. 252-264, oct. 2014, doi: 10.1016/J.ENERGY.2014.07.065.

[400] L. Hernández *et al.*, «Artificial Neural Network for Short-Term Load Forecasting in Distribution Systems», *Energies (Basel)*, vol. 7, n.º 3, pp. 1576-1598, mar. 2014, doi: 10.3390/EN7031576.

[401] L. Hernández *et al.*, «Experimental Analysis of the Input Variables' Relevance to Forecast Next Day's Aggregated Electric Demand Using Neural Networks», *Energies (Basel)*, vol. 6, n.º 6, pp. 2927-2948, jun. 2013, doi: 10.3390/EN6062927.

[402] A. S. Alfuhaid, «Cascaded artificial neural networks for short-term load forecasting», *IEEE Transactions on Power Systems*, vol. 12, n.º 4, pp. 1524-1529, 1997, doi: 10.1109/59.627852.

[403] 0. Mohammed *et al.*, «Practical Experiences with An Adaptive Neural Network Short-Term Load Forecasting System», *IEEE Transactions on Power Systems*, vol. 10, n.º 1, pp. 254-265, 1995, doi: 10.1109/59.373948.

[404] R. Lamedica y A. Prudenzi, «A neural network based technique for short-term forecasting of anomalous load periods», *IEEE Transactions on Power Systems*, vol. 11, n.º 4, pp. 1749-1756, 1996, doi: 10.1109/59.544638.

[405] C. Rodríguez Rivero, «Modelos no lineales de pronóstico de series temporales basados en inteligencia computacional para soporte en la toma de decisiones agrícolas», Universidad de Córdoba, Córdoba (Argentina), 2016.

[406] J. D. Velásquez, C. Franco, y H. García, «Un modelo no lineal para la predicción de la demanda mensual de electricidad en Colombia», *Estudios Gerenciales*, vol. 25, n.º 112, 2009.

[407] J. A. Anderson, J. W. Silverstein, S. A. Ritz, y R. S. Jones, «Distinctive features, categorical perception, and probability learning: Some applications of a neural model», *Psychol Rev*, vol. 84, n.º 5, pp. 413-451, sep. 1977, doi: 10.1037/0033-295X.84.5.413.

[408] T. Kohonen, *Associative Memory*, vol. 17. Berlin, Heidelberg: Springer Berlin Heidelberg, 1977. doi: 10.1007/978-3-642-96384-1.

[409] T. Kohonen, «An introduction to neural computing», *Neural Networks*, vol. 1, n.º 1, pp. 3-16, ene. 1988, doi: 10.1016/0893-6080(88)90020-2.

[410] T. Kohonen, «The Self-Organizing Map», *Proceedings of the IEEE*, vol. 78, n.º 9, pp. 1464-1480, 1990, doi: 10.1109/5.58325.

[411] T. Kohonen, «Analysis of a simple self-organizing process», *Biol Cybern*, vol. 44, n.º 2, pp. 135-140, jul. 1982, doi: 10.1007/BF00317973/METRICS.

[412] T. Kohonen, «Self-organized formation of topologically correct feature maps», *Biol Cybern*, vol. 43, n.º 1, pp. 59-69, ene. 1982, doi: 10.1007/BF00337288/METRICS.

[413] J. J. Hopfield, «Neural networks and physical systems with emergent collective computational abilities», *Proc Natl Acad Sci U S A*, vol. 79, n.º 8, p. 2554, 1982, doi: 10.1073/PNAS.79.8.2554.

[414] K. Fukushima, «Biological Cybernetics Neocognitron: A Self-organizing Neural Network Model for a Mechanism of Pattern Recognition Unaffected by Shift in Position», *Biol. Cybernetics*, vol. 36, p. 202, 1980.

[415] K. Fukushima, «Neocognitron: A hierarchical neural network capable of visual pattern recognition», *Neural Networks*, vol. 1, n.º 2, pp. 119-130, ene. 1988, doi: 10.1016/0893-6080(88)90014-7.

[416] J. R. Hilera González y V. J. Martínez Hernando, *Redes neuronales artificiales: fundamentos, modelos y aplicaciones*. RA-MA, 1995. Accedido: 30 de junio de 2023. [En línea]. Disponible en: https://www.casadellibro.com/libro-redes-neuronales-artificiales-fundamentos-modelos-y-aplicacione-s/9788478971558/470736.

[417] P. Isasi y I. Galvan, *Redes De Neuronas Artificiales: Un Enfoque Practico*. Pearson Educación, 2014. Accedido: 30 de junio de 2023. [En línea]. Disponible en: https://www.casadellibro.com/libro-redes-de-neuronas-artificiales-un-enfoque-practico/9788420540252/943364.

[418] R. F. López y J. M. F. Fernández, *Las Redes Neuronales Artificiales*. Netbiblo, 2008. Accedido: 30 de junio de 2023. [En línea]. Disponible en: https://books.google.com/books?id=X0uLwi1Ap4QC&pgis=1.

[419] C. M. Bishop, *Pattern recognition and machine learning*. New York (US): SPRINGER VERLAG, 2006.

[420] M. L. Pérez Delgado y Q. Martín Martín, *Aplicación de las redes neuronales artificiales a la estadística*. Editorial La Muralla, 2003. Accedido: 30 de junio de 2023. [En línea]. Disponible en: https://www.casadellibro.com/libro-aplicaciones-de-las-redes-neuronales-artificiales-a-la-estadistic-a/9788471337368/935045.

[421] G. Alkhayat y R. Mehmood, «A review and taxonomy of wind and solar energy forecasting methods based on deep learning», *Energy and AI*, vol. 4, p. 100060, jun. 2021, doi: 10.1016/J.EGYAI.2021.100060.

[422] H. Wang, Z. Lei, X. Zhang, B. Zhou, y J. Peng, «A review of deep learning for renewable energy forecasting», *Energy Convers Manag*, vol. 198, p. 111799, oct. 2019, doi: 10.1016/J.ENCONMAN.2019.111799.

[423] E. Choi, S. Cho, y D. K. Kim, «Power Demand Forecasting using Long Short-Term Memory (LSTM) Deep-Learning Model for Monitoring Energy Sustainability», *Sustainability*, vol. 12, n.º 3, p. 1109, feb. 2020, doi: 10.3390/SU12031109.

[424] L. Wen, K. Zhou, y S. Yang, «Load demand forecasting of residential buildings using a deep learning model», *Electric Power Systems Research*, vol. 179, p. 106073, feb. 2020, doi: 10.1016/J.EPSR.2019.106073.

[425] D. Mariano-Hernández *et al.*, «A Data-Driven Forecasting Strategy to Predict Continuous Hourly Energy Demand in Smart Buildings», *Applied Sciences*, vol. 11, n.º 17, p. 7886, ago. 2021, doi: 10.3390/APP11177886.

[426] Belik D.D., Nelson D.J., y Olive D.W., «Use of the Karhunen- Loeve expansion to analyze hourly load requirements for a power utility», *IEEE power engineering society winter meeting*, vol. A78, pp. 225-230, 1978.

[427] M. Ming y S. Wei, «Research on annual electric power consumption forecasting based on partial least-squares regression», *2008 International Seminar on Business and Information Management, ISBIM 2008*, vol. 1, pp. 125-127, 2008, doi: 10.1109/ISBIM.2008.124.

[428] J. Lu *et al.*, «Two-Tier Reactive Power and Voltage Control Strategy Based on ARMA Renewable Power Forecasting Models», *Energies (Basel)*, vol. 10, n.º 10, p. 1518, oct. 2017, doi: 10.3390/en10101518.

[429] B. Singh y D. Pozo, «A Guide to Solar Power Forecasting using ARMA Models», en *2019 IEEE PES Innovative Smart Grid Technologies Europe (ISGT-Europe)*, IEEE, sep. 2019, pp. 1-4. doi: 10.1109/ISGTEurope.2019.8905430.

[430] Z. Yang, L. Ce, y L. Lian, «Electricity price forecasting by a hybrid model, combining wavelet transform, ARMA and kernel-based extreme learning machine methods», *Appl Energy*, vol. 190, pp. 291-305, mar. 2017, doi: 10.1016/j.apenergy.2016.12.130.

[431] H. Liu y J. Shi, «Applying ARMA–GARCH approaches to forecasting short-term electricity prices», *Energy Econ*, vol. 37, pp. 152-166, may 2013, doi: 10.1016/j.eneco.2013.02.006.

[432] Shyh-Jier Huang y Kuang-Rong Shih, «Short-term load forecasting via ARMA model identification including non-gaussian process considerations», IEEE Transactions on Power Systems, vol. 18, n.o 2, pp. 673-679, may 2003, doi: 10.1109/TPWRS.2003.811010.

[433] M. T. Hagan y S. M. Behr, «The Time Series Approach to Short Term Load Forecasting», *IEEE Transactions on Power Systems*, vol. 2, n.º 3, pp. 785-791, 1987, doi: 10.1109/TPWRS.1987.4335210.

[434] P. Vähäkyla, E. Hakonen, y P. Léman, «Short-term forecasting of grid load using Box-Jenkins techniques», *International Journal of Electrical Power & Energy Systems*, vol. 2, n.º 1, pp. 29-34, ene. 1980, doi: 10.1016/0142-0615(80)90004-6.

[435] S. Vemuri, B. Hoveida, y S. Mohebbi, «Short Term Load Forecasting Based on Weather Load Models», *IFAC Proceedings Volumes*, vol. 20, n.º 6, pp. 315-320, ago. 1987, doi: 10.1016/S1474-6670(17)59244-7.

[436] A. Schneider, T. Takenawa, y D. A. Schiffman, «24-hour electric utility load forecasting», *Comparative Models for Electrical Load Forecasting*, 1985.

[437] T. Söderström y L. Ljung, *Theory and Practice of Recursive Identification*. The MIT Press, 1987.

[438] Z. Wang, X. Xu, G. Trajcevski, K. Zhang, T. Zhong, y F. Zhou, «PrEF: Probabilistic Electricity Forecasting via Copula-Augmented State Space Model», *Proceedings of the AAAI Conference on Artificial Intelligence*, vol. 36, n.º 11, pp. 12200-12207, jun. 2022, doi: 10.1609/aaai.v36i11.21480.

[439] M. Castilla, C. Bordons, y A. Visioli, «Event-based state-space model predictive control of a renewable hydrogen-based microgrid for office power demand profiles», *J Power Sources*, vol. 450, p. 227670, feb. 2020, doi: 10.1016/j.jpowsour.2019.227670.

[440] H.-T. Pao, «Forecast of electricity consumption and economic growth in Taiwan by state space modeling», *Energy*, vol. 34, n.º 11, pp. 1779-1791, nov. 2009, doi: 10.1016/j.energy.2009.07.046.

[441] J. De Vilmarest y Y. Goude, «State-Space Models for Online Post-Covid Electricity Load Forecasting Competition», *IEEE Open Access Journal of Power and Energy*, vol. 9, pp. 192-201, 2022, doi: 10.1109/OAJPE.2022.3141883.

[442] V. Dordonnat, S. J. Koopman, M. Ooms, A. Dessertaine, y J. Collet, «An hourly periodic state space model for modelling French national electricity load», *Int J Forecast*, vol. 24, n.º 4, pp. 566-587, oct. 2008, doi: 10.1016/j.ijforecast.2008.08.010.

[443] Z. Baharudin y N. Kamel, «Autoregressive method in short term load forecast», en *2008 IEEE 2nd International Power and Energy Conference*, IEEE, dic. 2008, pp. 1603-1608. doi: 10.1109/PECON.2008.4762735.

[444] W. Jian-jun, N. Dong-Xiao, y L. Li, «An ARMA Cooperate with Artificial Neural Network Approach in Short-Term Load Forecasting», en *2009 Fifth International Conference on Natural Computation*, IEEE, 2009, pp. 60-64. doi: 10.1109/ICNC.2009.253.

[445] A. R. Fadhilah, S. Suriawati, H. H. Amir, Z. A. Izham, y S. Mahendran, «Malaysian daytype load forecasting», en *2009 3rd International Conference on Energy and Environment (ICEE)*, IEEE, dic. 2009, pp. 408-411. doi: 10.1109/ICEENVIRON.2009.5398613.

[446] V. A. Kamaev, M. V. Shcherbakov, D. P. Panchenko, N. L. Shcherbakova, y A. Brebels, «Using connectionist systems for electric energy consumption forecasting in shopping centers», *Automation and Remote Control*, vol. 73, n.º 6, pp. 1075-1084, jun. 2012, doi: 10.1134/S0005117912060124.

[447] R. Hecht-Nielsen, «Kolmogorov's Mapping Neural Network Existence Theorem», *Mathematics*, 1987.

[448] Public Domain Pictures, «Silueta de la célula nerviosa», Public Domain Pictures. Accedido: 1 de julio de 2023. [En línea]. Disponible en: https://www.publicdomainpictures.net/es/view-image.php?image=272450&picture=silueta-de-la-celula-nerviosa.

[449] Psyciencia, «Neurona: qué es y cuáles son sus partes», Psyciencia. Accedido: 1 de julio de 2023. [En línea]. Disponible en: https://www.psyciencia.com/neurona-que-es-y-cuales-son-sus-partes/.

[450] D. E. Rumelhart y J. L. McClelland, *Parallel Distributed Processing: Explorations in the Microstructure of Cognition: Foundations*. MIT Press, 1987.

[451] B. Martín de Brío, *Redes neuronales y sistemas borrosos*. Ra-Ma, 2006. Accedido: 1 de julio de 2023. [En línea]. Disponible en: http://encore.fama.us.es/iii/encore/record/C__Rb1777185__Sredes neuronales y sistemas borrosos__Orightresult__U__X7?lang=spi&suite=cobalt.

[452] R. Sharda, «Neural networks as forecasting experts: an empirical test», *Proc. IJCNN Meet*, ene. 1990, Accedido: 1 de julio de 2023. [En línea]. Disponible en: https://www.academia.edu/17160987/Neural_networks_as_forecasting_experts_an_empirical_test.

[453] Zaiyong Tang, C. de Almeida, y P. A. Fishwick, «Time series forecasting using neural networks vs. Box- Jenkins methodology», *Simulation*, vol. 57, n.º 5, pp. 303-310, nov. 1991, doi: 10.1177/003754979105700508.

[454] M. A. Badri, «Neural networks of combination of forecasts for data with long memory pattern», en *Proceedings of International Conference on Neural Networks (ICNN'96)*, IEEE, pp. 359-364. doi: 10.1109/ICNN.1996.548918.

[455] F. Rosenblatt, «The perceptron: A probabilistic model for information storage and organization in the brain», *Psychol Rev*, vol. 65, n.o 6, pp. 386-408, 1958, doi: 10.1037/h0042519.

[456] T. A. Corrales y J. I. Aunon, «Nonlinear system identification and overparameterization effects in multisensory evoked potential studies», *IEEE Trans Biomed Eng*, vol. 47, n.º 4, pp. 472-486, abr. 2000, doi: 10.1109/10.828147.

[457] M. Colak, M. Yesilbudak, y R. Bayindir, «Forecasting of Daily Total Horizontal Solar Radiation Using Grey Wolf Optimizer and Multilayer Perceptron Algorithms», en *2019 8th International Conference on Renewable Energy Research and Applications (ICRERA)*, IEEE, nov. 2019, pp. 939-942. doi: 10.1109/ICRERA47325.2019.8997040.

[458] V. Ranganayaki y S. N. Deepa, «An Intelligent Ensemble Neural Network Model for Wind Speed Prediction in Renewable Energy Systems», *The Scientific World Journal*, vol. 2016, pp. 1-14, 2016, doi: 10.1155/2016/9293529.

[459] S. Ghimire *et al.*, «Hybrid Convolutional Neural Network-Multilayer Perceptron Model for Solar Radiation Prediction», *Cognit Comput*, vol. 15, n.º 2, pp. 645-671, mar. 2023, doi: 10.1007/s12559-022-10070-y.

[460] M. Amir, Zaheeruddin, y A. Haque, «Intelligent based hybrid renewable energy resources forecasting and real time power demand management system for resilient energy systems», *Sci Prog*, vol. 105, n.º 4, p. 003685042211321, oct. 2022, doi: 10.1177/00368504221132144.

[461] A. Azadeh, R. Babazadeh, y S. M. Asadzadeh, «Optimum estimation and forecasting of renewable energy consumption by artificial neural networks», *Renewable and Sustainable Energy Reviews*, vol. 27, pp. 605-612, nov. 2013, doi: 10.1016/j.rser.2013.07.007.

[462] D. C. Park, M. A. El-Sharkawi, R. J. Marks, L. E. Atlas, y M. J. Damborg, «Electric load forecasting using an artificial neural network», *IEEE Transactions on Power Systems*, vol. 6, n.º 2, pp. 442-449, may 1991, doi: 10.1109/59.76685.

[463] H. Daneshi, M. Shahidehpour, y A. L. Choobbari, «Long-term load forecasting in electricity market», en *2008 IEEE International Conference on Electro/Information Technology*, IEEE, may 2008, pp. 395-400. doi: 10.1109/EIT.2008.4554335.

[464] W. Charytoniuk y M.-S. Chen, «Very short-term load forecasting using artificial neural networks», *IEEE Transactions on Power Systems*, vol. 15, n.º 1, pp. 263-268, 2000, doi: 10.1109/59.852131.

[465] L. Cavalcante y R. J. Bessa, «Solar power forecasting with sparse vector autoregression structures», en *2017 IEEE Manchester PowerTech*, IEEE, jun. 2017, pp. 1-6. doi: 10.1109/PTC.2017.7981201.

[466] J. Dowell y P. Pinson, «Very-Short-Term Probabilistic Wind Power Forecasts by Sparse Vector Autoregression», *IEEE Trans Smart Grid*, pp. 1-1, 2015, doi: 10.1109/TSG.2015.2424078.

[467] Y. Zhao, L. Ye, P. Pinson, Y. Tang, y P. Lu, «Correlation-Constrained and Sparsity-Controlled Vector Autoregressive Model for Spatio-Temporal Wind Power Forecasting», *IEEE Transactions on Power Systems*, vol. 33, n.º 5, pp. 5029-5040, sep. 2018, doi: 10.1109/TPWRS.2018.2794450.

[468] A.-H. Jung, D.-H. Lee, J.-Y. Kim, C. K. Kim, H.-G. Kim, y Y.-S. Lee, «Regional Photovoltaic Power Forecasting Using Vector Autoregression Model in South Korea», *Energies (Basel)*, vol. 15, n.º 21, p. 7853, oct. 2022, doi: 10.3390/en15217853.

[469] L. Cavalcante, R. J. Bessa, M. Reis, y J. Browell, «LASSO vector autoregression structures for very short-term wind power forecasting», *Wind Energy*, vol. 20, n.º 4, pp. 657-675, abr. 2017, doi: 10.1002/we.2029.

[470] Y. Yang, F. Jinfu, W. Zhongjie, Z. Zheng, y X. Yukun, «A dynamic ensemble method for residential short-term load forecasting», *Alexandria Engineering Journal*, vol. 63, pp. 75-88, ene. 2023, doi: 10.1016/j.aej.2022.07.050.

[471] A. Bracale, P. De Falco, y G. Carpinelli, «Comparing Univariate and Multivariate Methods for Probabilistic Industrial Load Forecasting», en *2018 5th International Symposium on Environment-Friendly Energies and Applications (EFEA)*, IEEE, sep. 2018, pp. 1-6. doi: 10.1109/EFEA.2018.8617111.

[472] D. Jeong, C. Park, y Y. M. Ko, «Short-term electric load forecasting for buildings using logistic mixture vector autoregressive model with curve registration», *Appl Energy*, vol. 282, p. 116249, ene. 2021, doi: 10.1016/j.apenergy.2020.116249.

[473] J. Xu, Meng Yue, D. Katramatos, y S. Yoo, «Spatial-temporal load forecasting using AMI data», en *2016 IEEE International Conference on Smart Grid Communications (SmartGridComm)*, IEEE, nov. 2016, pp. 612-618. doi: 10.1109/SmartGridComm.2016.7778829.

[474] F. M. Bianchi, E. De Santis, A. Rizzi, y A. Sadeghian, «Short-Term Electric Load Forecasting Using Echo State Networks and PCA Decomposition», *IEEE Access*, vol. 3, pp. 1931-1943, 2015, doi: 10.1109/ACCESS.2015.2485943.

[475] R. N. Hasanah, R. P. Ravie O.M.P., y H. Suyono, «Comparison Analysis of Electricity Load Demand Prediction using Recurrent Neural Network (RNN) and Vector Autoregressive Model (VAR)», en *2020 12th International Conference on Electrical Engineering (ICEENG)*, IEEE, jul. 2020, pp. 23-29. doi: 10.1109/ICEENG45378.2020.9171778.

[476] U. Krishnasamy y D. Nanjundappan, «Hybrid weighted probabilistic neural network and biogeography based optimization for dynamic economic dispatch of integrated multiple-fuel and wind power plants», *International Journal of Electrical Power & Energy Systems*, vol. 77, pp. 385-394, may 2016, doi: 10.1016/j.ijepes.2015.11.022.

[477] S. Tabatabaei, «A probabilistic neural network based approach for predicting the output power of wind turbines», *Journal of Experimental & Theoretical Artificial Intelligence*, vol. 29, n.º 2, pp. 273-285, mar. 2017, doi: 10.1080/0952813X.2015.1132272.

[478] N. Anuar y Z. Zakaria, «Electricity Load Profile Determination by using Fuzzy CMeans and Probability Neural Network», *Energy Procedia*, vol. 14, pp. 1861-1869, 2012, doi: 10.1016/j.egypro.2011.12.1180.

[479] M. A. de Oliveira y D. J. Inman, «Performance analysis of simplified Fuzzy ART-MAP and Probabilistic Neural Networks for identifying structural damage growth», *Appl Soft Comput*, vol. 52, pp. 53-63, mar. 2017, doi: 10.1016/j.asoc.2016.12.020.

[480] H.-T. Lin, T.-J. Liang, y S.-M. Chen, «Estimation of Battery State of Health Using Probabilistic Neural Network», *IEEE Trans Industr Inform*, vol. 9, n.º 2, pp. 679-685, may 2013, doi: 10.1109/TII.2012.2222650.

[481] A. Nair y S. K. Joshi, «Short Term Load Forecasting Using Probabilistic Neural Network Based Algorithm», en *2010 International Conference on Computational Intelligence and Communication Networks*, IEEE, nov. 2010, pp. 128-132. doi: 10.1109/CICN.2010.36.

[482] M. M. Tripathi, K. G. Upadhyay, y S. N. Singh, «Short-Term Load Forecasting Using Generalized Regression and Probabilistic Neural Networks in the Electricity Market», *The Electricity Journal*, vol. 21, n.º 9, pp. 24-34, nov. 2008, doi: 10.1016/j.tej.2008.09.016.

[483] A. K. Yadav, V. Sharma, H. Malik, y S. S. Chandel, «Daily array yield prediction of grid-interactive photovoltaic plant using relief attribute evaluator based Radial Basis Function Neural Network», *Renewable and Sustainable Energy Reviews*, vol. 81, pp. 2115-2127, ene. 2018, doi: 10.1016/j.rser.2017.06.023.

[484] S. Yu, K. Wang, y Y.-M. Wei, «A hybrid self-adaptive Particle Swarm Optimization–Genetic Algorithm–Radial Basis Function model for annual electricity demand prediction», *Energy Convers Manag*, vol. 91, pp. 176-185, feb. 2015, doi: 10.1016/j.enconman.2014.11.059.

[485] Z. Gontar y N. Hatziargyriou, «Short term load forecasting with radial basis function network», en *2001 IEEE Porto Power Tech Proceedings (Cat. No.01EX502)*, IEEE, p. 4. doi: 10.1109/PTC.2001.964939.

[486] S. R. Salkuti, «Short-term electrical load forecasting using radial basis function neural networks considering weather factors», *Electrical Engineering*, vol. 100, n.º 3, pp. 1985-1995, sep. 2018, doi: 10.1007/s00202-018-0678-8.

[487] W. Mai, C. Y. Chung, T. Wu, y W. C. Wong, «Electric load forecasting for large office building based on radial basis function neural network», en *2014 IEEE PES General Meeting | Conference & Exposition*, IEEE, jul. 2014, pp. 1-5. doi: 10.1109/PESGM.2014.6939378.

[488] W.-M. Lin, H.-J. Gow, y M.-T. Tsai, «An enhanced radial basis function network for short-term electricity price forecasting», *Appl Energy*, vol. 87, n.º 10, pp. 3226-3234, oct. 2010, doi: 10.1016/j.apenergy.2010.04.006.

[489] C. Xia, J. Wang, y K. McMenemy, «Short, medium and long term load forecasting model and virtual load forecaster based on radial basis function neural networks», *International Journal of Electrical Power & Energy Systems*, vol. 32, n.º 7, pp. 743-750, sep. 2010, doi: 10.1016/j.ijepes.2010.01.009.

[490] D. K. Ranaweera, «Application of radial basis function neural network model for short-term load forecasting», *IEE Proceedings - Generation, Transmission and Distribution*, vol. 142, n.º 1, p. 45, 1995, doi: 10.1049/ip-gtd:19951602.

[491] A. Yang, W. Li, y X. Yang, «Short-term electricity load forecasting based on feature selection and Least Squares Support Vector Machines», *Knowl Based Syst*, vol. 163, pp. 159-173, ene. 2019, doi: 10.1016/j.knosys.2018.08.027.

[492] J. Zeng y W. Qiao, «Short-term solar power prediction using a support vector machine», *Renew Energy*, vol. 52, pp. 118-127, abr. 2013, doi: 10.1016/j.renene.2012.10.009.

[493] W. Buwei, C. Jianfeng, W. Bo, y F. Shuanglei, «A Solar Power Prediction Using Support Vector Machines Based on Multi-source Data Fusion», en *2018 International Conference on Power System Technology (POWERCON)*, IEEE, nov. 2018, pp. 4573-4577. doi: 10.1109/POWERCON.2018.8601672.

[494] S. Preda, S.-V. Oprea, A. Bâra, y A. Belciu (Velicanu), «PV Forecasting Using Support Vector Machine Learning in a Big Data Analytics Context», *Symmetry (Basel)*, vol. 10, n.º 12, p. 748, dic. 2018, doi: 10.3390/sym10120748.

[495] W.-C. Hong, «Electric load forecasting by support vector model», *Appl Math Model*, vol. 33, n.º 5, pp. 2444-2454, may 2009, doi: 10.1016/j.apm.2008.07.010.

[496] E. Vinagre, T. Pinto, S. Ramos, Z. Vale, y J. M. Corchado, «Electrical Energy Consumption Forecast Using Support Vector Machines», en *2016 27th International Workshop on Database and Expert Systems Applications (DEXA)*, IEEE, sep. 2016, pp. 171-175. doi: 10.1109/DEXA.2016.046.

[497] M. Mohandes, «Support vector machines for short-term electrical load forecasting», *Int J Energy Res*, vol. 26, n.º 4, pp. 335-345, mar. 2002, doi: 10.1002/er.787.

[498] S. R. Abbas y M. Arif, «Electric Load Forecasting Using Support Vector Machines Optimized by Genetic Algorithm», en *2006 IEEE International Multitopic Conference*, IEEE, dic. 2006, pp. 395-399. doi: 10.1109/INMIC.2006.358199.

[499] B.-J. Chen, M.-W. Chang, y C.-J. Lin, «Load Forecasting Using Support Vector Machines: A Study on EUNITE Competition 2001», *IEEE Transactions on Power Systems*, vol. 19, n.º 4, pp. 1821-1830, nov. 2004, doi: 10.1109/TPWRS.2004.835679.

[500] Z. Ramedani, M. Omid, A. Keyhani, S. Shamshirband, y B. Khoshnevisan, «Potential of radial basis function based support vector regression for global solar radiation prediction», *Renewable and Sustainable Energy Reviews*, vol. 39, pp. 1005-1011, nov. 2014, doi: 10.1016/j.rser.2014.07.108.

[501] G. Santamaría-Bonfil, A. Reyes-Ballesteros, y C. Gershenson, «Wind speed forecasting for wind farms: A method based on support vector regression», *Renew Energy*, vol. 85, pp. 790-809, ene. 2016, doi: 10.1016/j.renene.2015.07.004.

[502] S. Sreekumar, K. C. Sharma, y R. Bhakar, «Optimized Support Vector Regression models for short term solar radiation forecasting in smart environment», en *2016 IEEE Region 10 Conference (TENCON)*, IEEE, nov. 2016, pp. 1929-1932. doi: 10.1109/TENCON.2016.7848358.

[503] M. W. Ahmad, M. Mourshed, y Y. Rezgui, «Tree-based ensemble methods for predicting PV power generation and their comparison with support vector regression», *Energy*, vol. 164, pp. 465-474, dic. 2018, doi: 10.1016/j.energy.2018.08.207.

[504] E. E. Elattar, J. Goulermas, y Q. H. Wu, «Electric Load Forecasting Based on Locally Weighted Support Vector Regression», *IEEE Transactions on Systems, Man, and Cybernetics, Part C (Applications and Reviews)*, vol. 40, n.º 4, pp. 438-447, jul. 2010, doi: 10.1109/TSMCC.2010.2040176.

[505] S. Maldonado, A. González, y S. Crone, «Automatic time series analysis for electric load forecasting via support vector regression», *Appl Soft Comput*, vol. 83, p. 105616, oct. 2019, doi: 10.1016/j.asoc.2019.105616.

[506] E. Ceperic, V. Ceperic, y A. Baric, «A Strategy for Short-Term Load Forecasting by Support Vector Regression Machines», *IEEE Transactions on Power Systems*, vol. 28, n.º 4, pp. 4356-4364, nov. 2013, doi: 10.1109/TPWRS.2013.2269803.

[507] J. L. Elman, «Finding Structure in Time», *Cogn Sci*, vol. 14, n.º 2, pp. 179-211, mar. 1990, doi: 10.1207/s15516709cog1402_1.

[508] M. I. Jordan, «Serial Order: A Parallel Distributed Processing Approach», en *Advances in Psychology*, North-Holland, 1997, pp. 471-495. doi: 10.1016/S0166-4115(97)80111-2.

[509] S. Hochreiter y J. Schmidhuber, «Long Short-Term Memory», *Neural Comput*, vol. 9, n.º 8, pp. 1735-1780, nov. 1997, doi: 10.1162/neco.1997.9.8.1735.

[510] K. Cho *et al.*, «Learning Phrase Representations using RNN Encoder-Decoder for Statistical Machine Translation», *EMNLP 2014 - 2014 Conference on Empirical Methods in Natural Language Processing, Proceedings of the Conference*, pp. 1724-1734, jun. 2014, doi: 10.3115/v1/d14-1179.

[511] M. R. Khan, A. Abraham, y Č. Ondrůšek, «Soft Computing for Developing Short Term Load Forecasting Models in Czech Republic», en *Hybrid Information Systems*, Heidelberg: Physica-Verlag HD, 2002, pp. 207-221. doi: 10.1007/978-3-7908-1782-9_16.

[512] I. Maqsood, M. Khan, y A. Abraham, «An ensemble of neural networks for weather forecasting», *Neural Comput Appl*, vol. 13, n.º 2, jun. 2004, doi: 10.1007/s00521-004-0413-4.

[513] Wei Sun, Jianchang Lu, y Yujun He, «Information Entropy Based Neural Network Model for Short-Term Load Forecasting», en *2005 IEEE/PES Transmission & Distribution Conference & Exposition: Asia and Pacific*, IEEE, pp. 1-5. doi: 10.1109/TDC.2005.1546989.

[514] L. Yongchun, «Application of Elman Neural Network in Short-Term Load Forecasting», en *2010 International Conference on Artificial Intelligence and Computational Intelligence*, IEEE, oct. 2010, pp. 141-144. doi: 10.1109/AICI.2010.153.

[515] A. C. Tsakoumis, S. S. Vladov, y V. M. Mladenov, «Electric load forecasting with multilayer perceptron and Elman neural network», en *6th Seminar on Neural Network Applications in Electrical Engineering*, IEEE, pp. 87-90. doi: 10.1109/NEUREL.2002.1057974.

[516] Y. Cheng, C. Xu, D. Mashima, V. L. L. Thing, y Y. Wu, «PowerLSTM: Power Demand Forecasting Using Long Short-Term Memory Neural Network», 2017, pp. 727-740. doi: 10.1007/978-3-319-69179-4_51.

[517] A. Muneer, R. F. Ali, A. Almaghthawi, S. M. Taib, A. Alghamdi, y E. A. Abdullah Ghaleb, «Short term residential load forecasting using long short-term memory recurrent neural network», *International Journal of Electrical and Computer Engineering (IJECE)*, vol. 12, n.º 5, p. 5589, oct. 2022, doi: 10.11591/ijece.v12i5.pp5589-5599.

[518] N. Somu, G. R. M R, y K. Ramamritham, «A hybrid model for building energy consumption forecasting using long short term memory networks», *Appl Energy*, vol. 261, p. 114131, mar. 2020, doi: 10.1016/j.apenergy.2019.114131.

[519] S. Wang, X. Wang, S. Wang, y D. Wang, «Bi-directional long short-term memory method based on attention mechanism and rolling update for short-term load forecasting», *International Journal of Electrical Power & Energy Systems*, vol. 109, pp. 470-479, jul. 2019, doi: 10.1016/j.ijepes.2019.02.022.

[520] U. Cali y V. Sharma, «Short-term wind power forecasting using long-short term memory based recurrent neural network model and variable selection», *International Journal of Smart Grid and Clean Energy*, pp. 103-110, 2019, doi: 10.12720/sgce.8.2.103-110.

[521] Y. Lee, B. Ha, y S. Hwangbo, «Generative model-based hybrid forecasting model for renewable electricity supply using long short-term memory networks: A case study of South Korea's energy transition policy», *Renew Energy*, vol. 200, pp. 69-87, nov. 2022, doi: 10.1016/j.renene.2022.09.058.

[522] Q. Ashfaq, A. Ulasyar, H. S. Zad, A. Khattak, y K. Imran, «Hour-Ahead Global Horizontal Irradiance Forecasting Using Long Short Term Memory Network», en *2020 IEEE 23rd International Multitopic Conference (INMIC)*, IEEE, nov. 2020, pp. 1-6. doi: 10.1109/INMIC50486.2020.9318154.

[523] Y. Wang, M. Liu, Z. Bao, y S. Zhang, «Short-Term Load Forecasting with Multi-Source Data Using Gated Recurrent Unit Neural Networks», *Energies (Basel)*, vol. 11, n.º 5, p. 1138, may 2018, doi: 10.3390/en11051138.

[524] J. Wojtkiewicz, M. Hosseini, R. Gottumukkala, y T. L. Chambers, «Hour-Ahead Solar Irradiance Forecasting Using Multivariate Gated Recurrent Units», *Energies (Basel)*, vol. 12, n.º 21, p. 4055, oct. 2019, doi: 10.3390/en12214055.

[525] M. Hosseini, S. Katragadda, J. Wojtkiewicz, R. Gottumukkala, A. Maida, y T. L. Chambers, «Direct Normal Irradiance Forecasting Using Multivariate Gated Recurrent Units», *Energies (Basel)*, vol. 13, n.º 15, p. 3914, jul. 2020, doi: 10.3390/en13153914.

[526] A.-N. Buturache y S. Stancu, «Solar Energy Production Forecast Using Standard Recurrent Neural Networks, Long Short-Term Memory, and Gated Recurrent Unit», *Engineering Economics*, vol. 32, n.º 4, pp. 313-324, oct. 2021, doi: 10.5755/j01.ee.32.4.28459.

[527] V. K. Saini, B. Bhardwaj, V. Gupta, R. Kumar, y A. Mathur, «Gated Recurrent Unit (GRU) Based Short Term Forecasting for Wind Energy Estimation», en *2020 International Conference on Power, Energy, Control and Transmission Systems (ICPECTS)*, IEEE, dic. 2020, pp. 1-6. doi: 10.1109/ICPECTS49113.2020.9336973.

[528] F. J. Marin, F. Garcia-Lagos, G. Joya, y F. Sandoval, «Global model for short-term load forecasting using artificial neural networks», *IEE Proceedings - Generation, Transmission and Distribution*, vol. 149, n.º 2, p. 121, 2002, doi: 10.1049/ip-gtd:20020224.

[529] O. A. S. Carpinteiro y A. J. R. Reis, «A SOM-based hierarchical model to short-term load forecasting», en *2005 IEEE Russia Power Tech*, IEEE, jun. 2005, pp. 1-6. doi: 10.1109/PTC.2005.4524693.

[530] Z. Y. Wang, «Developed case-based reasoning system for short-term load forecasting», en *2006 IEEE Power Engineering Society General Meeting*, IEEE, 2006, p. 6 pp. doi: 10.1109/PES.2006.1709204.

[531] P. Duan, K. Xie, T. Guo, y X. Huang, «Short-Term Load Forecasting for Electric Power Systems Using the PSO-SVR and FCM Clustering Techniques», *Energies (Basel)*, vol. 4, n.º 1, pp. 173-184, ene. 2011, doi: 10.3390/en4010173.

[532] J. Che, J. Wang, y G. Wang, «An adaptive fuzzy combination model based on self-organizing map and support vector regression for electric load forecasting», *Energy*, vol. 37, n.º 1, pp. 657-664, ene. 2012, doi: 10.1016/j.energy.2011.10.034.

[533] H. Mori y D. Kanaoka, «Application of Preconditioned RBFN to Temperature Forecasting for Short-term Load Forecasting», en *TENCON 2006 - 2006 IEEE Region 10 Conference*, IEEE, 2006, pp. 1-4. doi: 10.1109/TENCON.2006.344005.

[534] N. Amjady, «Short-Term Bus Load Forecasting of Power Systems by a New Hybrid Method», *IEEE Transactions on Power Systems*, vol. 22, n.º 1, pp. 333-341, feb. 2007, doi: 10.1109/TPWRS.2006.889130.

[535] A. Deihimi y H. Showkati, «Application of echo state networks in short-term electric load forecasting», *Energy*, vol. 39, n.º 1, pp. 327-340, mar. 2012, doi: 10.1016/j.energy.2012.01.007.

[536] H. Li, S. Guo, C. Li, y J. Sun, «A hybrid annual power load forecasting model based on generalized regression neural network with fruit fly optimization algorithm», *Knowl Based Syst*, vol. 37, pp. 378-387, ene. 2013, doi: 10.1016/j.knosys.2012.08.015.

[537] D. Mariano-Hernández *et al.*, «Analysis of the Integration of Drift Detection Methods in Learning Algorithms for Electrical Consumption Forecasting in Smart Buildings», *Sustainability*, vol. 14, n.º 10, p. 5857, may 2022, doi: 10.3390/su14105857.

[538] C. Skrzypczak, «The intelligent home of 2010», *IEEE Communications Magazine*, vol. 25, n.º 12, pp. 81-84, dic. 1987, doi: 10.1109/MCOM.1987.1093504.

[539] J. Faraji, H. Hashemi-Dezaki, y A. Ketabi, «Multi-year load growth-based optimal planning of grid-connected microgrid considering long-term load demand forecasting: A case study of Tehran, Iran», *Sustainable Energy Technologies and Assessments*, vol. 42, p. 100827, dic. 2020, doi: 10.1016/j.seta.2020.100827.

[540] A. Marinescu, C. Harris, I. Dusparic, S. Clarke, y V. Cahill, «Residential electrical demand forecasting in very small scale: An evaluation of forecasting methods», en *2013 2nd International Workshop on Software Engineering Challenges for the Smart Grid (SE4SG)*, IEEE, may 2013, pp. 25-32. doi: 10.1109/SE4SG.2013.6596108.

[541] S. N. V. B. Rao *et al.*, «Day-Ahead Load Demand Forecasting in Urban Community Cluster Microgrids Using Machine Learning Methods», *Energies (Basel)*, vol. 15, n.º 17, p. 6124, ago. 2022, doi: 10.3390/en15176124.

[542] S. Bhanja y A. Das, «Electrical Power Demand Forecasting of Smart Buildings: A Deep Learning Approach», 2021, pp. 71-82. doi: 10.1007/978-981-33-4968-1_6.

[543] F. Divina, M. García Torres, F. A. Goméz Vela, y J. L. Vázquez Noguera, «A Comparative Study of Time Series Forecasting Methods for Short Term Electric Energy Consumption Prediction in Smart Buildings», *Energies (Basel)*, vol. 12, n.º 10, p. 1934, may 2019, doi: 10.3390/en12101934.

[544] N. Shirzadi, F. Nasiri, C. El-Bayeh, y U. Eicker, «Optimal dispatching of renewable energy-based urban microgrids using a deep learning approach for electrical load and wind power forecasting», *Int J Energy Res*, vol. 46, n.º 3, pp. 3173-3188, mar. 2022, doi: 10.1002/er.7374.

[545] D. Neves, M. C. Brito, y C. A. Silva, «Impact of solar and wind forecast uncertainties on demand response of isolated microgrids», *Renew Energy*, vol. 87, pp. 1003-1015, mar. 2016, doi: 10.1016/j.renene.2015.08.075.

[546] A. Heydari, D. Astiaso Garcia, F. Keynia, F. Bisegna, y L. De Santoli, «A novel composite neural network based method for wind and solar power forecasting in microgrids», *Appl Energy*, vol. 251, p. 113353, oct. 2019, doi: 10.1016/j.apenergy.2019.113353.

[547] PxHere, «Fotos gratis», PxHere. Accedido: 2 de julio de 2023. [En línea]. Disponible en: https://pxhere.com/es/photo/1451383

[548] Pixabay, «App Icono Aplicaciones», Pixabay. Accedido: 2 de julio de 2023. [En línea]. Disponible en: https://pixabay.com/es/illustrations/app-icono-aplicaciones-verde-68002/

[549] U. Damisa, N. I. Nwulu, y Y. Sun, «A robust energy and reserve dispatch model for prosumer microgrids incorporating demand response aggregators», *Journal of Renewable and Sustainable Energy*, vol. 10, n.º 5, sep. 2018, doi: 10.1063/1.5039747/1019127.

[550] D. Murti Baer, «Modelo de predicción a corto plazo de la generación eléctrica en parques eólicos, utilizando técnicas de Machine-Learning», Universidad de las Islas Baleares, Palma de Mallorca (España), 2020.

[551] J. Ledolter y B. Abraham, *Statistical Methods for Forecasting*, 2ª edición. Wiley-Interscience, 2013.

[552] V. A. Natarajan y P. Karatampati, «Survey on renewable energy forecasting using different techniques», en *2019 2nd International Conference on Power and Embedded Drive Control (ICPEDC)*, IEEE, ago. 2019, pp. 349-354. doi: 10.1109/ICPEDC47771.2019.9036569.

[553] C. Sweeney, R. J. Bessa, J. Browell, y P. Pinson, «The future of forecasting for renewable energy», *WIREs Energy and Environment*, vol. 9, n.º 2, mar. 2020, doi: 10.1002/wene.365.

[554] R. Meenal *et al.*, «Weather Forecasting for Renewable Energy System: A Review», *Archives of Computational Methods in Engineering*, vol. 29, n.º 5, pp. 2875-2891, ago. 2022, doi: 10.1007/s11831-021-09695-3.

[555] Homer Energy, «HOMER Software», Homer Energy. Accedido: 24 de mayo de 2023. [En línea]. Disponible en: https://www.homerenergy.com/

[556] G. Y. Morris, C. Abbey, S. Wong, y G. Joos, «Evaluation of the costs and benefits of Microgrids with consideration of services beyond energy supply», *IEEE Power and Energy Society General Meeting*, 2012, doi: 10.1109/PESGM.2012.6345380.

[557] Y. Parag y M. Ainspan, «Sustainable microgrids: Economic, environmental and social costs and benefits of microgrid deployment», *Energy for Sustainable Development*, vol. 52, pp. 72-81, oct. 2019, doi: 10.1016/J.ESD.2019.07.003.

[558] J. D. Villamizar Villamizar, «Análisis costo-beneficio aplicado al diseño de Microrredes resilientes», Universidad de Los Andes, Bogotá (Colombia), 2019.

[559] Aytek Yuksel, «Beneficios de las microrredes: ¿por qué las empresas las necesitan?», Cummins Inc. Accedido: 23 de mayo de 2023. [En línea]. Disponible en: https://www.cummins.com/es/news/2021/09/23/benefits-of-microgrids

[560] L. Ribera, «Microrred para una comunidad energética con generación fotovoltaica y almacenamiento», Universidad Politécnica de Cataluña, Barcelona, 2023.

[561] U. Department of Homeland Security, «Critical infrastructure resilience final report and recommendations», sep. 2009.

[562] J. F. Charry Villamagua, «Implementación de Control predictivo en la Microrred de la Universidad de Cuenca en Ecuador», Universidad de Sevilla, Sevilla (España), 2021. Accedido: 23 de mayo de 2023. [En línea]. Disponible en: https://idus.us.es/handle/11441/129136

[563] D. Escobar Urrea, «Coordinación óptima de relés de corriente en entornos de microrredes», universidad tecnologica de pereira, Pereira (Colombia), 2019.

[564] Wikimedia Commons, «File:Logo Renewable Energy by Melanie Maecker-Tursun V1 4c.svg», Wikimedia Commons. Accedido: 3 de julio de 2023. [En línea]. Disponible en: https://commons.wikimedia.org/wiki/File:Logo_Renewable_Energy_by_Melanie_Maecker-Tursun_V1_4c.svg.

[565] S. Bhatti, S. Ul Haq, N. Gardezi, y A. Javaid, «Electric Power Transmission and Distribution Losses Overview and Minimization in Pakistan The study of Thar coal for safe utilization View project Electric Power Transmission and Distribution Losses Overview and Minimization in Pakistan», *Int J Sci Eng Res*, vol. 6, n.º 4, 2015, Accedido: 26 de mayo de 2023. [En línea]. Disponible en: http://www.ijser.org.

[566] Creazilla, «Bolsa de dinero», Creazilla. Accedido: 3 de julio de 2023. [En línea]. Disponible en: https://creazilla.com/es/nodes/47218-bolsa-de-dinero-clipart

[567] Creazilla, «Nublado», Creazilla. Accedido: 3 de julio de 2023. [En línea]. Disponible en: https://creazilla.com/es/nodes/3165705-nublado-clipart.

[568] S. Schloemer *et al.*, «Annex III: Technology-specific cost and performance parameters», en *Climate Change 2014: Mitigation of Climate Change*, Cambridge University Press, 2014, pp. 1329-1356. Accedido: 27 de mayo de 2023. [En línea]. Disponible en: https://abdn.pure.elsevier.com/en/publications/annex-iii-technology-specific-cost-and-performance-parameters.

[569] NREL, «Life Cycle Greenhouse Gas Emissions from Electricity Generation», ene. 2021. doi: 10.2172/1338444.

[570] NASA POWER, «Prediction Of Worldwide Energy Resources», NASA POWER. Accedido: 9 de junio de 2023. [En línea]. Disponible en: https://power.larc.nasa.gov/.

[571] S. Ong y N. Clark, «Commercial and Residential Hourly Load Profiles for all TMY3 Locations in the United States», *Dataset: Commercial and Residential Hourly Load Profiles for all TMY3 Locations in the United States*, nov. 2014, doi: 10.25984/1788456.

[572] U.S. DEPARTMENT OF ENERGY, «Open Energy Data Initiative (OEDI)», U.S. DEPARTMENT OF ENERGY. Accedido: 9 de junio de 2023. [En línea]. Disponible en: https://data.openei.org/.

[573] U.S. Energy Information Administration (EIA), «Frequently Asked Questions (FAQs)», U.S. Energy Information Administration (EIA). Accedido: 9 de junio de 2023. [En línea]. Disponible en: https://www.eia.gov/tools/faqs/faq.php?id=427&t=3

[574] CEDER, «Centro de energías renovables», CEDER. Accedido: 18 de mayo de 2023. [En línea]. Disponible en: http://www.ceder.es/.

[575] CIEMAT, «Centro de Investigaciones Energéticas, Medioambientales y Tecnológicas», CIEMAT. Accedido: 18 de mayo de 2023. [En línea]. Disponible en: https://www.ciemat.es/.

[576] Tecnalia, «Tecnalia», Tecnalia. Accedido: 18 de mayo de 2023. [En línea]. Disponible en: https://www.tecnalia.com/?gclid=EAIaIQobChMIpN_H0J___gIVOI-poCR00RQPBEAAYASAAEgKpi_D_BwE.

[577] CENER, «Centro Nacional de Energías Renovables», CENER. Accedido: 18 de mayo de 2023. [En línea]. Disponible en: https://www.cener.com/microrred-atenea/

[578] ZIGOR, «ZIGOR Gestión integral de la energía eléctrica», ZIGOR. Accedido: 18 de mayo de 2023. [En línea]. Disponible en: https://zigor.com/.

[579] N. Uribe-Pérez *et al.*, «COM4RED: Aplicaciones y Servicios de NB-PLC en Nuevas Bandas de Frecuencia Aplicados a la Smart City», en *I Congreso Iberoamericano de Ciudades Inteligentes (ICSC-CITIES 2018)*, Soria (España): CYTED, sep. 2018.

[580] I. Arechalde *et al.*, «Facilities in laboratory for the benchmarking of products for new services over NB-PLC», en *2018 IEEE International Symposium on Power Line Communications and its Applications (ISPLC)*, Manchester (UK): IEEE, abr. 2018, pp. 1-5. doi: 10.1109/ISPLC.2018.8360230.

[581] INTEC, «Instituto Tecnológico de Santo Domingo», INTEC. Accedido: 24 de mayo de 2023. [En línea]. Disponible en: https://www.intec.edu.do/.

[582] Gobierno de la República Dominicana, «Ministerio de Educación Superior, Ciencia y Tecnología», Gobierno de la República Dominicana. Accedido: 24 de mayo de 2023. [En línea]. Disponible en: https://mescyt.gob.do/.

[583] UNSL, «Universidad Nacional de San Luis», UNSL. Accedido: 15 de junio de 2023. [En línea]. Disponible en: http://www.unsl.edu.ar/#gsc.tab=0.

[584] G. Catuogno, L. Torres, L. Proietti, y G. Garcia, «Methodology for the Selection and Sizing of an Isolated MicroGrid Based on Economic Criteria», *IEEE Latin America Transactions*, vol. 17, n.º 11, pp. 1761-1770, nov. 2019, doi: 10.1109/TLA.2019.8986413.

[585] G. R. Catuogno, G. O. Acosta, y C. G. Catuogno, «Supervisión y gestión de datos de código abierto de una microrred aislada en una escuela rural», *Elektron: ciencia y tecnología en la electrónica de hoy*, vol. 5, n.º 1, pp. 15-19, 2021, doi: 10.37537/rev.elektron.5.1.127.2021.

[586] F. Patti, G. Catuogno, y A. Prevost, «Controlador Eólico de Bajo Costo y Tecnología Abierta», en *XIX Reunión de procesamiento de la Información y el Control RPIC2021*, nov. 2012.

[587] G. R. Catuogno, F. Sosa, C. R. Catuogno, E. Van Dam, D. Planes, y G. Pleitavino, «Open-Wee, Opensource Wind energy empowerment», en *2020 IEEE Congreso Bienal de Argentina (ARGENCON)*, Resistencia (Argentina): Institute of Electrical and Electronics Engineers (IEEE), dic. 2020. doi: 10.1109/ARGENCON49523.2020.9505508.

[588] UNICAMP, «Home - Campus Sustentável», UNICAMP. Accedido: 12 de junio de 2023. [En línea]. Disponible en: https://campus-sustentavel.unicamp.br/.

[589] UNICAMP, «UNICAMP», UNICAMP. Accedido: 12 de junio de 2023. [En línea]. Disponible en: https://www.unicamp.br/unicamp/.

[590] UNICAMP, «Imagens institucionais da Unicamp», UNICAMP. Accedido: 12 de junio de 2023. [En línea]. Disponible en: https://www.unicamp.br/unicamp/banco-de-imagens/2018/05/01/imagens-institucionais-da-unicamp#.

[591] T. Loix, «The first micro grid in The Netherlands: Bronsbergen», *Leonardo Energy*, 2009, Accedido: 19 de mayo de 2023. [En línea]. Disponible en: www.leonardo-energy.org.

[592] J. R. T. Lava, J. F. G. Cobben, W. L. Kling, y van F. Overbeeke, «Implementation of the Bronsbergen microgrid using FACDS», *Electrical Energy Systems*, pp. 1-7, 2010, Accedido: 19 de mayo de 2023. [En línea]. Disponible en: https://research.tue.nl/en/publications/implementation-of-the-bronsbergen-microgrid-using-facds.

[593] Microgrid Projects, «Mannheim-Wallstadt Microgrid», Microgrid Projects. Accedido: 19 de mayo de 2023. [En línea]. Disponible en: http://microgridprojects.com/microgrid/mannheim-wallstadt-microgrid/.

[594] R. Pickhan, M. Khattabi, S. Drenkard, H. Dietschmann, A. Dimeas, y P. Moutis, «Advanced Architectures and Control Concepts for MORE MICROGRIDS», dic. 2009.

[595] S. Rivera y T. Valencia, «Microgrids in Europe», *Clean Energy Microgrids*, pp. 259-282, ene. 2017, doi: 10.1049/PBPO090E_CH8/CITE/REFWORKS.

[596] «Kythnos Microgrid», Microgrid Projects. Accedido: 19 de mayo de 2023. [En línea]. Disponible en: http://microgridprojects.com/microgrid/kithnos/.

[597] N. Hatziargyriou, A. Dimeas, N. Vasilakis, D. Lagos, y A. Kontou, «The Kythnos Microgrid: A 20-Year History», *IEEE Electrification Magazine*, vol. 8, n.º 4, pp. 46-54, dic. 2020, doi: 10.1109/MELE.2020.3026439.

[598] Alpine Space Programme, «ALPGRIDS», Alpine Space Programme. Accedido: 19 de mayo de 2023. [En línea]. Disponible en: https://www.alpine-space.eu/project/alpgrids/

[599] J. Peças Lopes, «Microgeneration and Microgrids (modeling, islanding operation, black start, multi-microgrids)», en *INESCPORTO*, Porto, dic. 2010. Accedido: 19 de mayo de 2023. [En línea]. Disponible en: www.inescporto.pt.

[600] International MIcrogrid Symposiums, «Santa Rita Jail Microgrid», International MIcrogrid Symposiums. Accedido: 19 de mayo de 2023. [En línea]. Disponible en: https://microgrid-symposiums.org/microgrid-examples-and-demonstrations/santa-rita-jail-microgrid/.

[601] International Microgrid Symposiums, «UC San Diego Microgrid», International Microgrid Symposiums. Accedido: 19 de mayo de 2023. [En línea]. Disponible en: https://microgrid-symposiums.org/microgrid-examples-and-demonstrations/uc-san-diego-microgrid/.

[602] H. Katmale, S. Clark, T. Bialek, y L. Abcede, «Borrego Springs: California's First Renewable EnergyBased Community Microgrid», 2019. Accedido: 19 de mayo de 2023. [En línea]. Disponible en: https://www.energy.ca.gov/sites/default/files/2021-05/CEC-500-2019-013.pdf.

[603] Illinois Institute of Technology, «Microgrid», Illinois Institute of Technology. Accedido: 19 de mayo de 2023. [En línea]. Disponible en: https://www.iit.edu/microgrid.

[604] International Microgrid Symposiums, «Illinois Institute of Technology Microgrid», International Microgrid Symposiums. Accedido: 19 de mayo de 2023. [En línea]. Disponible en: https://microgrid-symposiums.org/microgrid-examples-and-demonstrations/illinois-institute-of-technology-microgrid/.

[605] NEDO, «New Energy and Industrial Technology Development Organization», NEDO. Accedido: 19 de mayo de 2023. [En línea]. Disponible en: https://www.nedo.go.jp/english/

[606] S. Morozumi, «Overview of Micro-grid R&D in Japan», en *Micro-grid symposium in Nagoya 2007*, Nagoya: NEDO, 2007.

[607] International Microgrid Symposiums, «Hachinohe Microgrid», International Microgrid Symposiums. Accedido: 20 de mayo de 2023. [En línea]. Disponible en: https://microgrid-symposiums.org/microgrid-examples-and-demonstrations/hachinohe-microgrid/.

[608] Y. Kojima, M. Koshio, S. Nakamura, H. Maejima, Y. Fujioka, y T. Goda, «A demonstration project in Hachinohe: Microgrid with private distribution line», en *2007 IEEE International Conference on System of Systems Engineering, SOSE*, San Antonio (US): IEEE Computer Society, abr. 2007. doi: 10.1109/SYSOSE.2007.4304276.

[609] International Microgrid Symposiums, «Sendai Microgrid», International Microgrid Symposiums. Accedido: 20 de mayo de 2023. [En línea]. Disponible en: https://microgrid-symposiums.org/microgrid-examples-and-demonstrations/sendai-microgrid/

[610] K. Hirose y T. Shimakage, «The Sendai Microgrid Operational Experience in the Aftermath of the Tohoku Earthquake: A Case Study», *NEDO Microgrid Case Study*, 2008, Accedido: 20 de mayo de 2023. [En línea]. Disponible en: http://www.bousai.go.jp/jishin/chubou/higashinihon/9/sub2.pdf.

[611] «People's Republic of China: Clean and Efficient Energy in Guandong Province | Asian Development Bank», Asian Development Bank. Accedido: 20 de mayo de 2023. [En línea]. Disponible en: https://www.adb.org/results/peoples-republic-china-clean-and-efficient-energy-guandong-province.

[612] Z. Liu *et al.*, «Typical Island micro-grid operation analysis», en *China International Conference on Electricity Distribution, CICED*, Xi'an (China): IEEE Computer Society, sep. 2016. doi: 10.1109/CICED.2016.7575981.

[613] H. Cai, «Nanji CHINA», *Red mundial de reservas de bioesfera islas y zonas costeras*, pp. 118-119, 2020, Accedido: 20 de mayo de 2023. [En línea]. Disponible en: www.njld.org.

[614] B. Zhao, J. Chen, L. Zhang, X. Zhang, R. Qin, y X. Lin, «Three representative island microgrids in the East China Sea: Key technologies and experiences», *Renewable and Sustainable Energy Reviews*, vol. 96, pp. 262-274, nov. 2018, doi: 10.1016/J.RSER.2018.07.051.

[615] M. Chen, P. Song, G. Chen, F. Zhang, y X. Qing, «Risk management for electrifying off-grid island using renewable energy microgrid», *Proceedings - 2022 IEEE Sustainable Power and Energy Conference, iSPEC 2022*. Institute of Electrical and Electronics Engineers Inc., Perth (Australia), 4 de diciembre de 2022. doi: 10.1109/ISPEC54162.2022.10033013.

[616] «Other», Powerchina. Accedido: 20 de mayo de 2023. [En línea]. Disponible en: https://en.powerchina.cn/2022-09/30/c_817549.htm.

[617] Renewable Energy World, «Nanjing Waste-to-energy Project Phase II Begins Operation», Renewable Energy World. Accedido: 20 de mayo de 2023. [En línea]. Disponible en: https://www.renewableenergyworld.com/baseload/nanjing-waste-to-energy-project-phase-ii-begins-operation/#gref.

[618] VisitKorea, «Isla Gapado», VisitKorea. Accedido: 20 de mayo de 2023. [En línea]. Disponible en: https://spanish.visitkorea.or.kr/spa/ATT/4_2_view.jsp?cid=1885968

[619] W. Hwang, «Microgrids for electricity generation in the republic of Korea», jul. 2020. Accedido: 20 de mayo de 2023. [En línea]. Disponible en: https://nautilus.org/napsnet/napsnet-special-reports/microgrids-for-electricity-generation-in-the-republic-of-korea/.

[620] H. J. Lee, B. H. Vu, R. Zafar, S. W. Hwang, y I. Y. Chung, «Design Framework of a Stand-Alone Microgrid Considering Power System Performance and Economic Efficiency», *Energies (Basel)*, vol. 14, n.º 2, p. 457, ene. 2021, doi: 10.3390/EN14020457.

[621] KOREA.net, «Naturaleza y ocio : Korea.net : The official website of the Republic of Korea», KOREA.net. Accedido: 20 de mayo de 2023. [En línea]. Disponible en: https://spanish.korea.net/AboutKorea/Tourism/Recreation-Nature.

[622] Microgrid Projects, «Ulleung Island Microgrid», Microgrid Projects. Accedido: 20 de mayo de 2023. [En línea]. Disponible en: http://microgridprojects.com/microgrid/ulleung-island/.

[623] IEC, «Microgrid project inaugurated in India», IEC. Accedido: 20 de mayo de 2023. [En línea]. Disponible en: https://www.iec.ch/blog/microgrid-project-inaugurated-india.

[624] Pearltrees, «Case studies - Rampura Village», Pearltrees. Accedido: 20 de mayo de 2023. [En línea]. Disponible en: http://www.pearltrees.com/shashidharsubramanya/case-studies/id10419711/item101603523.

[625] Microgrid Projects, «Rampura Village Microgrid», Microgrid Projects. Accedido: 20 de mayo de 2023. [En línea]. Disponible en: http://microgridprojects.com/microgrid/rampura/.

[626] SELCO, «SELCO INDIA», SELCO. Accedido: 20 de mayo de 2023. [En línea]. Disponible en: https://selco-india.com/

[627] G. P. Reddy, Y. V. P. Kumar, y M. K. Chakravarthi, «Communication Technologies for Interoperable Smart Microgrids in Urban Energy Community: A Broad Review of the State of the Art, Challenges, and Research Perspectives», *Sensors*, vol. 22, n.º 15, p. 5881, ago. 2022, doi: 10.3390/S22155881.

[628] Microgrid Projects, «Baikampady Mangalore Microgrid», Microgrid Projects. Accedido: 20 de mayo de 2023. [En línea]. Disponible en: http://microgridprojects.com/microgrid/baikampady-mangalore-microgrid/.

[629] Microgrid Projects, «Mendare Village Karnatanka Microgrid», Microgrid Projects. Accedido: 20 de mayo de 2023. [En línea]. Disponible en: http://microgridprojects.com/microgrid/mendare-village-karnatanka-microgrid/.

[630] G. Ganz, «Microgrid Technology in African Countries », The Borgen Project. Accedido: 20 de mayo de 2023. [En línea]. Disponible en: https://borgenproject.org/microgrid-technology-in-african-countries/.

[631] NREL, «Microgrids Can Help Sub-Saharan Africa Achieve Universal Energy Access», NREL. Accedido: 20 de mayo de 2023. [En línea]. Disponible en: https://www.nrel.gov/usaid-partnership/microgrids-energy-africa.html.

[632] Microgrid Projects, «Africa Microgrids», Microgrid Projects. Accedido: 20 de mayo de 2023. [En línea]. Disponible en: http://microgridprojects.com/africa-microgrids/.

[633] Western Power, «Finding new energy solutions for the town of Kalbarri», Western Power. Accedido: 20 de mayo de 2023. [En línea]. Disponible en: https://www.westernpower.com.au/our-energy-evolution/projects-and-trials/kalbarri-micro-grid/?utm_source=google&utm_medium=cpc&utm_campaign=powering-our-lives&gclid=EAIaIQobChMIjpDppZqE_wIVS4toCR2tDwBQEAAYASAAE-gKJBfD_BwE.

[634] Microgrid Knowledge, «All-renewable 5 MW Kalbarri microgrid goes live in Western Australia», Microgrid Knowledge. Accedido: 20 de mayo de 2023. [En línea]. Disponible en: https://www.microgridknowledge.com/editors-choice/article/11427452/all-renewable-5-mw-kalbarri-microgrid-goes-live-in-western-australia.

[635] Australian Renewable Energy Agency (ARENA), «Agnew Renewable Energy Microgrid», Australian Renewable Energy Agency (ARENA). Accedido: 20 de mayo de 2023. [En línea]. Disponible en: https://arena.gov.au/projects/agnew-renewable-energy-microgrid/.

[636] Cenfura, «Cenfura», Cenfura. Accedido: 20 de mayo de 2023. [En línea]. Disponible en: https://cenfura.com/.

[637] Power Engineering International, «UK blockchain company partners on microgrids deployment in South Africa», Power Engineering International. Accedido: 20 de mayo de 2023. [En línea]. Disponible en: https://www.powerengineeringint.com/decentralized-energy/uk-blockchain-company-partners-on-microgrids-deployment-in-south-africa/.

[638] Eaton Powering Business Worldwide, «EATON», Eaton Powering Business Worldwide. Accedido: 20 de mayo de 2023. [En línea]. Disponible en: https://www.eaton.com/es/es-es.html.

[639] EATON, «Wadeville Microgrid Project Success Story», EATON. Accedido: 20 de mayo de 2023. [En línea]. Disponible en: https://www.eaton.com/za/en-gb/products/energy-storage/wadeville-microgrid-project.html.

[640] S. Chandak y P. K. Rout, «The implementation framework of a microgrid: A review», *Int J Energy Res*, vol. 45, n.º 3, pp. 3523-3547, mar. 2021, doi: 10.1002/ER.6064.

[641] O. Akizu-Gardoki, G. Bueno, I. Barcena, E. Kurt, J. Lopez-Guede, y N. Topaloglu, «Contributions of Bottom-Up Energy Transitions in Germany: A Case Study Analysis», *Energies (Basel)*, vol. 11, p. 849, abr. 2018, doi: 10.3390/en11040849.

[642] M. Warneryd, M. Håkansson, y K. Karltorp, «Unpacking the complexity of community microgrids: A review of institutions' roles for development of microgrids», *Renewable and Sustainable Energy Reviews*, vol. 121, p. 109690, abr. 2020, doi: 10.1016/J.RSER.2019.109690.

[643] Todo Ciencia, «Armstrong, un pueblo con energía inteligente», Todo Ciencia. Accedido: 21 de mayo de 2023. [En línea]. Disponible en: https://www.todociencia.com.ar/armstrong-un-pueblo-con-energia-inteligente/.

[644] J. M. Rey *et al.*, «A Review of Microgrids in Latin America: Laboratories and Test Systems», *IEEE Latin America Transactions*, vol. 20, n.º 6, pp. 1000-1011, jun. 2022, doi: 10.1109/TLA.2022.9757743.

[645] P. Sánchez Molina, «La primera microrred de solar + almacenamiento "plug and play" del mundo está en Chile», PV magazine Latin America. Accedido: 21 de mayo de 2023. [En línea]. Disponible en: https://www.pv-magazine-latam.com/2018/07/03/la-primera-microrred-de-solar-almacenamiento-plug-and-play-del-mundo-esta-en-chile/.

[646] P. S. S. Barbosa, M. V. C. Monteiro, J. S. Dohler, A. Ferreira, y J. G. De Oliveira, «Dimensioning and Developement of an AC Microgrid in the UFJF Campus», *2019 IEEE 15th Brazilian Power Electronics Conference and 5th IEEE Southern Power Electronics Conference, COBEP/SPEC 2019*, dic. 2019, doi: 10.1109/COBEP/SPEC44138.2019.9065340.

[647] FICA, «UNSL - FICA: visita técnica a la microrred de la "ILHA DOS LENÇÓIS", Brasil», FICA. Accedido: 21 de mayo de 2023. [En línea]. Disponible en: http://www1.fica.unsl.edu.ar/noticia.php?id=3688.

[648] Neoenergia, «Apuesta de Neoenergia en microrred de generación solar lleva energía al interior de Bahia», Neoenergia. Accedido: 22 de mayo de 2023. [En línea]. Disponible en: https://www.neoenergia.com/es-es/sala-de-comunicacion/noticias/Paginas/apuesta-de-neoenergia-en-microrred-de-generacion-solar-lleva-energia-al-interior-de-bahia.aspx.

[649] Microgrid Projects, «Hartley Bay Microgrid», Microgrid Projects. Accedido: 21 de mayo de 2023. [En línea]. Disponible en: http://microgridprojects.com/microgrid/hartley-bay-microgrid/.

[650] Centro de Energía, «Micro-Red de Huatacondo», Centro de Energía. Accedido: 21 de mayo de 2023. [En línea]. Disponible en: https://centroenergia.cl/seleccionados/micro-red-de-huatacondo/.

[651] Tianjin, «Sino-Singapore Tianjin Eco-City, smart grid, smart city», en *2012 IEEE PES Innovative Smart Grid Technologies (ISGT)*, Washington (US): Institute of Electrical and Electronics Engineers (IEEE), abr. 2012. doi: 10.1109/ISGT.2012.6175618.

[652] E. Franco-Mejia, R. A. Plazas-Rosas, A. Gil-Caicedo, R. Franco-Manrique, y E. Gomez-Luna, «Pilot nanogrid at universidad del valle, for research and training in control and management of electrical networks in non-interconnected areas», en *2017 IEEE 3rd Colombian Conference on Automatic Control, CCAC 2017 - Conference Proceedings*, Institute of Electrical and Electronics Engineers Inc., ene. 2018, pp. 1-6. doi: 10.1109/CCAC.2017.8276487.

[653] N. Quijano *et al.*, «Microrredes aisladas en la Guajira: diseño e implementación», *Revista de Ingeniería*, n.º 48, pp. 54-65, ene. 2019, doi: 10.16924/revinge.48.7.

[654] International Microgrid Symposiums, «Isle of Eigg Microgrid», International Microgrid Symposiums. Accedido: 21 de mayo de 2023. [En línea]. Disponible en: https://microgrid-symposiums.org/microgrid-examples-and-demonstrations/isle-of-eigg-microgrid/.

[655] Wind & Sun, «Isle of Muck», Wind & Sun. Accedido: 21 de mayo de 2023. [En línea]. Disponible en: http://www.windandsun.co.uk/case-studies/islands-mini-grids/isle-of-muck.aspx.

[656] Technical and scientific services, «CITCEA-UPC uGrid laboratory», Technical and scientific services. Accedido: 21 de mayo de 2023. [En línea]. Disponible en: https://serveis-cientificotecnics.upc.edu/en/infrastructures/energy/ugrid-laboratory-citcea-upc.

[657] Centro Nacional de Hidrógeno, «Laboratorio de Microrredes», Centro Nacional de Hidrógeno. Accedido: 21 de mayo de 2023. [En línea]. Disponible en: https://www.cnh2.es/cnh2/laboratorio-de-microrredes/.

[658] Microgrid Projects, «El Hierro Microgrid», Microgrid Projects. Accedido: 21 de mayo de 2023. [En línea]. Disponible en: http://microgridprojects.com/microgrid/el-hierro-microgrid/.

[659] FutuRed, «Inventario de capacidades de I+D en redes eléctricas en España», Zaragoza, 2013. Accedido: 21 de mayo de 2023. [En línea]. Disponible en: http://www.futured.es/wp-content/uploads/2018/04/Inventario-de-Capacidades-de-ID-en-Redes-Electricas-en-Espana.pdf.

[660] G. M. Cabello, S. J. Navas, I. M. Vázquez, A. Iranzo, y F. J. Pino, «Renewable medium-small projects in Spain: Past and present of microgrid development», *Renewable and Sustainable Energy Reviews*, vol. 165, p. 112622, sep. 2022, doi: 10.1016/J.RSER.2022.112622.

[661] Albuquerque Microgrid, «ROMA Architecture», Albuquerque Microgrid. Accedido: 21 de mayo de 2023. [En línea]. Disponible en: https://www.romaarc.com/work/microgrid.html.

[662] Interstate Renewable Energy Council (IREC), «Microgrid Pilot Projects», Interstate Renewable Energy Council (IREC). Accedido: 21 de mayo de 2023. [En línea]. Disponible en: https://irecusa.org/programs/puerto-rican-solar-business-accelerator/microgrid-pilot-projects/.

[663] Landis+Gyr, «Los Alamos Micro Grid Project», Landis+Gyr. Accedido: 21 de mayo de 2023. [En línea]. Disponible en: https://www.landisgyr.eu/resources/micro-grid-project/.

[664] SOCOMEC innovative Power Solutions, «Nice Grid», SOCOMEC innovative Power Solutions. Accedido: 21 de mayo de 2023. [En línea]. Disponible en: https://www.socomec.com/reference-nice-grid_en.html.

[665] L. Schmitt, «First steps in Energy Utility Digital Transformation-Unlocking the Value of DERs in Power Grid», 2014.

[666] CESI, «Microgrids», Microgrids. Accedido: 21 de mayo de 2023. [En línea]. Disponible en: http://www.microgrids.eu/index.php?page=kythnos&id=6.

[667] U. W. I. The Faculty of Science and Technology, «Launch of the UWI Mona Microgrid Training Centre», University West Indies. Accedido: 21 de mayo de 2023. [En línea]. Disponible en: https://www.mona.uwi.edu/fst/launch-uwi-mona-microgrid-training-centre.

[668] C. Volkwyn, «Higashi-Matsushima: Microgrids market grow in the wake of 2011 tsunami», Smart Energy International. Accedido: 21 de mayo de 2023. [En línea]. Disponible en: https://www.smart-energy.com/regional-news/asia/higashi-matsushima-microgrid-japan/.

[669] Kashiwa City Sustainable, «Kashiwa City Sustainable Energy for All-Global Inter-City Cooperative Forum Kashiwa-no-ha Smart City», en *Kashiwa City Sustainable*, Kashiwa City Sustainable, 2015.

[670] W. Gao, L. Fan, Y. Ushifusa, Q. Gu, y J. Ren, «Possibility and Challenge of Smart Community in Japan», *Procedia Soc Behav Sci*, vol. 216, pp. 109-118, ene. 2016, doi: 10.1016/J.SBSPRO.2015.12.015.

[671] A. Denda, «Shimizu's Microgrid Research», en *Symposium on Microgrids*, Montreal (Canada): Natural Resources Canada, jun. 2006, p. 6. Accedido: 21 de mayo de 2023. [En línea]. Disponible en: http://www.shimz.co.jp/english/index.htmlhttp://www.shimz.co.jp/corporate_information/sit/english/index.html.

[672] ErgoSolar, «Pone en marcha la UPAEP primer Eco Park», ErgoSolar. Accedido: 21 de mayo de 2023. [En línea]. Disponible en: https://www.ergosolar.mx/pone-en-marcha-la-upaep-primer-eco-park/.

[673] H. R. Becerra López, «Taller sobre Minirredes y Sistemas Híbridos con Energías Renovables en la Electrificación Rural», Sao Paulo (Brasil), may 2011.

[674] S. S. Bohra, A. Anvari-Moghaddam, F. Blaabjerg, y B. Mohammadi-Ivatloo, «Multicriteria planning of microgrids for rural electrification», *Journal of Smart Environments and Green Computing*, vol. 1, n.º 2, pp. 120-134, jun. 2021, doi: 10.20517/JSEGC.2021.06.

[675] R. Power, «Application brief», *Rafikipower*, 2018, Accedido: 21 de mayo de 2023. [En línea]. Disponible en: www.rafikipower.com.

[676] A. López-González, B. Domenech, y L. Ferrer-Martí, «Sustainability and design assessment of rural hybrid microgrids in Venezuela», *Energy*, vol. 159, pp. 229-242, sep. 2018, doi: 10.1016/J.ENERGY.2018.06.165.